教育中国·规划精品系列

国家级精品课程教材

国家级精品资源共享课程教材

中国石油和化学工业优秀教材一等奖

COMPREHENSIVE ANALYTICAL TECHNIQUES FOR COMPLEX MATERIALS

复杂物质剖析技术

第三版

董慧茹　王志华　主编

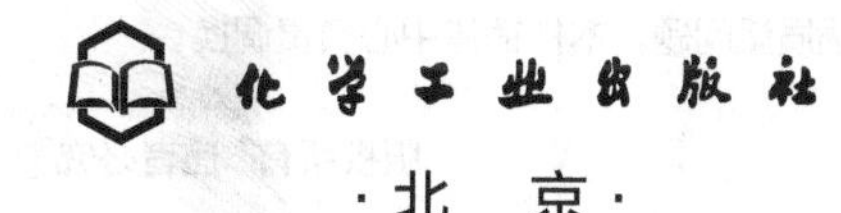

·北　京·

内容提要

本书共十一章，第一章绪论介绍了剖析工作的特点及作用，剖析工作的一般程序；第二章介绍了复杂样品的分离与纯化；其余九章系统地介绍了表面活性剂剖析，染料剖析，感光材料剖析，涂料剖析，新型化学品、助剂、添加剂等的剖析，高分子材料剖析，药物剖析，环境样品剖析和食品剖析。

本书可作为高等院校化学类、化工类、材料类专业学生的教材，也可供从事新材料和精细化工产品等开发研究及与分析相关领域中的工程技术人员和科研工作者参考。

图书在版编目（CIP）数据

复杂物质剖析技术/董慧茹，王志华主编. —3版. —北京：化学工业出版社，2020.6（2024.3重印）

国家级精品课程教材　国家级精品资源共享课程教材　中国石油和化学工业优秀教材一等奖

ISBN 978-7-122-36427-2

Ⅰ.①复…　Ⅱ.①董…　②王…　Ⅲ.①化学分析-技术-高等学校-教材　Ⅳ.①O652

中国版本图书馆CIP数据核字（2020）第039189号

责任编辑：赵玉清　周　倜
责任校对：王素芹
装帧设计：尹琳琳

出版发行：化学工业出版社
（北京市东城区青年湖南街13号　邮政编码100011）
印　　装：北京盛通数码印刷有限公司
880mm×1230mm　1/16　印张31¼　字数726千字
2024年3月北京第3版第3次印刷

购书咨询：010－64518888
售后服务：010－64518899
网　　址：http://www.cip.com.cn
凡购买本书，如有缺损质量问题，本社销售中心负责调换。

定　　价：78.00元

前言

《复杂物质剖析技术》第一版于 2004 年 5 月出版，第二版于 2015 年 6 月出版。教材自出版以来，一直被用作北京化工大学应用化学专业本科生的专业课教材，在培养学生的综合分析技能、科研能力、创新能力，以及在培养化学化工领域人才方面都起到了积极作用。

《复杂物质剖析技术》第一版于 2007 年荣获北京市高等教育精品教材，第二版荣获 2016 年度中国石油和化学工业优秀出版物奖 · 教材奖一等奖。北京化工大学复杂物质剖析课程分别获得 2010 年国家精品课程，2010 年北京市高等学校精品课程，并于 2016 年成为第一批国家级精品资源共享课，这些都是对本教材的肯定与鼓励。本次再版将继续秉承第一版和第二版的编写原则，力求反映近年来分析科学的新理论和新进展，并注重多学科内容的交叉与综合、基础内容与前沿研究相关联、理论知识与实验技术相结合，使之成为一门具有自身理论体系及实验方法的学科。

本次修订是在前两版的基础上，对部分内容进行了更新、补充、修改和调整，并增加了思考题和基本练习等内容。修订的主要内容如下：

（1）增加了新的分析鉴定方法及新的样品前处理技术，如增加了生物质谱，染料类型的鉴别方法，染料结构鉴定的显微激光拉曼光谱法和高效液相色谱 -二极管阵列检测 / 质谱法，旋转蒸发与 K-D 浓缩法，气体萃取、动态固相微萃取、磁性固相萃取及微波辅助萃取技术等。通过实例介绍了高聚物序列结构鉴定的固体核磁共振光谱法以及软电离源质谱的解析，并增加了一些最新出现的技术含量很高、实用性很强的剖析案例。

（2）对原书的一些不当之处做了删减、修订及适当的调整，对一些陈旧的剖析案例进行了删除，使全书更趋合理，更加实用，并能紧跟剖析技术的发展前沿。

（3）增加了章前兴趣引导和问题导向，明确了学习目标；在正文中补充了概念检查；在章后设置了总结、思考题、课后练习、简答题、设计问题。思考题和课后练习与该章的内容密切相关，又有一定的灵活性。设计问题中给出一个结合实际的复杂体系样品，让学生根据所学知识设计出切实可行的剖析方案，以考察学生的综合分析能力与解决实际问题的能力。

为促进学习过程，引导学生开阔思路，积极思考，主动参与教学与讨论，培养创新型人才，参照教育部“金课”建设的“两性一度”的要求，本书具有以下特色：

• 每章设置了兴趣引导、问题导向和学习目标，提供相关主题讨论，使学生的注意力集中到应该学到的知识上；

• 教学过程中针对性设置概念检查和案例教学，检测学生们在概念水平上理解学科知识的程度；

• 每章后提炼知识点小结，增加课后练习，充分调动学生自我思考的能力，进一步提高学生对概念的理解；

• 设置的设计问题的思考，是为了提高学生解决复杂问题的综合能力，培养学生未来去探究前沿学科的高级思维习惯，最终达到加强能力和技巧的培养目的；

• 提供了学生学习资源（二维码链接）、教师资源（www.cipedu.com.cn）两类数字化教学资源，方便教学的同时，更有助于学生对所学知识的理解与应用。

本书在编写过程中，参阅了大量文献和书籍，引用了许多图表和数据，安捷伦科技（中国）有限公司在图片使用上给予支持，在此向有关的作者、单位表示衷心的感谢。

本书由董慧茹、王志华主编，柯以侃参编。由于作者水平所限，疏漏与不足之处在所难免，恳请读者批评指正。

作者
2020 年 2 月于北京化工大学

第一版前言

凡是涉及化学的领域几乎都离不开剖析，剖析作为分析科学中的一个重要学科分支，在生产实践和科学研究中的地位日益重要，得到了分析科学界的共识，并广泛应用于化学、化工、农业、医药、材料科学、生命科学和环境科学等各个领域。

剖析作为分析科学的前沿学科之一，不仅有独特的工艺技术，而且有其基础理论体系。国内有关复杂物质剖析方面的专著，除洪少良写的《有机物剖析技术基础》和王敬尊等写的《复杂样品的综合分析——剖析技术概论》外，目前尚很少见。本书的写作目的有两个，一是作为高等学校工业分析专业学生的专业课教材，二是为分析工作者提供一本有实用价值的参考书。

剖析研究中的样品通常是组成复杂的混合体系，它们广泛来源于材料、能源、环境和生命等科学领域中的一些实际样品。不同的样品体系，其剖析程序、分离纯化及结构分析方法亦不完全相同。本书拟把一些体系和性质相近的样品归纳为一类，从各类复杂物质剖析的特点和要求入手探讨其剖析过程的特点，并以一些典型样品的剖析为例展示剖析工作的思路，揭示各种分离及结构鉴定方法的选用规律，供剖析工作者参考。

本书的特点之一是系统地介绍了各类复杂物质的剖析特点、剖析思路、剖析程序和剖析方法，具有可操作性，读者可从中获得启发与借鉴；特点之二，本书从材料科学、环境科学、能源科学和生命科学等领域中选取了大量典型的实际样品作为剖析实例，介绍其剖析技术的特点，提供剖析工作的一般程序，以期对分析学科中的一些综合分析难题，特别是材料科学和新产品的开发研究、引进产品的国产化研究等课题的解决，达到举一反三的功效。

因高等学校化学化工类专业普遍设置仪器分析课程，所以本书对气相色谱、高效液相色谱及用于结构鉴定的各种波谱分析方法不再单独进行介绍，而是直接用于各类复杂物质的剖析中。有关这一部分内容，读者可参阅有关专著。

本书共分十章。第一章、第二章、第三章、第四章（第一节、第二节）、第六章（第一节、第三节～第六节、第十节）、第八章、第九章、第十章由董慧茹编著；第四章（第三节）、第五章、第六章（第二节、第七节～第九节）由柯以侃编著；第七章由王志华编著。

本书可作为高等院校工业分析、应用化学、精细化工、高分子材料和环境化学等专业的教材，也可供从事新材料和精细化工产品等开发研究及与分析相关领域中的工程技术人员和科研工作者参考。

本书引用的剖析实例部分来自文献，在这里，仅对这些文献的所有作者表示衷心的感谢！

本教材是北京化工大学2003年校级教材立项项目。

由于编者水平所限，书中可能存在着错误和疏漏之处，恳请读者批评指正。

编者
于北京化工大学
2004年1月

第二版前言

《复杂物质剖析技术》是北京化工大学应用化学专业的专业课教材，以培养跨世纪化学化工人才为出发点，具有理工科特色，完全适应当前高等学校化学课程教学改革的需要。全书选材紧密结合化学工业实际，既有必要的理论，又着重于实践，对学生日后从事科研和生产实践工作，具有借鉴与指导作用。本教材从2004年投入使用以来，历经了10年的教学实践，取得了很好的教学效果，受到了主讲教师和学生的好评。

本书于2007年获北京市高等教育精品教材称号。复杂物质剖析课程分别获得2010年国家级精品课程，2010年北京市高等学校精品课程，并于2013年获得国家级精品资源共享课程称号。

本教材自2004年5月出版发行后，在全国多家书店销售，并被多所高校选做教学参考书，现根据我们在使用本教材进行教学的一些体会，并吸收了兄弟院校对本书提出的宝贵意见和建议，对第一版作了修订。根据原作者的意见及授权，这次修订工作由董慧茹和王志华共同完成。

这次修订主要进行下述两方面工作。

① 对原书内容做了较大幅度的修订，增加了一些最新的剖析前处理技术和剖析案例，如固相萃取、各种微萃取技术、加速溶剂萃取、超临界流体萃取、高速逆流色谱、毛细管电泳、膜分离技术等；增加了环境样品中重金属元素的形态分析，以及各种联用技术的实际应用案例；并增加了编者近年来的一些剖析方面的科研成果。为了保持本书简明这一特点，增加的内容也力求精练。

② 对原书的一些不当之处做了修订和适当的调整，对一些陈旧的内容进行了删除，使之能紧跟剖析技术的发展前沿，如对原“食品剖析”一章的内容进行了重新编写；并将“复杂样品的分离与纯化”单独作为一章，使全书更趋合理，更加实用。

本书由董慧茹、王志华主编，柯以侃参编。由于我们的水平有限，这次修订仍会有些不能令人满意的地方，不当之处，恳请读者批评指正。

编者

2014年12月

第一章　绪论　001

第一节　剖析工作的现状、特点、作用及展望　002
一、剖析工作的现状　003
二、剖析工作的特点　003
三、剖析工作的作用　005
四、剖析工作的局限性　006
五、剖析工作的展望　006
第二节　剖析工作的一般程序　007
一、对样品有关信息的了解　007
二、对样品的一般性质考察　008
三、样品的分离　009
四、纯度鉴定　010
五、样品中各组分的定性及结构分析　010
六、样品中各组分的定量分析　013
参考文献　014
总结　014
思考题　014
课后练习　015
简答题　015

第二章　复杂样品的分离与纯化　017

第一节　复杂样品的分离方法　018
一、物理、化学分离法　018
二、色谱分离法　025
三、各种新型的分离方法　035
四、分离方法的选择及一般程序　056
第二节　联用技术　058
一、GC-MS联用　059
二、HPLC-MS联用　060
三、CE-MS联用　062
四、GC-FTIR联用　063
五、HPLC-FTIR联用　064
六、HPLC-NMR联用　066
参考文献　067
总结　069
概念解释及思考题　070
课后练习　071
设计问题　073

第三章　表面活性剂剖析　075

第一节　概述　076
一、表面活性剂的分类　077
二、表面活性剂的定性鉴定　078
第二节　表面活性剂的分离与纯化　080

一、萃取法 080
二、离子交换法 081
三、色谱法 083
第三节 表面活性剂的结构分析 085
一、紫外光谱法 086
二、红外光谱法 086
三、核磁共振光谱法 088
四、质谱法 090
第四节 表面活性剂样品剖析实例 091
实例1 Kieralon OL净洗剂的剖析 091
一、Kieralon OL净洗剂的初步定性试验 091
二、Kieralon OL净洗剂的分离分析 093
三、定量分析 094
四、结论 095
实例2 增稠剂的剖析 095
一、样品的分离与纯化 095
二、各组分的结构鉴定 095
三、结论 099
实例3 PAN基碳纤维原丝油剂的剖析 100
一、PAN基碳纤维原丝油剂的初步定性试验 100
二、样品中各组分的分离 100
三、各组分的结构鉴定 101
四、结论 105
实例4 一种未知表面活性剂产品的成分剖析 105
一、样品的剖析流程及离子类型鉴别 106
二、样品的红外光谱与SEM-EDS分析 106
三、样品中主要组分的分析鉴定 107
四、结论 108
实例5 非乳化和毛油的组分剖析 109
一、非乳化和毛油的初步定性分析 109
二、非乳化和毛油中各组分的分离方法 110
三、各组分的结构鉴定 110
四、结论 111
参考文献 112
总结 112
思考题 112
课后练习 113
简答题 114
设计问题 115

第四章 染料剖析 117

第一节 染料的分类及类型鉴别 118
一、染料的分类 118
二、染料的类型鉴别 121
第二节 染料的分离与纯化 123
第三节 染料的结构及定性定量分析 124
一、染料的结构分析 124
二、染料的定性定量分析 134
第四节 染料剖析实例 138
实例1 Resoline Red F3BS染料的结构剖析 138
一、样品的初步试验 139
二、结构鉴定 139
三、结论 141
实例2 Lanaset Violet B染料的剖析 141
一、染料的初步试验 141

二、染料的分离提纯 142
三、结构鉴定 142
四、结论 144
实例3 进口染料复隆黑（Foron Black）RD-3G 300%的剖析 145
一、染料的分离纯化与初步定性 145
二、4种染料纯品的结构分析 145
三、合成验证 152
四、结论 153
实例4 唐代纺织品上植物染料的剖析 154
一、仪器条件及分析方法 154
二、样品的分析鉴定 155
三、结论 158
参考文献 158
总结 159
思考题 160
课后练习 160
简答题 161
设计问题 161

第五章 **感光材料剖析** 163

第一节 感光材料剖析的一般过程 164
第二节 感光材料中各种组分的分离与纯化 166
一、柱色谱法 166
二、薄层色谱法 166
第三节 感光材料中有机物的结构鉴定 168
一、感光材料中有机物的结构鉴定方法 168
二、感光材料中有机物结构鉴定实例 168
第四节 感光材料剖析实例 171
实例1 计算机彩色静电复印液体显影剂剖析 171
一、样品的外观 172
二、显影剂中颜料和聚合物的分离 172
三、溶剂的分离及结构鉴定 173
四、颜料的结构鉴定 173
五、聚合物的结构鉴定 174
六、纸的剖析 177
七、结论 178
实例2 医用X射线片涤纶片基蓝色分散染料的剖析 179
一、染料的分离与提纯 179
二、染料的结构鉴定 179
三、结论 183
实例3 偏光片中的染料剖析 183
一、实验方法 184
二、结构鉴定 184
实例4 醋酸综合征电影胶片析出晶体的分析表征 186
一、仪器及分析表征方法 186
二、白色晶体的分析表征结果 186
三、结论 189
参考文献 189
总结 189
思考题 190
课后练习 190
设计问题 191

第六章 涂料剖析 193

第一节 概述 194

一、涂料的组成 194

二、涂料的分类 196

第二节 涂料的分离与纯化 196

一、不同类型涂料的剖析程序 196

二、涂料中溶剂的分离与鉴定 198

三、无机颜料与高聚物的分离及纯化 199

四、涂料中助剂的分离 201

五、涂料中各组分的定量分析 201

第三节 涂料的红外光谱特征 202

一、涂料中常用无机填料和颜料的红外光谱特征 202

二、几种常用涂料的红外光谱特征 203

第四节 涂料剖析实例 208

实例1 紫外光固化清漆的剖析 208

一、主组分的分离及纯化 208

二、结构鉴定 209

三、结论 212

实例2 一种未知涂料的化学成分剖析 212

一、溶剂的鉴定 212

二、漆膜及其他不溶物的鉴定 213

三、结论 214

实例3 进口水性涂料的剖析 214

一、进口水性涂料的剖析程序 214

二、水性涂料成分的分离 215

三、水性涂料成分的分析鉴定 215

四、结论 221

实例4 外墙无机建筑涂料的综合分析 222

一、样品来源及综合分析方法 222

二、样品的综合分析结果 222

三、结论 225

参考文献 225

总结 225

思考题 226

课后练习 226

设计问题 227

第七章 新型化学品、助剂、添加剂等的剖析 229

第一节 纺织助剂的剖析 231

一、织物上整理剂的剖析 231

二、煮练助剂剖析 232

三、染色助剂剖析 233

四、纺织助剂剖析实例——氨基硅油柔软剂的剖析 233

第二节 石油制品中添加剂的剖析 235

一、石油制品中添加剂的分离、纯化及结构鉴定 235

二、石油制品中添加剂的剖析实例——润滑油黏度指数改进剂的剖析 237

第三节 进口车蜡的剖析 241

一、不挥发物的分离及结构鉴定 241

二、可挥发物的分离及结构鉴定 243

三、剖析结果 244

第四节 蒸汽驱油用高温发泡剂SD1020的

剖析 244
一、发泡剂的组成元素 244
二、样品的分离与提纯 245
三、样品的定性定量分析 245
四、结论 247
第五节　进口水溶性助焊剂的剖析 248
一、样品的分离与鉴定 248
二、定量分析 250
三、剖析结果 251
第六节　水泥泡沫剂的剖析 251
一、水泥泡沫剂的初步试验 251
二、试样中各组分的分离 252
三、结论 256
第七节　TRET-O-LITE DS-690原油破乳剂的剖析 256
一、样品的分离 256
二、定性分析及结构鉴定 256
三、结论 259
第八节　抛光剂的剖析 260
一、样品的分离 260
二、各组分的结构鉴定 260
三、结论 262
第九节　塑料抛光膏的剖析 262
一、抛光膏的初步试验 263
二、抛光膏的分离与鉴定 263
三、结论 265
第十节　全合成金属切削液的剖析 265
一、金属切削液基本成分的分析鉴定 265
二、结论 267
第十一节　进口工业除蜡水的剖析 267
一、除蜡水的剖析程序、仪器条件及剖析方法 268
二、除蜡水中各组分的分析鉴定 269
三、结论 274
参考文献 274
总结 275
思考题 276
课后练习 276
简答题 277
设计问题 277

第八章　高分子材料剖析　279

第一节　高分子材料的简单定性分析 280
一、高分子材料的分类 280
二、高分子材料的用途和外观 281
三、高分子材料的燃烧试验 282
四、高分子材料的干馏试验 284
五、高分子材料的溶解性试验 285
第二节　高分子材料的分离与纯化 285
一、溶解沉淀法 286
二、萃取法 287
三、高分子复合材料的分离 287
四、各种添加剂的分离与鉴定 288
第三节　高分子材料的结构分析 289
一、红外光谱法 289
二、裂解气相色谱法 296

三、闪蒸气相色谱法 296
四、化学降解法 298
五、质谱法 298
六、核磁共振光谱法 299
第四节 高分子材料剖析实例 301
实例1 进口减震橡胶制品的成分剖析 301
一、组分的提取、分离及测定方法 301
二、各组分的分析鉴定 302
三、结论 303
实例2 高分子弹性体的剖析 303
一、样品的初步试验 303
二、组分的分离与纯化 304
三、红外光谱分析 304
四、结论 305
实例3 轮胎硫化胶的剖析 305
一、样品的制备 306
二、基本配方 306
三、热重图（TGA）的分析 306
四、Py-GC-MS图的分析 308
五、结论 309
实例4 某航空橡胶密封材料的剖析 309
一、胶种的分离、热裂解及定性鉴定 310
二、有机助剂的分离与鉴定 310
三、无机灰分的分析与鉴定 311
四、结论 311
实例5 聚醚砜/微纳纤维素复合膜材料的剖析 311
一、红外光谱分析 311
二、X射线衍射分析 312
三、扫描电镜分析 313
四、结论 313
实例6 医用硅橡胶的剖析 314
一、仪器条件及分析方法 314
二、医用硅橡胶主要组分的分析鉴定 314
三、结论 317
实例7 进口阀冷系统用O型密封圈的材料剖析 317
一、样品来源及剖析方法 318
二、3种O型密封圈材料的鉴定结果 318
三、结论 319
实例8 进口化学防护面料的剖析 319
一、仪器条件及分析方法 320
二、进口化学防护面料的结构鉴定 320
三、结论 323
实例9 改性无机填料的成分剖析 323
一、改性无机填料的剖析方法 324
二、改性无机填料的剖析结果 324
三、结论 326
参考文献 326
总结 327
思考题 327
课后练习 328
简答题 329
设计问题 329

第九章 **药物剖析** 331

第一节 概述 332
一、药物及药物剖析 332
二、药物剖析与中药现代化 333
第二节 样品的前处理 334

一、溶剂萃取法 334
二、固相萃取技术 337
第三节　药物成分的分离与纯化 339
一、系统溶剂分离 340
二、色谱分离 341
第四节　药物成分的定性鉴别方法 342
一、理化法 342
二、色谱法 343
三、红外光谱法 351
四、色谱-质谱联用技术 357
第五节　药物剖析实例 362
实例1　肉苁蓉挥发性化学成分的剖析 362
一、肉苁蓉挥发性化学成分的分离 362
二、气相色谱-质谱测定 362
实例2　苦黄注射液中乙酸乙酯萃取物的剖析 364
一、酯溶性部分的提取 364
二、酯溶性部分的分离与鉴定 365
三、酯溶性组分的结构鉴定 365
四、结论 367
实例3　UPLC-MS分析侧柏叶中黄酮类化合物 367
一、分析条件 367
二、UPLC-MS联用的鉴定结果 368
三、结论 369
实例4　甘草化学成分的剖析 370
一、仪器条件及分析方法 370
二、甘草化学成分的分析鉴定 371
三、结论 374
实例5　加参片提取物的化学成分剖析 374
一、仪器条件及剖析方法 374
二、剖析结果 375
三、各类化合物的结构解析 375
四、结论 381
实例6　金银忍冬花的化学成分剖析 381
一、仪器条件及分析方法 381
二、金银忍冬花化学成分的分析鉴定 383
三、结论 384
参考文献 385
总结 386
思考题 386
课后练习 387
设计问题 387

第十章　**环境样品剖析** **389**

第一节　环境样品的前处理 391
一、环境样品前处理的传统方法 391
二、环境样品前处理的新技术与新方法 397
第二节　环境样品中有机污染物的分离及鉴定 401
一、环境样品的色谱分离及鉴定 401
二、环境样品中常用的联用技术 403
第三节　环境样品中重金属元素的形态分析 405
一、天然水中重金属的形态分析方法 406
二、土壤或沉积物中重金属的形态分析方法 408
三、大气颗粒物中重金属的形态分析方法 410
第四节　环境样品剖析实例 410

实例1　兰州市环境空气中挥发性有机物的剖析　410
一、仪器条件及分析方法　411
二、兰州市2012年夏季与冬季大气挥发性有机物的分析鉴定　411
三、结论　414
实例2　保定市餐饮源排放$PM_{2.5}$中有机污染物剖析　414
一、仪器条件及剖析方法　414
二、保定市餐饮源排放$PM_{2.5}$中有机污染物的剖析结果　415
三、结论　417
实例3　广州市饮用水中挥发性有机物的剖析　418
一、仪器分析条件及分析方法　418
二、样品的定性定量分析结果　419
三、结论　420
实例4　鄱阳湖枯水期有机污染物的剖析　421
一、仪器分析条件及分析方法　421
二、鄱阳湖水样有机污染物剖析结果　421
实例5　九江炼油厂污水中有机污染物的剖析　423
一、污水中有机污染物的剖析程序　424
二、污水中有机污染物的剖析结果　425
实例6　北京近郊土壤中痕量半挥发性有机污染物的剖析　428
一、样品的前处理　429
二、有机污染物的预分离与纯化　429
三、北京近郊土壤中有机污染物剖析结果　430
四、结论　431
实例7　长沙市夏季大气颗粒物中重金属的形态剖析　431
一、样品的采集、处理及测定方法　431
二、样品的分析结果　432
三、结论　434
实例8　海岸带沉积物中多环芳烃的剖析　435
一、仪器条件及分析方法　435
二、海岸带沉积物中多环芳烃的测定结果　436
三、结论　438
参考文献　439
总结　440
思考题　441
课后练习　441
简答题　441
设计问题　441

第十一章　食品剖析　443

第一节　食品样品的前处理　444
一、样品的制备　445
二、样品的前处理方法　445
第二节　食品样品的分离分析方法　450
一、食品中待测物的分类　450
二、食品中待测物的分离及鉴定方法　453
第三节　食品样品剖析实例　459
实例1　发酵豆粕中氨基酸的剖析　459
一、仪器条件及分析方法　459
二、样品中氨基酸的分析结果　460
三、结论　462
实例2　柠檬中水溶性维生素的剖析　462
一、柠檬样品的来源　462

二、仪器条件及分析方法 462
三、样品分析结果 463
四、结论 464
实例3 高效毛细管电泳法测定香菇多糖中单糖的组成 464
一、多糖样品的前处理 464
二、电泳条件及分析方法 465
三、香菇多糖中单糖组成的分析结果 465
四、结论 466
实例4 茶叶中黄酮醇糖苷类化合物的剖析 467
一、仪器条件及分析方法 467
二、茶叶中黄酮醇糖苷类化合物的分离鉴定 468
三、结论 468
实例5 鸭骨架的营养成分剖析 469
一、鸭骨架的分析方法 470
二、鸭骨架营养成分的分析结果 470
三、结论 471
实例6 顶空固相微萃取-气相色谱-质谱法测定北极虾虾头的挥发性成分 472
一、样品前处理、分析条件及分析方法 472
二、北极虾虾头挥发性化合物的鉴定 473
三、北极虾虾头挥发性风味化合物的组成及特征风味化合物 475
实例7 超高效液相色谱法测定花生油中黄曲霉毒素 475
一、色谱条件及分析方法 475
二、花生油样品的分析结果 476
三、结论 477
实例8 海南罗非鱼肌肉中有机氯和重金属含量的测定 477
一、样品来源及分析方法 477
二、样品中有机氯农药和重金属含量的分析结果 478
三、结论 481
参考文献 481
总结 483
思考题 483
课后练习 483
简答题 484
设计问题 484

图标说明 485

第一章　绪论

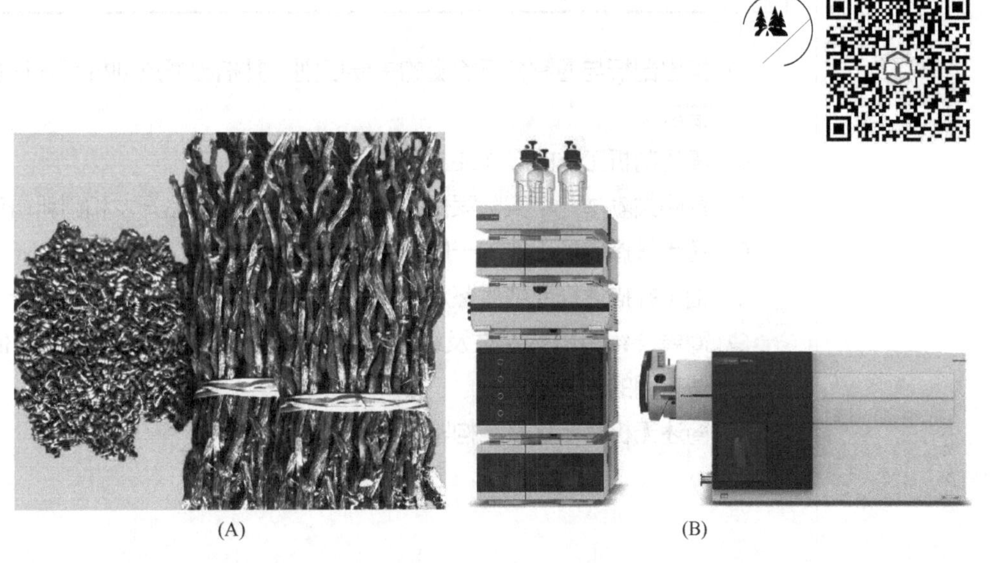

(A)　　(B)

图（A）为中药材石斛，石斛是一种具有药用价值的植物，民间称为救命仙草，具有益胃生津、滋阴清热之功效。石斛中含有多糖、石斛素及黄酮类等近百种化学成分。石斛属于复杂物质，鉴定其化学成分，就是剖析。其剖析过程为：将石斛进行溶剂提取，提取液浓缩，浓缩液经图（B）所示的高效液相色谱-质谱联用仪，进行组分的分离与鉴定。

为什么要学习复杂物质剖析?

复杂物质剖析是化学学科中最为活跃的前沿学科之一，凡是涉及化学的领域几乎都离不开剖析，它也是解决科研与生产中许多问题的向导。在实际工作中，经常会遇到一些复杂体系的样品需要分析，如大气 $PM_{2.5}$ 中有机和无机污染物的测定，就属于复杂物质剖析范畴。要完成这项工作，就要知道如何采样、如何进行样品的前处理、如何使用 GC-MS 和 ICP-MS 等仪器进行分析检测，这些技能都可以从本课程中学到。

学习目标

- 指出剖析与通常分析检测的主要区别，并指出通过剖析可获得哪些有价值的信息。
- 简述剖析工作的 3 个主要特点。
- 查阅文献举一个实际案例，说明剖析工作在产品开发和创新研究中的作用。
- 初步掌握剖析工作的一般程序。
- 指出并描述样品纯度鉴定常用的两种方法。
- 简要介绍有机物定性及结构鉴定常用的 4 种方法，并指出它们各能提供哪些有用的结构信息。
- 简述无机物定性及结构鉴定的常用方法。

第一节 剖析工作的现状、特点、作用及展望

在现代分析科学中，面临的最困难课题之一，就是对复杂体系样品的分析。所谓复杂体系，是指样品组分的多样性，如无机与有机化合物共存一体，高分子、大分子与小分子化合物共存一体，生命与非生命物质共存一体等。要对这种复杂体系的样品提供全面、准确的结构与成分表征信息，采用简单的分析方法和操作过程已不能胜任。要圆满完成一个复杂体系样品的全分析，几乎囊括了全部的现代分析方法，这就是所谓的综合分析（comprehensive analysis），也简称为剖析。剖析是分析科学中的一个专业术语，也是分析科学中的一个学科。

剖析这个术语在材料科学，特别是商品生产领域中已广泛使用。据悉国内外许多企业的开发研究系统中，都利用剖析技术注视和跟踪本行业的最新研究成果与发展动态，以提供准确的科技情报与市场信息。剖析也是直接取得国外第一手先进技术资料的途径之一，各个企业要谋求生存和发展，一是要使产品

质量稳步上升，二是要使产品品种不断更新换代，以适应市场竞争的需求。而发展新产品、新材料的多快好省的途径就是剖析工作先行。

一、剖析工作的现状[1]

1. 分析化学教学中的盲点

在现代中外分析化学教科书中大都是以单一分析方法为章节，如：电化学分析、色谱、原子光谱、分子光谱、质谱、X 射线衍射分析、电子能谱分析等。作为分析化学知识的系统教学，使学生掌握相关的理论知识，无疑是非常重要的。但对如何综合应用这些分析技术去解决复杂体系的样品分析问题却很少涉及，因此当遇到一些复杂的实际样品分析时，对于应该选择什么仪器，采用什么分析程序，则显得束手无策。

2. 分析技术研究中的弱点

对复杂体系样品的剖析，只靠某一种分析仪器或某一种分析方法，往往是无法完成的，此时就需要将几种分析方法或几种分析仪器结合起来作为一种专门的分析技术，才能胜任。催化、材料、石油、环境等研究课题中所遇到的分析问题，大多是几种分析技术的组合。如：元素分析需采用各种原子光谱和离子色谱等；形态分析需采用 X 射线衍射分析、电子能谱和分子光谱等；表面与微区分布分析需采用电子能谱、红外光谱、拉曼光谱、电子探针等；分离分析需采用精馏分离、萃取分离、离心分离、色谱分离、膜分离、电泳分离等；结构分析包括分子结构分析、晶体结构分析、离子结构分析、空间结构分析，对不同的结构分析需采用不同的分析技术。

3. 分析应用研究中的难点

生命、材料、能源和环境科学中的许多实际样品是复杂的多组分体系，分析者首先了解到的是样品的来源、用途和形态等信息。虽然某些同类样品的剖析方法有一些共同的特点，如染料、高分子材料、表面活性剂、中草药等未知样品的剖析已有一些文章和专著发表，但很难总结出一种分析方法适用于所有未知样品的剖析。所以，对每种样品的剖析都是一个综合分析研究课题。剖析结果大多是一种“推论”，通常还需要合成、加工和应用来确证。一个好的剖析专家，不仅应精通综合分析，还应熟悉与剖析对象有关的学科。

二、剖析工作的特点

剖析研究中的样品，通常是组成复杂的混合体系，现代分析方法中没有一种方法能独立完成这些复杂的分析课题，必须采用多种方法进行综合分析，由此构成了剖析技术的一些鲜明特点。

1. 剖析样品的复杂性和多样性

剖析样品的复杂性和多样性主要表现在以下几个方面。

（1）剖析对象的多样性　随着科学技术的发展，剖析研究的对象必须面对用途广泛的市场商品及材料科学、环境科学、生命科学、能源科学等诸多领域中的多种多样的样品，而且剖析的样品通常是组成复杂的混合体系，如许多复合材料常是由无机、有机和高分子等多种成分构成。即使对于种类已知的样品如橡胶，其中除含橡胶主体外，通常还可能含有抗氧剂、光稳定剂、增塑剂、软化剂、填充剂、硫化

剂、阻燃剂、抗静电剂等各种组分。对这些复杂样品的剖析，已主要不是元素的组成及含量分析，而是各种元素的连接与组合方式，即物质的分子结构和元素的价态等的分析。

（2）样品中各组分的含量相差很大　在复杂体系的样品中，各组分的含量常相差悬殊，有些样品常量、微量与痕量组分共存一体。材料中的微量、痕量组分可能对材料的性能起关键作用，如半导体中掺入微量杂质导致晶格缺陷才使它具有特殊功能，人们感兴趣的往往就是其中的这些微量、痕量的组分。

不同含量的组分，要求采用不同的分析方法和分析过程，样品中大量的物质可能会干扰、掩蔽少量物质的分析，使得微量、痕量物质的测定变得非常困难，其结果是只能剖析出主要组分，不能剖析出复杂物质的所有组分。因此，就会出现剖析后合成的材料性能远不如原来的好。

（3）样品取样量的限制　剖析的各种样品，根据其要求和条件所限，有时样品取样量会受到严格的限制。如兴奋剂检查，有规定的采样程序。在样品量很少的情况下，这就要求剖析的程序要合理，提供的数据要全面可靠。

（4）样品组分的稳定性不同　样品中的某些组分在加工、贮存或应用过程中，可能会发生某些变化。以涂料为例，在刷涂料前，根据配方把具有不同性质和作用的组分混合在一起，混合均匀后粉刷，最后涂料干燥成膜。此时，从涂料表面刮一层涂料下来分析，得到的是已经发生了某些化学反应后的产物。同样，高分子材料中的抗氧剂和交联剂等的剖析，通常得到的也是发生某些反应后的产物。通过剖析，需要由此反推其原始物质的状态及含量，这无疑增加了剖析工作的难度。

（5）复合材料等的分布影响　材料组成完全相同，却得到性能不同的产品。比如，高分子材料中分子规则排列成晶区，无序排列形成非结晶区，特别是复合材料中各种组分的微区、表面、空间分布等，直接影响材料的性能，这与加工工艺有关。

2. 剖析方法的综合性

现代分析科学领域中的许多分析方法，例如，常量、微量、痕量分析；无机分析、有机分析、生化分析；元素分析、成分分析、结构分析、形态分析；微区、表面、空间分布分析；宏观形貌、微观结构分析；静态、动态分析；破坏、非破坏分析等方法和相应的仪器，都可能被剖析工作所利用。为了圆满地完成一个复杂物质剖析，整个剖析过程几乎囊括全部的现代分析方法。

因此，剖析研究的鲜明特点是分析方法的综合性，综合分析是分析科学的前沿学科之一，既是技术又是科学。

剖析工作者要熟悉和采用最新的分析仪器和方法，提供更丰富、更准确的结构与成分信息，以提高剖析工作的效率和准确性，所以完善的仪器设备和综合分析能力，是做好剖析工作的重要基础。

3. 剖析过程的复杂性

由于样品的来源、组成和状态的多样性，以及剖析要求的特殊性，决定了剖析过程的复杂性。剖析工作通常包括三个重要过程：一是将样品中各组分逐一分开的分离、纯化过程；二是对分离开的各组分进行定性、定量及结构鉴定的分析过程；三是对推测结果的合成、加工及应用性能验证和评价过程。所以整个剖析过程是把分离分析、结构分析、成分分析、合成加工与应用紧密结合的一项系统工程。不同体系样品的剖析程序可能相差很大，增加了剖析研究过程的复杂性。

三、剖析工作的作用

在新产品的开发与国产化研究工作中，根据剖析给出的结构与组成信息，再通过自己的合成与加工工艺研究，一项新产品就可能应运而生。通过合成、加工以及试制品的应用性能评价，又可进一步检验剖析研究提供的信息是否准确，剖析结果是否有错误和遗漏，必要时还需对样品进行再一次剖析。因此剖析是与合成、加工及应用研究密切相关的一门交叉学科，是与科学和生产实践关系紧密的一种分析技术。

1. 在新产品开发和创新研究中的作用

剖析工作与新产品的开发密切相关，据悉在一些大的产业公司内，通常都是利用剖析技术密切注视市场最新产品的结构和成分信息，了解同行的研究动向、最新技术成就，以确定自己的研究方向。如我国的一些染料新品种就是在剖析基础上研制成功的，又如我国感光材料工业的发展，也是剖析应用的成功示例之一。由此可见，直接取材于市场上流通的优质商品进行剖析，是快速开发新产品的捷径之一。

2. 在引进技术的消化与国产化研究中的作用

在引进国外制造技术中，与之配套的大批原材料和一些零部件，通常不含在引进技术的协议中，因此它们的国产化研究事关重要。通过剖析研究，了解各种进口原材料的结构、组成，进一步寻找国内外同类产品，有利于国际竞争和国产化研究。如我国进口的大型轧钢机械中，价格昂贵和易磨损的固体自润滑轴承部件，就是王敬尊等[2]通过剖析很快实现了国产化，其产品荣获了国家“金龙”发明奖。

3. 在商品质量检验中的作用

在流通领域中的假冒伪劣商品一直困扰着人们，借助于剖析技术可识别各种货物的真伪。如某地曾从国外进口一批正辛醇，但外方提供的却是有侧链的异辛醇，用这种辛醇制造的邻苯二甲酸酯加工的农用塑料薄膜，导致大面积农作物的死苗事故。我方经剖析提出确切的分析数据，逼迫外方给予了应有的经济赔偿。又如通过剖析发现掺了回收废旧塑料的聚乙烯，造成加工材料的强度下降；工业酒精勾兑的白酒致人死伤的假酒案等。可以说，剖析是鉴别假冒伪劣商品的有效途径之一。

4. 在环境污染物鉴定中的作用

在环境污染物的鉴定与治理中，利用剖析技术对污染物的种类进行定性鉴别，一方面可以了解环境的污染程度，另一方面还可以追溯污染物的来源，从而做到从污染源头上进行治理与控制。

5. 在考古学研究中的作用

著名的长沙马王堆出土文物中防腐剂、各种织物及颜料的剖析，曾为我国古代灿烂的科学技术与文化提供了有力的证据；采用质子荧光方法对两千多年前的越王勾践的宝剑进行了分析，揭示了我国古代

冶金史上的辉煌篇章。

四、剖析工作的局限性

剖析工作在生产和科学研究中的重要作用不言而喻，但需指出的是，并不是什么东西都能剖析，也不是任何样品都可准确剖析，在实践中发现人工合成或复配的产品容易剖析，而天然产品（如中草药）的剖析难度就很大。在剖析研究中也没有常胜将军，任何高明的剖析专家也会遇到解决不了的复杂体系分离和复杂结构鉴定的难题。即使剖析结果很完整、很成功，也可能无法制成预期性能的产品。这可能因为：第一，剖析的样品中，某些关键组分由于在合成、加工或贮存过程中发生了变化或完全消失，已很难从产品中获得准确信息；第二，由于剖析技术与水平所限，某些微量组分可能在分离中丢失，或得到的纯品纯度不够，提供信息不够准确，导致结论有误，或是采用仪器方法的灵敏度、准确度不够高，给出的结果不够全面；第三，许多产品的性能还受其合成、加工工艺的限制，如聚合物的结构规整度、支化度、分子量分布，结晶状态以及加入助剂在整体中的分布等对材料的性质均有很大影响，而这些结构信息又很难通过剖析研究而全部弄清。所以在一些新材料研制中，仅靠剖析技术是不够的，还必须发挥多学科的综合作用。

五、剖析工作的展望

生命科学、环境科学和材料科学的快速发展向分析学科提出了严峻的挑战，同时也带来了前所未有的机会，展示了广阔的发展前景。

1. 分析学科研究中的重点

目前，剖析工作受到了分析和相关学科研究者的普遍关注。“复杂体系分离分析”是国家自然科学基金委员会化学学部2019年重点项目资助的研究领域之一。复杂体系分离分析是剖析工作最重要的一个环节，诺贝尔奖获得者屠呦呦在青蒿素的研发中主要做的就是提取分离工作，建立了乙醚低温萃取分离青蒿素的新方法，据此获得抗疟新药青蒿素及其衍生物。

2. 分析仪器的发展，促进了剖析水平的提高

随着物理学与电子科学的发展，新型的分析仪器与分析技术不断涌现，为复杂样品剖析提供了更灵敏、更准确的成分和结构分析信息。如高灵敏度的ICP-MS已成为理想的多元素定性和定量分析方法；在HPLC-MS和TOF-MS质谱中的APCI离子源和MALDI源使难挥发样品和生物大分子量的测定成为现实；高场800MHz NMR仪器中超低温探头、梯度场探头使NMR实现了微克（μg）级样品和生物大分子二级、三级结构的测定。分析化学中这些新仪器、新技术的出现，为剖析工作的发展奠定了基础，同时也促进了剖析水平的提高。

3. 剖析成为解决一些科学和实际问题的关键

分析化学历来处于以提供分析数据为己任的配角地位，为了从根本上改变分析化学的被动地位，美国著名的分析化学家 Kowalski 在 20 世纪 80 年代初曾精辟地指出："分析化学应从单纯地提供数据，上升到从分析数据中提出有用的信息和知识，进而成为生产和科研中实际问题的解决者。"[3] 王敬尊等 [1] 曾利用复杂物质剖析技术对卫星发射紧急时刻发射火药中出现的白色粉末进行了鉴定，判断产物为对发射无害的少量碱式碳酸镁，对最终发射任务的圆满完成起到重要作用。

第二节 剖析工作的一般程序

由于剖析样品的体系不同，剖析的目的及侧重点不同，因而剖析工作程序的差异性可能很大，试图用一种简单的模式去适应并完成所有样品的剖析研究，是不现实的。图 1-1 是以商品材料剖析为例，概述了剖析工作的一般程序。

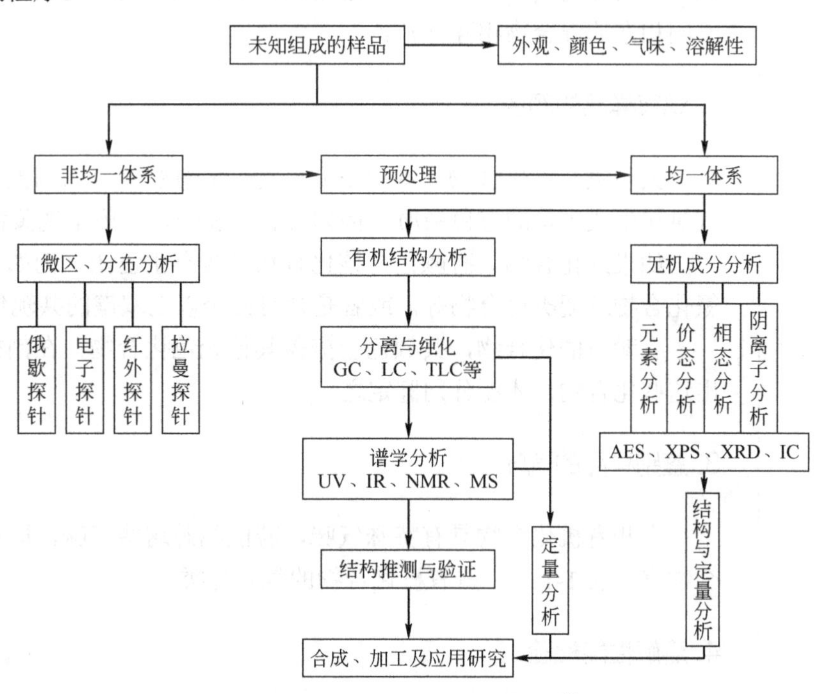

图 1-1 剖析工作的一般程序 [4]

一、对样品有关信息的了解

对剖析的样品进行了解和调查，这是剖析工作的第一步。接到剖析课题后，首先要了解样品的来源和用途、样品的固有特性和使用特性以及可能的组分。

对样品的用途、应用性能的了解，可给出一些重要的结构成分信息。许多商品材料的用途 - 结构 - 成分之间有着密切的关系，如高分子材料中高强度的聚合物大都是聚酰胺、聚甲醛和聚碳酸酯等工程塑料；耐高温的高分子材料则可能是含硅、氟或杂环聚合物等；能承受重力与压力、加热不变形的材料，大多是交联结构的树脂。

剖析取样应注意厂家、商标、批号、包装、贮存条件等信息，以确保样品来源的可靠性和代表性。非均一体系还要按分析化学的标准方法正确取样。样品来源不准确，取样没有代表性，样品被污染，或存放不合理而变质等都可能使剖析研究复杂化，甚至徒劳无功。

二、对样品的一般性质考察

1. 观察样品的物理状态

首先观察样品是固体还是液体，若是液体还要观察其中是否有固体悬浮物或互不相溶的其他液相存在。若是固体，应从外观上大致判断出样品是高分子制品，还是一般固体样品。一般的固体样品，还需观察是粉末状、结晶状，还是块状等。

通过仔细观察样品的物理状态，可判断样品是否为均一体系或非均一体系。如为非均一体系，应尽量选用机械、物理和化学方法进行预分离，使处于不同相态的混合物相互分开。

2. 观察样品的颜色

大多数有机化合物，本身是无色的。但有些化合物搁置后，见光或接触空气氧化生成少量的有色杂质。例如芳香胺和酚，一般呈现黄色到褐色。

如果纯化合物具有颜色，该化合物必含有生色团，例如硝基、亚硝基、偶氮化合物或醌类化合物等，或者是含有四个以上双键的共轭体系。

有颜色的化合物，其颜色会掩盖其他无色化合物，在剖析时，必须先分离出这些化合物，才能分别鉴定之。

3. 鉴别样品的气味

有些有机化合物具有特殊气味，若能熟悉这些气味，即可据此识别出该化合物来。表 1-1 是一些有机化合物的气味分类。

4. 溶解性能检验

利用样品在不同溶剂中的溶解性能，可提供有关该化合物性质和结构的有用信息。根据溶质与溶剂结构相似相溶的规律，检验样品的溶剂行为，还可为样品中各组分的预处理，如萃取、重结晶和沉淀分离中溶剂的选择，以及色谱法纯化样品时流动相的选择提供依据。

通过样品在水、乙醚、5%HCl、5%NaOH、5%$NaHCO_3$及浓 H_2SO_4 的溶解性能实验，可以大致推测化合物的类型。

一般含有极性官能团的有机化合物能溶于水，其溶解度随分子中烃基部分的增大而减小。大多数有机化合物能溶于乙醚，而强极性的磺酸盐不溶于乙醚，易溶于乙醚的通常是非极性或中等极性的化合物。

表1-1 若干有机化合物的气味分类[5]

特征气味		典型化合物
醚香		乙酸乙酯、乙酸戊酯、乙醇、丙酮
芳香	苦杏仁香	硝基苯、苯甲醚、苯甲腈
	樟脑香	樟脑、百里香粉、黄樟素、丁（子）香酚、香芹粉
	柠檬香	柠檬醛、乙酸沉香酯
香脂	花香	邻氨基苯甲酸甲酯、萜品醇、香茅醇
	百合香	胡椒醛、肉桂醇
	香草香	香草醛、对甲氧基苯甲醇
麝香		三硝基异丁基甲苯、麝香精、麝香酮
大蒜臭		二硫醚、乙硫醚
二甲胂臭		四甲二胂、三甲胺
焦臭		异丁醇、苯胺、苯甲酚、愈疮木酚
腐臭		戊酸、己酸、甲基庚基甲酮、甲基壬基甲酮
麻醉味		吡啶、薄勒酮
粪臭		粪臭素（3-甲基吲哚）、吲哚

酸性化合物能溶于 5%NaOH 和 5%$NaHCO_3$ 溶液。酸性较强的化合物，如有机磺酸类，在这两种溶液里都能溶解；而酸性较弱的化合物，如酚类、烯醇等，只能溶于 5%NaOH 溶液。胺类、肼类和胍类等含氮有机化合物是碱性化合物，能溶于 5%HCl 溶液中。不饱和烃和易磺化的芳烃可溶于浓 H_2SO_4 中。

5. 燃烧性能试验

当剖析样品的量充足时，通过燃烧试验，观察生成火焰的颜色、分解气体的气味、残余物的状态等，可给出一些有用的结构信息，特别是对聚合物、纤维等类型的鉴别，这是一种简便易行的方法。

燃烧试验比较简单，取约 0.1g 样品，放在一把不锈钢刮刀上，隔火逐渐加热。样品着火时，从火焰中拉出刮刀，观察样品燃烧时的特性，据此可初步识别化合物的类型。

样品燃烧产生清亮的火焰，表明是脂肪族化合物；产生冒黑烟的黄色火焰，则为芳香族和一些不饱和化合物。

样品继续点火灼烧，有机化合物都能烧净，若有残渣存在，说明原样含有金属离子的无机盐，或是金属有机化合物。

在燃烧过程中，还可根据燃烧时释放出气体的气味识别化合物，例如聚乙烯、聚丙烯燃烧时的气味如同石蜡一样，聚氯乙烯燃烧时有盐酸味，聚硫样品燃烧时有难闻的臭鸡蛋味。

三、样品的分离

大多数待剖析的样品是混合物，混合物的分离是剖析研究中的一个重要实验环节。对于一个组成复杂的样品，不经分离，任何一种现代化的分析仪器，也无法直接给出全部表征信息。一般说来，分离效果的好坏，是决定分析鉴定成败的关键。

由于样品组成不同，所用分离方法，可能有很大差异。组成比较简单的样品，通过简单的物理、化学方法即可得到分离。但是对大多数组成复杂样品的剖析，需将各组分逐个分离得到纯品后，才能进行组分的定性与结构分析。对于未知物体系，由于其本身组分复杂很难做到一种方法能将所有组分完全分

离；因此必须根据不同样品的特点，灵活地采用一种或几种方法才能完成。有关复杂物质的各种分离与纯化方法，将在第二章较详细地介绍。

四、纯度鉴定

分离后得到的各组分的纯度鉴定是非常重要的，只有纯度足够好的样品，提供的各种结构分析数据才是可信的和有价值的。对未知组分的纯度进行鉴别，最困难的是因为其结构和组成可能是全然未知或知之甚少，很难捕捉到它们的特征物理常数和光谱特征等信息。因而，分离过程中各组分是否已分离开，感兴趣的组分在何处，分离过程是否满意，能否满足结构分析的要求等一系列基本问题，经常困扰着剖析工作者。

1. 样品外观审察与物理常数测定

分离后各组分的外观审察，如颜色是否均一、是否有好的晶形、粉末是否松散等信息，对纯度鉴别是很有用的。在样品量足够，实验条件允许时，测定某些物理常数，如熔点、沸点、分解温度等数据，也是纯度鉴定的有用信息。

2. 元素分析

样品中有机组分的元素含量分析是判定样品纯度的可靠方法之一。如果化合物中 C、H、O、N 等主要元素的质量分数，与标准物质或预想结构中元素质量分数的理论计算值之间的偏差，在 0.5% 以内，可认为样品的纯度已足够作谱学结构分析用。

3. 红外光谱分析

红外光谱是剖析鉴定样品纯度最常用的一种方法。通常可用红外光谱跟踪分离中各组分的纯度，待不同的提纯方法皆给出相同的红外谱图，图中各个峰的位置及强度不存在异常现象时，可认为达到红外光谱的“光谱纯”。

五、样品中各组分的定性及结构分析

样品经分离提纯后，所得到的每种组分，还需要进行定性、定量及结构分析。

1. 有机物的定性及结构分析

目前在有机物定性及分子结构分析中使用最普遍，也是最有效的方法仍然是紫外光谱（UV）、红外光谱（IR）、拉曼光谱（Raman）、核磁共振光谱（NMR）和质谱（MS）法等。有关这些方法的原理、特点和应用，已在仪器分析课程中学过，下面仅从剖析的角度进行介绍。

（1）紫外光谱法（UV） 紫外光谱是由分子中价电子能级的跃迁而产生，主要用于确定化合物的类型及共轭情况。通过未知物的紫外光谱上吸收峰的位置与强度，可推测其共轭情况（p-π 或 π-π 共轭、共轭系统的长短、官能团与母体共轭的情况等）及未知物的类型（芳香族、不饱和脂肪族等）。紫外光谱给出的只是宽而钝的几个峰，它只能提供化合物骨架类型的信息，难以表述有机分子复杂的结构规律，这也是紫外光谱法在结构分析中的不足之处，它只能作为结构鉴定的一种辅助工具，主要用于定量分析，准确的结构分析需借助其他谱学方法。

（2）红外光谱法（IR） 红外光谱是剖析中应用最多的一种谱学方法，通常贯串剖析工作的全过程。剖析开始，先测一张原样的红外光谱，以推测可能含有的主要组分；分离过程中，常用来监视各组分的去向和达到的纯度。在获得各组分纯品的红外谱图后，可依据吸收峰的位置、强度和形状等信息，判断未知物可能含有的官能团及化合物的类型。在推测出未知组分的可能结构后，还需与标准红外谱图（如萨特勒红外标准谱图集）或标准物质在相同条件下测得的红外光谱进行对照，以对未知组分进行定性分析，并对所推测的分子结构作出“终裁”判定。

（3）拉曼光谱法（Raman） 拉曼光谱与红外光谱都是分子振动光谱，但红外光谱是吸收光谱，而拉曼光谱是散射光谱。拉曼光谱与红外光谱是相互补充的，红外光谱对非对称的有机基团分子振动有效，而对对称的有机基团无吸收，而拉曼光谱则刚好相反，对于对称的有机基团有强吸收。如对于 R—C≡C—R 的炔类有机物，C≡C 三键的伸缩振动，红外光谱无峰，而拉曼光谱则有强峰。另外，拉曼光谱可以用水作溶剂，这样就可以对水相的样品进行测定，尤其适于现代生物活性分子的研究（多为水相体系）。拉曼光谱虽有许多优点，但事实上，绝大多数有机物分子中的官能团是没有对称中心的，加上目前红外光谱仪器和测定技术的成熟，大多数情况下是用红外光谱对有机物分子中的官能团进行推断，只有在红外光谱不能推断的特定官能团时，才应用拉曼光谱。因此，拉曼光谱一般作为红外光谱的补充手段。

（4）核磁共振光谱法（NMR） 在有机结构分析中，核磁共振光谱给出结构信息的准确性及对未知结构推测的预见性，都是最好的一种。各种二维谱可准确地提供有机分子中氢和碳以及由它们构成的官能团、结构单元和连接方式等信息。核磁共振谱图中的每个峰都可以完美地解释其归属。

① 核磁共振氢谱（^{1}H-NMR） ^{1}H-NMR 是研究最多、应用最广的核磁共振谱，它主要提供化合物中有关质子的信息。根据核磁共振吸收峰的位置（即化学位移值的大小），可以推断分子中质子的类型；根据吸收峰的面积，可计算出各种类型氢的数目；根据峰的裂分情况、偶合常数及峰形，可确定基团之间的连接关系。

② 核磁共振碳谱（^{13}C-NMR） ^{13}C-NMR 可提供化合物中碳核的类型、碳的分布、碳核间的关系三方面结构信息。另外，利用某些碳谱技术，如 INEPT（非灵敏的极化转移增强法）、DEPT（无畸变极化转移增强法）等，还可进一步提供分子中各种碳原子的结构类型，如伯、仲、叔、季碳原子的数目和官能团的类型，可提供氢谱中无信号的季碳原子信息。与氢谱不同的是，^{13}C-NMR 主要提供的是分子骨架的信息，而不是外围质子的信息。

碳谱与氢谱之间的关系是相互补充的：a. 氢谱不能测定不含氢的官能团，对于含碳较多的有机物，烷氢的化学环境类似，而无法区别，但碳谱可以给出各种含碳官能团的信息，几乎可分辨每一个碳核；b. 碳谱峰高与碳原子数目不成比例，定量性差，但氢谱峰面积的积分高度与氢原子数成比例，可以进行准确的定量分析。

③ 核磁共振二维谱 对于复杂化学结构的未知物，可以测定氢 - 氢相关谱或碳 - 氢相关谱（COSY），以提供化合物氢核与氢核或氢核与碳核之间的相关关系，进而准确地测定出分子中的细微结构。

概念检查 1.1

○ 列举出核磁共振氢谱与核磁共振碳谱的优势与不足。

（5）质谱法（MS） 质谱法是光谱法之外的另一种谱学分析方法，它是通过对样品离子质荷比的测定来对样品进行定性定量及结构分析的一种方法。根据被测样品的类型，质谱法可分为有机质谱、无机质谱和生物质谱，此处仅简要介绍有机质谱和生物质谱。

① 有机质谱 是目前唯一能准确给出化合物的分子量和分子式的分析方法，从20世纪60年代开始，就成为有机化合物分子结构鉴定的一种重要手段。

在有机化合物的质谱中，能给出其分子量、元素组成和分子式等重要信息，可以找出分子离子与碎片离子和碎片离子与碎片离子之间的关系，据此推出结构单元，再进一步推测出化合物的部分乃至全部结构；此外，利用特征峰还可以区分某些同分异构体；另一个重要功能是在综合光谱解析后，验证所推测未知物结构的正确性。

② 生物质谱 20世纪80年代，随着电喷雾（ESI）和基质辅助激光解吸电离（MALDI）等“软电离”技术的出现，生物质谱获得飞速发展[6,7]，已成为现代科学研究的前沿之一。

生物质谱能快速而准确地测定生物大分子（如蛋白质、核苷酸和糖类等）的分子量，给出丰富的分子结构信息；并能进行蛋白质序列分析和翻译后修饰分析，使蛋白质组学研究从蛋白质鉴定深入到高级结构研究以及各种蛋白质之间的相互作用研究。

在生物质谱分析中，应用最多的是基质辅助激光解吸电离-飞行时间质谱（MALDI-TOF-MS）[8]，与ESI-MS相比，MALDI-TOF-MS更容易得到单电荷离子，更适合分析复杂体系的生物混合物。

MALDI-TOF-MS的原理是将样品与小分子基质按一定比例均匀混合，当一定波长的脉冲式激光照射时，基质从激光中吸收能量并传递给样品，导致样品被解吸电离。样品产生的离子在加速电场的作用下获得相同的动能，经过一个无场的真空飞行管道，较轻的离子速度快，较早到达检测器，较重的离子较晚到达检测器，飞行时间与 m/z 成正比。MALDI产生的离子多为单电荷离子，质谱图中的谱峰与样品各组分的质量数有一一对应关系。

MALDI-TOF-MS是测定生物大分子分子量和进行结构鉴定的有效方法。它可以测定肽质量指纹谱、蛋白质表达谱、蛋白质翻译后修饰谱，并可进行位点研究、标记或非标记定量、全蛋白质完整无损分析等。目前，这种技术已被应用于肿瘤标识物的鉴别。

2. 无机物的定性及结构分析

（1）无机物的定性分析 样品中的无机组分分析，通常采用原子发射光谱法（AES）和原子吸收光谱法（AAS）进行定性定量分析；也可采用X射线荧光光谱法（XRF）对样品作非破坏性的定性定量分析。

20世纪80年代发展起来的电感耦合等离子体质谱法（ICP-MS）是一种新型的分析测试技术，它不仅可以取代ICP-AES和AAS进行定性定量分析，还可以与其他技术如HPLC、HPCE、GC联用进行元素的形态、分布特性等的分析。

ICP-MS 谱图简单，易于解释，可以根据质荷比来进行多元素的快速定性分析；还可通过离子流强度的测定来进行定量分析。ICP-MS 能测定周期表中约 90% 的元素，目前已成为公认的最强有力的元素分析技术，也是无机痕量分析的一种重要手段。

（2）无机物的结构分析　分子中原子的状态分析，常用的方法有化学分析电子能谱法（ESCA）、X 射线衍射法（XRD）和 IR 法等。测定分子中原子价态最常用的方法是 X 射线光电子能谱法（XPS），测定化合物相态与晶态的最佳方法则是 XRD，IR 对许多无机化合物中的阴离子可给出较准确的结构信息。对溶液中阴离子的种类与含量分析还可采用离子色谱法（IC）。

① 电子能谱法　在电子能谱中，最常用的一种是以 X 射线为激发源的光电子能谱法，简称 XPS。各种元素都有它的特征的电子结合能，因此在能谱图中就出现特征谱线，可以根据这些谱线在能谱图中的位置来鉴定周期表中除 H 和 He 以外的所有元素。图 1-2 为第二周期元素 1s 电子的 XPS 图。

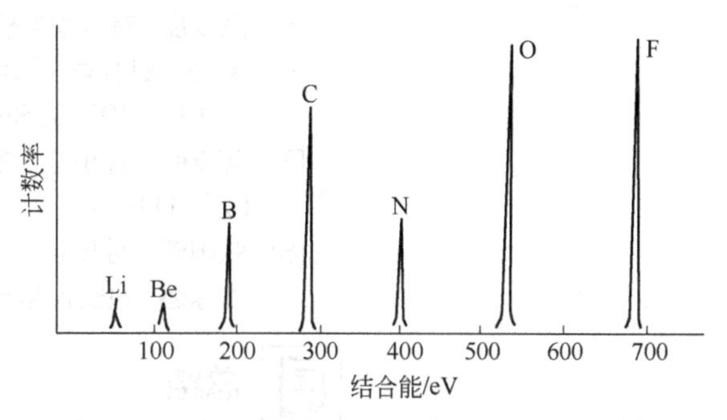

图 1-2　第二周期元素 1s 电子的 XPS 图[4]

XPS 可准确地测定出各元素的电子结合能，据此就可以了解样品中元素的组成。元素所处的化学环境不同，其结合能会有微小的差别，这种由化学环境不同引起的结合能的微小差别叫化学位移，由化学位移的大小可以确定元素所处的状态。例如某元素失去电子成为正离子后，其结合能会增加；如果得到电子成为负离子，则结合能会降低。又如 Al_2O_3 中的 3 价铝与纯铝（0 价）的电子结合能存在大约 3eV 的化学位移，而氧化铜（CuO）与氧化亚铜（Cu_2O）存在大约 1.6eV 的化学位移。这样就可以通过化学位移的测量确定元素的化合价和存在形式。

② X 射线衍射分析法（XRD）　XRD 是测定化合物相态与晶态的最佳方法。X 射线衍射分析，就是利用单色 X 射线照射晶体样品，用仪器测定发生衍射方向的 θ，根据布拉格公式 $n\lambda=2d\sin\theta$（式中，λ 为入射 X 射线的波长，d 为晶面间距，θ 为衍射角）计算出相应于衍射方向 θ 的晶面间距 d，再查阅标准 2θ–d 数据表，可对未知组成的某晶体样品的结构和组成给出定性的分析结果。

概念检查 1.2

○ 简述XPS与XRD各能提供的结构信息。

六、样品中各组分的定量分析

在某些样品的剖析研究中，不仅要求提供样品中各组分的组成结构，而且还需要提供各组分的准确含量。这对某些新产品的开发研究、天然资源的利用、产品质量控制、科研中未知现象的解释等都是很重要的。

样品中无机组分的定量分析，可采用原子吸收光谱法（AAS）、原子荧光光谱法（AFS）、电感耦合等离子体原子发射光谱法（ICP-AES）、X 射线荧光光谱法（XRF）和电感耦合等离子体质谱法（ICP-MS）等。样品中有机组分的定量分析，只有在完成各组分的定性或结构分析后，才有可能选择适宜的方法作出定量分析，常用的方法有 GC、HPLC、UV 和 IR 等。

一些商品的剖析，并不要求非常准确的定量分析结果，采用柱色谱法，以不同的溶剂作梯度淋洗，收集各馏分除去溶剂后，用质量法计算各组分的质量分数，一般可以满足新产品研制的需要。

参考文献

[1] 王敬尊，瞿慧生. 复杂体系样品的综合分析现状与展望. 大学化学，2002，17(1): 33-37.

[2] 王敬尊，瞿慧生. 分析科学中的综合分析——剖析技术进展. 化学通报，1995，(2): 1-7.

[3] 汪尔康. 21 世纪的分析化学. 北京：科学出版社，1999.

[4] 王敬尊，瞿慧生. 复杂样品的综合分析——剖析技术概论. 北京：化学工业出版社，2000.

[5] 洪少良. 有机物剖析技术基础. 北京：化学工业出版社，1988.

[6] 高兴，胡亚君，陈佳佳，金红. 生物质谱技术在生命科学研究中的应用. 化学世界，2016，(10): 668-671.

[7] 高友鹤，钱小红. 生物质谱研究方法与应用新进展. 中国科学：生命科学，2018，48(2): 111-112.

[8] 张国辉，孙传强，孙运，赵学玨，汪曣. 基质辅助激光解吸 / 电离质谱质量分析器技术综述. 真空科学与技术学报，2018，38(8): 667-676.

总结

剖析

- 剖析也称综合分析，就是对一个复杂体系的样品进行全分析，包括定性定量及结构分析。
- 剖析能提供全面、准确的结构与成分表征信息。
- 要圆满完成一个复杂物质的剖析，几乎包括全部的现代分析方法。

剖析程序

- 了解样品的有关信息，包括样品的来源、固有特性、使用特性及用途等。
- 考察样品的性质，包括观察样品的物理状态、颜色、气味、溶解性能及燃烧性能等。
- 样品中各组分的分离与纯化（详见第二章）。
- 组分的鉴定，包括定性、定量与结构分析。
  - 有机物定性与结构分析，通常采用紫外光谱法、红外光谱法、拉曼光谱法、核磁共振光谱法和质谱法；定量分析可采用紫外光谱法和色谱法等。
  - 无机物定性定量分析，可采用电感耦合等离子体质谱法、原子发射光谱法、原子吸收光谱法和X射线荧光光谱法等。
  - 无机物结构分析，可采用X射线光电子能谱法、X射线衍射法和红外光谱法等。

思考题

1. 何谓剖析？剖析为何又称为综合分析？
2. 剖析工作具有哪些特点？
3. 剖析工作的作用有哪些？

4. 剖析工作有哪些局限性？
5. 简述剖析工作的一般程序。
6. 对未知组分的纯度鉴定，常用的方法有哪些？
7. 复杂体系样品中的各组分经分离纯化后，如何进行定性分析？
8. 在复杂体系样品中，有机组分常用的结构鉴定方法有哪些？它们各有什么特点？
9. 用于复杂体系样品中无机组分和有机组分的定量分析方法各有哪些？

课后练习

1. 下述样品中哪些属于复杂体系样品：（1）合成洗涤剂；（2）石墨；（3）聚氯乙烯薄膜；（4）尼龙66
2. 复杂体系样品剖析的全过程是：（1）分离→定性定量→结构鉴定；（2）分离→结构鉴定→复配→评价；（3）分离→纯化→定性定量；（4）分离→纯化→定性定量→结构鉴定→复配（合成）→评价
3. 某未知样品散发出一股难闻的大蒜臭味，则该样品可能含有下述哪一种组分：（1）苯甲醚；（2）乙硫醚；（3）吡啶；（4）对甲氧基苯甲醇
4. 已知某未知样品只能溶于5%氢氧化钠溶液，不溶于5%碳酸氢钠溶液，则该样品为：（1）胺类；（2）酚类；（3）肼类；（4）芳香烃类
5. 在对某未知样品进行燃烧试验时，闻到了盐酸味，则该样品为：（1）聚酯纤维；（2）聚氯乙烯；（3）合成橡胶；（4）三苯甲烷染料
6. 复杂体系样品经分离提纯后，鉴定所得有机组分的纯度，可采用下述哪些方法：（1）物理常数测定；（2）元素分析；（3）库仑分析；（4）红外光谱分析
7. 对复杂体系样品进行表面与微区分布分析，可采用的方法是：（1）原子吸收光谱法；（2）示波极谱法；（3）电子探针法；（4）高效液相色谱法
8. 对水相样品中的有机组分进行结构鉴定，最适宜的方法是：（1）红外光谱法；（2）质谱法；（3）拉曼光谱法；（4）核磁共振光谱法
9. 在下述谱学方法中，哪一种方法可以确定出分子中各基团之间的连接关系：（1）紫外光谱法；（2）红外光谱法；（3）拉曼光谱法：（4）核磁共振光谱法
10. 在波谱分析中，能够准确给出化合物分子量的方法是：（1）紫外光谱法；（2）红外光谱法；（3）质谱法；（4）核磁共振光谱法
11. 对样品中的无机组分进行定性分析，可选择下述哪些方法：（1）原子发射光谱法；（2）核磁共振氢谱；（3）X射线荧光光谱法；（4）气相色谱法
12. 测定分子中原子价态最常用的方法是：（1）ICP-AES；（2）XPS；（3）XRD；（4）XRF

简答题

简答样品中无机成分的分析主要包括哪些内容？采用何种仪器分析方法可以完成这些内容的测定？

（www.cipedu.com.cn）

第二章 复杂样品的分离与纯化

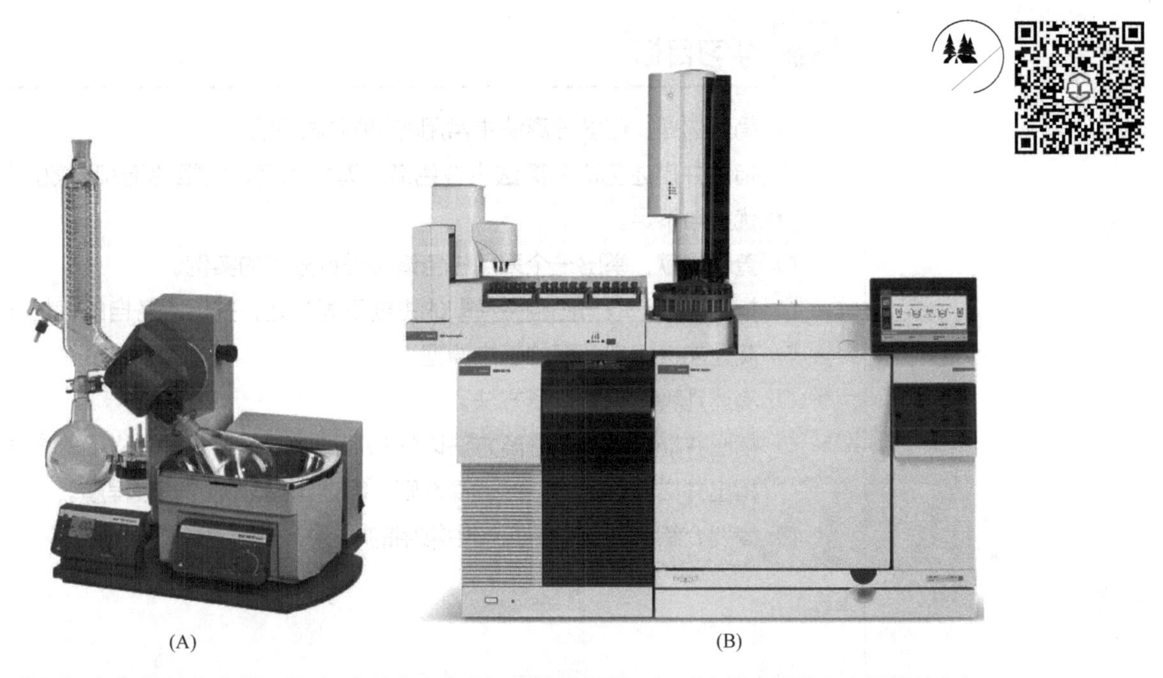

(A) (B)

图（A）为旋转蒸发器，图（B）为气相色谱-质谱联用仪。如对土壤中挥发及半挥发性有机污染物进行剖析，可先用有机溶剂对土壤样品进行索氏提取，将待测物提取到有机溶剂中，然后提取液经图（A）所示的旋转蒸发器进行浓缩，浓缩液经图（B）所示的气相色谱-质谱联用仪，进行有机污染物的分离、定性及定量分析。

为什么要学习复杂样品的分离与纯化？

一个组成复杂的样品，不经分离，任何一种现代化的仪器也无法给出全部表征信息。可以说，分离效果的好坏是决定剖析成败的关键。面对一个复杂体系的样品，如何选择合适的分离方法和合理的分离程序，如何进行操作，才能将各个组分逐一分离开，这些知识和技能通过本章的学习，都可以初步掌握。

学习目标

- ○ 简述物理、化学分离法中常用的5种分离方法。
- ○ 指出并描述色谱分离法中柱色谱、薄层色谱、气相色谱和高效液相色谱法的优势与不足。
- ○ 查阅文献，举出一个采用柱色谱法进行分离的实例。
- ○ 指出固相萃取与固相微萃取的主要不同之处，并指出各自的优势与不足。
- ○ 简述加速溶剂萃取的基本原理。
- ○ 简述几种微萃取分离方法。
- ○ 指出并描述微萃取分离方法以外的几种新型的分离复杂样品的方法。
- ○ 指出并描述分离方法的选择准则，简述样品分离的一般程序。
- ○ 简要介绍两种在剖析工作中常用的联用技术。

第一节　复杂样品的分离方法

一个复杂样品的剖析如何入手，选用什么样的分离方法和分离程序，将各个组分逐一分离开，通常是剖析研究中的关键技术之一，也是难度大、耗时长的分析过程。

许多分离方法的原理并不是单一的，有的是以一种原理为主，另一种原理为辅，或几种原理相互结合，所以试图用任何简单的分类方法，包罗全部分离技术是很困难的。本节仅对一些常用的分离方法及一些新型的分离技术的原理、特点及应用等进行概述，并以一些典型的复杂样品分离为例，介绍这些分离方法的综合应用。

一、物理、化学分离法

所谓物理、化学分离法是指化学实验中常用的一些经典分离方法，如蒸馏、萃取、结晶、沉淀、过滤与膜分离等。这些方法的分离效率虽然不是很高，但在分离研究中也是不可忽视的。

1. 蒸馏法

（1）常用的几种蒸馏方法　蒸馏是利用液体混合物中各组分挥发性不同而将其分离的方法。蒸馏是分离和提纯液态样品最常用的有效方法之一。应用这一方法，不仅可以将挥发性物质与不挥发性物质分离，还可以将沸点和挥发度相差较大的组分以及有色杂质等分离。

① 普通蒸馏法　最简单的蒸馏技术是通过加热，使液体沸腾，产生的蒸气在冷凝器中冷凝下来，作为馏出物收集。简单的蒸馏一般只能做到部分分离，很难实现完全分离，有时需进行多次重复蒸馏才行。

② 分馏法　将多次蒸馏的复杂操作在一支分馏柱中完成，就叫做分馏。分馏可明显提高蒸馏效率，它是实验室中主要的蒸馏方法。一般来说，液体混合物沸点相差在100℃以上，可用普通蒸馏法；相差在25℃以下，则需采用分馏法，沸点相差越小，则需要的分馏装置越精密。分馏是在分馏柱中进行，分别收集不同温度间隔内的馏出液以使各组分分开。

③ 减压蒸馏法　减压蒸馏是在压力降低到低于大气压力条件下进行蒸馏分离的方法。很多有机化合物，特别是高沸点有机化合物，在常压下蒸馏往往会发生部分或全部分解。在这种情况下，采用减压蒸馏方法最有效。一般的高沸点有机化合物，当压力降低到2.67kPa时，其沸点要比常压下的沸点低100～120℃。

以上是常用的几种蒸馏方法，普通蒸馏和分馏法常用于分离性质相似的有机化合物，如用于分离苯-甲苯、己烷-庚烷等，但对微量样品不宜采用，因容器壁的黏附可能使样品受到严重损失。当样品中各组分的热稳定性不清楚时，应尽量避免过高的蒸馏温度，以免某些组分因受热而引起结构组成的改变，这时可采用减压蒸馏法。采用减压蒸馏可降低温度，但可能使一些易挥发的组分损失掉。当样品溶液中含有表面活性剂类物质时，蒸馏过程中因产生泡沫溢出而使实验失败，此时可取尽量少的样品溶液，加入一团经过净化处理的脱脂棉，然后在液浴上蒸馏。

（2）常用的浓缩方法　在样品分离以后，当有大量溶剂时，目标化合物的浓度很低，需要把溶剂蒸馏出来，浓缩目标化合物。常用的浓缩方法有旋转蒸发与K-D浓缩，所用仪器为旋转蒸发器和K-D浓缩器。

图 2-1　旋转蒸发器实物图

① 旋转蒸发器　旋转蒸发器是一常用的蒸馏装置，也是一种快速的液体样品浓缩装置。由加热浴、蒸发瓶（旋转蒸发瓶的体积可以根据溶剂的量来选择）、传动装置、冷却系统、收集瓶和快速升降杆等组成，如图2-1所示。

浓缩原理：旋转蒸发器是在减压下浓缩溶剂的，通过减压降低溶剂沸点，通过加热提高温度，通过不断旋转增大蒸发表面积，加快蒸发速度，三管齐下以实现溶剂的快速蒸发，达到浓缩的目的。

旋转蒸发器有很多优点：a. 温度可控，能有效防止热不稳定目标物在较高温度下的分解；b. 压力可控，减压蒸馏，水浴的温度不需要太高就能很好地对很多不易挥发的溶剂实现浓缩；c. 旋转蒸发器浓缩的整个过程都是在旋转蒸发瓶中完成，有效防止了目标物的流失，保证较好的回收率；d. 操作方便，安全。

② K-D浓缩器　是为浓缩易挥发性溶剂设计的，是常用的浓缩方法之一。K-D浓缩器适合于中等体积（10～50mL）提取液的浓缩，它直接将溶液浓缩到刻度试管中，蒸发的溶剂经冷凝管冷却流到溶剂回收瓶中。图2-2是K-D浓缩器示意图，K-D浓缩瓶与施耐德分馏柱连接，下部接一个体积很小的带有刻度的收集管（也叫定容管），浓缩到收集管中的溶液量很少，可在浓缩后直接定容测定，无需转移样品。

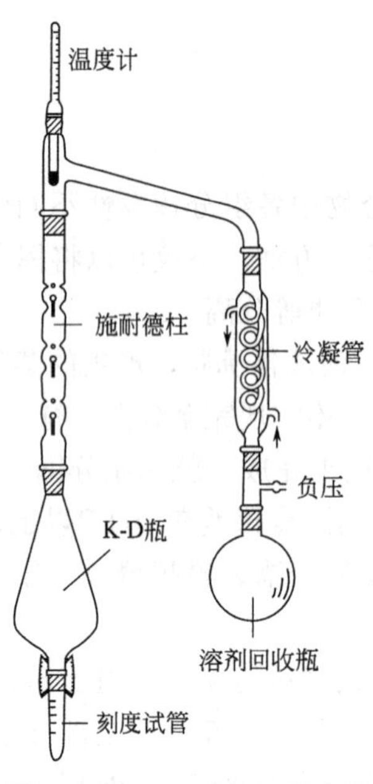

图 2-2 K-D 浓缩器示意图

施耐德分馏柱的作用是，可以防止部分溶剂冲出，同时一部分冷却下来的溶剂又能回流洗净器壁上的目标化合物，使目标物随溶剂回到蒸馏瓶中。实验证明，施耐德柱在浓缩过程中可使目标成分损失降低到最小程度。

浓缩操作可以在常压（易挥发的溶剂）或者减压下进行，因为K-D浓缩器是通过加热使溶剂沸腾并将产生的溶剂冷凝回收来实现浓缩目的，所以目标物需要一定的热稳定性，否则在较高的温度下有可能分解。

③ 旋转蒸发器与K-D浓缩器的比较 a. 旋转蒸发器与K-D浓缩器都是前处理过程中常用的浓缩仪器；b. K-D浓缩器可以在常压（易挥发的溶剂）和减压下浓缩溶剂，旋转蒸发器都是在减压下浓缩溶剂；c. 旋转蒸发器是通过减压使溶剂沸点降低，并通过加热和旋转来促进溶剂蒸发以达到浓缩目的，K-D浓缩器是通过加热使溶剂沸腾并将产生的溶剂冷凝回收来达到浓缩目的；d. 与K-D浓缩器相比，旋转蒸发器可以较快地、平稳地蒸馏，不发生暴沸现象，在使用时可根据提取液的体积改换各种容量的蒸发瓶，从10mL到1L均可。

2. 气体萃取法

气体也是一种“溶剂”，而且是挥发性物质最理想的“溶剂”，对于样品中微量的易挥发性物质的分离富集，可采用气体萃取法。气体萃取法又称为顶空技术，顶空技术与色谱联用作为一种可靠和有效的分析检测技术，已成为一些国家及部门的标准方法。

顶空技术的适用范围：①待测物可以在200℃以下挥发；②待分析的样品是固体、液体或膏状物，若不进行样品前处理就无法引入GC进样口。

顶空技术的特点：①避免了液体或固体样品在直接取样时复杂的样品基体成分被带入分析仪器系统的可能性，从而消除了由基体成分的带入而对样品中挥发性成分分析所造成的影响和干扰；②操作简便，只需将样品放入顶空瓶中，再密封保存直至色谱分析；③可自动化，已有不少气相色谱生产商能够提供集成化的气相色谱顶空进样器；④无需使用有机溶剂，对环境不会造成二次污染。

顶空技术分为静态顶空技术和动态顶空（吹扫捕集）技术两类。

（1）静态顶空技术 用于液体或者固体样品中挥发性物质的分离纯化。图2-3是静态顶空技术的原理示意图，将样品放置在一个密封的容器（顶空瓶）中，在一定温度下放置一定时间，样品中的挥发性成分挥发到上方的气体中，当其中的样品与样品上方的气体达到两相平衡时，直接抽取样品上方气体进行气相色谱分析。

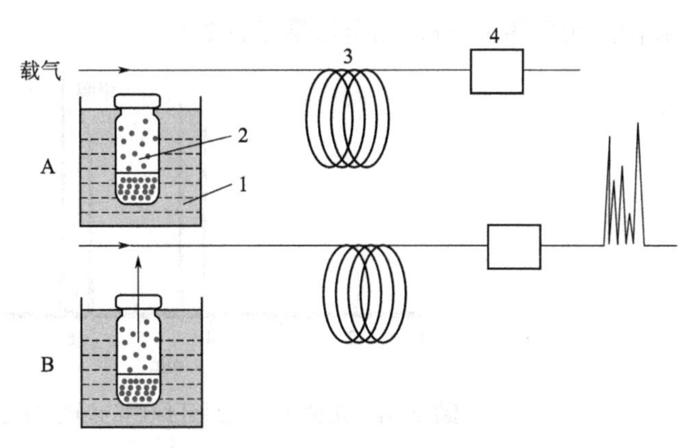

图 2-3　静态顶空技术的原理示意图

A—平衡；B—进样

1—恒温水浴；2—样品瓶；3—气相色谱柱；4—检测器

静态顶空操作步骤：第一步平衡，准备好玻璃顶空瓶，将液体或者固体样品放在密封的顶空瓶中，样品上方保留一半以上的气体空间，在恒温下使样品与样品上方的气体达到两相平衡；第二步进样，使用气密性注射器抽取样品瓶中顶空气体，进行气相色谱分析。

在平衡状态，气相中挥发性物质的浓度与样品中对应物质的浓度之间有一个定量关系，即顶空中被分析物的浓度正比于溶液中被分析物的浓度。影响静态顶空分析的主要因素有样品的性质、样品量、平衡温度与平衡时间等。

静态顶空有直接进样、平衡加压进样和加压定容进样 3 种进样模式。

① 直接进样　配有气密性的气体取样针，一般在气体取样针的外部套有温度控制装置。这种进样模式具有适用性广和易于清洗等特点，适合于香精香料和烟草等挥发性成分含量较高的样品。加热条件下顶空气的压力太大时，会在注射器拔出顶空瓶的瞬间造成挥发性成分的损失，因此在定量分析上存在一定的不足。为了减少挥发性物质在注射器中的冷凝，应该将注射器加热到合适的温度，并且在每次进样前用气体清洗进样器，以便尽可能地消除系统的记忆效应。

② 平衡加压进样　由压力控制阀和气体进样针组成，待样品中的挥发性物质达到分配平衡时，对顶空瓶内施加一定的气压将顶空气体直接压入载气流中。这种进样模式靠时间程序来控制分析过程，很难计算出具体的进样量。平衡加压进样模式的系统死体积小，具有很好的重现性。

③ 加压定容进样　由气体定量管、压力控制阀和气体传输管路组成，该系统靠对顶空瓶内施加一定的气压将顶空气体压入定量管中，然后用载气将定量管中的顶空成分带入色谱柱中。该法的优点是重现性好，适合进行顶空定量分析。由于系统管路较长，挥发性物质易在管壁上吸附，因此一般将管路加热到较高的温度。

静态顶空技术的主要缺点是有时必须进行大体积气体进样，这样挥发性物质色谱峰的初始展宽较大会影响色谱的分离效能。如果样品中待测组分的含量不是很低，较少的气体进样量就可以满足分析需要时，静态法仍是一种非常简便有效的前处理方法。

应用举例：赵丹莹等[1]采用静态顶空气相色谱法测定了奶酪中甲醛的含量。将固体奶酪切碎，半固态奶酪（涂抹型奶酪）用玻璃棒充分搅拌后称取 2.0g 置于 20mL 顶空瓶中，加入 5mL 以还原剂 0.1mol/L 硼氢化钠和 1mol/L 氢氧化钠 1∶10 比例配制的反应液（使样品内甲醛还原为甲醇），迅速加盖，在 50℃水浴中静置 10min，涡旋 2min，涡旋提取后直接进行顶空气相色谱测定（图 2-4 为气相色谱图），外标法

定量。用该法对北京市3家大型超市中的30份奶酪样品进行测定，其中进口和国产奶酪各15份，测定结果见表2-1。

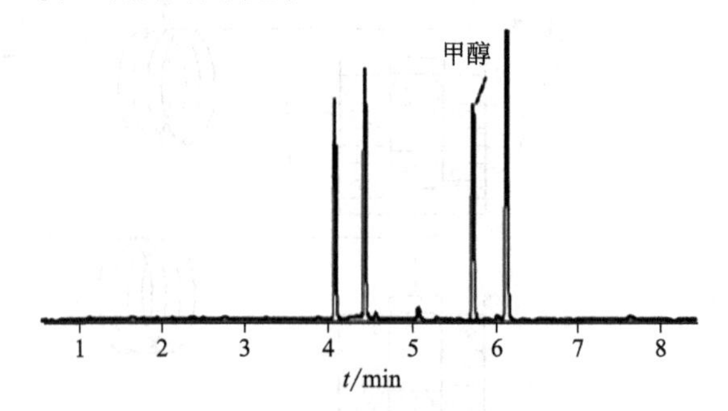

图2-4 奶酪中甲醛经还原后的静态顶空气相色谱

表2-1 北京市部分市售奶酪中甲醛含量测定结果　　份(%)

样品类型	样品数	未检出	<5.0mg/kg	5.0~<10.0mg/kg	≥10.0mg/kg
国产奶酪	15	5(33.3)	6(40.0)	3(20.0)	1(6.7)
进口奶酪	15	4(26.6)	7(46.6)	2(13.3)	2(13.3)
合计	30	9(30.0)	13(43.3)	5(16.6)	3(10.0)

（2）动态顶空（吹扫捕集）技术　在样品中连续通入惰性气体，挥发性组分随萃取气体从样品中逸出，通过一个捕集装置将这些组分浓缩，然后加热解吸出这些组分，进行气相色谱分析。目前已有自动化的吹扫捕集装置可供使用。动态顶空技术的优点是操作简便、富集倍数高、不耗费试剂、不污染环境、具有良好的精密度，是提取水中挥发性有机物的最好方法。

动态顶空技术是一种连续的多次气体萃取，样品上方的气体不断地被除去，样品瓶中的两相不会达到平衡，直到样品中挥发性组分被完全从样品基质中萃取出来。使用的惰性气体叫“吹扫气体”，惰性气体是连续不断地萃取样品，故动态顶空技术也称为“吹扫捕集”法。图2-5是动态顶空（吹扫捕集）技术的原理示意图。

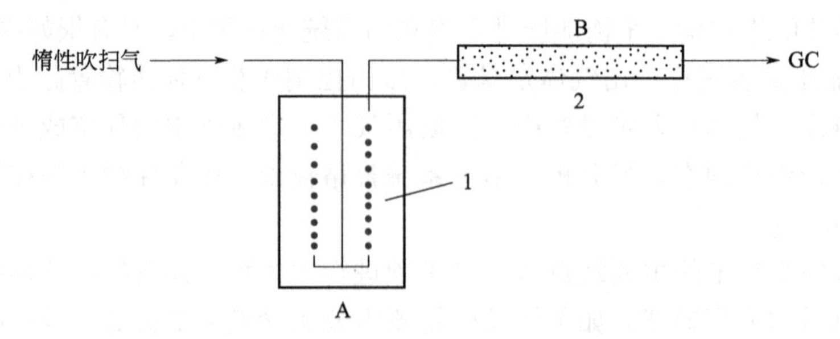

图2-5 动态顶空（吹扫捕集）技术原理示意图

A—样品吹扫，挥发性物质捕集；B—挥发性物质解吸附，进入气相色谱仪

1—样品瓶；2—吸附装置

动态顶空（吹扫捕集）操作步骤：①取一定量的样品加入吹扫瓶中；②将经过硅胶、分子筛和活性炭干燥净化的吹扫气，以一定流量通入吹扫瓶，吹脱

出挥发性组分；③吹脱出的组分被保留在捕集管的吸附剂中（捕集管中除吸附剂外，还经常放入干燥剂用来吸附水分）；④加热捕集管进行脱附，挥发性组分被吹出进入色谱柱；⑤进行色谱分析。其过程一般分为吹扫、吸附和解析三个步骤。影响吹扫效率的主要因素有吹扫温度、样品的溶解度、吹扫气的流速及流量、解析温度与时间等。

应用举例：杨平等[2]采用吹扫捕集，结合气相色谱-嗅闻-质谱联用技术（GC-O-MS）对3种沙琪玛样品进行气味分析。将徐福记鸡蛋口味沙琪玛切碎后称取25.0g置于动态顶空瓶中，加入2μL浓度为0.816μg/μL的2-甲基-3-庚酮（溶于正己烷）作为内标参照，迅速将顶端瓶盖及两侧出口盖好，连接循环水浴，水浴温度为60℃，平衡时间为20min。然后从左端通入氮气，流速为100mL/min，右端插入Tenax吸附柱，同样温度下吸附40min，随后通过多功能自动进样器将吸附柱送入进样口，挥发性化合物依次经过热脱附系统、冷进样系统，进入GC-O-MS联用仪进行分析检测。采用该法萃取了3种沙琪玛样品，共得到38种挥发性化合物，主要包括醇类（18.0%）、醛类（26.5%）、酮类（3.4%）、酯类（3.9%）和杂环类（37.8%），如图2-6所示，其中，醛类和杂环类化合物含量较高，对沙琪玛整体香味有重要贡献。

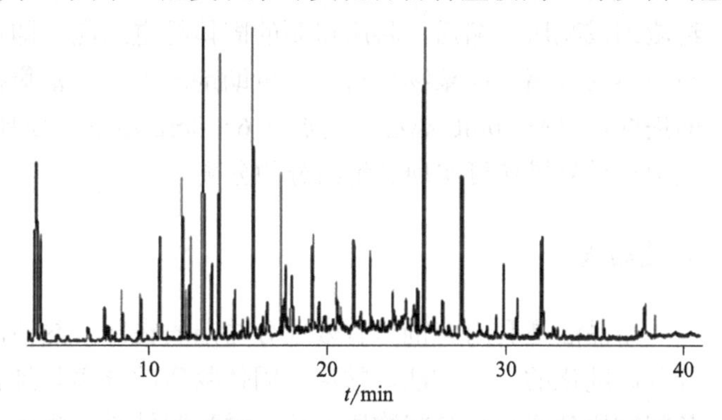

图2-6　吹扫捕集萃取沙琪玛挥发性组分的总离子流色谱图

3. 溶剂萃取法

溶剂萃取是利用物质在不同的溶剂中溶解度不同和分配系数的差异，使物质达到相互分离和富集的方法。溶剂萃取是一种常用的、行之有效的分离富集方法，被分离的对象可以是液体，也可以是固体。前者称为液-液萃取；后者称为液-固萃取，亦称浸取或提取。

（1）从溶液中萃取物质的方法　液-液萃取是利用物质在互不相溶的两相中的不同分配特性，进行分离富集的方法。通常一相是与水不混溶的有机溶剂（萃取剂），借助萃取剂的作用，使一种或几种组分进入有机相，而另外一些组分仍留在水相，从而达到分离富集的目的。实验室中常用分液漏斗进行溶剂萃取。

溶剂萃取法的关键是选择合适的萃取剂。如果萃取剂选择适当，就可以比较顺利地将主要组分分离提取出来。萃取剂的选择主要取决于被萃取物质本身的性质，一般根据“相似相溶”的原理。通常情况下，难溶于水的物质用石油醚、正己烷等萃取；较易溶者，用乙醚和苯萃取；易溶于水的物质用乙酸乙酯、丁醇或其他类似溶剂萃取。有时可适当改变溶液的pH值，使某些组分的极性和溶解度发生改变。例如萃取分离含有羧酸、酚、胺和酮的混合水溶液，首先加入$NaHCO_3$溶液，用乙醚萃取，此时羧酸以钠盐形式留在水相，其余三种组分都转到乙醚层。分出乙醚层，加入NaOH溶液，酚以酚钠形式进入水相，乙醚层只剩下胺和酮；再向乙醚层加入HCl溶液，胺以胺盐形式进入水相，这时只有酮仍留在乙醚层，于是四种组分得到分离。

对于一未知样品，可以采用极性由低到高的几种萃取剂，如石油醚、苯、无水乙醚、氯仿、乙酸乙酯、丙酮、乙醇、甲醇、水、酸（碱）等依次进行液-液萃取，每一萃取剂可提取数次，至可溶物质提尽为止。

选择萃取剂不仅要考虑溶剂对被萃取物质的溶解度要大，对杂质的溶解度要小，而且还要考虑萃取剂的沸点不宜过高，如选择不当，回收溶剂不易，还会使产品在回收溶剂时有所破坏。此外，萃取剂还要有一定的化学稳定性及小的毒性，密度亦要适当。

（2）从固体中提取物质的方法　从固体样品中分离富集某些组分，通常是将固体样品尽量粉碎成粉状物，用滤纸包好，置于索氏提取器中（又称脂肪提取器），选用不同极性的溶剂，依次将样品中各组分提取并实现初步分离。索氏提取是通过溶剂回流及虹吸现象，使固体每次均被纯净的溶剂所提取，萃取效率极高，又节省溶剂，但对受热易分解或变色的物质不适用。提取后的溶剂经浓缩或减压浓缩后，将所得到的固体经重结晶，即可获得纯品。例如高聚物与填料的分离，高聚物材料中微量助剂的提取与富集都常采用此法。微量样品的提取，可在10mL离心管内加入6～8mL溶剂，搅拌、离心，取出上层清液，经数次重复操作可实现微量组分的分离。

4. 结晶法

结晶法是利用溶剂对有效成分与杂质在冷、热情况下溶解度的显著差异进行分离纯化的一种方法，常用于固体物质的分离与纯化。一般地说，从不是结晶状物质分离出结晶状物质，这一过程叫结晶；将不纯结晶经过反复结晶的过程，得到高纯度的晶体，称为重结晶。

采用结晶法应注意结晶的条件，如选择合适的溶剂、合适的温度和时间等，其中最主要的是溶剂的选择。所选的溶剂对欲分离纯化的组分热时溶解度要大，冷时溶解度要小，而对杂质应冷热都不溶或冷热都易溶，这样才能使欲分离纯化组分绝大部分都结晶出来，而杂质则在热时过滤除去，或在冷时留在母液中。

结晶法的操作步骤为：将需要分离纯化的物质溶解于沸腾或近于沸腾的适宜溶剂中，将热溶液趁热过滤以除去不溶物，将过滤液冷却，结晶析出。

微量物质重结晶，可在小离心管中进行。热溶液制备后，即行离心，使不溶的杂质沉于管底，用吸管将上层清液移至另一小离心管中，任其结晶。晶体与母液分离可用离心法，一般以2000～3000r/min的速度离心，晶体坚实地沉淀于离心管底部，然后将母液吸出。晶体若需洗涤，则可加入少量合适的冷溶剂，用细玻棒搅匀后，再离心，再吸除溶剂。若需再结晶，就在原来离心管内进行。为了除去附着于晶体表面的母液，可用滤纸条吸除，再缓慢小心地真空干燥。

5. 沉淀法

以沉淀反应为基础的分离方法称为沉淀法。沉淀法是在样品溶液中加入沉淀剂，使某一组分以一定组成的固相析出，经过滤而与液相分离的方法。沉淀法原理简单，不需要特殊装置，是一种经典的分离技术，至今仍被广泛应用。

溶解沉淀法常用于高聚物的分离。先将高分子材料溶解于溶剂中，配成较浓的溶液，溶剂一般是丙酮、*N,N*-二甲基甲酰胺、二甲基亚砜等。一种操作方法是，在不断搅拌下，将沉淀剂（通常为乙醇、甲醇或石油醚等，选用何种沉淀剂视高聚物的极性而定）滴入高分子溶液中，产生浑浊时，可加快其加入速度，使高聚物完全沉降下来，小分子的助剂则留在溶液内。沉淀剂的用量约为高分子溶液量的十倍以上。另一种操作方法是，将高分子溶液滴入沉淀剂中，立即产生絮状物或细颗粒沉淀，离心或过滤取出沉淀物。然后用沉淀剂反复洗涤沉淀物，或将沉淀物再次溶解，进行重复沉淀，这样就可以得到较纯的高聚物，而添加剂则留在滤液中。得到的沉淀物即高聚物，可用显微熔点仪测定熔点与熔距，以判断其纯度，然后再用红外光谱法鉴定其结构。滤液置于红外灯下或水浴上慢慢蒸干，留待其他组分的分离鉴定。图2-7是采用溶解沉淀法分离一种高强度飞机涂料的剖析示例。

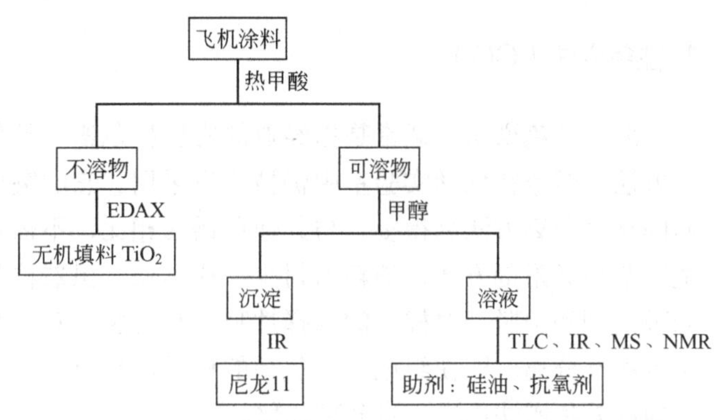

图2-7　一种高强度飞机涂料的剖析分离示例[3]

6. 过滤法

过滤是分离液固非均一体系常用的分离方法。过滤操作是利用重力或人为造成的压差使浑浊液通过某种多孔性过滤介质，其中的不溶性固体颗粒被截留，液体则穿过介质流出，从而实现固液分离。常用的滤材有滤纸、滤布、助滤剂、烧结玻砂漏斗等，主要用于大于1μm以上的颗粒分离。操作可在常压、加压或减压条件下进行。小于1μm的颗粒属胶体溶液范围，可穿透普通的滤材，应采用特制的过滤膜分离。对于微量样品的过滤，可将一小团脱脂棉填在小漏斗径内，让样液通过，再选用适宜的溶剂，将脱脂棉上的固体样品溶解，洗脱下来，除去溶剂，即可得到纯度较高的固体样品，用这种方法可以减少样品在滤纸上的吸附损失。

二、色谱分离法

色谱法是一种高效率的分离分析技术，它是根据物质在固定相和流动相之间分配性质的差异，使混合物中各组分相互分离的方法。

气相色谱（GC）、高效液相色谱（HPLC）、薄层色谱（TLC）及纸色谱（PC）是四大类广泛应用的色谱技术，它们各有优缺点及适用范围。总的来讲，目前薄层色谱及高效液相色谱的应用最广泛。薄层色谱的特点是设备和操作简单，展开时间快，应用范围及分析对象广。无机、有机、生化及药物，小分子或大分子化合物，水溶性或非水溶性物质等各种类型的样品，都可以用薄层色谱法来分离、纯化、定

性和定量。高效液相色谱常用来分离环境污染物等复杂体系，其分离效率和定量准确度均比薄层色谱好，但设备贵和费用较高，限制了它的应用。纸色谱是几种色谱法中最便宜的一种，但展开时间长，用来分离水溶性物质比较方便。对于挥发性样品来说，气相色谱是一种非常有效的分离分析方法，但它对高沸点、易分解、腐蚀性强或离子型物质的分析较为困难，因此，在有机化合物中只有 20%～30% 的产品适用，在精细化工产品中所占比例则更少些。

在剖析研究中，常用的有经典柱色谱、薄层色谱、纸色谱和高效液相色谱法，柱色谱主要用于分离混合物和精制化合物，薄层色谱主要用于分离和鉴定化合物，纸色谱多用于水溶性化合物的分离与鉴定，高效液相色谱法常用来分离中草药、环境污染物等复杂体系。下面仅对柱色谱、薄层色谱、纸色谱、高效液相色谱、气相色谱、裂解气相色谱和闪蒸气相色谱法予以简要介绍。

1. 柱色谱法（CC）

所谓柱色谱法，通常是指经典的常压柱色谱，是色谱史上最悠久的一种分离方法，至今在化学实验室中仍被广泛采用。它的突出优点是，分离效率比经典的化学分离方法高得多。与其他色谱法相比，不需要贵重的仪器设备，更换洗脱剂和吸附剂方便，消耗器材少，成本低，虽然柱效率还不够高，但利用不同吸附剂和洗脱剂对样品的选择性吸附和洗脱，对一些组成相对简单的样品可实现相互分离。即使组成比较复杂的样品，也可通过柱色谱作预分离，再采用其他高效色谱法作进一步分离纯化。

（1）固定相的选择　根据样品体系和组分性质的不同，可选用不同的固定相。以吸附原理为主的柱色谱，所用固定相又称吸附剂。常用的吸附剂有氧化铝、硅胶和聚酰胺粉。氧化铝因制备条件不同又分为中性氧化铝、酸性氧化铝和碱性氧化铝。中性氧化铝应用较广泛，适用于烃、醚、醛、酮、醌及酯类等中等极性和强极性化合物的分离。酸性与碱性氧化铝分别适用于某些含弱酸性基团和生物碱类化合物的分离。硅胶应用广泛，可用于大多数弱极性、中等极性和较强极性化合物的分离纯化。聚酰胺粉主要用于分离水溶性物质或亲水性物质，其特点是样品上柱量大，适用于大量制备性分离。以离子交换原理为主的柱色谱，常用固定相为离子交换树脂。离子交换树脂分为阳离子交换树脂和阴离子交换树脂两种。阳离子交换树脂根据活性基团酸性的强弱，又分为强酸型和弱酸型两类。强酸型阳离子交换树脂含有磺酸基（$—SO_3H$），弱酸型阳离子交换树脂含有羧基（—COOH）或酚羟基（—OH）。强酸型阳离子交换树脂主要用于金属离子的分离。弱酸型阳离子交换树脂常用于生化样品中氨基酸和肽类的分离。阴离子交换树脂上含有碱性活性基团，可交换阴离子。碱性基团主要是含氮的氨基，如季胺、叔胺、仲胺和伯胺，其活性依次减弱。剖析中常用阴离子交换树脂分离阴离子表面活性剂。凝胶柱的固定相为无机和有机凝胶，凝胶主要用于高聚物的分离及分子量分布的测定。

（2）流动相的选择　流动相又称洗脱剂或淋洗剂。硅胶柱流动相的选择，一般按溶剂的极性由小到大的顺序加入。常用的有机溶剂极性由小到大的排列顺序为：正己烷＜石油醚＜环己烷＜四氯化碳＜苯＜甲苯＜氯仿＜乙醚＜乙酸乙酯＜丙酮＜乙醇＜甲醇＜水＜乙酸＜甲酸。将上述溶剂以适当比例混配，可调制成极性梯度更细的混合溶剂。样品中各组分的洗脱顺序亦按极性由小到大依次被洗脱下来。以分子中常见官能团的极性由小到大的顺序排列，可见到如下规律：烷烃＜烯烃＜醚类＜酰胺类＜醇类＜酚类＜羧酸＜磺酸＜盐。此外，极性大小还与分子中极性官能团的数目、非极性取代基数目与大小等有关。一般采用间断式定体积收集流出液，控制流速 1～3 滴 /s。氧化铝柱溶剂的洗脱能力顺序与硅胶柱略有差异。聚酰胺柱溶剂的洗脱能力顺序为：水＜乙醇＜甲醇＜丙酮＜稀碱溶液＜甲酰胺＜二甲基甲酰胺。离子交换柱常用一定 pH 值的溶液将交换到柱上的离子洗脱下来。洗脱阳离子时，常采用 3～4mol/L HCl 作洗脱液，对容易洗脱的离子，亦可用 1～2mol/L HCl 溶液洗脱。洗脱阴离子时，常用一定碱度的 NaOH 溶液或 HCl 和 NaCl 溶液作洗脱液。强酸型阳离子交换树脂对阳离子的选择顺序为：$Fe^{2+}>Al^{3+}>Ba^{2+}>Sr^{2+}>Ca^{2+}>Mg^{2+}>K^{+}>NH_4^{+}>Na^{+}>H^{+}>Li^{+}$，洗脱顺序是后面的阳离子先被洗出。强碱性阴离子交换树脂对阴离子的选择顺序为：柠檬酸根 $>SO_4^{2-}>C_2O_4^{2-}>I^{-}>NO_3^{-}>CrO_4^{2-}>Br^{-}>Cl^{-}>HCOO^{-}>OH^{-}>F^{-}$，洗脱顺序是后面的阴离子先被洗出。凝胶柱的洗脱溶剂主要是水、醇和氯代烃等有机溶剂，洗脱顺序是按分子量由大到小的顺序洗出。

2. 薄层色谱法（TLC）

薄层色谱法是将吸附剂或载体涂布在玻璃板或塑料板上成为一个薄层，把要分离的样品点加到薄层上，然后用合适的溶剂进行展开，达到分离和鉴定的目的。薄层色谱不仅适用于少量样品（几微克）的分离，也适用于较大量样品的精制、纯化。

薄层色谱的全过程包括：吸附剂的选择和处理、铺层及活化、点样、展开剂的选择及展开、显层检出及确定比移值（R_f）。整个过程可以表示为：

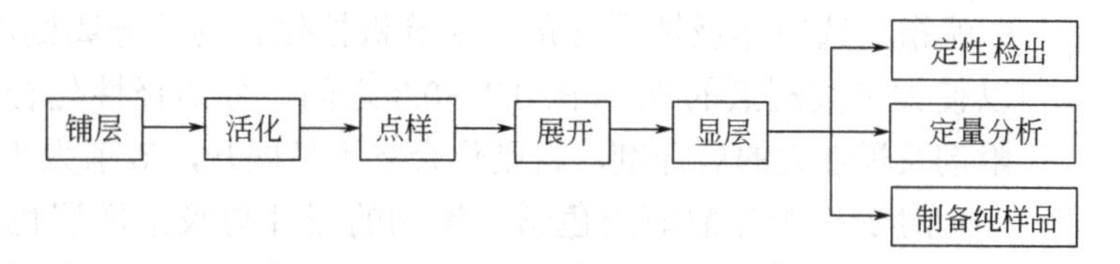

吸附剂和展开剂的选择是薄层色谱分离成功与否的关键，必须根据欲分离物质的性质进行适当选择。

（1）吸附剂的选择　薄层色谱中常用的吸附剂与柱色谱一样，有氧化铝、硅胶、纤维素、聚酰胺等。吸附剂的选择应从被分离物质的极性和吸附剂吸附性能的强弱两方面考虑，一般分离极性大的物质应选择吸附能力弱的吸附剂，反之则应选择吸附能力强的吸附剂。硅胶能吸附脂溶性物质，也能吸附水溶性物质，吸附能力较氧化铝稍弱；由于带微酸性，故适用于分离酸性及中性物质，如有机酸、氨基酸和萜类等。

硅胶的活度主要由硅胶中的含水量决定，常规用板在 105～115℃活化 30～60min，其含水量为 5%～15%，主要用于弱极性和中等极性化合物的分离，其分离机理以吸附色谱为主。当用于分离强极性化合物时，活化温度在 100℃以下，或在室温下让空气中的水蒸气饱和，或铺板后，晾干使用，硅胶中含有 15%～35% 水，此时主要作分配色谱板使用。

氧化铝是一种吸附能力较强的吸附剂，由于略带碱性，适用于碱性或中性物质的分离，特别适用于生物碱的分离。聚酰胺是一种常用的有机吸附剂，可用于分离易形成氢键的极性化合物，如酚、醛、酮、醌、醇、酸等。纤维素也是一种常用的有机吸附剂，主要用于亲水性物质的分离，用途与纸色谱相似，但在相同条件下比纸色谱的分离效果好。

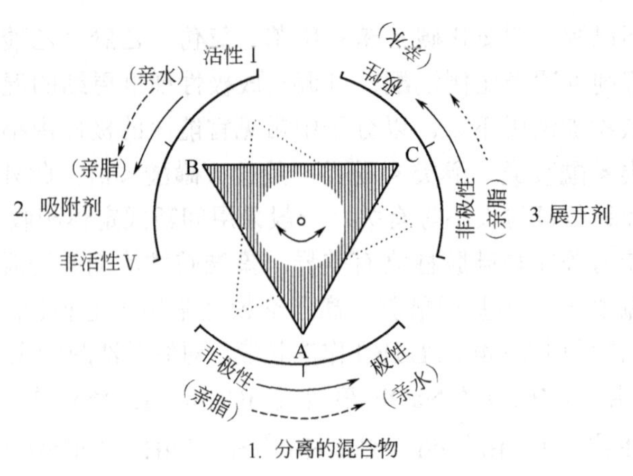

图 2-8　三角图形法选择展开剂

（2）展开剂的选择　薄层色谱中流动相又称展开剂，吸附剂可供选择的种类不多，而展开剂的种类则千变万化，不仅可以应用不同极性的单一溶剂作展开剂，而更多使用的是二元、三元或多元的混合溶剂作展开剂，因此展开剂的选择要比吸附剂的选择复杂得多。展开剂如果选择不当，就会出现物质被带到展开剂前缘，不形成斑点，而成为和展开剂前缘一致的一条带状；或被留在原点；或上升距离很小，分离效果不好等。展开剂的选择常用三角图形法，即在选择展开剂时，应从展开剂的极性、被分离物质的极性及吸附剂的活性三个方面来考虑。三者相互联系而又相互制约的关系可用图 2-8 来说明。在三者之中，其中被分离物质的性质是首要因素，据此考虑选择吸附剂的活度和展开剂的极性。

在一个圆盘上，有三种刻度，分别代表被分离物质的极性（非极性→极性），作为固定相的吸附剂的活度（活性最大的Ⅰ级到活性最小的Ⅴ级）和作为流动相的展开剂的极性（非极性→极性）。圆盘中心有一个可转动的正三角形指针，对于吸附薄层色谱，如 A 转向非极性物质，则 B 选用Ⅰ级的吸附剂，C 就指向选用非极性展开剂。中等极性化合物的分离则应采用中间条件展开，以使大多数斑点的 R_f 值在 0.2～0.8 之间。分离极性化合物时，要选用Ⅴ级吸附剂及极性大的展开剂，否则化合物不易展开，R_f 值太小。

对于正相分配薄层色谱，溶剂的极性与吸附薄层色谱相同，两者是平行的，溶剂的极性大，洗脱能力强，溶剂极性小，洗脱能力弱；对于反相分配薄层色谱，溶剂的极性与其洗脱能力相反，极性大的溶剂，洗脱能力弱，因此在选择时必须注意，虽然这种方法比较粗略，但至少可以作为初步选择展开剂时的一种依据。

在实际选择时，也可以先选择某一种溶剂，根据试样在薄层上的分离效果及 R_f 值的大小，再加减其他溶剂。在展开剂的选择中，若经多种展开剂试验仍不能获得较好的分离效果，则应考虑换用另一种吸附剂进行试验。

如果几种溶剂系统都能达到分离目的，就应选用易挥发、黏度较小的。这样在展开后展开剂能很快挥发除去，不致影响定性鉴定和定量测定。另外，还需考虑展开剂的毒性和价格。一般可用化学纯或分析纯的试剂来配制展开剂。混合展开剂要现用现配，否则在放置过程中，由于不同溶剂挥发性不同，会使溶剂的配比发生变化。

3. 纸色谱法（PC）

纸色谱多用于水溶性化合物，如氨基酸、糖类、有机酸及其盐等的分离与鉴定。纸色谱是以滤纸为载体，吸附在滤纸上的水或其他溶剂作固定相，有机溶剂和水混合的展开剂作流动相。样品内的各组分，由于它们在两相中的分配系数不同而达到分离。纸色谱属于液 - 液分配色谱法。由于纸色谱法所需的样品量少，设备简单，操作简便，所以至今仍在使用。

4. 高效液相色谱法（HPLC）

高效液相色谱法是在经典液相色谱法的基础上，引入了气相色谱的理论，在技术上采用了高压泵、高效固定相和高灵敏检测器而发展起来的一种高效、高速、高灵敏度的分离分析技术，目前已成为复杂体系样品的一种重要的分离、定性及定量分析手段，在石油化工、生物化学、食品分析、药物及临床分析、环境科学及材料科学等领域获得广泛应用。

高效液相色谱法根据组分在两相间的分离机理不同，可分为十余种方法。以下主要介绍液固吸附色谱法、液液分配色谱法、离子交换色谱法和凝胶渗透色谱法等。

（1）液固吸附色谱法　亦称液固色谱法，是利用不同组分的分子在固定相上吸附能力的差异而分离。固定相是吸附剂，流动相是以非极性烃类为主的溶剂。液固吸附色谱适用于分离极性不同的化合物、异构体和进行族分离，不适于分离含水化合物和离子型化合物。

（2）液液分配色谱法　亦称液液色谱法，是利用组分在两种互不相溶的液体（即固定相与流动相）中的溶解度不同而实现分离的。

液液色谱根据固定相与流动相的相对极性，可分为正相色谱和反相色谱两类。在正相色谱中，固定相的极性大于流动相的极性，组分在柱内的洗脱顺序按极性从小到大流出。在反相色谱中，固定相是非极性的，流动相是极性的，组分的洗脱顺序和正相色谱相反，极性大的组分先流出，极性小的组分后流出。在剖析工作中，反相色谱用得较多。

液液色谱可用于极性、非极性、水溶性、油溶性等各种类型样品的分离、定性和定量分析。

概念检查 2.1

○ 简述液液分配色谱法的基本原理和应用范围，正相色谱和反相色谱的区别。

（3）离子交换色谱法　是以离子交换树脂作为固定相，树脂上具有固定离子基团及可交换的离子基团。当流动相带着组分离子通过固定相时，组分离子与树脂上可交换的离子基团进行可逆交换。根据组分离子对树脂亲和力不同而得到分离。

作为固定相的离子交换树脂，通常分为阳离子交换树脂和阴离子交换树脂。阳离子交换树脂上具有与样品中阳离子交换的基团，阴离子交换树脂具有与样品中阴离子交换的基团。

离子交换色谱的流动相最常用的是水缓冲溶液；有时也用有机溶剂（如甲醇或乙醇）与水缓冲溶液的混合液，以提供特殊的选择性，并改善样品的溶解度。

离子交换色谱主要用来分离离子或可离解为离子的化合物。它不仅用于无机离子的分离，也广泛用于有机和生物物质，如氨基酸、核酸、蛋白质等的分离。

图 2-9 是高效离子交换色谱分离阴离子的示例。

（4）凝胶渗透色谱法　是基于溶液中溶质分子体积的大小（或分子量的大小）而分离。在凝胶渗透色谱中，是以填充在柱中的多孔性凝胶微粒作固定相，当样品溶液以一定速度通过凝胶柱时，大体积的分子由于不能进入凝胶的微孔中，因而被流动相携带沿颗粒间隙最先流出色谱柱；小体积的分子由于可

以扩散进入凝胶的所有微孔，所以最后流出色谱柱；而中等体积的分子，只能部分扩散到凝胶微孔中，因此它们在大小分子组分之间被洗脱出来，从而实现了不同组分的分离。

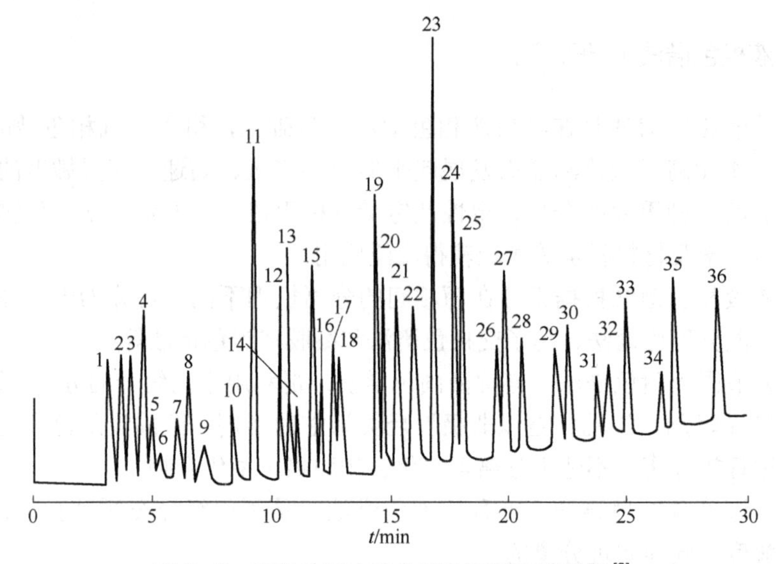

图 2-9 高效离子交换色谱分离阴离子示例[3]

柱：Ionpac As 5A；检测器：电导检测器；样品：1μg/mL

1—F^-；2—α-羟基丁酸；3—乙酸盐；4—甘醇酸酯；5—丁酸；6—葡萄糖酸盐；7—α-羟基戊酸盐；8—甲酸；9—戊酸盐；10—丙酮酸盐；11—氯乙酸盐；12—BrO_3^-；13—Cl^-；14—半乳糖醛酸盐；15—NO_2^-；16—葡萄糖醛酸；17—二氯乙酸盐；18—三氟乙酸盐；19—HPO_3^{2-}；20—SeO_3^{2-}；21—Br^-；22—NO_3^-；23—SO_4^{2-}；24—草酸；25—SeO_4^{2-}；26—α-酮戊二酸；27—富马酸；28—邻苯二甲酸盐；29—草乙酸盐；30—PO_4^{3-}；31—AsO_4^{3-}；32—CrO_4^{2-}；33—柠檬酸盐；34—异柠檬酸盐；35—顺式乌头酸盐；36—反式乌头酸盐

凝胶渗透色谱可用于分离从小分子起直到分子量大于 10^6 的高分子化合物，广泛用于测定高聚物的分子量分布及各种平均分子量，另外在生物化学中用途也很广。

（5）固定相与流动相的选择　液固吸附色谱、液液分配色谱、离子交换色谱和凝胶渗透色谱的固定相与流动相的选择见图 2-10。

5. 气相色谱法（GC）

用气体作流动相的色谱法称为气相色谱法，其中固定相是液体的称为气-液色谱法，而固定相是固体的（一般是吸附剂）称为气-固色谱法。气相色谱法利用试样中各组分在气相（流动相）和固定相之间的分配或吸附系数的不同而分离。

气相色谱法具有高选择性、高效能、分析速度快等特点，特别是毛细管色谱的出现，使气相色谱的分离能力出现了巨大飞跃，一根毛细管色谱柱可同时实现上百个组分的分离，目前毛细管色谱已在气相色谱中占据了主导地位。在剖析研究中，气相色谱的主要用途是与质谱或红外光谱的联机分析，可对某些复杂体系样品中易挥发的有机化合物同时进行分离、定性、定量与结构分析。

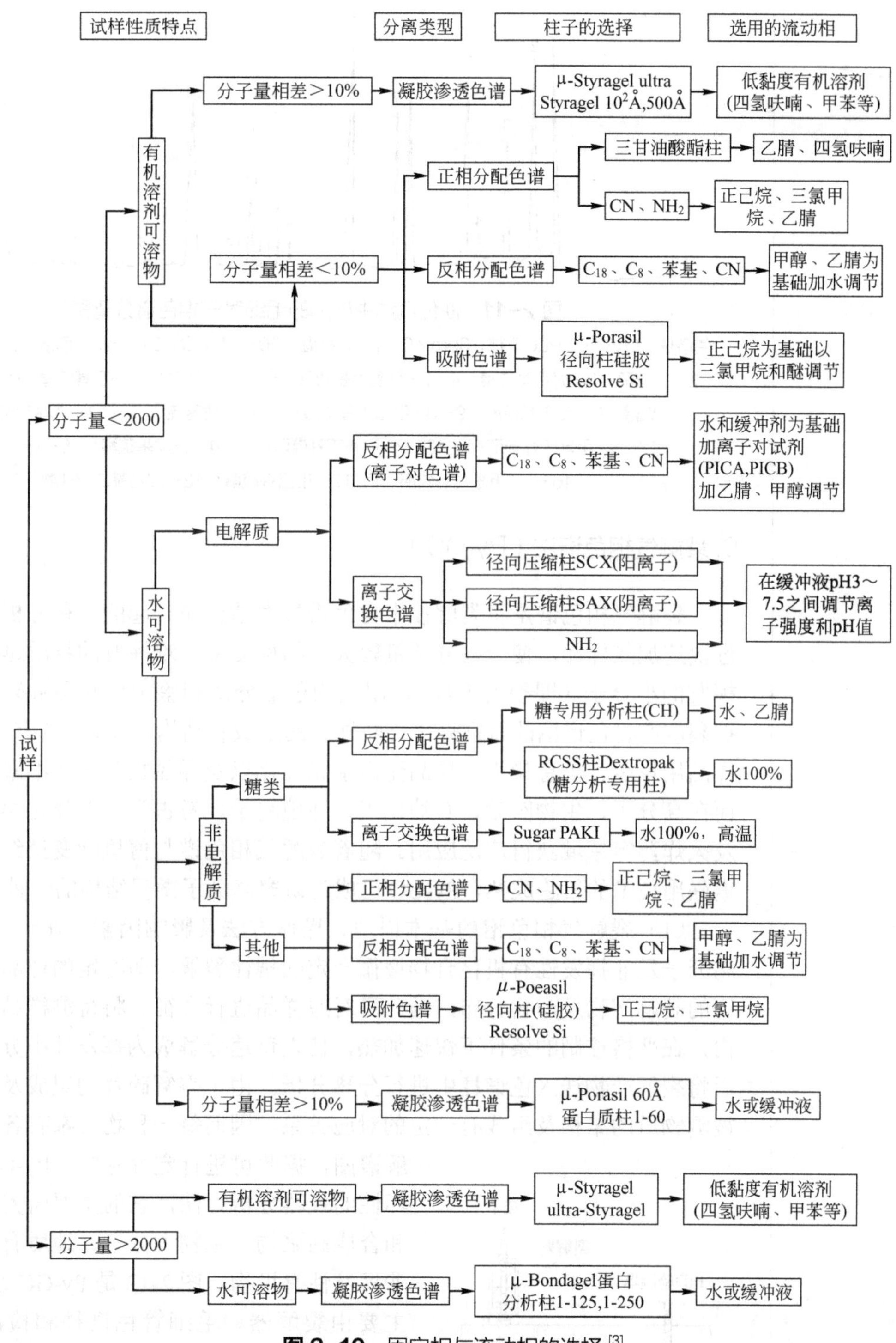

图 2-10 固定相与流动相的选择[3]

对于不易挥发或易分解的物质，可转化成易挥发和热稳定性好的衍生物进行分析；部分物质，如高聚物可采取热裂解的办法，分析裂解后的产物，再推出原物质的结构。

图 2-11 是采用气 - 液色谱法（非极性固定液）对催化汽油中硫醇的分离结果。

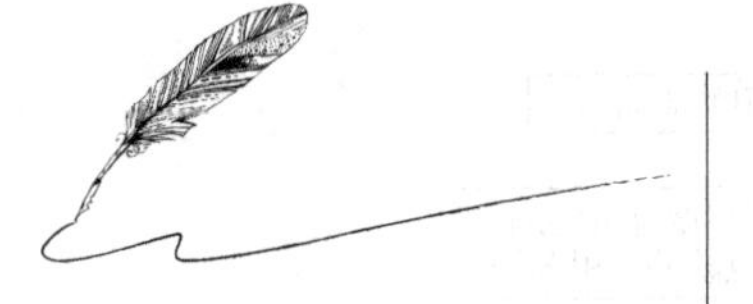

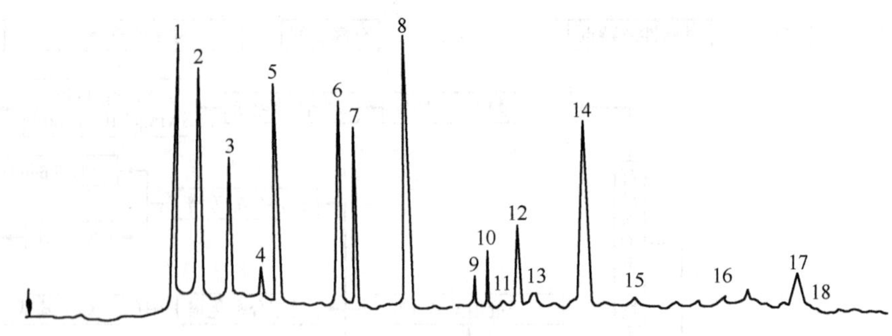

图 2-11 催化汽油中硫醇的毛细管气相色谱分离图[4]

色谱柱：OV-101 PLOT 柱，30m × 0.3mm；柱温：50 → 120℃，3℃ /min；色谱峰：1—甲硫醇；2—乙硫醇；3—异丙基硫醇；4—2- 甲基丙基硫醇；5—正丙基硫醇；6—丁基硫醇-2；7—异丁基硫醇；8—正丁基硫醇；9—3- 甲基丁基硫醇-2；10—戊基硫醇-2；11—戊基硫醇-3；12—3- 甲基丁基硫醇-1；13—2- 甲基丁基硫醇-1；14—正戊基硫醇；15—环戊硫醇；16—4- 甲基戊基硫醇 -1；17—正己基硫醇；18—二乙基二硫化物

6. 裂解气相色谱法（Py-GC）

裂解气相色谱是将裂解技术与色谱技术结合在一起的一种分析方法，是通过快速加热样品，使一些分子量较大、结构复杂、难挥发的物质迅速裂解成可挥发的小分子（即裂解碎片），用气相色谱分离和鉴定这些裂解碎片，然后根据裂解产物色谱图的特征峰来推断样品的组成和结构。Py-GC 具有快速、高效、样品用量少、信息量大、样品无需事先纯化以及样品物理状态不限等特点，因而在高分子、生物医学、石油化工、环境科学、考古学、地球化学、矿物燃料及火炸药等领域获得广泛应用。随着裂解气相色谱与傅里叶变换红外光谱和质谱联用技术的日趋成熟，Py-GC 已成为研究高分子微观结构的一种有效方法。

（1）裂解气相色谱的基本原理、操作方法及影响因素　在一定的条件下，高分子及非挥发性有机化合物遵循一定的规律裂解，即特定的样品能够产生特征的裂解产物及产物分布，据此可对原样品进行表征。将待测样品置于裂解器内，在严格控制的条件下快速加热，使之迅速分解成为挥发性小分子产物，然后将裂解产物送入色谱柱中进行分离分析。由于裂解碎片的组成及相对含量与被测物质的结构及组成有一定的对应关系，因而每一种物质都有各自特征的裂解谱图，据此可进行定性鉴定。Py-GC 是一种破坏性的仪器分析方法，它的主要研究对象是天然和合成高聚物、生物大分子、地质有机大分子和非挥发性有机物。图 2-12 是 Py-GC 装置示意图，主要由裂解器、毛细管色谱柱和检测器等部分组成。

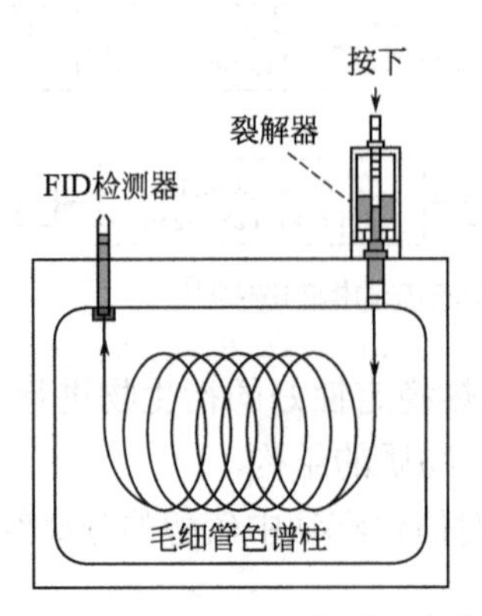

图 2-12 Py-GC 装置示意图

操作方法及影响因素：将一定量的样品放入样品杯中，将样品杯固定于进样杆后，装入安装在 GC 进样口上方的裂解器中，待仪器稳定后，按下进样按钮，样品杯通过自由落体迅速掉入裂解炉炉心，在惰性气体（氮气）氛围中，样品被

快速裂解，裂解产物（小分子碎片混合物）随载气进入毛细管色谱柱进行分离，由检测器对分离后的组分进行测定，信号经放大，由记录仪和微处理机（色谱工作站）进行裂解色谱图的绘制和数据处理。影响裂解反应的因素主要有裂解温度、升温时间、裂解时间、样品量和厚度等。需要注意的是，由于影响因素多，裂解条件必须严格控制，已知物与样品必须在同一条件下裂解，才可进行对照定性。

（2）裂解器　裂解器是裂解气相色谱仪的关键部件，一个理想的裂解器应能在尽量短的时间内达到精确控制的裂解温度，重复性好，降温快，二次反应少，裂解室的死体积小，能适应各种形态的样品，又易于和各种品牌的色谱仪连接。最常用的裂解器有管式炉裂解器、热丝裂解器和居里点裂解器。

① 管式炉裂解器　图 2-13 是管式炉裂解器示意图。裂解室由石英管制成，样品放在由惰性材料制成的小舟内，小舟上方有测温电偶，将炉温升至裂解温度并恒温，由推杆将样品舟推至加热区，进行裂解，并由载气带入色谱柱。

② 热丝裂解器　图 2-14 是热丝裂解器示意图。通常用铂丝或镍铬丝制成螺旋式线圈作为发热元件，螺旋丝两端通以稳定的电流。样品置于微细的石英管中并将其放入铂丝线圈内，然后送入裂解室中，通电后，热丝被迅速加热到一定的温度，样品瞬间裂解，并由载气带入色谱柱。

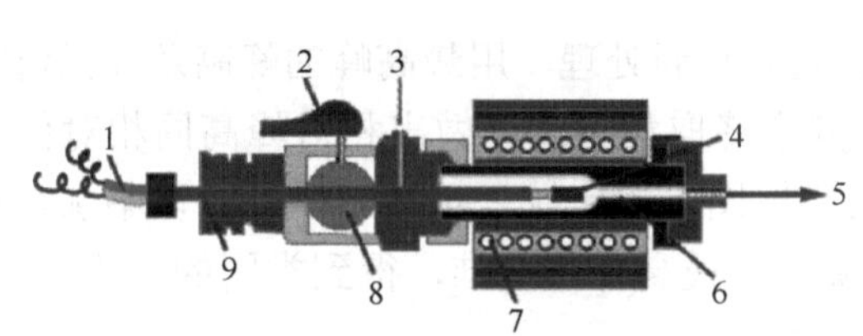

图 2-13　管式炉裂解器示意图

1—热电偶；2—手柄；3—载气入口；4—石英管；5—到色谱柱；6—铂金舟；7—电热丝；8—球阀；9—推杆

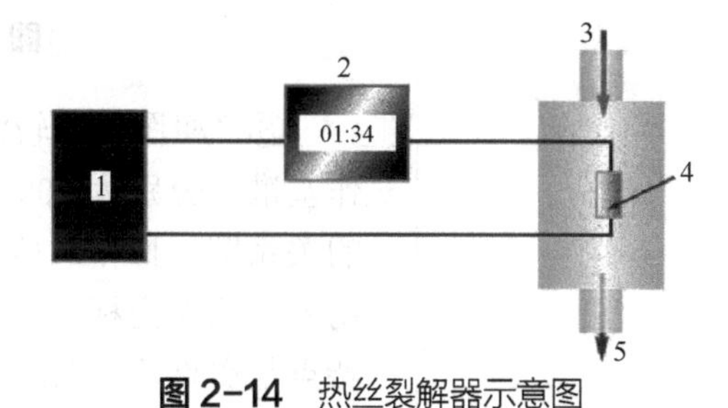

图 2-14　热丝裂解器示意图

1—电源；2—计时器；3—载气；4—铂丝线圈；5—到色谱柱

③ 居里点裂解器　图 2-15 是居里点裂解器示意图。居里点裂解器是利用电磁感应加热的，其工作原理是把铁磁性材料置于高频电场中，这些铁磁性材料会吸收射频的能量而迅速升温，达到居里点温度时，铁磁质变为顺磁质，这时射频能量不再被吸收，温度随即稳定在该点上。切断高频电源后，铁磁性又恢复。据此把铁磁性材料作为加热元件，把样品附着在这一加热元件上，置于一个严格控制的高频电场中，就可以使样品在居里点温度下裂解，不同的铁磁质居里点温度不同，居里点裂解器就是通过不同组成的铁磁质合金来调节居里点温度的。

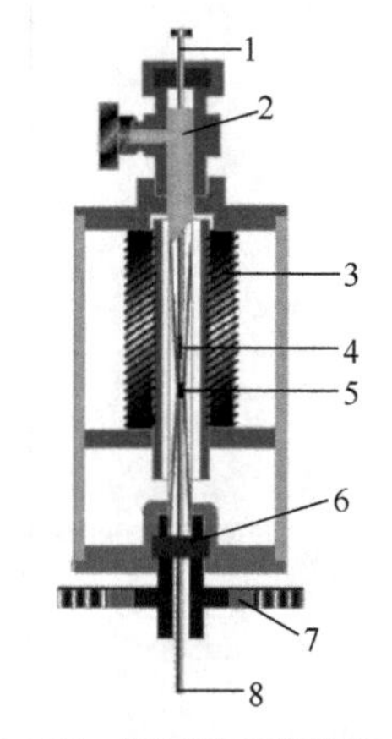

图 2-15　居里点裂解器示意图

1—铁磁丝；2—石英管；3—高频线圈；4—样品；5—锥形连接管；6—密封圈；7—连接环；8—接色谱柱

（3）裂解气相色谱的定性方法

① 指纹图对照法　每一种物质都有特征的裂解色谱图，也就是说在固定条件下某种物质总是按某种方式裂解，每种物质的裂解色谱图都具有各自的特征性，犹如人的指纹一样，故又称作指纹裂解谱图。将未知物的指纹裂解谱图，与相同条件下已知物的指纹图比较对照，就可以对未知物进行定性鉴定，此法要求实验条件必须严格一致。

② 保留时间比较法　利用物质裂解产物中特征峰的保留时间定性，在相同的实验条件下，每种物质的裂解产物均有固定的特征峰保留时间，以此为定性依据。在图 2-16 中，保留时间 2.9min 的丁二烯和 5.6min 的乙烯基环己烯为顺丁橡胶特征峰；3.0min 的异戊二烯和 10.3min 的二聚戊

烯为天然橡胶的特征峰，定性结果为天然橡胶/顺丁橡胶并用。通常利用此法鉴别并用体系中的橡胶种类。

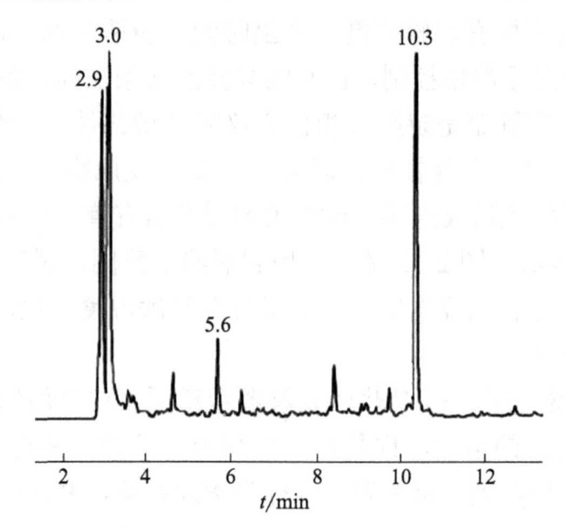

图 2-16 天然橡胶/顺丁橡胶并用裂解色谱图

③“棒图”比较法　将谱图进行重新处理，用最高峰的峰高及其保留时间作基准（分别为100和1），对其余峰取相对值，做出相对峰高同相对保留值的关系图，称作“棒图”。通过“棒图”的比较，对未知样品予以鉴别。也可用外加已知内标物的某一特征峰代替最高峰作基准，得到类同的“棒图”。其特点是实验条件无需严格保持一致。

7. 闪蒸气相色谱法（FE-GC）

闪蒸气相色谱法源于裂解气相色谱法，它借用了裂解色谱装置，但又不同于裂解色谱法，闪蒸的整个过程无裂解发生。闪蒸气相色谱已被用于食品、药品、中草药和高聚物中低分子化合物的分析。

（1）FE-GC的基本原理　FE-GC的基本原理是用裂解色谱仪的裂解器对微量高聚物或其他大分子样品进行短时间的加热，控制加热温度在裂解温度以下，高聚物或其他大分子物质不会裂解，而样品中的低分子化合物、残留的单体、溶剂和微量水等被迅速蒸出，并被载气带到色谱仪中进行分离分析。

（2）FE-GC的特点　①对样品的形态没有要求，无论固体、液体，还是浆料及黏胶等样品均可直接经裂解器进行分析；②直接进样，无需前处理，无需溶剂，简化了分析流程，缩短了分析时间；③样品用量少（零点几毫克到几毫克），闪蒸时间短（仅几秒），简便、快速、灵敏度高；④裂解器的温度可精确调控，可使挥发性物质全部蒸发出来，并保证高分子量的物质不被分解；⑤闪蒸出的小分子化合物不易污染色谱仪和色谱柱。

（3）FE-GC的影响因素　影响闪蒸气相色谱分析的主要因素有闪蒸温度、闪蒸时间、样品量和样品粒度等。①若要得到重现性好的实验结果，样品必须在尽可能短的时间内闪蒸，以避免二次反应的发生；②使用经过粉碎的少量样品，可以减少加热过程中的温度梯度；③装载样品的不锈钢杯在使用前需要进行高温灼烧，以除去污染物；④闪蒸温度需要一致，因此就要有控温准确的裂解器，并要有较好的保温性能；⑤还需注意裂解器与气相色谱接口处温度的控制及仪器的密闭性，确保无冷点存在并具备良好的密封性能。

（4）应用举例　刘会君等[5]采用闪蒸气相色谱法测定了莪术药材中的挥发性组分，通过与水蒸气蒸馏及顶空固相微萃取-GC-MS测定法的比较，表明FE-GC法适合莪术样品中挥发性化合物的测定。将过120目筛的0.4mg样品粉末装入样品杯，固定于进样杆后，放入安装在GC进样口上方的裂解器中，此时样品处于室温。待裂解器温度达到200℃后，按下进样按钮，样品杯掉入炉心，挥发性成分瞬间汽化，由载气带入GC进样口，进行气相色谱分析。将上述方法用于3个产地的9个莪术样品的分析测定，并结合质谱数据库检索和人工谱图解析对其化学成分进行定性，图2-17是9个莪术样品的FE-GC图。图2-17中，1～3为温莪术，4～6为广西莪术，7～9为蓬莪术，共鉴定出45个峰，其中共有峰为35个。莪术中萜烯类物质最多，占共有峰的55.3%～73.6%；其次为酮类物质占共有峰的18.9%～28.7%，醇类物质占共有峰的2.7%～19.3%，醚类物质占共有峰的0.83%～2.03%，酯类物质占共有峰的0.01%～0.11%。广西莪术中的萜烯类较其他两个产地少，而醇类又较其他两个产地多，其他3类物质各地差别不大。在图2-17中，将各个色谱峰划分为3个区域，A区域9个莪术样品中的共有色谱峰强度比较相似；B区域有14个色谱峰，峰强度较A区域强，从色谱图上可知，不同产地的莪术在此区域的差别较大，可作为识别不同产地的特征区；C区域共有色谱峰10个，虽然在峰数上没有其他两个区域多，但是在峰强度上相对较强，是主要峰区。

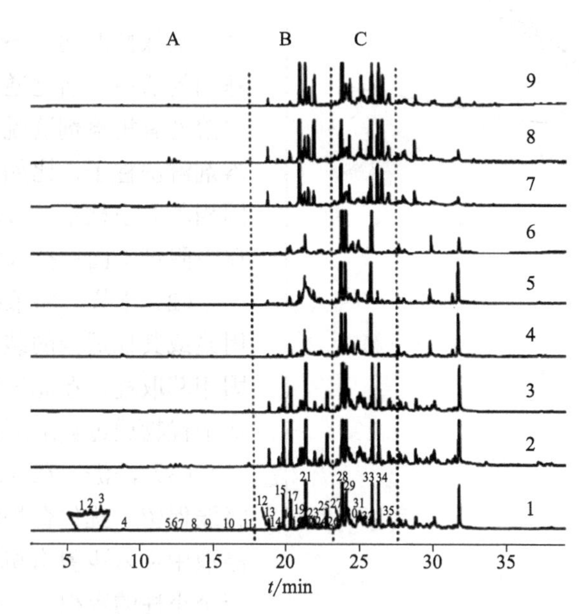

图2-17　9个莪术样品的FE-GC图

三、各种新型的分离方法

近年来，随着科学技术的进步，特别是仪器水平和分析技术的不断提高，科研工作者已经研究开发了一些效果较好的新型样品分离方法，如固相萃取、固相微萃取、磁性固相萃取、搅拌棒吸附萃取、单滴微萃取、分散液相微萃取、基于中空纤维的液相微萃取、加速溶剂萃取、超临界流体萃取、微波辅助萃取、高速逆流色谱、毛细管电泳、膜分离技术和浮选分离法等，下面将分别对其进行简要介绍。

1. 固相萃取（SPE）

固相萃取技术是基于液相色谱理论的一种分离、纯化方法。SPE是利用固体吸附剂将液体样品中的目标化合物吸附，与样品的基体和干扰物分离，然后进行洗脱，达到分离和富集目标化合物的目的。与传统的液-液萃取相比，具有回收率高、分离效果好、有机溶剂用量少、不产生乳化现象、操作简单和省时省力等优点，是一种环境友好的分离富集技术；被广泛应用于制药、食品分析、环境分析等领域，是目前常用的分离纯化手段。现在已推出商品化的自动固相萃取装置，若与气相色谱联用可实现许多农药残留的全自动分析。

固相萃取的一般操作程序分为以下几步。

（1）固相萃取柱的预处理（活化吸附剂）　在萃取样品之前要用适当的溶剂淋洗固相萃取小柱，以使

吸附剂保持湿润，还可去掉吸附剂表面吸附的一些杂质，激活固定相表面活性基团的活性。活化通常采用两个步骤，先用洗脱能力较强的溶剂，例如甲醇等水溶性有机溶剂洗脱去柱中残存的干扰物，激活固定相；再用洗脱能力较弱的溶剂淋洗柱子，比如加入水或缓冲溶液冲洗，以使其与上样溶剂匹配。为了使固相萃取小柱中的吸附剂在活化后到样品加入前能保持湿润，应在活化处理后在吸附剂上面保持大约 1mL 活化处理用的溶剂。

（2）上样　将液态或溶解后的固态样品倒入活化后的固相萃取小柱，然后用泵或其他适当的装置以正压推动或负压抽吸的方法使试样以适当的流速通过固相萃取柱，在此过程中，吸附剂选择性地保留目标化合物和一些干扰物，其他干扰物通过吸附剂。

（3）洗涤　在样品进入吸附剂，目标化合物被吸附后，可先用较弱的溶剂将弱保留干扰化合物洗掉。反相固相萃取的洗涤溶剂多为水或缓冲液，可在洗涤液中加入少量有机溶剂、无机盐或调节 pH 值。加入小柱的洗涤液应不超过一个小柱的容积。

（4）洗脱　用较强的溶剂将目标化合物洗脱下来，收集洗脱液。

应用举例：本实验室曾用国产新型 D4020 大孔吸附树脂作固定相，用自制的固相萃取柱分离富集燕山石化地区水体中的痕量有机污染物，分别建立了固相萃取 - 高效液相色谱同时测定水中痕量对二氯苯与六氯苯[6]，痕量壬基酚、辛基酚和双酚 A[7] 及多菌灵[8] 的分析方法，取得了满意的结果。

2. 固相微萃取（SPME）

SPME 是在固相萃取技术上发展起来的一种微萃取分离技术。与固相萃取相比，固相微萃取无需使用有机溶剂，无环境污染，操作更简单，携带更方便，费用也更低廉，因此应用更广泛。

固相微萃取装置非常小巧，形状似一支色谱注射器，由手柄和萃取头两部分构成，如图 2-18 所示。手柄由控制萃取头伸缩的压杆、手柄筒和可调节针头深度的定位器等组成，用于安装或固定萃取头，可以长期使用。萃取头是在一根石英纤维上涂上固相微萃取涂层，外套细不锈钢管（长 1～2cm）以保护石英纤维不被折断，使纤维可在不锈钢管内自由伸缩，用于萃取、吸附样品。

(a)手柄　(b)萃取头

图 2-18　固相微萃取装置[9]

1—压杆；2—手柄筒；3—Z 形槽；4—压杆卡持螺钉；5—橡胶环；6—萃取头视窗；7—调节针头深度的定位器；8—萃取头；9—萃取头螺帽；10—弹簧；11—密封垫；12—针管；13—连接纤维的微管；14—熔融石英纤维

固相微萃取的关键在于选择石英纤维上的涂层（吸附剂），要使目标化合物能吸附在涂层上，而干扰化合物和溶剂不吸附。一般原则是：目标化合物是非极性时选择非极性涂层；目标化合物是极性时选择极性涂层。

SPME 有两种萃取方式，一种是将萃取纤维直接暴露在样品中的直接萃取法，适于分析气体样品和洁净水样中的有机化合物；另一种是将纤维暴露于样品上部空间的顶空萃取法，适用于废水、油脂、高分子量腐殖酸及固体样品中挥发、半挥发性有机化合物的分离分析。

SPME 的操作过程十分简单，在这个简单的过程中同时完成了取样、萃取和富集，并可以直接进样，完成 GC 或 HPLC 分析，如图 2-19 所示。将 SPME 萃取器插入密封的样品瓶，压下手柄的压杆推出萃取头，使萃取头浸入样品（直接萃取法）或置于样品上部空间（顶空萃取法），进行萃取，萃取时间大约 2～30min，以达到目标化合物吸附平衡为止。最后缩回萃取头，将针管拔出。固相微萃取的萃取过程是一个平衡过程，萃取的平衡时间与搅拌速度的快慢、固定相的膜厚度以及被分析样品的物理化学性质、萃取温度等有关。

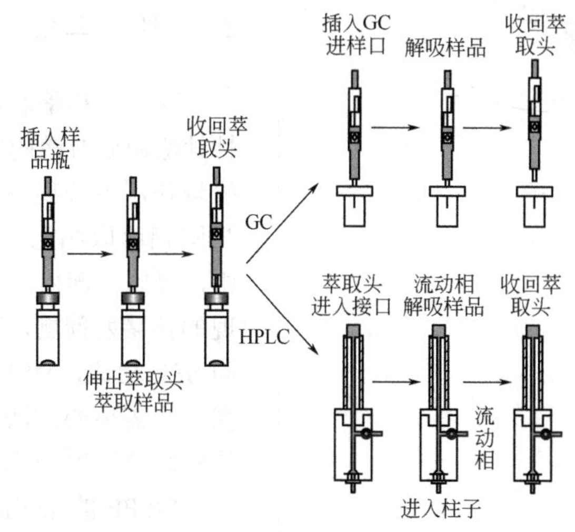

图 2-19　固相微萃取的操作过程示意图[9]

SPME 用于 GC 时，将 SPME 萃取器插入 GC 进样口，推手柄杆，伸出萃取头，利用进样口的高温热解吸目标化合物，解吸后的目标化合物被载气带入色谱柱。用于 HPLC 时，将 SPME 萃取器插入固相微萃取 -HPLC 接口（由六通阀和一个特别设计的解吸池组成），然后再利用通过解吸池的流动相洗脱目标化合物，并将目标化合物带入色谱柱。最后收回萃取头。

固相微萃取技术几乎可以用于气体、液体、生物、固体等样品中各类挥发性或半挥发性物质的分离富集。胡西洲等[10]采用顶空固相微萃取 - 气相色谱 - 质谱联用技术对龙井茶中的香气成分进行分析。采用 CAR-DVB-PDMS 固相微萃取头，在 60℃下吸附 1h。吸附的香气物质在 GC-MS 进样口内，经 230℃热脱附 5min，共检测出 49 种香气成分，主要包括烯烃类（5.22%）、醇类（31.44%）、酯类（15.66%）、醛类（6.82%）、酮类（10.42%）、酚类（7.18%）、胺类（3.55%）、烷烃类（4.46%）、芳香烃类（0.55%）和杂环类化合物（15.00%），其中醇类、酯类和杂环类化合物含量占主导地位。张书香等[11]采用固相微萃取 - 气相色谱 - 质谱联用技术对香菇挥发性香味成分进行了分析，采用 Carboxen-PDMS 固相微萃取头，萃取时间 45min，萃取温度 60℃，共检出 43 种挥发性成分（图 2-20）。对香菇风味有贡献的化合物为含氧杂环化合物 7 种，含硫化合物 9 种，醛类 5 种，醇类 6 种，酮类 3 种；其中含量较高的成分为二甲基二硫醚（4.36%）、二甲基三硫醚（13.36%）、1,2,4- 三硫杂环戊烷（3.70%）和 1- 辛烯 -3- 醇（1.11%）。

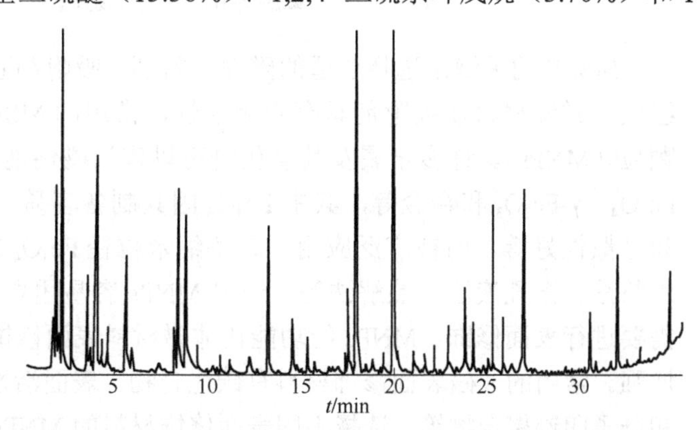

图 2-20　固相微萃取 -GC-MS 分析香菇挥发性成分的总离子流色谱图

3. 磁性固相萃取（MSPE）

磁性固相萃取技术是将磁性吸附剂分散到样品溶液中，目标化合物被选择性地吸附到分散的磁性吸附剂表面，即用磁性吸附剂富集待测物，然后在外部磁场作用下分离待测物，实现目标化合物与样品基质分离的样品前处理方法。与固相萃取相比，MSPE 不需要装填柱子，只需将磁性吸附剂加入样品溶液中，吸附平衡后，借助于磁场的帮助，就可实现分离，避免常规固相萃取中出现的柱堵塞问题，磁性吸附材料能够重复使用，可实现自动化在线样品处理。与 SPE 相比，MSPE 具有操作简单、吸附速度快、选择性好、萃取富集效率高、无需离心过滤、易分离等优势，因而在食品分析[12]、环境分析[13,14]和生物样品分析[15]等领域获得广泛应用。

MSPE 的操作流程如图 2-21 所示。①将磁性吸附剂加入样品溶液中，等磁性吸附剂与待测物吸附平衡后，引入外界磁场，实现磁性吸附剂和样品溶液的分离；②使用合适的洗脱溶液淋洗磁性吸附剂，将待测物洗脱；③引入外界磁场将洗脱后的磁性吸附剂与待测物分离，分离出的磁性吸附剂可以重复使用，含有待测物的洗脱液经浓缩定容后进行分析检测。

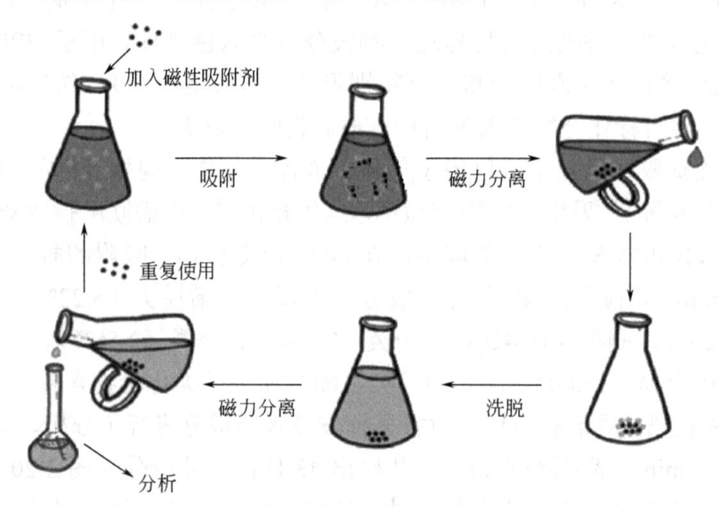

图 2-21 磁性固相萃取操作流程示意图

• 磁性吸附剂；• 待测物分子

MSPE 的关键是选择合适的磁性吸附剂。吸附剂通常是由磁性和非磁材料组成。磁性材料使吸附剂具有磁响应性，常用的 MSPE 磁性材料为磁性纳米颗粒（MNPs）。许多金属及其氧化物可以作为磁性纳米骨架，如铁、钴、镍、Fe_3O_4、γ-Fe_2O_3 和合金等，其中 Fe_3O_4 因其制备容易、表面易改性、磁性较强和分散性好等，而被广泛应用。制备纳米粒径 Fe_3O_4 的常用方法有共沉淀法、水热法、微乳液法和热解法等。一般 MNPs 容易团聚，疏水性和选择性较差，需要进行表面修饰。MNPs 经功能化非磁材料表面修饰后，其吸附特异性明显增强。常用的非磁表面修饰材料有碳化合物、表面活性剂、离子液体、高分子和分子印迹聚合物等，选择不同表面修饰材料的 MNPs 可以对不同类型待测物有理想的选择性富集效果。

董南巡等[16]采用水热法制备了类沸石咪唑酯磁性吸附剂（Fe_3O_4@ZIF-8）。将50mgFe_3O_4@ZIF-8加入100mL水样中，于40℃振荡吸附10min后，将Fe_3O_4@ZIF-8进行磁分离，弃去水样，加入0.5mL乙腈，涡旋解吸1min，将洗脱液转移，重复解吸3次，合并洗脱液，用氮气吹至近干后用甲醇-0.1%甲酸（6：4）混合溶液溶解并定容至500μL，经0.22μm有机膜过滤，取适量滤液进行HPLC-MS分析。采用Agilent Zorbax Eclipse XDB-C_{18}色谱柱（50mm×3mm，1.8μm），甲醇-0.1%甲酸溶液为流动相；质谱分析中采用电喷雾离子源和多反应监测模式。4种苯脲类除草剂质量浓度均在0.01～20.0μg/L内与峰面积呈线性关系，检出限（3*S*/*N*）为1.03～3.00ng/L，水样加标回收率为78.8%～106%，RSD（*n*=6）小于7.0%。

4. 搅拌棒吸附萃取（SBSE）

搅拌棒吸附萃取是一种新型的固相微萃取技术，具有灵敏度高、重现性好、不使用有机溶剂、能在自身搅拌的同时实现萃取富集等优点，适用于食品、环境、生物样品中挥发性及半挥发性有机物的痕量分析。

SBSE的萃取原理与SPME类似，也是一个基于待测物在样品及萃取涂层中的分配平衡过程。它是将萃取棒直接放入样品中搅拌，通常是将聚二甲基硅氧烷（PDMS）涂在内封磁芯的玻璃管上作为萃取涂层，直接与样品接触并萃取，之后将棒放入专用热解吸装置中脱附并传输给GC进样分析。图2-22为SBSE的搅拌棒示意图，搅拌棒的长度一般为1～4cm，PDMS涂层的厚度为0.3～1mm，可推算出搅拌棒上PDMS涂层的总体积为55～220μL。测定时，将搅拌棒浸于样品中对目标分析物进行吸附萃取，当达到吸附平衡后，进入热脱附解析装置（图2-23）解析后进行GC分析，即完成整个提取、分离及测定过程。影响萃取效率的因素有温度、萃取时间和搅拌速度等，为了提高高分子涂层对有机物的萃取能力，可以在水样中加入盐类（如NaCl、Na_2SO_4）调节样品离子强度，使待测物溶解度降低。由于非离子涂层只能有效萃取中性物质，所以某些时候为了防止待测物质的离子化，还需要调节溶液的pH值。

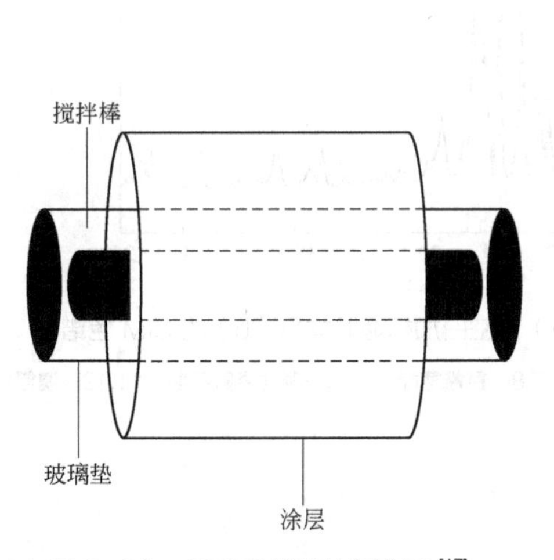

图2-22　SBSE搅拌棒示意图[17]

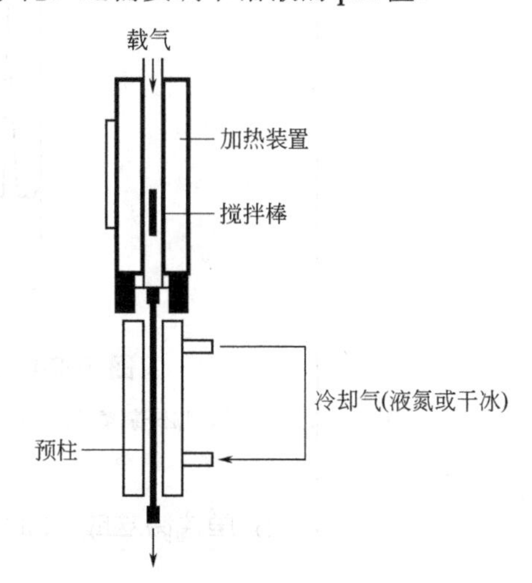

图2-23　SBSE热脱附解析装置示意图[18]

搅拌棒吸附萃取法自从1999年[17]首次运用以来，因其回收率大、精密度高、重现性好，而在食品、环境和生物样品分析中得到了广泛应用。王蓓等[19]运用搅拌棒吸附萃取-气相色谱-质谱联用技术，对威代尔冰葡萄酒的挥发性成分进行检测。结果表明，在搅拌吸附90min、加盐量20%、转速1200r/min的最佳萃取条件下，通过质谱库、保留指数定性，共鉴定出109种挥发性成分，其中酯类32种、萜烯类24

种、醇类21种、芳香族化合物8种、酸类6种、酚类6种、呋喃4种、内酯4种、酮类3种、乙缩醛类1种。侯英等[20]应用搅拌棒吸附萃取-气相色谱-质谱联用技术分别对市场上随机购买的3个茶叶样品和玉溪地区的3个烟叶样品中的拟除虫菊酯进行测定。图2-24是其中的一个烟叶样品和空白加标烟叶样品的SIM（选择离子检测）色谱图。测定结果表明，在1个茶叶样品中检出了氯菊酯（8μg/kg）、氯氰菊酯（6.5μg/kg）和顺式氯氰菊酯（13.8μg/kg）；在1个烟叶样品中检出氯菊酯（10.0μg/kg）、氯氰菊酯（18.0μg/kg）、顺式氯氰菊酯（12.1μg/kg）和溴氰菊酯（15.0μg/kg），在其他4个样品中未检出拟除虫菊酯类农药残留。

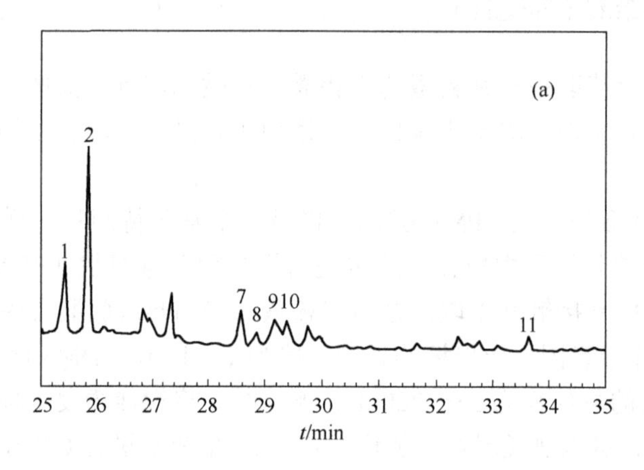

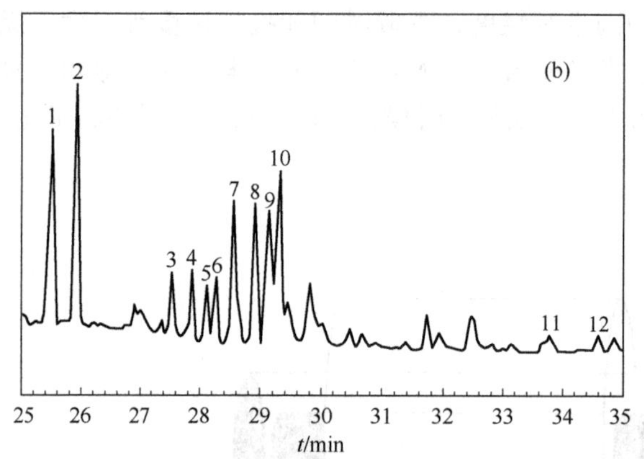

图2-24 烟叶样品（a）和空白加标烟叶样品（b）的SIM色谱图

1,2—氯菊酯；3~6—氟氯氰菊酯；7,8—氯氰菊酯；9,10—顺式氯氰菊酯；11,12—溴氰菊酯

5. 单滴微萃取（SDME）

单滴微萃取是通过悬挂在色谱进样器针头上的有机溶剂微滴（体积为微升级甚至纳升级）对分析物直接进行萃取，其基本原理是基于待测物在悬于进样器针头的微滴有机溶剂和样品溶液之间的分配系数不同而被分离富集。SDME作为一种微型化的样品前处理技术，具有简单、廉价、对人体毒害小等特点；但仍存在一些不足，它需要细致的人工操作，且灵敏度和准确度较差，在操作

过程中液滴可能有损失甚至掉落的危险，对于需要加速搅拌以提高萃取效率的萃取过程尤其如此。

SDME 常用的萃取模式有两种。

（1）直接浸入单滴微萃取（DI-SDME） 它是用微量进样器抽取一定量的萃取溶剂，将进样器针头浸入试样中，推出萃取溶剂，使之在针头上形成小液滴；试样中的目标组分通过扩散作用分配到萃取溶剂中，萃取一定时间后，将小液滴抽回进样器针头中，然后插入色谱仪进样口直接分析。直接浸入单滴微萃取模式如图 2-25 所示。DI-SDME 适合萃取较为洁净的液体样品，否则将会有严重的基体干扰。

（2）顶空单滴微萃取（HS-SDME） 首先将已吸入萃取溶剂的微量进样器针固定在样品溶液的液面上方，然后推出萃取溶剂使之形成液滴并悬挂在针尖上，同时开启搅拌器进行萃取，当萃取结束后将悬挂的液滴抽回并进行测定（图 2-26）。该方法避免了萃取溶剂与样品的接触，除了可提高液滴的稳定性外，还有助于减少样品基质的干扰。HS-SDME 适合于易挥发及半挥发性有机物的萃取，对于不易挥发的有机物可通过衍生的方式改变其挥发性后再进行萃取。

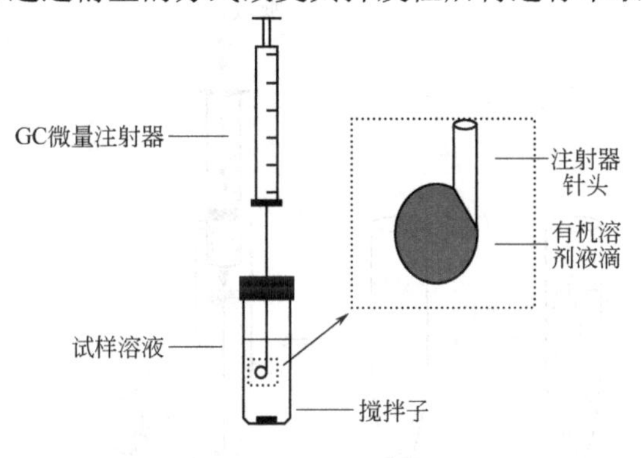

图 2-25 直接浸入单滴微萃取

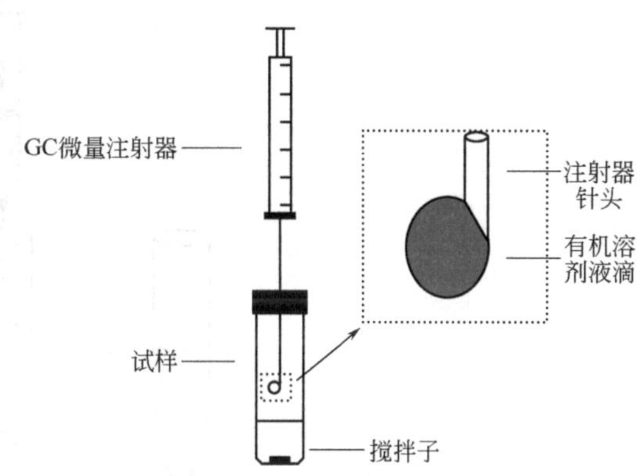

图 2-26 顶空单滴微萃取

目前，单滴微萃取技术已被用于水样、天然产物、环境和生物等样品中微量物质的分析。李明等[21]采用对称烷基咪唑离子液体为顶空单滴萃取剂，对天然香料中酯类物质进行单滴萃取，并结合气质联用技术对萃取与分析条件进行了优化。在 0.36g/mL NaCl 溶液中，以 1.0μL 离子液体 40℃萃取分析物 35min 后，250℃解吸 1min，富集倍数为 260～1429，检出限为 0.46～16.1μg/L。将该方法用于天然香料中酯类物质分析，同时测定了香料中的庚酸乙酯、乙酸芳樟酯、乙酸薄荷酯、乙酸苄酯和乙酸苯乙酯（图 2-27），回收率为 93.8%～108.9%，实验结果令人满意。

6. 分散液相微萃取（DLLME）

分散液相微萃取是一种基于分散萃取的样品前处理技术，其特点是集萃取、纯化和富集于一体；且有机溶剂用量少，操作简单迅速、成本低、富集效率高，在痕量分析领域具有广泛的应用前景。

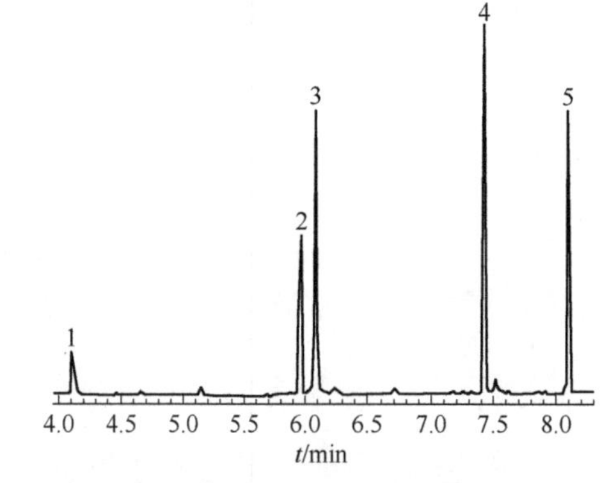

图 2-27 离子液体顶空单滴微萃取 5 种酯类香料的总离子流色谱图

1—庚酸乙酯；2—乙酸芳樟酯；3—乙酸薄荷酯；4—乙酸苄酯；5—乙酸苯乙酯

分散液相微萃取相当于微型化的液液萃取，是基于目标分析物在样品溶液和小体积的萃取剂之间平衡分配的过程。DLLME 的最大优点在于萃取剂以细小的液滴均匀地分散在样品溶液中，与目标分析物有很大的接触表面积，在短时间内即可完成萃取过程。

分散液相微萃取只适用于分配系数 K>500 的分析物，对于

高度亲水的中性分析物，是不适用的；对于具有酸碱性的分析物，可通过控制样品溶液的 pH 值使分析物以非离子形态存在，以提高分配系数而被萃取。

分散液相微萃取的操作步骤如图 2-28 所示。（A）在离心试管中加入一定体积的样品溶液（水相）；（B）将含有萃取剂的分散剂通过注射器快速地注入离心试管中；（C）轻轻振荡，使其形成一个水 - 分散剂 - 萃取剂的乳浊液体系，形成乳浊液之后，萃取剂被均匀地分散在水相中，与待测物有较大的接触面积，待测物可以迅速由水相转移到有机相并且达到两相平衡；（D）最后通过离心使分散在水相中的萃取剂沉积到离心管的底部；（E）用微量进样器吸取一定量的萃取剂后直接进样测定。

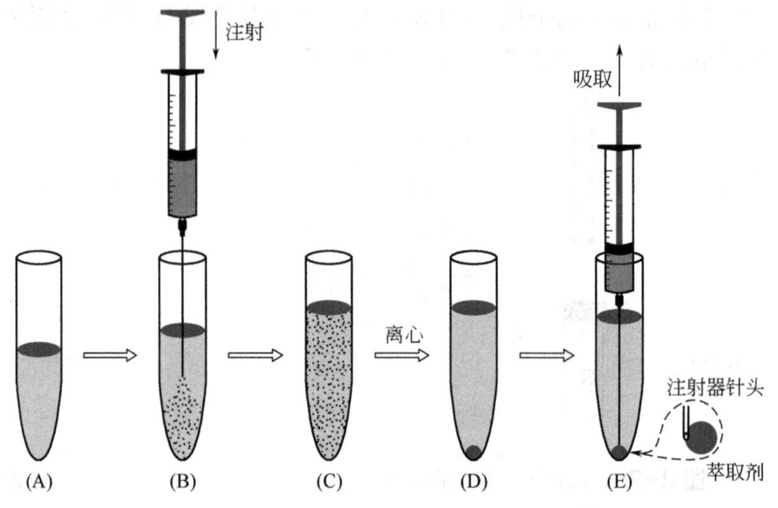

图 2-28 分散液相微萃取的操作步骤 [22]

DLLME 作为一种全新的样品前处理技术可以与 GC、HPLC、AAS 等多种仪器联用，已被用于农药残留、酚类、胺类及重金属等的分析。孟梁等 [23] 采用分散液相微萃取-毛细管电泳法同时检测了唾液中的 8 种毒品，实际加标样品的电泳图，如图 2-29 所示。

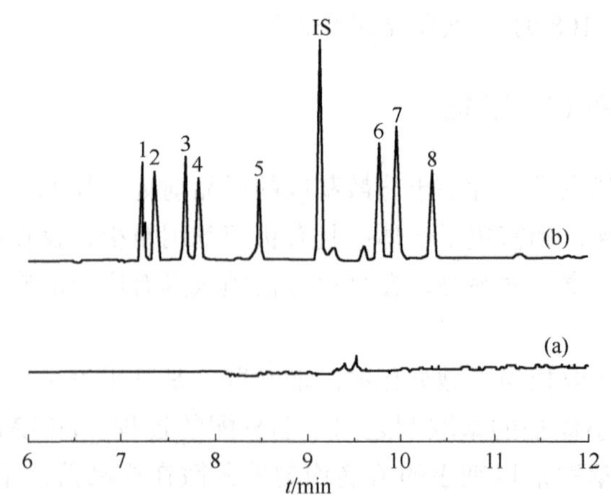

图 2-29 唾液中毒品 DLLME 萃取前（a）后（b）的电泳图

IS—利多卡因；1—苯丙胺；2—甲基苯丙胺；3—4,5- 亚甲基二氧基苯丙胺；4—3,4- 亚甲基二氧基苯丙胺；5—氯胺酮；6—可待因；7—吗啡；8—单乙酰吗啡具体操作如下：吸取 0.5mL 预处理过的唾液样品溶液与 4.5mL 30mmol/L 硼砂缓冲溶液（pH 9.2）置于 10mL 离心管中，用 1mL 注射器将 0.5mL 含有 41μL 三氯甲烷（萃取剂）的异丙醇（分散剂）混合溶液快速注入样品溶液中，形成水 - 异丙醇 - 三氯甲烷的乳浊液体系，分析物在几秒钟内被萃取至分散于溶液中的三氯甲烷微小液滴中。萃取完成后，将乳浊液体系以 4000r/min 离心 5min，萃取剂则沉淀在离心管底部，移取萃取剂并以氮气吹干，再用含有内标物的水溶液溶解后供毛细管电泳分析。在优化的条件下，富集倍数达 555～631 倍；平均加标回收率为 85.6%～99.4%，检出限为 1.5～3.0μg/L。

7. 多孔中空纤维液相微萃取（HF-LPME）

多孔中空纤维液相微萃取是在悬滴液相微萃取基础上发展起来的。这种技术是将有机溶剂（萃取剂）放在多孔中空纤维中，微萃取是通过有机溶剂在纤维壁孔中形成的液膜进行传质，在多孔的中空纤维腔中进行萃取，分析物根据其在两相间的分配系数而被萃取并富集在萃取剂中，适合于疏水性较强的化合物的萃取。

多孔中空纤维是商品化的聚丙烯纤维，它对多数有机溶剂有较强的结合力。中空纤维壁孔隙尺寸一般为 0.2μm，这样小的孔径可强有力地固定有机溶剂以确保在萃取过程中有机溶剂不会渗漏，还可防止大分子或颗粒等杂质进入有机相（接收相），因此 HF-LPME 特别适用于复杂基质样品的直接分析。同时由于微萃取是在多孔的中空纤维腔中进行，避免了与样品溶液直接接触，克服了悬滴萃取中溶剂容易损失的缺点。

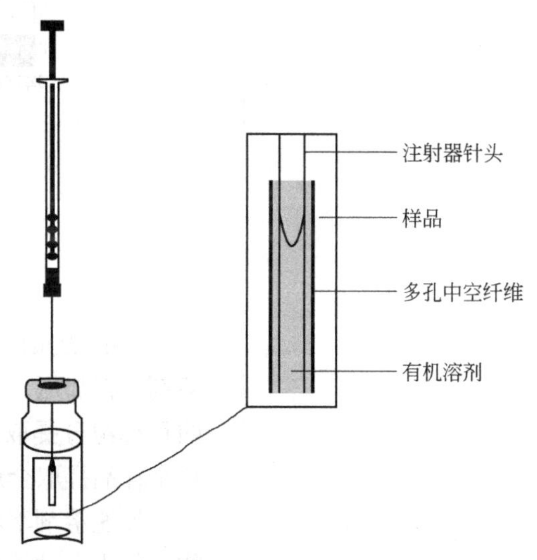

图 2-30 多孔中空纤维液相微萃取 [24]

多孔中空纤维液相微萃取操作比较简单，一般只需 1 支微量进样针、小段多孔中空纤维和样品瓶。首先用有机溶剂浸泡中空纤维，使中空纤维壁孔中充满有机溶剂形成液膜，再将适量萃取剂注入中空纤维空腔中，并固定在注射器针头上，然后再将连有中空纤维的进样器浸入样品溶液中，在磁力搅拌下进行萃取，如图 2-30 所示。萃取完成后用注射器将接收相吸回，弃去中空纤维，将接收相直接注入色谱系统进行分析。

中空纤维价格便宜，装置简单，且是一次性使用，不存在操作中交叉污染的问题。HP-LPME 所需要的有机溶剂很少（几微升至几十微升），可以有效地用于生物样品中药物及其代谢产物、环境样品中痕量有机污染物和食品中痕量抗生素残留的萃取。林珊珊等 [25] 建立了微波辅助中空纤维液相微萃取 - 液相色谱 - 串联质谱同时测定牛奶中 27 种抗生素痕量残留的分析方法。在一段中空纤维管内注入正辛醇 - 甲苯（体积比为 1∶1）作为萃取剂（接收相），两端封口后浸入待测样品溶液进行萃取，在 700r/min 连续磁力搅拌和间歇微波辐照下，12.67min 即可完成 27 种目标化合物的同时萃取。采用所建方法对深圳某超市 12 个品牌的 25 种液体牛奶、酸奶和乳饮料进行检测。分别在纯牛奶和酸牛奶中检出磺胺甲噻二唑（15.0μg/kg）、氟罗沙星（0.22μg/kg）、磺胺嘧啶（3.67μg/kg）、磺胺吡啶（0.26μg/kg）、磺胺邻二甲氧嘧啶（0.21μg/kg）和磺胺甲基嘧啶（2.2μg/kg）残留，上述结果与国家标准方法检测结果相符。

8. 加速溶剂萃取（ASE）

加速溶剂萃取也称为加压流体萃取法（PFE），是在较高的温度 50～200℃和压力 10.3～20.6MPa 条

件下，用有机溶剂萃取固体或半固体样品的一种新型前处理技术。ASE 突出的优点是有机溶剂用量少（1g 样品仅需 1.5mL 溶剂），快速（一般为 15min），自动化和萃取率高。目前已广泛用于环境、药物、食品和高聚物等样品的前处理，特别是农药残留量的分析。

ASE 的基本原理是利用升高的温度和压力来增加物质的溶解度和溶质扩散速率，从而提高萃取率。分析物溶解度变大、质量转移速度加快和表面平衡破坏是 ASE 比一般萃取方法效果好的原因[26]。

加速溶剂萃取系统是由溶剂瓶、泵、气路、加热炉、不锈钢萃取池和收集瓶等构成（见图 2-31）。

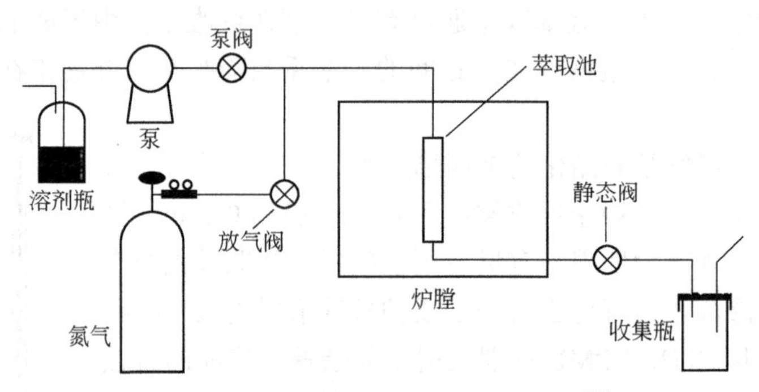

图 2-31 加速溶剂萃取系统示意图[27]

ASE 的操作步骤为：将样品放在密封的不锈钢萃取池中，选择合适的有机溶剂，在加压、加热条件下，处于液态的有机溶剂与样品充分接触，将样品中的目标组分提取到有机溶剂中，然后用加压的氮气将萃取液吹扫至收集瓶中，每个样品提取全过程约 15min，一次提取所需溶剂约 20mL。

加速溶剂萃取由于其突出的优点而备受关注，已被用于土壤、污泥、沉积物、粉尘、动植物组织、蔬菜和水果等样品中的邻苯二甲酸酯类（PAEs）、多环芳烃、有机磷杀虫剂、有机氯杀虫剂、苯氧基除草剂、三嗪除草剂、柴油、总石油烃、呋喃等有害物质的萃取。邵海洋等[27]建立了加速溶剂萃取 - 气相色谱 - 质谱联用检测沉积物中 16 种邻苯二甲酸酯的分析方法。加速溶剂萃取条件为：用正己烷和二氯甲烷混合溶剂作为提取溶剂，温度 80℃，加热 5min，静态时间 5min，冲洗体积 30%（萃取池体积），吹扫时间 60s，静态循环次数 3 次。萃取后所得的萃取液用 Florisil 色谱柱净化，最后用 GC-MS 对净化后提取液中的 PAEs 进行定量分析。将所建方法应用于上海黄浦江沿岸 6 个采样点沉积物中 16 种邻苯二甲酸酯的测定，结果见表 2-2。由表 2-2 可见，PAEs 在 6 个采样点的浓度范围在 0.25～12761.60ng/g 之间。这表明 PAEs 在本地区沉积物样品中的污染分布较为广泛。在 16 种邻苯二甲酸酯中，邻苯二甲酸（2-乙酯）己酯（DEHP）的含量最高，为主要污染物，占邻苯二甲酸酯总量的 35.5%～86.1%，邻苯二甲酸二异丁酯（DIBP）（均值 16.5%）和邻苯二甲酸二丁酯（DBP）（均值 7.19%）次之。这种分布特性可能与我国增塑剂主要使用 DEHP、DIBP 和 DBP 有关。

表2-2 上海黄浦江沉积物中16种PAEs的测定结果

邻苯二甲酸酯（PAEs）	样品					
	H1 /（ng/g）	H2 /（ng/g）	H3 /（ng/g）	H4 /（ng/g）	H5 /（ng/g）	H6 /（ng/g）
邻苯二甲酸二甲酯（DMP）	1.93	7.83	20.90	4.48	11.5	8.05
邻苯二甲酸二乙酯（DEP）	3.83	40.2	26.20	20.3	20.3	17.8
邻苯二甲酸二异丁酯（DIBP）	398	1420	4344	323	590	653
邻苯二甲酸二丁酯（DBP）	22.0	1279	373.6	228.4	414.1	396.8
邻苯二甲酸（2-甲氧基）乙酯（DMEP）	9.18	20.40	28.2	30.8	21.5	15.0
邻苯二甲酸二（4-甲基2-戊基）酯（BMPP）	ND	ND	ND	ND	ND	ND
邻苯二甲酸二（2-乙氧基）乙酯（DEEP）	3.62	18.1	10.8	12.40	7.55	4.51
邻苯二甲酸二戊酯（DPP）	4.44	7.84	29.2	10.80	23.70	11.6
邻苯二甲酸二己酯（DHXP）	0.31	ND	2.18	2.08	1.13	1.98
邻苯二甲酸丁基苄基酯（BBP）	28.2	231.8	130.5	149.2	158.6	71.5
邻苯二甲酸二（2-丁基酯）乙酯（DBEP）	4.98	8.95	20.7	13.5	14.4	8.14
邻苯二甲酸二环己酯（DCHP）	0.25	ND	0.93	0.25	12.7	3.59
邻苯二甲酸（2-乙酯）己酯（DEHP）	1028	1682	12762	5041	8436	7503
邻苯二甲酸二苯酯（DPHP）	ND	1.74	4.55	0.68	0.51	2.23
邻苯二甲酸二正辛酯（DNOP）	ND	ND	2.20	5.46	0.46	4.94
邻苯二甲酸二壬酯（DNP）	13.4	22.30	83.20	52.80	86.30	50.70
16种邻苯二甲酸酯总量Σ_{16}（PAEs）	1518	4740	17839	5895	9800	8753

注：ND代表未检出；H1、H2、H3、H4、H5和H6代表上海黄浦江沿岸6个采样点。

9. 超临界流体萃取（SFE）

超临界流体萃取是指利用处于超临界状态的流体作为溶剂对样品中待测物进行萃取的方法。最常用的超临界流体为CO_2，它在超临界状态（即高于临界温度和临界压力）下，兼有气、液两相的双重特点，既具有与气体相当的高扩散系数和低黏度，又具有与液体相近的密度和良好的溶解能力，因此对基体有较好的渗透性和较强的溶解能力，可以将基体中某些分析物与基体分离而转移至流体中从而将其萃取出来。同时它还具有无毒、无臭、不燃、不污染样品、对大部分物质不发生化学反应等特点。

超临界流体的溶解能力还可通过控制温度和压力来进行调节，从而使SFE的传质过程比液液萃取更高效；超临界流体萃取本质上就是利用压力和温度对超临界流体溶解能力的影响而达到萃取分离的目的。根据目标分析物的物理化学性质，通过调节合适的压力和温度来调节超临界流体的溶解性能，便可以有选择性地依次把目标分析物萃取出来。当然，对应各压力范围所得到的萃取物不可能是单一的，但可以通过控制条件得到最佳比例的混合成分，然后借助减压、升温的方式，将被萃取的分析物分离，从而达到分离纯化的目的，将萃取和分离两个不同的过程联成一体，这就是超临界流体萃取分离的基本原理。

超临界流体萃取系统一般由5部分组成：二氧化碳储存器，萃取管或萃取池，限流器，收集装置和一个温度控制装置。二氧化碳由注射泵泵入，当需要在超临界流体中加入改性剂时，还需要一台改性剂

的发送泵和一个混合室。如图 2-32 所示。

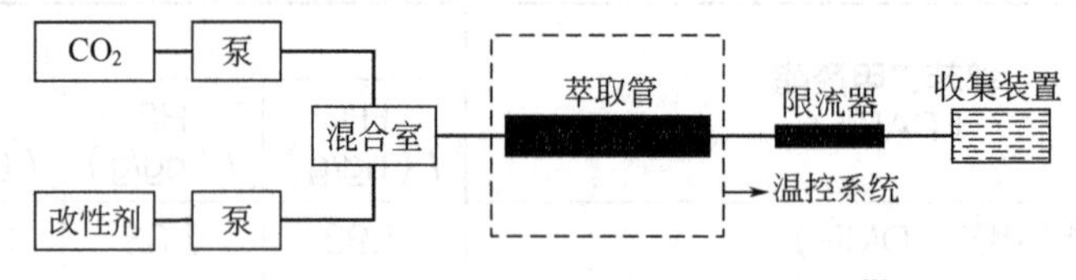

图 2-32 超临界流体萃取系统示意图[9]

超临界流体萃取分为静态萃取、动态萃取、静态 - 动态联用萃取 3 种操作模式。

① 静态萃取　静态萃取是固定超临界流体的用量，维持一定的压力和温度，保证超临界流体与基体和分析物充分接触，将分析物从基体中分离转移至流体中，从而达到萃取的目的，这是最简易也是应用较多的一种超临界流体萃取模式。

② 动态萃取　动态萃取就是超临界流体连续通过样品基体，流路是单向的，不循环的。动态萃取实际上是依据分析物在超临界流体中有一定的溶解度，通过增加萃取剂的量达到最大的萃取效率。

③ 静态 - 动态联用萃取　静态萃取和动态萃取各有优缺点，二者的联用则可以更好、更有效地萃取分析物。

目前，超临界流体萃取技术已广泛用于食品[28,29]、中药[30]及天然药物[31]中有效成分的提取。姜泽放等[32]以海南山柚为原料，采用超临界流体萃取技术提取山柚中的山柚油，在萃取温度 40℃、萃取压力 25MPa、CO_2 流量 20L/min、萃取时间 90min 条件下，山柚油的萃取率为 80.05%。采用氨基固相萃取 - 气相色谱法测定了山柚油中总脂肪酸和 sn-2 位脂肪酸组成及含量，山柚油中的不饱和脂肪酸高达 83.82%，其中油酸为 71.80%、亚油酸为 12.02%，sn-2 上的油酸和亚油酸分别为 45.11% 和 32.06%，具有较高的营养价值。

10. 微波辅助萃取（MAE）

微波辅助萃取是微波与传统溶剂萃取相结合的一种新型萃取技术，是利用微波加热来加速溶剂选择性地将样品中的目标组分以其初始形态萃取出来的过程。

（1）MAE 的作用机理与特点　微波是指波长在 1mm～1m、频率在 300～300000MHz 之间的电磁波，它通过离子迁移和偶极子的转动而引起分子运动，但其能量又不足以改变分子的结构。微波加热是一个内部加热过程，与普通的外加热方式将热量由物质外部传递到内部不同，微波加热直接作用于介质分子，使整个样品同时加热，因此升温速度快，无温度梯度，受热均匀。在微波场中，极性分子高速转动成为激发态，这是一种高能量不稳定状态，回到基态时所释放的能量传递给其他物质分子，加速其热运动，从而使萃取速率得到显著提高。

微波对极性不同的物质呈现出选择性的加热特点。极性分子同微波有较强的耦合作用，非极性分子同微波几乎不产生耦合作用，因此溶质和溶剂的极性越大，对微波能的吸收越大，升温越快，萃取速度亦越快。而对不吸收微波的非极性溶剂，微波几乎不起加热作用。所以，在选择萃取溶剂时一定要考虑到目标组分与溶剂的极性，使目标组分被萃取出来，而基体中的其他组分不被萃取，以达到最佳的分离富集效果。

由于大多数生物体内含有极性水分子，在微波场的作用下引起强烈的极性振荡，从而导致细胞分子间氢键松弛，细胞膜破裂，加速了溶剂分子对基体的渗透和目标物的溶剂化。因此，采用 MAE 从生物基体萃取目标物时，萃取效率明显提高。

与其他萃取技术相比，MAE 的突出优点是溶剂用量少、快速、萃取效率高、设备简单、操作容易、可同时测定多个样品等。MAE 在环境、材料、食品、生物、医药等领域得到了广泛应用。

（2）影响微波辅助萃取的因素

① 萃取溶剂　利用 MAE 处理样品时，应根据相似相溶的原则选择溶剂，还应考虑到被萃取化合物的稳定性，以防止快速加热引起化合物降解。

② 萃取温度　在通常情况下高的萃取温度会提高萃取效率，但高的萃取温度可能会使多种化合物同时萃取出来，降低萃取的选择性，对待测化合物造成干扰，所以萃取温度的选择应同时兼顾高的萃取效率和高的萃取选择性。一般来说，萃取温度应选择在萃取溶剂的沸点附近。

③ 萃取功率及时间　研究发现，在萃取功率足够高的情况下，萃取时间对萃取效率影响不大。所以选择较高的萃取功率有利于在尽可能短的时间内将待测物萃取完全。

④ 样品颗粒　样品颗粒越小，萃取效率越高。通常情况下，样品颗粒一般小于 150 目。

（3）微波辅助萃取装置　微波辅助萃取装置根据萃取罐的类型，分为密闭式微波萃取装置和开罐式聚焦微波萃取装置两类。

① 密闭式微波萃取装置　由一个磁控管、一个炉腔、监视压力和温度的监视装置及一些电子器件组成。炉腔中有可放置 24 个密闭萃取罐的旋转盘，并有自动调节温度和压力的装置，可实现温 - 压可控萃取。该装置的特点是目标物不易损失，压力可控。当压力增大时，溶剂的沸点也相应增高，有利于目标物从基体中萃取出来。

② 开罐式聚焦微波萃取装置　与密闭微波萃取装置基本相似，只是微波是通过一波导管将其聚焦在萃取体系上，萃取罐是与大气连通的，即在大气压下进行萃取（压力恒定），只能实现温度控制。该装置将微波萃取与索氏提取结合起来，发挥了两者的长处，同时避免了过滤或离心等分离步骤，不足之处是一次处理的样品数量不能太多。

（4）应用举例　张宪臣等[33]采用微波辅助萃取进行前处理，并结合超高效液相色谱 - 四极杆 / 静电场轨道阱质谱法（UPLC-Q Orbitrap MS）对食品接触塑料材料中的邻苯二甲酸酯类、荧光增白剂和分散染料等 48 种污染物残留进行测定。将样品剪成 0.2cm×0.2cm 小块或是片状，粉碎为粒径＜ 1mm 的颗粒。称取 1.00g 置于 50mL 萃取管中，加入 15mL 甲醇，涡旋 30s，于 90℃微波萃取 10min，离心，收集上清液，置于 30mL 玻璃管中，于 40℃浓缩至干，用甲醇定容至 1mL，取 10μL 进行 UPLC-Q Orbi-trap MS 分析。采用该法检测了 31 个实际样品（包括 10 个聚丙烯、7 个聚乙烯、8 个聚对苯二甲酸乙二酯和 6 个聚碳酸酯样品），在 1 个聚丙烯样品中检出邻苯二甲酸二异辛酯，含量为 225.1μg/kg；在 1 个聚对苯二甲酸乙二酯样品中检出分散蓝 124，含量为 97.9μg/kg。方法的检出限为 0.1～1.0μg/kg，平均加标回收率为 71.2%～108.8%，RSD 为 2.2%～11.8%。

11. 高速逆流色谱（HSCCC）

高速逆流色谱是一种新型的液 - 液分配色谱技术，适用于分离极性物质和用其他分离方法易引起结构

变化的物质；因其进样量大，可以达到毫克量级，甚至克量级，特别适用于天然产物中有效成分的制备和纯化。HSCCC在生化、生物过程、医药、天然产物、有机合成、环境分析、食品、地质、材料等领域获得广泛应用。

（1）高速逆流色谱分离原理　由美国国立卫生研究院Ito教授发明和设计的多层螺旋管式（如图2-33所示）离心分离仪，通常称为“J”形逆流色谱仪，是目前绝大多数商业化逆流色谱仪采用的模式。HSCCC的分离原理是利用螺旋管的自转和公转同步同向行星式运动所产生的变化离心力场使螺旋柱中互不相溶的两相溶剂体系（其中一相作为固定相，另一相作为流动相）进行连续高效的混合和分配。

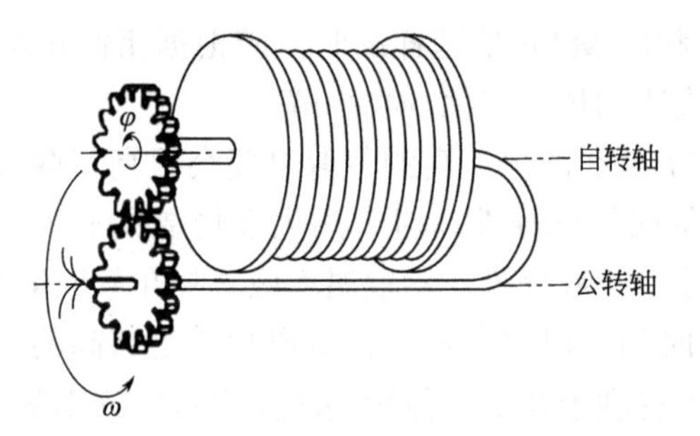

图2-33　多层螺旋管式高速逆流色谱柱示意图

由于分离柱绕中心轴做高速的行星式运动，从而产生了一个在强度和方向上不断变化的复合离心力场，使在分离柱中互不相溶的两相液体不断混合从而达到稳定的流体动力学平衡。两相液体的流体动力学分布如图2-34所示，F_1为分离柱的公转离心力，F_2为分离柱的自转离心力。当F_1与F_2的方向一致时，固定相与流动相分离；F_1与F_2方向相反时，两相充分混合。利用恒流泵连续泵入流动相，流动相载着样品穿过固定相，使样品在两相之间不断反复地进行分配，由于样品中各组分在两相中的分配系数不同，导致在螺旋柱中的移动速度不同，从而使各组分依次得到分离。

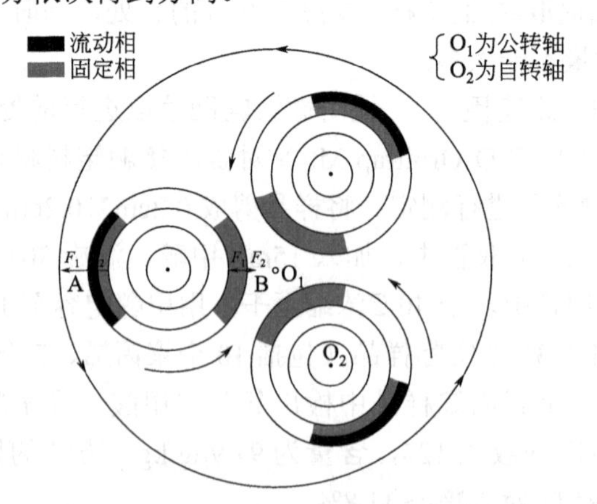

图2-34　高速逆流色谱分离原理图

（2）高速逆流色谱的工作方法及特点　作为一种色谱分离方法，HSCCC与HPLC最大的不同在于柱分离系统。如果将制备HPLC系统的色谱柱部分用一台逆流色谱仪主机代替，即可构成一套逆流色谱分离系统，如图2-35所示。

在实际分离时，首先选择预先平衡好的两相溶剂中的一相为固定相（通常选择上相为固定相），并将其充满螺旋管柱，然后使螺旋管柱在一定的转速下高速旋转，同时以一定的流速将流动相（下相为流动相）泵入柱内。在体系达到平衡后，将待分离的样品注入体系，其中组分将依据其在两相中分配系数的不同实现分离。分离效果与所选择的两相溶剂体系、洗脱方式、流动相流速、柱温、仪器的转动方向和转速等因素有关。

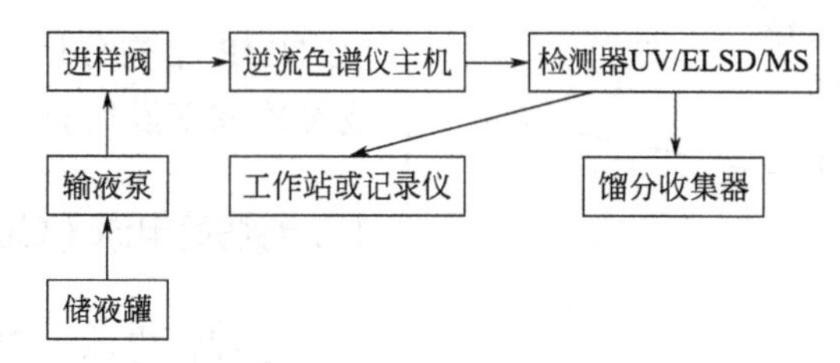

图 2-35 HSCCC 分离系统的构成

与其他色谱分离技术相比，HSCCC 的突出优点是：①由于不用固体支撑体，避免了样品在分离过程中的不可逆吸附、分解和变性等问题，粗样可以直接上样而不会对柱内固定相造成任何损害；②可以通过改变溶剂体系的极性，实现对不同极性物质的分离；③洗脱方式灵活多样，流动相可以是上相或下相、有机相或水相，还可以实现多种形式的梯度洗脱，如 pH 梯度、极性梯度等；④由于两相溶剂在高速旋转的螺旋管内可以进行充分、快速、高效的混合和分配，且固定相的比例较高，使 HSCCC 的制备量可以比 HPLC 大得多；⑤可以在液态固定相和流动相中添加合适的离子对试剂或手性选择试剂等，以实现一些酸碱性物质和异构体的手性分离；⑥费用低，不需要昂贵的色谱柱填料。

（3）溶剂体系的选择　HSCCC 由于不使用固体固定相，因而具有广泛的溶剂体系可供选择。选择适宜的溶剂体系是高速逆流色谱进行成功分离的关键。目前，溶剂体系的选择还没有一套完整的理论依据。一般来讲，选择的条件为：①溶剂可分层；②不造成样品的分解或变性；③固定相能实现足够高的保留值；④样品在溶剂系统中有合适的分配系数；⑤溶剂易挥发除去。对于未知组成的样品，一般根据经验来选择溶剂体系。通常是先选用氯仿 - 甲醇 - 水（体积比为 2∶1∶1）或正己烷 - 乙酸乙酯 - 甲醇 - 水（体积比为 1∶1∶1∶1）的溶剂体系进行尝试，然后再进行适当的改变。

（4）应用举例　宋道光等[34]采用高速逆流色谱技术对小叶金钱草中的杨梅苷和槲皮苷进行分离制备。将购买的小叶金钱草药材粉碎，过 40 目筛。称取 20kg 粉末分次置于超声波提取器，按液料比 10∶1 加入 70% 乙醇溶液，于 600W、40kHz、60℃提取 1h，过滤除去药渣，将药渣重复提取 4 次。合并提取液减压浓缩，得到棕褐色黏稠浸膏。浸膏用蒸馏水混悬，依次用 10 倍量的石油醚、乙酸乙酯和正丁醇各萃取 5 次。取乙酸乙酯萃取液浓缩得到小叶金钱草乙酸乙酯萃取物。取 5g 乙酸乙酯萃取物进行高速逆流色谱分离制备，采用正己烷 - 正丁醇 - 水（体积比 1.75∶1∶1）溶剂系统分离，上相为固定相，下相为流动相，在主机转速 900r/min、流速 2mL/min 条件下，分离得到两种产物。将两种产物进行高效液相色谱分析（如图 2-36 所示），保留时间定性，峰面积归一化法计算纯度。图 2-36 中，a 峰组分的保留时间为 18.974min，纯度为 97.85%；b 峰组分的保留时间为 26.282min，纯度为 95.42%。对应 a 峰和 b 峰组分的紫外吸收光谱，与黄酮类化合物紫外光谱吸收特征相符；又经 ^{1}H-NMR 和

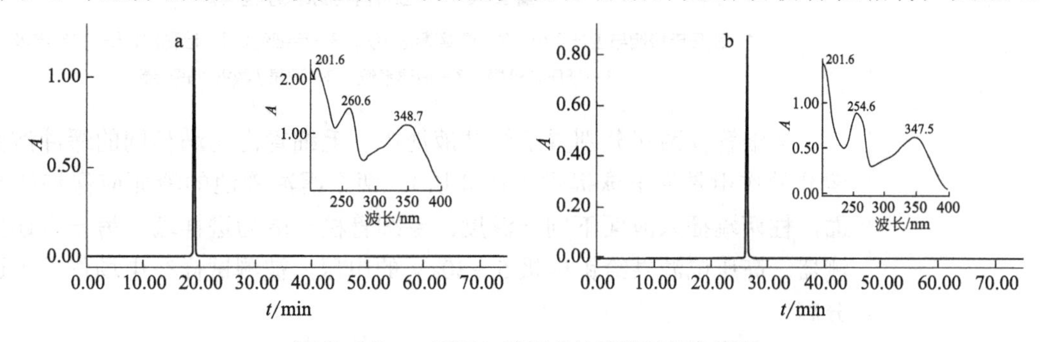

图 2-36 a 峰和 b 峰组分的高效液相色谱图

^{13}C-NMR 结构分析，可确定两组分分别为杨梅苷和槲皮苷。杨梅苷和槲皮苷产物经冷冻干燥后分别为 18.63mg 和 17.49mg。

12. 毛细管电泳（CE）

毛细管电泳（CE）又称高效毛细管电泳（HPCE），是指离子或带电粒子以毛细管为分离通道，以高压直流电场为驱动力，依据淌度的差异而实现分离的一种新型分离分析技术。CE 具有高分辨率、高灵敏度、高速度、样品用量少、成本低、抗污染能力强和应用范围广等特点。毛细管电泳色谱作为气相色谱和液相色谱的补充，几乎可以分离除挥发性和难溶物之外的各种分子。

（1）毛细管电泳的基本原理　电泳是带电粒子在电场作用下作定向移动的现象，其移动速度 u_{ep} 可表示为：

$$u_{ep}=\mu_{ep}E$$

式中，u_{ep} 为带电粒子的电泳速度（下标 ep 表示电泳），cm/s；E 为电场强度，V/cm；μ_{ep} 为带电粒子的电泳淌度，$cm^2/(V \cdot s)$。

所谓电泳淌度是指带电粒子在毛细管中单位时间和单位电场强度下移动的距离，也就是单位电场强度下带电粒子的平均电泳速度，简称淌度。淌度与带电粒子的有效电荷、形状、大小以及介质黏度有关，对于给定的介质，带电粒子的淌度是该物质的特征常数。因此，电泳中常用淌度来描述带电粒子的电泳行为。

由上式可以看出，带电粒子在电场中的迁移速度取决于该粒子的淌度和电场强度的乘积。在同一电场中，由于带电粒子淌度的差异，致使它们在电场中的迁移速度不同，而导致彼此分离。

（2）毛细管电泳仪　毛细管电泳仪通常是由高压电源、毛细管柱、缓冲液池、检测器和记录 / 数据处理等部分组成，如图 2-37 所示。

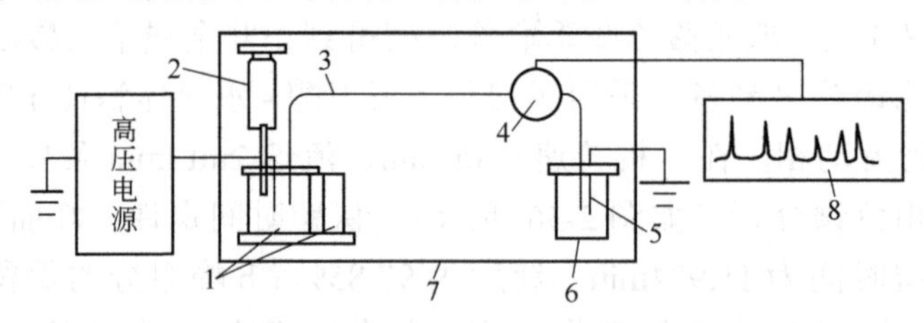

图 2-37　毛细管电泳仪示意图

1—高压电极槽与进样系统；2—填灌清洗系统；3—毛细管；4—检测器；5—铂丝电极；6—低压电极槽；7—恒温系统；8—记录 / 数据处理装置

毛细管柱两端分别置于缓冲液池中，毛细管内充满相同的缓冲溶液（缓冲溶液的作用是为电泳提供工作介质）。两个缓冲液池的液面应保持在同一水平面，柱两端插入液面下同一深度。毛细管柱一端为进样端，另一端连接在线检测器。高压电源供给铂电极 5～30kV 的电压，被测试样在电场作用下进行电泳分离。

（3）高效毛细管电泳的应用

① 在无机金属离子分析中的应用 与离子色谱相比，HPCE 在小离子分离分析上具有许多优势，它能在数分钟内分离出四五十个离子组分，而且不需要任何复杂的操作程序。图 2-38 是 27 种无机阳离子在对甲苯胺背景中的高速高效分离。

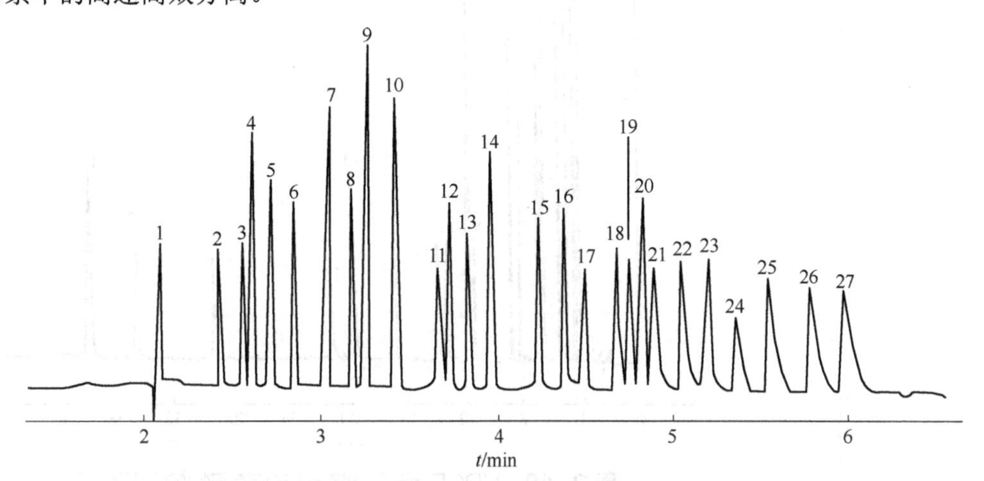

图 2-38 27 种无机阳离子在对甲苯胺背景中的高速高效分离

毛细管：60cm × 75μm；缓冲液：15mmol/L 乳酸 +8mmol/L 4- 甲基苯胺 +5% 甲醇，pH 4.25；工作电压 30kV；检测波长 214nm

峰：1—K^+；2—Ba^{2+}；3—Sr^{2+}；4—Na^+；5—Ca^{2+}；6—Mg^{2+}；7—Mn^{2+}；8—Cd^{2+}；9—Li^+；10—Co^{2+}；11—Pb^{2+}；12—Ni^{2+}；13—Zn^{2+}；14—La^{3+}；15—Ce^{3+}；16—Pr^{3+}；17—Nd^{3+}；18—Sm^{3+}；19—Gd^{3+}；20—Cu^{2+}；21—Tb^{3+}；22—Dy^{3+}；23—Ho^{3+}；24—Er^{3+}；25—Tm^{3+}；26—Yb^{3+}；27—Lu^{3+}

② 在蛋白质分析中的应用 目前，HPCE 已广泛应用于蛋白质分离及其相关领域。图 2-39 是聚乙烯醇添加到缓冲体系中蛋白质的分离谱图。

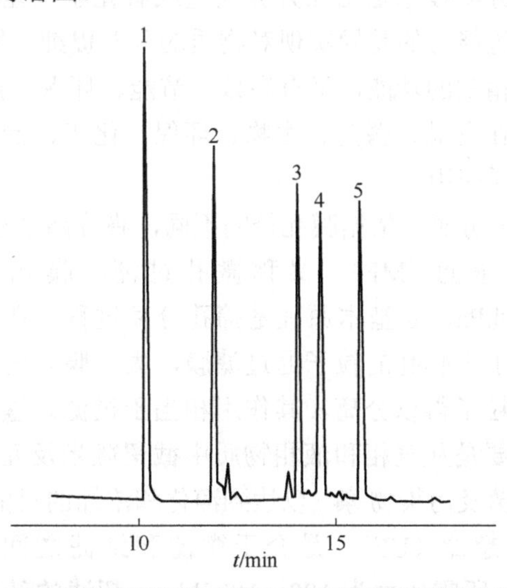

图 2-39 聚乙烯醇添加到缓冲体系中蛋白质的分离谱图

毛细管：57/75cm × 75μm；工作电压 5kV；电动进样 5s；

缓冲液：20mmol/L 磷酸盐 +30mmol/L NaCl（pH 3.0）+0.05% PVA1500

峰：1—细胞色素；2—溶菌酶；3—胰蛋白酶；4—胰蛋白酶原；5—α-糜蛋白酶原 A

③ 在药物分析中的应用　自从 HPCE 问世以来，许多学者已用 HPCE 分离分析药物中的主成分、药物中的微量杂质、复方制剂中的有效成分等，图 2-40 是 HPCE 用于法庭鉴定违禁药物的分析结果。

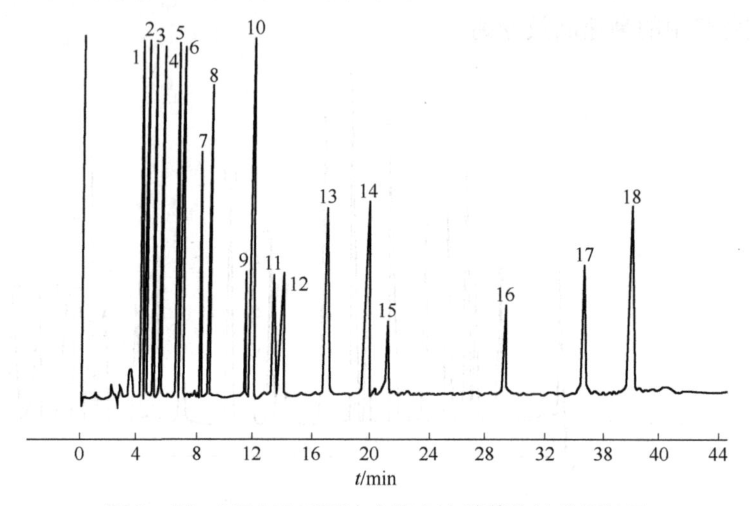

图 2-40　HPCE 用于法庭鉴定违禁药物的分析结果

毛细管：27cm × 50μm，有效长度 25cm；工作电压 20kV；检测波长 210nm；

背景电解质溶液：8.5mmol/L 磷酸盐 +8.5mmol/L 硼砂 +85mmol/L SDS+15% 乙腈；pH 8.5

峰：1—西洛西宾；2—吗啡；3—苯巴比妥；4—二甲 -4-羟色胺；5—可待因；6—安眠酮；7—麦角酰二乙胺；8—海洛因；9—苯丙胺；10—利眠宁；11—可卡因；12—去氧麻黄碱；13—氯羟去甲安定；14—安定；15—芬太尼；16—五氯酚；17—大麻二酚；18—四氢大麻酚

13. 膜分离技术

膜分离技术是指在外界能量或者化学位差的作用下，利用膜对不同物质的选择透过能力的差异实现对物质的分离提纯。膜分离技术由于兼有分离、浓缩、纯化和精制的功能，又有高效、节能、环保、操作简单、成本低和清洁等优点。因此，在食品、医药、生物、环保、化工、冶金、能源、石油、水处理等领域获得广泛应用。

（1）分类　依据膜孔径的不同，膜分离过程可分为以下几种。

① 微滤（MF）　又称微孔过滤，膜孔径为 0.05～10μm，所需压力为 50～100kPa，其基本原理是筛孔分离过程。在静压差的作用下，利用膜的筛分作用，小于膜孔的粒子通过滤膜，大于膜孔的粒子则被截留在膜面上，使大小不同的粒子得以分离，其作用相当于过滤。鉴于微孔滤膜的分离特征，其应用范围主要是从气相和液相物质中截留微米及亚微米的细小悬浮物、微生物、微粒、细菌及污染物等，以达到净化和浓缩的目的。

② 超滤（UF）　是介于微滤和纳滤之间的一种膜过程，膜孔径为 10～100nm，所需压力为 100～1000kPa。超滤的基本原理，通常可理解为与膜孔径大小相关的筛分过程，以膜两侧的压力差为驱动力，以超滤膜为过滤介质，膜的截留特性是以对标准有机物截留的分子量来表征，通常截留分子的分子量范围为 1000～300000。目前，超滤膜广泛用于料液的澄清，大分子有机物的分离

纯化（诸如蛋白质、核酸聚合物等大分子）。

③ 纳滤（NF）　是一种介于反渗透和超滤之间的压力驱动膜分离过程，膜孔径为1～10nm，截留分子量在80～1000范围内。适用于从水溶液中分离除去小分子物质，主要用于二价或多价离子及分子量介于200～500之间的有机物的脱除，其在制药、生物化工、食品工业等领域有广阔的应用前景。

④ 反渗透（RO）　膜孔径≤1nm，所需压力为0.1～10MPa，适用于低分子无机物和水溶液的分离。反渗透是一种压力驱动的膜过程，其过滤的实质是利用反渗透膜具有选择性透过溶剂而截留离子物质的性质。反渗透的截留对象是所有的离子、可溶性金属盐、有机物、细菌等，仅让水透过膜，出水为无离子水。因其具有产水水质高、运行成本低、无污染、操作方便、运行可靠等诸多优点，而成为海水和苦咸水淡化，以及纯水制备的最节能、最简便的技术，已广泛应用于医药、电子、化工、食品等诸多行业，成为现代工业中首选的水处理技术。

概念检查 2.2

○ 指出膜分离过程可分为哪4种，每一种所适合的分离对象。

（2）膜材料　膜是具有选择性分离功能的材料，是膜分离技术的核心，而膜的透过性能主要取决于膜材料的化学特性和膜的形态结构。因此不同的膜分离过程对膜的要求不同，选择合适的膜材料是膜分离成功的关键。膜材料分为有机和无机两大类，有机材料主要包括纤维素类、聚酰胺类、芳香杂环类、聚砜类、聚烯烃类、硅橡胶类、含氟高分子类等；无机材料主要以金属、金属氧化物、陶瓷、多孔玻璃等为主。目前应用较多的膜材料是高聚物材料，无机膜应用不多，销售量仅占整个膜市场的20%左右。

（3）膜组件及膜分离的基本工艺原理　工业上常用的膜组件主要有：管式膜组件、中空纤维式膜组件、板框式膜组件和螺旋卷式膜组件等。

膜分离的基本工艺原理比较简单。在过滤过程中，料液通过泵的加压，以一定流速沿着滤膜的表面流过，大于膜截留分子量的物质不透过膜流回料罐，小于膜截留分子量的物质或分子透过膜，形成透析液。故膜系统都有两个出口：一是回流液（浓缩液）出口，另一是透析液出口。在单位时间单位膜面积透析液流出的量称为膜通量，即过滤速度。影响膜通量的因素有：温度、压力、固含量、离子浓度和黏度等。

（4）应用举例　环境空气中空气动力学当量直径小于等于2.5μm的颗粒物定义为细颗粒物，其英文缩写为$PM_{2.5}$；可吸入颗粒物指环境空气中空气动力学当量直径小于等于10μm的颗粒物，即PM_{10}。剖析大气颗粒物中微量污染物时需要采集颗粒物样品，要保证特定粒径以下的颗粒物能够进入采样仪，需对环境空气中的颗粒物进行粒径筛选。应当指出，$PM_{2.5}$中的超细粒子是空气中天然的凝结核，在合适的气象条件下，$PM_{2.5}$浓度的增加会增加雾的形成概率，同时还会形成霾，导致雾霾天气的出现，加重空气污染，对人体健康产生极大危害，已引起全球广泛的关注，各国已经开展了针对$PM_{2.5}$的监测研究。

对$PM_{2.5}$的研究方法主要有两种：一种是基于膜过滤的采样分析法，另一种是在线分析方法。

图2-41是一种小流量$PM_{2.5}$膜过滤采样器。该采样器设有3个平行的采样通道，其中的一个通道为水溶性组分采样通道，该通道采集的样品主要用于水溶性组分的分析。水溶性组分采样通道的构造为：入口为一个$PM_{2.5}$切割器，以保证空气动力学直径小于2.5μm的颗粒物进入系统。切割器之后设有一个表面光滑且涂有Na_2CO_3溶液的玻璃溶蚀器Denuder，用于吸收气流中酸性气体SO_2、HCl、HNO_3等。Denuder之后为Teflon滤膜，以收集气流中的$PM_{2.5}$颗粒物。Teflon滤膜之后设一尼龙膜，用以收集从前

置 Teflon 滤膜样品中挥发出的物种。另外两个采样通道分别为无机多元素采样通道及有机物采样通道。无机多元素采样通道由铝质 $PM_{2.5}$ 切割器和一个 Teflon 滤膜组成，所采集的样品用于分析 $PM_{2.5}$ 的无机多元素的含量。有机物采样通道由铝质 $PM_{2.5}$ 切割器和两个石英滤膜组成，采集的样品主要用于 $PM_{2.5}$ 中含碳成分的分析。采样所使用的三种滤膜均由美国 Gelman 公司生产。Teflon 滤膜的孔径为 2μm，尼龙滤膜和石英纤维滤膜的孔径均为 1μm。三种滤膜的直径均为 47mm，在设计流速下对 $PM_{2.5}$ 的捕集效率可达 99.99% 以上。

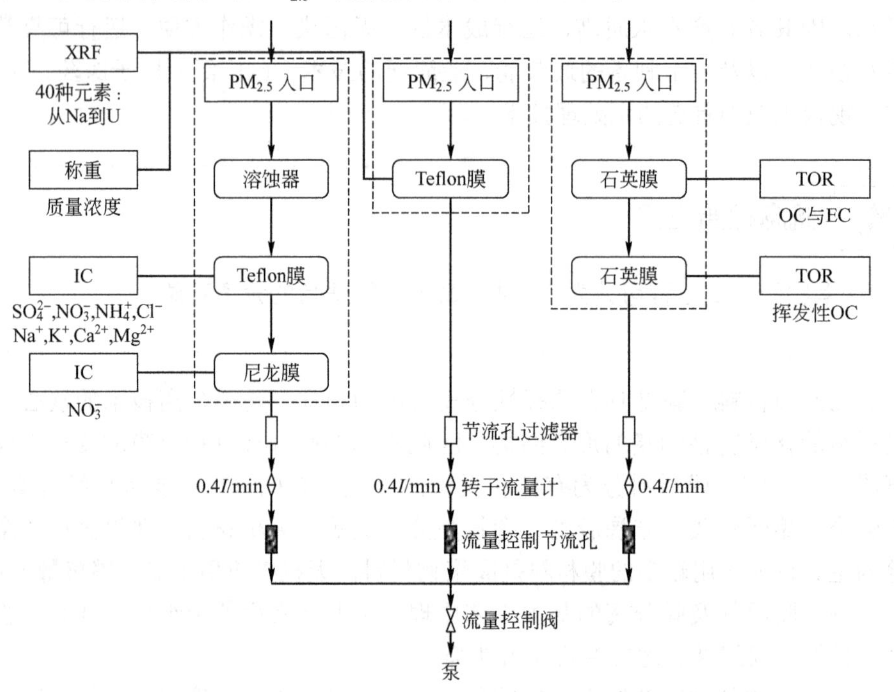

图 2-41 小流量 $PM_{2.5}$ 化学物种采样器流程图

14. 浮选分离法

浮选技术是利用气泡的作用使溶液中有表面活性的成分或能与表面活性剂结合的非表面活性的成分聚集在气 - 液界面与母液分离的方法，由于其分离快速、富集倍数大、回收率高和设备简单，因而在分离富集和测定各种水质中的痕量元素及痕量有机组分方面获得广泛应用。

（1）浮选法分类　常用的浮选技术有沉淀浮选法、离子浮选法和溶剂浮选法三种。

① 沉淀浮选法　是利用待测元素与加入的试剂生成沉淀或被吸附在胶体沉淀上而被浮选。沉淀浮选分为两类：第一类沉淀浮选需加入表面活性剂，但表面活性剂本身不与待测元素形成沉淀，而是当待测元素与加入的其他试剂形成沉淀时，表面活性剂帮助生成的沉淀上浮至液面。沉淀的形成，可经过下述两种途径：一是加入无机或有机试剂，使待测元素形成沉淀；二是利用胶状沉淀（氢氧化物、硫化物等）吸附待测元素。然后加入与沉淀带相反电荷的表面活性剂，通入惰性气体的小气泡，沉淀的表面和空隙由于捕集了许多小气泡上浮至

液面而与母液分离。第二类沉淀浮选不需加入表面活性剂，而是利用待测元素与加入的亲水性试剂生成的疏水性物质可附着在气泡上而被浮选分离。

沉淀浮选常用的沉淀剂有无机沉淀剂和有机沉淀剂两类，无机沉淀剂多为能在水中水解形成胶体氢氧化物的盐类，如氯化铁、氯化铝以及某些硫化物等。应用较多的有机沉淀剂为双硫腙、巯萘盐、黄原酸盐等。

② 离子浮选法　是利用表面活性物质（称为捕收剂）在气 - 液界面上所产生的吸附现象，使离子与表面活性物质形成疏水性络合物附着在气泡上，而后浮选分离。

用于离子浮选的捕收剂有三种，即阴离子捕收剂、阳离子捕收剂和螯合捕收剂。常用的阴离子捕收剂为烷基硫酸盐、烷基磺酸盐、高级羧酸盐等，常用的阳离子捕收剂是8～18碳原子的烷基胺，常用的螯合捕收剂有二烷基二硫代氨基甲酸盐、氨基苯硫酚、1-(2- 吡啶偶氮)-2- 萘酚等，许多螯合萃取剂都可用作螯合捕收剂。

③ 溶剂浮选法　溶剂浮选法从操作过程来看，分为通气浮选与振荡浮选两种。

通气浮选是将一层有机溶剂加在待浮选的试液表面，此溶剂除了能很好地溶解被捕集成分外，还应具有挥发性低、与水不混溶、比水的密度小等特性。当某种惰性气体通过试液，借助微细气体分散器发泡，形成扩展的气 - 液界面，待测元素与捕收剂形成的疏水中性螯合物或离子缔合物便吸附于气 - 液界面，随气泡上升，并溶入有机层形成真溶液，然后测定有机相中被捕集的成分。

振荡浮选与普通萃取一样操作，十分方便。在一定条件下，待测元素与某些有机络合剂形成既疏水又疏液的沉淀，浮选时在两相界面形成第三相，第三相浮选物有一定组成，溶入极性溶剂后，即可用光度法或其他方法进行检测。

离子浮选、沉淀浮选和溶剂浮选均用通气鼓泡以达到浮选目的，所用气体可以是压缩空气、氮气等。与浮游选矿不同，分析化学用的浮选分离为“低速气流泡沫分离”，通气速度多为20～30mL/min，以G_3或G_4烧结玻璃片控制气泡直径在0.5mm以下，通气时间为几分钟到60min。泡沫层（离子浮选）或浮渣（沉淀浮选）与母液的分离，可用倾出法或用玻璃刮铲、吸量管等器具分离。将取出的泡沫或浮渣，经化学处理后，用原子吸收法、分光光度法或其他分析方法对其中的待测组分进行检测。

（2）浮选法应用示例　本实验室用自行设计的溶剂浮选装置（图2-42）成功地分离富集了麻黄草中的有效成分盐酸麻黄碱[35]、黄芩中的黄芩苷[36]、葛根中的大豆苷元[37]、怀牛膝中总甾酮[38]、厚朴中总厚朴酚[39]、茵陈中总香豆素[40]、茶叶中茶多酚[41]，以及污水中痕量羧酸类和胺类有机污染物[42]等。

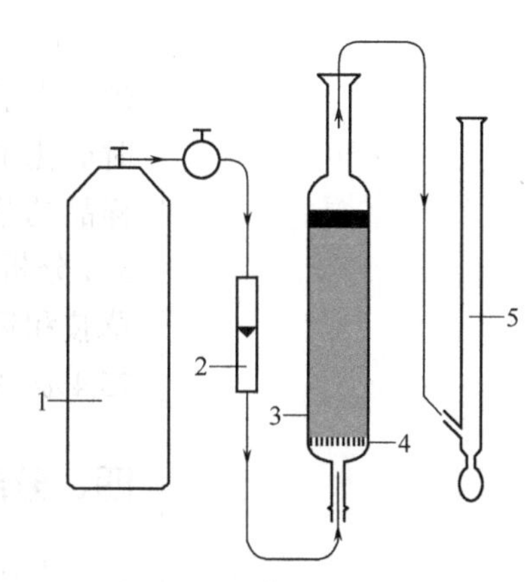

图2-42　溶剂浮选装置

1—氮气钢瓶；2—转子流量计；3—溶剂浮选柱；4—玻砂滤板（G_4）；5—皂膜流量计

15. QuEChERS方法

QuEChERS方法是近年来国际上新出现的一种快速样品处理和净化技术，由英文单词Quick（快速）、Easy（简单）、Cheap（便宜）、Effective（高效）、Rugged（耐用）和Safe（安全）组成。它是由美国农业部化学家Michelangelo Anastassiades与Steve Lehotay教授于2003年共同开发的一种简便快速、同时可以提供高质量的农药残留分析的样品前处理方法。现在QuEChERS已经成为许多国家分析水果、蔬菜中农药多种类、多残留时的标准样品处理方法。

（1）QuEChERS方法的基本原理　QuEChERS方法实质是固相萃取技术和基质固相分散技术的衍生和进一步发展。该方法的基本原理是将均质后的样品经乙腈（或酸化乙腈）提取后，采用萃取盐盐析分层，利用基质分散萃取机理，采用PSA（乙二胺-*N*-丙基硅烷）或其他吸附剂与基质中绝大部分干扰物（有机酸、脂肪酸、碳水化合物等）结合，通过离心方式去除，从而达到净化的目的。

（2）基本操作步骤　①将样品粉碎；②采用单一溶剂乙腈提取分离，或用含1%乙酸的乙腈对样品进行浸提；③加入$MgSO_4$等盐类除水，例如加入无水硫酸镁与乙酸钠振荡促使其分层；④离心后，将提取液转移至含有PSA等吸附剂和硫酸镁的离心管中除杂，去除乙腈中存在的大部分干扰物，这种液固萃取方式称为分散基质萃取；⑤离心后的上清液直接用GC-MS、HPLC-MS进行分析。

（3）QuEChERS方法的特点　①回收率高，对大量极性及挥发性农药品种的回收率大于85%；②准确度和精密度高，可用内标法进行校正；③可分析的农药范围广，极性、非极性的农药均能利用此技术得到较好的回收率；④样品处理量大，分析速度快，能在30min内完成10个样品的处理；⑤溶剂使用量少，减少了试剂的消耗和环境污染，价格低廉；⑥操作简便，无需良好训练和较高技能便可很好地完成；⑦乙腈加到容器后立即密封，使其与工作人员的接触机会减少；⑧样品制备过程中使用很少的玻璃器皿，装置简单。

（4）应用举例　杜振霞等[43]将改进的QuEChERS方法应用于土壤样品前处理。为了防止缓冲盐对质谱测定的干扰，样品前处理过程未使用缓冲溶液，同时简化了前处理步骤，萃取后直接在萃取悬浮液中加入吸附剂，一步完成土壤样品的萃取和净化，无需多步离心，且提取液无需浓缩，直接进行UPLC-MS/MS分析，在3min内即可完成土壤中莠去津、苯噻酰草胺、甜菜宁、异丙甲草胺和环嗪酮5种除草剂的定性与定量检测。5种除草剂的加标平均回收率为75.4%～98.5%，RSD为3.2%～11.8%，均符合残留检测的要求。

四、分离方法的选择及一般程序

上述各部分简要介绍了一些分离方法的基本原理和实际应用，这些知识对剖析工作者来说是必不可少的。另一重要问题，就是如何从众多的分离方法中选择一种最适宜的方法，这对后续的分析工作至关重要。

1. 分离方法选择准则

当分离对象确定后，如何选择最适合的分离方法、最佳的实验程序和得到纯度最好的样品，是剖析工作中首先要考虑的问题。分离方法选择恰当与否，将直接关系到后续组分定性及结构鉴定的准确程度。选择分离方法的准则：①分离对象的体系和性质；②样品的数量与组分的含量范围；③分离后得到组分的数量及纯度；④现有的实验条件（如仪器设备和试剂）和操作者的经验（即对某种分离方法掌握的程度）等。许多复杂体系样品的分离并没有严格不变的分离程序，根据实际样品情况不同，经常需调节不同的程序和选用不同的分离方法，因此，分离研究有很大的经验性和灵活性。Miller[44] 对分离方法和样品的相关性作了简要的概括与分类，提出了选择分离方法的 10 项准则，表 2-3 中列出了其中的八项。前四项属样品本身的特性，后四项是对分析的要求。表中每一项准则又分为 A、B 两类，并在每一种分离方法下面注明这种分离方法所适合分离物质的类型或分析目的，表中 X 表示该种分离方法对两类准则都适用，或者说这种分离方法适应性较广。

表2-3　分离方法的选择准则及分离方法的分类

准　则		分　离　方　法									
A	B	LE	DT	GC	LC	PC	IE	GPC	ZE	DL	DP
亲水	疏水	X	X	B	X	X	A	X	A	A	X
离子	非离子	X	B	B	X	X	A	B	A	X	X
挥发	不挥发	B	A	A	B	B	B	B	B	B	B
简单	复杂（组成）	X	X	X	X	X	X	A	A	X	X
大量	微量（取样）	X	A	B	B	B	B	B	B	X	X
常量	痕量（含量）	A	A	X	X	X	X	A	X	A	A
定量	定性	B	B	X	X	X	X	B	B	B	B
分析	制备	B	B	A	X	X	A	A	A	B	B

注：LE—萃取；DT—蒸馏；GC—气相色谱；LC—液相色谱；PC—平板色谱；IE—离子交换；GPC—凝胶渗透；ZE—电泳；DL—渗析；DP—溶解-沉降。

2. 影响分离方法选择的因素

（1）样品的组成与性质　样品（即分离对象）的性质不同，对分离方法的要求亦不同。表 2-3 中前两项是分离对象的性质，即亲水与疏水、离子与非离子两类，常常是相互关联的。通常，疏水的化合物为非离子型，而亲水的为离子型或强极性化合物。两类化合物的分离方法一般不相同，大多数分离方法只适用于其中一类。比较困难的分离课题是亲水性和极性大、离子型化合物。一般选用萃取、离子交换、电泳、渗析、薄层色谱和纸色谱分离。第三项属性是与热性质相关的特性，如挥发性、热稳定性，首选的分离方法是蒸馏与气相色谱法。

样品的组成是简单的还是复杂的是选择分离方法的另一重要因素。组成简单的样品，无论是成分分析还是结构分析都比较容易。剖析中的样品大多是复杂体系，必须选用多种分离方法。色谱法是分离多组分样品的首选方法，而色谱法中又有众多分支，可按样品性质及分析要求作出合理的选择。

（2）分离的目的与要求　表 2-3 中后四项表示的是分离的目的与要求。首先要考虑的是分离后是进行定性还是定量分析。定性分离的目的并不要求分离的高效率和方法的准确性，其主要目的是为了得到纯度足够结构分析用的样品，定量分析则要考虑分离方法的精密度和准确性。样品的数量和某些组分的含量是选择分离方法时应考虑的因素之一，微量样品的分离要求采用微量实验技术，而大量样品中微量和痕量组分的分离则要求先进行富集，如萃取、吸附等，再进行纯化分离。

分离的程度是选择分离方法时应考虑的另一因素，有些分析要求将样品中的各个组分彼此完全分开，而另一些分析，则只要知道某一类物质的总量即可。例如，对于一烃类混合物，当要求测定每种烃的含量时，选用气相色谱法最合适，若只要求测定混合物中烷烃和烯烃总量时，采用化学分离法即可。

3. 样品分离的一般程序与方法

图 2-43 是气-液-固多相混合样品分离分析的一般流程，可作为剖析工作者参考。

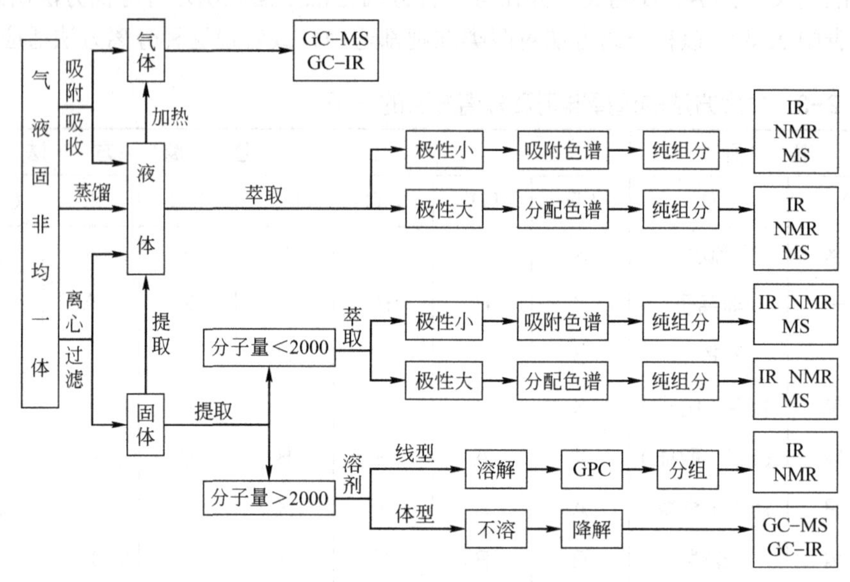

图 2-43 气-液-固多相混合样品的分离鉴定程序

对于样品组成未知的均相体系，首先应采用简单的物理、化学分离方法，然后再采用色谱法。对于气体样品，可采用气相色谱法分离；液体样品可采用蒸馏或萃取法分离；固体样品可采用萃取或色谱法分离。

对于体系复杂，非均相的气-液-固混合样品的分离，首先应采用简单的物理、化学分离方法，如蒸馏、过滤、离心、吸收等将样品分离成气、液、固三种均相体系。通过蒸馏、过滤、离心得到的液相样品，可用萃取或吸附富集后按极性大小分组，然后再选用相应的色谱法作进一步分离、纯化，得到纯组分后，再选用 UV、IR、MS、NMR 等方法作结构与成分分析。固体样品按分子量大于或小于2000作分组，小分子量的组分可按液体样品处理。大分子量的组分，可用适当的溶剂沉降分组，可溶性组分一般为线性、热塑性高聚物，可用凝胶渗透色谱法分离，再用 IR、NMR 作结构分析；不溶性组分除无机填料外，通常为热固性高聚物，可用 IR 技术中的 ATR 或采用热降解和化学降解等，使之变成小分子化合物，再用 GC、GC-MS、GC-FTIR 等作结构和成分分析。

第二节 联用技术

在环境、中草药和食品等复杂体系样品的剖析工作中，采用上述的各种分离方法，往往不能将数十种，乃至上百种组分获得有效分离与鉴定，但采用联用技术，这类样品的剖析就成为可能。

剖析工作的两个重要环节就是样品中各组分的分离、定性及定量分析。色谱法是一种有效的分离及定量分析方法，但定性比较困难，而质谱、红外光谱和核磁共振光谱法可以对纯组分进行有效的定性及结构分析，但对混合物的分析则无能为力。若将这两类方法相互结合，直接联机分析，则可取长补短，获得两类方法单独使用时不具备的功能。因此许多分析工作者多年来一直致力于研究和发展联用分析技术，目前已开发的有气相色谱 - 质谱联用（GC-MS）、高效液相色谱 - 质谱联用（HPLC-MS）、毛细管电泳 - 质谱联用（CE-MS）、气相色谱 - 傅里叶变换红外光谱联用（GC-FTIR）、高效液相色谱 - 傅里叶变换红外光谱联用（HPLC-FTIR）和高效液相色谱 - 核磁共振光谱联用（HPLC-NMR）等，其中最成功的是 GC-MS 联用。

一、GC-MS 联用

GC-MS 是各种联用技术中应用最广泛的一种。目前常用的是毛细管气相色谱与质谱的直接联用，从毛细管气相色谱柱中流出的组分可直接引入质谱仪的离子源，但填充柱必须经过一个分子分离器降低气压并将载气与样品分子分开。组分经离子源电离后，位于离子源出口狭缝安装的总离子流检测器检测到离子流信号，经放大记录后成为色谱图，该图称为总离子流色谱图（TIC）。当某组分出现时，总离子流检测器发出触发信号，启动质谱仪开始扫描而获得该组分的质谱图。

总离子流色谱图相当于气相色谱图，图中每一个峰代表一个特定的组分。对 TIC 图中的每个峰，可同时给出对应的质谱碎片峰图，据此可推出每个色谱峰的分子结构。另外，TIC 图还给出每个峰的保留时间，与气相色谱相似，峰面积和峰高可作为定量分析的依据。GC-MS 法可以利用总离子流色谱图进行定量，也可以利用质量色谱图进行定量。

总离子流色谱图是将每个质谱的所有离子加合得到的。同样由质谱中任何一个质量的离子也可以得到色谱图，即质量色谱图。质量色谱图是由全扫描质谱中提取一种质量的离子得到的色谱图，也就是以一定的质荷比（m/z）的离子强度对应该离子出现的时间。如果某化合物质谱中不存在这种离子，那么该化合物就不会出现色谱峰。利用这一特点可以识别具有某种特征的化合物，也可以通过选择不同质量的离子做质量色谱图，使正常色谱不能分开的两个峰实现分离，以便进行定量分析。这样可以最大限度地去除其他组分干扰。值得注意的是，质量色谱图由于是用一个质量的离子做出的，它的峰面积与总离子流色谱图有较大差别，在进行定量分析时，峰面积和校正因子等都要使用同一离子得到的质量色谱图。

质谱仪扫描方式有两种，即全扫描和选择离子扫描。全扫描是对指定质量范围内的离子全部扫描并记录，得到的是正常的质谱图，这种质谱图可以提供未知物的分子量和结构信息，可以进行库检索。选择离子扫描（一般称作选择性离子检测 SIM，又称单离子监测）是质谱仪仅对预先选定的某一个或者某几个特征离子进行检测，由于是反复自动扫描，故可获得更大的信号强度，其检测灵敏度可提高 2～3 个数量级。因为这种方法只记录特征的、感兴趣的离子，不相关的、干扰离子统统被排除，所以对色谱分离不完全或未分离的峰，利用其分子量或者碎片质量的不同，仍能被分别测定，由于选择离子扫描只能检测有限的几个离子，不能得到完整的质谱图，因此不能用来进行未知物的定性分析，也不能进行库检索，它的主要用途是定量分析，是 GC-MS 定量分析中经常采用的方法。用选择离子扫描得到的色谱图进行定量分析，具体分析方法与质量色谱图类似。

虽然选择离子扫描方式得到的色谱图与质量色谱图在形式上类似，但是二者是有差别的，质量色谱图是由全扫描方式得到，是由全扫描质谱中提取一种质量的离子得到的色谱图，因此可以得到任何一个质量的质量色谱图；而选择离子扫描是选择了一定 m/z 的离子，只扫描选定的质量，只能得到那个质量的色谱图。如果二者选择同一质量，则采用 SIM 定量灵敏度要高得多。

GC-MS的应用十分广泛，是环境污染分析、食品分析及药物代谢研究中不可缺少的有力工具。

韩雪等[45]采用气相色谱-质谱联用技术同时测定了红枣中6种酚酸。色谱柱为Rtx-5毛细管柱，升温程序：初始柱温100℃，以10℃/min升至200℃，再以5℃/min升至250℃，保持5min，总共运行时间25min。选择（双三甲基硅烷基）三氟乙酰胺（含1%的三甲基氯硅烷）为衍生化试剂，样品衍生化温度为35℃，时间30min。在此条件下，水杨酸、4-羟基苯甲酸、香草酸、2,5-二羟基苯甲酸、原儿茶酸和对香豆酸6种酚酸获得良好分离。该法用于3种红枣样品中6种酚酸的测定，加标回收率为92.6%～104.3%，RSD均小于5%。

李雅萌等[46]采用顶空固相微萃取-气相色谱-质谱联用法对山药挥发油成分进行分离鉴定，采用色谱峰面积归一化法确定各组分的相对含量。在总离子流色谱图中（图2-44）得到76个色谱峰，鉴定出73种化合物，主要包括烷烃、烯烃、芳香类、有机酸、醇、醛、酮、酯和杂环类等。挥发油中主要为不饱和烃类化合物（22种），含量高达68.05%，其中，含量较高的成分有α-姜黄烯（28.46%）、β-法呢烯（9.08%）、β-倍半水芹烯（5.66%）、β-没药烯（5.70%）、白菖烯（1.45%）和α-柏木萜烯（2.70%）等。

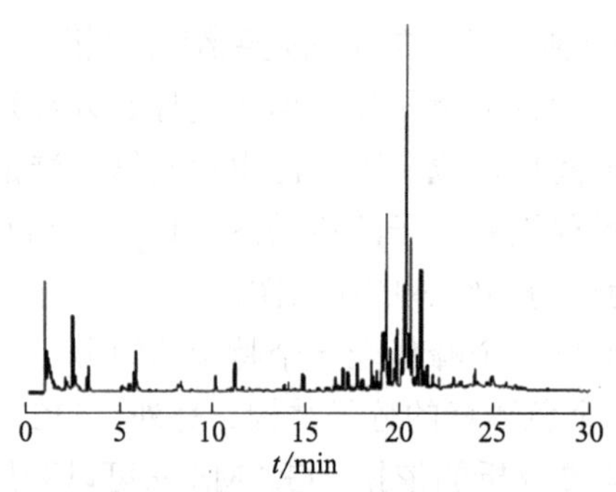

图2-44　山药中挥发油成分的总离子流色谱图

二、HPLC-MS联用

HPLC-MS又叫液相色谱-质谱联用，据统计，已知化合物中约80%是不易挥发、热稳定性差的有机物及生物大分子，这些化合物不适宜用气相色谱分析，而用液相色谱则可以方便地进行，于是便出现了HPLC-MS联用技术。HPLC-MS是以液相色谱作为分离系统，质谱为检测系统。样品在质谱部分与流动相分离，被离子化后，经质谱的质量分析器将离子碎片按质荷比的大小依次分开，经检测器得到质谱图。

HPLC分离要使用大量的流动相，如何有效地除去流动相而不损失样品，是HPLC-MS联用技术的难题之一。此外，HPLC分离的样品多为极性大、难挥发、大分子量的化合物，如何使这些化合物电离成为离子后引入质谱分析器内，也是一个困难的课题。现在广泛使用的离子喷雾和电喷雾技术，有效地实现了HPLC与MS的连接。

在离子喷雾的接口中，样品液体进入一个带有高电压的喷雾器，形成带有高电荷微滴的雾，当微滴蒸发时，经过一个非常低的能量转移过程形成含有一个或多个电荷的离子，进入质量分析器中，各种离子的质荷比被测量并记录下来。

电喷雾接口（ESI）的基本原理是将样品溶液从石英毛细管引入ESI接口中，在毛细管和电极板之间施加2～6kV电压，使样品溶液形成高度分散的带电液滴，同时通入干燥的氮气，控制流速为 1～10L/min，温度 360℃，由于压差使样品通过取样孔进入真空区，带电雾滴中的溶剂进一步蒸发后溶质成为带单电荷或多电荷的溶质准分子离子，然后通过第二个取样孔进入质量分析器，被测量并记录下来。

由于电喷雾是一种软电离源，通常碎片很少或没有，谱图中只有准分子离子，因而只能提供未知化合物的分子量信息，不能提供结构信息，如果对所分析体系了解很少，很难用来做定性分析。为了得到未知化合物的结构信息，必须使用串联质谱仪，将准分子离子通过碰撞活化得到其子离子谱，然后通过解释子离子谱来推断结构。

串联质谱法（MS-MS）是质谱法的重要联用技术之一，其方法是将两台质谱仪通过中间的碰撞室串联起来，第一台质谱仪起类似于 GC 或 LC 的作用，用于分离复杂样品中各组分的分子离子，这些离子经碰撞室碰撞活化裂解后，依次进入第二台质谱仪中，从而产生这些分子离子的碎片质谱。

用 HPLC-MS 进行定量分析，其基本方法与普通液相色谱法相同。即通过色谱峰面积和校正因子（或标样）进行定量。但由于色谱分离方面的问题，一个色谱峰可能包含几种不同的组分，给定量分析造成误差。因此，对于 HPLC-MS 定量分析，不采用总离子流色谱图，而是采用与待测组分相对应的特征离子得到的质量色谱图或多离子监测色谱图，此时，不相关的组分将不出峰，这样可以减少组分间的互相干扰。HPLC-MS 分析的经常是体系十分复杂的样品，比如血液、尿样等。样品中有大量的保留时间相同、分子量也相同的干扰组分存在；为了消除干扰，HPLC-MS 定量的最好办法是采用串联质谱的多反应监测（MRM）技术。

多反应监测技术的关键在于首先要能够检测到具有特异性的母离子，然后只将选定的特异性母离子进行碰撞诱导，最后去除其他子离子的干扰，只对选定的特异子离子进行质谱信号的采集。分析样品时，第一级质谱选定 m_1，经碰撞裂解后，第二级质谱选定 m_2。只有同时具有 m_1 和 m_2 特征质量的离子才被记录。这样得到的色谱图就进行了三次选择：HPLC 选择了组分的保留时间，第一级 MS 选择了 m_1，第二级 MS 选择了 m_2，这样得到的色谱峰可以认为不再有任何干扰。然后，根据色谱峰面积，采用外标法或内标法进行定量分析。此方法适用于待测组分含量低，体系组分复杂且干扰严重的样品分析。比如人体药物代谢研究，血样、尿样中违禁药品检验等。

应用举例：

武中平等[47]采用高压液相色谱 - 串联质谱法同时测定了婴幼儿配方奶粉中 7 种 B 族维生素（核黄素、硫胺素、吡哆醇、吡哆胺、吡哆醛、烟酸、烟酰胺）。样品用 0.1% 甲酸溶液溶解后，加入一定体积的正己烷，经超声、离心、过滤处理。采用 Eclipse Plus C_{18} 色谱柱，0.1% 甲酸 - 甲醇为流动相（梯度洗脱），对滤液进行分离；采用电喷雾正离子、多反应监测模式进行检测。7 种 B 族维生素在 5min 内获得良好分离，样品加标回收率为 75.25%～107.65%，RSD<3%。

李娟等[48]建立了 HPLC-MS 同时测定六神丸中 9 种蟾蜍二烯内酯类化合物的方法。采用 ODS-2（250mm×4.6mm，5μm）色谱柱，以乙腈 -0.2% 甲酸水溶液为流动相，梯度洗脱，ESI 离子源，正离子模式，扫描范围 m/z 50～1500。实验数据采用 PeakView 1.2 软件处理。由总离子流色谱图（图 2-45）可见，9 种蟾蜍二烯内酯类化合物均得到良好分离。测定了 10 批六神丸中 9 种蟾蜍二烯内酯类化合物含量，分别为和蟾蜍他灵 0.40～0.88mg/g，沙蟾毒精 0.32～0.83mg/g，远华蟾毒精 0.61～2.11mg/g，去乙酰华蟾毒它灵 0.15～0.32mg/g，蟾毒它灵 0.84～1.85mg/g，华蟾毒它灵 25.76～62.14mg/g，蟾毒灵 0.96～2.06mg/g，华蟾酥毒基 2.30～4.75mg/g，脂蟾毒配基 1.20～2.61mg/g。加标回收率为 92%～105%，RSD<5%。

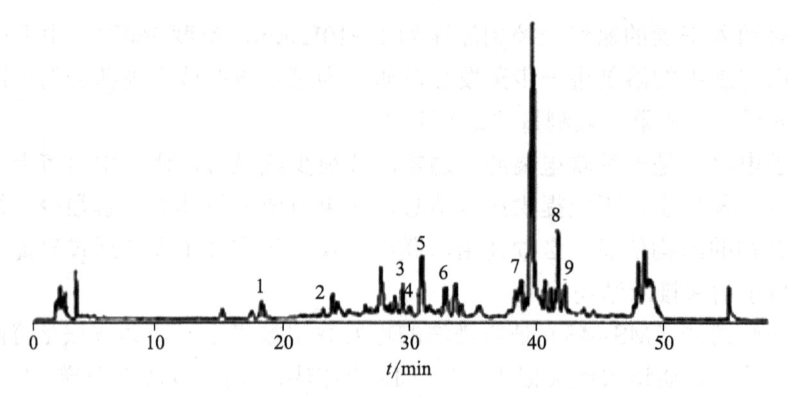

图 2-45 六神丸样品溶液的总离子流色谱图

1—和蟾蜍他灵；2—沙蟾毒精；3—远华蟾毒精；4—去乙酰华蟾毒它灵；5—蟾毒它灵；6—华蟾毒它灵；7—蟾毒灵；8—华蟾酥毒基；9—脂蟾毒配基

三、CE-MS 联用

CE-MS 联用综合了毛细管电泳与质谱二者的优点，具有快速、高效、分辨率高、重现性好等特点，已成为分析生物大分子的有力工具，是近年来发展迅速的联用技术之一。

CE-MS 联用始于 20 世纪 80 年代末，但直到近年才有商品接口出现。CE 可以和电喷雾接口连接，也可以和其他类型的接口相连接。商品化的接口如图 2-46 所示。

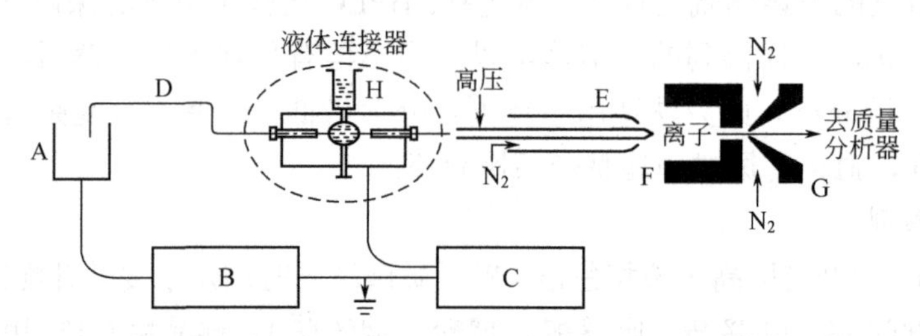

图 2-46 CE-ESI-MS 液体连接法接口示意图

A,H—缓冲液罐；B,C—高压源；D—毛细管电泳柱；E—电喷雾喷口；F—离子化室；G—质量分析器入口

图 2-46 中所示的高电压连接方式是将施加于储液罐 H 和 A 之间的高电压 B 和施加在喷口上的高电压 C 共地连接，以使被测定的组分沿着分离方向进入 ESI 的离子化室。液体连接器的作用是对毛细管电泳的馏出物进行流量补偿及组成调整，以适应离子化的需要。

CE-MS 的接口设计还可采用“套液”（sheath flow）技术，它是在一般电喷雾的喷口中使用了三层套管，最外层通入补偿液体，其作用与图 2-46 所示十字形接口相同。无论是采用套液技术还是采用十字形接口，毛细管的出口处都会带有高电压。因此良好的电接触对控制接口的工作电流乃至稳定的离子化过程都是很重要的，通常在联机前要把毛细管出口端的聚合物材料（聚酰亚胺类）清除掉。为解决 CE 进样量小，不足以在质谱上检出的问题，可以采用等速电泳对样品进行柱上浓缩，以提高进样浓度。

CE-MS 的应用虽然已经有许多报道，但相对于 HPLC-MS 而言，数量仍很有限。从报道的文献来看，CE-MS 主要用于蛋白质组学、化学药物研究、食品及中草药分析等方面。

李永库等[49]采用毛细管电泳 - 电喷雾电离质谱联用同时测定了葡萄酒中草酸、富马酸、琥珀酸、柠檬酸、苹果酸、抗坏血酸、酒石酸和乳酸 8 种主要有效成分的含量。在未涂层石英毛细管（50μm×80cm）中，以 40.0mmol/L 乙酸铵（用 1.0mol/L 乙酸调至 pH 4.5）为缓冲溶液，30% 异丙醇（含 3.0mmol/L 氨水）为鞘液，分离电压 25.0kV，各组分在 14min 内得到完全分离（见图 2-47）。共分析了 5 个葡萄酒样品，测定结果见表 2-4。8 种组分的加标回收率为 87.6%～98.2%，RSD 为 2.7%～5.6%。

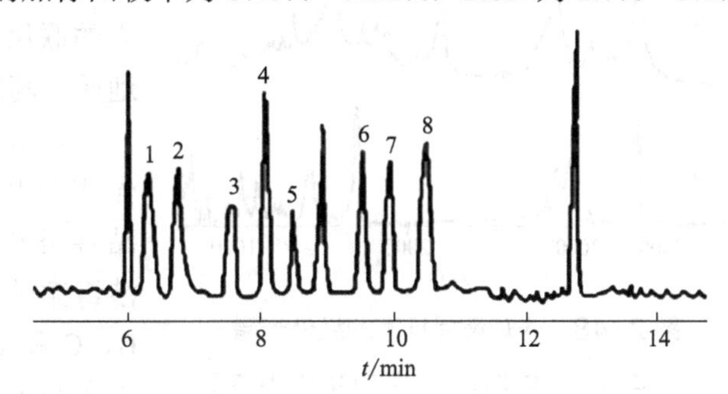

图 2-47　葡萄酒样品的总离子流色谱图

1—草酸；2—富马酸；3—琥珀酸；4—柠檬酸；5—苹果酸；6—抗坏血酸；7—酒石酸；8—乳酸

表 2-4　葡萄酒样品的测定结果　mg/L

化合物	样品 1	样品 2	样品 3	样品 4	样品 5
草酸	87.5	60.3	49.6	30.2	80.2
富马酸	5.3	6.8	2.5	4.2	5.6
琥珀酸	450.6	300.4	390.4	235.6	354.2
柠檬酸	200.5	112.5	156.4	290.1	231.5
苹果酸	590.3	530.4	460.5	327.5	417.9
抗坏血酸	43.6	54.7	30.6	14.2	34.1
酒石酸	623.6	590.3	490.7	454.3	436.4
乳酸	447.4	343.2	265.7	365.7	400.3

四、GC-FTIR 联用

GC-MS 联用可使多组分样品的分离、定性、定量及结构分析同时实现，但是当样品中存在同分异构组分或空间构型不同的化合物时，单靠质谱数据来确定其准确结构是很困难的。红外光谱在结构分析中可提供完整的分子结构信息，特别是对异构体的判别比质谱法要准确得多，于是出现了 GC-FTIR 联用技术。

GC-FTIR 系统由气相色谱单元、接口和 FTIR 单元三部分组成。其中接口是联用系统的关键部分，目前已有光管接口和冷冻捕集接口两种类型，后者可以使联机系统具有更高的信噪比，但因价格昂贵，至今普遍使用的仍是相对廉价的光管接口。光管的入口与 GC 单元的色谱柱出口相接，而光管的出口可以接色谱检测器或直接放空。在这样的系统中，可以实时地由 FTIR 记录气相色谱仪流出组分的红外光谱

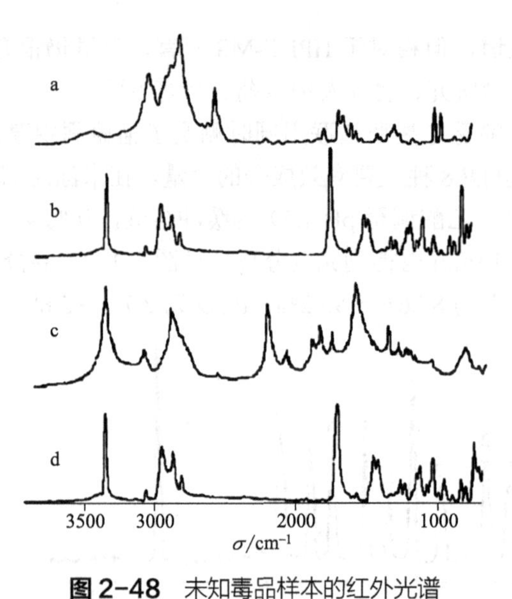

图 2-48 未知毒品样本的红外光谱

a—样本 A；b—样本 B；c—样本 C；d—样本 D

信息，从而得到重组色谱图，各组分的红外光谱图和它们的定性分析结果。如果需要对一个完全未知组分的结构作出准确解释，还应利用 GC-MS 和其他光谱信息进行综合分析，才能给出更可靠的结构信息。

GC-FTIR 作为一种具有应用潜力的联用技术，已经在石油、考古、地质、药物分析等领域获得应用。

贺岚[50]建立了气相色谱 - 红外光谱联用（GC-FTIR）快速鉴别毒品种类和分析毒品纯度的方法。将涉毒案件中查获的可疑毒品样本 A、B、C 和 D 粉碎，取 1.00mg 粉末，加入同样量十七烷（内标物），用 2mL 浓度为 0.50mg/mL 十七烷 - 甲醇定容，超声振荡 10min 混匀。用微量注射器吸取 1.0μL 样品溶液，注入气相色谱仪，进行 GC-FTIR 分析，其红外光谱见图 2-48。利用色谱保留时间及红外光谱特征吸收峰鉴定样品种类，外标法鉴定样品纯度，未知样品鉴别结果见表 2-5。

表 2-5 未知毒品样本 GC-FTIR 联合鉴别结果

样本	外观	保留时间 /min	鉴定结果	RSD/%
A	白色晶体	0.645	甲基苯丙胺，纯度 89%	1.6
B	白色粉末	1.210	氯胺酮，纯度 80%	2.1
C	褐色粉末	3.146	二乙酰吗啡，0.61%	2.3
D	白色粉末	0.643	氯胺酮，纯度 85%	1.9

五、HPLC-FTIR 联用

对于高沸点或热稳定性差的复杂样品，用 HPLC-FTIR 联用技术来分析其组分可望获得满意结果。但是与 GC-FTIR 的情况不同，气相色谱中的载气不吸收红外光，而 HPLC 中的洗脱溶剂对馏出的组分光谱都有严重干扰。遗憾的是，到目前为止，能提供的商品接口还只能是测溶液光谱的流通池，其他形式的接口虽有多种设想，但仍停留在实验室阶段。因此相对来说，HPLC-FTIR 不如 GC-FTIR 成熟和方便。

（1）流通池法 这里的流通池，相当于 GC-FTIR 中的光管，是 HPLC-FTIR 技术中结构最简单的接口，实际上它是个进出口敞开的小容积密封液槽。工作时，HPLC 的馏出溶液不断从槽下端的进样管流入槽内，然后从槽上端的出口管流出，同时 FTIR 仪记录光谱。流通池的光程长度是由洗脱剂对红外光的吸收情况决定的。当采用梯度洗脱技术以缩短色谱分离时间时，这种接口的实用价值就更小。因此，在 HPLC-FTIR 联用技术中，又提出了在光谱测定前除去洗脱剂的下述方法。

（2）转盘 - 漫反射技术 转盘 - 漫反射技术适用于正相常规柱的 HPLC-FTIR 联用。它由样品制备系统和漫反射光谱测定系统两部分组成。由于常规柱的洗脱剂用量较大（约 1mL/min），因此在制样系统中，洗脱剂的除去分两步进行，即先用 N_2 使溶液在柱出口处雾化，并在加热的浓缩管中让 90% 的洗脱剂蒸发掉，然后滴入置于转盘上的样品杯中，样品杯底部多孔并载有 KCl 粉末。一个 HPLC 峰收集完后，则转入 N_2 气喷嘴下，彻底消除残留溶剂并用漫反射法测其光谱。整个过程可根据 HPLC 的 UV 检测器信号在计算机操纵下自动进行。

目前，有关 HPLC-FTIR 实际应用的报道很少，而已报道的多为 LC-GC-FTIR 联用。黄威东等报道了自建的一种在线 LC-GC-FTIR 联用系统（图 2-49），在这种联用系统中，首先利用 LC 对样品进行净化、富集和族分离，然后用毛细管气相色谱对欲分析的 LC 馏分进行高效分离，最后对已分离的各色谱组分进行红外光谱分析。

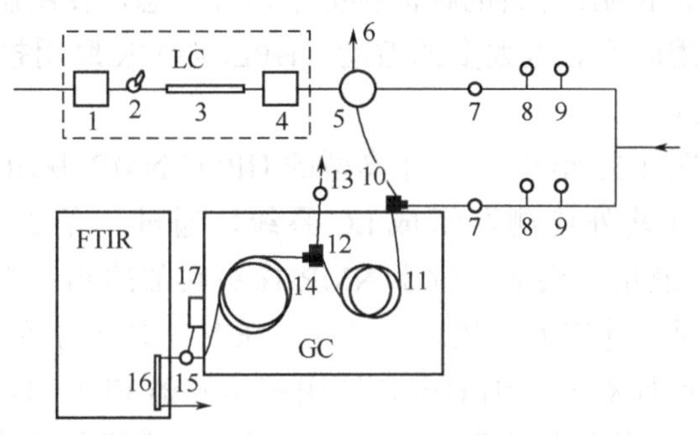

图 2-49 一种在线 LC-GC-FTIR 联用系统

1—LC 泵；2—进样阀；3—LC 柱；4—紫外检测器；5—六通切换阀；6—废液；7—开关阀；8—稳压阀；9—稳流阀；10—柱上进样器；11—保留间隙柱；12—T 形接头；13—溶剂蒸气泄出开关阀；14—GC 分析柱；15—转向阀；16—光管；17—FID 检测器

黄威东等[51]曾用所建 LC-GC-FTIR 联用系统，成功分析了某冷却水中的异味污染物。取 5L 经沉淀过滤的水样，以 15mL/min 的流速通过 XAD-2 树脂以吸附水中有机物，吸附完成后，以二氯甲烷洗脱，洗脱液经无水硫酸钠干燥后于 K-D 浓缩器中浓缩至约 1mL，取 10μL 注入 LC 仪，得馏分 A。馏分 A 经 GC-FTIR 分析，得 Gram-Schmidt 重建色谱图（图 2-50）。图中观察到 11 个色谱峰，通过对这 11 个色谱馏分红外光谱的检索和解析，可知它们依次为邻二甲苯（1 峰）、2,2- 氯 -6- 甲基苯酚（2 峰）、邻氯苯酚（3 峰）、4,4- 氯 -2- 甲基苯酚（4 峰）、苯酚（5 峰）、邻甲苯酚（6 峰）、对甲苯酚（7 峰）、2,6- 二氯 -4- 甲基苯酚（8 峰）、

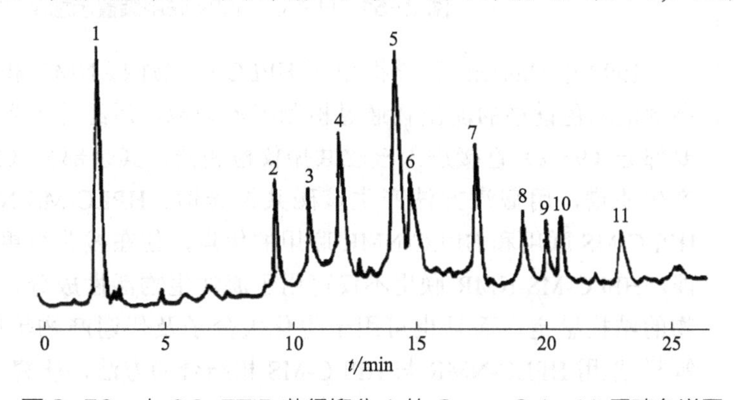

图 2-50 由 GC-FTIR 获得馏分 A 的 Gram-Schmidt 重建色谱图

2,4- 二氯 -6- 甲基苯酚（9 峰）、2,4- 二氯苯酚（10 峰）、2,4,6- 三氯苯酚（11 峰）。在检出的 11 个污染物中，邻氯苯酚、苯酚和对甲苯酚三者的含量超过了允许标准的 18 倍，致使该水样产生明显的异味。

六、HPLC-NMR 联用

HPLC-NMR 联用是对复杂样品各组分进行快速分离并确定其分子结构的一种有效方法。吴春红[52]对 HPLC-NMR 联用技术的研究进展进行了评述，杨婷婷等[53]介绍了 HPLC-NMR 在化学药物、中药、天然药物、海洋生物、生化大分子及代谢产物分析中的应用。

在 HPLC-NMR 联用系统中，HPLC 可以看做是 NMR 的一种进样装置，试样经 HPLC 分离后，通过一个适当的中间连接装置注入 NMR 探头。由于 HPLC 分离和 NMR 分析的样品都处于液体状态，使用温度范围也相近，因此这两种谱仪联用时不必做太多的改动。HPLC-NMR 联用技术包括连续流动和停止流动两种模式。

图 2-51 给出了一种典型的 HPLC-NMR 联用装置。它是由泵、注入阀、色谱柱和紫外检测器组成 LC 系统，通过一条 2～2.5m 长的特制毛细管连接到 NMR 液相探头上。位于 NMR 探头底部的阀用来控制 NMR 测试是在停流状态下还是在连续流动状态下进行。在图 2-51 所示系统中，可以将 NMR 视为 HPLC 的特殊检测器。因 HPLC 所用的检测器 FID、TCD、ECD 和 RI 等都有局限性，而 NMR 信号的化学位移、积分强度和谱线分裂情况则能提供丰富的结构、定性及定量信息。

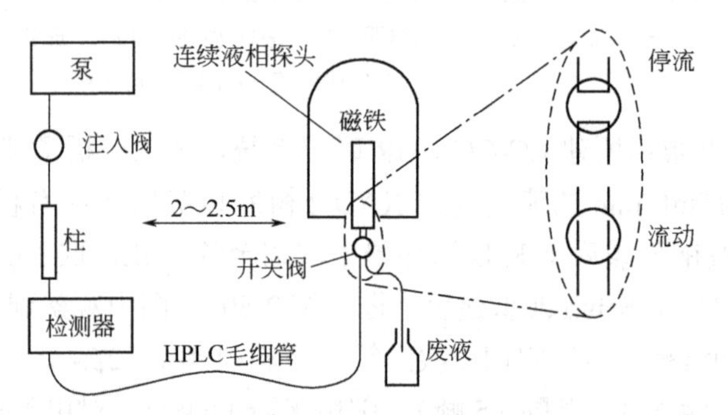

图 2-51　HPLC-NMR 联用装置示意图[54]

1999 年 Hansen 等[55]提出了 HPLC 在线连接 NMR 和 MS 的联用方式。从高效液相色谱柱的流出物通过检测器流动池，后经分流器被分为两个部分，主要部分（95%）直接进入核磁共振仪检测器，其余部分（5%）至质谱仪，在流产生质谱，用截流方法产生核磁共振光谱。HPLC-MS-NMR 联用技术综合了 HPLC-MS 联用和 HPLC-NMR 联用的优点，使在线获得更多的结构信息成为可能。HPLC-MS-NMR 联用不仅可用于海洋生物活性成分、中药及天然产物提取物的结构鉴定，而且也可用于生化大分子及代谢产物等的分析研究。Pendela 等[56]采用 HPLC-NMR 与 HPLC-MS 相结合的方法，研究了红霉素的降解产物。用的是 XTerra RP C_{18}（250mm×4.6mm，3.5μm）色谱柱，温度 25℃，流动相为乙腈-0.2mol/L 乙酸铵（pH 7.0）- 水（体积比为 270∶100∶63，其中一半的水用 D_2O 取代），体积流量为 1mL/min。质谱分析采用装有电喷雾离子源（ESI）的 LCQ 型 MS 仪。NMR 分析采用的是 600MHz Varian VNMRS 仪，探头体积 60μL，在停流模式下进行测定。在没有纯品对照的情况下，鉴定了 2 种未知杂质为红霉素 A 烯醇醚羧酸和红霉素 C 烯醇醚羧酸。

Xu 等[57]采用 HPLC-NMR 联用技术分析了链荚木属植物 *Ormocarpum kirkii* 中的黄酮类化合物，共分离鉴定了 14 个黄酮类化合物，其中有 8 个是新发现的，分别为氨基丙酰胺狼毒素、葡糖基化狼毒素、顺式 7- 氧 - 葡糖基化狼毒素、反式 7- 氧 - 葡糖基化狼毒素、7, 7′- 双氧 - 葡糖基化狼毒素、4′- 羟基强的松龙、顺式 7, 4′- 双羟基强的松龙和反式 7, 4′- 双羟基强的松龙。

参考文献

[1] 赵丹莹，温雅，王玮，郭蒙京，李堃 . 奶酪中甲醛含量静态顶空气相色谱测定法 . 职业与健康，2018，34(18): 2495-2497.

[2] 杨平，尤梦晨，刘少敏，郑莹莹，宋焕禄 .3 种顶空萃取法比较并鉴定沙琪玛中关键气味活性化合物 . 食品科学，2018，39(16): 265-272.

[3] 王敬尊，瞿慧生 . 复杂样品的综合分析——剖析技术概论 . 北京：化学工业出版社，2000.

[4] 李浩春，卢佩章 . 气相色谱法 . 北京：科学出版社，1998: 286.

[5] 刘会君，陈爽，王鹏，陆璐，潘再法，王丽丽 . 莪术药材的闪蒸气相色谱测定及其模式识别分析研究 . 化学学报，2012，70(1): 78-82.

[6] 张琦，董慧茹 . 固相萃取 - 高效液相色谱法同时测定水中的对二氯苯与六氯苯 . 分析实验室，2009，28(1): 88-90.

[7] 张琦，董慧茹 . 固相萃取 - 高效液相色谱法测定水中 BPA、NP 和 OP 含量 . 分析科学学报，2009，25(2): 157-160.

[8] 张琦，董慧茹，黄丽 . 固相萃取 - 高效液相色谱法测定河水中的多菌灵含量 . 环境化学，2008，27(1): 119-120.

[9] 江桂斌 . 环境样品前处理技术 . 北京：化学工业出版社，2004.

[10] 胡西洲，彭西甜，周有祥，赵明明，严伟，龚艳，胡定金 . 顶空固相微萃取 - 气相色谱 / 质谱法结合保留指数法测定龙井茶的香气成分 . 中国测试，2017，43(2): 55-59.

[11] 张书香，谢建春，孙宝国 . 固相微萃取 / 气 - 质联用分析香菇挥发性香味成分 . 北京工商大学学报：自然科学版，2010，28(2): 1-5.

[12] 李燕莹，周庆琼，陈羽中，林子豪，戚平，毛新武 . 磁固相萃取在食品分析中的研究进展 . 食品工业科技，2019，40(8): 323-330，336.

[13] 杨静，蒋红梅，练鸿振 . 磁固相萃取用于环境污染物分离富集的新进展，2014，(5): 718-726.

[14] 贾叶青，念琪循，张磊，冀欠欠，徐厚君，王曼曼，王学生，郝玉兰． 磁固相萃取结合高效液相色谱检测农田灌溉水中 4 种苯甲酰脲类农药 . 分析测试学报，2019，(1): 46-51.

[15] 刘建川，张华，黄海春，沈友起，王亚男，张小平 . 磁固相 - 内部萃取电喷雾电离质谱法快速测定人尿中的 3- 羟基苯并芘 . 分析化学，2019，(4): 634-639.

[16] 董南巡，张丽君，高仕谦，刘婷婷，顾海东，杨晨 . 磁固相萃取 - 高效液相色谱 - 串联质谱法测定环境水样中的苯脲类除草剂残留 . 理化检验：化学分册，2018，(9): 1004-1010.

[17] Baltussen E，Sandra P，David F，Cramers C.Stir bar sorptive extraction (SBSE)，a novel extraction technique for aqueous samples: theory and principles.Journal of Microcolumn Separations，1999，(11): 737.

[18] 禹春鹤，胡斌，江祖成 . 搅拌棒吸附萃取研究进展 . 分析化学，2006，34(特刊): 289-294.

[19] 王蓓，唐柯，聂尧，李记明，于英，姜文广，徐岩 . 搅拌棒吸附萃取 - 气质联用分析威代尔冰葡萄酒挥发性成分 . 食品与发酵工业，2012，38(11): 131-137.

[20] 侯英，曹秋娥，谢小光，王保兴，徐济仓，杨蕾，杨燕，杨勇．应用搅拌棒吸附萃取－热脱附－气相色谱－质谱测定烟叶和茶叶中拟除虫菊酯类农药残留．色谱，2007，25(1)：25-29.

[21] 李明，李在均，李观燕，陈琳洁，王丽娜，姜翠翠，李路路，张壮太．对称烷基咪唑离子液体单滴微萃取－气质联用测定天然香料中酯类成分．化学学报，2012，70：1625-1630.

[22] 臧晓欢，吴秋华，张美月，郗国宏，王志．分散液相微萃取技术研究进展．分析化学，2009，37(2)：161-168.

[23] 孟梁，王燕燕，孟品佳，王彦吉，张强．分散液相微萃取－毛细管电泳法同时检测唾液中的 8 种毒品．分析化学，2011，39(7)：1077-1082.

[24] 熊力．绿色样品前处理技术－液相微萃取技术简介．气象水文海洋仪器，2009，(2)：91-94.

[25] 林珊珊，岳振峰，张毅，郑宗坤，赵凤娟，吴卫东，吴凤琪，肖陈贵．微波辅助中空纤维液相微萃取－液相色谱－串联质谱法同时快速测定牛奶中 27 种抗生素残留．分析化学，2013，41(10)：1511-1517.

[26] 牛改改，邓建朝，李来好，杨贤庆，戚勃，岑剑伟．加速溶剂萃取及其在食品分析中的应用．食品工业科技，2014，35(1)：375-380.

[27] 邵海洋，徐刚，吴明红，唐亮，刘宁，裘文慧．加速溶剂萃取－气相色谱串联质谱法检测沉积物中痕量增塑剂．分析化学，2013，41(9)：1315-1321.

[28] 邱采奕．超临界流体萃取技术及其在食品中的应用．科技经济导刊，2019，(2)：149-151.

[29] 苗笑雨，谷大海，程志斌，徐志强，王桂瑛，普岳红，刘萍，廖国周．超临界流体萃取技术及其在食品工业中的应用．食品研究与开发，2018，(5)：209-218.

[30] 王志锋，王青．超临界流体萃取技术在中药提取中的应用．科技与创新，2018，(14)：13-15.

[31] 代德财．超临界流体萃取技术在天然药物提取中的应用探讨．现代食品，2018，(10)：167-168.

[32] 姜泽放，林敏，李雪，马若影，杜晓静，白新鹏．超临界萃取山柚油及其 Sn-2 位脂肪酸的测定．食品科技，2019，44(1)：330-335.

[33] 张宪臣，张朋杰，时成玉，华洪波，容裕棠，卢俊文，杨芳．微波辅助萃取－超高效液相色谱－四极杆 / 静电场轨道阱高分辨质谱法快速测定食品接触塑料制品中 48 种污染物残留．色谱，2018，36(7)：634-642.

[34] 宋道光，徐顺连，樊鑫宇，陈志．高速逆流色谱法分离制备小叶金钱草中杨梅苷与槲皮苷．食品工业科技，2019，40(11)：265-269，283.

[35] 董慧茹，王士辉．溶剂浮选分离富集麻黄草中有效成分．分析化学，2004，32(4)：503-506.

[36] Dong H R，Bi P Y，Wang S H. Separation and enrichment of baicalin in SBG by solvent sublation and Its determination by HPLC and spectroscopy. Analytical Letters，2005，38(2)：257-270.

[37] 范新美，董慧茹．溶剂浮选法分离富集葛根中大豆甙元的研究．分析试验室，2006，25(9)：88-92.

[38] Li S R，Dong H R. Separation and enrichment of total phytosterone in achyranthes bidentata by solvent sublation. Chemistry of Natural Compounds，2007，43(5)：1-2.

[39] 刘西茜，董慧茹．溶剂浮选法分离富集厚朴中总厚朴酚的研究．中国中药杂志，2008，39(5)：1217-1220.

[40] 刘西茜，董慧茹. 溶剂浮选法分离富集茵陈中总香豆素的研究. 中草药，2008，39(5): 689-692.
[41] 李思睿，董慧茹. 溶剂浮选法分离富集茶叶中茶多酚的研究. 分析科学学报，2007，23(5): 571-574.
[42] 董慧茹，孟凡春，张利静，毕鹏禹. 溶剂浮选法分离富集污水中痕量羧酸类和胺类有机污染物的研究. 分析科学学报，2005，21(6): 607-609.
[43] 梅梅，杜振霞，陈芸. QuEChERS- 超高效液相色谱串联质谱法同时测定土壤中 5 种常用除草剂. 分析化学，2011，39(11): 1659-1664.
[44] Miller J M. Separation methods in chemical analysis，Chap. 18.New York：John Wi，ley，1978.
[45] 韩雪，张富新，邵玉宇，彭海霞，王毕妮. 气相色谱 - 质谱联用法同时测定红枣中六种酚酸. 食品与发酵工业，2018，(4): 220-225.
[46] 李雅萌，郭文英，王亚茹，杨娜，刘金平，李平亚，曲渊立. 顶空固相微萃取结合气相色谱 - 质谱联用法检测山药挥发油成分. 特产研究，2018，(3): 50-55.
[47] 武中平，王莉，高巍，曹磊，朱利利，汪洪涛，孙牧，王薇薇. 高压液相色谱 - 串联质谱法测定婴幼儿配方奶粉中 7 种 B 族维生素含量. 安徽农业科学，2018，46(9): 153-156.
[48] 李娟，狄留庆，李俊松，钱静，王恒斌，李全. HPLC-MS 法同时测定六神丸中 9 种蟾蜍二烯内酯类化合物. 中草药，2017，48(4): 700-705.
[49] 李永库，刘衣南，吕琳琳，李晓静，王芬. 毛细管电泳 - 质谱联用法测定葡萄酒中 8 种有机酸含量. 质谱学报，2013，34(5): 288-292.
[50] 贺岚. 气相色谱 - 红外光谱联用法快速鉴定毒品种类及其纯度. 化学试剂，2015，37(4): 328-330.
[51] 黄威东，陈吉平. 冷却水中异味污染物的 LC-GC-FTIR 联用分析. 光谱学与光谱分析，1999，19(3): 339-340.
[52] 吴春红. LC-NMR 联用技术的研究进展. 分析仪器，2016，(2): 1-7.
[53] 杨婷婷，段续，金松子，蒋庆峰. 液相色谱 - 核磁共振联用技术在药物分析中的应用. 现代药物与临床，2012,(6): 635-641.
[54] 陈忠，柯恩烽. 高效液相色谱 - 核磁共振联用技术及其应用. 分析测试技术与仪器，1996，2(4): 1-8.
[55] Hansen S H，Jensen A G，Cormett C，et al. High-performance liquid chromatography on-line coupled to high-field NMR and mass spectrometry for structure elucidation of constituents of Hypericum Perforatum L. Anal Chem，1999，71(22): 5235-5241.
[56] Pendela M，Beni S，Haghedooren E，et al. Combined use of liquid chromatography with mass spectrometry and nuclear magnetic resonance for the identification of degradation compounds in a rythromycin formulation. Anal Bioanal Chem，2012，402(2): 781-790.
[57] Xu Y J，Foubert K，Dhooghe L，et al. Rapid isolation and identification of minor natural products by LC-MS，LC-SPE-NMR and ECD: Isoflavanones，biflavanones and bisdihydrocoumarins from Ormocarpum kirkii. Phytochemistry，2012，79(7): 121-128.

总结

分离纯化

- ○ 分离就是采用适当的方法将一个复杂样品中的各个组分逐一分开；纯化就是将分离后得到组分中残存的杂质除去，使组分成为可满足波谱等方法鉴定所需的纯品。
- ○ 分离纯化是剖析工作中的关键技术之一，是组分能被准确鉴定的保证。

分离方法

- ○ 物理、化学分离法，包括蒸馏、溶剂萃取、结晶、沉淀及过滤法等。
- ○ 色谱分离法，包括柱色谱、薄层色谱、纸色谱、高效液相色谱和气相色谱法等。

○ 各种新型分离方法，包括固相萃取、固相微萃取、搅拌棒吸附萃取、单滴微萃取、分散液相微萃取、多孔中空纤维液相微萃取、加速溶剂萃取、超临界流体萃取、高速逆流色谱、毛细管电泳、膜分离技术、浮选分离法和QuEChERS法等。

分离方法的选择

○ 选择分离方法时应考虑以下几点：分离对象的体系和性质；样品的数量与组分的含量范围；分离后得到的组分的纯度、数量及如何满足结构分析的需要；现有的实验室条件和操作者的经验。

○ 对于样品组成未知的均相体系，首先应采用简单的物理、化学分离法，然后再采用色谱法。

○ 对于体系复杂、非均相的气-液-固混合样品的分离，首先应采用简单的物理、化学分离法将样品分离成气、液、固三种均相体系，然后再选用相应的色谱法做进一步分离纯化。

复杂样品分离中的联用技术

○ 包括GC-MS联用、HPLC-MS联用、CE-MS联用、GC-FTIR联用、HPLC-FTIR联用和HPLC-NMR联用等。

概念解释及思考题

1.解释下列术语

蒸馏、分馏、减压蒸馏、结晶、重结晶、正相色谱、反相色谱、超临界流体、电泳、电泳淌度、膜通量、总离子流色谱图、质量色谱图、选择离子扫描

2.什么是蒸馏法？蒸馏法的分离原理是什么？常用的蒸馏法有哪几种？它们通常适用于哪类样品的分离？

3.什么是溶剂萃取法？简述液-液萃取与液-固萃取的区别。在溶剂萃取法中，溶剂的选择原则有哪些？

4.简述结晶法的操作步骤及溶剂的选择原则。

5.什么是溶解沉淀法？常用于何类复杂物质的分离纯化？如何进行？

6.在剖析研究中，常用的色谱法有几种？简述它们的适用范围及主要优缺点。

7.柱色谱中，常用的柱填料有哪些？它们各适用于何类物质的分离？

8.采用薄层色谱法对中药材葛根提取液中的有效成分进行分离鉴定，其全过程包括哪些步骤？

9.按分离机理的不同，高效液相色谱法主要分为哪4种类型？它们都适合何类物质的分离分析？

10.闪蒸气相色谱法的基本原理是什么？它与裂解气相色谱的不同之处是什么？

11.固相萃取（SPE）与传统的液-液萃取相比，其主要优点是什么？SPE的操作程序分为哪几步？

12.固相微萃取（SPME）与SPE的主要区别是什么？SPME的萃取过程是一个

平衡过程，其平衡时间与哪些因素有关？

13.什么是搅拌棒吸附萃取（SBSE）？ SBSE与SPME的主要不同之处是什么？

14.什么是单滴微萃取（SDME）？ SDME分离富集的基本原理是什么？简述SDME常用的两种萃取方式及其适用的分离对象。

15.简述分散液相微萃取（DLLME）的主要特点、适用范围及操作步骤。

16.多孔中空纤维液相微萃取（HF-LPME）与悬滴液相微萃取相比，其主要优势是什么？适于何类物质的萃取？

17.加速溶剂萃取（ASE）为什么比一般的萃取方法具有更高的萃取效率？加速溶剂萃取仪是由哪些部件组成？

18.超临界流体萃取（SFE）分离的基本原理是什么？ SFE萃取有几种操作模式，其中哪种萃取模式应用较多？

19.简述高速逆流色谱（HSCCC）的分离原理及特点。HSCCC进行有效分离富集的关键因素是什么？如何选择适宜的溶剂体系？怎样进行操作？

20.简述毛细管电泳的分离原理及毛细管电泳仪的基本组成部分。

21.依据膜孔径的不同，膜分离过程可分为哪几种？它们所适宜的分离范围及分离对象有何不同？

22.膜分离成败的关键是什么？影响膜通量的因素有哪些？

23.浮选法的分离富集原理是什么？常用的浮选法分为几种类型？它们的不同之处是什么？

24.简述QuEchERS法的特点、基本原理及操作步骤。

25.在众多的分离方法中，如何根据样品的组成与性质，选择最适宜的分离分析方法？

26.对环境、中草药和食品等复杂体系样品的剖析，常用的联用技术有哪些？

27.质谱仪扫描方式有哪两种？它们的区别是什么？它们的用途有何不同？

28.选择离子扫描方式的色谱图与质量色谱图的主要区别是什么？

29.什么是串联质谱法？两台质谱仪是如何连接起来的？每台质谱仪各起什么作用？

30.若对大气中所含有机污染物进行全分析，应采用何种联用技术？

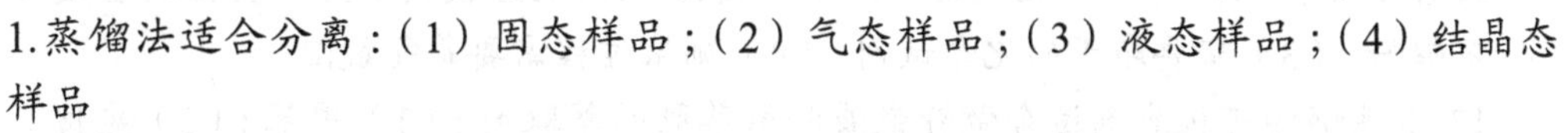

课后练习

1.蒸馏法适合分离：（1）固态样品；（2）气态样品；（3）液态样品；（4）结晶态样品

2.分离沸点相差25℃以下的液体混合物，可采用的方法是：（1）蒸馏法；（2）分馏法；（3）减压蒸馏法；（4）降温沉淀分级法

3.采用溶剂萃取法，从复杂物质中提取难溶于水的组分，最适宜的萃取溶剂是：（1）丙酮；（2）乙酸乙酯；（3）正己烷；（4）乙醇

4.若从唇形科植物黄芩根中提取黄酮类有效成分可采用：（1）液-液萃取法；（2）减压蒸馏法；（3）液-固萃取法；（4）重结晶法

5.结晶法常用于：（1）液体物质的分离；（2）液体物质的纯化；（3）膏状物质的分离与纯化；（4）固体物质的分离与纯化

6.采用溶解沉淀法从高分子复合材料中分离出高聚物的关键是溶剂与沉淀剂的选择，选择原则是：（1）溶剂和沉淀剂均为高聚物的良溶剂；（2）溶剂和沉淀剂均为高聚物的不良溶剂；（3）溶剂为高聚物的良溶

剂，沉淀剂为不良溶剂；（4）溶剂为高聚物的不良溶剂，沉淀剂为良溶剂

7.过滤法是分离液固非均一体系常用的分离方法，当用滤纸做滤材过滤时，可分离下述哪种尺寸的颗粒：（1）小于1μm颗粒；（2）大于1μm颗粒；（3）600～800nm颗粒；（4）900～950nm颗粒

8.以吸附原理为主的硅胶柱，流动性的选择，一般按溶剂的极性由小到大的顺序加入，则样品中各组分的洗脱顺序为：（1）极性由大到小；（2）极性由小到大；（3）分子量由大到小；（4）沸点由高到低

9.采用薄层色谱法分离极性小的物质，原则上应选择：（1）活性小的吸附剂；（2）活性较小的吸附剂；（3）活性较大的吸附剂；（4）活性大的吸附剂

10.纸色谱属于液-液分配色谱法，可用于下述哪些物质的分离：（1）烷烃；（2）氨基酸；（3）芳香烃；（4）糖类

11.工业用二甲苯通常为邻二甲苯（沸点144℃）、间二甲苯（沸点139.3℃）和对二甲苯（沸点138.5℃）的混合物，其中间二甲苯含量较多，采用下述哪种方法可分离这三种异构体：（1）凝胶渗透色谱法；（2）液固吸附色谱法；（3）液液分配色谱法；（4）离子交换色谱法

12.在剖析工作中，反相色谱应用较多，组分在柱内的洗脱顺序为：（1）按沸点从小到大流出；（2）按极性从小到大流出；（3）按极性从大到小流出；（4）按分子量从小到大流出

13.离子交换色谱可用于下述哪些样品的分离：（1）液体石蜡；（2）核酸；（3）黏合剂；（4）氨基酸

14.凝胶渗透色谱法特别适合测定高聚物的分子量分布，其在柱内的洗脱顺序为：（1）按分子量从小到大流出；（2）按分子量从大到小流出；（3）按分子体积从小到大流出；（4）按相对极性从大到小流出

15.固相微萃取中的顶空萃取法，适合于下述哪些样品的分离分析：（1）自来水中的金属离子；（2）海产品中的腥味组分；（3）污水中的苯、甲苯、二甲苯和苯乙烯；（4）河水中的微生物

16.单滴微萃取作为一种微型化样品前处理技术，具有设备简单、廉价、对人体毒害小等特点，其不足之处是：（1）测定结果的误差较大；（2）实验的重复性不够好；（3）需要昂贵的化学试剂；（4）测试过程需要氮气氛围

17.下述哪些有机溶剂适合做分散液相微萃取的萃取剂：（1）甲苯；（2）氯仿；（3）己烷；（4）四氯化碳

18.多孔中空纤维液相微萃取适合下述哪些样品中待测物的萃取：（1）尿液中的药物及其代谢物；（2）电镀废水中的金属离子；（3）海水中的痕量有机污染物；（4）果汁中的痕量农药残留

19.适合加速溶剂萃取的温度和压力范围是：（1）温度30～45℃，压力5.3～10.2MPa；（2）温度30～45℃，压力10.3～20.6MPa；（3）温度50～200℃，压力10.3～20.6MPa；（4）温度50～200℃，压力5.3～10.2MPa

20.在超临界流体萃取过程中，超临界流体对组分溶解能力的调节，可通过下述哪种方法来实现：（1）控制萃取时间；（2）控制超临界流体的流速；（3）控制夹带剂用量；（4）控制温度和压力

21.由自来水制备医用高纯水，需采用下述哪种膜分离技术：(1) 超滤；(2) 反渗透；(3) 微滤；(4) 纳滤

22.采用高效液相色谱法测定塑料桶装水中的痕量环境激素邻苯二甲酸酯类，适合其分离富集的浮选方法是：(1) 溶剂浮选法；(2) 沉淀浮选法；(3) 泡沫浮选法；(4) 离子浮选法

23.分离检测苯试剂中痕量杂质环戊烷、甲基环戊烷、环己烷、正庚烷和甲基环己烷的含量，可采用下述哪种方法：(1) GPC；(2) LE；(3) GC；(4) DT

24.在剖析工作中，以下选项中应用最多的一种联用技术是：(1) GC-MS；(2) HPLC-NMR；(3) CE-MS；(4) GC-FTIR

25.在HPLC-MS联用仪中，常用的接口为：(1) 光管接口；(2) 电喷雾接口；(3) 冷冻捕集接口；(4) 流通池接口

设计问题

已知某样品中含有甲苯、苯甲酸，设计出一个将两者分离并鉴定的剖析方案。

(www.cipedu.com.cn)

第三章　表面活性剂剖析

○○ ——— ○○ ○ ○○ ———

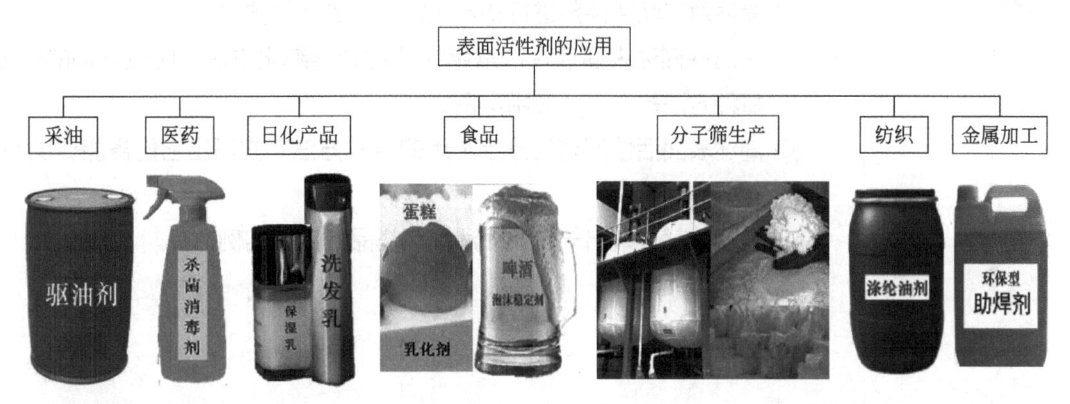

上图所示产品除食品乳化剂、啤酒泡沫稳定剂和分子筛生产过程中加入的表面活性剂外，其余都是以表面活性剂为主要组分，并加入适当添加剂和助剂的调配物。表面活性剂广泛应用于国计民生的各个领域，被喻为工业味精。表面活性剂的剖析是一个十分困难的课题，其剖析一般分为：初步试验、官能团检验、混合物分离和化合物鉴定4个步骤。

为什么要学习表面活性剂剖析？

表面活性剂产品被广泛用于能源、航空航天、医药、日用化学品、农业、造纸、建材、采矿、选矿、纺织及金属加工等诸多领域，在日常生活中比比皆是。表面活性剂产品质量的好坏，一方面关系到国民经济的发展，另一方面也与人体健康密切相关。为了提高产品质量和开发新品种，就需要对表面活性剂产品进行剖析。由于表面活性剂分子结构的特殊性和产品组成的复杂性无疑增加了剖析工作的难度，如何对表面活性剂产品进行剖析，这就是本章所要讲授的内容。

学习目标

○ 指出并描述按离子的类型分类，表面活性剂被分成的 6 种类型，每种类型举 1 个例子。
○ 简述对表面活性剂进行初步定性鉴别的 5 种方法。
○ 指出并描述表面活性剂常用的 3 种分离纯化方法，比较它们的优势与不足，每种方法各举一个应用实例。
○ 简述表面活性剂结构鉴定常用的 4 种方法，并指出它们各能提供哪些有用的结构信息。
○ 查阅文献，举出一个表面活性剂样品的剖析实例。

第一节　概述

表面活性剂（SA）是 20 世纪 40 年代初开发研制、20 世纪 50 年代迅速发展起来的一种新型化学品，是许多工业部门必需的化学助剂，广泛应用于纺织、食品、医药、农药、化肥、涂料、染料、信息材料、化工、冶金、采矿、选矿、环保、化妆品及民用洗涤等众多领域，其用量虽小，但收效甚大，被喻为工业味精。

表面活性剂分子是由极性的亲水基团和非极性的亲油基团组成，一般富集于表面与界面，并能大大降低表面或界面张力，改变体系的表面或界面状态，从而产生润湿、乳化、破乳、分散、凝聚、起泡、消泡以及增溶等一系列独特的物理、化学作用。表面活性剂所具有的这些特殊作用称为表面活性。

表面活性剂的剖析是一个很困难的课题，这是由于它经常与多种有机、无机、高分子和生化分子共存于一体，其含量一般较少，剖析时首先需将其从这些复杂体系中提取和富集出来；其次是这类分子结构的特殊性，即在同一分子中含有亲水和亲油两类基团，同一表面活性剂可能在极性不同的多种溶剂中都能溶解，使得常规的萃取、色谱分离变得困难；第三是许多表面活性剂分子量的不确定性，如烷基酚聚氧乙烯醚类非离子表面活性剂，聚合度 $n<4$ 时为油溶性，可溶于苯等有机溶剂中，$n>8$ 为水溶性，$n=4\sim8$ 之间在有机溶剂与水中皆有部分溶解。剖析中除了需准确测定亲油和亲水的官能团外，还需测定平均聚合度和分子量分布。因此，表面活性剂剖析中的分离技术与结构测定方法是复杂体系样品剖析的典型示例之一。

表面活性剂剖析一般分为初步试验→官能团检验→混合物分离→化合物鉴定四个步骤。

初步试验一般采用较简单的物理、化学方法，对表面活性剂的可能组分做探索性试验。官能团检验则可以帮助了解表面活性剂的类型，通常采用红外光谱法来确定官能团。若要获得表面活性剂准确的组成与结构，则需对样品进行分离，然后对分离出的单一化合物再利用各种手段进行鉴定。具体采取哪些步骤、方法及工作顺序，需依分析对象和分析目的而定。

一、表面活性剂的分类

表面活性剂的分类方法很多，最常用的方法是按离子的类型进行分类。这种分类法是指表面活性剂溶于水时，凡能电离成离子的叫离子型表面活性剂，在水中不能离解成离子的称为非离子表面活性剂。常用的表面活性剂有下述 6 种。

1. 阳离子表面活性剂

阳离子表面活性剂在水中电离后，其分子主体带正电荷，它们绝大部分是含氮的有机化合物，即季铵盐和烷基吡啶盐。其通式为 $R_nX^+Y^-$，R 代表 1 个或 1 个以上的憎水链，X 为能形成阳离子的元素，Y 为反离子（如卤素离子）。例如，溴化十六烷基三甲基铵、氯化十四烷基吡啶和咪唑啉季铵盐等。

2. 阴离子表面活性剂

阴离子表面活性剂为含有饱和或不饱和烃取代基的一元或多元脂肪酸及硫酸酯盐、磺酸和磷酸酯的钠盐。其通式为 R—COO—Na、R—OSO_3Na、R—SO_3Na、R—OPO_3Na_2 等。例如，烷基苯磺酸钠（LAS）、脂肪醇硫酸钠（FAS）、烷基乙氧基硫酸钠（AES）、链烷磺酸盐（PS）、烯烃磺酸盐（AOS）、烷基聚氧乙烯醚乙酸盐、烷基磷酸酯盐以及木质素磺酸盐等。

3. 两性离子型表面活性剂

两性离子型表面活性剂在分子中同时具有阴离子和阳离子基团，根据其分子结构和介质 pH 值的不同，可表现为阴离子、阳离子或中性表面活性剂的性质，常用的有氨基酸型（R—$NHCH_2$—CH_2COOH）和甜菜碱型 $[RN^+(CH_3)_2(CH_2)_nSO_3^-]$。

4. 非离子表面活性剂

非离子表面活性剂的亲水基一般为氧乙烯基（—CH_2CH_2O—）、醚基（—O—）、羟基（—OH）或酰氨基（—$CONH_2$）等，亲油基为烃基。常用的非离子表面活性剂主要是聚氧乙烯衍生物或多元醇羧酸酯。聚氧乙烯型，通式为 R—O—$(CH_2CH_2O)_n$—H 和 R—COO—$(CH_2CH_2O)_n$—H 等；多元醇型，通式为 R—$COOCH_2$—$(CHOH)_n$—CH_2OH。例如，脂肪醇聚氧乙烯醚（AEO）、烷基酚聚氧乙烯醚、聚醚、烷基醇酰胺、脂肪酸失水山梨醇酯、天然油脂聚氧乙烯醚、蔗糖脂肪酸酯等。

5. 特殊表面活性剂

特殊表面活性剂无明显的亲水和亲油基。主要有氟表面活性剂、硅表面活性剂、冠醚类大环化合物表面活性剂、微生物表面活性剂等。这类表面活性剂，如含氟表面活性剂的疏水基不含碳氢键而含碳氟键，它除具有含碳氢键表面活性剂的性能外，还具有优良的热稳定性和化学稳定性，用量少，表面活性强。

6. 高分子表面活性剂

高分子表面活性剂指分子量在数千到 1 万以上并具有表面活性的一类物质。高分子表面活性剂可根据离子性质分为阴离子、阳离子、两性离子和非离子型 4 类。例如，阴离子型的缩合萘磺酸盐、水解聚丙烯酰胺，阳离子型的聚乙烯苯甲基三甲铵盐、氨基烷基丙烯酸酯共聚物，非离子型的聚乙烯醇和聚丙烯酰胺等。

 **概念检查 3.1**

○ 什么是高分子表面活性剂？分为哪几种类型？

二、表面活性剂的定性鉴定

定性分析的目的是对表面活性剂样品进行初步检验，确定可能存在的表面活性剂种类，为进一步进行结构及定量分析提供依据。

表面活性剂的定性鉴定一般是利用染料的颜色变化、溶剂萃取、产生沉淀或浑浊的办法进行观察，其主要方法有：酸化法、染料指示剂法、沉淀法、纸色谱显色法和水解系统分析法。

1. 酸化法

将样品水溶液搅拌起泡后，酸化。若泡沫消失并产生沉淀，说明样品可能含脂肪酸盐表面活性剂；若泡沫不消失，说明样品含其他表面活性剂。

2. 染料指示剂法

（1）亚甲蓝 - 氯仿法

① 原理　亚甲蓝属阳离子型染料，与阴离子表面活性剂形成能溶于氯仿的络合物，使溶剂着色。而亚甲蓝与阳离子或非离子型表面活性剂均无此反应，不能使溶剂着色，染料仍存在于水溶液中。

② 分析鉴定　将 0.03g 亚甲蓝、12g 浓硫酸和 50g 无水硫酸钠溶于水中，稀释至 1L，配成亚甲蓝溶液。

阴离子表面活性剂的鉴定：量取 5mL 1% 的试样水溶液于 25mL 具塞试管中，

加入 10mL 亚甲蓝溶液和 5mL 氯仿，充分振摇数秒后静置，观察两层颜色，如果氯仿层呈蓝色，水层（上层）相对无色，表示样品中含有阴离子表面活性剂。

阳离子表面活性剂（或非离子表面活性剂）的鉴定：量取 5mL 1% 的试样水溶液于 25mL 具塞试管中，加入 10mL 亚甲蓝溶液和 5mL 氯仿，充分振摇数秒后静置，观察两层颜色，如果氯仿层无色，水层（上层）呈蓝色，加入少量 0.2% 的十二烷基硫酸钠（SDS），若情况不变，表示样品中含有阳离子表面活性剂；若颜色转移到氯仿层中，则可能存在非离子表面活性剂。

两性表面活性剂的鉴定：取 5mL 试液，用碳酸钠调节 pH 值为 9.0～9.5，加入 5mL 中性亚甲蓝和 5mL 氯仿，振摇并静置，在氯仿层中有明显的颜色，则表示有两性物质存在。

（2）溴酚蓝法（鉴别阳离子表面活性剂）

① 原理　溴酚蓝属于阴离子型染料，能与季铵等阳离子活性基团形成络合物，由于阳离子表面活性剂能被纸纤维素所吸附，因此对染料起固色作用而使纤维间形成色斑，不易被水洗去。

② 分析鉴定　制备含量为 50% 的待测样品水溶液，取此试液 1～2 滴滴于定量滤纸上，再加 1 滴溴酚蓝试剂（0.04% 水溶液）于所形成的斑点上。放置 1min 后，用蒸馏水洗涤。如蓝色斑点不被洗去，则表示样品中含有阳离子表面活性剂。

取 5mL 试液，加入 2 滴盐酸并滴加溴酚蓝试剂和 5mL 氯仿，振摇并静置，在氯仿层中有明显的颜色，则表示有两性物质存在。

3. 沉淀法（鉴别非离子表面活性剂）

（1）基本原理　聚乙二醇（聚氧乙烯醚型）为非离子表面活性剂，其亲水性是由于醚键中的氧原子与水中的氢形成氢键，增大了在水中的溶解度。但醚键与水分子的结合处并不牢固，在升温或遇收敛剂及某些金属盐类时，这个松弛结合的水就逐渐脱离而使表面活性物质析出，则溶液变为浑浊或产生沉淀。

（2）分析鉴定　鞣酸和氯化汞均能使聚乙二醇型非离子表面活性剂从水溶液中析出，在试样中加入上述任何一种试剂，如出现浑浊或形成沉淀，则表明样品中含有聚乙二醇型非离子表面活性剂。

4. 纸色谱显色法

用经洗涤处理后的滤纸作为载体，用一小段镍铬丝点样，叔丁醇的氨性溶液作展开剂，色谱分离后，用多种喷雾液处理，结果见表 3-1。

表3-1　纸色谱显色法试验结果[1]

喷雾液	斑点现象	表面活性剂类型
频哪隐醇黄	淡蓝色，R_f 值大	非离子型
	黄色，R_f 值中等	阴离子型
	淡蓝色，R_f 值中等	阳离子型
碘	深棕色，几小时不褪色	阳离子型，聚氧乙烯型
	棕色，几分钟褪色	醇胺，醇酰胺
	深绿色（紫外线下）	聚乙烯非离子型及硫酸盐
硫氰酸钴盐	蓝绿色	聚氧乙烯型，阳离子型
溴甲酚绿	蓝色	阳离子型

5. 水解系统分析法

表面活性剂样品加酸或加碱后进行水解处理，若液面上出现油状物，并且泡沫消失，说明待鉴定物能水解，否则不能水解。各类表面活性剂的水解性能不同，产物也不同。根据表面活性剂的水解情况和水解产物，可进行系统分析，初步定性。

（1）碱溶液水解　含卤素、氧表面活性剂，用 0.5mol/L 的 KOH 甲醇溶液水解处理后，可区别能水解物和不能水解物。能水解物为聚氧乙烯型脂肪酸、脂肪酸糖酯、脂肪酸、山梨酸等。不能水解物再用乙酸乙酯和盐水处理，分出盐水解物和乙酸乙酯溶解物。盐水解物为聚乙二醇表面活性剂。乙酸乙酯溶解物再用磷酸加热处理，可进一步鉴别的表面活性剂为聚氧乙烯型脂肪醇、聚丙二醇、环氧乙烷和环氧丙烷共聚物、聚氧乙烯型烷基酚。

（2）盐酸水解　含氧、硫表面活性剂经盐酸水解处理后，可区别水解物和不水解物。不水解物可能是烷基苯磺酸钠、烷基甘油醚磺酸钠、烯基磺酸钠、磺基羧酸钠等；能水解物为烷基磺酸钠、烷基酚聚氧乙烯醚硫酸盐、烷基醇聚氧乙烯醚硫酸盐、硫酸单甘酯钠、脂肪酸乙二醇酯硫酸钠、甘油二酸酯磺酸盐等。

（3）沸 10% 盐酸水解　含氮、氧、硫表面活性剂经沸 10% 盐酸水解处理后，可区别出水解物和不水解物。不水解物可能为烷基苯磺酸铵、苯并咪唑硫酸盐、烷基季铵或吡啶磺基甜菜碱两性表面活性剂；能水解物为硫酸单甘酯铵、脂肪牛磺酸、烷基硫酸三乙醇胺、烷基硫酸铵、烷基酚聚氧乙烯硫酸盐、聚氧乙烯季铵硫酸盐等。

第二节　表面活性剂的分离与纯化

表面活性剂通常共存于不同体系的样品中，如食品、化妆品、洗涤剂、纺织助剂、农药助剂、染料助剂、高分子材料助剂以及其他一些工业品和商品中，它们存在的状态可能是水溶液、乳状液、膏状物以及固体等不同的形态。分离的目的是从各种样品中提取、富集和纯化表面活性剂组分。不同的体系，分离方法不尽相同，但最常用的有萃取法、离子交换法和色谱法等。

一、萃取法

萃取法是富集和预分离表面活性剂简便易行的方法。样品的水溶液可用正丁醇直接进行萃取，也可将其于红外灯下烤干，再用适当的溶剂从固体残余物中萃取。

无论表面活性剂存在于水、无机化合物或有机化合物中，都可用萃取的方法进行分离。

1. 从水溶液中萃取分离表面活性剂

从水溶液中分离未知表面活性剂，可采用强电解质盐析以降低表面活性剂的溶解度，然后选择适当极性而与水不混溶的溶剂进行萃取。例如，常用丁醇作为萃取剂去萃取表面活性剂，取250～1000mL待测试液（含有0.4%～4.0%表面活性剂），加适量固体碳酸钠（约为溶液质量的4%）和丁醇至足够形成第二个液相，萃取3h，分离出醇相，真空蒸发至干（大约有0.05%碳酸钠或硫酸钠进入萃取液，无机磷酸盐不被萃取）。用该法可分离烷基磺酸钠、磺化脂肪酸单甘油酯、溴化十六烷基吡啶等。

2. 从水乳液中萃取分离表面活性剂

当样品为水乳液时，欲萃取其中的表面活性剂，首先需蒸发出其中的水分或破坏乳状液。加电解质或调整乳状液的pH值都可破坏乳胶体，用这种方法破乳，表面活性剂将转入有机相。加乙醇或丙酮破乳，表面活性剂将溶解在水层中。

水乳液样品也可用丁醇直接萃取。丁醇可以将各种烷基、苯基的磺酸、羧酸盐阴离子表面活性剂、烷基吡啶盐阳离子表面活性剂和聚氧乙烯醚非离子表面活性剂从水溶液中分离出来。当水溶液中含有其他极性和弱极性有机物时，可与表面活性剂同时进入有机相。由于表面活性剂的乳化作用，界面分层可能不好，将溶液稍加热一下有助于分层。减压蒸去丁醇后，得到表面活性剂和其他有机组分的混合物，然后采用色谱法作进一步分离提纯。

3. 从半流体或膏状物中分离表面活性剂

当含表面活性剂的样品是含水的半流体或膏状物时，可直接于红外灯下烤干得到固体样品，再放入脂肪提取器中，选用适当的溶剂进行提取。提取的溶剂可以用石油醚、苯、氯仿、乙醚、丙酮、乙醇等，按极性由小到大依次作梯度提取。表面活性剂通常在乙醚、丙酮、乙醇份中。

4. 表面活性剂与有机物的萃取分离

用萃取法从有机混合物中分离出表面活性剂是比较困难的。一般的情况是，如有机物是非极性或弱极性的，可用石油醚、苯等萃取，表面活性剂留在醇水溶液中；若有机物极性很强，如糖类、多元醇、氨基酸等，难溶于无水的有机溶剂中，可用无水乙醇、丙酮、乙酸乙酯和丁醇等萃取分离，这时表面活性剂溶解，而极性有机物不溶，彼此就可以分开。

5. 表面活性剂与无机物的萃取分离

表面活性剂常与一些无机盐，如氯化物、硫酸盐、磷酸盐、碳酸盐、硅酸盐、硼酸盐等共存，一般可用乙醇、甲醇、丁醇、异戊醇、丙酮、甲基异丁基酮、乙酸乙酯、二噁烷、氯仿及其混合溶剂萃取。大部分无机盐不溶于无水的有机溶剂中，只有少数的碳酸盐和硼酸盐可溶于含水的乙醇和丙酮中。将萃取液蒸干后，再用无水乙醇将表面活性剂萃取出来，这是进一步除去无机盐的简便方法。如果样品是水溶液或乳状液，也可蒸干或烤干后再用乙醇等萃取。非离子表面活性剂可用苯萃取分离。

二、离子交换法

在含表面活性剂的各种商品中多使用混合型表面活性剂，其中阴离子与非离子的混合使用最多。离

子型和非离子表面活性剂的分离，最常用的是离子交换法。分离时可采用动态法，即用普通的离子交换柱；也可用静态法，即把一定量的离子交换树脂加到表面活性剂的水溶液中，长时间搅拌达到平衡后过滤，滤液中含非离子表面活性剂，树脂上吸附了离子型表面活性剂，再用酸或碱性溶液洗脱，可得到较纯的离子型表面活性剂。通常用强酸型和弱酸型阳离子交换树脂分离阳离子表面活性剂；强碱型和弱碱型阴离子交换树脂分离阴离子表面活性剂。将强碱和弱碱两种树脂混合或串联柱子的方法，分离效果更好一些。强碱型树脂吸附含磺酸基团的阴离子表面活性剂，弱碱型树脂吸附含羧酸基团的弱阴离子表面活性剂，由此可使磺酸和脂肪酸及非离子表面活性剂相互分离。若样品中含有易水解的组分，如硫酸酯、甘油酸酯及羧酸酯类化合物时，可能会发生一定程度的水解，生成相应的酸和醇，与未反应的原料混在一起，影响结论的判断，此时采用氯型中性阴离子交换树脂，可避免酯类化合物的水解。

一些表面活性剂混合物可以通过三根或四根离子交换柱进行分离。例如，阴离子型 - 皂 - 非离子型表面活性剂混合物的分离可以按照如图 3-1 所示的流程进行，它是由阳离子柱 Dowex 50×4、阴离子型 TEAE 纤维素柱和阴离子型 Dowex1×4 柱组成。

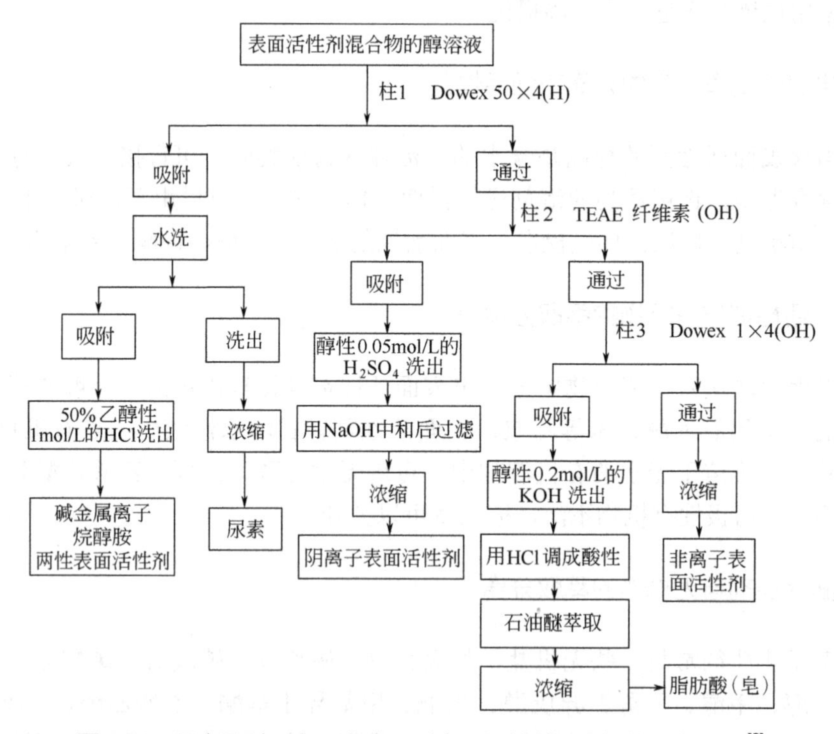

图 3-1 阴离子型 - 皂 - 非离子型表面活性剂混合物的分离流程 [2]

阳离子型 - 两性型 - 非离子型表面活性剂混合物的分离流程，如图 3-2 所示。各柱均用醇的浆状物充填后串联起来。试样的醇溶液顺次流过各柱，然后用醇作洗脱液，由最终流出液中回收非离子表面活性剂。然后将系统拆离，每根柱均用醇性盐酸洗脱并浓缩，则可分别回收季铵盐、伯胺盐、仲胺盐、叔胺盐及两性表面活性剂。

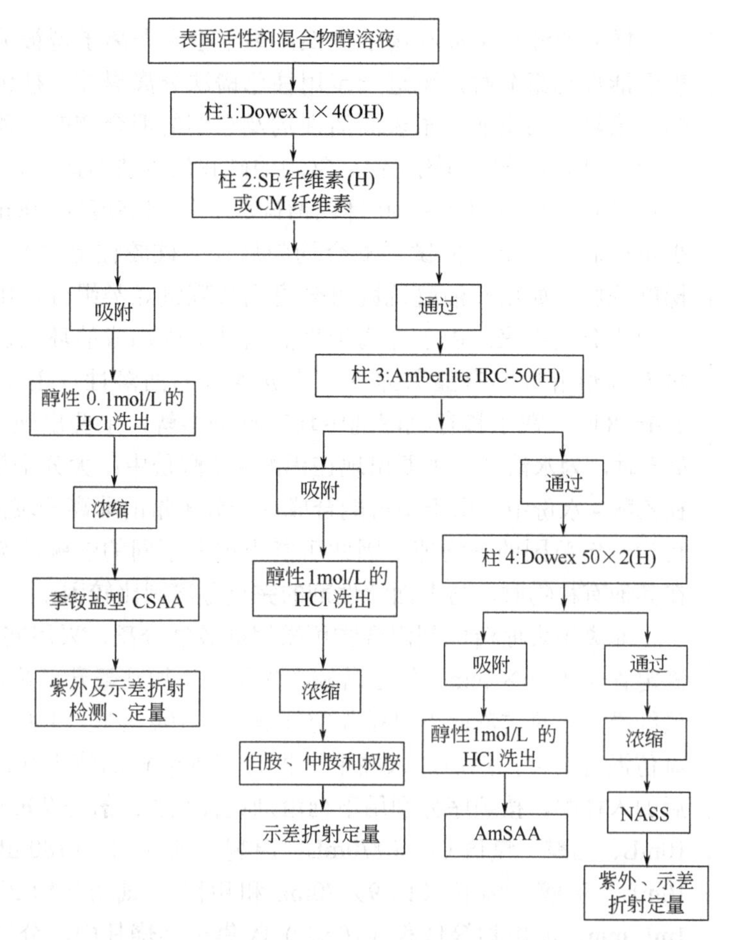

图 3-2 阳离子型－两性型－非离子型表面活性剂混合物分离流程[2]

CSAA—阳离子表面活性剂；AmSAA—两性表面活性剂；NASS—非离子表面活性剂

用离子交换柱分离表面活性剂，流动相通常是含有酸或碱的乙醇或异丙醇或它们的 50% 的水溶液。

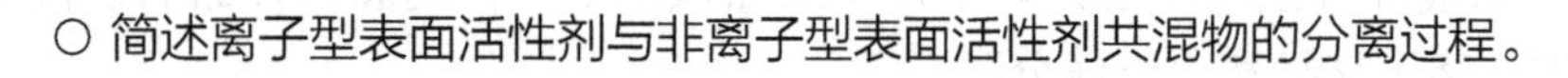

 **概念检查 3.2**

○ 简述离子型表面活性剂与非离子型表面活性剂共混物的分离过程。

三、色谱法

对于同类或结构类型近似的表面活性剂，若采用萃取、结晶或简单的离子交换法都很难分离时，可采用色谱法进行分离。其中常压柱色谱法用于较大量样品的分离与纯化，纸色谱与薄层色谱法常用于微量样品的分离纯化与定性鉴定。

1. 柱色谱法

样品若经过萃取和离子交换，离子型和非离子型被分开，但仍得不到纯的表面活性剂组分时，可进一步用柱色谱法分离提纯。柱色谱法对多元醇脂肪酸酯、聚氧乙烯型非离子表面活性剂及它们的混合物的分离分析极为适宜，最常用的吸附剂为硅胶和氧化铝。常用的硅胶色谱柱为直径 8～10mm、长 40～60cm 的玻璃管，填充 100～200 目色谱硅胶，填充高度约 30cm，干法拌样上柱（取少量硅胶与一定量的试样混合均匀后加入硅胶柱上端），用极性不同的溶剂作梯度洗脱。如用石油醚洗脱可分离出长碳链烃类组分，用苯洗脱可将甘油三酯类油脂分离出来。由于非离子表面活性剂中加成的环氧乙烷数目不同，分子的极性与溶解性亦有显著差异，当 $n<4$ 时为油溶性，主要出现在氯仿份中；当 $n=4$～8 时，在水和有机溶剂中均有部分溶解，主要出现在氯仿 - 丙酮份中；当 $n>8$ 时，为水溶性，主要出现在丙酮 - 乙醇份中；大分子量的聚乙二醇可能出现在乙醇 - 水份中。由于不可能合成单一分子量的非离子表面活性剂，通常 n 的数目为一定范围的平均值，因此可能出现在不同的洗脱溶剂中。当样品中同时存在其他有机物时，与表面活性剂的完全分离则比较困难。

非离子表面活性剂混合物可采用硅胶柱分离，采用塞子不涂润滑油的 50mL 滴定管（60cm×1cm）作色谱柱，先于柱中加几毫升氯仿，再用玻璃棒将少许玻璃纤维压入氯仿液面下以排除空气泡。将 10g 硅胶（100～200 目）与 20～30mL 氯仿混合搅拌，然后加入柱中。将约 300mg 样品溶于几毫升氯仿中呈溶液状态后加入柱中，按顺序分别用下列溶剂进行洗脱：氯仿 70mL、乙醚 :氯仿（1 : 99）10mL、乙醚 : 氯仿（1 : 1）70mL、丙酮 : 氯仿（1 : 1）80mL、甲醇 :氯仿（1 : 19）10mL、甲醇 : 氯仿（1 : 9）70mL 和甲醇 : 氯仿（1 : 2）70mL。控制流速为 1mL/min，流出物等体积（10mL）收集于小烧杯中，分别将溶剂蒸发至干，对残留物进行定性分析。通常氯仿洗出非极性物质，乙醚 - 氯仿洗出甘油三酯等，丙酮 - 氯仿洗出中等极性物质，甲醇 - 氯仿洗出水溶性物质。

图 3-3 所示是表面活性剂样品剖析研究中经常采用的分离程序。用蒸馏法除去样品中的水分，常因表面活性剂易产生大量的泡沫使实验失败。样品中的水及低沸点溶剂可采用顶空气相色谱法直接分析，也可将少量样品吸附在净化的脱脂棉或滤纸上后，加热蒸出，再用 GC-MS、GC-FTIR 进行分析。除去样品中水分及溶剂的最好方法是在红外灯下烤干或热风吹干，得到固体样品后，再采用溶剂萃取、离子交换和色谱法分离。

2. 纸色谱法

常用的表面活性剂多数为水溶性的强极性化合物，纸色谱法有很好的分离效果。纸色谱法用的滤纸，使用前最好在丙酮 :乙醇（1 : 1）的溶液中上行展开过夜，使纸中吸附的一些杂质尽可能赶到滤纸前沿，然后剪去前沿，晾干后使用。样品一般配制成含量约 1% 的甲醇溶液，点样 5～10μL，展开剂有乙酸乙酯 : 甲醇 : 氨水（10 : 5 : 1）、丁醇 : 乙酸 : 水（4 : 1 : 1）等，展开，晾干后选用适当的显色剂显色，记录斑点的颜色、位置及形状等信息。阴离子通常用频哪黄、罗丹明 6G 的醇溶液或碘熏等方法显色；非离子常用碘化铋钾试剂显色；阳离子可用水合茚三酮或二溴荧光黄显色。

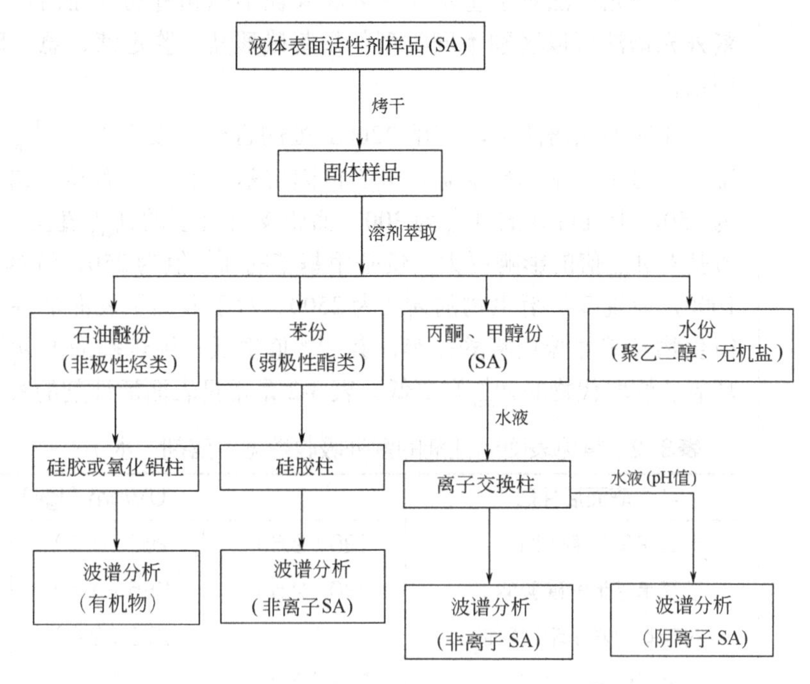

图 3-3　表面活性剂样品分离程序[3]

3. 薄层色谱法

薄层色谱法在表面活性剂的分离、精制、定性及定量分析中，应用比较广泛。

阴离子表面活性剂常用硅胶 G 或氧化铝 G 薄板分离，吸附剂一般不需活化，自然晾干即可使用。展开剂常采用以醇为主体的溶剂系列。

阴离子中磺酸基数目的鉴定也可用硅胶 G 板，展开剂为丙醇：氨水（7：3），显色剂为 2.5% 的二氯荧光黄乙醇溶液，紫外灯下在棕黄色背景下显绿色斑点，R_f 值不受碳链长短影响，只随磺酸基数目增加而降低。

阳离子表面活性剂亦可用硅胶 G 板分离，展开剂为二氯甲烷：甲醇：乙酸（8：1：0.75），将色谱板置碘蒸气中显色。

非离子表面活性剂常用的吸附剂为硅胶 G，展开剂为氯仿 - 甲醇体系，显色剂可用碘的醇溶液，或用荧光 GF_{254} 薄板在紫外线下观察淡紫色斑点。

第三节　表面活性剂的结构分析

在表面活性剂的结构分析中，目前最常用的是波谱分析法，即紫外光谱法、红外光谱法、核磁共振光谱法及质谱法。

一、紫外光谱法

紫外光谱法对于鉴定含芳环和共轭不饱和链的表面活性剂非常有用。利用紫外光谱法可以区别不同类型的烷基磺酸盐，鉴定萘、蒽、联苯等高级芳香族同系物。

在紫外光谱法中，利用220nm处的百分吸收系数（$A_{1cm}^{1\%}$）可进行初步分析鉴定。对于烷基苯磺酸盐，$A_{1cm}^{1\%}$值因烷基链的结构而异，如十二烷基的$A_{1cm}^{1\%}$值为350，十五烷基的$A_{1cm}^{1\%}$为300，而带支链烷基的$A_{1cm}^{1\%}$值仅为9～15。结构中的芳基对$A_{1cm}^{1\%}$值的影响更大，烷基甲基苯的$A_{1cm}^{1\%}$值为250，烷基萘衍生物的$A_{1cm}^{1\%}$为1000，而烷基蒽衍生物的$A_{1cm}^{1\%}$为2500。对于非离子表面活性剂烷基酚聚氧乙烯衍生物及苯并咪唑磺酸盐等，其$A_{1cm}^{1\%}$值很低，纯烷基酚的$A_{1cm}^{1\%}$为100～120，其环氧乙烷取代物的$A_{1cm}^{1\%}$则更低。表3-2是常见表面活性剂的紫外吸收数据。

表3-2 常见表面活性剂的紫外吸收数据（溶剂：水）

表面活性剂	UV/nm（lgε）		
十二烷基苯磺酸钠	225（2.6）	261（1.2）	
丁基苯基苯酚磺酸钠	230（2.5）	285（1.7）	
对苄基对氨基苯磺酸钠		275（2.8）	
壬基酚聚氧乙烯醚	225（2.2）	277（1.4）	
十八烷基二甲基氯化铵	215（2.0）	263（1.3）	
丁基萘磺酸钠	235（3.3）	280（2.3）	315（1.8）
四氢萘磺酸钠	225（2.7）	270（1.6）	315（0.3）
萘磺酸甲醛缩合物		290（2.4）	320（1.5）
烷基异喹啉卤化物	230（3.2）	270（2.0）	335（2.0）
油酸钠	225（1.7）		
三乙醇胺油酸盐	235（1.6）		

二、红外光谱法

红外光谱法简便、快速、准确，是表面活性剂结构鉴定的最有用手段。即便是红外光谱的初学者，也很容易从红外谱图中吸收峰的位置和相对强度辨认出表面活性剂的骨架类型。如在1100cm^{-1}附近出现强而宽的峰，表示可能有非离子聚氧乙烯醚类化合物存在；1200cm^{-1}附近的强而宽的峰，表示有阴离子磺酸盐类化合物存在；1610~1550cm^{-1}和1400cm^{-1}附近的强峰，表示有烷基羧酸盐类表面活性剂存在。但是要从红外谱图中获得被测物的准确分子结构，还必须与标准物质或标准红外谱图进行对照。

1. 阴离子表面活性剂的鉴定

阴离子表面活性剂的分子结构中亲水部分硫酸酯盐（—OSO_3M），特征峰出现在 1270～1220cm^{-1} 间，这是由—OSO_3M 中 S═O 基团伸缩振动引起。磺酸盐（—SO_3M）的最强特征峰即 S═O 基团的伸缩振动峰多低于波数 1200cm^{-1}，可与—OSO_3M 的 1220cm^{-1} 相区别。脂肪酸盐（—COOM）的特征峰出现在 1610～1550cm^{-1} 和 1400cm^{-1} 附近，这是由 C═O 伸缩振动引起。磷酸酯盐（—OPO_3M）具有 1242～1220cm^{-1} 的 P═O 和 1100～1077cm^{-1} 的 P—O—C 伸缩振动吸收峰。图 3-4 是十四烷基磺酸钠的红外光谱。

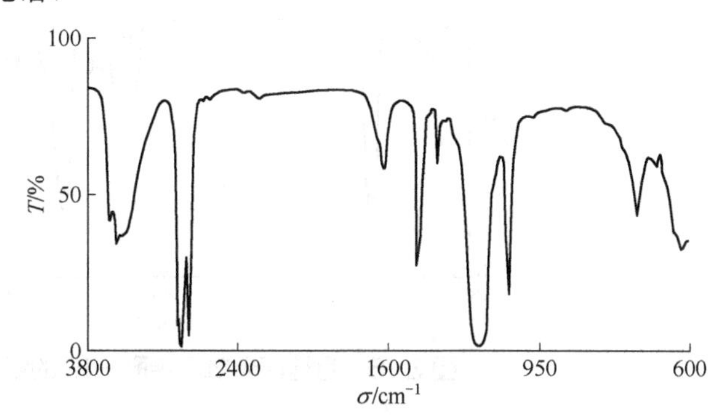

图 3-4 十四烷基磺酸钠的红外光谱

2. 阳离子表面活性剂的鉴定

阳离子表面活性剂分子结构的亲水基大都是含氮化合物，一般为脂肪族胺盐型。在红外光谱中，位于 3200～3000cm^{-1} 和 2800～2000cm^{-1} 的宽幅出现的一连串吸收峰群为 NH^+ 伸缩振动引起，1580～1500cm^{-1} 的强峰为 NH^+ 的面内变形振动引起。此外，1610～1550cm^{-1} 和 1400cm^{-1} 又显示出—COO^- 的吸收峰。季铵盐型主要有烷烃的 2900cm^{-1}、1470cm^{-1}、720cm^{-1} 吸收峰和 1000～910cm^{-1} 间的 C—N 伸缩振动峰。烷基胺聚氧乙烯醚型有位于 1613～1588cm^{-1} 很弱的 N—H 面内变形振动吸收峰和 1123～1000cm^{-1} 间的醚键强吸收峰。图 3-5 是十二烷基二甲基氯化铵的红外光谱。

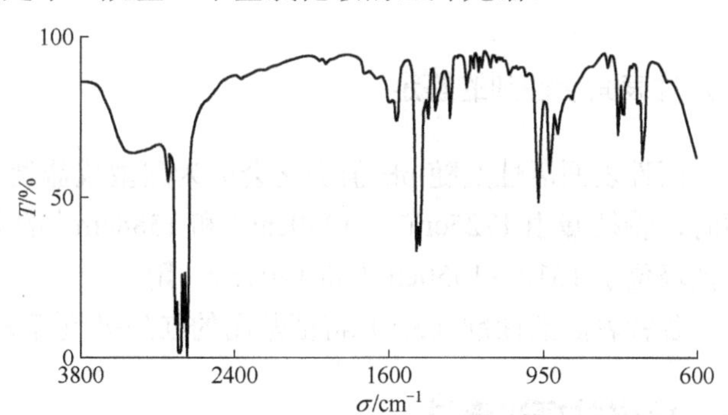

图 3-5 十二烷基二甲基氯化铵的红外光谱

3. 非离子表面活性剂的鉴定

多元醇脂肪酸酯型非离子表面活性剂，因其分子结构中含有多个羟基，故其特征吸收峰出现于 3300cm^{-1} 处附近，为羟基伸缩振动引起；又因含有酯基，故具有 1740～1730cm^{-1} 的羰基伸缩振动峰和 1176cm^{-1} 的 C—O—C 伸缩振动峰。聚环氧乙烷加成物类型的非离子表面活性剂，因其分子结构中都含有 (—CH_2CH_2O—$)_n$ 基团（常用 EO 表示），所以这类化合物的特征峰为醚键的 1100cm^{-1} 附近宽而强的吸收峰，可区别其他类型的非离子表面活性剂。脂肪酸烷醇酰胺型非离子表面活性剂，分子结构由烷基、酰氨基

和羟基构成，其特征峰位于1620cm^{-1}附近，是由酰氨基团中羰基伸缩振动引起。图3-6和图3-7分别为月桂醇聚氧乙烯醚-10和十二酸酯聚氧乙烯醚-9的红外光谱。

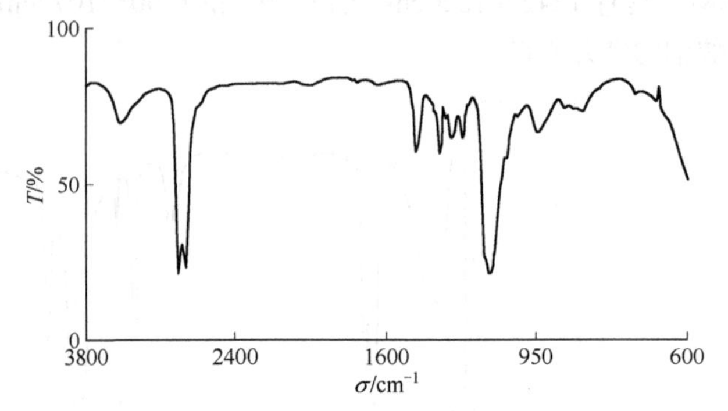

图3-6 月桂醇聚氧乙烯醚-10的红外光谱

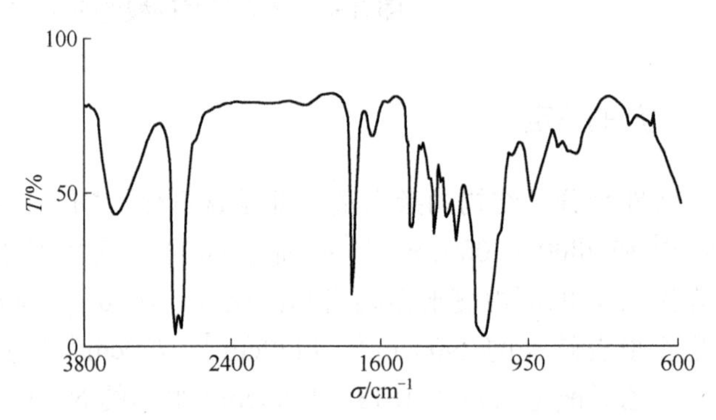

图3-7 十二酸酯聚氧乙烯醚-9的红外光谱

4. 两性表面活性剂的鉴定

两性表面活性剂随pH值变化会成为酸型或盐型。如氨基酸表面活性剂为酸型时，特征峰由1725cm^{-1}、1200cm^{-1}和1588cm^{-1}的弱吸收构成；为盐型时，其特征峰位于1610～1550cm^{-1}和1400cm^{-1}附近。

各种表面活性剂（SA）特征基团的红外吸收峰见表3-3。

三、核磁共振光谱法

核磁共振光谱法可测定表面活性剂分子中疏水基氢原子与亲水基氢原子的比例，可准确给出分子中含质子基团的结构类型及数目、各种碳原子的结构类型及数目，是对紫外和红外光谱法的重要补充。如由^{1}H-NMR谱中化学位移δ0.8～1.6处峰的形状、位置及强度可准确给出分子中亲油性烷基的结构信息，如碳链的长度、侧链的数目等；由δ3.5～3.9处宽而强的峰可准确推出环氧乙烷的聚合数目；由δ6.5～7.5处峰的位置、形状及强度可确定分子中芳环的类型及取代位置等。

表3-3　表面活性剂（SA）特征基团的红外吸收峰[3]

基　团			波数 /cm^{-1}	峰形和峰强	归　属
含C、H、O的SA	OH，ν		3450～3330	宽，中－强	聚乙二醇及衍生物
	C═O，ν	脂肪酸酯	1740～1730	锐，强	烷基酸的酯
		羧酸	1730～1700	锐，强	游离羧酸
		羧酸离子（非对称）	1610～1550	宽，强	游离酸盐，肥皂类
		羧酸离子（对称）	1470～1370	宽，强	游离酸盐，肥皂类
	C═C，ν		1600,1500	锐，中－强	烷基酚的衍生物
	C—H，δ		1380～1370	锐，中	环氧丙烷的衍生物，多侧链烃
	C—O，ν	芳烃	1250～1230	锐，强	烷基酚的衍生物
		羧酸	1250～1220	宽，中－强	游离羧酸
		酯	1180～1160	宽，中	烷基醇的酯
	C—OH，ν	伯醇	1050～1040	宽，中	甘油单酯
		仲醇	≈1100	宽，中	甘油单酯
		叔醇	≈1150	宽，强	多元醇
	C—C，ν	—CH_2CH_2O—	860～840	宽，中	聚氧乙烯醚类
		—$(CH_2)_n$—	≈720	锐，中－弱	直链烃（n>4）
含硫SA	S═O，ν	不对称—OSO_3^-	1270～1220	宽，特强	有机硫酸盐
		不对称—SO_3^-	1190～1180	宽，特强	有机磺酸盐
		对称—OSO_3^-	1100～1060	宽，强	有机硫酸盐
		对称—SO_3^-	1060～1030	宽，中－强	有机磺酸盐
含—SO_2NH—，ν			1330～1320	锐，中－强	磺酰胺
含磷SA	P═O，ν	O—P—$(OR)_3$	1290～1258	宽，强	烷基磷酸三酯
		O═P—$(OR)_2$	1235～1220	宽，强	烷基磷酸双酯
		O═P(OR)O_2^{2-}	1242～1220	宽，中－强	烷基磷酸单酯
含氮SA	—NH，—NH_2，ν		3330～3120	锐，中	阳离子SA
	胺盐		2900～2450	宽，强	阳离子SA
			1400～1390	锐，特强	
			1610～1560	锐，强	
	酰胺		1670～1640	锐，特强	
			1560～1540	锐，特强	

1. 阴离子表面活性剂

一般来说，烷基的甲基和亚甲基质子信号出现在δ0.5～1.8处；周围无其他官能团时，在δ2.1～3.0处出现—CH_2—COO、—CH_2—SO_3、$—\overset{|}{C}H—SO_3$等质子信号，可作为存在羧酸盐或磺酸盐的根据；在δ3.8～4.5处出现信号，可考虑存在硫酸酯盐或磷酸酯盐；在δ3～5无阴离子表面活性剂信号，而在

δ6.5～8.5 出现信号，可推测存在芳香族磺酸盐；在 δ3.5～4.0 出现 EO 加合—O—CH_2—CH_2—O—质子信号；在 δ5.0～5.5 出现双键质子信号；δ1.98 为与双键相连的亚甲基质子信号。

2. 非离子表面活性剂

非离子表面活性剂各大类基团结构相似，出现的核磁共振信号也相似。由于酯键—CH_2—OOC—的信号出现在 δ4.0～4.4，—OOC—CH_2 信号出现在 δ2.2～2.4，所以若这两个位置出现信号，则不管有无 EO 基，都属酯型。烷基酸酰胺—CH_2—CON< 的信号出现在 δ2.3～2.4，N—CH_2—信号出现在 δ3.4～3.7，若这两个位置出现信号，则可鉴定所测表面活性剂为脂肪酸烷基醇酰胺。

3. 阳离子表面活性剂

无羟乙基、EO 基等的单纯叔胺在 >δ3 的低场无信号，而链烷醇胺中邻接羟基的亚甲基信号在 δ3.6，因为季铵盐的 N^+—CH_3 信号出现在 δ3.5～3.7 处，若这两个信号不出现，而 δ8～9.5 有信号，则可能是吡啶盐、异喹啉盐。

表 3-4 是表面活性剂中常见官能团的质子化学位移值。

表 3-4 表面活性剂中常见官能团的质子化学位移值

质子类型	化学位移 δ	峰 型
R—CH_3	0.88	T
—CH(CH_3)—	0.9～1.1	D
—$(CH_2)_n$—	1.2～1.8	M
Ar—CH_2—R	2.5～3.0	T
—O—CH_2—R	3.5～4.0	T
R—CH_2—OH	3.5～4.0	T
R—NH—CH_3	2.0～2.5	D
—$(CH_2CH_2O)_n$—	3.49～3.68	M
Ar—H	6.5～8.0	M
R—CHO	9.5～10.0	S
RCOOH	10.5～12	S

四、质谱法

由于大多数表面活性剂分子中含有难汽化的强极性基团，所以常规的 EI-MS 和 CI-MS 很难胜任。新近出现的各种软电离技术，如负离子场解析（NFD）、快原子轰击（FAB）和电喷雾（ESI）等的发展和应用，使得许多表面活性剂的质谱分析成为可能。如在鉴定未知混合表面活性剂时，可以无须分离，利用 FD（场解析）-MS 和 NFD-MS 直接测定阳离子、中性以及阴离子表面活性剂。又如大多数非离子表面活性剂为聚氧乙烯醚或聚氧丙烯醚类的衍生物，即

$RO(C_2H_4O)_nH$ 或 $RO(C_3H_7O)_nH$，利用 FD-MS 和 ESI-MS 可方便地确定出其亲油基 R 基团的结构、亲水基聚氧乙烯或聚氧丙烯的数目和同系物分布的信息。

图 3-8 为月桂醇聚氧乙烯醚 -8 的大气压电喷雾质谱。如果将图 3-8 中各峰的峰顶连接起来，可得到两条近似于正态分布的曲线，而且同一系列相邻峰质荷比均相差 44。质量数较低的系列峰为 *m/z* 297、341、385、429、473、517、561、605、649、693、737、781、825、869 和 913，来自 $[M+Na]^+$ 正离子，丰度最大的质谱信号为 *m/z* 561，分子量为 561–23 = 538，对应的分子式为 $C_{12}H_{25}O—(CH_2CH_2O)_8—H$。从正态分布曲线还可以看到聚氧乙烯的数目分布从 2 到 16，质荷比从 297 到 913。另一组质量数较高的系列峰 *m/z* 313、357、401、445、489、533、577、621、665、709、753、797、841、885 和 929，来自 $[M+K]^+$ 正离子，丰度最大的质谱信号为 *m/z* 577，分子量为 577–39 = 538，也对应于月桂醇聚氧乙烯醚 -8，聚氧乙烯的数目分布也从 2 到 16，质荷比从 313 到 929。

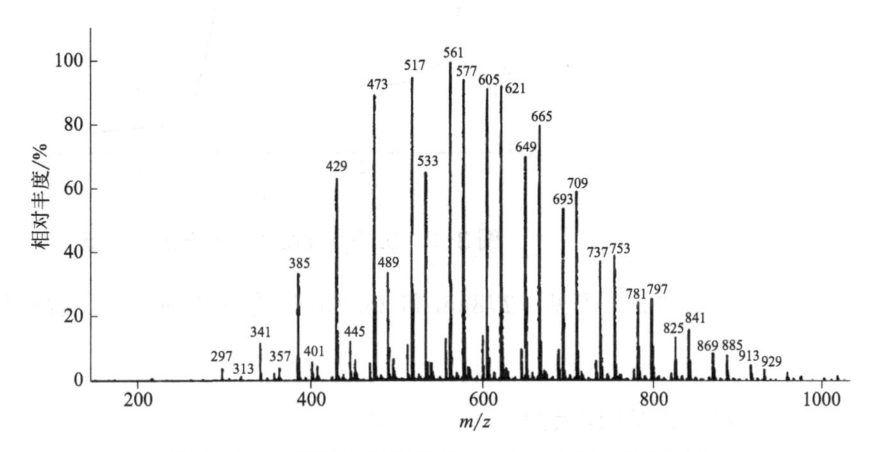

图 3-8　月桂醇聚氧乙烯醚 -8 的大气压电喷雾质谱

$[M+K]^+$ 系列峰是否出现与测试条件有关，如果样品和测试体系中不含钾离子，则不出现这一系列峰，谱图也会简单些。

第四节　表面活性剂样品剖析实例

实例 1　Kieralon OL 净洗剂的剖析

Kieralon OL 为乳化性净洗剂，是阴离子和非离子复合型表面活性剂，具有去污、去籽壳、去油蜡的多重功效，在浓碱的作用下是冷堆前处理工艺中不可缺少的优良助剂之一。杨俊玲[4]对 Kieralon OL 净洗剂进行了剖析，取得了令人满意的结果。

一、Kieralon OL 净洗剂的初步定性试验

Kieralon OL 为无色透明黏稠状液体，1% 水溶液呈乳白色，pH 值为 6，有泡沫。

灼烧：可燃有蜡味，气体 pH 值为 6，有残渣。

离子类型：经亚甲蓝试验，初步确定为阴离子和非离子复合型表面活性剂。

元素分析：有硫。

1. 紫外光谱初步定性

仪器为德国 Zeiss Specord UV-VIS 紫外分光光度计，Kieralon OL 紫外吸收光谱如图 3-9 所示。

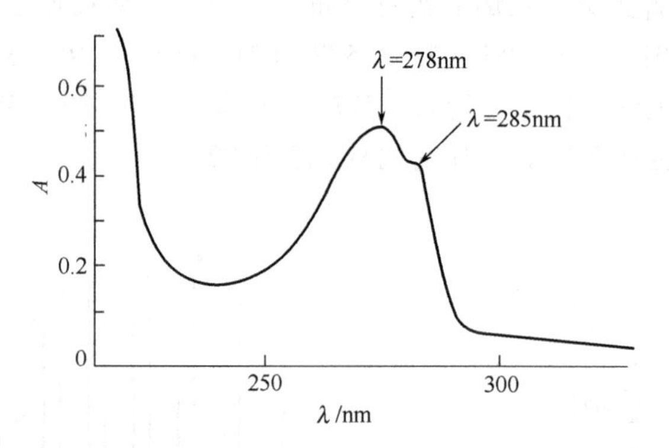

图 3-9 0.1% Kieralon OL 的紫外光谱

由图 3-9 可见，278nm 和 285nm 处均有较强吸收，说明化合物中有苯环存在。

2. 红外光谱初步定性

仪器为英国 Pye Unicam Sp2000 红外分光光度计，Kieralon OL 的红外光谱如图 3-10 所示。

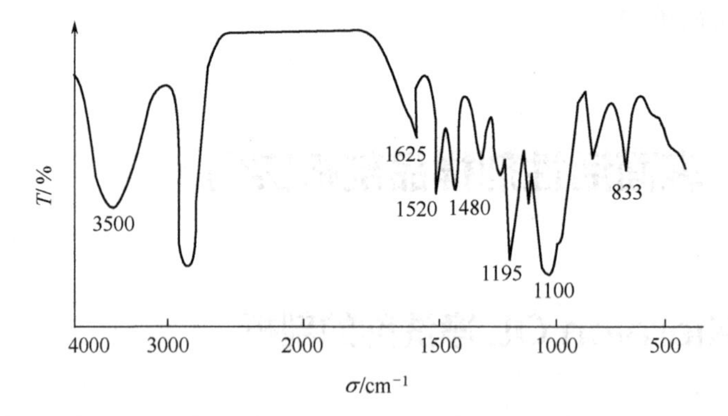

图 3-10 Kieralon OL 的红外光谱

由图 3-10 可见，3500cm^{-1} 为—OH 的伸缩振动峰；1100cm^{-1} 为 C—O—C 的伸缩振动峰；1520cm^{-1} 和 1625cm^{-1} 为苯环骨架碳碳伸缩振动峰；833cm^{-1} 为苯环对位取代的特征吸收峰；1195cm^{-1} 的强吸收为磺酸基的特征吸收峰，与元素分析中有硫相吻合。

初步推测：Kieralon OL 非离子部分为脂肪醇聚氧乙烯醚和烷基酚聚氧乙烯醚混合物，阴离子部分为烷基磺酸钠或烷基苯磺酸钠。

二、Kieralon OL 净洗剂的分离分析

1. 蒸馏

将样品进行蒸馏，蒸出约 10% 的水。

2. 薄层色谱试验

展开剂为氯仿：甲醇（90：10），薄层板 5cm×20cm，显色剂为碘。Kieralon OL 薄层色谱如图 3-11 所示。

图 3-11 中接近前沿的斑点为非离子表面活性剂，中间偏上的斑点为阴离子表面活性剂，并被亚甲蓝试验所证实。

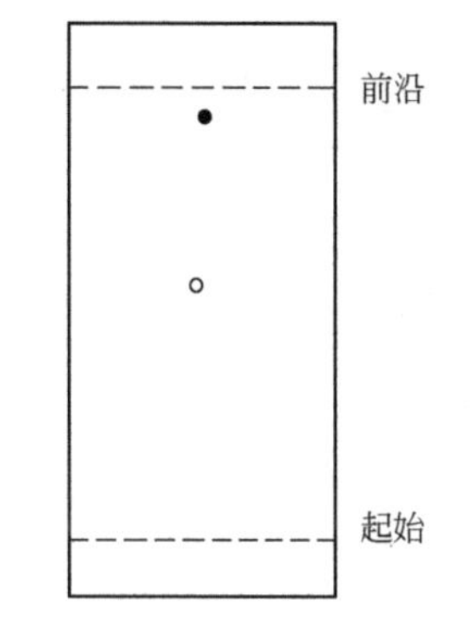

图 3-11 Kieralon OL 薄层色谱

3. 液相色谱试验

仪器为 Beckman 332 高效液相色谱仪，紫外检测器，C_{18} 柱，甲醇 - 水梯度洗脱。

Kieralon OL 非离子部分在 λ=210nm 时的液相色谱如图 3-12 所示；在 λ=254nm 时的液相色谱如图 3-13 所示。

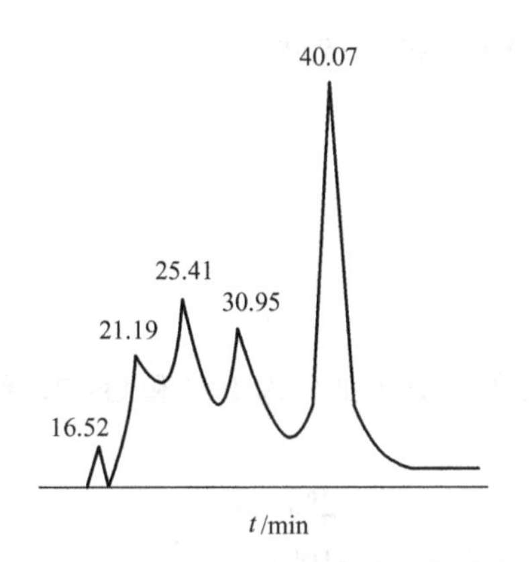

图 3-12 Kieralon OL 非离子部分在 λ=210nm 时的液相色谱

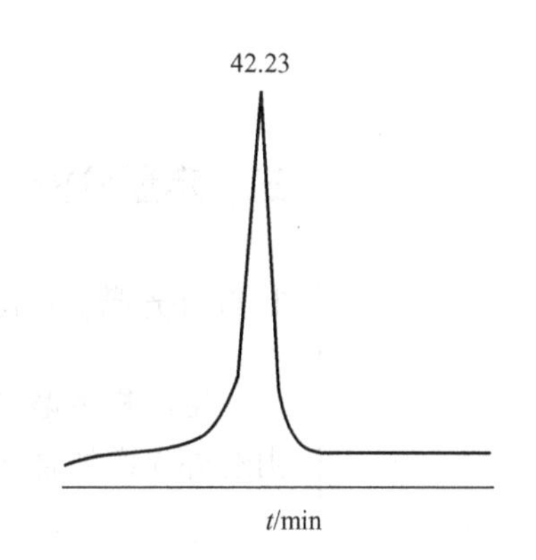

图 3-13 Kieralon OL 非离子部分在 λ=254nm 时的液相色谱

将图 3-12 和图 3-13 与标准物色谱图对照，可知其分别为脂肪醇聚氧乙烯醚（商品名 JFC）和烷基酚聚氧乙烯醚（商品名 Oπ-7）。

4. 溶解性试验

Kieralon OL 易溶于水、甲醇、乙醇，部分溶于丙酮，不溶于氯仿。丙酮不溶物的红外光谱如图 3-14 所示，可溶物的红外光谱如图 3-15 所示。

从图 3-14 可知，1185cm^{-1} 的强峰为磺酸基的特征吸收，无苯环的特征吸收峰，故排除了烷基苯磺酸钠的可能，与标准谱图对照阴离子部分为烷基磺酸钠（商品名 AS）。从图 3-15 可知，丙酮可溶物为脂肪醇和烷基酚环氧乙烷加成物的复合产物。

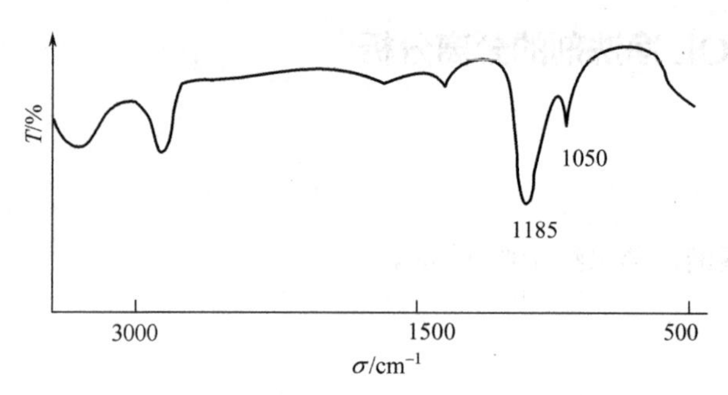

图 3-14 丙酮不溶物的红外光谱

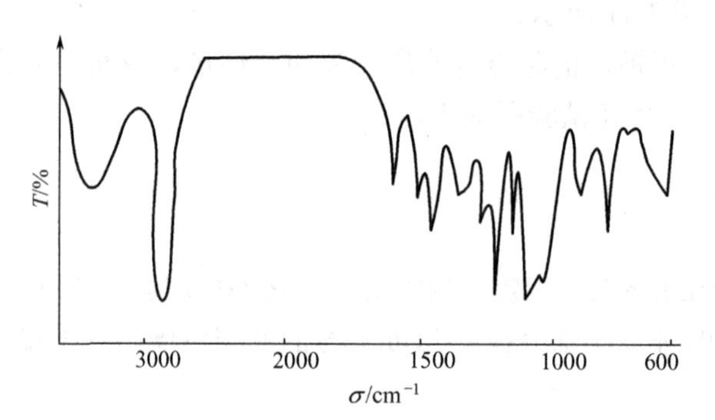

图 3-15 丙酮可溶物的红外光谱

三、定量分析

1. 红外光谱加合法定量

由液相色谱试验知，Kieralon OL 的非离子部分为 JFC 和 Oπ-7，组分的配比由红外光谱加合法测得为：

AS	2%
水	10%
Oπ-7 : JFC	7 : 3

按上述组成复配的加合物，其 IR 谱如图 3-16 所示。

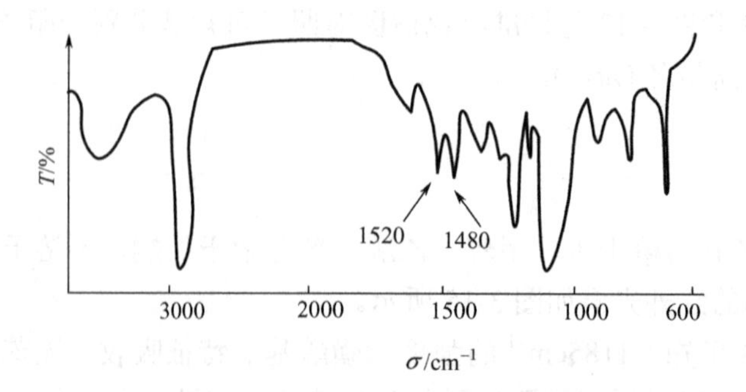

图 3-16 Oπ-7 : JFC=7 : 3 加合物的 IR 谱

图 3-16 与 Kieralon OL 的 IR 谱相比，已非常接近。

2. 紫外光谱定量

用紫外光谱法进行定量，测得 Kieralon OL 净洗剂中烷基酚约占 80%。

四、结论

经上述剖析可知，Kieralon OL 净洗剂由阴离子和非离子表面活性剂组成。阴离子表面活性剂为烷基磺酸钠，非离子表面活性剂为烷基酚聚氧乙烯醚和脂肪醇聚氧乙烯醚。定量关系为：烷基磺酸钠 2%，烷基酚聚氧乙烯醚∶脂肪醇聚氧乙烯醚 =（7～8）∶（3～2），水 10%。

实例 2 增稠剂的剖析

表面活性剂是印染工业中常用的助剂，在染整加工过程中起重要作用。由于加工过程（煮练、染色、印花、调浆等）要求不同，所用的表面活性剂亦不同，而且为了达到某种特殊的效果往往要使用数种不同类型的表面活性剂或添加一些非表面活性物质。这类混配物的剖析是一项困难的工作。孙爱菊等[5]采用色谱法对涂料印花增稠剂中的非离子表面活性剂及其他组分进行了系统分离，并采用红外、紫外、核磁等方法对其结构进行了鉴定。

一、样品的分离与纯化

元素分析结果：不含 N、P、S 和卤素。

灼烧试验：无残渣。

电荷性测定：非离子型。

将样品用石油醚溶解，悬浮液于离心机上以 9000r/min 的速度进行固液分离，将上层液体取出，重复上述操作 4～5 次，合并溶液。取经三级活性处理的氧化铝（中性）35g 湿法装柱，将溶液浓缩转移至柱上，依次用石油醚、石油醚∶苯（1∶1）、苯、苯∶乙醚（1∶1）、乙醚、乙醚∶乙醇（1∶1）洗脱，洗脱液定体积收集，除去溶剂，在真空干燥箱中干燥 1h。样品经柱色谱后，分离为 A、B、C、D 四个组分，然后用红外、紫外和核磁光谱法分别鉴定之。

二、各组分的结构鉴定

1. A 组分鉴定

（1）红外光谱法 测定 A 组分的红外光谱，如图 3-17 所示。

由图 3-17 可见，2960cm^{-1}、2930cm^{-1} 及 2850cm^{-1} 为 CH_3 和 CH_2 的伸缩振动峰；1460cm^{-1} 及 1380cm^{-1} 为 CH_3 和 CH_2 的面内变形振动峰；720cm^{-1} 为 CH_2 的面内摇摆振动峰。除此之外无其他吸收峰，其沸点为 215～255℃，表明该化合物是长链饱和脂肪烃并带有少量支链，与标准红外谱图一致。该组分无紫外吸收，表明无共轭双键及芳环等。

（2）核磁共振光谱法 测定 A 组分的核磁共振氢谱，如图 3-18 所示。

由图 3-18 可见，只出现 CH_3 和 CH_2 的质子峰并有少量支链存在，结果与红外光谱法一致。

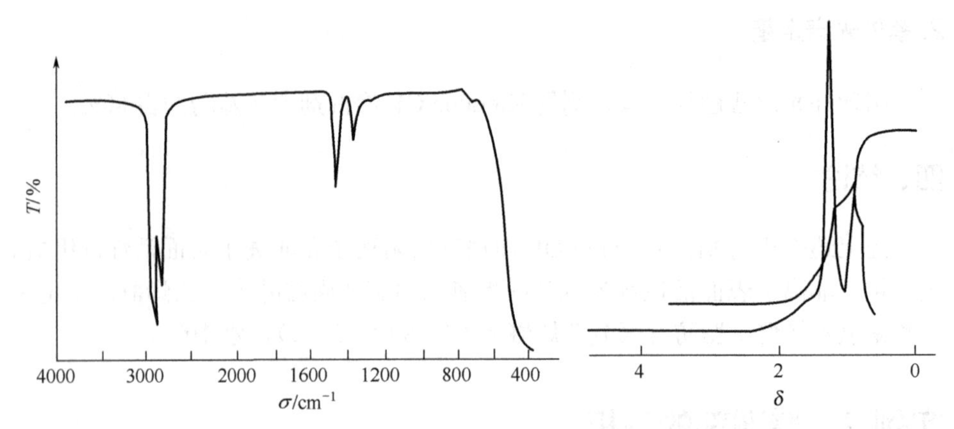

图 3-17　A 组分的红外光谱　　**图 3-18**　A 组分的核磁共振氢谱

2. B 组分鉴定

（1）红外光谱法　测定 B 组分的红外光谱，如图 3-19 所示。

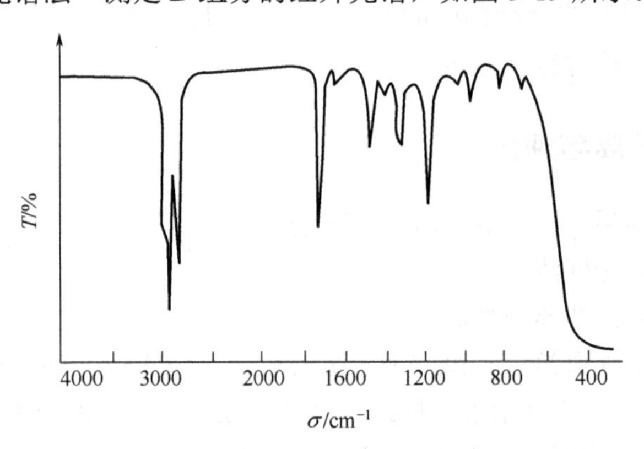

图 3-19　B 组分的红外光谱

由图 3-19 可见，2960cm^{-1}、2930cm^{-1}、2850cm^{-1} 为 CH_3 和 CH_2 伸缩振动峰；1720cm^{-1} 为羰基伸缩振动峰；1460cm^{-1}、1380cm^{-1} 为 CH_3 和 CH_2 面内变形振动峰；720cm^{-1} 为 CH_2 面内摇摆振动峰，亚甲基数目大于 4；1640cm^{-1} 为 C═C 伸缩振动峰；920cm^{-1}、1010cm^{-1} 为 ═C—H 变形振动峰；1150cm^{-1} 为 C—O—C 伸缩振动峰。推断 B 组分为甲基丙烯酸十八碳酯，与红外标准谱图一致。

（2）紫外光谱法　测定 B 组分的紫外光谱，如图 3-20 所示。

由图 3-20 可见，该物质的最大吸收峰在 202.2nm 处，根据经验规则推算该化合物的最大吸收峰波长为：

$$\lambda_{max}=193\text{nm}（酯的基本值）+10\text{nm}（甲基取代）=203\text{nm}$$

可见理论计算值与实验值基本一致。

（3）核磁共振光谱法　测定 B 组分的核磁共振氢谱，如图 3-21 所示。

由图 3-21 可见，各化学位移：

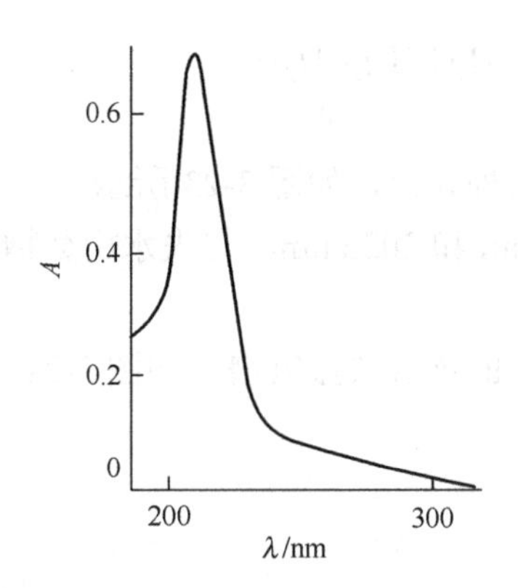

图 3-20　B 组分的紫外光谱

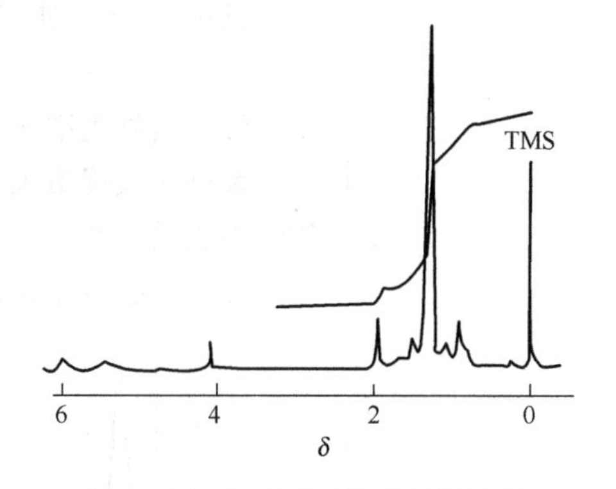

图 3-21　B 组分的核磁共振氢谱

$$\underset{f}{CH_2}=\underset{d}{\underset{|}{C}}\!\!\overset{}{-}\overset{O}{\overset{\|}{C}}-O-\underset{e}{CH_2}\underset{c}{(CH_2)_{15}}-\underset{b}{CH_2}-\underset{a}{CH_3}$$

（d 位 C 上连 CH_3）

a 位 H 的化学位移为 δ0.9，b 为 δ1.1，c 为 δ1.3，d 为 δ1.92，e 为 δ4.09，f 为 δ5.48。

3. C 组分鉴定

（1）红外光谱法　测定 C 组分的红外光谱，如图 3-22 所示。

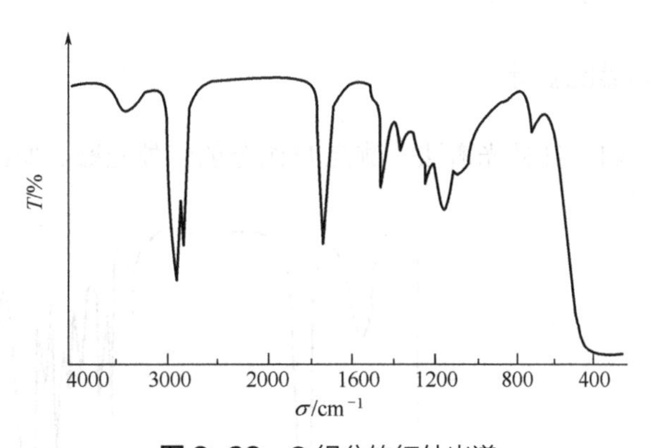

图 3-22　C 组分的红外光谱

由图 3-22 可见，2960cm^{-1}、2930cm^{-1} 和 2860cm^{-1} 为 CH_3 和 CH_2 的伸缩振动峰；1460cm^{-1} 和 1380cm^{-1} 为 CH_3 和 CH_2 的面内变形振动峰；720cm^{-1} 为 CH_2 的面内摇摆振动峰，其亚甲基的数目大于 4；3500～3300cm^{-1} 为 OH 的伸缩振动峰；1740cm^{-1} 为羰基伸缩振动峰；1240cm^{-1} 为 C—O—C 的反对称伸缩振动峰；1160cm^{-1} 为 C—O—C 的对称伸缩振动峰。推断其为失水山梨糖醇三油酸酯，与红外标准谱图一致。其结构为：

```
          O
        /   \
    H2C       CH—CH2 —OCOR
     |         |
ROCOHC        CHOCOR
        \   /
         CH
         |
         OH
```

其中，$R=CH_3(CH_2)_6CH_2CH=CHCH_2(CH_2)_5CH_2—$

a b c e b d

（2）紫外光谱法 测定C组分的紫外光谱，如图3-23所示。

紫外吸收峰最大波长分别为229.6nm和203.6nm，与失水山梨糖醇三油酸酯的紫外光谱一致。

（3）核磁共振光谱法 测定C组分的核磁共振氢谱，如图3-24所示。

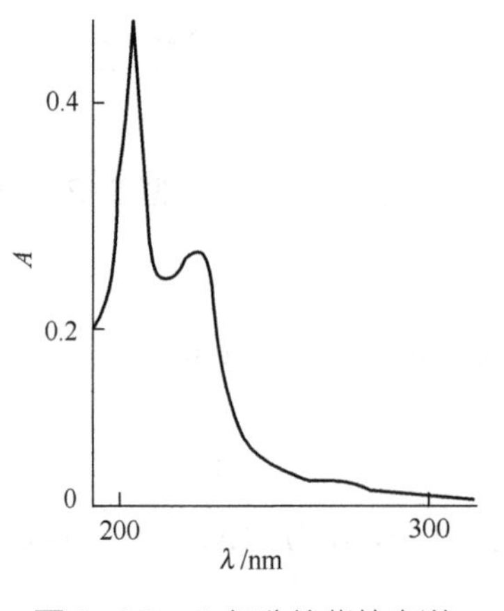

图3-23 C组分的紫外光谱

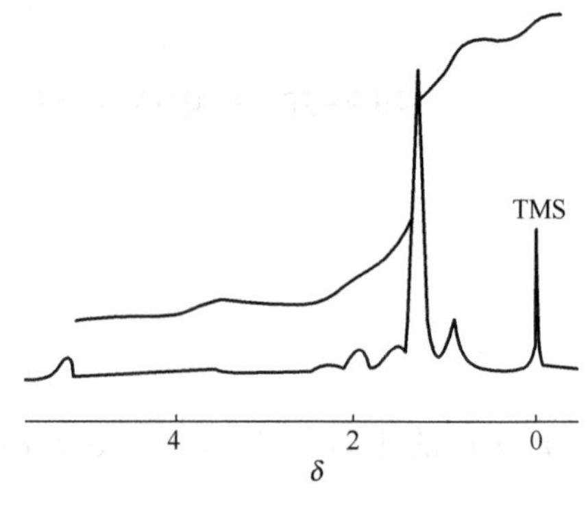

图3-24 C组分的核磁共振氢谱

由图3-24可见，a位H的化学位移为$\delta0.9$，b为$\delta1.32$，c为$\delta1.98$，d为$\delta2.34$，e为$\delta5.39$。

4. D组分鉴定

（1）红外光谱法 测定D组分的红外光谱，如图3-25所示。

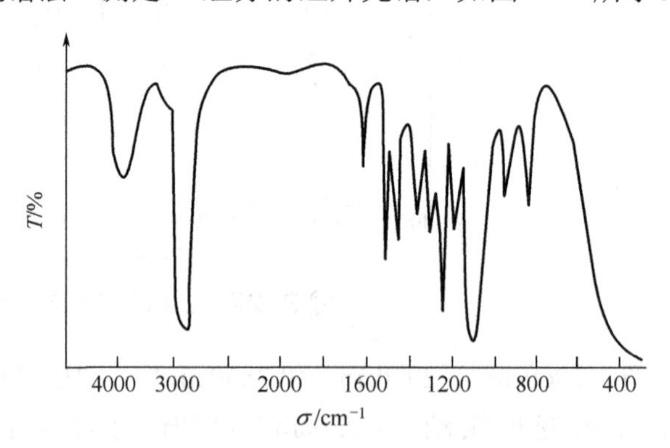

图3-25 D组分的红外光谱

由图3-25可见，3500～3300cm^{-1}为OH伸缩振动峰；2960cm^{-1}、2860cm^{-1}、2830cm^{-1}为CH_3和CH_2的伸缩振动峰；1460cm^{-1}、1380cm^{-1}为CH_3和CH_2的面内变形振动峰；3100～3000cm^{-1}的弱峰为Ar—H的伸缩振动峰；1600cm^{-1}、1580cm^{-1}、1505cm^{-1}、1460cm^{-1}为苯环骨架碳碳伸缩振动峰；1120cm^{-1}、1265cm^{-1}为C—O—C的对称和反对称伸缩振动峰。据此可知，D组分应是含苯环的醚类化合物，推断为烷基酚聚氧乙烯醚，与红外标准谱图一致。其结构为：

$$R-C_6H_4-O(CH_2CH_2O\cdots CH_2CH_2O)_nH$$

（a：R；e：苯环 H；b、c、d：聚氧乙烯链各位置）

（2）紫外吸收光谱法　测定D组分的紫外吸收光谱，如图3-26所示。

由图3-26可见，紫外吸收峰最大波长为275.2nm和216.8nm，与烷基酚聚氧乙烯醚的紫外谱图一致。

（3）核磁共振光谱法　测定D组分的核磁共振氢谱，如图3-27所示。

由图3-27可见，D组分结构式a位H的化学位移为δ0.4～1.8，b为δ4.01，c为δ3.55，d为δ3.3，e为δ6.7，$n\approx10$。

其结果与红外、紫外光谱一致，由核磁推断烷基链中含有支链。

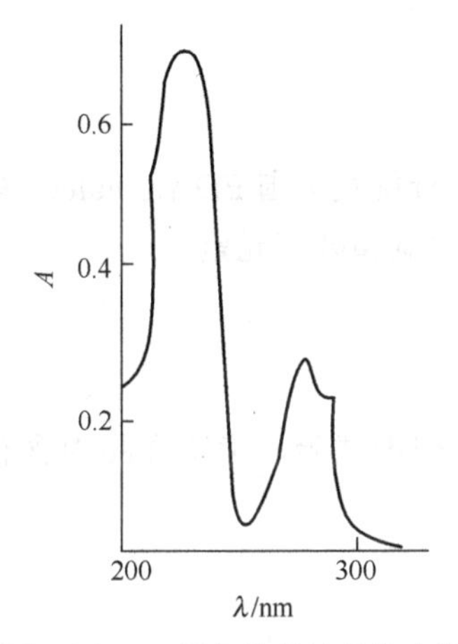

图3-26　D组分的紫外吸收光谱

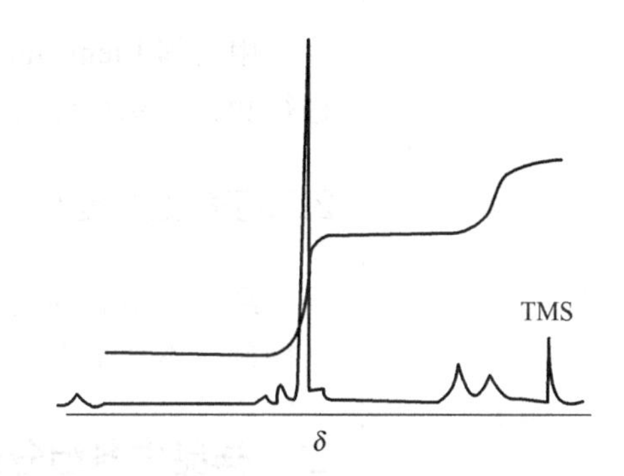

图3-27　D组分的核磁共振氢谱

三、结论

经上述剖析得知，增稠剂中共含有四种组分，如下所示。

A：饱和脂肪烃。

B：甲基丙烯酸十八碳酯，其结构为

$$CH_2=C(CH_3)-C(=O)-O-CH_2(CH_2)_{15}-CH_2-CH_3$$

C：失水山梨糖醇三油酸酯，其结构为

（环状结构：O 连接 H_2C 与 $CH-CH_2-OCOR$；$ROCOHC$、$CHOCOR$；$CH-OH$）

其中，$R=CH_3(CH_2)_6CH_2CH=CHCH_2(CH_2)_5CH_2-$

D：烷基酚聚氧乙烯醚，其结构为

$$R-C_6H_4-O(CH_2CH_2O\cdots CH_2CH_2O)_nH$$

实例 3　PAN 基碳纤维原丝油剂的剖析

PAN 基碳纤维原丝油剂是用于碳纤维原丝生产及加工过程中的一种助剂，是由特殊的表面活性剂与硅油组成。为了改变长期依赖进口的局面，孙秀花[6]对日本进口 PAN 基碳纤维原丝油剂进行了剖析，并根据剖析结果进行了复配，研制出符合性能要求的 PAN 基碳纤维原丝油剂。

一、PAN 基碳纤维原丝油剂的初步定性试验

PAN 基碳纤维原丝专用油剂为日本竹本公司生产。

1. 元素分析

用德国 Elementar Vario EL Ⅲ元素分析仪及美国 EDAX-Falcon 能谱仪对样品进行测试，测得样品中含有碳、氢、氧、氮和硅等元素。

2. 离子类型的鉴别

经亚甲蓝、溴酚蓝和硫氰酸钴铵的初步试验，确定样品中含有非离子表面活性剂，不含阴离子和阳离子表面活性剂。

二、样品中各组分的分离

1. 蒸馏

取一定量的样品进行常压蒸馏，在 100℃时流出大量无色透明液体，判断为水。改良蒸馏装置，接收装置上加了分水器，通过分水器，将透明液体上面的乳白色液体分离出来，定为组分 D。

2. 柱色谱分离

采用 100～200 目柱色谱硅胶为吸附剂，用石油醚湿法装入 50mL 色谱柱中。取 2.5g 样品，干法上柱，依次用石油醚、四氯化碳、苯、甲苯、氯仿、乙酸乙酯、丙酮、无水乙醇、甲醇、水进行洗脱。洗脱液用 10mL 试管等体积收集，然后于通风橱中使溶剂挥发，待溶剂全部挥发后称重。以试管编号为横坐标、试管中残留物的质量为纵坐标，绘制柱色谱图（图 3-28）。由图 3-28 可见，样品经柱色谱分离为 A、B 和 C 三个组分。

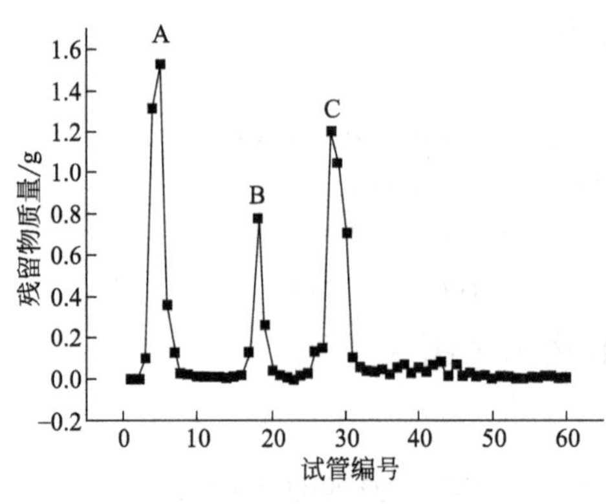

图 3-28　柱色谱分离结果

三、各组分的结构鉴定

用美国 PerkinElmer Spectrum One 傅里叶变换红外光谱仪、瑞士 Bruker AVANCE 400 核磁共振仪和美国 Agilene 1100 LC/MSD TraP 离子阱液相色谱 - 质谱联用仪对分离得到的 A、B、C 和 D 四组分的结构分别进行鉴定。

1. A 组分的结构鉴定

测定 A 组分的红外光谱、^{1}H-NMR 谱和质谱，分别如图 3-29、图 3-30、图 3-31 和图 3-32 所示。

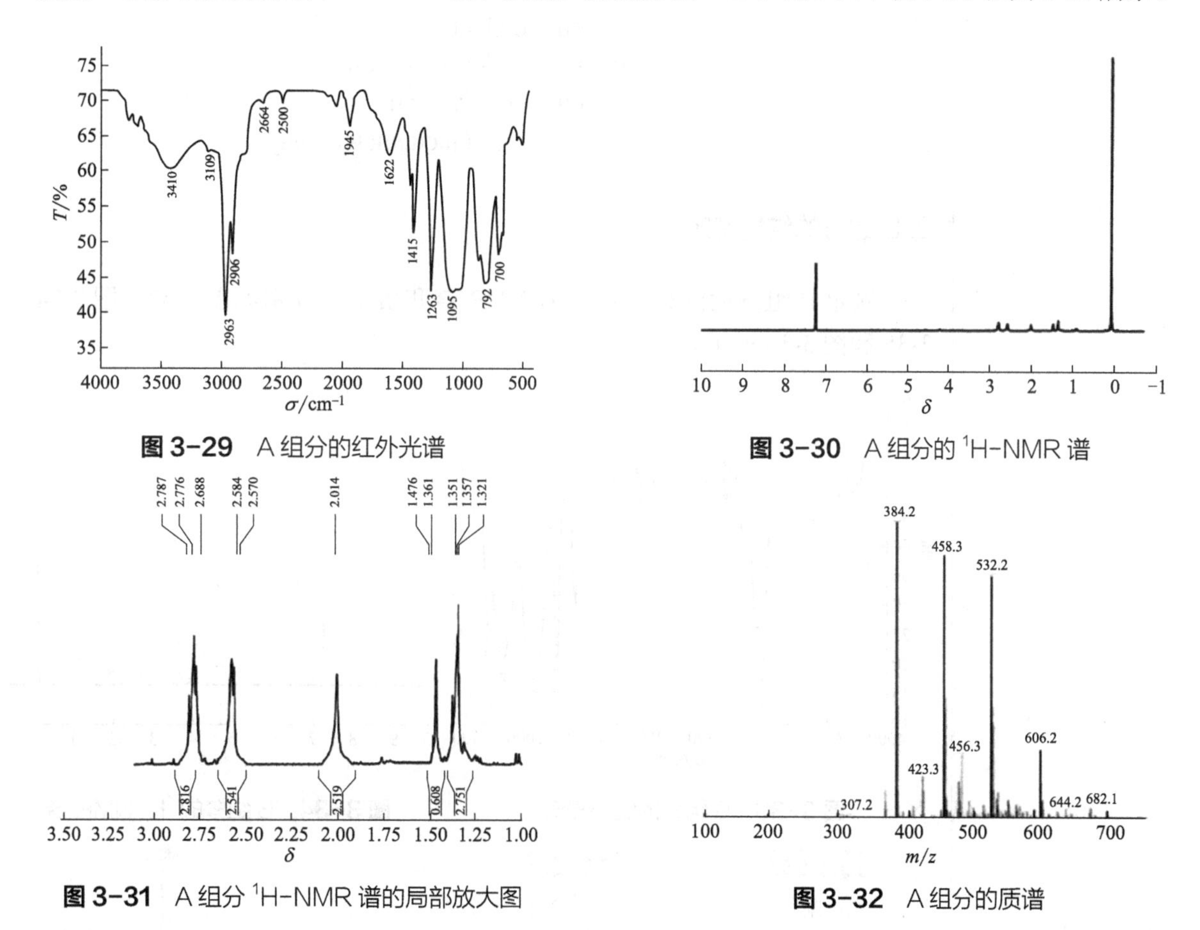

图 3-29　A 组分的红外光谱

图 3-30　A 组分的 ^{1}H-NMR 谱

图 3-31　A 组分 ^{1}H-NMR 谱的局部放大图

图 3-32　A 组分的质谱

图 3-29 中，3410cm^{-1} 处的矮宽峰为凝聚相伯胺的伸缩振动峰，1622cm^{-1} 为伯胺的面内变形振动峰，700cm^{-1} 为仲胺的面外变形振动峰，表明分子中有—NH_2 和—NH 存在；2963cm^{-1}、2906cm^{-1} 和 1415cm^{-1} 等处的峰表示分子中有甲基和亚甲基存在；1263cm^{-1} 处为 CH_3—Si—CH_3 中—CH_3 的对称变形振动峰，1095～1018cm^{-1} 为 Si—O—Si 的伸缩振动峰，792cm^{-1} 为 C—Si 的伸缩振动峰，说明此物质中含有硅氧烷链，初步确定组分 A 为氨基改性硅油。

图 3-30 和图 3-31 中，A 组分各峰的归属见表 3-5。

表 3-5　A 组分 ^{1}H-NMR 谱中各峰的归属

化学位移	0.071	1.321～1.476	2.014	2.570～2.787	7.260
所属基团	—Si—CH_3	—$(CH_2)_n$—	—NH—	—NH_2	溶剂峰

在图 3-32 中，m/z 606 碎片离子峰为 $[(CH_3)_3Si]_2O[(CH_3)_2SiO]_5CH_3SiOCH_2—$，是硅氧烷主链失去一个氢所致，这个氢的位置在硅氧烷改性链与主链连接处。m/z 458、m/z 532、m/z 606 与 m/z 384 之差是 74 的倍数，74 是硅氧烷单元—$[(CH_3)_2SiO]$— 的式量，据此可推测主链的聚合度为 5。分子量为偶数，如果含有氮原子，根据氮规则氮原子数应为偶数。质谱图上未出现分子离子峰，因含有机硅氧烷链的化合物分子离子不稳定，特别容易分裂成碎片离子。

根据红外光谱、^{1}H-NMR 谱和质谱解析，初步确定 A 组分为氨基改性硅油，可能的分子结构为：

$$CH_3-\underset{CH_3}{\overset{CH_3}{|}}SiO-\left[\underset{CH_3}{\overset{CH_3}{|}}SiO\right]_5-\underset{CH_2CH_2CH_2NHCH_2CH_2NH_2}{\overset{CH_3}{|}}SiO-\underset{CH_3}{\overset{CH_3}{|}}Si-CH_3$$

2. B 组分的结构鉴定

测定 B 组分的红外光谱、^{1}H-NMR 谱和质谱，分别如图 3-33、图 3-34、图 3-35 和图 3-36 所示。

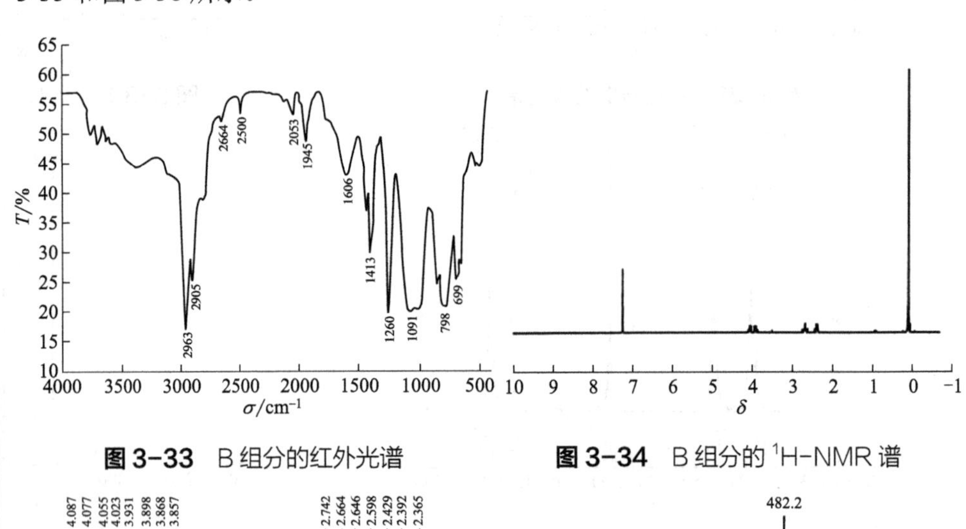

图 3-33　B 组分的红外光谱　　**图 3-34**　B 组分的 ^{1}H-NMR 谱

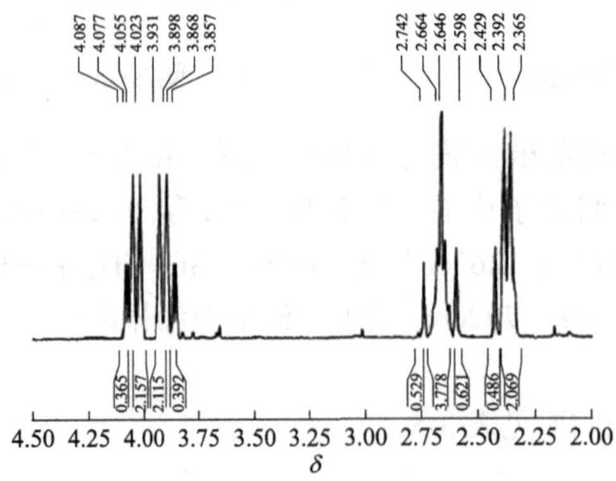

图 3-35　B 组分 ^{1}H-NMR 谱的局部放大图

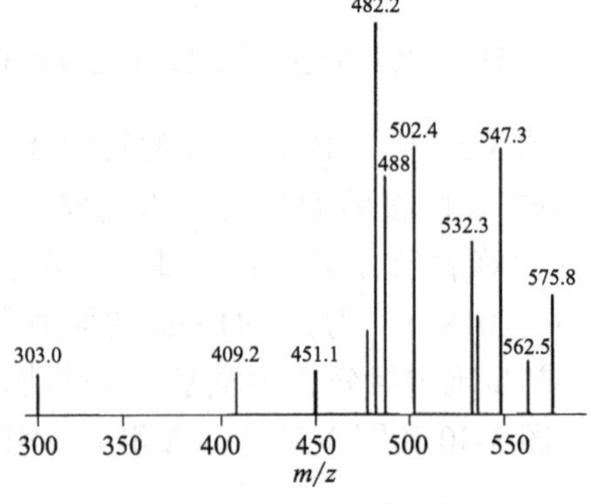

图 3-36　B 组分的质谱

图 3-33 中，2963cm^{-1}、2905cm^{-1} 和 1413cm^{-1} 等处的峰表示分子中有甲基和亚甲基存在，1260cm^{-1} 处为 $CH_3—Si—CH_3$ 中—CH_3 的对称变形振动峰，

1091～1017cm^{-1} 为 Si—O—Si 的伸缩振动峰，798cm^{-1} 为 C—Si 的伸缩振动峰，说明此物质中含有硅氧烷链，初步确定 B 组分为环氧改性硅油。

图 3-34 和图 3-35 中，B 组分各峰的归属见表 3-6。

表3-6　B组分的 ^{1}H-NMR谱中各峰的归属

化学位移	0.071	2.365~2.429	2.598~2.742	3.857~4.087	7.260
所属基团	—Si—CH$_3$	—CH—O（CH上连一竖键）	—CH$_2$—O—	—CH$_2$—O—Si—	溶剂峰

在图 3-36 中，m/z 488 是—$CH_2O[(CH_3)_2SiO]_5(CH_3)_2SiOCH_2$—的碎片离子峰，是环氧改性硅油失去端环氧基的结构。m/z 482 处的最高峰是被钾离子携带的碎片离子 $CH_2OCHCH_2O[(CH_3)_2SiO]_5$—。

根据红外光谱、^{1}H-NMR 谱和质谱解析，初步确定 B 组分为环氧改性硅油，可能的分子结构为：

$$\text{(环氧丙基)}-O-\left[\begin{matrix}CH_3\\ | \\ SiO\\ | \\ CH_3\end{matrix}\right]_5-\begin{matrix}CH_3\\ | \\ Si\\ | \\ CH_3\end{matrix}-O-\text{(环氧丙基)}$$

3. C 组分的结构鉴定

测定 C 组分的红外光谱、^{1}H-NMR 谱和质谱，分别如图 3-37、图 3-38、图 3-39 和图 3-40 所示。

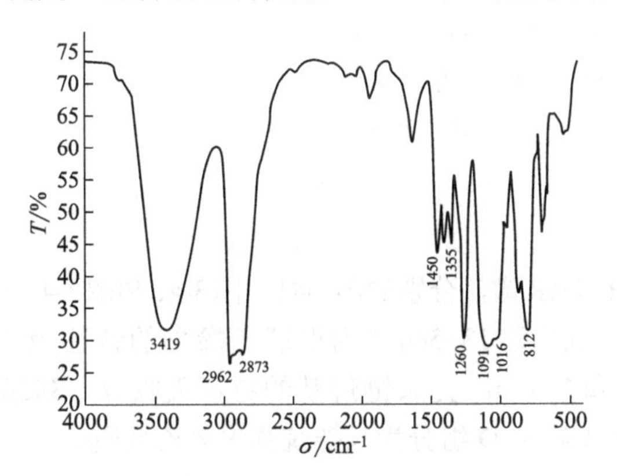

图 3-37　C 组分的红外光谱

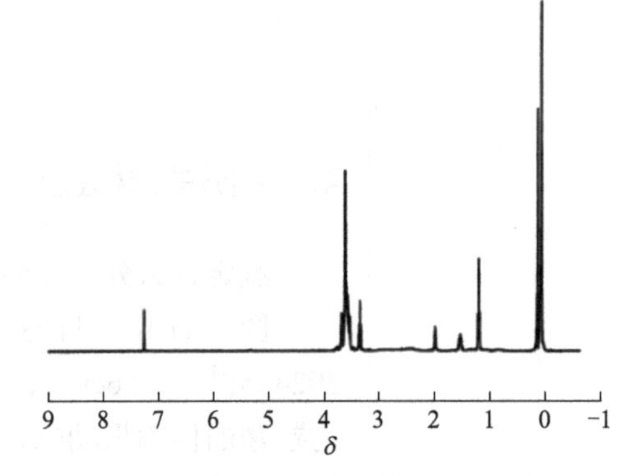

图 3-38　C 组分的 ^{1}H-NMR 谱

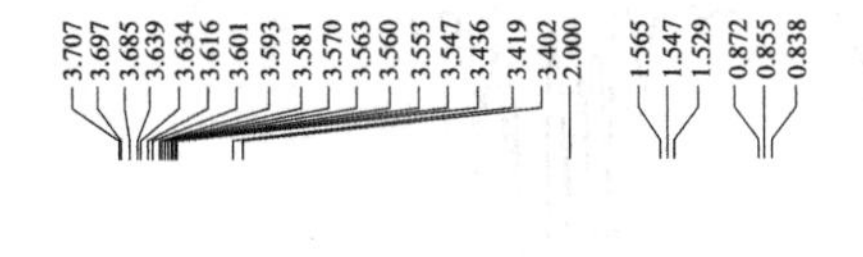

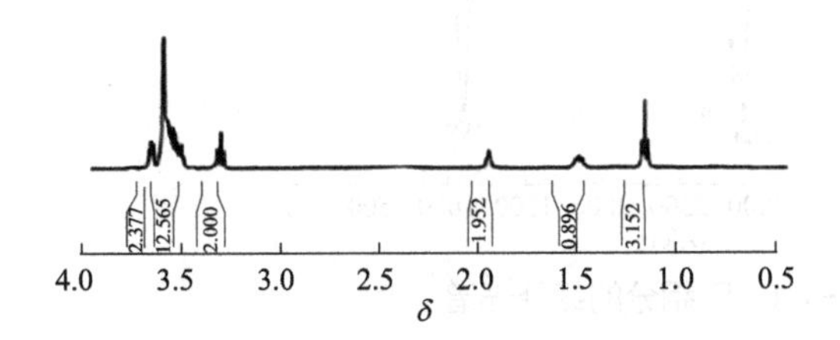

图 3-39　C 组分的 ^{1}H-NMR 谱的局部放大图

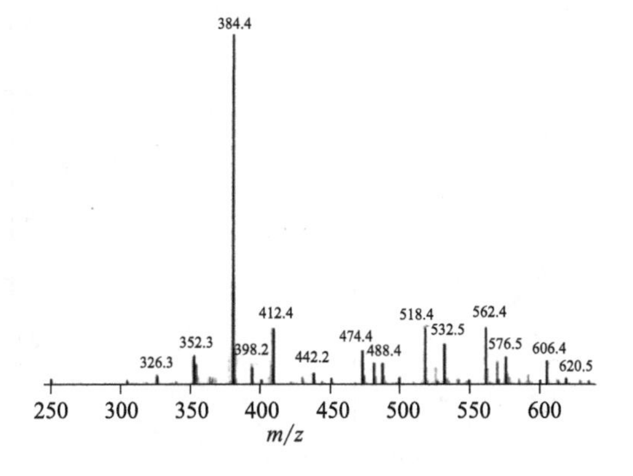

图 3-40　C 组分的质谱

图 3-37 中，3419cm^{-1} 处的强宽峰为羟基的伸缩振动峰，2962cm^{-1}、2873cm^{-1}、1450cm^{-1} 和 1355cm^{-1}

处的峰表示分子中有甲基和亚甲基存在，1260cm^{-1} 处为 CH_3—Si—CH_3 中—CH_3 的对称变形振动峰，1091～1016cm^{-1} 为 Si—O—Si 键的伸缩振动峰，812cm^{-1} 为 C—Si 的伸缩振动峰，此物质中含有硅氧烷链。

图 3-38 和图 3-39 中，C 组分各峰的归属见表 3-7。

表3-7　C组分的^{1}H-NMR谱中各峰的归属

化学位移	0.072	0.838～1.565	2.000	3.402～3.707	7.260
所属基团	—Si—CH_3	—$(CH_2)_n$—	—OH	—$(CH_2CH_2O)_m$—	溶剂峰

从图 3-38 可知，4 种质子的峰面积比大约为 33∶2∶1∶16，从各峰的归属可初步确定 C 组分为聚醚改性硅油。

在图 3-40 中，m/z 384 为 $[(CH_3)_3Si]_2O[(CH_3)_2SiO]_2CH_3SiOCH_2$— 的碎片离子峰，是硅氧烷主链失去一个氢所致，这个氢的位置在硅氧烷改性链与主链连接处。m/z 620–m/z 576 = 44，m/z 576–m/z 532 = 44，m/z 532–m/z 488 = 44，m/z 442– m/z 398 = 44，根据碎片离子的质量差可以推出聚氧乙烯基（EO）的数目为 4。

根据红外光谱、^{1}H-NMR 谱和质谱解析，初步确定 C 组分为聚醚改性硅油，可能的分子结构为：

$$CH_3—\underset{CH_3}{\overset{CH_3}{|}}SiO—\left[\underset{CH_3}{\overset{CH_3}{|}}SiO\right]_2—\underset{CH_2(CH_2CH_2O)_4H}{\overset{CH_3}{|}}SiO—\underset{CH_3}{\overset{CH_3}{|}}Si—CH_3$$

4. D 组分的结构鉴定

测定D组分的红外光谱和^{1}H-NMR谱，分别如图3-41、图3-42和图3-43所示。

图 3-41 中，1108cm^{-1}、1259cm^{-1} 和 1355cm^{-1} 为聚氧乙烯醚的特征吸收峰，2924cm^{-1}、2856cm^{-1}、1466cm^{-1} 和 721cm^{-1} 为长链烷基的特征吸收峰，3430cm^{-1} 为羟基的伸缩振动峰，据此可初步确定 D 组分为长链烷基聚氧乙烯醚。

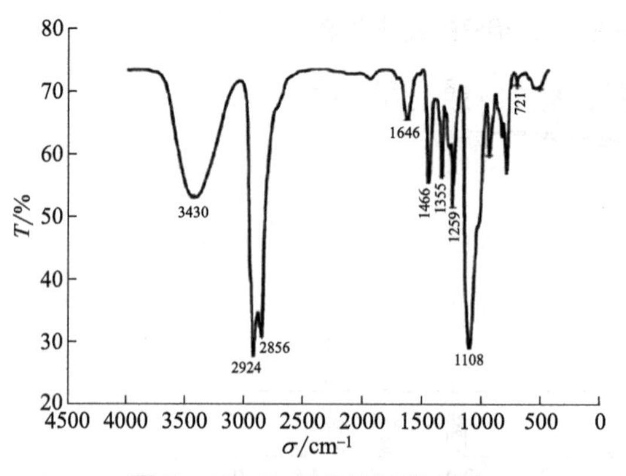

图 3-41　D 组分的红外光谱

图 3-42 和图 3-43 中，D 组分各峰的归属见表 3-8。

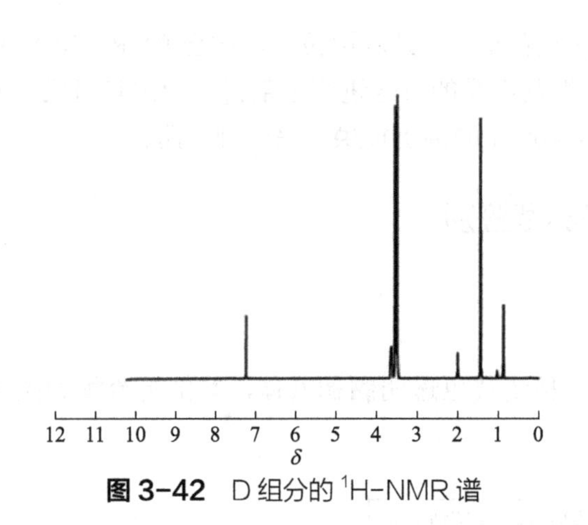

图 3-42　D 组分的 ^{1}H-NMR 谱

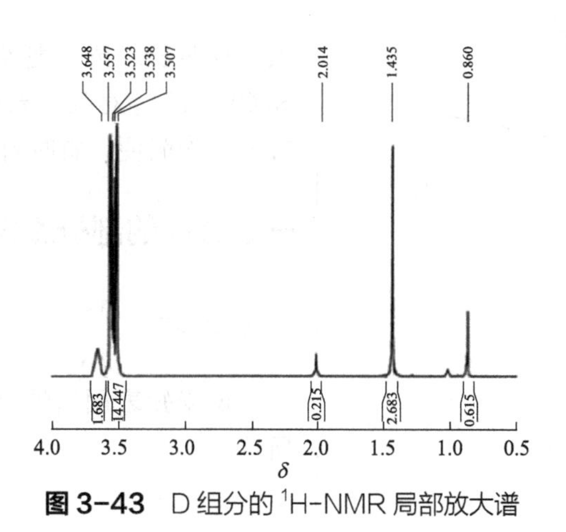

图 3-43　D 组分的 ^{1}H-NMR 局部放大谱

表 3-8　D 组分的 ^{1}H-NMR 谱中各峰的归属

化学位移	0.860	1.435	2.014	3.507～3.648	7.260
所属基团	$-CH_3$	$-(CH_2)_n-$	—OH	$-(CH_2CH_2O)_m-$	溶剂峰

从图 3-42 可知，4 种质子的峰面积比大约为 3∶12∶1∶72，与下述分子式中 4 种氢核的数目之比相吻合。通过红外光谱和 ^{1}H-NMR 谱的解析，可推测出 D 组分为长链聚氧乙烯醚，可能的结构式为：$CH_3(CH_2)_6(CH_2CH_2O)_{18}H$。

四、结论

经上述红外光谱、^{1}H-NMR 谱和质谱解析，并用质量法对各组分进行了初步定量，可确定 PAN 基碳纤维原丝油剂的化学组成为：

氨基改性硅油　$CH_3-\underset{CH_3}{\overset{CH_3}{Si}}O-\left[\underset{CH_3}{\overset{CH_3}{Si}}O\right]_5-\underset{CH_2CH_2CH_2NHCH_2CH_2NH_2}{\overset{CH_3}{Si}}O-\underset{CH_3}{\overset{CH_3}{Si}}-CH_3$　10%

环氧改性硅油　$\underset{O}{\triangle}\diagup\!\diagdown O-\left[\underset{CH_3}{\overset{CH_3}{Si}}O\right]_5-\underset{CH_3}{\overset{CH_3}{Si}}-O\diagup\!\diagdown\underset{O}{\triangle}$　4%

聚醚改性硅油　$CH_3-\underset{CH_3}{\overset{CH_3}{Si}}O-\left[\underset{CH_3}{\overset{CH_3}{Si}}O\right]_2-\underset{CH_2(CH_2CH_2O)_4H}{\overset{CH_3}{Si}}O-\underset{CH_3}{\overset{CH_3}{Si}}-CH_3$　12%

长链烷基聚氧乙烯醚　$CH_3(CH_2)_6(CH_2CH_2O)_{18}H$　6%

水　68%

实例 4　一种未知表面活性剂产品的成分剖析

表面活性剂产品一般成分复杂，要准确地确定其组成，通常要经柱色谱分离，波谱法鉴定，工作量

大、耗时长。黄雯雯等[7]采用液相色谱 - 质谱联用技术，结合 FTIR、SEM-EDS 和 GC-MS 等对某种未知表面活性剂产品的成分进行了剖析，确定其组成。所述方法操作简便，省时省力，为同类产品的剖析提供了另一种思路。

一、样品的剖析流程及离子类型鉴别

1. 剖析流程

该未知表面活性剂产品为一种淡黄色透明黏稠液体，其剖析流程如图 3-44 所示。

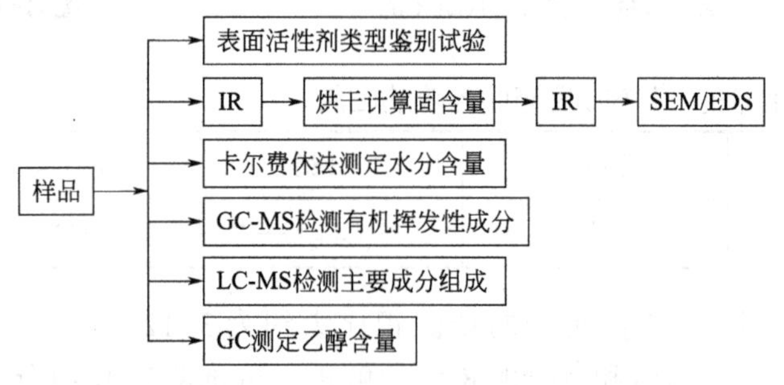

图 3-44 未知表面活性剂的剖析流程

2. 离子类型鉴别

经亚甲蓝染料指示剂法试验，初步确定样品中含有阴离子表面活性剂。将 50% 的试样水溶液置于 80℃的水浴中加热，溶液变浑浊，说明样品中含有非离子表面活性剂。据此可知，样品中可能含有阴离子表面活性剂和非离子表面活性剂。

二、样品的红外光谱与 SEM-EDS 分析

1. 红外光谱初步鉴定

将样品置于烘箱中于 105℃烘至恒重，计算固含量为 57.0%。用 PerkinElmer spectrum 400 傅里叶变换红外光谱仪，ATR 模式测定烘干前后样品的红外光谱。

比较样品烘干前后的红外光谱，可以发现，烘干后的样品在 3400cm^{-1}、1642cm^{-1} 附近的吸收峰明显减弱，表明样品中含有水。用卡尔费休法测得水含量为 33.2%。

在烘干后样品的红外光谱中，2953cm^{-1}、2922cm^{-1}、2872cm^{-1}、2853cm^{-1}、1465cm^{-1}、1377 cm^{-1} 和 721cm^{-1} 显示长链烷基的吸收峰；1106cm^{-1} 附近的强峰和 1352cm^{-1} 处峰表明样品中存在聚氧乙烯醚结构；1224cm^{-1} 处的宽强峰和 1073cm^{-1} 处峰为有机硫酸盐的特征吸收。据此可初步确定样品的主要组分为烷基硫酸盐和聚氧乙烯醚类表面活性剂。

2. SEM-EDS 分析

采用 Hitachi S4800 冷场发射扫描电子显微镜 /EMAX-350 能谱仪对烘干后的样品进行测定。经 SEM-EDS 分析，可知样品中含有 61.4% 碳、氢（氢元素在 SEM/EDS 上不显示）、19.5% 氧、6.3% 钠、9.7% 硫、3.2% 氯，据此可推测样品中阴离子表面活性剂可能为烷基硫酸钠盐。经检验样品的 pH 为中性，氯离子鉴别试验（AgCl 沉淀法）显示样品中的氯是以氯离子形式存在，推测氯元素可能来自为调节 pH 而加入的少量盐酸。

三、样品中主要组分的分析鉴定

1. GC-MS 鉴定挥发性组分

（1）GC-MS 分析条件　Shimadzu EGA/PY-3030D-GC-MS-QP2010ultra 热裂解 / 气相色谱 - 质谱联用仪，裂解炉温度 250℃，HP-5MS 石英毛细管柱（30m×0.25mm，0.25μm）。进样口温度 280℃，载气为高纯氦气，载气流量 1mL/min（恒流），分流进样（分流比 10：1）。升温程序：35℃保持 3min，20℃ / min 升至 280℃，保持 5min。GC-MS 接口温度 280℃，EI 源，电离能量 70eV，离子源温度 230℃，扫描范围 *m/z* 33～800。

（2）GC-MS 鉴定结果　采用 GC-MS 对样品中的挥发性成分进行分析，其总离子流色谱图中 12.4min 处有一峰，该组分的质谱经 NIST 谱库检索，确认为乙醇。采用 GC 外标法测得样品中乙醇的含量为 8.7%。

2. LC-MS 鉴定表面活性剂组分

（1）LC-MS 分析条件　Waters ACQUITY UPLC 液相色谱仪，ACQUITY UPLC BEH C_{18} 柱（2.1mm×100mm，1.7μm），柱温 35℃，进样量 5μL。流动相 A 为 0.1% 甲酸水，B 为乙腈，体积流量 0.2mL/min。梯度洗脱程序：0～6min，10%A～90%A；6～8min，保持 90%A；8～8.5min，90%A～10%A；8.5～10min，保持 10%A。Waters Xevo TQ 质谱仪，ESI 源，正负离子模式，毛细管电压 3.0～2.8kV，锥孔电压 15V，毛细管温度 350℃，雾化气 650 L/h，扫描范围 *m/z* 100～1400。烘干后的样品用水复溶后进行 LC-MS 分析。

（2）阴离子表面活性剂的鉴定　阴离子表面活性剂在负离子模式下出峰。在负离子模式下，总离子流色谱图上有两个峰，保留时间分别为 2.667min 和 3.293min，其对应的质谱如图 3-45 和图 3-46 所示。在图 3-45 中，丰度最大的 *m/z* 为 265（基峰），来自 $[M-Na]^-$ 负离子，分子量为 265+23 = 288，对应的分子式为 $C_{12}H_{25}$—OSO_3—Na，可确定该物质为十二烷基硫酸钠，与 SEM/EDS 的推测结果一致。

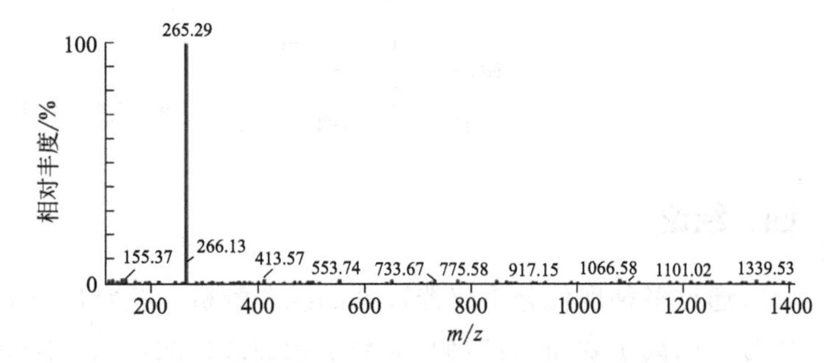

图 3-45　保留时间 2.667min 组分的负离子质谱

在图 3-46 中，出现 *m/z* 309、353、397、441、485、529、573（未标出）、617（未标出）和 661 的系列峰（来自 $[M-Na]^-$ 负离子），其相邻峰质荷比均相差 44，这是聚氧乙烯醚的特征。丰度最大的 *m/z* 309 基峰，分子量为 309+23 = 332，对应的分子式为 $C_{12}H_{25}$—$(CH_2CH_2O)_1$—OSO_3—Na，可确定该物质为十二烷基

脂肪醇聚氧乙烯醚硫酸钠，据此可推出上述系列质谱峰对应的分子式为 $C_{12}H_{25}$—$(CH_2CH_2O)_n$—OSO_3—Na，n=1～9。

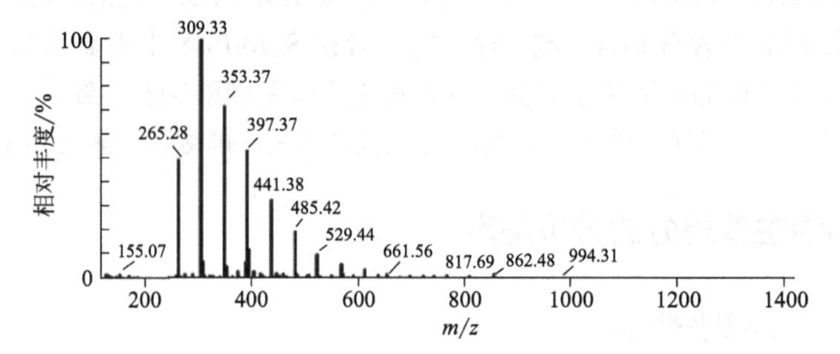

图 3-46 保留时间 3.293min 组分的负离子质谱

（3）非离子表面活性剂的鉴定　非离子表面活性剂在 LC-MS 正离子模式下出峰。在正离子模式下，总离子流色谱图上有一个峰（保留时间 4.166min），其对应的质谱如图 3-47 所示。

在图 3-47 的质谱中，出现了 m/z 355、399、443、487、531、575、619、663、707、751、795 和 m/z 253、297、341（未标出）、385、429、473、517、561、605、649 两个系列峰，相邻峰 m/z 均相差 44，均来自 $[M+Na]^+$ 正离子，都为聚氧乙烯醚类，但这两个系列峰代表了两个不同的组分。按上述阴离子表面活性剂的推测方法，可推出第一系列峰对应于月桂酸酯聚氧乙烯醚 –3～月桂酸酯聚氧乙烯醚 –12，丰度最大的 m/z 487 为月桂酸酯聚氧乙烯醚 –6；第二个系列峰对应于月桂醇聚氧乙烯醚 –1～月桂醇聚氧乙烯醚 –10，丰度最大的 m/z 429 为月桂醇聚氧乙烯醚 –5。此外，质谱图上还出现了 m/z 371、399、533 和 561 等峰，它们均来自 $[M+Na]^+$ 正离子，为烷基糖苷的特征吸收。可推出这些峰所对应的分子结构为：

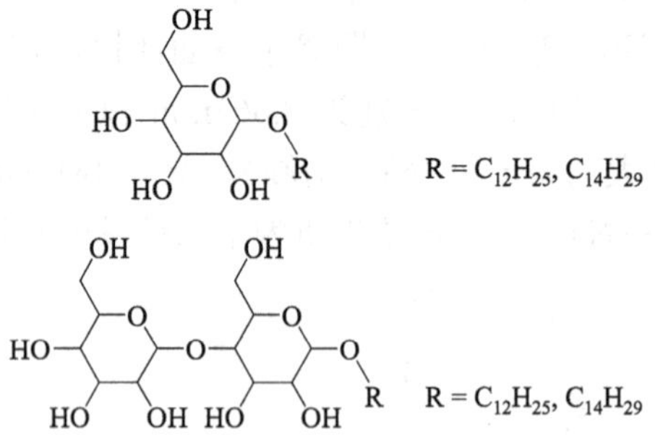

R = $C_{12}H_{25}$, $C_{14}H_{29}$

R = $C_{12}H_{25}$, $C_{14}H_{29}$

四、结论

通过多种现代分析仪器数据的综合解析，鉴定出该表面活性剂产品的主要成分为阴离子表面活性剂和非离子表面活性剂，其中阴离子表面活性剂为十二烷基硫酸钠和十二烷基脂肪醇聚氧乙烯醚硫酸钠，非离子表面活性剂为月桂酸酯聚氧乙烯醚、月桂醇聚氧乙烯醚和烷基糖苷，溶剂为水（33.2%）和乙醇（8.7%），固含量约 57.0%。

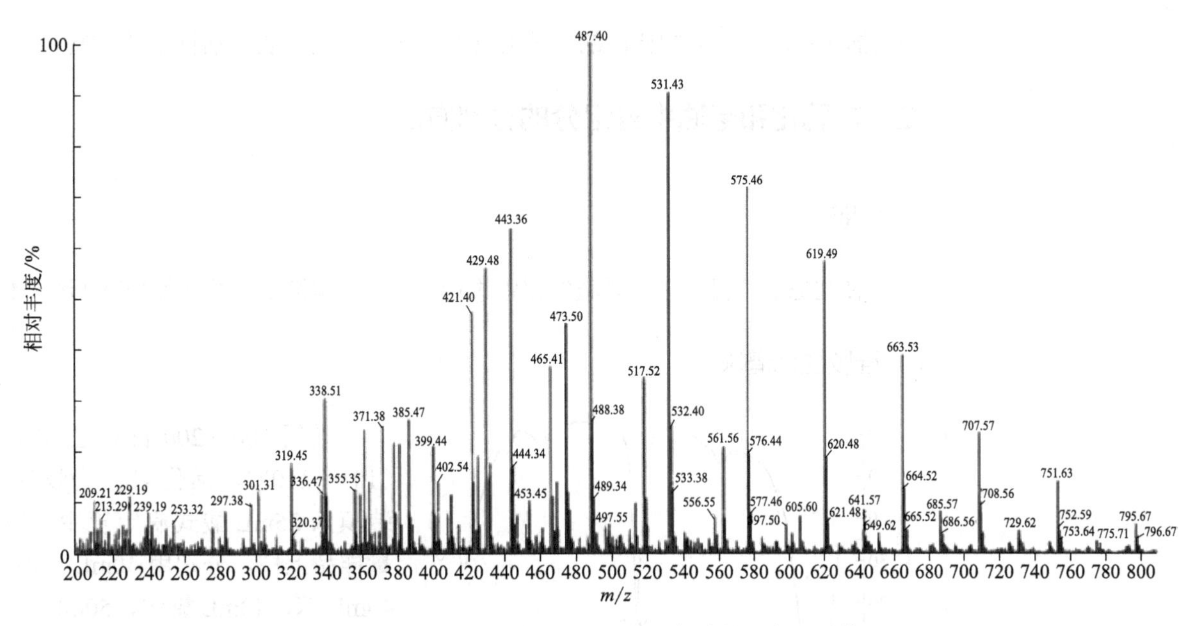

图 3-47　保留时间 4.166min 组分的正离子质谱

实例 5　非乳化和毛油的组分剖析

和毛油是毛纺织加工过程中的一种重要助剂，它是由表面活性剂加其他辅助物配制而成。这种油剂为非乳化型，与传统乳化型油剂相比，其水溶液不会分层，产品的匀染性能明显提高，在环境中具有高生物降解和高安全等特性，已成为现代和毛油剂的发展趋势。陈亮等[8]采用蒸馏法和硅胶柱色谱法对进口非乳化和毛油中的各组分进行分离，用红外光谱法对分离后的组分进行结构鉴定，确定了该油剂的基本化学组成。

一、非乳化和毛油的初步定性分析

样品为进口非乳化和毛油剂，外观为黄色清澈液体，可与冷水以任何比例混溶。

1. 含固量及离子类型鉴别

称取 5.1028g 样品于 110℃ 烘箱中烘干 4h，干燥恒重后的质量为 2.7984g，样品的含固量为 54.84%。

样品经亚甲蓝、溴酚蓝及氯化汞的初步试验，可确定其组分包含非离子表面活性剂，不含阴、阳离子表面活性剂。

2. 红外光谱初步定性

取适量油剂于 110℃ 烘箱烘 3h，取出涂片，测其红外光谱，如图 3-48 所示。

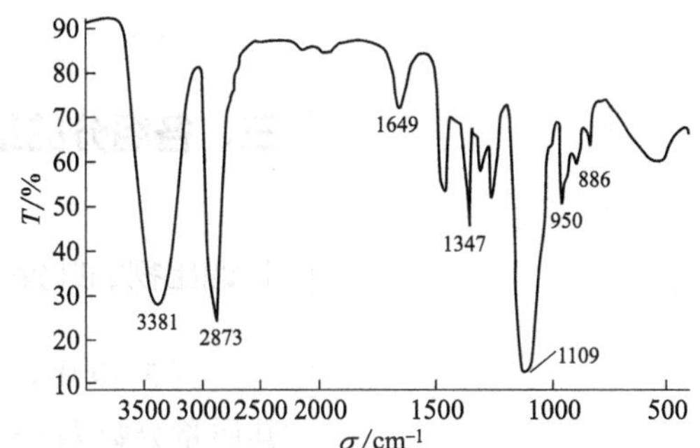

图 3-48　和毛油的红外光谱

图 3-48 中，3381cm^{-1} 为羟基的伸缩振动峰，1109cm^{-1} 的强宽峰和 950cm^{-1} 的较弱峰分别为聚醚型非离子表面活性剂醚键的不对称与对称伸缩振动峰，1347cm^{-1} 中等强度的尖峰为 EO 链节中 CH_2 非平面摇摆振动，886cm^{-1} 为 EO 末端的 CH_2

平面摇摆振动峰，故知样品的主体为含有聚醚型非离子表面活性剂的物质。

二、非乳化和毛油中各组分的分离方法

1. 蒸馏法

取 100mL 样品置于旋转蒸发器中进行蒸馏，测定馏出物的红外光谱（图 3-49）。

2. 硅胶柱色谱法

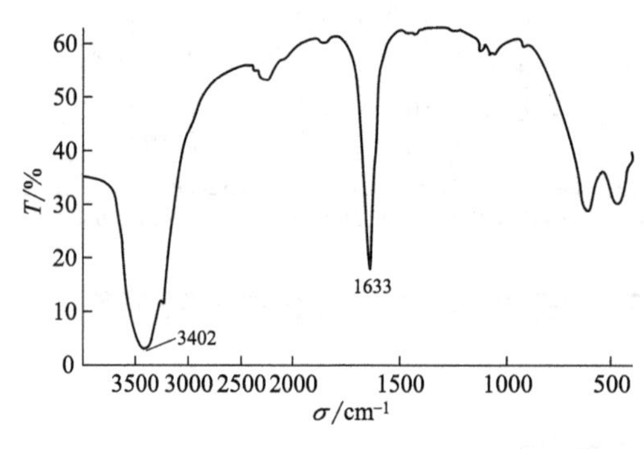

图 3-49 馏出物的红外光谱

采用 100～200 目柱色谱硅胶（105～110℃，活化 4h）为吸附剂，装填入 25mL 酸式滴定管中。取适量样品上柱，分别用 40mL 石油醚、40mL 苯、40mL 氯仿、50mL 丙酮、80mL 乙醇、80mL 甲醇和 80mL 水顺次淋洗，流速 1mL/min，洗脱液用称量瓶等体积收集，待溶剂全部挥发后称重，以称量瓶编号为横坐标、称量瓶中残留物的质量为纵坐标，绘制流出物质量分布图。从质量分布图可知，样品经硅胶柱色谱分离后，得 A、B、C、D、E、F 和 G 7 个组分，然后分别测其红外光谱（图 3-50～图 3-53）。

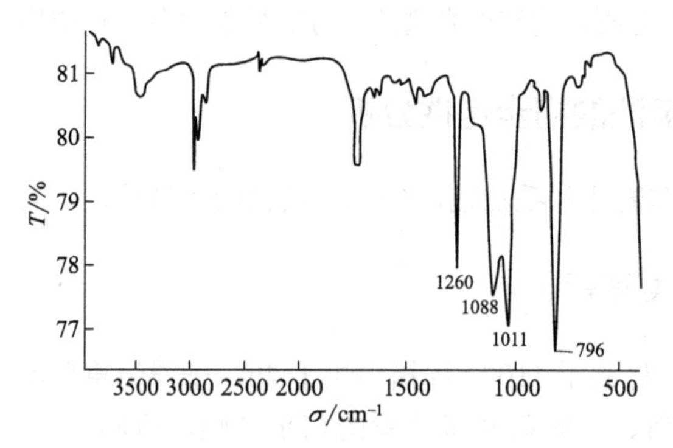

图 3-50 未知物 A 的红外光谱

三、各组分的结构鉴定

1. 馏出物的红外光谱分析

图 3-49 中，3402cm^{-1} 和 1633cm^{-1} 是水的特征吸收峰，可判断馏出物为水，其质量分数为 45.16%。

2. 未知物 A 的红外光谱分析

在图 3-50 未知物 A 的红外光谱中，1260cm^{-1} 处为 CH_3—Si—CH_3 中—CH_3 的对称变形振动峰，1088cm^{-1} 和 1011cm^{-1} 处为 Si—O—Si 的伸缩振动峰，796cm^{-1} 处的峰来自 Si—CH_3 中 CH_3 的变形振动和 Si—C 的伸缩振动。该谱图与二甲基硅油的红外光谱极为相近，可确定未知物 A 为二甲基硅油。

3. 未知物 B 的红外光谱分析

在图 3-51 未知物 B 的红外光谱中，1729cm^{-1} 为羰基的伸缩振动峰，1170cm^{-1} 和 1060cm^{-1} 为 C—O—C 不对称与对称伸缩振动峰，这是长链酸酯的特征。2963cm^{-1}、2920cm^{-1}、2873cm^{-1} 是 CH_3 和 CH_2 的 C—H 伸缩振动峰，1458cm^{-1}、1376cm^{-1} 为 CH_3 和 CH_2 的面内变形振动峰，表明分子中有甲基和亚甲基存在，由此可知未知物 B 为酯类物质，查萨特勒标准红外谱图可判断其为油酸酯类。

4. 未知物 C 的红外光谱分析

在图 3-52 未知物 C 的红外光谱中，1721cm^{-1} 为羰基的伸缩振动峰，1170cm^{-1} 为 C—O—C 的伸缩振动峰，这是长链酸酯的特征。1077cm^{-1}、1355cm^{-1}、931cm^{-1} 和 831cm^{-1} 为聚氧乙烯醚的特征吸收峰。该谱图与油酸酯聚氧乙烯醚的红外光谱基本相符，据此可知未知物 C 为油酸酯聚氧乙烯醚。

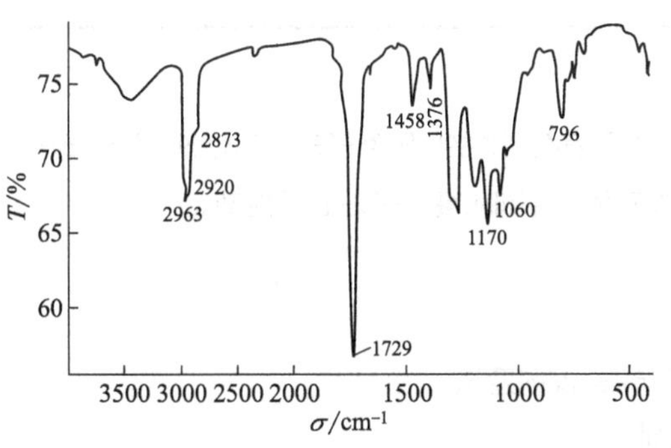

图 3-51 未知物 B 的红外光谱

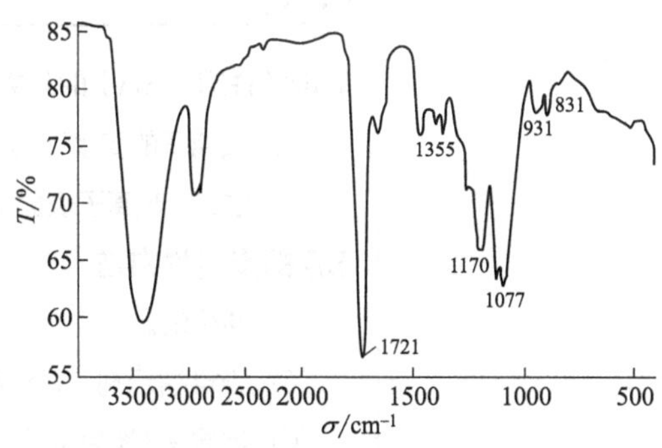

图 3-52 未知物 C 的红外光谱

5. 未知物 D、E、F 和 G 的红外光谱分析

未知物 D、E、F 和 G 的红外谱图基本一致（图 3-53 是未知物 D 的红外光谱），说明它们是属于同一类物质，只是 EO 的数目不同而已。图 3-53 中，3390cm^{-1} 为羟基的伸缩振动峰，2870cm^{-1} 为亚甲基的伸缩振动峰，1350cm^{-1}、1100cm^{-1} 和 951cm^{-1} 为 EO 的特征吸收峰。查萨特勒标准红外谱图可知，这 4 个未知物为分子量在 200～1000 之间不同聚合度的聚乙二醇。

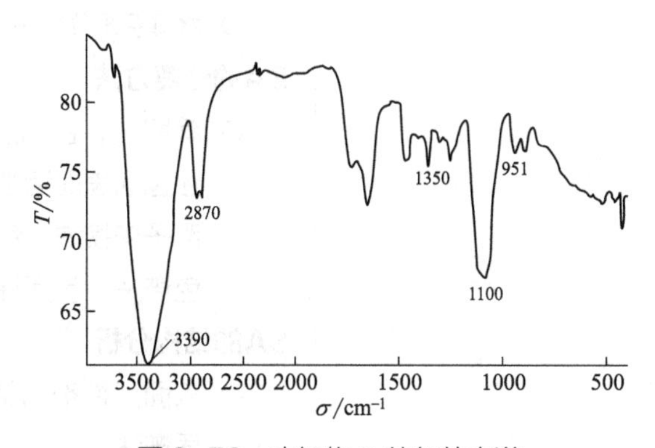

图 3-53 未知物 D 的红外光谱

四、结论

经上述分析可知，进口非乳化和毛油主要由硅油、油酸酯、油酸酯聚氧乙烯醚、聚乙二醇和水组成。采用质量法测得各组分的质量分数为：硅油 5.74%、油酸酯 8.57%、油酸酯聚氧乙烯醚 15.94%、聚乙二

醇 24.59%、水 45.16%。

参考文献

[1] 高素莲．精细化学品分析．合肥：安徽大学出版社，2000：258.
[2] 高崑玉．色谱法在精细化工中的应用．北京：中国石化出版社，1997：510.
[3] 王敬尊，瞿慧生．复杂样品的综合分析——剖析技术概论．北京：化学工业出版社，2000.
[4] 杨俊玲．冷堆专用净洗剂的组成与性能研究．印染助剂，1998，15（1）：24-27.
[5] 孙爱菊，郜尔竟，郝红．增稠剂中非离子表面活性剂和共存物质的分离及结构鉴定．印染助剂，1988，5（1）：29-33.
[6] 孙秀花．碳纤维原丝用油剂主要成分分析及应用研究［硕士学位论文］．长春工业大学，2012.
[7] 黄雯雯，张梅，魏晓晓，董海峰，赵毅，刘伟丽．一种未知表面活性剂产品的成分剖析．中国测试，2017，43（8）：41-44，54.
[8] 陈亮，张泽凡．非乳化和毛油的组分剖析．毛纺科技，2013，41（8）：57-60.

总结

表面活性剂（SA）的分类

- 按离子的类型可分为6类，即阳离子表面活性剂、阴离子表面活性剂、两性离子表面活性剂、非离子表面活性剂、特殊表面活性剂和高分子表面活性剂。

SA初步定性方法

- 酸化法。
- 染料指示剂法，包括亚甲蓝-氯仿法、溴酚蓝法。
- 沉淀法（鉴别非离子表面活性剂）。
- 纸色谱显色法。
- 水解系统分析法，包括碱溶液水解、盐酸水解和沸10%盐酸水解。

SA的分离方法

- 萃取法，包括从水溶液、水乳液、半流体或膏状物中萃取分离表面活性剂，还包括表面活性剂与有机物和表面活性剂与无机物的萃取分离。
- 离子交换法，包括动态法和静态法。
- 色谱法，包括柱色谱法、纸色谱法和薄层色谱法。

SA的结构分析

- 表面活性剂的结构分析常采用紫外光谱法、红外光谱法、核磁共振光谱法和质谱法。

思考题

1.什么是表面活性剂？表面活性剂的分子结构有什么特点？表面活性剂具有哪

些特殊功能？

2. 为什么说表面活性剂的剖析是一个很困难的课题？表面活性剂的剖析通常包括哪些步骤？

3. 表面活性剂的分类方法很多，若按离子的类型分类，常用的表面活性剂可分为哪几类？各举1例。

4. 如何用亚甲蓝-氯仿染料指示剂法，初步确定某未知表面活性剂的类型？

5. 如何用碱溶液水解法区分聚氧乙烯脂肪酸表面活性剂、聚乙二醇表面活性剂和聚氧乙烯脂肪醇表面活性剂？

6. 如何从水乳液中萃取分离表面活性剂？

7. 如何从半流体或膏状物中分离表面活性剂？

8. 离子交换法常用来分离何种类型的表面活性剂？如何进行？

9. 柱色谱和纸色谱法各适用何种表面活性剂的分离？它们是如何进行操作的？

10. 用于表面活性剂分子结构鉴定的方法有哪些？它们都给出什么样的结构信息？

课后练习

1. 吐温-80（聚氧乙烯山梨醇酐脂肪酸酯）属于下述哪种类型的表面活性剂：

（1）阳离子表面活性剂；（2）阴离子表面活性剂；（3）非离子表面活性剂；（4）特殊表面活性剂

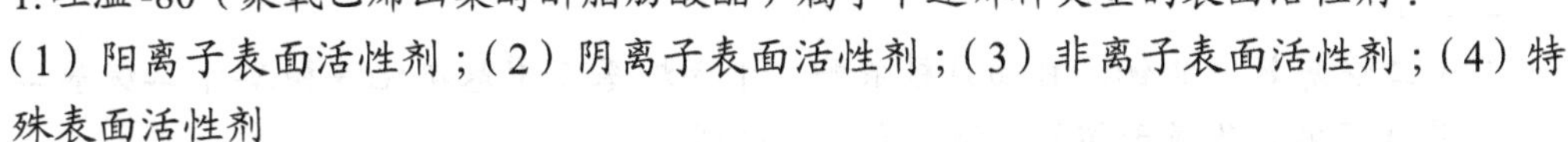

2. 在下述高分子化合物中，属于阴离子型高分子表面活性剂的是：（1）聚苯乙烯；（2）聚乙烯醇；（3）聚苯乙烯磺酸盐；（4）聚乙烯基醚

3. 某洗涤液样品，经亚甲蓝染料指示剂法试验，氯仿层呈蓝色，水层相对无色，则表明该洗涤液中含有：（1）阳离子表面活性剂；（2）阴离子表面活性剂；（3）非离子表面活性剂；（4）两性离子表面活性剂

4. 用溴酚蓝指示剂法可初步鉴别下述哪种类型的表面活性剂：（1）阳离子表面活性剂；（2）阴离子表面活性剂；（3）非离子表面活性剂；（4）特殊表面活性剂

5. 含表面活性剂的某样品经纸色谱分离后，用频哪隐醇黄喷雾液处理，滤纸上呈现出比移值大的淡蓝色斑点，据此可判断该样品中含有：（1）阳离子表面活性剂；（2）阴离子表面活性剂；（3）非离子表面活性剂；（4）两性离子表面活性剂

6. 在含表面活性剂的各种商品中多使用混合型表面活性剂，其中阴离子与非离子表面活性剂的混合使用最多，若将这两种表面活性剂进行分离，最常使用的方法是：（1）萃取法；（2）离子交换法；（3）凝胶渗透色谱法；（4）沉淀法

7. 已知某表面活性剂样品中含有月桂酸钠、油酸钠、十二烷基磺酸钠和十二醇聚氧乙烯醚-8，应选用下述哪种离子交换树脂进行分离：（1）强酸型阳离子交换树脂；（2）强碱型和弱碱型阴离子交换树脂混合；（3）强碱型和弱酸型离子交换树脂混合；（4）弱酸型阳离子交换树脂

8. 已知某表面活性剂样品中含有十八烷基二甲基胺、十八烷胺、十八烷基二甲基氯化铵和月桂醇聚氧乙烯醚-10，应选用何种离子交换树脂进行分离：（1）强碱型阴离子交换树脂；（2）强碱型和弱碱型阴离子交换树脂混合；（3）强酸型和弱酸型阳离子交换树脂混合；（4）氯型中性阴离子交换树脂

9. 对于同类或结构类型近似的表面活性剂，应选用下述哪种方法进行分离：（1）萃取法；（2）沉淀法；（3）结晶法；（4）色谱法

10. 已知某表面活性剂样品为月桂醇聚氧乙烯醚-10、十二醇聚氧乙烯醚-8、壬基酚聚氧乙烯醚-4和甘油月桂酸酯的混合物，应选用何种方法进行分离：（1）萃取法；（2）离子交换法；（3）硅胶柱色谱法；（4）蒸馏法

11. 要鉴定某阴离子表面活性剂中磺酸基的数目，可采用：（1）萃取法；（2）离子交换法；（3）毛细管电泳法；（4）硅胶薄层色谱法

12.在某表面活性剂的红外光谱中，位于1190～1176cm^{-1}区间有一个很强的宽峰，1064～1030cm^{-1}区间有一个中等强度的宽峰，该表面活性剂为下述哪种类型：（1）季铵盐型表面活性剂；（2）磺酸盐型表面活性剂；（3）硫酸酯盐型表面活性剂；（4）多元醇型表面活性剂

13.在某未知表面活性剂的红外光谱中，1740～1730cm^{-1}区间无吸收，在1100cm^{-1}附近有一个很强的宽峰，860～840cm^{-1}区间有一中等强度的宽峰，据此可知该表面活性剂为：（1）磷酸酯盐型表面活性剂；（2）两性表面活性剂；（3）聚氧乙烯醚型表面活性剂；（4）多元醇脂肪酸酯型表面活性剂

14.在某表面活性剂电喷雾质谱（正离子模式）上，出现了m/z 399、443、487、531、575和619等系列峰，据此可推测该表面活性剂为：（1）月桂酸酯聚氧乙烯醚；（2）烷基糖苷；（3）月桂醇聚氧乙烯醚；（4）十二烷基脂肪醇聚氧乙烯醚硫酸钠

简答题

1.十二烷基苯磺酸钠、甘油月桂酸酯、十六烷基三甲基溴化铵和N-十二烷基二甲基甜菜碱，各属于何种类型的表面活性剂？

2.图3-54、图3-55和图3-56分别为非离子表面活性剂月桂醇聚氧乙烯醚-10的IR、^{1}H-NMR和^{13}C-NMR谱，试解析各谱图中主要峰的归属。

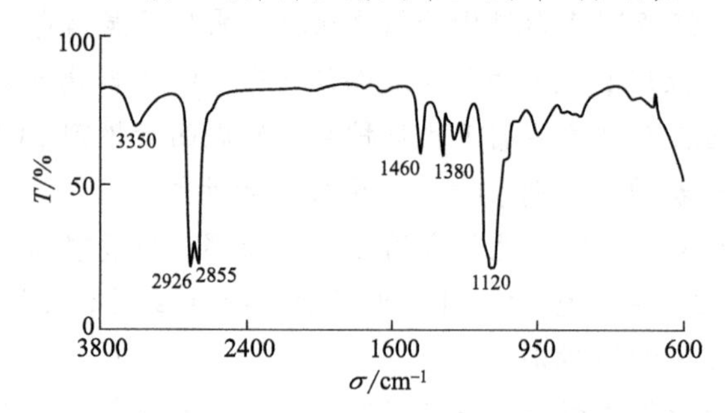

图3-54　月桂醇聚氧乙烯醚-10的IR谱

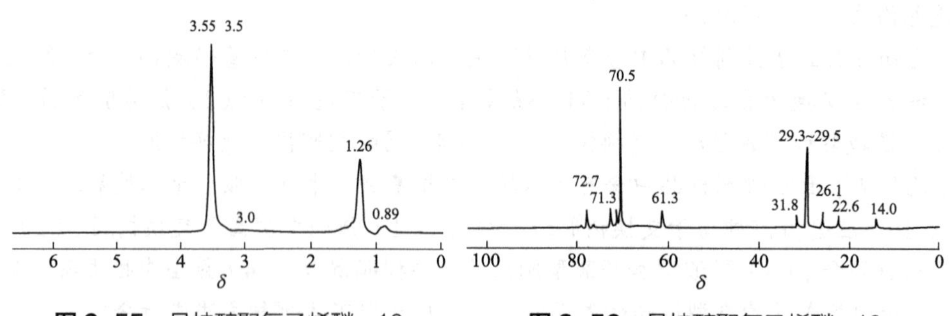

图3-55　月桂醇聚氧乙烯醚-10的^{1}H-NMR谱

图3-56　月桂醇聚氧乙烯醚-10的^{13}C-NMR谱

3.已知某洗衣粉的组成为49%的苏打粉、10%的十二烷基苯磺酸、14%的烷基酚聚氧乙烯醚-10、2%的月桂酸二乙醇酰胺、15%的三聚磷酸钠和10%的元明粉（无水硫酸钠）。要将洗衣粉中的表面活性剂与其他成分分离开来，并进行结构鉴定，需采用哪些方法？实验应该怎样进行？

4.某纺织油剂为橙黄色黏稠状液体，经硅胶柱色谱分离得A、B和C三个组分，经离子交换色谱分离纯化得组分D，经红外光谱和核磁共振氢谱（分别见图3-57～图3-64）鉴定，可知这四个组分为三乙醇胺盐酸盐、锭子油、油酸酯聚氧乙烯醚和油酸月桂醇酯。解析各谱图，据此推出A、B、C和D各归属为何种物质？

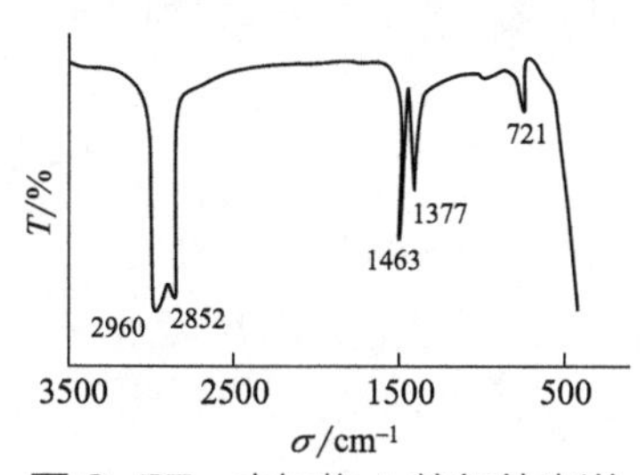

图3-57　未知物A的红外光谱

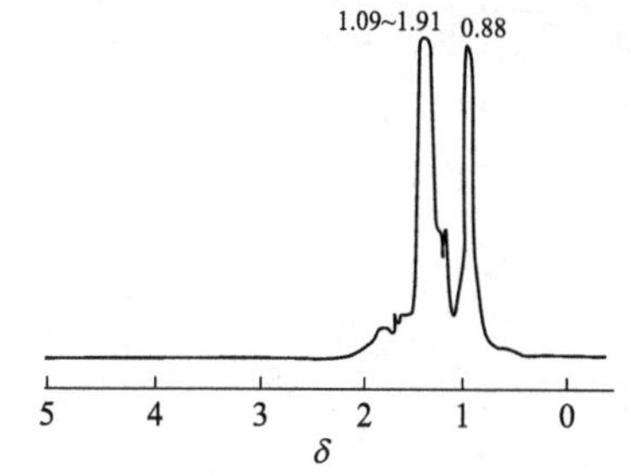

图3-58　未知物A的 ^{1}H-NMR谱

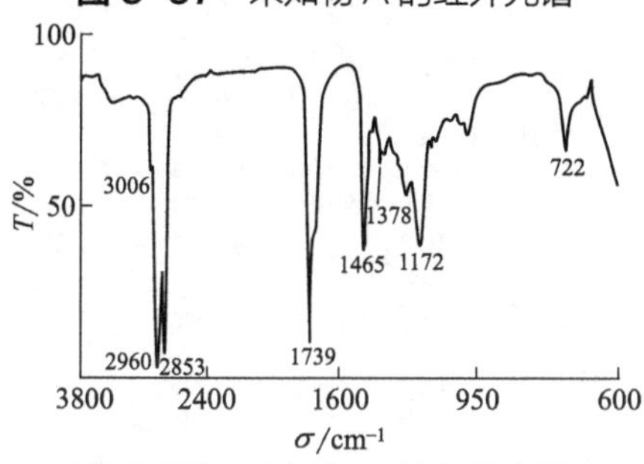

图3-59　未知物B的红外光谱

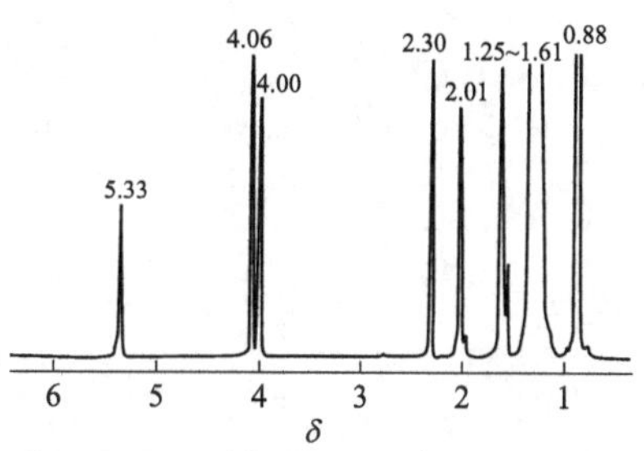

图3-60　未知物B的 ^{1}H-NMR谱

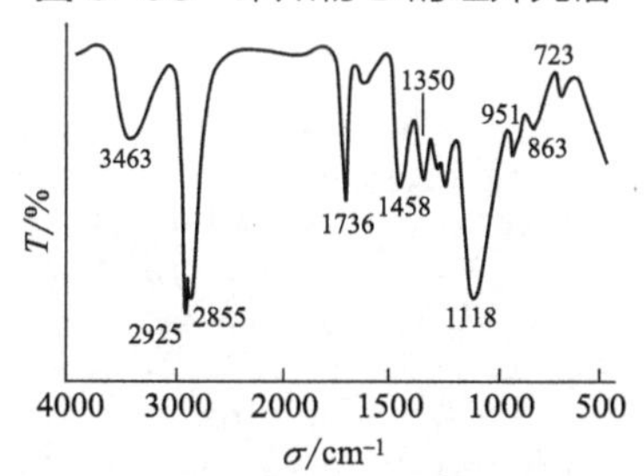

图3-61　未知物C的红外光谱

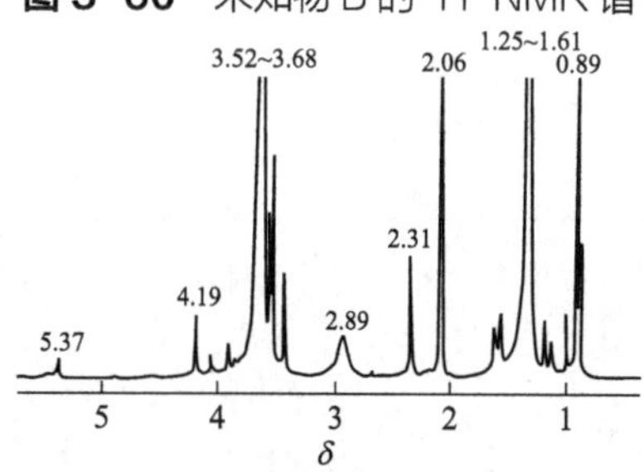

图3-62　未知物C的 ^{1}H-NMR谱

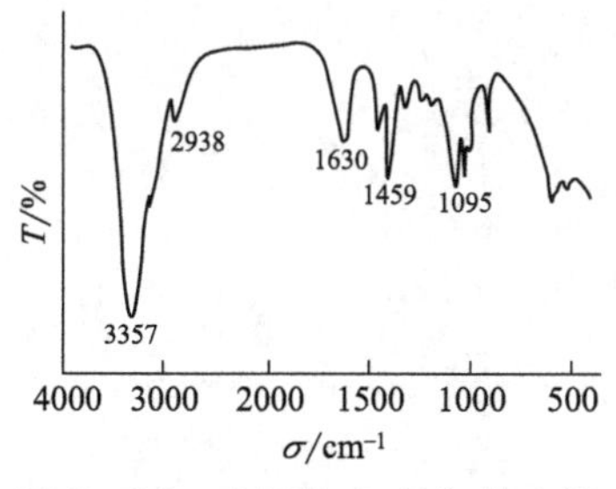

图3-63　未知物D的红外光谱

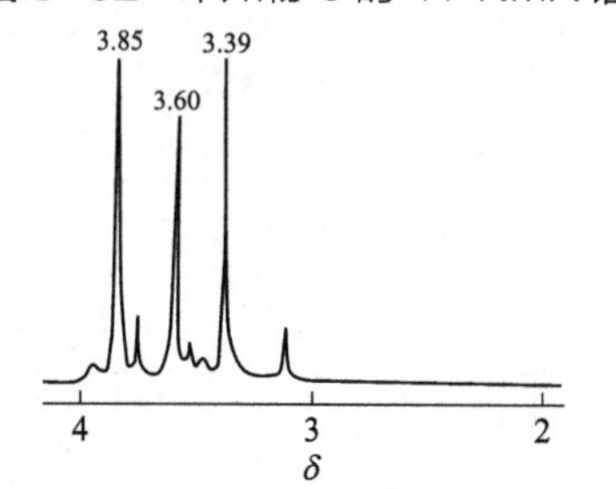

图3-64　未知物D的 ^{1}H-NMR谱

（www.cipedu.com.cn）

设计问题

某通用型洗洁精为无色透明黏稠状液体，其主要组分为非离子表面活性剂和阴离子表面活性剂，此外还含有三聚磷酸钠和水等组分。设计出一个剖析程序。

（www.cipedu.com.cn）

第四章　染料剖析

(A)

(B)

图（A）为云南大理民族风情彩染方巾，图（B）为青海塔尔寺壁画，两者虽出现在不同的地域，采用不同的材质，但都具有多彩的颜色。如何对纺织品中和古代壁画上染料（或颜料）的品种进行鉴别，就属于染料剖析问题。要对不同基质样品中的染料进行剖析，一般需经过分离提纯和结构鉴定两个步骤。织物上的染料可先用适当的溶剂将其剥离下来，再进行波谱鉴定；壁画上的染料，可采用便携式显微激光拉曼光谱仪直接在原位对染料进行鉴定。

为什么要学习染料剖析？

染料与人们生活中的日用品紧密相关，染料剖析是染料研究和生产的重要组成部分。在需要剖析的样品中，有染色织物、皮革、纸张和彩色涂料等众多品种。如何对复杂样品中的染料进行分离，分离提纯后的染料如何进行定性及结构分析，这些内容都将在本章中逐一讲述。

学习目标

- ○ 指出按染料与纤维之间的染色性能，可将染料分成的几种类型，每种类型各举 1 例。
- ○ 简述固体染料和织物上染料类型的鉴别方法。
- ○ 指出并描述商品染料、纤维上染料、基体中颜料、食品和药物中染料的分离方法。
- ○ 指出并描述染料结构分析常用的 3 种方法，并指出每种方法的优势及不足。
- ○ 简要介绍用于染料定性定量分析的 3 种方法，并指出与 HPLC 相比，HPLC-MS 在定性分析方面具有的独特优势。
- ○ 查阅文献，举出 1 个染料样品的剖析实例。

染料是一类本身有颜色或可以生成有颜色并能使其他物质着色的物质，从广义上讲它还包括颜料、指示剂、成色剂、增白剂等，它与人们生活中的日用品紧密相关。染料的剖析是染料研究和生产的重要组成部分之一，掌握染料及印染用助剂等的剖析原理和方法可以了解国外染料新产品的结构以及技术上的最新成就和动向，对我国染料工业的发展具有积极意义。

第一节 染料的分类及类型鉴别

一、染料的分类

染料的品种繁多，仅在《染料索引》第三版中登记的就有 7895 种之多。要在为数众多的染料品种中确定某一未知染料究竟属于哪个结构，若不进行分类试验，而是一个一个地进行分析鉴定，那就像大海捞针一样不可思议。因此，在测定染料结构之前，首先必须确定染料的类别，这可缩小探索试验的范围，使试验工作简化。染料的分类可按化学结构类型分为偶氮、蒽醌、酞菁、硫靛和三苯甲烷等类；按染料的获得途径不同，分为天然染料和合成染料。但更常见的是按染料与纤维之间的染色性能，分为下述 7 类。

1. 碱性染料

碱性染料是有机碱的盐类，溶于水离解成染料阳离子和酸根阴离子，又称阳离子染料。常见的碱性染料有碱性品红、碱性品绿、碱性品蓝、碱性紫、碱性棕、碱性蓝、碱性黑与碱性墨绿等。碱性染料化学结构类型有二苯甲烷、三苯甲烷、偶氮型及含氮杂环化合物等，图 4-1 为碱性染料甲基紫 10 B 的分子结构。

碱性染料与纤维中酸性基团结合，使纤维染色。其特点是色泽鲜艳，着色力强，但色牢度及耐光性差，用于腈纶（聚丙烯腈纤维）有较好的牢度，可采用接枝方法使阳离子染料在丝绸上染色。碱性染料主要用于羊毛、丝、腈纶、皮革及纸张等的着色。分析时可用 5% 乙酸煮沸，将染料从纤维上剥离下来。

2. 酸性染料

酸性染料分子中含有磺酸基或羧基等酸性基团并以钠盐形式存在，在水溶液中离解成染料阴离子，又称阴离子染料。酸性染料能与蛋白质纤维分子中的氨基以离子键相结合，在酸性、弱酸或中性条件下适用；按染色条件的不同可分为强酸性染料（如酸性嫩黄、酸性蒽醌蓝、酸性湖蓝及酸性玫瑰红等）、弱酸性染料（弱酸性黑与弱酸性艳蓝等）及中性染料等。图 4-2 是酸性红 G 的分子结构。酸性染料主要用于羊毛、蚕丝、尼龙及皮革等的直接染色，对棉和涤纶等无亲和力。分析时可用 1% 的氨水煮沸，使之从纤维上剥离下来。

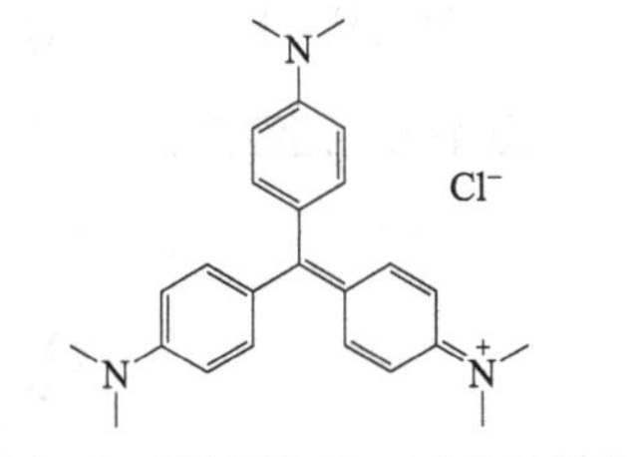

图 4-1　甲基紫 10B 的分子结构

图 4-2　酸性红 G 的分子结构

3. 直接染料

直接染料分子中含有磺酸基或羧基等水溶性基团，分子量较大，分子结构呈线形，对称性较好，共轭体系长，同平面性好，与纤维素纤维具有较大的亲和力，只要把染料溶解于水，便可直接染色。直接染料主要用于棉、麻、丝、毛、皮革及纸张等的染色。常见的直接染料有直接橙、直接大红、直接桃红、直接绿、直接深棕、直接红棕及直接黑等。这类染料色谱齐全、价格低廉、操作方便。图 4-3 是直接大红的分子结构。分析时可用 5% 的氢氧化钠溶液煮沸数分钟，使纤维上的直接染料剥离下来。

图 4-3　直接大红的分子结构

4. 分散染料

分散染料是一类分子较小，结构上不含水溶性基团，一般为水不溶、有机溶剂可溶的染料。它在染色时必须借助于分散剂，使染料均匀地分散于水等介质中，才能对纤维进行染色。分散染料主要用于涤纶、醋酸纤维、锦纶、丙纶、氯纶及腈纶等合成纤维的印染，对天然纤维中的棉、麻、毛及丝均无染色

能力。常用的分散染料有分散橙、分散蓝、分散黄、分散红、分散黑、分散绿及分散紫等。图 4-4 是分散红 5B 的分子结构。分析时可用氯苯、三氯乙酸萃取，使之从纤维上剥离下来。

5. 活性染料

活性染料又称反应性染料，分子中含有能与纤维素中的羟基和蛋白质纤维中的氨基发生反应的活性基团，染色时与纤维生成共价键，生成“染料 - 纤维”化合物。活性染料具有颜色鲜艳、均染性好、染色牢度高、色谱齐全和成本较低等特点，主要用于棉、麻、黏胶、丝绸、羊毛等纤维及其混纺织物的染色和印花。常用活性染料有活性黄、活性橙、活性红、活性紫、活性深棕、活性蓝及活性黑等。图 4-5 是活性艳红 X-3B 的分子结构。活性染料因染料母体分子与纤维结合较牢，不被有机溶剂、稀酸、稀碱所剥离，因此要从纤维上将染料分子完整地剥离下来是比较困难的，只有采用一些苛刻的化学方法才能将染料裂解成一些碎片掉下来，再进行结构分析。

图 4-4 分散红 5B 的分子结构

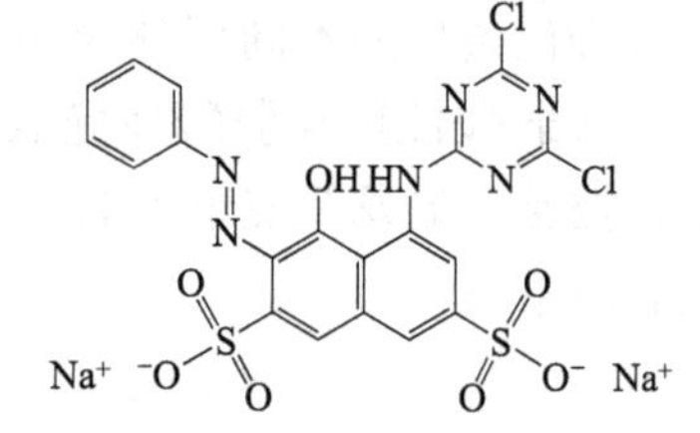

图 4-5 活性艳红 X-3B 的分子结构

概念检查 4.1

○ 活性染料为什么又称反应性染料？简述其特点及应用范围。

6. 还原染料

还原染料不溶于水，染色时要在碱性的强还原液中还原成为隐色体钠盐才能染上纤维，经氧化后，在纤维上恢复成原来不溶性的染料而染色。隐色体钠盐的形成过程：还原染料的分子结构中至少含有两个羰基，它们在强的还原剂连二亚硫酸钠（俗称保险粉）的作用下，羰基被还原成羟基，生成的羟基化合物就是染料的隐色酸，它也和染料一样不溶于水，但可溶于碱性介质中，成为隐色体钠盐；隐色体钠盐先吸附于纤维表面，然后再向纤维内部扩散而完成对纤维的上染。还原染料主要用于棉纤维和动物纤维染色，常用的还原染料

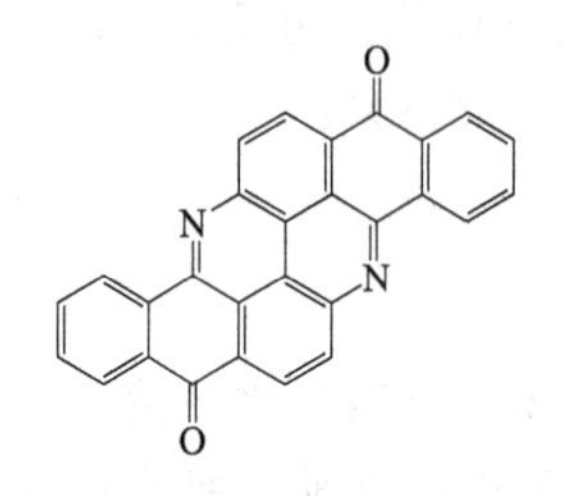

图 4-6 还原黄 G 的分子结构

有还原红、还原黄、还原蓝、还原棕及还原绿等。图 4-6 是还原黄 G 的分子结构。还原染料在一般的有机溶剂中不溶，仅在加热下的二甲基甲酰胺中可以从纤维上剥离下来。

7. 硫化染料

硫化染料不溶于水，染色时需使用硫化钠或其他还原剂，将染料还原为可溶性隐色体后才能染上纤维，经氧化显色恢复其不溶状态而固着在纤维上，故硫化染料也是一种还原染料。硫化染料制造工艺简单、成本低廉、耐洗耐晒，但色泽不够鲜艳，主要用于棉、麻、黏胶等纤维的染色。常用的硫化染料有硫化黑、硫化蓝、硫化灰、硫化红、硫化墨绿及硫化深棕等。图 4-7 是硫化黑 BR 的分子结构。分析时可用 100% 的二甲基甲酰胺萃取纤维上的硫化染料。

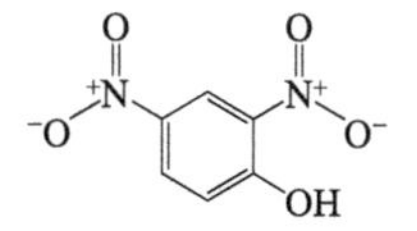

图 4-7　硫化黑 BR 的分子结构

二、染料的类型鉴别

1. 固体染料的鉴别

在染料类型鉴别前，需先判别染料的溶解性。取少量染料配成染液，用滴管将染液滴于滤纸上，晾干后观察滤纸上染液所形成的渗圈情况。如果滤纸上出现染料颗粒分布不均匀的色点，说明该染料是不溶性的，可能是还原染料或硫化染料；若滤纸上能形成分布比较均匀的染液渗圈，则该染料是可溶性或分散性的，可能是直接染料、活性染料、可溶性还原染料、分散染料、酸性染料和碱性染料。

（1）不溶性染料的鉴别　不溶性染料主要是还原染料和硫化染料。

还原染料和硫化染料的鉴别：将不溶性染料配成一定浓度的染液，于试管中加入 2mL 染液，再加入 0.5mL 30% 氢氧化钠溶液和一定量的保险粉，待染液颜色发生变化后投入一小块白棉布，2～3min 后取出，水洗，氧化，再水洗。

如果白棉布上的颜色与试管中染液的颜色不同，则可能是还原染料或硫化染料。

将水洗后的染色织物投入次氯酸钠溶液 1～2min 后，织物发生褪色的是硫化染料，不褪色的是还原染料。也可进一步进行鉴别：在染液中加酸和还原剂，在试管口放一醋酸铅试纸，能使醋酸铅试纸生成黑色斑点的为硫化染料，否则是还原染料。

如果白棉布上的颜色与试管中染液的颜色相同，则是除还原染料或硫化染料以外的其他类型染料。

（2）可溶性染料及分散染料的鉴别　将能在滤纸上形成均匀渗圈的未知染料配成一定浓度的染液，然后按下述步骤进行操作。

① 碱性染料　在试管中加入 2mL 染液，再加入 0.5mL 30% 氢氧化钠溶液，染液很快出现无色水层的可能是碱性染料。进一步鉴别的方法是：另取一支试管，加入 2mL 染液，然后逐滴加入阴离子表面活性剂，能生成沉淀者为碱性染料，否则为其他类型染料。

② 酸性染料　取两支试管，一支试管中加入 2mL 染液、适量的醋酸和硫酸钠，另一支试管中加入 2mL 染液和适量硫酸钠，在两支试管中分别投入同样大小的白棉布和羊毛制品进行染色，2min 后取出，水洗。比较染色织物的得色浓淡，有醋酸的试管中羊毛制品得色浓，说明是酸性染料，否则为其他类型染料。

③ 分散染料　在具塞试管中加入 2mL 染液，再加入 2mL 乙醚，加盖剧烈振摇，乙醚层的颜色远远浓于水层的颜色者为分散染料，否则为其他类型染料。

④ 活性染料和直接染料　取两支试管分别加入 2mL 染液，在一支试管中加入氯化钠，另一支试管中加入碳酸钠，分别投入同样大小的白棉布，染色 15min 后取出，水洗，用二甲基甲酰胺萃取两次，如两

支试管的萃取液都有颜色且织物颜色明显变淡则为直接染料，否则为活性染料。进一步鉴别活性染料的活性基团：将染色织物分别用30%硫酸和30%氢氧化钠溶液处理2min，取出水洗，用二甲基甲酰胺萃取两次，观察第二次二甲基甲酰胺的萃取情况，如经酸处理后能被二甲基甲酰胺萃取的，为均三嗪型活性染料；如经碱处理后能被二甲基甲酰胺萃取的，为乙烯砜型活性染料；如经酸或碱处理后均能被二甲基甲酰胺萃取，则为双活性基团的活性染料。

2. 织物上染料类型的鉴别

根据染料对纺织品的上染原理，常见纺织品适用染料的类型为：腈纶纤维——碱性染料，锦纶及蛋白质纤维——酸性染料，涤纶及其他化纤——分散染料，棉织物——直接染料、硫化染料、活性染料和还原染料等。鉴别织物上染料的类型，可用以下几种方法。

（1）碱性染料的鉴别　于具塞试管中加入100～300mg织物染样、0.5～1mL 50%醋酸溶液及4mL水，煮沸2min，取出染样。此时可见染样褪色，醋酸溶液呈与原样相近的颜色。于染液中加入5～20mg腈纶纤维，继续沸煮1min，若腈纶上染，则表明该染料为碱性染料。进一步鉴别的方法是：若上述染液经腈纶染色后仍有颜色，可向试管中加入5mL 10% NaOH溶液，冷却后，加入3mL乙醚，加盖振摇，直至染液中的染料被乙醚萃取。静置分层后，加水直至乙醚层到试管口，将乙醚层倒入另一试管中，加入5滴10%醋酸溶液后振摇，如果醋酸溶液又呈现出乙醚萃取前的颜色，则可判断该染料为碱性染料。

（2）酸性染料的鉴别　在50mL烧杯中加入20mL水、2mL 25%～28%氨水、100～300mg织物染样，加热至沸，取出染样，处理后的染样明显褪色。待染液冷却后，加入HCl溶液，使其pH值为酸性，再加入20～40mg白羊毛及一小块白棉布，煮沸1～2min，若白羊毛上染，白棉布有沾色现象，则可断定该织物上的染料为酸性染料。

（3）直接染料的鉴别　将织物染样用加入了1mL浓氨水的水溶液5～10mL进行煮沸，使染料充分萃取出来。将经过萃取处理的染样取出，把10～30mg的白棉布和5～50mg氯化钠放入萃取液中，煮沸40～80s，放置冷却后水洗。如白棉布被染成与试样几乎完全相同的色调，则可断定该织物上的染料是直接染料。

（4）分散染料的鉴别　在试管中加入2g间苯二酚，将100mg纤维染样铺于其上，加热振荡，待间苯二酚完全溶解后，冷却并小心加入10mL乙醚，稍加振荡后静置。此时可见纤维层为白色，乙醚层为原染样颜色。据此可断定该纤维上的染料为分散染料。

（5）活性染料的鉴别　活性染料的特点是它与纤维有比较稳定的化学键结合，在水和溶剂中难以溶解。在试管中加入100mg织物样品与5mL 100%二甲基甲酰胺，加热至沸，冷却至室温，如果织物样品的颜色未变，溶剂仍为无色透明液体，则可判断该织物上的染料为活性染料。

（6）还原染料的鉴别　将100～300mg织物样品置于35mL试管中，加2～3mL水和0.5～1mL 10%氢氧化钠溶液，加热煮沸，再加入10～20mg保险粉，煮沸 0.5～1min，取出试样，加入 25～50mg 白棉布和 10～20mg 氯化钠，继续煮沸 40～80s，冷却至室温，取出棉布放在滤纸上氧化。如果氧化后色泽与原样差不多，可认为是还原染料。

（7）硫化染料的鉴别　将 100～300mg 织物样品置于 35mL 试管中，加入 2～3mL 水、1～2mL 10% 碳酸钠溶液和 200～400mg 硫化钠，加热煮沸 1～2min，取出试样，加入 25～50mg 白棉布和 10～20mg 氯化钠于试管中，煮沸 1～2min，取出棉布放在滤纸上氧化。如所得色光与原样相似，仅深浅不同，可认为是硫化染料。

（8）颜料的鉴别　颜料对纤维没有亲和力，需通过黏合剂（一般是树脂黏合剂）固着在纤维上。可用显微镜法进行检验，先除去试样上可能存在的淀粉或树脂整理剂，以免它们干扰染料的鉴定。用 2% 酶和 0.25% 洗涤剂组成的酶洗涤液处理 30min，即可除去纤维上的淀粉。用 1% 盐酸溶液煮沸 5min，然后用水洗涤，纤维上树脂便会剥落下来。加 1 滴水杨酸乙酯于经上述处理过的纤维上，盖上盖玻片在显微镜下观察。若纤维表面呈现粒状，即可确认为树脂黏合的颜料。

第二节　染料的分离与纯化

由于染料的类型和品种繁多，至今还不可能提出一个通用的剖析流程。通常试样都必须经过分离提纯及结构鉴定两个步骤。图 4-8 所示的剖析程序可供染料剖析时参考。

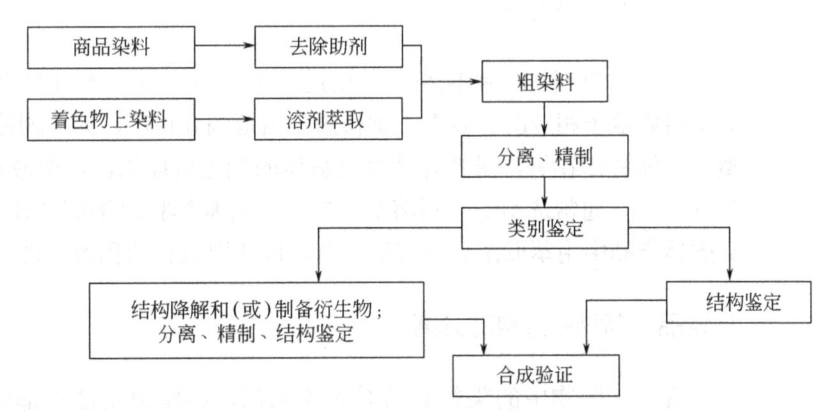

图 4-8　染料（颜料）剖析的一般程序[1]

需要进行剖析的染料试样多数是商品染料。商品染料中除了主要染料成分外，还经常掺混其他染料，有的染料在合成过程还带进染料异构体或副产物，为了改善染色性能还常常加入一些助剂，因此在鉴定之前都需进行分离和提纯，否则不可能获得正确的测定结果。

在需要剖析的样品中，有时是染色的织物、彩色电影胶片或其他着色物（如食品、化妆品、皮革、纸张、油漆等），首先需要从这些染色物或着色物中将染料剥离下来。常用的方法是用适当的溶剂进行萃取，这些萃取剂对染料要有足够大的溶解度，而对基质或其他物质的溶解度却很小。即使如此，萃取液中也常常含有其他杂质，鉴定前还需进一步纯化，否则会影响测定结果。因此，染料在进行结构鉴定之前，样品必须要很好地进行分离与提纯。

还原染料、分散染料或阳离子染料一般纯度都比较高，可以方便地用重结晶方法精制。阴离子染料，尤其偶氮型阴离子染料一般较难分离为纯品，其原因之一是它们的异构体和副产物较多，特别是多偶氮染料更难提纯。

单一染料的精制相对比较简单。分散染料一般可用有机溶剂萃取使之与无机盐分开，然后用重结晶法精制；阳离子染料可以制成盐酸盐、氢碘酸盐或苦味酸盐后用重结晶法精制；阴离子染料一般用酸析、再沉淀或重结晶等方法提纯。通常情况下，多组分染料或染料异构体必须采用薄层色谱、柱色谱或纸色谱等方法分离，有时还需采用电泳和高效液相色谱法进行分离与提纯。

1. 商品染料的分离

商品染料是以一种染料为主体与部分助剂混合加工而成的粉剂和膏状物，分离比较容易，通常用溶解 - 重结晶反复处理几次即可达到分离纯化目的。混合染料需借助色谱法，如柱色谱和薄层色谱法等进行分离和纯化。常用的助剂为表面活性剂类，其分离方法可参阅第三章表面活性剂的剖析相关内容。

2. 纤维上染料的分离

除了活性染料外，其他种类的染料均可用一定的溶剂从纤维上剥离下来，常用的溶剂有二甲基甲酰胺、二甲基亚砜、氯苯、吡啶等。剥离后的溶液由于溶剂沸点较高，可用减压蒸馏法除去溶剂，必要时再用色谱法进行纯化。

3. 基体中颜料的分离

颜料与染料的区别仅在于应用过程中的溶解度，颜料在应用介质中不溶解，而染料则溶于相应的介质中。颜料的应用范围亦很广，如印刷油墨、油漆、橡胶、塑料、涂料印花等。虽然各种有色基体的颜色可能很深，但颜料的含量一般只有千分之几。通常选用对颜料溶解性较好、对基体材料溶解性较差的溶剂，从数十克固体样品中用萃取法分离富集颜料，再选用适宜的色谱法进一步分离纯化。

4. 食品、药物中染料的分离

食品、药物中的染料必须对人体无毒，各国卫生法中都明确规定可使用的染料品种及含量。从食品及药品中分离油溶性染料，可用乙酸乙酯萃取，再用硅胶柱色谱或薄层色谱分离纯化；水溶性染料可用水、醇提取，过滤，在酸性介质中通过聚酰胺填充柱，染料被吸附在柱上，再用不同 pH 值的甲醇 - 氨水淋洗柱子，可将染料从柱上洗脱下来，除去溶剂后，用波谱法鉴定其结构。

第三节　染料的结构及定性定量分析

一、染料的结构分析

通常在染料的结构分析中，红外光谱、紫外光谱、核磁共振光谱与质谱均是不可缺少的手段。但是若有被测染料的纯品或标准红外谱图，则用红外光谱法就可对其结构进行鉴定。此外，显微激光拉曼光谱法和高效液相色谱 - 二极管阵列检测 / 质谱联用技术，近年来也被用于染料的结构分析。

1. 红外光谱法

红外光谱能够提供丰富的结构信息，适用于所有的染料样品，在合成染料的结构鉴定及生产控制中已成为不可缺少的重要手段。红外光谱在染料分析中的作用主要有三个：一是提供染料的基团；二是推测染料的类型；三是确定染料的结构。

由于染料的结构复杂，生产步骤多、过程长，常常伴有很多副产物，因此必须仔细分离。研究染料的分子结构对染料生产、应用及科学研究都极为重要。

红外光谱不但能给出染料所含官能团的信息，有时还能给出某些特殊的骨架结构信息。本文是以染料的化学结构分类并参阅有关文献[2]，对偶氮、蒽醌、三苯、酞菁、苝四甲酰胺及萘四甲酰胺等为骨架结构的染料的红外光谱特征进行归纳总结，以便更有效地利用红外光谱解决染料的结构鉴定问题。

（1）偶氮染料　偶氮染料是染料中产量最大、品种最多的一类。它们的发色团偶氮基无明显的特征吸收峰，但含某些中间体的偶氮染料常出现特征吸收峰，对偶氮染料的结构鉴定十分有用。

含乙酰芳胺的偶氮染料多为黄色或橙色，其红外光谱的特征是强尖吸收峰很多，在 1660cm^{-1} 显羰基的强吸收峰，在 1500cm^{-1} 显强宽峰或挤得很紧的几个强吸收峰。

含吡唑酮的偶氯染料在 1650cm^{-1} 显中等强度的羰基吸收峰，在 1600～1500cm^{-1} 间显强峰，1500cm^{-1} 附近的吸收峰常常有肩峰形成一个宽谱带。此外，在 1150cm^{-1}、1250cm^{-1} 及 1350cm^{-1} 有三个强度几乎相等的强吸收峰。图 4-9 为颜料黄 60 的红外光谱。

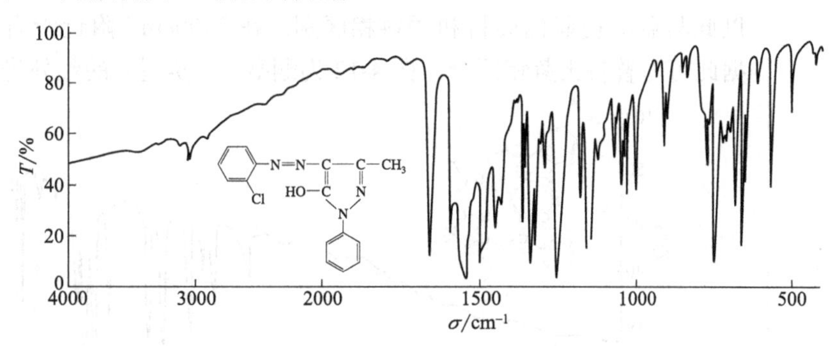

图 4-9　颜料黄 60 的红外光谱

鲜艳的嫩黄色染料多含吡啶酮，它的特征是在 1670cm^{-1} 与 1630cm^{-1} 处出现两个几乎相等的强吸收峰。

（2）蒽醌染料　蒽醌染料颜色鲜艳，多为亮蓝色，也有些是紫色和红色。蒽醌染料中重要的发色团是醌基。蒽醌核在 1670cm^{-1} 显强吸收峰，在 1280cm^{-1} 附近有一特强宽吸收峰。但当蒽醌 α- 位有羟基和氨基助色团时，由于与其邻近的羰基生成分子内氢键，其吸收频率降低，吸收峰强度变小，吸收峰峰形变宽，较难鉴别。但仔细观察 1640～1560cm^{-1} 间的吸收峰与 1300～1250cm^{-1} 间的强吸收峰，仍可辨认。含有蒽醌环的稠环还原染料也有此特征吸收峰。图 4-10 为还原蓝 4 的红外光谱。

（3）三苯甲烷型染料　分子结构对称性很强的三苯甲烷型染料，如盐基性三苯甲烷染料，红外光谱较简单，在 1580cm^{-1}、1370cm^{-1} 与 1170cm^{-1} 附近明显有三个较宽的强峰，很容易辨认，如图 4-11 所示。又如罗丹明 B 的红外光谱，在 1585cm^{-1}、1340cm^{-1} 与 1175cm^{-1} 处就有三个明显的强峰。酸性染料也能看到此特征吸收峰，酸性媒染染料此特征不明显。

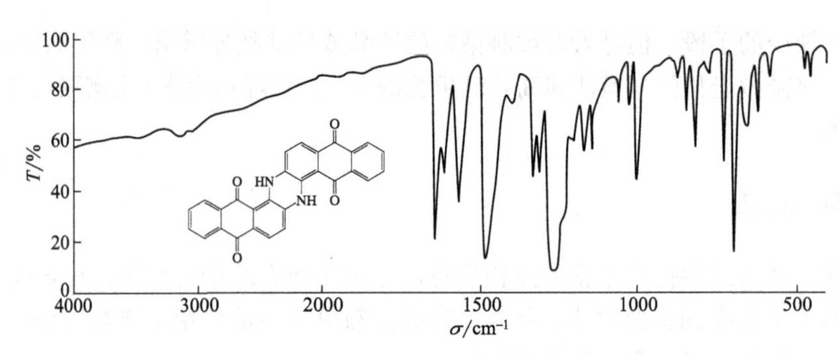

图 4-10　还原蓝 4 的红外光谱

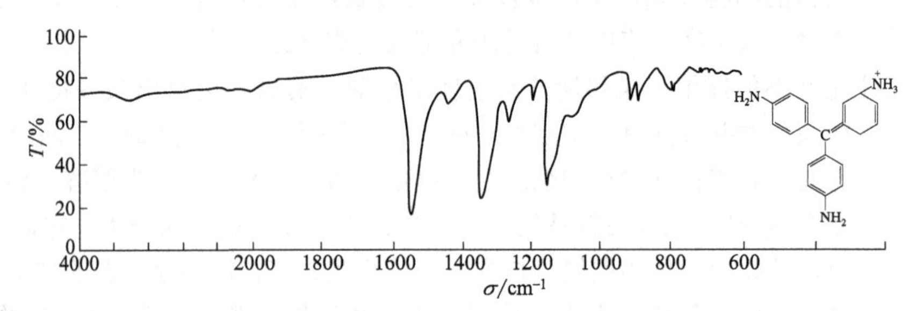

图 4-11　三苯甲烷型染料的红外光谱

（4）酞菁染料　许多鲜艳的蓝染料为铜酞菁衍生物，是油漆、塑料、彩色印刷中最常用的一种有机染料。铜酞菁核在 800～700cm^{-1} 间有尖锐的强吸收峰；在 1100cm^{-1} 附近有一簇强吸收峰；此外在 1700～1600cm^{-1} 间没有羰基吸收峰，以此与蒽醌类蓝色染料和颜料相区别；在 2100cm^{-1} 附近没有碳氮三键吸收峰，据此可与普鲁士蓝相区分。图 4-12 为酮酞菁（β-型）的红外光谱。

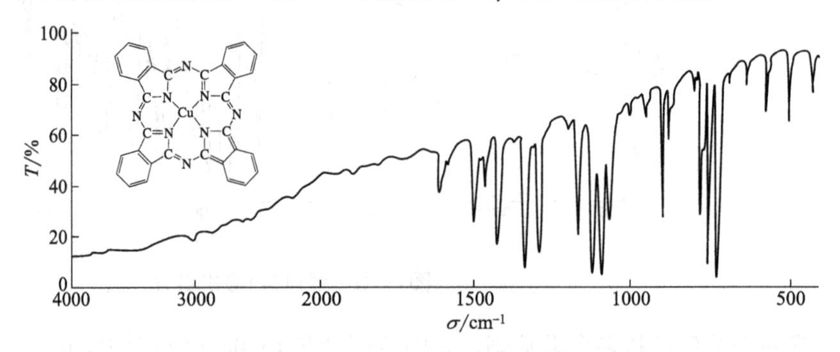

图 4-12　酮酞菁（β- 型）的红外光谱

（5）苝及萘的四甲酰胺染料　苝是重要的红色染料母体，该结构的染料多见于还原染料及颜料。苝四甲酰胺在 1700cm^{-1} 与 1670cm^{-1} 有两个强吸收峰，通常 1670cm^{-1} 的峰稍强于 1700cm^{-1}，很容易鉴别，图 4-13 是还原红 29 的红外光谱。黄橙色的萘四甲酰胺染料也同样出现这两个吸收峰。

（6）硫靛染料　硫靛染料多为红色与紫色还原染料。硫靛染料的红外光谱特征是从 750cm^{-1} 至 1650cm^{-1} 间强吸收峰较均匀地分布，在 1650cm^{-1} 有很强的羰基吸收峰，可与其他含羰基的染料相区别，在 1450cm^{-1} 和 1550cm^{-1} 还有两个吸收峰，这三个吸收峰的强度变化较大，特别是 1550cm^{-1} 附近的峰。图 4-14 是颜料红 87 的红外光谱。

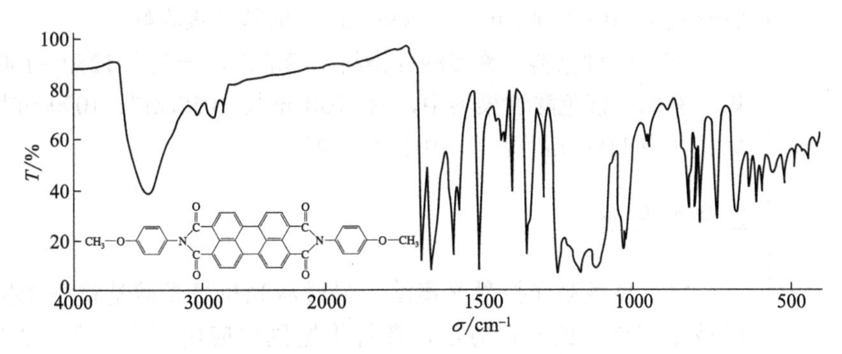

图 4-13 还原红 29 的红外光谱

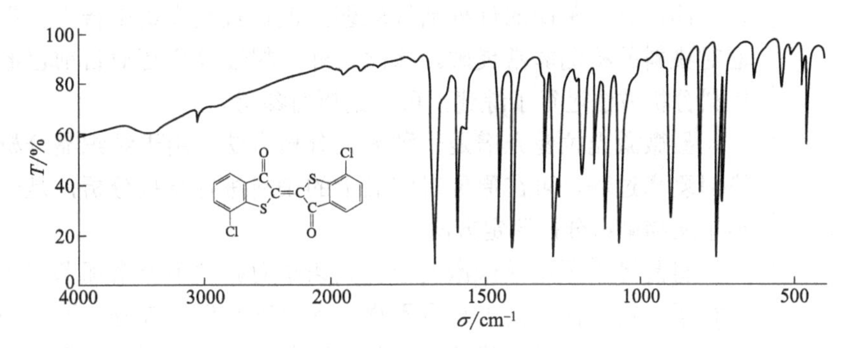

图 4-14 颜料红 87 的红外光谱

（7）吖啶酮染料 吖啶酮染料在 1620～1550cm^{-1} 有四个靠得很紧的吸收峰，以 1580cm^{-1} 为最强，形成一个特征强宽谱带，此外在 1330cm^{-1} 与 1460cm^{-1} 还有两个强峰，有取代基时这些吸收峰的位置变化不大。图 4-15 是颜料紫 19（β- 型）的红外光谱。

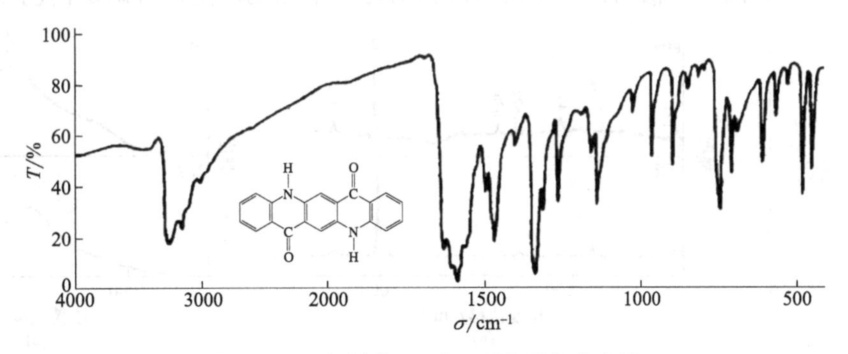

图 4-15 颜料紫 19（β-型）的红外光谱

（8）活性染料的活性基鉴定 活性染料的特点是分子中含有活泼原子或活泼基团，能使染料与纤维发生化学键合，从而提高染料的坚牢度。商品染料的活性基有一氯和二氯三嗪、二氯嘧啶、氟氯嘧啶、β-乙基砜硫酸酯及亚磷酸等。这些活性染料的母体都是酸性染料，带有较多可溶性基团，因此在指纹区除明显的磺酸基吸收峰外，其他谱峰往往被重叠。如一氯和二氯三嗪活性染料，在 1550cm^{-1} 显三嗪杂环的强吸收峰；二氯嘧啶或氟氯嘧啶活性染料也在 1550cm^{-1} 附近显嘧啶六元杂环的特征吸收峰，不易与三嗪型活性基区别，而且仲酰亚胺（ArNHCOR）的 NH 变形振动的特征吸收也在这个波段，使这两个活性基的鉴定受干扰。含磷酸基的活性染料其 P═O 吸收峰受磺酸基 1200cm^{-1} 附近的强宽吸收峰干扰，不显特

征吸收峰。β- 乙基砜硫酸酯型活性染料在 1140～1120cm^{-1} 显—SO_2—的强尖吸收峰及 1270～1200cm^{-1} 的—OSO_3H— 的特征吸收峰。

（9）酸性染料　许多酸性染料是磺酸盐，一般在 1250～1000cm^{-1} 有特征吸收峰。例如在蓝色酸性染料中，有 1030cm^{-1}、1050cm^{-1}、1090cm^{-1} 和 1190cm^{-1} 四个峰，其中 1190cm^{-1} 是谱图中的最强峰。

2. 拉曼光谱法

（1）显微激光拉曼光谱法　显微激光拉曼光谱是将激光拉曼光谱与显微分析技术相结合的一种方法，在纤维鉴别中应用广泛，多用于纤维类型的鉴别，也是纤维染料分析鉴定的有效手段。由于许多染料分子具有偶氮、吡啶环等对称基团，这些基团的红外活性较弱，但在拉曼光谱中皆为强振动，因此拉曼光谱对染料的检测非常灵敏。除此之外，胡灿等[3]还对目前已经开发的多种纤维染料分析方法进行了综述，可供剖析时参考。

显微激光拉曼光谱是一种无损分析方法，用于纺织品分析，不需要繁琐的染料剥离过程，可在原位对织品上的染料进行直接分析，是一种理想的微量和痕量文物染料分析鉴定方法。

司艺等[4]采用显微激光拉曼光谱法对新疆阿斯塔那墓出土木质彩绘的颜色进行了剖析，样品出土墓号不详，木质基底保存较好，图案为多种色带勾勒的三角形，中间饰以点状花形，花瓣和花心分别使用不同颜色。颜料层虽脱落严重，但白、黑、红、棕、红棕、黄、绿、蓝和粉九种颜色仍然清晰可辨。

对样品中的九种颜色进行了分析鉴定，测定结果如图 4-16 所示。

白色颜料的拉曼光谱［图 4-16（a）］与石膏一致，其中 1014cm^{-1} 出现很强的拉曼散射，这是由硫酸根对称伸缩振动产生，可确定白色颜料为石膏。黑色

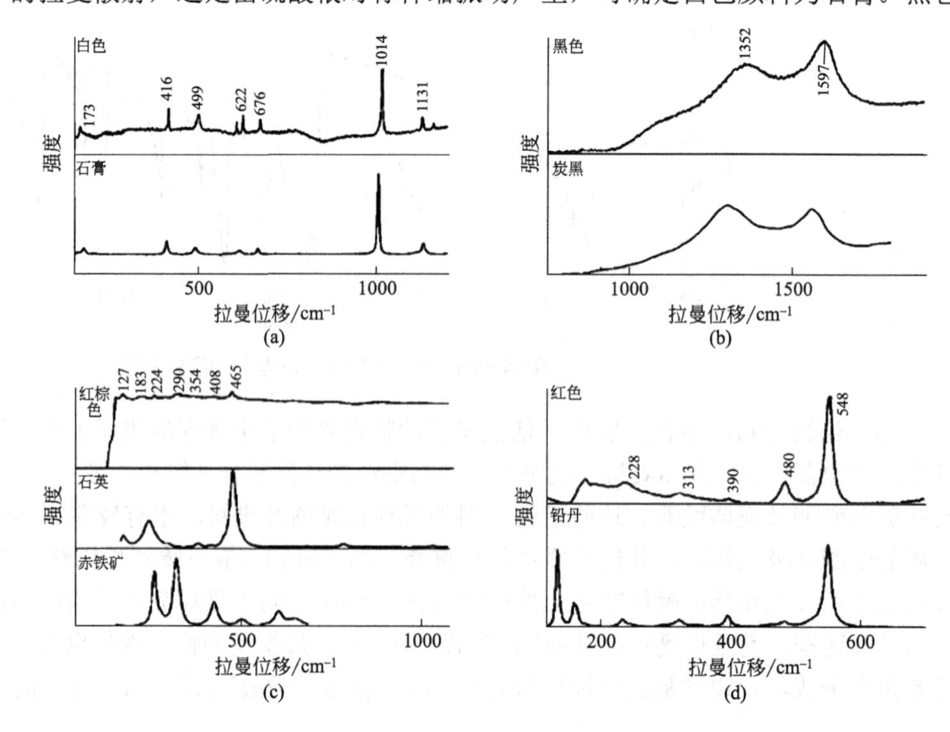

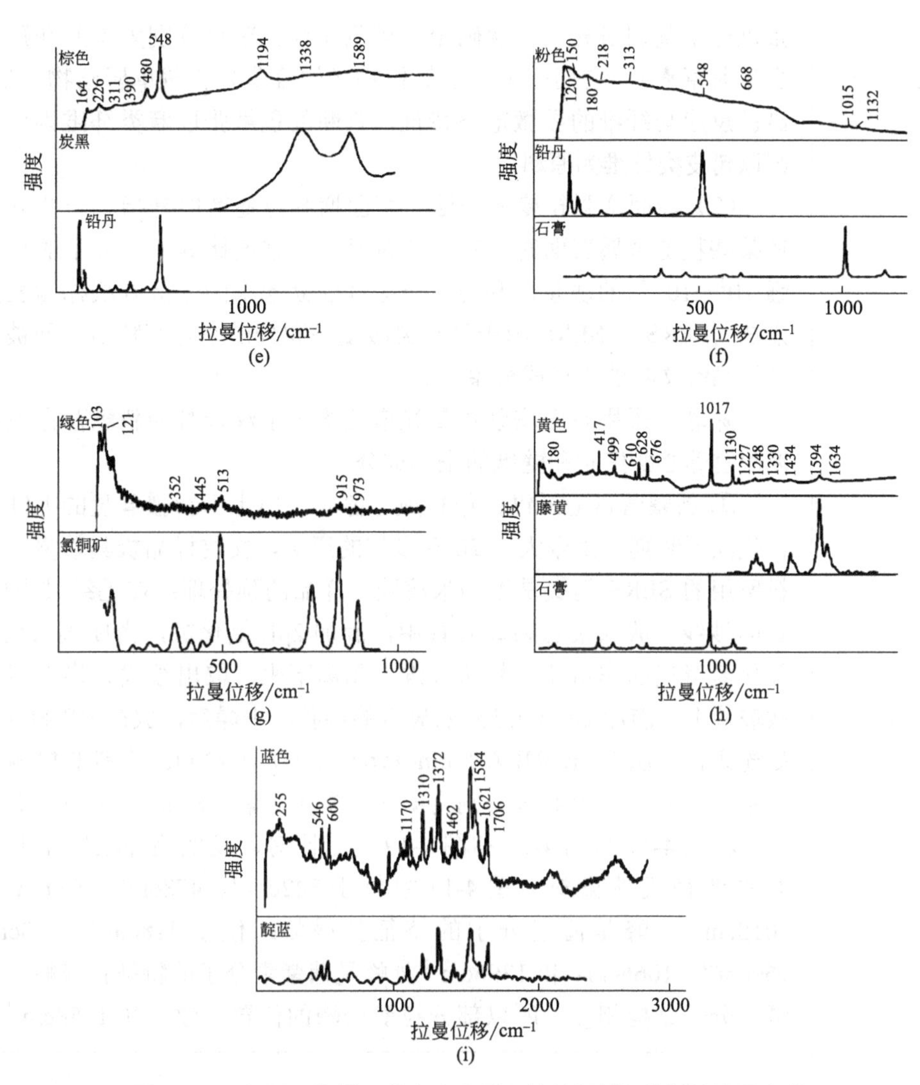

图 4-16 新疆阿斯塔那墓出土木质彩绘的颜料与染料的拉曼光谱

颜料的拉曼光谱［图 4-16（b）］与炭黑的拉曼特征峰吻合，表明此颜料为炭黑。红棕色颜料的拉曼光谱［图 4-16（c）］与赤铁矿的拉曼强峰基本一致，推断红棕色颜料为赤铁矿；此外，还出现了石英的拉曼峰，表明赤铁矿中混杂有石英颗粒。红色颜料的拉曼光谱［图 4-16（d）］与铅丹一致，表明红色颜料为铅丹。棕色颜料的拉曼光谱图［图 4-16（e）］中，164cm^{-1}、226cm^{-1}、311cm^{-1}、390cm^{-1}、480cm^{-1} 和 548cm^{-1} 峰与铅丹的拉曼特征峰接近，1338cm^{-1} 和 1589cm^{-1} 与炭黑的拉曼特征峰匹配，据此可确定棕色颜料为红色铅丹和黑色炭黑的混合色。粉色颜料的拉曼光谱图［图 4-16（f）］中，120cm^{-1}、150cm^{-1}、218cm^{-1}、313cm^{-1} 和 548cm^{-1} 峰与铅丹的拉曼峰接近；180cm^{-1}、668cm^{-1}、1015cm^{-1} 和 1132cm^{-1} 为石膏的拉曼峰，据此可确定粉色颜料为白色石膏和红色铅丹的混合色。绿色颜料的拉曼光谱［图 4-16（g）］与氯铜矿的拉曼特征峰接近，表明绿色颜料为氯铜矿（碱式氯化铜）。黄色颜料的拉曼光谱图［图 4-2（h）］中，1227cm^{-1}、1248cm^{-1}、1330cm^{-1}、1434cm^{-1}、1594cm^{-1} 和 1634cm^{-1} 峰与藤黄的拉曼峰吻合，初步判定黄色染料为藤黄；在 180～1130cm^{-1} 的较低波数区，则表现了基底颜料层石膏的拉曼特征。蓝色物质的拉曼光谱［图 4-16（i）］与靛蓝的拉曼特征峰相匹配，可确定蓝色物质为靛蓝。

李涛[5] 采用显微激光拉曼光谱和赫兹伯格染色法，对黑水城遗址出土西夏时期的蓝色和红色染色纸

张进行了鉴别研究，首次确定了蓝色和红色染料分别为靛蓝和羟基茜草素（含少量茜草素），它们应来自含靛植物（如蓝草）和茜草属植物（如茜草）。根据显色反应与纤维的显微形态特征，判断红色纸张以麻类纤维为原料，蓝色纸张则以树皮类纤维为原料。

（2）表面增强拉曼光谱法　表面增强拉曼散射是指当一些分子靠近或吸附在某些粗糙金属表面时，它们的拉曼信号强度比其本身分子的拉曼信号强度增强 10^2～10^7 倍的现象，利用这一原理建立起来的分析方法称为表面增强拉曼光谱法（SERS）。SERS 由于具有灵敏度高和分辨率好等特点，而被广泛用于古代纺织品等文物的染料成分鉴定。

陈磊[6]采用表面增强拉曼光谱法鉴定了汉晋时期新疆营盘毛纤维、清末时期故宫养心殿壁布和壁纸的染料成分。

① 新疆营盘毛纤维的染料成分鉴定　出土于新疆营盘的毛纤维可以追溯到古代汉晋时期，距今大约 2000 多年的历史，文物样品极其珍贵。检测毛纤维染料所用的 SERS 基底是银纳米溶胶。样品的预处理：在毛纤维中取一根约 2mm 长的纱线，放入聚乙烯离心管中，滴加 2μL 氟化氢，密闭离心管 15min，依靠氟化氢蒸气的作用使染料从纤维上剥离下来，取出纱线。将剥离下的染料放在载玻片上，滴加 2μL 经过浓缩离心的银胶，干燥后，放在 HR-800 共聚焦显微拉曼光谱仪（法国 HORIBA Jobin-Yvon 公司）下检测。染料的检测结果如图 4-17 所示，图 4-18 和图 4-19 分别为染料茜素和茜紫素标准品的表面增强拉曼光谱图。

将图 4-17 与图 4-18 和图 4-19 进行比对，发现毛纤维样品中含有茜素和茜紫素两种天然染料。图 4-17 中位于 342cm^{-1}、478cm^{-1}、681cm^{-1}、900cm^{-1} 和 1018cm^{-1} 处峰是茜素分子的特征拉曼峰；位于 418cm^{-1}、450cm^{-1}、608cm^{-1}、969cm^{-1}、1066cm^{-1} 和 1396cm^{-1} 处峰是茜紫素分子的特征拉曼峰。因茜素和茜紫素的分子结构相似，所以部分拉曼谱峰的位置一致，如 1158cm^{-1}、1287cm^{-1} 和

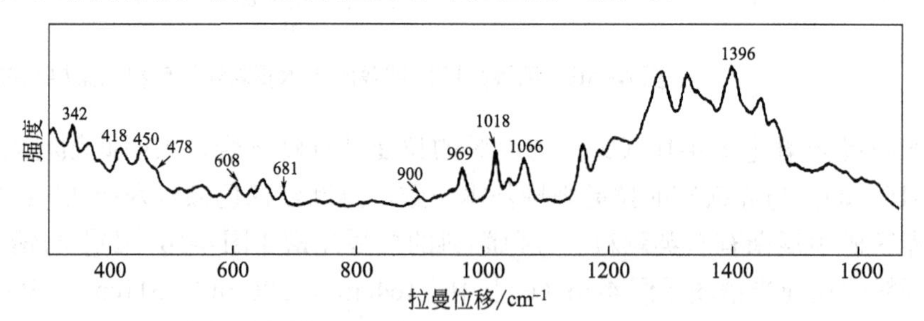

图 4-17　毛纤维上染料的表面增强拉曼光谱

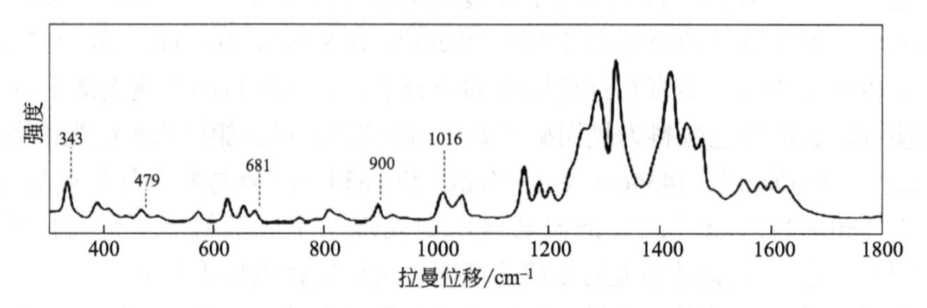

图 4-18　染料茜素标准品的表面增强拉曼光谱

$1324cm^{-1}$ 等处的拉曼峰是两种物质都具有，无法用于判断拉曼峰的具体归属。

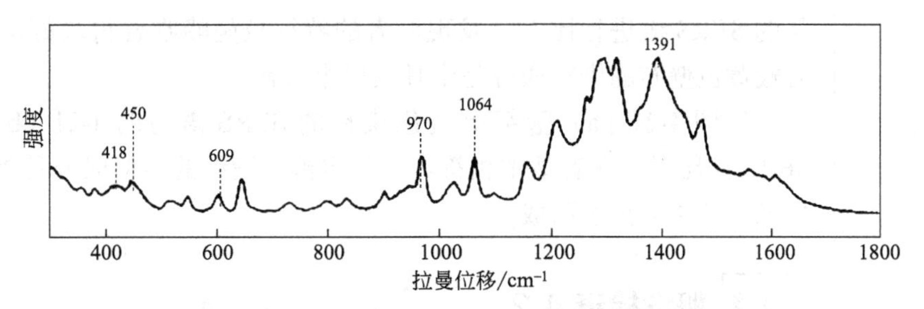

图 4-19 染料茜紫素标准品的表面增强拉曼光谱

第四章

② 故宫养心殿壁布与壁纸的染料成分鉴定　样品由故宫博物院古建部提供，距今有一百多年的历史。故宫养心殿木质墙体的最外层是一层黄色壁布，壁布下面是一层黄色的壁纸。在壁布上取一根长约 2mm 的黄色纤维，其他操作与 ①相同。取一小块黄色壁纸，直接滴加银胶，干燥后进行 SERS 检测。两种黄色染料的 SERS 检测结果分别如图 4-20 和图 4-21 所示。

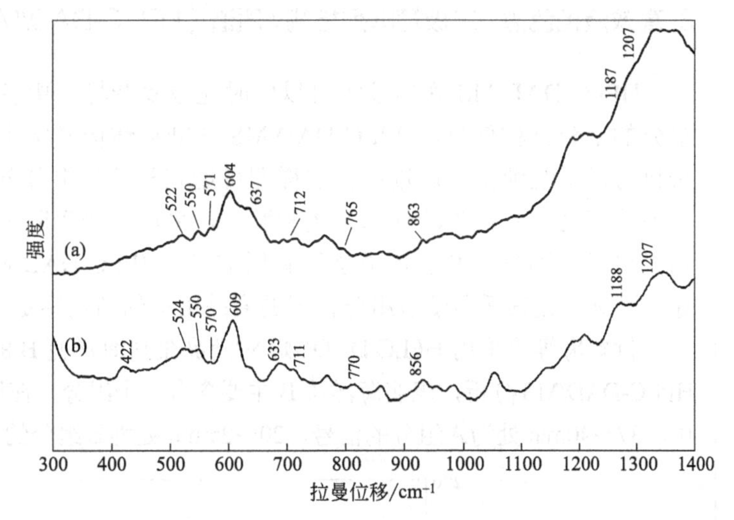

图 4-20 黄色壁布染料的 SERS 谱（a）和土耳其鼠李黄素标准品的 SERS 谱（b）

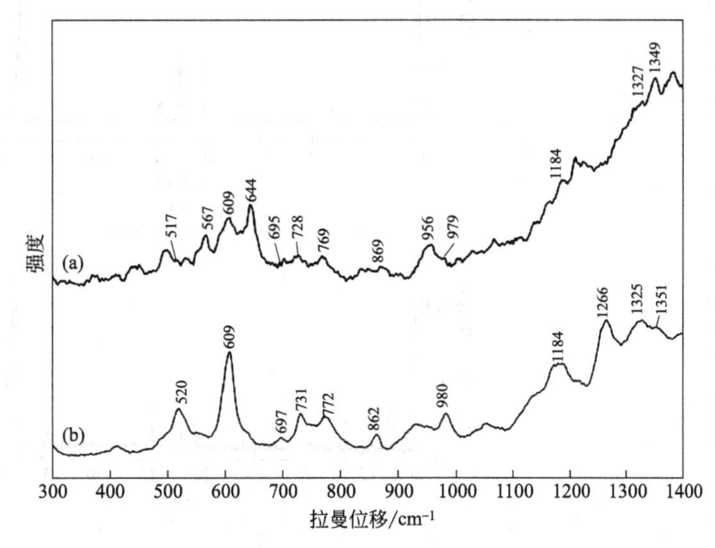

图 4-21 黄色壁纸染料的 SERS 谱（a）和芦丁标准品的 SERS谱（b）

将图4-20（a）壁布上黄色染料的SERS谱与图4-20（b）土耳其鼠李素标准品的SERS谱进行比对，发现两者的特征拉曼峰吻合得较好，据此可知故宫养心殿黄色壁布的染料成分是土耳其鼠李黄素。

将图4-21（a）壁纸上黄色染料的SERS谱与图4-21（b）芦丁标准品的SERS谱比对，两者基本相符，可确定黄色壁纸的染料成分是芦丁，推测是采用槐米（芦丁）染色而成。

概念检查 4.2

○ 显微激光拉曼光谱和表面增强拉曼光谱在对古代文物样品中染料成分进行分析鉴定时具有哪些优势？

3. 高效液相色谱 - 二极管阵列检测 / 质谱（HPLC-DAD/MS）联用技术

HPLC-DAD/MS联用技术可以同时完成复杂样品中各组分的分离并能给出组分的部分结构信息。HPLC-DAD/MS在染料结构鉴定中具有独特优势，商品染料可以不经纯化，通过单次进样即可达到与其他组分分离，结合衍生物的质量差值可推出染料的活性基种类和数目，采用二极管阵列检测器的全光谱扫描功能可以得到染料发色体类型等有用信息。HPLC-DAD/MS联用方法简便、快速、准确，尤其适用于多组分拼混的商品染料的结构鉴定，有较大的实用价值。

付新梅等[7]采用HPLC-DAD/MS对商品染料海洋蓝B的结构进行了鉴定。经HPLC-DAD/MS分析，表明海洋蓝B主要含有两个组分，在质谱的总离子流色谱图中，37～40min处为A组分的信号，20～25min处为B组分的信号（见图4-22）。

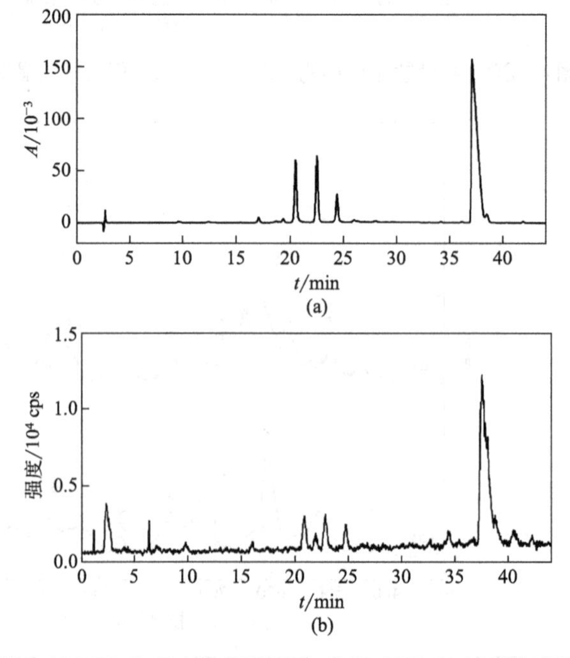

图4-22 海洋蓝B的HPLC-DAD色谱图（a）和HPLC-MS总离子流色谱图（b）

A 组分的保留时间为 37.4min，质谱测得其质量数为 582，含两个可解离基团（磺酸基、羧基或是硫酸酯基）。经电喷雾质谱检测可知 A 组分具有中性丢失 98 和 80 的源内碰撞诱导解离（CID）碎片离子，表明为乙基砜硫酸酯活性基。根据其红光艳蓝的色光可以判断 A 组分为应用极广的 C. I. 活性蓝 19，经商品活性蓝 19 与其混合样的 HPLC-DAD/MS 测定证明无误。

在 20～25min 区间 B 组分出现 3 个峰，保留时间依次为 20.4min（B-1）、22.4min（B-2）和 24.4 min（B-3）。3 个化合物的紫外 - 可见吸收光谱很接近（见图 4-23），最大吸收波长都在 620nm 附近，为同系物，其相应的质谱如图 4-24 所示。图 4-24 提供了 B-1、B-2 和 B-3 的质量数依次为 950、986 和 1022。B-1 和 B-2

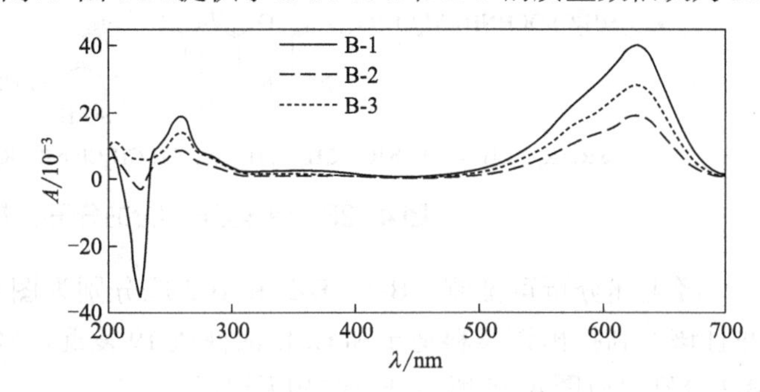

图 4-23 海洋蓝 B 的 B-1、B-2 和 B-3 组分的紫外 - 可见吸收光谱

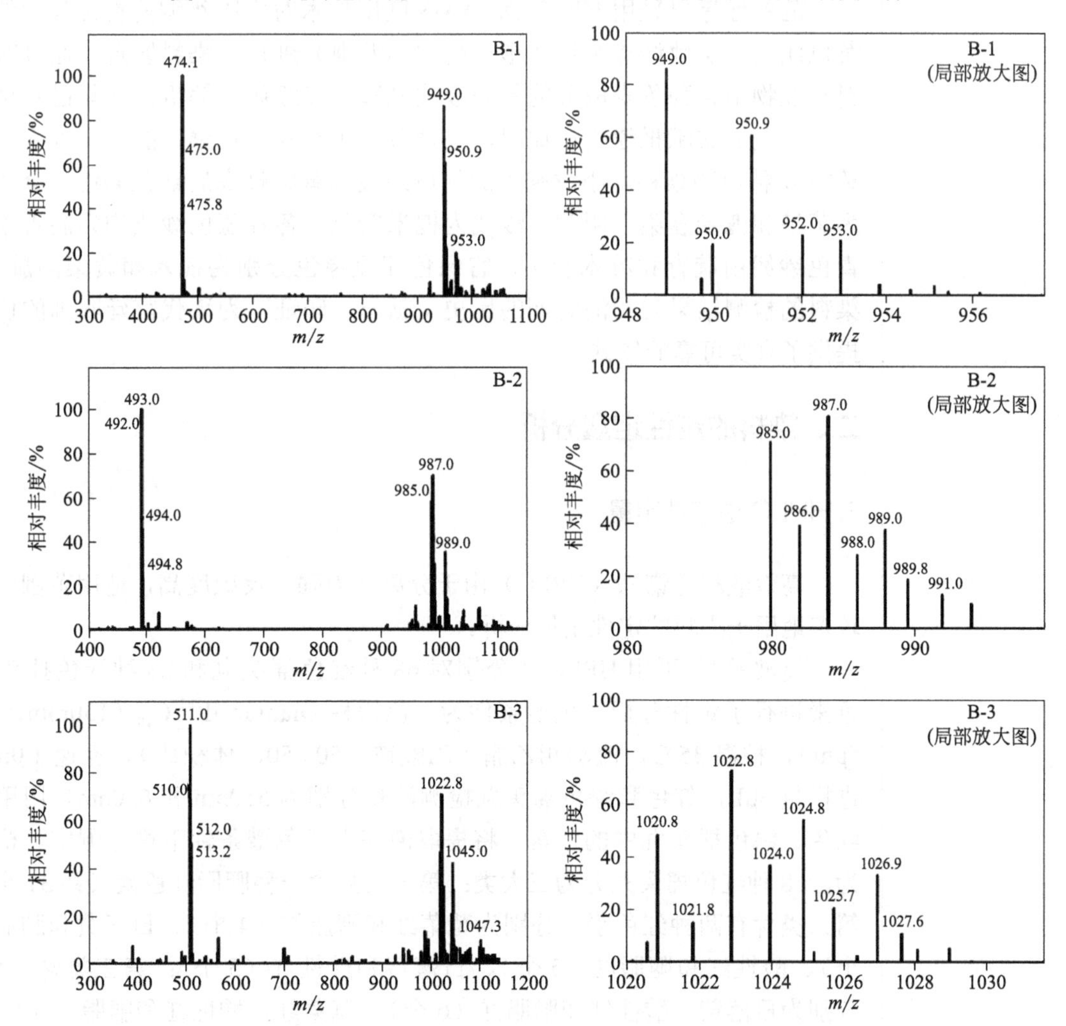

图 4-24 海洋蓝 B 的 B-1、B-2 和 B-3 组分的质谱

质量数之差为36，B-2和B-3质量数之差也为36，由此可推测B组分染料结构中含两个或两个以上氯原子，B-1、B-2和B-3结构中依次多一个氯原子。

从紫外-可见吸收光谱可知，B-1、B-2和B-3的最大吸收波长都在620nm附近，为绿蓝色，吸收曲线的半波宽度较窄，染料色光应较明艳。结合质谱信息推断，该组染料可能是以三苯二噁嗪为母体，以乙烯砜和氯乙基砜为活性基组成的染料。参考文献［8］专利中，记载了图4-25所示结构。

SO_3H Cl $R_2O_2S(H_2C)_3OCHNH_2CH_2CHN$ O N N O $NHCH_2CH_2NHCO(CH_2)_3SO_2R_1$ Cl SO_3H

a.$R_1=R_2$：$CH=CH_2$; b.R_1：$CH=CH_2$, R_2：CH_2CH_2Cl; c.$R_1=R_2$：CH_2CH_2Cl

图4-25 海洋蓝B组分的分子结构

经上述分析可推测，B-1、B-2和B-3应分别为图4-25所示结构a、b和c，并且该专利指出该染料适于和C. I. 活性蓝19复配。经合成验证，B-1、B-2和B-3分别对应图4-25所示分子结构无误。

范鲁丹等[9]采用HPLC-DAD/MS联用技术对中国丝绸博物馆收藏的清代明黄色团龙纹实地纱盘金绣龙袍（简称小龙袍）进行了染料鉴定。通过对每种染料萃取物中各种色素成分的紫外吸收光谱与多级质谱解析，并与已知染料标准品和相关的文献报道进行比对，成功鉴定出红花、黄檗、靛青、苏木、槐米和黄栌6种植物染料。小龙袍中的红色纱线为黄檗打底后红花染色，金黄色纱线为黄栌和槐米套染，明黄色纱线为槐米染色，各种蓝色纱线均为靛青染色，天青色纱线由靛青和苏木套染，官绿色和豆绿色分别为槐米和黄檗同靛青套染。染料的检测结果与明清时期的历史文献一一印证，为清代宫廷服饰的色彩复原提供了真实可靠的依据。

二、染料的定性定量分析

1. HPLC法定性定量

高效液相色谱法（HPLC）由于分离能力强，灵敏度高，适用范围广，而被较多地用于染料的定性定量分析。

吴波等[10]采用HPLC法分别对68种红色摇头丸和28种绿色摇头丸中的色素进行了定性分析。色谱条件为：色谱柱Diamonsll™ C_{18}（150mm×4.6mm，5μm），柱温35℃，流动相乙腈：乙酸铵（50：50，体积比），流速1.0mL/min，进样量4μL，红色和绿色摇头丸检测波长分别为550nm和620nm。用甲醇提取红色、绿色摇头丸中的色素，将提取液在上述色谱条件下进行测定。检测结果为，68种红色摇头丸分为三大类：第一类只含一种胭脂红色素（共31个样品）；第二类含有两种红色素，分别为苋菜红和胭脂红（4个）、日落黄和胭脂红（16个）、酸性红和胭脂红（5个）、日落黄和酸性红（5个）；第三类含三种色素，分别为日落黄、酸性红和胭脂红（6个），苋菜红、酸性红和胭脂红（1个）。绿色摇头丸分为两类，第一类只含有果绿一种色素，第二类可能含有除果绿外的其他色素。

强洪等[11]采用反相高效液相色谱法成功分离了国内外 88 支市售蓝色圆珠笔油墨中的主要染料成分。采用 Xterra MS C_{18} 色谱柱（3.9mm×150mm，5μm），二极管阵列检测器，流动相为 0.01mol/L 碳酸氢铵 :乙腈（35 : 65，体积比）混合溶液，流量 0.8mL/min，进样量 10μL，柱温 25℃。在此色谱条件下，分别测得染料标准品和 88 支蓝色圆珠笔油墨的色谱图，染料标准品的色谱如图 4-26 所示。蓝色圆珠笔油墨中分离出的染料主要有结晶紫、甲基紫、碱性品蓝、碱性艳蓝 B、碱性艳蓝 BO、磺化铜酞菁及罗丹明 B 等，根据所含染料的数目将 88 支蓝色圆珠笔油墨分成 9 类。

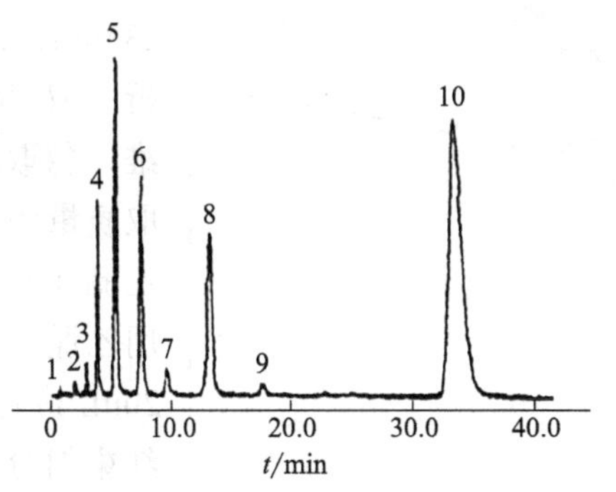

图 4-26　染料标准品色谱图

1—磺化铜酞菁；2—罗丹明 B；3—碱性品蓝的脱甲基产物；4—碱性品蓝；5—甲基紫；6—结晶紫；7—碱性艳蓝 B 的脱甲基产物；8—碱性艳蓝 B；9—碱性艳蓝 BO 脱乙基产物；10—碱性艳蓝 BO

9 类蓝色圆珠笔油墨的典型色谱图如图 4-27 所示。第一类和第二类只含有碱性品蓝、甲基紫、结晶紫和碱性艳蓝 B 等染料；第三类还含有罗丹明 B；第四、第五和第六类，除含有碱性品蓝、甲基紫、结晶紫、碱性艳蓝 B 和碱性艳蓝 BO 外，还含有磺化铜酞菁；第七、第八和第九类均含有未知峰。第七类在 1.81min 左右有一个未知峰 1（最大吸收波长为 547 nm），其 *m*/z 为 316.4102，可能是碱性品蓝脱两个甲基的产物；第八类和第九类在 9.62min 和 22.01min 出现未知峰 2 和未知峰 3（最大吸收波长分别为 628nm 和 627nm），这两个色谱峰的 *m*/z 分别为 478.6380 和 381.4313，与这两个色谱峰对应的物质有待进一步分析鉴定。在 28.53min 出现未知峰 4，其最大吸收波长和 *m/z* 分别为 592nm 和 484.6434，据文献报道可能为维多利亚 4R。

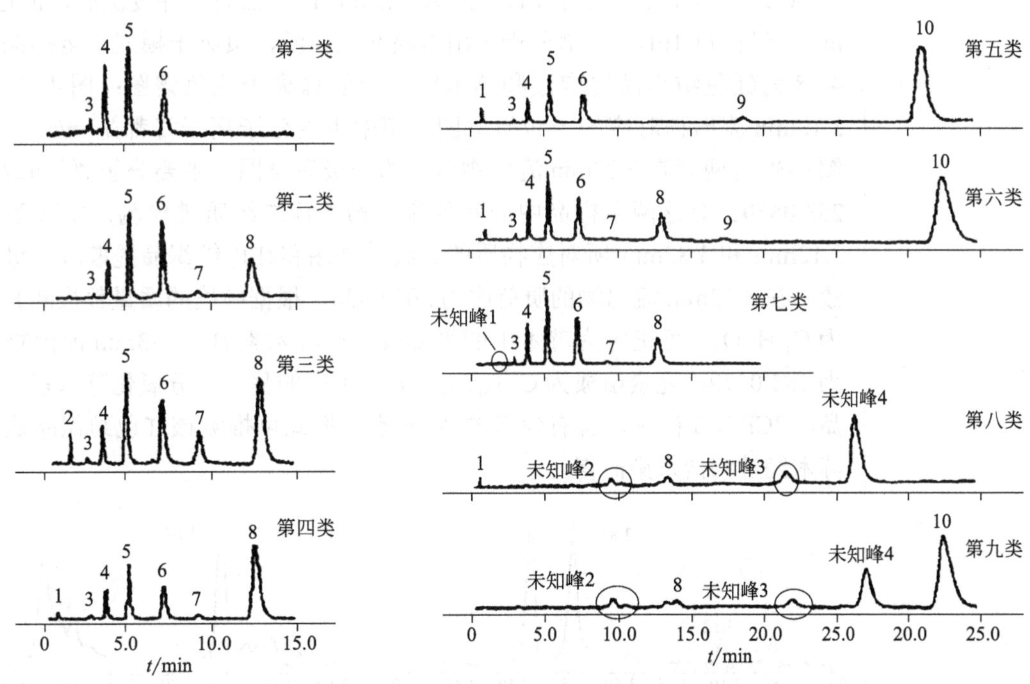

图 4-27　9 类蓝色圆珠笔油墨的典型色谱图

龚利斌等[12]建立了涤纶纺织纤维中分散红染料的 HPLC 定性定量方法。采用 Eclipse Plus C_{18}（250mm×4.6mm，5μm）色谱柱，在乙腈：水（70 : 30，体积比）为流动相、流速 1.0mL/min、检测波长

238nm、柱温 25℃条件下，对涤纶纺织纤维中的分散红染料进行了定性定量分析。取“6.14 南京市鼓楼区工人新村入室盗窃案”现场留下的红色涤纶纺织纤维，剪取质量为 11.50mg 的 1 号检材；取犯罪嫌疑人身着的红色涤纶织物，剪取质量为 13.15mg 的 2 号检材，将上述两份检材置于圆底烧瓶中，加入 30.00mL 乙腈：水（5：1，体积比）溶液，加热回流 30min，得到对应提取液。提取液用乙腈：水（5：1，体积比）溶液分别在两个 100mL 的容量瓶中定容，依次取 20μL 进行 HPLC 测定。1 号和 2 号检材在上述色谱条件下测得每克纤维含分散红染料分别为 24.74mg 和 24.66mg，相对标准偏差为 0.229%，据此可判断 1 号和 2 号检材来自同一样本，与案件事实相符。

2. HPLC-MS 法定性定量

近年来染料的分析技术得到了迅速发展，HPLC-MS 联用技术凭借其独有的定性定量效果已经被广大分析工作者所认可。

张林玉等[13] 采用超高效液相色谱 - 四极杆飞行时间质谱联用技术（UPLC/Q-TOF-MS) 对清代红色纺织品的染料成分进行了定性分析。样品来自故宫博物院科技部，称取 1mg 红色纺织品，剪碎，置于 1mL 玻璃小瓶中，加入甲醇 - 丙酮（1：1，体积比）溶液 900μL、甲酸 50μL、10mmol/L EDTA 水溶液 50μL，70℃超声提取 50min，用 1mL 注射器吸取提取液，过膜，氮吹，再用 30μL 甲醇 - 丙酮溶液复溶待测。色谱分析采用 BEH C_{18} 柱（2.1mm × 100mm，1.7μm），柱温 30℃，流动相 A 为含 0.1% 甲酸水溶液，B 为乙腈，梯度洗脱，流速 0.25mL/min，进样量 1μL。质谱分析采用电喷雾电离源，负离子模式，全扫描检测。图 4-28 为红色纺织品提取液和苏木提取液的总离子流色谱图；图 4-29 为两者在 3.12min 流出物对应的一级质谱图，图中主要分子离子峰都是 m/z = 303.0826；图 4-30 为两者在 3.83min 流出物对应的一级质谱图，主要分子离子峰都是 m/z = 283.0570。对这两个样品中的两种流出物进行二级质谱检测，发现苏木提取液 3.12min 和 3.83min 所对应物质的二级质谱图和红色纺织品提取液二级质谱图一致。在 3.12min 流出物的质荷比为 303.0826，根据精确的质量数推断其元素组成为 $C_{16}H_{16}O_6$，可确定为苏木中的主要成分原苏木素 B；3.83min 流出物的质荷比为 283.0570，元素组成为 $C_{16}H_{12}O_5$，为苏木中的另一成分氧化苏木素。红色纺织品经 ICP-MS 检测，含有较多的 Al 元素，据此可推测该红色纺织品是植物染料苏木经过铝盐媒染而得。

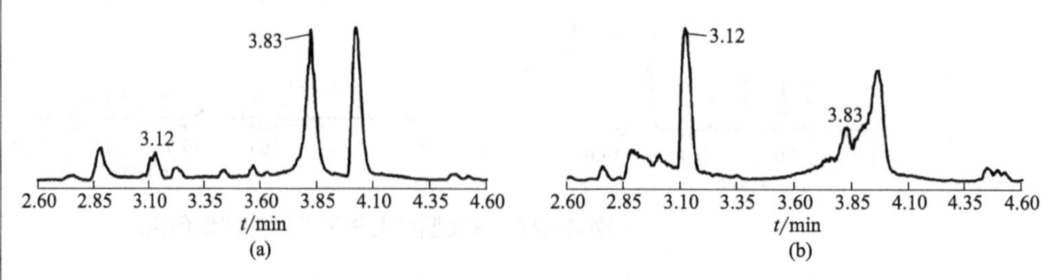

图 4-28 红色纺织品提取液（a）和苏木提取液（b）的总离子流色谱图

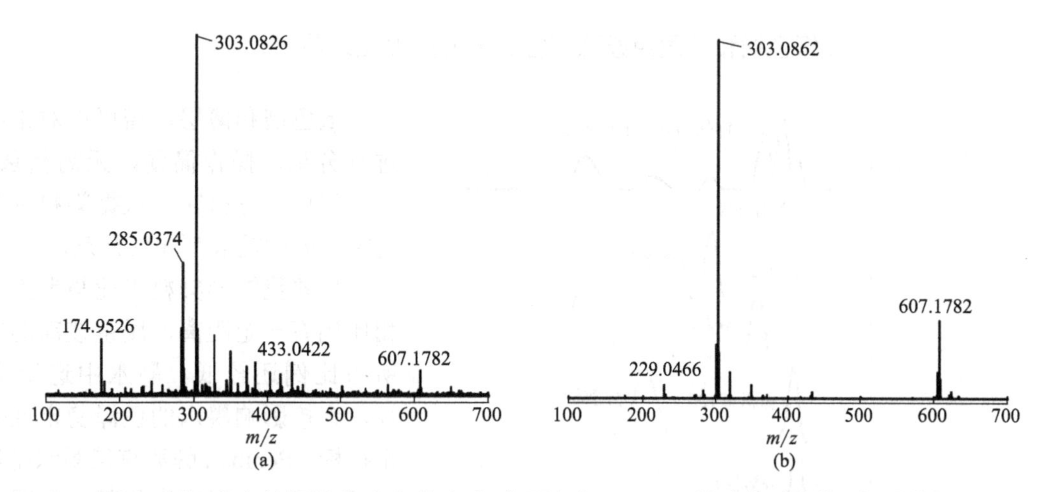

图 4-29　红色纺织品（a）和苏木（b）两者在 3.12min 流出物对应的一级质谱图

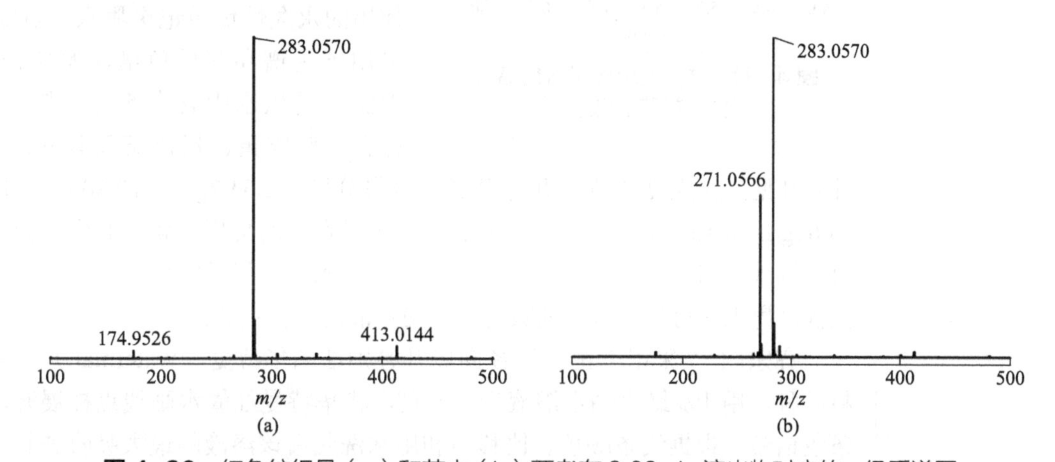

图 4-30　红色纺织品（a）和苏木（b）两者在 3.83min 流出物对应的一级质谱图

叶紫宇等[14]采用正丙醇 - 硫酸铵双水相萃取，高效液相色谱 - 串联质谱法测定了印染废水中分散黄 3、分散蓝 35、分散蓝 106、分散红 1、分散橙 1、分散橙 37 和分散棕 1 等 7 种染料含量。色谱柱为 Zorbax Eclipse XDP-CN（150mm×4.6mm，3.5μm），柱温 30℃，进样量 10μL。流动相为 30% A（0.1% 甲酸溶液）和 70% B（乙腈）等度洗脱，流量为 0.5mL/min。质谱分析中采用电喷雾离子源及多反应监测模式。采集苏州地区周边的 3 家印染厂排污口水样（编号分别为水样 1、水样 2 和水样 3），经 0.15μm 微孔滤膜过滤后，进行 HPLC-MS 检测，3 个水样中均检出了 7 种分散染料（见表 4-1），图 4-31 是其中一个样品的总离子流色谱图。实验结果表明，7 种染料的检出限（3S/N）为 3.3～57ng/L，加标回收率为 80.0%～116%，RSD（$n=5$）为 1.2%～10%。

表 4-1　水样的测定结果　μg/L

化合物	水样 1	水样 2	水样 3	化合物	水样 1	水样 2	水样 3
分散黄 3	0.26	1.34	1.41	分散蓝 106	2.75	2.84	2.79
分散蓝 35	1.44	4.48	3.54	分散橙 37	0.39	0.60	1.39
分散红 1	1.12	3.45	1.01	分散棕 1	1.24	0.98	1.36
分散橙 1	0.46	0.58	1.18				

3. 纸色谱和薄层色谱法定性，分光光度法定量

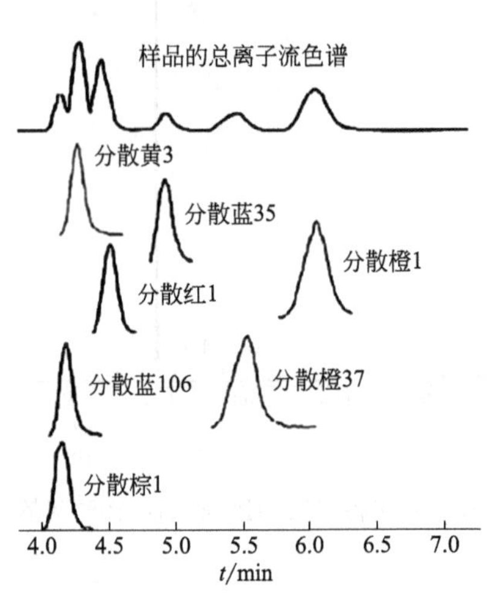

图 4-31　样品的总离子流色谱图（与标准品对照定性）

纸色谱和薄层色谱可以对染料复合物进行分离，操作简便，无需复杂的仪器，易于推广。分析时，依据染料种类的不同选择不同的提取剂和展开剂。

目前我国的染料工业与世界先进水平相比尚有一定距离，质量较高的染料品种所占比例还较低。墨水中选用染料的好坏，直接影响墨水的色泽稳定性等多项技术指标。Penman 牌派克黑墨水是世界名牌产品，其水浸坚牢度优越，是国际上广泛使用的永久性优质记录墨水。贺丽苹等 [15] 采用纸色谱和薄层色谱法鉴定出 Penman 牌派克黑墨水中含有 5 种染料，即亮黑、亮蓝、坚牢黄、日落黄及紫 6B；采用紫外 - 可见分光光度法测定并计算了其含量分别为 26.97g/L、10.30g/L、48.58g/L、15.62g/L 和 13.98g/L。这 5 种染料都是无毒安全的食用色素，其中亮黑和坚牢黄可牢固地附着于纸纤维中，使其具有优良的永久性记录特色；另外三种染料可全面提高墨水在可见光区域的吸光度，使溶液的颜色更黑。

齐宗韶 [16] 采用纸色谱法径向展开鉴别法国华特曼（Waterman）红墨水的染料品种。用 1% 氯化钠水溶液为展开剂，将华特曼红墨水画线点样展开，形成三条色谱带。根据线条颜色、比移值和用水洗脱后该溶液的最大吸收波长，鉴定出三条色带分别为酸性红 G（主染料）、酸性红 G（副染料）和日落黄；分别将三条色带洗脱定容后，采用分光光度法测定并计算了其含量，测定结果见表 4-2。

表4-2　法国华特曼红墨水的分析结果

染料	颜色	比移值 R_f	λ_{max}/nm	含量 /%	RSD/%
酸性红 G（主染料）	红	0.54	505、530	3.92	0.7（n=3）
酸性红 G（副染料）	紫红	0.34	506、532	0.76	1.32（n=3）
日落黄	橙黄	0.83	482	1.82	1.65（n=3）

第四节　染料剖析实例

实例 1　Resoline Red F3BS 染料的结构剖析

Resoline Red F3BS 是德国拜耳公司生产，用于涤 / 棉混纺织物染色的红色分散染料。其颜色较艳，各项牢度性能优良，我国有部分进口。为了增加我国国产染料品种，王雪梅[17]对此染料进行了结构剖析。

一、样品的初步试验

称取5g商品染料，用无水乙醇在脂肪提取器中提取，提取液经减压蒸去乙醇，得粉状粗品染料1.5g，然后将粗染料用苯重结晶两次，得纯净染料，熔点为192.5～194℃。

1. 染料单一性试验

染料用丙酮溶解，于硅胶G薄层，用苯：丙酮（4：1）和氯仿：丙酮（9：1）展层。色谱分离结果均为单一红色斑点，可确定该染料为单色染料。

2. 元素定性分析

经钠熔法测定，染料样品含S和N，不含卤素。该染料易溶于乙醇、丙酮、氯苯等溶剂，不溶于水。

3. 元素定量分析

C 58.65%；H 5.50%；N 20.00%；S 7.80%。

4. 染料类型鉴定

取染料样品少许于洁净试管中，用乙醇溶解，加保险粉，加热褪色，冷却后再加双氧水，染料溶液颜色不复现，故可确定该染料为偶氮型结构。

二、结构鉴定

1. 紫外光谱法

测定染料的紫外光谱，如图4-32所示。从图4-32可见，520nm、215nm和303nm有吸收峰，据此可推测该染料的骨架为苯环。

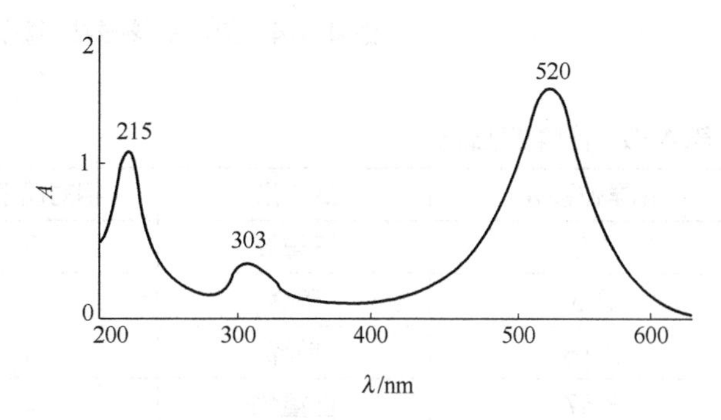

图4-32　染料的紫外光谱

2. 红外光谱法

测定染料的红外光谱，如图4-33所示。图4-33中，3200cm^{-1}单尖峰，为NH伸缩振动引起，表示分子中含有—NH基团；2930cm^{-1}、2900cm^{-1}、2850cm^{-1}处的吸收峰表示有CH_3和CH_2基团存在；2217cm^{-1}处的尖峰为连在苯环上氰基的伸缩振动引起。

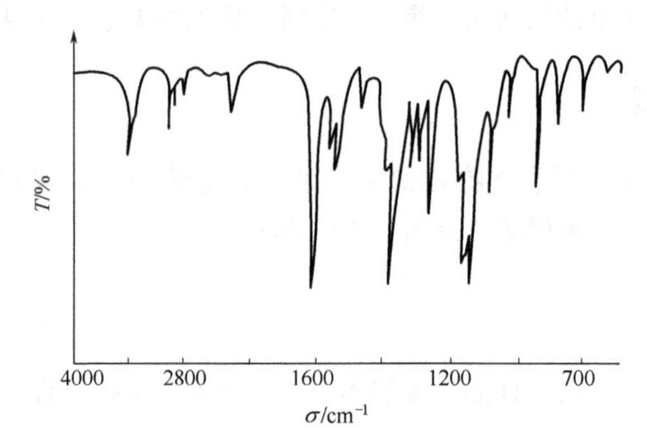

图4-33　染料的红外光谱

3. 核磁共振光谱法

测定染料的核磁共振氢谱，如图4-34所示，各峰的归属见表4-3。

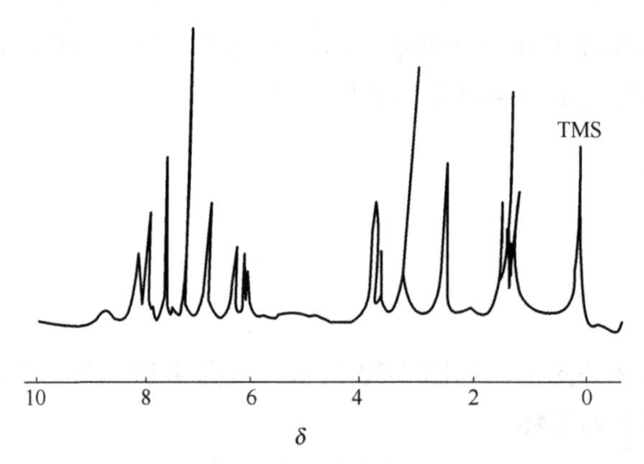

图4-34　染料的核磁共振氢谱

表4-3　各峰的归属

化学位移 δ	峰　形	相对质子数	归　属
1.3	三重峰	6	CH_3CH_2—
2.5	单峰	3	Ar—CH_3
3.18	单峰	3	—SO_2CH_3
3.57	四重峰	4	—N—CH_2CH_3
6.6~8.2	群峰	5	芳氢
8.9	宽单峰	1	—NH—

4. 质谱

从染料的质谱（图 4-35），可看到分子离子峰 *m/z* 为 410，基峰为 395，并有较多的碎片离子峰。

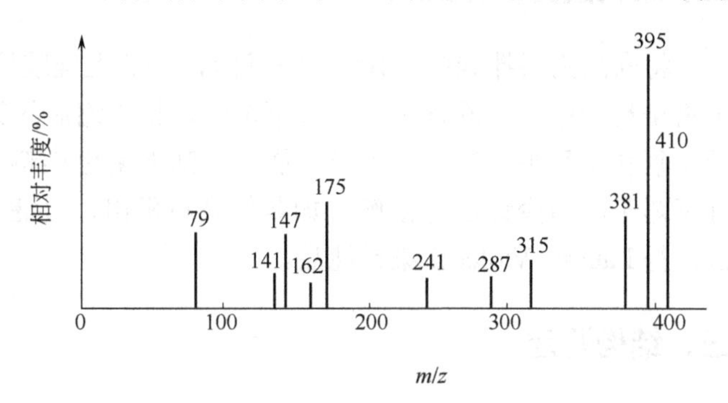

图 4-35 染料的质谱

三、结论

从质谱分析得知该染料的分子量为 410，根据元素定量分析数据可以推算出该染料的分子式为 $C_{20}H_{22}N_6SO_2$。

综上分析及查阅有关资料可初步推出该染料的可能结构为：

实例 2 Lanaset Violet B 染料的剖析

Lanaset 染料是瑞士汽巴 - 嘉基公司生产的新型毛用活性染料。据介绍，该系列染料染色性能极佳，纤维损坏最小，染色效果可靠度高，质量均一。张守栋[18]根据使用单位的要求，对 Lanaset Violet B 染料结构进行了剖析。

一、染料的初步试验

1. 染料的单一性鉴定

取少许商品染料用甲醇溶解，点在硅胶 G 薄层板上，用苯：氯仿：甲醇（30 : 20 : 15）作展开剂展层，如图 4-36 所示。

展开结果表明该染料为单一染料，其他染料量极少，认为是合成副染料。

2. 染料的类型鉴定

取少许商品染料溶于水中，加入少许保险粉，染料溶液不褪色，再加入 2 滴 10% 的氢氧化钠溶液，溶液变为红棕色，加入过硫酸钾溶液复为蓝色，空气中慢慢氧化也能复色。此为蒽醌类染料的特征反应，

说明该染料母体为蒽醌结构。

二、染料的分离提纯

将商品染料拌硅胶（100～200 目），干法上硅胶柱，甲醇洗脱下紫色染料，再将染料的甲醇溶液置于红外灯下浓缩，将浓缩后的染料点于胶硅 G 板上，用苯：氯仿：甲醇（30：20：15）展层。刮下紫色染料主色带，除去硅胶，红外灯下烤干。用少许乙醇溶解，加苯使染料析出，过滤，烘干。重复上述操作一次，得 Lanaset Violet B 染料纯品。

三、结构鉴定

1. 染料的紫外 - 可见吸收光谱

纯染料用甲醇做溶剂，测其紫外 - 可见吸收光谱，如图 4-37 所示。

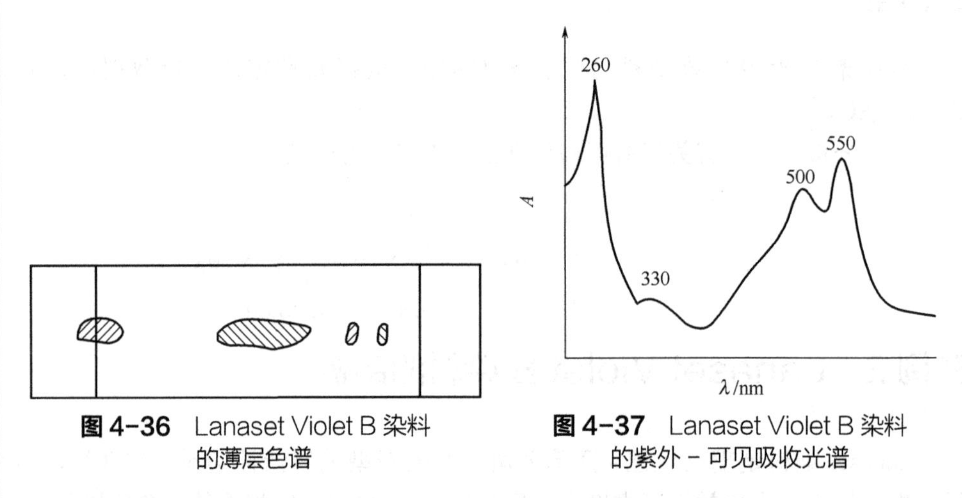

图 4-36 Lanaset Violet B 染料的薄层色谱

图 4-37 Lanaset Violet B 染料的紫外 - 可见吸收光谱

染料的紫外吸收光谱 λ_{max}=260nm，显示了蒽醌系结构染料的特征吸收。

2. 染料的红外吸收光谱

纯染料用溴化钾压片，测其红外吸收光谱，如图 4-38 所示。

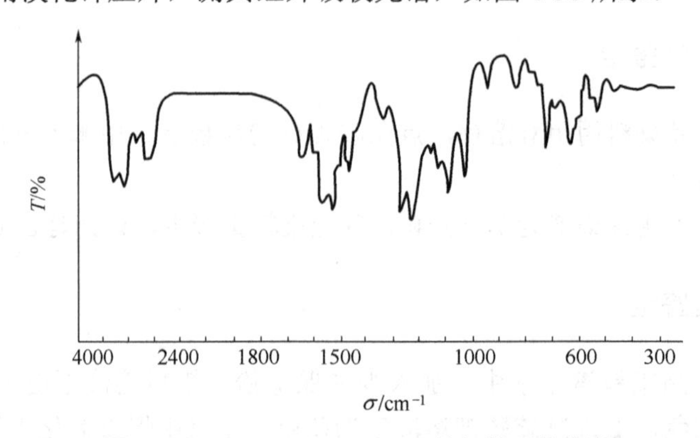

图 4-38 Lanaset Violet B 的红外吸收光谱

由染料的红外吸收光谱可看出该染料含有下列基团：1640cm^{-1} 的酰胺基，2950～2800cm^{-1}、1450cm^{-1} 和 1360cm^{-1} 的烷基，1270cm^{-1}（强）的芳醚基，1220cm^{-1}（宽）和 1025cm^{-1}（尖）的磺酸基。

3. 染料的核磁共振氢谱

纯染料用二甲基亚砜作溶剂，四甲基硅作内标，测其核磁共振氢谱，如图 4-39 所示，谱图解析见表 4-3。

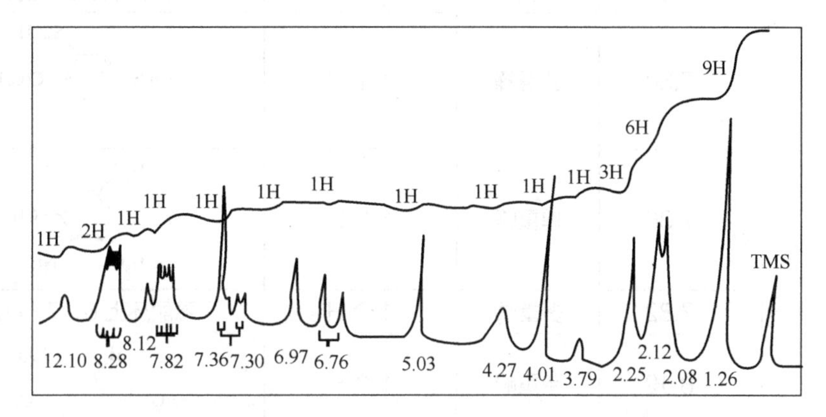

图 4-39 Lanaset Violet B 染料的核磁共振氢谱

表 4-4 染料的核磁共振氢谱数据解析

化学位移 δ	峰 形	相对质子数	归 属	标 记
1.26	单重峰	9 个 H	CH_3 —C—CH_3 CH_3	a
2.08 2.12	双重峰	6 个 H	H_3C H_3C	b
2.25	单重峰	3 个 H	—CH_3	c
3.79	单重峰	1 个 H	Br Br —C—C—H H H	d
4.01	单重峰	1 个 H	H H —C—C—H Br Br	e
4.27	单重峰	1 个 H	H H —C—C—H H Br	f
5.03	单重峰	1 个 H	—NHC— ‖ O	g

续表

化学位移 δ	峰　形	相对质子数	归　属	标　记
6.76	双重峰	1个H	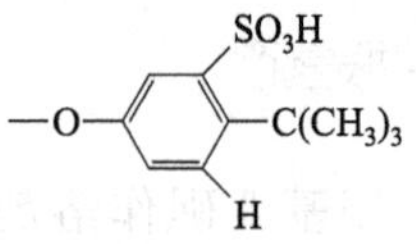 SO_3H；—O—；$C(CH_3)_3$；H	h
6.97	单重峰	1个H	蒽醌环上3-位质子	i
7.30	四重峰	1个H	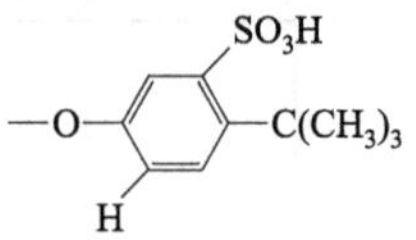 SO_3H；—O—；$C(CH_3)_3$；H	j
7.36	单重峰	1个H	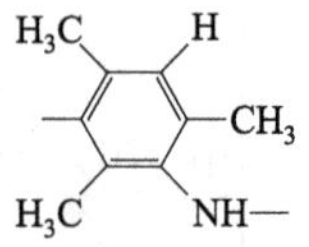 H_3C；H；CH_3；H_3C；NH—	k
7.82	多重峰	1个H	蒽醌环上6，7-位质子	l
8.12	单重峰	1个H	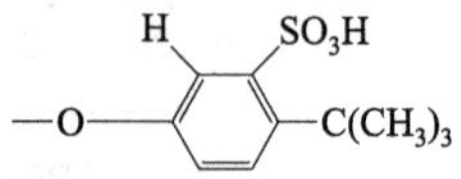 H；SO_3H；—O—；$C(CH_3)_3$	m
8.28	多重峰	2个H	蒽醌环上5，8-位质子	n
12.10	单重峰	1个H	氢键缔合质子	o

由染料的核磁共振氢谱数据，可推出其结构为：

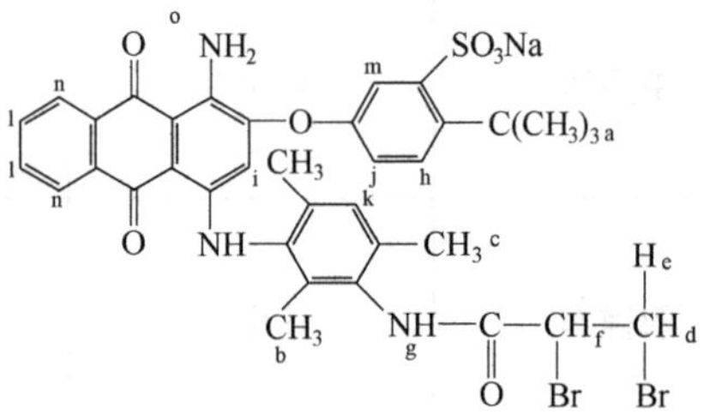

O　NH_2　SO_3Na　O　$C(CH_3)_3$　CH_3　O　NH　CH_3　CH_3　NH—C—CH—CH　O　Br　Br　H

4. 染料的元素分析

提纯后的染料做元素定量分析，结果为：N 5.07%；S 3.82%；Br 19.01%；元素比N∶S∶Br=3∶1∶2。

四、结论

综合上述分析，可以确定Lanaset Violet B染料的结构为：

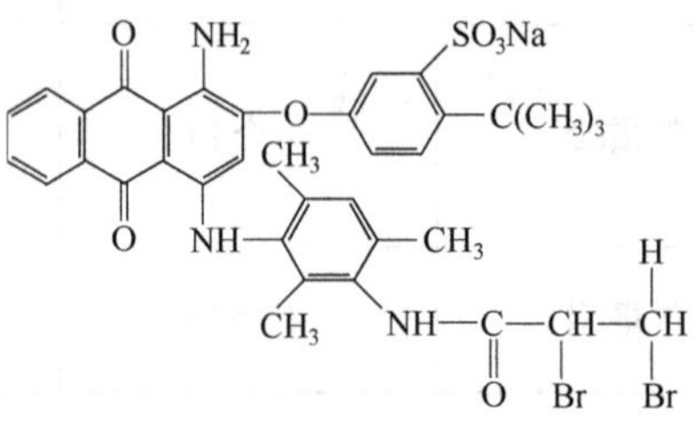

O　NH_2　SO_3Na　O　$C(CH_3)_3$　CH_3　O　NH　CH_3　CH_3　NH—C—CH—CH　O　Br　Br　H

实例 3 进口染料复隆黑（Foron Black）RD-3G 300% 的剖析

瑞士山道士公司生产的复隆黑（Foron Black）RD-3G 300% 是一种黑色高浓度分散染料，它的许多性能均优于国产及日本同类品种染料。陆熠明[19]采用薄层色谱、红外光谱、核磁共振光谱及质谱等方法对复隆黑（Foron Black）RD-3G 300% 进行剖析。剖析结果对我国高浓度分散黑染料工业的发展具有重要的借鉴作用。

一、染料的分离纯化与初步定性

1. 染料的分离与纯化

（1）染料的分离　将商品复隆黑染料溶于氯仿，用毛细管滴加在以 GF 硅胶制备的 20cm×10cm 薄层板上，用环己烷 : 乙醚（1 : 1）混合溶剂为展开剂对复隆黑染料进行展层。薄层色谱分离结果表明复隆黑（Foron Black）RD-3G 300% 是一种由蓝色、紫色、橙色和红色 4 种染料拼混而成的复合染料，并有一个浅蓝色的副斑点存在。

（2）染料纯品的制备　按上述条件，将适量商品染料分多次进行薄层色谱分离，用刮刀将蓝色、紫色、橙色和红色 4 种染料刮下，分别收集。待收集量足够谱学分析时，分别用氯仿溶解，过滤，蒸去氯仿后，得到 4 种染料的纯品。

2. 4 种染料纯品的分类试验及元素定性分析

分别取 4 种染料纯品少许，溶于碱性保险粉溶液中，加热，染料均褪色，冷却后稍加过氧化氢氧化，溶液颜色均不复现，说明商品复隆黑染料经薄层色谱分离得到的 4 个组分均为偶氮染料。用氧瓶燃烧法，分别将 4 种染料纯品进行元素定性分析。分析结果表明，4 种染料均不含硫，蓝色和紫色染料含有氮和溴，橙色和红色染料含有氮和氯。

二、4 种染料纯品的结构分析

1. 蓝色染料的结构分析

（1）蓝色染料的红外光谱分析　测定蓝色染料纯品的红外光谱，测定结果如图 4-40 所示，谱图解析见表 4-5。

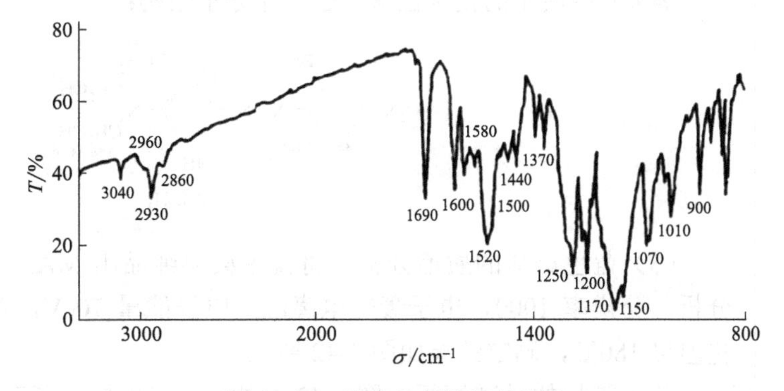

图 4-40　蓝色染料的红外光谱

表 4-5　蓝色染料的红外光谱解析

σ/cm^{-1}	基团	σ/cm^{-1}	基团
1520	$Ar—NO_2$	1690	$—\overset{O}{\overset{\parallel}{C}}—NH—$
1370		1580	
1250	$Ar—OCH_3$	2930	$—CH_2—$
1150	Ar—N<	2860	
1170		2960	$—CH_3$
1600	苯骨架振动	1370	
1500			

（2）蓝色染料的核磁共振光谱分析　测定蓝色染料纯品的核磁共振光谱，测定结果如图 4-41 所示，谱图解析见表 4-6。

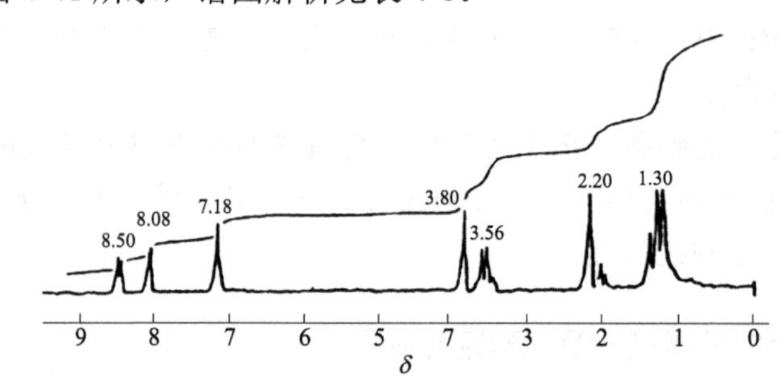

图 4-41　蓝色染料的核磁共振光谱

表 4-6　蓝色染料的核磁共振光谱解析

δ	峰形	相对质子数	归属	δ	峰形	相对质子数	归属
1.30	三重	6	$—N<^{CH_2CH_3}_{CH_2CH_3}$	3.80	单	3	$Ar—O—CH_3$
				7.18	单	1	酰氨基邻位芳香质子
2.20	单	3	$—NHCOCH_3$	8.08	单	1	偶氮基邻位芳香质子
3.56	畸变四重	4	$—N<^{CH_2CH_3}_{CH_2CH_3}$	8.50	双	2	硝基邻位芳香质子

表 4-6 中质子的化学位移符合下述分子结构：

（3）蓝色染料的质谱分析　将蓝色染料纯品用 MAT 311A 质谱仪进行质谱分析，分辨率 1000，电子轰击电离源，电子能量 70eV，发射电流 3000μA，汽化温度 180℃，测定结果如图 4-42 所示。

蓝色染料的质谱解析：图 4-42 中的 m/z 508 是分子离子峰，表明蓝色染料的分子量为 508，分子量为偶数，表明染料分子结构中含有偶数个氮原子；最右

端 m/z 510 是同位素离子峰（M+2），从图 4-42 中可以看出 M∶M+2=1∶1，这种特征的同位素峰说明蓝色染料的分子结构中有一个溴原子。

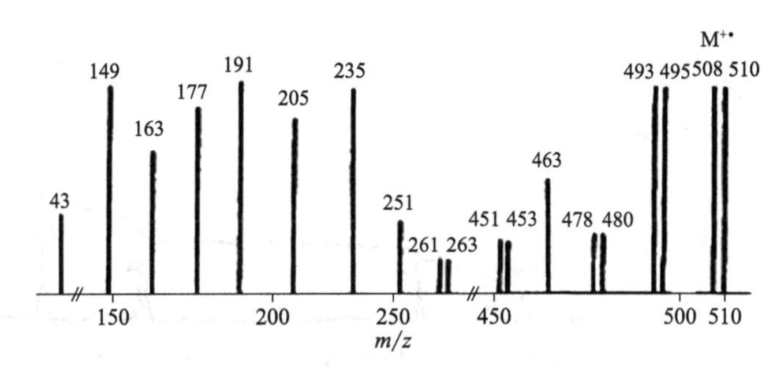

图 4-42　蓝色染料的质谱图

综合元素分析，红外光谱、核磁共振光谱和质谱等的解析，推测蓝色染料的分子结构为：

Br　OCH_3　CH_2CH_3　O_2N　N=N　N　CH_2CH_3　NO_2　NH　$COCH_3$

2. 紫色染料的结构分析

（1）紫色染料的红外光谱分析　将紫色染料纯品做红外光谱分析，测定结果如图 4-43 所示，谱图解析见表 4-7。

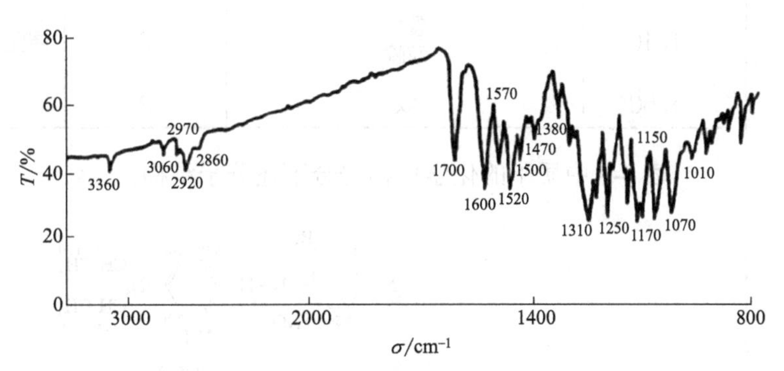

图 4-43　紫色染料的红外光谱

表 4-7　紫色染料的红外光谱解析

σ/cm^{-1}	基团	σ/cm^{-1}	基团
1520	Ar—NO_2	1600	苯骨架振动
1310		1500	
1250	Ar—OCH_3	2920	—CH_2—
1700	—C(=O)—NH—	2860	
1570		2970	—CH_3
1150	Ar—N<	1380	
1170			

（2）紫色染料的核磁共振光谱分析　将紫色染料纯品做核磁共振光谱分析，测定结果如图 4-44 所示，谱图解析见表 4-8。

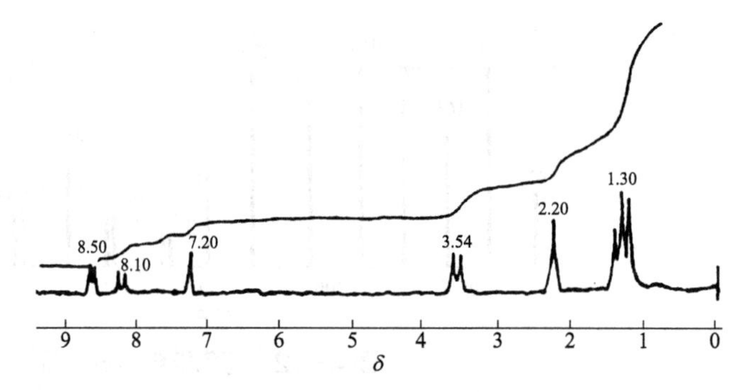

图 4-44　紫色染料的核磁共振光谱

表 4-8　紫色染料的核磁共振光谱解析

δ	峰形	相对质子数	归属
1.30	三重	6	$-N(CH_2CH_3)_2$
2.20	单	3	$-NHCOCH_3$
3.54	应为四重峰，分辨不好，表现为双峰	4	$-N(CH_2CH_3)_2$
7.20	单	1	酰氨基邻位芳香质子
8.10	裂分双峰	2	偶氮基邻位、间位芳香质子
8.50	双	2	硝基邻位芳香质子

表 4-8 中质子的化学位移符合下述分子结构：

Br　8.50　8.10　8.10　3.54　1.30　CH_2CH_3　O_2N　N=N　N　CH_2CH_3　8.50　NO_2　7.20　3.54　1.30　NH　$COCH_3$　2.20

（3）紫色染料的质谱分析　将紫色染料纯品用 MAT 311A 质谱仪进行质谱分析，测试条件与蓝色染料相同，测定结果如图 4-45 所示。

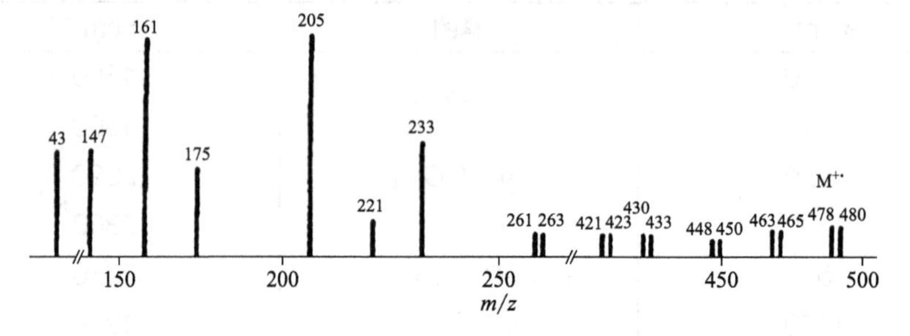

图 4-45　紫色染料的质谱

紫色染料的质谱解析：分子离子峰 m/z 478，表明紫色染料的分子量为 478，分子量为偶数，表明染料分子结构中有偶数个氮原子；M∶M+2=1∶1，这种特征的同位素峰说明紫色染料的分子结构中有一个溴原子。

综合元素分析，红外光谱、核磁共振光谱和质谱等的解析，推测紫色染料可能具有以下分子结构：

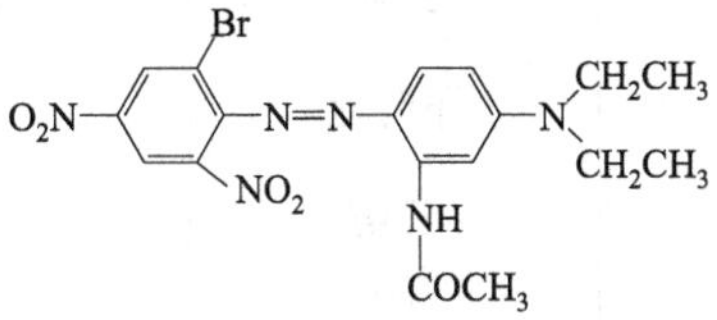

3. 橙色染料的结构分析

（1）橙色染料的红外光谱分析　将橙色染料纯品做红外光谱分析，测定结果如图 4-46 所示，谱图解析见表 4-9。

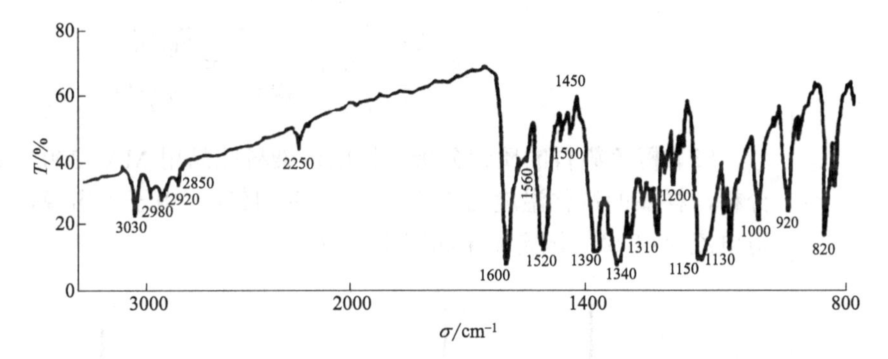

图 4-46　橙色染料的红外光谱

表 4-9　橙色染料的红外光谱解析

σ/cm^{-1}	基团	σ/cm^{-1}	基团
1520 1340	Ar—NO_2	1600 1500	苯骨架振动
1130 1150	Ar—N<	2920 2850	—CH_2—
2250	R—C≡N	2980 1450	—CH_3

（2）橙色染料的核磁共振光谱分析　将橙色染料纯品做核磁共振光谱分析，测定结果如图 4-47 所示，谱图解析见表 4-10。

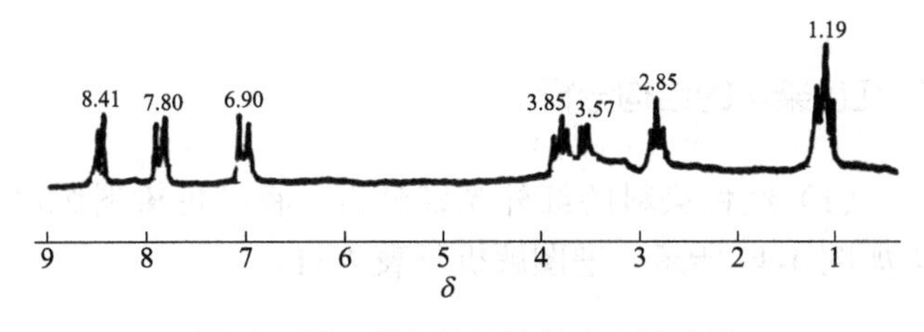

图 4-47　橙色染料的核磁共振光谱

表4-10 橙色染料的核磁共振光谱解析

δ	峰形	相对质子数	归属
1.19	三重	3	$-N<CH_2CH_3$
2.85	三重	2	$-CH_2CH_2CN$
3.57	不明显	2	$-N<CH_2CH_3$
3.85	三重	2	$-CH_2CH_2CN$
6.90	双	2	偶氮基间位芳香质子
7.80	双	2	偶氮基邻位芳香质子
8.41	双	2	硝基邻位芳香质子

表 4-10 中质子的化学位移符合下述分子结构：

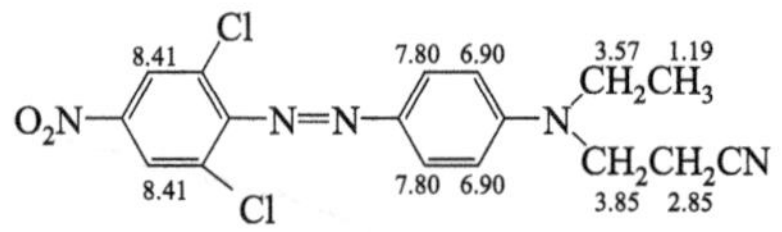

(3) 橙色染料的质谱分析　将橙色染料纯品用 MAT 300A 质谱仪进行质谱分析，样品的汽化温度为 150℃，分辨率 1000，电子轰击源，电子能量 70eV，射电流 3000μA，测定结果如图 4-48 所示。

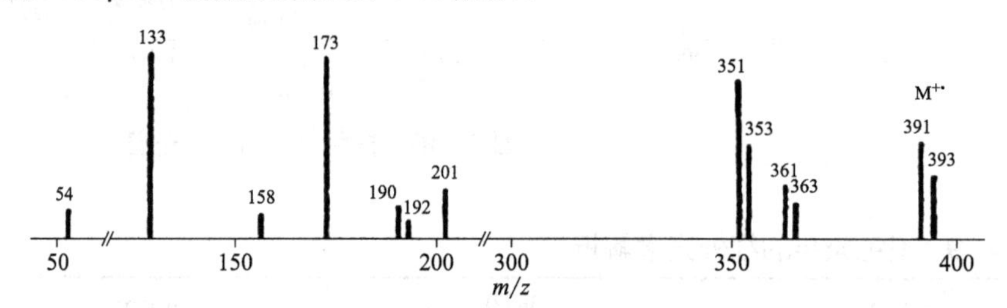

图 4-48 橙色染料的质谱

橙色染料的质谱解析：分子离子峰 *m/z* 391，表明橙色染料的分子量为 391，分子量为奇数，表明染料分子中含有奇数个氮原子；M：(M+2)=1：2/3，这种特征的同位素峰说明橙色染料的分子结构中有两个氯原子。

综合元素分析，红外光谱、核磁共振光谱和质谱等的解析，推测橙色染料可能具有以下分子结构：

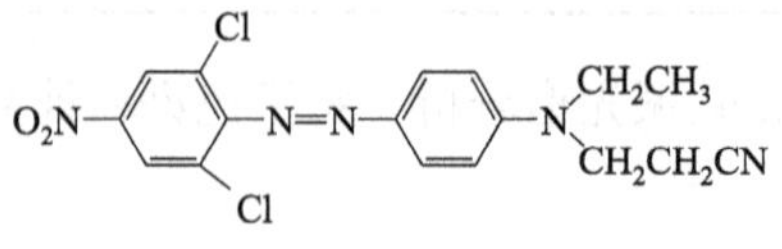

4. 红色染料的结构分析

(1) 红色染料的红外光谱分析　将红色染料纯品做红外光谱分析，测定结果如图 4-49 所示，谱图解析见表 4-11。

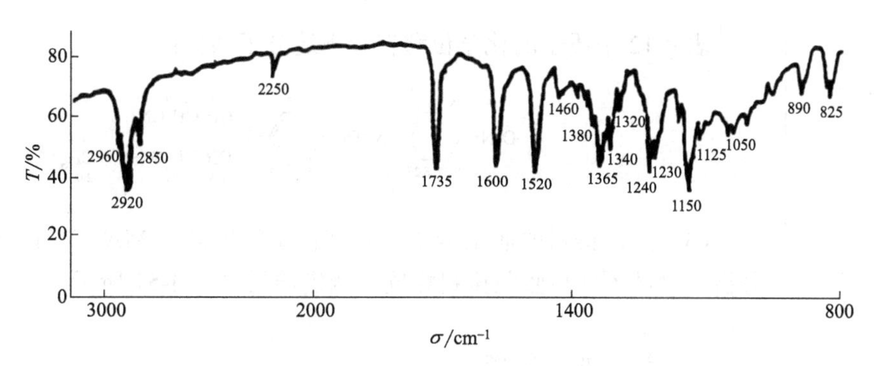

图 4-49　红色染料的红外光谱

表4-11　红色染料的红外光谱解析

σ/cm^{-1}	基团	σ/cm^{-1}	基团
1520 1340	$Ar—NO_2$	1735	$—O—\overset{O}{\overset{\Vert}{C}}—CH_3$
2250	$R—C\equiv N$	1600	苯骨架振动
		2920 2850	$—CH_2—$
1150 1125	$Ar—N\langle$	2960 1380	$—CH_3$

（2）红色染料的核磁共振光谱分析　将红色染料纯品做核磁共振光谱分析，测定结果如图 4-50 所示，谱图解析见表 4-12。

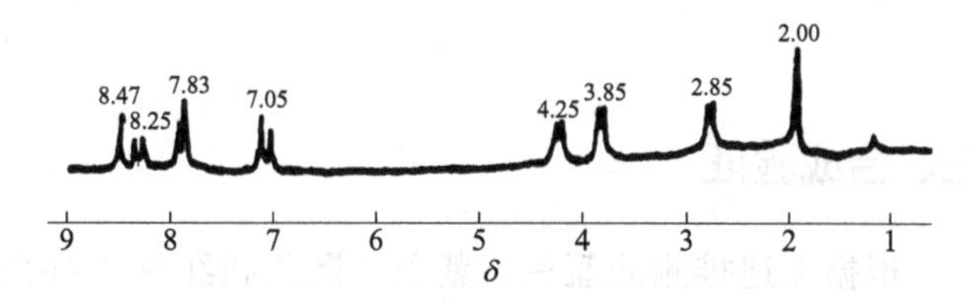

图 4-50　红色染料的核磁共振光谱

表4-12　红色染料的核磁共振光谱解析

δ	峰形	相对质子数	归属	δ	峰形	相对质子数	归属
2.00	单	3	$—O—\overset{O}{\overset{\Vert}{C}}—CH_3$	7.05	双	2	偶氮基间位芳香质子
2.85	不明显	2	$—CH_2CH_2CN$	7.83	双	2	偶氮基邻位芳香质子
3.85	不明显	4	$—N\langle^{CH_2CH_2CN}_{CH_2CH_2OCOCH_3}$	8.25	裂分双峰	2	硝基邻位、间位芳香质子
4.25	不明显	2	$—CH_2CH_2—O—\overset{O}{\overset{\Vert}{C}}—CH_3$	8.47	单	1	硝基邻位芳香质子

注：峰形不明显，主要因为样品太少。

表 4-12 中质子的化学位移符合下述分子结构：

O_2N—(Cl, 8.47, 8.25, 8.25)—N=N—(7.83, 7.05, 7.83, 7.05)—N(CH_2CH_2CN: 3.85, 2.85)($CH_2CH_2O-\overset{O}{\overset{\|}{C}}-CH_3$: 3.85, 4.85, 2.0)

（3）红色染料的质谱分析　将红色染料纯品用 MAT 3 11A 质谱仪进行质谱分析，测试条件与蓝色染料相同，测定结果如图 4-51 所示。

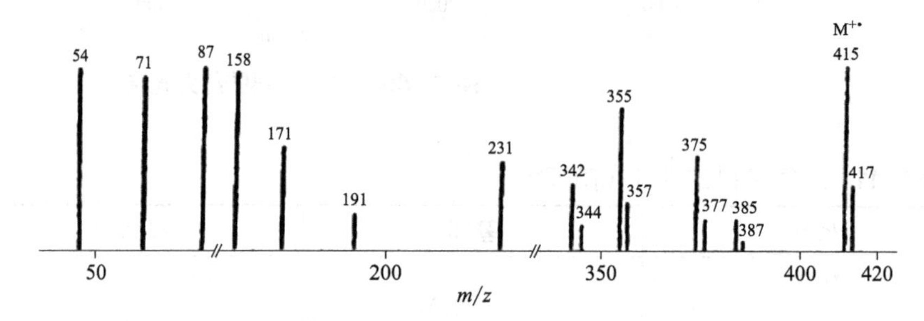

图 4-51　红色染料的质谱

红色染料的质谱解析：分子离子峰为 m/z 415，表明红色染料的分子量为 415，分子量为奇数，表明染料分子结构中含有奇数个氮原子；M : M+2=3 : 1，这种特征的同位素峰说明红色染料的分子结构中有一个氯原子。

综合元素分析，红外光谱、核磁共振光谱和质谱等的解析，推测红色染料可能具有以下分子结构：

O_2N—(Cl)—N=N—⟨⟩—N(CH_2CH_2CN)($CH_2CH_2O-\overset{O}{\overset{\|}{C}}-CH_3$)

三、合成验证

根据上述推测的蓝色、紫色、橙色和红色 4 种染料的分子结构，分别进行合成制备，得到 4 种合成染料。将 4 种合成染料与复隆黑（Foron Black）RD-3G 300% 中的各组分染料进行对照试验。

1. 薄层色谱验证

将商品染料复隆黑（Foron Black）RD-3G 300% 与 4 种合成染料分别溶于氯仿，然后用毛细管滴加在 GF 硅胶薄层板上，用环己烷：乙醚（1∶1）混合溶剂为展开剂进行展层。薄层色谱分离结果如图 4-52 所示，将 4 种合成染料与未知结构的复隆黑（Foron Black）RD-3G 300% 商品染料相对照，各斑点的 R_f 值和颜色完全相同，证明所推测的分子结构是正确的。

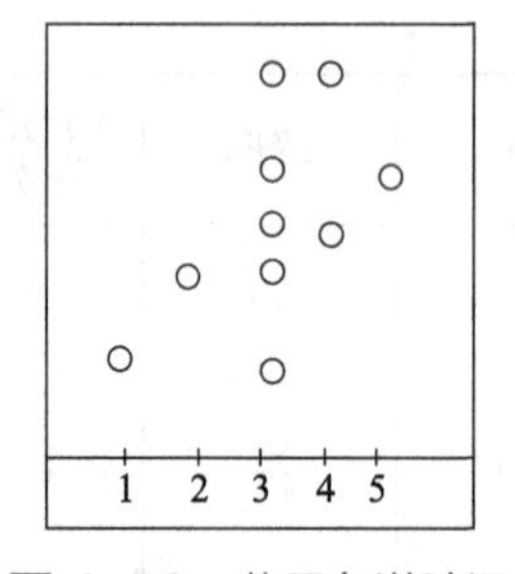

图 4-52　薄层色谱验证

1—合成红色染料；2—合成橙色染料；3—复隆黑（Foron black）RD-3G 300% 商品染料；4—合成蓝色染料；5—合成紫色染料

图 4-52 中第 4 种合成蓝色染料在薄层板上展开后有两个斑点，下面的一个斑点与商品染料中浅蓝色斑点的 R_f 值相同，颜色也一样，为同一物质，是合成染料双乙基化过程中的副产物。

2. 红外光谱验证

将商品染料复隆黑（Foron Black）RD-3G 300% 经薄层色谱分离的 4 种染料纯品（即蓝色、紫色、橙色和红色组分）分别与上述 4 种合成染料（根据推测的分子结构合成）进行红外光谱分析，结果如图 4-53～图 4-56 所示。

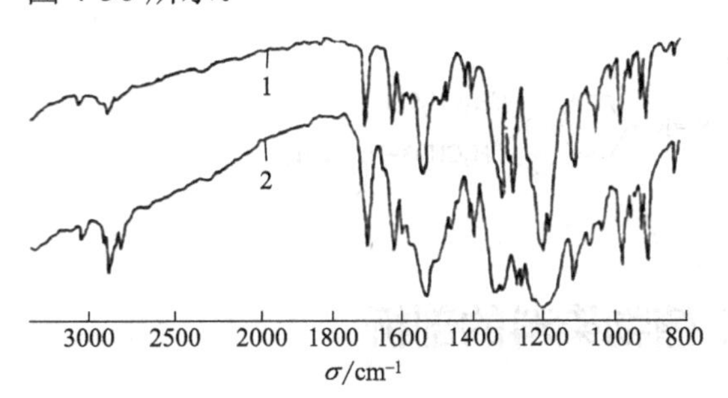

图 4-53　蓝色组分与合成染料的红外光谱

1—合成染料；2—蓝色组分

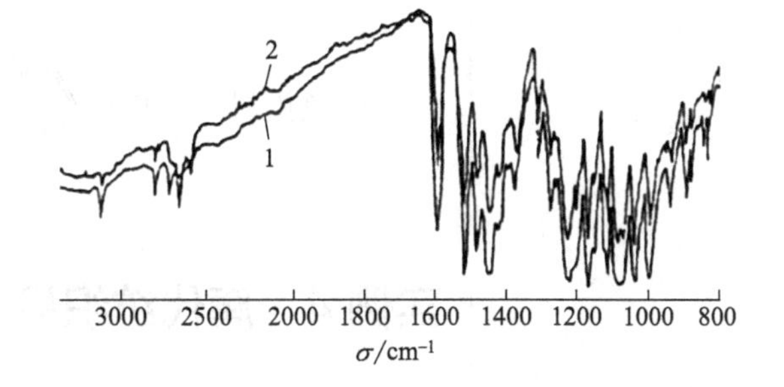

图 4-54　紫色组分与合成染料的红外光谱

1—合成染料；2—紫色组分

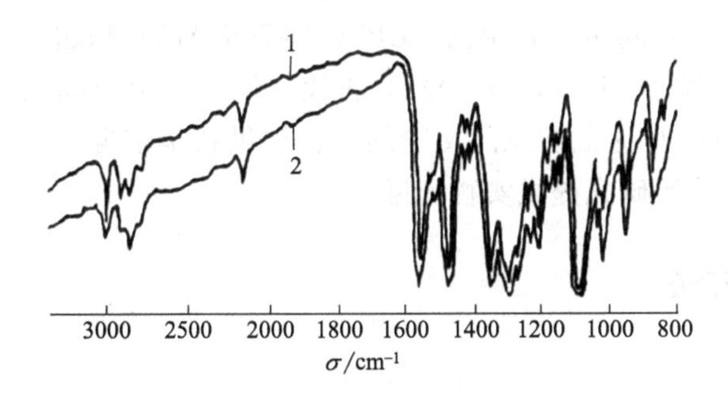

图 4-55　橙色组分与合成染料的红外光谱

1—合成染料；2—橙色组分

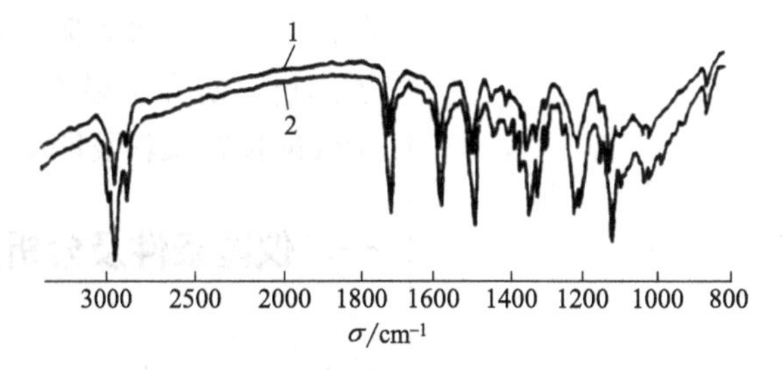

图 4-56　红色组分与合成染料的红外光谱

1—合成染料；2—红色组分

由图 4-53～图 4-56 可见，蓝色、紫色、橙色和红色组分的红外光谱与相应 4 种合成染料的红外光谱基本相同，它们吸收峰的位置和峰形几乎完全吻合，表明相互比较的两种化合物为同一种物质。

经薄层色谱和红外光谱分析，可证明所推测的蓝色、紫色、橙色和红色 4 种染料的分子结构是完全正确的。

四、结论

通过对商品染料复隆黑（Foron Black）RD-3G 300% 的剖析，可证明它是由蓝色、紫色、橙色和红色 4 种染料拼混而成的复合染料。它们的分子结构分别为：

蓝色染料

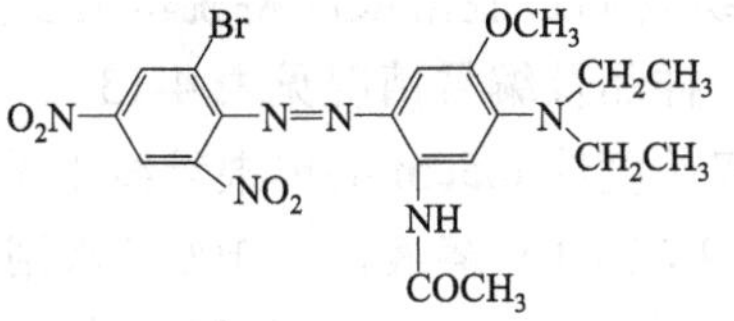

紫色染料

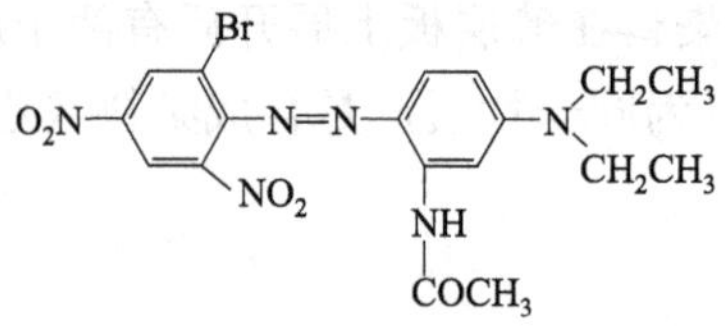

橙色染料

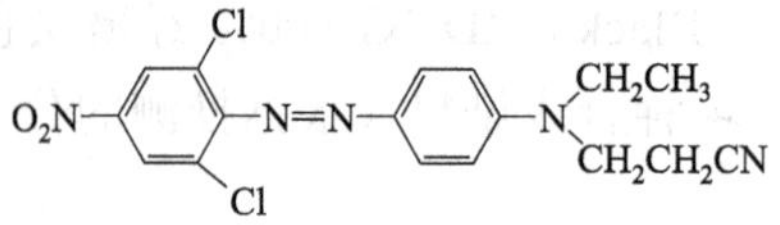

红色染料

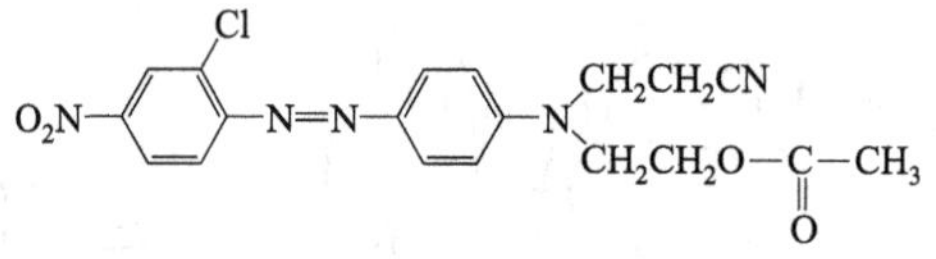

实例 4　唐代纺织品上植物染料的剖析

唐代是我国纺织品印染的鼎盛时期，纺织品颜色多种多样，能染色的植物更是数不胜数，常见的颜色有蓝色、红色、黄色和紫色等。李玉芳等[20]采用超高效液相色谱 - 四极杆飞行时间质谱联用仪（UPLC-Q-TOF-MS）和超高效液相色谱 - 光电二极管阵列检测器（UPLC-DAD）对唐代纺织品所用植物染料进行了剖析。研究结果不仅可以对这批纺织品文物的保护提供科学依据，还能够为唐代的植物染料及印染工艺等研究提供实物证据。

一、仪器条件及分析方法

1. 仪器条件

Waters ACQUITY 自动进样器，UPLC-LG 500nm 光电二极管阵列检测器，Waters ACQUITY UPLC HSS T3 色谱柱（2.1mm×100mm，1.7μm），Waters Masslynx V4.1 数据处理工作站。流动相：溶剂 A 为水，溶剂 B 为乙腈。梯度洗脱：0～1min，95%A～5%B；2～13min，100%B；13.1～15min，95%A～ 5%B。检测波长为 200～450nm。

2. 分析方法

（1）样品的采集　选用的纺织品为陕西省西安市大唐西市博物馆馆藏品，根据纺织品织物结构判定为唐代红地双鹿缎（样品名称 LU）和紫地莲瓣纹绫（样品名称 PG）。样品采集时选择织物周边脱落或即将脱落的少量丝线，颜色有红色、蓝色、棕色、紫色等色调。样品及编号情况见表 4-13。

（2）样品的处理及检测　取长度约 0.5cm 的单根丝线于试管中，加入 400μL 37% 盐酸：甲醇：水（体积比 2：1：1）溶液，于 100℃水浴中加热 30min，冷却后放入烘箱内烘干。于试管内剩余物加入 50μL 甲醇：水（体积比 1：1）溶液，溶解后离心，取上层液体 30μL 供 UPLC-Q-TOF-MS 和 UPLC-DAD 分析检测。

表4-13 测试样品及编号情况

样品名称	LU-1	LU-2	LU-3	PG
样品编号	1	2	3	4
样品特征	红色、丝织品	蓝色、丝织品	棕色、丝织品	紫色、丝织品

二、样品的分析鉴定

1. LU-1 样品的分析鉴定

红色样品 LU-1 经处理后，采用 UPLC-Q-TOF-MS 和 UPLC-DAD 进行分析，测得液相色谱及质谱图（见图 4-57）。图 4-57 中（a）为样品的液相色谱图，其中实线为茜草的标准谱图，虚线为测试样品所得，1 和 2 为与染料相关的吸收峰。图 4-57（b）与（c）分别为 1 号峰与 2 号峰处的质谱检测结果。图 4-57（d）为 1 号峰的紫外吸收光谱。由图 4-57（a）可知，1 号峰和 2 号峰的保留时间分别为 6.06min 和 6.48min，在质谱图中所对应的分子量分别为 239.0346 和 255.0294。根据测得的分子量并参考有关文献，可知其分子式分别为 $C_{14}H_8O_4$ 和 $C_{14}H_8O_5$，对应的组分分别为茜素（或其同分异构体异茜草素）和红紫素。通过二

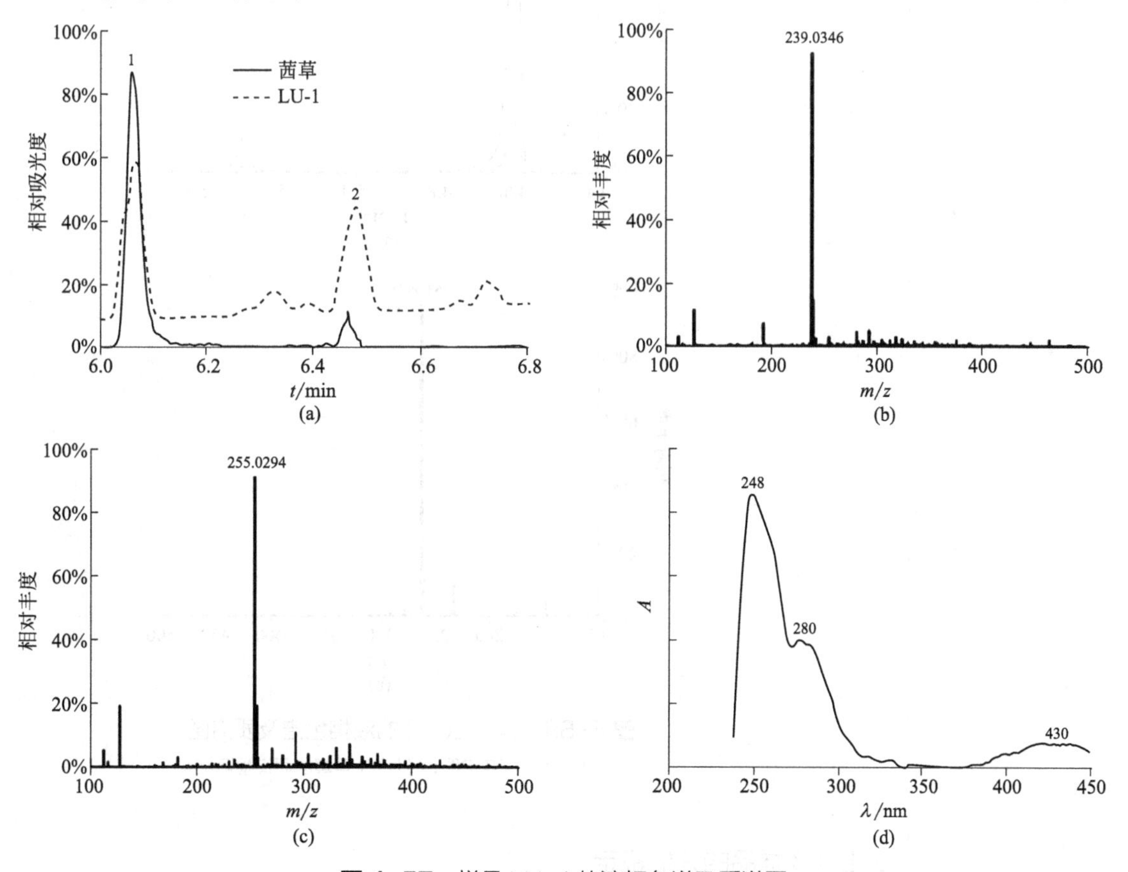

图 4-57 样品 LU-1 的液相色谱及质谱图

（a）液相色谱图；（b）和（c）质谱图；（d）1 号峰紫外吸收光谱

极管阵列检测器检测可知该组分在 248nm、280nm 和 430nm 处有吸收峰，这与数据库中的茜素紫外吸收峰一致，因此可以判定该组分是茜素。茜素是茜草的主要染色成分，所以纺织品 LU-1 的红色部分是选用茜草进行染色。

2. LU-2 样品的分析鉴定

蓝色样品 LU-2 经处理后，用 UPLC-Q-TOF-MS 进行分析，测得液相色谱及质谱图（见图 4-58）。图 4-58（a）为样品的液相色谱图，其中实线为靛蓝的标准谱图，虚线为测试样品所得，1 为与染料相关的吸收峰。图 4-58（b）为 1 号峰处的质谱检测结果。由图 4-58（a）可见，在保留时间为 4.61min 时有吸收峰，其对应的分子量为 263.0872，与靛蓝理论值 263.0821 基本相符，据此可判定 LU-2 的蓝色组分为靛蓝。该织品最初染色时可能选用了蓝草、蓼蓝、木蓝等以靛蓝为主要上色成分的蓝草类植物。

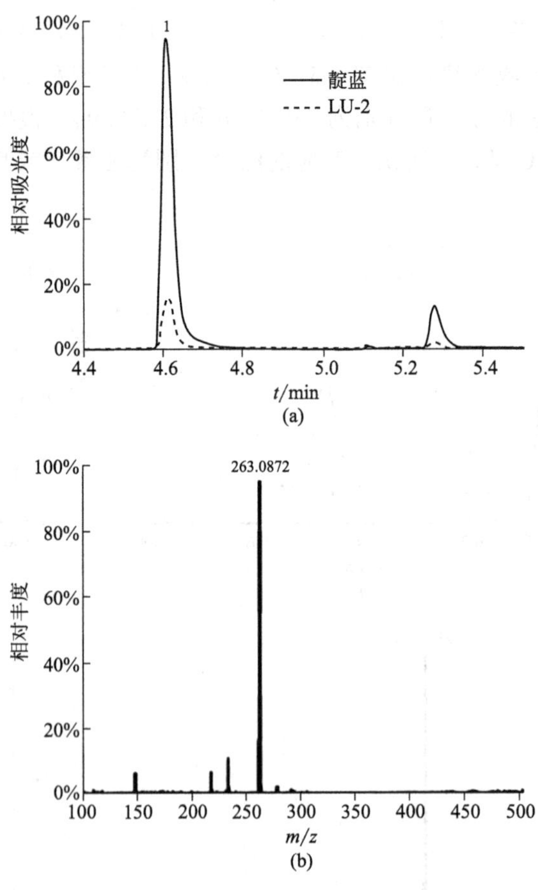

图 4-58 样品 LU-2 的液相色谱及质谱图

（a）样品的液相色谱图；（b）1 号峰的质谱检测结果

3. LU-3 样品的分析鉴定

棕色样品 LU-3 经处理后，采用 UPLC-Q-TOF-MS 和 UPLC-DAD 进行分析，

测得液相色谱及质谱图（见图 4-59）。图 4-59（a）为样品的液相色谱图，其中实线为茜草的标准谱图，虚线为测试样品所得，1 和 2 为与染料相关的吸收峰。图 4-59（b）和（c）分别为 1 号峰与 2 号峰处的质谱检测结果。图 4-59（d）为 1 号峰的紫外吸收光谱。经分析，在 LU-3 样品中与染料相关的 1 号峰和 2 号峰所对应组分的分子量分别为 239.0345 和 255.0301，可知其分子式分别为 $C_{14}H_8O_4$ 和 $C_{14}H_8O_5$，对应的组分分别为茜素（或其同分异构体异茜草素）和红紫素，与红色样品 LU-1 相同。通过 DAD 检测可知该化合物在 248nm、280nm 和 430nm 处有吸收峰，这与资料记载中的茜素紫外吸收峰一致，因此可以判定该化合物是茜素。

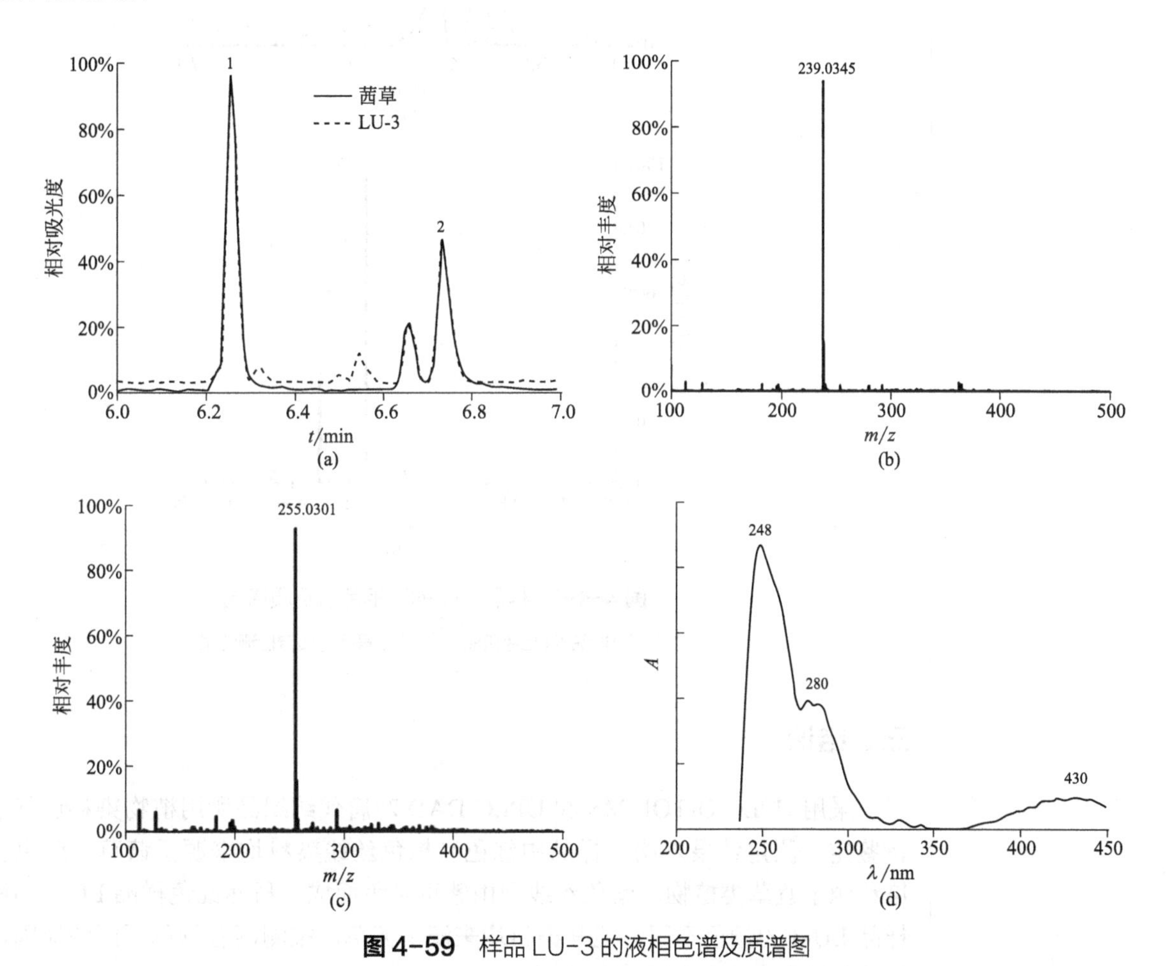

图 4-59 样品 LU-3 的液相色谱及质谱图

（a）液相色谱图；（b）和（c）质谱图；（d）1 号峰的紫外吸收光谱

棕色样品 LU-3 在制作之初所选用的主要染料是茜草，有可能染色的方式和红色样品不同。

4. PG 样品的分析鉴定

紫色样品 PG 经处理后，用 UPLC-Q-TOF-MS 进行分析，测得液相色谱及质谱图（见图 4-60）。图 4-60（a）为样品的液相色谱图，其中实线为紫草的标准谱图，虚线为测试样品所得，1 为与染料相关的吸收峰，保留时间是 6.83min。图 4-60（b）为与染料相关的 1 号峰处的质谱，分子量为 331.3386，与乙酰紫草素的理论分子量 331.3319 相近。乙酰紫草素是紫草中的有效染色成分，因此可判定该样品是选用紫草进行染色。

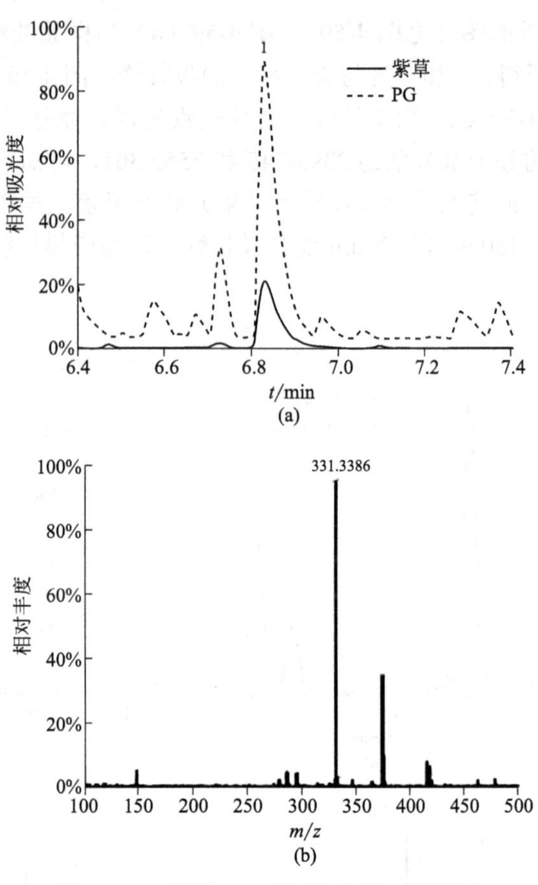

图 4-60 样品 PG 的液相色谱及质谱图

（a）样品的液相色谱图；（b）1 号峰的质谱检测结果

三、结论

采用 UPLC-Q-TOF-MS 和 UPLC-DAD 对唐代纺织品所用植物染料进行了分析鉴定。测定结果表明，样品中红色和棕色丝线染料均来源于茜草，蓝色丝线染料源于蓝草类植物，紫色丝线则由紫草染色而成。虽然红色样品 LU-1 和棕色样品 LU-3 的颜色不同，但其染料均来源于茜草，推测两者颜色不同的原因可能与染色过程中媒染剂的添加有关。

参考文献

[1] 杨锦宗编著 . 染料的分析与剖析 . 北京：化学工业出版社，1987.

[2] 吴瑾光主编 . 近代傅里叶变换红外光谱技术及应用：下卷 . 北京：科学技术文献出版社，1994.

[3] 胡灿，朱军，石慧霞，梅宏成，郭洪玲 . 纤维染料分析方法的研究进展 . 色谱，2017, 35(2): 143-149.

[4] 司艺，蒋洪恩，王博，何秋菊，胡耀武，杨益民，王昌燧 . 新疆阿斯塔那墓地出土唐代木质彩绘的显微激光拉曼分析 . 光谱学与光谱分析，2013，33(10): 2607-2611.

[5] 李涛 . 黑水城遗址出土西夏时期染色纸张的分析 . 西夏研究，2017，(3): 3-14.

[6] 陈磊 . 基于表面增强拉曼光谱快速鉴定和分析纺织品文物中天然染料的研究 [硕士学位论文]. 浙江理工大学，2019.

[7] 付新梅，张蓉，吴祖望 . 液相色谱 -二极管阵列检测 / 质谱联用在活性染料结构鉴定中的应用 . 色谱，2014，32 (11): 1172-1180.

[8] Athanassios T，Thomas V，Georg R. WO Patent. WO 2009-053238. 2009-04-30.

[9] 范鲁丹，郭丹华，刘剑，赵丰 . 高效液相色谱 - 质谱联用技术鉴别清代小龙袍染料 . 丝绸，2019，56 (2): 50-55.

[10] 吴波，王景翰 . 高效液相色谱法分析红色、绿色摇头丸中的染料 . 刑事技术，2011，(2): 16-19.

[11] 强洪，王秀莉，苏佳利，刘克林，邹洪 . 高效液相色谱法分析蓝色的圆珠笔油墨中染料 . 理化检验 - 化学分册，2010，46 (5): 478-481.

[12] 龚利斌，姜传国，周超峰，吴文韬，夏静 . 高效液相色谱法分析涤纶纺织纤维中分散红染料 . 刑事技术，2012，(2): 35-37.

[13] 张林玉，田可心，王允丽，杜振霞 . 基于 UPLC/Q-TOF MS 对故宫纺织品文物中红色染料成分的分析鉴定 . 北京化工大学学报，2017，44 (5): 52-57.

[14] 叶紫宇，高仕谦，顾海东，张占恩 . 正丙醇 / 硫酸铵双水相萃取 - 高效液相色谱 - 串联质谱法测定印染废水中的 7 种分散染料的含量 . 理化检验 - 化学分册，2019，55 (1): 46-50.

[15] 贺丽苹，温宏睿，郑茵 . Penman 牌派克黑墨水染料分析 . 染料与染色，2009，(10): 52-55.

[16] 齐宗韶 . 法国华特曼 (Waterman) 红墨水的染料分析 . 中国制笔，2009，(1): 19-20.

[17] 王雪梅 . Resoline Red F3BS 结构剖析 . 染料工业，1991，28 (1): 39-40.

[18] 张守栋 . Lanaset Violet B 染料结构剖析 . 染料工业，1992，29 (4): 30-32.

[19] 陆熠明 . 复隆黑 (Foron Black) RD-3G 300% 的结构剖析 . 上海染料，2013，41 (6): 11-16.

[20] 李玉芳，魏书亚，王亚蓉 . 应用超高效液相色谱 - 四极杆飞行时间质谱及二极管阵列联用技术对唐代纺织品上植物染料的分析和测定 . 中国科学 : 技术科学，2016，46 (6): 625-632.

总结

染料分类

- 按染料与纤维之间的染色性能，主要分为碱性染料、酸性染料、直接染料、分散染料、活性染料、还原染料和硫化染料。

染料的分离

- 商品染料的分离。
- 纤维上染料的分离。
- 基体中颜料的分离。
- 食品、药物中染料的分离。

染料结构鉴定

- 染料结构鉴定方法，包括红外光谱法、拉曼光谱法和高效液相色谱-二极管阵列检测/质谱法。

染料定性定量

- 高效液相色谱法定性定量。
- 高效液相色谱-质谱法定性定量。
- 纸色谱和薄层色谱法定性，分光光度法定量。

思考题

1.染料的种类繁多，若按染料与纤维之间的染色性能，主要分为几种类型？如何将它们从纤维上剥离下来？

2.染料若按化学结构分类，主要分为哪几类？它们的红外光谱各具有什么特征？

3.如何鉴别不溶性固体染料是还原染料，还是硫化染料？

4.常见的可溶性固体染料，如何鉴别其类型？

5.常见的染色织物，如何鉴别其染料的类型？

6.染料剖析具有哪些特点？简述染料剖析的一般程序。

7.什么是商品染料？如何进行分离纯化？

8.染料与颜料的区别是什么？

9.市售的许多药物含有食品级染料，如何将染料从药物中分离出来？

10.在染料的结构分析中，常用的方法有哪些？

11.红外光谱法在染料结构分析中的主要作用是什么？

12.显微激光拉曼光谱法用于染料的分析鉴定具有哪些特点？

13.说出几种用于染料定性定量分析的方法？每种方法有何特点？

课后练习

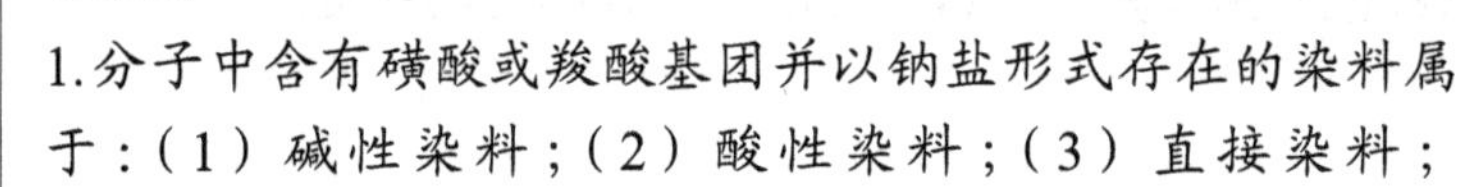

1.分子中含有磺酸或羧酸基团并以钠盐形式存在的染料属于：（1）碱性染料；（2）酸性染料；（3）直接染料；（4）活性染料

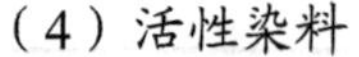

2.含磺酸基的多偶氮染料属于：（1）酸性染料；（2）还原染料；（3）直接染料；（4）分散染料

3.下述哪种染料可用有机溶剂萃取，再用重结晶法提纯：（1）活性染料；（2）阳离子染料；（3）阴离子染料；（4）分散染料

4.多组分染料或染料异构体不适于采用下述哪一种方法进行分离：（1）薄层色谱法；（2）溶剂萃取法；（3）柱色谱法；（4）高效液相色谱法

5.下述哪种方法能将颜料从印刷油墨中分离出来：（1）溶解-沉淀法；（2）离子交换法；（3）萃取法；（4）减压蒸馏法

6.蒽醌染料中重要的发色团是：（1）苯环；（2）共轭双键；（3）偶氮基；（4）醌基

7.测定某未知染料的红外光谱，在1580cm^{-1}、1370cm^{-1}和1170cm^{-1}附近有三个明显的较宽的强峰，据此可知该染料为：（1）蒽醌染料；（2）酞菁染料；（3）硫靛染料；（4）三苯甲烷染料

8.测定某未知染料的红外光谱，在1700cm^{-1}和1670cm^{-1}处有两个强吸收峰，且1670cm^{-1}处峰稍强于1700cm^{-1}处峰，据此可确认该染料为：（1）苝四甲酰胺染料；（2）酞菁染料；（3）硫靛染料；（4）偶氮染料

9.若对古代壁画上颜色的类型与结构进行鉴别，最适宜的方法是：（1）HPLC-FTIR；（2）显微激光拉曼光谱法；（3）核磁共振光谱法；（4）GC-MS

简答题

蒽醌染料与酞菁染料都为鲜艳的蓝色，采用红外光谱法是否能将两者进行区分？为什么？

（www.cipedu.com.cn）

设计问题

为了调整商品染料色光的需要，常常要将两种或两种以上染料拼混成某一商品染料出售。已知某商品染料分散红是由A、B、C三种染料和分散剂（六偏磷酸钠）拼混而成，又知A、B、C三者的极性为C > B > A，设计出一个剖析方案。

（www.cipedu.com.cn）

第五章 感光材料剖析

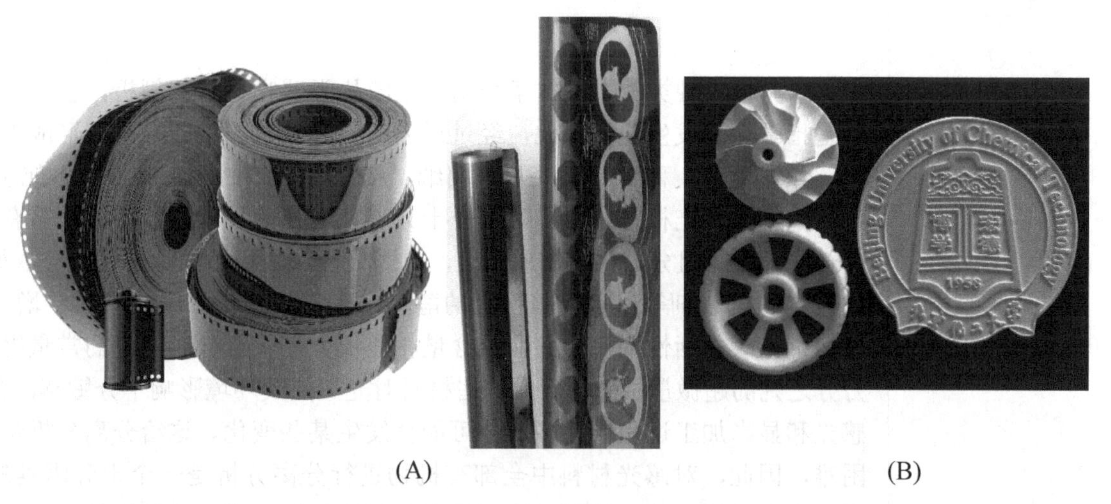

(A) (B)

图（A）为电影胶片、胶卷和医用X射线片，图（B）为光固化3D打印产品。电影胶片、胶卷和X射线片都属于胶片类感光材料，它们通常含有多种有机和无机组分，将这些组分逐一分离，并分别进行结构鉴定，是一个典型的复杂物质剖析课题。胶片类感光材料剖析程序为：采用酶解法处理胶片，正丁醇萃取富集样品中待测物，待测物经柱色谱和薄层色谱分离提纯，再经红外光谱等谱学方法进行分析鉴定。

为什么要学习感光材料剖析？

胶片类感光材料品种繁多，在薄如纸的胶膜中，常含有数十种化合物，它们的性质和含量往往相差甚远，无疑增加了剖析工作的难度。选择什么样的方法对样品进行前处理，如何将样品所含组分逐一分开，选择何种仪器对分离提纯后的组分进行结构鉴定，通过本章的学习这些问题都可以获得基本解决。

学习目标

- 简述胶片类感光材料剖析的一般过程。
- 指出并描述胶片类感光材料中各组分分离纯化的常用方法。
- 简要介绍感光材料中有机物结构鉴定的常用方法，并列举一个结构鉴定实例。
- 查阅文献，举出一个感光材料剖析实例。

感光材料种类较多，本章介绍的是胶片类感光材料的剖析。胶片类感光材料是指曝光后发生化学变化，经过适当的显影、定影处理，能够形成影像的材料，如彩色片、黑白片、底片、相纸、幻灯片、印刷片、缩微片、航空片、X射线片等。感光材料中有机物成分十分复杂，在薄如纸的胶膜中，常有数十种化合物。这些组分的性质相差甚远，有弱极性和非极性的油溶性组分，如油剂、成色剂和抗氧剂等；也有极性大的醇、水可溶组分，如阻光染料、增感染料、稳定剂和表面活性剂等。它们的含量相差很大，从百分之几十的常量组分到百万分之几的超微量组分，而且这些材料对光、热及环境影响十分敏感，在贮存、感光和显影加工过程中许多成分可能会发生某些变化。这给分离分析带来很大困难，因此，对感光材料中全部有机物进行分离分析是一个十分困难的课题。国内感光材料工业，特别是油溶性彩色胶片起步较晚，一开始就是借助剖析技术，对国外几十种片型、近百种组分进行了全剖析，准确地获取国外最新技术信息，研究创制出自己的新品种，促进了我国感光材料工业的发展。

第一节　感光材料剖析的一般过程

感光材料的基本结构是由乳剂层和支持体组成。乳剂层是感光材料的主体，是光的敏感物质，是记录客观物体影像的介质。乳剂层必须依附在支持体上，支持体通常称为片基。

片基必须高度透明，除特殊要求外，应是无色的，具有平坦光洁的表观质量、较好的机械强度，不易变形，对热、光和冲洗用化学药品稳定，以及不影响感光层的性能等。早期的片基为纸基和干板玻璃，其后改为硝酸纤维素。现在广泛使用的片基有两类：一类是纤维素酯片基（如硝酸纤维素酯片基和三乙酸纤维素酯片基）；另一类是聚酯片基（如聚对苯二甲酸乙二醇酯片基，即涤纶片基）和聚碳酸酯片基。

感光材料的主体成分是起感光作用的卤化银和作为微晶卤化银分散载体的明胶膜。

将氯、溴、碘不同比例的卤化银，在特定的工艺条件下，制备成不同晶形、不同粒度的微晶体。在感光过程中卤化银会发生光分解，并由此引发胶膜中其他一些感光助剂发生化学变化，所以在剖析过程中首先需用硫代硫酸钠将胶膜中卤化银漂白溶解除去。明胶主要是动物骨胶，性能最好的是牛骨胶。为了减少加工过程中明胶的吸水量和提高耐热性，通常需用坚膜剂对明胶膜进行化学交联处理。剖析过程中加入胰蛋白酶，在 30～45℃使明胶发生酶解，生成水溶性小分子的肽和氨基酸，使胶膜与片基分离开，分散在胶膜中的各种感光助剂转移到水溶液中，再选用适宜的有机溶剂萃取分离出各种感光助剂。为减少漂银过程中一些水溶性组分的丢失，可先用水浸泡胶片，分离出水溶性组分或将漂银与酶解过程合并为一步进行。彩色感光胶片的剖析程序如图 5-1 所示。

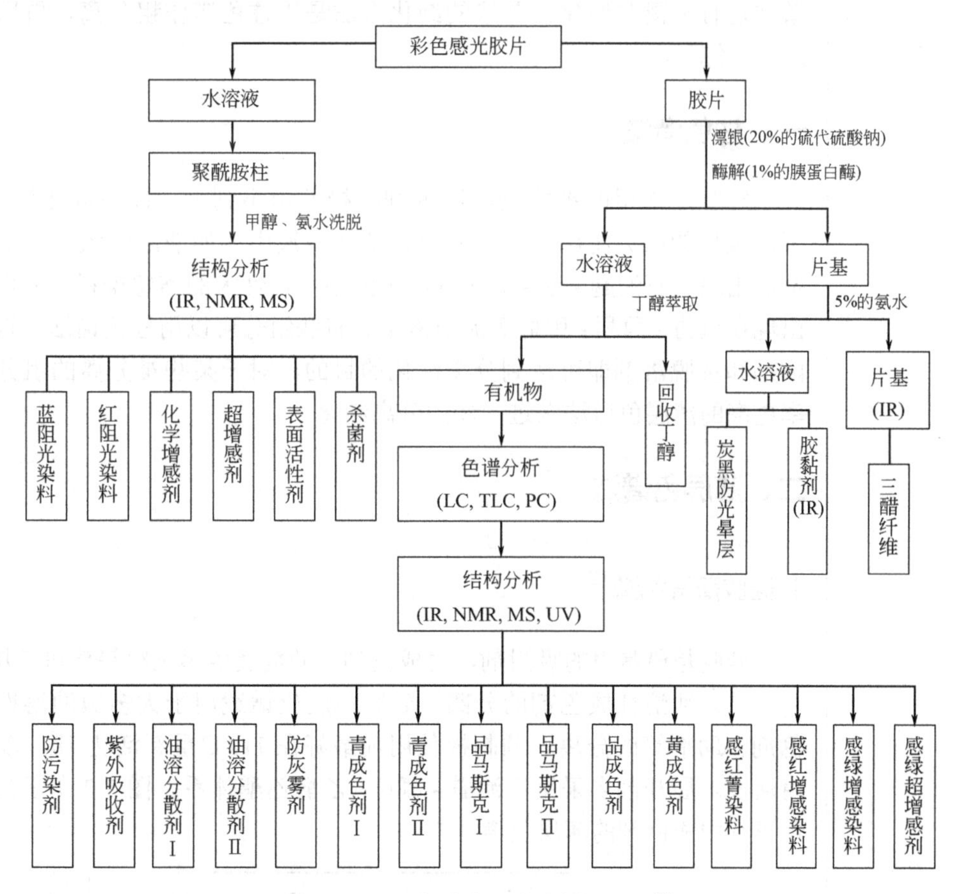

图 5-1　彩色感光胶片的剖析程序[1]

概念检查 5.1

○ 胶片是一种重要的感光材料，简述胶片的基本结构，并指出它的主体成分是什么？

第二节 感光材料中各种组分的分离与纯化

胶片中通常含有几十种有机和无机组分，将这些组分逐一分离，并分别进行结构鉴定，是一种典型的复杂物质剖析示例，也是十分困难的剖析课题。

胶片中的各种组分按溶解性可分为水溶性与油溶性两类。水溶性组分的富集与分离最常用的方法是聚酰胺柱色谱法，洗脱剂为含氨水的甲醇、丙酮体系。聚酰胺柱色谱法中使用的聚酰胺粉，活性较好的为尼龙 6 或尼龙 66 粉。为减少常压下柱子的阻力，可在聚酰胺粉中加入一定比例、粒度相近的硅藻土助滤剂，如气相色谱用的白色载体；也可制备成一定粒度和一定机械强度的颗粒状填料，可减小柱阻力，并可提高柱效率。

胶片中有机成分种类繁多，性质与含量范围变化较大，绝大多数有机物可用丁醇从酶解液中萃取出来，减压除去丁醇后得到有机组分的混合物，再用色谱法进行分离与纯化。首选的纯化方法是用柱色谱作粗分离，再用薄层色谱做进一步纯化。

一、柱色谱法

硅胶是常用的吸附剂，洗脱剂按极性由小到大，以不同比例作梯度洗脱，不同极性的组分将出现在不同极性的洗脱液中。如油溶性组分中的油剂、成色剂等出现在石油醚 - 苯 - 氯仿等流出液中；极性大的增感染料、表面活性剂等则出现在氯仿 - 丙酮 - 甲醇等流出液中。有些组分可以用柱色谱法，选用不同的吸附剂和洗脱溶剂即可达到分离纯化的目的，对于某些难分离的组分可用分离效率更高的薄层色谱法做进一步的分离纯化。

二、薄层色谱法

1. 硅胶薄层色谱[2]

硅胶是最常用的吸附剂，对成色剂、助剂及增感染料等皆可使用。

（1）油溶性成色剂的分离　硅胶薄层色谱适用于大多数油溶性组分，如成色剂、助剂等的分离。预制板使用前最好在 110℃重新活化 1h，以保持板的吸附活性。展开剂多采用石油醚 - 氯仿 - 乙酸乙酯体系。图 5-2 所示为一种进口彩色正片中成色剂的薄层色谱。

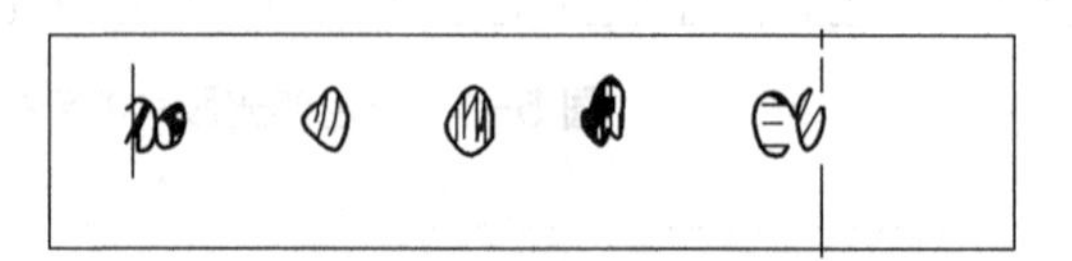

图 5-2　成色剂的薄层色谱

成分：增感剂、青、黄、品红、油剂等（从左→右）

（2）增感染料的分离　增感染料多属极性较大的醇溶性物质，在利用硅胶薄层分离时要求低吸附活性，因此涂布的硅胶板一般不需活化，在空气中晾干后即可使用。展开剂通常使用氯仿 - 甲醇体系。图 5-3 所示是一种进口彩色底片中增感染料的薄层色谱，五个增感染料彼此得到很好的分离。

（3）胶片中有机物的分离　为了检查胶片中主要有机物的种类与数目，可以在一个硅胶薄板上作全分离。图 5-4 所示是一种彩色底片中有机提取物的薄层色谱，从极性的增感染料到非极性成色剂等十多种组分彼此获得良好的分离。

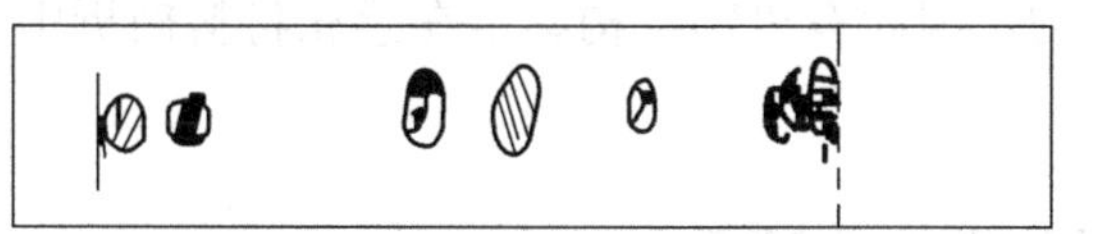

图 5-3　增感染料的薄层色谱

成分：绿增感、红增感、绿增感、红增感、感红增感、成色剂等（从左→右）

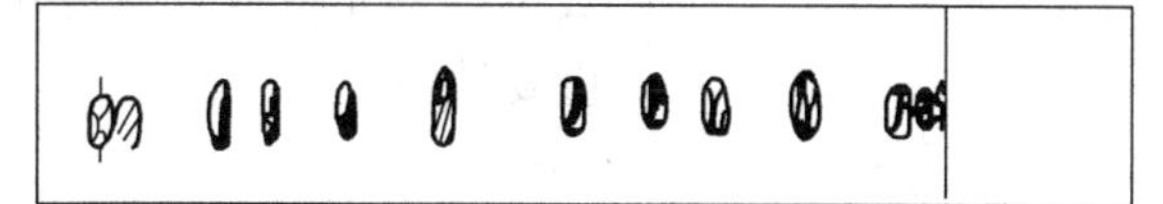

图 5-4　彩色底片中有机提取物的薄层色谱

成分：阻光、感绿、感绿、感红、感红、品成品 M、黄成青 M、青成色剂等（从左→右）

2. 氧化铝薄层色谱 [2]

氧化铝的吸附活性比硅胶大，适用于油剂、防污染剂、成色剂等非极性组分的分离。如胶片中彩色防污染剂、高沸点油剂、紫外线吸收剂及青成色剂等经常混在一起，使用硅胶薄层色谱很难分离开，采用氧化铝薄层色谱则可以获得满意的分离。图 5-5 所示是几种低极性组分的氧化铝薄层色谱。

由于氧化铝本身属弱碱性吸附剂，因而对一些含碱性较强的增感染料表现出特别的选择性。如正片中一种感红增感染料在硅胶上被强烈吸附，用甲醇 - 水溶剂亦无法使样品从吸附剂上洗脱下来，并且发现样品在硅胶薄层色谱上稳定性极差，在展开过程中逐渐由蓝变红，数小时后即变成棕色物分解至尽。在选用碱性氧化铝作吸附剂后，样品稳定性大大改进，并得到很好的分离，同时可以很容易地用甲醇洗脱下来。图 5-6 所示是正片增感剂的氧化铝薄层色谱。

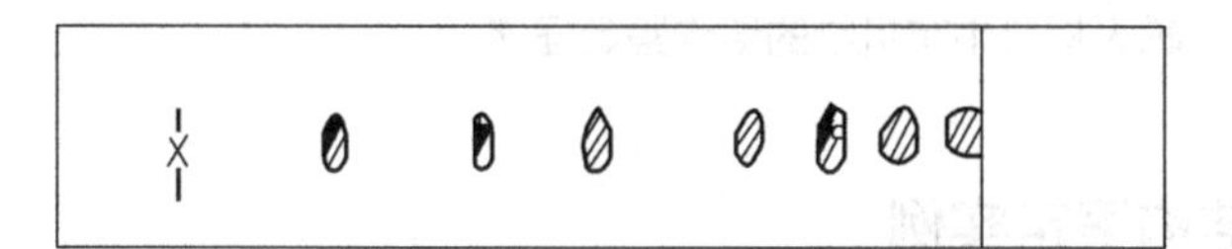

图 5-5　几种低极性组分的氧化铝薄层色谱

成分：油剂 1、UV- 吸收剂、油剂 2、抗氧剂、青成色剂、防污染剂、油剂 3 等（从左→右）

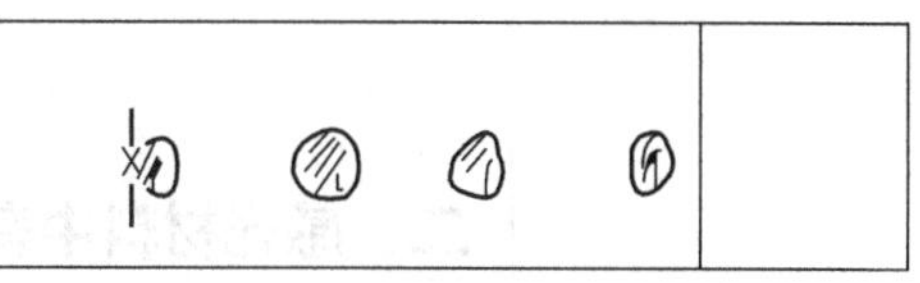

图 5-6　正片增感剂的氧化铝薄层色谱

成分：增感剂、感红增感、青成色剂、品红成色剂（从左→右）

除上述硅胶和氧化铝薄层色谱外，还有聚酰胺薄层色谱。聚酰胺为氢键型吸附剂，主要用于分离水溶性组分，如阻光染料、增感染料、表面活性剂等，展开剂主要为乙醇 - 水体系。

另外，纸色谱也常用于感光材料的剖析。纸色谱是以水作固定相的分配色谱，主要用于分离提纯水溶性组分，如阻光染料、增感染料等，展开剂主要为乙醇 - 水体系。

概念检查 5.2

○ 指出胶片类感光材料各组分的分离过程中，硅胶薄层色谱和纸色谱法在分离机理上有何不同，并指出它们所适合的分离对象。

第三节 感光材料中有机物的结构鉴定

感光材料属于精细化工产品，有很高的应用价值。在感光材料所用的化合物中有机物占主导地位，一种彩色胶片中所用的有机物高达数十种，其中相当数量是感光材料行业专用有机物，因此有机物结构鉴定在感光材料剖析中占有重要地位。

一、感光材料中有机物的结构鉴定方法

感光材料中有机物的结构鉴定，目前普遍采用的是紫外 - 可见光谱法、红外光谱法、核磁共振光谱法和质谱法。一般的结构鉴定程序如图 5-7 所示。

其中，红外光谱法的应用更为普遍，黄剑莉 [3] 较详细地介绍了红外吸收光谱法在感光材料结构鉴定中的应用，可供剖析工作者参考。

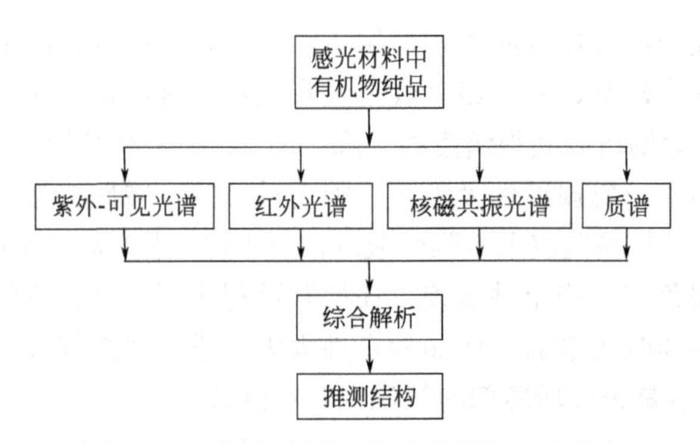

图 5-7 感光材料中有机物的结构鉴定程序

二、感光材料中有机物结构鉴定实例

黄晓红等 [4] 对国外先进彩色胶片中的化学组分进行了剖析，获得了这些有机物的可靠结构信息。采用酶解法处理胶片，正丁醇萃取富集样品，经柱色谱和薄层色谱分离提纯，得 A、B、C、D 和 E 五个组分，经紫外 - 可见光谱、红外光谱、核磁共振光谱和质谱测定，通过四谱综合解析，结合资料查阅，合成验证等确认未知物 A、B、C、D 和 E 分别为感蓝增感染料、UDIR 成色剂、主黄成色剂、主品成色剂和防光晕黄染料。下面仅对 A、B 和 C 组分的结构鉴定做一介绍。

1. A 组分的结构鉴定

A 组分为淡黄色带有金属光泽的固体，易溶于甲醇、水，不溶于石油醚等非极性有机溶剂。紫外灯下可见到强烈的蓝绿色荧光。

（1）紫外 - 可见光谱　测 A 组分的紫外 - 可见光谱，最大吸收 λ_{max} = 410.8nm（MeOH）。

（2）红外光谱　测 A 组分的红外光谱，根据谱图中 $1566cm^{-1}$、$1497cm^{-1}$、$1180cm^{-1}$ 和 $1040cm^{-1}$ 处的吸收峰，初步推测 A 组分是含有磺酸基的菁染料。

（3）质谱　测 A 组分的 ESI-MS 谱，在 *m/z* 619、497 和 375 处有峰。*m/z* 619 为 M−H 峰，故 A 组分的分子量为 620。质谱峰的归属如下：

m/z　620

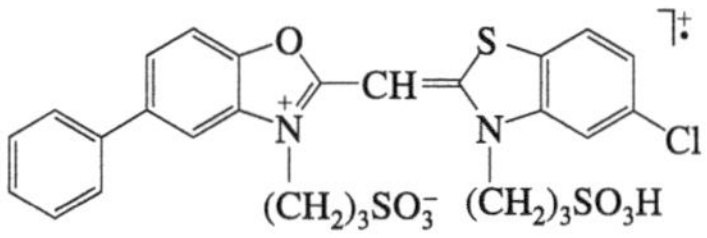

m/z　497

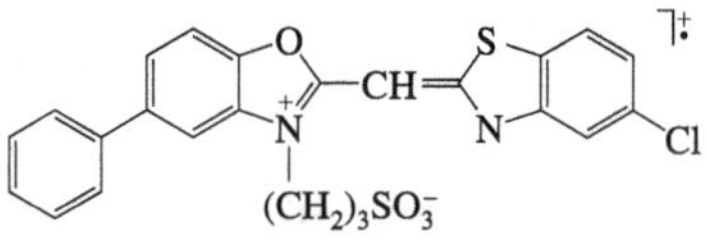

m/z　375

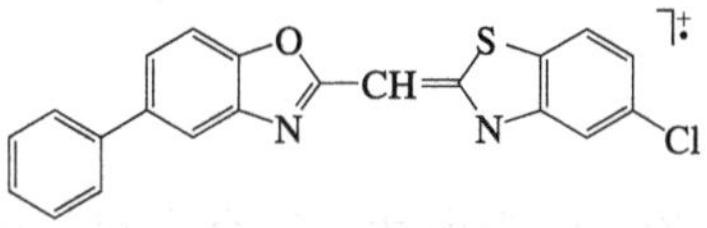

结论：通过上述综合解析，并经合成验证，可确认 A 组分为感蓝增感染料，结构为：

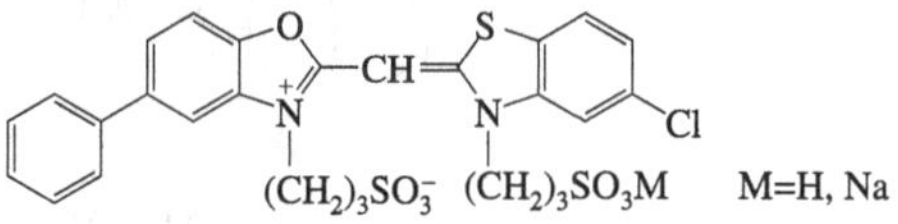

M=H, Na

2. B 组分的结构鉴定

B 组分为乳白色粉末状固体，溶于丙酮、甲醇等有机溶剂，不溶于水。经 CD-3 显色后呈青色，推测 B 组分可能为青成色剂。

（1）紫外光谱　测 B 组分的紫外光谱，339.6nm 和 258.0nm 处（MeOH）有两个吸收峰，推测 B 组分可能为萘酚型青成色剂。

（2）红外光谱　测 B 组分的红外光谱，$3355cm^{-1}$、$1686cm^{-1}$、$1646cm^{-1}$ 处峰表明分子中有—CO—NH—基团存在，$1397cm^{-1}$ 和 $1139cm^{-1}$ 处峰表明分子中有$-SO_2-NH-$基团存在，$3069cm^{-1}$、$1562cm^{-1}$ 和 $1508cm^{-1}$ 处峰表示分子中有苯环，$1245cm^{-1}$ 处峰表示有 Ar−O−存在。

（3）核磁共振光谱　测 B 组分的 ^{1}H-NMR 谱及二维氢谱，经谱图解析，推测 B 组分的可能结构为：

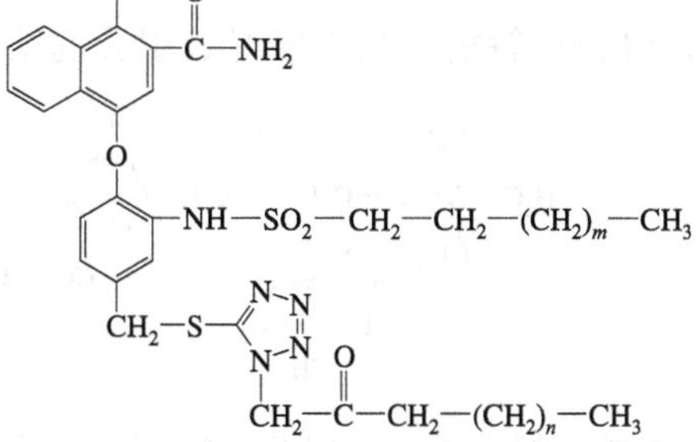

（4）质谱　测 B 组分的 ESI-MS 谱，*m/z* 803 和 *m/z* 413 有峰，*m/z* 803 为 M + Na 峰，故 B 组分的分子量为 780。质谱峰的归属如下：

m/z 803

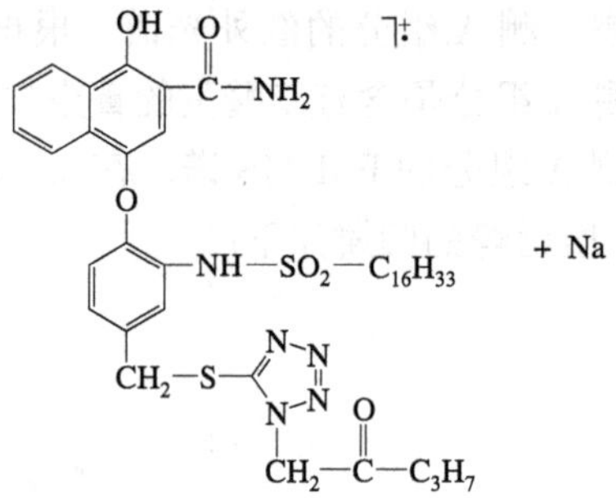

m/z 413

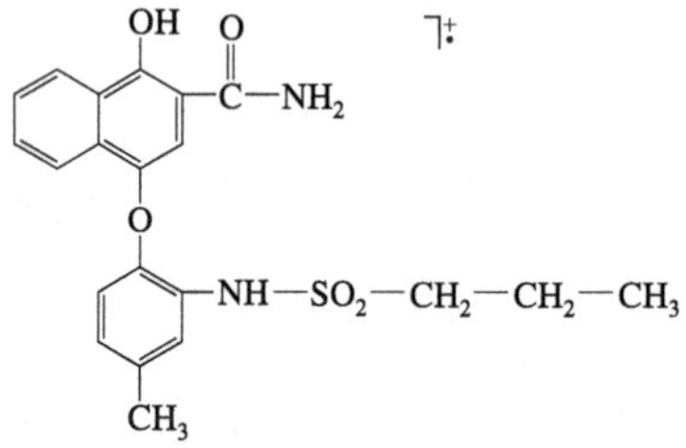

结论：综上所述，结合查阅资料，推测 B 组分为 UDIR 成色剂，结构为：

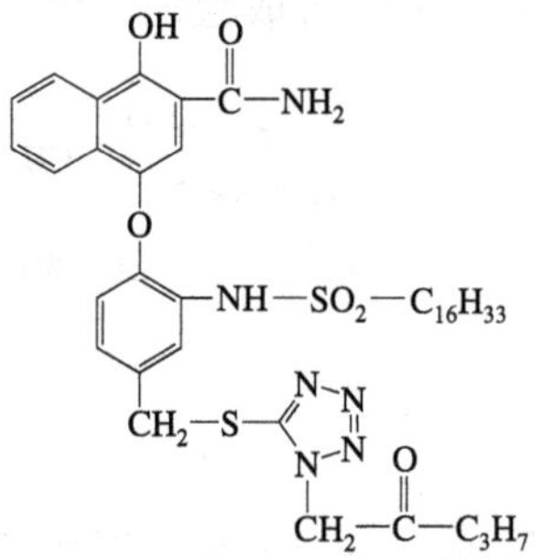

3. C 组分的结构鉴定

C 组分为无色油状物，易溶于苯、氯仿、乙酸乙酯等有机溶剂，不溶于甲醇。经 CD-3 显色剂显色后呈黄色，推测 C 组分为黄成色剂。

（1）红外光谱　测 C 组分的红外光谱，3327cm^{-1} 为 NH 伸缩振动峰，2922cm^{-1} 和 2881 cm^{-1} 为 CH_2 和 CH_3 伸缩振动峰，1715cm^{-1} 为羰基伸缩振动峰，3090cm^{-1} 表示分子中有 Ar—H，1741cm^{-1} 表示分子中有 Ar—CO—O—R 存在。

（2）核磁共振光谱　测 C 组分的 ^{1}H-NMR 谱、二维氢谱、^{13}C-NMR 谱及 DEPT 谱。经谱图解析，初步推测 C 组分的结构为：

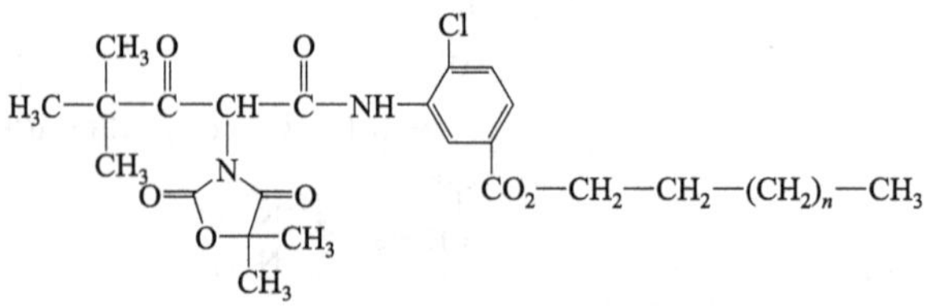

（3）质谱　测 C 组分的 ESI-MS 谱，可确定未知物的分子量，正离子源得到 M+H 和 M+Na 峰的 *m/z* 分别为 649 和 671，故其分子量为 648。质谱峰的归属如下：

m/z 671 $(CH_3)_3C-\overset{O}{\overset{\|}{C}}-CH-\overset{O}{\overset{\|}{C}}-NH-$ (Cl, $CO_2C_{16}H_{33}$) + Na

m/z 649 $(CH_3)_3C-\overset{O}{\overset{\|}{C}}-CH-\overset{O}{\overset{\|}{C}}-NH-$ (Cl, $CO_2C_{16}H_{33}$) + H

结论：通过上述综合解析，并经合成验证，可确定C组分为主黄成色剂，结构为：

$(CH_3)_3C-\overset{O}{\overset{\|}{C}}-CH-\overset{O}{\overset{\|}{C}}-NH-$ (Cl, $CO_2C_{16}H_{33}$)

第四节 感光材料剖析实例

实例1 计算机彩色静电复印液体显影剂剖析

电子照相是近几十年发展起来的照相复印技术，用它可以得到分辨极好的彩色图形。其优点是分辨率高，产生的图形不失真；图像带有彩色，能直观地再现客观事物；工艺过程简单，可快速得到复印体；所用试剂毒性较小，对人体损害和环境污染少。正是由于这些优点，彩色静电复印剂及其设备才得以迅速发展，并广泛应用于科技情报、图书资料、文史档案、宣传教育、工程图纸以及机关工作中。

目前，国内所用彩色静电复印设备及显影剂大多从国外进口，因此，剖析工作对引进产品的国产化是必不可少的。

彩色静电复印显影剂分为固体和液体两种，所带电荷可以是正电也可以是负电。本文剖析的是带正电荷的液体显影剂，它主要由颜料或染料、胶合树脂、电荷控制剂、覆盖剂和载液等组成。其中，电荷控制剂是电荷剂和电荷调节剂的总称。

颜料通常是各种常用的有机大分子颜料和经表面改性的炭黑。覆盖剂一般采用丙烯酸长链烷基酯或甲基丙烯酸甲酯的共聚物、苯乙烯 - 丁二烯共聚物等，平均分子量一般不小于2000。胶合树脂采用的是甲基丙烯酸酯等树脂类物质和苯乙烯 - 丁二烯橡胶等，平均分子量和软化温度均有一定要求。电荷控制剂的种类很多，从结构上大致可分为金属或季铵阳离子的盐类、芳环和杂环化合物、螯合物等。载液包括直链或支链烃类溶剂、脂环族烃类溶剂、芳香族烃类溶剂和卤代烃类溶剂。

将前述颜料、胶合树脂和电荷控制剂黏合在一起形成调色剂颗粒。颗粒大小为3～15μm，因其中的电荷控制剂带有电荷，使得调色剂颗粒在载液中形成均一稳定的分散体系，覆盖剂的作用是在图像表面

覆盖上一层保护性的高分子薄膜。

复印过程分为两个阶段。第一阶段是形成静电潜影的过程，在这个过程中，采用摩擦、电晕放电或使用光电导材料，用曝光的方式使复印纸产生静电潜图；第二阶段是显影和成像过程，在这个过程中，不同颜色的显影剂因静电作用分别被吸附到复印纸上，吸去多余的复印剂，干燥后即得到复印体。

一、样品的外观

本课题剖析的是从美国 Calcomp 公司进口的彩色静电液体显影剂，包括红、黄、蓝、黑四种颜色。红色显影剂为红色悬浮液，有少量沉淀；黄色显影剂为黄色悬浮液，有大量沉淀；蓝色显影剂为蓝色悬浮液，有少量沉淀；黑色显影剂为黑中透绿，有少量沉淀。四种显影剂均有类煤油气味。

二、显影剂中颜料和聚合物的分离

显影剂中主要物质是颜料、胶合树脂和覆盖剂、它们在非极性溶剂中形成均一的分散体系，使用较强极性的乙醇破坏分散体系，使得大部分颜料、覆盖剂和胶合树脂沉淀析出。分离程序如图 5-8 所示。

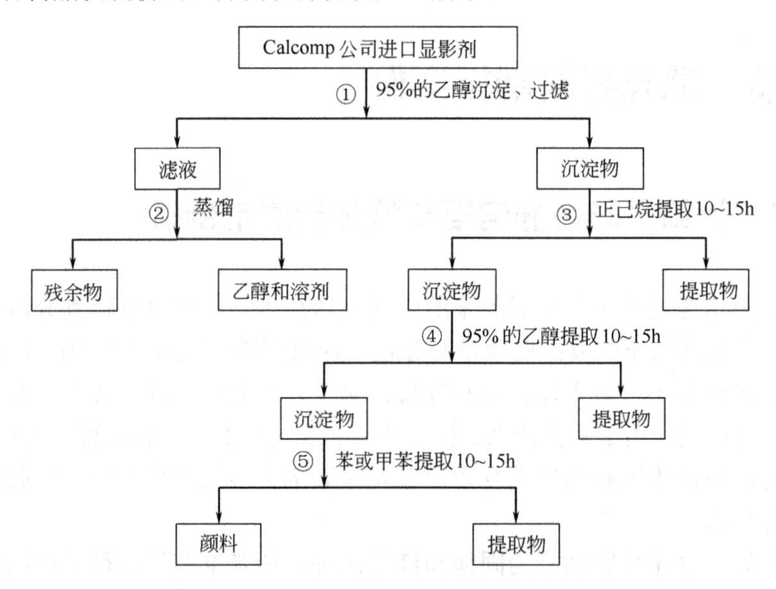

图 5-8 Calcomp 公司进口显影剂分离程序

① 用 95% 的乙醇将 Calcomp 公司进口显影剂沉淀（乙醇与样品的体积比为 1∶10），过滤，滤液通常带有颜色，是由颜料小颗粒穿透滤纸所致。

② 蒸馏滤液，蒸出乙醇和溶剂，残余物保留。

③ 将①所得沉淀物于红外灯下烤干后，在脂肪提取器中用正己烷提取 10～15h，提取液蒸去溶剂后残余物保留。

④ 经正己烷提取后的沉淀物用 95% 的乙醇在脂肪提取器中提取 10～15h，提取液蒸去溶剂后残余物保留。

⑤ 经正己烷和 95% 的乙醇提取后的沉淀物用苯或甲苯提取 10～15h，提取

液蒸去溶剂后残余物保留，提取后的残余物即为颜料。

三、溶剂的分离及结构鉴定

取液体显影剂进行直接蒸馏，蒸出溶剂，其沸程为160～171℃，各色显影剂所用的溶剂均相同。从沸程看，显影剂所用溶剂为混合物；从其红外光谱（图5-9）看，它为饱和烷烃。图中2980cm^{-1}和2960cm^{-1}处为甲基和亚甲基的伸缩振动峰；1460cm^{-1}和1380cm^{-1}处为甲基和亚甲基的变形振动峰，且1380cm^{-1}处的峰出现裂分，强度不等，说明分子中有异丙基或叔丁基；732cm^{-1}和725cm^{-1}处出现两小峰，说明该饱和烷烃的碳数在8以上。由此可知，显影剂中的溶剂为碳数在8以上的饱和烷烃混合物。

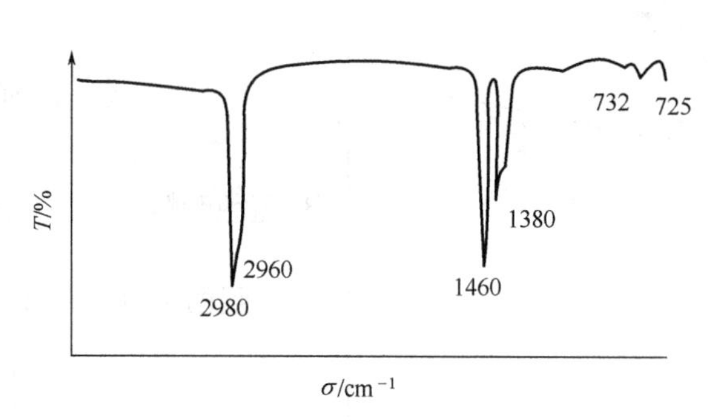

图5-9　溶剂的红外光谱

四、颜料的结构鉴定

1. 红色颜料

红色颜料的红外光谱如图5-10所示。

在图5-10中，1610cm^{-1}、1580cm^{-1}和810cm^{-1}处有峰，可推断红色颜料为含苯环的化合物。查萨特勒红外谱图知，为PIGMENT 122，其结构为：

2. 黄色颜料

黄色颜料的红外光谱如图5-11所示。

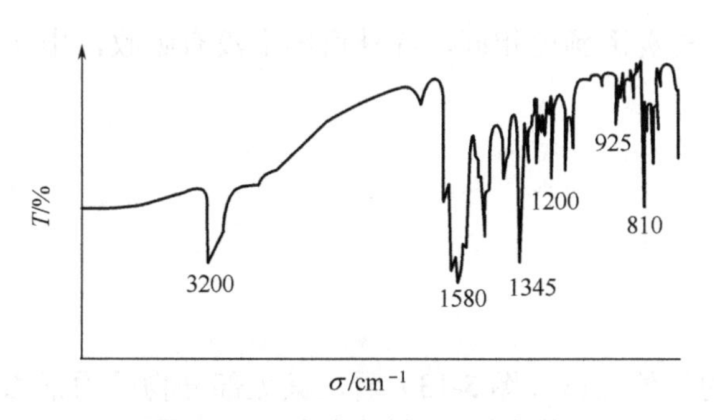

图5-10　红色颜料的红外光谱

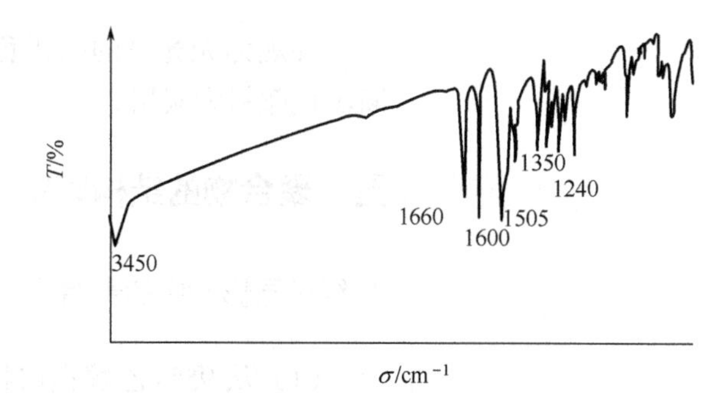

图5-11　黄色颜料的红外光谱

从图5-11可见，1600cm^{-1}和1505cm^{-1}等处有峰，说明黄色颜料含苯环结构；1660cm^{-1}、1350cm^{-1}和1240cm^{-1}处的吸收峰说明该颜料可能含偶氮结构。查萨特勒红外谱图知，为PIGMENT YELLOW 12，结构为：

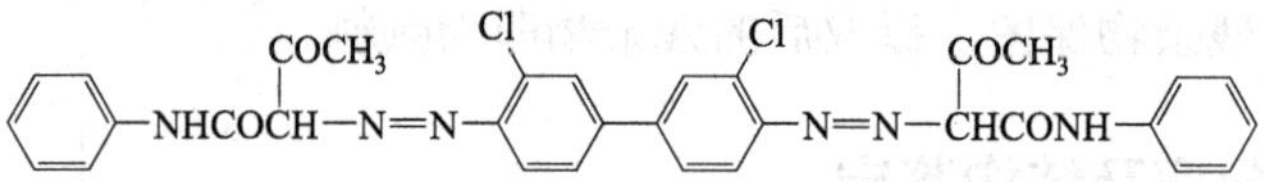

3. 蓝色颜料

蓝色颜料的红外光谱如图 5-12 所示。

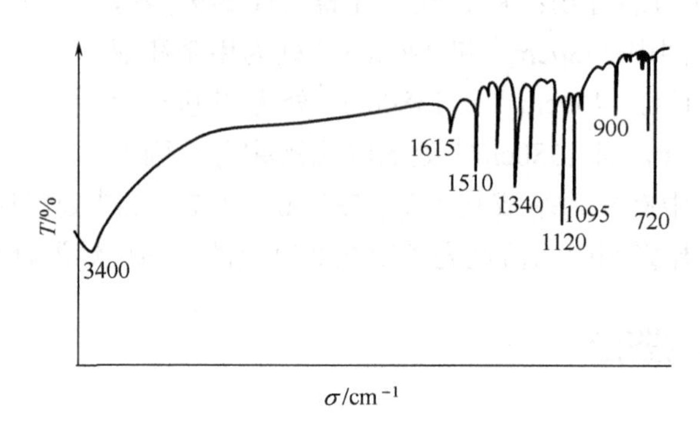

图 5-12 蓝色颜料的红外光谱

从图 5-12 可见，800～700cm^{-1} 间有尖锐的强吸收峰，在 1150～1050cm^{-1} 之间有一族强吸收峰，在 1700cm^{-1} 附近无羰基吸收峰，基本上可以确定为酞菁铜颜料。查萨特勒红外谱图知，为 PIGMENT 15，结构为：

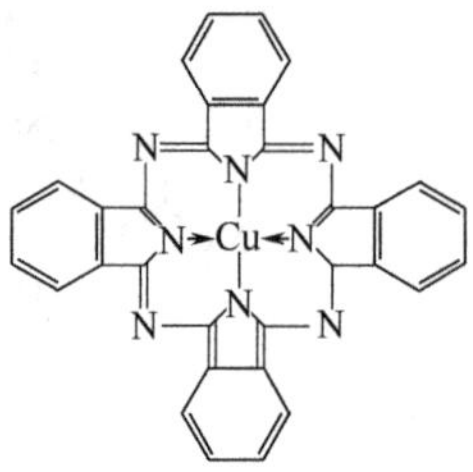

4. 黑色颜料

外观为无光亮的暗黑色，与炭黑颜色相同，红外谱图上没有吸收，由此推断黑色颜料为炭黑。

五、聚合物的结构鉴定

1. 红色显影剂中的聚合物

（1）从 95% 乙醇提取物的红外光谱（图 5-13）看，其大部分物质为聚乙酸乙烯酯，因在 1135～ 1030cm^{-1} 处出现聚乙酸乙烯酯特征吸收。另外，将滤液蒸馏残余物走硅胶柱，用石油醚（沸程 30～60℃）、石油醚：丙酮（4：1）、丙酮各 50mL 洗脱，亦得到聚乙酸乙烯酯。

（2）将正己烷提取物进行硅胶柱色谱分离纯化。从以丙酮和石油醚作溶剂的硅胶填充柱洗脱物的红外光谱（图 5-14）看，1730cm^{-1}、1240cm^{-1}、1170cm^{-1}

处有吸收，且 1240cm^{-1} 和 1170cm^{-1} 峰有裂分。可初步确定洗脱物为长链烷基的（甲基）丙烯酸酯。

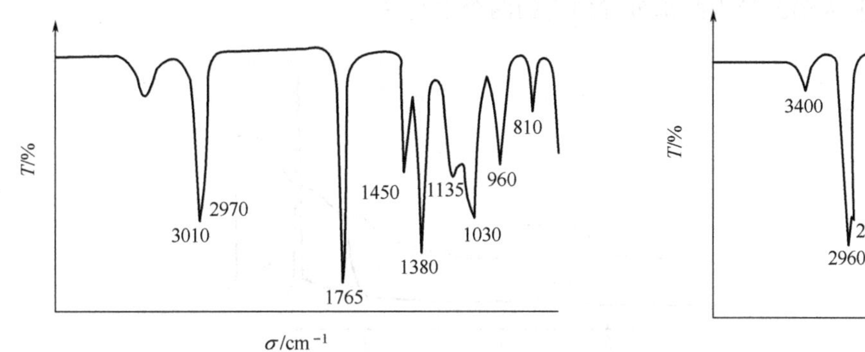

图 5-13　95% 乙醇提取物的红外光谱

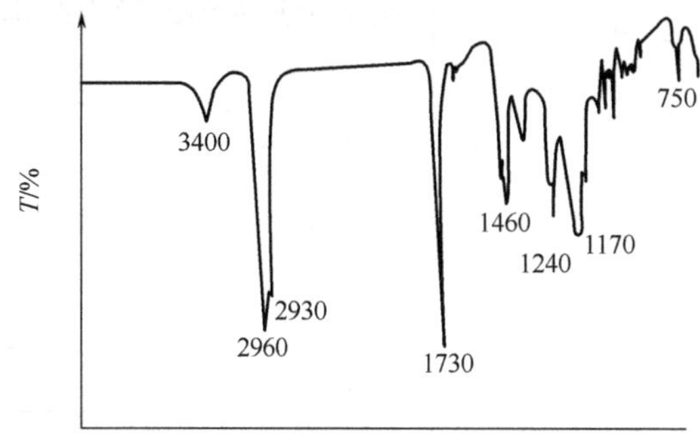

图 5-14　丙酮和石油醚作溶剂的硅胶填充柱洗脱物的红外光谱

经上述分析可知，红色显影剂中的聚合物为聚乙酸乙烯酯和长链烷基（甲基）丙烯酸酯的混合物。

2. 黄色显影剂中的聚合物

从红外谱图看，黄色显影剂中的聚合物基本上与红色显影剂中的聚合物一致，即为聚乙酸乙烯酯和长链烷基（甲基）丙烯酸酯的混合物。

3. 蓝色显影剂中的聚合物

（1）将 95% 的乙醇提取物走硅胶柱，用乙醇和水作溶剂进行洗脱，结果柱中有红色的一段没能洗出，用 95% 的乙醇提取这些吸附有红色物质的硅胶，得到少量红色物质，从其红外光谱（图 5-15）看，1730cm^{-1}、1240cm^{-1}、1170cm^{-1} 处有强吸收峰，可初步确定为甲基丙烯酸酯类，查标准红外谱图知为环氧改性的甲基丙烯酸甲酯，只是在低波数处多了三个小峰，可能是因红色颜料或其他杂质所致。

（2）将正己烷提取物走硅胶柱，用丙酮和石油醚（沸程 30～60℃）进行洗脱，在石油醚份中得到无色聚合物，从其红外光谱（图 5-16）看，1610cm^{-1}、1515cm^{-1}、810cm^{-1}、780cm^{-1} 和 700cm^{-1} 处有吸收峰，推断该化合物可能为带有取代基的苯乙烯聚合物，查红外标准谱图，初步确认为间位取代的甲基苯乙烯与甲基丙烯酸异丙酯的共聚物，从核磁共振氢谱（图 5-17）可进一步确认该聚合物为间甲基苯乙烯与甲基丙烯酸异丙酯的共聚物。

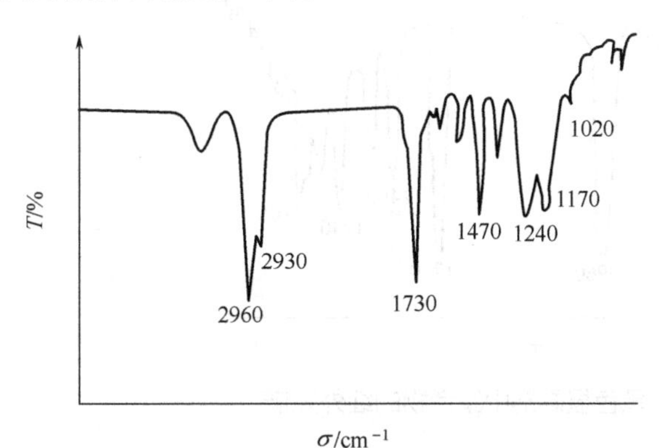

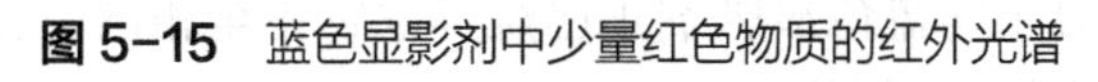

图 5-15　蓝色显影剂中少量红色物质的红外光谱

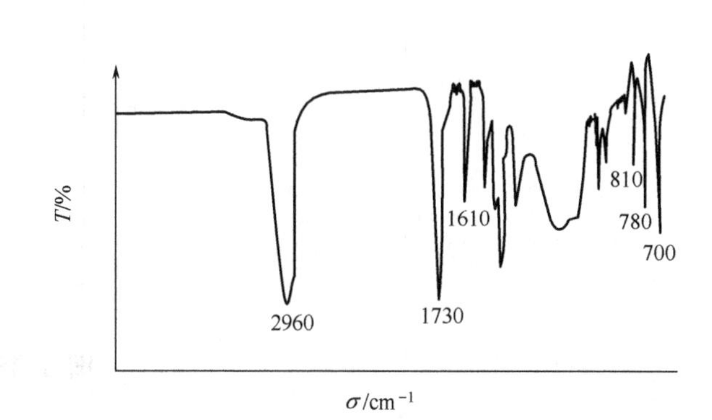

图 5-16　石油醚份中无色聚合物的红外光谱

图 5-17 中，δ6.7～7.4 处的两峰，为苯环上四个氢原子的吸收峰；δ2.2 处的单峰，为苯环上的取代甲

基峰；δ1.3 处的强尖峰，属于甲基丙烯酸部分的取代甲基峰。δ0.20～1.05 处峰属于甲基丙烯酸异丙酯部分异丙基的两个甲基峰。

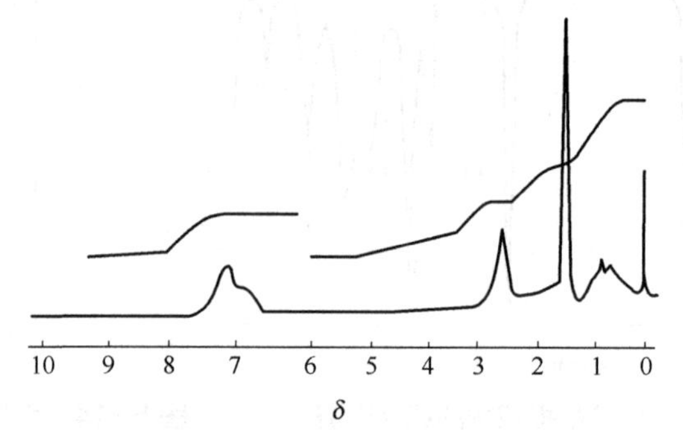

图 5-17 无色聚合物的核磁共振氢谱

经红外光谱和核磁共振氢谱分析，可知蓝色显影剂中的聚合物为间甲基苯乙烯与甲基丙烯酸异丙酯的共聚物。其结构为：

$$\left[CH_2-CH(C_6H_4\text{-}m\text{-}CH_3)-C(CH_3)(C{=}O\,OCH(CH_3)_2)-CH_2 \right]_n$$

4. 黑色显影剂中的聚合物

（1）滤液蒸馏残余物用 95% 的乙醇溶解，离心分离后，取上层清液作红外光谱（图 5-18），从图中 1730cm^{-1}、1240cm^{-1} 和 1105cm^{-1} 处的强吸收峰可推断该聚合物为聚酯类，又从 1170cm^{-1}、1120cm^{-1} 及 1100cm^{-1} 处的吸收峰可进一步推断该化合物为多元醇类树脂，查红外标准谱图，知其为氢化季戊四醇松香树脂。

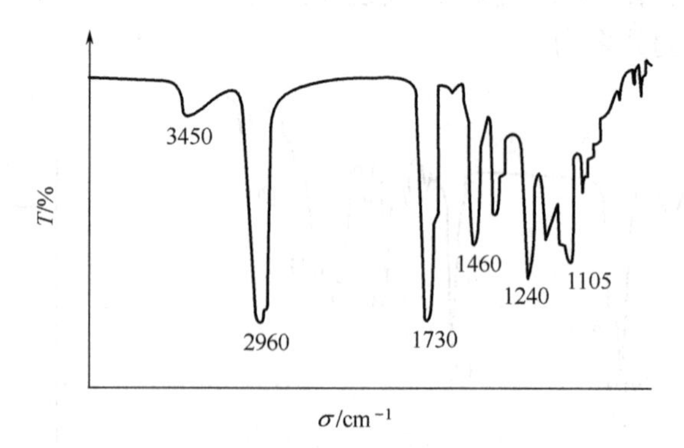

图 5-18 黑色显影剂中聚合物的红外光谱

（2）正己烷提取物与苯提取物同蓝色显影剂正己烷提取物完全相同，也是间甲基苯乙烯与甲基丙烯酸异丙酯的共聚物。

六、纸的剖析

1. 分离步骤

纸的分离程序如图 5-19 所示。

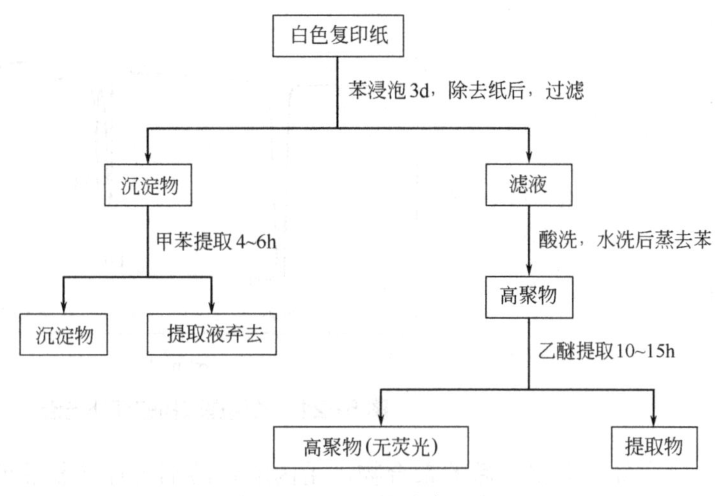

图 5-19　纸的分离程序

（1）取白色复印纸 20.3847g（面积为 $2358.8cm^2$），剪成 2～$3cm^2$ 的碎片，置于碘量瓶中，用苯浸泡 3d。

（2）用镊子取出浸泡后的纸片，弃去，溶液中有白色沉淀物，用定量滤纸过滤。

（3）沉淀物烤干后在脂肪提取器中用甲苯提取 4～6h，提取液弃去。

（4）将滤液中的苯蒸去，得到带荧光的高聚物。

（5）高聚物在脂肪提取器中用乙醚提取 10～15h。

（6）将乙醚提取液中的乙醚蒸去，残余物保留。

用甲苯提取沉淀物是为了除去无机沉淀物中的有机物，而滤液进行酸洗和水洗则是为了除去有机相中的无机物。

2. 无机物的定性定量分析

测定经甲苯提取后的沉淀物的发射光谱。发现 Ca 大、Mg 中、Zn 中、Fe 少、Cu 微，用原子吸收法测出 Ca、Mg、Zn 的含量分别为 34.7%、2.6% 和 0.99%。

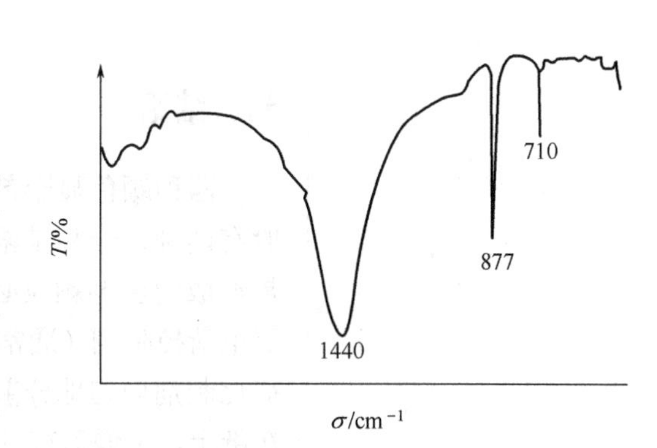

图 5-20　甲苯提取后沉淀物的红外光谱

从其红外光谱（图 5-20）看，$1440cm^{-1}$ 处一极强吸收峰，可推断该化合物为碳酸盐，查红外标准谱图，知其为 $CaCO_3$；而 600～$400cm^{-1}$ 范围内没有出现吸收增大的趋势，由此推断 Mg 以 $MgCO_3$ 的形式存在；Zn 因其含量少而无法确定其存在形式，从文献资料看可能是 ZnO。将测得的 Ca、Mg、Zn 含量折算为 $CaCO_3$、$MgCO_3$ 和 ZnO 含量，则为 $CaCO_3$ 84.75%、$MgCO_3$ 9.10%、ZnO 1.85%（注：未处理前

纸质量为 20.3847g，无机物质量为 1.2692g，聚合物质量为 0.7731g）。

3. 乙醚提取物的红外光谱分析

乙醚提取液蒸去乙醚后，为不挥发性棕褐色液体，测其红外光谱，如图 5-21 所示。查红外标准谱图，知其为石蜡油。

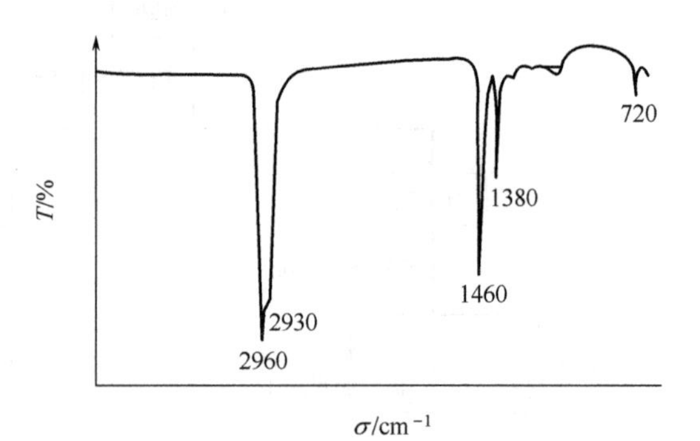

图 5-21 乙醚提取物的红外光谱

经乙醚提取后的聚合物，用丙酮作溶剂进行硅胶柱处理。在 1 号杯中得到白色浑浊液，蒸去丙酮后得高聚物，从其红外光谱（图 5-22）看，$1730cm^{-1}$、$1235cm^{-1}$、$1145cm^{-1}$ 处有吸收峰，可推断其为聚（甲基）丙烯酸酯类化合物，查红外标准谱图，知其为甲基丙烯酸甲酯与苯乙烯的共聚物。

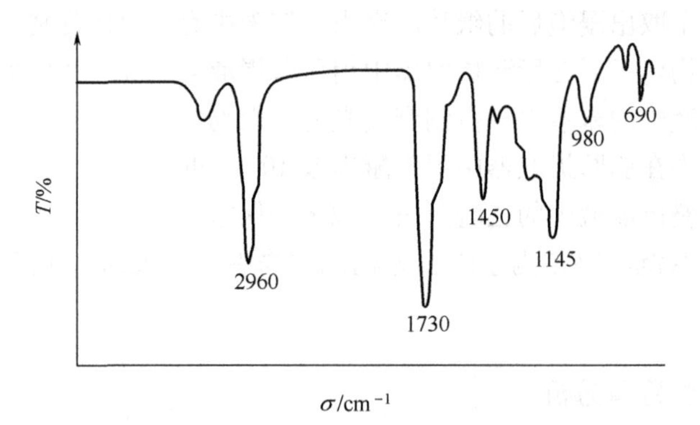

图 5-22 1 号杯中聚合物的红外光谱

七、结论

四种颜色显影剂中所用颜料均为各种常用的大分子颜料。其中的聚合物一般有两种，一种是溶解在溶剂中作为覆盖剂的非极性或弱极性聚合物，另一种是形成调色剂颗粒必不可少的胶合树脂。所用复印纸是先在普通纸上覆盖上一层电荷控制剂（通常为负电荷控制剂）。涂敷时用 $CaCO_3$ 粉末作为分散剂，使电荷控制剂均匀地分散在 $CaCO_3$ 中，同时加入少量荧光物质作增白剂，然后涂敷在纸上，干燥后在其表面覆盖一层高聚物作为保护膜。

实例 2　医用 X 射线片涤纶片基蓝色分散染料的剖析

众所周知，蓝色 X 射线片比黑白 X 射线片可以多提供 50% 以上的信息量，而且它提供的信息也比黑白 X 射线片清晰得多。涤纶片基是 X 射线片最常用的一种片基，它具有机械强度高、耐热和耐化学性等许多优点。但是它对染料的亲和力很弱，如果用通常的方法染色，对设备的要求十分苛刻，因此必须采用分散染料进行原浆着色。近年来人们一直在努力寻找适当的有机染料作 X 射线片涤纶片基的着色剂。这种着色剂需在 300℃的高温下仍然稳定，而对照相乳剂又没有不利影响。为提高国产 X 射线片胶片的质量和数量，张守栋[5]对国外同类 X 射线片用蓝色染料进行了剖析。

一、染料的分离与提纯

1. 染料的单一性检查

取少许染料样品溶于氯仿中，用毛细管点在硅胶 G 薄层上，用氯仿 : 甲醇（5 : 2）作展开剂进行展层（图 5-23）。展开结果，出现四个斑点，颜色、色光均相同。

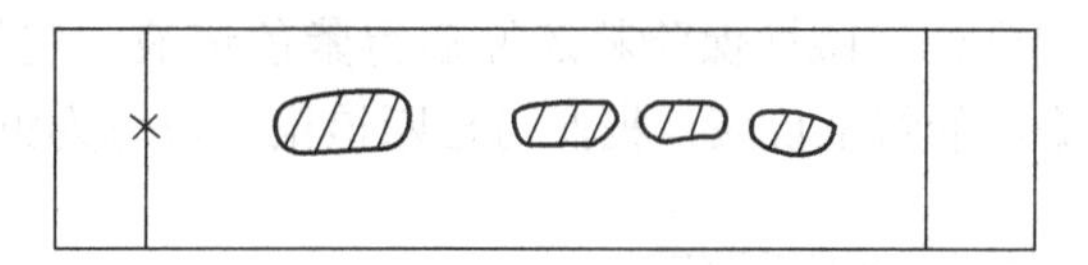

图 5-23　染料的硅胶薄层色谱

再用氧化铝薄层，用氯仿作展开剂展层（图 5-24）。展开结果，也出现四个斑点，色光、颜色均相同，都为翠蓝色。

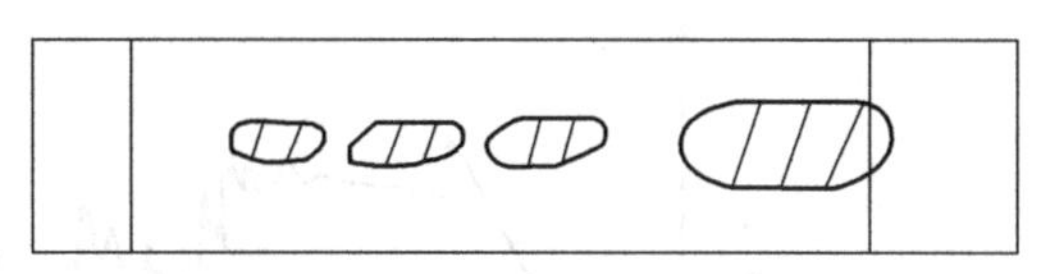

图 5-24　染料的氧化铝薄层色谱

由展开结果得知该染料为单一性染料，下部的斑点量较大，为主染料，上部的三个斑点量较少，为副染料。

2. 染料的分离提纯

用硅胶 G 薄板，氯仿 : 甲醇（5 : 2）作展开剂展层，分别刮下各色带，除去硅胶，红外灯下烘干。再用少量氯仿溶解，倾入石油醚中析出沉淀，过滤，滤饼用石油醚洗两次，然后于红外灯下烘干，研细，得各色带纯品。

二、染料的结构鉴定

1. 染料的外观及物化性质

染料外观为翠蓝色粉末，极易溶于氯仿、乙酸乙酯、丙酮和苯，微溶于甲醇、乙醇，不溶于石油醚

和水（分散染料的特征）。染料溶于浓硫酸为草绿色，稀释为绿光蓝色，并有绿色沉淀。

2. 染料所含元素的定性鉴定

（1）贝因斯坦法检验不含卤素。

（2）取少量纯染料放在坩埚盖上，灼烧后剩有灰黑色残渣。取少许残渣，加浓盐酸溶解后为黄色溶液，加入10%的氢氧化钠溶液中和至中性，加入10%的亚铁氰化钾，溶液中立即出现红褐色絮状沉淀，放置一段时间变为绿色。

另取未中和含残渣的浓盐酸溶液和中和后的含残渣溶液两份，同时分别加入1%的铜试剂若干滴，均生成棕色沉淀。

以上实验表明染料中含铜，为铜的络合染料。

（3）镁 - 碳酸钠熔融法鉴定染料含硫、氮。

3. 染料母体的类型鉴定

纯染料经碱性保险粉还原后得紫色溶液，空气氧化后恢复原色。此为铜酞菁类染料的特征反应，据此可推断该染料母体为铜酞菁结构。

4. 染料的红外光谱鉴定

取四个色带的纯染料样品，分别用溴化钾压片，测其红外光谱，发现它们的红外光谱完全相同（图 5-25）。

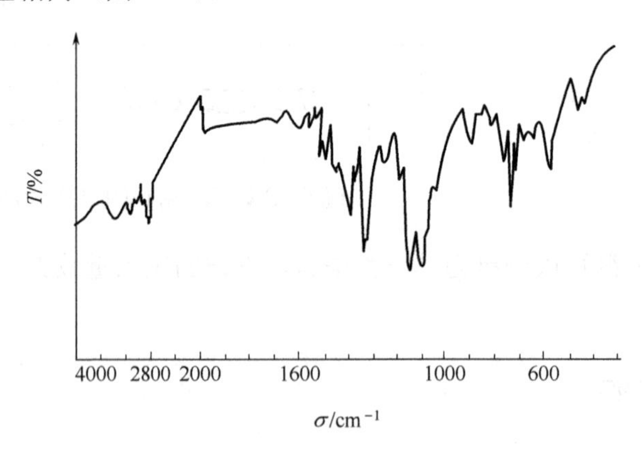

图 5-25 染料的红外光谱

图 5-25 中，1200～1080cm^{-1} 的一组强峰及 800～700cm^{-1} 的一组峰为铜酞菁环的特征吸收。由此进一步证实了未知染料属铜酞菁类型。

由图中 2950cm^{-1}、2920cm^{-1}、2860cm^{-1}、2850cm^{-1} 及 1360cm^{-1}、1375cm^{-1}、1450cm^{-1} 吸收峰可看出，染料分子中含有—CH_2—基团和 $CH_3—CH(CH_3)—$ 基团；1150cm^{-1} 特强峰表示有烷氧基（—OR）存在；1325cm^{-1} 和 1090cm^{-1} 强吸收峰表示有磺酰氨基（—SO_2NH—）存在。推测该染料的分子结构为 $CuPc—(SO_2NHR)_{1\sim4}$，Pc 表示酞菁环。

因四个色带的红外光谱相同，而且色光、颜色也相同，推测它们分别是酞菁环上的一个、二个、三个和四个烷基磺酰胺的取代物。以下实验均采用主色带（最下部色带）进行。

5. 染料结构的进一步确定

（1）染料的高压封管裂解及裂解产物的鉴定　取纯染料约 0.5g，置于耐压玻璃管中，加入 15mL 20% 的盐酸。封管后，于 180℃加热 2h，取出封管，放凉，过滤除去不溶的蓝色染料，得澄清的黄色溶液。

用毛细管吸取少许裂解液点在色层纸上，用正丙醇和 25% 的氨水（2∶1）作展开剂展层，用茚三酮的丙酮溶液显色，结果如图 5-26 所示。

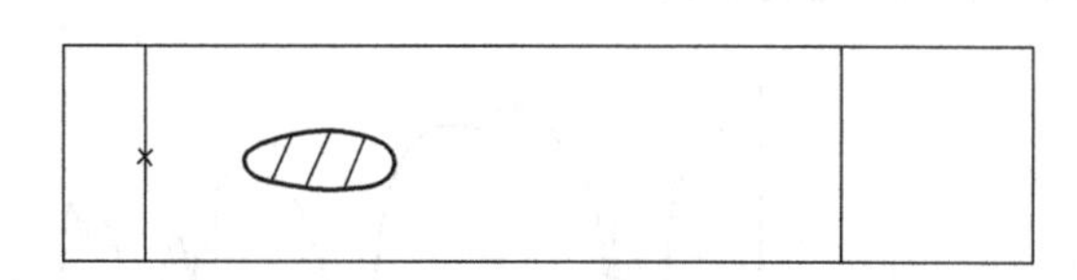

图 5-26　染料高压裂解产物的纸色谱

斑点显色后呈紫色，说明有脂肪胺类化合物存在，由 R_f 值推测可能为丙醇胺。但因没有标样，无法做色层对比。

（2）染料的高锰酸钾氧化裂解及裂解产物的鉴定　取约 200mg 纯染料，加冰乙酸约 15mL，加热至 60℃后滴加 1% 的高锰酸钾水溶液至染料的蓝色完全褪去，冷却后过滤除去棕色的二氧化锰沉淀。滤液用水稀释后，用乙醚提取。乙醚溶液于红外灯下烘干后，得淡棕色油状物Ⅰ。乙醚提取后的水溶液再用正丁醇提取，提取物烘干后得淡棕色油状物Ⅱ。水分烘干后，呈微蓝色固体，用水溶解，加铜试剂立即析出棕色沉淀，表明含铜离子，可能为无机盐类。

产物Ⅰ和产物Ⅱ的红外光谱完全相同（图 5-27）。

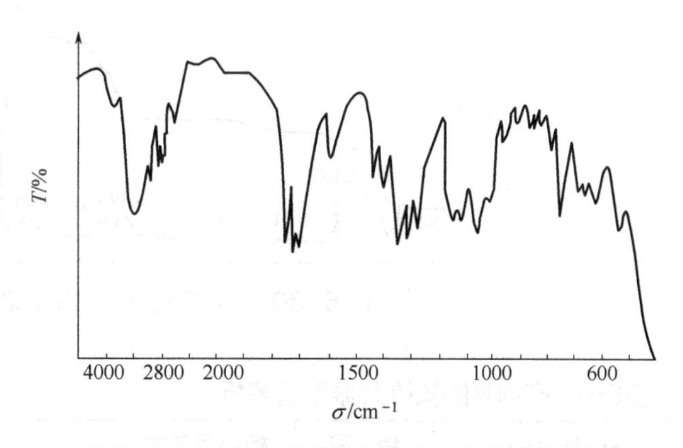

图 5-27　染料的高锰酸钾氧化产物的红外光谱

由图 5-27 中 $1720cm^{-1}$（强宽峰）、$1770cm^{-1}$（强峰）、$1350cm^{-1}$ 和 $1150cm^{-1}$ 等峰可看出，裂解产物系邻苯二甲酰亚胺的磺酰胺衍生物。因碳链吸收较强，芳环吸收较弱，说明是脂肪族磺酰胺的取代物。

图上峰形呈包状，说明样品不纯，再用硅胶 G 薄层板用苯作展开剂进行进一步分离，如图 5-28 所示。

分别刮下四个色带，除去硅胶，用溴化钾压片，测其红外光谱。品红的红外光谱为无机物（可能是过量的高锰酸钾）。黄荧光物量太少，红外光谱未出峰。黄色物（有蓝荧光），红外光谱为硅胶中杂质的吸收峰。暗黄色物的红外光谱与图 5-27 基本相同。将暗黄色物走硅胶柱，用大量苯淋洗，从氯仿和乙醚（1∶1）的洗脱物中可得白色光亮的片状固体产物Ⅲ。用溴化钾压片，测定产物Ⅲ的红外光谱，如图 5-29 所示。

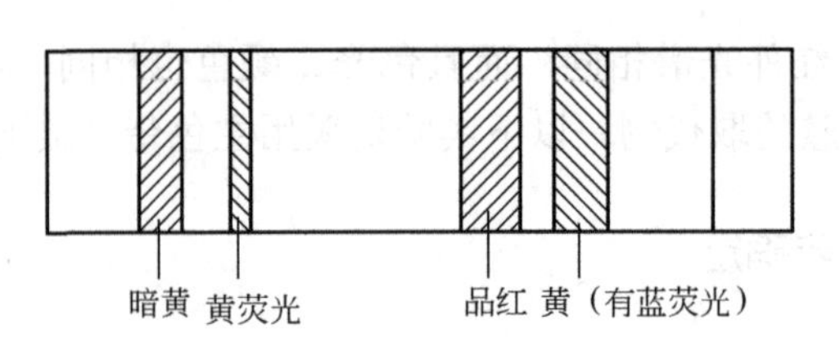

图 5-28 染料氧化裂解产物的薄层色谱

由其峰形判断，样品已经比较纯了，故作核磁共振氢谱。将产物Ⅲ用氘代氯仿溶解，用四甲基硅做内标，其核磁共振氢谱如图 5-30 所示。产物Ⅲ的核磁共振氢谱解析见表 5-1。

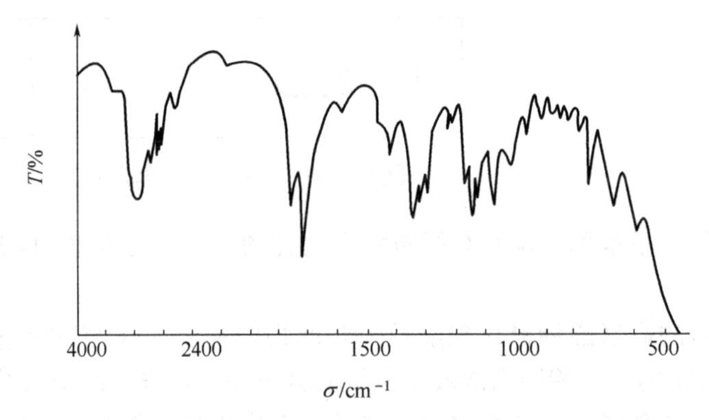

图 5-29 产物Ⅲ的红外光谱

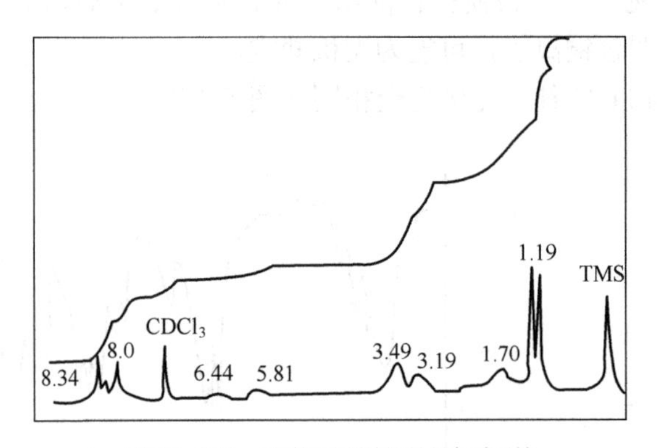

图 5-30 产物Ⅲ的核磁共振氢谱

表 5-1 产物Ⅲ的核磁共振氢谱解析

化学位移 δ	峰 形	相对质子数	归 属	标 记
1.19	双重峰	6 个 H	$—CH(CH_3)_2$	a
1.70	多重峰	2 个 H	$—CH_2—CH_2—CH_2—$	b
3.19	多重峰	2 个 H	$—NHCH_2CH_2—$	c
3.49	多重峰	3 个 H	$—CH_2OCH(CH_3)_2$	d
5.81	宽峰	1 个 H	$—SO_2NHCH_2—$	e

续表

化学位移 δ	峰　形	相对质子数	归　属	标　记
6.44	宽峰	1个H	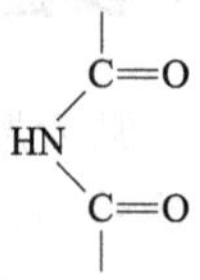 HN (C=O)(C=O)	g
8.00	双重峰	1个H	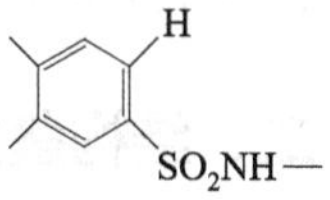 苯环H (邻位 SO_2NH—)	h
8.34	多重峰	2个H	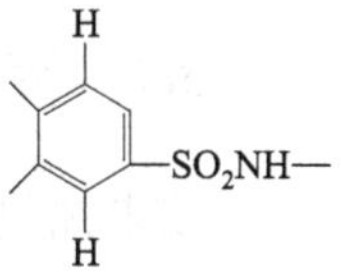 苯环H (SO_2NH—)	f

由核磁共振氢谱可推出产物Ⅲ的结构为：

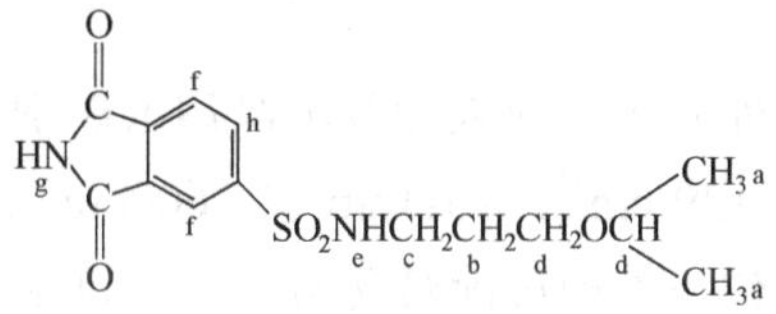

$$\text{HN(g) 邻苯二甲酰亚胺 (f, h, f)}-SO_2NHCH_2CH_2CH_2OCH(CH_3)_2$$

e c b d d a

三、结论

在X射线片片基层中采用铜酞菁类染料代替以往的蒽醌类染料，不仅提高了X射线片的感光度和清晰度，而且克服了蓝色片基对X射线吸收较弱的弊病。综合上述分析鉴定结果，可以推出医用X射线片涤纶片基所用蓝色分散染料的结构为：

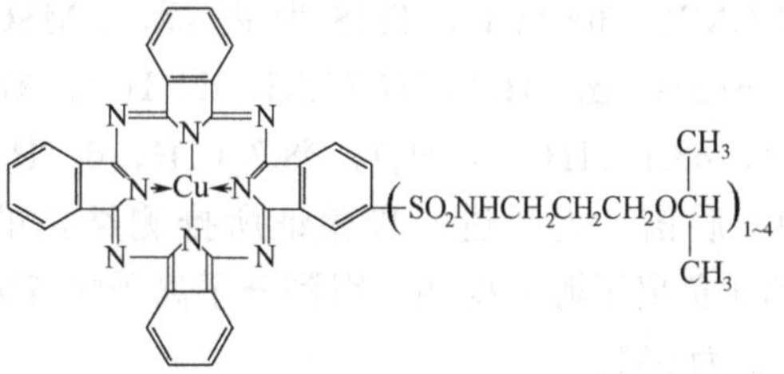

$$\text{CuPc}-(SO_2NHCH_2CH_2CH_2OCH(CH_3)_2)_{1\sim4}$$

按上述结构进行染料合成，合成染料与被剖析染料同条件测定红外光谱，结果谱图完全相同，说明上述分析结果准确无误。

实例3　偏光片中的染料剖析

由于偏光片独具的光学特性，又是一种薄型的片状材料，便于加工使用，因而在生活用品、工业交通、国防和尖端科学技术中都有广泛应用。随着偏光片产品使用范围的扩大，尤其是在各类液晶显示器上的应用，传统的染色工艺则显得无能为力。为满足这种技术要求，日本波拉公司生产了染料系的高耐久性偏光片产品。黄晓红等[6]对日本产偏光片中的染料进行了剖析，采用色谱法制备纯品、波谱法鉴定结构，得到了3支优质偏光片用染料的结构，从而掌握了国际上优质偏光片所应用染料的结构信息，了

解了此项技术的发展动态。

一、实验方法

剥去原偏光片表面的高聚物片基，在40℃水浸泡下，除掉黏结层及部分聚乙烯醇后，用有机溶剂提取并富集偏光膜中的有机化合物，采用柱色谱和薄层色谱法分离提纯各个染料，制备其纯品，然后进行波谱测试和结构鉴定。

二、结构鉴定

1. 一支品染料的结构鉴定

该未知物常温下为红色粉末状固体，易溶于甲醇、水，难溶于氯仿、苯等溶剂。

（1）可见 - 紫外光谱　未知物的可见 - 紫外光谱，最大吸收 λ_{max}=529nm（MeOH）。

（2）红外光谱　取未知物纯品用KBr压片法做红外光谱，其红外光谱图中，3452cm^{-1}、3129 cm^{-1}、1611cm^{-1}、1600cm^{-1}、1493cm^{-1}、1223cm^{-1}和1050cm^{-1}处的吸收峰，初步推测可能是含有苯环和磺酸基的偶氮型染料。

（3）核磁共振氢谱　通过对未知物的一维氢谱、重水交换一维氢谱及二维氢谱的数据解析并结合资料查阅，推测未知染料的结构为：

MO_3S—C₆H₄—N＝N—C₆H₄—N＝N—(OH, MO_3S 萘环)—NH—C(＝O)—C₆H₅

M=H, Na, K

^{1}H-NMR（300MHz，TMS为内标，DMSO为溶剂）δ7.4（1H、s、H_1），δ7.5～7.6（3H、m、H_2），δ7.7（2H、d、H_3），δ7.8（2H、d、H_4），δ7.9～8.0（7H、m、H_5），δ8.1（1H、s、H_6），δ8.2（1H、d、H_7）。

（4）质谱　为了进一步验证所推测结构的准确性，取未知物做质谱，用ESI-MS（负离子源）检测，得到分子离子峰630（M-1），314.6（M/2-1），故推测分子量为631。

综合所得到的数据，推测未知品染料的结构为：

MO_3S—C₆H₄—N＝N—C₆H₄—N＝N—(OH, MO_3S 萘环)—NH—C(＝O)—C₆H₅

M=H, Na, K

2. 一支青染料的结构鉴定

该未知物常温下为蓝色粉末状固体，易溶于甲醇、水，难溶于氯仿、苯等溶剂。

（1）可见 - 紫外光谱　未知物的可见 - 紫外光谱，最大吸收 λ_{max}=577nm

（MeOH）。

（2）红外光谱 取未知物纯品用 KBr 压片法做红外光谱，其红外光谱图中，3435cm^{-1}、3123 cm^{-1}、1614cm^{-1}、1594cm^{-1}、1401cm^{-1}、1222cm^{-1} 和 1050cm^{-1} 处的吸收峰，说明存在苯环和磺酸基，无明显特征染料的骨架振动吸收，推测可能是含有苯环和磺酸基的偶氮型染料。

（3）核磁共振氢谱 通过对未知物的一维氢谱、重水交换一维氢谱及二维氢谱数据的解析并结合资料查阅，推测未知染料的结构为：

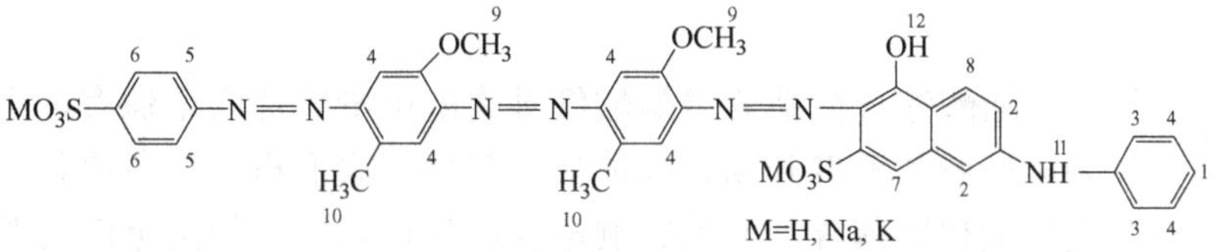

M=H, Na, K

^{1}H-NMR（300MHz，TMS 为内标，DMSO 为溶剂）δ7.0（1H、m、H_1），δ7.1（2H、m、H_2），δ7.2（2H、d、H_3），δ7.3～7.5（6H、m、H_4），δ7.8（2H、d、H_5），δ7.9（2H、d、H_6），δ7.9（1H、d、H_7），δ8.0（1H、d、H_8），δ3.9（6H、s、H_9），δ2.7（6H、s、H_{10}），δ9.1（1H、s、H_{11}），δ16（1H、s、H_{12}）。

（4）质谱 为了进一步验证所推测结构的准确性，取未知物的纯品做质谱，用 ESI-MS（负离子源）检测，得到分子离子峰 794（M-1），396.5（M/2-1），故推测分子量为 795。

综合所得到的数据，推测未知青染料的结构为：

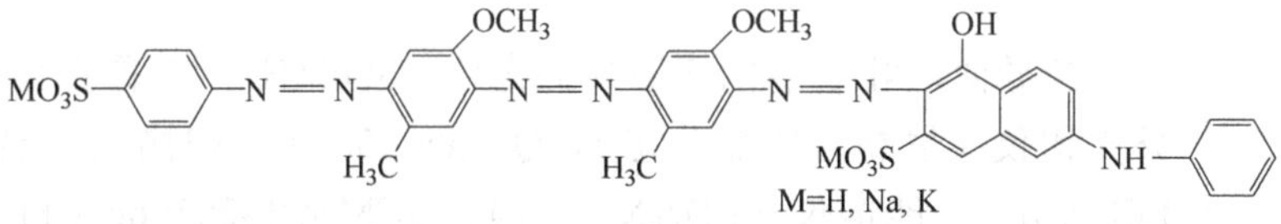

M=H, Na, K

3. 一支黄染料的结构鉴定

该未知物常温下为橙色粉末状固体，易溶于甲醇、水，难溶于氯仿、苯等溶剂。

（1）可见 - 紫外光谱 从未知物的可见 - 紫外光谱，可知最大吸收 λ_{max}=422nm（MeOH）。

（2）红外光谱 从其红外光谱可知分子中存在苯环和磺酸基，骨架振动无明显特征，故推测可能是带有磺酸基的偶氮型染料。

（3）核磁共振氢谱 通过对未知物的一维氢谱、重水交换一维氢谱及二维氢谱的数据解析并结合资料查阅，推测未知染料的结构为：

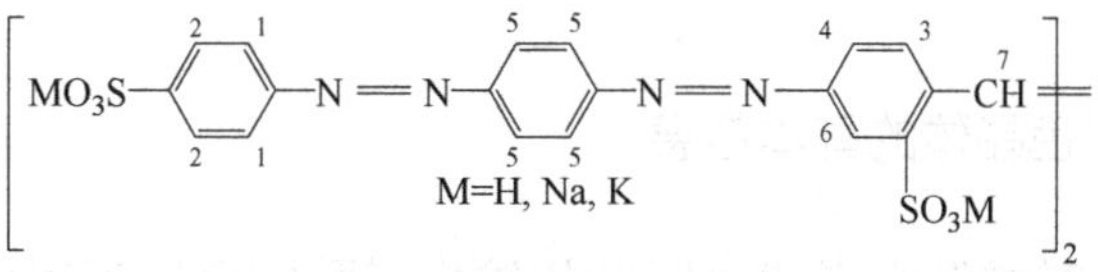

M=H, Na, K

^{1}H-NMR（300MHz，TMS为内标，DMSO为溶剂）δ7.8（2H、d、H_1），δ7.9（3H、m、H_2和H_3），δ8.0（1H、d、H_4），δ8.1（4H、m、H_5），δ8.4（2H、m、H_6和H_7）。

（4）质谱 为了进一步验证所推测结构的准确性，取未知物的纯品做质谱，用 ESI-MS（负离子源）检测，得到分子离子峰 915（M-1），457（M/2-1），304（M/3-1）故可知分子量为 916。

综合所得到的数据，推测未知黄染料的结构为：

$$\left[MO_3S-C_6H_4-N=N-C_6H_4-N=N-C_6H_3(SO_3M)-CH=\right]_2$$

M=H, Na, K

上述所列出的结构，经合成验证或已知样对照，证明结构准确无误。

实例 4　醋酸综合征电影胶片析出晶体的分析表征

醋酸综合征是危害醋酸纤维素酯电影胶片安全保存的主要病害之一，表现为电影胶片酸度升高、释放酸性气体、表面析出白色晶体、胶片扭曲变形、乳剂层液化脱落等，严重影响电影胶片记载图像的清晰度与胶片记载声音的正确解读。周亚军等[7]采用红外光谱、核磁共振氢谱、质谱等方法对电影胶片发生醋酸综合征析出的白色晶体进行了分析表征，确定了白色晶体的主要成分为胶片片基材料的增塑剂磷酸三苯酯。

一、仪器及分析表征方法

1. 仪器及样品

超导傅里叶数字化核磁共振谱仪（300MHz，布鲁克公司），傅里叶变换红外光谱仪（尼高力仪器公司），Quanta 200 环境扫描电子显微镜（荷兰 Philips-FEI 公司），能谱仪（EDAX 公司），GCMSQP-2010nc（日本岛津公司）。样品为表面有白色晶体析出已报废的醋酸纤维素酯电影胶片，由中国电影资料馆西安电影资料库提供。

2. 样品分析表征方法

采用硬质塑料片刮取胶片表面的白色晶体，将其在无水乙醇中重结晶，以除去少量难溶性杂质。将处理好的白色晶体分别做能谱、质谱、红外光谱和核磁共振氢谱分析，以确定析出物的成分及分子结构。

二、白色晶体的分析表征结果

1. 白色晶体的基本信息

醋酸纤维素酯电影胶片发生醋酸综合征后表面析出的晶体为白色，主要存在于胶片的片基层表面，由于胶片缠绕在片轴上，因此在胶片的乳剂层表面也黏附有此白色晶体。在显微镜下观察，此白色晶体为针状，如图 5-31 所示。

2. 能谱分析

白色晶体能谱分析结果，如图 5-32 所示。由图 5-32 可见，白色晶体主要含有 C、O 和 P 三种元素，磷元素的含量为 9.24%，这与胶片片基中增塑剂磷酸三苯酯中磷元素所占的分数（9.49%）基本相符。

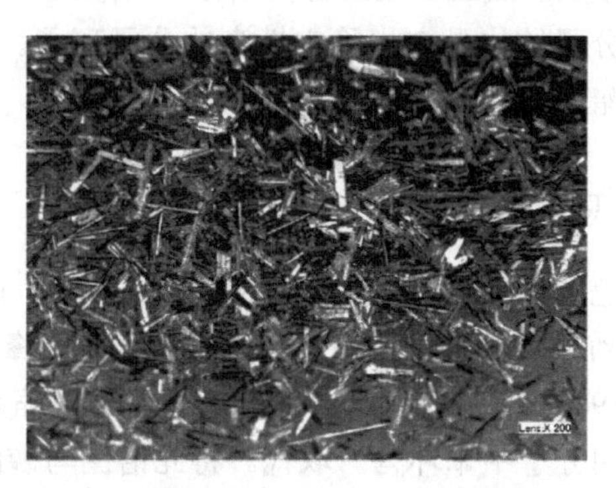

图 5-31 电影胶片表面析出白色晶体的形貌（显微镜下放大 200 倍）

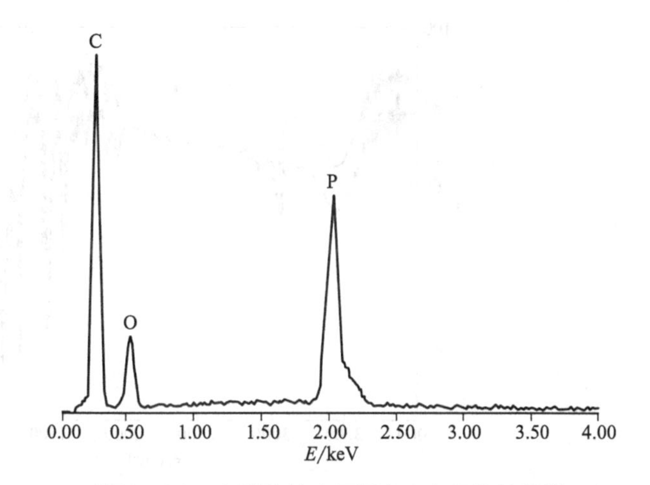

图 5-32 电影胶片表面析出白色晶体的能谱

此白色晶体可溶于乙醇、丙酮和苯等溶剂，熔点为 47.3℃，这些属性与磷酸三苯酯相似。据此可初步判定白色晶体为胶片片基中的增塑剂磷酸三苯酯。

3. 质谱分析

白色晶体的质谱，如图 5-33 所示。在图 5-33 中，位于右端质荷比最高位置处的峰为分子离子峰，它的 m/z 为 326，表明该化合物的分子量为 326；另外，分子离子峰的相对丰度为 100%，表明分子离子非常稳定，而分子离子的稳定性又与化合物的结构类型有关。图 5-33 中，m/z 77 处峰的丰度也比较大，应

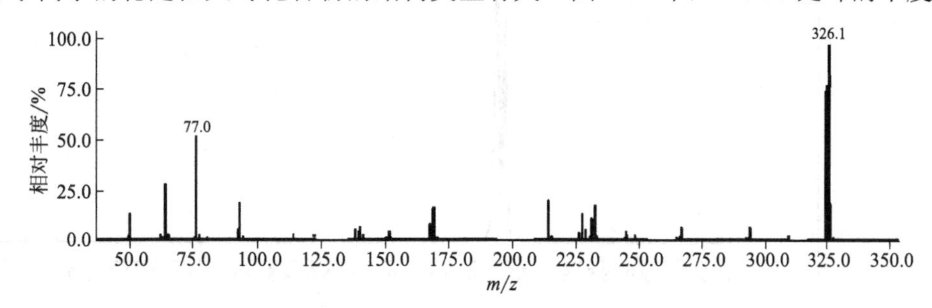

图 5-33 电影胶片表面析出白色晶体的质谱

该为分子在裂解过程中产生的苯环碎片峰，说明分子中含有苯环。这些都与片基中增塑剂磷酸三苯酯的特征相符，磷酸三苯酯的分子量为326，分子中含有苯环，其分子结构易产生稳定性高的分子离子。据此可进一步确定白色晶体为磷酸三苯酯。

4. 红外光谱分析

白色晶体的红外光谱，如图5-34所示。图5-34中，3059cm^{-1}为Ar—H的伸缩振动峰，1294cm^{-1}为P═O的伸缩振动峰，1177cm^{-1}为C—O—P伸缩振动峰，1589cm^{-1}和1485cm^{-1}为苯环骨架的伸缩振动峰，769cm^{-1}和690cm^{-1}处的强峰表明分子中苯环为一取代。将此谱图与磷酸三苯酯标准品的红外光谱相比，两者的相似度极高。

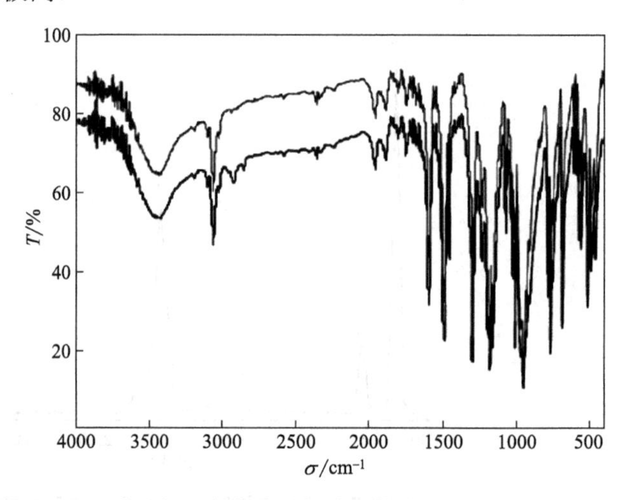

图5-34 表面析出白色晶体与磷酸三苯酯标准品的红外光谱

5. 核磁共振氢谱分析

白色晶体的核磁共振氢谱，如图5-35所示。图5-35中，δ7.32～7.37处的

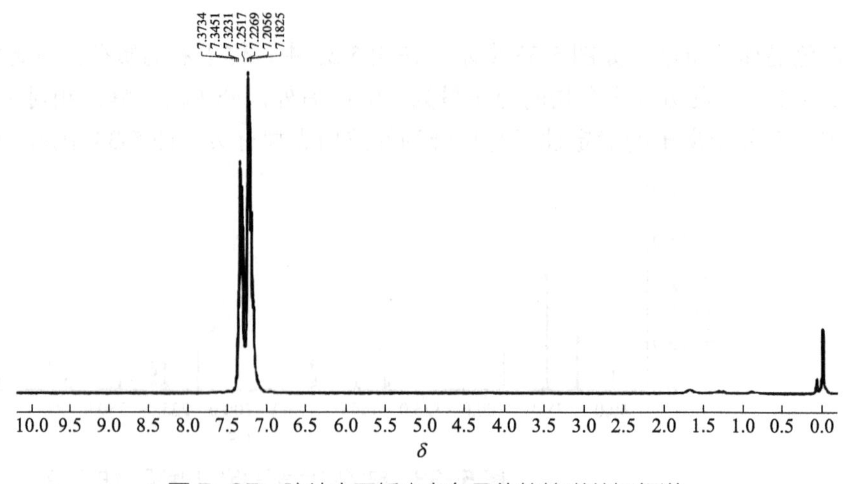

图5-35 胶片表面析出白色晶体的核磁共振氢谱

三重峰，为苯环对位和间位的 3 个氢；δ7.18～7.25 处的四重峰，为苯环邻位的 2 个氢。将图 5-35 与磷酸三苯酯标准品的核磁共振氢谱进行比对，发现两者完全相符。

通过对白色晶体核磁共振氢谱和红外光谱的解析，以及与标准品谱图的比对，进一步证明了白色晶体的成分是磷酸三苯酯，分子结构为：

三、结论

通过能谱、质谱、红外光谱和核磁共振氢谱分析，可以确定电影胶片发生醋酸综合征之后，胶片表面析出的白色晶体为胶片片基材料醋酸纤维素酯中的增塑剂磷酸三苯酯。

在醋酸纤维素酯胶片片基中加入磷酸三苯酯作为增塑剂可以改善片基材料的性能。醋酸综合征产生的主要原因是胶片片基材料醋酸纤维素酯的水解，导致片基材料的组成与性能发生明显改变，使其与增塑剂相容性减弱，从而导致胶片表面析出白色晶体。

参考文献

[1] 王敬尊，瞿慧生 . 复杂样品的综合分析——剖析技术概论 . 北京：化学工业出版社，2000.

[2] 王敬尊 . 薄层色谱法在感光材料分离分析中的应用 . 感光材料，1988，(2): 14-16.

[3] 黄剑莉 . 红外吸收光谱法在感光材料研究中的应用 . 信息记录材料，2012，13(5): 10-16.

[4] 黄晓红，王晓丰，董畏生 . 从结构鉴定看照相有机物的发展 . 影像技术，2004，(1): 11-15.

[5] 张守栋 . 医用 X 光片涤纶片基染色用蓝色分散染料的结构剖析 . 染料工业，1992，29(5): 30-33.

[6] 黄晓红，赵宏洋，王晓丰 . 偏光片中的染料剖析 . 影像技术，2010，(2): 13-15.

[7] 周亚军，张娟，祁赟鹏，李玉虎，何雨 . 醋酸综合症电影胶片析出晶体分析表征 . 影像技术，2015，(5): 60-62，64.

总结

感光材料

- 感光材料是由乳剂层和支持体组成，支持体也称为片基。
- 感光材料的主体成分是起感光作用的卤化银和作为分散载体的明胶膜。

样品前处理

- 用硫代硫酸钠将胶膜中的卤化银漂白溶解除去。
- 加入胰蛋白酶，使明胶发生酶解生成水溶性小分子，使胶膜与片基分开，各种感光助剂转移到水溶液中。
- 用适宜的有机溶剂进行萃取，各种感光助剂转移至有机相中。

组分的分离

- 采用硅胶柱色谱法进行分离。
- 采用硅胶薄层色谱或氧化铝薄层色谱法进行分离。

○ 采用纸色谱法进行分离。

组分的鉴定

○ 组分的定性及结构鉴定，可采用紫外-可见光谱法、红外光谱法、核磁共振光谱法和质谱法。

思考题

1.什么是感光材料？为什么说感光材料的剖析是一个十分困难的课题？
2.胶片类感光材料的基本结构是由哪两部分组成？主体成分是什么，它在感光过程中起什么作用？
3.片基在胶片类感光材料中起什么作用？对片基有哪些要求？常用的片基有哪些？
4.为什么在胶片类感光材料剖析时，首先要用硫代硫酸钠将胶膜中的氯化银漂白溶解除去？
5.怎样才能使胶片类感光材料中的胶膜与片基分开？
6.胶片类感光材料剖析包括哪些步骤？
7.胶片中有机成分种类繁多，如何将胶片中的各种有机组分分离纯化？又如何对分离后的各组分进行结构鉴定？
8.硅胶薄层色谱法适于分离胶片类感光材料中的哪些组分？

课后练习

1.胶片中水溶性组分的分离与富集，最常用的方法是：（1）聚酰胺柱色谱法；（2）溶剂萃取法；（3）沉淀法；（4）蒸馏法
2.胶片中有机物的分离，可采用下述哪种方法：（1）离子交换法；（2）凝胶色谱法；（3）硅胶柱色谱法；（4）毛细管电泳法
3.已知某胶片含有下述有机成分，哪种成分是水溶性的：（1）含有磺酸基的感蓝增感染料；（2）萘酚型青成色剂；（3）紫外吸收剂；（4）防灰雾剂
4.已知某胶片中含有下述成分，哪些成分是油溶性的：（1）黄成色剂；（2）十二烷基磺酸钠；（3）紫外吸收剂；（4）十二烷基三甲基氯化铵
5.采用硅胶柱色谱法分离胶片类感光材料中的有机组分，其中油溶性组分中的成色剂将出现在：（1）乙酸乙酯-甲醇份中；（2）丙酮-甲醇份中；（3）丙酮-甲醇-水份中；（4）石油醚-苯-氯仿份中
6.氧化铝薄层色谱法适于分离胶片类感光材料中的：（1）极性组分；（2）非极性组分；（3）离子型化合物；（4）两性化合物
7.纸色谱法适于分离胶片类感光材料中的：（1）油溶性组分；（2）水溶性组分；（3）高分子组分；（4）成色剂组分

设计问题

已知某彩色感光胶片由油剂、黄成色剂、蓝助光染料、表面活性剂、胶黏剂和片基组成，设计出一个剖析方案。

（www.cipedu.com.cn）

第六章　涂料剖析

上图为涂料在不同方面的用途。涂料主要由成膜物质（树脂）、溶剂、颜料和助剂4部分组成。涂料剖析的常用程序：①采用蒸馏等方法将溶剂与其他物质分离；②用合适的溶剂溶解树脂和助剂；③采用离心法将颜料与树脂和助剂分开；④采用溶解-沉淀法将聚合物与助剂分开；⑤采用硅胶柱色谱法对助剂进行进一步分离；⑥分开的各组分可采用红外光谱法等进行分析鉴定。

为什么要学习涂料剖析？

涂料品种繁多，用途广泛，与人民生活息息相关。涂料品质的优劣直接关系到国计民生，不容忽视。涂料大多数是组成复杂的混合物，面对一未知组成的涂料，如何着手进行剖析，也就是如何有效地将各组分分开，如何对分开的各组分进行分析鉴定，这些技能通过本章的学习都能基本掌握。

学习目标

- 明确涂料的组成，指出涂料中各种成分的功效。
- 指出并描述涂料常用的几种分类方法。
- 简要介绍涂料中溶剂的分离与鉴定方法。
- 简述涂料中无机颜料与高聚物的分离纯化及鉴定方法。
- 指出并描述涂料中助剂的分离与鉴定方法。
- 简述涂料中各组分的定量分析方法。
- 查阅文献，举出一个涂料剖析的实例。

第一节　概述

随着国民经济的快速发展和人民生活水平的不断提高，涂料工业得到了相应发展，配方不断更新，制造工艺不断改进，新产品不断涌现。但我国涂料在产量、质量和品种上与国外先进水平相比，尚有较大差距。为了缩小这种差距，在日趋激烈的市场竞争之中占有一席之地，各企业都更加重视新产品的开发和引进技术的消化吸收，因此，进口高性能涂料的剖析就显得至关重要。

涂料是指那些能涂覆在物件表面并能形成牢固附着的保护膜和装饰膜的工程材料。它既可以是无机材料，也可以是有机材料。其中，有机高分子涂料构成了涂料的主要品种。涂料与漆，英文分别为 coating 和 paint，二者差别不大，可相互使用。

一、涂料的组成

涂料主要由成膜物质、挥发分、颜料、助剂 4 部分组成。

1. 成膜物质

成膜物质又称基料，是使涂料牢固附着于被涂物件表面并形成连续薄膜的主要物质，是构成涂料的基础，决定着涂料的基本性质。主要成膜物质包括油料和树脂。可以单独成膜，也可以与颜料、填料等物质黏结成膜。

（1）油料　油料也称油脂，是动物油脂和植物油脂的总称。油漆中所使用的油料主要是植物油。按成膜特性和成膜速度分为干性油（如桐油、亚麻仁油等）、半干性油（如大豆油、葵花子油、棉籽油等）、不干性油（如蓖麻油、椰子油、花生油等）。油漆工业用量最大的是干性油和半干性油。

（2）树脂　涂料中所使用的树脂有天然树脂（如松香、虫胶、沥青类）、人造树脂（如松香衍生物、纤维衍生物）和合成树脂。合成树脂包括缩聚树脂（如醇酸树脂、氨基树脂、环氧树脂、聚氨酯等）和加聚树脂（如过氯乙烯树脂、丙烯酸树脂等），它既可以是热塑性树脂，也可以是热固性树脂。由于不同的树脂有不同的化学结构，其化学物理性质和机械性能各异，有的耐候性好，有的耐溶剂性好或机械性能好，因此应用范围亦不同。

2. 挥发分

挥发分主要指溶剂，包括有机溶剂和水。其作用是使基料溶解或分散成为黏稠的液体，增加涂料对物面的润湿性，使涂层均匀，以便涂料的施工。在涂料的施工过程中和施工完毕后，这些有机溶剂和水挥发，使基料干燥成膜。溶剂的选用除考虑其对基料的相溶性或分散性外，还需注意其挥发性、毒性、闪点及价格等。涂料既可以使用单一溶剂，也可以使用混合溶剂。常将基料和挥发分的混合物称为漆料。常用的溶剂有苯、二甲苯、乙酸乙酯、丙酮、乙醇、松节油和水等。

3. 颜料

颜料为分散在漆料中的不溶微细固体颗粒，分为着色颜料、体质颜料和防锈颜料。主要用于着色、提供保护、装饰以及降低成本等。

（1）着色颜料　着色颜料在涂料中起着色和遮盖物面的作用，有各种不同的颜色，如白色颜料（钛白粉、锌钡白等）、黄色颜料（铬酸盐、铁黄）等。

（2）体质颜料　体质颜料又称填料，在漆膜中遮盖力较差。主要用于控制油漆的稠度，增加物面粗糙度，改善油漆的涂刷性。常用的品种有硫酸钡、碳酸钡、碳酸钙、滑石粉等。

（3）防锈颜料　防锈颜料是防锈漆的主要成分，用于防止金属物面锈蚀。常用的品种有红丹、锌铬黄、氧化铁红等。

概念检查 6.1

○ 简述涂料中常用颜料的类型及在涂料中所起的作用。

4. 助剂

助剂用量很少，主要用来改善涂料某一方面的性能，如催干剂（环烷酸钴、环烷酸锰、环烷酸铅）用来加速漆膜干燥，促进干性油的氧化聚合；防霉剂（五氯酚、环烷酸锌）可防止漆膜发霉，保证漆膜质量；增塑剂（苯二甲酸酯类、磷酸酯类）可改善漆膜的柔韧性，增强漆膜对物面的附着力；紫外线吸收剂（二苯甲酮类、三嗪类）可减少紫外线对漆膜的损害，延长漆膜的寿命。

二、涂料的分类

涂料的分类方法很多，通常有以下几种分类方法。

（1）按涂料的形态可分为水性涂料、溶剂性涂料、粉末涂料、高固体分涂料等。

（2）按施工方法可分为刷涂涂料、喷涂涂料、辊涂涂料、浸涂涂料、电泳涂料等。

（3）按施工工序可分为底漆、中涂漆（二道底漆）、面漆、罩光漆等。

（4）按功能可分为装饰涂料、防腐涂料、导电涂料、防锈涂料、耐高温涂料、示温涂料、隔热涂料等。

（5）按用途可分为建筑涂料、罐头涂料、汽车涂料、飞机涂料、家电涂料、木器涂料、桥梁涂料、塑料涂料、纸张涂料等。

（6）按涂料主要成膜物质的不同，可分为环氧涂料、醇酸涂料、丙烯酸涂料、酚醛涂料和聚氨酯涂料等。

即使对于同一类涂料品种，其性能和用途也各不相同。例如，大家熟知的建筑涂料又可进一步分为内墙涂料（包括平光涂料、半光涂料、有光涂料、防结露涂料、多彩涂料、喷塑涂料、仿瓷涂料、复层涂料）、外墙涂料（包括平光涂料、半光涂料、复层涂料、防水涂料）和地板涂料。汽车涂料则可分为底漆、中涂漆和面漆。

第二节　涂料的分离与纯化

一、不同类型涂料的剖析程序

涂料剖析工作的重点是研究涂料的组成，包括成膜物质、颜料、溶剂和助剂。涂料是一种复杂的混合物，不经分离就直接采用仪器分析几乎是不可能的，在涂料剖析中能否成功地将各组分分开往往成为涂料剖析的核心和关键。涂料剖析就是通过一定的手段和方法，将各组分有效地分离与提纯，常用的分离方法有高速离心、溶解、沉淀、萃取、蒸馏、柱色谱和薄层色谱法等，然后用波谱、色谱、气相色谱 - 质谱（GC-MS）及裂解气相色谱 - 质谱（Py-GC-MS）联用等方法对各组分进行定性、定量及结构分析。由于涂料体系不同，所采用的剖析程序也略有差异，下面仅对水性涂料与有机溶剂型涂料的剖析程序进行介绍。

1. 水性涂料的剖析程序

水性涂料分为水溶性和水乳性涂料，由于类型不同剖析的程序也略有差异。水溶性涂料剖析的一般程序如图 6-1 所示。对于乳液高分子涂料，首先需要破乳，然后按水溶性涂料的剖析程序进行。

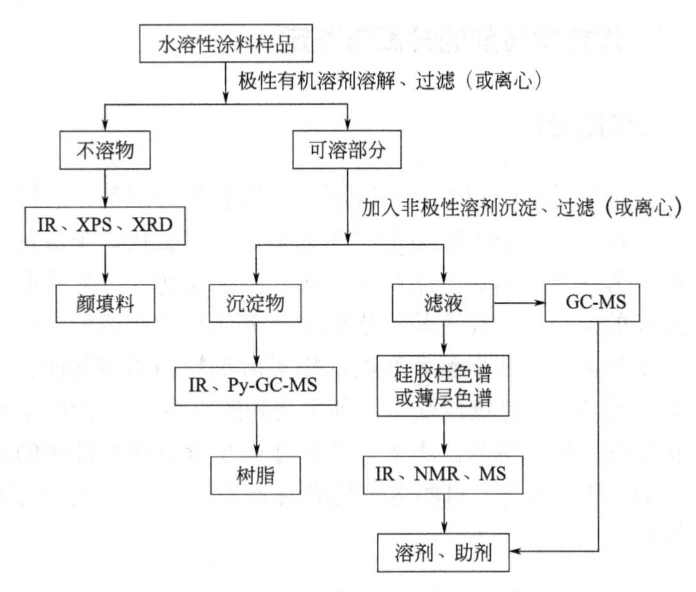

图 6-1　水溶性涂料剖析的一般程序

2. 有机溶剂型涂料的剖析程序

有机溶剂型涂料是涂料剖析中经常遇到的体系。在此体系中，作为成膜物质的树脂可能是一种或数种，而溶剂也可能是多种成分的混合物。为使涂料具有良好的综合性能，颜料和助剂也由多种物质组成。要完成如此复杂体系的剖析，无疑是一项十分困难的工作。有机溶剂型涂料剖析的一般程序如图 6-2 所示。

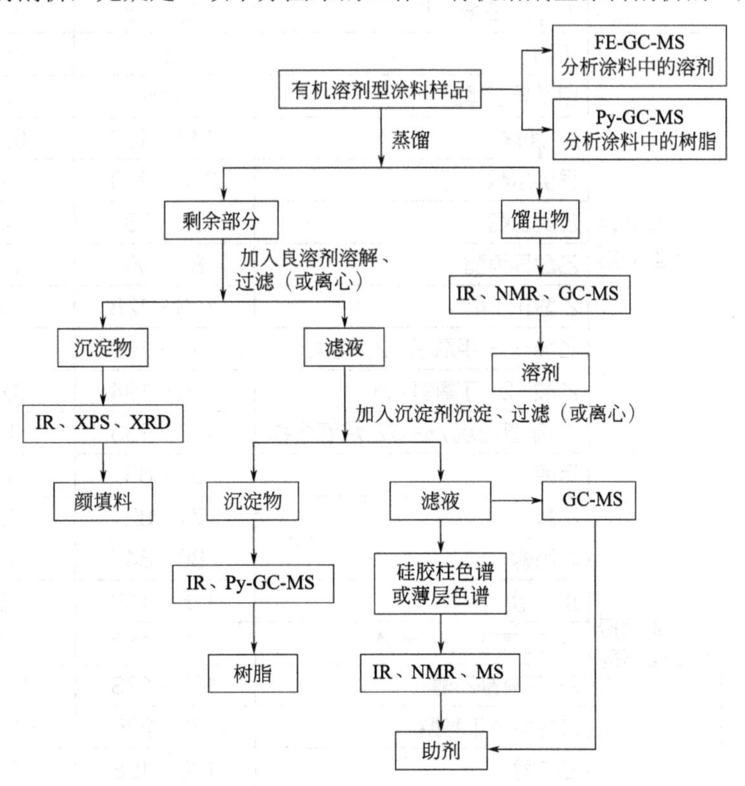

图 6-2　有机溶剂型涂料剖析的一般程序

二、涂料中溶剂的分离与鉴定

1. 溶剂的分类

按氢键强弱和形式，溶剂可分为弱氢键溶剂、氢键接受型溶剂和氢键授受型溶剂三类。弱氢键溶剂主要包括烃类和氯代烃类溶剂，烃类溶剂又分为脂肪烃和芳香烃。商业上脂肪烃溶剂是直链脂肪烃、异构脂肪烃、环烷烃以及少量芳烃的混合物。优点是价格低廉，芳烃较脂肪烃贵，但能溶解许多树脂。氢键接受型溶剂主要指酮和酯类，酮类溶剂较酯类溶剂便宜，但酯类溶剂较酮类溶剂气味芳香。氢键授受型溶剂主要为醇类溶剂，常用的有甲醇、乙醇、异丙醇、正丁酸、异丁醇等。大多数乳胶漆中也含有挥发性慢的水溶性醇类溶剂，如乙二醇、丙二醇等，目的之一是降低凝固点。表 6-1 总结了这 3 类部分溶剂的物理性质。

表6-1 部分溶剂的物理性质

类　型	溶　　剂	沸点 /℃	相对挥发度（25℃）	密度（25℃）/（g/cm^3）
弱氢键溶剂	石脑油	119～129	1.4	0.742
	200 号溶剂汽油	158～197	0.1	0.772
	甲苯	110～111	2.0	0.865
	二甲苯	138～140	0.6	0.865
	1,1,1- 三氯乙烷	73～75	6.0	1.325
氢键接受型溶剂	丁酮	80	3.8	0.802
	甲基异丁基酮	116	1.6	0.799
	2- 庚酮	147～153	0.46	0.814
	异佛尔酮	215～220	0.02	0.919
	乙酸乙酯	75～78	3.9	0.894
	乙酸异丙酯	85～90	3.4	0.866
	乙酸正丁酯	118～128	1.0	0.872
	乙酸 -1- 甲氧基 -2- 丙酯	140～150	0.4	0.966
	乙酸 -2- 丁氧基乙酯	186～194	0.03	0.938
	1- 硝基丙烷 / 硝基乙烷混合物	112～133	1.0	0.987
氢键授受型溶剂	甲醇	64～65	3.5	0.789
	乙醇	74～82	1.4	0.809
	异丙醇	80～84	1.4	0.783
	正丁醇	116～119	0.62	0.808
	1- 丙氧基 -2- 丙醇	149～153	0.21	0.89
	2- 丁氧基乙醇	169～173	0.87	0.901
	二甘醇单丁基醚	230～235	<0.01	0.956
	乙二醇	196～198	<0.01	1.114
	丙二醇	185～190	0.01	1.035

2. 溶剂的分离与鉴定

（1）蒸馏法 取适量涂料样品于圆底烧瓶内，在常压或减压下将溶剂蒸出，接受不同温度下的馏分，然后对各馏分进行谱学分析。通常是测定各馏分的红外光谱，并通过查阅红外标准谱图对溶剂进行定性与结构分析。

根据溶剂的类型和沸点控制蒸馏温度，若涂料中的溶剂为二甲苯和乙苯，则蒸馏温度宜控制在135～145℃。一些特殊的涂料，如聚氨酯漆，蒸馏温度应控制在150～160℃（压力8～9kPa），这是因为聚氨酯漆的有机溶剂是甲苯二异氰酸酯。对于橡胶漆，应注意控制蒸馏时间，防止样品在烧瓶内固化，不利于清洗。

蒸馏操作注意事项：①蒸馏溶剂的沸点在140℃以下需用水冷凝，140℃以上则用空气冷凝；②蒸馏溶剂的沸点在100℃以下需采用沸水浴加热，沸点在100～250℃采用油浴加热，沸点再高者采用沙浴加热；③在蒸馏烧瓶中放少量碎瓷片，防止液体暴沸；④蒸馏烧瓶中盛放的试样量不能超过烧瓶容积的2/3，也不能少于1/3；⑤所用装置和接收小瓶应洁净干燥，否则蒸馏出的有机溶剂含有水分，对红外光谱定性分析不利。

（2）气相色谱法 涂料中的溶剂通常是挥发性的有机组分，可先用有机溶剂（如二氯甲烷、丙酮、乙腈和正己烷等）将涂料中的溶剂萃取出来，再经气相色谱仪进行分离，对分离后的溶剂组分，一般采用保留值对照定性，内标法定量。气相色谱对混合溶剂的分离与鉴定效果最佳，但需以标样对照定性，对一些无标样的溶剂就无法鉴定。遇到这种情况，可采用气相色谱 - 质谱联用技术对样品中的溶剂进行分离与鉴定。

（3）顶空 - 气相色谱 - 质谱（HS-GC-MS）联用技术 顶空技术是将涂料样品直接置于顶空瓶，加热，然后将样品释放的气体导入色谱仪进行分离，分离后的组分经质谱仪分析鉴定。使用顶空技术，可以免除冗长繁琐的样品前处理过程，避免有机溶剂带入的杂质对分析造成干扰，减少对色谱柱及进样口的污染。

（4）闪蒸气相色谱 - 质谱（FE-GC-MS）联用技术 利用裂解色谱仪的裂解器对涂料样品进行短时间的加热，控制加热温度在裂解温度以下，样品中的溶剂被迅速蒸出，并被载气带入色谱柱进行分离。涂料中的基料、无机填料、颜料等因裂解温度不够，仍保留在裂解进样针上，不影响溶剂体系的鉴定。混合溶剂中的各组分通过程序升温和毛细管色谱柱有效分离后，进入质谱仪，逐一被质谱检测。FE-GC-MS的最大特点是涂料样品不需任何前处理，可直接进样分析。

三、无机颜料与高聚物的分离及纯化

涂料中的颜料与其他组分大多是机械混合，可采用高速离心的方法将基料与颜料分离。对已经固化的涂膜，可用溴化钾压片法测其红外光谱，鉴别基料结构；对含有大量颜料的热塑性涂膜，可用萃取的方法分离基料与颜料；对热固性涂膜，可采用裂解的手段鉴别基料，采用灼烧的方法鉴别颜料。

分离出无机颜料后，涂料中的基料可采用溶解 - 沉淀法分离，以得到纯的高聚物树脂。该方法是将较浓的高聚物溶液在不断搅拌下慢慢滴入沉淀剂中，沉淀剂是该高聚物的不良溶剂，其用量约为聚合物溶液量的十倍以上。聚合物溶液滴入沉淀剂后，产生絮状物或细颗粒沉淀，洗涤沉淀、过滤，即可得到较纯的聚合物树脂，而涂料中的其他助剂则留在滤液中。若涂料的成膜物是两种或两种以上聚合物的共混物，则可采用色谱法做进一步分离。

1. 无机颜料与高聚物的分离

在离心管中加入2～3mL涂料样品。根据其类型，选择适当的溶剂（见表6-2），加入6～8mL，搅匀，

离心。每次离心时间为5～10min，转速为2500r/min 。第一次离心后，取上层清液（高聚物）保存于干净的磨口瓶中。再于离心管中加入4～5mL溶剂进行离心清洗，上层清液可弃去。重复操作6～8次，洗至上层清液不再变色，固体颜料呈松散状为止。将离心管烘干，测定颜料的红外光谱，对其进行定性与结构分析。

表6-2 常见涂料的溶剂[1]

油漆品种	溶 剂	油漆品种	溶 剂
油脂漆	200号溶剂汽油、氯仿、乙醚	氨基漆	二甲苯、200号溶剂汽油、氯仿
天然树脂漆	200号溶剂汽油、乙醚、二甲苯	硝基漆	丙酮、乙酸乙酯
酚醛漆	二甲苯、200号溶剂汽油	过氯乙烯漆	丙酮、氯仿、乙醚、二丁酯
沥青漆	二甲苯、200号溶剂汽油、乙醚、氯仿	环氧漆	二甲苯与丁醇混合溶液
醇酸漆	二甲苯、200号溶剂汽油、氯仿		

2. 高聚物的纯化

无机颜料第一次离心后的上层清液应透明澄清，其中溶有高聚物，注意保存时不要带入杂质，先做红外谱图，以大致了解其属性，可据此选择适当的溶剂（如乙醇、石油醚等）对高聚物提纯。高聚物的纯化可采用溶解-沉淀法，不同系列的涂料可采用不同的沉淀剂，原则是溶于非极性溶剂的涂料采用极性溶剂作沉淀剂，溶于极性溶剂的涂料采用非极性溶剂作沉淀剂。大多数涂料可用乙醇提纯。

将上述高聚物溶液在红外灯下浓缩至2～3mL，取20～30mL沉淀剂于100mL烧杯中，在搅拌下慢慢滴入浓缩后的高聚物溶液，产生沉淀，过滤并烘干沉淀，测其红外光谱，进行定性与结构分析。

3. 聚合物共混物的分离

大部分涂料并非只含一种聚合物，经常是两种或两种以上聚合物混合使用，此时需要对聚合物的共混物进行分离。常用方法有经典柱色谱法和溶剂萃取法。

（1）柱色谱法 采用100～120目柱色谱硅胶，柱长15cm，内径1cm，湿法装柱。将1mL约含500mg的样品溶液加入柱头，用适当的溶剂洗脱，流速为1～1.5mL/min，每隔5min收集洗脱液于10mL烧杯中。洗脱溶剂视样品性质而定，一般按极性从弱到强的顺序淋洗，采用红外光谱法鉴别各馏分。

（2）溶剂萃取法 ①用甲苯萃取样品，可得醇酸或丙烯酸树脂；②对甲苯多次萃取后的不溶物，用乙酸乙酯溶解，可得硝酸纤维素或氨基树脂；③如果还混有其他树脂，可用乙酸乙酯多次萃取残留物，然后用丙酮溶解，可得其他树脂；④若含有松香树脂，则先用松节水萃取，可分离松香树脂，再用甲苯萃取残留物，可得到其他树脂。

概念检查 6.2

○ 大部分涂料经常是两种或两种以上聚合物混合使用，如何将聚合物共混物分开？

四、涂料中助剂的分离

涂料中的助剂用量一般小于 5%。可采用各种分离手段分离富集助剂，以便进行分析鉴定。有机溶剂型涂料由于助剂与成膜树脂间的混溶性很好，加量又少，难以分离富集。而水性涂料所用助剂都是水溶性的，成膜树脂的水溶性稍差，利用它们在不同极性溶剂中的溶解性差异，采用溶解沉淀、柱色谱的方法可将树脂与各种助剂分开。例如，乳胶漆（乳胶涂料）是一种水性涂料，以水为分散介质，以合成树脂乳液为基料，把颜填料经过研磨分散后，加入各种助剂制成。乳胶漆中助剂的品种很多，经多次试验，采用图 6-3 所示程序处理样品可以较好地分离助剂。

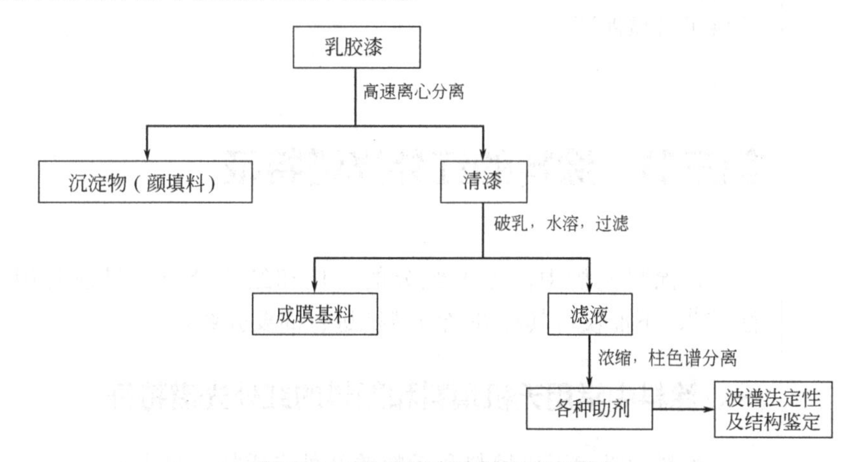

图 6-3 乳胶漆中助剂的分离程序

需注意的是，这类样品中的助剂在柱色谱分离时，淋洗液的选择非常重要。乳胶涂料中的助剂水溶性都很强，一般按淋洗液的极性从弱到强的顺序淋洗，基本上可将各种助剂分离开，然后用红外光谱及其他波谱法进行定性及分子结构鉴定。

五、涂料中各组分的定量分析

1. 溶剂的定量测定

准确称取已恒量的称量瓶，加入 1g 左右的样品，再次称量并记录。在红外灯下将样品烤至近干，然后移入 100～120℃的恒温烘箱中烘至恒量，准确称其质量，根据失重计算溶剂的质量分数。同时，计算出成膜基料、无机颜料及助剂的总质量分数。

2. 无机颜料的定量测定

取一个 10mL 的离心管，恒量后准确称量，加入约 0.5g 样品，准确称量。再加入 6～8mL 所选溶剂，离心 5～10min，转速为 2500r/min。吸出上层清液，再用所选溶剂洗涤沉淀，重复 5～6 次，然后将盛有

无机颜料的离心管在100～120℃恒温烘箱中烘至恒量，准确称量并记录，计算出无机颜料的质量分数。

3. 成膜基料与助剂的定量测定

由1测得的总质量分数减去2测得的无机颜料的质量分数，即得成膜基料与助剂的质量分数。

将离心后的上层清液合并，加入沉淀剂，成膜基料以沉淀形式析出，过滤，洗涤，将沉淀烘至恒量，准确称量，计算出成膜基料的质量分数，将成膜基料与助剂的质量分数减去成膜基料的质量分数即为助剂的质量分数。

概括地说，剖析一个涂料样品，首先要看外观，其次要了解它的用途、有何技术要求，这对判断涂料的组成很有帮助。对一个涂料样品的剖析，无疑需要多种分离方法，但在着手分析前可先测定它的红外光谱，弄清所测样品的主要成分的类型，这对选择分离方法是有益的。合适的分离方法为准确分析鉴定提供了可靠保证。

第三节　涂料的红外光谱特征

在涂料剖析中，主要组分的定性和结构分析，目前常用的仍是红外光谱法[2~5]，下面仅对其红外光谱特征进行简要介绍。

一、涂料中常用无机填料和颜料的红外光谱特征

涂料中常用无机填料和颜料的红外光谱特征见表6-3。

表6-3 涂料中常用无机填料和颜料的红外光谱特征[1]

名称	红外特征吸收/cm^{-1}	名称	红外特征吸收/cm^{-1}
浅铬绿	2080，850，620，590，490	滑石粉	1100～1000，672～600，450
铁蓝	2080，1414，605，498	石膏粉	3000，1620，1160～1100，1010，752，600
碳酸钙	1520～1410，878，714	胶质钙	1500～1410，876，713
锌钡白	1185～1134，1070，985，637，611	偏硼酸钡	3500～3000，1085～965，720（557）
氧化锌	1180，1077，500	磷酸锌	3400～3100，1640，1107，1021，953，639
硫酸镁	1210～1040，580	氧化镁	1515，1480，1424
硫酸钡	1190～1070，985，635，610	碳酸镁	3500～3440，1515，1480，1423
钛白粉	700～500	氧化铁绿	1479～1420，907，875，800
氧化铁红	3120，900，790，600		

图 6-4 ～图 6-6 分别为碳酸钙、七水合硫酸镁和石膏的红外光谱。

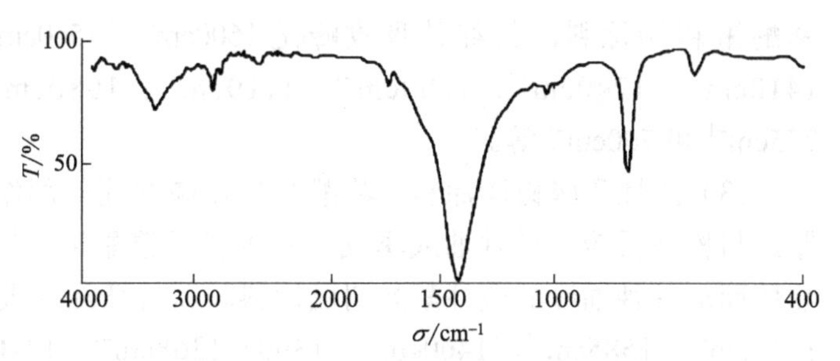

图 6-4　碳酸钙的红外光谱

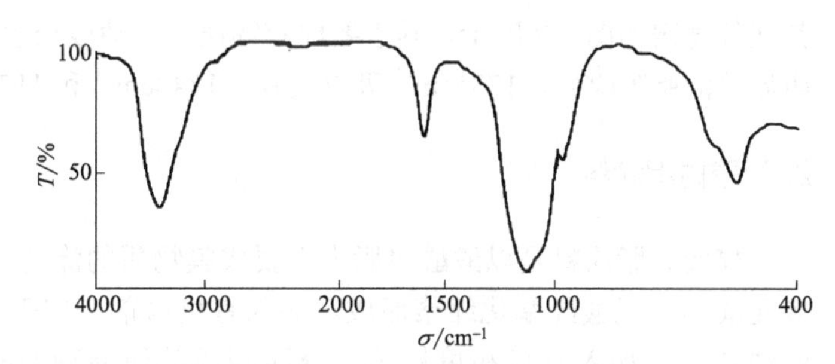

图 6-5　七水合硫酸镁的红外光谱

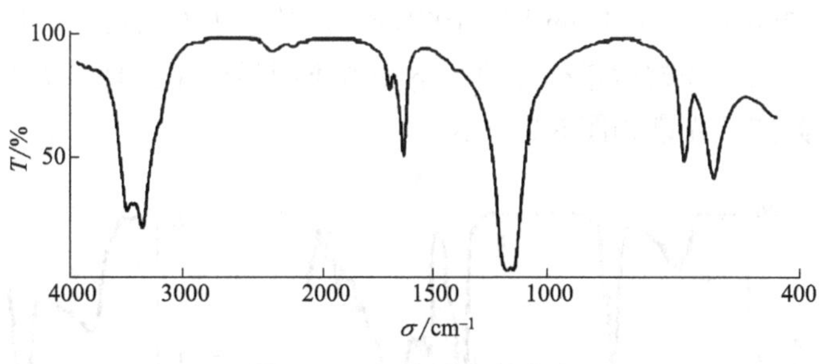

图 6-6　石膏的红外光谱

二、几种常用涂料的红外光谱特征 [1]

1. 酚醛树脂涂料

酚醛树脂涂料是以酚醛树脂或改性酚醛树脂为主要成分的涂料。根据树脂成分，酚醛树脂涂料主要有三类。

（1）醇溶性酚醛树脂涂料　醇溶性酚醛树脂涂料是由苯酚和甲醛缩合而成，根据缩合时醛的用量，有热固性醇溶酚醛树脂涂料和热塑性醇溶酚醛树脂涂料之别。热固性醇溶酚醛树脂涂料缩合时醛的用量较大，树脂中含有羟甲基，红外光谱中有 $1000cm^{-1}$ 的特征吸收峰。热塑性醇溶酚醛树脂涂料缩合时醛的用量较小，分子结构中不含羟甲基，其红外吸收峰是 $3300cm^{-1}$、$1600cm^{-1}$、$1505cm^{-1}$、$1480cm^{-1}$、$1450cm^{-1}$、$1370cm^{-1}$、$1240cm^{-1}$、$1100cm^{-1}$、$1040cm^{-1}$、$885cm^{-1}$ 和 $830cm^{-1}$ 等。

（2）油溶性酚醛树脂涂料　油溶性酚醛树脂涂料常用的有两种。一种为对叔丁基酚甲醛树脂涂料，其红外吸收峰是 $1650cm^{-1}$、$1605cm^{-1}$、$1480cm^{-1}$、$1455cm^{-1}$、$1390cm^{-1}$、$1360cm^{-1}$、$1290cm^{-1}$、$1260cm^{-1}$、

1210cm^{-1}、1120cm^{-1}、1065cm^{-1}、878cm^{-1}、820cm^{-1} 和 745cm^{-1}；另一种为对苯基酚醛树脂涂料，其红外吸收峰是 1600cm^{-1}、1510cm^{-1}、1480cm^{-1}、1450cm^{-1}、1410cm^{-1}、1240cm^{-1}、1180cm^{-1}、1110cm^{-1}、1080cm^{-1}、880cm^{-1}、820cm^{-1}、755cm^{-1} 和 700cm^{-1} 等。

（3）改性酚醛树脂涂料　将酚与醛在碱性催化剂作用下生成可溶性酚醛树脂，与松香反应，经甘油或季戊四醇等多元醇酯化，与不同比例的干性植物油熬炼而成各种油度的改性酚醛树脂涂料。其特征红外吸收峰是 1740～1735cm^{-1}、1610cm^{-1}、1585cm^{-1}、1460cm^{-1}、1390～1368cm^{-1}、1240cm^{-1}、1178～1170cm^{-1}、1145cm^{-1}、1130cm^{-1}、1110cm^{-1}、820cm^{-1} 和 755cm^{-1} 等。如 F03-1 酚醛调和涂料，其红外光谱如图 6-7 所示，其主要成膜物质为长油度松香改性酚醛树脂，具有较明显的油脂吸收峰，1735cm^{-1} 吸收很强，1240cm^{-1} 和 1171cm^{-1} 吸收较强。

2. 醇酸树脂涂料

醇酸树脂涂料是以醇酸树脂为主要成膜物质的涂料。醇酸树脂是由多元醇、多元酸和一元酸经酯化缩聚而成。加入有机溶剂和催干剂等成分即成为醇酸树脂清漆，再加入颜料和填料等成分即制成其他品种的醇酸树脂涂料。醇酸树脂的红外特征吸收峰是 1740cm^{-1}、1605cm^{-1}、1580cm^{-1}、1450cm^{-1}、1380cm^{-1}、1260cm^{-1}、1140cm^{-1} 和 1071cm^{-1}。其中 1605 cm^{-1} 和 1580cm^{-1} 为弱的双吸收峰，在微量和超微量样品情况下变得不明显或不出现。如 C03-1 醇酸酯胶调和涂料，其红外光谱如图 6-8 所示。

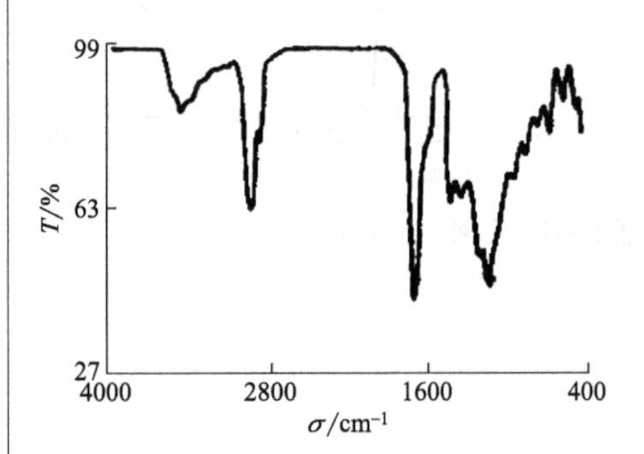

图 6-7　酚醛调和涂料的红外光谱

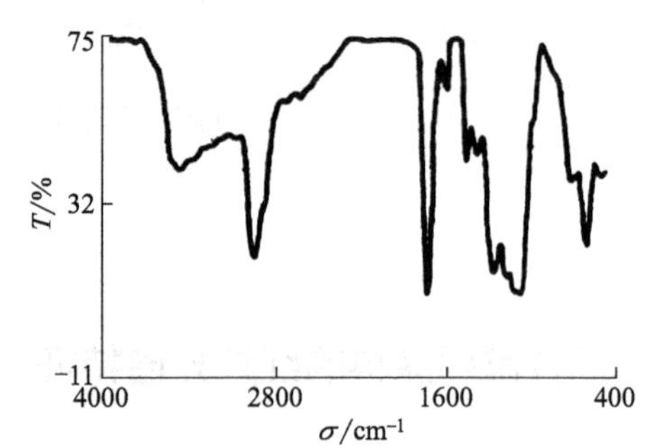

图 6-8　C03-1 醇酸酯胶调和涂料的红外光谱

3. 氨基树脂涂料

氨基树脂涂料是以氨基树脂和醇酸树脂为主要成膜物质的涂料，氨基树脂是由尿素或三聚氰胺与甲醛缩聚而成。醇酸树脂主要使用短油度不干性改性醇酸树脂。

氨基树脂涂料的红外特征吸收峰是 1740cm^{-1}、1550cm^{-1}、1460cm^{-1}、1380cm^{-1}、1280～1260cm^{-1}、1130cm^{-1}、1080cm^{-1} 和 812cm^{-1}。如 A04-9 氨基烘干磁漆，其红外光谱如图 6-9 所示。

4. 硝基涂料

硝基涂料是以硝化纤维素为主体的涂料，是硝化纤维素加入合成树脂、增塑剂、有机溶剂、颜料等配制而成。硝基涂料所用的树脂多为醇酸树脂，因而其红外吸收呈现硝化纤维素和醇酸树脂二者的吸收峰。特征峰为1730cm^{-1}、1650cm^{-1}、1460cm^{-1}、1380cm^{-1}、1275cm^{-1}、1130cm^{-1}、1070cm^{-1}、830cm^{-1}和740cm^{-1}，其中1650cm^{-1}和830cm^{-1}为硝化纤维素的特征吸收峰。醇酸树脂的1605cm^{-1}和1580cm^{-1}吸收峰因受1650cm^{-1}强吸收的影响，变成两个强度不同的弱吸收。如Q04-2硝基外用涂料，其红外光谱如图6-10所示。

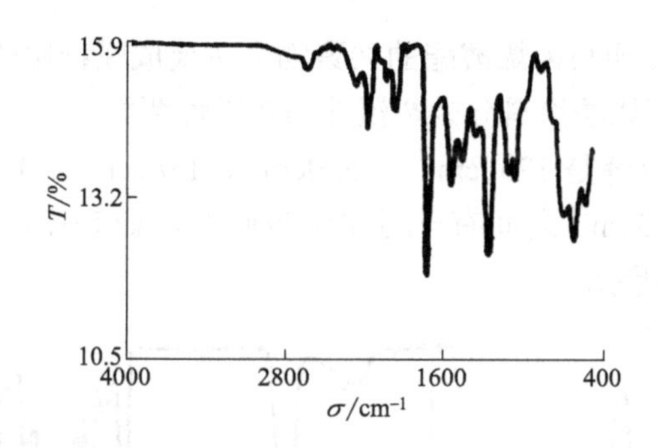

图 6-9 A04-9 氨基烘干磁漆的红外光谱

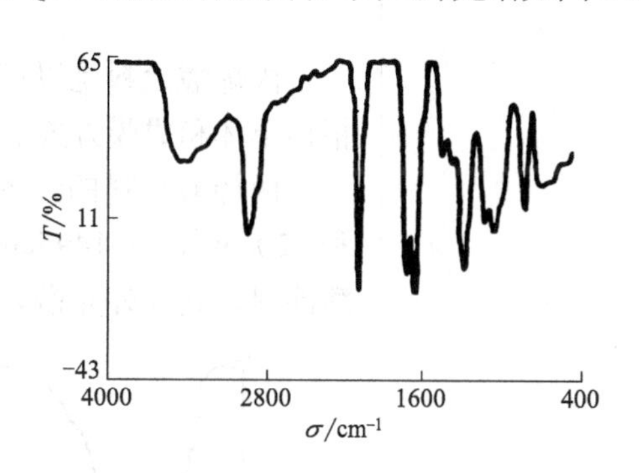

图 6-10 Q04-2 硝基外用涂料的红外光谱

5. 过氯乙烯涂料

过氯乙烯涂料是以过氯乙烯树脂为主要成膜物质的涂料。过氯乙烯不可单独用作涂料，必须加入其他树脂、增塑剂、稳定剂、有机溶剂和颜料等配制而成。常用的树脂是醇酸树脂。

过氯乙烯涂料的红外特征吸收峰是1730cm^{-1}、1605cm^{-1}、1580cm^{-1}、1460cm^{-1}、1340cm^{-1}、1285cm^{-1}、1130cm^{-1}和1070cm^{-1}。过氯乙烯红外吸收峰较弱，常被醇酸树脂的吸收峰掩盖。在微量及超微量样品情况下，可见醇酸树脂及填料的弱吸收。但1605cm^{-1}和1580cm^{-1}吸收峰不明显或不出现。如G04-9过氯乙烯外用涂料，其红外光谱如图6-11所示。

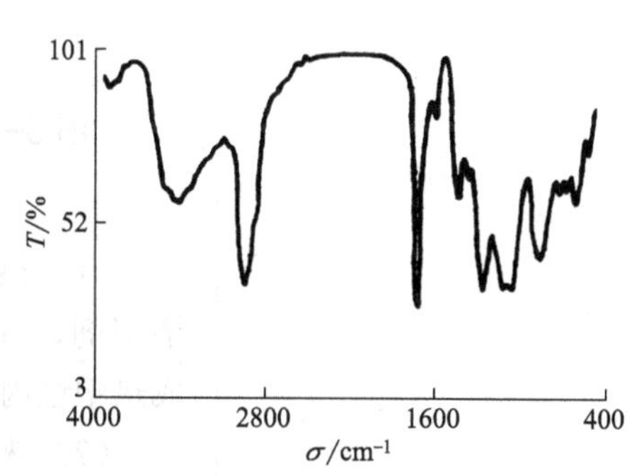

图 6-11 G04-9 过氯乙烯外用涂料的红外光谱

6. 纤维素涂料

纤维素涂料是以纤维素的衍生物为主要成膜物质的涂料。纤维素的主要衍生物有乙酸纤维素酯、硝酸纤维素酯、乙酸丁酯纤维素酯、甲基纤维素等。纤维素涂料的主要品种有乙酸丁酯纤维素涂料和乙基纤维素涂料。

纤维素涂料的红外特征吸收峰是1740cm^{-1}、1380cm^{-1}、1240cm^{-1}和1080～1030cm^{-1}。

7. 烯树脂涂料

烯树脂涂料是由各种含双键的乙烯及其衍生物聚合成高聚物所制得的涂料。常见的烯树脂涂料有乙酸乙烯涂料和聚乙烯醇缩醛涂料。

（1）乙酸乙烯涂料　乙酸乙烯涂料的红外特征吸收峰是1740cm^{-1}、1380cm^{-1}、1235cm^{-1}和1020cm^{-1}。

如 X08-1 乙酸乙烯无光乳胶涂料，是以乙酸乙烯乳胶为主要成膜物质的涂料，其红外光谱如图 6-12 所示。

（2）聚乙烯醇缩醛涂料　聚乙烯醇缩醛涂料是以聚乙烯醇缩甲醛、聚乙烯醇缩丁醛为主的涂料。使用时常加入酚醛树脂、氨基树脂、蓖麻油改性醇酸树脂以进行改性。其红外特征吸收峰是 $1100cm^{-1}$ 和 1020～$1000cm^{-1}$。

8. 丙烯酸涂料

丙烯酸涂料是以甲基丙烯酸酯与丙烯酸酯的共聚物为主要成膜物质的涂料。根据单体和成膜方式的不同，丙烯酸涂料分为热塑性和热固性两类。

丙烯酸涂料的红外特征吸收峰是 $1730cm^{-1}$、$1550cm^{-1}$、$1380cm^{-1}$、$1170cm^{-1}$ 和 $720cm^{-1}$，在 $1495cm^{-1}$ 和 $1453cm^{-1}$ 之间有一对钳形吸收峰。如 B04-6 白丙烯酸涂料，其红外光谱如图 6-13 所示。

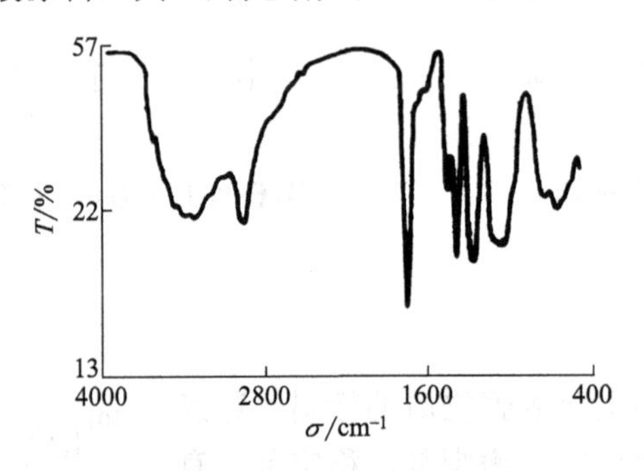

图 6-12　X08-1 乙酸乙烯无光乳胶涂料的红外光谱

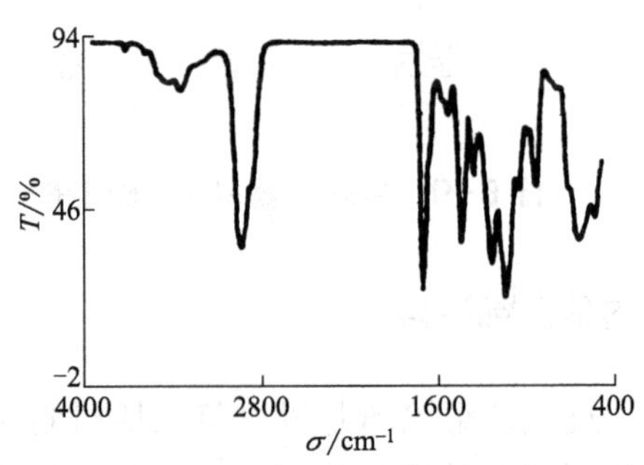

图 6-13　B04-6 白丙烯酸涂料的红外光谱

（1）热塑性丙烯酸树脂涂料　丙烯酸树脂加入氨基树脂、过氯乙烯树脂、增塑剂、有机溶剂等即配制成热塑性丙烯酸清漆，再加入颜料、助剂等则配制成热塑性丙烯酸色漆。

（2）热固性丙烯酸涂料　热固性丙烯酸涂料是在丙烯酸树脂中加入交联剂、颜料、增塑剂和有机溶剂等配制而成。

9. 聚酯涂料

聚酯涂料是以聚酯树脂为主要成膜物质的涂料。常见的聚酯涂料有不饱和聚酯涂料和对苯二甲酸聚酯涂料两类。

（1）不饱和聚酯涂料　不饱和聚酯涂料是一种无溶剂涂料，它是由不饱和聚酯树脂与其他具有稀释和交联作用的不饱和单体（如苯乙烯）配制而成。红外特征吸收峰是 3500～$2850cm^{-1}$（弱）、1650～$1600cm^{-1}$、$1465cm^{-1}$、900～$740cm^{-1}$。由于聚酯树脂与醇酸树脂均为多元醇和多元酸形成，其涂料的红外光谱很相似，$1729cm^{-1}$、1457 cm^{-1}、$1380cm^{-1}$、$1286cm^{-1}$、$1139cm^{-1}$ 和 $1071cm^{-1}$ 等吸收峰是相同的，不同之处是 $3500cm^{-1}$、$2850cm^{-1}$、1650～$1600cm^{-1}$、900～$740cm^{-1}$ 等吸收峰的强弱不同。如 Z22 聚酯无溶剂木器涂料，其红外光谱如图 6-14 所示。

（2）对苯二甲酸聚酯涂料　对苯二甲酸聚酯涂料是由对苯二甲酸树脂和油

酸、松香、季戊四醇、甘油熬炼后，加入有机溶剂、催干剂等配制而成。其红外特征吸收峰是 $1265cm^{-1}$、$1100cm^{-1}$、$1020cm^{-1}$ 和 $730cm^{-1}$。

10. 环氧树脂涂料

环氧树脂涂料是以环氧树脂为主要成膜物质的涂料。根据成分和性能，环氧树脂涂料分为未酯化环氧树脂涂料、酯化环氧树脂涂料、水溶性环氧电泳涂料、线形环氧树脂涂料、环氧粉末涂料、脂环族环氧树脂涂料六大类。

环氧树脂涂料的红外特征吸收峰是 $1510cm^{-1}$、$1245\sim1235cm^{-1}$、$1180cm^{-1}$ 和 $830cm^{-1}$。如 H11-51 环氧电泳涂料，由环氧树脂、亚麻仁油酸、顺丁烯二酸酐经高温酯化，胺类中和而成，其红外光谱如图 6-15 所示。吸收峰为：$3441cm^{-1}$、$2936cm^{-1}$、$2863cm^{-1}$、$1740cm^{-1}$、$1610cm^{-1}$、$1511cm^{-1}$、$1462cm^{-1}$、$1238cm^{-1}$、$1180cm^{-1}$ 和 $831cm^{-1}$ 等。

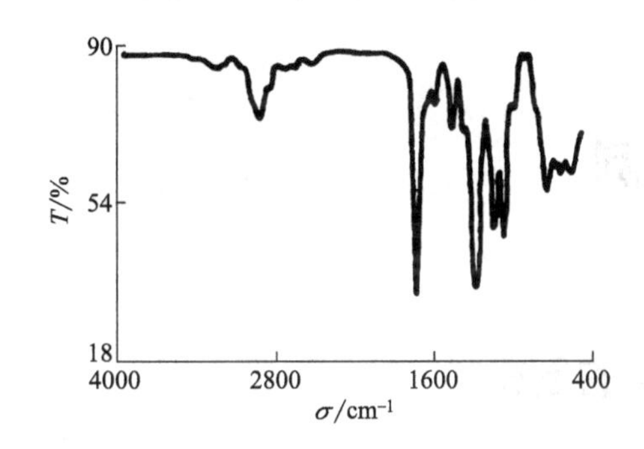

图 6-14　Z22 聚酯无溶剂木器涂料的红外光谱

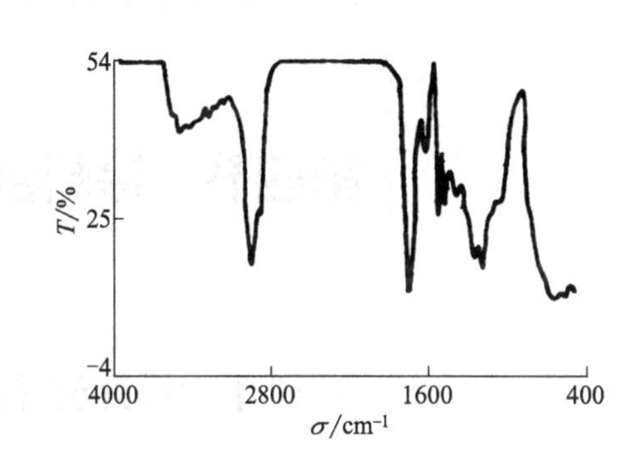

图 6-15　H11-51 环氧电泳涂料的红外光谱

11. 聚氨酯涂料

聚氨酯涂料是以含氨基甲酸酯的高聚物为主要成膜物质的涂料。根据成分和性能，聚氨酯涂料分为聚氨酯改性油涂料、湿固化型聚氨酯涂料、封闭型聚氨酯涂料、羟基固化型聚氨酯涂料、催化固化型聚氨酯涂料五大类。

聚氨酯涂料的红外特征吸收峰是 $3300cm^{-1}$、$1730cm^{-1}$、$1540\sim1530cm^{-1}$、$1226cm^{-1}$ 和 $1070cm^{-1}$。如 S7110 聚氨酯涂料，其红外光谱如图 6-16 所示。吸收峰为：$3310cm^{-1}$、$2970cm^{-1}$、$2862cm^{-1}$、$1706cm^{-1}$、$1536cm^{-1}$、$1226cm^{-1}$、$1054cm^{-1}$、$915cm^{-1}$、$764cm^{-1}$ 和 $675cm^{-1}$ 等。

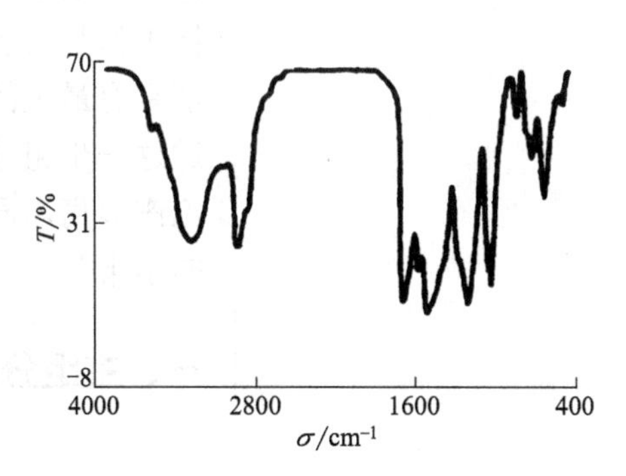

图 6-16　S7110 聚氨酯涂料的红外光谱

12. 元素有机涂料

元素有机涂料包括有机硅、有机钛、有机锆等元素有机聚合物为主要成膜物质的涂料。有机硅涂料是最常见的元素有机涂料，它是以有机硅树脂和改性有机硅树脂为主要成膜物质的涂料。其红外特征吸收峰是 $1260cm^{-1}$、$1140\sim1130cm^{-1}$、$1090\sim1020cm^{-1}$ 和 $800cm^{-1}$，其中 $1140\sim1130cm^{-1}$ 是又强又宽的谱峰，是有机硅涂料最明显的特征。

13. 并用涂料

并用涂料是指涂料的主要成膜物质是由两种或两种以上的树脂所组成，或是将两种或两种以上的涂料调配在一起使用。其红外光谱主要是强吸收成膜物质的吸收峰，弱吸收成膜物质的少数强吸收峰也能在光谱中出现，但多数吸收峰或被掩盖，或与强吸收成膜物质波数相近的吸收峰合并。由于涂料中各种成分的相互影响，许多吸收峰往往发生位移和变形，吸收强度也发生变化。并用涂料中成膜物质吸收强度相当时，主要特征吸收峰将同时反映出来。常用的并用涂料有氨基树脂 - 醇酸树脂并用涂料，其红外光谱与氨基树脂涂料相同；聚氨酯 - 环氧树脂并用涂料，图谱主要显示聚氨酯涂料的吸收，1513cm^{-1} 和 1248cm^{-1} 为环氧树脂涂料的较强特征吸收峰；环氧树脂 - 硝基并用涂料，因环氧树脂涂料和硝基涂料的吸收强度相当，其主要特征吸收峰均在图谱中显示出来。

第四节　涂料剖析实例

实例 1　紫外光固化清漆的剖析

紫外光固化清漆是一种新型涂料，不含溶剂，低毒，固化快，耗能少，漆膜综合性能优良，是涂料发展的新方向。紫外光固化清漆是由低聚物、活性稀释剂和光引发剂等主要成分组成。各组分含量相差悬殊，低聚物占 50% 以上，光引发剂仅占 5% 左右。由于各组分的活性高，见光或遇热易聚合，给剖析工作带来了一定的难度。林燕宜等[6]采用石油醚提取法，对含量少的光引发剂具有最大的溶解度，对含量较多的稀释剂只微溶，而对低聚物几乎不溶。通过这一步粗分离富集了含量少的组分，分离出大部分低聚物，有利于后续的柱色谱分离，同时克服了由样品中某些成分聚合而造成的分离困难，取得了满意的结果。

一、主组分的分离及纯化

1. 光引发剂和活性稀释剂的分离

用石油醚多次提取样品，合并提取液，然后常温减压蒸发除去提取液中的溶剂，得到淡黄色透明易流动的液体。将此浓缩液进一步作硅胶柱色谱分离，用石油醚 - 乙酸乙酯二元溶剂体系进行梯度洗脱，控制洗脱液流速为 2mL/min。流出液用 Merck F254 硅胶板检验及适当合并，除去溶剂，得到三个主要组分，编号为 A、B 和 C。经 Merck F254 硅胶板及两种溶剂体系展开检查，确定 A、B 和 C 均为单一组分，然后用 IR 及 ^{1}H-NMR 鉴定。

2. 低聚物的分离

提取后的残留物用丙酮溶解，加入石油醚析出沉淀。将沉淀分离出来，反复多次用丙酮溶解和加入石油醚沉淀，最后将沉淀物于常温减压除去溶剂，得到浅黄色黏稠物。此黏稠物经 Merck F254 硅胶板及丁酮 - 石油醚 - 乙酸乙酯展层，确定为单一组分，然后用 IR 及 UV 鉴定。

二、结构鉴定

1. 低聚物的鉴定

图 6-17 为经上述处理的提纯物与原样在 Merck F254 硅胶板展层后的结果对比。

图 6-17 表明，沉淀分离所得浅黄色透明黏稠液体为单一组分。图 6-18 和图 6-19 所示分别是其 IR 和 UV 光谱。

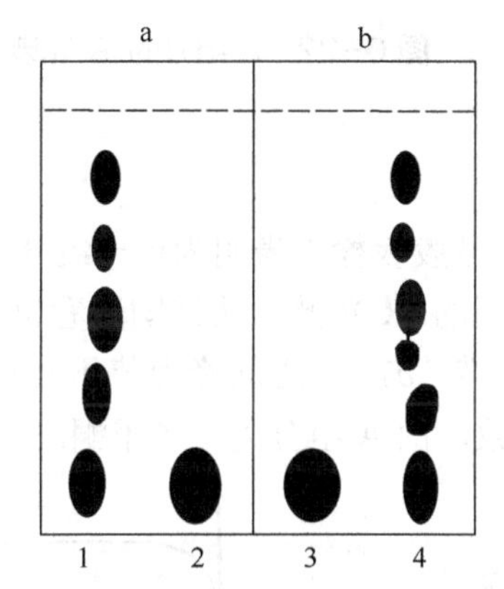

图 6-17　提纯物与原样硅胶板展层结果对比

1,4—原样；2,3—提纯物

展开剂：a 板为石油醚：乙酸乙酯（8 ： 2）；b 板为丁酮

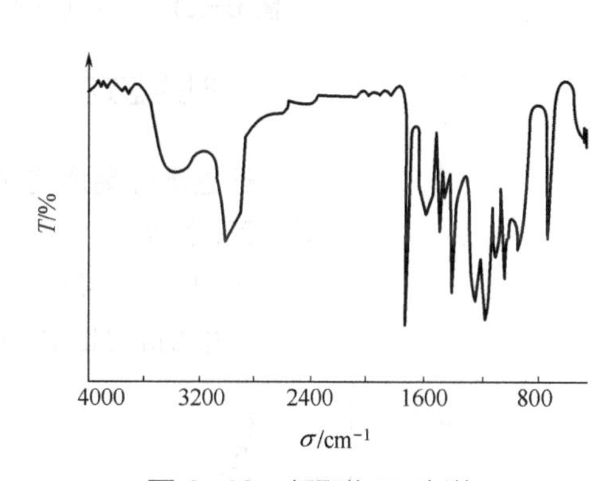

图 6-18　低聚物 IR 光谱

从图 6-18 可以看出，最强的 $1726cm^{-1}$ 为羰基的伸缩振动峰；$1608cm^{-1}$、$1508cm^{-1}$ 等为苯环骨架振动峰；$1660cm^{-1}$、$809cm^{-1}$ 等为双键的吸收峰；$1298cm^{-1}$、$1251cm^{-1}$ 为 C—O—C 伸缩振动峰；$833cm^{-1}$ 为苯环上 1,4 双取代的特征峰；$3440cm^{-1}$ 为—OH 伸缩振动峰；$2965cm^{-1}$、$2881cm^{-1}$ 为$—CH_3$ 和$—CH_2$ 伸缩振动峰，其 IR 光谱与对照物 Ep605 的 IR 光谱（图 6-20）基本一致。

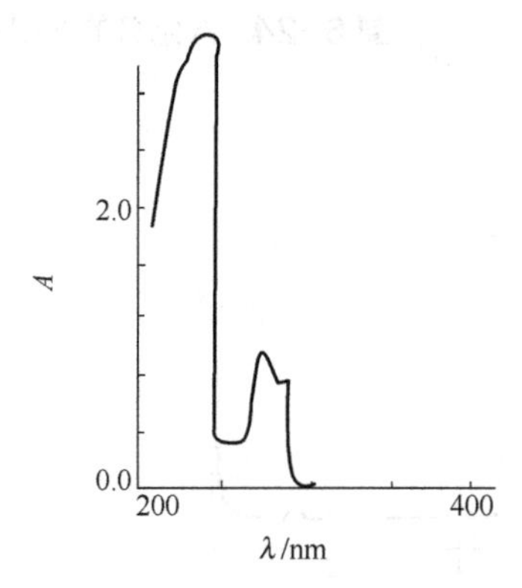

图 6-19　低聚物的 UV 光谱

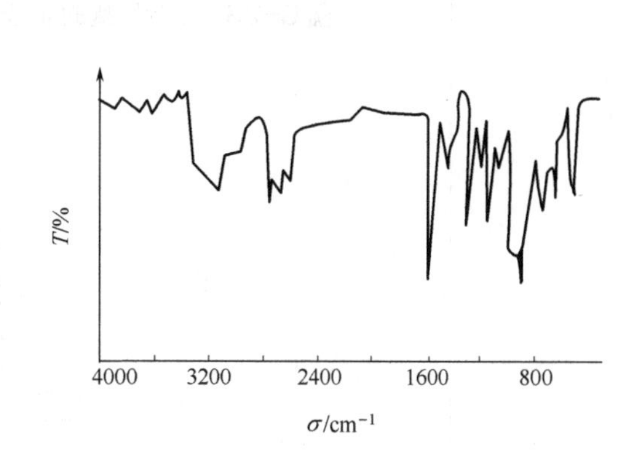

图 6-20　对照物 Ep605 的 IR 光谱

图 6-19 紫外吸收光谱中，λ_{max}=224nm、275.8nm 及 283.3nm 是含苯环化合物的吸收峰，与对照物的 UV 光谱基本相符（图 6-21），据此可确定该组分为双酚 A 型双丙烯酸酯树脂。

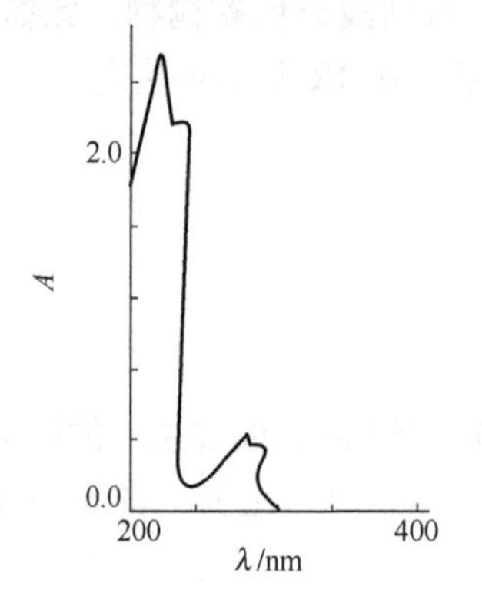

图 6-21　Ep605 的 UV 光谱

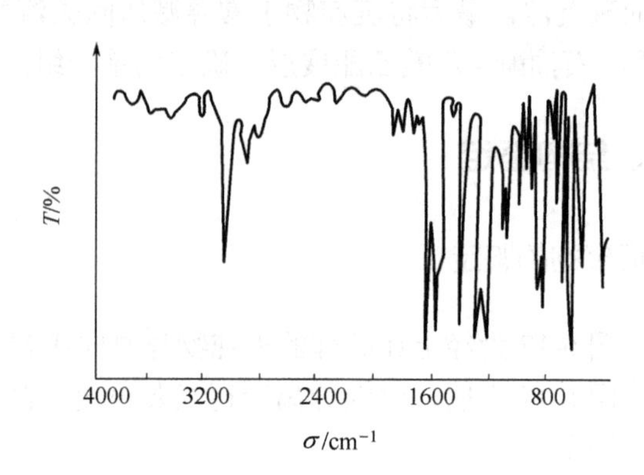

图 6-22　A 组分的 IR 光谱

2. 引发剂的鉴定

柱色谱分离所得 A，经 Merck F254 硅胶板检查表明为单一组分。图 6-22 和图 6-23 分别为 A 组分及对照物二苯甲酮的 IR 光谱，从谱图可看出主要吸收峰基本相同。图 6-24 为 A 组分的 NMR 氢谱。δ7～8 之间峰为苯环上 H 的位移峰，与二苯甲酮的 NMR 氢谱（图 6-25）一致，故 A 组分为二苯甲酮。

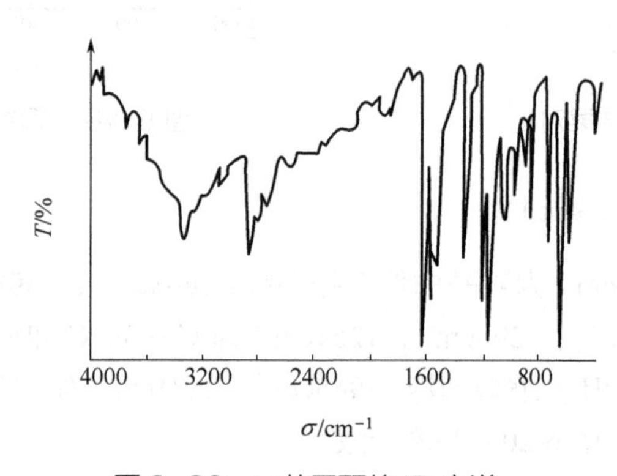

图 6-23　二苯甲酮的 IR 光谱

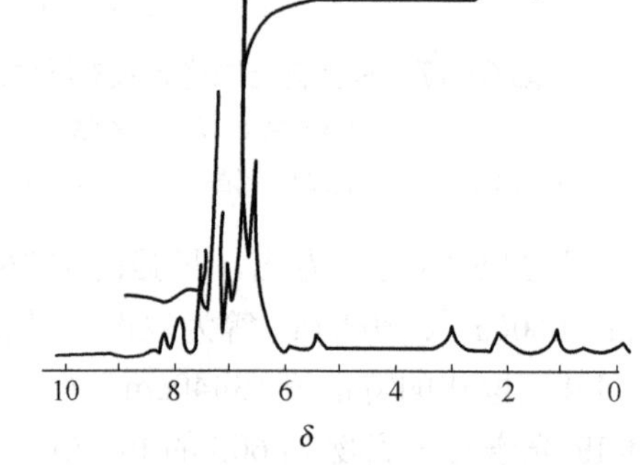

图 6-24　A 组分的 NMR 氢谱

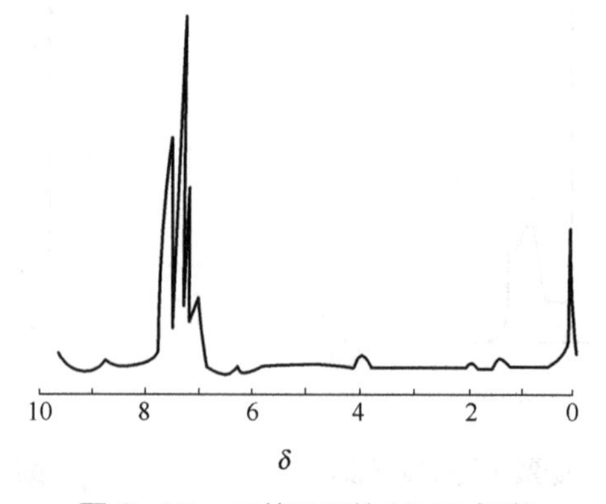

图 6-25　二苯甲酮的 NMR 氢谱

3. 活性稀释剂的鉴定

（1）B 组分的鉴定　柱色谱分离所得 B，经薄层色谱检查为单一组分。图 6-26 所示为 B 组分的 IR 光谱，图中 $1723cm^{-1}$ 为酯羰基的伸缩振动峰，$1636cm^{-1}$、$810cm^{-1}$ 等为双键的吸收峰，$1198cm^{-1}$、$1274cm^{-1}$、$1157cm^{-1}$、$1104cm^{-1}$、$1066cm^{-1}$ 为 C—C—O—C 及 C—O—C 基团的伸缩振动峰，可初步推断 B 组分是含醚基团的丙烯酸酯类。并与对照物二缩三丙二醇（1,3）双丙烯酸酯的 IR 光谱（图 6-27）相似。图 6-28 所示为 B 组分的 NMR 氢谱，与图 6-29 所示的二缩三丙二醇（1,3）双丙烯酸酯的 NMR 氢谱也基本相同，故可初步确定 B 组分为二缩三丙二醇（1,3）双丙烯酸酯。

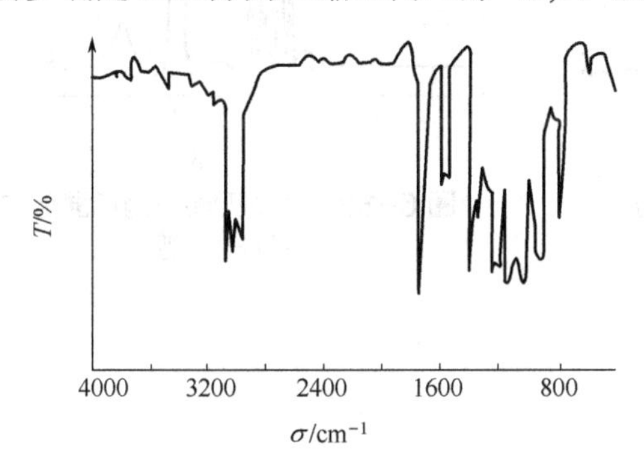

图 6-26　B 组分的 IR 光谱

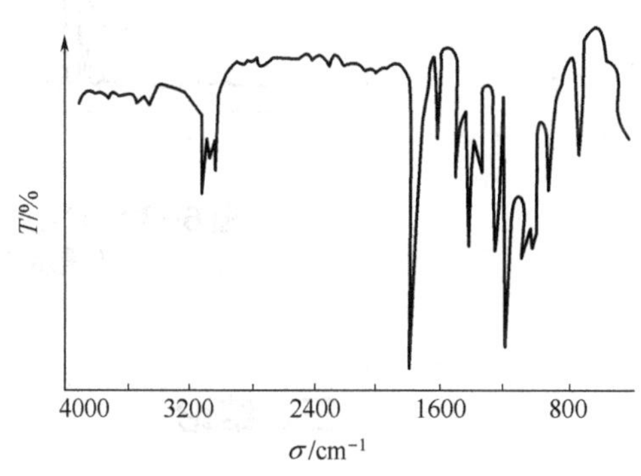

图 6-27　二缩三丙二醇（1,3）双丙烯酸酯的 IR 光谱

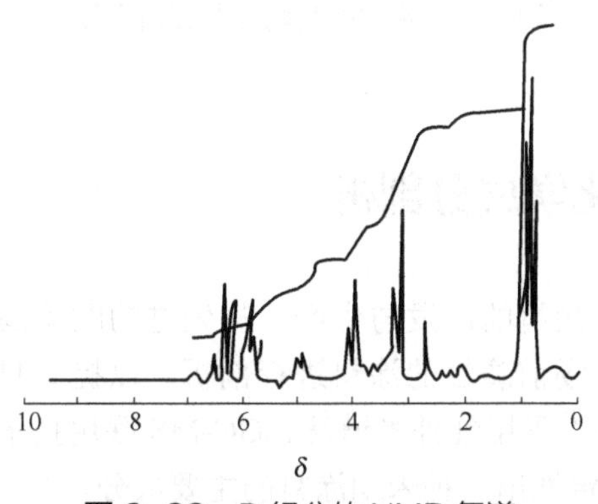

图 6-28　B 组分的 NMR 氢谱

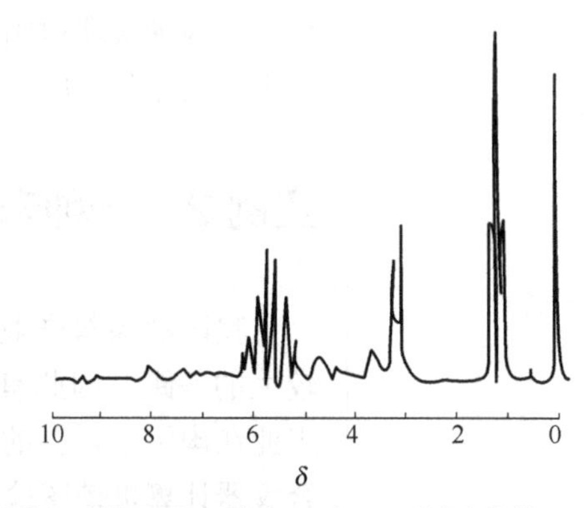

图 6-29　二缩三丙二醇（1,3）双丙烯酸酯的 NMR 氢谱

（2）C 组分的鉴定　经薄层色谱检查，柱色谱分离所得 C 为单一组分。图 6-30 所示是 C 组分的 IR 光谱，谱图上最强峰 $1728cm^{-1}$ 为酯羰基的伸缩振动峰，$1635cm^{-1}$、$808\ cm^{-1}$ 为双键的特征吸收峰，$3440cm^{-1}$ 为—OH 的伸缩振动峰。可初步推断 C 组分是含羟基的丙烯酸酯类，并与季戊四醇三丙烯酸酯的红外光谱相同。图 6-31 所示为 C 组分的 NMR 氢谱，图 6-32 所示为 C 组分重水交换后的 NMR 氢谱，与

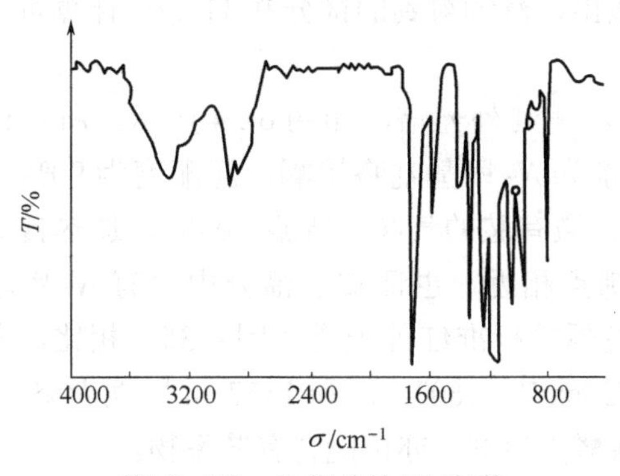

图 6-30　C 组分的 IR 光谱

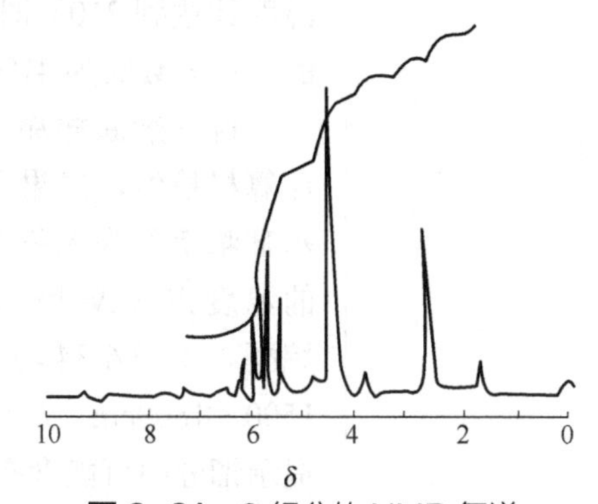

图 6-31　C 组分的 NMR 氢谱

图 6-33 所示的季戊四醇三丙烯酸酯的 NMR 氢谱基本相同，故可确定 C 组分为季戊四醇三丙烯酸酯。

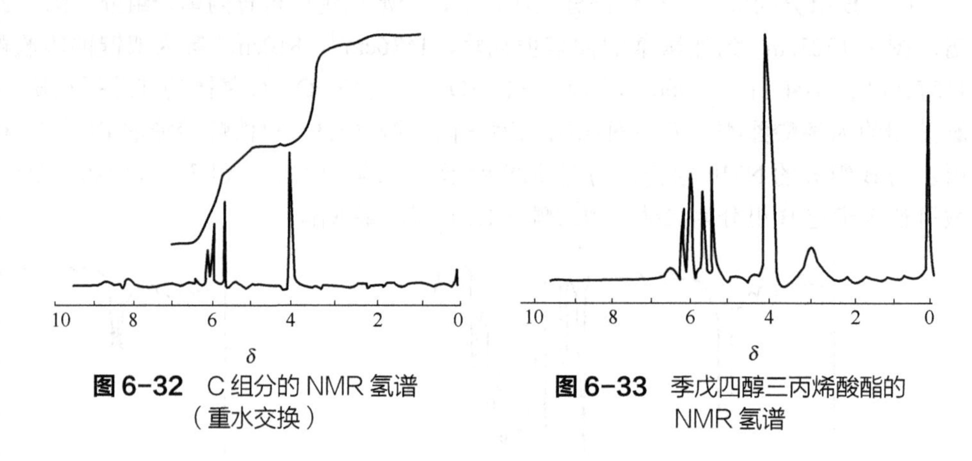

图 6-32 C 组分的 NMR 氢谱（重水交换）

图 6-33 季戊四醇三丙烯酸酯的 NMR 氢谱

三、结论

上述分离和鉴定结果表明，紫外光固化清漆的组成为：低聚物为双酚 A 型环氧双丙烯酸酯树脂；光引发剂为二苯甲酮；活性稀释剂为二缩三丙二醇（1,3）双丙烯酸酯和季戊四醇三丙烯酸酯。

实例 2　一种未知涂料的化学成分剖析

我国的涂料产业，特别是特种涂料的研发与生产，与先进的欧美国家存在较大的差距。因此有必要对具有市场前瞻性的涂料进行剖析，以提高我国涂料工业在国际市场上的竞争力。王鑫[7]采用红外光谱法、GC-MS 联用技术，并结合仪器计算机谱图检索功能，快速定性出一种未知涂料的主要成分。

一、溶剂的鉴定

样品为液体稠状涂料，其中可能含有一定的溶剂或水。先对样品进行蒸馏，在圆底烧瓶中放入 27.0g 涂料样品，采用常压蒸馏装置，用电热套加热，当外部温度计达到 210℃时开始有液体馏出，蒸馏得到的馏分共 11.2g，计算可得溶剂的质量分数约为 41%。

将溶剂原样涂覆在 KBr 片上，测红外光谱，如图 6-34 所示。所得谱图经计算机检索，结果显示，主要溶剂为 *N*- 甲基吡咯烷酮，匹配度为 90%。*N*- 甲基吡咯烷酮为无色透明油状液体，微有胺的气味，沸点 203℃，加热搜集馏分的温度亦与 *N*- 甲基吡咯烷酮的沸点相近，也证实了馏分中含有 *N*- 甲基吡咯烷酮。将图 6-34 与 *N*- 甲基吡咯烷酮的标准红外光谱（图 6-35）相比，发现在 1500～1800cm^{-1} 处（1778cm^{-1}、1723cm^{-1}、1603cm^{-1} 和 1537cm^{-1}）两者略有不同，提示馏分中可能含有其他的酮类或醛类溶剂，亦可能含有苯系物。

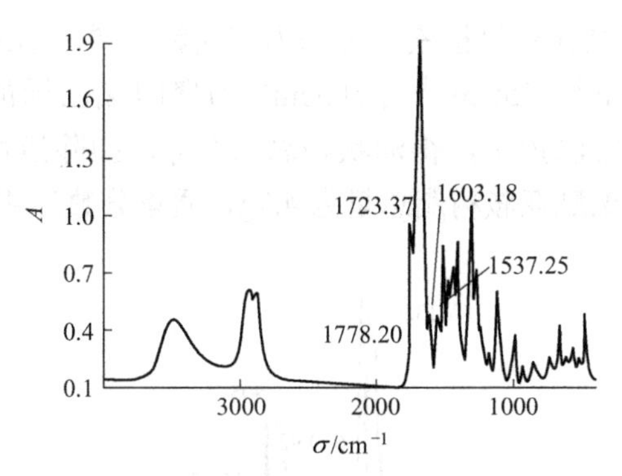

图 6-34 溶剂的红外光谱

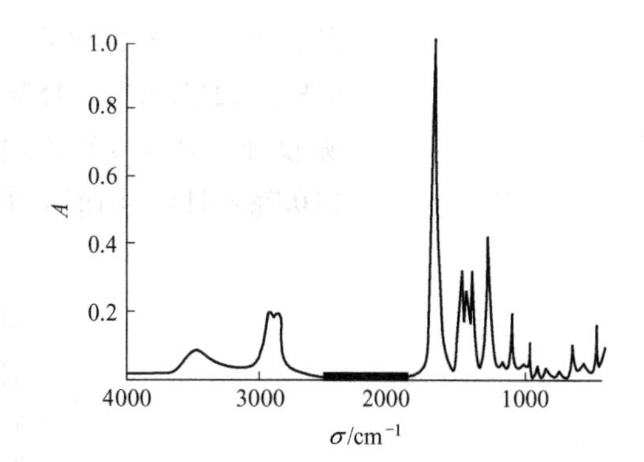

图 6-35 *N*- 甲基吡咯烷酮的标准红外光谱

为了证实溶剂的成分，又对溶剂进行了 GC-MS 分析，得到涂料溶剂成分的总离子流色谱图，通过 Xcalibur 1.4 软件数据处理，检索 NIST05 谱库，确定样品的组成；采用面积归一法计算出各组分的质量分数。

第六章

经 NIST05 谱库检索，共鉴定出 5 种化合物，结果见表 6-4，GC-MS 分析结果证实溶剂系统主要为 *N*-甲基吡咯烷酮与甲基异丁基酮，还有微量的二甲苯和乙苯，同时也证实了红外谱图的分析结果。

表6-4 溶剂组成及含量

保留时间 /min	化合物	质量分数 /%	匹配度 /%
3.76	甲基异丁基酮	7.5	97
6.25	乙苯	0.16	95
6.44	邻二甲苯	0.09	91
6.92	对二甲苯	0.05	93
9.88	*N*- 甲基吡咯烷酮	92.2	97

二、漆膜及其他不溶物的鉴定

在离心管中装入涂料约 10mL 做离心分离，将离心得到的上层黑色液体放在表面皿上用红外灯烤干得黑色漆膜。漆膜用小刀刮取少量粉末，采用 KBr 压片法测红外光谱，如图 6-36 所示。该谱图经计算机检索，可知为聚酰胺 - 聚酰亚胺树脂（图 6-37），匹配度为 97%。另取涂料 10.0g，每次用 10mL 乙醚冲洗，并用红外光谱监测，直至乙醚冲洗液中没有聚酰胺 - 聚酰亚胺树脂残留，共冲洗 8 次。下层乙醚不溶物为白色粉末状物质，说明该涂料中含有粉末状填料，将其烘干称量得 1.2g（质量分数为 12%），并测红

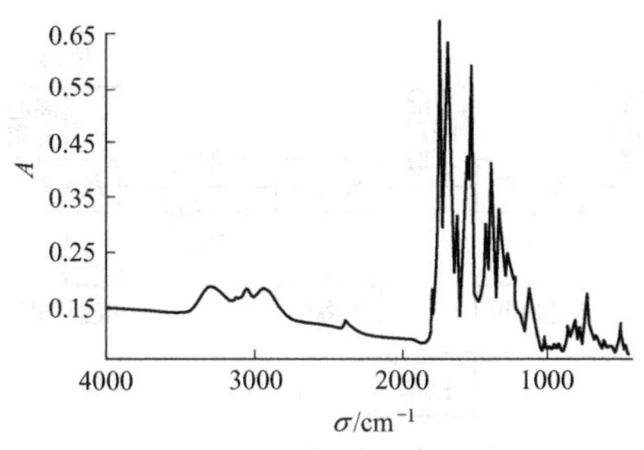

图 6-36 漆膜红外光谱

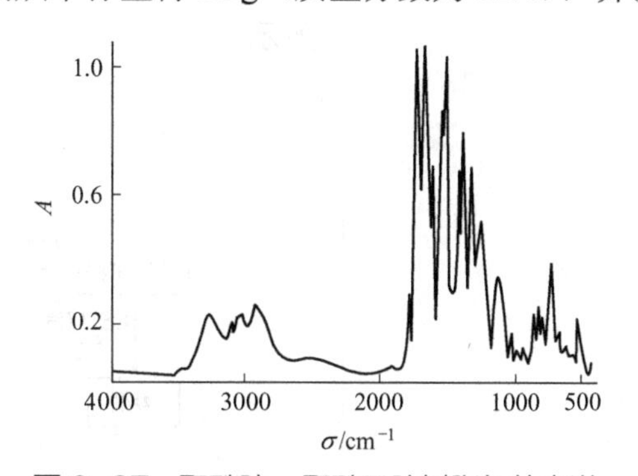

图 6-37 聚酰胺 - 聚酰亚胺树脂红外光谱

外光谱，如图 6-38 所示。该谱图经计算机检索，可知为聚四氟乙烯，匹配度为 97%。1213cm^{-1}、1153cm^{-1}、639cm^{-1}、555cm^{-1} 与 505cm^{-1} 为聚四氟乙烯的特征吸收峰。合并 8 次乙醚冲洗液，常温挥干，得油状物总量 8.8g，扣除溶剂的量（10.0g×41%=4.1g），得聚酰胺 - 聚酰亚胺树脂总量为 4.7g，质量分数为 47%。

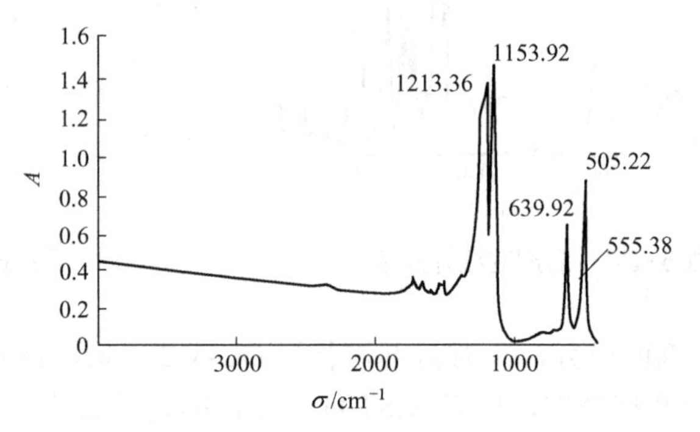

图 6-38 粉末状填料红外光谱

三、结论

本文经红外光谱和 GC-MS 分析，并结合计算机谱库检索，确定出未知涂料的主要成分为：47% 的聚酰胺 - 聚酰亚胺树脂；12% 的聚四氟乙烯填料；41% 的溶剂，该溶剂包含 *N*- 甲基吡咯烷酮、甲基异丁基酮以及微量的乙苯、邻二甲苯与对二甲苯。

实例 3 进口水性涂料的剖析

水性涂料是当今深受欢迎的一类涂料，也是当前研究和开发的重点。它由于以水为溶剂，大大降低了涂料中易挥发性有机物的含量，因而环境安全性极大提高。王伟民[8] 对一种日本进口的高效水性涂料的成分进行了剖析，以期开发出热稳定性和涂覆性能好的环保型涂料。

一、进口水性涂料的剖析程序

该进口水性涂料的分离程序如图 6-39 所示；所含成分的分析方法如图 6-40 所示。

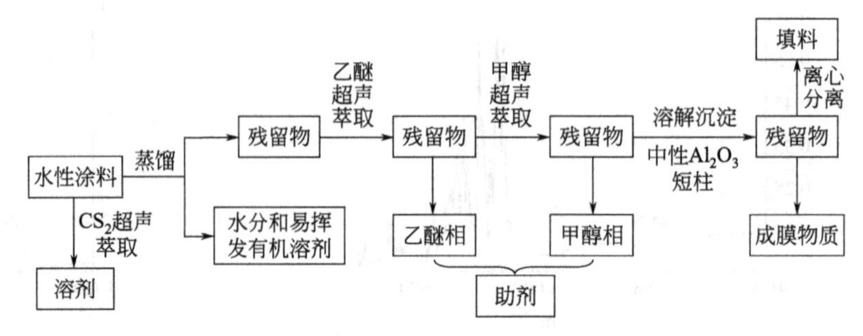

图 6-39 水性涂料的分离程序

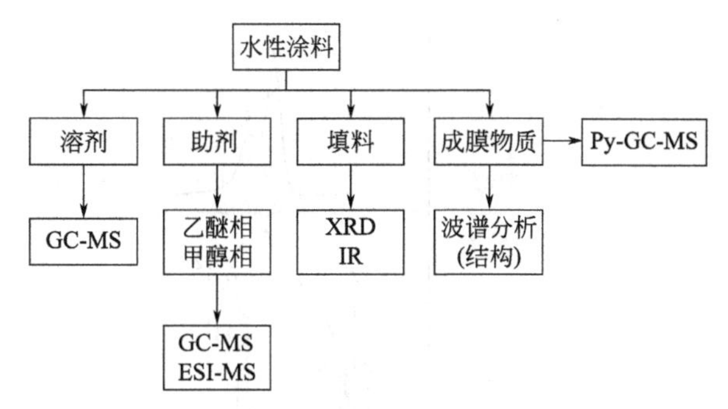

图 6-40 水性涂料成分的分析方法

二、水性涂料成分的分离

1. 少量有机溶剂的分离

水性涂料的溶剂为水，可能还含有少量有机溶剂。取一定量的水性涂料样品，用二硫化碳分多次超声萃取出其中的有机溶剂，将二硫化碳萃取液用 0.45μm 的微孔滤膜过滤后，得溶剂相。

2. 助剂的分离

取一定量的涂料样品，用旋转蒸发器旋蒸除去其中的水分和溶剂。样品冷却后用乙醚分多次超声萃取，用离心机离心后取上层清液，微孔滤膜过滤，得乙醚相。将乙醚提取后的残余物用甲醇分多次超声萃取，离心后，取上层清液，微孔滤膜过滤，得甲醇相。

3. 填料的分离

将甲醇提取后剩余的不溶固体，用色谱纯的四氢呋喃溶解，离心分离，取出上层清液（含树脂），将下层的残余物烘干，保存于真空干燥箱中，此为填料。

4. 成膜物质的分离

将上述含有树脂的溶液用旋转蒸发器浓缩，用滴管吸取后缓慢滴入 4～5 倍自身体积的甲醇溶液中，有沉淀产生，静置一段时间后，离心分离出其中的沉淀物（弃去上层液体），再用四氢呋喃溶解，旋转蒸发浓缩后再次滴入甲醇溶液中，重复此过程 2～3 次。将经初步纯化的成膜物质，用丙酮溶解后，以丙酮为展开剂通过中性氧化铝短柱进一步分离提纯，获得纯净的成膜树脂。

三、水性涂料成分的分析鉴定

1. 涂料中少量有机溶剂的分析鉴定

（1）涂料中少量有机溶剂的鉴定　液体涂料的溶剂中都或多或少地含有一定量的有机 溶剂，需采用气相色谱 - 质谱联用进行分析鉴定。图 6-41 是加入内标氯苯后溶剂相的总离子流色谱图，经表 6-5 的气质结果指认，可以看出该溶剂相中存在甲苯、乙苯、二甲苯、三甲苯类同系物，不存在有机溶剂苯。

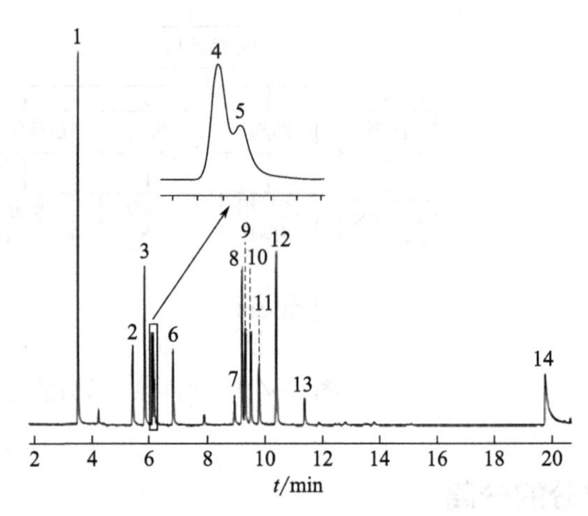

图 6-41　加入内标氯苯后溶剂相的总离子流色谱图

表6-5　加入内标后溶剂相的气质结果指认

峰号	t/min	分子量	化合物
1	3.561	92	甲苯
2	5.423	112.5	氯苯（内标）
3	5.860	106	乙苯
4	6.137	106	间二甲苯
5	6.187	106	对二甲苯
6	6.855	106	邻二甲苯
7	8.974	120	丙苯
8	9.213	120	邻甲基乙苯
9	9.328	120	间甲基乙苯
10	9.524	120	对甲基乙苯
11	9.822	120	间三甲苯
12	10.411	120	连三甲苯
13	11.394	120	偏三甲苯
14	19.842	148	顺丁烯二酸酐

（2）溶剂中苯系物的含量　利用图 6-41 中对应几种苯系物与内标氯苯的峰面积之比及相关数据，计算出溶剂相中几种苯系物组分的浓度，从而推算出原涂料中各苯系物含量（表 6-6）。由表 6-6 可见，二甲苯类含量低于大部分国内的苯系物限量标准，表明该涂料确实是一种环保型涂料。

表6-6　溶剂相和原涂料中各苯系物含量

物质	含量 /（mg/mL）						
	苯	甲苯	氯苯	乙苯	对二甲苯	间二甲苯	邻二甲苯
溶剂相	0	0.185	0	0.0884	0.0961	0.0850	0.0887
原涂料	0	1.457	0	0.707	0.758	0.670	0.700

2. 涂料中助剂的分析鉴定

（1）助剂的气相色谱 - 质谱联用分析　采用 GC-MS 对乙醚相和甲醇相进行测定，得到总离子流色谱图（图 6-42 和图 6-43）。由图 6-42 和图 6-43 可见，乙醚相和甲醇相中的各组分获得良好分离，图中的各峰经过质谱扫描得到质谱图，再经质谱数据库检索和与文献数据比对，得到了乙醚相和甲醇相的成分组成，如表 6-7 和表 6-8 所示。

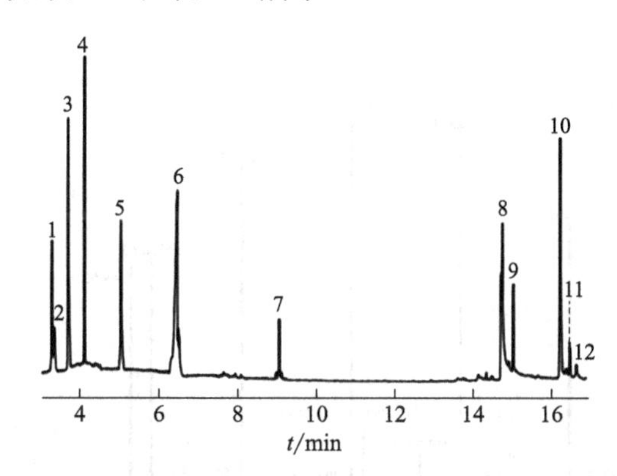

图 6-42　乙醚相总离子流色谱图

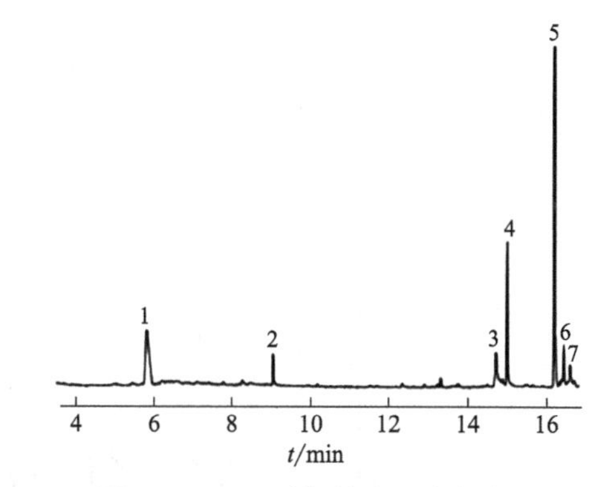

图 6-43　甲醇相总离子流色谱图

表 6-7　乙醚相的成分指认

峰号	t/min	分子量	化合物	峰号	t/min	分子量	化合物
1	3.339	92	甲苯	7	9.093	178	苯甲酸丁酯
2	3.414	106	二甲苯	8	14.736	312	棕榈酸丁酯
3	3.749	102	乙酸异丙酯	9	15.053	336	9,12- 亚油酸丁酯
4	4.169	74	正丁醇	10	16.237	322	11- 亚油酸丙酯
5	5.092	134	苯丙酮	11	16.293	281	(*Z*)- 十八烯酸酰胺
6	6.501	144	2- 乙基己酸	12	16.489	340	硬脂酸丁酯

表 6-8　甲醇相的成分指认

峰号	t/min	分子量	化合物	峰号	t/min	分子量	化合物
1	5.953	144	2- 乙基己酸	5	16.259	322	11- 亚油酸丙酯
2	9.112	178	苯甲酸丁酯	6	16.488	281	(*Z*)- 十八烯酸酰胺
3	14.802	312	棕榈酸丁酯	7	16.670	340	硬脂酸丁酯
4	15.077	336	9,12- 亚油酸丁酯				

从表 6-7 和表 6-8 中看到了乙酸异丙酯、正丁醇、苯丙酮等助剂，同时也看到了各种长链的脂肪酸酯，包括亚油酸酯、棕榈酸酯等，它们应该是合成反应后剩余的反应物。由于亚油酸酯和棕榈酸酯都是不饱和脂肪酸酯，当用它们为原料合成醇酸树脂，可以提高醇酸树脂中双键的含量，进而提高涂料中树脂在空气中的成膜速度，这是因为醇酸树脂成膜物质在空气中成膜主要是靠脂肪酸中不饱和双键的自动氧化聚合。

（2）助剂的电喷雾质谱分析　经硫氰酸钴试验，可知甲醇相中存在非离子表面活性剂，乙醚相不存在。在电喷雾飞行时间质谱（图 6-44）中，可看到以 m/z 481 为中心呈正态分布的间隔为 44 的 $[M+H]^+$ 峰，44 是 $\mathrm{+\!(CH_2CH_2O)\!+_m}$ 单元。丰度最大的 m/z 481 峰来自 $[M+H]^+$ 正离子，分子量为 481−1 = 480，对应的分子

式为 $C_{11}H_{23}$—O—$(CH_2CH_2O)_7$—H，可确认该表面活性剂为烷基醇聚氧乙烯醚，通式是 C_nH_{2n+1}—O—$(CH_2CH_2O)_m$—H，n=11，m=4～9。同理，可推出 m/z 335 是棕榈酸丁酯结合一个 Na 的正离子峰，m/z 352 可能是棕榈酸丁酯结合一个 K 和一个 H 的正离子峰。

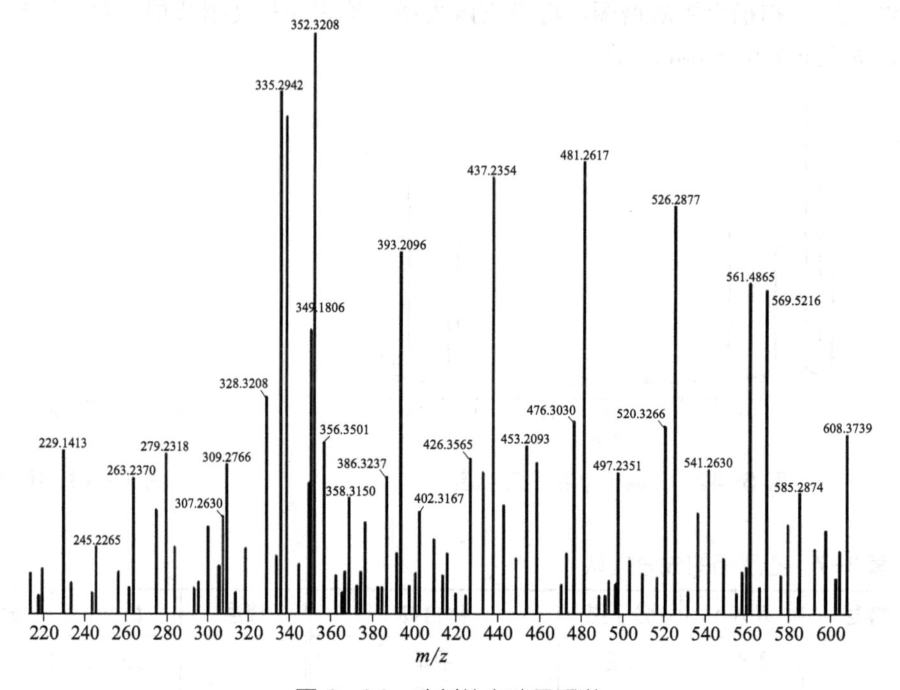

图 6-44　助剂的电喷雾质谱

3. 涂料中无机填料的分析鉴定

图 6-45 是标准锐态型二氧化钛的 XRD 和填料的 XRD 对比图，通过该图可以看出，在填料图中的 2θ=25.28° 和 48.17° 等处出现较强的衍射峰，这与通过 Jade6.0 软件中检索到的锐态型 TiO_2 的衍射峰相匹配。图 6-46 是该涂料填料的红外光谱，图中 623～500cm^{-1} 区间宽而平的峰是二氧化钛的特征峰。根据 XRD 和 IR 分析，可以确定该填料是二氧化钛。

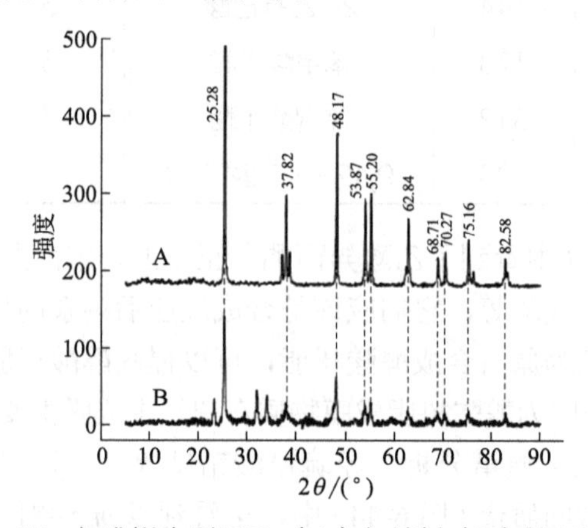

图 6-45　标准锐态型 TiO_2（A）与填料（B）的 XRD 图

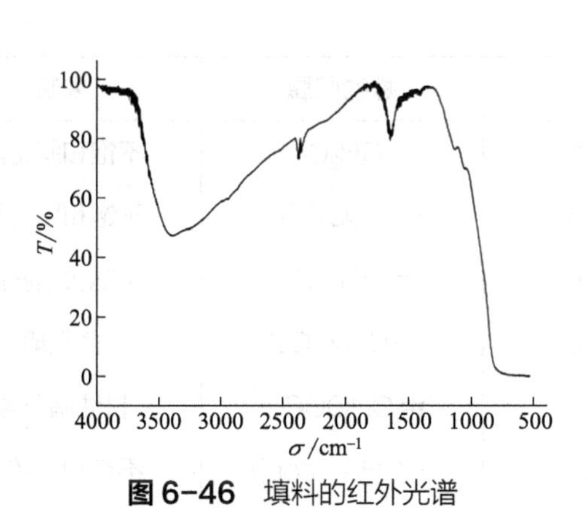

图 6-46　填料的红外光谱

图 6-47　成膜物质的红外光谱

4. 涂料中成膜物质的分析鉴定

（1）红外光谱分析　图 6-47 是涂料中成膜物质的红外光谱，表 6-9 是对红外谱图中主要吸收峰的指认。

表6-9　成膜物质的红外光谱指认

峰号	σ/cm^{-1}	峰的归属
1	3460（s）	羟基的伸缩振动
2	3062（m）	苯环上碳氢的反对称伸缩振动
3	2928~2855（s）	CH_2 和 CH_3 的对称和反对称伸缩振动
4、5	2077~1885（w）	苯环 C═C 伸缩振动的泛频
6	1726（s）	酯基上 C═O 的伸缩振动
7、8、9	1608，1579，1508（m）	苯环上 C═C 骨架伸缩振动
10	1457（s）	CH_2 的面内变形振动
11、12、13	1295，1242，1184（s）	C—O—C 对称和反对称伸缩振动
14	1043（s）	羟基上 C—O 伸缩振动
15、16、18	830，764，696（w）	苯环上氢的面外变形振动
17	720（m）	长链脂肪酸上—$(CH_2)_n$—
19	565（m）	苯乙烯、丙烯酸酯接枝共聚峰

（2）^{1}H-NMR 谱分析　成膜物质的 ^{1}H-NMR 谱，如图 6-48 所示。表 6-10 是对 ^{1}H-NMR 谱中主要吸收峰的指认（吡嗪是内标）。

表6-10　成膜物质的 ^{1}H-NMR谱指认

峰号	δ	峰的归属	来源
a	0.8~0.9	CH_3—	不饱和脂肪酸
b	1.2~1.4	—CH_2—	不饱和脂肪酸
c	1.60	—CH_2—	苯乙烯聚合物

续表

峰号	δ	峰的归属	来源
d	1.9～2.1	$—CH_2C═$	不饱和脂肪酸
e	2.1～2.3	$—CH_2COO—$	不饱和脂肪酸
f	2.6～2.8	$═CCH_2C═$	不饱和脂肪酸
g	3.9～4.6	$—CH_2OCO$	多元醇
h	4.9	═CHOCO—	甘油脂肪酸
i	5.2～5.4	—CH═(conj)	不饱和脂肪酸
j	6.7~7.2	Ar—H	苯乙烯芳环
k	7.4～8	Ar—H	苯酐
l	8.5	吡嗪	吡嗪

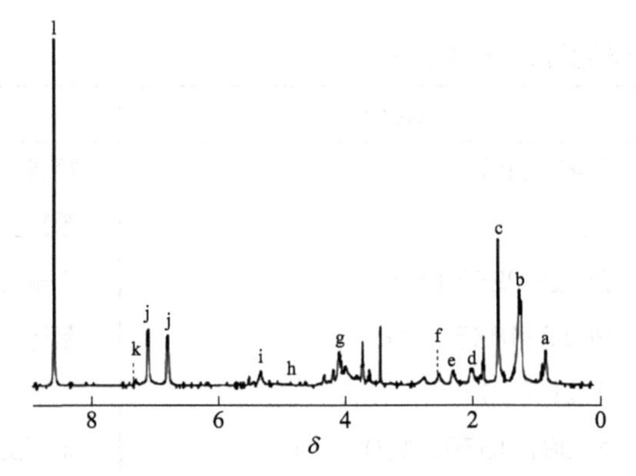

图 6-48 成膜物质的 ^{1}H-NMR 谱

（3）裂解气相色谱 - 质谱联用分析 图 6-49 是成膜物质的裂解气相色谱图，表 6-11 是对图中主要碎片峰的成分指认。

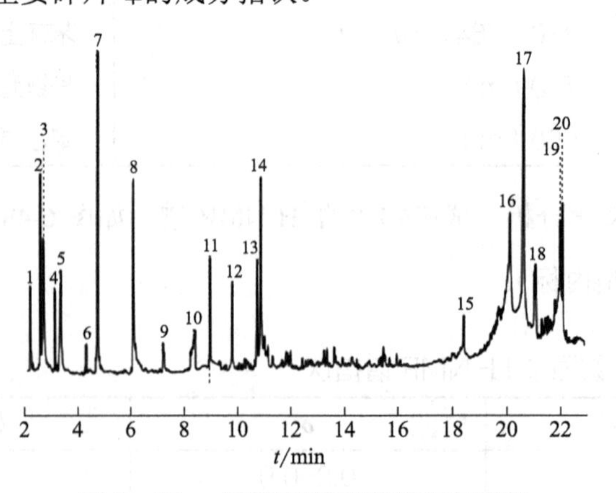

图 6-49 成膜物质的裂解气相色谱图

表6-11 成膜物质主要碎片峰的成分指认

峰号	*t*/min	分子量	化合物
1	2.230	92	甲苯
2	2.614	74	正丁醇
3	2.746	100	甲基丙烯酸甲酯
4	3.176	89	*N*,*N*- 二甲基乙醇胺
5	3.347	106	乙苯
6	4.394	116	甲酸正戊酯
7	4.774	104	苯乙烯
8	6.064	178	苯甲酸丁酯
9	7.187	94	苯酚
10	8.350	108	邻甲基苯酚
11	8.912	144	2- 乙基己酸
12	9.816	136	邻异丙基苯酚
13	10.769	136	间异丙基苯酚
14	10.852	134	对异丙烯基苯酚
15	18.440	312	棕榈酸丁酯
16	20.169	256	棕榈酸
17	20.616	148	邻苯二甲酸酐
18	21.073	280	4,4′-（1- 甲基亚乙基）双苯酚
19	21.998	336	9,12- 亚油酸丁酯
20	22.085	546	油酸酐

在图 6-47 中，565cm^{-1} 处有一个特殊的较强吸收峰，位于 1500～1600cm^{-1} 区间内苯环吸收峰的相对强度要远大于普通醇酸树脂或者丙烯酸改性醇酸树脂的吸收强度，查阅了有关资料和文献后，认为这是由于醇酸树脂经过了苯乙烯改性造成的。故推测该成膜物质是苯乙烯改性的醇酸树脂。

在图 6-48 中，发现在 δ6.7～7.2 区间的峰要比醇酸树脂标准谱图上该区间峰的强度大很多，这说明不饱和脂肪酸侧链上的双键被含芳环的物质接枝共聚；同时在 δ1.60 附近出现一个很强的吸收峰，这是苯乙烯聚合物上亚甲基的吸收峰。向成膜物质中加入吡嗪作内标，计算出树脂中苯乙烯的质量分数为 26.77%。

在图 6-49 中，出现了在前面 GC-MS 分析结果中出现的各种长链脂肪酸酯，如棕榈酸丁酯、亚油酸丁酯等，同时出现了邻苯二甲酸酐这个作为醇酸树脂裂解碎片特征的吸收峰，这也印证了红外和核磁的鉴定结果，即成膜物质是苯乙烯改性的醇酸树脂。

经 IR、^{1}H-NMR 和 Py-GC-MS 分析，可确定该涂料的成膜物质为苯乙烯改性的醇酸树脂。

四、结论

通过上述综合分析，可知该日本进口水性涂料的成膜物质为苯乙烯改性的醇酸树脂，填料为二氧化钛，助剂为乙酸异丙酯、正丁醇、苯丙酮、烷基醇聚氧乙烯醚和棕榈酸丁酯等，溶剂除水外，还有少量的甲苯、乙苯、三甲苯类同系物，不存在有机溶剂苯，而且二甲苯类含量低于大部分国内的苯系物限量

标准。

实例4 外墙无机建筑涂料的综合分析

外墙无机建筑涂料是以碱金属硅酸盐或硅溶胶为主要黏结剂，采用刷涂、喷涂或滚涂的施工方法，在建筑物外墙表面形成薄质装饰涂层的涂料。它具有耐候、透气、环保及不燃等诸多优势，可替代合成树脂乳液外墙涂料。姜广明等[9]测定了外墙无机建筑涂料和合成树脂乳液外墙涂料的物理性能和水蒸气透过率，采用红外光谱法分析了两者在成分上的差异，采用热失重分析法和气相色谱法测试了涂料中的有机物含量。

一、样品来源及综合分析方法

1. 样品来源

选取国内较大的无机建筑涂料企业生产的4个外墙无机建筑涂料，编号为WJ-2、WJ-6、WJ-16和WJ-18；选取1个合成树脂乳液外墙涂料，编号为WJ-21。

2. 综合分析方法

（1）水蒸气透过率检测　使用水蒸气透湿杯测试，根据JG/T 309—2011《外墙涂料水蒸气透过率的测定及分级》，在多孔PE板上刷涂2道后进行检测。

（2）红外光谱分析　将涂料晾干后粉碎，采用KBr压片法，在Nicolet 6700傅里叶变换红外光谱仪上测其红外光谱。

（3）热失重分析　采用TGA/DSC1同步热分析仪进行热失重分析，氮气气氛，测试温度范围室温～900℃。

（4）挥发性有机化合物（VOC）的检测　根据GB 24408—2009《建筑用外墙涂料中有害物质限量》的要求和方法，采用GC126型气相色谱仪测定VOC含量。

二、样品的综合分析结果

1. 物理性能和水蒸气透过率分析结果

经检测4个外墙无机建筑涂料的物理性能全部符合JG/T 26—2002《外墙无机建筑涂料》的要求，合成树脂乳液外墙涂料WJ-21的物理性能符合GB/T 9755—2014《合成树脂乳液外墙涂料》的要求。这说明外墙无机建筑涂料在耐水性、耐碱性、耐温变性等方面与合成树脂乳液外墙涂料相当。由于外墙无机建筑涂料的漆膜坚硬，其在耐洗刷性、耐沾污性、耐老化性等方面，优于一般的合成树脂乳液外墙涂料。

经检测 5 个外墙建筑涂料 WJ-2、WJ-6、WJ-16、WJ-18 和 WJ-21 的水蒸气透过率分别为 2320g/(m^2·d)、2227g/(m^2·d)、3180g/(m^2·d)、5431g/(m^2·d) 和 71g/(m^2·d)，由此可见，外墙无机建筑涂料的水蒸气透过率要比合成树脂乳液外墙涂料高得多，这是因为与合成树脂乳液外墙涂料形成完整的连续涂层不同，外墙无机建筑涂料在微观上形成的是有机相和无机相的互穿网络结构，因此透气性良好。

2. 红外光谱分析

4 个外墙无机建筑涂料的红外光谱，如图 6-50 所示。在 4 个外墙无机建筑涂料的红外光谱中，1041cm^{-1} 附近的强宽峰是 Si—O—Si 的伸缩振动峰，是硅溶胶的特征峰（1175～860cm^{-1} 区间的强宽峰也是硅酸盐的特征峰）；2958cm^{-1}、2933cm^{-1}、2871cm^{-1} 是甲基、亚甲基的伸缩振动峰，1737cm^{-1} 是 C═O 的伸缩振动峰；1456cm^{-1} 和 878cm^{-1} 是碳酸钙的红外特征峰。说明外墙无机建筑涂料的配方中除含黏胶剂硅溶胶或硅酸盐外，还含有 $CaCO_3$ 填料及少量有机物。

合成树脂乳液外墙涂料 WJ-21 的红外光谱，如图 6-51 所示。在合成树脂乳液外墙涂料 WJ-21 的红外光谱中，没有 Si—O—Si 和硅酸盐的特征峰，说明该涂料中不含碱金属硅酸盐和硅溶胶，其他红外峰与外墙无机建筑涂料基本相同。图 6-51 中 1730cm^{-1} 处峰说明乳液中含有酯官能团，另外还有较强的甲基和亚甲基红外特征峰；1446cm^{-1} 和 878cm^{-1} 处的强峰说明样品中不但含有 $CaCO_3$，而且 $CaCO_3$ 的含量比外墙无机建筑涂料的高。

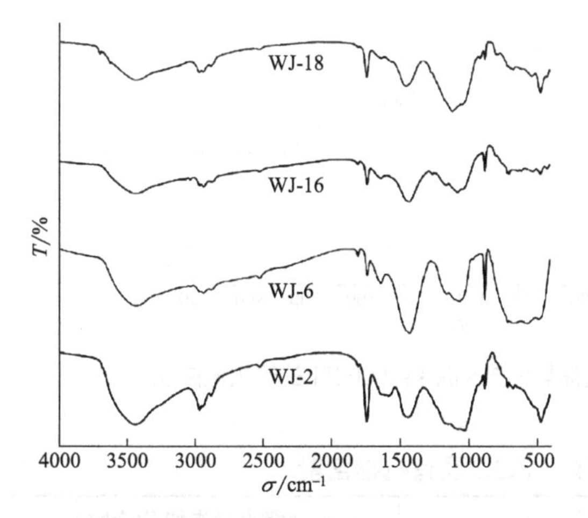

图 6-50 4 个外墙无机建筑涂料的红外光谱

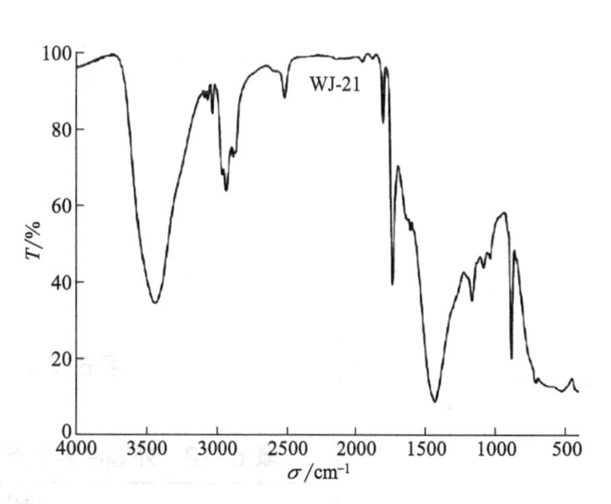

图 6-51 合成树脂乳液外墙涂料 WJ-21 的红外光谱

3. 有机物含量分析

利用热失重法和气相色谱法分析外墙涂料中主要成分的种类和含量，详见表 6-12。4 个外墙无机建筑涂料和 1 个合成树脂乳液涂料的热失重曲线，分别如图 6-52 和图 6-53 所示。

270℃以下的热失重包括水和 VOC，对于外墙无机建筑涂料，这一段的热失重还包括碱金属硅酸盐和硅溶胶分子中结合的自由水分子。270～530℃的热失重主要来自乳液中高分子有机化合物的分解，对于外墙无机建筑涂料还有一小部分来自碱金属硅酸盐和硅溶胶分子发生的缩水反应。530～900℃的热失重主要来自填料的分解，如碳酸盐受热放出 CO_2 等。

有机物含量是低沸点有机化合物（VOC）和高分子有机化合物的总量，因为 VOC 的含量低于高分子有机化合物含量 0.5～1 数量级，故有机物含量接近于高分子有机化合物含量。粗略计算的话，可以简单

地将 270～530℃的热失重率和 VOC 含量相加，计算时涂料密度以 $1.4g/cm^3$ 计算。

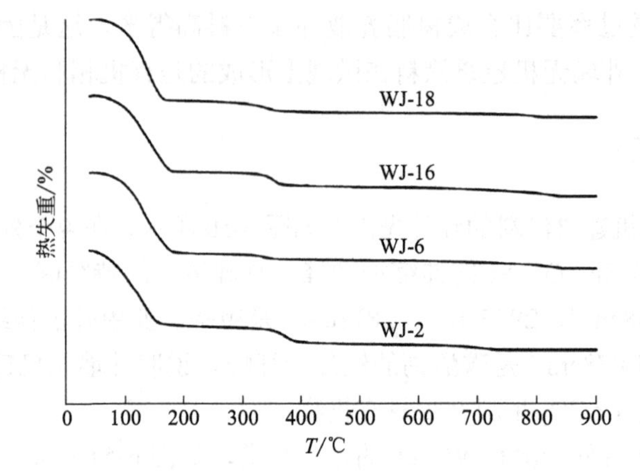

图 6-52 4 个外墙无机建筑涂料的热失重曲线

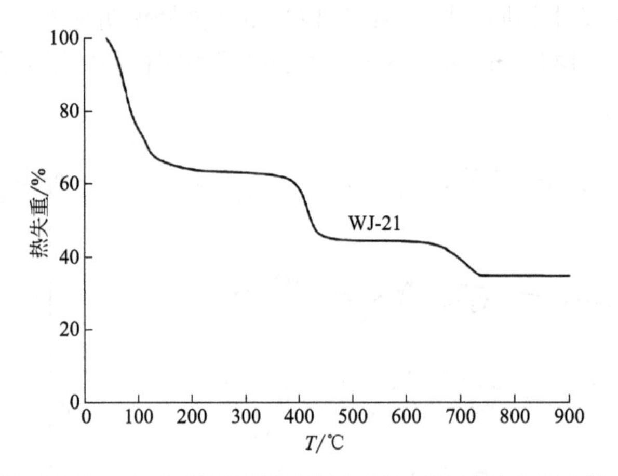

图 6-53 合成树脂乳液外墙涂料 WJ-21 的热失重曲线

表 6-12 外墙涂料的热失重率、VOC及有机物含量

样品编号	热失重率 /%			残余物率 /%	挥发性有机化合物（VOC）含量 /（g/L）	有机物含量 /%
	25~270℃	270~530℃	530~900℃			
WJ-2	50.4	11.1	3.7	34.8	43	14.2
WJ-6	52.9	4.1	5.2	37.8	13	5.0
WJ-16	50.1	9.5	5.8	34.6	<2	9.6
WJ-18	54.3	7.0	3.0	35.7	<2	7.1
WJ-21	36.8	18.9	9.5	34.8	26	20.8

WJ-2 虽然是外墙无机建筑涂料，但是它加入的乳液含量最高，高分子有机化合物含量最多，从其 VOC 含量最高也可以证明。按照国外标准 DIN 18363—2012《德国建筑合同程序（VOB）• C 部分：建筑合同中的一般技术规范（ATV）• 油漆和涂层工程》的要求，外墙无机建筑涂料中的有机物含量不能

太高[10]，因此在讨论外墙无机建筑涂料的有机物含量时排除掉 WJ-2。

从表 6-12 中 WJ-6、WJ-16 和 WJ-18 的结果可以看出，目前国内外墙无机建筑涂料的有机物含量应该是≤ 10%，合成树脂乳液外墙涂料 WJ-21 的有机物含量≥ 20%，说明合成树脂乳液外墙涂料中有机物的含量要比外墙无机建筑涂料高得多。

三、结论

通过上述综合分析可知，4 个外墙无机建筑涂料的黏结剂为硅溶胶或碱金属硅酸盐，填料为 $CaCO_3$，还含有小于 10% 的有机物；合成树脂乳液外墙涂料的黏结剂为高分子有机化合物及少量挥发性有机物，填料为 $CaCO_3$。通过物理性能和水蒸气透过率的分析，可知外墙无机建筑涂料的水蒸气透过率要比合成树脂乳液外墙涂料高得多，另外耐洗刷性、耐沾污性、耐老化性等方面，也优于合成树脂乳液外墙涂料。

参考文献

[1] 吴瑾光主编 . 近代傅里叶变换红外光谱技术及应用（下卷）. 北京：科学技术文献出版社，1994.

[2] 马春妹 . FT-IR 红外光谱法在涂料工业中的应用 . 上海涂料，2002，40（3）: 35-38.

[3] 黄宁 . 红外光谱法在涂料剖析中的应用 . 涂料工业，1999，（1）: 37-41.

[4] 周颖，王丽，李继平 . 未知涂料中化学成分的分析 . 辽宁化工，2008，（7）: 500-502.

[5] 何健，魏强，屈植成，李全德 . 红外光谱在涂料、石蜡等材料上的分析应用 . 东方汽轮机，2013，（9）: 56-59.

[6] 林燕宜，陈晓红，谭人宏 . 紫外光固化清漆主成分的分离和鉴定 . 涂料工业，1993，（2）: 45-48.

[7] 王鑫 . 一种未知涂料的化学成分剖析 . MPF 技术与经验交流，2012，15（9）: 21-23.

[8] 王伟民 . 水性涂料成分分离分析方法的构建以及应用 [硕士学位论文]. 浙江理工大学，2016.

[9] 姜广明，马海旭，梁杨，王连盛，王志霞，胡水 . 外墙无机建筑涂料的检测与鉴别 . 工程质量，2019，37（1）: 39-42.

[10] 王律，卢荣明 . 无机硅溶胶外墙涂料的研制 . 上海涂料，2012，51（9）: 8-10.

总结

涂料的组成

- 涂料主要由成膜物质、溶剂、颜料和助剂4部分组成。

涂料的分类

- 按涂料的形态可分为水性涂料、溶剂性涂料、粉末涂料和固体涂料等。
- 按施工方法可分为刷涂涂料、喷涂涂料、辊涂涂料和电泳涂料等。
- 按功能可分为装饰涂料、防腐涂料、防锈涂料和耐高温涂料等。
- 按用途可分为建筑涂料、汽车涂料、家电涂料和木器涂料等。

涂料的分离

- 涂料中溶剂的分离，可采用蒸馏法、气相色谱法、顶空-气相色谱-质谱和闪蒸气相色谱-质谱联用技术等。
- 涂料中无机颜料与高聚物的分离及纯化，可选择适当的溶剂将高聚物溶解，采用离心法将两者分开。高聚物的纯化可采用溶解沉淀法。

○ 聚合物共混物的分离，可采用柱色谱法和溶剂萃取法等。

○ 涂料中助剂的分离，可采用柱色谱法。

涂料的结构鉴定

○ 涂料中无机填料和颜料的结构鉴定可采用红外光谱法。

○ 涂料中高聚物的结构鉴定可采用红外光谱法，也可采用裂解气相色谱-质谱联用技术（后者参阅本书第二章）。

○ 涂料中溶剂与助剂的分析鉴定，可采用色谱法、色谱-质谱联用和红外光谱法。

思考题

1.什么是涂料？涂料主要由哪几部分组成？

2.什么是成膜物质？常用的成膜物质有哪些？

3.什么是油料？油料按成膜特性和成膜速度可分为几类？油漆工业中用量最大的是哪两类？

4.涂料中所用的树脂有几种类型？每种类型各举一例。

5.什么是挥发分？挥发分的作用是什么？作为挥发分的有机溶剂，选用原则是什么？常用的溶剂有哪些？

6.颜料在涂料中的作用是什么？颜料主要分为哪3种，各有什么功用？

7.涂料中常用的助剂有哪几类？它们各起什么作用？

8.按涂料的形态分类，可将涂料分为哪几类？

9.按氢键强弱分类，涂料用溶剂可分为几类？它们各有什么特点？每类各举两个例子。

10.如何将涂料中的溶剂分离出来？溶剂组分的鉴定可采用哪些方法？

11.采用什么方法可不经分离直接对涂料中的溶剂进行鉴定？

12.如何将涂料中的颜料与高聚物分开？又如何对分离出来的高聚物进行纯化？

13.若基料是高聚物的共混物，可采用哪些方法对其做进一步的分离鉴定？

14.如何将水溶性涂料中的树脂与各种助剂分开？如何对助剂中的各组分进行鉴定？

15.简述有机溶剂型涂料的剖析过程。

16.如何对涂料中的溶剂、颜料、成膜基料和助剂进行定量分析？

课后练习

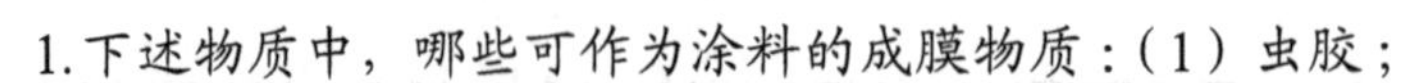

1.下述物质中，哪些可作为涂料的成膜物质：（1）虫胶；（2）棉籽油；（3）过氧乙烯树脂；（4）邻苯二甲酸酯

2.在涂料中，常用的催干剂是：（1）铬酸盐；（2）五氯酚；（3）环烷酸铅；（4）磷酸酯

3.水溶性涂料和水乳性涂料的剖析程序：（1）完全相同；（2）完全不同；

（3）略有差异，前者先乳化；（4）略有差异，后者先破乳

4. 下述哪种方法，可不经分离直接鉴定涂料中的成膜物质高分子树脂：（1）热重分析法；（2）Py-GC-MS；（3）GC-MS；（4）GC-FTIR

5. 下述哪种溶剂属于弱氢键溶剂：（1）甲基异丁基酮；（2）甲苯；（3）甲醇；（4）乙酸乙酯

6. 下述哪些溶剂属于氢键接受型溶剂：（1）液体石蜡；（2）丙酸甲酯；（3）丙醇；（4）异佛尔酮

7. 下述哪种溶剂属于氢键授受型溶剂：（1）1-丁氧基-2-丙醇；（2）汽油；（3）环己酮；（4）乙酸丙酯

8. 若涂料中的溶剂为多种溶剂的混合物，下述哪种方法可不经分离直接鉴定：（1）ICP-MS；（2）红外光谱法；（3）核磁共振光谱法；（4）FE-GC-MS

9. 对含有大量颜料的热塑性涂膜，可采用下述哪种方法分离基料与颜料：（1）减压蒸馏法；（2）溶剂萃取法；（3）纸色谱法；（4）凝胶色谱法

10. 若基料为聚合物的共混物，将其中聚合物分开的方法是：（1）纸色谱法；（2）硅胶柱色谱法；（3）离子交换色谱法；（4）毛细管电泳法

11. 测定某涂料中无机填料的红外光谱，在1520～1410cm^{-1}区间有一强宽吸收峰，878cm^{-1}处有一中强吸收峰，714cm^{-1}处有一弱吸收峰，据此特征可判定，该填料成分为：（1）氧化锌；（2）钛白粉；（3）碳酸钙；（4）滑石粉

12. 测定某未知涂料成膜物质的红外光谱，在1730cm^{-1}处有一强吸收峰，1550cm^{-1}处有一中强吸收峰，在1495～1453cm^{-1}区间有一对强的钳形吸收峰，据此特征可判定该涂料为：（1）聚乙烯防腐涂料；（2）有机硅涂料；（3）丙烯酸涂料；（4）聚乙烯醇涂料

设计问题

已知某环氧树脂涂料由E-44环氧树脂、甲苯、邻苯二甲酸二丁酯、邻苯二胺、月桂酸二乙醇胺和氧化铁红组成，设计出一个剖析程序。

第七章　新型化学品、助剂、添加剂等的剖析

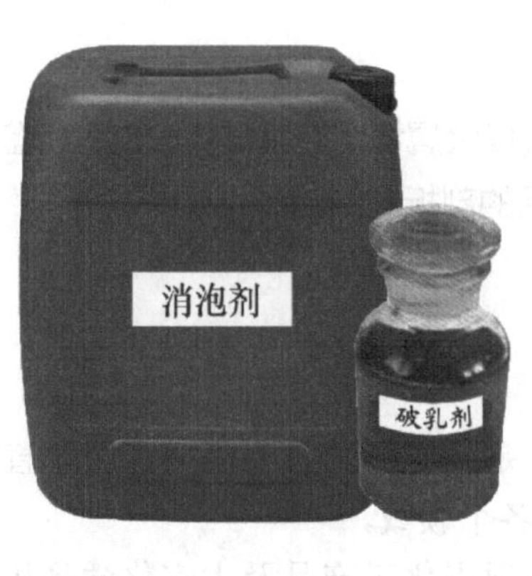

(A)

(B)

图（A）为消泡剂和破乳剂，它们都属于油田助剂。图（B）为油田采油现场，采油机在采油时需要添加采油助剂。采油助剂的使用，可改善原油开采条件，提高原油采收率。
新型化学品、助剂和添加剂等直接服务于国民经济的诸多行业和高新技术产业的各个领域，它们的剖析对提高产品产量、改善产品质量和促进新产品开发都有着十分重要的作用。

为什么要学习新型化学品、助剂和添加剂的剖析？

新型化学品、助剂和添加剂种类繁多，用途广泛，在国民经济的诸多行业中发挥着重要作用。它们的剖析常因产品种类的不同而略有差异，如何选择最合理的剖析程序和最适宜的剖析方法对各种不同类型的化学品、助剂和添加剂进行剖析，将是本章讲述的内容。

学习目标

- 简述分离鉴定织物上整理剂的方法。
- 在进一步了解表面活性剂在不同领域应用的同时，掌握不同环境基质中表面活性剂的剖析，例如，纺织助剂很多是以表面活性剂为主体的复配物或是100% 的活性物。
- 指出并描述石油制品中添加剂的分离纯化及结构鉴定方法。
- 总结教材中水溶性助焊剂剖析实例，简述助焊剂的剖析程序，指出各未知组分的定性分析方法。
- 描述原油破乳剂的分离程序。
- 介绍塑料抛光膏的分离与鉴定程序。
- 以教材中的剖析实例，简述全合成金属切削液基本成分的分析鉴定过程。
- 查阅文献，举出一个新型化学品的剖析实例。

精细化工产品（即精细化学品）是新材料的重要组成部分，直接服务于国民经济的诸多行业和高新技术产业的各个领域。

精细化学品是化学工业中用来与通用化工产品及大宗化学品相区别的一个专用术语，通常指产量小、纯度高、价格贵的化工产品。一般认为，精细化学品是由初级和次级化学品进行深加工而得到的具有特定功能、特殊用途，技术密集，商品性强，小批量生产而产品附加值较高的系列化工产品。1986 年原化学工业部对精细化学品的分类作了暂时规定，分为农药、染料、涂料（包括油漆和油墨）、颜料、试剂与高纯物、信息用化学品（包括感光材料、磁性材料等）、食品和饲料添加剂、黏合剂、催化剂和各种助剂、化学药品和日用化学品、功能高分子材料等 11 类产品。随着国民经济和科学技术的发展，一些新兴的精细化学品门类还会不断出现。本章选择几种新型化学品、助剂和添加剂等为例，对其剖析思路和剖析方法进行了较详细介绍。

第一节　纺织助剂的剖析

合成纤维与天然纤维在生产加工过程中都需要使用各种助剂，才能使生产顺利进行，得到良好的纤维制品。生产加工的助剂按其在纤维上的作用可分为油剂、漂白剂、抗静电剂、染色助剂、加工处理剂，这些又统称为纺织助剂，而油剂是其中最主要的一种助剂。

油剂是纤维在纺丝和纺纱时用的助剂，它可使纤维有平滑、柔软、抱合、抗静电等性能，能降低纤维与金属间的摩擦系数，从而保护纤维的表面，并使其顺利地通过各加工工序。对纤维油剂剖析方法的研究[1~3]，以及通过剖析鉴定了一些进口油剂的组成与结构[4,5]，这些对我国新品种油剂的研发具有一定的参考价值。

纺织助剂在纺织工业中起着重要的作用。在抽丝、编织、染色和后整理等每个工序中都需要使用不同类型的纺织助剂，以改善纤维的纺织、染色及织物的柔软、蓬松、抗静电等性能，使织物具有良好的手感、挺括等特性。按不同的加工过程和不同的用途，纺织助剂又分为整理助剂、煮练助剂和染色助剂等。

一、织物上整理剂的剖析[6]

织物上整理剂的剖析，通常采用溶剂萃取法剥离，红外光谱法鉴定。取1～10g纺织样品，依次用己烷、氯仿、甲醇、水萃取，可将大多数整理剂从纤维上分别萃取下来。萃取可在索氏提取器中进行。根据样品和整理剂类型，加热回流45min至数小时。收集提取液，过滤，蒸去溶剂，萃取物备用。每次更换萃取溶剂前，应将前一次萃取后的试样烘干。常用溶剂及萃取物见表7-1。

表7-1　常用溶剂及萃取物

溶剂	极性指数	萃取的整理剂
己烷	0.1	油、蜡、柔软剂、硅油、聚氨酯、聚乙酸乙烯
氯仿	1.0	丙烯酸树脂、聚酯、少量未固着高聚物
甲醇	5.1	未固着的棉整理剂、有机盐、磺化有机物
水	10.2	聚乙烯醇、直链淀粉、尿素、未固着的棉整理剂

将每种溶剂的萃取液浓缩后，涂于溴化钾片上，溶剂挥发后，测其红外光谱。图7-1～图7-3所示是几种萃取物的IR谱图。

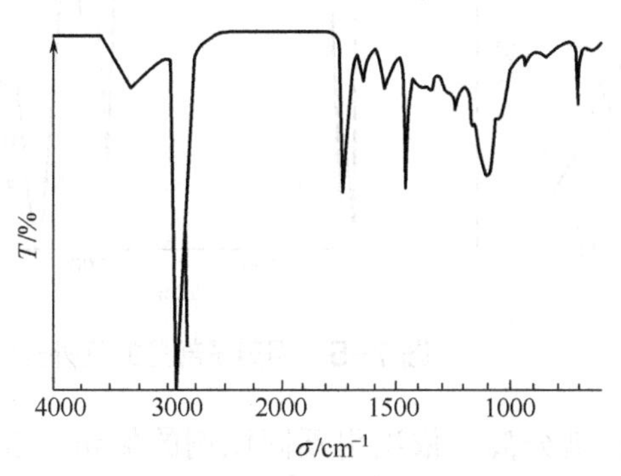

图7-1　脂肪酸酯柔软剂红外光谱

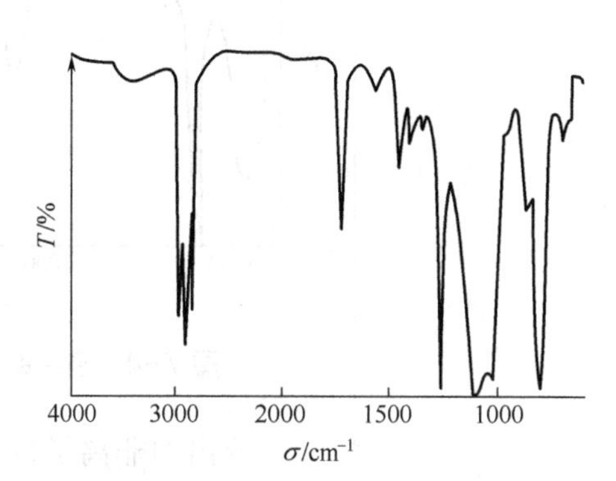

图7-2　硅酮柔软剂红外光谱

测得的红外光谱可与标准谱图或已知物谱图对照，从其特征峰很容易鉴别整理剂的类型。常用的几种树脂整理剂的特征红外吸收峰见表 7-2。

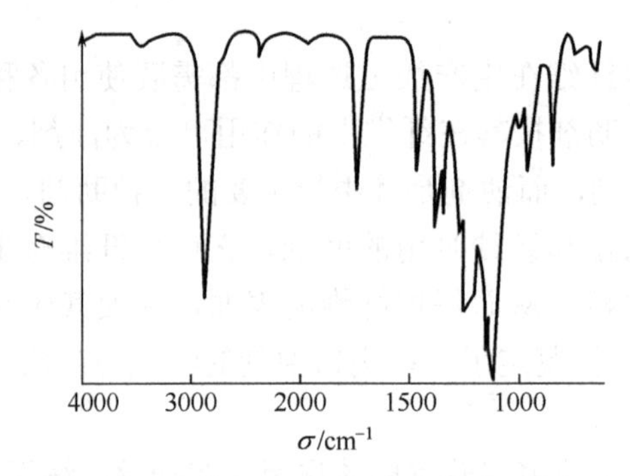

图 7-3　含氟易去污整理剂红外光谱

表 7-2　几种树脂整理剂的特征红外吸收峰

树脂整理剂	特征峰 /cm^{-1}
二羟甲基脲	1665，1545，760
二羟甲基亚乙基脲	1680，1480，830，780，750
二羟甲基乙基三嗪酮	1640，1500，810
羟甲基三聚氰胺	1560，1460，805
二羟甲基脲醛	1650，1510，775
二羟甲基氨基甲酸乙酯	1700，1520，750

二、煮练助剂剖析

棉和化纤织物在染色前，需经退浆、煮练、漂白等前处理工序。煮练助剂主要成分是表面活性剂的复配物。某阴离子 / 非离子表面活性剂复配煮练助剂的红外光谱如图 7-4 所示，这是一张混合物的谱图。

用离子交换法分离出阴离子部分，测其红外光谱（图 7-5），可判断为烷基磺酸盐。

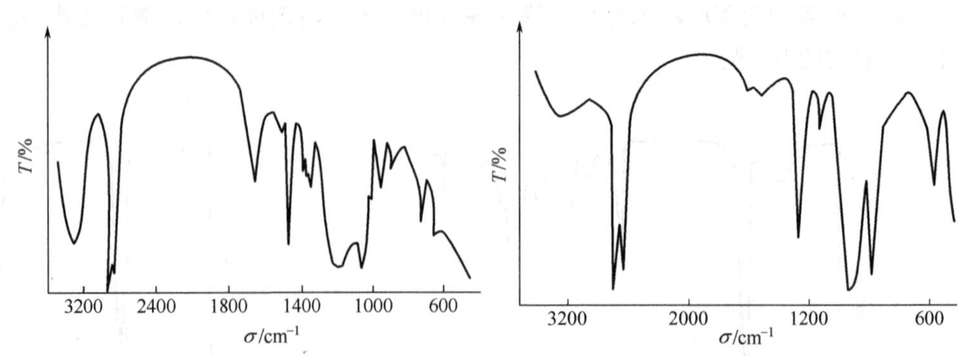

图 7-4　煮练助剂的红外光谱　　**图 7-5**　阴离子部分的红外光谱

分出的非离子部分用硅胶柱色谱分离，依次用不同比例的氯仿 - 乙醚、氯仿 - 丙酮、氯仿 - 甲醇洗脱，极性依次增加。流出液蒸去溶剂，分别涂在盐片上，测其红外光谱，如图 7-6 和图 7-7 所示，它们分别是聚氧乙烯非离子表面活性剂和烷基磷酸酯。

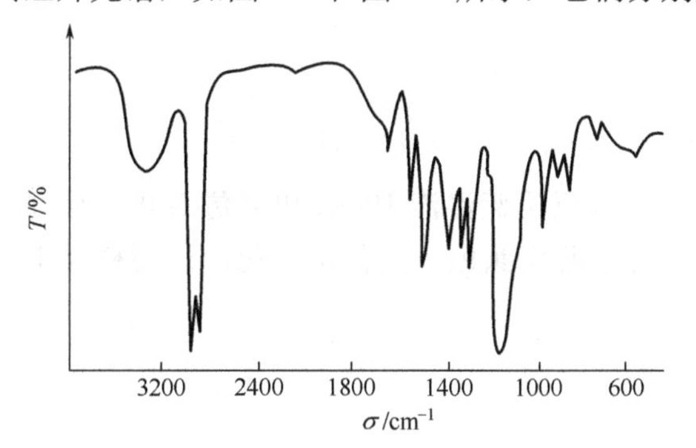

图 7-6 聚氧乙烯非离子表面活性剂的红外光谱

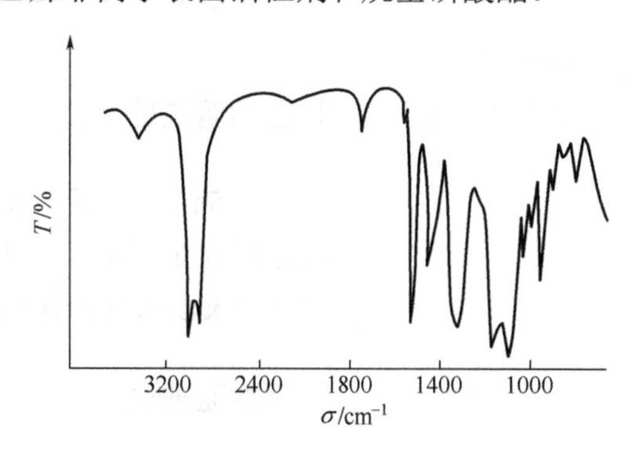

图 7-7 烷基磷酸酯红外光谱

由上述分析可知，该煮练助剂的主要成分为烷基磺酸盐、聚氧乙烯非离子表面活性剂和烷基磷酸酯。

三、染色助剂剖析

匀染剂 SF 是一种新型涤纶高温高压染色助剂，它是一种混合物，其红外光谱如图 7-8 所示。

将匀染剂 SF 减压蒸馏，蒸馏物为无色液体，残余物为黏褐色液体，分别测其红外光谱，与标准谱图对照，知蒸馏液［图 7-9（a）］可能为戊二酸二丁酯，残余物［图 7-9（b）］为脂肪酸聚氧乙烯酯。

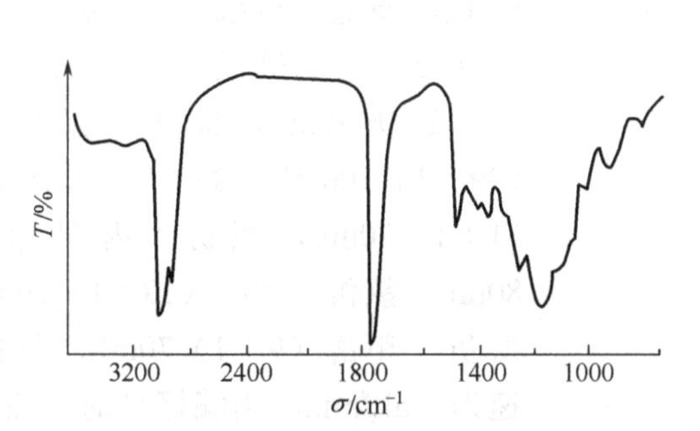

图 7-8 匀染剂 SF 的红外光谱

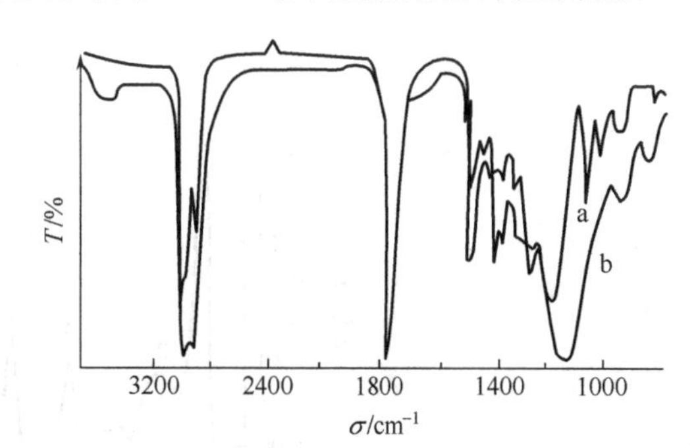

图 7-9 SF 减压蒸馏液（a）和残余物（b）的红外光谱

将 SF 进行气相色谱分析。知减压蒸馏液为戊二酸二丁酯、己二酸二丁酯等同系物的混合物。故匀染剂 SF 是由脂肪酸二酯与乳化剂脂肪酸聚氧乙烯酯组成。

四、纺织助剂剖析实例——氨基硅油柔软剂的剖析

柔软剂是纺织印染加工中提高产品质量、增加附加值必不可少的一种重要后整理剂。我国柔软剂大多为表面活性剂类，反应型活性柔软剂数量不多，有机硅柔软剂虽有一些，但质量不高。有机硅具有润滑性、柔软性、疏水性和成膜性好等突出优点，加上合成这类材料无毒，无环境污染，成本也不高，是目前使用最多的柔软剂。20 世纪 70 年代后期，国外开始研究和开发新一代有机硅柔软剂，即改性聚硅氧烷，纺织上称为超级柔软剂。通过氨基改性，活性基团能与棉、麻、丝、毛等天然纤维织物和涤纶、尼龙等化纤及其混纺织物更强地结合，使织物滑爽、透气、丰满，具有超级柔软的手感，化纤织物达到仿毛、仿丝、仿绸、仿麻和仿鹿皮等仿真效果。氨基硅油必须用表面活性剂乳化制成微乳液，才能透入纤维和织物内部，形成永久性膜，经久耐洗。建立氨基硅油柔软剂的剖析方法，不仅可以监督检验产品质量，还可以开发研制新型的氨基硅油乳化剂。李立平等[7]对氨基硅油柔软剂BC-610进行了较系统的剖析。

（一）离子类型鉴定

1. 亚甲蓝试验

在 5mL 1% 试样水溶液中，加入亚甲蓝溶液 10mL 和氯仿 5mL，将混合液剧烈振摇 2～3s 后，静置分层，观察两层颜色。氯仿层无色，说明样品中没有阴离子表面活性剂存在。

2. 溴酚蓝试验

将 1% 试样水溶液调节 pH 值至 7，加 2～5 滴试样溶液于 10mL 溴酚蓝试剂中，观察颜色。在溴酚蓝试验中，溶液颜色没有变化，说明样品中没有阳离子表面活性剂存在。

通过上述两个试验，可判定氨基硅油柔软剂 BC-610 为非离子型表面活性剂。

（二）组分的柱色谱分离

将 10g 硅胶于 100℃活化 2h。以石油醚为溶剂，100mL 碱式滴定管为色谱柱，湿法装柱。称取待分析样品 0.5g，加到硅胶顶部，洗脱顺序为：氯仿 70mL，氯仿：无水乙醚（99：1）100mL，氯仿：无水乙醚（1：1）70mL，氯仿：丙酮（1：1）80mL，氯仿：甲醇（19：1）100mL，氯仿：甲醇（9：1）70mL。保持流速为 1mL/min，用编好号的小烧杯依次收集洗脱液，每 10mL 一份，除去溶剂，将残留物称量。以烧杯编号为横坐标，烧杯中残留物的质量为纵坐标，作柱色谱流出曲线（图 7-10）。

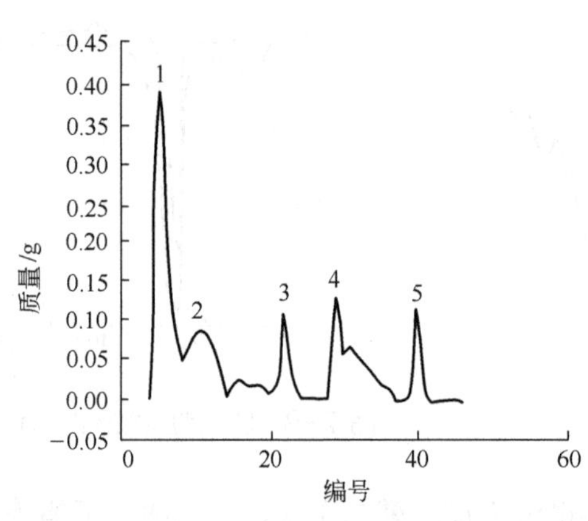

图 7-10 柱色谱流出曲线

（三）组分的结构鉴定

取 1、2、3、4、5 峰顶对应编号的烧杯中的残留物做红外光谱（图 7-11）。图 7-11 中（a）为峰 1 样品的红外光谱，C—O—C 的伸缩振动峰在 $1120cm^{-1}$ 处，为典型的聚氧乙烯脂肪醇醚；图（b）为峰 2 样品的红外光谱，除 $1120cm^{-1}$ 峰外，$1725cm^{-1}$ 酯羰基的吸收峰为一个较弱的吸收峰，由于 C═O 的伸缩振动具有较强的偶极矩变化，在一般化合物中 $1725cm^{-1}$ 为一个强吸收峰，由此可以认为，由于色谱柱较低的塔板数，分离不完全，该峰为脂肪醇聚氧乙烯醚和脂肪酸聚氧乙烯酯的混合物；峰 3、峰 4 样品对应的红外光谱除 $1725cm^{-1}$ 处峰的强度逐渐增加外，与图 b 无明显差异，这也进一步证明了图（b）为聚氧乙烯脂肪醇醚和聚氧乙烯脂肪酸酯的混合物；图（c）为峰 5 样品的红外光谱，为典型的聚氧乙烯脂肪酸酯。由此可知，BC-610 氨基硅油乳化剂是由聚氧乙烯脂肪醇醚和聚氧乙烯脂肪酸酯组成。

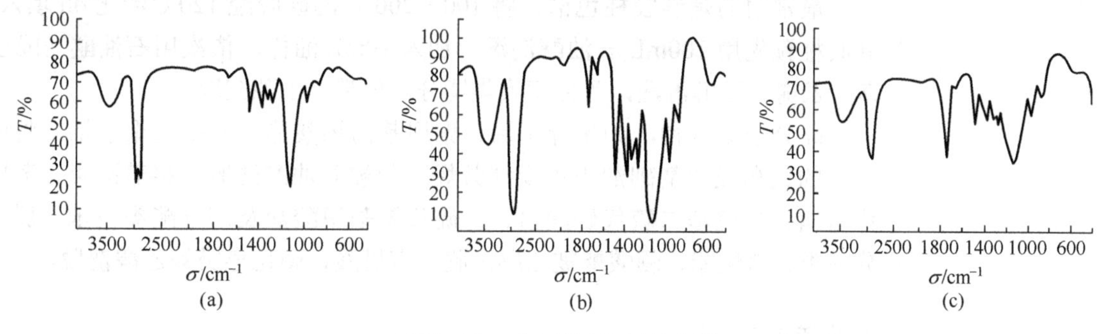

图 7-11 对应编号的红外光谱

第二节 石油制品中添加剂的剖析

石油制品是现代交通、运输及机械传动系统的重要能源，各种添加剂则是改进石油制品性能的重要成分。石油制品中添加剂的剖析，已成为现代能源材料中重要的研究领域之一。

一、石油制品中添加剂的分离、纯化及结构鉴定

石油制品中添加剂的含量通常只有百分之几到千分之几，分析时必须先除去基础油等主体组分，将添加剂浓缩后再分离纯化。常用的分离富集方法有溶剂萃取法、液相色谱法、膜渗析法等。

1. 溶剂萃取法

直接使用极性溶剂萃取油品中的添加剂，由于分层困难和提取效率低，使用较少。一种较好的萃取方法是把油品拌入硅胶（130℃活化 4h，1g 油品 /40g 硅胶）放入 40mm×15mm 纸袋中，置于脂肪提取器中，用石油醚加热回流 4h，萃取硅胶吸附的油品中的基础油；再用苯萃取回流 4h，基本上可将基础油除去。然后用甲醇萃取 4h，各种添加剂浓集在甲醇提取液中，蒸发除去甲醇，可得各种添加剂的混合物，再用色谱法作进一步分离纯化。

用乙二醇作萃取剂，可萃取矿物油中的抑制剂，然后进行紫外光谱鉴定。由于乙二醇也能萃取低分子芳烃，因而对于较轻的油，如锭子油不适用。萃取的方法是 40mL 油（如润滑油）加入 10mL 乙二醇，放在分液漏斗中，在振荡机上振摇 30min，然后静置分层，取乙二醇层测定紫外光谱，结果见表 7-3。

表 7-3 紫外光谱法测定润滑油中的添加剂

油品	萃取剂	鉴定出的添加剂	油品	萃取剂	鉴定出的添加剂
合成机油	乙二醇	苯基，α- 萘胺	矿物油	乙二醇	苯基，α- 萘胺
透平油	乙二醇	2，4- 二甲基 -6- 叔丁酚	合成酯油	乙醇	苯基，α- 萘胺，酚噻嗪

2. 柱色谱法

最常用的是硅胶柱色谱，将 100～200 目的硅胶经 120℃活化 4h 填入柱中，硅胶柱预先用 100mL 石油醚润湿，加入 10mL 油样，依次用石油醚（或己烷）、苯、乙醚、乙醇淋洗，等体积收集馏分，色带可单独截取。

高分子聚合物，如聚异丁烯、聚甲基丙烯酸酯、硫磷化聚丁烯，将同基础油中的饱和烃和基础油中的少许芳烃一起被石油醚洗脱；接着酚类、芳胺、氯化石蜡、二烷基二硫代磷酸盐、二硫代氨基甲酸盐及部分酯类被苯洗脱；大部分酯类、磷酸酯、硼酸酯被乙醚洗脱；有机酸、磺化皂类被乙醇洗脱。

3. 膜渗析法

膜渗析法主要用于分离添加剂或基础油中的高聚物或浮游剂（又称清净分散剂，具有清洁、抗氧、破乳、增溶和防锈等作用）。常用的薄膜有橡皮指套，将试样装入套中，加入适量的石油醚，将套口缚在一段玻璃管上以便与大气连通，将套浸入有多量石油醚的容器中，渗析数小时后将套中的渗余物和套外的渗出物分别蒸除溶剂，然后分别测其红外光谱。

渗透效率不仅取决于薄膜的材料，而且还取决于渗透分子的分子量，一般分子量小于 2000 的易通过膜，而分子量在 10000 的则难通过膜，所以渗析法易将高分子聚合物与低分子化合物分离开。

一般磺酸盐、聚碳酸盐以及高聚物聚甲基丙烯酸酯，含硼聚异丁烯、聚异丁烯，硫磷化聚丁烯、聚酰胺、聚酯等均不能渗析或渗析很慢，而二硫代甲氨酸锌、二烷基二硫代磷酸锌、低分子量酯类、酚类、磷酸酯和硼酸酯等容易渗析。

需注意的是，指套系乳胶制品，在溶剂中浸泡很容易变脆，所以渗析时间不能超过 1h，而且不能重复使用。

4. 结构鉴定

石油制品添加剂的结构种类繁多，如抗氧剂、抗蚀剂、降凝剂、黏度改进剂、抗磨剂、清净分散剂和极压剂（在高温高压的边界润滑条件下能与金属表面起化学反应生成化学反应膜，起到润滑作用）等，如此种类繁多的添加剂，包括了有机、无机、高分子等多种物质，其分离和结构分析涉及多种分析方法。无机元素分析可用原子光谱法；元素的价态、相态分析可用电子能谱、X 射线衍射法等；有机组分结构分析可用波谱法。

概念检查 7.1

○ 石油制品中添加剂的剖析为什么必须先除去基础油？如何除去基础油？如何获得各添加剂纯品？

二、石油制品中添加剂的剖析实例——润滑油黏度指数改进剂的剖析

润滑油黏度指数改进剂是改善润滑油黏温性能的添加剂，一般为油溶性链状高分子化合物。不同用途的润滑油黏度指数改进剂，其化学组成、分子量分布以及分子链的序列分布等都会对整个高分子化合物物理性质和化学性质产生较大影响。因此，润滑油黏度指数改进剂的化学组成、结构表征及分子链序列的确定对指导润滑油黏度指数改进剂的合成及合理使用均很重要。

本实验室[8,9]对长城润滑油公司提供的润滑油黏度指数改进剂进行了剖析，采用红外光谱、紫外光谱、^{1}H-NMR、凝胶渗透色谱和热重法定性，并用^{13}C-NMR 谱确定其主要序列结构。

（一）初步试验及样品纯化

1. 初步试验

未知黏度指数改进剂为白色絮状固体，熔程 170～210℃，能在火焰中燃烧（不太易点燃），离开火焰后继续燃烧，火焰明亮，但冒浓烟，且略带甜味，由此推断其可能含有苯环。

2. 样品的纯化

取未知黏度指数改进剂 0.15g，用 5mL 四氯化碳溶解，加入 30mL 无水乙醇使高聚物沉淀，重复此过程 2～3 次，然后取出沉淀于 60～70℃下烘干脱去残余乙醇，得到纯化产物。

（二）样品的分析方法

1. 红外光谱法

用四氯化碳溶解纯化产物，KBr 涂膜，测其红外光谱。

2. 紫外光谱法

用四氯化碳溶解纯化产物，测其于 200～400nm 区间的紫外吸收光谱。

3. 热重法

纯化产物质量为 10mg，升温速率 10℃ /min，起始温度 20℃，终止温度 700℃，空气氛围。

4. 核磁共振光谱法

用氘代氯仿溶解纯化产物，测其 ^{1}H-NMR 和 ^{13}C-NMR 谱。^{13}C-NMR 谱为反转门控去偶条件下测定，扫描频率 150.92MHz，脉冲角 30°，脉冲重复时间 6.00s，累加次数 8192 次，测试温度 298K。

5. 凝胶渗透色谱法

流动相为四氢呋喃，流速为 1mL/min，测定温度为 30℃，标准样品为聚苯乙烯。

（三）样品的定性分析

纯化后聚合物样品的 FTIR、^{1}H-NMR、UV、TG 和 GPC 谱，分别如图 7-12～图 7-16 所示。

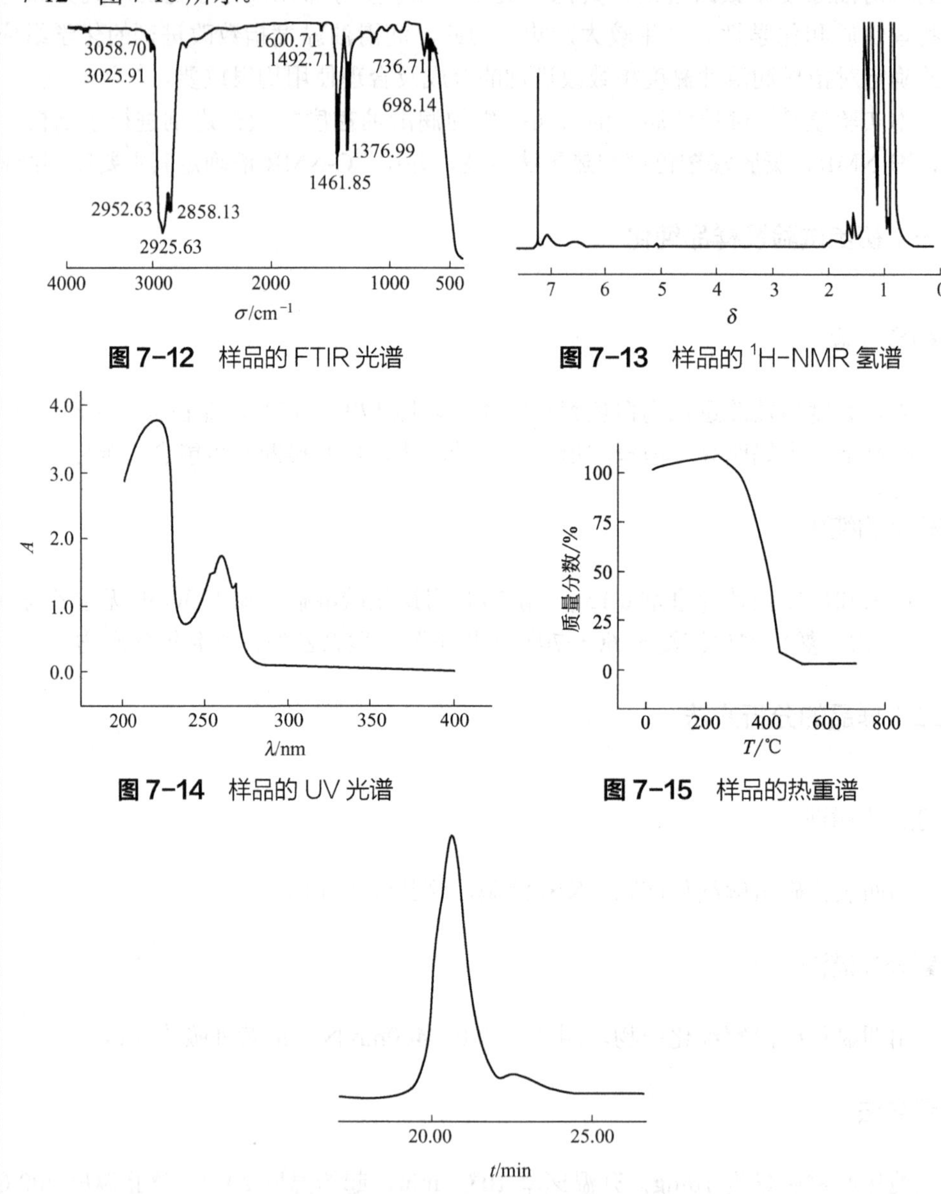

图 7-12 样品的 FTIR 光谱

图 7-13 样品的 ^{1}H-NMR 氢谱

图 7-14 样品的 UV 光谱

图 7-15 样品的热重谱

图 7-16 样品的分子量分布

在图 7-12 的红外光谱中，2952.63cm^{-1}、2925.63cm^{-1}、2858.13cm^{-1}、1461.85cm^{-1}和 1376.99cm^{-1} 为甲基和亚甲基的特征吸收峰，查红外标准谱图，知该黏度指数改进剂含有乙丙共聚物。此外，图中 3025.91cm^{-1}、3058.70cm^{-1}、1600.71cm^{-1} 和 1492.71cm^{-1} 处的吸收峰表明苯环的存在，736.71cm^{-1} 和 698.14cm^{-1} 则显示出苯环为单取代结构，这些是聚苯乙烯的特征吸收峰。综合分析，可以发现样品的红外谱图中即有乙丙共聚物的谱图特征，又有聚苯乙烯的特征吸收，其形状类似于乙丙共聚物谱图与聚苯乙烯谱图的叠加。由此推断，样品可能为乙丙共聚物和聚苯乙烯的共混物或共聚物，还需进一步确认。但从谱图中各峰的强度观察，苯环吸收峰的吸收强度远远小于乙丙共聚物相关峰的吸收强度，这说明样品中聚苯乙烯的含量要比乙丙共聚物的含量小得多。

在图 7-13 的 ^{1}H-NMR 谱中，δ0.795～0.836 为乙丙共聚物中 CH_3 质子的吸收峰，δ1.048～1.564 为乙丙共聚物中 CH 和 CH_2 质子的吸收峰，δ1.663～1.903 为聚苯乙烯中 CH 和 CH_2 质子的吸收峰，δ5.084 为残余不饱和双键上质子的吸收峰，δ6.559 为单取代苯环间位质子的吸收峰，δ7.071 为单取代苯环邻、对位质子的吸收峰，δ7.248 为溶剂峰。^{1}H-NMR 谱进一步证实该聚合物样品含有乙丙共聚物和聚苯乙烯。

在图 7-14 的紫外吸收光谱中，在 200～400nm 区间出现两个吸收带，220.50nm 处有一较强吸收带，为苯环的 E_2 带，230～270nm 处的系列吸收带，为苯环的 B 带，据此可判断样品中含有聚苯乙烯。

在图 7-15 的热重谱中，出现了两个组分的失重，表明了样品的共混行为。其中，第一次失重为乙丙共聚物所致，第二次失重为聚苯乙烯所致。根据两次失重的质量分数同样可以发现样品中聚苯乙烯的相对含量很少。

在图 7-16 的分子量分布图中，出现了两个峰，进一步表明了样品的共混行为，第一个大峰代表乙丙共聚物的分子量分布；第二个小峰代表聚苯乙烯的分子量分布。比较两个峰面积的大小，同样可以得出样品中聚苯乙烯相对含量很少的结论。

由 FTIR、^{1}H-NMR、UV、TG 和 GPC 的综合分析，可发现 5 者相互支持，互不矛盾，由此可确定该样品为乙丙共聚物和聚苯乙烯的共混物。

（四）乙丙共聚物和聚苯乙烯共混物的主要序列结构分析

图 7-17 为乙丙共聚物 - 聚苯乙烯共混物的反转门控去偶核磁共振碳谱，图中的 S、T 和 P 分别表示二级（CH_2）、三级（CH）和一级（CH_3）碳原子，用两个希腊字母作为下标表示所考虑的碳原子距共聚物分子链两端最近的支链（三级）碳原子的距离 [10]。例如，$S_{\alpha\gamma}$ 表示一个二级碳原子到一个三级碳原子的距离为 α 而到另一个三级碳原子的距离为 γ。此外，T_s 表示和苯环相连的三级碳原子，S_s 表示聚苯乙烯分子中的二级碳原子；C_1～C_6 分别表示苯环上不同位置的碳原子。根据图 7-17 反转门控去偶核磁共振碳谱，可以对乙丙共聚物 - 聚苯乙烯共混物分子内部可能出现的序列结构进行定性和定量分析（表 7-4）。另外，在反转门控去偶核磁共振碳谱内，不同位置碳原子的积分面积具有相关性，通过定量分析可以进一步对核磁共振碳谱中碳原子的归属进行指认，这种相关性分析避免了繁琐的理论计算 [10,11]，可以简便地得到

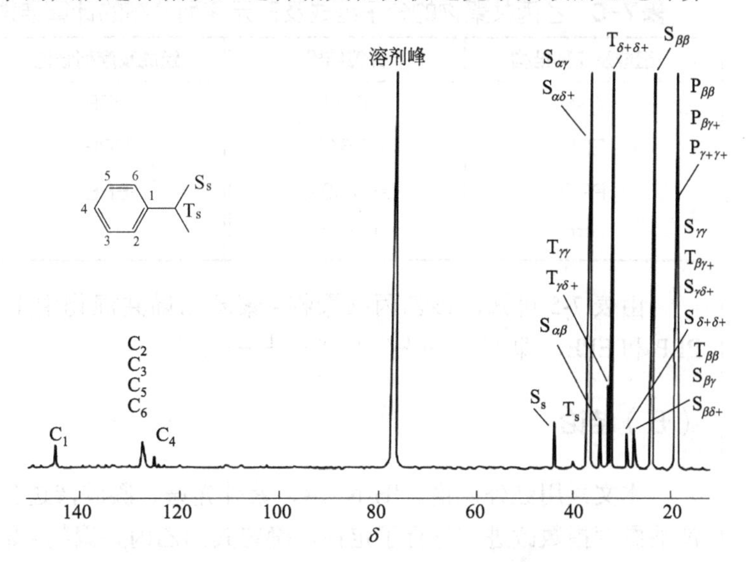

图 7-17　样品的核磁共振碳谱（反转门控去偶）

乙丙共聚物 - 聚苯乙烯共混物分子内部主要存在的序列结构。

表7-4　样品核磁共振碳谱的归属、序列结构和积分面积

δ	所属基团	序列结构	积分面积
19.556～19.775	$P_{\beta\beta}$，$P_{\beta\gamma+}$，$P_{\gamma+\gamma+}$	└└└，└└—，└┘—└，——└——，└┘——，┘—└——	21.84
24.473	$S_{\beta\beta}$	└—└	18.34
27.790	$T_{\beta\beta}$，$S_{\beta\gamma}$，$S_{\beta\delta+}$	└└└，└———，┘——└，└—┘	2.56
29.161～29.375	$S_{\gamma\gamma}$，$T_{\beta\gamma+}$，$S_{\gamma\delta+}$，$S_{\delta+\delta+}$	└——，—————，└——└，└└—，└└┘	1.40
32.778	$T_{\delta+\delta+}$	—└—└，——└——	18.17
33.214	$T_{\gamma\gamma}$，$T_{\gamma\delta+}$	└┘—└，└┘——，┘—└——，└—└┘	3.07
34.937～35.168	$S_{\alpha\beta}$	└┘，┘—└	2.65
37.375～37.509	$S_{\alpha\gamma}$，$S_{\alpha\delta+}$	└—└，└———，└—┘，┘——└	40.10
40.494	T_s	等规聚苯乙烯	1.03
44.285	S_s		
125.60	C_4		1.00
127.63～127.93	C_2，C_3，C_5，C_6		4.69
145.41	C_1		1.09

注："└"和"┘"代表丙烯基（P），"—"代表乙烯基（E）。例如，"└——"表示"PEE"结构[12]。

此外，根据 Hansen 等[13]给出的公式对该乙丙共聚物 - 聚苯乙烯共混物中乙丙共聚物的分子组成及三元序列分布进行计算，计算结果见表 7-5。

表7-5　乙丙共聚物的分子组成及三元序列分布的计算结果

组成及序列结构	计算结果	组成及序列结构	计算结果
n_E/n_P	0.98	PEE	5.99%
EPE	42.51%	PPE	8.59%
PPP	≈ 0.00%	EEE	≈ 0.00%
PEP	42.91%		

由表 7-5 可知，该乙丙共聚物 - 聚苯乙烯共混物中主要的三元序列结构为 PEP 和 EPE，即"└—└"和"—└—"。

（五）结论

本文采用红外光谱、^{1}H-NMR、紫外光谱、凝胶渗透色谱和热重法对未知润滑油黏度指数改进剂进行了定性，确定其为乙丙共聚物 - 聚苯乙烯共混物；用反

转门控 ^{13}C-NMR 谱确定了乙丙共聚物 - 聚苯乙烯共混物中，乙丙共聚物主要的三元序列结构为“└—└”和“—└—”，主要的四元序列结构为“—└—└”；聚苯乙烯主要存在形态为等规聚苯乙烯。

第三节 进口车蜡的剖析

近年来，随着我国汽车工业的迅速发展，车用化学品正逐渐成为当今化学工业的重点发展方向之一，车蜡作为各种车辆的车身清洁、上光保养的必需品，市场需求量较大。现在市面上出售的车蜡分为固蜡、水蜡（外观为可流动的膏状物）、溶液蜡和喷雾蜡，其中以进口的产品质量较好，且较畅销。为了更好地借鉴国外的先进技术，尽快缩小我国汽车化学品与发达国家的差距，有必要对进口车蜡进行剖析。

周添国 [14] 剖析的是一种水蜡，通常含有蜡、硅油、溶剂、水等成分，还可能有磨料，是一种由水相与油相、固相与液相混合组成的复杂体系，分离难度较大。通过采用蒸馏、萃取、化学反应等方法将样品的各个组分分离出来，然后用红外光谱法逐一鉴定，取得了较为满意的结果。

首先，按如图 7-18 所示的剖析程序，将样品分成不挥发物和可挥发物两大部分，然后再分别进行分离和鉴定。

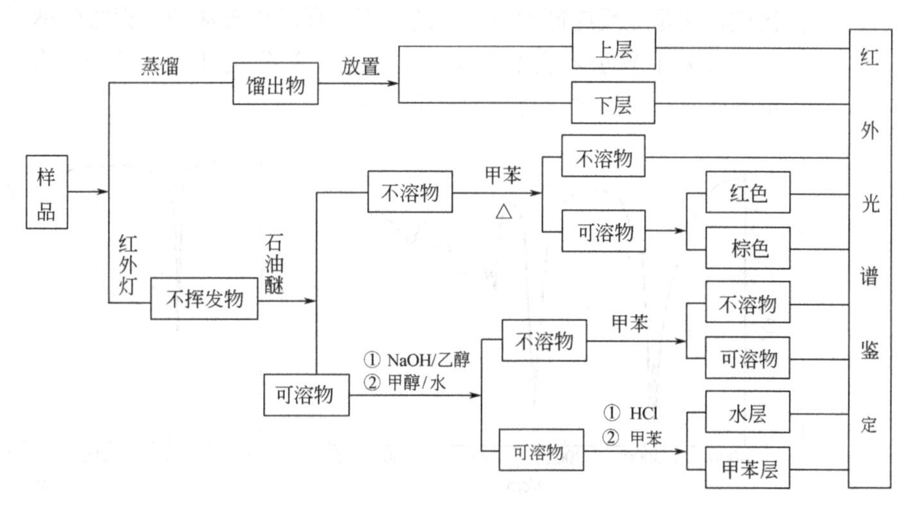

图 7-18 进口车蜡的剖析程序

一、不挥发物的分离及结构鉴定

样品在红外灯下加热即得不挥发物，估计里面含有蜡、硅油、无机磨料等成分。用压片法测其红外光谱（图 7-19），从图 7-19 中可看出含有如下物质：二氧化硅（1100cm^{-1} 和 480cm^{-1}）、聚二甲基硅氧烷（简称硅油，1260cm^{-1} 和 800cm^{-1}）。此外还可看出的基团有：羧羰基（1700cm^{-1}）、甲基（2960cm^{-1}）和亚甲基（2900cm^{-1} 和 2850cm^{-1}）。为了将硅油分离出来，采用对硅油溶解较好而对其他有机物溶解性较差的石油醚进行萃取。

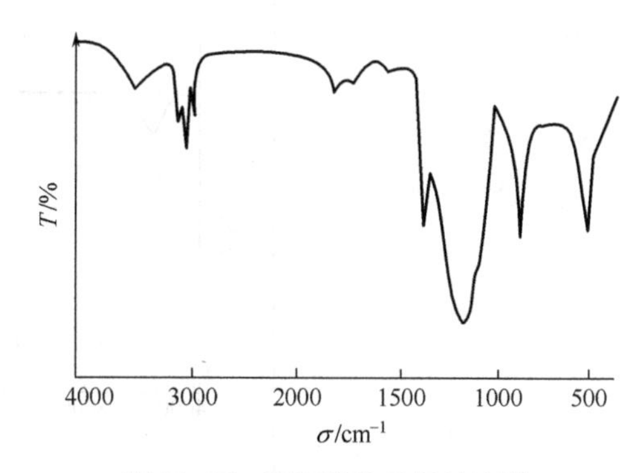

图 7-19 不挥发物的红外光谱

1. 石油醚可溶物

从红外光谱可推测为硅油与长碳链羧酸的混合物，但硅油的吸收峰干扰了羧酸的鉴定，因此必须将两者分离开。曾尝试用其他溶剂萃取以及柱色谱等方法，但分离效果都不好，为此采取下述化学反应法：加入 NaOH 乙醇溶液，使羧酸成为羧酸钠，而硅油不发生反应，烘干后用甲醇水溶液（4∶1）萃取出钠盐。若用水萃取，硅油会乳化，而无法分开；若用甲醇萃取，则有部分硅油也被萃取出来。

（1）甲醇水溶液可溶物　于红外灯下烘干，加 HCl 酸化至 pH 值为 3，使羧酸钠变回羧酸，然后加入甲苯将其萃取出来。

① 甲苯可溶物　烘干后为黄色黏稠液体，用涂膜法测其红外光谱（图 7-20），经与标准谱图对照，可确定是油酸。各吸收峰的解析如下：3200～2500cm^{-1} 是羧酸中二聚体中羟基的伸缩振动峰；1700cm^{-1} 是 C═O 伸缩振动峰；940cm^{-1} 是羧酸二聚体—OH 的面外变形振动峰；2920cm^{-1}、2850cm^{-1} 和 1460cm^{-1} 分别是 CH_2 伸缩振动和面内变形振动峰；720cm^{-1} 是长碳链$(CH_2)_n$ 面内摇摆振动峰。

② 甲苯不溶物　烘干后为白色固体，用压片　法测其红外光谱，除水峰外没有其他吸收，估计是卤化物，再根据上面的处理步骤，不难判断这一组分是氯化钠，它是在反应过程中产生的，不是样品原有成分（因氯化钠不溶于石油醚）。

（2）甲醇水溶液不溶物　估计这一部分是硅油，可能还含有之前加入的过量 NaOH，可用甲苯将硅油萃取出来。

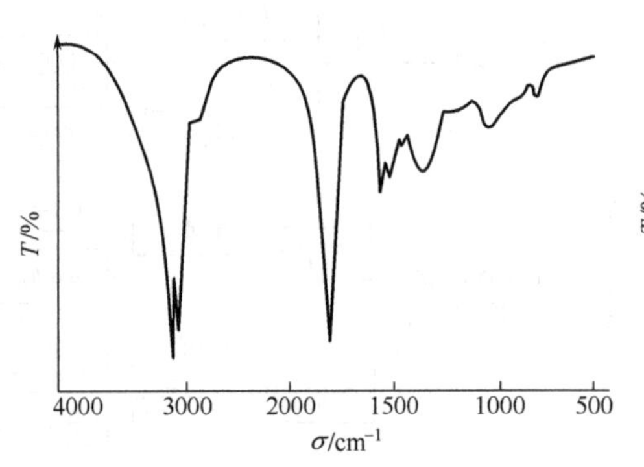

图 7-20　甲苯可溶物的红外光谱 1

图 7-21　甲苯可溶物的红外光谱 2

① 甲苯可溶物　烘干得一白色猪油状固体，用涂膜法测其红外光谱（图 7-21），经与标准谱图对照，可确定是聚二甲基硅氧烷。主要的吸收峰解析如下：1100～1000cm^{-1} 的强宽双峰为 Si—O—Si 伸缩振动；860cm^{-1} 和 800cm^{-1} 是 Si—CH_3 伸缩振动和 CH_3 面内摇摆振动峰；2950cm^{-1}、1410cm^{-1} 和 1260cm^{-1} 分别是与硅相连的 CH_3 的伸缩振动、反对称变形振动和对称变形振动峰。

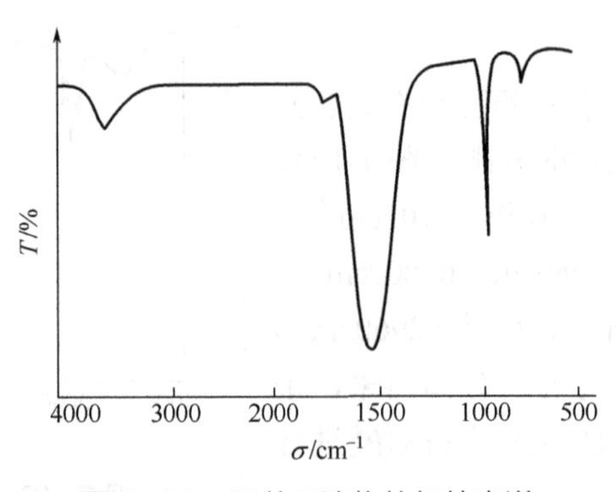

图 7-22　甲苯不溶物的红外光谱

② 甲苯不溶物　烘干后为白色固体，用压片法测其红外光谱（图 7-22），

与标准谱图对照，可确定是碳酸钠，这也是在分离反应中产生的，不是样品的原有成分（因碳酸钠也不溶于石油醚，其产生原因是加入的过量 NaOH 吸收空气中的 CO_2 而变成 Na_2CO_3）。

2. 石油醚不溶物

估计这一部分为蜡及无机磨料，因此可以用热甲苯将蜡萃取出来。

（1）甲苯可溶物　烘干后为棕色蜡状固体，且其中有一小点红色固体，小心把这红色固体取出。

① 棕色蜡状物　用涂膜法测其红外光谱，如图 7-23 所示。

图 7-23 中，3200～2500cm^{-1} 的宽峰及 1700cm^{-1} 的强峰表明含有羧基；1730cm^{-1} 的肩峰及 1170cm^{-1} 表示含有酯基；2910cm^{-1}、2850cm^{-1} 和 1460cm^{-1} 峰表示含有 CH_2；720cm^{-1} 和 730cm^{-1} 的双峰表明是结晶状态的长碳链物质，由此可推断这一组分是含有较多羧基和酯基的氧化蜡，与标准谱图对照，表明为高度氧化的费 - 托蜡。

② 红色固体　用压片法测其红外光谱（图 7-24），经谱图比较可知，有一部分仍是氧化蜡，此外，1650cm^{-1}、1540cm^{-1}、1500cm^{-1}、1360cm^{-1}、1330cm^{-1}、1240cm^{-1} 和 900cm^{-1} 处的 7 个吸收峰，与标准谱图对照，可确定是联苯胺橙。

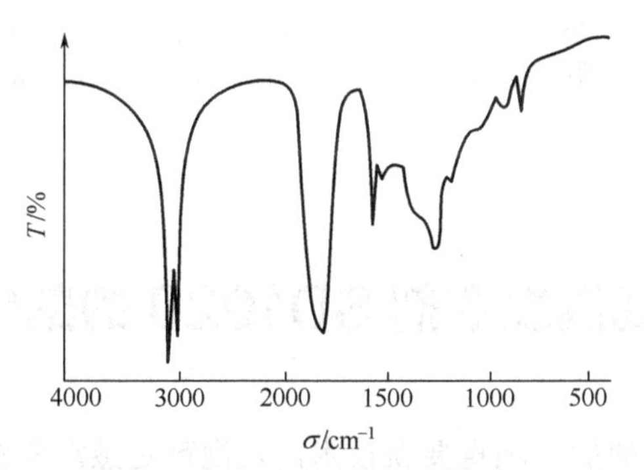

图 7-23　棕色蜡状物的红外光谱

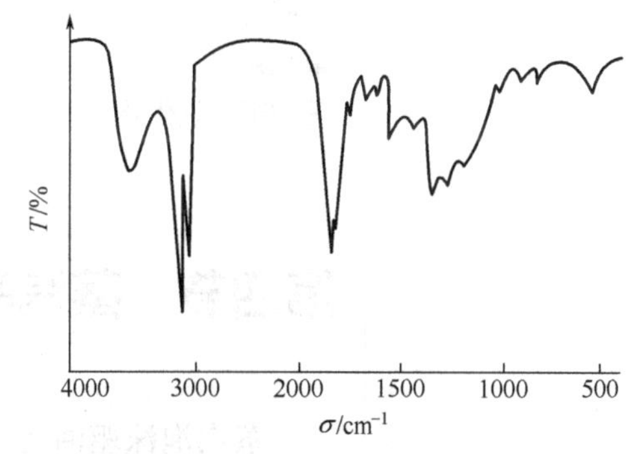

图 7-24　红色固体的红外光谱

（2）甲苯不溶物　烘干后为白色粉末，用压片法测其红外光谱（图 7-25），与标准谱图对照，可确定是无定形二氧化硅。

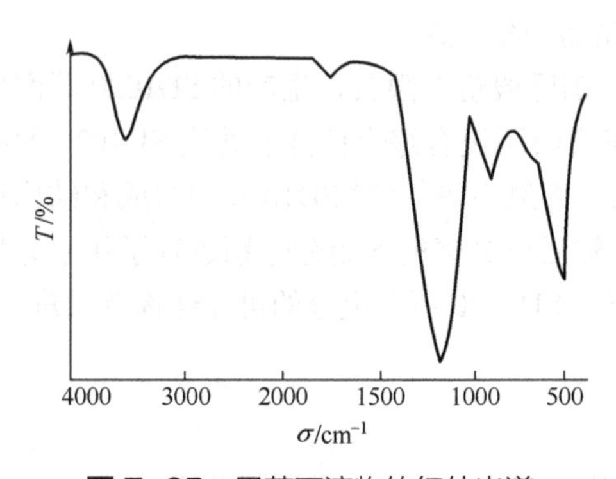

图 7-25　甲苯不溶物的红外光谱

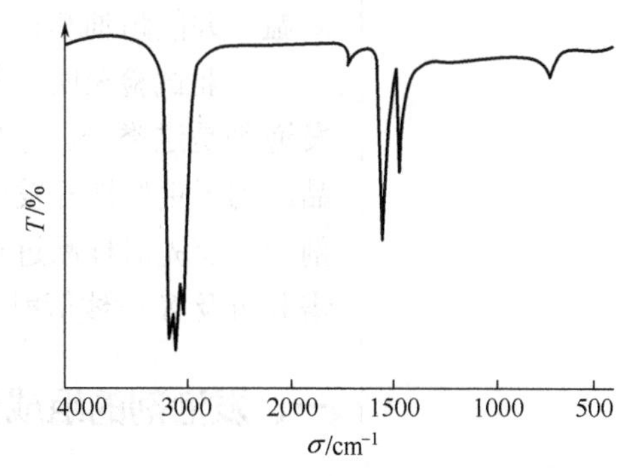

图 7-26　蒸出物上层的红外光谱

二、可挥发物的分离及结构鉴定

用常压蒸馏法即可将样品中的溶剂蒸出，蒸出物静置后分为两层，用分液漏斗将其分开。

1. 蒸出物上层

测其红外光谱（图 7-26），2960cm^{-1} 和 2870cm^{-1} 是 CH_3 伸缩振动峰；2920cm^{-1} 和 2870cm^{-1} 是 CH_2 伸缩振动峰；1460cm^{-1}、1380cm^{-1} 是 CH_3 和 CH_2 面内变形振动峰，上述吸收峰表明这一组分主要是饱和脂肪烃。而 1600cm^{-1} 是苯环骨架振动；800～700cm^{-1} 是 Ar—H 面外变形振动，它说明除了脂肪烃外，还有少量芳香烃。

2. 蒸出物下层

经红外光谱测定，可知是水。

三、剖析结果

取适量样品，按图 7-18 所示剖析程序分离出各个组分，用红外光谱法定性，质量法定量，可得如下剖析结果：

聚二甲基硅氧烷	4%	饱和脂肪烃溶剂（含少量芳烃）	45%
油酸	1%	水	35%
氧化蜡	2%	联苯胺橙	微量
无定形二氧化硅	13%		

第四节　蒸汽驱油用高温发泡剂 SD1020 的剖析

蒸汽泡沫驱油是热力开采稠油的一项重要新技术，发泡剂是蒸汽驱油中必不可少的化学剂。将它与蒸汽或非凝结气体及盐水混合注入油层，可形成蒸汽泡沫。使用这一技术可控制蒸汽窜流，克服重力超复，减少黏滞指进，降低蒸汽流度，调整注汽剖面，提高重油采收率。蒸汽驱油用的发泡剂要经受蒸汽的高温，并能耐油和盐，一般发泡剂能用的不多。

工业试验表明，美国 CHASER 国际股份有限公司生产的 SD1020 蒸汽驱油用发泡剂是这类产品中的最佳者，在我国还没有综合性能能达到 SD1020 的同类产品。为了更好地开发应用这类产品，周风山等[15] 对 SD1020 的组成和结构进行了剖析。首先对样品进行分离提纯，然后对分离的各组分分别进行了化学分析、波谱分析及 X 射线衍射分析等，推断出 SD1020 所含组分的可能结构及质量分数。

一、发泡剂的组成元素

SD1020 发泡剂外观为一浅棕褐色水包油乳液，有效组分为 10%，pH 值 9.5，相对密度 1.01，倾点 9℃。

1. 卤素

将样品蒸干，用无灰滤纸包住样品于较纯的氧气中燃烧（氧瓶法），燃气用

NaOH和H_2O_2溶液吸收，冷却后，用2mol/L的HNO_3酸化，呈明显酸性后，在吸收液中加入$AgNO_3$溶液，无白色AgCl沉淀产生，确定无卤素存在。

2. 硫元素

于上述燃烧法所得吸收液中加入$BaCl_2$溶液，产生白色$BaSO_4$沉淀，确定有硫元素存在。

3. 氮元素

于上述燃烧法所得吸收液中加入奈氏试剂，无红棕色沉淀（无NH_4^+），推测无氮元素存在，后经PE-240元素分析仪测试，证明确实不含氮。

4. 钠元素

于上述燃烧法所得吸收液中加入乙酸铀酰锌试剂，有浅黄色沉淀产生，确定有钠元素存在。

通过以上定性分析，可以确定所分析样品中无卤素和氮元素，除碳氢元素外，还有硫、钠和氧元素。

二、样品的分离与提纯

由于SD1020发泡剂中含有互不相溶的两类组分（水溶性和油溶性），为了避免分析时相互干扰，必须将其分离后再分别对其进行检测和鉴定。

1. 萃取

分别用甲苯、乙酸乙酯及乙酸丁酯对SD1020样品进行萃取分离。只有乙酸丁酯能将油溶性部分萃取出来。

用乙酸丁酯萃取SD1020乳液，乳液分为两层，上层为棕黄色透明液体（酯溶层）。于130℃下蒸去溶剂（乙酸丁酯），得棕黄色黏稠透明液体，温度较低时呈不流动的胶状软固体。下层为极浅黄透明水溶液，将下层于100℃蒸干，得灰白色粉末。

2. 提纯

为了进一步提纯样品，再将上面酯层反复用水洗，使酯层和水层分离（分层时间较长）。蒸去酯层的溶剂（乙酸丁酯），得黄色黏稠胶状体。再用乙酸丁酯萃取下面水层数次，分出水层，蒸干，得白色粉末。经提纯后的样品，纯度进一步提高，外观颜色变浅。

三、样品的定性定量分析

1. 酯层样品

（1）元素定量分析　用PE-240元素分析仪测定碳、氢、氮元素，用日本产C-S联合仪测定碳和硫，酯层组分中各元素含量：C为69.35%、H为11.06%、S为3.89%、O为15.61%（由剩余法得到）及微量Na。

（2）红外光谱分析　用傅里叶变换红外光谱仪测得酯层红外光谱，如图7-27所示，解析见表7-6。

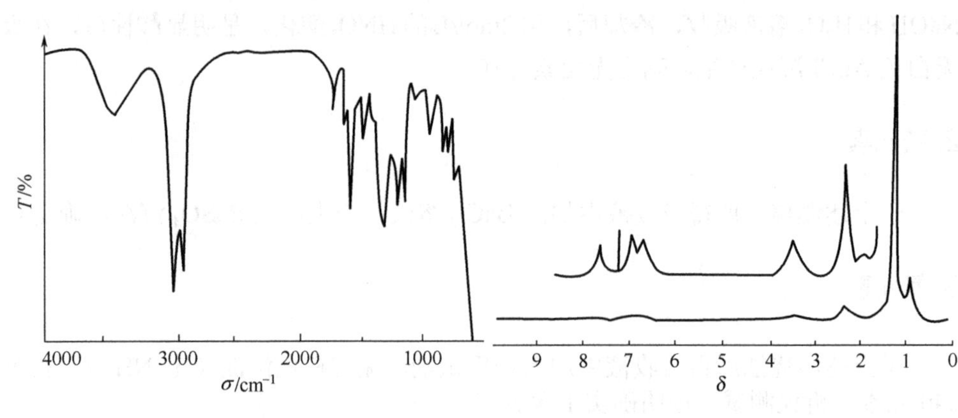

图 7-27　酯层的红外光谱　　　**图 7-28**　酯层的核磁共振氢谱

表7-6　酯层的红外光谱解析结果

特征峰 σ/cm^{-1}	特征官能团	特征峰 σ/cm^{-1}	特征官能团
2940，2854	甲基和亚甲基	1195，1027，1040	磺酸基
1606，1510，1460	苯基	1093	醚键

经解析并对照标准红外谱图，可以确定酯层物质的分子结构大致为：

$$R—O—(CH_2CH_2O)_n—C_6H_3(CH_3)—SO_3Na$$

（3）核磁共振氢谱分析　用 JD-SCY 型核磁共振谱仪测得其核磁共振氢谱，如图 7-28 所示，解析见表 7-7。

表7-7　酯层核磁共振氢谱的解析

化学位移 δ/（10^{-6}）	特征官能团	化学位移 δ/（10^{-6}）	特征官能团
0.87	CH_3—	2.32	苯甲基
1.25	—$(CH_2)_m$—（量较大）	3.51	—$(CH_2CH_2O)_n$—
6.72~7.71	多取代基苯环		

经解析并对照标准核磁谱图可得出，酯层物质为烷氧基聚氧乙烯醚基甲苯磺酸钠，其结构为：

$$R—O—(CH_2CH_2O)_n—C_6H_3(CH_3)—SO_3Na$$

结合前述元素定量分析结果，可确定其中 R 的碳原子数约为 20，n 为 1～3。

由于 R 的碳原子数较大，碳链较长，导致此物质虽含有—SO_3^- 基，但不易溶于水，也不易溶于乙酸乙酯，而易溶于乙酸丁酯。

2. 水层样品

（1）元素定量分析　将水层溶液蒸干进行元素分析，得知 C 为 15.4%、H 为 1.30%、S 为 3.65% 及少量 Na，余量为 O。

将水层用 HCl 酸化，有气泡产生，可能含有 pH 调节剂 Na_2CO_3，此处所测的 C 应为 Na_2CO_3 中的 C。

（2）红外光谱分析　测定水层样品红外光谱（图 7-29），参照 $CaCO_3$ 的标准红外谱图，可以确认水层中含有大量 CO_3^{2-}（1440cm^{-1}、880cm^{-1}、650cm^{-1}），其他成分难以确认。为了消除干扰应将水溶层物质中的 CO_3^{2-} 除去。

在上述水溶液中加入高锰酸钾，溶液紫色褪去，证明此物质中含有双键 $>C=C<$ 。

（3）除 CO_3^{2-}　于水溶液中加入过量 $BaCl_2$ 溶液，有灰黄色沉淀生成，该沉淀可能是 $BaSO_4$、$(R-SO_3)_2Ba$ 或 $(R-COO)_2Ba$。将沉淀过滤，滤液去掉。于沉淀中加入过量 HCl 使其溶解，有 CO_2 气体放出。将不溶于 HCl 的沉淀过滤出来，滤液去掉，将沉淀烘干，再作除去 CO_3^{2-} 后的红外谱图。解析其谱图可知，除去了 CO_3^{2-}，谱图上再无 CO_3^{2-} 吸收峰。参照 $BaSO_4$ 标准红外谱图，可确定水溶层中有 $BaSO_4$（1177cm^{-1}、1119cm^{-1}、1078cm^{-1}、982cm^{-1}、609cm^{-1}）存在。

（4）核磁共振氢谱分析　测定水层固体物质的核磁共振氢谱，如图 7-30 所示，解析见表 7-8。

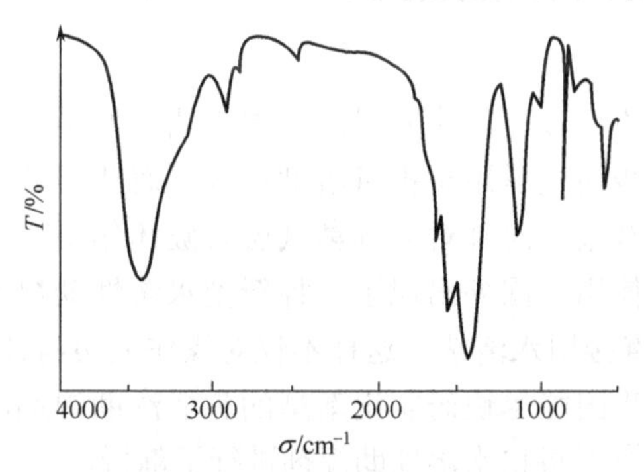

图 7-29　水层样品红外光谱

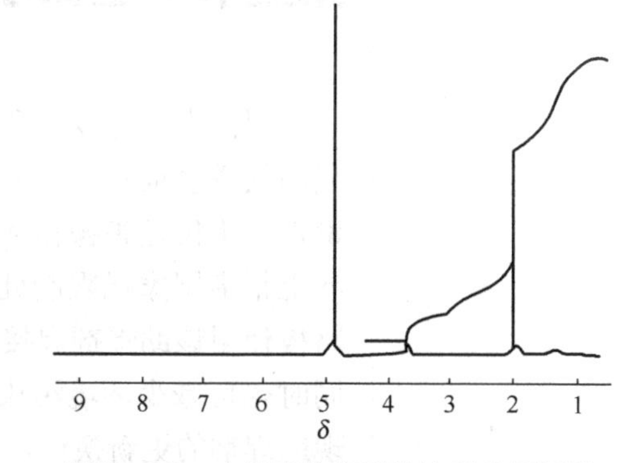

图 7-30　水层固体物质的核磁共振氢谱

表 7-8　核磁共振氢谱解析结果

化学位移（δ）	特征官能团	化学位移（δ）	特征官能团
1.91（单峰）	$H_2C=C<^{CH_3}$	3.69（单峰） 4.9（特大单峰，吸水）	$H_2C=C<$ H_2O

综合上述分析可得出结论，水溶性组分中除 Na_2CO_3 和 Na_2SO_4 外，还有一种组分应为不饱和脂肪酸。由此可以推断水溶性物质中的有机组分可能为甲基丙烯酸钠。

（5）X 射线衍射分析　用自动 X 射线衍射仪对水层固体作 X 射线衍射分析，得知水层样品中确含有 Na_2CO_3 晶体，也含有其他非晶态物质。对于非晶态物质，用这种仪器尚难以准确确定其成分。

四、结论

通过对 SD1020 蒸汽驱油用发泡剂的剖析研究，可得出以下结论。

（1）SD1020 发泡剂是由一种结构特殊的乳化剂及其他多种助剂复配而成。

（2）SD1020 发泡剂中乳化剂的分子结构为：

$$R-O\left(CH_2CH_2O\right)_n-C_6H_3(CH_3)-SO_3Na$$

其中，R 为含碳原子数约 20 的烃基，n 为 1～3 的整数。从结构式可以看出，该乳化剂是一种既含有非水溶性的烃基，又含有水溶性的磺酸基。既含有非离子表面活性剂 $R-O\left(CH_2CH_2O\right)_n$ 基团，又具有阴离子表面活性剂的 $-SO_3^{2-}$ 基团，其结构特殊，空化能力强，乳液十分稳定。

（3）SD1020 发泡剂还含有与之相匹配的多种助剂，如稳定剂、pH 调节剂、增溶剂，即 Na_2CO_3、Na_2SO_4、甲基丙烯酸钠等。

（4）根据对 SD1020 发泡剂各组分的定量分析，其组分大致为主乳化剂（酯溶部分）约占乳液总质量的 8%～9%，助乳化发泡剂（水溶部分）占乳液的 0.5%～1%，其余为水和少量 Na_2CO_3、Na_2SO_4 等助剂。

第五节　进口水溶性助焊剂的剖析

国内电子行业用印刷线路板的焊接已普遍采用波峰焊工艺，如果助焊剂仍采用松香型助焊剂，则焊接后的线路板需用有机氯溶剂清洗，而此类溶剂都有毒性，不仅危害操作人员的身体健康，而且对大气臭氧层有破坏作用，因此世界上很多国家已限制此类溶剂的使用。国外出现了一种新型水溶性助焊剂，线路板使用该助焊剂焊接后，可以直接用水清洗，这样不仅对操作人员身体无害，同时也可减少环境污染。为了使我国能尽快研制出新型的免清洗助焊剂，以实现助焊剂的更新换代，程传格等[16]对进口水溶性助焊剂进行了剖析。

一、样品的分离与鉴定

进口水溶性助焊剂分离和鉴定的工艺流程如图 7-31 所示。

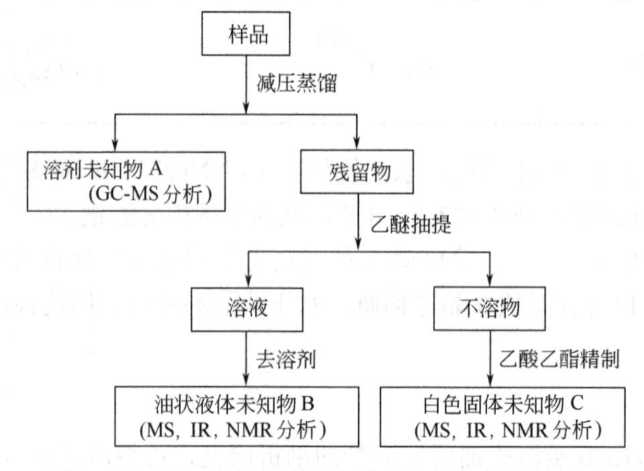

图 7-31　进口水溶性助焊剂分离和鉴定的工艺流程

1. 未知物 A 的分析

将减压蒸馏得到的溶剂进行 GC-MS 分析，其总离子流色谱图和质谱如图 7-32 和图 7-33 所示。

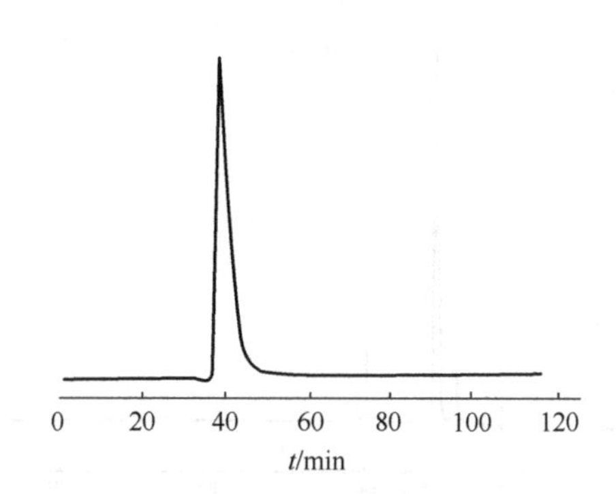

图 7-32 未知物 A 的总离子流色谱图

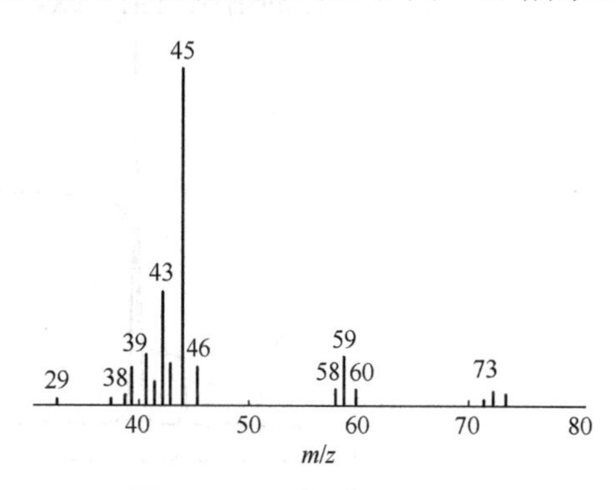

图 7-33 未知物 A 的质谱

从总离子流色谱图可以看出，只有一种溶剂，经谱库检索并与标准谱图对照，知该溶剂为 2-丁醇。

2. 未知物 B 的分析

将分离得到的无色油状液体，分别进行质谱、红外、核磁共振分析，如图 7-34～图 7-37 所示。从质谱图可以看出，存在一个 m/z=45+44n（n=0,1,2,⋯）的系列碎片峰，这是聚氧乙烯醚的特征峰，红外谱图存在—OH（3400cm^{-1}）、醚键（1100cm^{-1}），但无羰基吸收峰，排除了酰胺类聚醚、酯类聚醚的可能性，核磁共振氢谱只有两种峰。δ3.55 为—$(CH_2CH_2O)_n$—中 H 的化学位移；δ4.63 为—OH 氢的化学位移，说明分子中无长脂链存在，也无芳氢，说明无苯环。^{13}C 谱中，δ60.27 为—OCH_2CH_2OH 中与羟基相连碳的化学位移；δ69.49 为中间醚段碳的化学位移；δ71.80 为处于 O 与—CH_2OH 间碳的化学位移；δ77 附近的峰为溶剂 $CDCl_3$ 的峰，这样排除了烷基酚聚醚和长链脂肪醇聚醚的可能，综合上述三种谱，可以确定未知物 B 为聚乙二醇醚。

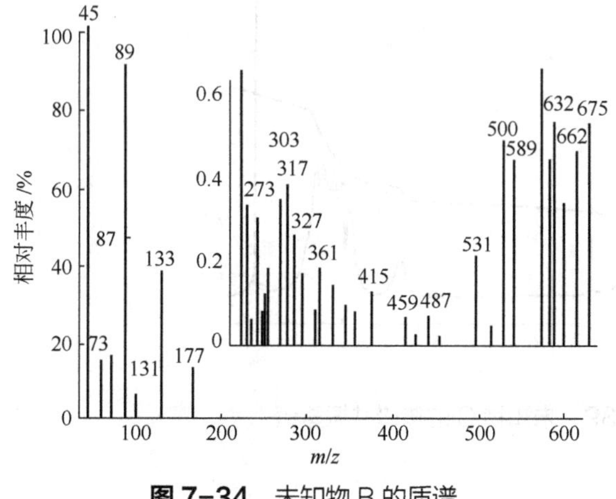

图 7-34 未知物 B 的质谱

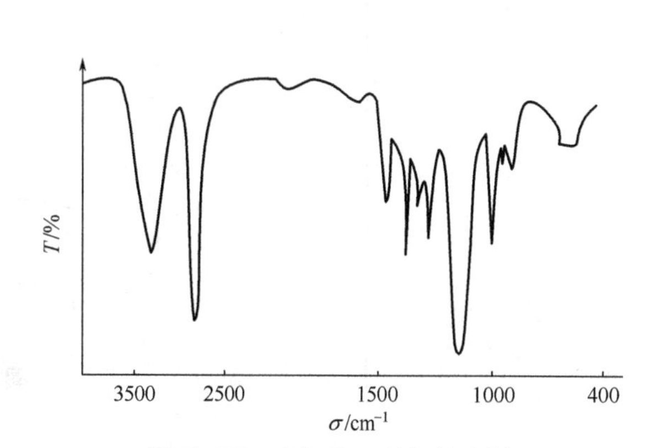

图 7-35 未知物 B 的红外光谱

3. 未知物 C 的分析

将分离得到的白色结晶用乙酸乙酯精制后，测其 IR、^{1}H-NMR 和 MS 谱，如图 7-38～图 7-40 所示。

质谱图经谱库检索为环己胺，但质谱图中存在 *m/z* 36，38 碎片峰，其强度比为 3 : 1，说明有 Cl 存在。对照标准谱库，未知物 C 的 IR 和 NMR 谱与环己胺盐酸盐的谱图完全一致，表明该结晶为环己胺盐酸盐，Cl 以盐酸盐的形式存在。

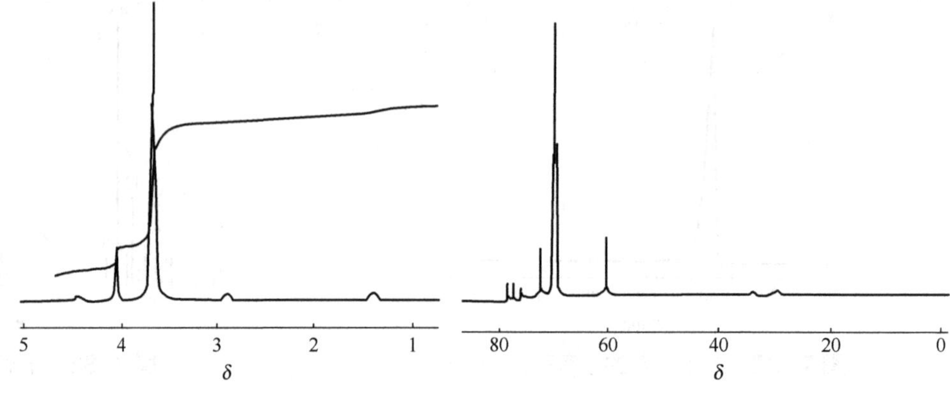

图 7-36 未知物 B 的核磁共振氢谱　　**图 7-37** 未知物 B 的核磁共振 ^{13}C 谱

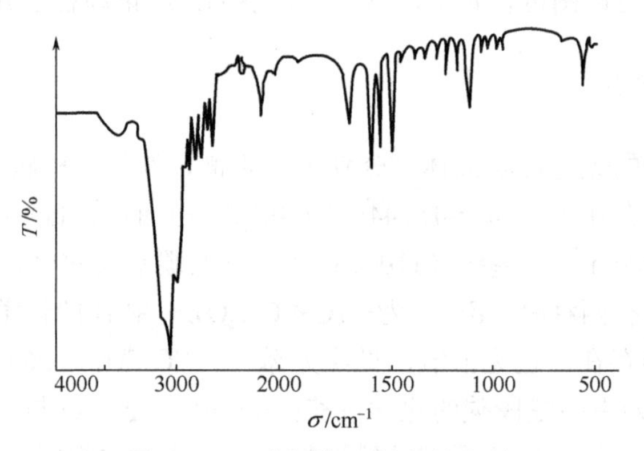

图 7-38 未知物 C 的红外光谱

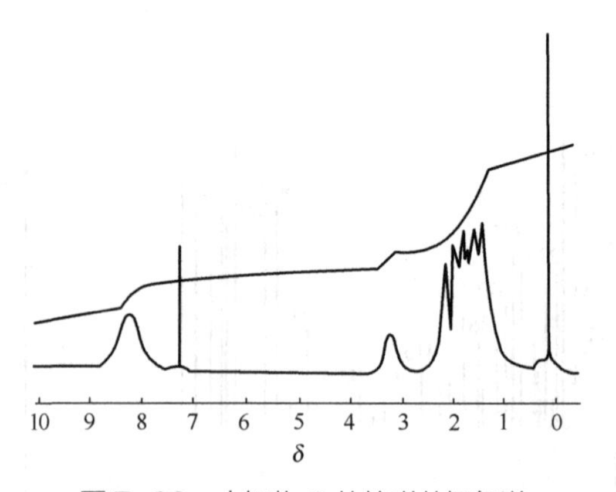

图 7-39 未知物 C 的核磁共振氢谱

二、定量分析

样品定量分析结果：2- 丁醇的质量分数为 90%，聚乙二醇醚的质量分数为 7%，环己胺盐酸盐的质量分数为 3%。

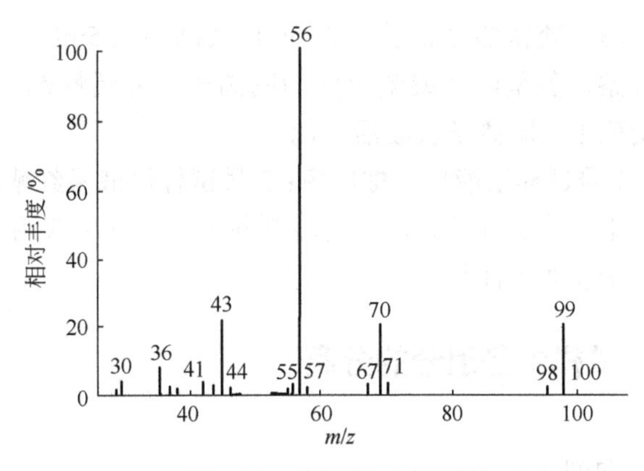

图 7-40　未知物 C 的质谱

三、剖析结果

经上述分析，可确定进口水溶性助焊剂是由 90% 的 2- 丁醇，7% 的聚乙二醇醚和 3% 环己胺盐酸盐组成。

第六节　水泥泡沫剂的剖析

泡沫水泥（混凝土）作为一种新型节能材料，广泛用于工业和民用建筑及管道保温。

泡沫水泥（混凝土）的生产方法是：用机械方法将泡沫剂水溶液制备成泡沫，再将泡沫按比例加入已与水混合的水泥中，搅拌均匀后浇铸成型，自然风干或压蒸养护。

泡沫混凝土所使用的泡沫剂主要有两种类型，一种由表面活性剂按一定比例配成；另一种为蛋白质水解到一定程度加入一些无机盐稳泡或蛋白质水解为氨基酸改性而成。

本课题剖析的是从瑞典进口的两种水泥泡沫剂，命名为发泡剂 1 号和发泡剂 2 号，其中 1 号为水解蛋白类，2 号为表面活性剂配成。

一、水泥泡沫剂的初步试验

1 号水泥泡沫剂为棕黑色溶液，有少量沉淀，有油的气味；2 号水泥泡沫剂为略带黄色的透明溶液，有醇的气味。

离子类型的鉴定方法如下。

（1）亚甲蓝试验　取亚甲蓝试剂和氯仿各约 5mL，置于一试管中加塞剧烈振摇，然后放置分层，氯仿层无色，将含量约为 1% 的试样加一滴于其中，上下激烈摇动后静置分层，若氯仿层呈蓝色，再将试样逐滴加入至 10 滴，此时氯仿层呈深蓝色，水溶液几乎无色，则试样中含有阴离子表面活性剂。

1 号试样与空白对照，氯仿层较空白氯仿层颜色深；2 号试样，氯仿层呈深蓝色，水层无色。

（2）溴酚蓝试验　调节试样水溶液 pH 值至 7，加 2～5 滴试样溶液于 10mL 溴酚蓝试剂中，如呈深蓝色，表示有阳离子表面活性剂存在，两性的长链氨基酸和甜菜碱类呈紫蓝荧光的亮蓝色。

1 号试样，溴酚蓝试剂呈亮蓝色；2 号试样，溴酚蓝试剂不变色。

（3）硫氰酸钴试验　将 5mL 试剂加入 5mL 试样溶液中，振摇混匀静置 2h 后观察，若呈红紫或紫色则为阴离子表面活性剂；若生成蓝紫色沉淀而溶液为红紫色则为阳离子表面活性剂。

1 号试样溶液呈浅棕红色；2 号试样溶液呈红紫色。

由上述三种试验，可初步判断 1 号试样中含两性表面活性剂，2 号试样中含阴离子表面活性剂。

二、试样中各组分的分离

1. 发泡剂 1 号

发泡剂 1 号的分离程序如图 7-41 所示。

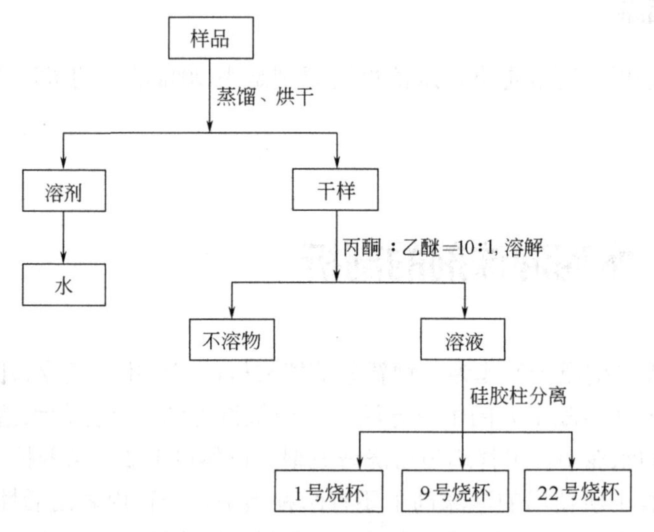

图 7-41　发泡剂 1 号的分离程序

（1）将 1 号发泡剂用普通蒸馏法蒸去溶剂，并对溶剂做红外光谱，证明溶剂为水。将溶剂烘干后，对样品做红外光谱，得到样品原样图（图 7-42）。

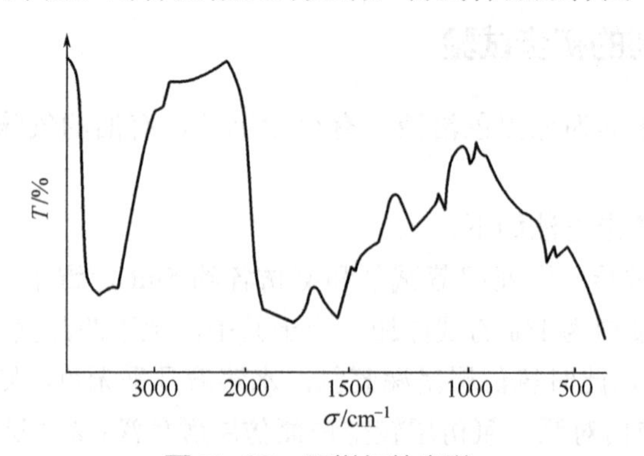

图 7-42　原样红外光谱

在对样品进行剖析之前，先对天津生产的两种已知物做了红外光谱，它们是天津生产的植物蛋白水解物及水解物的改性物，其红外光谱分别如图 7-43 和

图 7-44 所示，与原样图 7-53 比较后，可断定样品是由蛋白质水解而成。

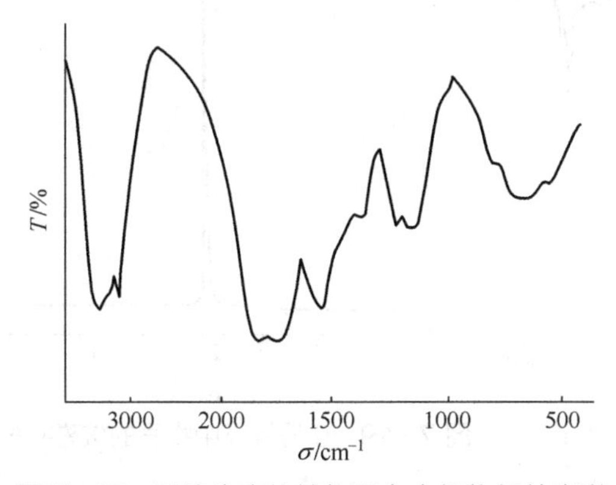

图 7-43　天津生产的植物蛋白水解物红外光谱

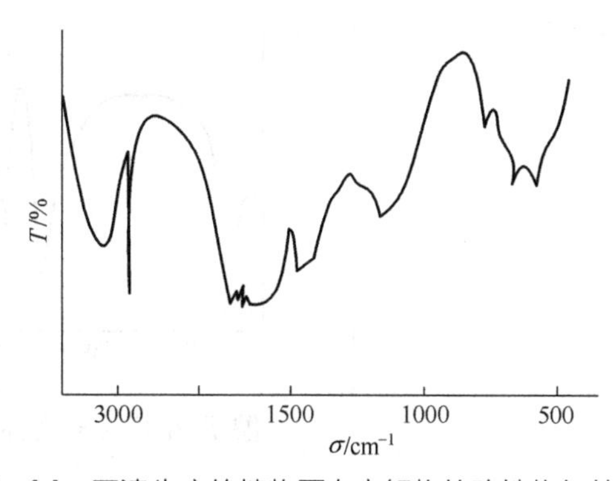

图 7-44　天津生产的植物蛋白水解物的改性物红外光谱

（2）将烘干后的样品用丙酮：乙醇（10：1）混合溶剂溶解后，经硅胶填充柱分离（硅胶用丙酮：乙醇 =10：1 的溶剂浸泡，浸透后用湿法装柱）。

将溶解的样品倾入硅胶柱，待完全吸附后用少量硅胶覆盖并用下列溶剂淋洗。洗脱顺序为：异丙醇 15mL、正丙醇 5mL、异丙醇：乙醇（10：1）11mL、异丙醇：乙醇（5：1）8mL、异丙醇：乙醇（2：3)10mL、异丙醇：乙醇（1∶1)10mL、异丙醇：乙醇（1∶2)10mL、乙醇 10mL、乙醇：甲醇（2：1)8mL、乙醇：甲醇（1：1)10mL、甲醇 10mL、甲醇：水（5：1)12mL、甲醇：水（1：1）10mL。于小烧杯中，等体积收集洗脱液，于红外灯下将溶剂烘干后，分别测其红外光谱。

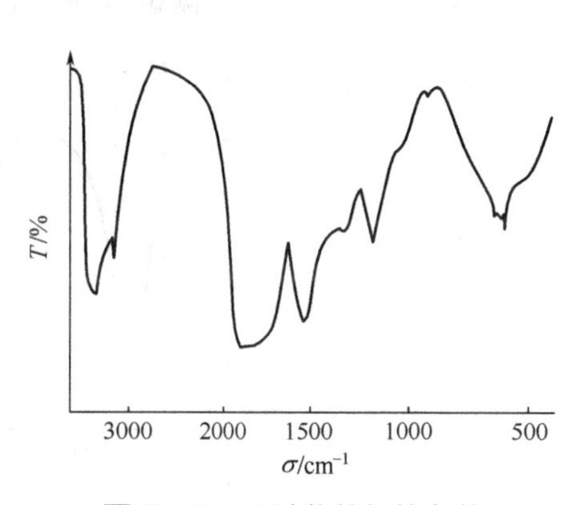

图 7-45　不溶物的红外光谱

（3）从不溶物的红外光谱（图 7-45）看，在 1700～1500cm^{-1} 之间有一个宽吸收带，与图 7-43 相比，这是一个多肽混合物。

（4）从 1 号烧杯中物质的红外光谱（图 7-46），可以看出在 1680～1660cm^{-1} 处有一强峰，这是氨基酸与脂肪酸缩合物的特征峰，与图 7-47 相比，可以确定此物质是由蛋白质水解氨基酸与脂肪酸缩合得到的，俗称酰化肽。

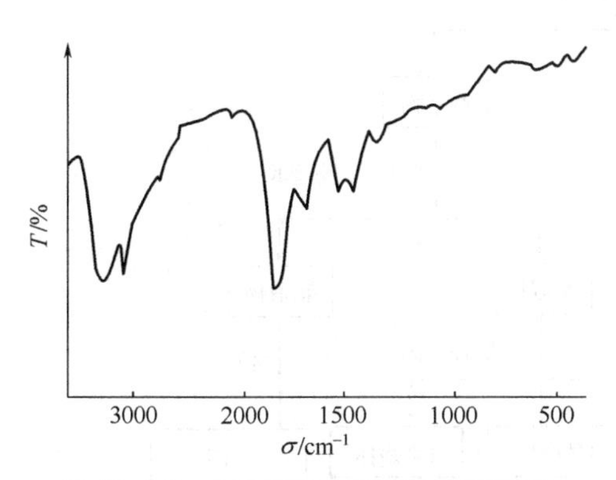

图 7-46　1 号烧杯中物质的红外光谱

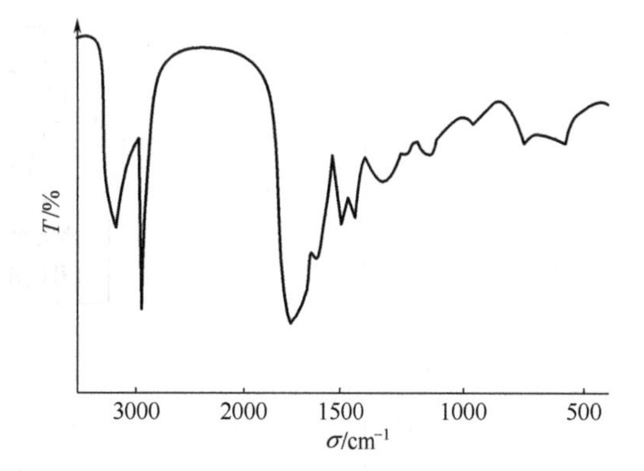

图 7-47　酰化肽的红外光谱

（5）从 9 号烧杯中物质的红外光谱（图 7-48）看，在 1580cm^{-1}、1420cm^{-1} 处有两个强峰，这是脂肪

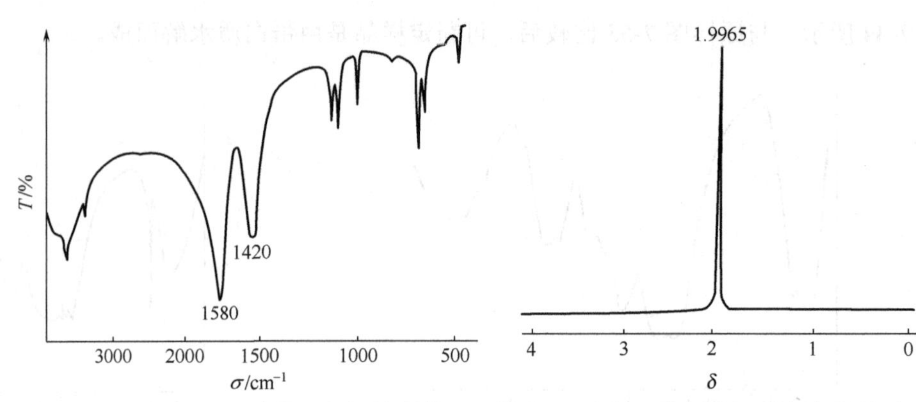

图 7-48 9 号烧杯中物质的红外光谱　　**图 7-49** 9 号烧杯中物质的核磁共振氢谱

酸盐的特征；在 650cm^{-1}、620cm^{-1} 处有两个较强峰，且 720cm^{-1} 处无峰，说明碳链较短。该物质的核磁共振氢谱（图 7-49）只有一单峰，表明此物质为乙酸盐。

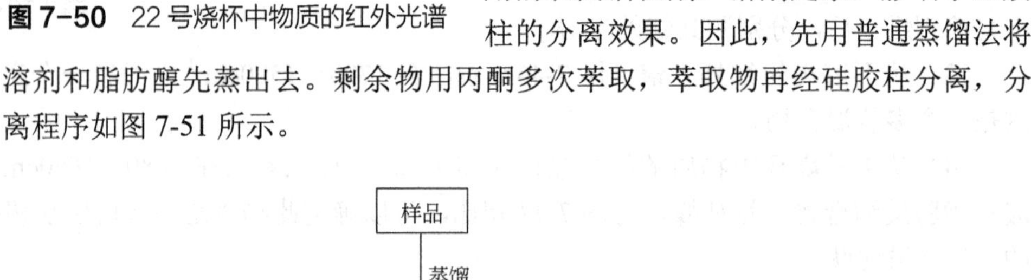

图 7-50 22 号烧杯中物质的红外光谱

（6）从 22 号烧杯中物质的红外光谱（图 7-50）看，在 1600～1500cm^{-1} 有一宽峰，与图 7-43 和图 7-44 相比，可知此物质亦为蛋白质水解物。

2. 发泡剂 2 号

发泡剂 2 号中含有发泡作用和稳泡作用的表面活性剂，溶剂是水，影响了硅胶柱的分离效果。因此，先用普通蒸馏法将溶剂和脂肪醇先蒸出去。剩余物用丙酮多次萃取，萃取物再经硅胶柱分离，分离程序如图 7-51 所示。

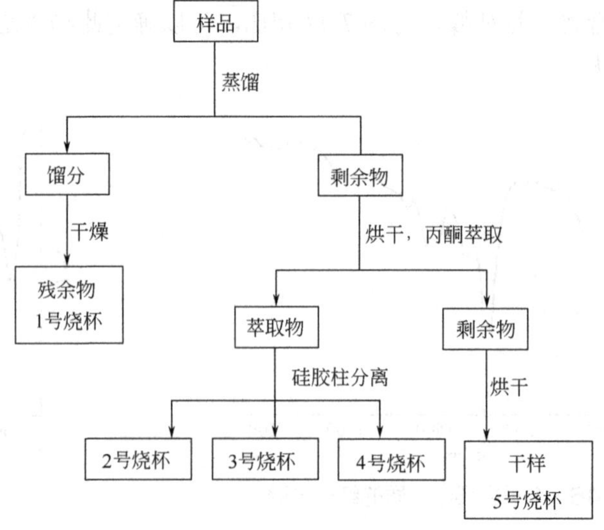

图 7-51 发泡剂 2 号的分离程序

（1）将硅胶在丙酮中浸泡并用湿法装柱。将丙酮萃取物浓缩后加入柱中，待完全吸附后，用少量硅胶覆盖并用下列溶剂淋洗：二氯甲烷 10mL、二氯甲烷：乙醚（2：1）15mL、三氯甲烷：乙醚（1：2）15mL、乙醚 10mL、乙醚：丙酮（2：1）15mL、乙醚：丙酮（2：1）15mL、丙酮 10mL。于小烧杯中，等体积收集洗脱液，将溶剂烘干后，测其红外光谱。

（2）从 1 号烧杯物质的红外光谱（图 7-52）看，在 $3600cm^{-1}$ 处有一宽的强吸收峰，这由羟基的伸缩振动引起；在 $1060cm^{-1}$ 和 $720cm^{-1}$ 处有峰，说明该物质为长链伯醇，查红外标准谱图知，其结构为 $CH_3—(CH_2)_{10}—CH_2OH$。

（3）从 2 号烧杯物质的红外光谱（图 7-53）看，$1730cm^{-1}$ 处有一强峰，$1284cm^{-1}$ 处有一中强峰，这由酯的 C═O、C—O—C 伸缩振动引起；C—O—C 的伸缩振动出现在 $1284cm^{-1}$ 处，说明该物质为碳酸酯。查萨特勒红外谱图，知其为碳酸二烷基酯。

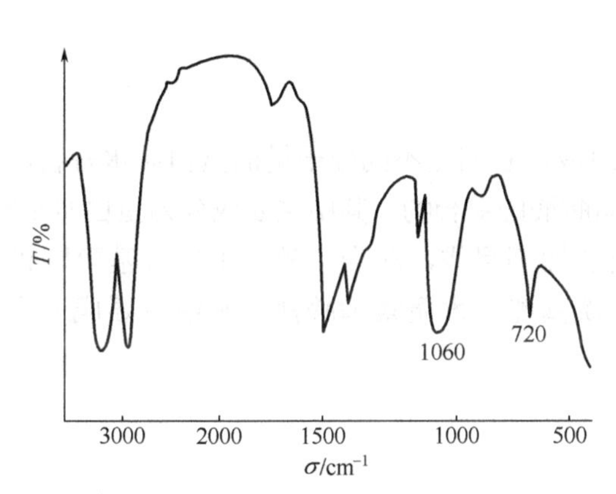

图 7-52 1 号烧杯物质的红外光谱

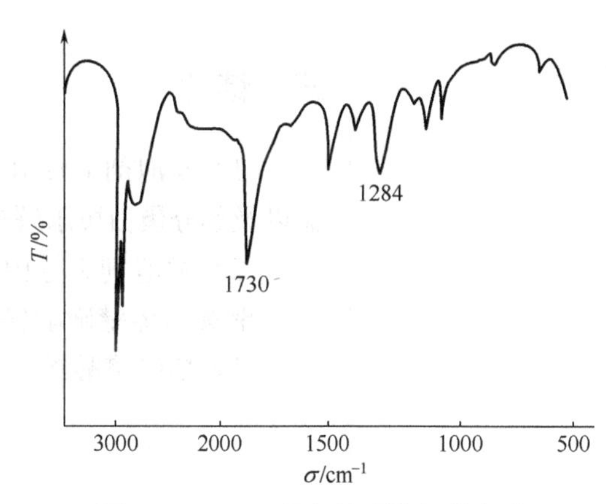

图 7-53 2 号烧杯物质的红外光谱

（4）从 3 号烧杯物质的红外光谱（图 7-54）看，$1220cm^{-1}$ 处有峰，同时 $1080cm^{-1}$、$630cm^{-1}$ 处也有峰，这是硫酸盐中 SO_4^{2-}，的特征峰，查萨特勒红外谱图，知该物质为十二烷基硫酸钠。

（5）从 4 号烧杯物质的红外光谱（图 7-55）看，在 1200～$1000cm^{-1}$、$930cm^{-1}$、$780cm^{-1}$ 和 $770cm^{-1}$ 处有一系列吸收峰说明该物质含有磺酸基和聚氧乙烯醚的结构，在 $3500cm^{-1}$ 附近的峰是由 N—H 伸缩振动引起，查萨特勒红外谱图知该物质为十二醇聚氧乙烯醚磺酸铵。

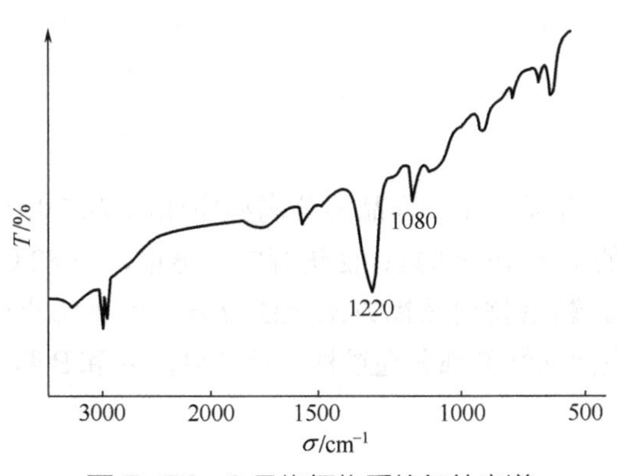

图 7-54 3 号烧杯物质的红外光谱

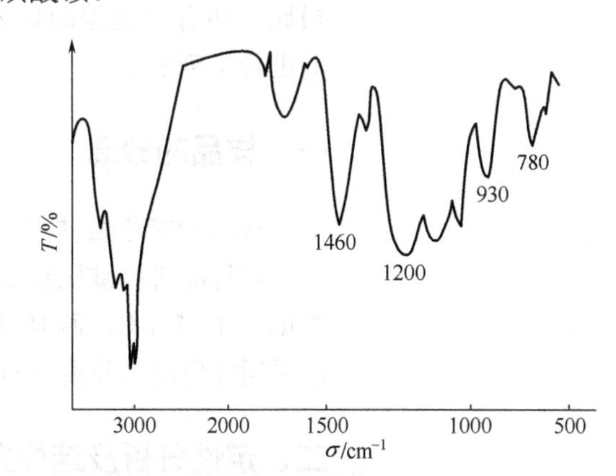

图 7-55 4 号烧杯物质的红外光谱

（6）从 5 号烧杯物质的红外光谱（图 7-56）看，$1190cm^{-1}$ 和 $1040cm^{-1}$ 处有峰，说明该物质为磺酸盐，查萨特勒红外谱图表面活性剂部分，知该物质为木质素磺酸盐。

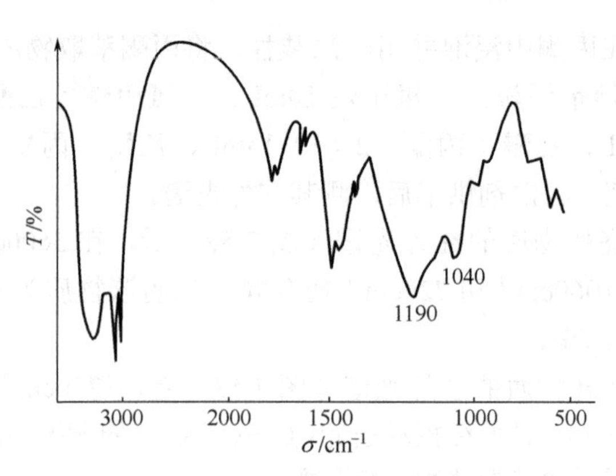

图 7-56 5 号烧杯物质的红外光谱

三、结论

（1）发泡剂 1 号由三类物质组成，它们是不同分子量的蛋白质水解物、乙酸盐以及部分蛋白质水解氨基酸与脂肪酸的缩合物。其中主要成分为蛋白质水解物。

（2）发泡剂 2 号由五种表面活性剂组成，即十二醇、十二烷基硫酸钠、十二醇聚氧乙烯醚磺酸铵、碳酸二烷基酯及木质素磺酸盐。其中主要成分为十二醇聚氧乙烯醚磺酸铵。

第七节　TRET-O-LITE DS-690 原油破乳剂的剖析

原油破乳是使原油脱去盐水，非离子型表面活性剂常常用作原油破乳剂。我国非离子型表面活性剂工业正处于发展阶段，原油破乳剂的质量与发达国家相比，还有一定差距。为此，本文对质量较好的美国 Tretolite 公司的原油破乳剂进行了剖析。

一、样品的分离

样品为棕色黏稠液体，中性，有煤油味。样品的分离程序如图 7-57 所示。

将样品进行减压蒸馏，蒸出的溶剂用普通蒸馏法进行常压蒸馏，在 82℃时收集第一个馏分 C，测其红外光谱。剩余物用蒸馏方法无法分开，因其沸点较高，故采用柱色谱法分离出 D 和 E，表面活性剂部分通过柱色谱分离出 A 和 B 两部分。

二、定性分析及结构鉴定

1. 溶剂

（1）元素分析　将减压蒸馏后的溶剂做元素分析，无硫，无卤素。

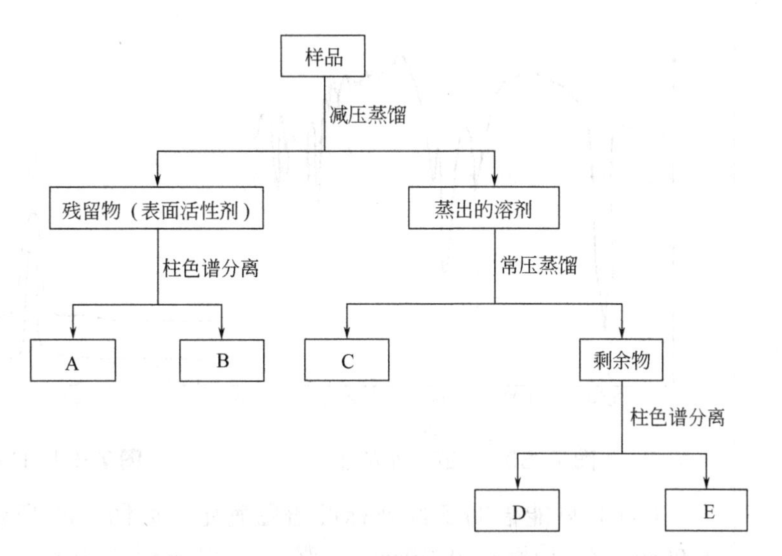

图 7-57　样品的分离程序

（2）测溶剂 C 的红外光谱，如图 7-58 所示。

由图 7-58 可见，$3450cm^{-1}$、$1100cm^{-1}$ 和 $950cm^{-1}$ 有峰，表示分子中有羟基；$2885cm^{-1}$、$1460cm^{-1}$、$1380cm^{-1}$ 和 $1340cm^{-1}$ 有峰，表示分子中含有甲基、亚甲基和次甲基；$1380cm^{-1}$ 的峰有裂分，表示分子中有异丙基。该红外光谱与标准物异丙醇的红外光谱一致，且 C 的沸点与异丙醇的文献值完全符合，故可断定 C 为异丙醇。

（3）取少量常压蒸馏后的剩余物加入色谱柱内，顺次用石油醚 30mL、丙酮 30mL、乙醇 30mL 洗脱，控制流速为每 5s 1 滴，每隔 10mL 切换，收集洗脱液，红外灯下烘干溶剂，分出 D 和 E，测其红外光谱，如图 7-59 和图 7-60 所示。

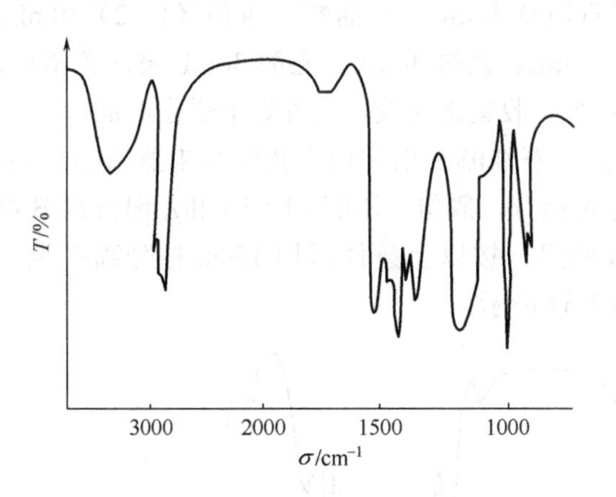

图 7-58　溶剂 C 的红外光谱

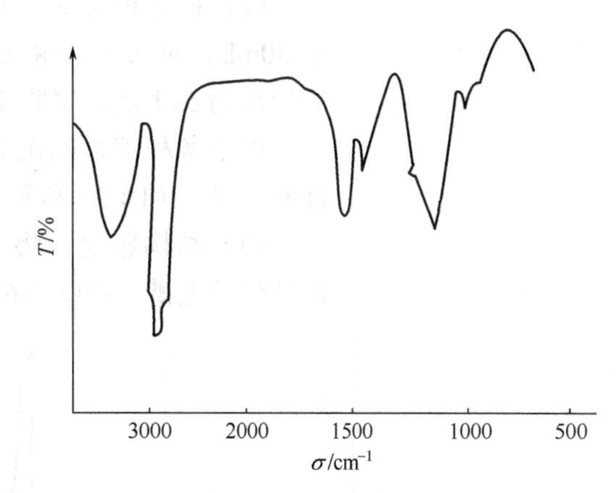

图 7-59　D 的红外光谱

由图 7-59 可见，$3450cm^{-1}$ 和 $1100cm^{-1}$ 处有峰，表示 D 分子中含有羟基；$2885m^{-1}$ 和 $1370cm^{-1}$ 有峰，表示分子中含有甲基和亚甲基。测定 D 的核磁共振氢谱，如图 7-61 所示。加重水，再测 D 的核磁共振氢谱，醇羟基消失，说明 D 分子中确实含有羟基，即 D 可能是一种醇。从 NMR 氢谱上，可大致判断出醇中 H 原子数为 14 或 16，并可断定该醇是 6、7 碳醇。

查萨特勒红外谱图，图 7-59 与己醇和庚醇的红外标准谱图非常像。另据己醇和庚醇的沸点文献值为 136～156℃之间，蒸馏过程中在此温度区间有馏分，故 D 可能为己醇或庚醇，或两者的混合物。

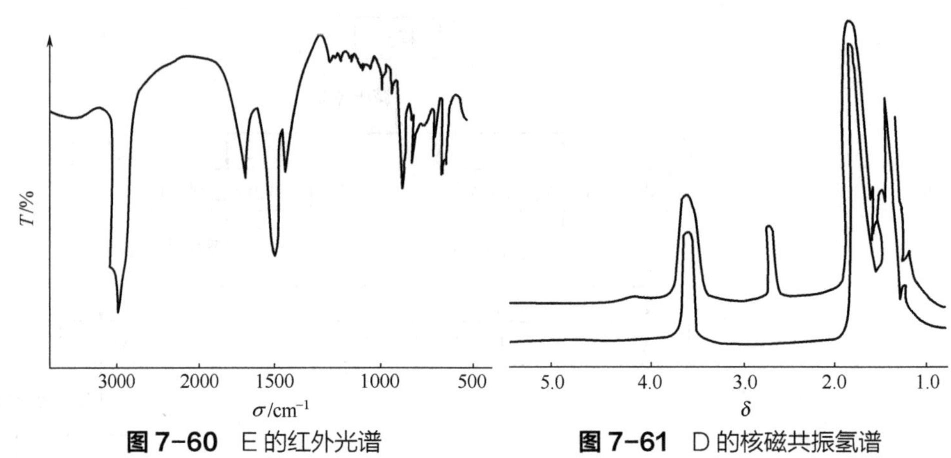

图 7-60　E 的红外光谱　　**图 7-61**　D 的核磁共振氢谱

（4）E 只能借助于红外标准谱图确定，如图 7-60 所示，2890cm^{-1}（强）、1600cm^{-1}（中强）、1450cm^{-1}（强）、1370cm^{-1}（中强）、800cm^{-1}、780cm^{-1}、690cm^{-1} 和 600cm^{-1} 处的系列峰，估计 E 可能是某烃类化合物，经与红外标准谱图对照，可判断其为辛克莱 80 号溶剂。

2. 表面活性剂

减压蒸馏的残留物为表面活性剂，经柱色谱，分离出两种表面活性剂 A 和 B。

（1）柱色谱前，先用薄层色谱法，探索出最佳展开条件。分别用石油醚、氯仿、乙醚和乙醇进行展层，硅胶板上均出现两个斑点。用石油醚、氯仿作展开剂时，斑点间距离较大；用乙醚、乙醇作展开剂时，斑点间距离很小。

（2）柱色谱分离　顺次用石油醚 30mL、石油醚：氯仿（1：2）30mL、氯仿 30mL、氯仿：乙醚（1：1）30mL、乙醚 30mL、乙醇 30mL 淋洗色谱柱，控制流速为 5s 1 滴，每隔 10mL 切换，收集洗脱液，红外灯下烘去溶剂。

以上各种溶剂的洗脱能力为：石油醚洗出非极性物质和未蒸出的溶剂，石油醚：氯仿（1：2）和氯仿洗出 A 组分，氯仿：乙醚（1：1）和乙醚洗出 B 组分。

（3）结构鉴定　将 A 和 B 两组分按以上条件再用 15cm 柱分离提纯一次，测其红外光谱，如图 7-62 和图 7-63 所示。

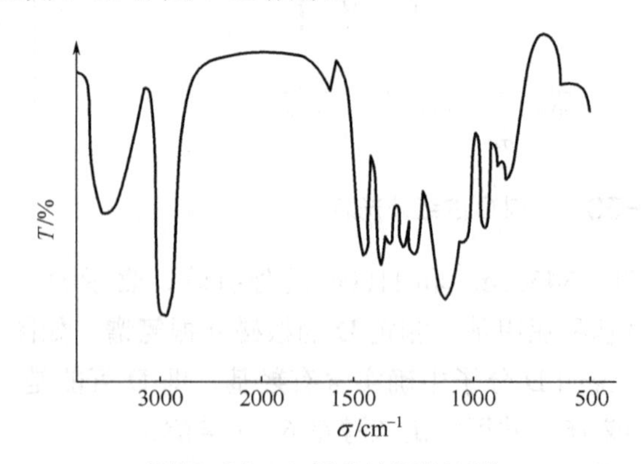

图 7-62　A 组分的红外光谱

图 7-62 和图 7-63 中，3450cm^{-1}、1100cm^{-1}、1010cm^{-1} 和 940cm^{-1} 处有峰，

表示分子中含有羟基和醚键，可能为二元醇；2885cm^{-1} 和 1450cm^{-1} 处有峰，表明分子中有甲基和亚甲基。经与红外标准谱图对照，可初步判断 A 组分为聚乙二醇 - 聚丙二醇嵌段共聚物，B 组分为聚丙二醇。

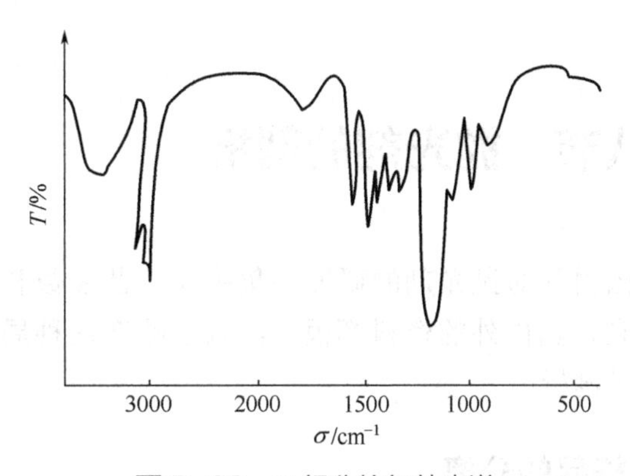

图 7-63　B 组分的红外光谱

测定 A、B 组分的核磁共振氢谱，如图 7-64 和图 7-65，查阅标准氢谱，发现 A 组分的核磁共振氢谱与聚乙二醇 - 聚丙二醇嵌段共聚物的标准氢谱相同，B 组分的核磁共振氢谱与聚丙二醇的标准氢谱完全一致，故可断定 A 组分为聚乙二醇 - 聚丙二醇嵌段共聚物，B 组分为聚丙二醇。

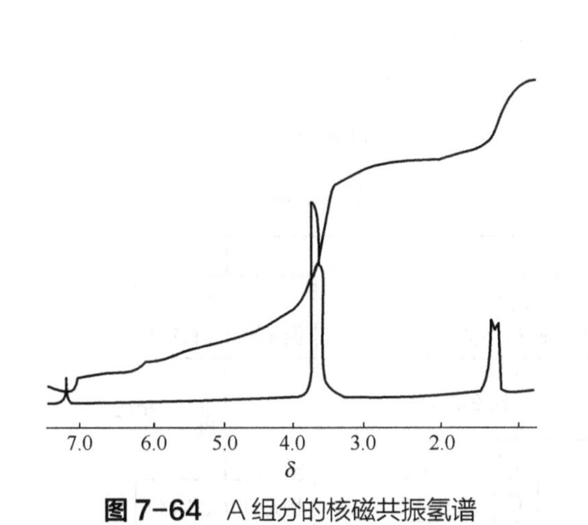

图 7-64　A 组分的核磁共振氢谱

图 7-65　B 组分的核磁共振氢谱

（4）定量分析　用质量法测得 A 为 15.6%，B 为 27.5%。

三、结论

TRET-O-LITE DS-690 原油破乳剂的主要成分如下。

（1）非离子表面活性剂　A 组分为聚乙二醇 - 聚丙二醇嵌段共聚物，结构为：

$$\left[OCH_2CH_2 \right]_m \left[O-CH_2-\underset{\displaystyle CH_3}{\underset{|}{CH}} \right]_n$$

B 组分为聚丙二醇，其结构为：

$$\left[CH_2-\underset{\displaystyle CH_3}{\underset{|}{CH}}-O \right]_n$$

（2）溶剂 C 组分为异丙醇，D 组分为碳 6 醇、碳 7 醇，E 组分为辛克莱 80 号溶剂。

第八节　抛光剂的剖析

国内外对抛光剂的研究多集中在工艺参数和工艺条件上，而从化学方面去研究它，国内外的资料都很少，为了改变这种局面，本文对日本进口的抛光剂进行了剖析。

一、样品的分离

样品的分离程序如图 7-66 所示。

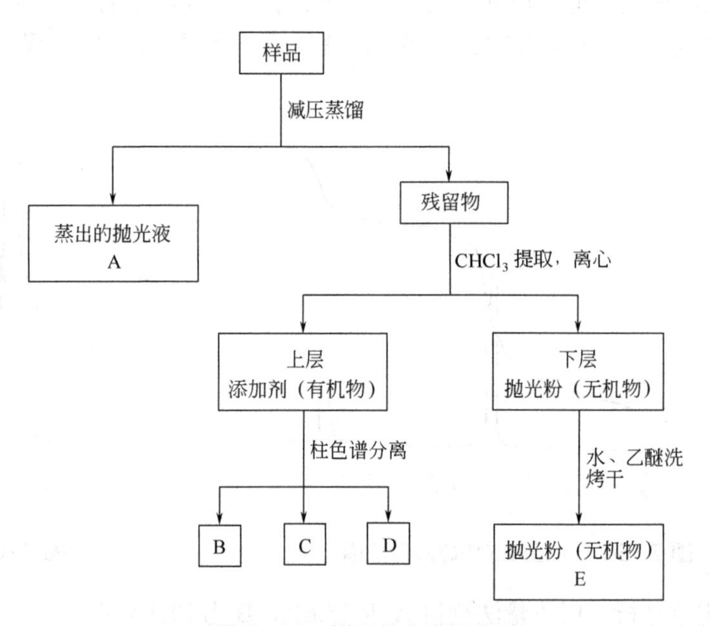

图 7-66　样品的分离程序

将原样进行减压蒸馏，蒸出少量抛光液 A，残留物用 $CHCl_3$ 提取，上层中的添加剂（有机部分）通过柱色谱分出 B、C 和 D，下层无机物抛光粉用水和乙醚洗涤烘干后为 E。

二、各组分的结构鉴定

1. A 的鉴定

蒸出极少量无色液体（抛光液 A），测其红外光谱，可确定为水。

2. E 的鉴定

（1）发射光谱鉴定　含有大量 Al，微量 Ca。

（2）红外光谱分析　测定 E 的红外光谱，如图 7-67 所示。

通过红外光谱和原子发射光谱分析，可判定 E 为 Al_2O_3。

3. 有机物 B、C、D 的分离与鉴定

取少量有机物用少量硅胶吸附，将其加入色谱柱后，顺次用石油醚、氯仿、乙醚和乙醇各 30mL 淋洗，控制流速为每 5s 1 滴，每隔 10mL 切换，收集洗脱液，红外灯下烘去溶剂。以上各种溶剂的洗脱物为：石油醚洗出 B、氯仿洗出 C、乙醚和乙醇洗出 D。将 C、D 两组分再走一根小柱提纯。

（1）熔点的测定　C 的熔点为 37～41℃，D 的熔点为 44～46℃。

（2）红外光谱分析　分别测定 B、C 和 D 的红外光谱，如图 7-68～图 7-70 所示。

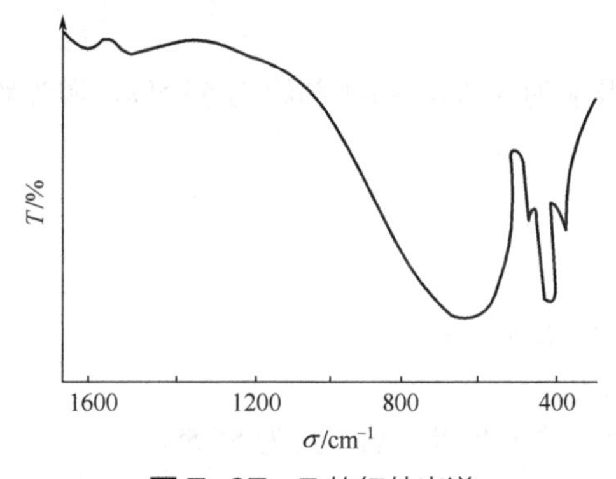

图 7-67　E 的红外光谱

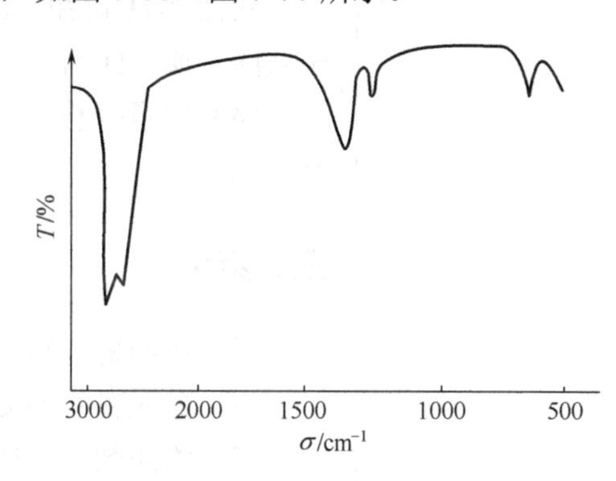

图 7-68　B 的红外光谱

从图 7-68 可见，$2960cm^{-1}$、$2870cm^{-1}$、$1450cm^{-1}$、$1380cm^{-1}$、$720cm^{-1}$ 处有峰，可以确定 B 为直链烷烃石蜡类。

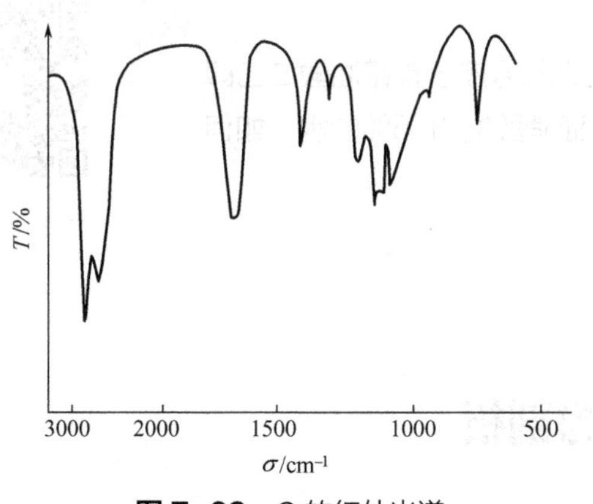

图 7-69　C 的红外光谱

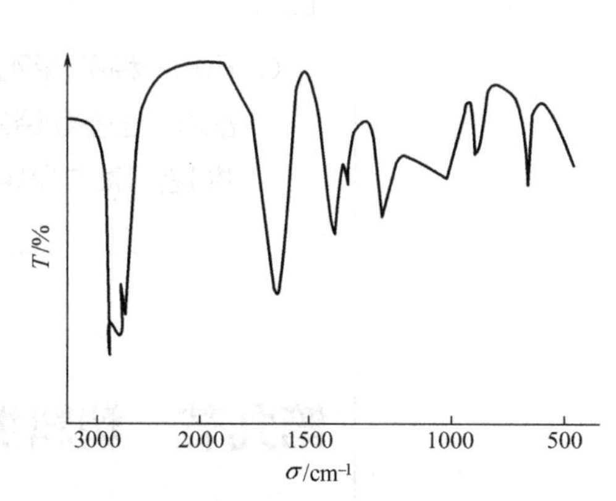

图 7-70　D 的红外光谱

从图 7-69 可见，$1730cm^{-1}$、$1170cm^{-1}$ 和 $1090cm^{-1}$ 处有峰，说明分子中含有酯基；$2960cm^{-1}$、$2870cm^{-1}$、$1450cm^{-1}$、$1380cm^{-1}$ 和 $720cm^{-1}$ 处有峰，说明 C 为长链酸的酯。

从图 7-70 可见，$1690cm^{-1}$、1400～$1290cm^{-1}$、$920cm^{-1}$ 处有峰，可判断分子中有羧基；$2960cm^{-1}$、$2870cm^{-1}$、$1450cm^{-1}$、$1380cm^{-1}$ 和 $720cm^{-1}$ 处有峰，可确定 D 为长链脂肪酸。

（3）测定 C 和 D 的核磁共振氢谱，如图 7-71 和图 7-72 所示。

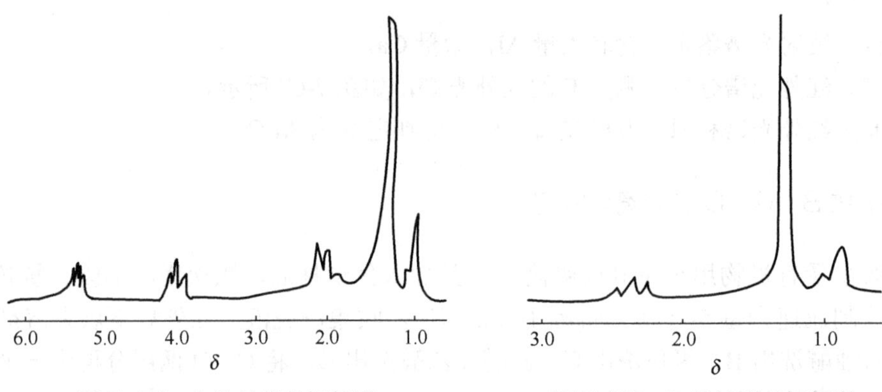

图 7-71　C 的核磁共振氢谱　　**图 7-72**　D 的核磁共振氢谱

从图 7-71 可知，C 含有双键。查阅红外和核磁标准谱图，可确定 C 为 9 烯十八酸丁酯，D 为十二癸酸。

（4）定量分析　用质量法测得水为 3.3%，添加剂约为 55.5%，抛光粉约为 45.5%。

三、结论

经上述剖析可知，抛光剂中主要成分如下。

（1）抛光粉　Al_2O_3，约为 45.5%。

（2）添加剂　石蜡、十二酸和 9 烯十八酸丁酯，约为 55.5%。

（3）抛光液　水，为 3.3%。

概念检查 7.2

○ 已知一种不锈钢金属清洗上光剂溶液含有椰油酸二乙醇酰胺、壬基酚聚氧乙烯醚、亚硝酸钠和75%的水，如何将4者分离与鉴定?

第九节　塑料抛光膏的剖析

塑料抛光膏是用于塑料制品抛光的半固体膏状物，主要由油脂和磨料组成。随着塑料工业的发展，各种类型的抛光膏不断地被开发出来，抛光膏的配方优劣直接影响着塑料制品的质量。王小燕等[17]对某种优质塑料抛光膏进行了剖析，确定了该塑料抛光膏的化学组成和结构，其研究结果对新型抛光膏的开发研制具有一定的参考价值。

一、抛光膏的初步试验

试样为粉红色黏稠膏状物。久置分层，上层是少量淡黄色油状液体，为油脂部分；下层是粉红色粉末固体，为磨料部分。

溶解性试验：油脂部分能溶于石油醚、苯等非极性或弱极性溶剂，不完全溶解于乙醇、甲醇等极性大的溶剂；磨料部分不溶于各种有机溶剂。

原样的红外光谱，如图 7-73 所示。

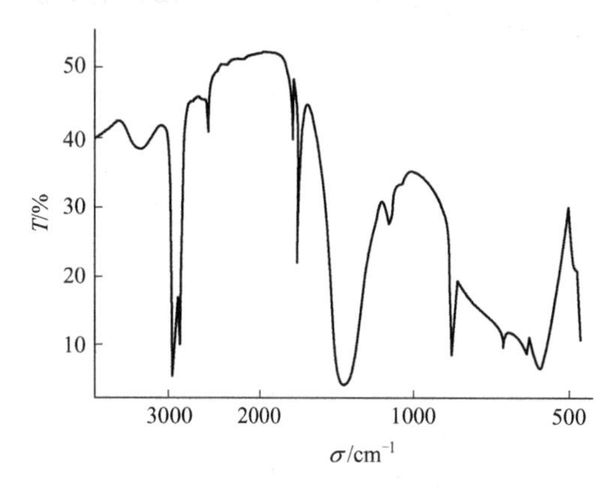

图 7-73　原样的红外光谱

谱图中 $2954cm^{-1}$、$2924cm^{-1}$ 和 $2853cm^{-1}$ 为 CH_3 和 CH_2 的 C—H 伸缩振动峰，$1748cm^{-1}$ 为酯羰基的伸缩振动峰，位于 $1459cm^{-1}$ 处极强的宽峰和 $876cm^{-1}$ 的尖锋为 CO_3^{2-} 的特征吸收峰，位于 900～$500cm^{-1}$ 范围出现的宽强峰，推测存在金属氧化物。金属氧化物常用作填料和增量剂。该处的宽强吸收峰与其他有机物峰重叠。初步分析表明，试样含有碳酸盐、金属氧化物及酯类等有机物。

二、抛光膏的分离与鉴定

抛光膏的分离与鉴定程序如图 7-74 所示。

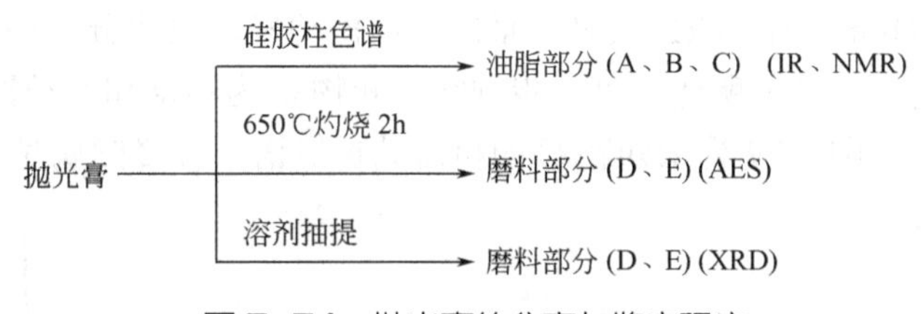

图 7-74　抛光膏的分离与鉴定程序

1. 油脂部分

取适量原样，干法上样，色谱柱分离。分别用石油醚、苯、氯仿、乙酸乙酯、丙酮、乙醇依次洗脱，用安瓿瓶收集，每 10mL 切换一次。溶剂挥发后，称取各瓶中残留物的质量。以瓶子编号为横坐标，瓶中残留物的质量（mg）为纵坐标，绘制色谱图。在石油醚、苯、乙酸乙酯流出液有组分出现，依次为未知物 A、B、C，以薄层色谱检验其纯度，采用红外光谱、核磁共振光谱测定其结构。

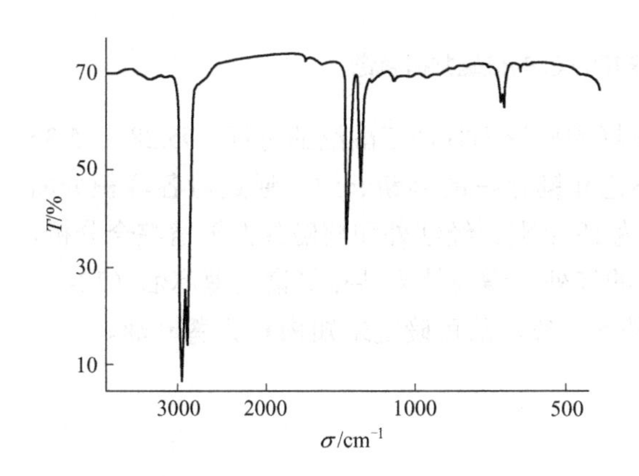

图 7-75　未知物 A 的红外光谱

（1）未知物 A、B 的红外光谱分析　未知物 A 的红外光谱，如图 7-75 所示。未知物 B 的红外光谱与 A 的红外光谱类似，均显示长链烷烃的特征吸收。

谱图中 $2954cm^{-1}$、$2922cm^{-1}$ 和 $2852cm^{-1}$ 为 CH_3 和 CH_2 的 C—H 伸缩振动峰，$1462cm^{-1}$ 和 $1377cm^{-1}$ 为 CH_3 和 CH_2 的面内变形振动峰，$720cm^{-1}$ 为长碳链 CH_2 的平面摇摆振动峰，为长链饱和烃的典型谱图，再根据样品的用途，可确

定未知物A、B为石蜡油类。

（2）未知物C的红外光谱分析　未知物C的红外光谱，如图7-76所示。

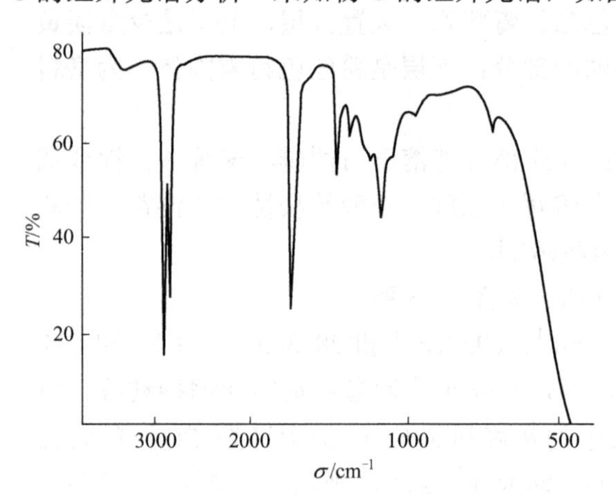

图7-76　未知物C的红外光谱

图7-76中，2925cm^{-1}、2854cm^{-1}、1464cm^{-1}、1377cm^{-1}和723cm^{-1}为长链烷基的特征吸收峰，1745cm^{-1}的强吸收峰为酯羰基的伸缩振动峰，1240cm^{-1}和1164cm^{-1}的中强峰分别为C—O—C的反对称和对称伸缩振动，3004cm^{-1}的弱峰为═C—H的伸缩振动峰，1650cm^{-1}为双键—CH═CH—的碳碳伸缩振动峰，971cm^{-1}为—CH═CH—面外变形振动峰，表明分子中存在双键，应以反式结构为主。综上所述，可初步判断未知物C为不饱和的长链脂肪酸酯。

图7-77为未知物C的核磁共振氢谱，各峰归属见表7-9。

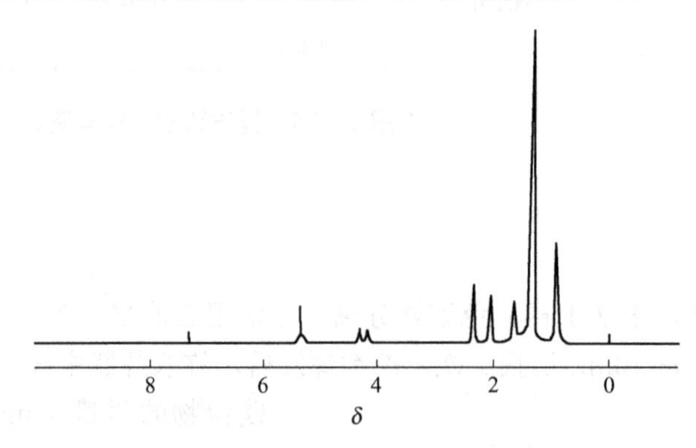

图7-77　未知物C的核磁共振氢谱

图7-77中，δ4.13～4.33处多重峰的峰形为甘油三酸酯的特征。δ5.28～ 5.36处为双键质子峰，与红外光谱中不饱和键存在的判断一致。通过对各峰积分面积的计算，可以确定烷基链的长度为18个碳。经红外和核磁共振氢谱综合分析，并与标准谱图对照，发现未知物C的红外光谱与核磁共振氢谱与蓖麻油（12-羟基-9-十八烯酸甘油三酯）的谱图基本一致，故可确定未知物C为蓖麻油。

2. 磨料部分

（1）操作步骤　取适量磨料部分样品，在电炉上小火加热炭化后，置于马弗炉中于 650℃灼烧 2h，取出冷却，得白色粉末 D 和 E，用原子发射光谱法定性分析金属元素。

表7-9 未知物C的核磁共振氢谱中各峰的归属

化学位移 δ	特征官能团	化学位移 δ	特征官能团
0.88～0.90	$—C\underline{H}_3$	2.30～2.35	$—C\underline{H}_2—COO—$
1.28～1.32	$—(C\underline{H}_2)_n—$	4.13～4.33	$—CH—C\underline{H}_2—OCO—$
1.63	$—C\underline{H}_2—CH_2—COO—$	5.28～5.36	$—C\underline{H}=CH—$
2.03	$—CH=CH—C\underline{H}_2—CH—$	7.27	$CDCl_3$ 溶剂峰

另取适量原样，用石油醚、乙酸乙酯多次萃取油脂部分后，剩余物为 D、E 混合物。将 D、E 混合物烘干去除溶剂，做 X 射线衍射分析。

（2）未知物 D、E 的鉴定　将高温灼烧后的未知物 D、E 进行原子发射光谱分析，表明含大量的 Ca、Al。从图 7-73 原样的红外光谱中可判断样品含碳酸盐和金属氧化物。因样品具有抛光性能，推测其中应含有用于磨料的碳酸钙、氧化铝或碳酸铝之类的组分。为证实推测，另取原样，经溶剂充分洗涤除去有机组分，烘干后得未知物 D、E。用 X 射线衍射仪进行物相分析，由 X 射线衍射图可知，在抛光膏中，其磨料组成为 $CaCO_3$ 和 α-Al_2O_3。

三、结论

通过对优质抛光膏的剖析，可确定其化学组成为：油脂为石蜡油和蓖麻油，磨料为 $CaCO_3$ 和 α-Al_2O_3，另有少许粉红色染料。油脂除起润滑作用外，还有把固体物料黏合的功能；磨料可使塑料制品表面光滑，并作增量剂以降低成本。

第十节　全合成金属切削液的剖析

全合成金属切削液通常是由稀释剂、pH 缓冲剂、润滑剂、防锈剂等成分组成。在金属材料加工过程中起到润滑、冷却、清洗、防锈等作用，可提高加工效率、加工工件的表面光洁度和尺寸精度，延长刀具使用寿命，降低能源消耗等。何佳正等[18]对广东某企业使用的全合成金属切削液进行剖析，确定了该金属切削液的基本组成。

一、金属切削液基本成分的分析鉴定

1. 稀释剂的分析鉴定

该金属切削液为无色透明液体，pH 值为 10.02。

称取一定量样品置于已称重的蒸馏烧瓶中，加入 2～3 粒沸石，加热蒸馏，馏程 98～100℃，所得馏出物为无色液体，其质量分数为 65%～70%。通过测定馏出物的红外光谱，可知该无色液体为水。

2. 防锈剂的分析鉴定

称取一定量样品，逐滴加入5%盐酸溶液至弱酸性，有白色沉淀析出，待沉淀完全，用滤纸过滤，反复洗涤沉淀物3～4次，得粉末状固体，于烘箱中充分干燥后，用溴化钾压片法测其红外光谱，如图7-78所示。图7-78中，3300～2500cm^{-1}区间中等强度的宽峰，其主峰在3000cm^{-1}处，这是羧酸二聚体O—H的伸缩振动峰；1710cm^{-1}附近的强峰是—COOH中羰基C═O的伸缩振动峰；920cm^{-1}附近的中强宽峰是—COOH中O—H的面外变形振动峰，据此可知该物质为羧酸。将该谱图与红外标准谱图对照，可确定该粉末状固体物质为癸二酸，质量分数为4%～5%。

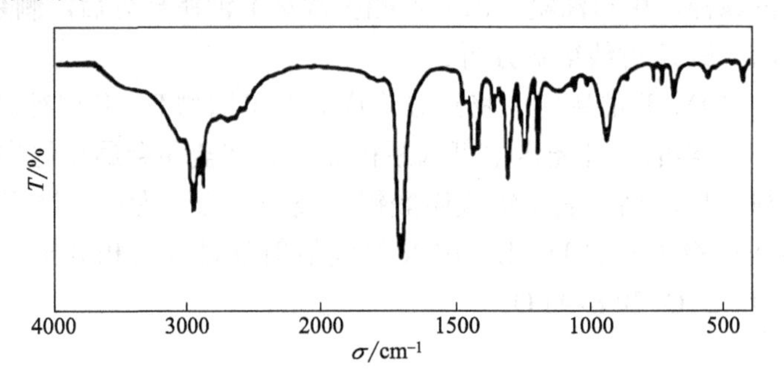

图7-78 粉末状固体的红外光谱

癸二酸作为二元有机酸与有机醇胺配合使用，既能调节溶液的pH值又具有较好的防锈作用，常作为防锈剂而广泛用于水性金属切削液。

3. 润滑剂的分析鉴定

将提取癸二酸后的透明滤液置于电炉上加热，当温度逐渐上升时，溶液变浑浊，且在烧杯底部和杯壁上有黏稠状液体析出，温度控制在70～90℃之间。待黏稠状液体完全析出时，趁热倾出上层水溶液并用滤纸过滤，得到黏稠状液体。将黏稠状液体放入烘箱除去水分后，测其红外光谱，如图7-79所示。图7-79中，1107cm^{-1}非常强的宽峰是聚氧乙基和聚氧丙基醚的特征吸收峰，1374cm^{-1}（δ^s，CH_3）和1006cm^{-1}弱峰是聚氧丙基的特征，可用于确定聚氧丙基的存在；1350cm^{-1}、953cm^{-1}、885cm^{-1}和850cm^{-1}是聚氧乙基醚的特征吸收峰；2872cm^{-1}、1458cm^{-1}和1374cm^{-1}处峰表明分子中有甲基和亚甲基存在。经谱图

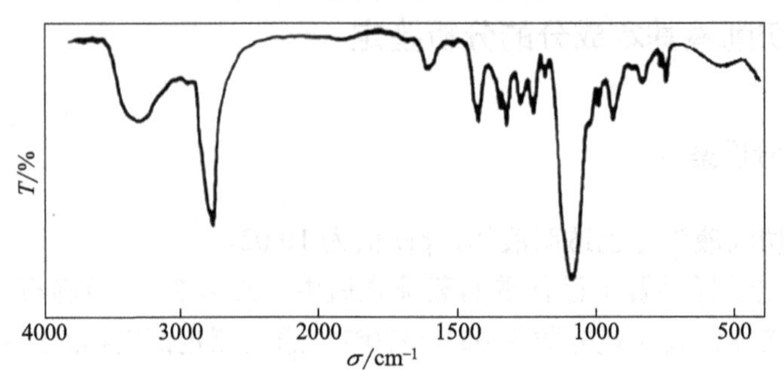

图7-79 黏稠状液体的红外光谱

解析，并与红外标准谱图对照，可确定该黏稠状液体为聚乙二醇聚丙二醇嵌段聚醚，质量分数为11%～14%。

聚乙二醇聚丙二醇嵌段聚醚具有优良的润湿能力、渗透力和润滑性能，在金属切削液中常用作润滑添加剂以提高其润滑性能。

4. pH 缓冲剂的分析鉴定

将析出聚醚后的水溶液干燥，除去水分后，得到固液混合物。于固液混合物中加入无水乙醇，充分搅拌，过滤后得到固体物和滤液。用无水乙醇反复洗涤固体物，洗液与滤液合并，最后得固体物与滤液，除去溶剂，将两者于烘箱中干燥后，分别测其红外光谱，图 7-80 是固体物的红外光谱，图 7-81 是滤液烘干物的红外光谱。

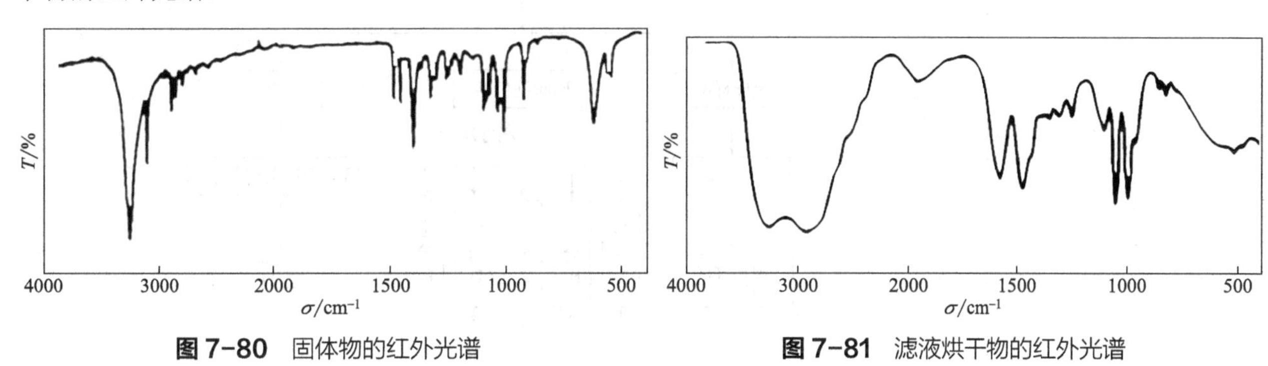

图 7-80　固体物的红外光谱　　**图 7-81**　滤液烘干物的红外光谱

在图 7-80 中，3309cm^{-1} 的强峰为羟基的伸缩振动峰，1034cm^{-1} 为 C－N 的伸缩振动峰，2930cm^{-1} 和1460cm^{-1} 处峰表示分子中有亚甲基存在。将图 7-80 与红外标准谱图对照，可确认固体物为三乙醇胺盐酸盐，据此可知金属切削液中含有三乙醇胺，质量分数为 12%～15%。

在图 7-81 中，3335cm^{-1} 和 3137cm^{-1} 非常强的宽峰为羟基的伸缩振动峰，1063cm^{-1} 为 C—N 的伸缩振动峰。将该红外谱图与红外标准谱图对照，确认滤液烘干物为单乙醇胺盐酸盐，可判断水性切削液中含单乙醇胺，质量分数为 6%～10%。

三乙醇胺是全合成水性切削液中的一种重要添加剂，具有一定的防锈能力，能够提高切削液的润湿性、渗透性和稳定性，并能调节切削液的 pH 值。近年来，单乙醇胺因其良好的缓冲作用和乳化作用而被用于全合成金属切削液中。

二、结论

通过蒸馏、酸化、萃取、过滤等方法对样品进行分离，并通过红外光谱法对分离后的各组分进行分析鉴定，得到该全合成金属切削液的基本组成为：癸二酸（4%～5%），聚乙二醇聚丙二醇嵌段聚醚（11%～14%），三乙醇胺（12%～15%），单乙醇胺（6%～10%）和稀释剂水（65%～70%）。

第十一节　进口工业除蜡水的剖析

除蜡水是用于清除附着在金属工件表面的磨光或抛光材料蜡垢的工业洗涤剂，在金属加工行业被广

泛使用。目前环境友好的水基除蜡水基本上都是国外公司生产，旬合[19]对一种进口除蜡水进行了剖析，以期研发出替代进口产品的优质除蜡水。

一、除蜡水的剖析程序、仪器条件及剖析方法

1. 除蜡水的剖析程序

除蜡水为黄色黏稠状液体，气味为有机胺味，2% 水溶液的 pH 值为 10。除蜡水的剖析程序如图 7-82 所示。

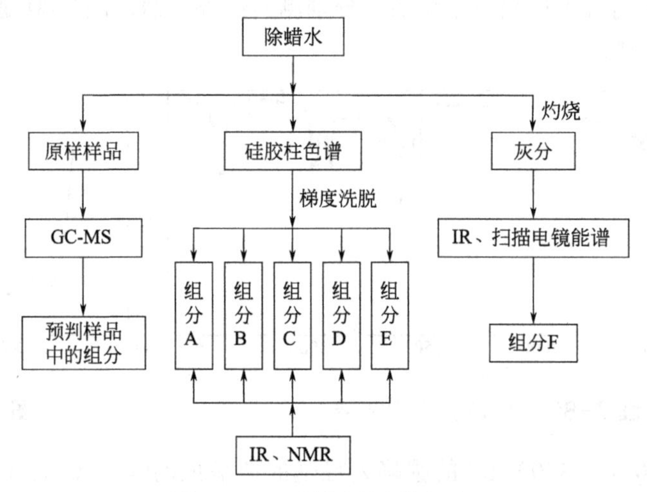

图 7-82 除蜡水的剖析程序

2. 仪器测试条件

（1）核磁共振光谱测试条件　Bruker AVANCE-300 超导核磁共振仪（瑞士 Bruker 公司），5mm BBO 探头，用单脉冲方法测定各待测样品的 ^{1}H-NMR、^{13}C-NMR 和无畸变极化转移增强（DEPT）135° 谱。^{1}H-NMR、^{13}C-NMR 和 DEPT 135° 的共振频率分别为 300.13 MHz、75.47 MHz 和 75.47 MHz。

（2）红外光谱测试条件　Nicolet Magna-760 红外光谱仪（美国 Nicolet 公司），光谱范围 4000～400cm^{-1}，中红外 DTGS 检测器，光谱分辨率 4cm^{-1}，累加扫描次数 32 次，扫描实时扣除 H_2O 和 CO_2 的干扰，电脑检测采用机带 Nicolet 红外标准谱库。制样：液体样品，采用溴化铊 KRS-5 片液膜法涂片；固体样品，用适量 KBr 混合后压片。

（3）GC-MS 测试条件　6890GC/5973i MS 型气相色谱 - 质谱联用仪（美国 Agilent 公司），AB-5MS（30m×0.25mm，0.25μm）弹性石英毛细管柱，柱温 70℃，以 10℃ /min 程序升温至 280℃，保持 13min。进样口温度 250℃，载气 He，流量 0.8mL/min，分流比 10∶1，进样量 1.0μL。EI 离子源，电子能量 70eV，离子源温度 230℃，扫描范围 *m/z* 29～550，电子倍增器电压 1500V，GC-MS 接口温度 280℃，Wiley7n.L 标准质谱库。称取样品 0.2g，用甲醇∶氯仿（1∶1）溶液 5mL 溶解，取 1.0μL 进行 GC-MS 分析。

（4）其他仪器测试条件　日立 HITACHI S-3700N 扫描电子显微镜（日本 Hitachi 公司），二次电子分辨率 3.0nm，放大倍率 100000 倍，加速电压 15kV。Metrohm 870 KF Titrino 水分测定仪（瑞士 Metrohm 公司）。

3. 剖析方法

（1）样品的初步分析　取适量除蜡水样品，进行 GC-MS 测试，预判样品中的组分。

（2）硅胶柱色谱分离提纯　采用柱色谱硅胶，湿法装柱。取 500mg 样品，干法上柱，依次用石油醚、石油醚：乙酸乙酯（9：1）、石油醚：乙酸乙酯（5：1）、石油醚：乙酸乙酯（2：1）、乙酸乙酯、乙酸乙酯：甲醇（9：1）、乙酸乙酯：甲醇（5：1）、乙酸乙酯：甲醇（2：1）、甲醇、甲醇：水（5：1）、水各 50mL 进行梯度洗脱。依次用 28 只标有编号的 25mL 烧杯接取洗脱液，每杯约 20mL，于红外灯下烘干，称重。以烧杯编号为横坐标、烧杯中残留物的质量为纵坐标，作柱色谱的流出曲线，得 A、B、C、D 和 E 五组分，分别进行 IR 和 NMR 测试。

（3）无机组分的鉴定　取适量原样于坩埚中，置于马弗炉中灼烧，对剩下的灰分分别做 IR 与扫描电镜能谱测试。

（4）样品的定量分析　采用质量法、核磁共振光谱法、卡尔费休法对除蜡水样品中的成分进行定量分析。

二、除蜡水中各组分的分析鉴定

1. 除蜡水的初步鉴定

图 7-83 是原样的 GC-MS 总离子流色谱图，对各峰的质谱数据进行谱库检索，检测出原样中的 8 种组分（表 7-10），分别为单乙醇胺、甘油、二乙醇胺、三乙醇胺、月桂酸单乙醇酰胺、亚油酸、油酸、月桂酸二乙醇酰胺。

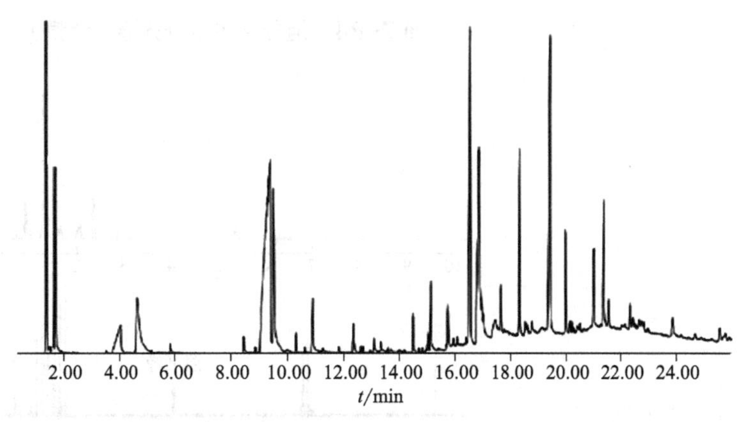

图 7-83　原样的 GC-MS 总离子流色谱图

2. 柱色谱分离组分的鉴定

（1）组分 A 的鉴定　测定组分 A 的红外光谱，如图 7-84 所示。图 7-84 中，3009cm^{-1} 处峰为 $\nu_{=CH}$，1711cm^{-1} 处峰为羧酸的 $\nu_{=CO}$，1284cm^{-1} 处峰为羧酸的 ν_{C-O-C}，938cm^{-1} 处峰为羧酸的 δ_{OH}。经谱库检索该

成分为油酸，匹配度 98%。

表7-10　原样的GC-MS鉴定结果

保留时间 /min	质谱数据（m/z）	组分
1.661	30，42，61	单乙醇胺
3.909	31，43，61，74，	甘油
4.611	30，45，56，74，105	二乙醇胺
9.189	30，45，56，74，118，149	三乙醇胺
16.455	30，43，60，72，85，103，116，130，144，158，170，183，200，212，243	月桂酸单乙醇酰胺
16.746	41，55，67，81，95，109，123，137，167，182，196，280	亚油酸
16.806	41，55，69，83，97，111，125，137，151，165，180，193，207，222，235，264，282	油酸
19.357	41，55，74，104，129，147，165，183，207，227，256，287	月桂酸二乙醇酰胺

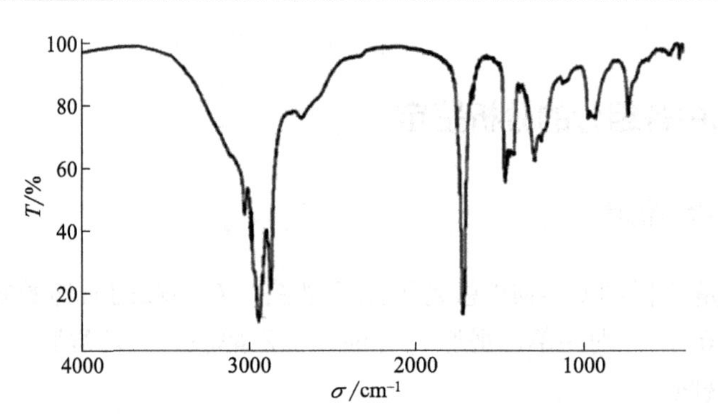

图 7-84　组分 A 的红外光谱（液膜）

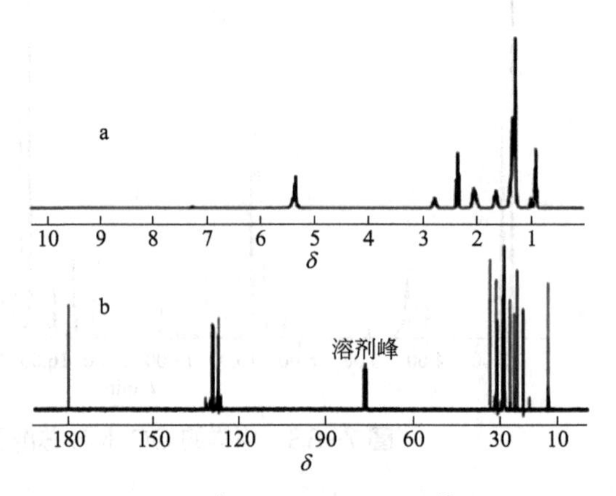

图 7-85　组分 A 的 ^{1}H-NMR（a）和 ^{13}C-NMR（b）谱

测定组分 A 的 NMR 谱，如图 7-85 所示。^{1}H-NMR 谱中 δ5.3（m）、δ2.3（t）、δ2.0（m）、δ1.6（m）、δ1.3（m）和 δ1.0（t）和 ^{13}C-NMR 谱中 δ180.6、δ130.6，δ34.1～14.1 为油酸的 NMR 特征吸收峰。油酸的 NMR 谱归属如下：

^{1}H-NMR:

1.0　1.3　2.0　5.3　2.0　1.3　1.6　2.3

$H_3C(CH_2)_6—\overset{H_2}{C}—\overset{H}{C}=\overset{H}{C}—\overset{H_2}{C}—(CH_2)_4—CH_2CH_2COOH$

^{13}C-NMR:

31.9~27.2　130.6　31.9~27.2　180.6

$H_3C(CH_2)_7—\underset{H}{C}=\underset{H}{C}—(CH_2)_6—CH_2COOH$

14.1　34.1

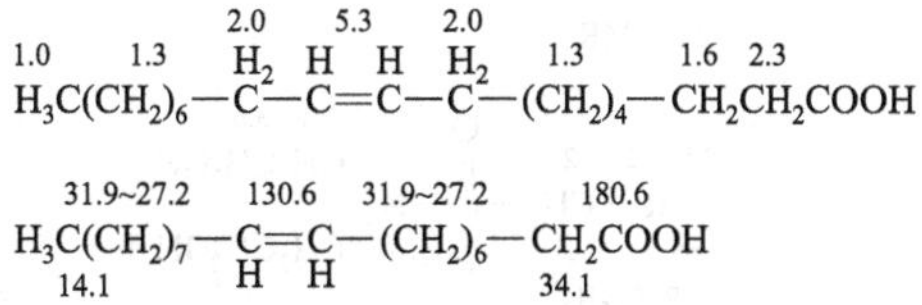

另外由^{1}H-NMR的δ2.8与^{13}C-NMR的δ129.7～130.8及δ126.9～128.8处峰（这些峰是亚油酸的特征），可知组分A中还含有亚油酸。亚油酸的NMR谱归属如下：

^{1}H-NMR:

1.0　1.3　2.0　5.3　2.8　5.3　2.0　1.3　1.6　2.3

$H_3C—(H_2C)_3—\overset{H_2}{C}—\underset{H}{C}=\underset{H}{C}—\overset{H_2}{C}—\underset{H}{C}=\underset{H}{C}—\overset{H_2}{C}—(CH_2)_4—CH_2CH_2COOH$

^{13}C-NMR:

130.8~126.9

31.9~27.2　31.9~27.2　180.6

$H_3C—(H_2C)_4—\underset{H}{C}=\underset{H}{C}—\overset{H_2}{C}—\underset{H}{C}=\underset{H}{C}—(CH_2)_6—CH_2COOH$

14.1　32.6　34.1

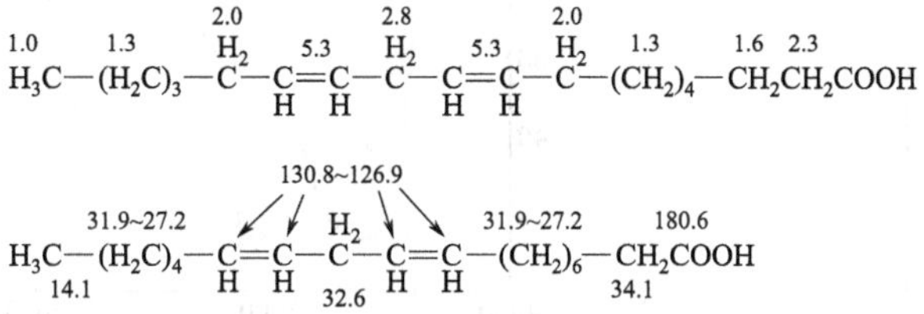

（2）组分B的鉴定　测定组分B的红外光谱，如图7-86所示。图7-86中，2920cm^{-1}、2850cm^{-1}、1466 cm^{-1}和721cm^{-1}处的吸收峰表明组分B中有长碳链，3298cm^{-1}处峰为ν_{NH}，1642cm^{-1}处强峰为酰胺的$\nu_{=CO}$。

测定组分B的NMR谱，如图7-87所示。^{1}H-NMR谱中δ3.6（t）、δ3.4（t）、δ2.3（t）、δ0.8~1.6（m）和^{13}C-NMR谱中δ174.8、δ61.5、δ42.2、δ36.6、δ14.3~31.9为月桂酸单乙醇酰胺的NMR特征吸收峰，因此可判定组分B为月桂酸单乙醇酰胺。月桂酸单乙醇酰胺的NMR谱归属如下：

^{1}H-NMR:

0.8~1.6　2.3　3.4　3.6

$R—CH_2—\overset{O}{\overset{\|}{C}}—\overset{H}{N}—CH_2CH_2OH$

R~$C_{10}H_{21}$

^{13}C-NMR:

14.5~32.3　61.5

$R—CH_2—\overset{O}{\overset{\|}{C}}—\overset{H}{N}—CH_2CH_2OH$

36.6　174.8　42.2

R~$C_{10}H_{21}$

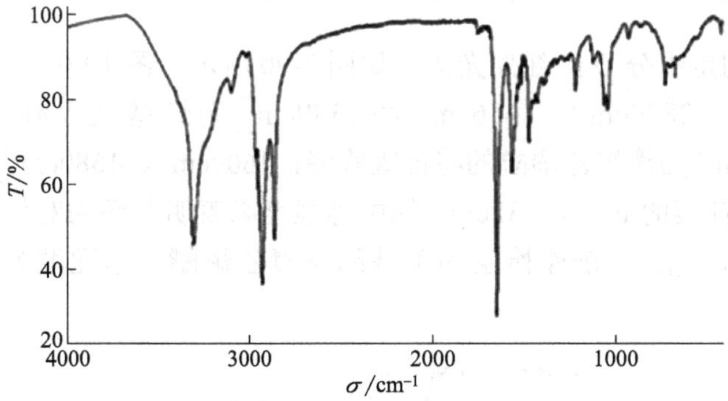

图7-86　组分B的红外光谱（KBr压片）

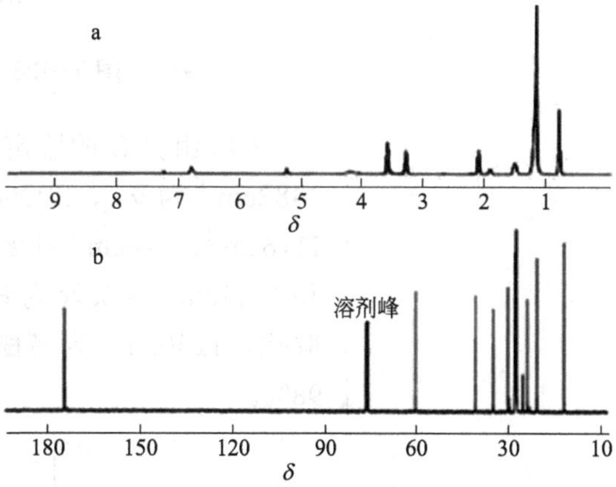

图7-87　组分B的^{1}H-NMR（a）和^{13}C-NMR（b）谱

（3）组分C的鉴定　测定组分C的红外光谱，如图7-88所示。图7-88与月桂酸二乙醇酰胺的红外标准谱图基本相符，其特征吸收峰为ν_{OH} 3384cm^{-1}、酰胺$\nu_{C=O}$ 1616cm^{-1}和二乙醇胺中的伯醇$\nu_{C—O}$ 1050cm^{-1}，这三个峰均为强峰。长碳链在1467cm^{-1}和721cm^{-1}也有特征峰。经谱库检索，该成分为烷基醇酰胺。

测定组分C的NMR谱，如图7-89所示。^{1}H-NMR谱中δ3.6(t)、δ3.4(t)、δ2.3(t)、δ1.5(m)、δ1.3(m)、δ0.8（t）和^{13}C-NMR谱中δ176.2、δ62.3、δ61.3、δ52.6、δ50.9、δ34.0、δ14.5~32.3为月桂酸二乙醇酰胺的NMR特征吸收峰，据此可知组分C为月桂酸二乙醇酰胺。月桂酸二乙醇酰胺的NMR谱归属如下：

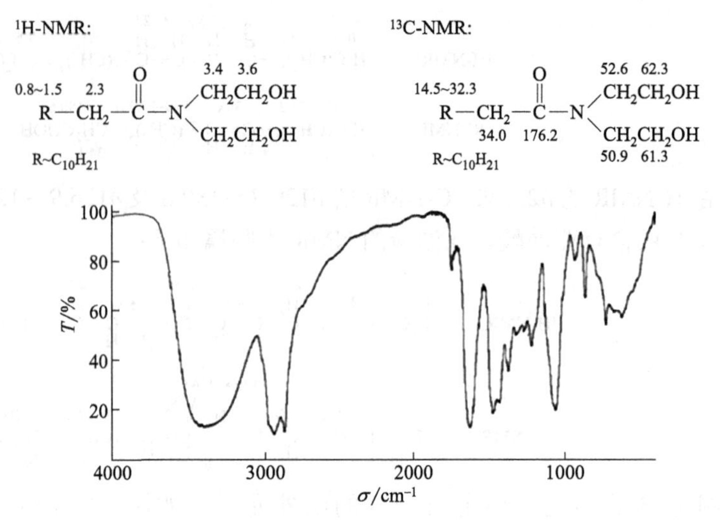

图 7-88　组分 C 的红外光谱（液膜）

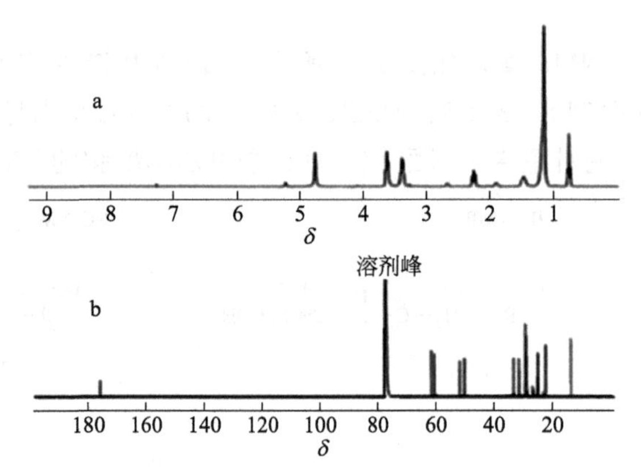

图 7-89　组分 C 的 ^{1}H-NMR（a）和 ^{13}C-NMR（b）谱

（4）组分 D 的鉴定　测定组分 D 的红外光谱，如图 7-90 所示。图 7-90 中，3482cm^{-1} 为 ν_{OH}，2926cm^{-1}、2870cm^{-1}、1456cm^{-1} 和 1349cm^{-1} 为烷基吸收峰，1116cm^{-1}、948cm^{-1} 和 885cm^{-1} 为聚氧乙烯醚的特征吸收峰，1609cm^{-1}、1580cm^{-1} 和 1511cm^{-1} 的尖峰为苯环骨架的 $\nu_{C=C}$，832cm^{-1} 的中等强度峰表明苯环为对位取代，1250cm^{-1} 为芳醚的 ν_{C-O-C}。谱库检索为壬基酚聚氧乙烯醚，匹配度为 98%。

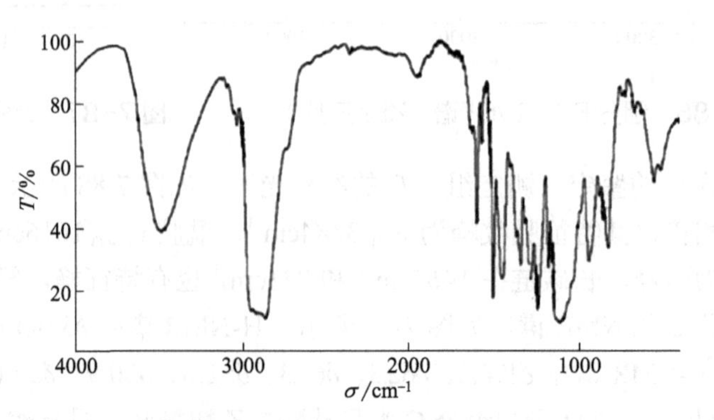

图 7-90　组分 D 的红外光谱（液膜）

测定组分 D 的 NMR 谱，如图 7-91 所示。^{1}H-NMR 谱中的 δ7.1（m）、δ6.7（d）、δ4.0（t）、δ3.7（t）、δ3.4～3.6（m）、δ0.73～1.24（m）和 ^{13}C-NMR 谱中的 δ156.2、δ139.7～142.7、δ126.8～127.7、δ113.6、δ72.6、δ71.3、δ70.0～71.0、δ67.1、δ61.3 和 δ8.9～52.0，表明组分 D 为壬基酚聚氧乙烯醚，其壬基由 3 个丙烯分子加和而成，因此有多种同分异构体。在 ^{1}H-NMR 谱中，苯环上 4 个 H 的积分之和为 2.00，EO 链 H 的积分之和为 20.01，因而 EO 数目为 10，同理可知烷基 H 的数目约为 19，进一步证实为壬基酚聚氧乙烯醚 -10。壬基酚聚氧乙烯醚 -10 的 NMR 谱归属如下：

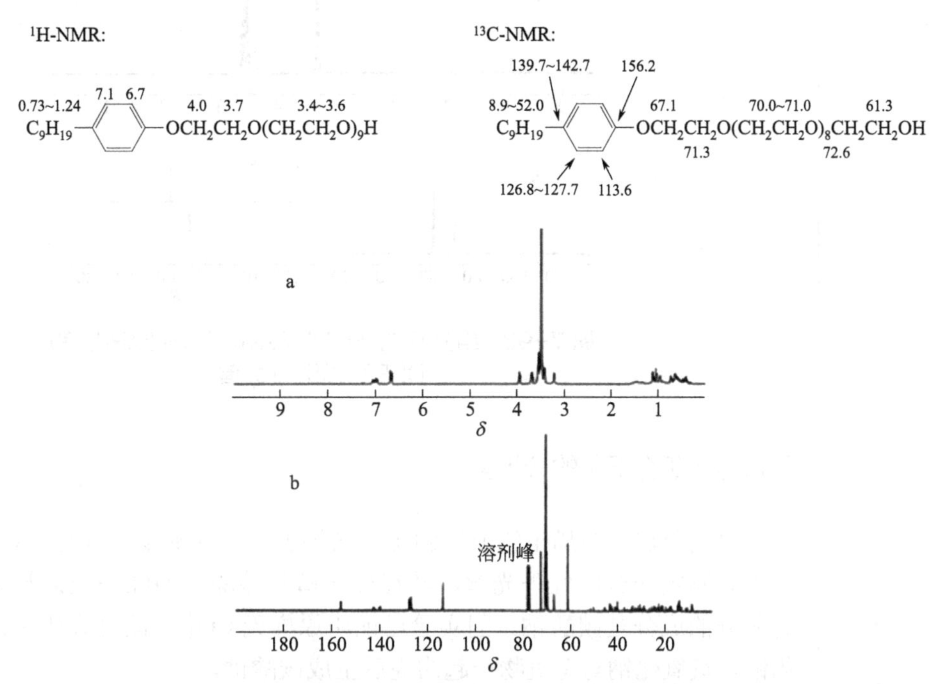

图 7-91　组分 D 的 ^{1}H-NMR（a）和 ^{13}C-NMR（b）谱

（5）组分 E 的鉴定　测定组分 E 的红外光谱，如图 7-92 所示。图 7-92 中，3318cm^{-1} 处峰为 ν_{O-H}，其强度反常地增高应为多个氢键缔合 OH 基团的贡献。2936cm^{-1} 处峰为 ν_{C-H}。谱库检索为甘油，匹配度为 99.5%。

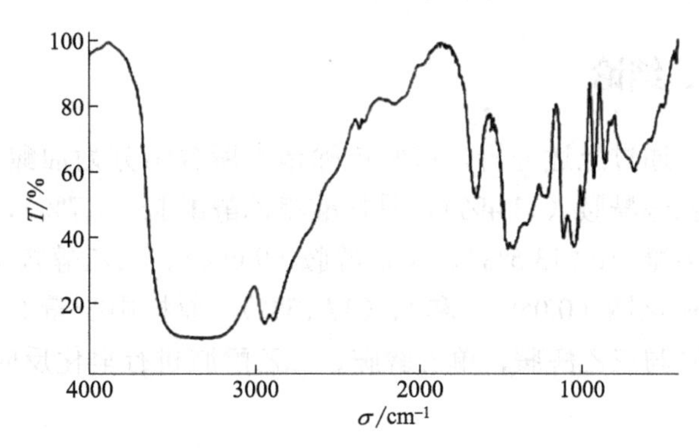

图 7-92　组分 E 的红外光谱（液膜）

测定组分 E 的 NMR 谱和 DEPT 135° 谱，如图 7-93 所示。^{1}H-NMR 谱中 δ3.6(m)、δ3.5(m)、δ3.4(m) 和 ^{13}C-NMR 谱中 δ72.1、δ62.6 为甘油的 NMR 特征吸收峰。据此可确定组分 E 为甘油。甘油的 NMR 谱归属如下：

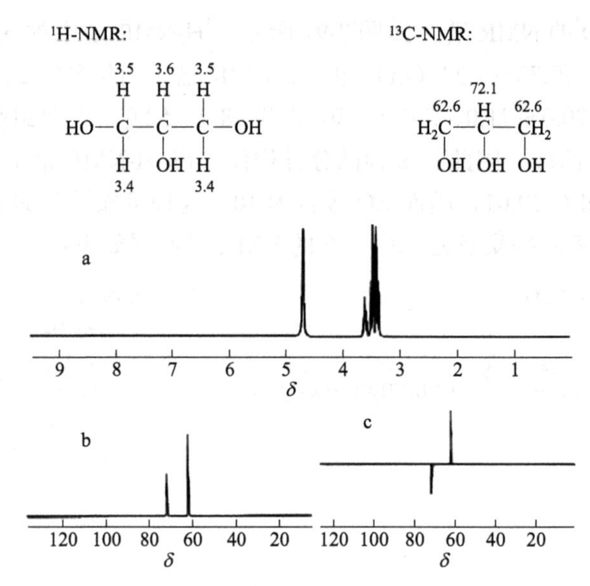

图 7-93 组分 E 的 ^{1}H-NMR(a)、^{13}C-NMR(b) 和 DEPT 135° (c) 谱

3. 灰分（组分 F）的分析鉴定

对灰分进行扫描电镜能谱测定，结果表明，该除蜡水含有 Na、C 和 O 三种元素。测定灰分的红外光谱，其红外光谱与碳酸钠的红外光谱基本一致，可判定灰分的成分是碳酸钠。因实验已证明原样无 CO_3^{2-}，故可确认原样中含有氢氧化钠，氢氧化钠与有机物一起灼烧后生成碳酸钠。

4. 卡尔费休法测定样品中的水分

标定卡尔费休试剂，得其滴定度为 4.3875mg/mL。称取 112.4mg 样品，进行水分测定，所得水分含量为 37.15%。

三、结论

通过上述分析，可知该除蜡水所含组分为油酸和亚油酸（12.6%）、月桂酸二乙醇酰胺（13.4%）、月桂酸单乙醇酰胺（1.7%）、甘油（1.3%）、壬基酚聚氧乙烯醚 -10（13.5%）、单乙醇胺（9.6%）、二乙醇胺（3.1%）、三乙醇胺（7.6%）、氢氧化钠（0.05%）和水（37.15%）。原样中少量的氢氧化钠可能是产品中工业油酸与三乙醇胺、单乙醇胺、二乙醇胺进行皂化反应所需的催化剂。

参考文献

[1] 王堃，杨俊玲 . 合成纤维油剂剖析方法探讨 . 第 11 届功能性纺织品、纳米技术应用及低碳纺织研讨会论文集 .2011，04: 426-428.

[2] 刘燕军，姜鹏飞，郑帼，刘玉 . 新型锦纶工业丝油剂的组成及结构剖析 . 天津工业大

学学报，2015，34(4): 22-26，33.
[3] 刘辉.再生纤维素纤维油剂的剖析和复配.煤炭与化工，2016，39(5): 31-33.
[4] 温正如，申屠鲜艳，汪雪，肖珊美.常见纺织油剂的结构及组分分析.金华职业技术学院学报，2010，10(3): 41-45.
[5] 王英，董慧茹，苏霞.光谱法分析合成纤维油剂的组成及结构.合成纤维工业，2004，27(3): 55-58.
[6] 吴瑾光主编.近代傅里叶变换红外光谱技术及应用(下卷).北京：科学技术文献出版社，1994.
[7] 李立平，吕世静，李照等.氨基硅油柔软剂的分析与配制.印染助剂，1998，15(2): 30-32.
[8] 陶红，董慧茹，王楠楠，毕鹏禹.润滑油黏度指数改进剂组成的综合分析方法.北京化工大学学报，2006，33(1): 77-81.
[9] 董慧茹，毕鹏禹，陶红，王楠楠.乙丙共聚物-聚苯乙烯共混物的序列结构表征.北京化工大学学报，2006，33(3): 85-88.
[10] 李三喜，马瑞春，张帆.乙丙共聚物的 ^{13}C-NMR 研究.波谱学杂志，1998，15(2): 109-116.
[11] Hansen E W，Redford K，Oeysacd H.Improvement in the determination of triad distribution in ethylene-propylene copolymers by ^{13}C nuclear magnetic resonance.Polymer，1996，37: 19-24.
[12] Carman C J，Harrington R A，Wilkes C E.Monomer sequence distribution in ethylene-propylene rubber measured by ^{13}C NMR use of reaction probability model.Macromolecules，1977，10: 536-544.
[13] Hansen E W，Redford K，Oeysacd H.Improvement in the determination of triad distribution in ethylene-propylene copolymers by ^{13}C nuclear magnetic resonance.Polymer，1996，37: 19-24.
[14] 周添国.用红外光谱剖析一种进口车蜡.广州化工，1998，26(2): 40-44.
[15] 周风山，郭焱，卢凤纪.蒸汽驱油用高温发泡剂 SD1020 组分剖析研究.理化检验-化学分册，2000，36(10): 469.
[16] 程传格，刘建华，董福英，江婷，李淑娥.进口水溶性助焊剂的分析.化学分析计量，1999，8(3): 16-17，23.
[17] 王小燕，何清，胡晓波.光谱法分析塑料抛光膏的组分.光谱实验室，2010，27(2): 489-492.
[18] 何佳正，顾舸，杨改霞，谢武，张秀玲，苏冬.红外光谱法剖析全合成金属切削液.广东化工，2017，44(15): 88-90.
[19] 旬合.工业洗涤剂的剖析研究[硕士学位论文].华南理工大学，2011.

总结

纺织助剂的剖析

- 包括整理剂、煮练剂和染色助剂剖析。

石油制品中添加剂的剖析

- 添加剂的分离纯化，可采用溶剂萃取法、柱色谱法和膜渗析法。
- 添加剂的结构鉴定，无机元素分析可用原子光谱法，元素价态和相态分析可用电子能谱和X射线衍射法，有机组分结构分析可用波谱法。

化学品和助剂等的剖析

- 进口车蜡的剖析。
- 发泡剂的剖析。
- 助焊剂的剖析。
- 水泥泡沫剂的剖析。

第七章

- ○ 原油破乳剂的剖析。
- ○ 抛光剂和抛光膏的剖析。
- ○ 金属切削液的剖析。
- ○ 工业除蜡水的剖析。

思考题

1. 什么是纺织助剂？油剂的主要功用是什么？
2. 怎样对织物上的整理剂进行分离与鉴定？
3. 某煮练助剂是由烷基磺酸钠、烷基酚聚氧乙烯醚和烷基磷酸酯组成，如何对其进行分离鉴定？它们的红外光谱各具有什么特征？
4. 匀染剂SF是一种染色助剂，如何对其所含组分进行分离与鉴定？
5. 为什么在对石油制品中的添加剂进行分离时，必须先除去基础油等主体组分？
6. 石油制品添加剂的分离，常用的分离方法有哪些？
7. 已知日本进口T-500涤纶短纤维油剂的主要组分为单十二烷基磷酸、双十二烷基磷酸和磷酸三甲酯，如何将三者分离与鉴定？
8. 已知某进口松香焊膏由锡、铅（约占总量的95%）和助焊剂（约占总量的5%）两部分组成，又知助焊剂含有松香酸、聚乙二醇二丁醚、聚乙二醇独丁醚和硬脂酸酰胺4种有机组分。如何将焊膏中的锡、铅与助焊剂分开？又如何对助焊剂中的4种有机组分进行分离鉴定？

课后练习

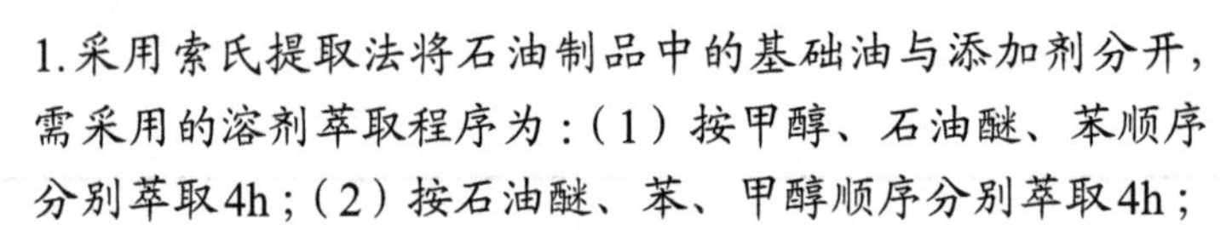

1. 采用索氏提取法将石油制品中的基础油与添加剂分开，需采用的溶剂萃取程序为：（1）按甲醇、石油醚、苯顺序分别萃取4h；（2）按石油醚、苯、甲醇顺序分别萃取4h；（3）按石油醚、甲醇、苯顺序分别萃取4h；（4）按苯、甲醇、石油醚顺序分别萃取4h
2. 膜渗析法可用于分离石油制品中：（1）聚异丁烯和二硫代甲氨酸锌；（2）聚酯和聚酰胺；（3）酚类和二烷基二硫代磷酸锌；（4）磺酸盐和聚甲基丙烯酸酯
3. 蒸汽驱油用高温发泡剂SD1020的主乳化剂为：（1）十二烷基苯磺酸钠；（2）壬基酚聚氧乙烯醚；（3）氯化十六烷基吡啶；（4）烷氧基聚氧乙烯醚基甲苯磺酸钠
4. TRET-O-LITE DS-690原油破乳剂的主要成分为：（1）阴离子表面活性剂；（2）阳离子表面活性剂；（3）非离子表面活性剂；（4）两性表面活性剂

简答题

1. 某原油降凝剂的主组分为乙烯-乙酸乙烯酯共聚物，助剂为煤油。如何将两者分开，又如何对聚合物的结构进行鉴定？

2. 抛光膏是用于金属、塑料及竹器等抛光的固体油膏，它由油脂和磨料两部分组成。已知某抛光膏的磨料部分为 Cr_2O_3 和 α-Al_2O_3，油脂部分为石蜡油和月桂酸。如何将这两部分分开？采用何种方法对分开后磨料部分的组分进行鉴定？又如何对油脂部分所含的两组分进行继续分离与结构鉴定？

（www.cipedu.com.cn）

设计问题

1. 已知某有机磷阻燃剂乳浊液含有A、B、C三种助剂，它们为三种不同类型的非离子表面活性剂，三者的极性为C＞B＞A，设计出一个剖析程序。

2. 已知某化学脱脂除油剂含有十二烷基苯磺酸钠、壬基酚聚氧乙烯醚、三聚磷酸钠、大量的碳酸钠和极少量的二氧化硅，设计出一个剖析程序。

（www.cipedu.com.cn）

第八章　高分子材料剖析

(A)

(B)

图（A）所示物品或含有高分子材料或由高分子材料制成，图（B）为塑料薄膜建造的蔬菜种植大棚。高分子材料的用途极其广泛，生活中到处可见，在国民经济的众多领域发挥着重要作用。高分子材料剖析是高分子设计、聚合过程研究、老品种改性和新品种开发等不可缺少的一个重要环节。

为什么要学习高分子材料剖析？

高分子材料在国民经济的各领域和人们的日常生活中有着极其广泛的应用，其重要性不言而喻。高分子材料大多数是组成复杂的混合物，面对一未知高分子材料，如何有效地将各组分分离纯化，如何对分开的各个组分进行定性分析和结构表征，通过本章的学习这些问题都会获得基本解决。

学习目标

- 指出并描述高分子材料的分类和高分子材料的用途。
- 简述高分子材料的初步定性方法。
- 初步掌握高分子材料的分离与纯化方法。
- 简述高分子材料中增塑剂、抗氧剂、填料及增强剂的分离与鉴定方法。
- 指出高分子材料定性及结构分析中常用的仪器方法，并指出每种方法的优势与不足。
- 查阅文献，举出一个高分子材料的剖析实例。

第一节　高分子材料的简单定性分析

高分子材料在国民经济的各领域和人们的日常生活中有着极其广泛的应用，高分子材料的剖析已成为一门非常实用的分析技术，它是高分子设计、聚合过程研究、老品种改性和新品种开发等不可缺少的一个重要环节。

一、高分子材料的分类

高分子材料是指以高聚物为基础组分，加有各种有机、无机添加剂配制而成的各种加工成型材料。也就是说，在大多数高分子材料中除高分子聚合物基体外，一般还含有增塑剂、防老剂、稳定剂、增强剂、颜料和填料等各种小分子的有机和无机添加剂。添加剂被物理地分散在聚合物母体中，虽然添加剂的含量大多较低，但是能明显改善高分子材料的成型加工性能，并使其具有各种实用功能。在聚合物中还常有残余单体、引发剂、催化剂、链中止剂、乳化剂、溶剂等反应与加工助剂。高分子材料是组成复杂的一种体系，高分子、小分子、有机物、无机物共存，每种组分有其特定的作用。高分子材料的剖析工作涉及高分子化合物、小分子有机物、无机物三个方面的分离、纯化、鉴定，需全面了解各种组分的性能与作用。根据高分子材料的性能和用途分类，本章主要介绍塑料、橡胶和纤维。

1. 塑料

塑料是在一定温度、压力下可塑成一定形状并且在常温下保持其形态不变的材料。塑料的力学性能介于橡胶和纤维之间，有很广的应用范围。根据塑料受热后形态性能表现的不同分为两类。受热后可塑化或软化，冷却后又变硬成型，这一过程可反复进行的称为热塑性塑料。主要品种有聚氯乙烯、聚乙烯、聚丙烯等。热塑性塑料为线型结构，可以反复成型，这对塑料制品的回收再生利用很有意义。受热后塑化或软化并发生交联反应而固化成型，冷却后再受热时不能回复到可塑状态的称为热固性塑料。热固性塑料为体型结构，主要品种有不饱和聚酯、环氧树脂、酚醛树脂、氨基树脂等。按塑料的用途可分为通用塑料和工程塑料两大类。通用塑料的产量大、价格较低、力学性能一般、用途广，如聚氯乙烯、聚乙烯、聚丙烯、聚苯乙烯等。工程塑料的综合性能优异，机械强度好，具有耐热耐磨性能和良好的尺寸稳定性，作为结构材料使用。工程塑料主要品种有聚酰胺、聚碳酸酯、聚甲醛、改性聚苯醚、聚酯、聚砜、聚苯硫醚等。

概念检查 8.1

○ 指出并描述热塑性塑料和热固性塑料的主要区别，每种类型塑料各举两个实例。

2. 橡胶

橡胶在很宽的温度（–50～150℃）范围内具有高弹性，受到很小的作用力就能产生很大的形变（500%～1000%），去除外力后能立刻恢复原状，又称为高弹体，如丁苯橡胶、顺丁橡胶、丁腈橡胶、氯丁橡胶、氟橡胶等。橡胶具有独特的高弹性，还具有良好的电绝缘性、耐老化、耐腐蚀性及耐磨性等。在高温下能塑化成型而在室温下又能显示橡胶弹性的一类材料称为热塑性弹性体，如苯乙烯嵌段共聚物类、聚氨酯类和聚酯类热塑性弹性体，在加工这类材料的过程中产生的边角料及废料可重复加工使用。

3. 纤维

纤维是指长度比其直径大很多倍，并具有一定柔韧性的纤细物质。纤维不易变形，伸长率小（<10%～50%）。棉、麻、丝、毛等属于天然纤维。对天然高聚物进行化学改性可得到人造纤维，如黏胶纤维、乙酸纤维等。合成纤维由合成的高聚物加工制成，如聚酯纤维（涤纶）、聚酰胺纤维（锦纶）和聚丙烯腈纤维（腈纶）。

实际上，塑料、橡胶和纤维很难严格区分，同一种聚合物用不同的制备方法、制备条件及加工方式可得到不同的材料。如尼龙可作塑料用，也可作纤维用。剖析高分子材料时搞清楚高聚物的类型，对添加剂的分析帮助很大，凭实际经验以及查阅有关资料可知某种高聚物所加主要添加剂的种类。

二、高分子材料的用途和外观

剖析一个未知的高分子材料，首先要对样品的来源和用途进行深入调查。某种材料具有某方面的用途，从重要用途出发寻找适用的高分子材料，得到高聚物基础组分组成的类型，引导剖析的方向，提高

剖析的效率。在了解该样品的固有特性、使用特性、生产厂家、商品牌号、用途及可能含有的组分结构的基础上，通过查阅资料获得更多信息，缩小剖析的范围。要强调的是，剖析工作者必须具备一定的高分子方面的知识，对高分子材料的应用有所研究。如应用于低摩擦的材料可能是尼龙、聚甲醛、聚乙烯，应用于重负荷的机械部件可能是尼龙、聚甲醛、聚碳酸酯、填充纤维的酚醛树脂等；应用于化工设备和耐热设备的材料可能是氯化聚醚、氟碳聚合物、聚丙烯、高密度聚乙烯、酚醛树脂、聚酰亚胺、芳香族聚酯和环氧玻璃钢等；应用于电气结构的有环氧树脂、氨基树脂、醇酸树脂、聚碳酸酯、酚醛树脂等。

对高分子材料的外观（透明度、颜色、色泽、硬度、弹性等）进行仔细观察，初步判断样品的类别，提供高聚物的结构信息。透明度很好的材料不可能是结晶性很好的高聚物，如聚乙烯、聚丙烯、聚甲醛、聚四氟乙烯等。用作透明制品的高分子材料有聚丙烯酸酯、聚甲基丙烯酸酯类（聚甲基丙烯酸甲酯）、聚碳酸酯等。聚对苯二甲酸乙二醇酯在结晶度低时是透明的，结晶度高时成为白色。添加剂加入量的多少也会影响透明度。

三、高分子材料的燃烧试验

将样品在火焰上直接燃烧，观察其外形变化、燃烧的难易、燃烧时颜色的变化及释放出气体的颜色、气味和酸碱性等，对初步判断高聚物样品的组分很有帮助。含碳、氢、硫的高分子材料易燃烧；含氯、氮的样品难燃烧，离开火焰后熄灭；含氟、硅的高分子材料不燃烧；含苯环的聚合物燃烧时冒出浓烟及生成烟炱。燃烧试验鉴定高聚物有一定的局限性，样品中含有阻燃剂或某种无机填料会影响燃烧特性。燃烧试验属于破坏性试验，样品少时不宜采用。一些高聚物燃烧时的特点见表 8-1。

表8-1 一些高聚物燃烧时的特点

聚合物类别	燃烧性	试样的外形变化	分解出气体的酸碱性	火焰特征	分解出气体的气味
聚四氟乙烯	不燃烧	无变化	强酸性		在烈火中分解出刺鼻的氟化氢
聚三氟氯乙烯	不燃烧	变软	强酸性		在烈火中分解出刺鼻的氟化氢和氯化氢
酚醛树脂	火焰中很难燃烧，离开火焰后自灭	保持原形，然后开裂和分解	中性	发亮，冒烟	酚与甲醛味
脲醛树脂、三聚氰胺树脂	火焰中很难燃烧，离开火焰后自灭	保持原形，然后开裂和分解	碱性	淡黄，边缘发白	氨，胺（鱼腥），甲醛味
氯化橡胶	火焰中能燃烧，不容易点燃，离开火焰后自灭	分解	强酸性	边缘发绿	氯化氢与焚纸味

续表

聚合物类别	燃烧性	试样的外形变化	分解出气体的酸碱性	火焰特征	分解出气体的气味
聚氯乙烯、聚偏氯乙烯	火焰中能燃烧，不容易点燃，离开火焰后自灭	首先变软，然后分解，样品变为褐色或黑色	强酸性	黄橙，边缘发绿	氯化氢味
氯化聚醚		变软，不淌滴	中性	绿，起炱	
氯乙烯－丙烯腈共聚物		收缩，变软，熔化	酸性	黄橙，边缘发绿	氯化氢味
氯乙烯－乙酸乙烯酯共聚物		变软	酸性	黄，边缘发绿	氯化氢味
聚碳酸酯		熔化，分解焦化	中性，开始为弱酸性	明亮，起炱	无特殊味
聚酰胺	火焰中能燃烧，不太容易点燃，离开火焰后自灭	熔化，淌滴然后分解	碱性	黄橙，边缘蓝色	烧头发、羊毛味
三乙酸纤维素	火焰中能燃烧，容易点燃，离开火焰后自灭	熔化，成滴	酸性	暗黄，起炱	乙酸味
苯胺－甲醛树脂		胀大，变软分解	中性	黄，冒烟	苯胺，甲醛味
聚乙烯醇	火焰中能燃烧，离开火焰后慢慢自灭	熔化，变软，变褐色，分解	中性	明亮	刺激味
层压酚醛树脂		通常会焦化	中性	黄	苯酚与焚纸味
苄基纤维素		熔化，焦化	中性	明亮，冒烟	苯甲醛味
醇酸树脂	火焰中能燃烧，不太容易点燃，离开火焰后能继续燃烧	熔化，分解	中性	明亮	刺激味（丙烯醛）
聚对苯二甲酸乙二醇酯		变软，熔化淌滴		黄橙，起炱	甜香，芳香味
聚乙烯		熔化，缩成滴	中性	明亮（中间发蓝）	石蜡味
聚丙烯			中性	明亮（中间发蓝）	石蜡味
聚乙烯醇缩丁醛			酸性	蓝，边缘发黄	腐臭的奶油气味
聚乙烯醇缩乙醛			酸性	边缘发紫	乙酸味
聚乙烯醇缩甲醛			酸性	黄－白	稍有甜味
聚酯（玻璃粉填料）			中性	黄，明亮，起炱	辛辣味
丙烯酸酯树脂				黄，边缘发蓝	酯味
聚甲基丙烯酸甲酯	火焰中能燃烧，很容易点燃，离开火焰后继续燃烧	变软，稍有焦化	中性	黄，边缘发蓝，明亮，稍起炱，有破裂声	水果甜味
聚苯乙烯和聚甲基苯乙烯		变软	中性	明亮，起炱	甜味（苯乙烯）
聚乙酸乙烯酯			酸性	深黄，明亮，稍起炱	乙酸味

续表

聚合物类别	燃烧性	试样的外形变化	分解出气体的酸碱性	火焰特征	分解出气体的气味
天然橡胶	火焰中能燃烧，很容易点燃，离开火焰后继续燃烧	变软，燃烧过的部分发黏	中性	深黄，起炱	烧橡皮味
硫化的丁腈橡胶		变软	中性	黄，起炱	烧橡皮味
聚丙烯酸酯		熔化与分解	中性	明亮，起炱	刺鼻味
聚异丁烯			中性	明亮	与焚纸味相似
聚甲醛			中性	蓝	甲醛味
丙酸纤维素		熔化，形成继续燃烧的小球	酸性	深黄，稍起炱	丙酸和焚纸味
乙酸－丙酸纤维素			酸性	深黄，稍起炱	丙酸和乙酸味
乙酸－丁酸纤维素			酸性	深黄，稍起炱	丙酸和丁酸味
甲基纤维素		熔化，焦化	中性	黄绿	稍有甜味，焚纸味
聚氨酯		熔化，淌滴，燃烧迅速，焦化		黄橙，冒灰烟	辛辣刺激味
硝酸纤维素	火焰中能燃烧，非常容易点燃，离开火焰后继续燃烧	燃烧剧烈，完全	强酸性	发光，褐色气体	二氧化氮味

四、高分子材料的干馏试验

热塑性和热固性高聚物的鉴别：在金属片上隔火逐渐加热，如样品逐渐变软，出现可塑性或黏流性则是热塑性高聚物。否则，为热固性高聚物。加热到400℃以上无论是热塑性还是热固性均炭化，只有少数耐高温聚合物保持原形不变，如聚酰亚胺、聚四氟乙烯等。加热到600℃以上所有的高聚物均分解成小分子化合物跑掉，若此时仍有残渣，系为材料中的无机填料。

干馏试验是检验材料在不与火焰接触下的加热行为。对高分子材料特别是不熔（不溶）的热固性高聚物，如硫化橡胶、交联聚苯乙烯等，采用干馏试验（热裂解法）进行初步鉴定非常方便有效。取少量样品放入小试管内，在试管口放一片湿润的pH试纸或塞上一团用水或甲醇湿润过的棉花，慢慢地加热试管，使样品分解，观察样品的变化和裂解出气体的气味。如有气体馏出，把馏出的气体通入硝酸银溶液中，检验有无氯离子。取管壁上液滴涂膜做红外光谱，有高聚物裂解的红外谱图可供查阅。

五、高分子材料的溶解性试验

高分子化合物的溶解速度很慢，一般先溶胀再溶解，整个溶解过程常历时数小时到数天，甚至更长时间。高分子材料的溶解性不仅与化学组成有关，还与高聚物的分子量、规整度、结晶度有关。分子量越大，溶解度越小；结晶度越大，越难溶解。交联结构的体型高聚物只能在一些溶剂中溶胀，不能溶解。高分子材料的溶解性还受温度和加工助剂的影响。

当初步判断样品是几种有限高聚物中的一种时，可用溶解性试验进一步判断。试验时样品应尽量粉碎，加大与溶剂的接触面，以利于溶解。通过溶解性试验可对高聚物类别进行初步归属。一些高聚物在常用溶剂中的溶解性能见表 8-2。

表8-2 一些高聚物在常用溶剂中的溶解性能[1]

溶 剂	可溶聚合物
乙醚	酚醛树脂，聚苯乙烯
环己酮	聚氯乙烯，硝酸纤维素，氯乙烯 / 偏氯乙烯共聚物
氯仿	聚二苯醚，甲基纤维素，双酚 A 的碳酸酯，聚乙烯乙酸酯，聚乙烯缩醛，聚碳酸酯，聚砜，聚苯乙烯
苯	聚丙烯（无规），聚苯乙烯，聚甲基丙烯酸酯，聚乙烯正丁基醚，聚酯，聚乙烯醇缩醛
二甲苯	聚丙烯（等规），聚乙烯，聚苯乙烯，氯化聚烯，聚甲基丙烯酸酯
甲醇	聚乙烯甲基醚，聚乙烯醇，酚醛树脂，醇酸树脂，聚乙二醇
丙酮	乙酸纤维素，酚醛树脂，聚乙烯乙酸酯，聚乙烯醇缩甲醛，ABS 共聚物，氟树脂
甲酸	聚酰胺类，聚酰亚胺，聚甲基丙烯酸甲酯
乙酸乙酯	聚乙烯醇缩丁醛，ABS 共聚物，聚苯乙烯
水	聚乙烯醇，甲基纤维素，聚甲基丙烯酸
二甲基甲酰胺	聚甲醛（热），聚乙烯醇，聚酰亚胺
二甲基亚砜	聚乙烯醇，聚甲醛，聚酰亚胺
苯甲醇	聚酰胺，聚酯，乙酸纤维素
二氧六环	聚碳酸酯，聚偏氟乙烯，双酚 A- 环氧树脂
四氯乙烷 - 苯酚	PBT（聚对苯二甲酸丁二醇酯）

第二节 高分子材料的分离与纯化

高分子材料通常属于复杂物质体系，其基体是分子量不同、结构类型和性能不同的聚合物（共聚或共混），添加剂也不止一种，除增塑剂和阻燃剂外，添加剂的加入量一般在 0.1%～1% 之间，所以分离、纯化是鉴定高分子材料的关键。既要精心选择方法严格操作，又需查阅资料以协助判断。一般高聚物组分，尤其是添加剂组分不经分离是不可能确定的。剖析时主要是利用高聚物及各种添加剂的物理性质差异，对组分进行分离和纯化，而其化学组成并不改变。高分子材料剖析的一般程序如图 8-1 所示。

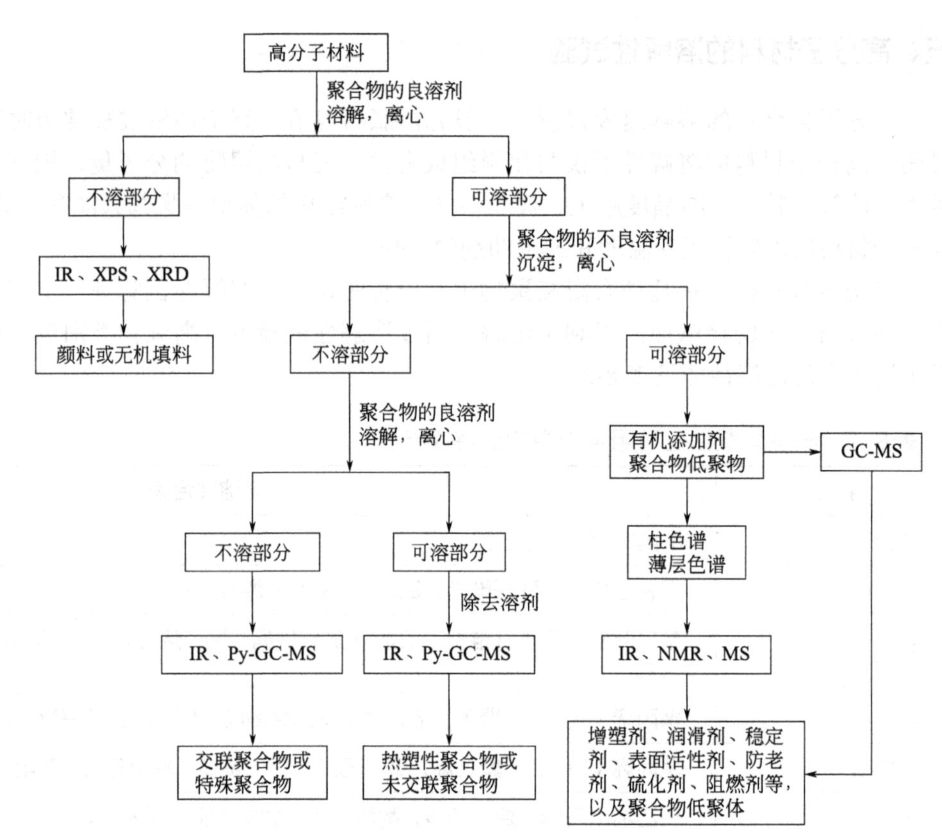

图 8-1　高分子材料剖析的一般程序

一、溶解沉淀法

溶解沉淀法用于分离高分子材料中的高聚物和添加剂。热塑性材料可以找到一种适当的溶剂将高聚物完全溶解，先过滤或离心除去不溶解的无机填料、颜料等。然后，可以用两种办法使高聚物沉淀，一种是将高聚物溶液在不断搅拌下慢慢滴入沉淀剂中，常用沉淀剂为甲醇、乙醇，用量为溶液量的十倍；另一种是在不断搅拌下将沉淀剂滴入高聚物溶液中，直到产生浑浊为止，而后加快沉淀剂的加入速度，总加入量为溶液量的十倍。过滤沉淀，用沉淀剂洗涤沉淀物数次或重复沉淀，以得到较纯的高聚物。高分子材料中可溶性添加剂留在滤液中，将滤液于红外灯下或水浴中慢慢蒸干，待分析鉴定。例如剖析聚苯醚时，以 $CHCl_3$ 为溶剂，以甲醇为沉淀剂，反复数次，提出磷酸三苯酯。注意，应用溶解沉淀法时，所选的溶剂能溶解有机添加成分和高聚物，沉淀剂不溶解欲剖析的高聚物但溶解有机添加成分，沉淀剂能与溶剂以任意比例相互溶解。过滤沉淀时可先离心，再取上层清液过滤。如遇不宜过滤时，可采用两层滤纸间均匀地铺脱脂棉或将滤纸用 5% 盐酸煮成浆状，将其铺在瓷漏斗上抽滤，得到的透明液蒸干待测。采用第二种沉淀方法时，沉淀剂沸点应比溶剂沸点高。溶解沉淀法有时分离不完全，有些添加剂混在高聚物中并不溶解或者沉淀出的高聚物残留少量添加剂，如剖析某塑料中的十溴二苯醚即是一例，需严格检查，切莫丢失组分。有时分离出来的添加剂中带有低分子量的高分子聚合物，也会造成分离不完全。

某些情况下也利用改变温度使高聚物的溶解度发生变化，将高聚物与添加剂初步分离。如聚苯乙烯溶于沸腾苯中，冷却溶液，高聚物析出，与添加剂分离。

二、萃取法

根据高聚物和添加剂溶解度的差异，选择合适的溶剂体系，于索氏提取器中连续提取，使高聚物与添加剂、高聚物之间以及添加剂之间得到初步分离。萃取法常用于从固体高分子材料中提取添加剂成分，此法最适用于热固性材料，样品尽量粉碎后用各种溶剂将可溶性助剂提取出来。如 PBT 中的硬脂酸、烷烃可采用此法提出。萃取法有时也用于分离高分子共混物，如聚氯乙烯中少量的氯化聚乙烯可以用四氯化碳萃取出来[2]。用萃取法分离某些高聚物中添加剂，常用的提取溶剂为：聚乙烯——用苯、甲醇、氯仿、水；聚氯乙烯——用环己烷、氯仿、丙酮；聚甲醛——用氯仿、水、盐酸水解；橡胶——用水、95%甲醇、乙醇 + 盐酸、丙酮、乙醚。

该法注意事项如下：①样品尽量粉碎。难粉碎时，可先用溶剂溶解，再以沉淀剂沉出高聚物（溶液留用，因其中含添加剂）后再行萃取。②添加剂只涂于材料表面时，可刮下表面层萃取。③萃取温度应比所用溶剂沸点低。温度过高时易将低聚物萃取出，影响添加剂分析。如剖析 PBT 时，即使使用的溶剂极性很弱，温度也不高，仍有很多低聚物被萃取出。应选用对高聚物溶解度小的溶剂。④通常用旋转蒸发和 K-D 浓缩法除去萃取液中的溶剂。⑤萃取液蒸干后的残渣应先做红外光谱分析，再进一步分离。这样可知主添加剂是什么，为下一步分离提供参考。

微波辅助萃取（MAE）是一种高效萃取技术，它是利用微波能量加热样品与溶剂的混合物，使待测物从样品中分离出来并进入溶剂的样品前处理过程。因在密闭的容器中进行，萃取温度可以按需求提高，进而使待测物在样品与溶剂之间的传质大大加快，萃取效率明显提高。通常一个 MAE 萃取过程所需时间 10～30min，溶剂用量 10～30mL。与传统萃取技术相比，MAE 的溶剂使用量和样品的处理时间都明显减少。

李进颖[3]综述了 MAE 技术在高分子材料添加剂分析中的应用及进展。林殷等[4]利用 MAE 技术建立了同时测定聚合物材料中 9 种有机磷酸酯化合物（OPEs）的分析方法。色谱 - 质谱分析条件：HP-5MS 色谱柱（30m×0.25mm，0.25μm），初始柱温 100℃，保持 0.5min，以 25℃ /min 的速率升至 300℃，保持 1min，进样口温度 290℃，进样量 1μL，载气 He，流量 1mL/min；EI 离子源，离子源温度 250℃，电离能量 70eV，全扫描与选择离子扫描模式。将样品破碎为不大于 5mm×5mm 的小块并混合均匀，取 0.1g 置于聚四氟乙烯萃取套管中，加入 15mL 丙酮，放入微波萃取仪中，萃取温度 110℃，萃取时间 10min。萃取完后将萃取液移至 25mL 容量瓶中，用少量丙酮洗涤残渣及套管，洗涤液全部收集到容量瓶后，定容并摇匀，取经 0.45μm 滤膜过滤后的滤液 1μL 进行 GC-MS 分析。采用该法对 32 个聚合物样品进行了测试，样品的加标回收率为 86.5%～106.0%，RSD 为 1.6%～8.6%，9 种 OPEs 的检出限为 0.2～1.9mg/kg。

三、高分子复合材料的分离

将两种或两种以上物理和化学性质不同的物质，用适当的工艺方法组合起来，得到性能优于组成它的材料或具有新的性能特点的多相固体材料，称之为复合材料。根据构成原料在复合材料中的形态，可分成基体材料和分散材料。高分子复合材料包括两类：①聚合物为基体，纤维类增强材料为增强剂的聚合物基复合材料；②聚合物为基体，其他高聚物、非聚合物纳米粒子、无机物纳米粒子为分散材料的聚合物基纳米复合材料，如橡胶 / 炭黑增强体系、聚合物 / 黏土纳米复合材料等。通常高分子复合材料中的

分散材料不溶于有机溶剂，因而可选择适当有机溶剂溶解复合材料中的高聚物而使其与分散材料分离。

四、各种添加剂的分离与鉴定

高分子材料中高聚物的含量一般为40%～100%。高分子材料中各种各样的添加剂可细分为：有助于加工的润滑剂和热稳定剂，改进材料力学性能的填料、增强剂、抗冲改进剂、增塑剂等，改进耐燃性能的阻燃剂，提高使用过程中耐老化性的各种稳定剂。主要添加剂的分离与鉴定介绍如下。

1. 增塑剂的分离与鉴定

增塑剂是用量最多的添加剂之一，它可以改善高分子材料的柔性、延伸性和加工性。如对于一些玻璃化温度较高的聚合物，为制得室温下软质的制品和改善加工时熔体的流动性能，就需要加入一定量的增塑剂。80% 左右的增塑剂用于聚氯乙烯塑料，此外还有聚乙酸乙烯以及以纤维素为基的塑料。增塑剂一般为沸点较高、不易挥发、与高聚物有良好混溶性的低分子油状物，如碳原子数 6～11 的脂肪醇与邻苯二甲酸合成的酯类（邻苯二甲酸二辛酯、邻苯二甲酸二丁酯及邻苯二甲酸二甲酯、二乙酯）。还有环氧类、磷酸酯类、癸二酸酯类以及氯化石蜡类增塑剂。樟脑是硝酸纤维素基塑料的增塑剂。

对增塑剂分析前，首先需选择适当的溶剂，利用萃取法或溶解沉淀法将增塑剂从高分子材料中分离出来并富集，再用柱色谱法、薄层色谱法和高效液相色谱法等，制备出纯度和数量够波谱分析用的单一组分，然后才能进行结构鉴定。可根据红外光谱的主要吸收峰来鉴定，1740～1725cm^{-1} 处有最强吸收即为酯类；如此处无吸收，而在 1000cm^{-1} 附近有强吸收，可能为磷酸酯类；在 1100cm^{-1} 附近有强吸收，可能是多元醇；如仅有几个强吸收，最强峰在 2940cm^{-1} 和 1470cm^{-1}，则是脂肪族碳氢化合物；若在 830～700cm^{-1} 出现强吸收，则是芳香或氯代芳香化合物。

2. 抗氧剂的分离与鉴定

高分子材料在加工、贮存和应用过程中要接触空气，高聚物就会发生氧化降解。为了抑制或延缓聚合物的氧化速度，加入高分子材料中的助剂称为抗氧剂。抗氧剂的作用在于它能消灭老化反应中生成的过氧自由基，从而使氧化的连锁反应终止。典型的抗氧剂是位阻较大的取代酚类、芳胺类。胺类抗氧剂有颜色，兼有光稳定作用，但可能有致癌性。亚磷酸酯类常用作辅助抗氧剂。含硫酯类作为辅助抗氧剂用于聚烯烃中，它与酚类抗氧剂并用有显著的协同效应。抗氧剂的加入量很少，一般不超过 1%。橡胶抗氧剂的添加量稍多一些，一般为 0.25%～5%。

抗氧剂都是小分子有机化合物，很容易溶于常用的有机溶剂中，用萃取法与聚合物分离后，用色谱法纯化，再用“四谱”方法作精细的结构分析。

3. 填料及增强剂的分离与鉴定

为改善高分子材料性能，降低成本，常加入无机物，如炭黑、纤维状材料增强剂、金属氧化物颜料及填料（ZnO、TiO_2、Fe_2O_3、SiO_2、MgO、CaO、Sb_2O_3 等）和无机酸盐（硅酸盐、磷酸盐、铬酸盐、碳酸钙等）。填料和增强剂的用量一般为 20%～50%。

一般选择某种溶剂将样品溶解后，离心分出不溶的无机物。有时采用干法灰化（即样品于 500℃下燃烧）将无机物分离出。有些无机物高温下易挥发，则用湿法灰化（用 HNO_3 ∶ $HClO_4$=5 ∶ 1 的试剂灰化）。但采用后两种方法时，不能保持无机物原状态。样品处理后，可采用化学法、发射光谱法、原子吸收法、比色法等进行定性或定量分析，X 射线衍射法测定无机物构型，红外光谱法鉴定各种阴离子（有谱图可查阅）。

如剖析某样品时，将样品溶解，分离出不溶物，将洗净的不溶物经原子发射光谱确定含有锑，又由 X 射线衍射确定其锑为 Sb_2O_3，其 Sb_2O_3 的含量是将样品经湿法灰化后用原子吸收法测得。

第三节　高分子材料的结构分析

高分子材料经分离纯化后，根据实际情况选用各种手段相互配合，对得到的高聚物和添加剂组分进行结构分析。下面简要介绍几种常用的结构分析方法，即红外光谱法、裂解气相色谱法、化学降解法、质谱法和核磁共振光谱法等。

一、红外光谱法

红外光谱法是鉴定高分子材料的最常用方法，也是一种不可缺少的工具。白云[5]和尚建疆[6]等从不同角度分别综述了红外光谱法在高分子材料研究中的应用。在对高分子材料分离前，可用各种方法，如 KBr 压片法、制膜法、热压法、裂解法、ATR 等法制样，绘制红外谱图。虽未分出添加剂，所得原样谱图比较复杂，但凭经验及一般基础知识，亦可大致判断出高分子材料的主要成分，至少也可确定出主要成分的类别。表 8-3 列出聚合物类别的红外光谱特征，以供参考。

表8-3　聚合物类别的红外光谱特征

聚合物类别	红外强吸收峰 /cm^{-1}
聚酯类、聚酰亚胺类	1800～1700
聚酰胺类、聚脲	1700～1500
饱和碳氢化合物、极性基团取代的碳氢化合物	1500～1300
聚芳香醚类、聚砜、含氯聚合物	1300～1200
脂肪族聚醚、脂肪族聚醇，含硅、含氟聚合物	1200～1000
含取代苯、不饱和双键、一些含氯聚合物	1000～600

初步判断聚合物类别后，用萃取法除去小分子助剂或用溶解沉淀法纯化高聚物后，再做红外光谱，进一步判断高聚物类别。用红外光谱法进行定性的最简单方法是将样品谱图直接与标准谱图对照，目前已出版了大量标准化合物和商品（工业产品）的红外光谱，其中包括单体和聚合物、橡胶、纤维、增塑

剂、聚合物的裂解产物等的红外光谱图集及专著。表 8-4 为常见聚合物的红外特征，表 8-5 和表 8-6 为常见聚合物图谱分类鉴定，图 8-2~ 图 8-21 为常见聚合物的红外光谱。

表8-4　常见聚合物的红外特征[1]

高聚物	最强谱带 /cm^{-1}	特征谱带 /cm^{-1}
聚乙酸乙烯酯	1740	1240，1020，1375
聚丙烯酸丁酯	1730	1165，1245，940，960
聚甲基丙烯酸丁酯	1730	1150，1180，1240，1268，950，970
聚对苯二甲酸乙二醇酯（聚酯）	1730	1265，1100，1020，730
聚酯型聚氨酯	1735	1540，其他特征同聚酯
聚酰亚胺	1725	1780
聚酰胺	1640	1550，3090，3300
聚乙烯	1470	731，721
氯丁橡胶	1440	1670，1100，820
聚丙烯腈	1440	2240
双酚 A 环氧树脂	1250	1510，1604，2980，830
酚醛树脂	1240	1510，1610，1590，815
聚氯乙烯	1250	1420，1330，600~700
聚苯醚	1240	1600，1500，1100，1020
聚偏氯乙烯	1070，1045	1405
聚苯乙烯	760，700	3000，3022，3060，3080，3100
1,2- 聚丁二烯	909	993，1650，700
聚甲醛	935，900	1100，1240
氯化聚乙烯	670	760，790，1266
聚四氟乙烯	1250~1100	740，720，700，544
甲基有机硅树脂	1100，1020	1260，800

下面举几个用红外光谱法对高分子材料进行简单鉴定的剖定实例。

例 1　透明包装用塑料膜　其红外光谱，如图 8-22 所示。除 2960～ 2850cm^{-1} 附近峰外，其强峰为 1250cm^{-1}、1730cm^{-1}。因 1500～1600cm^{-1} 处无峰，故 1250cm^{-1} 处峰不太可能属于芳香酸聚酯所有。而 1150～1050cm^{-1} 间又无强峰，故亦不是脂肪酸聚酯，初步认为 1730cm^{-1} 峰是由添加剂引起。这样，该样品的强峰就仅有 1250cm^{-1}。按表 8-3 判断，该样品可能是含氯高聚物。根据该类高聚物的溶解性，将样品用四氢呋喃溶解，并用甲醇沉淀，再测沉淀物的红外光谱（图 8-23），图中 1730cm^{-1} 峰消失，经与标准谱图对照，可确定该膜为聚氯乙烯。

表8-5　聚合物图谱分类鉴定1

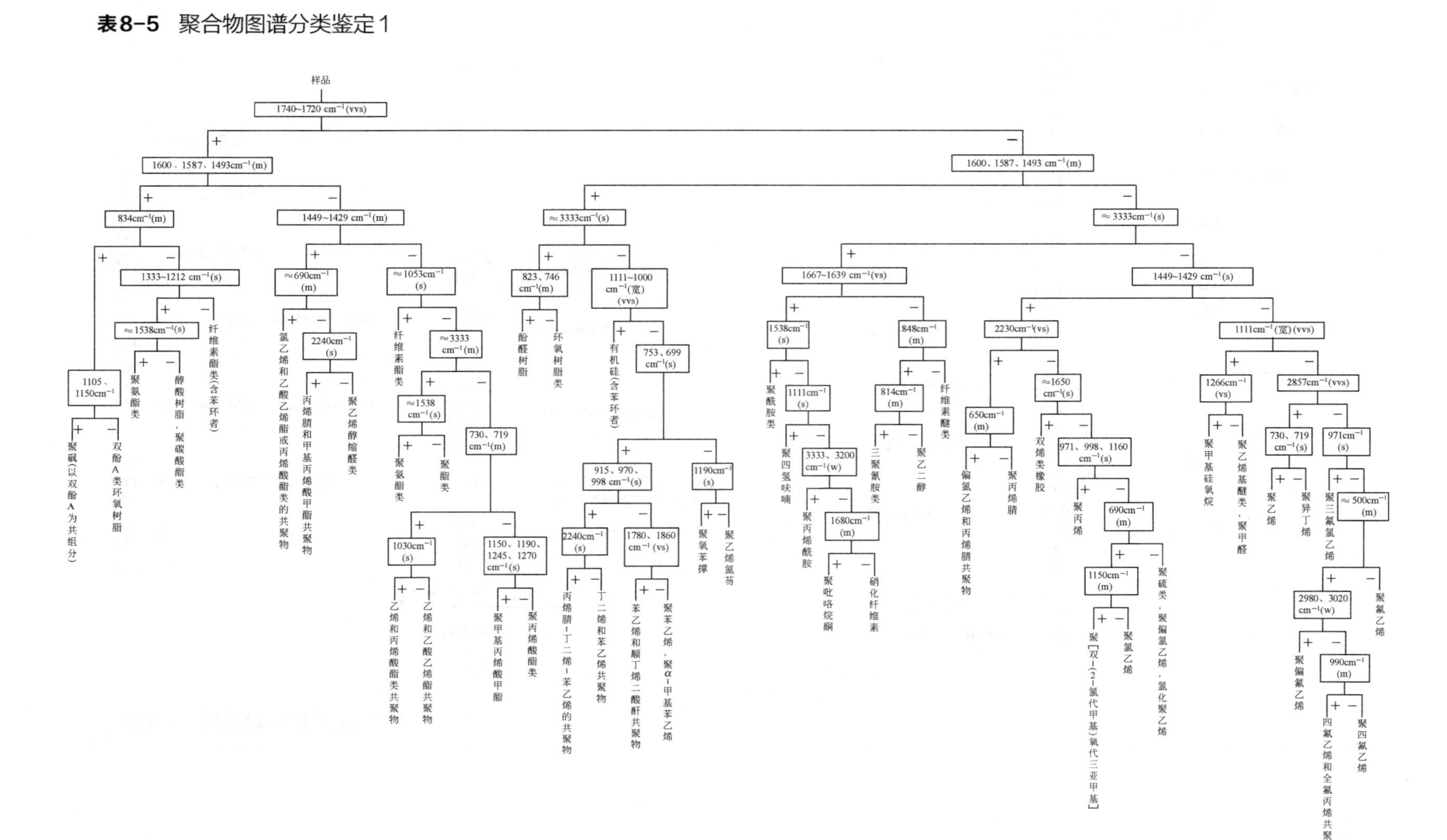

注：s为强谱带；vs为非常强谱带；vvs为极强谱带；w为弱谱带；m为中强谱带。

表8-6　聚合物图谱分类鉴定2

≈1725cm⁻¹(C═O)：有；1590cm⁻¹和1490cm⁻¹附近：有(芳香族)

cm^{-1}	聚合物
1540 1220	聚氨酯
1300 1230 725	间苯二甲酸酯类、醇酸树脂和聚酯
1230 1120 1075 740 705	邻苯二甲酸酯类、醇酸树脂和聚酯
1265 1110 867 725	对苯二甲酸酯类、醇酸树脂和聚酯
1235 1175 826	双酚A环氧树脂类
813 781 700	乙烯基甲苯酯类
778 700	苯乙烯化酯类

≈1725cm⁻¹(C═O)：有；1590cm⁻¹和1490cm⁻¹附近：(脂肪族)无

cm^{-1}	聚合物
1430 1235	聚乙酸乙烯酯
1430 690(b)	乙酸乙烯酯-氯乙烯共聚物 乙酸乙烯酯-偏氯乙烯共聚物
1265 1240 1190 ~ 1150(s)	聚甲基丙烯酸酯类
1250 1190~ 1150(s)	聚丙烯酸酯类
1110~ 1150(b)	纤维素酯类

≈1725cm⁻¹(C═O)：无；1590cm⁻¹和1490cm⁻¹附近：有(芳香族)

cm^{-1}	聚合物
3330 1220 910 670	酚醛类树脂
1430 1110~ 1000(s)	聚苯基硅氧烷
1235 1180 826	双酚A环氧树脂类
814 780 700	聚乙烯基甲苯
760 700	聚苯乙烯

≈1725cm⁻¹(C═O)：无；1590cm⁻¹和1490cm⁻¹附近：(脂肪族)无

cm^{-1}	聚合物
3330 1430 1100(b)	聚乙烯醇
2940(vs) 1470 1380(w) 730~720(ds)	聚乙烯
2940(vs) 1470(s) 1380(s) 1160、 970	聚丙烯
2260	聚丙烯腈
1640 1540	脲醛树脂 聚酰胺
1640 1280 834	硝酸纤维素
1540 826	苯并胍胺-甲醛树脂
1540 813	三聚氰胺-甲醛树脂
1430 690(b)	氯乙烯-偏氯乙烯共聚物
1265 1110~1000(s)	聚甲基硅氧烷
1200~1150(d,vs)	聚四氟乙烯
1110	纤维素醚类
1250~1110 1000~910	聚三氟氯乙烯

注：b为宽谱带；s为强谱带；vs为非常强谱带；w为弱谱带；d为双谱带。

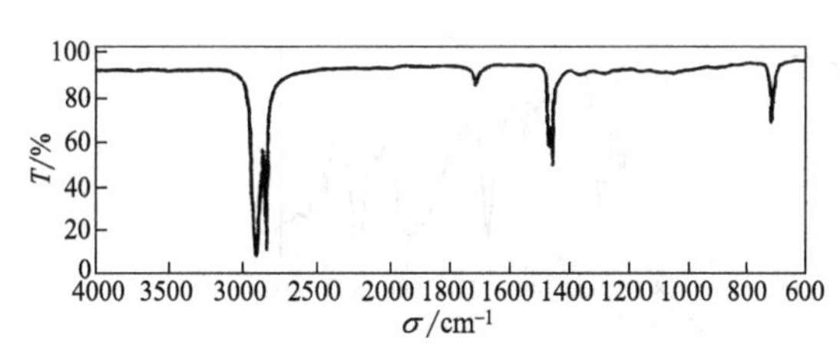

图 8-2　聚乙烯的红外光谱

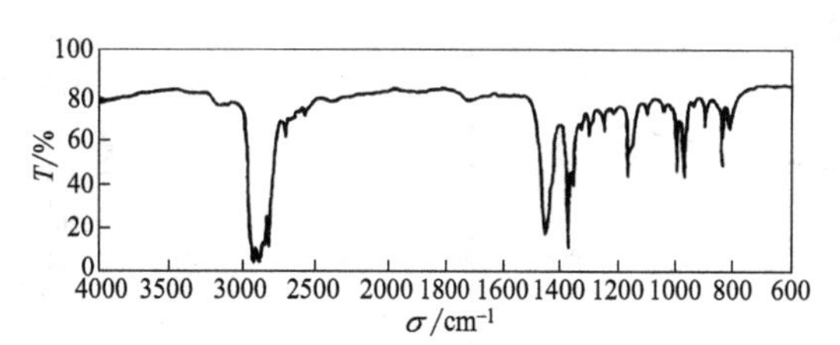

图 8-3　全同聚丙烯的红外光谱

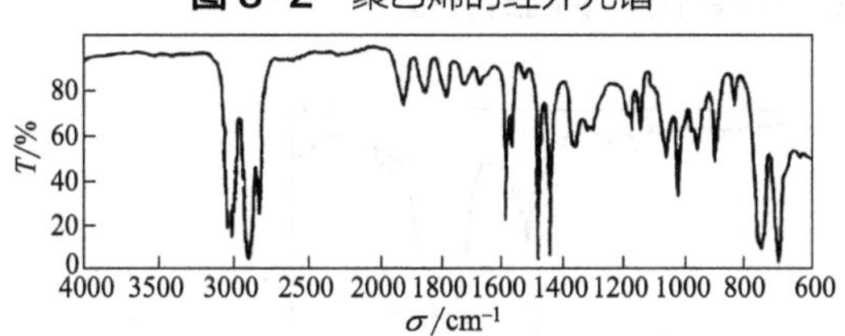

图 8-4　聚苯乙烯的红外光谱

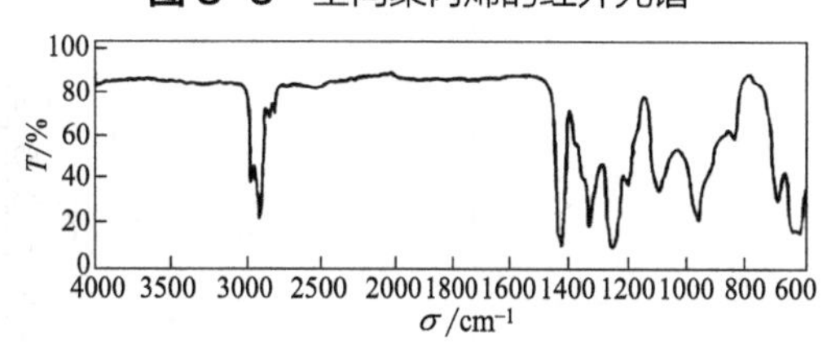

图 8-5　聚氯乙烯的红外光谱

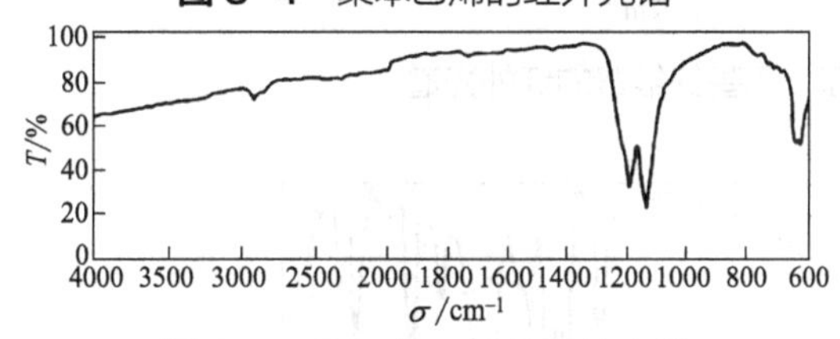

图 8-6　聚四氟乙烯的红外光谱

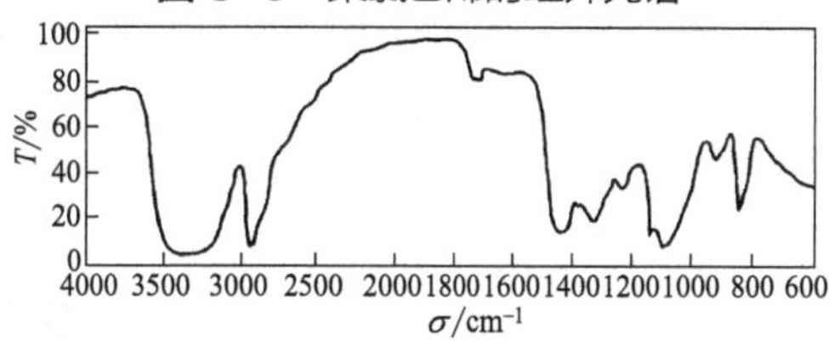

图 8-7　聚乙烯醇的红外光谱

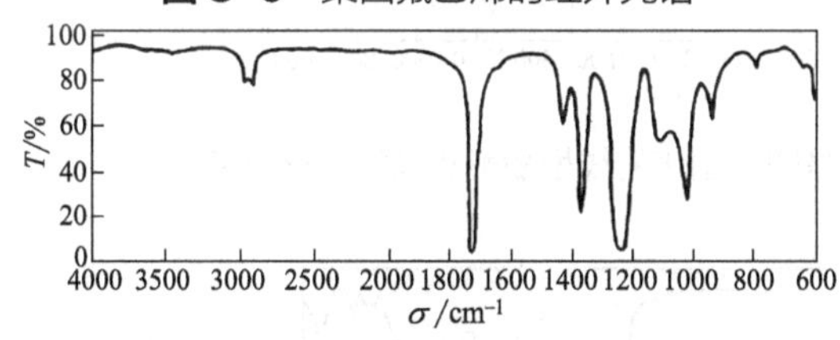

图 8-8　聚乙酸乙烯酯的红外光谱

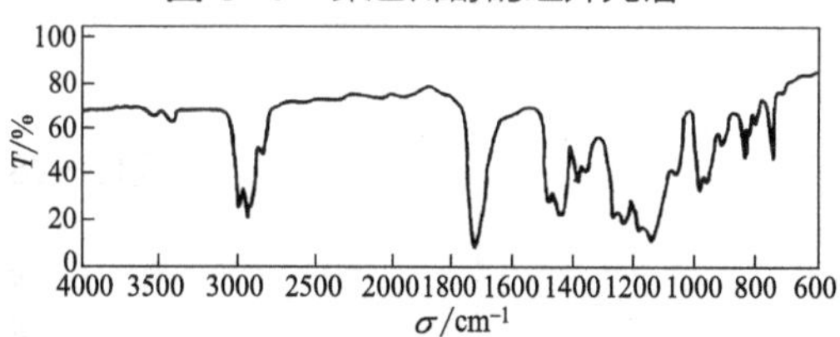

图 8-9　聚甲基丙烯酸甲酯的红外光谱

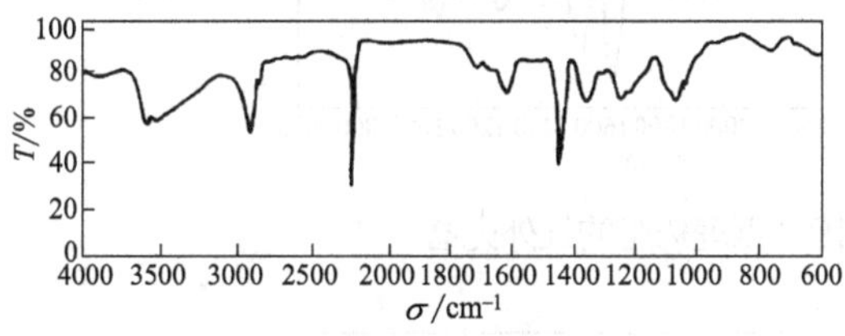

图 8-10　聚丙烯腈的红外光谱

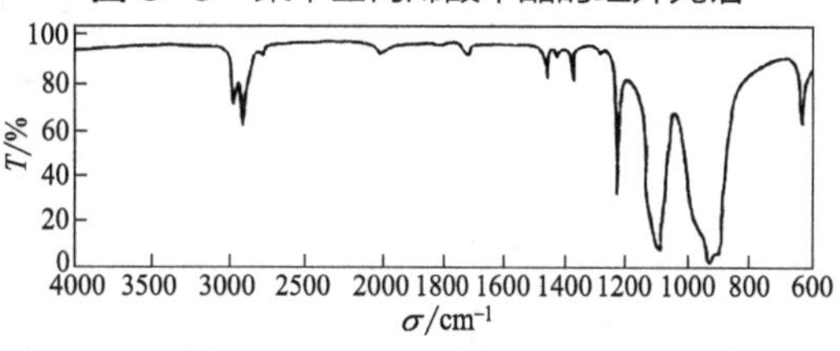

图 8-11　聚甲醛的红外光谱

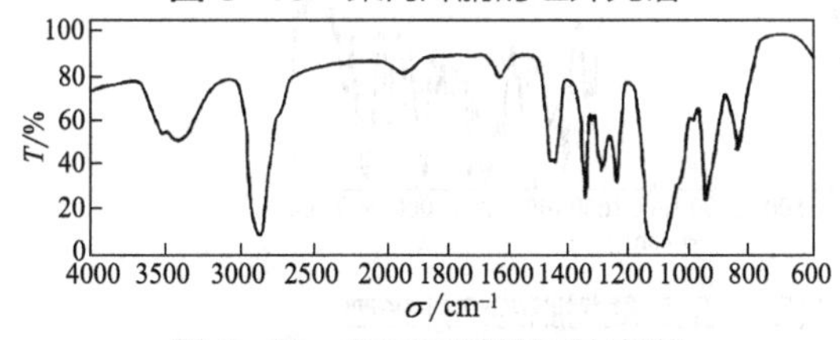

图 8-12　聚乙二醇的红外光谱

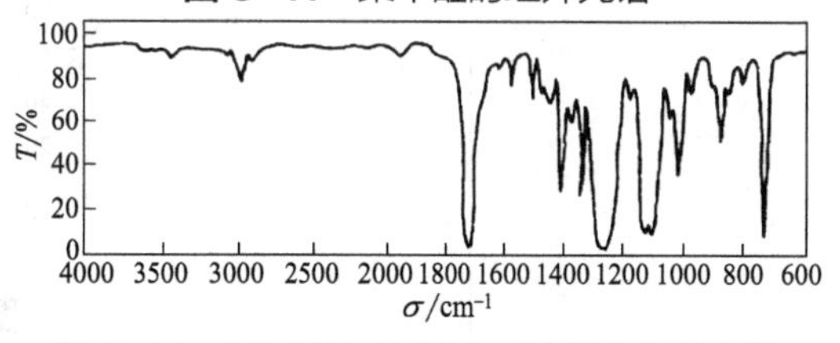

图 8-13　聚对苯二甲酸乙二醇酯的红外光谱

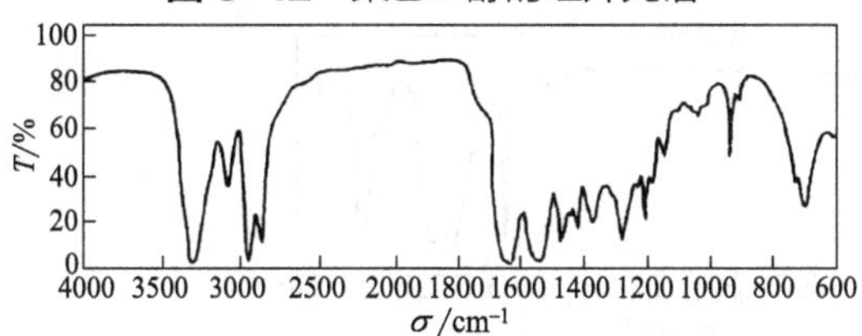

图 8-14　尼龙 66 的红外光谱

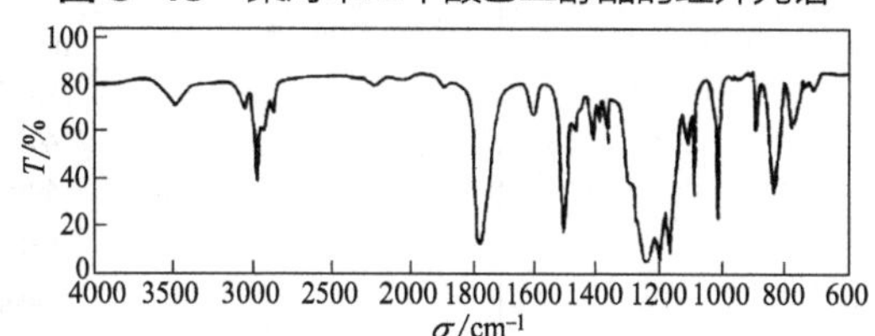

图 8-15　聚碳酸酯的红外光谱

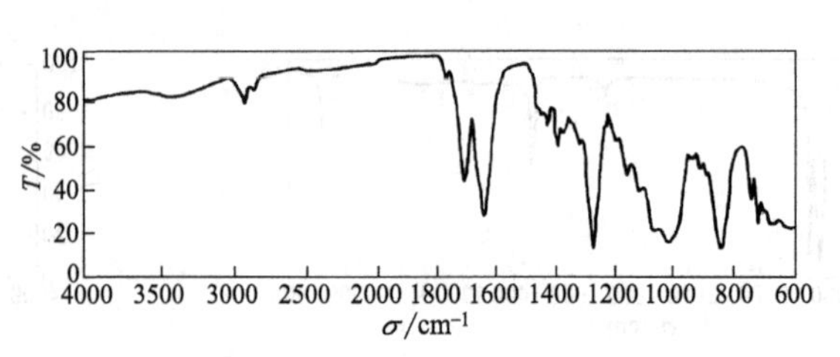

图 8-16 硝酸纤维素的红外光谱

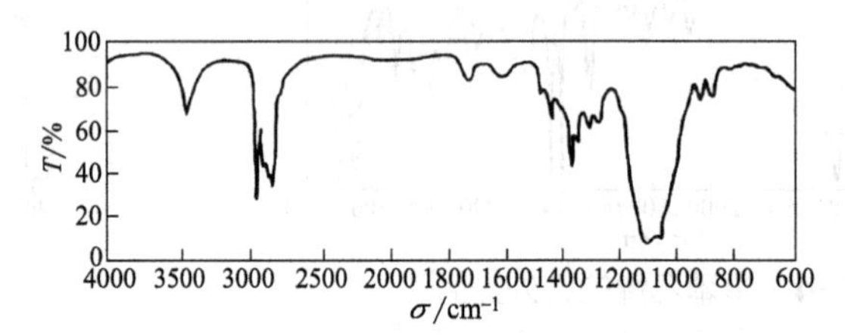

图 8-17 乙基纤维素的红外光谱

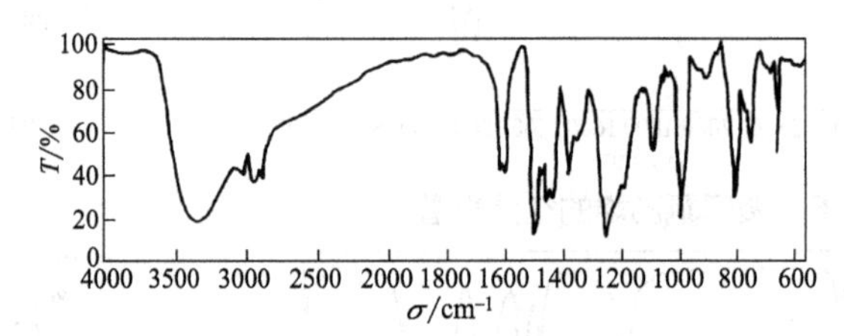

图 8-18 用六亚甲基四胺固化的线型酚醛树脂的红外光谱

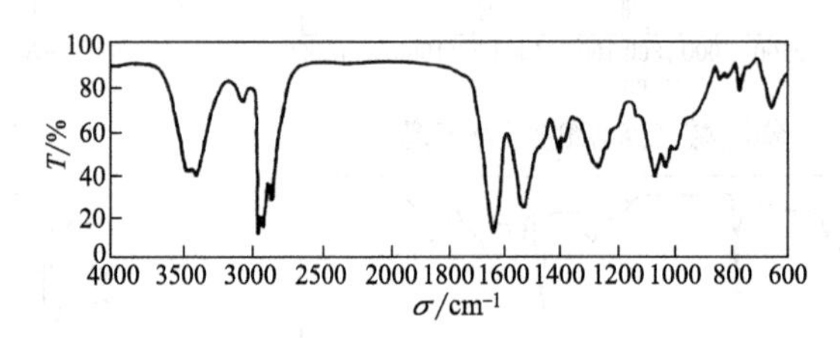

图 8-19 脲醛树脂的红外光谱

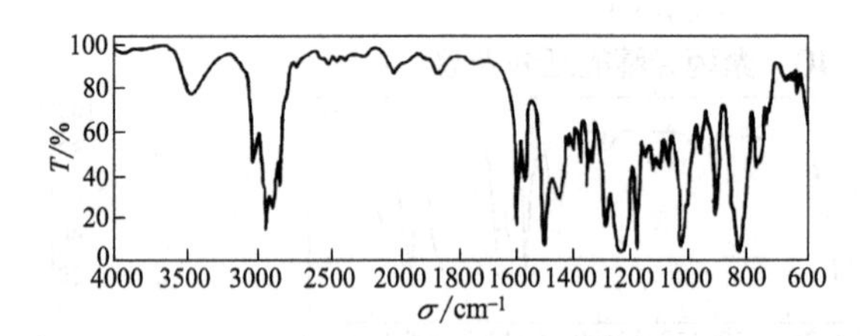

图 8-20 双酚 A 型环氧树脂的红外光谱

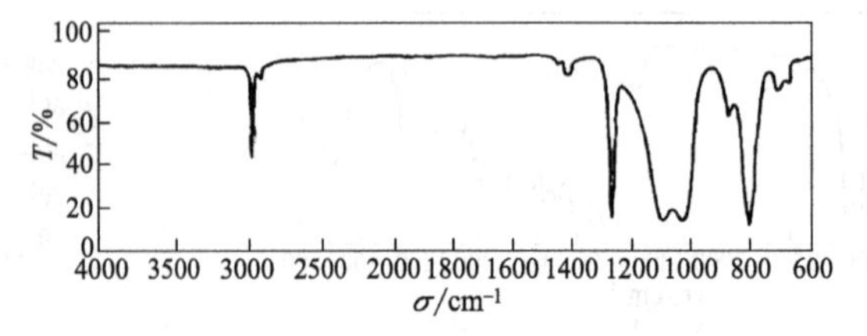

图 8-21 聚二甲基硅氧烷的红外光谱

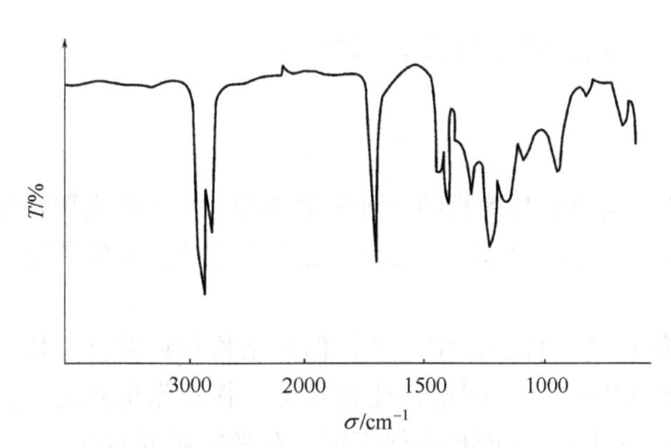

图 8-22　透明包装用塑料膜红外光谱

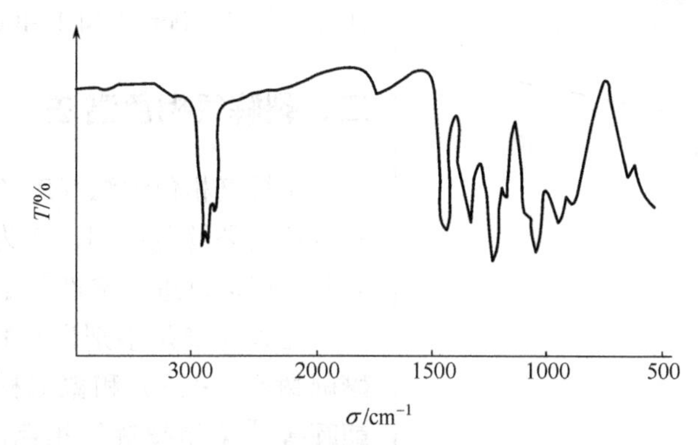

图 8-23　透明包装用塑料膜经溶解沉淀纯化后红外光谱

例 2　冰刀组分确定　将样品做裂解试验，裂解出的气体呈碱性。由裂解红外光谱（图 8-24）可知，其强峰于 $1640cm^{-1}$、$3300cm^{-1}$ 附近亦有吸收，裂解气又为碱性，可初步判断为聚酰胺类。将样品用石油醚、$CHCl_3$、丙酮等多种溶剂浸泡，而后溶于甲酸中，除去黑色不溶物，溶液滴于 KBr 片上，蒸干后测其红外光谱（图 8-25），经与标准谱图对照，可确认该样品为聚酰胺。图 8-25 中，$1640cm^{-1}$ 为 $\nu_{C=O}$，$1540cm^{-1}$ 为 $\nu_{C-N}+\delta_{N-H}$，$3300cm^{-1}$ 为 ν_{N-H}。

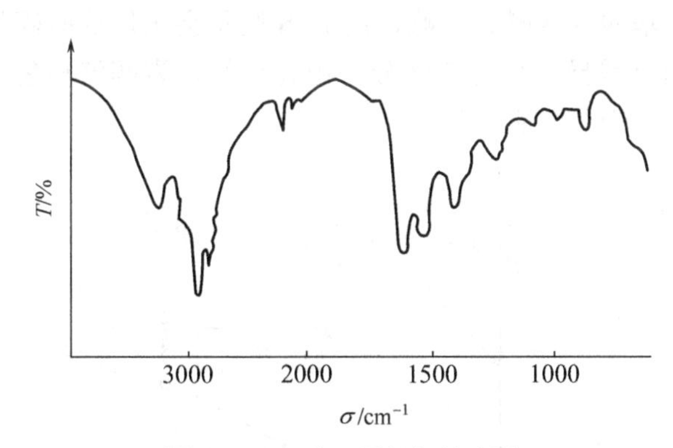

图 8-24　冰刀裂解红外光谱

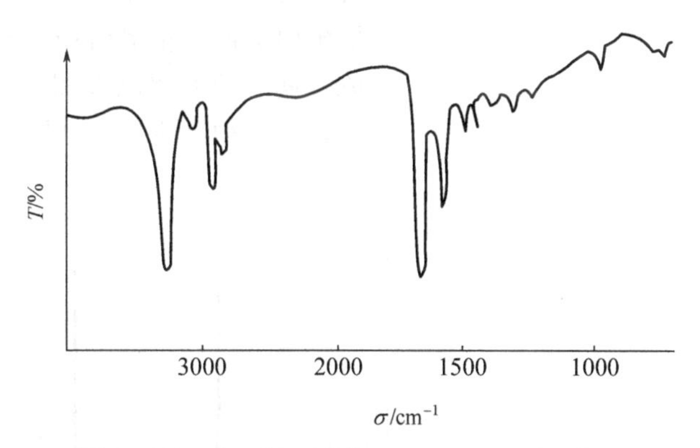

图 8-25　冰刀经石油醚、$CHCl_3$、丙酮浸泡后溶于甲酸的样品红外光谱

例 3　某机器零件组分确定　将零件于 195℃、5×10^4N 的压力下热压制膜，再用裂解法制样。在此种情况下得到的红外谱图（图 8-26）指出，最强峰为 $1000\sim900cm^{-1}$、$1100cm^{-1}$，故可能为聚醚类或含不饱和双键的聚合物。查阅有关谱图，初步判断为聚甲醛。将该样品用各种溶剂浸泡后，用二甲基甲酰胺溶解，再将溶液滴于 KBr 片上，蒸干，作红外谱图（图 8-27），确认为聚甲醛。图 8-27 中，吸收峰

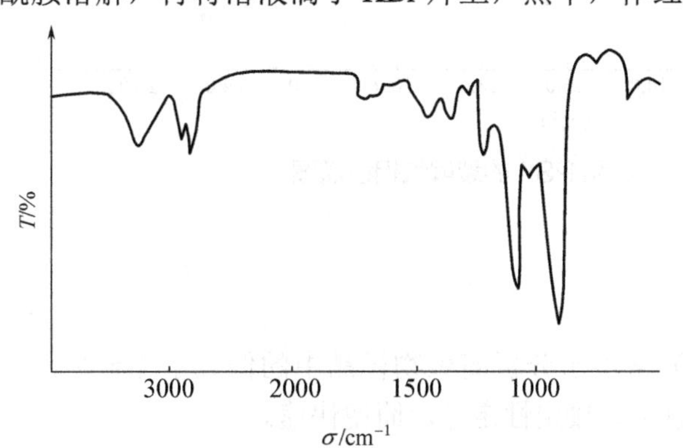

图 8-26　机器零件裂解压片的红外光谱

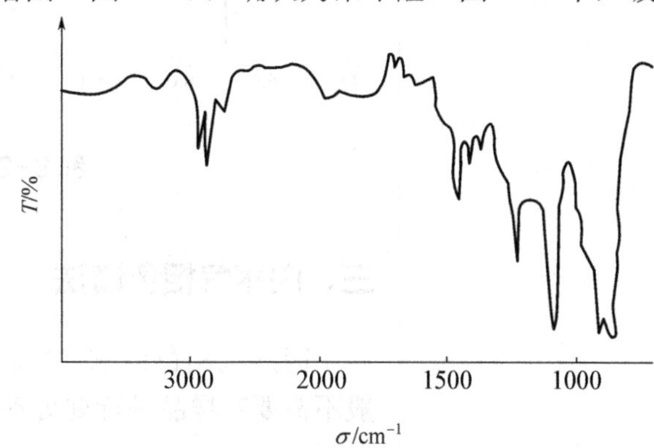

图 8-27　机器零件经二甲基甲酰胺溶后滴于 KBr 片的红外光谱

$900cm^{-1}$、$1100cm^{-1}$ 和 $1240cm^{-1}$ 为聚甲醛的特征峰，属于 ν_{C-O}。

二、裂解气相色谱法

裂解气相色谱法（Py-GC）是鉴定高聚物的一种重要手段，每一种高聚物都有特征的裂解色谱图，作为聚合物的“指纹”，通过与已知高聚物的指纹图比较对照，就可以进行定性鉴定。

红外光谱是鉴别聚合物材料的一种最常用方法，但对结构相近的材料如聚醚砜树脂（PES）和聚砜树脂（PSF），则因谱图比较相似，很难作出判定。罗朝晖等[7]采用裂解气相色谱法对 PES 和 PSF 进行鉴别。在裂解温度 600℃、裂解时间 0.5min 的条件下，对 PES 和 PSF 进行 Py-GC 测定。PES 和 PSF 的裂解气相色谱如图 8-28 所示。将两者进行比对，可以看到明显的差异。对于 PES 来说，通过高温裂解，至少断裂出两种 PSF 所不具备的有机物碎片，它们的保留时间分别是 17.1min 和 22.1min，对应的有机物碎片分别是对苯基联苯醚基砜和对二联苯醚基砜。根据聚合物分子结构及分子键能的大小，PSF 裂解会优先选择从乙基或者甲基位置发生断裂，不可能产生上述两种化合物碎片。PSF 发生裂解时会产生很多带甲基和乙基的联苯醚碎片峰，而 PES 则不会出现这些碎片峰，两者的裂解色谱图存在明显差异，很容易区分。由此可知，裂解气相色谱法在聚合物定性方面也是一种很好的选择。

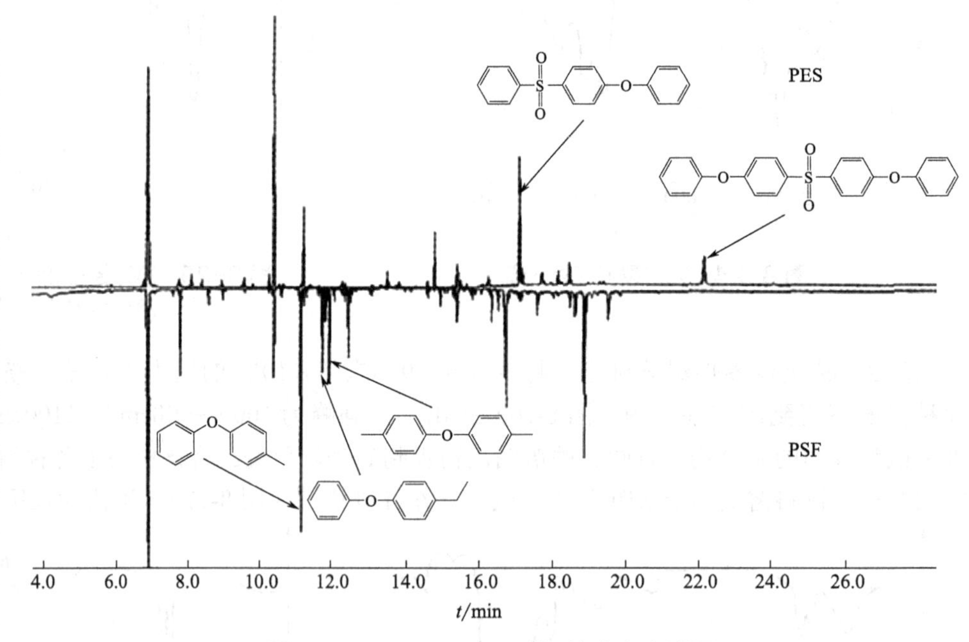

图 8-28　PES 和 PSF 的裂解气相色谱图

三、闪蒸气相色谱法

闪蒸气相色谱法（FE-GC）常用于分析高聚物样品中的低分子化合物，一般不需要对样品进行前处理，就可直接定性定量，简便快速。

在火灾事故调查工作中，助燃剂及其燃烧残留物等相关物证的鉴定结果对案件定性和侦破起着关键作用。国内物证鉴定机构检测助燃剂及其燃烧残留物常用的是溶剂萃取 - 气相色谱 - 质谱法。张健等[8]采用FE-GC和FE-GC-MS对聚乙烯（PE）载体与汽油混合燃烧残留物进行分析，检测到热塑性聚合物载体与助燃剂混合燃烧残留物中残留的助燃剂特征组分，可对火场中是否存在过助燃剂进行辨别。

在闪蒸进样量2mg、闪蒸池（裂解池）温度120℃、闪蒸温度300℃、闪蒸时间5s的条件下，对PE载体与汽油混合燃烧残留物分别进行FE-GC和FE-GC-MS分析。

（1）FE-GC分析　图8-29是PE载体与汽油混合燃烧残留物的FE-GC谱图。由图8-29可见，在5～14min区间有较多特征峰出现，立即提取谱图中峰高范围为100～300pA的特征峰；120h后提取样品的色谱图与立即提取的色谱图相似，在相同进样量的前提下，只是低沸点区组分峰高下降了约40%。

（2）FE-GC-MS分析　根据国标火灾技术鉴定方法[9]第5部分气相色谱 - 质谱法测定汽油燃烧产物特征组分的规定，对图8-29中峰高在100～300pA的特征峰进行提取，可以较完整地检测到包括芳香烃C3苯（*m*/*z* 120）、C4苯（*m*/*z* 134）和C5苯（*m*/*z* 148），萘的同系物萘（*m*/*z* 128）、甲基萘（*m*/*z* 142）、二甲基萘（*m*/*z* 156）、三甲基萘（*m*/*z* 170）和四甲基萘（*m*/*z* 184），蒽的同系物蒽（*m*/*z* 178）和甲基蒽（*m*/*z* 192）等特征组分，并且检测到的各组分及分布与汽油燃烧产物特征组分有类似的规律。

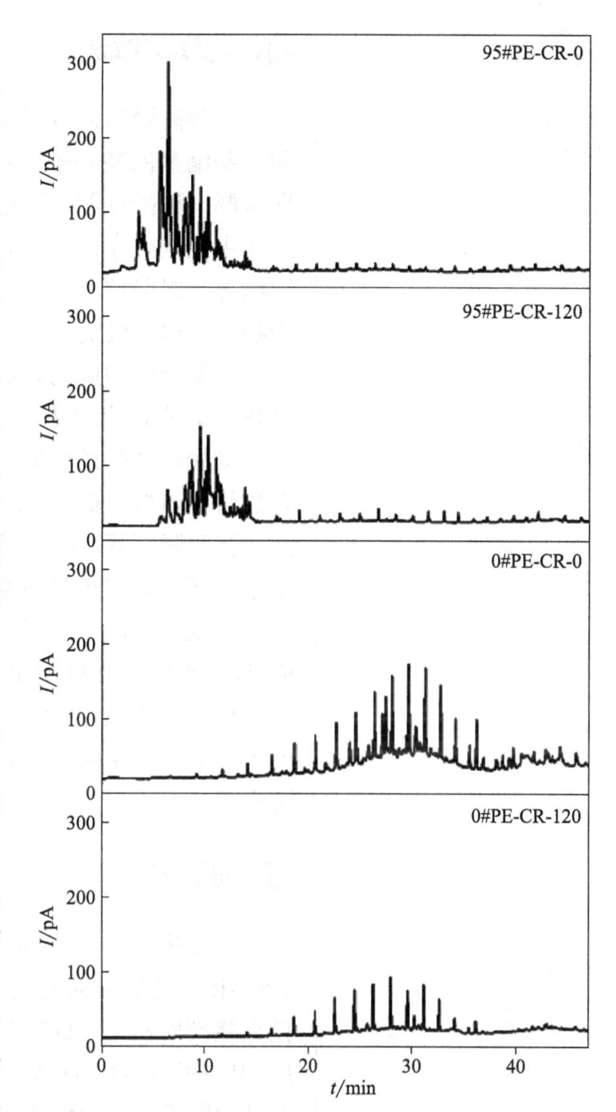

图8-29 PE载体对应燃烧残留物的PE-GC谱图
95#和0#分别代表95#和0#汽油；
PE代表聚乙烯载体；CR代表燃烧残留物；
0和120分别代表立即提取样品和放置120h后提取样品

经上述分析可知，FE-GC-MS可以从塑料载体与汽油混合燃烧残留物中有效地检测汽油燃烧产物的特征组分，并与汽油燃烧产物的特征组分基本一致，且各组分保留程度好，不易受提取时间影响。鉴定结果可对火场中是否存在过助燃剂进行判别，为火灾原因分析和案件定性侦破提供依据。

概念检查 8.2

○ 指出闪蒸气相色谱法（FE-GC）与裂解气相色谱法（Py-GC）的不同之处，并指出它们所适合的分离分析对象。

四、化学降解法

有些高聚物的分子量大，结构复杂，在有机溶剂中很难溶解，尤其是交联和一些缩聚的高分子，不易找到合适的方法直接鉴定其结构，判断其组成，如聚氨酯、醇酸树脂、酚醛树脂、聚酰胺等。这种情况下采用化学降解法将高分子链中某些化学键切断，使高聚物成为小分子化合物，再用各种分离手段得到纯组分，对降解的产物进行鉴定，由这些降解产物的结构及含量反推出原始聚合物的结构及组成。

高聚物结构中的酯、醚、酰胺键易被酸、碱水溶液水解，使一些难溶的高聚物水解成相应的小分子。化学降解法的产物组成一般是确定的，重现性的，不大受操作条件的影响，结果直观可靠，但操作手续繁杂。常用的化学降解法有酸解、碱解、碱-醇解，酸和碱的水溶液或醇溶液在一定温度下进行水解或高温熔融降解等。高温熔融法通常把固体 NaOH 与样品同时加热，使之熔融后发生降解，如 NaOH 降解聚氨酯。剖析尼龙时可选用酸解，用 6mol/L 的盐酸，常压回流 24h，乙醚萃取，TLC 分离纯化，IR 鉴定。碱-醇解是以 NaOH 或 KOH 的醇溶液作降解剂。碱的量为样品量三倍，碱含量为 10% 左右，水解时间随样品种类及量而异。一般 10g 样品水解 7h，样品愈细愈好。若水解时不断产生沉淀，一定要加搅拌，水解完成后，待水温降至 50℃以下才可停搅拌，以防崩起。

五、质谱法

近年来，将质谱技术应用于高聚物分析的研究工作相当活跃。裂解质谱（Py-MS）是最早也是最广泛应用于合成和天然高分子结构分析的质谱技术，包括直接裂解质谱（DPy-MS）、闪蒸裂解质谱（FE-Py-MS）和裂解色谱-质谱联用（Py-GC-MS）。这些技术可获得高质量数的分子离子（或准分子离子）和碎片，并且谱图简单，特别适用于聚合物和生物大分子的分析。

1. 闪蒸裂解质谱（FE-Py-MS）

高聚物高温闪蒸裂解后形成的挥发性碎片由质谱检测，叫闪蒸裂解质谱。闪蒸裂解可由装在离子源附近的裂解丝、居里点裂解器或激光加热器完成，形成的热碎片直接进入离子源进行质谱分析。FE-Py-MS 简单易行、重复性较好，其缺点是热分解过程瞬时发生，不能进行选择性分析，而且可发生初级裂解碎片的副反应。

2. 直接裂解质谱（DPy-MS）

高分子固体样品在直接进样探头中裂解，由质谱检测挥发性产物，叫直接裂解质谱。在 DPy-MS 中由质谱仪本身提供一个裂解系统，样品由直接进样探头引入，可进行选择性分析。该法的最大优点是裂解在高真空条件下进行，形成的挥发性热碎片易于离开加热区，可大大减少二次反应。

3. 裂解色谱 - 质谱联用（Py-GC-MS）

Py-GC-MS 是裂解、色谱、质谱三种技术联用对高分子进行分析。Py-GC-MS 是高分子和有机大分子分析鉴定中极为重要的手段。经 Py-GC 裂解并分离的高分子碎片，进入质谱仪中被一一鉴定，从而使高分子样品得到全面分析。Py-GC-MS 是一种以间接方式得到高聚物结构和组成的分析手段，将高聚物在严格控制的环境中加热，使之裂解成为可挥发的小分子，经气相色谱 - 质谱装置分离和检测这些裂解的小分子，根据其裂解产物的定性、定量数据，推断高聚物的组成和结构。目前已有《聚合物的裂解气相色谱 - 质谱图集》[10] 出版，可供聚合物结构鉴定时参考。

4. 应用举例

裂解质谱是高聚物分析最常用的方法，对难处理高分子的分析特别重要。典型的应用包括：聚合物产品主体成分的鉴定、均聚物结构的确认、异构体高分子的区分、共聚物的组成和序列分布分析、高分子混合物的分析等。

裂解气相色谱 - 质谱（Py-GC-MS）联用是高聚物分析中最常用的方法，它可以省去复杂的前处理，对难处理高分子的分析特别重要。魏晓晓等 [11] 介绍了 Py-GC-MS 在聚合物添加剂分析中的应用。吴国萍等 [12] 采用裂解气相色谱 - 质谱法对常见塑料制品的主体成分进行鉴定，并对每种塑料制品的裂解产物进行解析，确认出其中 9 种塑料制品的主体成分。

将样品粉碎后称取 100μg 装入样品杯，固定在进样杆上放入裂解炉中待分析。裂解温度 600℃，裂解器压力 12psi❶，裂解时间 30s。GC-MS 条件：色谱柱为 DB-5MS 毛细管柱（30m×0.25mm，0.2μm），载气 He，流量 1mL/min，分流比 80 : 1。升温程序：起始温度 40℃，保温 5min，以 5℃ /min 升温至 300℃，保温 5min。进样口温度 260℃。质谱条件：离子源为 EI 源，电子能量 70eV，离子源温度 230℃，全扫描模式，质量范围 *m*/*z* 40～500。在上述条件下，每种塑料制品的裂解产物均获得良好分离，通过对主要裂解产物的解析，并检索了 NIST MS search 2.0 和 F-Search 3.10 标准谱库，确认了其中 9 种塑料制品的主体成分为六种，分别是聚丙烯、聚苯乙烯、聚碳酸酯、丙烯腈 - 丁二烯 - 苯乙烯共聚物、聚氯乙烯、乙烯 - 乙酸乙烯共聚物，与标准谱库的匹配度分别为 95%、95%、90%、94%、81% 和 91%。

连秋燕等 [13] 采用 Py-GC-MS 联用技术建立了聚氨酯纤维、二烯类和聚烯烃 3 种弹性纤维的鉴别方法。裂解温度为 600℃时，可以最大限度同时显示聚氨酯纤维、二烯类和聚烯烃 3 种弹性纤维样品特征。聚氨酯纤维的特征性裂解产物是不同聚合度 $(\text{—O—CO—N—})_n$ 的中间体，特征离子碎片峰的荷质比（*m*/*z*）是 71。二烯类纤维的特征性裂解产物是异戊二烯及其同分异构体和同系物、柠檬烯及其同分异构体、*β*- 葎草烯及其同分异构体、西柏烯及其同分异构体等，特征离子碎片峰是 *m*/*z* = 68、79、93 等。聚烯烃纤维的特征性裂解产物是烯烃和烷烃，特征离子碎片峰是 *m*/*z* = 55、57 等。

六、核磁共振光谱法

核磁共振光谱是根据聚合物链结构上 H、C 等原子的化学环境不同和形成的信号强弱来表征聚合物结构和组成的方法。核磁共振技术主要可对聚合物做以下几种形式上的表征：共混及三元共聚物的定性定量分析，异构体的鉴别，端基表征，官能团鉴别，均聚物立规性分析，序列分布及等规度的分析等。

早期利用 NMR 研究高聚物，多使用宽谱线研究高分子固体的性能，因为谱线宽，分辨不佳，得到的信息不多。现代 FT-NMR 谱仪用于高聚物研究通常采用两种方法：一种是选用合适的溶剂，提高温度，

---

❶ 1psi=6894.76Pa。

或采用高场仪器的液体高分辨技术；另一种是利用固体高分辨 NMR，采用魔角旋转及其他技术，直接得出分辨良好的窄谱线。

本实验室曾对乙丙共聚物、乙丙共聚物 - 聚苯乙烯共混物工业品进行提纯，用 ^{1}H-NMR、FTIR、UV、TG 和 GPC 法对提纯后的乙丙共聚物和乙丙共聚物 - 聚苯乙烯共混物进行定性分析，用反转门控 ^{13}C-NMR 技术分别对共聚物和共混物的序列结构进行表征，确定了乙丙共聚物、乙丙共聚物 - 聚苯乙烯共混物的主要序列结构。并对共聚物和共混物的 ^{13}C-NMR 谱进行了细致分析，提出了不同位置碳原子积分面积相关性分析方法，该法可快速简便地分析共聚物或共混物的主要序列结构，避免了繁琐的理论计算。

夏茹等[14]采用德国 Bruker AC 400 固体核磁共振光谱仪分析了 5 种牌号的氯化聚乙烯橡胶（CM 1035 X、CH 400、CH 420、CH 450 和 CM-1）的主要序列结构（见表 8-7），探讨了微观结构与性能之间的关系。

表8-7 不同牌号氯化聚乙烯橡胶（CM）的 ^{13}C-SSNMR分析结果

结构编号	峰对应的序列结构	化学位移	结构的摩尔分数 /%				
			CM 1035 X	CH 400	CH 420	CH 450	CM-1
A	—CHCl—CH_2—CH_2—CH_2—CHCl—	25.5	15.0	35.0	49.3	38.1	26.7
B	—CH_2—CH_2—CH_2—CH_2—CH_2—	28.5	24.6	23.5	11.8	21.8	25.9
C	—CHCl—CHCl—CH_2—CH_2—CHCl—	32.0～34.0	23.6		9.2	7.0	8.0
D	—CH_2—CHCl—CH_2—CH_2—CH_2—	37.5	18.7	16.2	7.5	11.5	16.1
E	—CHCl—CHCl—CH_2—CHCl—CH_2—	46.0		3.8	1.9	3.1	3.1
F	—CH_2—CH_2—CHCl—CH_2—CH_2—	62.5	18.2	21.6	20.2	18.5	20.2

注：CM 1035 X（氯含量33.6%）；CH 400（氯含量36.0%）；CH 420（氯含量42.0%）；CH 450（氯含量33.6%）；CM-1（氯含量33.2%）。

由表 8-7 可知，CM 中共出现了 6 种不同的序列结构，分别对应表中的编号 A～F。可以看出，不同牌号的 CM 生胶大分子链主要由 A、B、C、D 和 F 结构组成，结构 E 的分布很少，说明这种氯原子密集分布的结构在主链中只占很小的部分。CM 分子链主要是由平均 4 个碳原子上接 1 个氯原子的结构 A、D 和 F，或者单纯的烷链结构 B 组成。氯含量 33.6% 的 CM 1035 X 和氯含量 33.2% 的 CM-1 与其他几种氯含量更高些的 CM 相比，其结构 B 的摩尔分数明显提高，尤其是氯含量 42.0% 的 CH 420 的 2 倍以上。对比氯含量相近的 CM 1035 X 和 CM-1 发现，前者的氯原子主要以 A、C、D 和 F 这 4 种结构分布，其中结构 C 的氯原子分布较为密集，而后者的氯原子主要以 A、D 和 F 结构分布，说明 CM-1 的氯原子分布要比 CM 1035 X 更均匀。均匀分布的氯原子能够有效防止长链—CH_2—CH_2—结构的形成，从而避免形成局部的晶区。氯原子含量最高的 CH 420 中结构 B 的摩尔分数最小，而结构 A 和 F 的总摩尔分数为 69.5%，远高于其他几种试样。A 和 F 是氯原子分布最为均匀的结构，据此可以判断高氯含量的 CH 420 中氯原子的分布最为均匀。

研究结果表明，CH 420的氯原子分布最均匀，残余结晶少，因此弹性好，扯断伸长率最高（742%），玻璃化转变温度也最高；CM 1035 X的氯原子分布相对集中，无氯链段较长，因此扯断伸长率最低。氯含量过高和氯原子的集中分布均会降低氯化聚乙烯橡胶的热稳定性。

第四节　高分子材料剖析实例

实例1　进口减震橡胶制品的成分剖析

橡胶具有减震、降噪等特殊性能，在航空、运输和工业生产等领域起着重要作用。橡胶制品成分复杂，含有橡胶、有机和无机多种组分，往往需要借助多种方法和手段相配合来分析其成分。周淑华[15]采用红外光谱法对一种进口减震橡胶制品的成分进行了剖析，方法简便快速、经济适用、便于推广。

一、组分的提取、分离及测定方法

1. 组分的提取方法

（1）有机助剂的提取　取剪碎的胶样约3g，用滤纸包好，用丙酮作溶剂在索氏提取器中提取4～6h，胶料在红外灯下烘干备用，提取液用旋转蒸发器浓缩至约2mL备用。

（2）无机助剂的提取　取剪碎的胶样约3g，放入瓷坩埚中在电炉上低温炭化，再在马弗炉中高温灼烧，灰分备用。

2. 柱色谱分离有机助剂

以中性氧化铝为吸附剂湿法制备长约15cm（直径约1cm）的色谱柱，淋洗剂按正己烷、正己烷：甲苯（体积比1:1）、苯、苯：无水乙醇（体积比1:1）、无水乙醇的顺序加入，等体积收集洗脱液，分别用旋转蒸发器浓缩至约1mL，备用。

3. 组分的测定方法

（1）胶种的红外光谱测定　取上述用丙酮提取过的干燥胶粒约0.5g，放入小玻璃试管底部于酒精灯的高温火焰上加热裂解，用湿润的pH试纸测试裂解气的酸碱性，取裂解液均匀涂于KBr盐片上，在红外灯下烘干后，测其红外光谱（图8-30）。

（2）有机助剂的红外光谱测定　将上述柱色谱分离的各部分浓缩液均匀涂于KBr盐片上，在红外灯下除去溶剂后，分别测其红外光谱（图8-31）。

（3）无机组分显色实验　取上述灰分适量，加入适量盐酸溶液溶解、离心，取少量上层清液于白色点滴板上，加入相应离子显色剂，用经典的化学定性方法鉴定是否有钙、镁、锌、铅、铁、铝及锑离子。

（4）无机组分的红外光谱测定　将上述盐酸不溶残渣洗至中性，烘干后取少量与KBr一起压片，测其红外光谱（图8-32）。

二、各组分的分析鉴定

1. 胶种的鉴定

胶料燃烧有自熄性，火焰根部呈绿色，裂解气呈强酸性，由此推测胶料中含卤素。

橡胶制品由于高度交联，很难溶解和熔融，通常用裂解法制样。裂解制样样品中的有机助剂会干扰胶种分析，一般先用丙酮或丙酮：三氯乙烷（体积比1∶1）的混合溶液提取出有机助剂后再裂解制样。由图8-30可见，丙酮提取后胶粒的红外光谱具有氯丁橡胶的特征，与标准谱图对照可确认该胶为纯氯丁橡胶。

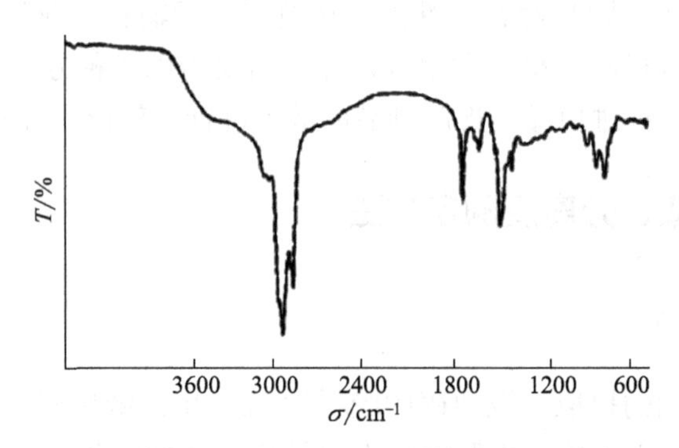

图8-30 胶料裂解液的红外光谱

2. 主要有机助剂的鉴定

图8-31为氧化铝柱色谱分离后各组分的红外光谱，淋出顺序为A→B→C，吸收曲线A表现为烷基烃的特征，与已知标样外观及谱图对照，可判定为石蜡油，石蜡油是氯丁橡胶的软化剂。吸收曲线B主要是邻苯二甲酸烷基酯的特征，与已知标样的谱图对照，可确认为邻苯二甲酸二辛酯，邻苯二甲酸二辛酯是应用广泛的主增塑剂和耐寒剂。吸收曲线C主要为胺类物质的特征，$3380cm^{-1}$为胺的N－H伸缩振动峰，$1598cm^{-1}$、$1513cm^{-1}$和$1494cm^{-1}$处吸收峰归属于苯环的骨架振动和N－H的面内变形振动，$1290cm^{-1}$为芳香仲胺的C－N伸缩振动峰，$820cm^{-1}$、$741cm^{-1}$、$690cm^{-1}$和$3023cm^{-1}$等处峰归属苯环结构，推断可能是橡胶用的二苯胺类防老剂。

3. 无机组分的鉴定

样品灰化后高温时观察，外观呈黄色，推测可能有ZnO。显色实验鉴定有锌、镁存在，表明其中可能有ZnO和MgO，ZnO和MgO是氯丁橡胶常用的硫化剂和活性剂。剩余的盐酸不溶物很少，反复用水洗至中性后，在红外灯下烘干，用KBr压片测其红外光谱。由图8-32可知，主要为硅酸盐，与已知样品谱图对照，确认为滑石粉。可能是氯丁橡胶生胶带入，氯丁橡胶生胶在保存时常用滑石粉作隔离剂。

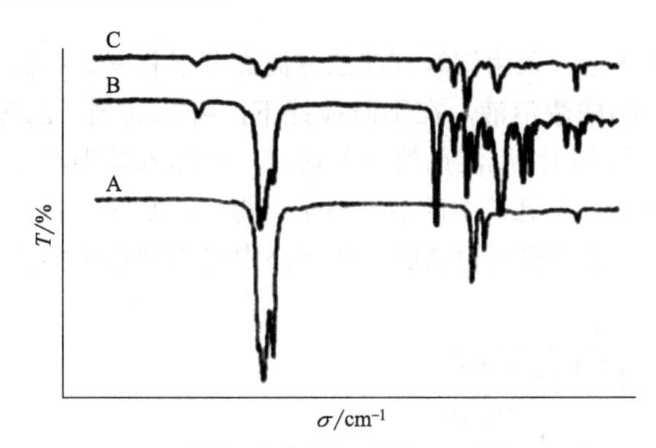

图 8-31　有机助剂的红外光谱

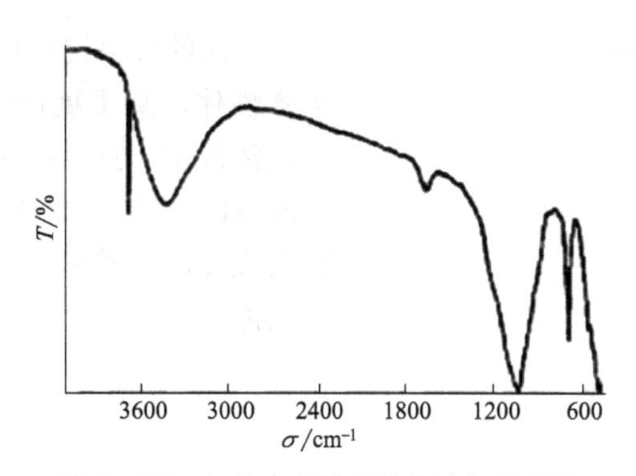

图 8-32　灰分中盐酸不溶物的红外光谱

三、结论

根据上述分析鉴定，可知该进口减震橡胶制品的主组分是氯丁橡胶，有机助剂为软化剂石蜡油、增塑剂邻苯二甲酸二辛酯和二苯胺类防老剂等，无机助剂有硫化剂和活性剂 MgO 和 ZnO，还有生胶带入的滑石粉。

实例 2　高分子弹性体的剖析

高分子弹性体是近年来发展迅速的高分子材料，广泛用于汽车工业、航空工业、建筑、纺织等行业，为国民经济的发展起到了很大作用。魏福祥等 [16] 对一用途广泛的高分子弹性体材料进行了剖析，确定了样品的组成，对新型高分子弹性体材料的开发具有一定的参考价值。

一、样品的初步试验

样品弹性大，表面有黏性，似有油状物，吸附性较强。

（1）溶解性试验　取少许样品，分别加入石油醚、氯仿、四氢呋喃、无水乙醇中，发现样品易溶于氯仿，不溶于石油醚、四氢呋喃、丙酮和乙醇。

（2）燃烧性试验　取少量样品（约 0.1g），放在不锈钢刮刀上，逐渐加热、点燃，样品燃着时观察样品燃烧时的特性，见表 8-8。

表 8-8　样品燃烧特性

性　质	现　象	性　质	现　象
燃烧性	易点燃，离开火焰可继续燃烧	烟特征	燃烧过程冒大量黑烟
试样外形变化	逐渐变软，成滴状，后迅速燃烧	燃烧气味	有点燃的橡胶味
火焰特征	明亮黄色火焰，周围呈蓝色		

通过燃烧性试验，加热变软成滴状说明样品为热塑性弹性体，燃烧冒大量黑烟说明此弹性体可能含有苯环结构。

二、组分的分离与纯化

样品的分离程序如图8-33所示。采用溶解沉淀法分离高分子材料。将高分子弹性体溶解于氯仿溶剂中，制成浓溶液，在不断搅拌下，将沉淀剂（乙醇）滴入溶液中，直至产生浑浊，然后加快沉淀剂的加入速度，总加入量为高分子溶液量的10倍。静置，滤出沉淀。将滤液中的溶剂蒸干，得一油状物。将该油状物反复用乙醇萃取，得油层和乙醇层两种物质。在水浴中将乙醇层中的乙醇蒸发掉。

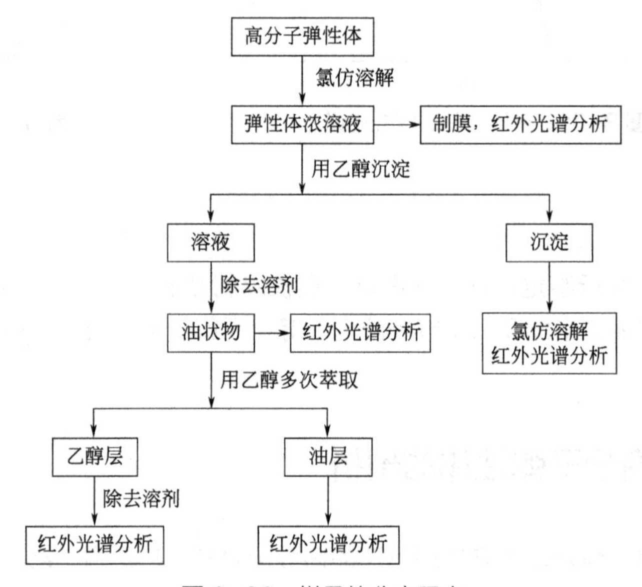

图 8-33 样品的分离程序

三、红外光谱分析

由原样（高分子弹性体浓溶液）的红外光谱（图8-34）可见，大于3000cm^{-1}有吸收峰，1600cm^{-1}和1500cm^{-1}处有苯环的骨架振动吸收，说明未知物含有苯环结构。从高分子沉淀物谱图8-35可知，大于3000cm^{-1}有吸收，1600cm^{-1}和1500cm^{-1}有苯环骨架振动吸收，说明沉淀物为一芳香族高分子聚合物。从文献可知，含有苯环的高分子弹性体多为丁苯橡胶，将图8-35与丁苯橡胶标样的红外光谱相对照，两者完全相符，可确定所得沉淀物为丁苯橡胶。由油状物红外光谱（图8-36）看到，1700cm^{-1}有吸收峰，说明添加剂中含有酸；2900cm^{-1}、1460cm^{-1}、1380cm^{-1}处有强吸收峰，初步断定为直链烷烃。由油层图8-37可明显看出，油层为直链烷烃，与标样液体石蜡的红外光谱相符。查阅文献可知，石蜡油常用作改善压缩回弹性及压缩永久变形性的添加剂，于是可确定弹性体中含有液体石蜡。由乙醇层萃取物红外光谱（图8-38）可见，1700cm^{-1}处峰较强，为羧羰基（—COOH）吸收，说明该添加剂为酸。丁苯弹性体中最常用的酸类添加剂是松香酸，与纯松香酸标准谱图作比较，2950cm^{-1}、1460cm^{-1}、1380cm^{-1}处的峰稍强，其他位置的峰基本一致。分析其原因，可能是分离不完全，仍含有液体石蜡所致。

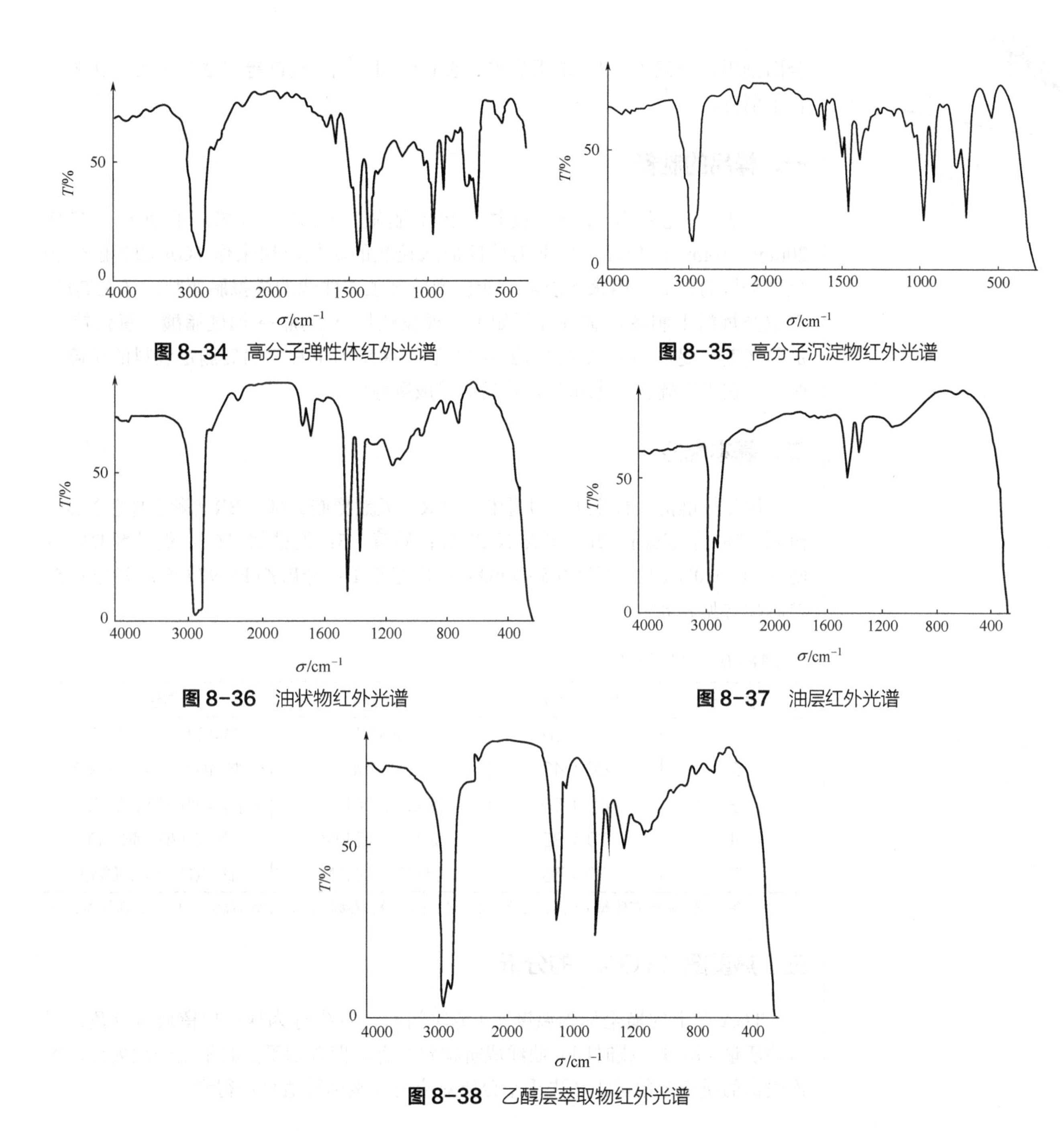

图 8-34　高分子弹性体红外光谱

图 8-35　高分子沉淀物红外光谱

图 8-36　油状物红外光谱

图 8-37　油层红外光谱

图 8-38　乙醇层萃取物红外光谱

四、结论

综上所述，所剖高分子弹性体的主体为丁苯橡胶，添加剂为液体石蜡和松香酸。三种物质按一定比例混合、加工，即制得弹性优良、黏性好的热塑性弹性体。

实例 3　轮胎硫化胶的剖析

硫化橡胶是一非常复杂的体系，需要采用近代测试方法配合传统的化学分析，才能对硫化橡胶进行

全面剖析。李卫青等[17]采用热重和裂解气相色谱-质谱等方法对轮胎硫化胶进行了剖析。

一、样品的制备

将15种轮胎各部分的胶样（包括胎冠、胎肩、胎侧、胎面等）裁成20mm×10mm的样品，用剪刀剪碎成米粒状的颗粒，用来作TGA和裂解气相色谱分析的样品。用来作裂解气相色谱助剂工作曲线的模拟胎面胶试样在D160双辊开炼机上制备，制备过程如下：橡胶塑炼→混炼→加硬脂酸、氧化锌→加防老剂、促进剂→加操作油→加硫黄→均匀下片，然后测定胶料的正硫化时间，在平板硫化机上压片，然后剪碎成颗粒状。

二、基本配方

用作标准的胶样配方（质量份）：NR（天然橡胶）60；BR（顺丁橡胶）20；溶聚SBR（丁苯橡胶）20；炭黑N220 50；硫黄1.5；促进剂CZ 1；促进剂DM 1；防老剂4010NA 1；石蜡0.5；ZnO 4；硬脂酸1；分散剂FS-97 0.5；芳烃油5。自制配方见表8-9。

表8-9 自制配方

序 号	$m_{NR}:m_{BR}$	促进剂	防老剂
1	50：50	促CZ	防4010NA、防RD
2	60：40	促DM	防4010NA、防RD
3	40：60	促CZ、促DM	防4010NA、防RD
4	70：30	促CZ、促DM	防4020、防RD
5	30：70	促CZ、促DM	防4010NA、防D

注：每一配方中均有硫黄1.5份、ZnO 4份、硬脂酸1份、石蜡1份、分散剂FS-97 0.5份、操作油3份。

三、热重图（TGA）的分析

TGA图上的横坐标为温度T（或时间t），纵坐标为样品保留质量分数，所得的质量-温度（或时间）曲线成阶梯状。有时聚合物受热时不是一次失重，每次失重的质量分数可由该失重平台所对应的纵坐标数值直接得到。

1. 胶种鉴别

根据常用胶的最大裂解速率温度判断胶的种类，在370～390℃之间，对应的是NR；而在440～450℃出现的峰可以推断为SBR或BR。此结论的正确性可由标准胶样作出的TGA图检验，如图8-39所示。标准胶样是NR/BR/SBR的并用体系，在TGA空气气氛图上369.86℃对应NR的出峰位置；450.40℃对应SBR或BR的出峰位置。胶样中有BR和SBR时，可能产生峰的重叠，主要是由于BR和SBR都含有丁二烯，使得它们在各自最大裂解速率温度相差不大时引起峰的重叠，并用胶中如果有丁二烯（SBR）存在时，会出现一个很有特征

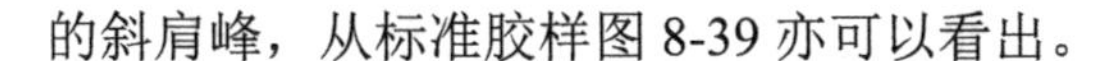
的斜肩峰，从标准胶样图 8-39 亦可以看出。

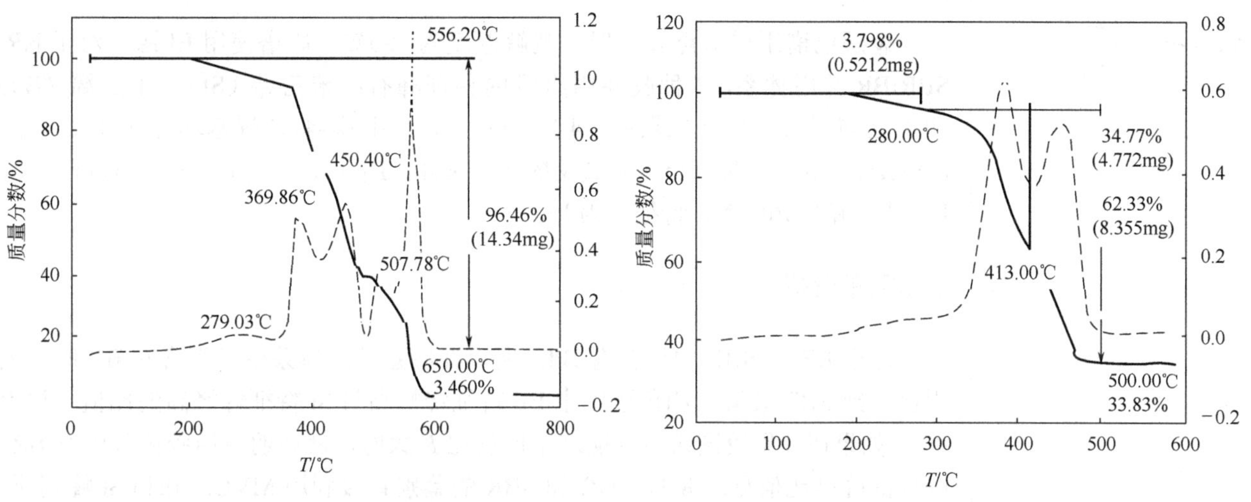

图 8-39　标准胶样在空气气氛下的 TGA

图 8-40　标准胶样在氮气气氛下的 TGA

2. 炭黑的分析

炭黑的出峰位置可以在 TGA 图谱（图 8-40）上的氮气气氛中显示出来。温度范围一般在 550～600℃之间，含量的大小可由峰面积表示，结果见表 8-10。氮气气氛下显示的炭黑和灰分含量的总和（33.83%）减去空气气氛下 TGA 图上显示出的灰分含量（3.460%），得到炭黑的准确含量（30.37%）。

表 8-10　硫化胶的 TGA 分析结果

硫化胶样①	可抽出物质量分数 /%	含胶率② /%	炭黑质量分数 /%	炭黑与灰分质量分数 /%	灰分质量分数 /%	天然胶质量分数④ /%	可能胶种⑤	并用比⑥
1号A（Ⅰ）	6.817	59.48	29.730	33.67	3.940	36.36	NR，SBR	1.573
1号B（Ⅱ）	6.134	59.44	27.497	34.31	6.813	48.36	NR，SBR	4.365
1号C（Ⅲ）	6.869	58.06	30.330	34.91	4.580	48.05	NR，BR，SBR	4.800
1号D（Ⅳ）	6.476	52.71	37.179	40.75	3.571	35.80	NR，SBR	2.117
2号A（Ⅴ）	11.260	51.60	32.917	37.01	4.093	37.65	NR，SBR	2.699
2号B（Ⅵ）	6.737	62.11	27.566	31.00	3.434	49.67	NR，SBR	3.993
2号C（Ⅶ）	5.079	58.71	32.282	36.19	3.908	49.36	NR，SBR	5.279
2号D（Ⅷ）	7.374	45.40	44.714	47.23	2.516	25.78	NR，SBR	1.314
1号E（Ⅸ）	3.770	63.44	28.349	32.86	4.511	49.54	NR，SBR	3.564
1号F（Ⅹ）	6.077	64.31	24.514	29.56	5.046	47.82	NR，SBR	2.900
2号E（Ⅺ）	6.875	60.04	29.380	33.03	3.650	46.89	NR，SBR	3.566
2号F（Ⅻ）	7.600	62.13	26.082	30.15	4.068	42.59	NR，SBR	2.180
标准样	3.798	59.5③	30.370	33.83	3.460	34.77	NR，BR，SBR	1.262

① 1号和2号代表2个品牌的轮胎橡胶（A、B、C、D、E、F分别代表轮胎的不同部位，A代表胎侧，B代表胎肩，C代表胎面，D代表三角胶，E代表缓冲胶，F代表内层胶），Ⅰ～Ⅻ是实验时每种胶样的编号。

② 从未抽提的TGA图上得到，不是准确的含胶率值。

③ 从未抽提样和抽提后样品的TGA图数据折算后得到，是准确的含胶率值。

④ 初步认为，TGA图上的微分失重曲线约373℃左右处的极值峰面积对应于NR的失重率（即NR的含量）。

⑤ 根据各种橡胶特征分解温度初步判断的结果。

⑥ NR与其他橡胶的并用比，不是准确的值。

四、Py-GC-MS 图的分析

裂解色谱用居里点裂解器，裂解温度为 590℃，质谱使用 EI 源。对于 NR/SBR/BR 并用体系，3 种胶并用组成的特征峰有：苯乙烯（St）、丁二烯（Bd）和 4- 乙烯基环己烯（二聚体，4-VCH）；1,4- 二甲基 -4- 乙烯基环己烯（二聚体，MVCH）、异戊二烯（Ip）和二戊烯（二聚体，Dp）峰，选取 SBR 特征峰为 St，BR 特征峰为 Bd，NR 特征峰为 Ip。

1. 胶种的分析

由于 BR 和 SBR 中均含有 Bd，所以在鉴别并用体系中是否含有 BR 时，采用已知纯 SBR 裂解气相色谱图中 Bd 特征峰峰高与 St 特征峰峰高的比值（记为 K），如果在并用胶图谱中发现这个比值比 K 大时，就证明并用胶体系中有 BR。胶样的峰高比值见表 8-11。NR 和 SBR 的鉴别直接利用 MVCH 峰和 St 峰判断：如果没有 MVCH 峰，认为并用体系中不含有 NR；如果没有 St 峰，认为并用体系中不含有 SBR，所得的定性结果见表 8-12。

表8-11 胶样峰高的比值

胶　种	Bd 的峰高	St 的峰高	Bd 与 St 峰高比
纯 SBR	5570397	5701257	0.9770
1 号胶样	3369528	2810889	1.1987

表8-12 裂解气相色谱胶型及并用比分析结果

胶样	H_{Ip}	H_{Bd}	H_{St}	R_1	R_2	R_3	K_1	K_2	并用比①
Ⅰ	7992924	3368522	2808049	0.7400	0.5454	—	1.7800	0.3849	R/BR/SBR=51/15/30
Ⅱ	9224042	无	无	—	—	—	—	—	纯天然胶
Ⅲ	8987417	4335460	3727162	0.7069	0.5377	—	1.5536	0.3583	NR/BR/SBR=55/10/35
Ⅳ	7510749	2721288	1130012	0.8692	0.7066	—	3.2477	1.3594	NR/BR/SBR=60/20/20
Ⅴ	8209710	2504027	1697679	0.8286	0.5960	—	2.6436	0.5911	NR/BR/SBR=60/15/25
Ⅵ	9137974	3166049	无	—	—	0.7427	—	—	NR/BR=65/35
Ⅶ	451064	无	无	—	—	—	—	—	纯天然胶
Ⅷ	8001103	1740766	1525906	0.8398	0.5329	—	2.7923	0.3420	NR/BR/SBR=65/10/25
Ⅸ	9559038	3224074	无	—	—	0.7478	—	—	NR/BR=65/35
Ⅹ	9621596	1489717	无	—	—	0.8659	—	—	NR/BR=85/15
Ⅺ	8419407	2544734	无	—	—	0.7679	—	—	NR/BR=70/30
Ⅻ	9471495	3028815	1024487	0.9024	0.7472	—	3.9137	1.8685	NR/BR/SBR=55/30/15
标准胶样	7336431	3127494	2008202	0.7851	0.6090	—	2.1611	0.6545	NR/BR/SBR=60/20/200

① 图中并用比经过合理化。

2. 助剂的分析

因为每一种防老剂在裂解气相色谱图上都对应特定的出峰时间，以此出峰时间为依据可判断出防老剂类型。表 8-13 列出了几种防老剂特征峰的出峰时间。胶样助剂鉴定结果见表 8-14。

表8-13 几种防老剂特征峰的出峰时间

防老剂品种	名 称	出峰时间 /min
防老剂 4010NA	*N*- 苯基 -*N*′- 异丙基对苯二胺	34.61
防老剂 D	苯基 -*a*- 萘胺	36.78
防老剂 RD	2,2,4- 三甲基 -1,2- 二氢化喹啉聚合物	20.55
防老剂 4020	*N*-(1,3- 二甲基) 丁基 -*N*′- 苯基对苯二胺	31.57
防老剂 264	4- 甲基 -2,6-(2′- 甲基) 异丙基 - 苯酚	22.25

表8-14 胶样助剂鉴定结果

胶种	苯并噻唑环出峰时间 /min	防老剂 264 出峰时间 /min	防老剂 RD 出峰时间 /min	防老剂 4020 出峰时间 /min
Ⅰ	14.69			31.59
Ⅱ	14.70		20.55	31.58
Ⅲ	14.70		20.55	31.57
Ⅳ	14.69		20.54	
Ⅴ	14.70	22.26	20.56	
Ⅵ	14.68		20.55	
Ⅶ	14.68	22.24	20.54	
Ⅷ	14.69	22.25	20.54	
Ⅸ	14.68		20.54	31.56
Ⅹ	14.68		20.54	31.57
Ⅺ	14.71		20.57	
Ⅻ	14.71		20.56	

五、结论

采用 TGA 法可迅速鉴定出硫化胶的胶种类型、并用比、炭黑含量、灰分含量及操作油含量。采用 Py-GC-MS 可剖析出胶种类型、并用比、助剂类型。

实例 4 某航空橡胶密封材料的剖析

橡胶由于具有弹性高、气密性好等特性，而被广泛用作航空油路和气路的密封材料。目前我国大部分民用航空器由国外进口，橡胶密封材料也大都依赖国外厂家。在我国大力发展大型民用客机的形势下，实现航空橡胶密封材料国产化、降低对国外市场的依赖迫在眉睫。刘凯等 [18] 采用红外光谱法对某航空橡胶密封材料的胶种、有机助剂、无机灰分等成分进行了剖析。

一、胶种的分离、热裂解及定性鉴定

取剪碎的橡胶样品 3g，用滤纸包好，用氯仿 - 丙酮作溶剂，在橡胶抽取器中抽取 4～6h，然后将胶料在红外灯下烘干，取约 0.5g，放入小玻璃试管底部，于酒精灯的高温火焰上加热裂解，将胶种裂解液涂膜 KBr 盐片上，测其红外光谱，如图 8-41 所示。

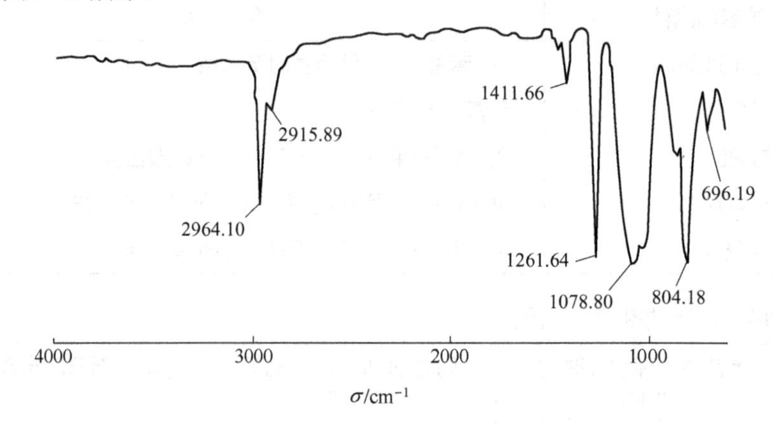

图 8-41　胶种裂解液的红外光谱

图 8-41 中，2964.10cm^{-1} 和 2915.89cm^{-1} 为饱和烃 C—H 伸缩振动峰，表明 CH_3 的存在；1411.66cm^{-1} 和 1261.24cm^{-1} 分别为 $Si(CH_3)_2$ 面内和面外变形振动峰，804.18cm^{-1} 和 696.19cm^{-1} 分别为 $Si(CH_3)_2$ 反对称与对称伸缩振动峰，表明被测橡胶结构中含有 $Si(CH_3)_2$；1078.80cm^{-1} 为线性硅氧烷的吸收峰，表明该橡胶结构中含有长链线性硅氧烷。综上分析，可知该红外光谱具有硫化甲基硅橡胶的特征，经与标准谱图对照后确认被测胶种为硫化甲基硅橡胶。

二、有机助剂的分离与鉴定

取剪碎的橡胶样品 3g，用滤纸包好，用氯仿 - 丙酮作溶剂，在抽取器中抽提 4～6h，然后将抽提液在 60℃以下的水浴中浓缩至约 2mL，再经柱色谱分离纯化，纯化后的产物涂于 KBr 片上，测其红外光谱，如图 8-42 所示。

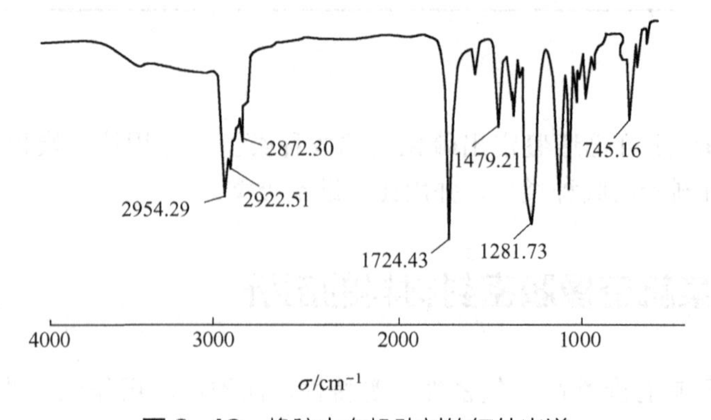

图 8-42　橡胶中有机助剂的红外光谱

图 8-42 中，吸收峰 2954.29cm^{-1}、2922.51cm^{-1} 和 2872.30cm^{-1} 为饱和烃 C—

H 伸缩振动峰，表明化合物含有 CH_3 和 CH_2；1724.43cm^{-1} 为羰基的伸缩振动峰，1281.73cm^{-1} 和 1126cm^{-1} 为 C—O—C 的反对称与对称伸缩振动峰，表明该化合物含有共轭结构的酯基；1600cm^{-1}、1580cm^{-1} 双峰（位于 1724.43cm^{-1} 和 1479.2cm^{-1} 间的小峰，由于仪器分辨率不好，两峰分开得不明显）和 1479.2cm^{-1} 为苯环骨架振动吸收峰，表明该化合物含有苯环；745.16cm^{-1} 处的吸收峰，说明苯环上的取代方式为邻位二取代。经与标准谱图比对，可确定该航空橡胶密封材料中的有机助剂为邻苯二甲酸二辛酯（DOP）。DOP 是应用最广泛的主增塑剂和耐寒剂，该密封材料的性能指标有耐寒要求。

三、无机灰分的分析与鉴定

取剪碎的橡胶样品 3g，高温灼烧，得到无机灰分，对无机灰分进行称量，质量为 0.12g，则无机助剂含量为 4%。

样品灰化后高温时观察，外观为黄色，温度下降后为白色，则可判定样品中含有 ZnO。ZnO 是硫化甲基硅橡胶常用的活化剂和无机促进剂。在灰分中加入盐酸，将剩余的盐酸不溶物反复用水洗至中性后，在烘箱中烘干，用 KBr 压片，测其红外光谱，如图 8-43 所示。图 8-43 中的 1164.81cm^{-1}、1120.46cm^{-1}、910.25cm^{-1} 和 678.83cm^{-1} 为硫酸根离子的特征吸收峰，因此可判断该无机物为硫酸盐，与已知样品谱图对照确认为硫酸钙。

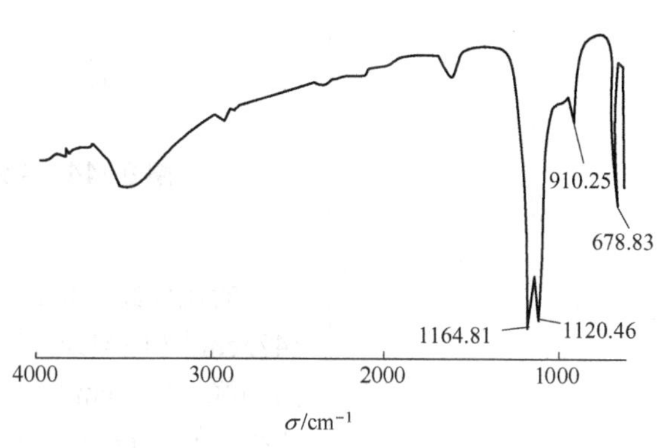

图 8-43　样品灰分中盐酸不溶物的红外光谱

四、结论

经红外光谱分析得知，该航空橡胶密封材料的胶种主要是硫化甲基硅橡胶，有机助剂为邻苯二甲酸二辛酯，无机灰分含氧化锌和硫酸钙等，灰分含量为 4%。

实例 5　聚醚砜 / 微纳纤维素复合膜材料的剖析

唐焕威等 [19] 采用红外光谱法对聚醚砜 / 微纳纤维素复合膜材料进行了表征，利用 XRD 分析了复合膜材料的结晶度变化情况，通过扫描电镜（SEM）观察了复合膜支撑层的膜结构。

一、红外光谱分析

图 8-44 中曲线 a、b、c 分别代表微纳纤维素、纯聚醚砜膜、聚醚砜 / 微纳纤维素复合膜材料的红外光谱。

曲线 a 中，3347cm^{-1} 处的强峰为羟基的伸缩振动峰，是纤维素特征峰之一。2903cm^{-1} 为饱和 C—H 伸缩振动峰，但峰强度很小，表明微纳纤维素分子链较小。1126cm^{-1} 是连接葡萄糖单元 C—O—C 的伸缩振动峰。1060cm^{-1} 是纤维素醇中 C—O 的伸缩振动峰。

曲线 b 中，3097cm^{-1} 处为苯环上 C—H 伸缩振动峰，1579cm^{-1}、1487cm^{-1} 和 1407cm^{-1} 处的较强峰为苯环骨架振动峰，1324cm^{-1} 和 1239cm^{-1} 为 C—O—C 伸缩振动峰，1151cm^{-1} 和 1105cm^{-1} 为 S═O 伸缩振动峰，上述特征峰表征了聚醚砜的结构特点，即具有苯环结构，同时具有醚键和硫氧双键结构。

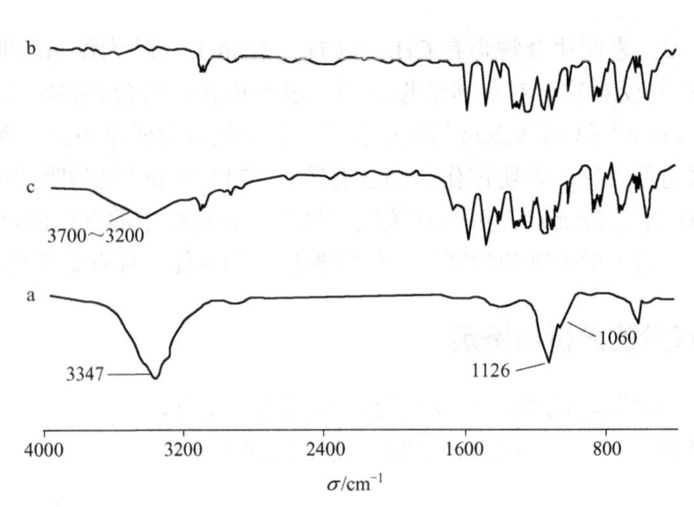

图 8-44　微纳纤维素（a）、纯聚醚砜膜（b）和聚醚砜 / 微纳纤维素复合膜材料（c）的红外光谱

对比曲线 b 和 c，可以发现复合膜仍保留着纯聚醚砜的特征峰，如 1579cm^{-1}、1475cm^{-1} 和 1411cm^{-1} 苯环骨架振动峰，1326cm^{-1} 和 1251cm^{-1} 的 C—O—C 伸缩振动峰，1151cm^{-1} 和 1107cm^{-1} 的 S═O 伸缩振动峰。对比曲线 a 和 c 可以看出，曲线 c 在 3200~3700cm^{-1} 处出现了缔合的 O—H 伸缩振动特征峰，呈明显的宽峰，且峰强较大，说明复合膜中相邻纤维素分子链上的—OH 与聚醚砜的 C—O—C 与 S═O 存在分子间氢键缔合，表明复合膜保留了微纳纤维素材料的特征峰，即复合膜中存在着微纳纤维素。但 1126cm^{-1} 和 1060cm^{-1} 处 C—O—C 和 C—O 伸缩振动峰可能受到聚醚砜处于相同频率的部分特征峰掩盖而观察不到。此外，复合膜红外光谱中没有其他新峰出现，表明没有新的官能团产生，说明复合膜中微纳纤维素与聚醚砜为物理作用结合，通过分子间氢键力的缔合相互作用，达到分子水平的复合。聚醚砜与微纳纤维素复合，使复合膜中吸收峰波数较纯聚醚砜膜的吸收峰波数略有变动。

二、X 射线衍射分析

图 8-45 为微纳纤维素的 X 射线衍射图，表明微纳纤维素晶体类型为纤维素Ⅰ晶体，其保持晶区与非晶区两相共存的状态，经 XRD 软件计算得其结晶度为 62.3%。图 8-46 中 a 和 b 分别为纯聚醚砜膜、聚醚砜 / 微纳纤维素复合膜的 X 射线衍射图。

聚醚砜存在部分结晶，但结晶度不高，因而无明显的衍射特征峰。通过微纳纤维素、纯聚醚砜膜与加有不同含量的微纳纤维素的复合膜 XRD 谱图的比较，可发现微纳纤维素的衍射峰与聚醚砜宽衍射峰交叠在一起。随着微纳纤维素质量的增加，复合膜的结晶度从 37.7% 增大至 47.9%。表明由于微纳纤维素的存在，复合膜结晶性增加。这主要是由于微纳纤维素与聚醚砜可能存在一定的物理交织，使得分子链缠结更为紧密，同时单位空间内纤维素分子链的数目增多，分子链之间的距离较近，相互作用力增大，复合膜分子结构有序性增加，因而结晶度增大。

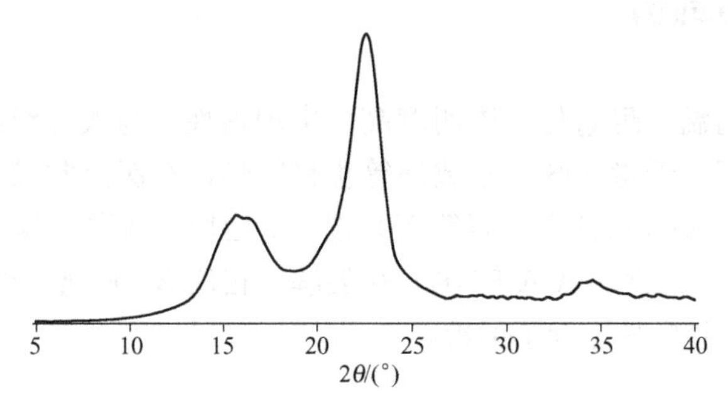

图 8-45　微纳纤维素的 X 射线衍射图

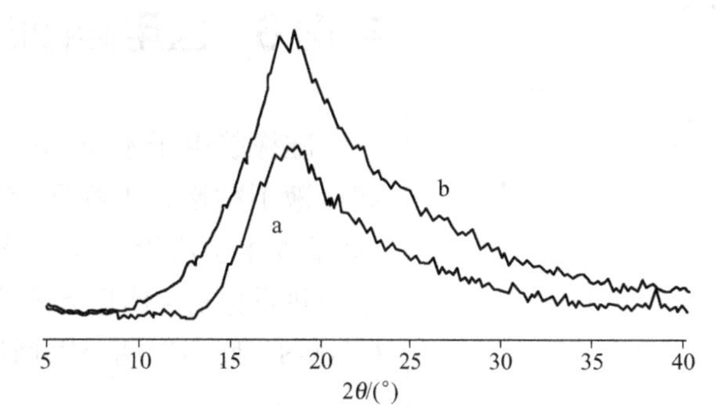

图 8-46　纯聚醚砜膜（a）和聚醚砜 / 微纳纤维素复合膜（b）的 X 射线衍射图

三、扫描电镜分析

膜结构是决定膜的性能因素之一，膜结构主要取决于相分离时膜液中局部区域的组成。

从图 8-47 中可以看出，纯聚醚砜多孔支撑层孔较致密，孔径较小；复合膜多孔支撑层孔径较大，分布均匀，孔之间连通性较好，表面孔数较多，孔径分布较分散。相转化形成纯聚醚砜膜时，在分相前，溶剂大量溢出，分相后聚醚砜富相连续，凝胶固化成为膜的连续相；而分散的聚醚砜贫相中溶剂和添加剂洗脱后成为膜的孔或者空腔，形成了较小的孔径，且较为致密；加入微纳纤维素时，其高亲水性加快了凝胶剂（水）向铸膜液内扩散的速度，溶剂扩散溢出相对减少，为贫相生成及生长提供了条件，增加了膜孔的数目，易于形成互相贯穿的疏松多孔结构。微纳纤维素的存在加速了瞬时相分离过程，成膜的凝胶微胞尺度较大，形成复合膜的孔径增大，进而改善了复合膜的性能。

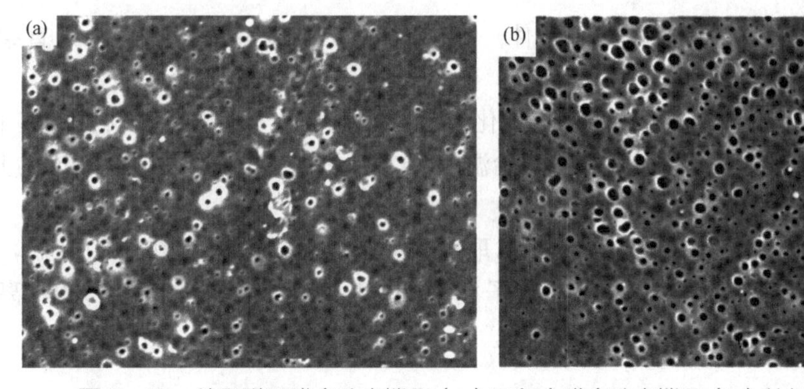

图 8-47　纯聚醚砜膜多孔支撑层（a）和复合膜多孔支撑层（b）的扫描电镜照片

四、结论

（1）复合膜具有聚醚砜与微纳纤维素的红外特征峰，没有产生新的官能团，微纳纤维素与聚醚砜通过分子间氢键力缔合相互作用，形成具有达到分子水平复合的聚醚砜 / 微纳纤维素复合膜材料。

（2）微纳纤维素与聚醚砜的衍射峰交叠在一起，微纳纤维素的加入使复合膜的结晶性能增强，结晶度从 37.7% 增大至 47.9%。

（3）复合膜多孔支撑层表面孔数较多，孔径较大，膜孔分布均匀，孔之间连通性较好。

实例 6 医用硅橡胶的剖析

硅橡胶由于本身具有耐高温、耐老化、透明度高、生理惰性、与人体组织和血液不粘连、生物适应性好、无毒无味、不致癌等优良特性，在医疗制品中（如脑积水引流管、人工鼻梁、胸腔引流管、胃管等）被广泛应用。曹翠玲等[20]采用热重分析 - 傅里叶变换红外光谱（TGA-FTIR）和裂解气相色谱 - 质谱（Py-GC-MS）联用对两个医用硅橡胶样品进行了剖析。

一、仪器条件及分析方法

1. TGA-FTIR 分析

（1）TGA 测试条件　从 70℃开始以 10℃ /min 的升温速率升温至 300℃，恒温 10min，然后以 20℃ /min 的升温速率升温至 650℃，恒温 10min。载气（氮气）流量为 30mL/min，保护气（氮气）流量为 20mL/min。测定 Gram-Schmidt 曲线（TGA 逸出气体在不同热解时间下的红外光谱），以获得气体各组分的结构信息。

（2）分析方法　将试样置于 TGA 试样舱内，按设定的升温程序升温，同时红外光谱仪开始采集信息。当试样在 TGA 仪中升温到一定温度时分解而逸出气体，采集气体红外光谱信息。

2. Py-GC-MS 分析

（1）热裂解处理条件　裂解时间 10s，裂解压力 130kPa，直接裂解温度 500℃和 650℃。

（2）GC 测试条件　汽化温度 280℃，载气（高纯氦气）流速 1.0mL/min，分流进样。程序升温：初始温度 50℃，恒温 2min，以 10℃ /min 的升温速率升温至 280℃，恒温 10min。

（3）MS 测试条件　称取试样约 0.2mg，送入裂解炉中裂解，接口温度 280℃，电离方式 EI，电子能量 70eV，扫描范围 m/z 20～500，离子源温度 230℃。

二、医用硅橡胶主要组分的分析鉴定

1. 红外光谱分析

两个医用硅橡胶（$1^{\#}$ 试样和 $2^{\#}$ 试样）的红外光谱见图 8-48。图 8-48（a）中，2963cm^{-1} 处为 CH_3 的伸缩振动峰，1260cm^{-1} 处为 CH_3—Si—CH_3 中—CH_3 的对称变形振动峰，866cm^{-1} 和 800cm^{-1} 处的峰来自 Si $(CH_3)_2$ 中 CH_3 的变形振动和 Si—C 的伸缩振动，表明 Si 原子上有两个甲基。1086cm^{-1} 和 1016cm^{-1} 处为 Si—O—Si 的伸缩振动峰。与红外标准谱图对照，可确认两个医用硅橡胶试样的主要成分为聚二甲基硅氧烷。从图 8-48（b）可以看出，两个试样在 475cm^{-1} 处有明显的吸收峰，1# 试样在 611cm^{-1} 和 639cm^{-1} 处有明显吸收峰，推断 1# 试样的填料可能为硫酸钡和白炭黑，而 2# 试样的填料仅为白炭黑。

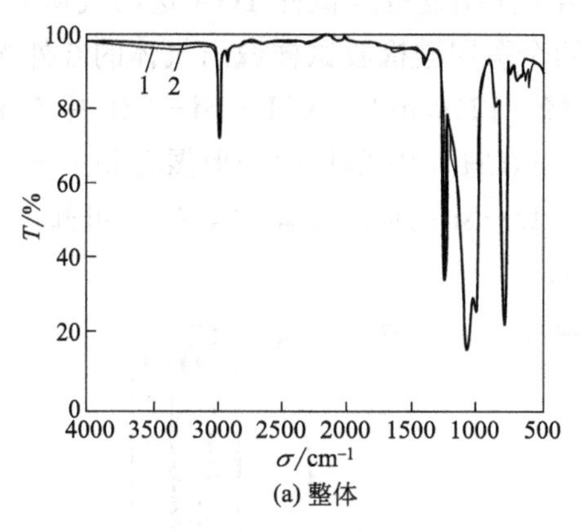

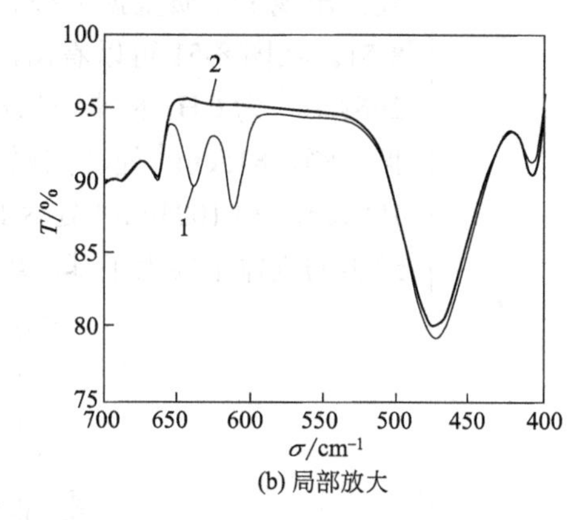

图 8-48 两个医用硅橡胶试样的红外光谱

1—1# 试样；2—2# 试样

2. TGA-FTIR 分析

两个医用硅橡胶试样的 TG 曲线见图 8-49，图 8-49 中 300℃以下的主要分解物为挥发分，经计算，1# 试样和 2# 试样挥发分的质量分数分别为 1.48% 和 1.97%；300～650℃的主要分解物为硅橡胶，经计算，1# 试样和 2# 试样硅橡胶的质量分数分别为 53.09% 和 53.77%；650℃以上的主要分解物为无机物，经计算，1# 试样和 2# 试样无机物的质量分数分别为 45.43% 和 44.26%。

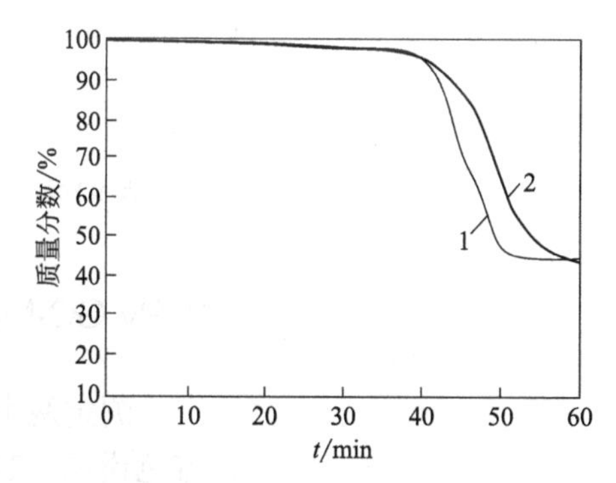

图 8-49 两个医用硅橡胶试样的 TG 曲线

1—1# 试样；2—2# 试样

两个医用硅橡胶试样的微分热失重（DTG）与 Gram-Schmidt 曲线见图 8-50。

由图 8-49 和图 8-50 可以看出，由于 1# 试样在 300～650℃发生剧烈裂解，其 TG 曲线出现两个明显的质量损失台阶，在 DTG 曲线约 44min（500℃）处出现第 1 个质量损失峰，约 50min（650℃）处出现第 2 个质量损失峰，其峰值时间与 Gram-Schmidt 曲线对应，说明试

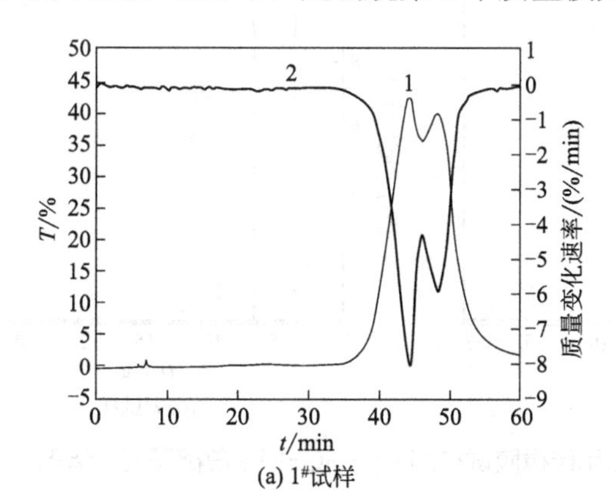

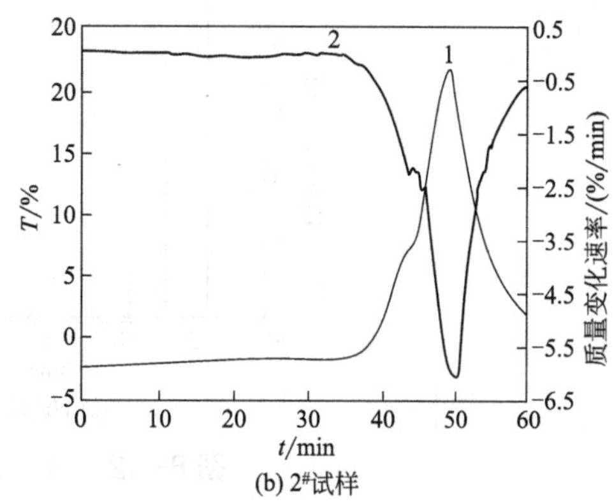

图 8-50 两个医用硅橡胶试样的 DTG 与 Gram-Schmidt 曲线

1—DTG 曲线；2—Gram-Schmidt 曲线

验条件设置比较合适，红外光谱检测无时间滞后和返混现象。与1#试样不同，2#试样的TG曲线上只有1个明显的质量损失台阶，在DTG曲线约50min（650℃）处只出现1个质量损失峰。两个医用硅橡胶试样TGA逸出气体的红外光谱见图8-51。从图8-51可以看出，两个医用硅橡胶试样逸出气体的红外光谱基本相同，2969cm^{-1}为CH_3的伸缩振动峰，1260cm^{-1}为$CH_3-Si-CH_3$中CH_3的对称变形振动峰，815cm^{-1}处峰归属于Si$(CH_3)_2$中CH_3的变形振动和Si－C的伸缩振动，1081cm^{-1}和1021cm^{-1}处为Si－O－Si的伸缩振动峰。据此可知，两个试样裂解逸出的气体主要为甲基硅氧烷。

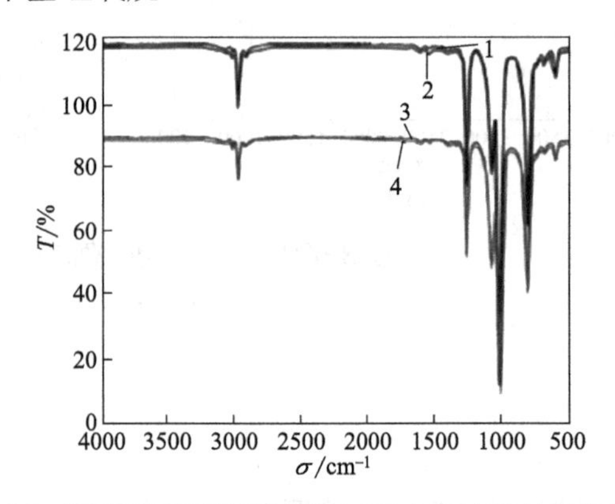

图8-51 两个医用硅橡胶试样的TGA逸出气体的红外光谱

保留时间（min）：1—44（1#试样）；2—44（2#试样）；3—50（1#试样）；4—50（2#试样）

3. Py-GC-MS分析

测定两个医用硅橡胶试样在500℃和650℃时裂解产物的Py-GC-MS总离子流色谱图（TIC），其中650℃时的TIC谱如图8-52所示。从图8-52可以看出，1#试样和2#试样的裂解产物以保留时间约4min和7min处的成分为主。通过对Py-GC-MS测得的MS谱的解析以及谱库检索，可确认TIC谱中各峰的归属（见表8-15）。

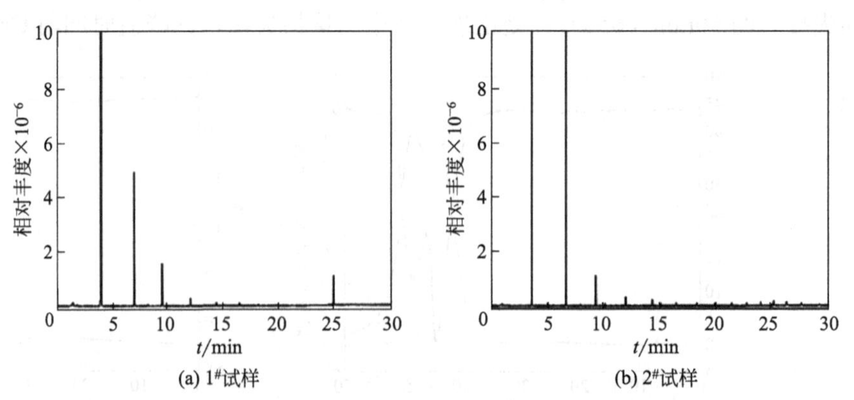

图8-52 两个医用硅橡胶试样的Py-GC-MS总离子流色谱图

由表8-15可以看出，两个医用硅橡胶试样裂解产物成分相近，主要为环状二甲基硅氧烷，其中六甲基环三硅氧烷质量分数最大，八甲基环四硅氧烷次之。

裂解温度越高，越易出现分子量较大的环状甲基硅氧烷，如二十甲基环十硅氧烷和二十四甲基环十二硅氧烷等。2[#]试样比1[#]试样更容易出现分子量较大的环状甲基硅氧烷。

表8-15 两个医用硅橡胶试样裂解产物TIC谱中各峰的指认

1[#]试样裂解温度及裂解产物保留时间		2[#]试样裂解温度及裂解产物保留时间		裂解产物名称
500℃	650℃	500℃	650℃	
4.14min	4.14min	4.15min	4.15min	六甲基环三硅氧烷
7.02min	7.02min	7.04min	7.04min	八甲基环四硅氧烷
9.55min	9.55min	9.56min	9.56min	十甲基环五硅氧烷
12.07min	12.07min	12.07min	12.07min	十二甲基环六硅氧烷
14.31min	14.31min	14.32min	14.32min	十四甲基环七硅氧烷
16.32min	16.32min	16.32min	16.32min	十六甲基环八硅氧烷
18.06min	18.06min	18.06min	18.06min	十八甲基环九硅氧烷
19.61min	19.61min	19.61min	19.61min	二十甲基环十硅氧烷
	21.03min	21.03min	21.03min	二十甲基环十硅氧烷
	22.32min	22.32min	22.32min	二十四甲基环十二硅氧烷
	23.50min	24.59min	23.50min	二十四甲基环十二硅氧烷
			24.62min	二十六甲基环十三硅氧烷
			25.71min	二十六甲基环十三硅氧烷
			26.99min	二十六甲基环十三硅氧烷

三、结论

通过TGA-FTIR和Py-GC-MS分析，可知两个医用硅橡胶的主要成分为聚二甲基硅氧烷，其中一个试样的填料为硫酸钡和白炭黑，另一个试样的填料为白炭黑；两个医用硅橡胶试样的高温裂解产物均为环状甲基硅氧烷，主要成分为六甲基环三硅氧烷和八甲基环四硅氧烷；裂解温度越高，越易出现分子量较大的环状甲基硅氧烷。

实例7 进口阀冷系统用O型密封圈的材料剖析

南方电网高坡换流站水冷系统使用了大量的O型密封圈，该系列O型密封圈为德国西门子公司产品。电网运行以来，未出现因O型圈密封失效导致漏水停电等安全事故，但购买成本昂贵，急需国产化。宋伟等[21]对分支小水管用O型密封圈的材料进行了剖析，以期为该产品的国产化提供参考。

一、样品来源及剖析方法

1. 样品来源

高坡换流站阀冷系统用O型密封圈分为分支小水管用O型密封圈、均压电极用O型密封圈和T形管用O型密封圈，其中分支小水管用O型密封圈和均压电极用O型密封圈截面直径较小，T形管用O型密封圈截面直径较大。剖析用的O型密封圈均来自现场，采用红外光谱法测定上述3种O型密封圈热裂解产物的红外光谱。

2. 剖析方法

（1）样品抽提　将O型密封圈剪碎，取剪碎样品2～5g，用分析纯丙酮进行抽提，抽提时间为16h±0.5h。

（2）样品干燥　取0.5～2g抽提后样品于100℃ ±2℃烘箱中进行干燥。

（3）氮气气氛中的控温裂解　将干燥后的0.5g样品加入热裂解管中，在收集管中放置少量无水硫酸钠，以收集热解过程中产生的水分。将电热炉加热至525℃ ±50℃，并保持恒温，让氮气缓慢通过裂解管（氮气流速为10mL/min±2mL/min），将装有试样的裂解管插入铝块孔中。热裂解完成后，用毛细管取少量裂解物于2个溴化钾盐片间，测其红外光谱。

二、3种O型密封圈材料的鉴定结果

1. 均压电极用O型密封圈材料的鉴定

图8-53为均压电极用O型密封圈的红外光谱，1000~1100cm^{-1}之间吸收极强略有裂分的宽峰为Si—O—Si的伸缩振动引起，800cm^{-1}附近的第2宽峰为Si—C的伸缩振动引起，1210cm^{-1}处强而尖锐的吸收峰为C—F伸缩振动峰，1266cm^{-1}处强度和1210cm^{-1}处强度相当的吸收峰为$Si(CH_3)_2$的特征峰，866cm^{-1}处的峰来自$Si(CH_3)_2$中CH_3的变形振动，表明Si原子上有两个甲基。从1447cm^{-1}至1210cm^{-1}区间共有6个强度不等的吸收峰，再加上1000~1100cm^{-1}和800cm^{-1}左右的2个强宽峰，它们共同组成一组相关峰，相互依存，成为氟硅橡胶的特征吸收峰。据此可知，均压电极用O型密封圈的材料为氟硅橡胶。

2. 分支小水管用O型密封圈材料的鉴定

图8-54为分支小水管用O型密封圈的红外光谱，1100～1400cm^{-1}之间极强的宽峰为C—F的伸缩振动峰，1395cm^{-1}处的较强峰及885cm^{-1}处的中强峰是$CH_2{=}CF_2$的特征吸收峰，720cm^{-1}处的较强峰是$CF_2{=}CF—CF_3$的特征吸收峰，这些都是氟橡胶的特征峰。据此可知，分支小水管用O型密封圈的材料为氟橡胶。

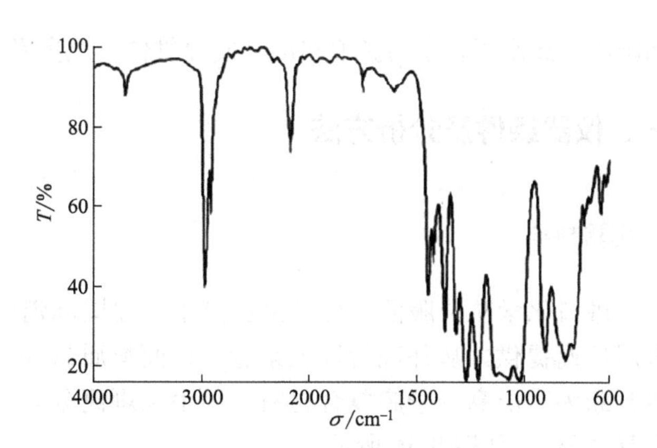

图 8-53　均压电极用O型密封圈的红外光谱

3. T形管用O型密封圈材料的鉴定

图 8-55 为 T 形管用 O 型密封圈的红外光谱，小于 $3000cm^{-1}$ 处的最强峰、$1463cm^{-1}$ 处的次强峰、$1377cm^{-1}$ 处的第 3 强峰表明分子中有甲基和亚甲基存在，$722cm^{-1}$ 处的中等强度峰为$—(CH_2)_n—$的特征吸收峰（$n \geqslant 4$）。$992cm^{-1}$ 处的中强峰和 $909cm^{-1}$ 处的较强峰为$—CH═CH_2$ 的特征吸收峰，$965cm^{-1}$ 处的中强峰为$—CH═CH—$的特征吸收峰，$886cm^{-1}$ 处的较强峰为$>C═CH_2$的特征吸收峰。图 8-55 与乙丙橡胶的红外谱图吻合，可确定 T 形管用 O 型密封圈的材料为乙丙橡胶。

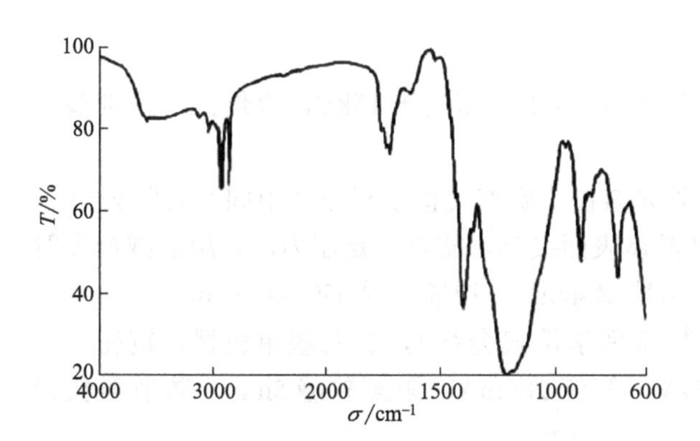

图 8-54　分支小水管用O型密封圈的红外光谱

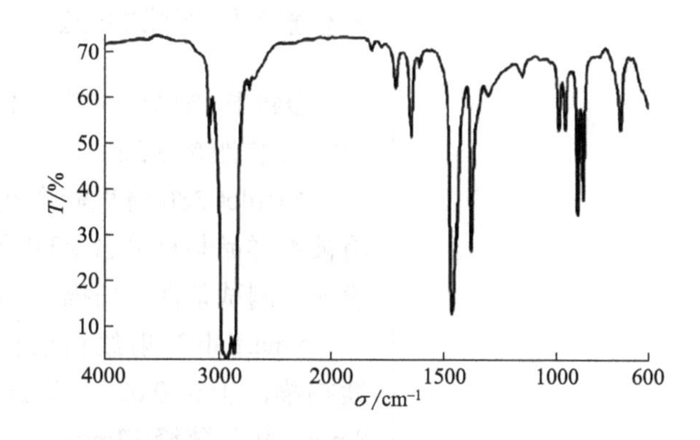

图 8-55　T形管用O型密封圈的红外光谱

三、结论

通过上述红外光谱分析可知，均压电极用 O 型密封圈的材料为氟硅橡胶，分支小水管用 O 型密封圈的材料为氟橡胶，T 形管用 O 型密封圈的材料为乙丙橡胶。

实例 8　进口化学防护面料的剖析

化学防护面料是化学防护服的重要组成部分，主要以橡胶类涂覆织物和高分子膜类面料为主。国内从事化学防护面料研发生产的企业屈指可数，开发的重点多是橡胶类面料。张杰等[22]采用扫描电镜（SEM）、红外光谱（FTIR）及 X 射线衍射（XRD）等方法对一款进口化学防护服面料进行了剖析，以期

为国产化高水平化学防护面料的开发提供借鉴及参考。

一、仪器条件及分析方法

1. 实验材料

进口化学防护服面料样品来自第十七届国际消防设备技术交流展览会，由参展厂商提供。从外观特征上来看，该面料质量轻、手感好、可辨识度高，初步判断为多层高分子膜复合材料，经手工剥离分为三层（外复合层、中间层和内复合层），如图 8-56 所示。

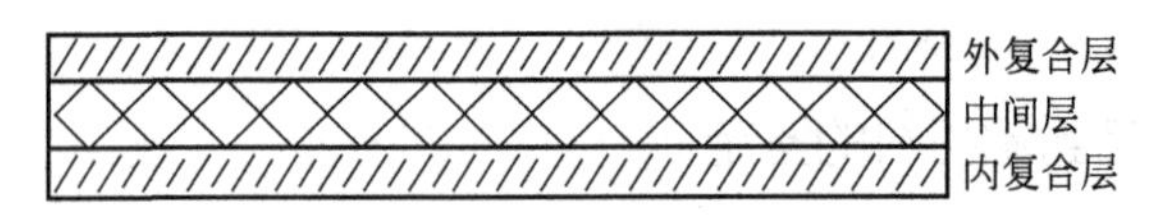

图 8-56 化学防护面料组成

各层样品揭下后，采用无水乙醇反复擦拭以去除表面灰尘及油性污渍。测试期间采用镊子取样放样，避免触碰样品引起表面污染。比对用的涤纶样品为高强低收缩型，由江苏恒力化纤有限公司提供。

2. 仪器条件及测试方法

Q45 扫描电镜（美国 FEI 公司），电子加速电压 15kV，束斑大小控制参数 4.0，工作距离 8.3mm。

Nicolet 380 傅里叶变换红外光谱仪［赛默飞世尔科技（中国）有限公司］，将被测样品与样品台 ATR 附件晶体表面接触，施以一定压力，采用衰减全反射模式。测试条件：扫描 32 次，分辨率 $4cm^{-1}$，扫描范围 650~$4000cm^{-1}$。

Smartlab X 射线衍射仪（日本理学株式会社），含石墨单色器，铜靶，连续扫描，步长 0.02°，管压 45kV，管流 200mA，限高狭缝 5mm，防散射狭缝 8mm，接收狭缝 13mm。

二、进口化学防护面料的结构鉴定

1. 内外复合层的结构鉴定

经厚度测定及外观检验，发现内、外复合层的材料相同。因此，对其中之一进行鉴别即可获得内外复合层的结构组成。

对剥离下来的外复合层横截面进行扫描电镜观察，发现外复合层由 7 层膜（以 L1～L7 表示）共挤而成，L1～L7 各层厚度分别约为 20μm、20μm、5μm、15μm、15μm、15μm、100μm，红外光谱如图 8-57 所示。

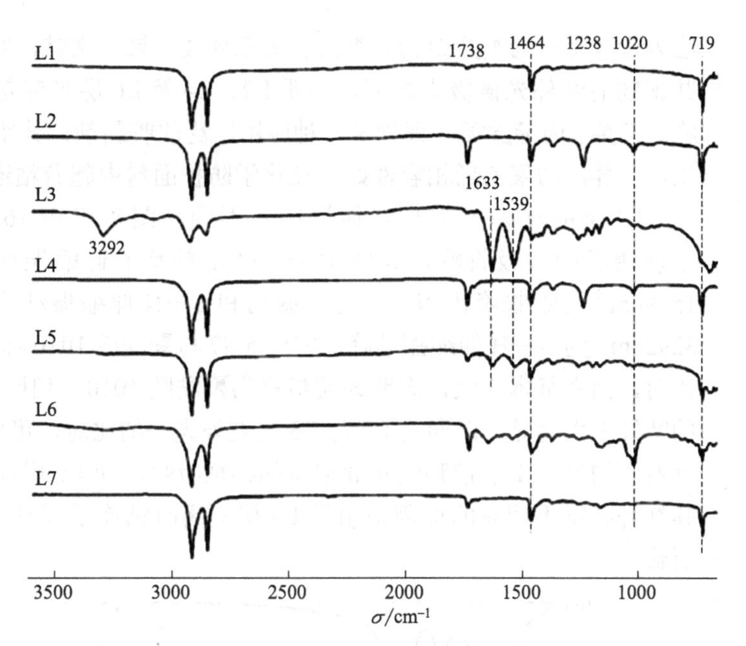

图 8-57　外复合层中各层材料的红外光谱

L1 和 L7 层膜的红外吸收峰相对较少，仅在 2915cm^{-1}、2848cm^{-1}、1464cm^{-1} 和 719cm^{-1} 处有峰，其中 2915cm^{-1} 和 2848cm^{-1} 分别为亚甲基的不对称与对称伸缩振动峰，1464cm^{-1} 和 719cm^{-1} 为亚甲基的面内和面外变形振动峰。将图 8-57 与聚乙烯标准红外谱图对照（图 8-58），两者完全一致，据此可知 L1 和 L7 层为聚乙烯膜。

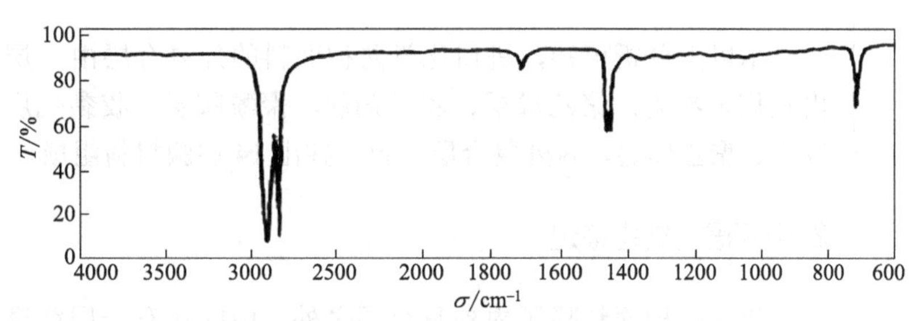

图 8-58　聚乙烯标准红外光谱

图 8-59 是 L1 层膜的 XRD 谱，在约 20° 位置的尖锐峰是由极易结晶的聚乙烯所致，与文献报道的聚乙烯 X 射线衍射谱一致，进一步证实了 L1 层膜为聚乙烯。

化学防护面料之所以采用聚乙烯膜作最外层材料，主要是因为它具有良好的化学稳定性及阻隔性，良好的热封性，手感柔软，特别适合制作个体防护服。

L2、L4 及 L6 层膜的红外光谱较为接近，它们与 L1 层聚乙烯在 1464cm^{-1} 和 719cm^{-1} 处完全一致，但在 1238cm^{-1} 和 1020cm^{-1} 之处有细微差别。其中 L6 层的红外光谱差异稍大，这是由于薄膜剥离后 L6 层黏附了部分 L5 层材料所致。图 8-57 中，1738cm^{-1} 为羰基的伸缩振动峰，2915cm^{-1}、2848cm^{-1}、1464cm^{-1} 和 719cm^{-1} 处峰表示分子中有长链亚甲基存在，推测其主要成分

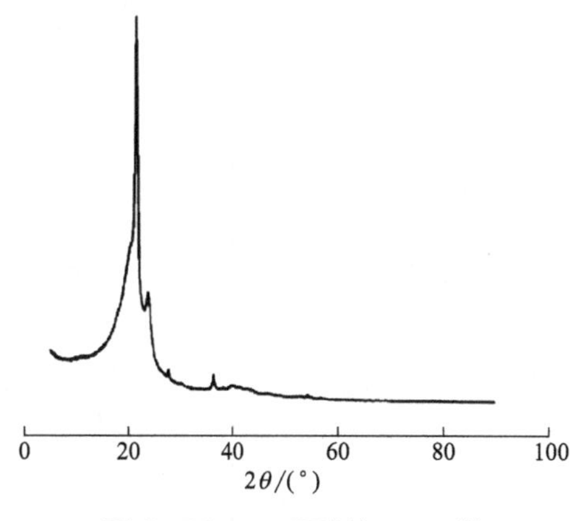

图 8-59　L1 层膜的 XRD 谱

应为含羰基乙烯类共聚物。查阅有关乙烯类共聚物文献，发现其与乙烯-丙烯酸共聚物的红外光谱极为相似，表明L2、L4及L6层膜应是乙烯-丙烯酸类共聚物。乙烯-丙烯酸类共聚物是一种应用广泛的胶黏剂，其柔韧性、热稳定性和加工性优异，与聚乙烯相容性好，在化学防护面料中起着粘连其他层的作用。

L3层的红外光谱与其他层明显不同，图8-57中$1633cm^{-1}$和$1539cm^{-1}$处呈现明显的强吸收峰，其中$1633cm^{-1}$是羰基的伸缩振动峰，为酰胺Ⅰ谱带；$1539cm^{-1}$处吸收峰由N—H变形振动和C—N伸缩振动引起，为酰胺Ⅱ谱带。$3292cm^{-1}$为N—H伸缩振动峰。将图5-87与聚酰胺1010标准红外光谱（图8-60）比对，两者基本一致，表明该层材料为聚酰胺1010。相比之下，L5层红外光谱的特征不太明显，但通过L3与L5层红外光谱的比对，可以发现L5层膜同样具有典型的酰胺Ⅰ谱带和酰胺Ⅱ谱带的特征吸收，即L5层亦由聚酰胺1010组成，其红外特征不明显的原因是由于L5层剥离时粘连了部分L4和L6层的胶黏剂所致。

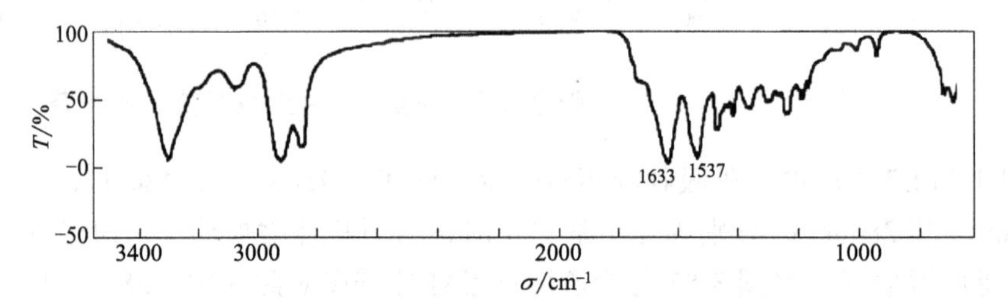

图8-60　聚酰胺1010标准红外光谱

由以上分析可知，进口化学防护面料的外复合层由7层薄膜组成，从外至内它们依次为：聚乙烯层、胶黏剂层、聚酰胺层、胶黏剂层、聚酰胺层、胶黏剂层、聚乙烯层。内外复合层一致，共由14层膜材料组成。

2. 中间层的结构鉴定

化学防护面料除了内外复合层之外，中间还有一层纤维毡，该层材料至少具有两种作用：一是为面料提供基本的物理力学性能，二是可以有效改善面料的手感。图8-61为中间层纤维毡的红外光谱，其中$1712cm^{-1}$为羰基伸缩振动

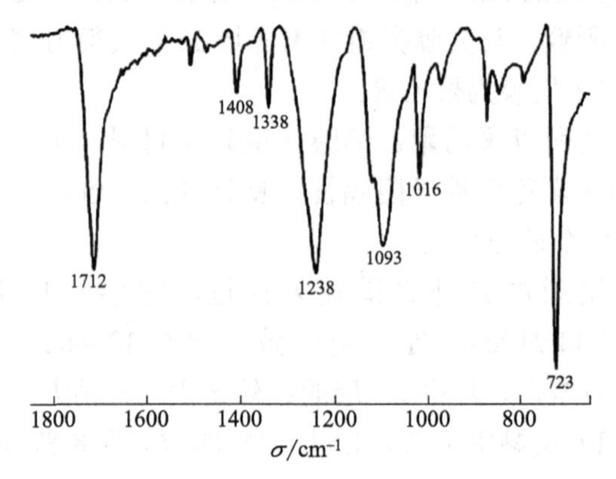

图8-61　中间层纤维毡的红外光谱

峰，$1238cm^{-1}$ 和 $1093cm^{-1}$ 分别为 C—O—C 不对称与对称伸缩振动峰，这是酯的特征峰。图 8-61 中，$1712cm^{-1}$、$1408cm^{-1}$、$1338cm^{-1}$、$1238cm^{-1}$、$1093\ cm^{-1}$、$1016cm^{-1}$ 和 $723cm^{-1}$ 等处的峰与图 8-62 涤纶（聚对苯二甲酸乙二醇酯）的特征吸收峰非常相近，表明中间层纤维毡极有可能是涤纶纤维。

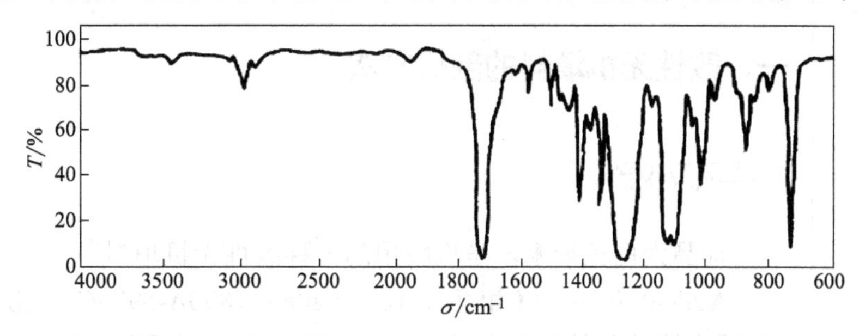

图 8-62　涤纶（聚对苯二甲酸乙二醇酯）的红外光谱

图 8-63 是中间层纤维毡与涤纶的 X 射线衍射谱。由图 8-63 可见，两者的 XRD 谱基本一致，虽然衍射峰的强度略有区别，但在 18°、23° 和 26° 处衍射峰的位置却完全一致，这是涤纶的特征衍射峰，它们分别归属于涤纶纤维的（010）、（110）及（100）晶面。XRD 分析进一步证实了中间层纤维毡由涤纶纤维组成。

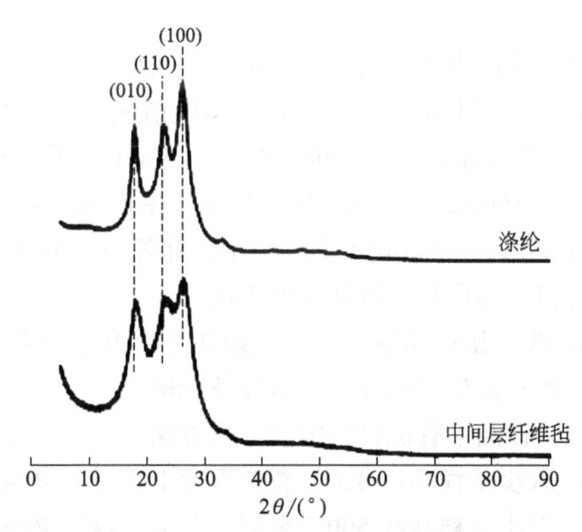

图 8-63　中间层纤维毡与涤纶的 XRD 谱

三、结论

本文剖析的进口化学防护面料为多层复合结构，整体共 15 层，分为外复合层、中间纤维毡层及内复合层。其中内外复合层结构及组成相同，均由 7 层材料组成，从外至内分别为聚乙烯层、胶黏剂层、聚酰胺层、胶黏剂层、聚酰胺层、胶黏剂层、聚乙烯层。中间纤维毡层仅由 1 层材料组成，成分是涤纶纤维。

实例 9　改性无机填料的成分剖析

橡胶制品中经常要加入一些无机填料，如碳酸钙、云母、滑石粉和高岭土等。这些无机填料具有独特的物理化学性质，能改善聚合物的力学性能等。无机填料与高聚物的相容性差，直接添加会造成分散不均，还会影响橡胶制品的性能。通过对无机填料进行表面改性，可以提高填料 - 聚合物相界面之间的结

合力，使复合材料的综合性能得到显著提高。苍飞飞等[23]采用Py-GC-MS、红外光谱和原子吸收光谱等方法对某轮胎厂使用的一种改性无机填料的成分进行了剖析。

一、改性无机填料的剖析方法

1. 样品及仪器

样品为白色粉末，是橡胶用的一种改性无机填料。

Agilent 7820A 气相色谱仪、Agilent 7890A-5975C 气相色谱 - 质谱联用仪（美国安捷伦科技有限公司），JHP-22 居里点裂解器（日本分析株式会社），PY-2020 iD 双击式热裂解仪（日本 Frontier 公司），Nicolet Magna-550 傅里叶变换红外光谱仪（美国尼高立仪器公司），Avanta PM 原子吸收光谱仪（澳大利亚 GBC 科学仪器公司），S4800 冷场发射扫描电子显微镜（SEM）/EDX（日本日立公司）。

2. 剖析方法

（1）样品中元素的定性及定量方法

① 取少量样品，采用扫描电镜能谱法对样品中的元素进行定性分析。

② 将样品放入箱式电阻炉，于 550℃加热至恒质量，然后加入盐酸溶液溶解，移至 100mL 容量瓶定容并摇匀，采用原子吸收光谱法进行元素定量分析。

③ 取少量样品放入管式炉中，在氮气气氛下于 550℃灼烧数分钟，冷却后将其与溴化钾压片，测其红外光谱。

④ 取少量样品放入箱式电阻炉中，在空气气氛下于 850℃灼烧数分钟，冷却后将其与溴化钾压片，测其红外光谱。

（2）样品中有机物的定性分析方法

① 取少量样品在 300℃裂解温度下，进行 Py-GC-MS 检测。

② 取少量样品在 500℃裂解温度下，进行 Py-GC-MS 检测。

二、改性无机填料的剖析结果

1. 样品成分的初步定性分析

（1）将样品放入蒸馏水中，样品不溶解，漂浮在蒸馏水表面，表明样品外层有疏水性基团，可能含有有机物成分。

（2）取 3 等份样品分别放入等体积的丙酮、环己烷和三氯甲烷溶剂中，丙酮及环己烷中的样品漂浮在上层，而三氯甲烷中样品不溶物沉淀在底层。用滤纸过滤 3 种溶液，在不溶物中分别加入盐酸溶液，丙酮和环己烷中的不溶固体物质没有发生变化，三氯甲烷中的固体物质立即产生大量气泡，无味，数分钟后，固体物质全部溶解。表明在 3 种溶剂中，只有三氯甲烷可以溶解样品外层的有机物，使内部的无机填料与盐酸溶液发生反应，大量气泡产生说明可能有碳酸根离子存在，据此可知有机物是包覆在无机物碳酸盐的外层。

2. 样品中无机物的鉴定

（1）对样品进行扫描电镜能谱分析可知，样品中存在大量钙元素和少量镁元素。采用原子吸收光谱法测得其中钙和镁的质量分数分别为 36.03% 和 0.03%。由此可知，样品中无机填料的主体成分为碳酸钙，经换算碳酸钙的质量分数为 90.08%。

（2）为了考察无机填料成分为碳酸钙的推断，采用红外光谱法进行验证。少量样品在氮气保护下于 550℃裂解数分钟，冷却后与溴化钾压片，测其红外光谱，如图 8-64 所示。图中，1456.8cm^{-1}、874.9cm^{-1} 和 713cm^{-1} 是碳酸钙的特征峰，据此可知样品在 550℃氮气气氛下灼烧后的主体成分为碳酸钙。

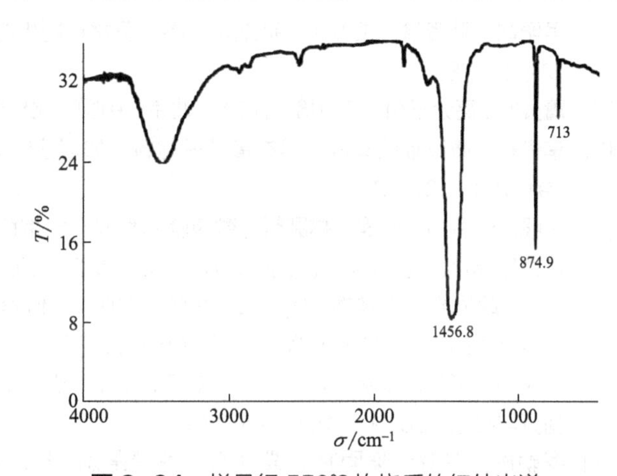

图 8-64　样品经 550℃灼烧后的红外光谱

取少量样品在空气气氛下于 850℃高温炉中灼烧数分钟，冷却后与溴化钾压片，测其红外光谱，根据谱库检索得出，灼烧残留物为氧化钙，它是碳酸钙高温分解的产物。

3. 样品中有机物的鉴定

将 Py-GC 对有机物有响应，对无机物无响应的特点，作为判断样品是否含有有机物的依据。

采用 Py-GC-MS 联用技术对样品中的有机物进行定性研究，图 8-65 为样品 300℃的 Py-GC-MS 谱，图 8-66 为样品 500℃的 Py-GC-MS 谱。虽然两次测试的裂解温度不同，但裂解产物相似，都以长链烯烃为主，还有酮、醛、醇及长链烷烃，参考相关文献，推测该样品中的有机物可能为脂肪酸（酯 / 盐）类物质。

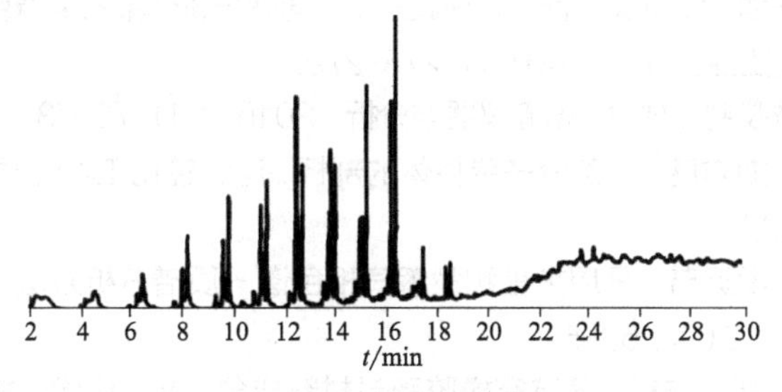

图 8-65　样品 300℃的 Py-GC-MS 谱

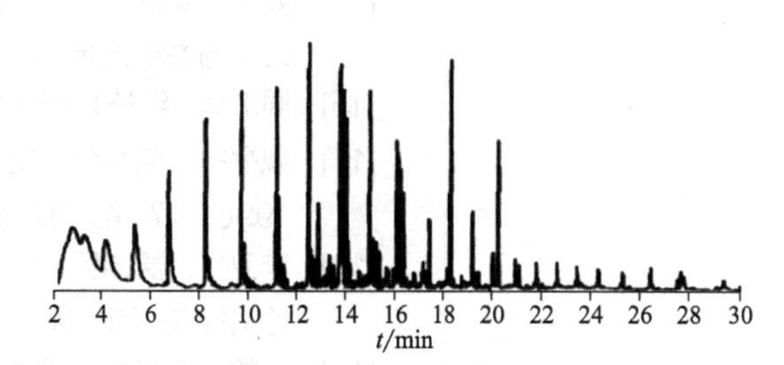

图 8-66　样品 500℃的 Py-GC-MS 谱

三、结论

经上述综合分析可知，所测改性无机填料是由碳酸钙和外层包覆的脂肪酸（酯 / 盐）两种成分组成，外层脂肪酸（酯 / 盐）的质量分数约 10%，中间主体碳酸钙的质量分数约 90%。改性碳酸钙是对粉体进行表面改性，即通过物理吸附或化学反应使改性剂在碳酸钙表面形成包膜，以降低碳酸钙颗粒间的内聚力，增强橡胶与无机填料间的结合力。

参考文献

[1] 吴学敏，孙贤珍，王爱平，孙友梅 . 高分子材料剖析的一些体会 . 化工技术，1983，(2): 19-28.

[2] 董炎明 . 高分子材料实用剖析技术 . 北京：中国石化出版社，1997.

[3] 李进颖 . 微波辅助萃取技术在高分子材料添加剂分析中的应用 . 涂层与防护，2018，39(3): 6-10，26.

[4] 林殷，杜凤娟，王璨，林鹏辉 . 微波辅助萃取 - 气相色谱质谱法测定聚合物中 9 种有机磷酸酯化合物 . 分析试验室，2017，(2): 226-230.

[5] 白云，胡光辉，李琴梅，陈新启，高峡，刘伟丽 . 傅里叶变换红外光谱法在高分子材料研究中的应用 . 分析仪器，2018，(5): 26-29.

[6] 尚建疆，张帅，张新慧，朱小燕，刘芳 . 红外光谱在高分子材料研究中的应用 . 科技创新与应用，2019，(15): 175-176.

[7] 罗朝晖，尹辉，陈明林 . 裂解气相色谱鉴别 PES 和 PSF 材料 . 福建分析测试，2013，22(6): 53-55.

[8] 张健，刘纪达 . 典型塑料载体与助燃剂燃烧残留物的闪蒸气相色谱 - 质谱分析 . 色谱，2018，36(7): 693-699.

[9] GB /T 18294.5—2010.

[10] 柘植新，大谷肇. 聚合物的裂解气相色谱 - 质谱图集. 北京：化学工业出版社，2015.

[11] 魏晓晓，张梅，刘伟丽 . 热裂解气相色谱 / 质谱联用快速分析聚合物中添加剂 . 分析仪器，2018，(1): 204-207.

[12] 吴国萍，周亚红 . 裂解气相色谱 - 质谱法检测常见塑料制品高聚物 . 中国司法鉴定，2018，(1): 64-71.

[13] 连秋燕，邱尚仁，施点望，裴德君 . 热裂解气相色谱 - 质谱联用法鉴别三种弹性纤维 . 合成纤维，2017，46(6): 48-53.

[14] 夏茹，舒俊杰，陈晋阳，陈鹏，钱家盛，杨斌，许耀东 . 不同牌号氯化聚乙烯橡胶的结构与性能剖析 . 合成橡胶工业，2017，40(4): 275-279.

[15] 周淑华 . 红外光谱法分析橡胶制品成分 . 光谱仪器与分析，2015，(1): 70-73.

[16] 魏福祥，赵小伟，刘红梅，刘志健 . 一高分子弹性体的剖析 . 河北轻化工学院学报，1996，17(4): 32-35，39.

[17] 李卫青，贾德民，傅伟文，罗远芳 . 采用热重和裂解气相色谱 - 质谱分析方法剖析轮胎橡胶 . 弹性体，2002，12(1): 52-57.

[18] 刘凯，宫声凯，陈斌，戴剑雄，朱杉 . 某航空橡胶密封材料成分分析 . 化学分析计量，2010，19(3): 65-67.

[19] 唐焕威，张力平，李帅，赵广杰，秦竹，孙素琴．聚醚砜 / 微纳纤维素复合膜材料的光谱表征与性能研究．光谱学与光谱分析，2010，30(3): 630-634.

[20] 曹翠玲，丁文丽，吕延延，王超，刘爱琴． TGA-FTIR 和 Py-GC/MS 分析医用硅橡胶．橡胶科技，2017,(2): 48-51.

[21] 宋伟，樊艳艳，李道豫，邱志远，李学武．红外光谱法鉴别阀冷系统用O型圈材质的研究．特种橡胶制品，2019，40(1): 73-74.

[22] 张杰，张婷婷，陈祯，任玮，霍晓兵．基于 FTIR 及 XRD 鉴别化学防护面料结构及组成．塑料工业，2019，47(4): 93-96，100.

[23] 苍飞飞，董彩玉，李淑娟，岳敏，吕佳萍，李竞．改性无机填料成分剖析研究．橡胶科技，2013，(4): 41-45.

总结

高分子材料的分类

- 根据性能与用途分为塑料、橡胶和纤维3大类。

高分子材料的简单定性

- 观察样品外观、了解样品用途。
- 高分子材料的燃烧试验。
- 高分子材料的干馏试验。
- 高分子材料的溶解性试验。

高分子材料的分离纯化

- 高聚物的分离纯化可采用溶解沉淀法。
- 高聚物与添加剂的分离可采用溶剂萃取法。
- 各种添加剂的分离，包括增塑剂、抗氧剂、填料及增强剂等的分离，可采用萃取法和色谱法。

高分子材料的结构分析

- 红外光谱法。
- 裂解气相色谱法。
- 闪蒸气相色谱法。
- 化学降解法。
- 质谱法，包括闪蒸裂解质谱、直接裂解质谱和裂解色谱-质谱联用。
- 核磁共振光谱法。

思考题

1. 高分子材料根据性能与用途分类，可分为哪几类？
2. 什么是塑料？什么是纤维，它们都是如何进行分类的？
3. 什么是橡胶？它具有哪些性能？
4. 如何鉴别热塑性与热固性高聚物？
5. 什么是干馏试验？它适用于何种高聚物的初步鉴定？
6. 高分子材料的溶解性都与哪些因素有关？

7.高分子材料中高聚物的分离与纯化，经常采用的是什么方法？如何进行操作？

8.采用何种方法可将热固性高分子材料中的添加剂提取出来？

9.采用萃取法分离高聚物与添加剂时，应注意哪些事项？

10.什么是高分子复合材料？通常分为几种类型？

11.如何将高分子复合材料中的高聚物与分散材料分离？

12.为什么有些高分子材料需添加增塑剂和抗氧剂？如何将它们从高分子材料中分离出来？又如何对它们的结构进行鉴定？

13.如何将高分子材料中的无机填料分离出来？对无机填料的分析鉴定可采用哪些方法？

14.如果只需要分析无机填料、颜料等添加成分，而不必分析高聚物及有机助剂，最简单的做法是什么？

15.对高分子材料中的高聚物进行分析鉴定，通常可采用哪些方法？

16.Py-GC-MS对复合材料中高聚物的结构鉴定，具有哪些优势？

17.闪蒸气相色谱法适于分析高分子材料中的哪些组分？

18.用于高聚物结构鉴定的质谱法，分为几种？各有什么特点？其中最常用的是哪一种？

19.核磁共振光谱法用于高聚物的结构分析，可提供哪些表征信息？

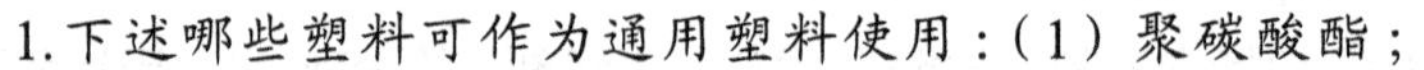

课后练习

1.下述哪些塑料可作为通用塑料使用：(1) 聚碳酸酯；(2) 聚氯乙烯；(3) 聚苯乙烯；(4) 改性聚苯醚

2.下述纤维中，哪种属于合成纤维：(1) 蚕丝；(2) 乙酸纤维；(3) 聚丙烯腈纤维；(4) 黏胶纤维

3.应用于重负荷机械零件的高分子材料应该是：(1) 氯化聚醚；(2) 聚丙烯；(3) 环氧树脂；(4) 聚甲醛

4.应用于耐热设备的高分子材料是：(1) 聚氯乙烯；(2) 聚苯乙烯；(3) 聚甲醛；(4) 聚酰亚胺

5.用作透明制品的高分子材料是：(1) 聚甲基丙烯酸甲酯；(2) 聚四氟乙烯；(3) 聚甲醛；(4) 酚醛树脂

6.某高聚物在火焰中能燃烧，火焰明亮（中间发蓝），有石蜡气味。该高聚物可能是：(1) 聚氯乙烯；(2) 聚乙烯；(3) 聚酯；(4) 聚酰胺

7.某高聚物很容易点燃，离开火焰后继续燃烧，火焰黄橙色、冒灰烟，有辛辣刺激味。该高聚物可能是：(1) 甲基纤维素；(2) 聚异丁烯；(3) 聚氨酯；(4) 聚乙烯醇缩丁醛

8.能溶于四氯乙烷-苯酚溶剂体系的高聚物为：(1) 聚苯乙烯：(2) 聚酰胺：(3) 聚氯乙烯；(4) 聚对苯二甲酸丁二醇酯

9.闪蒸气相色谱法可用来分析：(1) 高聚物；(2) 无机物；(3) 高聚物样品中

的小分子化合物；(4) 高聚物样品中的颜料

10. 下述哪种方法可以对共聚物和共混物的序列结构进行表征：(1) 裂解气相色谱法；(2) 高效液相色谱法；(3) 凝胶渗透色谱法；(4) 核磁共振光谱法

简答题

1. 已知某塑料制品为酚醛树脂与聚氯乙烯的共混物，并含有少量的有机助剂，如何对其进行分离与鉴定?

2. 如果要剖析的高分子材料是乳液状态（如橡胶乳液、涂料、黏合剂等），在进行分离操作之前，应该先做什么?

(www.cipedu.com.cn)

设计问题

1. 已知某油墨样品是由23%的聚酰胺树脂、27%的颜料、45%的溶剂及5%的助剂组成，设计一个将四者进行分离及鉴定的实验方案。

2. 已知某聚氯乙烯样品中含有增塑剂邻苯二甲酸二辛酯、润滑剂硬脂酸、紫外线吸收剂2, 4-二羟基二苯甲酮和填料碳酸钙，设计出一个剖析方案。

(www.cipedu.com.cn)

第九章　药物剖析

(A)　　(B)　　(C)

图（A）为西洋参饮片，图（B）为太空灵芝，图（C）为种植的板蓝根，它们都属于中药材。中药材是我国人民传统防治疾病的重要武器，而其中有效成分则是发挥临床疗效的物质基础。因此，对中药材剖析方法，尤其是有效成分提取分离方法的研究是中药现代化的重要研究内容之一，它直接关系到中药治病机理探讨以及中药资源开发等重要环节。

为什么要学习药物剖析？

药物剖析是药物研究、生产及临床使用中的一个重要环节，对新药物开发及药物的质量控制至关重要。对于普通药物剖析，可采用样品前处理→分离纯化→组分结构鉴定的常规程序进行；对于中草药剖析，普遍采用的是样品前处理后，直接进行GC-MS或HPLC-MS分析，此剖析程序是分离与鉴定同时完成。本章将对上述内容进行详细讲述。

学习目标

- 基本掌握药物样品前处理的常用方法。
- 指出并描述药物剖析常用的分离与纯化方法，并指出每种方法的优势与不足。
- 简要介绍药物成分的定性鉴别方法。
- 指出并描述两种常用药品的红外光谱特征，列举一个FTIR法鉴定药物分子结构的实例。
- 通过实例，指出并描述GC-MS和HPLC-MS联用技术在中草药剖析中的具体应用。
- 查阅文献，举出一个实际例子，以此说明药物剖析的全过程。

第一节　概述

一、药物及药物剖析

药物是指用于预防、治疗和诊断人的疾病，有目的地调节人的生理功能，并规定有适应证和用法用量的物质。药物包括中药材、中药饮片、中成药、化学原料药及其制剂、抗生素、生化药品、放射性药品、疫苗、血液制品和诊断药品等。

药物剖析是药物研究、生产及临床使用的一个重要环节，对新药物的开发及药物的质量控制至关重要。药物剖析就是采用化学的、物理的或物理化学的方法和技术，研究药物及其制剂的组成及结构，从而发现问题，解决问题，以保证和提高药物的质量。药物剖析可为新药品的研制提供依据，是新药品开发的一条重要途径。

药物剖析包括样品的前处理、药物成分的分离与纯化、药物成分的定性及分子结构鉴定等步骤，每一个环节都有许多方法可供选择，这就需要剖析工作者，既要有坚实的理论基础和综合分析问题的能力，又要熟悉和掌握最新的分析仪器和方法。

二、药物剖析与中药现代化

中药是我国人民传统防治疾病的重要武器，其中的有效成分则是发挥临床疗效的物质基础。对中药材剖析方法，尤其是有效成分提取分离方法的研究是现代中药研究的重要内容之一，它直接关系到中药防治疾病机理的探讨、中药疗效的提高、中药制剂的质量控制及中药资源开发等重要环节。抗疟新药青蒿素的发现及其衍生物的研发，就是中药现代化一个最成功的示范。

中国中医科学院青蒿素研究中心主任屠呦呦及其研究组，在对中药进行大量研究基础上，受中医典籍《肘后备急方》的启迪创建了青蒿提取方法，1971 年获得青蒿抗疟活性化学部位，1972 年从中发现青蒿素。青蒿素是一个仅由碳、氢、氧 3 种元素组成，具有过氧基团特殊结构的新型倍半萜内酯，是与已知抗疟药完全不同的新化合物，临床疗效几乎达 100%。青蒿素及其衍生物成为世界上治疗疟疾最有效的药物，解决了抗疟治疗失效难题，为中医药科技创新和人类健康事业做出巨大贡献。青蒿素来自中医药，它是中国传统医学和现代科技紧密结合，融合多学科和行业的系统创新工程。屠呦呦 60 多年致力于中医药研究实践，带领团队攻坚克难，研究发现了青蒿素，荣获国家最高科学技术奖、诺贝尔生理学或医学奖和“改革先锋”等称号，被授予“共和国勋章”。

青蒿素的研发过程为：采集及筛选药材→提取分离→药理实验→结构鉴定→衍生物合成。

屠呦呦在青蒿素的研发中主要做的是提取分离工作，经过 200 多种中药的 380 多个提取物筛选，屠呦呦最后将焦点锁定在青蒿（黄花蒿）。受东晋名医葛洪《肘后备急方》中“青蒿一握，以水二升，渍绞取汁，尽服之，可治久疟”的启发，屠呦呦领悟到青蒿抗疟是通过“绞汁”，而不是传统中药“水煎”的方法来用药，很可能是因为“高温”破坏了其中的有效成分。据此，屠呦呦建立了乙醚低温萃取青蒿素的新方法，所得乙醚提取浓缩物确实对鼠疟疗效有了显著提高。屠呦呦等人又用 2% 的氢氧化钠溶液处理乙醚萃取物，将其中具有毒性且无抗疟活性的酸性组分有效去除，而乙醚溶剂中剩下的中性组分则为具有高抗疟活性、低毒性的组分。将得到的含有效成分的萃取浓缩物加入多聚酰胺，摇匀后用 47% 的乙醇进行渗滤处理，然后用乙醚将稀醇渗滤液进行另一轮萃取，萃取物再经硅胶柱分离，用 10% 的乙酰酯洗脱，得到一种无色针状晶体，实验证明该晶体是唯一有效的抗疟单体物质，即青蒿素。随后采用元素分析、高分辨质谱、红外光谱、^{1}H 和 ^{13}C 核磁共振光谱以及 X 射线单晶衍射等方法对青蒿素的分子结构进行鉴定。青蒿素的熔点为 156～157℃，元素分析可知分子中只含碳、氢和氧 3 种元素，不含氮；质谱分析可确定分子式为 $C_{15}H_{22}O_5$，分子量为 282。经红外和核磁共振光谱分析可知分子中含有一个内酯以及一个过氧基团，不含碳碳双键。经 X 射线单晶衍射分析，确定了青蒿素分子的三维空间结构，其中包含一个 1, 2, 4- 三噁结构单元，还包含 7 个不对称碳原子的绝对构型。经上述鉴定，可确定青蒿素是一个具有过氧基团的新型倍半萜内酯，是与已知抗疟药化学结构完全不同的新型化合物，其分子结构为：

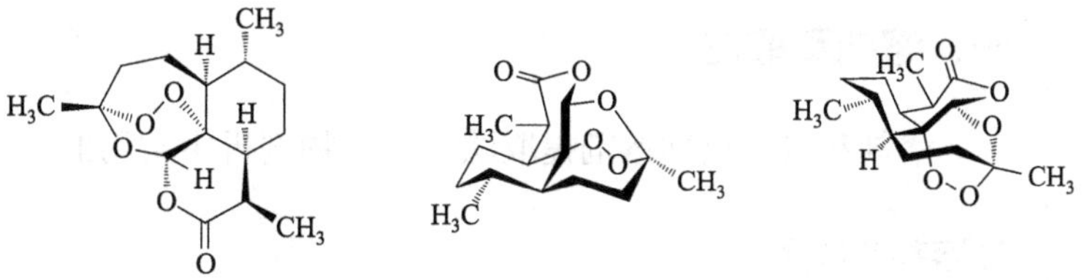

青蒿素是在传统中药的基础上，经过提取、分离、纯化有效成分等研制而成的中药，它不同于“传统中药”，而是“现代中药”，是具有化学药特点的现代中药，具有双重属性。在分类上既可认为是中药（现代中药），也可认为是化学药。青蒿素不溶于水，也难溶于脂，生物利用度较低，因而影响吸收和疗效发挥。为此，中国科学院上海药物所先后合成了青蒿素的酯类、醚类、碳酸酯类等 3 种衍生物，发现其溶解性能、胃肠吸收和抗疟疗效均明显优于青蒿素。广西桂林制药厂研制成功青蒿素的衍生物青

蒿琥酯，中医研究院制成双氢青蒿素，优点是可以注射也可以口服。多种青蒿素衍生物已经广泛应用于疟疾的临床治疗中，成为世界各国医生的首选抗疟药物之一，其中包括双氢青蒿素、蒿乙醚、蒿甲醚和青蒿琥酯，它们的分子结构为：

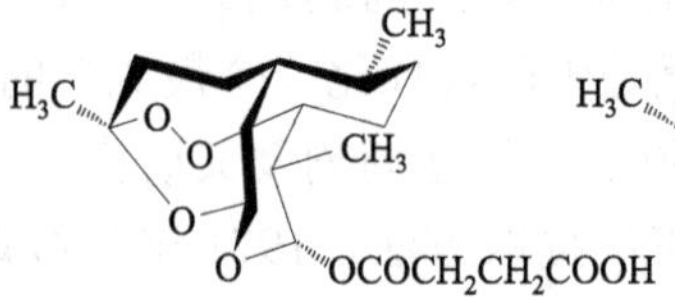

青蒿琥酯(artesunate) 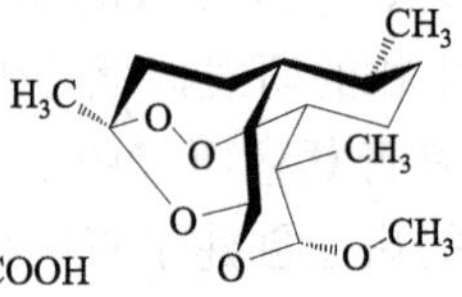　　蒿甲醚(artemether)

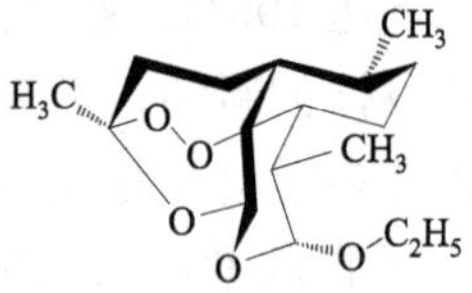

蒿乙醚(arteether) 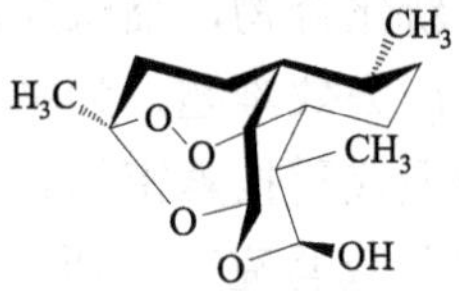　　双氢青蒿素(dihydroartimisinin)

除了青蒿素及其衍生物外，我国还有一大批单一化学实体的药物已得到开发并成功投入市场，包括人参皂苷 Rg 3、联苯双酯、*β*- 榄香烯和靛玉红等。

中医药学是打开中华文明宝库的钥匙。中医药作为我国独特的潜力巨大的经济资源、科技资源和重要的生态资源，在社会经济发展的全局中有着重要意义。从青蒿中提取分离有效成分青蒿素的成功，突现了原始创新的意义和价值，它必将激励更多的科研工作者从已有几千年历史的中国传统医药宝库里挖掘出更多的宝藏，以服务于人类的健康，为我国的中药现代化做贡献。

第二节　样品的前处理

样品的前处理是药物剖析过程中的关键环节，多数天然中草药、生物样品（如血浆、尿液）等必须经过适当的处理，使其符合所用测定方法如高效液相色谱、质谱等的要求，才能够进行准确的鉴定。常用的前处理方法有溶剂萃取、超临界流体萃取及固相萃取等。

一、溶剂萃取法

溶剂萃取法也称溶剂提取法，是药物剖析中常用的一种前处理方法。

1. 溶剂的选择

各种类型的药物成分、极性不尽相同，大体可分为三类，即极性（亲水性）、非极性（亲脂性）和中等极性（既亲水又亲脂），根据“相似相溶”原则，药物中极性成分易溶于极性溶剂，亲脂性成分易溶于非极性溶剂。所以在选择溶剂时，要根据被提取成分及其共存成分的极性来决定。如从种子或果仁类中药中提取苷类或生物碱时，可先用石油醚除去油脂，然后再以极性溶剂如乙醇或甲醇提取。

（1）水　水是强极性溶剂，又是最容易得到、最安全与最价廉的溶剂。可溶于水的药物成分有：糖、氨基酸、有机酸盐、生物碱盐、大多数苷类、鞣质、无机盐等。蛋白质可溶于冷水，在热水中凝固而不被溶解。为了提高酸性成分或碱性成分在水中的溶解度，可采用碱水或酸水作溶剂。水提取液的缺点是：易被细菌或真菌污染变质，尤其是富含糖及蛋白质的水提取液，很容易发霉，不好保存；含多糖或蛋白质等高分子成分的水提取液，黏度大，不易过滤，水的沸点高（100℃），水提取液浓缩较费时间。

（2）亲水性有机溶剂　属于这类溶剂的有甲醇、乙醇、丙酮等可和水任意比例混溶的有机溶剂。这类溶剂既可与水互溶，又可与油互溶，所以对药物中各种组分的溶解性都较好，对植物细胞组织的穿透力也强，提取的成分较全面，提取效率较高。这类溶剂的提取液不易发霉，溶剂易回收（因为沸点低，易挥发），但是毒性较强，价格也较贵。蛋白质及多糖在高浓度醇中会凝固或沉淀，所以提取蛋白质、多糖类成分，多用30%～50%的乙醇溶液。

（3）亲脂性有机溶剂　这类溶剂是指难溶于水的有机溶剂，其中又有强弱之分。石油醚、正己烷、苯、环己烷、氯仿、乙醚等为强亲脂性溶剂，乙酸乙酯、正丁醇在水中的溶解度较前者稍大，为弱亲脂性溶剂。这类溶剂可提取的药物成分是油脂、蜡、挥发油、树脂、游离生物碱、苷元等。这类溶剂的特点是被提取成分的范围较小，选择性较强，挥发性强，沸点低，易浓缩。但是它们的毒性大，易燃，价格贵。

2. 提取方法的选择

提取方法的选择，需从溶剂性质及被提取成分稳定性两方面来考虑。

（1）浸渍法　浸渍法是将样品放入适当容器中，加入溶剂，溶剂量以能浸透样品稍过量为宜，时时振摇或搅拌。放置1d以上，过滤。药渣另加新溶剂，如上操作。共浸渍3次，第二次和第三次浸渍的时间可缩短。合并浸渍液，浓缩后可得提取物。本法的溶剂多为水或稀醇，不宜用低沸点、挥发性有机溶剂。本法大多在室温下进行，适用于提取遇热易破坏的成分或含大量淀粉、黏液质、果胶、树胶等多糖的中药材。但该法提取时间长，效率较低。用水作溶剂浸渍时，提取液易发霉变质。

（2）渗漉法　渗漉法是将样品粉末用溶剂湿润膨胀后装入渗漉器内，浸出溶剂从渗漉器上部添加，溶剂渗过样品层往下流动过程中将成分浸出的方法。不断添加新溶剂，可以连续收集浸提液，由于样品不断与新溶剂接触，始终保持一定的浓度差，浸提效果要比浸渍法高，提取也较完全，但溶剂用量大，对样品的粒度及工艺要求较高。

将渗滤液浓缩即得提取物。渗漉法所用溶剂一般是乙醇，若被提取成分是生物碱，也可用酸水，不宜用低沸点易挥发的有机溶剂。

（3）煎煮法　该法主要适用于中草药的前处理。将中药粗粒置于适当容器（避免铁器），加水加热煮沸。一般煎煮2～3次，第1次1h，第二次和第三次可酌情减少时间。此法适用于热稳定性好的成分，不适用于含挥发性成分的中药。含多糖类量大的中药也不适用，因为煎煮后，淀粉等多糖呈糊状，使药液黏稠，影响过滤。

袁鹏飞等[1]根据处方分别取桂枝9g、白芍9g、炙甘草6g、生姜9g和大枣9g，煎煮2次，第1次煎煮加入8倍量的去离子水，浸泡30min，煎煮30min，两层纱布过滤；第2次煎煮加入6倍量的水，煎煮30min，两层纱布过滤。合并2次煎煮液，减压浓缩后放至室温稀释至200mL，0.45μm微孔滤膜过滤，取滤液10μL，供高效液相色谱/电喷雾-离子阱-飞行时间质谱联用仪检测，检测结果如图9-1与图9-2所示。通过分析质谱信息，并与对照品对照，指认了桂枝汤中51种化合物，其中20种化合物为桂枝汤中首次报道。

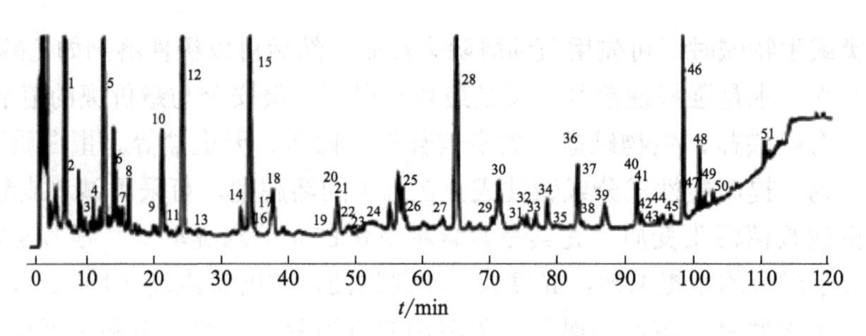

图 9-1　桂枝汤水煎液的 HPLC 图（波长 254nm）

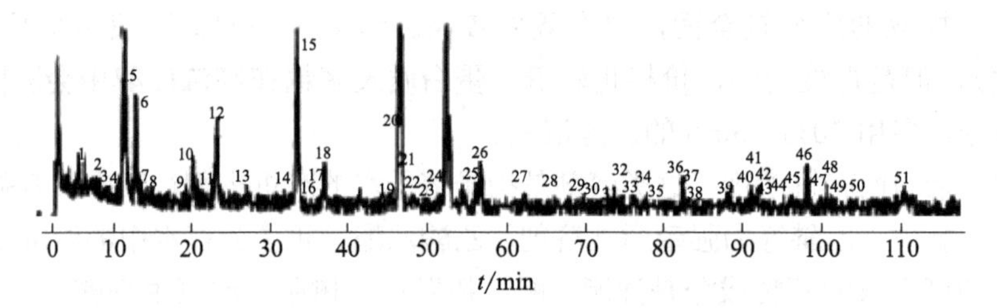

图 9-2　桂枝汤水煎液的总离子流色谱图

（4）连续回流法　该法仅需少量挥发性有机溶剂就能使有效成分提取完全，实验室常用索氏提取器进行。样品置于索氏提取器中，用遇热易挥发的溶剂进行反复回流提取，由于在提取过程中新鲜溶剂不断加入而始终保持较高的浓度差，所以提取效率高，所需溶剂少。但该法提取时间长，对长时间受热易破坏的待测成分，不宜用此法提取。

（5）超声波提取法　样品置适宜容器内，加入提取溶剂后。置超声波振荡器中进行提取。本法提取效率高，经实验证明一般样品 30min 即可完成。

柴士伟等[2]采用超声波提取中药材远志中的化学成分。将远志粉碎，过 60 目筛，取 0.5g 置 25mL 容量瓶中，加入适量甲醇，密塞，超声处理（功率 300W，频率 40kHz）30min，放至室温，甲醇定容，摇匀，涡旋 1min 后，离心 10min，取上清液 2μL，进行超高效液相色谱 - 电喷雾离子化 - 四极杆飞行时间串联质谱检测，得总离子流色谱图（图 9-3），经质谱解析和谱库检索，鉴定了远志中 29 个化学成分，主要为口山酮、低聚糖酯、皂苷类成分。

（6）水蒸气蒸馏法　适用于挥发油、某些挥发性成分（如丹皮酚等）或小分子生物碱（如麻黄碱、烟碱等）的提取。蒸馏液用乙醚抽提或盐析后用乙醚抽提，抽提液回收乙醚后，即得挥发油或某些挥发性成分。

3. 影响提取效率的因素

（1）选择合适的溶剂和方法　这是溶剂提取法的关键。一般情况下，采用乙醇为溶剂，除煎煮法外，其他方法都能用，具体可根据被提成分对热稳定性而定。若被提成分是蛋白质或多糖，此时应该用 30%～50% 乙醇为溶剂，采取浸渍或渗漉法；以水为溶剂时可用煎煮法，当用酸水或碱水时，要注意被提成分在酸性或碱性下，加热是否会遭到破坏；挥发油成分一般不用溶剂提取法，如用溶剂提取法，也应选择低沸点、易挥发的有机溶剂，如低沸点石油醚（30～60℃）、乙醚等，以防在回收溶剂时，损失挥发性成分。

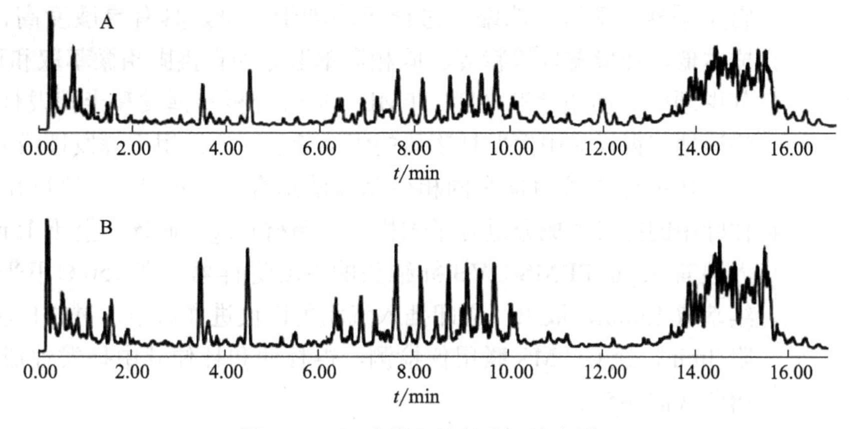

图 9-3　远志样品的总离子流色谱图

A—正离子模式；B—负离子模式

（2）药物的粉碎程度　样品经粉碎后粒度变小，表面能增加，浸出速率加快，提取效率增高；但粉碎过细，药粉颗粒的表面积太大，则表面吸附作用增强，反而影响扩散速度，不利于浸出，提取效率下降；另外，杂质的提取量也增高，对有效成分分离不利。一般情况下，用有机溶剂提取时，药物粉末可略细，粒度以 20～60 目为宜。用水提取时，则用粗粉或薄片，因为药材中的蛋白质、多糖等高分子亲水性成分，遇水易膨胀，黏度增大，甚至形成冻胶状，影响其他成分提取和操作。

（3）温度　一般来说，热提效率高，但杂质多；冷提（室温）杂质少，效率较低。通常浸出温度控制在 60～100℃，在此温度范围，既可保持较好的提取效率，又不使过多杂质溶出。

（4）时间　药物中有效成分随提取时间的延长而提出量增大，但时间过长，杂质成分溶解也随之增加，给后续纯化造成困难。因此，没有必要无限制地延长提取时间。合理时间的确定需要通过实践，一般情况下，用水加热煮提时，以每次 0.5～1h 为宜；用乙醇加热提取，每次 1h。

二、固相萃取技术

固相萃取技术是以选择性吸附与选择性洗脱的液相色谱分离原理对样品进行分离和纯化。根据所采用固相萃取剂的种类，可将固相萃取法分为 3 类：正相、反相和离子交换固相萃取。在药物分析中，常用的是反相和离子交换固相萃取，固相萃取法的选择可参见图 9-4。

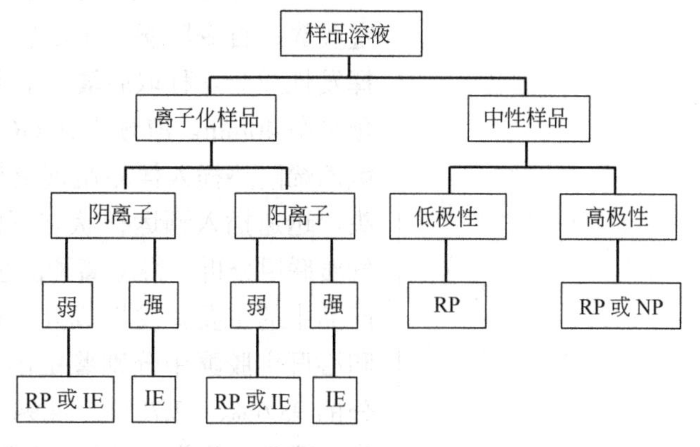

图 9-4　固相萃取法的选择

RP—反相固相萃取法；NP—正相固相萃取法；IE—离子交换固相萃取法

固相萃取法的不足之处是存在一个瓶颈问题，即使用前需要活化，活化期间和上样前柱内要保证湿润，否则就难以保证萃取效率和重现性，这在一定程度上限制了固相萃取的应用。新一代的聚合物吸附剂如 Waters 的 Oasis HLB，不需活化，也不怕溶剂流干，简化了样品制备过程，而且具有很宽的 pH 值范围（pH 值为 1～12），能萃取亲水、疏水、酸性、碱性或中性组分，特别适

用于血浆、尿液等生物样品的制备。

固相微萃取（SPME）是在固相萃取技术上发展起来的一种微萃取分离技术，它集采样、萃取、浓缩、进样等步骤于一身，具有灵敏度高、操作简便快速、成本低、环境友好等特点。固相微萃取分为直接固相微萃取和顶空固相微萃取，其中顶空固相微萃取（HS-SPME）适合分析易挥发和半挥发性物质，它能全面快速地获得样品中挥发性物质的组成信息，广泛用于挥发性成分的分析检测。

林杰等[3]采用顶空固相微萃取法结合气相色谱 - 质谱联用技术对杜仲和杜仲叶中的挥发性成分进行了剖析。取药材 0.5g，研碎，置于 15mL 顶空瓶中，插入装有 65μm PDMS/DVB 纤维头的手动进样器，在 150℃下平衡 20min 后，继续萃取 15min，取出，立即插入气相色谱仪进样口中，进样口温度 230℃，解吸附 3min，经 GC-MS 联用仪检测，得杜仲和杜仲叶中挥发性成分的总离子流色谱图（图 9-5）。

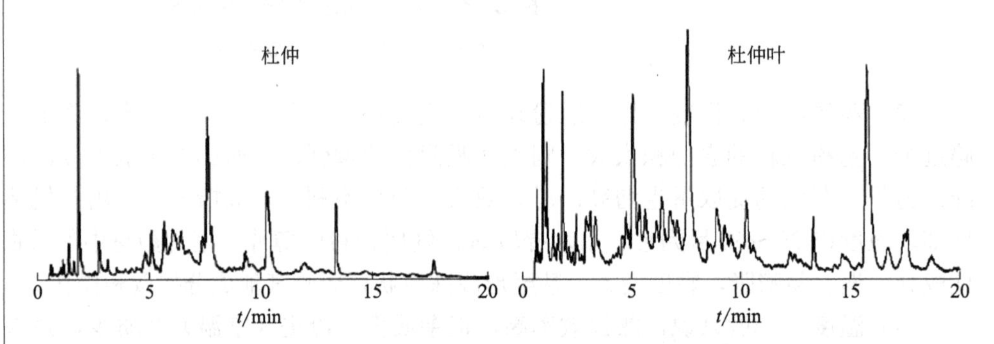

图 9-5　杜仲和杜仲叶中挥发性成分的总离子流色谱图

图 9-5 中主要峰的质谱经 NIST05 谱库检索，鉴定出杜仲叶中 19 种化学成分，占挥发性成分总量的 94.72%；鉴定出杜仲中 13 种化学成分，占挥发性成分总量的 96.83%。其中壬醛、己醛、樟脑为两者所共有，含量最高的挥发性成分为壬醛，分别为 17.47% 和 13.53%。此外，杜仲叶含有较多的石竹烯（10.36%），在杜仲中没检测到；杜仲含 8.85% 的癸醛，在杜仲叶中没检测到。由此可知，杜仲与杜仲叶中挥发性成分在种类和含量上均存在明显差异。

宋玉玲等[4]采用顶空固相微萃取结合气相色谱 - 质谱联用技术测定了金水宝胶囊、百令胶囊、宁心宝胶囊、至灵胶囊和心肝宝胶囊 5 种发酵虫草制剂的挥发性成分。称取胶囊内容物 30mg，置于 8mL 样品瓶内，于 90℃恒温水浴中预平衡 40min。取预先在 GC 进样口 270℃老化 30min 的固相萃取头，通过聚四氟乙烯隔垫插入样品瓶顶空部分，在 90℃恒温下萃取吸附 80min 后，抽出萃取头，迅速插入预运行状态下的 GC-MS 进样口，在 250℃下解吸 2min 后，进行气质联用分析，得总离子流色谱图（图 9-6）。通过 NIST11 谱库检索，鉴定了各产品中的主要挥发性成分。在金水宝胶囊、百令胶囊、宁心宝胶囊、至灵胶囊和心肝宝胶囊中分别鉴定出 56、71、72、81 和 75 个化合物，分别占挥发性成分的 93.6%、82.78%、84.94%、91.24% 和 83.9%，主要包括酯类、醇类、羧酸类、醛类、酚类、烃类、硫醚类、含氮杂环、吡嗪类、酮类和含氧杂环 11 类化合物。5 种胶囊的特征挥发性成分，分别为马索亚内酯、吡嗪酰胺、2- 吡咯烷酮、棕榈酸乙酯和棕榈酸。

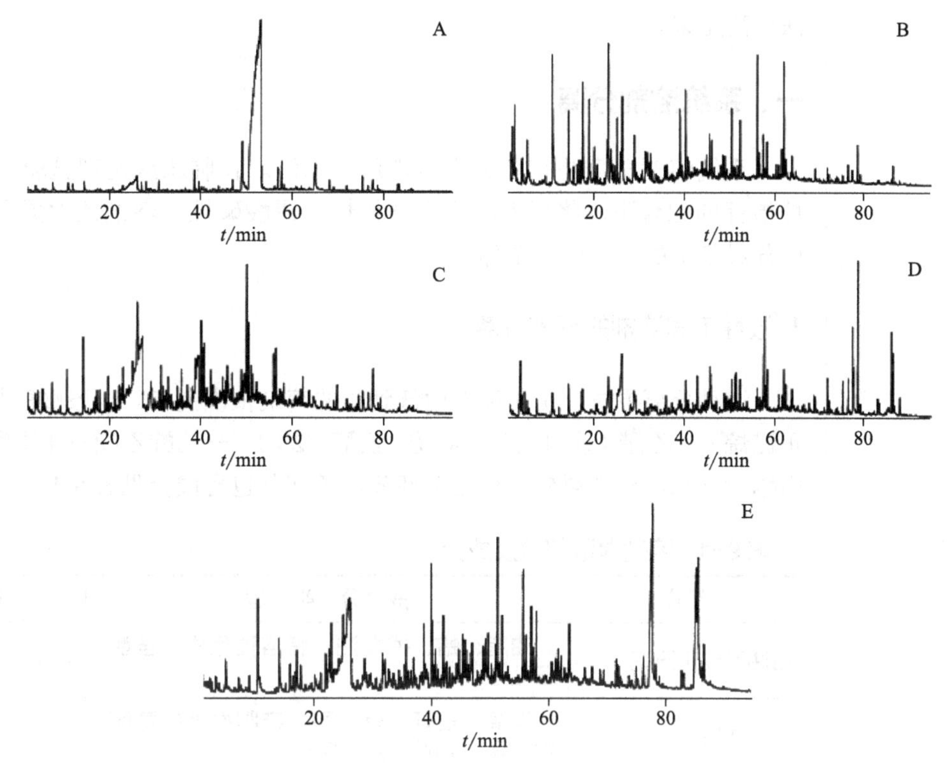

图 9-6　金水宝胶囊（A）、百令胶囊（B）、宁心宝胶囊（C）、至灵胶囊（D）和心肝宝胶囊（E）中挥发性物质的总离子流色谱图

概念检查 9.1

○ 简述固相微萃取的特点、固相微萃取的两种萃取方式，对于药物中的半挥发和挥发性组分，哪种萃取方式更适合？

第三节　药物成分的分离与纯化

以上所得的提取物大多是多组分的混合物，还需用分离和纯化的方法，将它们分成若干部分，然后进一步分离纯化为纯化合物。当然，在个别情况下，若提取溶剂选择合适，浓缩提取液也可能析出纯度不一的结晶。这种析出物一般是药物中含量高的成分，如一些含糖分较高的药物，可在乙醇提取液浓缩后析出蔗糖结晶。

分离和纯化不能绝对分割，它们往往是同时进行的，在分离过程中包含着不同程度的纯化作用，而在纯化过程中也包含着分离微量杂质的过程，所以采用的方法也相似。

中药的药效常常不是一种成分能完全概括，往往是若干成分的综合作用。分离到单一组分，较复杂，成本也高。在众多类型化学成分中，可以按极性分离为数类，也可按酸碱性分离成几类，或因加入化学

试剂产生沉淀或不沉淀而分离成两类，也可按某类化学成分的通性，用专一方法分离出来。

一、系统溶剂分离

系统溶剂分离是初步分离最常用的方法。在临床或药理试验或其他溶剂活性指标的配合下，将提取物用不同极性（或酸碱性）溶剂依次提取，获得有效成分最集中的一个或数个部分。

1. 极性不同溶剂的系统分离

这种分离方法，是用极性由低到高的溶剂依次提取。一般顺序是石油醚（或正己烷）→乙醚（或氯仿）→氯仿-乙醇（2∶1）→乙酸乙酯→正丁醇→甲醇（或丙酮）→水，分别得到下列七个部分。各部分包含成分见表9-1。

表9-1 溶剂提取部分及成分

部分	成 分 类 型	成分极性
石油醚或正己烷	油脂、蜡、挥发油、脂溶性色素、甾醇、三萜等	强亲脂（极性小）
乙醚或氯仿	甾醇、三萜、有机酸、亲脂性强的黄酮、香豆素、蒽醌、生物碱等	亲脂
氯仿-乙醇（2∶1）	亲脂性的苷类（如强心苷）等	中等极性，由小到大
乙酸乙酯	生物碱、极性大的生物碱、糖类、鞣质等	中等极性，由小到大
正丁醇	苷类、极性大的生物碱、低分子糖等	中等极性，由小到大
甲醇（乙醇、丙酮）	极性大的苷类、生物碱、糖类、鞣质等	极性较大
水	氨基酸、蛋白质、生物碱盐、鞣质、糖类等	强亲水

2. 系统溶剂分离的操作方法

系统溶剂分离的操作方法可分为固-液提取和液-液提取两种。

（1）固-液提取法　又可分以下两种形式。

① 药材粉末直接用不同溶剂，以极性由小到大依次提取。更换溶剂前，必须将前一种溶剂挥尽。

② 将水或醇提取液浓缩成浸膏，加入惰性填料（如硅藻土），拌匀，低温烘干，研成粗粉再用溶剂依次提取。

这种固-液提取，通常是在连续回流提取装置中进行。

（2）液-液提取法　将水提取液适当浓缩后，用石油醚→乙醚→乙酸乙酯→正丁醇依次提取。若是乙醇提取液，则回收乙醇至无醇味，加适量热水，将可溶于水的部分，用上述溶剂依次提取。此操作在分液漏斗中进行。

从表9-1可知，系统溶剂法所得各部分的成分虽相对集中，但同一类成分往往也会分散在邻近几个部分中，而且发生这种交叉现象较普遍。

二、色谱分离

1. 吸附色谱法

吸附色谱法的分离效果是由吸附剂的活性、展开剂的极性和被分离物质的极性决定的。三者之间分离原则遵循所谓的“三角形规则”。

常用的吸附剂有硅胶、氧化铝、聚酰胺、活性炭等。硅胶作为吸附剂有较大的吸附容量，分离范围广，能用于极性和非极性化合物的分离，如有机酸、挥发油、蒽醌、黄酮、氨基酸、皂苷等，但不易分离碱性物质。氧化铝适宜分离碱性成分如生物碱，但不宜用于醛、酮、酯和内酯等物质的分离。聚酰胺在天然药物有效成分分离上，有非常广泛的用途，对黄酮类、酚类、醌类、有机酸和鞣质的分离效果很好，可使性质极相近的类似物得到分离，此外也可用于生物碱、萜类、甾体、糖类、氨基酸衍生物、核苷类等物质的分离。活性炭是非极性吸附剂，有较强的吸附能力。在一定条件下，活性炭对不同物质的吸附力也不一样，对极性基团多的化合物的吸附力大于极性基团少的，对芳香族化合物的吸附力大于脂肪族化合物，对分子量大的化合物的吸附力大于分子量小的化合物的吸附力。目前活性炭主要用于氨基酸、糖类及某些苷类等水溶性天然产物成分的分离。

吸附色谱法的操作方式主要有薄层色谱和柱色谱法。薄层色谱是将吸附剂均匀铺在玻璃板上，把待分离的样品点在薄层上，然后用合适的溶剂展开而达到分离、鉴定和定量的目的。柱色谱法是将待分离样品均匀加入装有吸附剂的柱子内，再以适当的溶剂洗脱以达到不同组分的分离。

2. 离子交换色谱法

离子交换色谱法是利用混合液中离子与固定相中具有相同电荷离子的交换作用而达到分离目的。固定相是离子交换树脂或表面涂有液体离子交换树脂的固体颗粒，组分在流动相与固定相间的分配服从离子交换平衡。

天然药物中有些成分可以离子化，有些成分不能离子化。能离子化的成分在水溶液中可与离子交换树脂反应而被吸附，从而达到分离。离子交换色谱法特别适用于水溶性成分如氨基酸、肽类、生物碱、有机酸及酚类化合物的分离。

3. 分配色谱法

以水或亲水性溶剂为固定相（固定液相），以与水不相混溶的有机溶剂作流动相的分配色谱称为正相分配色谱；反之，以亲脂性有机溶剂作固定相，以水或亲水性溶剂作流动相则称为反相分配色谱。在药物分离的实践中，70% 以上是采用反相色谱。一般而言，分离水溶性或极性较大的成分如生物碱、苷类、糖类、有机酸等化合物时，固定相多采用强极性溶剂，如水、乙醇等，流动相则用氯仿、乙酸乙酯、丁醇等弱极性有机溶剂；当分离脂溶性化合物，如高级脂肪酸、油脂、游离甾体等物质时，固定相可用石蜡油，而流动相则用水或甲醇等强极性溶剂。

4. 超临界流体色谱法

超临界流体色谱法（SFC）是以超临界流体为流动相的一种分离分析技术，它具有提取效率高、后处理简单、不破坏样品、不需要回收溶剂、绿色环保等优势。SFC 既可分析气相色谱不适宜的高沸点、低挥发、热不稳定的样品，又比高效液相色谱有更快的分析速度和更高的柱效，还可与红外光谱、质谱等

联用，因此受到国内外许多学者的青睐。近年来，超临界流体色谱法在手性药物拆分[5]、药物成分分析[6,7]及天然产物分离[8]等领域获得了广泛应用。

亢静静等[9]将SFC用于蛇床子中香豆素类成分的分离，采用C_{18}柱，超临界CO_2（SC-CO_2）为流动相，甲醇为改性剂，在流速3mL/min、压力12MPa、温度313.15K、检测波长254nm条件下，从蛇床子中分离出两组分（图9-7）。经与已知标准品对照定性，确定出图9-7中峰A为蛇床子素、峰B为欧前胡素。

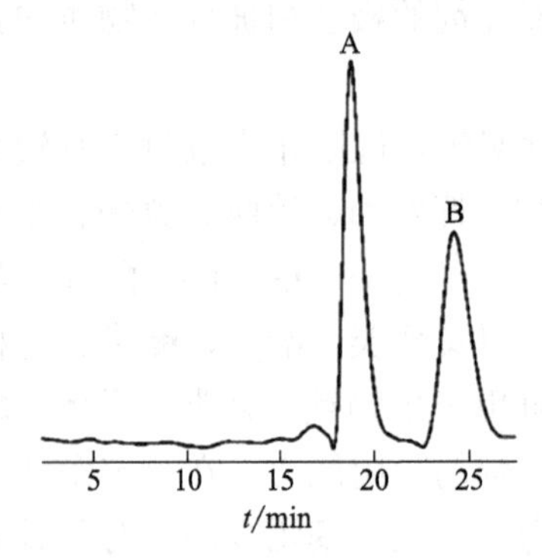

图9-7　蛇床子的SFC图

于琳琳[10]以SC-CO_2为流动相，加入适量改性剂，采用SFC分别对白芷、大黄、木香、川芎和独活等五种中药的有效成分进行了分离鉴定。所得组分的纯度经HPLC测定均大于97%，化学结构经NMR及MS鉴定。结果为：从白芷中分离鉴定出三种香豆素类化合物，即欧前胡素、氧化前胡素和异欧前胡素；从大黄中得到了五种蒽醌类活性成分，分别为芦荟大黄素、大黄酸、大黄素、大黄酚和大黄素甲醚；从木香中得到两种倍半萜内酯，即木香烃内酯和去氢木香内酯；从川芎中分离纯化出瑟丹酸内酯和藁本内酯两种化合物；从独活中分离鉴定出蛇床子素和异欧前胡素两种香豆素类成分。

概念检查 9.2

○ 指出超临界流体色谱法（SFC）的特点，并指出SFC与GC和HPLC相比，具有哪些独特的优势。

第四节　药物成分的定性鉴别方法

药物经分离纯化后，所得的各组分，还需进行定性鉴别。药物的定性鉴别主要是利用其所含化学成分的结构特性、主要化学反应、光谱特征、色谱特征及某些物理化学常数来进行的。中、西药复方制剂一般药味较多，逐一鉴别困难较大，应选择君药臣药作为主要对象，其次应鉴别剧毒药及贵重药材。各种鉴别方法应互相配合，以期得出准确的结论。

在药物组分的定性鉴别中，目前采用较多的是理化法、色谱法和红外光谱法。

一、理化法

该法是利用药物中各成分的理化性质进行定性分析。如测定其理化常数，观察理化性质或进行有一定特征性的化学反应。例如对含有皂苷类成分的样品，可用泡沫试验或溶血试验来鉴定，也可选择乙酐 - 浓硫酸等显色试剂进行鉴别。

二、色谱法

色谱法中应用较多的是薄层色谱法和高效液相色谱法，可用标准品和文献保留值等作为对照，也可与标准薄层色谱图比较后进行鉴别，这是目前鉴别天然药物的主要方法之一。另外，纸色谱在定性鉴别中也有应用。GC-MS、GC-FTIR、HPLC-MS、HPLC-FTIR 等联用技术，由于同时具有分离与定性鉴别的功能，所以在药物剖析，尤其是中草药剖析中的应用越来越多。

1. 薄层色谱法

薄层色谱广泛用于药物的分离和鉴定、主组分及杂质的定量分析、生产控制和日常分析等。合成药物的种类很多，本节择要介绍镇静安眠及镇痛药、消炎药、抗生素等类药物的薄层色谱分离及鉴定。

（1）镇静安眠药

① 巴比妥药物 这是一类常用的镇静安眠药，由于二嗪环 5 位上取代基的不同而呈现不同的活性。巴比妥类药物相互间虽差异很小，但用薄层色谱法进行分离及定性可取得较好的结果。

片剂或制剂中的巴比妥，可以先经萃取后再行测定。例如，将片剂粉末和乙醇一同振摇 20min，过滤，制成溶液，在硅胶 G 薄层上点样，用二噁烷：苯：25% 的氨水 =40：50：10 进行展层，戊巴比妥和异戊巴比妥可与片剂中的其他药物，如阿斯达林和非那西汀等分开。先喷硫酸汞水溶液，再喷二苯卡巴腙氯仿溶液显色，然后扫描测定。两种巴比妥的回收率分别为 97% 及 95.4%。

表9-2 巴比妥药物的展开剂体系及 R_f 值[11]

药品名	取代基		硅胶 G Merck PR-18						
			R_f						
	R_1	R_2	S_1	S_2	S_3	S_4	S_5	S_6	S_7
巴比妥	C_2H_5	C_2H_5	0.28	0.49	0.30	0.53	0.59	0.72	0.58
苯巴比妥	CH_3	C_6H_5	0.30	0.37	0.25	0.41	0.50	0.63	0.40
异戊巴比妥	C_2H_5	$CH_2CH_2CH(CH_3)_2$	0.41	0.66	0.41	0.23	0.28	0.39	0.20
戊巴比妥	C_2H_5	$CH(CH_3)—(CH_2)_2—CH_3$	0.41	0.66	0.39				
环己烯巴比妥	C_2H_5	C_6H_{10}	0.35	0.52		0.32	0.38	0.52	0.31
速可眠	$CH_2CH=CH_2$	$CH(CH_3)—(CH_2)_2—CH_3$	0.44	0.67	0.47	0.22	0.26	0.35	0.18
硫喷妥	C_2H_5	$CH(CH_3)—(CH_2)_2—CH_3$（C2 为 S 取代钠盐）	0.58	0.70					

注：展开剂如下，S_1，氯仿：丙酮=9：1；S_2，异丙酮：氯仿：25%氨水=45：45：10；S_3，正戊基甲基酮；S_4，甲醇：0.1mol/L乙酸=35：20；S_5，甲醇：磷酸盐缓冲液=35：20；S_6，甲醇：0.1mol/L氨水=35：20；S_7，异丙醇：硼砂缓冲液=1：2。

巴比妥药物的展开剂体系及 R_f 值见表 9-2。

② 解热镇痛药　常用的解热镇痛药（APC）含有 3 种组分，它们是阿司匹林（乙酰水杨酸）、扑热息痛（对羟基乙酰苯胺）或非那西汀（对乙氧基乙酰苯胺）和咖啡因（1,3,7- 三甲基黄嘌呤）。用薄层色谱法分离 3 种组分，方法简便，结果正确。

取 APC 药片三片，研细后用乙醇进行萃取，直到回流的提取液中不含药物组分为止（用薄层色谱鉴定）。将溶剂挥发除去，在薄层上点样，以苯：乙醚：乙酸：甲醇 =100：50：15：1 为展开剂上行展开，然后在紫外线下测定 R_f 值，样品中 3 个组分的 R_f 值与标样一致，分别为 0.59、0.78 和 0.28。

（2）抗生素　抗生素的种类很多，临床应用的抗生素主要是由微生物在人工环境下（培养基）进行新陈代谢合成的，少数为化学合成或半合成。下面介绍几类常用抗生素的薄层色谱分离方法。

① 青霉素类　在硅胶 G 薄层上，分别用 13 种展开剂分离 9 种青霉素，其 R_f 值见表 9-3。

表9-3　青霉素类药物在硅胶薄层上的 R_f 值[11]

药物名	R	R_f												
		S_1	S_2	S_3	S_4	S_5	S_6	S_7	S_8	S_9	S_{10}	S_{11}	S_{12}	S_{13}
羟氨苄青霉素	HO–C_6H_4–CH(NH_2)–	0.83	0.26	0.19	—	—	0.39	0.09	0.08	0.42	0.50	0.41	0.04	0.16
羧苄青霉素	C_6H_5–CH(COOH)–	0.58	0.43	0.24	—	—	0.37	0.24	—	0.28	0.24	0.23	0.04	0.51
氨苄青霉素	C_6H_5–CH(NH_2)–	0.55	0.30	0.22	—	—	0.41	0.12	0.13	0.44	0.50	0.44	0.06	0.19
环己烯胺青霉素	C_6H_7–CH(NH_2)–	0.52	0.28	0.19	—	—	0.38	0.13	0.09	0.42	0.48	0.43	0.06	0.20
甲氧苯青霉素	2,6-(OCH_3)$_2C_6H_3$–	0.31	0.85	0.42	0.60	0.82	0.53	0.50	0.65	0.84	0.65	0.91	0.47	0.51
苯唑青霉素	5-甲基-3-苯基异噁唑基（H_3C, O, N）	0.43	0.92	0.43	0.67	0.83	0.60	0.60	0.71	0.88	0.67	0.95	0.60	0.62
氯唑青霉素	5-甲基-3-(2-氯苯基)异噁唑基（Cl, H_3C, O, N）	0.39	0.93	0.45	0.67	0.83	0.61	0.60	0.71	0.88	0.67	0.95	0.60	0.61

续表

药物名	R	R_f												
		S_1	S_2	S_3	S_4	S_5	S_6	S_7	S_8	S_9	S_{10}	S_{11}	S_{12}	S_{13}
双氯唑青霉素	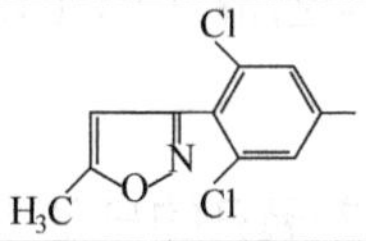 Cl, N, O, H_3C, Cl	0.35	0.95	0.46	0.67	0.83	0.62	0.60	0.71	0.88	0.67	0.95	0.59	0.61
氟氯唑青霉素	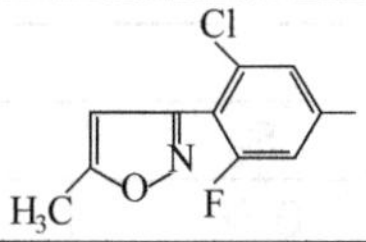 Cl, N, O, H_3C, F	0.42	0.95	0.45	0.67	0.83	0.62	0.60	0.71	0.88	0.67	0.95	0.59	0.61

注：展开剂如下，S_1，0.5mol/L氯化钠溶液；S_2，乙酸乙酯：乙酸：水（3：1：1）；S_3，乙腈：水（4：1）；S_4，乙酸乙酯：甲醇：乙酸（100：50：5）；S_5，氯仿：乙醇：乙酸（100：50：7.5）；S_6，乙酸乙酯：丙酮：水（2：1：2）；S_7，乙酸异戊酯：甲醇：甲酸：水（上层）（65：20：5：10）；S_8，丙酮：乙酸（95：5）；S_9，乙酸乙酯：丙酮：乙酸：水（5：2：2：1）；S_{10}，正丁醇：乙酸：水（4：1：1）；S_{11}，丙酮：苯：水：乙酸（65：14：14：7）；S_{12}，乙酸正丁酯：正丁醇：乙酸：0.066mol/L pH值为6.0磷酸缓冲液（上层）（90：9：25：15）；S_{13}，乙酸正丁酯：正丁醇：乙酸：0.1% EDTA-2Na的5%磷酸二氢钠溶液（10：1：6：2）。

② 四环素类　四环素类抗生素包括金霉素、土霉素及四环素等，均是氢化并四苯的衍生物，结构式如下：

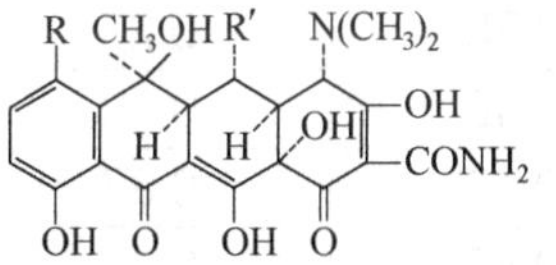

R　CH_3OH　R′　$N(CH_3)_2$　OH　H　H　OH　$CONH_2$　OH　O　OH　O

（Ⅰ）R=Cl，R′=H
（Ⅱ）R=H，R′=OH
（Ⅲ）R，R′=H

7种四环素类药物在普通硅胶及键合相硅胶薄层上展开的 R_f 值见表9-4。

表9-4　7种四环素类药物在普通硅胶及键合相硅胶薄层上展开的 R_f 值[11]

药　物	R_f					
	S_1	S_2	S_3	S_4	S_5	S_6
四环素	0.38	0.18	0.45	0.29	0.26	0.51
金霉素	0.44	0.28	0.56	0.20	0.13	0.39
土霉素	0.12	0.35	0.60	0.38		
脱氧土霉素	0.26	0.28	0.45	0.14		
4-差向四环素	0.10	0.11	0.22		0.32	0.56
无水四环素	0.87	0.83	0.94		0.08	0.22
4-差向无水四环素	0.48	0.22	0.38		0.06	0.28

注：吸附剂，S_1～S_3为高效硅胶薄层；S_4～S_6为C_{18}键合相薄层。展开剂如下，S_1，用饱和EDTA（2mol/L）溶液预展开，室温干燥1h，130℃活化2h，氯仿：甲醇：5%EDTA-2Na=65：20：5（下层）；S_2，用饱和EDTA（2mol/L）溶液预展开，室温干燥1h，130℃活化2h；异丙醇：乙酸乙酯：5%EDTA-2Na=3：4：7（上层）；S_3，用饱和EDTA（2mol/L）溶液预展开，室温干燥1h，130℃活化2h，丙酮：5%EDTA-2Na=10：1；S_4，甲醇：乙腈：0.5mol/L草酸溶液=1：1：4（用28%NaOH调pH值至2.0）；S_5，甲醇：乙腈：0.5mol/L草酸溶液=1：1：4（用28%NaOH调pH值至2.0）；S_6，甲醇：乙腈：0.5mol/L草酸溶液=1：1：2（用28%NaOH调pH值至2）。

③ 氨基糖苷类抗生素　氨基糖苷类抗生素包括常用的链霉素、庆大霉素及新霉素等。用硅胶薄层在4种展开剂中展开的 R_f 值见表9-5。斑点的检测方法是先将展开后的薄层在110℃干燥3min，冷却后喷显色剂。茚三酮试剂对链霉素及双氢链霉素不显色，可用2%的间萘二酚乙醇溶液，再喷4.5mo1/L的硫酸，然后在120℃加热5～10min即可显色。

④ 大环内酯类抗生素　大环内酯类抗生素都具有一个大环内酯结构，为碱性化合物，在碱性条件下可溶于有机溶剂，如乙酸乙酯、氯仿及苯等。表 9-6 是大环内酯类抗生素在硅胶 GF_{254} 薄层上的 R_f 值。斑点的检测方法是先将展开后的薄层在 110℃干燥 5min，冷却后喷茴香醛 - 硫酸 - 乙醇（1∶1∶9）混合液，于 110℃加热 1min 即可显色。

表9-5　氨基糖苷类抗生素在硅胶薄层上用4种展开剂展开的 R_f 值[11]

药　　物	R_f			
	S_1	S_2	S_3	S_4
链霉素	0	0	0.66	0.56
双氢链霉素	0	0	0.64	0.54
新霉素 B	0.20	0.16	0.27	0.17
新霉素 C	0.22	0.16	0.27	0.17
新霉胺	0.38	0.32	0.42	0.37
巴龙霉素 Ⅰ	0.30	0.22	0.38	0.33
巴龙霉素 Ⅱ	0.31	0.22	0.38	0.33
巴龙胺	0.49	0.39	0.61	0.57
卡那霉素 A	0.35	0.25	0.47	0.42
卡那霉素 B	0.35	0.27	0.34	0.27
卡那霉素 C	0.46	0.38	0.47	0.42
妥布霉素	0.42	0.37	0.36	0.30
双去氧卡那霉素	0.47	0.45	0.31	0.27
丁胺卡那霉素	0.10	0.08	0.57	0.51
庆大霉素 C	0.65	0.75	0.21	0.20
庆大霉素 C	0.70	0.72	0.28	0.24
西梭霉素	0.65	0.67	0.29	0.26
尼带霉素	0.79	0.84	0.25	0.23
	0.38	0.33	0.37	0.32
奇放线菌素	0.49	0.50	0.48	0.54

注：展开剂如下，S_1，氯仿：甲醇：25%氨水：水=1：4：2：1（展开剂预先饱和）；S_2，氯仿：甲醇：25%氨水=2：3：2；S_3，15%磷酸二氢钾溶液（pH值为4.5）；S_4，10%磷酸二氢钾溶液（pH值为4.5）。

2. 高效液相色谱法

高效液相色谱法在药物分析中有着广泛的应用，其中包括药用植物及成药有效成分、服药后药物在体内的代谢产物等的定性鉴别及定量分析。

（1）药物样品的前处理　针对不同的药物，药物样品的前处理方法有以下几种。

① 片剂、糖衣药、胶囊　通常采用热溶剂提取法，如用适宜的溶剂在脂肪提取器中提取有效成分，而残渣留在滤筒内。

② 油膏状药物制剂　需先除去药物中含有的大量脂肪。可将油膏先溶于亲油性溶剂中，然后用甲醇提取其中有药效的组分；另一种方法是在硅胶薄层上

用乙醚展开，使油脂与有效组分分开后，再洗脱下来进行分析。

③ 天然药物 天然药物的组成复杂，因此用一般方法测定植物的提取液常会遇到困难。通常需先将提取液进行纯化和富集。根据不同药物的性质，可分别采用水蒸气蒸馏、有机溶剂提取或固相柱提取等方法。

表9-6 大环内酯类抗生素在硅胶GF_{254}薄层上的R_f值①[11]

药物	R_f								斑点颜色
	S_1	S_2	S_3	S_4	S_5	S_6	S_7	S_8	
麦地霉素碳酸乙酯	0.74	0.76	0.76	0.80	0.79	0.69	0.71	0.19	蓝
麦地霉素	0.64	0.57	0.53	0.76	0.71	0.58	0.63	0.45	蓝
交沙霉素	0.63	0.55	0.53	0.78	0.70	0.62	0.63	0.39	蓝
泰乐霉素	0.31	0.13	0.35	0.58	0.42	0.38	0.49	0.58	紫棕
醋竹桃霉素	0.65	0.53	0.67	0.60	0.63	0.57	0.60	0.25	粉红
竹桃霉素	0.36	0.21	0.32	0.24	0.36	0.08	0.16	0.57	粉红
柱晶白霉素	（7）②	（9）②	（6）②	（7）②	（7）②	（7）②	（6）②	（7）②	蓝
红霉素碳酸乙酯	0.58	0.45	0.48	0.60	0.63	0.44	0.52	0.28	蓝
无味红霉素	0.56	0.45	0.47	0.56	0.63	0.38	0.47	0.27	蓝
红霉素琥珀酸乙酯	0.57	0.43	0.48	0.57	0.63	0.41	0.51	0.25	紫棕
螺旋霉素Ⅰ	0.38	0.21	0.37	0.47	0.45	0.18③	0.41	0.57	紫棕
螺旋霉素Ⅱ	0.54	0.39	0.45	0.54	0.57	0.24③	0.47	0.55	紫棕
螺旋霉素Ⅲ	0.58	0.46	0.47	0.57	0.61	0.30	0.47	0.53	紫棕
蔷薇霉素	0.32	0.13	0.47	0.29	0.31	0.23③	0.35	0.57	紫棕
巨大霉素	0.29	0.12	0.24	0.16	0.23	0.04③	0.12	0.56	紫棕

① 展开剂如下，S_1，乙酸乙酯：甲醇：25%氢氧化铵（85：10：5），饱和槽，展距15cm；S_2，乙醚：甲醇：25%氢氧化铵（90：9：2）；S_3，二氯甲烷：甲醇：25%氢氧化铵（90：9：1.5）；S_4，乙酸乙酯：乙醇：15%pH9.6乙酸铵缓冲液（9：4：8）的上层；S_5，异丙醚：甲醇：25%氢氧化铵（75：35：2）；S_6，氯仿：乙醇：15%pH值为7.0乙酸铵缓冲液（85：15：1）；S_7，氯仿：乙醇：3.5%氢氧化铵（85：15：1）；S_8，甲醇：水：15%pH7.0乙酸铵缓冲液（50：20：10）。

② 有若干个斑点，括号内为斑点数。

③ 条状斑点。

用各种高效液相色谱柱填料制备的固相提取柱作前处理具有再现性好、回收率高并可使用多种溶剂洗涤的优点。提取处理样品的流程如下：

溶剂洗涤去除预柱填料中的杂质→用溶解样品的溶剂充分洗涤预柱→向预柱加入样品待测物→洗涤去除样品杂质→洗脱待测物并浓缩→作色谱分析。

在提取过程中关键是选择合适的洗涤剂和洗脱剂。表9-7所列是正反相提取柱中选择溶剂的一般规律。除表中所列的C_{18}反相柱外，其他材料的柱也可使用。

表9-7 正反相提取柱中选择溶剂的一般规律[11]

各部位极性	C_{18}柱	硅胶柱
提取柱极性	弱	强
样品溶液极性	强（如水或缓冲液）	弱（如正己烷或苯溶液）
洗涤剂极性	强（如水或含适量甲醇的水溶液）	弱（如苯或含适量极性溶剂）
洗脱剂极性	弱于洗涤剂极性（如加入甲醇）	弱于洗涤剂极性（如加入氯仿）
洗脱组分极性	由强到弱	由弱到强

样品通过预柱清除杂质后可直接进样。此外，也可使用双柱进行分离，进样后先通过前柱去除杂质，再将待测组分切换进分析柱进行分析。使用这种方法需要切换装置及准确的控制系统。直接进样适用于较高浓度（1mg/L）且具有强紫外吸收的样品，否则仍需富集及使用更灵敏的检测方法。

表 9-8 列有国内外常用于药物分析的色谱柱性能及其用途。应注意的是，虽属于同类色谱柱，但生产厂家不同或批号不同，其分离效果和流动相的选择也有差异。

表9-8 国内外常用于药物分析的色谱柱性能及其用途

类 型	商品名		极性	分离方式	分析对象
	国内产品	国外产品			
硅胶类	YWG-G3P	μ-Porasil	强	正相 - 吸附	脂溶性成分
	YWG-5	Merkosorb SI-60			生物碱类
		Micropak SI-5			强心苷类
		Zorbax Sil			三环系抗抑郁药
烷基键合相	YWG-C_{14}	Li Chrosorb RP-18	弱	反相 - 分配	有机酸类
	YWG-C_{18}	Psrtisil ODS-2			有机碱类
	YWG-C_{12}	Zorbax -ODS			极性化合物
					水杨酸类
		μ-Bondapak C_{18}			巴比妥类
		Durpak ODS			儿茶酚胺类
		Nucleosil C_{18}			酚类
		Li Chrosorb RP-8			抗生素类
		Nucleosil C_8			水溶性维生素
腈基	YWG-CN	μ-Bondapak CN	中等	反相 - 分配 正相 - 吸附	碱性化合物
键合相	YQG-CN	Micropak CN			不饱和化合物
	YBG-CH	Zorbak CN			芳烃类
		Nucleosil CN			多环芳烃类
氨基	YWG-NH_2	μ-Bondapak NH_2	强	正相 - 分配 反相 - 分配	抗生素、糖类
键合相	YQG-NH_2	Li Chrosorb NH_2			核苷酸类
	YBG-NH_2	Nucleosil-NH_2			胺类、有机酸类
		Micropak NH_2			多羟类化合物
苯基键合相	YWG-C_6H_5	μ-Bondapak phenyl	弱	反相 - 分配	抗生素、酚类
离子交换类	YW-SO_3H	Partisil SAX	强	离子交换	生物碱类
	YWG-R_4NCl	Partisil SCX			有机酸类
		Zorbax WAX			水溶性维生素
		μ-Bondapak AX			抗生素

（2）常用药物的高效液相色谱分离及鉴定

① 抗生素　抗生素是一类微生物次级活性代谢产物，工业上大多采用发酵法进行生产或将发酵产物经化学修饰后形成产品。因此抗生素一般为多组分，其化学结构差异甚微。与此同时，在发酵过程中除生成目的产物，还伴随有大量其他杂质产物生成，且不易分离除尽。再加上抗生素本身的稳定性较差，其药效还与整体分子及其构型有关，所以它们的色谱分离及检测方法也各有特点。

a. β-内酰胺类抗生素　这是一类应用最广、品种最多的抗生素，如青霉素及头孢菌素，表 9-9 为青霉素类抗生素的色谱分析条件。

表9-9　青霉素类抗生素的色谱分析条件[11]

抗生素	分离条件		检测波长/nm
	色谱类型	流动相	
氨苄青霉素与 Penicilloicacid 苯基甘氨酸 6APA	μ-Bondapak C_{18}	十二烷基磺酸钠和甲酸的水溶液－乙腈（65∶35）	254
氨苄青霉素	Synchropak RP-P6.5μm（ϕ250mm×4.1mm）	pH 值为 4 的 0.01mol/L 乙酸钠溶液：甲醇 =9∶1，流速 1mL/min	225
青霉素 G	Partisil PXS-ODS，μ-Bondapak Monomenic C_{18}	乙腈－水－乙酸铵（pH 值为 6），乙腈－磷酸缓冲液 pH 值为 4.15	254
青霉素 G，羧苄青霉素，替卡西林	Partisil PXS-ODS，μ-Bondapak Monomenic C_{18}	甲醇 -0.5mol/L 碳酸铵（25∶75）	
青霉素 V，苯氧乙基青霉素，氨苄青霉素	μ-Bondapak	0.1mol/L 磷酸缓冲液－可变量的甲醇	254
青霉素 V，6-APA 及其降解物	LiChrosorb RP-8	pH 值为 7.0 磷酸缓冲液－甲醇（6∶4 或 7∶3 或 8∶2）	220
青霉素 V	μ-Bondapak C_{18}	乙腈－甲醇 -0.01mol/L KH_2PO_4（21∶4∶75）	
羧苄青霉素（Sulbenicillin）	μ-Bondapak C_{18}	甲醇 -TBAB 0.01mol/L（36∶64，体积比）	254
羟氨苄青霉素	RP-18 μ-Bondapa C_{18}	甲醇－磷酸缓冲液 含水甲醇－乙酸	254 280
羟氨苄青霉素 Penicilloic acid，6-APA	Spherisorb ODS（150mm）	磷酸缓冲液－甲醇－乙腈	220
羟氨苄青霉素及其单聚物羟氨苄青霉素的 Piperazine-2，5-dione 衍生物克拉维酸	Zorbax C-8	甲醇 -0.05mol/L pH 值为 4.4 磷酸二氢钠缓冲液（5∶95）	274
阿洛西林	ODS-C_{18} 室温（ϕ250mm×4.6mm）	甲醇：67mmol/L 磷酸缓冲液 =1∶1，用 NaOH 调 pH 值至 3.5	220
替卡西林（Temocillin）	μ-Bondapak	甲醇－乙酸铵 pH 值为 4 缓冲液（15∶85）	240
替卡西林	Redial-Pak A（十八硅烷键合 10μm 硅胶）	乙腈－磷酸盐缓冲液（pH 值为 2.05）	210
替卡西林克拉维酸	Hypersil ODS（10cm，3μm），μ-Bondapak C_{18}	甲醇 -pH 值为 6.1 磷酸缓冲液（45∶55）	229
青霉胺（Penicillamine）	AIS ODS	pH 值为 3.0 己烷磺酸－磷酸二氢钠	210

b. 甲基苄氨嘧啶　甲基苄氨嘧啶是广谱抗菌药，同磺胺联合使用可增强抗菌作用。服用后在生物体内能降解成多种产物，结构如下：

	R_1	R_2	R_3	Z
1	NH_2	NH_2	CH_3	CH_2
2	NH_2	NH_2	CH_3	C=O
3	OH	OH	CH_3	CH_2
4	OH	NH_2	CH_3	CH_2
5	NH_2	OH	CH_3	CH_2
6	NH_2	OH	H	CH_2

上式为甲基苄氨嘧啶的结构，其余均为降解产物。采用 Zorbax TMS 柱分离降解产物的效果很好。但当试样中含有甲基苄氨嘧啶的不同缓冲液（其中包括磷酸盐、硼酸盐、氯化钾、盐酸及氢氧化钠）时，甲基苄氨嘧啶的色谱峰会变形。至于峰变形的原因，推测可能是由于无机离子与硅醇基间的吸附所致。当没有无机离子存在时这种现象消失。

用 Partisil 10 ODS-3 色谱柱作固定相，不存在峰变形现象，使用各种不同的缓冲溶液也没有干扰。图 9-8 是甲基苄氨嘧啶及悬浮液的分离谱图。

② 磺胺类药　磺胺类药物的分离都用反相柱，并用紫外检测。例如用 ODS-Hypersil 色谱柱（50℃），水（含 0.02mol/L 的 NaAc，并用乙酸调 pH 值至 5）和乙腈以 0.5mL/min 流速作梯度洗脱，可以分离磺胺及氯霉素等 7 种药物。梯度程序如下：乙腈含量 15%（5min）→ 40%（10min）→ 20%（12min）→ 70%（15min）→ 0%（17min）。

图 9-9 为磺胺等 7 种药物的分离谱图。

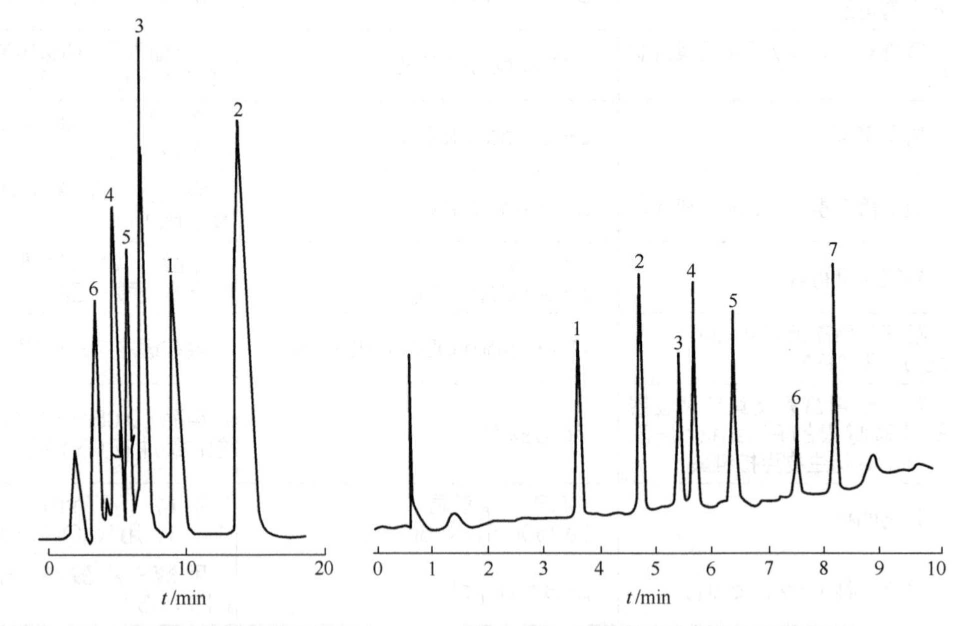

图 9-8　甲基苄氨嘧啶及悬浮液的分离谱图

色谱柱：Partisil 10 ODS-3，250mm × 4.6mm

流动相：25% 乙腈及 1% 乙酸铵的水溶液，1mL/min

图中峰与甲基苄氨嘧啶结构中标号相对应

图 9-9　磺胺等 7 种药物的分离谱图

1—磺胺嘧啶（260nm）；2—磺胺甲基嘧啶（275nm）；3—磺胺呋喃唑酮（266nm）；4—磺胺二脒（265nm）；5—磺胺甲基异噁唑（265nm）；6—氯霉素；7—Sulfachinoxaline

③ 镇静安定药　这类药物包括巴比妥衍生物、吩噻嗪类及苯并二氮杂䓬类。巴比妥类药物在反相色谱系统中能得到良好的分离。

采用一般的反相色谱条件可以分离测定吩噻嗪类药物。图 9-10 是吩噻嗪类药物的分离谱图，固定相为 Bondapak CN（300mm×3.9mm），流动相为 625mL 乙腈 +155mL 甲酸 +220mL 磷酸缓冲液，检测波长 254nm。

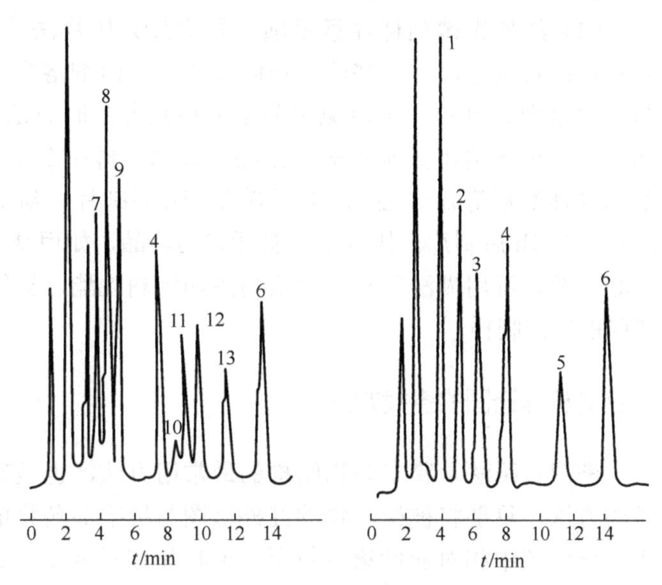

图 9-10　吩噻嗪类药物的分离谱图

1—苯吡烯胺；2—氯丙咪嗪；3—去甲基吡烯胺；4—阿米酮；5—去甲氯丙咪嗪；6—普罗替林；7—多虑平；8—阿米替林；9—丙咪嗪；10—10- 羟基去甲替林；11—去甲基多虑平；12—去甲替林；13—去甲丙咪嗪

三、红外光谱法

大量临床用的药物是有机化合物，每种化合物都有其独特的红外吸收光谱，尤其在 1300～650cm^{-1} 区间出现相当复杂的吸收峰，每一个有机药品在该区内的吸收峰位置、强度和形状都不一样，如同人的指纹，作为药物鉴定的依据，准确度极高。因此，红外光谱法已成为各国药典共同采用的方法。红外光谱法用于药物鉴定，通常采用的是标准谱图对照法，具体做法是将经分离、纯化了的药物组分绘制红外光谱图，进行谱图解析和查找标准谱图，若与标准谱图完全一致（两者采用的条件必须一致），则表明二者为同一药品，据此可确定该组分的化学结构。否则，还需借助 UV、NMR、MS 等其他手段测得的数据，经综合分析方可定出未知组分的化学结构。

药物在疾病治疗过程中有着极其重要的作用。药物品种繁多、结构各异，不同的结构对治疗效果有着极大影响。因此在药物的研制、生产和应用中，药物的化学结构测定和鉴别是必不可少的一个环节。质谱、红外、核磁与紫外四大波谱技术，是药物结构分析的重要手段，其中红外光谱法的作用尤为重要。

1. 药品红外光谱分析制样方法及注意事项

（1）红外光谱制样方法

① 固体药物常用的制样方法有：a. 压片法，将 1～2mg 样品与 200mg KBr 研磨均匀（粒度小于 2μm），置于模具中，于红外压片机上压成透明薄片；b. 糊法，将干燥处理后的试样研成粉末，与液体石蜡混合，研磨成均匀的糊状，夹在两盐片间测定［要求被测物在石蜡（直链烷烃）红外吸收区域没有特征吸收峰］；c. 膜法，将样品溶解后涂布在盐片上，使溶剂挥发成膜，或者将样品置两块盐片间热熔成膜。

② 液体药物制样有下述情况：a. 如沸点低、挥发性大，则适于装在密封池中测定；b. 黏度中等、透明度好、不吸湿的液体可在可拆吸收池中测定；c. 黏稠液体样品可直接涂布在盐片上测试。

（2）红外光谱制样注意事项　固体 KBr 压片法，方法简单，图谱质量好，是制样的首选方法。有些药物在制片前需用溶剂溶解或重结晶，除去溶剂后再与分散剂混合制片，可避免因晶型或精制药品时方法不同而引起的光谱差异。如三氮唑核苷需用无水乙醇重结晶，过滤，再在 105℃干燥后制片；又如脯氨酸和安体舒通等需先经 105℃干燥 2～3h 后制片。易受热破坏的度米芬，需在 80℃干燥 1h 后制片。压片法不甚适宜的药品，如甲基硫酸新斯的明、硫酸美芬丁胺素等，可用糊法制样。少数药品如环扁桃酯、癸氟奋乃静等，则需用热熔成膜的方法制样。

2. 红外标准谱图的查找方法

谱图对照法是鉴定药物结构的最常用方法，也是确定药物成分最直接最可靠的方法。只要将被检药物的红外谱图与标准品药物的谱图相互比较，如果两张红外谱图中相对应的谱带位置、形状和相对强度一致，那么，被检品与标准品就是具有相同成分的药物。

药物的红外谱图集有许多种，最常用的是 Sadtler 标准谱图集，该谱图集除有标准化合物谱图外，还有药物谱图专集。标准化合物谱图集有五种索引：化合物字母顺序索引、分子式索引、谱图号码顺序索引、化合物基团索引、谱线索引。药物谱图专集有 6 种索引，除上述 5 种索引外，还有药物治疗使用分类索引。根据被检药物情况，选用上述一种或几种索引，查找起来非常方便。为了确定被检药物是否为某种成分药物，可以使用化合物字母顺序索引和分子式索引。若只知道被检药物含有某种基团，使用化合物基团索引可以减少检索范围。若怀疑被检药物是某类治疗药物时，可用治疗使用分类索引。若对被检药物的信息一无所知，可使用谱线索引。各种索引的使用方法非常简单，查找时一看就明白，不再在此叙述。Sadtler 公司出版了用计算机检索谱图的设备，查找起来更为快速和准确。

3. 常用药品的红外光谱特征

药物品种繁多，在 Sadtler 标准谱图集中药物按照治疗使用方法就可以分成 50 类，而在同一类药物中又含有各不相同的基团。因此，很难建立药物的红外光谱系统鉴定方法。这里只介绍几类常用药物的红外光谱特征。

（1）安眠药的红外光谱特征　常见安眠药分为三类，巴比妥酸类安眠药，如苯巴比妥、异戊巴比妥等；非巴比妥酸安眠药，如利眠宁、安眠酮、眠尔通等；吩噻嗪类安眠药，如氯丙嗪、异丙嗪等。安眠药鉴定对象常为生化检材，如人体脏器、血液、尿液等；另一类检材是没有进入人体的原药，如药片、药液等。

① 分离提取　安眠药按其化学性质有酸性、中性和碱性之分，因此，分离

提取需在相应条件下进行，才能得到纯品或分解产物。若对被检安眠药的种类一无所知，此时就需要对检材做系统的分离纯化。以血液为例，将 5mL 血液放入具塞三角烧瓶中，加少许水稀释之，加 20% 的三氯乙酸 5mL，在水浴上挥至近干，放冷，加 6mol/L 的盐酸 5 滴，用乙醚提取，分出乙醚液，过吸附柱（柱内装 20～30g 氧化铝、1～3g 活性炭、15～20g 无水硫酸钠），用乙醚淋洗，除去乙醚得酸性安眠药。将提取后的残渣用氢氧化钠中和至中性，用乙醚提得中性安眠药，如安眠酮等。继而将提取后的残渣用氢氧化钠液调至碱性，用乙醚提取得碱性安眠药，如氯丙嗪等。如此分离提取得到的安眠药有时还含有杂质，可用薄层色谱进一步纯化。

② 红外光谱检验

a. 巴比妥类　此类安眠药是丙二酰脲衍生物，是结晶型化合物，均可用 KBr 压片法绘制红外谱图。红外光谱形状相似，由于取代基的不同，红外吸收在 2800～3300cm^{-1}、1800～1650cm^{-1}、1500～1200cm^{-1}、900～700cm^{-1}、550～400cm^{-1} 5 个区域的吸收各不相同，见表 9-10。

表9-10　巴比妥类安眠药红外特征吸收[12]

安眠药名称	σ/cm^{-1}				
	3300～2800	1800～1650	1500～1200	900～700	550～400
巴比妥	2850（w） 2920（w） 3070（m） 3150（m）	1650（s） 740（s） 1760（s）	1240 1370 1330 1420 1460	870（m） 760（w） 740（w）	480（m） 440（w）
戊巴比妥	2880（w） 2900（w） 2950（w） 2980（w） 3125（m） 3250（m）	1720 1740 1770	1220 1320 1370 1440	820（s） 850（s） 740 760	500 520 420
异戊巴比妥	2900 2925 2970 2990 3125（m） 3250（m）	1704 1728 1764	1220 1250 1330 1360 1380 1440	820 855 740 760	500 420
苯巴比妥	2850 2920 2950 3070 3200	1670 1700 1760	1220（s） 1300（s） 1400（s）	760 830	500 480

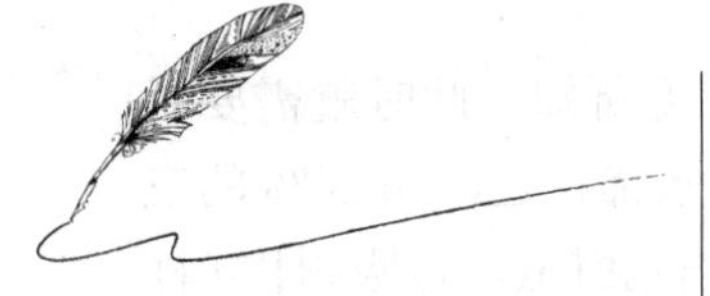

续表

安眠药名称	σ/cm⁻¹				
	3300~2800	1800~1650	1500~1200	900~700	550~400
硫喷妥	2870 2920（s） 2960（s） 3050 3150（s） 3270（s）	1760 1740	1200 1300 1360 1430	760（s） 840	500（s） 550
速可眠	2870 2926 2960 3060（w） 3180（w）	1680 1710	1270 1310 1350 1440	770（s）	520（m） 430

注：m为中强谱带；s为强谱带；w为弱谱带。

b. 非巴比妥类　眠尔通是氨基甲酸酯类药物，白色结晶，红外光谱有 $3440cm^{-1}$ 和 $3320cm^{-1}$（NH_2）吸收，$1330cm^{-1}$（C—N）、$1700cm^{-1}$（—C═O）、$1384cm^{-1}$（C—O—）吸收。

（a）安眠酮　甲苯基喹唑酮，白色结晶粉末。红外光谱图形很有特点，在 $1700\sim800cm^{-1}$ 中间有 15 个尖的吸收，而且吸收强度渐弱；在 $800\sim400cm^{-1}$ 中间有 10 个尖吸收，吸收强度也渐弱。另外，$2800\sim3100cm^{-1}$ 有弱吸收，在 $3080cm^{-1}$、$1600cm^{-1}$、$1500cm^{-1}$ 有苯环特征吸收，如图 9-11 所示。

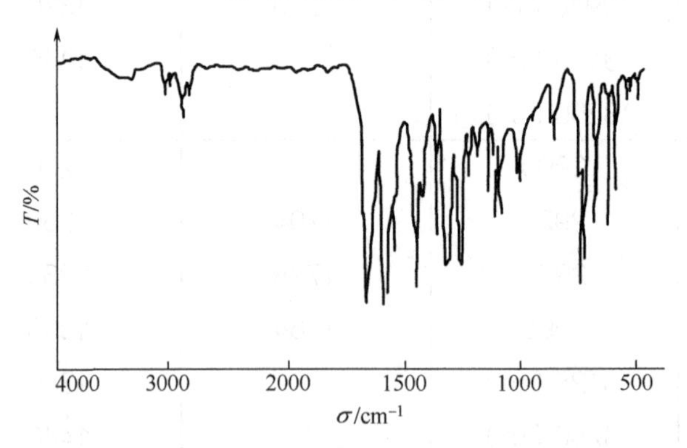

图 9-11　安眠酮的红外光谱

（b）安定　苯甲二氮䓬，白色结晶，红外光谱在高波数区没有明显吸收，在 $1684cm^{-1}$ 有最强吸收（—C═O），$3080cm^{-1}$、$1600cm^{-1}$ 有苯环吸收；另外在指纹区有 $1485cm^{-1}$、$1341cm^{-1}$、$1323cm^{-1}$、$1316cm^{-1}$、$1130cm^{-1}$、$838cm^{-1}$ 吸收峰。

c. 吩噻嗪类　这类药物主要有氯丙嗪、异丙嗪和三氟拉嗪等，化学结构都有苯并噻嗪环，易氧化成亚砜，因此，分离提取后得到的产物是原形药物与其亚砜的混合物，可用薄层色谱将其分开；也可将原形药物用硝酸氧化，使其完全变为亚砜，而后用红外光谱检验亚砜的存在。

盐酸氯丙嗪红外光谱在3450cm^{-1}和3625cm^{-1}有一个钝的双吸收，3080cm^{-1}、1600cm^{-1}、1570cm^{-1}有苯环特征吸收；在2475cm^{-1}、2600cm^{-1}有强吸收；第一吸收为1460cm^{-1}，其次是760cm^{-1}。在碱性条件下提取物红外光谱中，3075cm^{-1}、1600cm^{-1}、1570cm^{-1}为强吸收，在750cm^{-1}、800cm^{-1}、850cm^{-1}、930cm^{-1}有强吸收。氯丙嗪的亚砜在1030cm^{-1}、1060cm^{-1}（S═O）有钝的双吸收，在3075cm^{-1}、1590cm^{-1}、1550cm^{-1}有吸收，在750cm^{-1}、800cm^{-1}、850cm^{-1}、930cm^{-1}有中强吸收；3075cm^{-1}吸收比氯丙嗪吸收弱得多。氯丙嗪和异丙嗪常混合使用，分离提取得到其混合物，在混合物红外光谱上可找到各自的特征吸收。异丙嗪在600cm^{-1}和670cm^{-1}附近有两个弱的双吸收。氯丙嗪在800cm^{-1}有强吸收，在1420cm^{-1}有弱吸收；另外，在2775cm^{-1}、2825cm^{-1}、2875cm^{-1}、2950cm^{-1}、2975cm^{-1}出现五个吸收，也很有特征。

泰尔登的第一吸收在1101cm^{-1}，次强吸收在818cm^{-1}、1454cm^{-1}、744cm^{-1}，在2700～3100cm^{-1}有9个密集的中强吸收，其中2762cm^{-1}、2851cm^{-1}、2720cm^{-1}为特征峰，所有吸收均尖锐。

（2）生物碱的红外光谱特征　生物碱是一类含氮的碱性有机化合物，具有特殊的生理活性和毒性，大多数生物碱含有氮杂环结构。常见生物碱有马钱子、士的宁、阿托品、海洛因、吗啡、可待因等。生物碱被检对象多为原形药物和人的血、尿等。

① 分离提取　生物碱药物片剂等，可用有机溶剂提取，并经薄层色谱纯化后供红外光谱分析。

对人体脏器组织中的生物碱提取可用硅钨酸快速进行分离。如尿液，用稀盐酸浸泡片刻，过滤，滤液用稀盐酸调成pH值为1.2~1.8，用5%的硅钨酸沉淀，过滤，取沉淀物，用氨水溶解，再用氯仿或乙醚提取。如分离吗啡可用含10%乙醇的氯仿提取，再用无水硫酸钠脱水，挥去溶剂后，测其红外光谱，若蛋白质含量较多，可先用三氯乙酸沉淀后再用本法分离。

② 红外光谱检验

a. 鸦片生物碱　鸦片中含有多种生物碱，其中最主要的有吗啡、可待因、罂粟碱、那可汀等。

吗啡是白色结晶体，在3000cm^{-1}、3020cm^{-1}、3070cm^{-1}及1620cm^{-1}有弱吸收；在1490cm^{-1}、1560cm^{-1}有强的双吸收；820cm^{-1}、940cm^{-1}、1120cm^{-1}、1250cm^{-1}为强吸收。

盐酸吗啡在3400cm^{-1}有强吸收；2700cm^{-1}、2750cm^{-1}、3080cm^{-1}为弱吸收；1080cm^{-1}、1560cm^{-1}、1340cm^{-1}、780cm^{-1}是强的尖锐吸收。

海洛因在1190cm^{-1}、1200cm^{-1}、1230cm^{-1}有三个强吸收；在1735cm^{-1}、1755cm^{-1}和1030cm^{-1}、1050cm^{-1}有两个双强吸收，很有特征。红外光谱如图9-12所示，在指纹区，从高波数至低波数吸收强度逐渐减弱。

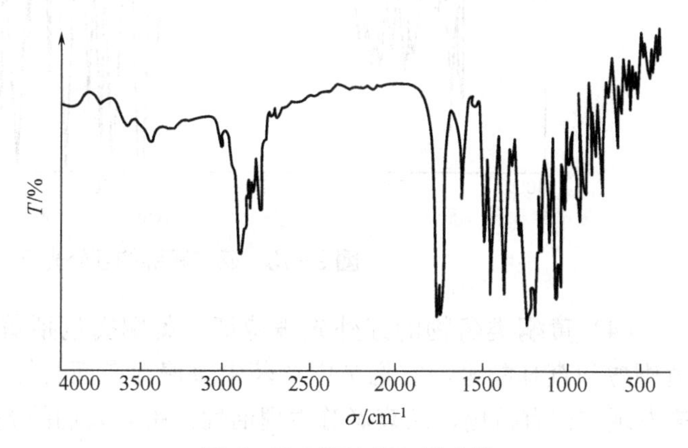

图9-12　海洛因红外光谱

可待因在 $1730cm^{-1}$ 有吸收；$1440cm^{-1}$、$1490cm^{-1}$、$1270cm^{-1}$、$1100cm^{-1}$、$1040cm^{-1}$、$740cm^{-1}$ 有强吸收；在 $3000cm^{-1}$、$3025cm^{-1}$、$1630cm^{-1}$、$1600cm^{-1}$ 有弱吸收。

b. 番木鳖生物碱　主要有士的宁和马钱子，是中枢兴奋剂，纯品为白色结晶。

士的宁的红外光谱有 6 个较强吸收，分别为 $1664cm^{-1}$、$1480cm^{-1}$、$1392cm^{-1}$、$1310cm^{-1}$、$1110cm^{-1}$ 和 $764cm^{-1}$。

马钱子是士的宁的二甲基衍生物，红外吸收峰较多，在 $1650cm^{-1}$、$1500cm^{-1}$ 有强吸收；在 $1440cm^{-1}$ 和 $1460cm^{-1}$、$1100cm^{-1}$ 和 $1110cm^{-1}$、$830cm^{-1}$ 和 $845cm^{-1}$ 有强的三个双吸收；在 $540cm^{-1}$ 和 $550cm^{-1}$、$500cm^{-1}$ 和 $520cm^{-1}$ 有很有特征的两个弱双吸收。

c. 喹宁　是白色晶体粉末，人工合成的有氯喹和伯胺喹宁等。红外吸收特征是在 $1235cm^{-1}$、$1233cm^{-1}$ 有强的双吸收；$1619cm^{-1}$、$1510cm^{-1}$、$1450cm^{-1}$、$1030cm^{-1}$ 为强吸收。氯喹在 $1580cm^{-1}$ 有强吸收；在 $1610cm^{-1}$、$1450cm^{-1}$、$1380cm^{-1}$、$1340cm^{-1}$、$810cm^{-1}$ 有中强吸收。

d. 阿托品　存在于茄科植物中，如洋金花等，纯品为白色晶体。阿托品是酯类化合物，红外光谱有 $1720cm^{-1}$（—C═O）吸收；在 $1153cm^{-1}$、$1035cm^{-1}$ 有吸收；在 1500～$1000cm^{-1}$ 间有 8 个由弱渐强的峰；在 800～$650cm^{-1}$ 间有 4 个弱吸收，很有特征。

（3）磺胺类药物的红外光谱特征　磺胺类药物具有相近的基本母核，它们的红外光谱特征吸收峰也十分相似，在 3500～$3300cm^{-1}$ 区间有 NH_2 的两个伸缩振动峰；在 1650～$1600cm^{-1}$ 区间有一个较强的 NH_2 面内变形振动峰；在 1600～$1450cm^{-1}$ 区间有苯环的骨架伸缩振动峰；在 $1350cm^{-1}$ 和 $1150cm^{-1}$ 附近有两个强的吸收峰，此为磺酰基特征峰；在 900～$650cm^{-1}$ 区间有苯环芳氢面外变形振动峰，为苯环取代类型的特征峰。磺胺嘧啶的红外光谱如图 9-13 所示。

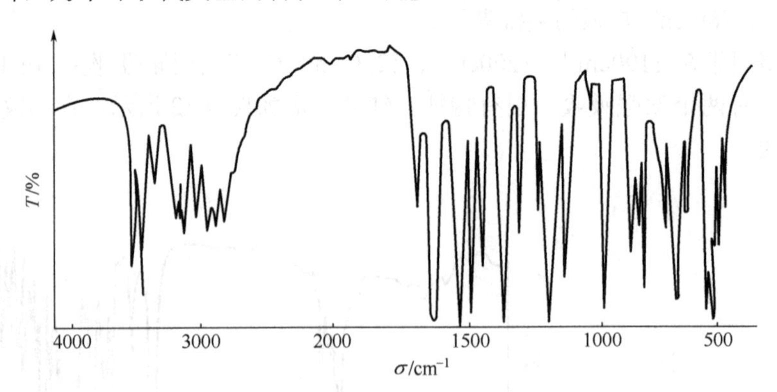

图 9-13　磺胺嘧啶的红外光谱

（4）黄酮类药物的红外光谱特征　黄酮类包括黄酮、双氢黄酮、异黄酮、黄酮醇和查耳酮等，它们是中草药中普遍存在而且比较重要的化学物质，近年来发现它们有抗癌、防衰老等生理活性，引起人们的关注。

黄酮类化合物的羟基是由 ═C—OH 键构成，有 3 个吸收峰，O—H 键的伸缩振动峰出现在 3500~3200cm^{-1} 区间，O—H 键的面内变形振动峰出现在 1410～1310cm^{-1} 区间（强），═C—O 键的伸缩振动峰出现在 1230～1140cm^{-1} 区间（强）。黄酮类化合物的羰基为 γ- 吡喃酮，其特征峰出现在 1695~1620cm^{-1} 区间。在 1620～1430cm^{-1} 区间有 3~4 个强弱不等的芳环骨架碳碳伸缩振动峰，1400～1000cm^{-1} 区间为 γ- 吡喃酮的 ═C—O—C、C—OH 伸缩振动和 C—H 面内变形振动等吸收峰；1000～650cm^{-1} 区间为芳环的 C—H 面外变形振动峰，即芳环取代类型的特征峰。必须指出，当 855～840cm^{-1}（多数在 850cm^{-1} 附近）出现一个中强峰，是 3 位无取代基的黄酮化合物的特征峰，它来自 γ-吡喃酮环 3 位的 ═C—H 面外变形振动；若 3 位有取代基，该峰消失。有时在 850cm^{-1} 前后出现异常强的双峰，很可能是由于芳香环和 γ- 吡喃酮环的 C—H 面外变形振动偶合的结果。

四、色谱 - 质谱联用技术

色谱 - 质谱联用技术将色谱的高效分离能力与质谱的高选择性、高灵敏度的检测能力相结合，可以同时得到化合物的保留时间、分子量及特征结构碎片等丰富信息，是复杂体系样品分离、定性定量及结构分析的最有效手段。在两者联用中，色谱法主要用于分离和定量分析，质谱法主要用于定性和结构分析。

中草药成分复杂多样，通常都含有几十种甚至上百种组分，分离提纯难度大，一般的分离难以胜任，毛细管气相色谱和 HPLC 虽然可对中草药中的多组分进行分离，但其定性能力较差，通常只是利用组分的保留特性来定性，这在欲定性的组分完全未知或无法获得组分的标准品时，对组分的定性分析就十分困难。随着质谱、红外光谱及核磁共振光谱等定性分析手段的发展，目前主要采用在线的联用技术，即将色谱法与其他定性或结构分析手段直接联机，来解决色谱定性困难的问题。GC-MS 是最早实现商品化的色谱联用仪器。目前，小型台式 GC-MS 已成为很多实验室的常规配置。毛细管柱的分离效果好，一般来说，在 300℃左右能汽化的样品，可优先考虑用 GC-MS 进行分析，因为 GC-MS 使用 EI 源，得到的质谱信息多，可以进行谱库检索；如果在 300℃左右不能汽化，则需要采用 HPLC-MS 进行分析。在中草药剖析工作中，目前用得最多的联用技术是 GC-MS 和 HPLC-MS，下面分别对其做一简要介绍。

1. GC-MS 联用

GC-MS 属于比较成熟的联用技术，在中草药剖析中特别适用于挥发性成分的分离与鉴别。GC-MS 由于是以气体作为流动相，所以传质速度快，分离效率高，分析时间短。在 GC-MS 分析中，对组分定性常用的方法是标准谱库检索（比较常用的质谱谱库有 NIST 库、IST/EPA/NIH 库和 Wiley 库），然后利用计算机控制与数据处理系统对化合物进行自动的定性定量分析，并可按用户要求生成分析报告。

袁绿益等[13]采用 GC-MS 法分析了小金丸中的特征成分。分别取含人工麝香小金丸和含天然麝香小金丸供试品各 1.5g，置于一定量无水乙醇中，超声处理 30min，离心，取上清液 1μL 进行 GC-MS 分析，得总离子流色谱图（图 9-14）。通过自动质谱解卷积鉴定系统（AMDIS）和 NIST08 谱库检索，对其特征成分进行定性分析。含天然麝香小金丸中鉴定出 30 个化合物，含人工麝香小金丸中鉴定出 23 个化合物。含天然麝香小金丸中检测出 7 个特征成分，分别是棕榈酸乙酯、乙酸脱氢异雄甾酮、3- 乙基 -3- 羟基 - 雄甾烷 -17- 酮、去氢表雄酮、雄甾酮、3,17- 二酮雄甾烷和 3,17- 二醇雄甾烷，相对质量分数分别为 0.11%、1.12%、2.80%、1.59%、0.56%、1.99% 和 1.22%。该法为区分含天然麝香小金丸和含人工麝香小金丸提供了参考依据。

郑月等[14]采用顶空固相微萃取 -GC-MS 联用技术对保心宁片中的挥发性成分进行了鉴定。取保心宁片适量，除去包衣，研细，称取 2g 置于 20mL 固相微萃取专用顶空瓶中，用 PDMS-100μm 固相微萃取针于 60℃下萃取 60min，插入气相色谱仪进行 GC-MS 分析，得总离子流色谱图（图 9-15）。共鉴定出挥

发性成分36种，其中酚类2种（27.09%）、酮类10种（23.84%）、醛类1种（10.27%）、烃类9种（6.29%）、酸类3种（5.02%）、醇类5种（3.41%）、酯类2种（0.85%）、其他类化合物4种（2.97%）。

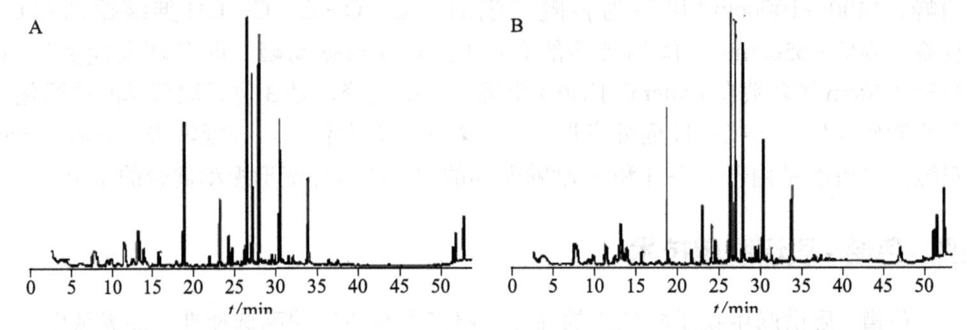

图9-14　含人工麝香小金丸（A）和含天然麝香小金丸（B）的总离子流色谱图

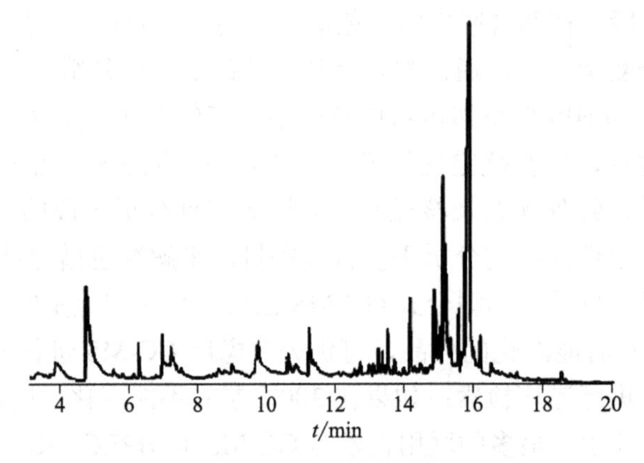

图9-15　保心宁片中挥发性成分的总离子流色谱图

2. HPLC-MS联用

与GC-MS相比，HPLC-MS在中草药及天然产物剖析研究中的应用范围更加广泛，尤其适用于含量少、不宜分离或在分离过程中容易发生变化或损失的成分，它可在短时间内（通常<1h）给出植物粗提物或某一馏分中各成分的质谱图。HPLC-MS分析是将中草药提取物先经过HPLC分离，馏分直接导入质谱仪进行分析，根据采集的质谱图（一级乃至多级），可解析馏分的部分结构（如化合物类型、特征取代基等）。这样，仅需几十分钟的时间即可获得待测样品的大量化学信息，包括化合物的可能结构（对于有些裂解规律明确的化合物，甚至可以确定其确切结构）以及相对含量。有些微量或痕量成分在传统的分离过程中很可能被忽略，而MS具有高度的灵敏性，可检测到皮克（pg）级物质，因此很容易发现新化合物的存在。刘荣霞等[15]采用HPLC-DAD-ESI-MS-MS技术，快速、灵敏地检测了降香中的黄酮类化合物。采用负离子ESI-MS模式，通过与对照品对照分析，从降香中同时鉴定了23个黄酮苷元，包括7种不同类型，分别为异黄酮类、二氢异黄酮类、新黄酮类、二氢黄酮类、查耳酮类、二氢异黄酮醇类和紫檀烷类，图9-16为其典型色谱图。每类化合物都显示了与其结构相

关的特征性 MS-MS 裂解行为，这些特异性的裂解规律有助于黄酮类化合物的快速检测和结构鉴定。

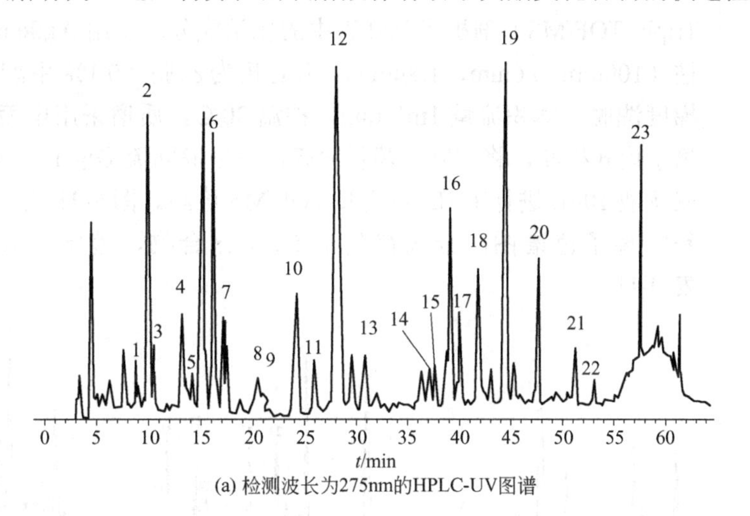

(a) 检测波长为275nm的HPLC-UV图谱

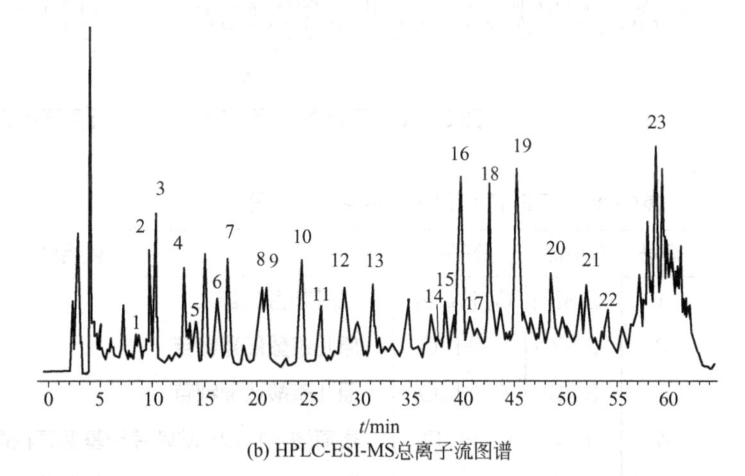

(b) HPLC-ESI-MS总离子流图谱

图 9-16 HPLC-DAD-ESI-MS-MS 分析降香药材色谱图

童超英等[16]采用在线提取 - 高效液相色谱 - 二极管阵列 - 四极杆飞行时间质谱法（OLE-HPLC-DAD-QTOF-MS）快速提取和分离鉴定了陈皮中的黄酮类化合物。在线提取体系中，将填有陈皮粉末样品（2.0mg）的固相萃取小柱取代样品环连接在手动进样阀上，样品直接被流动相提取并进入 HPLC-DAD-QTOF-MS 系统，无需额外的样品前处理步骤。通过分析化合物的紫外谱图、色谱保留时间（图 9-17）和质谱信息，共鉴定出 24 种黄酮类化合物，包括 7 种二氢黄酮、9 种黄酮和 8 种黄酮醇，其中新圣草次苷、柠檬黄素 -3-*O*-(3- 羟基 -3- 甲基戊二酸)- 葡萄糖苷及其异构体首次在陈皮中报道。

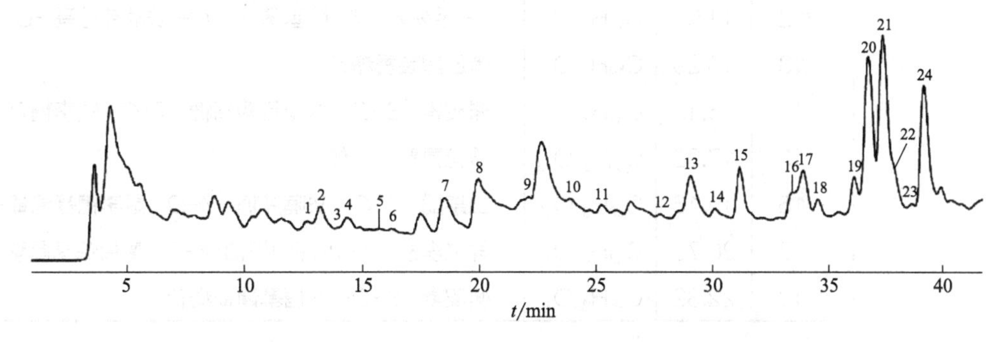

图 9-17 陈皮在正离子模式下的总离子流色谱图

曾美玲等[17]采用超高效液相色谱串联三重四极杆飞行时间质谱技术（UPLC-Triple-TOF/MS）剖析了三叶青中的化学成分。采用 Agilent Eclipse Plus-C_{18} 色谱柱（100mm×4.6mm，1.8μm），流动相为乙腈（0.1% 甲酸）- 水（0.1% 甲酸），梯度洗脱，体积流量 1mL/min，柱温 30℃。质谱采用电喷雾离子源，全扫描负离子模式检测。将三叶青药材粉碎，用甲醇回流提取 1h，0.45μm 微孔滤膜过滤，取滤液 10μL 进行 UPLC-Triple-TOF/MS 检测。图 9-18 为三叶青负离子模式下的基峰离子色谱图，分离得到了 52 个化合物，鉴定了其中的 51 个，结果见表 9-11。

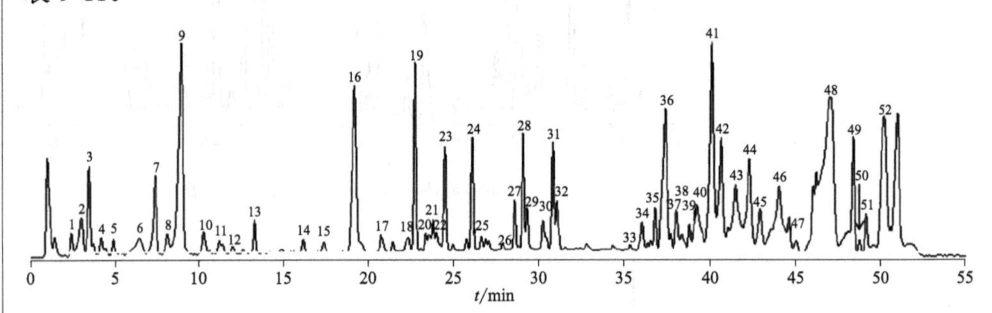

图 9-18 三叶青负离子模式下的基峰离子色谱图

表 9-11 三叶青化学成分的鉴定结果

峰号	t_R/min	分子式	化合物
1	2.39	$C_{14}H_{26}O_{10}$	乙基芸香糖苷
2	2.97	$C_{13}H_{16}O_9$	原儿茶酸葡萄糖苷
3	3.43	$C_{13}H_{16}O_9$	原儿茶酸葡萄糖苷
4	4.14	$C_{19}H_{26}O_{13}$	香草酸 -1-*O*- 呋喃芹糖基葡萄糖酯
5	4.87	$C_{18}H_{24}O_{13}$	原儿茶 -1-*O*- 呋喃芹糖基葡萄糖酯
6	6.46	$C_{30}H_{26}O_{12}$	原花青素二聚体
7	7.43	$C_{30}H_{26}O_{12}$	原花青素二聚体
8	8.17	$C_{30}H_{26}O_{12}$	原花青素二聚体
9	8.97	$C_{15}H_{14}O_6$	儿茶素
10	10.29	$C_{45}H_{38}O_{18}$	原花青素三聚体
11	11.19	$C_{18}H_{26}O_{11}$	甲氧基苯酚 -1-*O*- 呋喃芹糖基 -*O*- 葡萄糖苷
12	11.97	$C_{19}H_{28}O_{11}$	2- 甲氧基 -4- 甲基苯 -1-*O*- 呋喃芹糖基 -*O*- 葡萄糖苷
13	13.29	$C_{19}H_{28}O_{10}$	苯乙醇芸香糖苷
14	16.13	$C_{32}H_{38}O_{20}$	槲皮素 -3-*O*- 木糖基葡萄糖 -7-*O*- 鼠李糖苷
15	17.32	$C_{30}H_{26}O_{12}$	原花青素二聚体
16	19.16	$C_{32}H_{38}O_{19}$	山柰酚 -3-*O*- 呋喃芹糖 -7-*O*- 鼠李糖基葡萄糖苷
17	20.75	$C_{33}H_{40}O_{20}$	异鼠李素 -3- 吡喃阿拉伯糖 -7- 葡萄糖基鼠李糖苷
18	22.32	$C_{26}H_{28}O_{16}$	槲皮素 -3-*O*- 木糖基葡萄糖苷

续表

峰号	t_R/min	分子式	化合物
19	22.69	$C_{27}H_{30}O_{15}$	山柰酚 -7-*O*- 鼠李糖 -3-*O*- 葡萄糖苷
20	23.33	$C_{28}H_{32}O_{16}$	异鼠李素 -7-O- 鼠李糖 -3-*O*- 葡萄糖苷
21	23.60	$C_{23}H_{32}O_{12}$	异戊烯基苯甲酸 -4-*O*- 木糖基葡萄糖苷
22	23.75	$C_{21}H_{20}O_{12}$	异槲皮苷
23	24.46	$C_{26}H_{28}O_{15}$	山柰酚芸香糖苷
24	26.08	$C_{21}H_{20}O_{11}$	紫云英苷
25	26.62	$C_{23}H_{24}O_{13}$	丁香亭 -3-*O*- 葡萄糖苷
26	27.88	$C_{21}H_{20}O_{11}$	斛皮苷
27	28.56	$C_{28}H_{40}O_{10}$	未知
28	29.05	$C_{21}H_{20}O_{10}$	山柰酚 -3-*O*- 鼠李糖苷
29	29.28	$C_{15}H_{10}O_7$	槲皮素
30	30.22	$C_{18}H_{14}O_8$	岩衣酸
31	30.80	$C_{15}H_{10}O_6$	山柰酚
32	31.03	$C_{16}H_{12}O_7$	异鼠李素
33	35.32	$C_{33}H_{56}O_{14}$	姜糖脂 A 或其异构体
34	35.83	$C_{33}H_{56}O_{14}$	姜糖脂 A 或其异构体
35	36.67	$C_{33}H_{58}O_{14}$	姜糖脂 B
36	37.34	$C_{12}H_{26}O_4S$	月桂基硫酸氢
37	37.67	$C_{23}H_{44}NO_7P$	1-linoleylglycero-2-phospho-ethanolamine
38	37.99	$C_{21}H_{37}O_7P$	1-linolenoyl-2-lysosn-glycero-3-phosphate
39	38.73	$C_{21}H_{44}NO_7P$	1- 棕榈 -sn- 甘油 -3- 磷酸乙醇胺
40	39.17	$C_{17}H_{28}O_3S$	4-(1-methyl-decyl)-benzene-sulfonic acid
41	40.04	$C_{21}H_{39}O_7P$	亚油酰基溶血磷脂酸
42	40.58	$C_{21}H_{39}O_7P$	亚油酰基溶血磷脂酸异构体
43	41.43	$C_{18}H_{30}O_3S$	4-(2-dodecyl)-benzene-sulfonate
44	42.22	$C_{19}H_{39}O_7P$	1-palmitoyl-lysophosphatidic acid
45	42.85	$C_{21}H_{41}O_7P$	溶血磷脂酸
46	43.96	$C_{19}H_{32}O_3S$	4-(1-methyl-dodecyl)-benzene-sulfonic acid
47	44.97	$C_{19}H_{32}O_3S$	4-(1-methyl-dodecyl)-benzene-sulfonic acid 异构体
48	46.91	$C_{51}H_{84}O_{15}$	1, 2- 二亚麻酰 -3-*O*-（半乳糖基半乳糖）甘油
49	48.32	$C_{28}H_{50}O_7$	passifloricin C 衍生物
50	48.69	$C_{18}H_{32}O_2$	亚麻酸
51	49.08	$C_{28}H_{52}O_7$	passifloricin C
52	50.13	$C_{40}H_{75}NO_9$	大豆脑苷 I

第五节　药物剖析实例

实例 1　肉苁蓉挥发性化学成分的剖析

肉苁蓉别名大芸，味干性温，具有“补肾益精，润肠通便”之功效，用于阳痿、不孕、大便不通的治疗，是一种传统的补益中药。在抗老防衰方剂中仅次于人参，占第二位。国内外学者虽对其化学成分及药理作用进行过研究，但肉苁蓉是属助阳药物，组分比较复杂，有关肉苁蓉的挥发性成分的研究报道尚不多见。回瑞华等[18]用自制的同时蒸馏 - 萃取装置（SDE）提取了肉苁蓉挥发性物质，并利用 GC-MS 法分离鉴定出 24 种化学成分，其中主要成分为丁香酚。

一、肉苁蓉挥发性化学成分的分离

1. 同时蒸馏 - 萃取法提取挥发油

生药肉苁蓉，春季 5 月采挖于内蒙古东胜地区，晒干粉碎（过孔径 0.3mm 筛）备用。取 100g 干燥的肉苁蓉粉末置于 1000mL 圆底烧瓶中，加入 300mL 去离子水，接至 SDE 装置的一端，控制温度 100～110℃之间保持沸腾。另取 50mL 重蒸乙醚置于 250mL 单颈圆底烧瓶中，接在 SDE 装置的另一端，以恒温水浴加热烧瓶，在 40℃下连续萃取 2h。肉苁蓉挥发油的乙醚萃取液用无水硫酸钠脱水，密封保存于 –10℃冰箱中，用旋转蒸发器除去乙醚，得到具有浓郁香味的黄色透明液体，收率为 3.5%，备用。

2. 单离子法提取分离丁香酚

取一定量的用同时蒸馏 - 萃取法提取的肉苁蓉挥发油置于一烧瓶中，加入 30% 的氢氧化钠溶液，充分振荡后进行分层，在碱溶液中加入稀硫酸进行酸化后析出丁香酚，再用有机溶剂萃取，丁香酚进入有机层，有机层经减压蒸馏得到丁香酚纯品，其反应过程如下：

$$\underset{CH_2-CH=CH_2}{\overset{OH,\ OCH_3}{C_6H_3}} \xrightarrow{NaOH} \underset{CH_2-CH=CH_2}{\overset{ONa,\ OCH_3}{C_6H_3}} \xrightarrow{H^+} \underset{CH_2-CH=CH_2}{\overset{OH,\ OCH_3}{C_6H_3}}$$

二、气相色谱 - 质谱测定

1. 气相色谱 - 质谱条件

色谱柱为 HP-5 弹性石英毛细管（25m×0.32mm×0.17μm），柱温 70～

180℃，升温速度为 5℃ /min，汽化室温度 220℃，溶剂延迟 3min，传输线温度 220℃，进样量 0.4μL，载气 He，载气流量 2mL/min，分流比 40 : 1。质谱条件：离子源 EI，离子源温度 200℃，电子能量 70eV，发射电流 34.6μA，电子倍增器电压 1341V，质量范围 m/z20～500。

2. 定性分析

取肉苁蓉挥发油 0.4μL，用气相色谱 - 质谱 - 计算机联用仪进行分析鉴定。通过 G 1701BA 化学工作站数据处理系统，检索 NIST98 谱图库，并与 EPA/NIH 质谱图集的标准谱图进行对照，确认肉苁蓉挥发油中的各个化学成分。由化学工作站给出肉苁蓉挥发油的总离子流色谱图，如图 9-19 所示。最后将分析确认的肉苁蓉挥发油中的 24 种化学成分及求得的各化学成分在挥发油中的质量分数列入表 9-12。

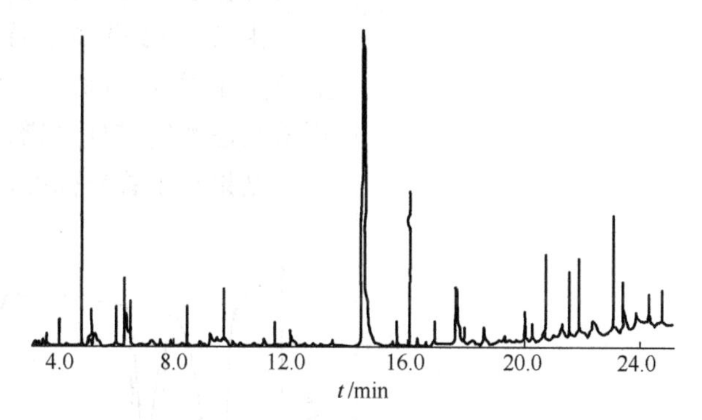

图 9-19　肉苁蓉挥发油总离子流色谱图

表 9-12　肉苁蓉挥发油化学成分分析结果

序号	化合物名称	保留时间 /min	质量分数 /%	相似度 /%
1	二乙基二硫化物	4.12	0.21	97
2	苯甲醛	5.14	2.44	97
3	3- 甲氧基 - 苯胺	5.23	0.31	89
4	2,3,4,5- 四甲基 -2- 环戊烯 -1- 酮	6.04	0.33	91
5	苄醇	6.37	0.92	97
6	苯乙醛	6.57	0.42	94
7	2,3,3*a*,4,7,7*a*- 六羟基茚 -1- 酮	8.50	0.37	82
8	薄荷醇	9.75	0.63	91
9	长叶薄荷酮	11.47	0.25	96
10	2- 甲基 -3- 辛烯	14.45	0.96	87
11	丁香酚	14.61	83.60	98
12	1,2- 二甲氧基 -4-(2- 丙烯基)- 苯	15.69	0.25	96
13	石竹烯	16.09	1.52	90
14	α- 石竹烯	16.94	0.26	96
15	4- 己基 -2,5- 二甲基 -3- 呋喃乙酸	17.69	0.56	86
16	十氢 -1*H*- 环丙 [*e*] 甘菊蓝	17.76	0.54	91
17	石竹烯氧化物	20.30	0.38	86
18	喇叭醇	20.73	0.84	85
19	2- 甲基 - 环戊醛	21.58	0.65	78
20	2,3- 二甲基 -4- 甲氧基苯酚	21.87	0.88	87
21	3- 二十碳烯	23.10	1.15	89
22	香橙烯氧化物	23.48	0.88	90
23	4,5- 二乙基 -1,2- 二甲基 - 环己二烯	23.60	0.29	78
24	二十六烷	24.81	0.56	83

3. 定量分析

通过 G 1701BA 化学工作站数据处理系统，按面积归一化法进行定量分析，求得各化学成分在挥发油中的质量分数。

由表 9-12 可知丁香酚占肉苁蓉总挥发油的 83.60%，说明肉苁蓉挥发油主成分为丁香酚。因此，进一步用单离子法从肉苁蓉挥发油中把丁香酚分离出来，用液膜法测定红外光谱，如图 9-20 所示；采用直接进样测定质谱，如图 9-21 所示。结果与丁香酚标准谱图一致。

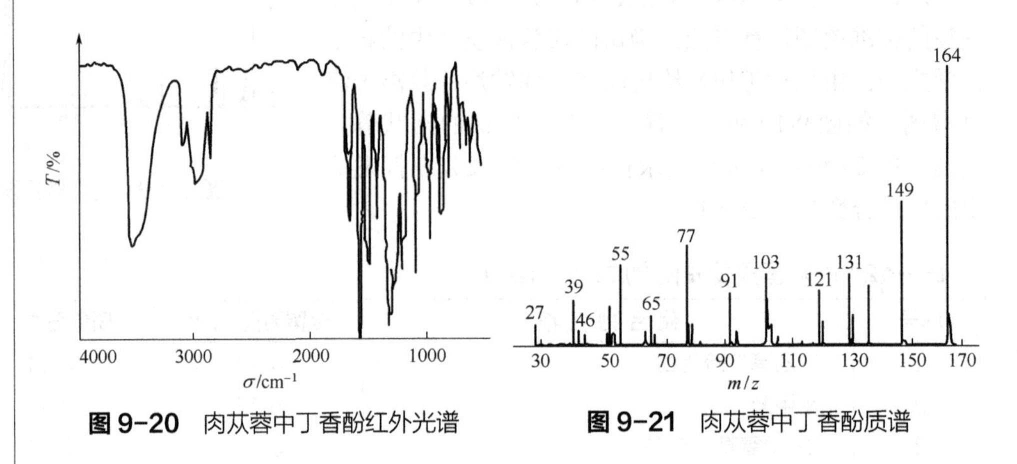

图 9-20 肉苁蓉中丁香酚红外光谱　　**图 9-21** 肉苁蓉中丁香酚质谱

通过对肉苁蓉挥发性化学成分的分析研究，为配制中成药和开发肉苁蓉资源提供了科学依据。

实例 2　苦黄注射液中乙酸乙酯萃取物的剖析

苦黄注射液是由国家卫生部批准生产的中药复方静脉注射液，属国家级二类中药新药，处方由大黄、苦参、茵陈、柴胡等中药组成，具有清热利湿和疏肝退黄的功能，主治湿热黄疸，临床上适用于因湿热内蕴而引起的病毒性黄疸型肝炎患者的退黄。药理研究表明，其酯溶性成分为其有效活性成分之一。宗永珍[19]利用薄层分析、测定熔点、红外、质谱、核磁共振等技术，对苦黄注射液中酯溶性部分（乙酸乙酯可溶性部分）进行了剖析，共鉴定出 5 种晶体，它们分别为大黄酚、大黄素甲醚、大黄酸、咖啡酸和没食子酸，其结果对苦黄注射液的生产提供了一个质量检验依据，同时对鉴定苦黄注射液的真假提供了一种较为有用的手段。

一、酯溶性部分的提取

取苦黄注射液 1L，调 pH 值至 3，用乙酸乙酯萃取，得到乙酸乙酯可溶性部分，即酯溶性部分。

二、酯溶性部分的分离与鉴定

将上述所得酯溶性部分用 1mol/L 的 HCl 调 pH 值至 5～6，浓缩成浸膏（23g），进行硅胶柱色谱分离，依次用氯仿、氯仿 - 乙酸乙酯（99∶1→ 9∶1）、氯仿 - 乙酸乙酯 - 甲醇（9∶1∶0.1 → 9∶1∶2）洗脱，再通过制备薄层分离得到 5 种化合物。

三、酯溶性组分的结构鉴定

通过分离纯化得到以下 5 种晶体。

1. 晶体Ⅰ

黄色粒状结晶，经与大黄酚样品对照（硅胶 H 薄层板，展开剂苯∶乙酸乙酯 =50∶1，R_f=0.68），确证晶体Ⅰ为大黄酚，结构式为：

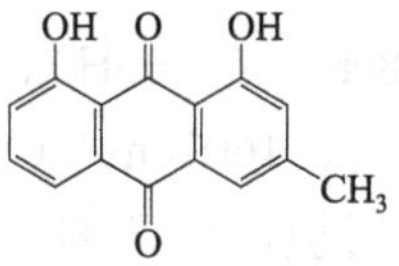

2. 晶体Ⅱ

橙黄色粒状结晶，测其红外光谱，如图 9-22 所示。

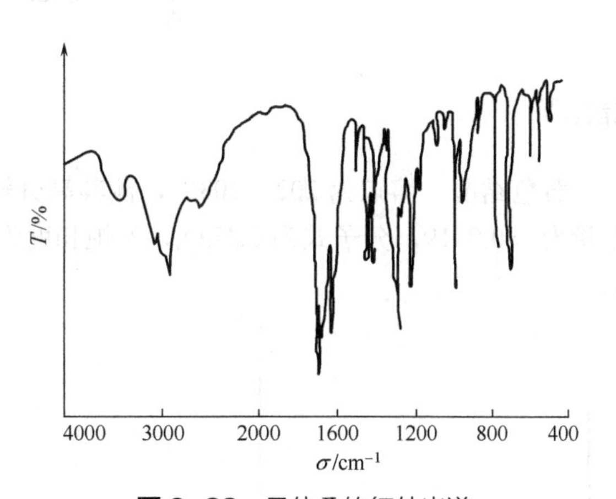

图 9-22　晶体Ⅱ的红外光谱

图 9-22 中 3436cm^{-1}(—OH)、3065cm^{-1}、1685cm^{-1}(—C═O，缔合的)、1627cm^{-1}(—C═O，游离的)、1575cm^{-1}（—C═C），与大黄素甲醚（硅胶 H 薄层板，展开剂苯∶乙酸乙酯 =50∶1，R_f=0.58）红外光谱相同，确证晶体Ⅱ为大黄素甲醚，结构式为：

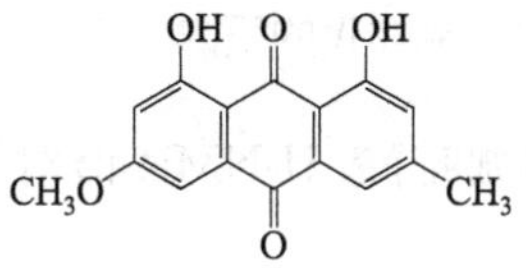

3. 晶体Ⅲ

黄色粒状结晶，熔点为284～286℃，测其红外光谱，如图9-23所示。

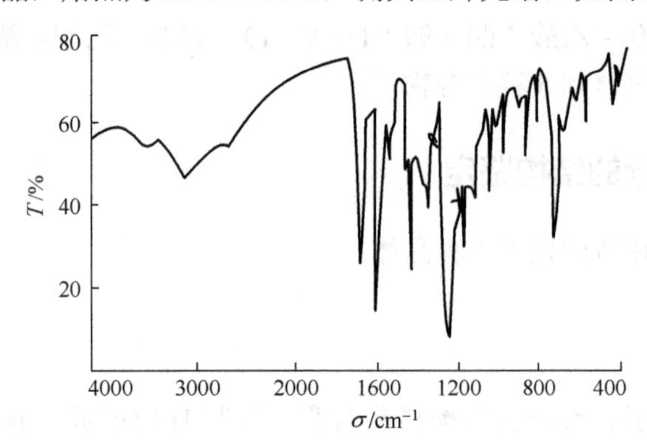

图9-23 晶体Ⅲ的红外光谱

图9-23中3448cm^{-1}（—OH）、3061cm^{-1}、1694cm^{-1}（—COOH）、1626cm^{-1}（—C═O，缔合的）、1607cm^{-1}（—C═O，游离的）、1567cm^{-1}（C═C），与大黄酸（硅胶H薄层板，展开剂氯仿：乙酸乙酯：甲酸=10：1：0.5，R_f=0.31）红外光谱相同，确证晶体Ⅲ为大黄酸，结构式为：

4. 晶体Ⅳ

橙黄色结晶，熔点为202～203℃，测其高分辨质谱，如图9-24所示，测得分子量为180.0419，分子式为$C_9H_8O_4$，不饱和度为6。测^{1}H-NMR谱，如图9-25所示。

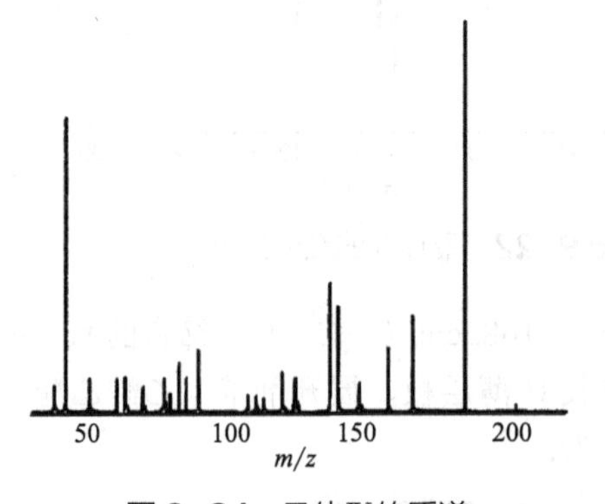

图9-24 晶体Ⅳ的质谱

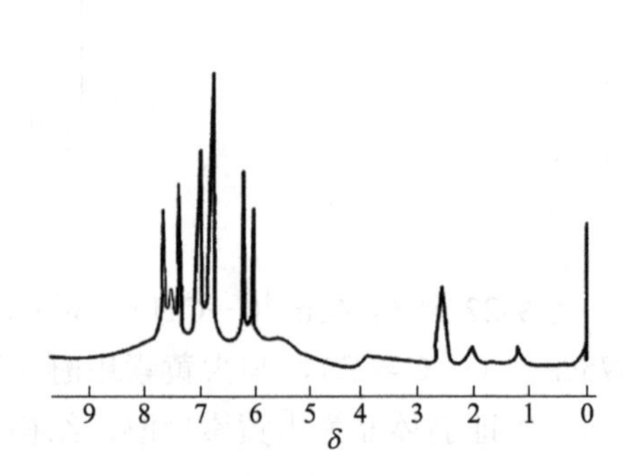

图9-25 晶体Ⅳ的^{1}H-NMR谱

经与标准的咖啡酸^{1}H-NMR谱对照，两者相同，确证晶体Ⅳ为咖啡酸，其结构为：

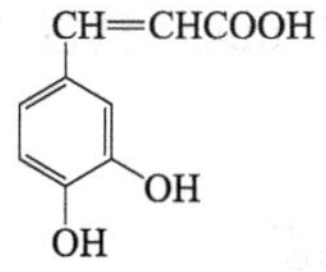

5. 晶体Ⅴ

土黄色结晶，熔点为 239～240℃，测其红外光谱，如图 9-26 所示。

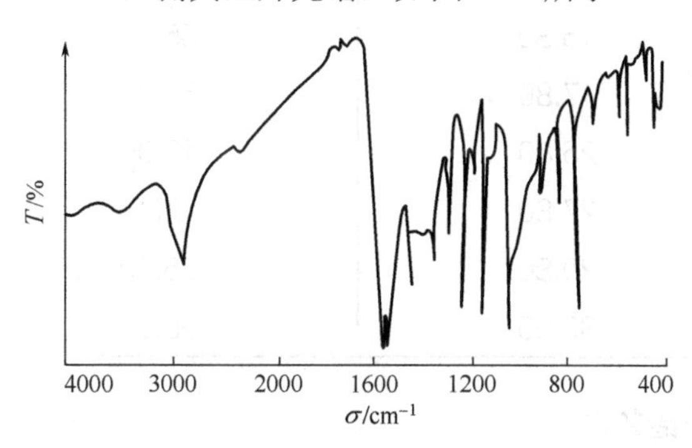

图 9-26　晶体Ⅴ的红外光谱

经与没食子酸标准样品的红外光谱对照，两者相同，确证晶体Ⅴ为没食子酸，结构式为：

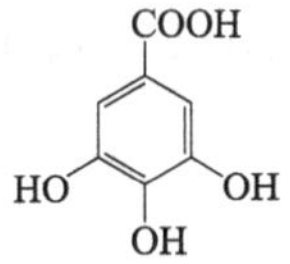

四、结论

经过对苦黄注射液酯溶性部分的剖析，共鉴定出 5 种晶体，分别为大黄酚、大黄素甲醚、大黄酸、咖啡酸和没食子酸。其结果为苦黄注射液的生产提供了质量检验依据，对鉴别苦黄注射液的真假提供了一种手段。

实例 3　UPLC-MS 分析侧柏叶中黄酮类化合物

侧柏叶为柏科植物侧柏的干燥枝鞘及叶，其性味苦涩、性寒，具有凉血止血的功效。近年来，高效液相色谱已成为分析侧柏叶黄酮类化合物的主要方法。但有关采用超高效液相色谱 - 质谱联用技术（UPLC-MS）对侧柏叶的研究目前还未见报道。单鸣秋等 [20] 采用 UPLC-MS 对侧柏叶中黄酮类成分进行分析和鉴别，共推测出 11 种黄酮类化合物的结构。

一、分析条件

1. 色谱条件

采用 Waters BEH C_{18} 柱（2.1mm×50mm，1.7μm），流动相为 0.2% 甲酸水溶液 - 甲醇，梯度洗脱（表

9-13），流速 0.208mL/min，柱温 30℃，二极管阵列检测器记录 205～400nm 紫外光谱。

表9-13 流动相梯度

t/min	0.2% 甲酸水溶液 /%	甲醇 /%
0.00	95.00	5.00
1.80	70.00	30.00
15.80	55.00	45.00
17.80	50.00	50.00
25.80	15.00	85.00
27.80	5.00	95.00
29.80	95.00	5.00
30.00	95.00	5.00

2. 质谱条件

采用电喷雾负离子模式检测，扫描范围 *m/z* 100～1000；毛细管电压 2.8kV，样品孔电压 20V，MCP 检测电压 2.1kV；喷雾气流量 50L/h，脱溶剂气流量 350L/h；脱溶剂温度 300℃，离子源温度 100℃；碰撞能量 25V。

3. 样品制备

取侧柏叶粉末 1g，置于 50mL 锥形瓶中，加 25mL 甲醇，密塞，超声处理 1h（工作频率 40kHz，功率 250W），冷却后过滤，将滤渣用少量甲醇洗涤，洗涤液与滤液合并，转移至 50mL 量瓶中，加甲醇稀释至刻度，摇匀，0.45μm 微孔滤膜过滤。

二、UPLC-MS 联用的鉴定结果

1. 色谱特征

经 UPLC-MS 分析，UPLC 测得的色谱图（360nm）与质谱检测的选择离子色谱图基本吻合（图 9-27）。因黄酮类化合物有较多的羟基，可形成稳定的氧负离子，故采用负离子模式检测，使总离子流色谱图有较低的背景值，并且负离子模式形成的母离子通常为 $[M-H]^-$，比较单一，易于辨认。

2. 光谱特征

紫外光谱显示，UPLC 分离的化合物均有 2 个强度相近的吸收带。其中带 Ⅰ 的最大吸收波长 λ_{max} 主要分布在 330～360nm，带 Ⅱ 的 λ_{max} 主要分布在 250～270nm，各色谱峰对应的吸收带位置和形状符合黄酮类化合物的紫外吸收

特征。

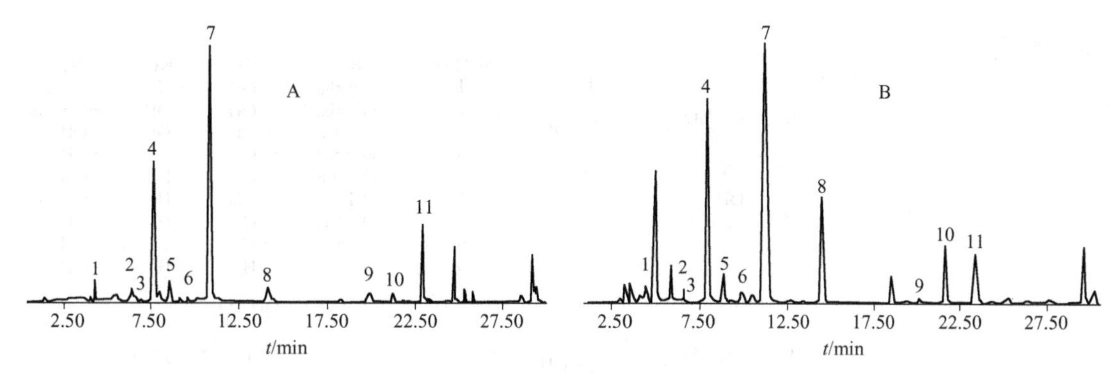

图 9-27 侧柏叶 UPLC-MS 图

A—UPLC 色谱图（360nm）；B—选择离子色谱图

3. 质谱特征

利用 Masslynx 4.1 软件，检索母离子 $[M-H]^-$ 的元素组成，结合考虑 UV 光谱图与不饱和度的合理性，检索所得的分子式、检索结果及二级质谱数据见表 9-14。

表 9-14 UPLC-MS 测定的质谱及紫外光谱数据

化合物	t_R/min	精确分子量	分子式	碎片离子质荷比（m/z）	吸收带 I	吸收带 II
1	4.24	609.1339	$C_{27}H_{30}O_{16}$	609，463，447，301，179	347	268
2	6.37	625.1252	$C_{27}H_{30}O_{17}$	625，479，463，317	354	270
3	6.48	479.0818	$C_{21}H_{20}O_{13}$	479，317，179，151	335	270
4	7.65	463.0384	$C_{21}H_{20}O_{12}$	463，317，179，151，137	351	261
5	8.59	463.0594	$C_{21}H_{20}O_{12}$	463，301，179，151，121	353	255
6	9.68	463.0699	$C_{21}H_{20}O_{12}$	463，301	340	270
7	10.84	447.0416	$C_{21}H_{20}O_{11}$	447，301，179，151，121	349	256
8	14.16	341.0628	$C_{21}H_{20}O_{10}$	431，285，179，151	342	264
9	19.76	269.0263	$C_{15}H_{10}O_5$	269，151，117	343	267
10	21.32	537.0750	$C_{30}H_{18}O_{10}$	537，417，375，331，309	338	269
11	23.04	537.0526	$C_{30}H_{18}O_{10}$	537，417，375，331，257	330	272

对图 9-27 中的各色谱峰，采用对照品定性，即在相同条件下分析对照品，结果表明，5、7、9、10 号峰，依次与异槲皮苷、槲皮苷、芹菜素和穗花杉双黄酮的保留时间、光谱特征和质谱特征一致。利用 Q-TOP 的碎片离子的精确质量数，检索碎片离子元素组成，分析裂解方式，结合保留时间和紫外光谱特征，推测出该 11 个化合物的结构，如图 9-28 所示。

三、结论

本文采用超高效液相色谱与电喷雾质谱联用技术对侧柏叶中黄酮类成分进行分析和鉴别。经过超高效液相色谱的分离，利用质谱测定提供的准确质量数，检索碎片离子元素组成，分析裂解方式，结合保

留时间和紫外光谱特征，推测出侧柏叶中 11 个黄酮类化合物的分子结构。

化合物	R_1	R_2	R_3	R_4
1	—O—rha	—OH	—H	—O—glu
2	—O—rha	—OH	—OH	—O—glu
3	—O—glu	—OH	—OH	—OH
4	—O—rha	—OH	—OH	—OH
5	—O—glu	—OH	—H	—OH
6	—OH	—OH	—H	—O—glu
7	—O—rha	—OH	—H	—OH
8	—O—rha	—H	—H	—OH
9	—H	—H	—H	—OH

10. 穗花杉双黄酮(amentoflavone)　　11. 柏黄酮(cupressuflavone)

图 9-28　UPLC-MS 分离推测出侧柏叶中 11 个化合物的结构

实例 4　甘草化学成分的剖析

甘草是常用的传统中药，也是疏风解毒胶囊的原料药材之一，具有补脾益气、润肺止　咳、缓急止痛、清热解毒等多种功效。甘草的化学成分比较复杂，由于品种和产地不同，其化学成分差异较大。赵艳敏等[21]采用高效液相色谱 - 电喷雾质谱联用技术（HPLC-Q-TOF-MS）对甘草中的化学成分进行了剖析，为甘草的化学物质基础研究提供数据支撑。

一、仪器条件及分析方法

1. 色谱 - 质谱条件

采用 1200 HPLC-TOF/MS 液质联用仪（Bruker Daltonics 公司），1200 高效液相色谱仪（Agilent 公司）。

（1）色谱条件 Diamonsil Ⅱ C_{18}（250mm × 4.6mm，5μm）色谱柱，以 0.05% 甲酸水溶液（A）和乙腈（B）为流动相。梯度洗脱：0～20min，5%～25% B；20～30min，25%～30% B；30～35min，30%～35% B；35～45min，35%～60% B；45～60min，60% B；60～70min，60%～70% B。体积流量为 1.0mL/min，柱温 35℃，进样量 5μL，200～600nm 全波长扫描。

（2）质谱条件　分流比为 1∶4，正负离子分别进行全扫描（ESI），质量范围 *m/z* 50～1200。干燥气体的体积流量为 6L/min，干燥气温度 180℃，雾化气压 80kPa。正离子模式下毛细管电压 4500V，负离子模式下毛细管电压 2600V，碎裂电压 70V。

2. 分析方法

甘草药材购于内蒙古亿利能源股份有限公司甘草分公司，由天津药物研究院鉴定为乌拉尔甘草的干燥根。

取适量甘草药材粉碎为粉末，称取粉末 1g，置于圆底烧瓶中，加入 50% 甲醇 20mL，超声提取 30min。冷却后经 0.45μm 微孔滤膜过滤，取 5μL 滤液进行 HPLC-Q-TOF-MS 分析。选择甲酸钠溶液为内标矫正，甘草提取物的总离子流色谱如图 9-29 所示。

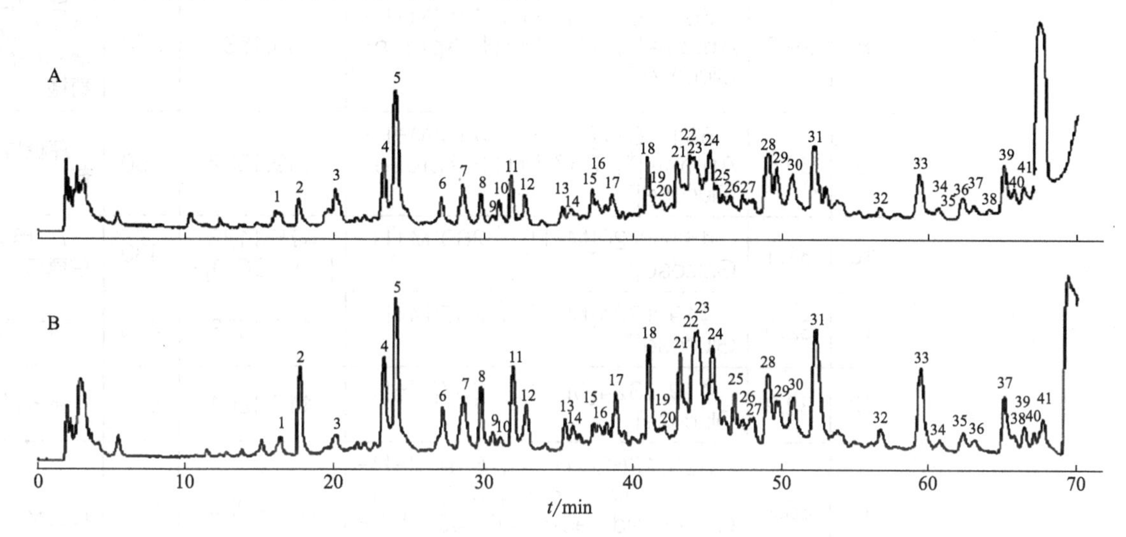

图 9-29　甘草提取物的正离子模式（A）和负离子模式（B）总离子流色谱图

二、甘草化学成分的分析鉴定

甘草提取液经 HPLC-Q-TOF-MS 检测，正负离子流数据分析，共识别了 41 个色谱峰（图 9-29），通过质谱裂解碎片分析并与文献报道的数据对照，鉴定了 40 个化合物，包括 28 个黄酮类、11 个三萜皂苷类和 1 个香豆素类化合物，结果见表 9-15。

表 9-15　甘草中化学成分的分析鉴定结果

峰号	t_R/min	碎片离子（*m/z*）	$[M-H]^-$(*m/z*)	分子量	化合物
1	16.4	735.2274$[M+Na]^+$，603.2$[M+Na-Apiose]^+$，419.1$[M+H-Apiose-Glucose]^+$，419.1$[M+H-Apiose-Glucose\times 2]^+$	711.2161	712	异甘草甘元 -7-*O*-芹糖 -7,4′-*O*- 二葡萄糖苷
2	17.7	233.0419$[M+Na]^+$	209.0492	210	未知
3	20.1	587.1408$[M+Na]^+$，565$[M+H]^+$，403$[M+H-Glucose]^+$，271$[M+H-Glucose-Arabinose]^+$	563.1499	564	夏佛塔苷
4	23.3	573.1637$[M+Na]^+$，551$[M+H]^+$，419$[M+H-Apiose]^+$，257$[M+H-Apiose-Glucose]^+$	549.1680	550	甘草素 -4′- 芹糖苷
5	24.1	441.1268$[M+Na]^+$，419.1368 $[M+H]^+$，257$[M+H-Glucose]^+$	417.1276	418	甘草苷
6	27.2	419.1322$[M+H]^+$，257$[M+H-Glucose]^+$	417.1295	418	异甘草苷

续表

峰号	t_R/min	碎片离子（m/z）	$[M-H]^-$(m/z)	分子量	化合物
7	28.6	505.1216$[M+H]^+$，257$[M+H-Glucuronide-acetyl]^+$	503.1273	504	5-羟基甘草苷元-6′-乙酰基葡萄糖苷
8	29.8	551.1677$[M+H]^+$，419$[M+H-Apiose]^+$，257$[M+H-Apiose-Glucose]^+$	549.1531	550	甘草苷元-7-*O*-芹糖-4′-*O*-葡萄糖苷
9	30.6	551.1677$[M+H]^+$，419$[M+H-Apiose]^+$，257$[M+H-Apiose-Glucose]^+$	549.1532	550	芹糖异甘草苷
10	31.1	431.1220$[M+H]^+$，269$[M+H-Glucose]^+$	475.1123 [M+HCOO]-	430	7-甲氧基甘草苷
11	32.0	419.1324$[M+H]^+$，257$[M+H-Glucose]^+$	417.1273	418	新甘草苷
12	32.9	419.1324$[M+H]^+$，257$[M+H-Glucose]^+$	417.1261	418	新异甘草苷
13	35.9	825.4262$[M+H]^+$，649$[M+H-Glucuronide\ acid]^+$，473$[M+H-Glucuronide\ acid\times2]^+$，455$[487-H_2O]^+$，287	823.4054	824	11-羟基甘草酸
14	37.4	539.0324$[2M+H]^+$，269$[M+H]^+$	267.0353	268	考迈斯托醇
15	37.8	257.0727$[M+H]^+$，137$[M+H-120]^+$	255.0729	256	甘草素
16	38.3	257.0727$[M+H]^+$，137$[M+H-120]^+$	255.0702	256	异甘草素
17	38.9	855.3964$[M+H]^+$，679$[M+H-Glucuronide\ acid]^+$，503$[M+H-Glucuronide\ acid\times2]^+$，467$[503-H_2O\times2]^+$	853.3981	854	二羟基甘草次酸
18	40.9	839.3951$[M+H]^+$，663$[M+H-Glucuronide\ acid]^+$，487$[M+H-Glucuronide\ acid\times2]^+$，469$[487-H_2O]^+$	837.3970	838	甘草皂苷G
19	43.1	839.3954$[M+H]^+$，663$[M+H-Glucuronide\ acid]^+$，487$[M+H-Glucuronide\ acid\times2]^+$，469$[487-H_2O]^+$	837.3970	838	羟基甘草酸
20	43.5	839.3954$[M+H]^+$，663$[M+H-Glucuronide\ acid]^+$，487$[M+H-Glucuronide\ acid\times2]^+$，469$[487-H_2O]^+$	837.3970	838	羟基甘草酸
21	43.9	809.4368$[M+H]^+$，633$[M+H-Glucuronide\ acid]^+$，457$[M+H-Glucuronide\ acid\times2]^+$	807.4299	808	甘草皂苷B

续表

峰号	t_R/min	碎片离子（m/z）	$[M-H]^-$（m/z）	分子量	化合物
22	44.3	823.4057$[M+H]^+$，647$[M+H-Glucuronide acid]^+$，471$[M+H-Glucuronide acid \times 2]^+$	821.4021	822	甘草酸
23	45.3	823.3992$[M+H]^+$，647$[M+H-Glucuronide acid]^+$，471$[M+H-Glucuronide acid \times 2]^+$	821.3984	822	乌拉尔甘草皂苷 B
24	45.7	823.3992$[M+H]^+$，647$[M+H-Glucuronide acid]^+$，471$[M+H-Glucuronide acid \times 2]^+$	821.4097	822	甘草皂苷 H2
25	46.1	823.3992$[M+H]^+$，647$[M+H-Glucuronide acid]^+$，471$[M+H-Glucuronide acid \times 2]^+$	821.4064	822	甘草皂苷 K2
26	46.7	825.4269$[M+H]^+$，649$[M+H-Glucuronide acid]^+$，473$[M+H-Glucuronide acid \times 2]^+$，455$[487-H_2O]^+$，289	823.4059	824	甘草皂苷 J2
27	47.3	393.1088$[M+Na]^+$	369.1062	370	乌拉尔醇
28	49.0	369.1254$[M+H]^+$，285.1，193.0	367.1265	368	甘草宁 N
29	49.6	357.1258$[M+H]^+$	355.1185	356	乌拉尔宁
30	50.8	355.1188$[M+H]^+$，299.1	353.1108	354	甘草黄酮醇
31	52.3	355.1210$[M+H]^+$，299.1，205.1	353.1076	354	异甘草黄酮醇
32	56.6	355.1237$[M+H]^+$，299.1，205.1	351.0939	354	甘草宁 L
33	59.4	353.1049$[M+H]^+$，297.1	351.1205	352	甘草宁 M
34	60.7	375.1315$[M+Na]^+$，353.1$[M+H]^+$，337.1，329.3	351.1302	352	甘草宁 G
35	62.4	393.1726$[M+Na]^+$，371.3$[M+H]^+$，303.1，218.1	369.1756	380	kanzonol R
36	63.0	359.1370$[M+Na]^+$，337$[M+H]^+$，313.1，221.1，205.1，129.1	335.1318	336	5-甲氧基光甘草酮
37	65.1	425.2255$[M+H]^+$，221.1	423.2215	424	kanzonol H 及其异构体
38	66.4	431.2291$[M+Na]^+$，409.2$[M+H]^+$，353.1，329.3	407.2339	408	dehydroxy kanzonol H 及其异构体
39	67.1	425.2257$[M+H]^+$，221.1	423.2216	424	kanzonol H 及其异构体
40	67.5	423.2083$[M+H]^+$，221.1	421.2079	422	kanzonol J 及其异构体
41	67.7	423.2083$[M+H]^+$，221.1	421.2079	422	kanzonol J 及其异构体

注：Apiose—芹菜糖；Glucose—葡萄糖；Arabinose—阿拉伯糖；Glucuronide—葡糖苷酸；Acetyl—乙酰基；Glucuronide acid—葡糖醛酸。

黄酮类化合物是甘草药材中的一类主要成分。在已识别的28个黄酮类化合物中，其中查耳酮类5个、二氢黄酮类7个、黄酮及黄酮醇类6个、异黄酮类4个、黄烷类6个。

三、结论

采用HPLC-Q-TOF-MS联用技术，对甘草中的化学成分进行了分析鉴定，识别了41个色谱峰，鉴定出40个化合物，其中包括28个黄酮类化合物、11个三萜皂苷类化合物和1个香豆素类化合物。

实例5　加参片提取物的化学成分剖析

加参片是纯中药制剂，由丹参、黄芪、香加皮等8味中药组成，以益气活血、温阳利水为治疗原则，能够有效改善慢性心力衰竭患者的症状，提高生命质量，其疗效平稳，毒副作用少，适合慢性心力衰竭患者长期服用。目前针对加参片的物质基础研究鲜有报道，孙宁宁等[22]采用超高效液相色谱-质谱联用技术（UPLC-Q-TOF-MS），对中成药加参片提取物进行剖析，确定了加参片中的主要化学成分。

一、仪器条件及剖析方法

1. 色谱条件

Waters ACQUITY UPLC BEH C_{18} 色谱柱（100mm×2.1mm，1.7μm），0.1%甲酸水为流动相A，甲醇为流动相B。梯度洗脱：0～3min，10% B；3～11min，10%～20% B；11～21min，20%～40% B；21～35min，40%～70% B；35～37min，70%～95% B；37～40 min，95%～10% B。体积流量为0.3mL/min，柱温30℃，进样量2μL。

2. 质谱条件

采用电喷雾离子源（ESI），全信息串联质谱扫描（MSE）、正负离子模式检测，扫描范围 *m/z* 50～1500，用亮氨酸脑啡肽作校正液，进行实时校正。毛细管电压负离子模式2.3kV，正离子模式2.8kV，锥孔电压40V，雾化气为高纯度氮气，体积流量50L/h，碰撞气为氩气，脱溶剂气体积流量800L/h，脱溶剂温度350℃，离子源温度120℃，高能量扫描时trap电压为20～60eV。

3. 剖析方法

加参片提取物（批号20161103）由天士力研究院提供。精确称取加参片提取物0.8g，置于10mL量瓶中，加入70%甲醇约8mL，超声处理（功率250W，频率40kHz）30min，放冷至室温，70%甲醇定容至刻度，摇匀，过滤，取滤液

2μL，进行 UPLC-Q-TOF-MS 检测。

4. 化学成分定性方法

通过数据库匹配、对照品比对及参考相关文献鉴定化学成分。对于有对照品的化合物的检测，通过比对保留时间、质谱裂解规律进行鉴定，本实验通过对照品比对鉴别出 33 个化合物。对于无对照品的化合物，则通过分析质谱裂解特征及相关参考文献对其进行定性。对于同分异构体，需要综合液相色谱中化合物的保留时间及质谱行为对其定性。

二、剖析结果

采用 UPLC-Q-TOF-MS 技术在较短时间内完成了加参片提取物中各组分的分离，图 9- 30 是正负离子模式下的基峰离子色谱图，共标定了 72 个色谱峰，鉴定出 68 个化学成分，发现 4 个未知成分。在 68 个组分中，以丹酚酸、丹参酮、三萜皂苷、强心苷类为主，它们主要来源于君药丹参、黄芪，臣药香加皮和佐药三七。

三、各类化合物的结构解析

1. 酚酸类化合物结构解析

在加参片提取物中共检测到 13 个酚酸类化合物，该类成分在负离子模式下响应较好，其中以丹参素为母核的丹酚酸类成分，在质谱裂解中容易脱去 1 分子或 2 分子丹参素（*m/z* 198），再脱去 CO_2（*m/z* 44）和 H_2O（*m/z* 18）等中性分子。在负离子模式检测下，峰 28 的一级质谱图（图 9-31）中可明显观察到准分子离子峰 $[M-H]^-$ *m/z* 717.1438。对分子离子峰进行全扫描裂解分析，得到碎片离子 *m/z* 519.0939，为母离子 *m/z* 717.1438 脱去 1 分子—$C_9H_{10}O_5$ 碎片（丹参素）$[M-H-C_9H_{10}O_5]^-$ 产生的，碎片离子 *m/z* 339.0532 和 *m/z* 321.0435 分别为 *m/z* 519.0939 脱去碎片—$C_9H_8O_4$ 和碎片—$C_9H_{10}O_5$ 产生的，*m/z* 339.0532 再脱掉 1 分子 CO_2 即得 *m/z* 295.0641 的碎片离子，通过与对照品比对、碎片离子信息和参考有关文献，可鉴定峰 28 为丹酚酸 B，其相关裂解途径见图 9-32。

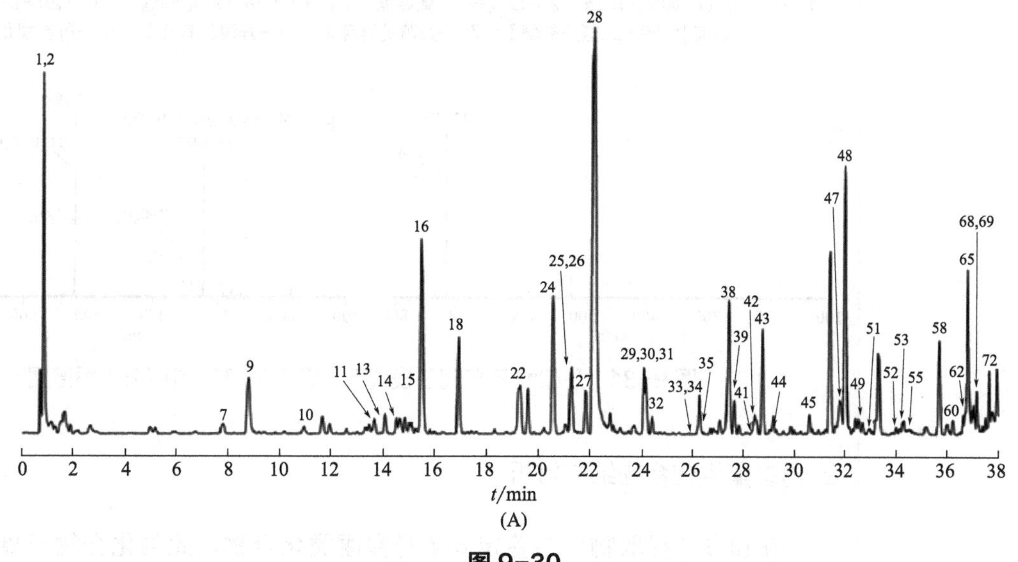

图 9-30

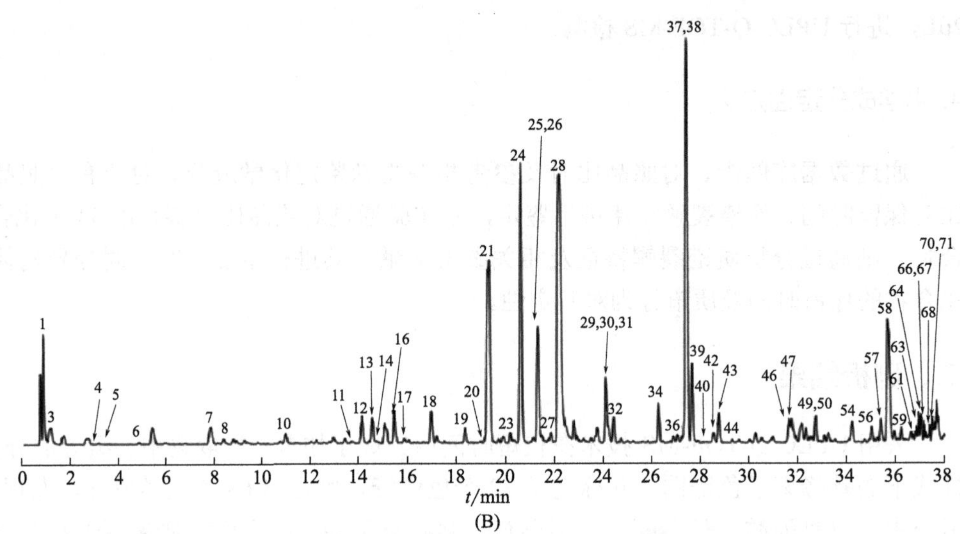

图 9-30 加参片提取物正离子模式下的基峰离子色谱图（A）与负离子模式下的基峰离子色谱图（B）

经鉴定，图中各峰分别为：1—盐酸水苏碱；2—蔗糖；3—柠檬酸；4—丹参素；5—原儿茶酸；6—原儿茶醛；7—5-*O*-咖啡酰奎宁酸；8—咖啡酸；9—未知；10—4-甲氧基苯甲醛-2-*O*-*β*-D-木糖（1→6）-*β*-D-葡萄糖；11—东莨菪碱内酯；12—香草醛；13—（6a*R*,11a*R*）-9,10-二甲氧基紫檀烷-3-*O*-*β*-D-葡萄糖苷-6″-*O*-丙二酸酯；14—肉桂酸；15—香豆素；16—盐酸益母草碱；17—5,5″-二甲氧基落叶松酯醇-4″-*O*-*β*-D-吡喃葡萄糖苷；18—毛蕊异黄酮-7-*O*-*β*-D-葡萄糖苷；19—丹酚酸C；20—芒柄花苷-6″-*O*-丙二酸酯；21—芦丁；22—4′-甲氧基异黄酮-7-*O*-*β*-D-吡喃葡萄糖苷；23—4-甲氧基水杨酸；24—橙皮苷；25—迷迭香酸；26—紫草酸；27—芒柄花苷；28—丹酚酸B；29—丹酚酸E；30—丹酚酸A；31—毛蕊异黄酮；32—（6a*R*,11a*R*）-9,10-二甲氧基紫檀烷-3-*O*-*β*-D-glucoside-2′-*O*-*β*-D-吡喃木糖苷；33—21-*O*-甲基-5孕甾烯-3*β*,14*β*,17*β*,21-四醇-20-酮；34—三七皂苷R_1；35—杠柳苷元1；36—3*β*-*O*-（-4′,6′-脱氧-3′-*O*-甲基-$\Delta^{3'}$-D-2′-己糖）-Δ^5-孕甾烯-17*α*，20（*S*）-二醇；37—人参皂苷Re；38—人参皂苷Rg_1；39—杠柳毒苷；40—杠柳酐C/秦岭藤苷C；41—12*β*-羟基孕烯-4,6,16-三烯-3,20-二酮；42—芒柄花素；43—低聚糖F2；44—异杠柳毒苷；45—杠柳次苷；46—未知；47—三七皂苷R_2（*S*型）；48—车叶草酸；49—人参皂苷Rh_1；50—杠柳次苷A；51—杠柳新苷N；52—二氢异丹参酮Ⅰ/1,2-二氢丹参醌/次甲丹参醌；53—二氢异丹参酮Ⅰ/1,2-二氢丹参醌/次甲丹参醌；54—三七皂苷R_4；55—二氢异丹参酮Ⅰ/1,2-二氢丹参醌/次甲丹参醌；56—三七皂苷Fa；57—三七皂苷R_4；58—人参皂苷Rb_1；59—未知；60—未知；61—人参皂苷Rb_3；62—杠柳新苷M；63—黄芪甲苷；64—黄芪皂苷Ⅱ；65—隐丹参酮；66—人参皂苷Rd；67—黄芪皂苷Ⅰ；68—Δ^5-孕甾烯-3*β*,20*α*-二醇-3-*O*-[2-*O*-乙酰基-*β*-D-吡喃洋地黄糖（1→4）-*β*-D-加拿大麻糖]-20-*O*-[*β*-D-葡萄糖-（1→6）-*β*-D-葡萄糖-（1→2）-*β*-D-吡喃洋地黄糖]；69—二氢丹参酮Ⅰ；70—异黄芪皂苷Ⅱ；71—异黄芪皂苷Ⅰ；72—丹参酮$Ⅱ_A$

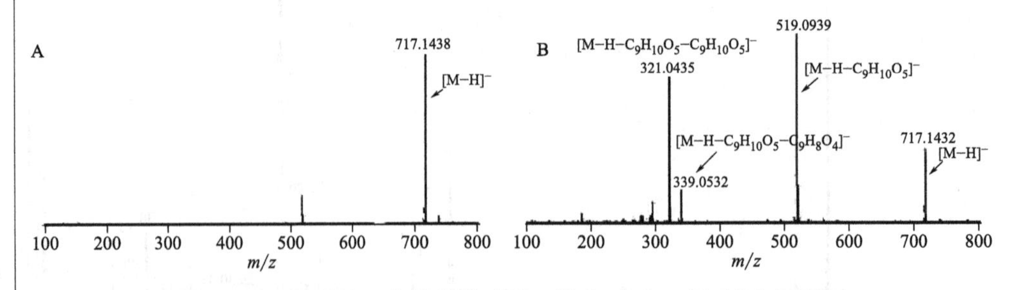

图 9-31 丹酚酸B负离子模式下一级（A）和二级（B）质谱图

2. 丹参酮类化合物结构解析

在加参片提取物中共鉴定6个丹参酮类化合物，此类化合物正离子模式下响应较好，负离子模式下几乎无响应。峰 65 的一级质谱给出 *m/z* 319.1312 $[M+Na]^+$ 及 *m/z* 297.1508$[M+H]^+$ 的准分子离子峰（图 9-33），它的二级碎片离子有 *m/z* 279.1411 $[M+H-H_2O]^+$ 和 *m/z* 251.1401 $[M+H-H_2O-CO]^+$，通过与对照品比对及参考有关文献，可确定峰 65 为隐丹参酮，其相关裂解途径见图 9-34。

图 9-32　丹酚酸 B 负离子模式下的裂解途径

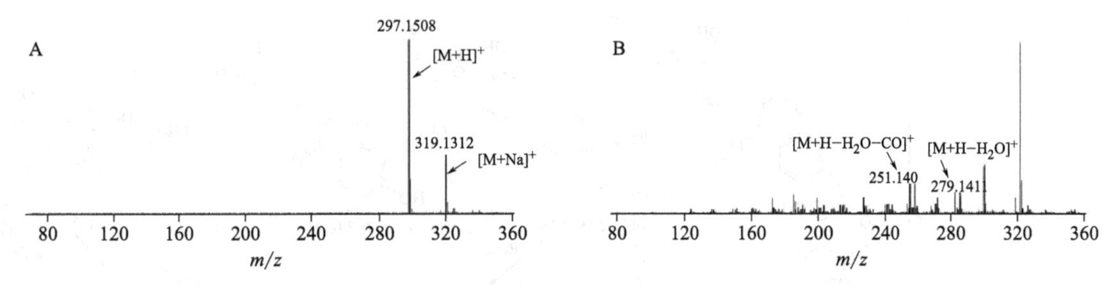

图 9-33　隐丹参酮正离子模式下一级（A）和二级（B）质谱图

图 9-34　隐丹参酮正离子模式下的裂解途径

3. 黄酮类化合物结构解析

黄酮及其苷类在负离子模式下响应值较高，在加参片提取物中共检测到 11 个黄酮类化合物，其苷元

类型主要为黄酮醇类、二氢黄酮类、异黄酮类、黄烷醇类等。黄酮苷类在ESI-MS软电离条件下，可以获得非常强的分子离子峰，在二级质谱中，较容易失去糖基形成苷元离子，也较容易发生中性丢失，生成$[M-H-CO]^-$、$[M-H-H_2O]^-$、$[M-H-CH_3]^-$等碎片离子。例如在负离子模式下扫描，峰18的一级质谱给出明显的分子离子峰*m/z* 491.1205$[M+COOH]^-$（图9-35），二级质谱以母离子失去葡萄糖残基（*m/z*162）产生*m/z* 283.0618 $[M-H-Glc]^-$碎片离子为主，*m/z* 268.0391和*m/z* 239.0368则为*m/z* 283.0618分别脱去CH_3和CHO产生的$[M-H-Glc-CH_3]^-$和$[M-H-Glc-CHO]^-$碎片离子，*m/z* 211.0412为*m/z* 239.0368脱掉1分子CO形成的碎片离子，*m/z* 135.0195和*m/z* 148.0305则为异黄酮母核B环C1-C2和C3-C4键断裂的碎片离子，其相关裂解途径见图9-36。

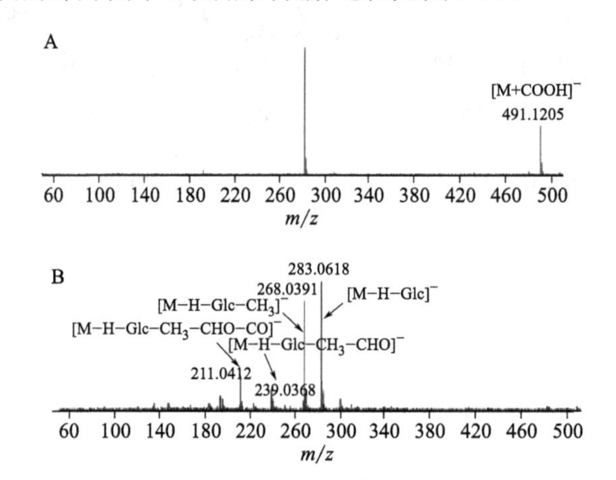

图9-35 毛蕊异黄酮-7-*O*-*β*-D-葡萄糖苷负离子模式下一级（A）和二级（B）质谱图

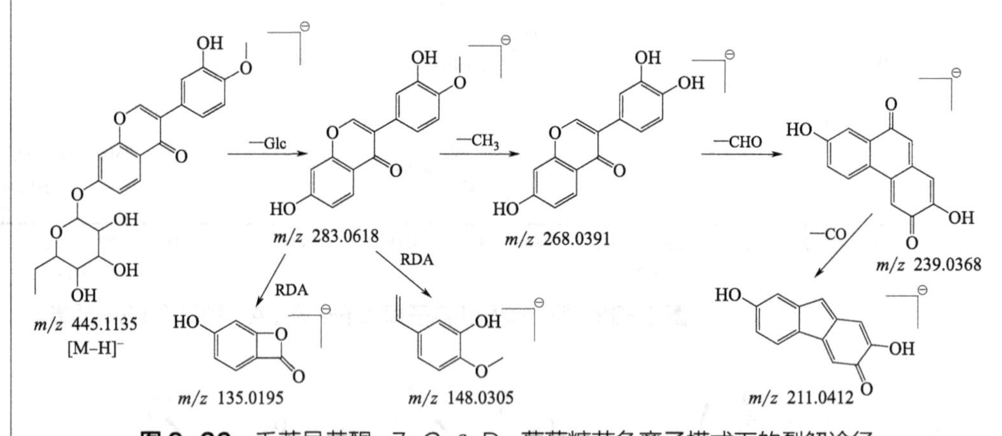

图9-36 毛蕊异黄酮-7-*O*-*β*-D-葡萄糖苷负离子模式下的裂解途径

4. 甲型强心苷类化合物结构解析

甲型强心苷类化合物容易失去一系列的糖，然后发生中性丢失1个或多个H_2O。从加参片提取物中共检测到4个甲型强心苷类化合物。峰39的一级质谱给出*m/z* 719.3889 $[M+Na]^+$准分子离子峰（图9-37），二级碎片离子有*m/z* 391.2488$[M+H-Glc-Cym]^+$、*m/z* 355.2279$[M+H-Glc-Cym-2H_2O]^+$和*m/z* 337.2173 $[M+H-Glc-Cym-3H_2O]^+$，通过对照品的比对可确定峰35、39、44和45分别为杠柳苷元 1、杠柳毒苷、异杠柳毒苷和杠柳次苷，其相关裂解途径见图 9-38。

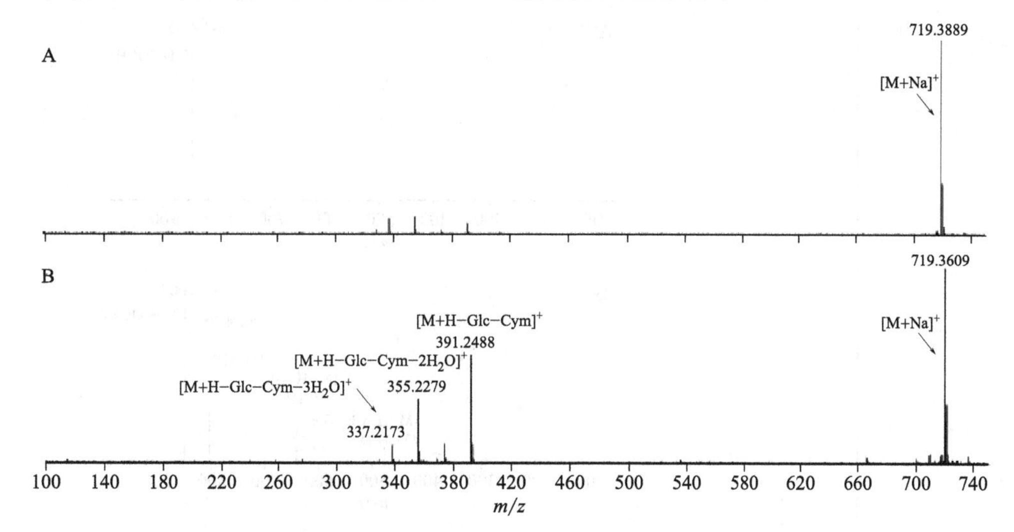

图 9-37　杠柳毒苷正离子模式下一级（A）和二级（B）质谱图

OH—Glu—Cym　　−2H$_2$O　　−3H$_2$O

m/z 719.3609　　*m/z* 391.2488　　*m/z* 355.2279　　*m/z* 337.2173

图 9-38　杠柳毒苷正离子模式下的裂解途径

5. 三萜皂苷类化合物结构解析

在加参片提取物中共检测到 15 个三萜皂苷类化合物，正负离子均有响应。该类化合物容易连续脱糖，过程中存在中性丢失 1 个或多个 H_2O，最后形成达玛烷型、环阿尔廷型等类型苷元离子。例如在负离子模式下检测，峰 38 的一级质谱给出明显的分子离子峰 $[M+COOH]^-$ *m/z* 845.4885（图 9-39）。对分子离子峰进行全扫描裂解分析，给出碎片离子 *m/z* 799.4835 $[M-H]^-$，碎片离子 *m/z* 637.4307 为母离子 *m/z* 845.4885 脱去 1 分子葡萄糖基 $[M-H-Glc]^-$ 产生的，碎片离子 *m/z* 475.3799 为 *m/z* 637.4307 继续脱去 1 分子葡萄糖基 $[M-H-Glc-Glc]^-$ 产生的。这些数据与文献报道的一致，再通过对照品比对，可确定 38 号峰为人参皂

苷 Rg_1，其相关裂解途径见图 9-40。

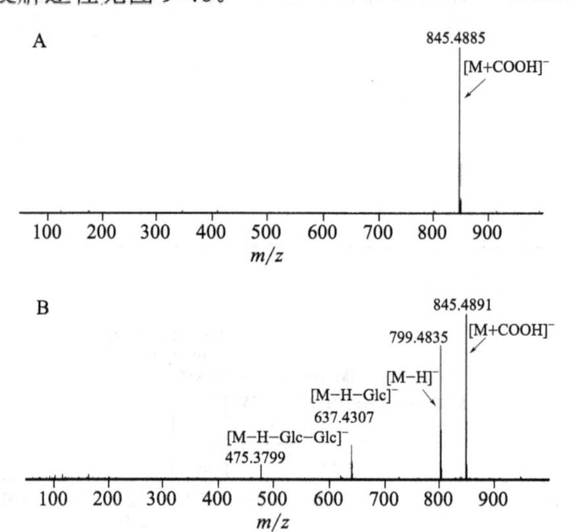

图 9-39 人参皂苷 Rg_1 负离子模式下一级（A）和二级（B）质谱图

图 9-40 人参皂苷 Rg_1 负离子模式下的裂解途径

6. C_{21} 甾体类化合物结构解析

峰 10 的一级质谱给出的准分子离子峰为 *m/z* 469.1310 $[M+Na]^+$（图 9-41），二级质谱的碎片离子 *m/z* 441.1222 可能是通过中性丢失 1 分子的 CO（*m/z* 28）$[M+Na-CO]^+$ 产生的，说明其分子结构中含有羰基结构。碎片离子 *m/z* 317.0846 为 *m/z* 469.1310 脱去苷元部分产生的双糖基碎片 $[Xyl+Glc+Na]^+$。通过查阅有关文献及离子碎片信息，推断 10 号峰为 4- 甲氧基苯甲醛 -2-*O*-*β*-D- 木糖（1 → 6）-*β*-D- 葡萄糖，其相关裂解途径见图 9-42。

7. 其他类化合物结构解析

其他类化合物包括二糖、内酯类、生物碱类等。峰 2 在负离子模式下的一级质谱给出准分子离子峰 *m/z* 377.0857 $[M+Cl]^-$，二级质谱图中出现 *m/z* 341.1093

[M−H]$^-$ 和 *m/z* 179.0569 [M−H−Glc]$^-$ 碎片离子及 *m/z* 683.2269 [2M−H]$^-$ 的聚合离子，通过查阅相关参考文献及离子碎片信息推断 2 号峰为蔗糖。峰 11 在正离子模式下的一级质谱出现 *m/z* 193.0508 [M+H]$^+$ 准分子离子峰，二级质谱图可观察到碎片离子 *m/z* 178.0269 [M+H−CH_3]$^+$ 及 *m/z* 150.0328 [M+H−CH_3−H_2O]$^+$，通过与对照品比对及查阅相关参考文献，可确定峰 11 为东莨菪碱内酯。峰 16 在正离子模式下的一级质谱给出较强的准分子离子峰 *m/z* 312.1560 [M+H]$^+$，并出现碎片离子峰 *m/z* 181.0503 [M+H−$C_5H_{12}ON_3$]$^+$，参阅有关参考文献，推断峰 16 为盐酸益母草碱。

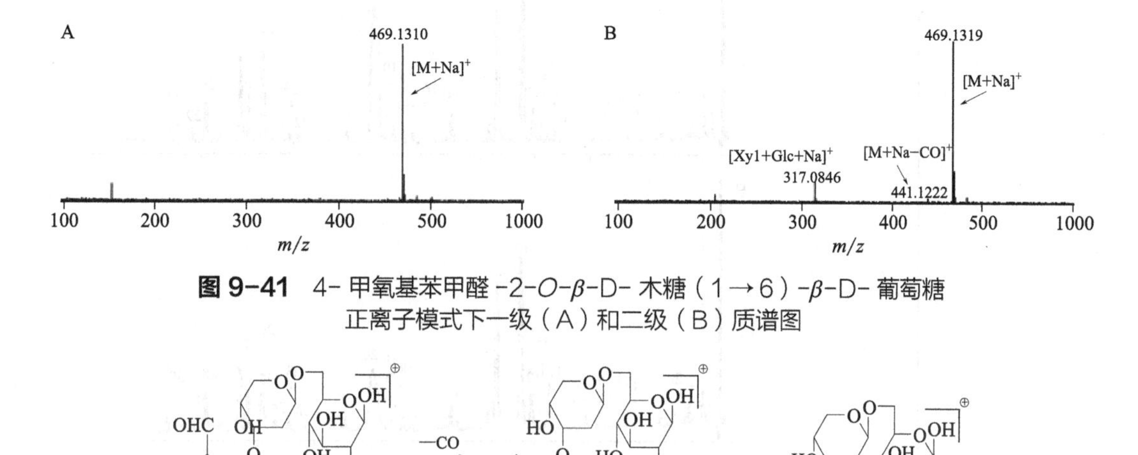

图 9-41　4- 甲氧基苯甲醛 -2-*O*-*β*-D- 木糖（1→6）-*β*-D- 葡萄糖正离子模式下一级（A）和二级（B）质谱图

图 9-42　4- 甲氧基苯甲醛 -2-*O*-*β*-D- 木糖（1→6）-*β*-D- 葡萄糖正离子模式下的裂解途径

四、结论

本文采用 UPLC-Q-TOF-MS 技术对加参片提取物的化学成分进行了剖析，共发现 72 个化学成分（含 4 个未知成分），鉴定出 68 个化学成分的结构，其中包括 13 个酚酸类成分、6 个丹参酮类成分、11 个黄酮及其苷类成分、4 个强心苷类成分、15 个三萜皂苷类成分、7 个 C_{21} 甾体类成分和 12 个其他类成分。

实例 6　金银忍冬花的化学成分剖析

金银忍冬又名金银木，与金银花同属忍冬科，在东北地区被当作金银花的替代品入药。金银忍冬全株均可入药，其花性平、味淡，具有祛风解表、消肿解毒的功效。现代药理研究发现，金银忍冬具有抗菌消炎、抗病毒、抗氧化、抗肿瘤、解热镇痛、保肝和保护心脑血管系统等药理活性，具有较高的开发利用价值。目前，对金银忍冬叶和果实化学成分的研究较多，而对金银忍冬花中化学成分的研究相对较少，朱姮等[23]采用 HPLC-DAD-ESI-Q-TOF/MS 联用技术鉴定了金银忍冬花中主要化学成分。

一、仪器条件及分析方法

1. 色谱条件

Waters 2695e 液相色谱仪，Kromasil 100-5-C_{18}（250mm × 4.6mm，5μm）色谱柱，流动相为乙腈和 1% 甲酸水。梯度洗脱程序：0～20min，3%～12% 乙腈；20～55min，12%～24% 乙腈；55～65min，

24%～40% 乙腈；65～70min，40%～90% 乙腈；70～75min，90%～100% 乙腈。体积流量 1.0mL/min，进样量 5μL，检测波长 254nm。金银忍冬白花期、黄花期、花蕾期与金银花的 HPLC 图，如图 9-43 所示。

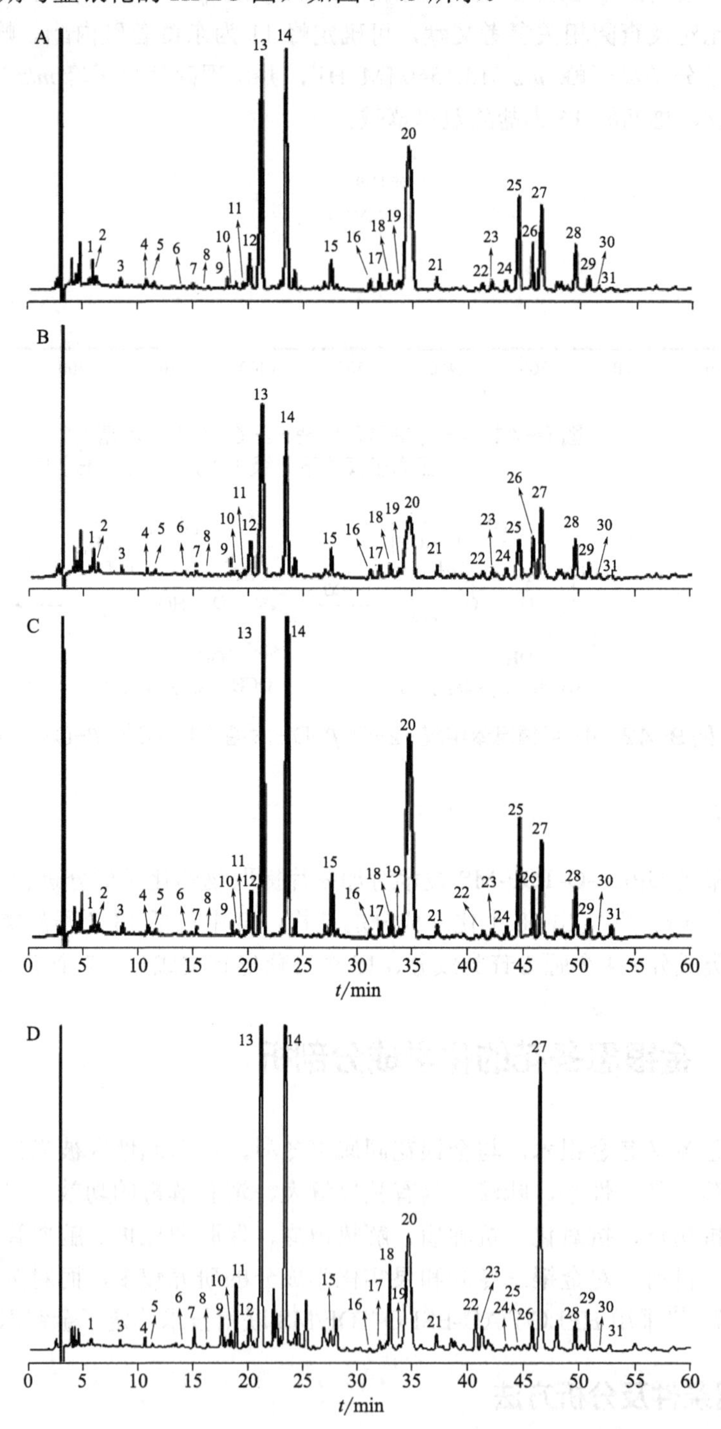

图 9-43 金银忍冬白花期（A）、黄花期（B）、花蕾期（C）和金银花（D）的 HPLC 图

2. 质谱条件

Agilent G6520A 液相色谱 - 质谱联用仪，正离子电离模式，雾化气压力 241.3kPa，干燥气（N_2）流速 12.0mL/min，干燥气体温度 325℃，毛细管电压 4000V，裂解电压 120V，锥孔电压 65V，质量扫描范围 *m/z* 50～1000。负离子电离模式，毛细管电压 3500V，质量扫描范围 *m/z* 50～1100，其他条件同正离子电离模式。

3. 分析方法

金银忍冬 3 个花期（花蕾期、白花期、黄花期）各 6 批次的样本均采自济南市千佛山，经山东中医药大学鉴定为忍冬科植物金银忍冬的花蕾和花。金银花（花蕾）样品采自山东临沂，经山东省分析测试中心鉴定为忍冬科植物忍冬的花蕾。

分别称取金银忍冬白花期、黄花期、花蕾期和金银花（花蕾期）药材粉末（过 40 目筛）0.5g，加入 50mL 50% 甲醇水溶液，称定质量，超声提取 30min，用 50% 甲醇水溶液补足减失质量。提取液经 0.22μm 滤膜过滤，取滤液 5μL 进行 HPLC-DAD-ESI-Q-TOF/MS 分析。

二、金银忍冬花化学成分的分析鉴定

在上述仪器条件下，采用二极管阵列检测和高分辨电喷雾飞行时间质谱对色谱图中的主要色谱峰进行鉴别。根据 MS 获得的化合物精确分子量，DAD 获得的紫外吸收信息，并参考相关文献报道[24]对各化合物进行鉴定。共检测到 31 个色谱峰，鉴定出 19 个化合物，鉴定结果见表 9-16。

表 9-16 金银忍冬花化学成分的鉴定结果

峰号	t_R/min	选择离子	分子式	理论值 (*m/z*)	实测值 (*m/z*)	误差 (×10^{-6})	λ_{max}/nm	推测化合物
1	5.54	$[M+H]^+$	$C_{19}H_{11}NO$	268.0768	268.0747	−2.10	240	未知
2	6.50	$[M+H]^+$	$C_{12}H_9NO$	182.0611	182.0593	−1.80	240	未知
3	9.42	$[M-H]^-$	$C_{21}H_{14}O_5$	345.0769	345.0796	2.70	240	未知
4	11.74	$[M-H]^-$	$C_{16}H_{19}NO_9$	368.0987	368.0969	−1.80	240	未知
5	12.74	$[M+H]^+$	$C_9H_{19}NO_5$	220.1191	220.1171	−2.00	240	未知
6	14.76	$[M-H]^-$	$C_{16}H_{24}O_{10}$	375.1291	375.1269	−2.20	240	8- 表马钱酸
7	15.86	$[M+H]^+$	$C_{13}H_{17}NO_7$	298.0932	298.0949	1.67	240	未知
8	16.49	$[M-H]^-$	$C_{16}H_{18}O_9$	353.0878	353.0858	−2.00	325	5-*O*- 咖啡酰基奎宁酸
9	19.49	$[M+Na]^+$ $[M+H]^+$	$C_{16}H_{24}O_{10}$	399.1262 377.1447	399.1263 377.1441	−0.10 0.60	240	马钱酸
10	20.54	$[M+Na]^+$	$C_{17}H_{26}O_{10}$	413.4148	413.1403	−1.50	240	8- 表马钱苷
11	21.13	$[M+Na]^+$	$C_{17}H_{26}O_{11}$	429.1367	429.1355	−1.20	240	莫诺苷
12	21.94	$[M+H]^+$	$C_{44}H_{40}O_{13}$	775.2396	775.2390	-0.61	240	未知
13	22.28	$[M-H]^-$ $[M+H]^+$	$C_{16}H_{18}O_9$	353.0878 355.1029	353.0901 355.1025	2.30 -0.40	325	绿原酸
14	24.27	$[M+Na]^+$	$C_{16}H_{22}O_{10}$	397.0920	397.0949	2.90	240	断马钱子酸

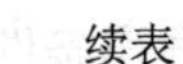

续表

峰号	t_R/min	选择离子	分子式	理论值 (m/z)	实测值 (m/z)	误差 (×10^{-6})	λ_{max} /nm	推测化合物
15	28.42	$[M+Na]^+$	$C_{17}H_{26}O_{10}$	413.1418	413.1423	0.50	240	7-表马钱苷
16	31.98	$[M-H]^-$	$C_{17}H_{20}O_9$	367.10346	367.1008	−2.66	240	未知
17	33.39	$[M+Na]^+$	$C_{17}H_{26}O_{10}$	413.1418	413.1419	0.10	240	马钱子苷
18	33.48	$[M+H]^+$	$C_{17}H_{24}O_{10}$	389.1447	389.1413	−3.40	240	表沃格闭花木苷
19	33.88	$[M+Na]^+$	$C_{17}H_{24}O_{11}$	427.1219	427.1202	−1.70	240	断氧化马钱苷
20	35.52	$[M+H]^+$ $[M+Na]^+$	$C_{17}H_{24}O_{10}$	389.1447 411.1260	389.1413 411.1268	−3.40 0.80	240	沃格闭花木苷
21	42.24	$[M-H]^-$ $[M+H]^+$	$C_{27}H_{30}O_{16}$	609.1808 611.1612	609.1819 611.1620	1.10 0.80	280	芦丁
22	43.04	$[M+H]^+$	$C_{32}H_{39}NO_{12}$	628.2400	628.2377	−2.30	280	未知
23	44.46	$[M+H]^+$	$C_{21}H_{20}O_{12}$	465.1033	465.1023	−1.00	280	金丝桃苷
24	45.18	$[M+H]^+$	$C_{14}H_{27}NO_{13}$	416.1410	416.1392	−1.80	280	未知
25	45.61	$[M+H]^+$	$C_{27}H_{30}O_{15}$	595.1662	595.1656	−0.60	280	忍冬苷
26	46.91	$[M+H]^+$	$C_{21}H_{20}O_{11}$	449.1083	449.1068	−1.50	280	木犀草苷
27	47.87	$[M-H]^-$	$C_{25}H_{24}O_{12}$	515.1189	515.1162	−2.70	325	异绿原酸 A
28	49.34	$[M-H]^-$	$C_{25}H_{24}O_{12}$	515.1189	515.1162	−2.70	325	异绿原酸 C
29	50.64	$[M+H]^+$	$C_{36}H_{46}O_{19}$	781.2563	781.2556	−0.70	240	未知
30	52.03	$[M-H]^-$	$C_{25}H_{24}O_{12}$	515.1189	515.1161	−2.80	325	异绿原酸 B
31	53.81	$[M+H]^+$	$C_{36}H_{46}O_{19}$	781.2563	781.2572	0.90	240	未知

由图 9-43 可见，金银忍冬花蕾的成分与金银花相似，两者的主要化学成分有相似的分布，都是绿原酸和断马钱子酸的量最高，异绿原酸 A 和沃格闭花木苷的量次之。金银忍冬花蕾中沃格闭花木苷、忍冬苷、异绿原酸 C 和木犀草苷的量稍高于金银花；莫诺苷、绿原酸和异绿原酸 A 的量稍低于金银花；其余化合物的量与金银花相近。金银忍冬花蕾中化合物总量（5.240mg/g）略低于金银花中化合物总量（5.471mg/g）。

三、结论

采用 HPLC-DAD-ESI-Q-TOF/MS 技术鉴定了金银忍冬花中的化学成分，从金银忍冬花中检测到 31 个色谱峰，鉴定出 19 种化学成分。通过对金银忍冬不同花期的 HPLC 图进行比对，发现金银忍冬中多数化学成分的含量随花朵的生长（即花蕾期、白花期和黄花期）呈递减趋势，其中绿原酸、异绿原酸 A、沃格闭花木苷和忍冬苷的量变化较明显，花蕾期的量明显高于白花期和黄花期。

参考文献

[1] 袁鹏飞，张雯，徐风，刘广学，尚明英，蔡少青．高效液相色谱 / 电喷雾 - 离子阱 - 飞行时间质谱联用法分析桂枝汤的化学成分．中国医院用药评价与分析，2018，18(2): 145-151.

[2] 柴士伟，杨帆，于卉娟，王跃飞．UPLC/ESI-Q-TOF MS 法分析远志中的化学成分．天津中医药，2018，35(1): 60-64.

[3] 林杰，江汉美，卢金清．HS-SPME-GC-MS 法分析杜仲和杜仲叶中挥发性成分．安徽农业科学，2018，46(10): 165-166，199.

[4] 宋玉玲，胡坪，赵诗怡，章弘扬，姜志宏，王月荣，张敏．HS-SPME/GC-MS 结合化学计量学鉴别不同菌种发酵虫草产品及挥发性成分分析．药物分析杂志，2018，38(1): 67-78.

[5] 仇小丹，赵婷，朱志玲，山广志．超临界流体色谱法在手性药物分离中的应用．中国医药生物技术，2019，(1): 64-68.

[6] 胡丽平．超临界流体色谱法在药物成分分析中的应用．当代医药论丛，2016，14(6): 7-8.

[7] 赵娜，雷勇胜，蒋庆峰．超临界流体色谱法在药物分析中的应用．现代仪器，2012，18(5): 7-10.

[8] 朱玲玲，赵阳，孙欣光，刘大伟，张大兵，刘超，马百平．超临界流体色谱在天然产物分离分析中的应用进展．药物分析杂志，2016，36(8): 1317-1323.

[9] 亢静静，于琳琳，李爱峰，柳仁民．超临界流体色谱分离纯化蛇床子中的香豆素类成分．第二十届全国色谱学术报告会及仪器展览会论文集(第二分册)．2015.

[10] 于琳琳．超临界流体色谱分离纯化白芷、木香等中药有效成分的研究 [硕士学位论文]. 聊城大学，2016.

[11] 高崑玉编著．色谱法在精细化工中的应用．北京：中国石化出版社，1997.

[12] 吴瑾光主编．近代傅里叶变换红外光谱技术及应用：下卷．北京：科学技术文献出版社，1994: 472.

[13] 袁绿益，陈娟，常颜，唐晓莹，Brian McGarvey，王晓玲．GC-MS 研究含天然麝香小金丸与含人工麝香小金丸特征化学成分．中国实验方剂学杂志，2017，23(2): 43-47.

[14] 郑月，徐建，许艳茹，石菊，赵俞，李芳，任晓楠，张显涛，唐纪琳．顶空固相微萃取气质联用法分析保心宁片中挥发性成分．特产研究，2019，(1): 88-91.

[15] Liu R X，Ye M，Guo H Z，et al. Liquid chromatography/electrospray ionization mass spectrometry for the characterization of twenty-three flavonoids in the extract of dalbergia odorifera. Rapid Commun Mass Spectrom，2005，19: 1557-1565.

[16] 童超英，彭密军，施树云．在线提取 - 高效液相色谱 - 二极管阵列检测 - 四极杆飞行时间质谱法快速鉴定陈皮中黄酮类化合物．色谱，2018，36(3): 278-284.

[17] 曾美玲，沈耐涛，吴赛伟，厉群．基于 UPLC-Triple-TOF/MS 方法的三叶青化学成分分析．中草药，2017，48(5): 874-883.

[18] 回瑞华，侯冬岩，李铁纯，关崇新．肉苁蓉挥发性化学成分分析．分析化学，2003，31(5): 601-603.

[19] 宗永珍．苦黄注射液中乙酸乙酯萃取物成分表征．理化检验——化学分册，2000，36(12): 547-548，550.

[20] 单鸣秋，钱雯，高静，池玉梅，张丽，丁安伟．UPLC-MS 分析侧柏叶中黄酮类化合物．中国中药杂志，2011，36(12): 1626-1629.

[21] 赵艳敏，刘素香，张晨曦，刘岱琳，张铁军．基于 HPLC-Q-TOF-MS 技术的甘草化学成分分析．中草药，2016，47(12): 2061-2068.

[22] 孙宁宁，张可佳，耿婉丽，鄂秀辉，高雯，何毅，李萍．基于 UPLC-Q-TOF-MS 的加参片提取物化学成分分析．中草药，2018，49(2): 293-304.

[23] 朱姮，崔莉，刘倩，姜姣姣，文蕾，耿岩玲，王晓，赵恒强．HPLC-DAD-ESI-Q-TOF/MS 法测定金银忍冬花中的化学成分，中草药，2017，48(11): 2300-2305.

[24] Qi L W, Chen C Y, Li P. Structural characterization and identification of iridoid glycosides, saponins, phenolic acids and flavonoids in flos lonicerae japonicae by a fast liquid chromatography method with diodearray detection and time-of-flight mass spectrometry. Rapid Commun Mass Spectrom, 2009, 23(19): 3227-3242.

总结

药物

- 包括中药材、中成药、化学原料药及其制剂、抗生素、生化药品和放射性药品等。

药物样品的前处理方法

- 溶剂萃取法，包括浸渍法、渗漉法、煎煮法、连续回流法和超声波提取法等。
- 固相萃取法，分为正相固相萃取、反相固相萃取和离子交换固相萃取等。

药物成分的分离与纯化

- 系统溶剂分离，是初步分离最常用的方法。
- 色谱法分离纯化，包括吸附色谱、离子交换色谱、分配色谱和超临界流体色谱法等。

药物成分的定性鉴别方法

- 理化法。
- 色谱法，包括薄层色谱和高效液相色谱法。
- 红外光谱法。
- 色谱-质谱联用法，包括GC-MS和HPLC-MS联用。

思考题

1.若用溶剂萃取法从中草药中提取有效成分，应如何选择一种合适的萃取溶剂？

2.水可以萃取药物中的哪些成分？用水做萃取溶剂的利弊是什么？

3.什么是亲脂性有机溶剂？常用的有哪些？它们适合萃取药物中哪些成分？

4.用溶剂从药物中提取有效成分的方法，有哪几种？各有什么优势与不足？影响溶剂提取效率的因素有哪些？

5.根据所采用固相萃取剂的种类，可将固相萃取法分为哪三类？在药物剖析中常用的是哪两类？

6.什么是系统溶剂分离？系统溶剂分离的操作方法分为几种？每种方法如何进行？

7.用于药物分离的吸附色谱法，常用的吸附剂有哪些？它们各适用于何类药物成分的分离？

8.若采用分配色谱法分离药物中的生物碱、苷类和有机酸类化合物，应采用何种固定性和流动相？

9. 采用高效液相色谱法对某油膏状药物进行分离鉴定，样品是否需要进行前处理？如何进行？

10. 常用的解热镇痛药APC含有阿司匹林、扑热息痛和非那西丁3种组分，可采用何种方法对其进行定性与定量分析？如何进行？

11. 若要对药品进行红外光谱分析，在制样时需注意哪些事项？

课后练习

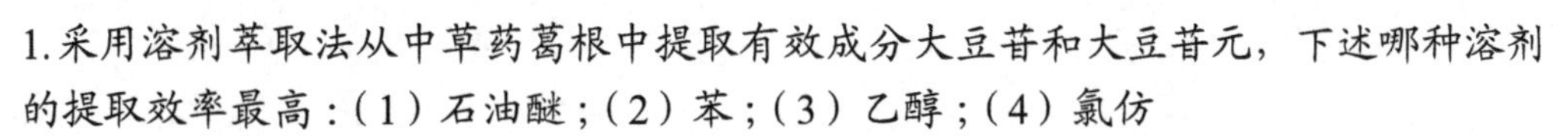

1. 采用溶剂萃取法从中草药葛根中提取有效成分大豆苷和大豆苷元，下述哪种溶剂的提取效率最高：(1) 石油醚；(2) 苯；(3) 乙醇；(4) 氯仿

2. 下述溶剂中，哪些属于弱亲酯性溶剂：(1) 乙酸乙酯；(2) 乙醇；(3) 正丁醇；(4) 乙醚

3. 以水为溶剂提取中药有效成分，最适宜的方法是：(1) 浸渍法；(2) 渗漉法；(3) 煎煮法；(4) 连续回流法

4. 对于药品中非极性成分的分离，最适宜的固相萃取法是：(1) 反相固相萃取法；(2) 正相固相萃取法；(3) 固相微萃取法；(4) 离子交换固相萃取法

5. 系统溶剂分离法的提取顺序，通常是：(1) 溶剂的极性由高到低依次提取；(2) 中等极性的溶剂，由小到大依次提取；(3) 中等极性的溶剂，由大到小依次提取；(4) 溶剂的极性由低到高依次提取

6. 离子交换色谱法特别适用于下述哪类化合物的分离：(1) 肽类；(2) 醌类；(3) 黄酮类；(4) 油脂类

7. 若对某磺胺类药物进行分离与鉴定，可采用的方法是：(1) 萃取法；(2) 沉淀法；(3) 结晶法；(4) 高效液相色谱法

8. 中草药有效成分的分离鉴定，目前多采用联用技术，对300℃左右能汽化的样品，优先考虑的是：(1) HPLC-MS联用；(2) GC-MS联用；(3) GC-FTIR联用；(4) HPLC-FTIR联用

设计问题

1. 如何将人参中的脂类成分、糖类成分和总皂苷进行分离？设计出一个分离程序。

2. 天麻中主要成分为天麻素、对羟基苯甲醇等，如何将两者分开并分别进行鉴定？设计出一个剖析程序。天麻素和对羟基苯甲醇的分子结构为：

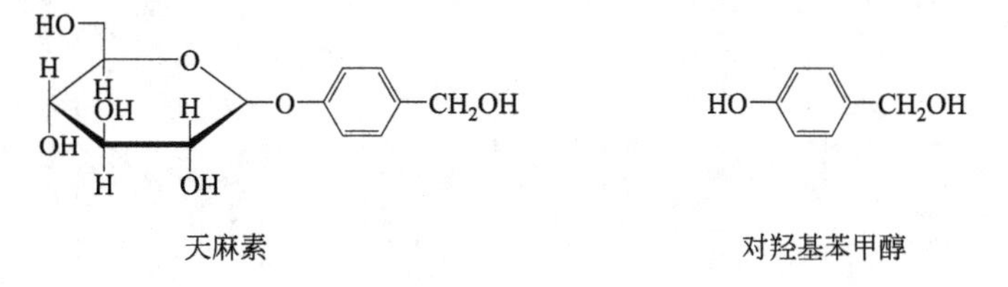

天麻素　　对羟基苯甲醇

（www.cipedu.com.cn）

第九章

第十章　环境样品剖析

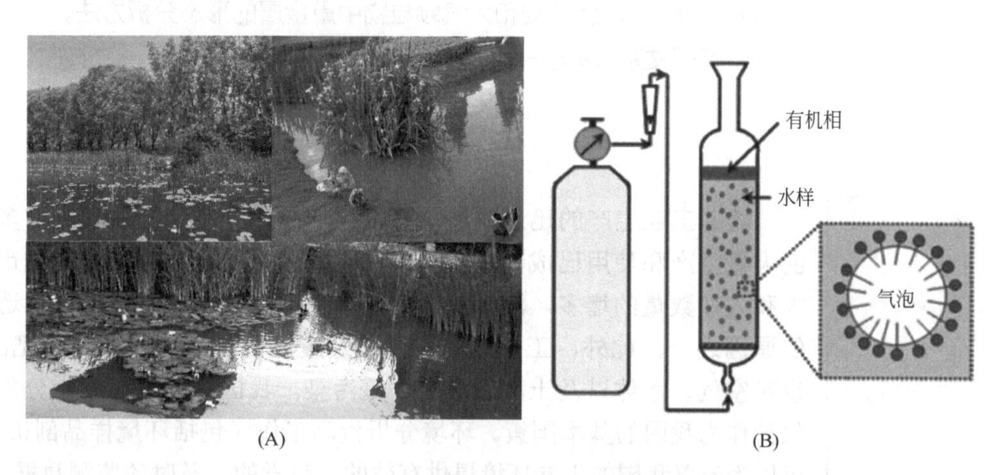

(A)　　(B)

图（A）为城市人工湿地，图（B）为溶剂浮选装置。环境样品包括水样、气样和土样。环境样品中污染物种类繁多，但含量多是微量的，这无疑增加了剖析工作的难度。环境样品剖析，一是利用较简单的设备，如图（B）的溶剂浮选装置，对环境样品中的污染物进行富集；二是使用灵敏度高的分析仪器，如毛细管气相色谱-质谱联用仪，对已富集的污染物组分进行进一步的分离，并对分离后的各组分进行定性定量和结构分析。

为什么要学习环境样品剖析?

在环境污染物的治理工作中，环境样品剖析的作用十分重要，一方面可通过剖析了解环境的污染程度，另一方面还可以追溯污染物的来源，从而做到从污染源头进行控制与治理。对于复杂的环境体系，如何着手采集样品，如何有效地将微量污染物从样品中富集出来，采用何种仪器设备对各污染物进行进一步的分离和鉴定，这些内容都将在本章逐一介绍。

学习目标

- ○ 指出并描述大气气态成分和大气颗粒物的采集方法。
- ○ 指出并描述水样的前处理方法，并指出每种方法的优势与不足。
- ○ 简述土壤和沉积物样品常用的前处理方法。
- ○ 简要介绍环境样品中有机污染物的分离及鉴定方法。
- ○ 简述天然水中重金属的形态分析方法。
- ○ 简述土壤、沉积物和大气颗粒物中重金属的形态分析方法。
- ○ 查阅文献，举出一个环境样品剖析实例。

随着工业生产的迅速发展，有机化学品的种类和产量日益增多，化学制品的大量生产和使用已成为环境污染的重要因素之一。随着我国城市化力度的加大和人口数量的增多，汽车数量大量增多，汽车排放的尾气也是造成环境污染的原因之一。此外，工业废水、废气及废渣的排放，农药和化肥的大量使用，也对空气、水体以及土壤造成了严重污染。我国对环境问题十分重视，将环境保护作为我国的基本国策。环境分析检测工作（包括环境样品剖析）作用重大，可以为改善我国的生态环境提供有效的、科学的、及时的监测数据。

环境样品，无论是水样、气样、土样，还是生物材料，其特点是：第一，所含污染物的品种繁多；第二，多数污染物的含量是微量的，通常是 μg/mL、ng/mL，甚至是 pg/mL 级。对如此复杂的环境体系，要得到正确的剖析结果，就必须从两方面着手：一方面是利用较简单的仪器设备，对环境样品进行浓缩、富集和分离；另一方面是应尽量使用灵敏度高的先进仪器（如毛细管气相色谱 - 质谱联用仪）及分析方法，对各种污染组分进行定性、定量及结构分析。

环境样品剖析就是对环境样品中各种污染物进行全面系统的分析，这种分析比较复杂，要求比较高的分离、鉴定技术，它可以提供关于环境样品中存在的各种污染物比较全面的信息，这些信息可为环境特征的评价及环境污染的有效治理提供依据。

例如，石化工业是一个高污染的行业，每年要排放大量的工业污水，其中含有许多有毒有机污染物，对石化工业污水有机污染物的治理已成为当今世界各国普遍关心的重大课题。环境样品剖析是环境污染治理的前提，只有掌握环境样品中污染物的种类，才能进行针对性的有效治理。本实验室曾对某石化企业工业污水样品进行剖析，首先采用溶剂浮选法对石化工业污水中的有机污染物进行分离富集，然后采用气相色谱 - 质谱联用技术对富集物中的各组分进行分离鉴定，确定了有机污染物的种类，剖析结果如表 10-1（见下页）所示。根据此剖析结果，我们提出了“电絮凝 - 气浮 -H_2O_2 氧化法”的污水处理技术。电絮凝加入 H_2O_2 强化电解氧化过程，利用 Fenton 反应产生的强氧化剂羟基自由基，使污水中的所有有机污染物几乎完全矿化，从而使电絮凝过程的处理能力大大提高，样品中有机污染物的去除率为 94.4%～97.2%，平均 96.1%，一步处理后的污水即可达标排放，3 个污水完全符合排放标准。上述案例，说明了环境样品剖析结果对环境治理的重要性，它可为环境治理方案的建立提供依据和参考，使环境污染治理更有针对性，治理效果更佳。

第一节　环境样品的前处理

环境样品中的污染物虽种类繁多，但含量多是微量的，现有的分析手段（主要是各种色谱以及色谱和质谱或色谱和光谱的联用）的分辨能力和灵敏度都有一定的限制。所以在分析之前，必须将样品中的污染物进行提取、浓缩、预分离，这些统称为前处理。前处理在整个剖析工作中是不可缺少的一环，它是剖析工作成败、优劣的关键因素。

一、环境样品前处理的传统方法

1. 大气样品的前处理

大气样品分为环境大气（空气）和排气（废气）两类。作为大气中的测定成分一般有固态、液态和气态三种，对于固态（粉尘）和液态（雾）成分，一般用过滤法或撞击式测尘计采集，而气态成分多数采用吸收法采集。

（1）大气气态成分的采集方法　大气中气态成分常用吸收法采集。吸收法是指利用空气中被测组分能迅速溶解于吸收液或能与吸收液迅速发生化学反应的原理，采集环境空气中气态污染物的采样方法。吸收法分为水溶液吸收法和有机溶剂吸收法两种。

① 水溶液吸收法　用于化学活性强的水溶性气体的采集。对于碱性气体（胺类等），用硫酸吸收液较适宜，对于酸性气体用氢氧化钠吸收液较适宜。H_2S 等易与金属离子相结合的气体，采用锌或镉的胺盐吸收液较适宜。欲将样品调成水溶液时，水溶液吸收法还能同时起到调制作用。

常见的吸收装置主要有气泡吸收管、多孔玻板吸收管和冲击式吸收管等，结构如图 10-1 所示。溶液吸收法的采样管路可用不锈钢、玻璃和聚四氟乙烯等材料，采集氧化性和酸性气体应避免使用金属材料采样管。

② 有机溶剂吸收法　可作为吸收液的有机溶剂有丙酮、乙醇、乙苯等，冷却剂有干冰 - 丙酮、干冰 - 乙醇。通常用一种小型吸收瓶（图 10-2）来捕集硫醇和胺类等气体。欲将样品调制成有机溶液时，本法较方便，可将此吸收液直接当做气相色谱法的注入试样。

（2）大气颗粒物的采集方法　大气颗粒物是大气中存在的各种固态和液态颗粒状物质的总称，各种颗粒状物质均匀地分散在空气中构成一个相对稳定的庞大的悬浮体系。大气颗粒物常用的采集方法是滤膜法，采样装置由采样头、采样泵和流量计组成。采样头由滤膜夹和吸附剂套筒两部分组成，详见图 10-3。采样头配备不同的切割器，可采集 TSP、PM_{10} 或 $PM_{2.5}$ 颗粒物。

表10-1 溶剂浮选-GC-MS法对某石化企业提供的3个工业污水样品的剖析结果

1# 污水样品剖析结果		2# 污水样品剖析结果		3# 污水样品剖析结果	
序号	有机污染物名称	序号	有机污染物名称	序号	有机污染物名称
1	庚烷	1	2-甲基-1-丁烯	1	庚烷
2	氯代戊烷	2	1,3,5-己三烯	2	3-丁烯-2-酮
3	辛烷	3	苯	3	2-甲基-3-丁烯-2-酮
4	己醇	4	1,3-环己二烯	4	苯
5	甲酸庚酯	5	甲苯	5	1,3-环己二烯
6	辛烯	6	四氯乙烯	6	3-甲基-3-丁烯-2-酮
7	壬醇	7	2-甲基-3-丁烯-2-酮	7	甲苯
8	2,6-二叔丁基对甲苯酚	8	2,4-二甲基己烷	8	四氯乙烯
9	癸烯	9	辛烷	9	3-甲基-3-丁烯-2-醇
10	2-甲基丙酸	10	二甲苯	10	2,4-二甲基己烷
11	叔丁基三甲苯	11	苯乙烯	11	3-戊烯-2-醇
12	对甲基苯酚	12	基辛烷	12	2,4-二甲基-1-庚烯
13	甲基二异丙苯	13	甲基辛烷	13	吡啶
14	壬酸甲酯	14	对甲基苯乙烯	14	4-甲基辛烷
15	十二烷	15	苯酚	15	二甲苯
16	3-甲基-2-氯戊烷	16	2,4,6-三甲基辛烷	16	环己酮
17	6-甲氧基茚满酮	17	十一烷	17	2, 4, 6-三甲基辛烷
18	环癸烷	18	十二烷	18	十一烷
19	2-氯辛烷	19	萘	19	十二烷
20	3-环己烷苯甲醚	20	十三烷	20	十三烷
21	2,4-二甲基己烷	21	十四烷	21	十四烷
22	2-溴辛烷	22	1-甲基萘	22	十五烷
23	苯基乙酰胺	23	2-甲基萘	23	2-叔丁基对甲苯酚
24	2,6-二甲基吡啶	24	十五烷	24	2,6-二叔丁基对甲苯酚
25	二甲基茚	25	2-叔丁基对甲苯酚	25	对乙氧基苯甲酸乙酯
26	1,1-二甲基丙基苯	26	2,6-二叔丁基对甲苯酚	26	十六烷
27	萘基苯胺	27	对乙氧基苯甲酸乙酯	27	十七烷
28	二甲基喹啉	28	十六烷	28	十八烷
29	联二萘	29	3,5-叔丁基苯甲酸	29	二十烷
30	辛酸十六酯	30	十七烷	30	二十一烷
31	3,5-二叔丁基苯二酚	31	十八烷		
32	异3,5-二叔丁基苯二酚	32	二甲基蒽或乙基蒽		
33	乙酸十八酯	33	邻苯二甲酸二异丁酯		
34	5-甲基-2-苯基氮杂茚	34	邻苯二甲酸二丁酯		
35	苯甲酸	35	十九烷		
36	邻苯二甲酸	36	二十烷		
37	十五醇				
38	十醚				

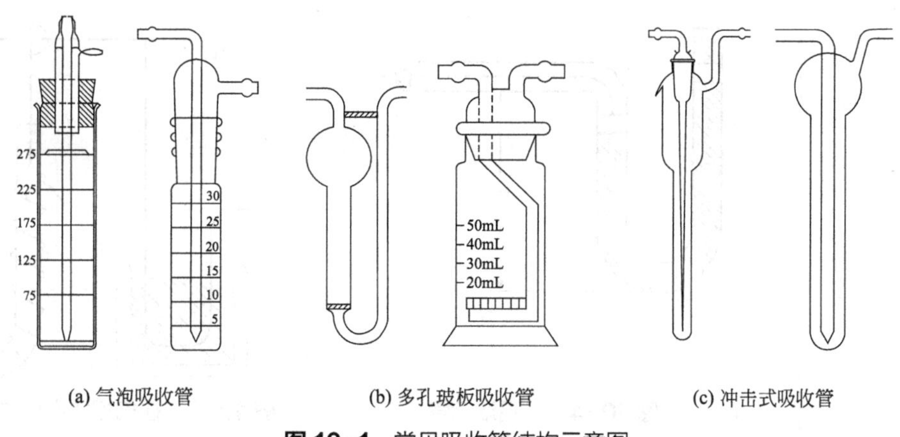

(a) 气泡吸收管　(b) 多孔玻板吸收管　(c) 冲击式吸收管

图 10-1　常见吸收管结构示意图

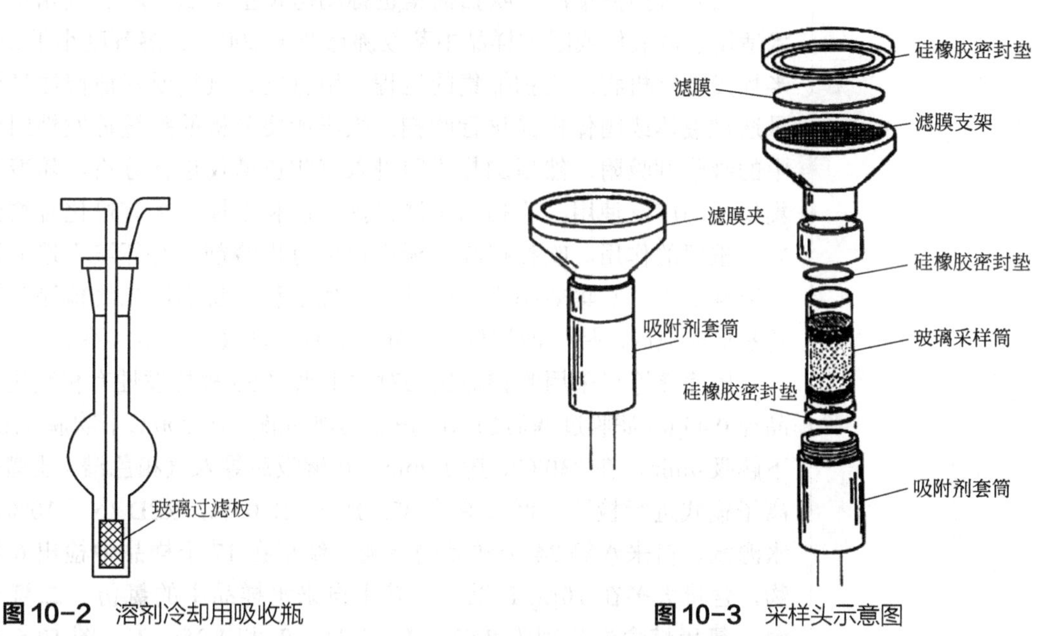

图 10-2　溶剂冷却用吸收瓶　**图 10-3**　采样头示意图

滤膜夹包括滤膜固定架、滤膜和不锈钢筛网。滤膜固定架由金属材料制成，并能够通过一个不锈钢筛网支撑架固定玻璃（或石英）纤维滤膜。玻璃采样筒密封固定在滤膜架和采样泵之间。采样时将玻璃采样筒装入采样头上的吸附剂套筒中，其进气口与滤膜固定架连接，出气口与采样泵连接。采样后采样筒可直接放入索氏提取器中回流提取。

（3）样品的浓缩　若采来的样品本身是气体，或用吸收法采样后再汽化的气体，可导入如图 10-4 所示的样品浓缩管中，用液态氮冷却收集。样品浓缩管中的填充剂可采用硅藻土、多孔玻璃片等。按图 10-5 所示方法将样品浓缩管与气相色谱仪相连，快速加热脱附，导入气相色谱仪。用滤膜法采集的大气颗粒物样品，采样筒和滤膜用有机溶剂索氏提取，提取液可用旋转蒸发器或 K-D 法浓缩。浓缩液经硅胶柱或弗罗里硅土柱净化，净化液再经色谱仪分离检测。

2. 水样的前处理

对于水样，虽有工厂排水、河水、海水、地下水和自来水等之分，但在采样方法上没有什么本质上的区别，一般用适当的采水器即可。

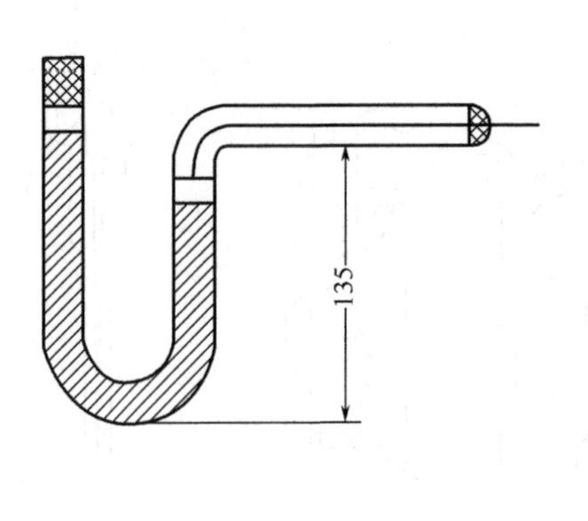

图 10-4 样品浓缩管

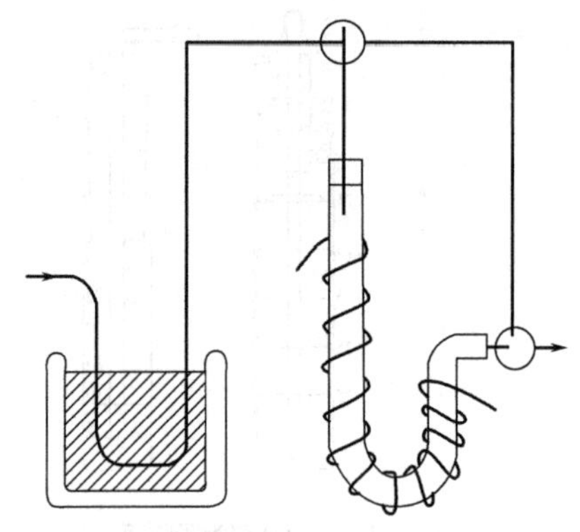

图 10-5 往气相色谱仪注入试样的方法

（1）吹扫捕集法 吹扫捕集也称动态顶空萃取，属于气相萃取范畴。该技术适用于从液体或固体样品中萃取沸点低于 200℃、溶解度小于 2% 的挥发性或半挥发性有机物。吹扫捕集的过程：用氮气、氦气或其他惰性气体以一定的流量通过液体或固体样品进行吹扫，吹出所要分析的痕量挥发性组分后，被冷阱中的吸附剂吸附，然后加热脱附进入气相色谱仪进行分析。随着商品化吹扫捕集仪器的广泛使用，吹扫捕集法在挥发性和半挥发性有机化合物分析中起着越来越重要的作用。吹扫捕集法无需使用有机溶剂，对环境不造成污染，而且具有取样量少、富集效率高、受基体干扰小和容易实现在线检测等优点。其缺点是易形成泡沫，使仪器超载；另外伴随有水蒸气的吹出，不利于下一步的吸附。

周静峰等[1]采用吹扫捕集法对饮用水中 55 种挥发性有机物进行富集，将样品经 0.45μm 滤膜过滤后加入吹扫捕集样品瓶。在 200℃下吹脱 11min，在 180℃下解吸 4min，在 230℃烘烤 10min。热解吸后导入气相色谱 - 质谱仪，选用选择离子模式进行检测，回收率为 87.90%～118.03%，RSD 小于 10%。将该法用于水源水、自来水等 24 个样品的检测，结果在 17 个样品中检出 6 种挥发性有机物，含量大多在 10μg/L 以下。其中自来水样品中的氯仿、二氯一溴甲烷和二溴一氯甲烷含量分别为 8.53μg/L、3.21μg/L 和 1.35μg/L。图 10-6 是自来水加标（1.0μg/L）后的总离子流色谱图。

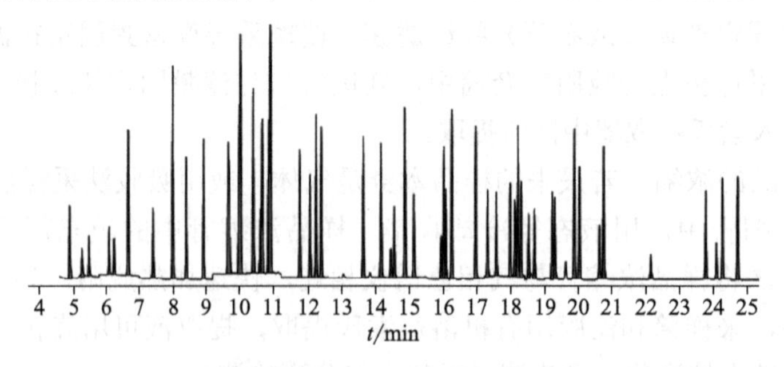

图 10-6 自来水加标（1.0μg/L）后的总离子流色谱图

（2）溶剂萃取法 溶剂萃取法适于分析水中不易挥发的有机物，由于操作简便，因而应用比较广泛。所采用的溶剂必须与水不相混溶，如二氯甲烷、苯、氯仿、四氯化碳、二硫化碳等。在所有的溶剂中，一般认为二氯甲烷最佳，这是因为二氯甲烷对极性和非极性化合物都有很好的萃取率，而且在水中容易分层。萃取剂的用量大约是水量的1/10，以少量多次萃取的效果为好。萃取次数可根据污染物在水相与有机相中的分配系数K来计算。水相中加少量NaCl或其他盐类，可增加萃取效率。溶剂在使用前必须严格精制。

在不同的pH值条件下，可萃取出不同种类的化合物。如酸性条件下，可萃取各种酚类和酸类。一般中性化合物在萃取时不受pH值影响，碱性条件下可萃取一些胺类等。为了比较全面的萃取各种有机物，一般多采用先碱性后酸性条件下的连续萃取。

（3）吸附分离法　当被分析水样通过装有适宜吸附剂的吸附柱时，待测组分被吸附在吸附剂的活性表面上，然后用合适的溶剂洗脱出来，达到浓缩、分离、净化之目的。常用的吸附剂有活性炭、硅胶、硅藻土、膨润土、碳酸钙、大孔树脂XAD-2、聚酰胺等。例如，有人曾用活性炭吸附柱对雨水和陆地表层滤水有机化合物进行了吸附分析。使用手提式活性炭过滤器，管子长1m，直径10cm，内装1000～1500g活性炭，平均每分钟通过0.4～0.6L水样，总计可通过10～15t水样。然后取出活性炭，通风阴干，置于容量较大的脂肪提取器内，用乙醚抽提。然后将乙醚提取液蒸发至体积25mL，加无水硫酸钠，放置48h。将乙醚溶液过滤，弃去残渣，溶液蒸发，其内容物放于氯化钙真空干燥器中干燥，称量，其质量即表示活性炭中乙醚提取物的总质量。对乙醚提取物立即进行分组分离，分离程序如图10-7所示。

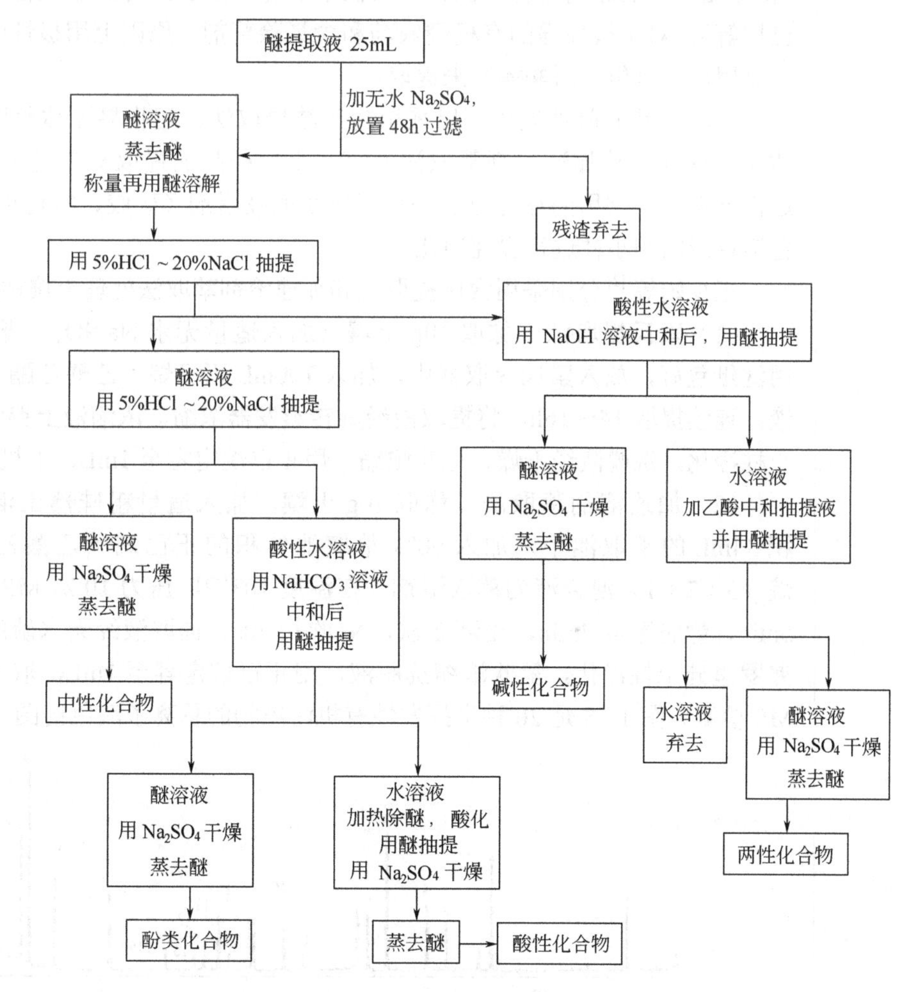

图10-7　微量有机物的分离程序

（4）浓缩　经提取的提取液中待测物的浓度仍然很低，在测定之前，往往还需使用蒸发或其他方法

进行浓缩，常用旋转蒸发器和K-D浓缩器进行浓缩。实践证明，在过滤、抽提等步骤中，被测组分的损失是很少的；主要损失发生在浓缩这一步，特别是溶液蒸干时损失最大，因此浓缩时必须防止将提取液直接蒸发至干涸，特别是蒸馏或减压蒸馏，加热水温一般应在50℃以下，最高不超过80℃；当溶剂蒸发至剩几毫升时，应停止蒸馏。在室温或稍加微温的条件下，在离心管中用氮气流浓缩至0.5mL或更少，然后任其自然挥发至干。

3. 土壤样品的前处理

土壤样品常用的前处理方法是索氏提取法。索氏提取法是通过溶剂回流及虹吸现象使固体样品每次均为纯净的溶剂所提取。所用溶剂大多为普通溶剂，如乙醚、氯仿、甲苯、乙酸乙酯等，纯度要求高，沸点一般在45～80℃之间为宜。沸点太低，容易挥发；沸点太高，则不易浓缩，而且还会导致一些热稳定性差的物质分解。选择什么样的溶剂，应根据分析对象来定，一般是根据极性"相似相溶"的原则选择。例如，极性小的有机氯农药可采用极性小的溶剂（如己烷等）；对于极性强的有机磷农药和含氧除草剂，原则上用极性强的溶剂（如二氯甲烷、氯仿、丙酮等）来提取。

土壤样品的前处理还可以采用超声波提取法、超临界流体萃取法和加压流体萃取法（又称加速溶剂萃取法）等。土壤样品的提取液在进入仪器分析前，还需要净化，常用的净化方法是采用传统的吸附剂（硅胶、氧化铝、活性炭等）色谱柱或固相小柱进行提纯净化。

王少娟等[2]分别采用索氏提取法和加速溶剂萃取法处理土壤样品。

（1）索氏提取法　称取10g土壤，加入适量无水Na_2SO_4，研磨成细末状，用滤纸包好，放入索氏提取器中，加入100mL正己烷：乙酸乙酯（3：1）混合液，连续提取14～16h，将提取液经旋转蒸发器浓缩，浓缩液上弗罗里固相萃取小柱净化，洗脱液经干燥、氮吹浓缩，用正己烷定容至1mL，上机检测。

（2）加速溶剂萃取法　称取10g土壤，加入适量粗硅藻土混匀后装入体积34mL的萃取池中，加入60%萃取池体积的正己烷：乙酸乙酯：二氯甲烷（3：2：1）混合液为萃取溶剂。在温度103℃、压力10.24 MPa条件下加热5min，静态萃取7min，循环2次，N_2吹扫70s。提取液经无水硫酸钠柱干燥和弗罗里硅土柱净化，氮吹浓缩洗脱液，用正己烷定容至1mL，取1μL进行GC-MS检测。图10-8是20种半挥发性有机污染物的总离子流色谱图。

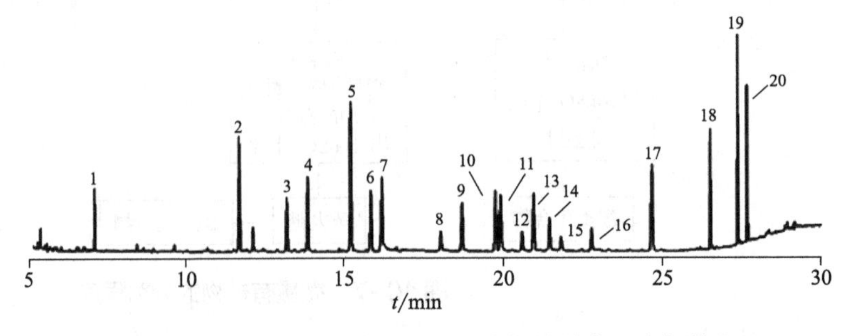

图10-8　20种半挥发性有机污染物的总离子流色谱图

按上述方法对临沂市某地区的 7 个样品进行检测，部分复垦土壤中检测出痕量半挥发性有机污染物，如敌敌畏（1.17～1. 42μg/kg）、乐果（1. 41～1.65μg/kg）、对硫磷（2.82μg/kg）和 γ- 六六六（3.17μg/kg）等。

田福林等[3]建立了超声波萃取、气相色谱 - 串联质谱联用测定土壤中 16 种多环芳烃和 15 种多氯联苯的分析方法。将土壤样品在研钵中捣碎、混匀，称取 5g 置于锥形瓶中，加入 20mL 正己烷：丙酮（1：1）混合溶剂，超声萃取 15min，取出上清液后，再加入 20mL 混合溶剂重复萃取一次，合并萃取液，旋转蒸发至约 1mL，经硅胶固相萃取小柱净化，再用 10mL 正己烷：二氯甲烷（1：1）混合溶剂淋洗小柱，收集洗脱液，旋转蒸发至近干，加入内标，正己烷定容至 1mL，取 1μL 进行 GC-MS 检测。采用该法对沈阳城区的土壤进行检测，大部分土壤样品均检出 16 种多环芳烃，只有部分样品中某些多氯联苯被检出。

二、环境样品前处理的新技术与新方法

近年来，在环境分析领域相继出现了许多新的前处理技术与方法[4~7]。这些新技术、新方法不仅在一定程度上克服了传统前处理方法的缺点，而且还具有各自独特的优点。

下面将比较常见、热门的环境分析样品前处理方法做一简要介绍。

1. 固相萃取法（SPE）

固相萃取法是基于被处理试样中待测组分、基体物质、其他成分与固定相填料之间作用力大小的差异而彼此分离的。该方法不仅可用于“清洗”样品、除去干扰物质，而且还可以使组分分级，达到富集和纯化的目的。固相萃取在环境样品预处理中应用很广，主要是对水样的处理，也可用于大气样品的预处理，还可以用于处理环境土壤试样，现已成功地应用于多种环境样品中有机氯农药、有机磷农药、二噁英、多氯联苯、多环芳烃等有机污染物的预富集。

目前，商品化的固相萃取小柱种类很多，能满足极性、非极性等各种污染物的萃取富集要求，并开发了全自动固相萃取装置，可实现萃取过程的自动化和在线分析。

邓磊等[8]采用 C_{18} 固相萃取柱富集地表水中 20 种半挥发性有机物，用二氯甲烷和乙酸乙酯进行洗脱，洗脱液经浓缩定容后，进行 GC-MS 检测，测得地表水的总离子流色谱图（图 10-9）。图 10-9 中各峰的保留时间和与其对应组分的鉴定结果见表 10-2。

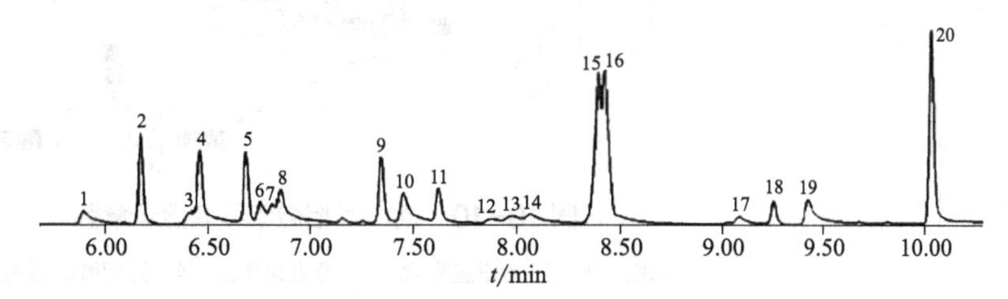

图 10-9　地表水的总离子流色谱图

2. 固相微萃取（SPME）

固相微萃取技术是利用涂敷在熔融石英纤维上的高分子固相液膜对样品溶液或气体中的目标分析物进行选择性吸附萃取，属于非溶剂萃取法。固相微萃取装置简单，集萃取、浓缩和进样于一体，类似于气相色谱微量注射器。该方法与气相色谱法联用时，只需将萃取吸附了待测物的固相微萃取针管直接插入气相色谱的进样口，即可进行分析测定。

固相微萃取已成为一种成熟的商品化技术，可供选择的不同涂层和厚度的萃取头有十余种。研究表明，SPME可用于水、大气、土壤中苯系化合物、酚类化合物、硝基苯、氯代烷烃、多环芳烃、多氯联苯、多种有机农药的富集与纯化。

表10-2　各峰的保留时间和与其对应组分的鉴定结果

峰号	保留时间/min	组分名称	峰号	保留时间/min	组分名称
1	5.871	硝基苯	11	7.605	1,2,3,4-四氯苯
2	6.160	1,3,5-三氯苯	12	7.809	*o*-二硝基苯
3	6.364	二氯苯酚	13	7.915	*m*-二硝基苯
4	6.443	1,2,4-三氯苯	14	8.029	*p*-二硝基苯
5	6.671	1,2,3-三氯苯	15	8.324	2,4-二硝基甲苯
6	6.732	*m*-硝基氯苯	16	8.374	邻苯二甲酸二乙基己酯
7	6.789	*o*-硝基氯苯	17	8.980	2,4-二硝基氯苯
8	6.835	*p*-硝基氯苯	18	9.052	三硝基甲苯
9	7.329	1,2,3,5-四氯苯	19	9.425	五氯酚
10	7.421	三氯苯酚	20	10.031	邻苯二甲酸二丁酯

孟洁等[9]建立了动态固相微萃取-气相色谱测定环境空气中挥发性脂肪酸（VFAs）的分析方法，研制了动态固相微萃取装置，如图10-10所示，其中萃取采集室是整个装置的核心部分，形状类似T形三通，主体内径5cm，接头内径6mm，左右接头分别与流速控制器和采样袋相连，上接头与固相微萃取装置相连。

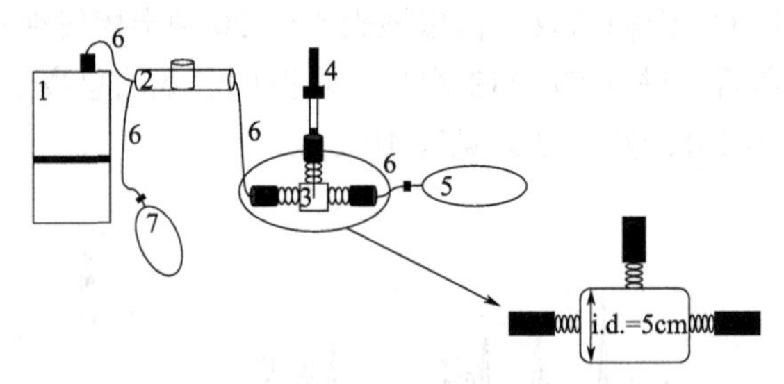

图10-10　动态固相微萃取装置示意图

1—采样泵；2—流速控制器；3—萃取采集室；4—固相微萃取装置；
5—采样袋；6—聚四氟乙烯连接管；7—废气袋

将装有样品的气袋连接到固相微萃取采集室一端，使用恒流采样泵低流速抽取一定体积的样品气体，同时对萃取采集室加热，待一定的萃取时间后，将固相微萃取装置取出插入气相色谱仪进样口进行气相色谱分析。

选择香河某垃圾填埋场的厂界下风向、厂门口和作业区为采样点，应用本方法对3个点位采集的样品进行测定。作业区检出6种挥发性脂肪酸，且检出量最高，达到0.056～4.615μg/mL。厂界下风向和厂门口有5种挥发性脂肪酸被检出，其中厂界下风向以异戊酸的浓度最高，达0.123μg/mL，其余3种物质的浓度为 0.025～0.106μg/mL。

3. 固相膜萃取

固相膜萃取是继固相柱萃取后发展起来的一种新的固相萃取技术。由于薄膜状介质截面积大、传质速率快，因而可以使用较大流量；膜状介质的吸附剂的粒径较小且分布均匀，可使表面积增大并能改善传质过程。因此该法可以萃取较大体积的水样，并可获得较高的富集倍数，能测定水中 μg/L、ng/L 级的污染物。

罗晓飞等[10] 建立了同时测定饮用水中 67 种农药残留的固相膜萃取 - 气相色谱 - 串联质谱法。水样经 C_{18} 固相膜萃取，二氯甲烷和乙酸乙酯（7∶3，体积比）混合溶剂洗脱，40℃氮吹浓缩，采用 DB-5MS 毛细管气相色谱柱（30m×0.25mm，0.25μm）分离，串联质谱多反应监测模式检测，工作曲线法定量。结果表明，方法的线性范围为 0.050～5μg/L（相关系数 0.9924～0.9999），定量限（S/N=10）为 1.0×10^{-5}～0.059μg/L，加标回收率为 81.0%～125.0%，RSD 为 1.5%～21.4%（n=6）。

4. 磁性固相萃取法

磁性固相萃取法（MSPE）是以磁性粒子为吸附剂，磁性粒子不需要装入固相萃取柱中，而是分散在样品溶液中并吸附目标分析物，通过施加外部磁铁，可以立即从液相中将磁性粒子分离和收集，然后选择合适的溶剂将磁性粒子吸附的目标物洗脱下来，洗脱液经过滤后，即可进行分析检测，从而大大简化了萃取过程，提高了提取效率。

杨亚玲等[11] 采用磁性固相萃取 - 高效液相色谱法测定了环境空气中的苯并［*a*］芘。用 TH-1000C 型大气采样器，流量为 50L/min，于玻璃纤维滤膜上采集气体 30～40m³。将滤膜等分成 8 份，取 1/8 滤膜剪碎置于 10mL 具塞玻璃离心管中，加入 5mL 乙腈，超声提取 10min，在 4500r/min 下离心 10min，取上清液移至 25mL 容量瓶中定容，得样品提取液。取 1mL 样品提取液于 10mL 具塞玻璃管中，用去离子水稀释，加入 15mg 磁性纳米粒子，涡旋混合 2min 后，在外加磁场下进行磁分离，弃去上清液。用 500μL 乙腈∶四氢呋喃（体积比 9∶1）洗脱被吸附的目标物苯并［*a*］芘，收集的洗脱液经 0.45μm 滤膜过滤后，用 HPLC-FLD 进行分析检测。测得实际样品中苯并［*a*］芘的含量为 2.39ng/mL，加标回收率 86.0%～99.8%，RSD 2.4%～5.2%。

5. 加压流体萃取法（PFE）

加压流体萃取法（PFE）又称加速溶剂萃取法（ASE），是在较高的温度和较大的压力下，使用溶剂萃取固体或半固体样品的一种液固萃取方法。其方法原理是将固体或半固体样品加入密闭容器中，选择合适的有机溶剂，在加压、加热条件下，处于液态的有机溶剂与固体或半固体样品充分接触，将样品中的有机污染物提取到有机溶剂中。在环境分析中，PFE（ASE）被广泛用于土壤、污泥、沉积物、大气颗粒物、粉尘等样品中的多氯联苯、多环芳烃、有机膦、苯氧基除草剂、三嗪除草剂、柴油、总烃、二噁英、呋喃等有机物的萃取。

张亚楠等[12] 采用加速溶剂萃取（ASE）、固相萃取柱净化（SPE）、高效液相色谱法（HPLC）测定土壤样品中的多环芳烃（PAHs）含量。以正己烷∶丙酮（体积比 4∶1）为萃取溶剂，用 ASE 对土壤中的 PAHs 进行分离富集。萃取仪参数为：温度 125℃，压力 10MPa，预热 5min，静态提取 5min，氮吹 60s，循环 2 次。提取液经 SPE 柱净化后，再用 HPLC 对提取液中的 PAHs 进行分析检测。样品的加标回收率

为 83.5%～110.2%，RSD 1.0%～4.6%，检出限 0.15～0.85μg/kg。

赖华杰等[13]建立了加速溶剂萃取 / 气相色谱 - 质谱联用同时测定土壤、沉积物和污泥中 10 种紫外线吸收剂的分析方法。样品采用 ASE 提取，在 34mL 萃取池中加入 2.0g 硅胶作为基质吸附剂，再加入 5.0g 样品，提取溶剂为甲醇：二氯甲烷（50：50），提取温度 120℃，静态提取 5min，氮气吹扫 60s，静态循环 2 次。萃取液用旋转蒸发器蒸干后，以 1mL 二氯甲烷定容，取 2μL 进行 GC-MS 检测。采用此法对 3 个污泥农用土壤、3 个珠江流域沉积物和 1 个增城城市污水处理厂脱水污泥进行了检测。污泥样品中，10 种紫外线吸收剂均有检出，说明污水处理厂中常规的生化处理工序并不能完全去除紫外线吸收剂，紫外线吸收剂主要吸附在污泥中，并随着污泥的排放进入环境中。3 个污泥农用土壤样品中都检测出紫外线吸收剂，其中 5 种苯并三唑类紫外线吸收剂（UV-326、UV-327、UV-328、UV-329 和 UV-P）含量较高，主要是因为这 5 种化合物的半衰期较长，在土壤中难降解。沉积物样品中也检出多种紫外线吸收剂，说明珠江流域已经受到紫外线吸收剂的污染。

6. 超临界流体萃取技术（SFE）

超临界流体萃取技术是利用超临界条件下的流体作为萃取剂，从气体、液体或固体环境样品中萃取出待测成分，以达到分离和提纯之目的。目前，SFE 已广泛用于环境样品（沉积物、大气、土壤）中有机污染物的萃取分离，如多环芳烃、多氯联苯、二噁英、农药、酚类、有机胺、石油烃等污染物的分离。

吴智慧等[14]以新疆油田采油或钻井等过程中产生的含油污泥为原料，采用超临界流体萃取其中 16 种常见多环芳烃，当萃取压力为 25～35MPa、萃取温度 40～50℃、正己烷为夹带剂时，萃取效果最佳。含油污泥经超临界流体萃取，固相萃取小柱净化后，用 GC-MS 进行定性定量分析。结果表明，16 种多环芳烃在 0.005～0.200mg/L 范围内线性关系良好（相关系数 0.998～0.999），检出限（S/N=3）为 0.26～2.38μg/kg，加标回收率为 48.2%～113.3%，RSD 为 3.5%～14%。

7. 微波辅助萃取技术（MAE）

微波辅助萃取是指利用微波加热来加速溶剂对固体或半固体样品中待测物的萃取过程，在微波的作用下，实现待测物的分离提取。与常用的索氏萃取、超声萃取等方法相比，微波辅助萃取具有节省溶剂、简便快速、批处理量大、回收率高、环境污染小等明显优势。

罗治定等[15]采用微波辅助萃取技术提取土壤中的 15 种多环芳烃（PAHs），称取研细过筛后的土壤样品 10.0 g，装填至 100mL 的微波萃取罐中，置于微波萃取仪中（可同时萃取 24 个样品）。萃取溶剂为丙酮：正己烷（1：1）混合溶液，体积 30mL，微波萃取温度 100℃，萃取时间 15min。萃取完成后，将萃取液过滤脱水，浓缩至约 2mL，经硅酸镁固相萃取柱净化后，进入气相色谱 - 质谱联用仪进行分析检测。方法的加标回收率为 70.85%～117.90%，RSD 为 2.1%～6.7%。

安娅丽等[16]建立了一种微波辅助萃取 /HPLC-ICP-MS/MS 测定土壤中无机

砷、阿散酸、洛克沙胂、一甲基砷和二甲基砷的方法。将风干的土壤样品过 2mm 筛后，称取适量放入微波萃取罐中，以 0.1mol/L NaH_2PO_4：0.1mol/L H_3PO_4（9：1）为萃取剂，液固比为 50mL/g，微波萃取温度 80℃，萃取时间 30min。萃取完成后，萃取液经离心，取适量上清液注入高效液相色谱仪（采用 Hamilton PRP-X100 阴离子交换柱），以 60mmol/L$(NH_4)_2HPO_4$：5% 甲醇（pH 6.0）和水为流动相进行梯度洗脱，ICP-MS/MS 检测，在 15min 内实现了 5 种砷形态的良好分离。将该方法用于分析 3 种土壤样品，各种砷形态的加标回收率为 71.6%～106%，RSD 为 1.7%～3.8%，检出限为 0.043～0.080μg/kg（以 As 计）。

第二节 环境样品中有机污染物的分离及鉴定

一、环境样品的色谱分离及鉴定

经前处理后的浓缩液中含有多种有机物，必须将它们分离，才能对其进行定性和定量分析，色谱法是一种最有效的分离分析手段。

色谱法是利用混合物中各组分在互不相溶的两相（固定相和流动相）中吸附能力、分配系数或其他亲和作用的差异而建立的分离、测定方法。色谱分析法包括气相色谱、高相液相色谱、超高效液相色谱、离子色谱、超临界流体色谱、高效毛细管电泳等。在环境样品有机污染物的剖析中用途较广的为气相色谱法、高效液相色谱法和超高效液相色谱法。

1. 气相色谱法

20 世纪 60 年代以来，气相色谱法广泛用于大气、水质、土壤等环境样品的分析，尤其对样品中有机污染物的分离分析起到了非常重要的作用。在已知的 300 多万种化合物中，约有 20% 的挥发性、热稳定的化合物都可用气相色谱进行有效的分离分析。

图 10-11 为气相色谱法测定环境水样中的氯酚。

屈春花等[18] 采用毛细管柱气相色谱法分离测定了废气中的 11 种苯系物。废气经活性炭采集、二硫化碳解析后，用 DB-WAX 毛细管柱分离，氢火焰离子化检测器检测。结果表明，废气中的 11 种苯系物分离效果良好，当采样体积为 10L、进样量为 1μL 时，11 种苯系物的检出限均小于 $1.5\times10^{-3}mg/m^3$，回收率为 98.4%～102.8%。

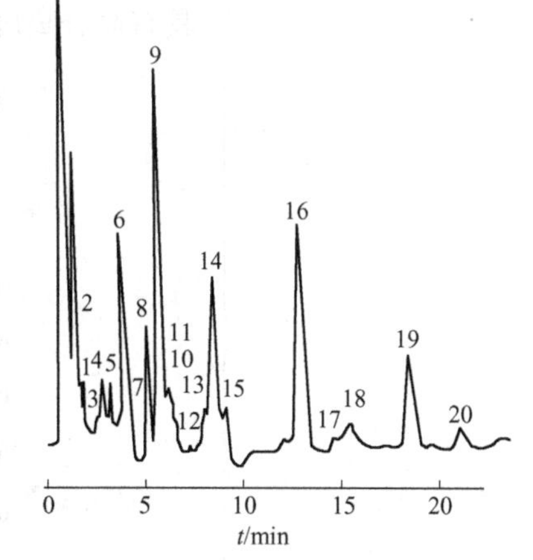

图 10-11 气相色谱法测定水样中氯酚[17]

色谱柱：OV-101，25m×0.3mm；柱温：140℃
色谱峰：1—对氯苯酚；2—邻氯苯酚；4—2,4- 二氯苯酚；5—3,5- 二氯苯酚；6—2,4,6- 三氯苯酚；8—2,4,5- 三氯苯酚；10—3,4,5- 三氯苯酚；13—2,3,5,6- 四氯苯酚；14—2,3,4,6—四氯苯酚；19—五氯苯酚

2. 高效液相色谱法

高效液相色谱法是一种以高压输出的液体为流动相的色谱技术，具有高效、快速、灵敏度高、选择性好等特点，特别适用于分子量大、挥发性低、热稳定性差的有机污染物的分离和分析，可分析的物质约占有机污染物总量的 80% 以上。目前 HPLC 是美国国家环保局测定室内空气甲醛的主要方法。多环芳烃类化合物（萘、蒽、苯并芘等）、醛以及酮类化合物等，这些

严重影响人体健康的有机污染物都可用 HPLC 进行分离分析。图 10-12 是 HPLC 测定海洋沉积物样品中 17 种多环芳烃的色谱图。

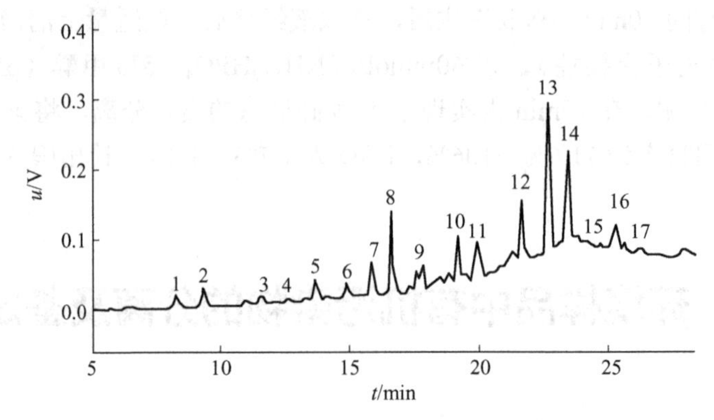

图 10-12 高效液相色谱法测定海洋沉积物样品中多环芳烃的色谱图[19]

1—萘；2—1-氟萘；3—苊；4—芴；5—菲；6—蒽；7—荧蒽；8—芘；9—三联苯；10—苯并[*a*]蒽；11—䓛；12—苯并[*b*]荧蒽；13—苯并[*k*]荧蒽；14—苯并[*a*]芘；15—二苯并[*a*,*h*]蒽；16—苯并[*g*,*h*,*i*]苝；17—茚并[1,2,3-*cd*]芘

3. 超高效液相色谱法（UPLC）

超高效液相色谱，也叫超高速液相色谱，是 2005 年由美国 Waters 公司首先推出的。它的工作原理与高效液相色谱基本相同，但完全超越了高效液相色谱的极限。UPLC 采用 1.7μm 小颗粒技术使得柱效比 5μm 颗粒液相柱的柱效提高了 3 倍，大幅提高了峰的分离度，可以分离出更多的色谱峰，从而对样品所能提供的信息达到了一个新的水平。图 10-13 是 HPLC、UPLC 测定同一样品得到的峰数及峰容量（对给定色谱体系和操作条件，在一定时间内最多能从色谱柱洗出达到一定分离度的色谱峰个数）的比较。可以看出，UPLC 与 HPLC 相比，具有高分离度、高速度、高灵敏度、低有机溶剂使用量等突出优点。

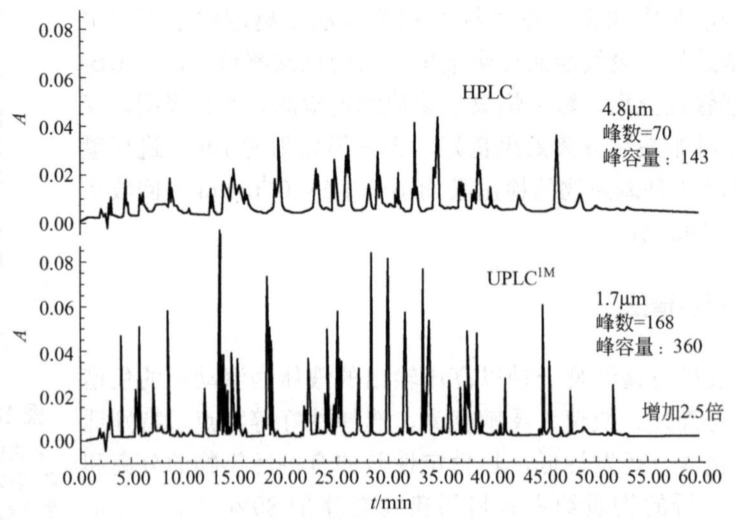

图 10-13 HPLC 与 UPLC 测定同一样品得到的峰数及峰容量的比较[19]

陈宇云等[20]建立了分离检测环境空气中酚类化合物的超高效液相色谱法。采用ACQUITY UPLC HSS T3色谱柱进行分离，柱温30℃，流动相A为含0.5%乙酸的超纯水溶液，流动相B为含0.5%乙酸的乙腈溶液，梯度洗脱，流速0.2mL/min，检测波长280nm，进样量5.0μL。在此色谱条件下，可实现环境空气中11种酚类化合物的分离（见图10-14）。对4个环境空气样品（表10-3中标号为1、2、3和4）进行测定，结果见表10-3。在采样体积为25L时，方法检出限为4～39μg/m³，RSD为0.39%～5.0%。

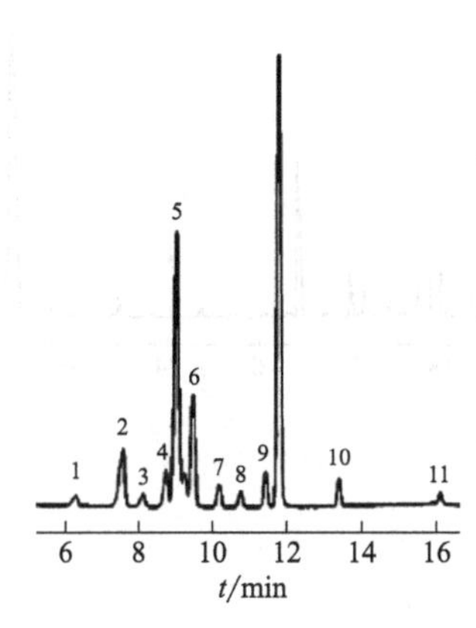

图10-14 酚类化合物色谱图

1—苯酚；2—4-硝基酚；3—3-甲基酚；4—2-氯酚；5—2,4-二硝基酚；6—2-硝基酚；7—2,4-二甲酚；8—4-氯间甲酚；9—2,4-二氯酚；10—2,4,6-三氯酚；11—五氯酚

表10-3 实际样品测定结果

酚类	测定值/（mg/m^3）			
	1	2	3	4
苯酚	nd	nd	nd	nd
4-硝基酚	0.052	0.118	0.132	nd
3-甲基酚	nd	0.158	nd	nd
2-氯酚	0.318	0.339	0.301	0.349
2,4-二硝基酚	nd	nd	nd	nd
2-硝基酚	0.207	0.209	0.202	0.209
2,4-二甲酚	nd	nd	nd	nd
4-氯间甲酚	0.263	0.289	0.305	0.237
2,4-二氯酚	0.279	0.271	0.299	0.234
2,4,6-三氯酚	1.288	0.274	nd	nd
五氯酚	3.155	3.192	2.762	3.003

注：nd表示未检出。

概念检查10.1

○ 高效液相色谱法（HPLC）和超高效液相色谱法（UPLC）都可用于环境样品中有机污染物的分离鉴定，与HPLC相比，UPLC具有哪些优势？

二、环境样品中常用的联用技术

利用样品色谱峰与标准化合物的色谱峰在相同的色谱条件下保留时间一致，可以部分地鉴定化合物，但这是十分困难的。尤其对于含有上百种未知有机物的复杂环境体系，仅靠色谱法鉴定是不可能的。有机化合物的结构鉴定，可采用质谱、红外光谱和核磁共振光谱法等，但它们都要求化合物是纯品，而色谱正好是最有效的分离纯化手段。因此，在环境样品有机污染物的剖析中，GC-MS、GC-FTIR和HPLC-MS联用都是分离与组分鉴定首选的最佳方法。如GC-MS联用技术既发挥了色谱法的高分辨率，又发挥了质谱法的高鉴别能力，特别适合于环境样品中未知组分的定性鉴定。HPLC-MS联用技术已经成为环境分析领域中最重要的工具之一，液质联用尤其适用于农药残留的快速检测。GC-FTIR联用技术，以其优越的分离检测特性被广泛用于化工及环境分析等领域，成为有机混合物分析的重要手段之一，如GC-FTIR以2km长光程多次反射吸收，可以检测含量在10^{-9}以下的大气污染物，如乙炔、甲烷、光气等。实践证明，联用技术可

对空气、地表水、地下水、饮用水、土壤等的污染情况提供准确的定性定量结果，在环境突发性事故的监测分析中具有特别重要的作用。图 10-15 和图 10-16 为一种环境气体的分析。图 10-15（a）为 GC-IR 重组色谱图，图 10-15（b）为 GC-MS 总离子流色谱图；图 10-16 为保留时间 10.945min 峰的 MS 和 IR 图，由 MS 和 IR 谱库检索皆表明为乙基苯，其他的峰可以用同样的方法进行逐一鉴定。

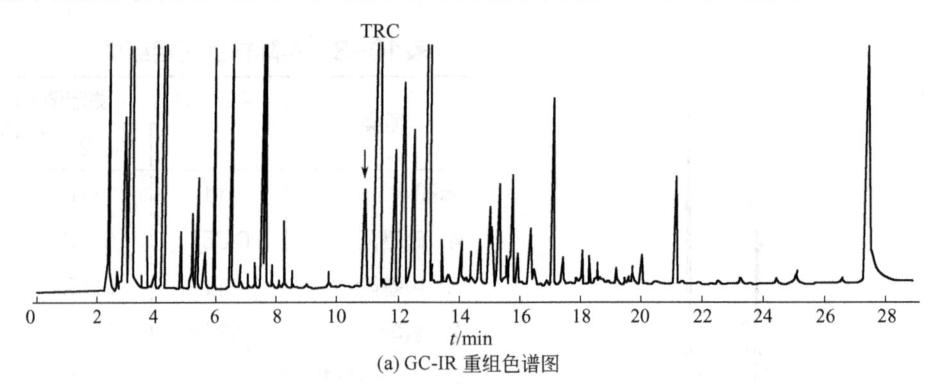

(a) GC-IR 重组色谱图

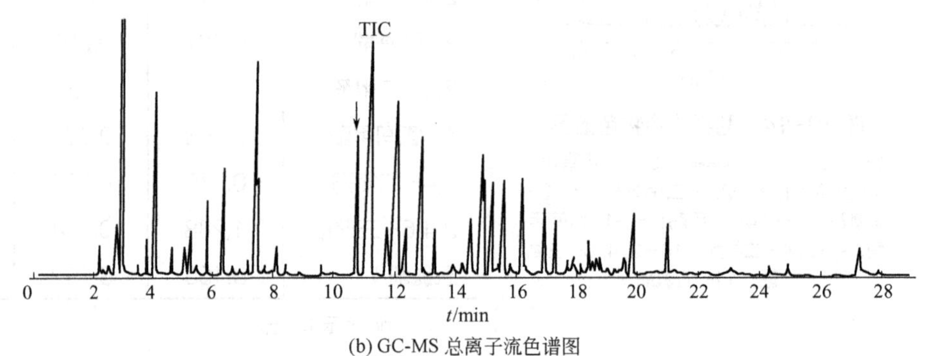

(b) GC-MS 总离子流色谱图

图 10-15　一种环境气体的重组色谱分析 [21]

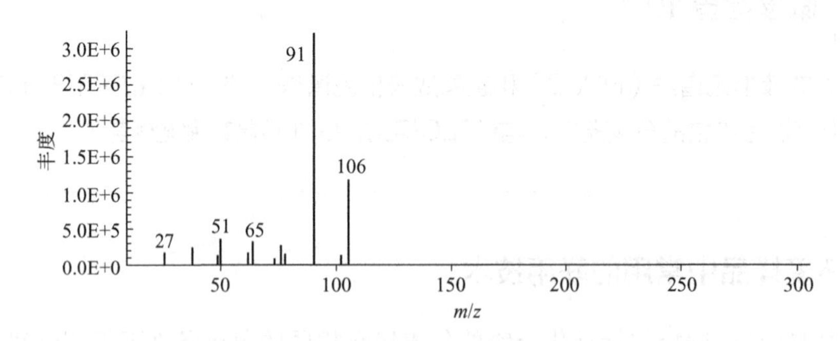

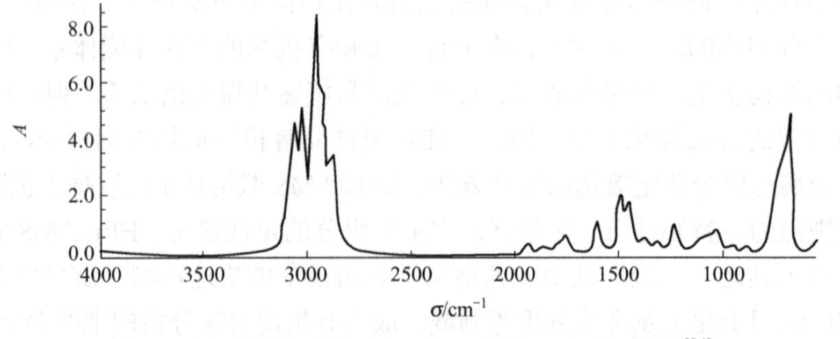

图 10-16　保留时间 10.945min 峰的 MS 和 IR 图 [21]

孟虎等[22]研制了一种热解析装置，并与气相色谱-质谱联用，分析了大气可吸入颗粒物中的半挥发性有机物。大气颗粒物样品分别采自北京冬季、宁波秋季和重庆夏季，样品承载在铝膜上，采样体积为24m^3/片。承载颗粒物的铝膜用剪刀平均分成4等份，将1/4片铝膜剪成细条，放入热解析器中，310℃下热解析10min，解析后的样品组分经载气进入GC-MS联用仪，采用全扫描模式对3个城市的$PM_{2.5}$样品进行定性分析。结果发现，有20个共同组分，主要为脂肪酸、PAHs和正构烷烃。比较3个城市$PM_{2.5}$的总离子流色谱图（图10-17），发现北京冬季和宁波秋季$PM_{2.5}$中正构烷烃和PAHs的含量明显高于重庆夏季采集的样品。

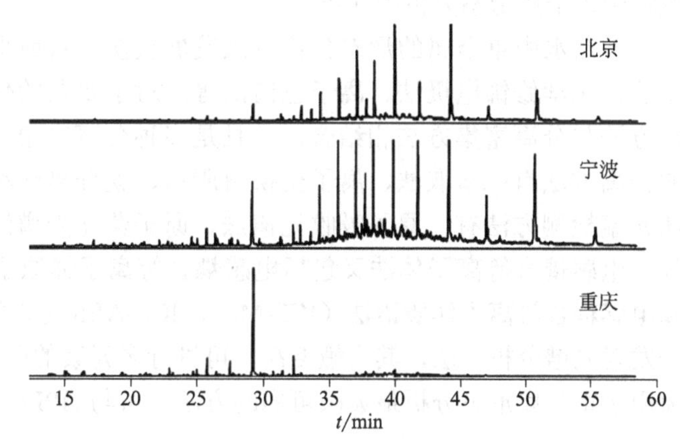

图10-17　北京冬季、宁波秋季和重庆夏季$PM_{2.5}$的总离子流色谱图

第三节　环境样品中重金属元素的形态分析

自20世纪70年代以来，国内外学者便开展了重金属形态分析的研究工作。目前重金属污染物已被众多国家列为环境优先污染物。2011年，我国首个“十二五”专项规划《重金属污染综合防治“十二五”规划》获批复。

自然界的元素有100多种，约有80多种金属元素，其中密度大于5.0g/cm^3的金属元素称为重金属元素。在环境污染研究中，重金属多指Hg、Cd、Pb、Cr等金属元素，以及As、Se等处于金属和非金属之间的具有显著生物毒性的类金属元素。重金属污染是指重金属及其化合物造成的环境污染，而重金属在环境中的迁移转化规律、毒性大小以及可能产生的环境危害程度不仅与重金属总量有关，而更大程度取决于其赋存形态。如金属有机化合物（有机汞、有机铅、有机砷、有机锡等）比相应的金属无机化合物毒性要强得多，可溶态的金属又比颗粒态金属的毒性要大。在不同的化学形态下，重金属有着不同的环境效应和生物毒性。如Cr^{3+}是人体的必需元素，而Cr^{6+}则是环境中的主要污染物，有包括致癌作用在内的多种毒性。不同形态的砷，毒性大小顺序为：砷化氢>亚砷酸>三氧化二砷>砷酸盐>胂酸>砷。因此，环境样品中重金属元素形态的分析对环境中重金属污染的控制和治理，维护环境安全具有重要意义。

重金属的形态是指重金属的价态、化合态、结合态和结构态四个方面，即某一重金属元素在环境中以某种离子或分子存在的实际形式。国际理论化学与应用化学协会（IUPAC）对形态分析的定义为：形态分析指确定分析物质的原子和分子组成形式的过程，即指元素的各种存在形式，包括游离态、共价结合态、络合配位态、超分子结合态等定性和定量的分析方法。

本文仅对天然水、土壤及大气颗粒物等环境样品中重金属的形态分析方法进行概述。

一、天然水中重金属的形态分析方法

天然水包括江河湖泊水、地下水、雨水及海水等。天然水的重金属形态分析包括水体和水体悬浮沉积物中重金属形态分析两部分，后者将放入土壤或沉积物中重金属形态分析中介绍。

天然水中重金属的形态分析方法发展较快，目前采用较多的有阳极溶出伏安法、化学修饰电极法、离子色谱法等。对于复杂的化学形态分析，则需要测定方法与分离富集方法相结合，并且是多种分离富集、分析方法的联用。常见的分离方法有：萃取法、离子交换树脂法、膜分离法和色谱法等。常见的重金属元素检测方法有：原子吸收光谱法、原子荧光光谱法、电感耦合等离子体法等。电感耦合等离子体法又包括电感耦合等离子体原子发射光谱法（ICP-AES）和电感耦合等离子体质谱法（ICP-MS）。ICP-AES 是以等离子体为激发光源的原子发射光谱分析方法，其灵敏度高，可进行多元素的同时测定；而 ICP-MS 是目前用于重金属形态分析最灵敏可靠的方法，可与 HPLC 联用进行元素价态分析。

1. 阳极溶出伏安法（ASV）

ASV 是水环境中常用的一种重金属形态分析方法。该法按不同的电极行为特征将金属形态分为稳定态和易变态。易变态金属包括自由金属离子、不稳定的络合物和与胶体结合的不稳定金属，通常被认为是主要的毒性形态，可被 ASV 直接测定。

溶出伏安法的测定包括两个基本过程。首先将工作电极控制在一定的电位条件下，使被测金属离子还原成金属并析出于电极表面，这一过程称为富集；然后向电极施加反向电压，使被富集的金属氧化溶出，同时记录伏安曲线，这一过程称为溶出。可根据伏安曲线上溶出峰的高度来确定被测金属的含量。溶出伏安法根据溶出时工作电极发生氧化反应还是还原反应，分为阳极溶出伏安法（ASV）和阴极溶出伏安法（CSV）。在金属元素形态分析中采用的是 ASV 法。图 10-18 是标准海水中 Zn、Cd、Pb、Cu 4 种金属离子的电位溶出伏安图。

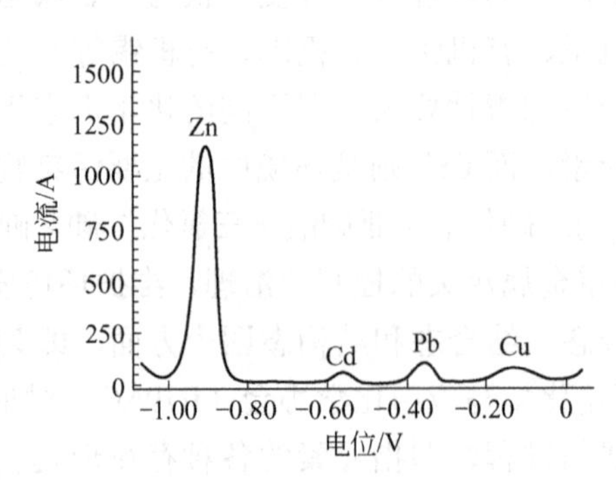

图 10-18 标准海水中 Zn、Cd、Pb、Cu 4 种金属离子的电位溶出伏安图

水样中溶解态金属的形态分析：可能存在的形式有游离金属离子、与有机络合物结合的易变态金属、与有机络合物持久性结合的金属、与无机络合物结合的易变态金属、与无机络合物持久性结合的金属、有机物吸附金属、无机物吸附金属等多种形式。可以利用阳极溶出伏安法配合不同的预处理方法，将不同化学形态存在的金属元素含量分别测定出来。

基于 ASV 进行水体中不同化学形态

分析的方法：ASV 可以定性定量测定水中的水合金属离子和不稳定的配位离子；不能直接测定水中其他形式存在的金属元素。采用紫外光照射可以破坏有机物与金属之间的化学键，可以释放与有机物键合以及被有机胶体吸附的金属元素；采用酸化的方式可以释放以金属氧化物形式存在或被无机胶体吸附的金属元素。因此，配合不同条件的水样预处理步骤，ASV 可以分别检测出不同形态的金属元素含量。

目前，ASV 已被用于 Cu、Pb、Zn、Mn 等元素的形态分析，具有较高的灵敏度，检验极限有的可达 10^{-11}mol/L。近几年发展起来的化学修饰电极，由于具有电化学传感，选择富集与分离等功能，大大促进了溶出伏安法的发展。

廉梅花等[23]为了解不同 pH 对土壤溶液中 Cd 形态分布的影响，采用阳极溶出伏安法（ASV）分析了土壤 pH 分别为 4.0、5.5、7.0 和 8.5 时 Cd 的形态分布。土壤采自沈阳市东陵区沈阳农业大学试验田，是沈阳地区代表性土壤。土壤溶液的提取：将 10g 土壤样品放入离心管，加入 20mL 0.01mol/L KNO_3 溶液，振荡过夜，10000r/min 离心 10min，上清液即土壤溶液。取上清液过 0.45μm 滤膜，采用 ASV 法测定土壤溶液中有电化学活性的 Cd 含量。实验采用三电极系统，银基汞膜电极为工作电极，铂电极为辅助电极，饱和甘汞电极为参比电极。用磁力搅拌器搅拌土壤溶液，在工作电极上施加 –1.4V 的电压预富集，持续 120s，富集完成后，停止搅拌并静置 10s，然后使电极的电位由 –1.4V 移至 0V，记下伏安扫描曲线。ASV 实验结果表明，土壤溶液中自由态 Cd 离子（Cd^{2+}）占总溶解性 Cd 的比例随土壤 pH 的升高而逐渐减小，有机络合态 Cd 的比例逐渐增大，无机络合态 Cd 比例只在 pH 4.0 时较大，但均 <10%。ASV 法测量的是土壤溶液中具有电活性部分的 Cd 含量，它表征土壤溶液中具有潜在生物活性的部分 Cd，这对研究土壤 Cd 在环境中的迁移和转化具有重要作用。

2. 离子色谱法

离子色谱法是液相色谱的一种，可满足快速、全面分析水中阳离子或阴离子的要求，在水质分析和水环境治理方面得到越来越多的应用。① 无机阴离子检测：色谱柱为带有季铵基的离子交换树脂，淋洗液为 Na_2CO_3 和 $NaHCO_3$ 按一定比例配制成的稀溶液。②无机阳离子检测：色谱柱是带有磺酸基的阳离子交换树脂，淋洗液为酒石酸 - 二甲基吡啶酸溶液，常用检测器为电导检测器。

影响离子洗脱顺序的因素包括离子的电荷数、离子半径、淋洗液 pH 值和树脂的种类等。通常离子的电荷数越高，保留时间越长；若电荷数相同，则离子半径越大，保留时间越长。

在离子色谱仪中，设计了抑制器来提高仪器的信噪比。其主要工作原理是：在进行阴离子测试时，淋洗液中的 CO_3^{2-} 会增加检测器的电流值（背景值偏高），通过抑制器电解水产生 H^+ 与 CO_3^{2-} 结合成弱电解质 H_2CO_3，可降低背景值，增加洗脱液中其他阴离子的响应值。在进行阳离子测试时，抑制器产生 OH^- 与洗脱液中的 H^+ 结合，提高信噪比。

离子色谱法的应用：除了通用的水质分析之外，还可以用于同一水样中不同砷化学形态的分离分析。

3. 膜滤法

膜滤法也是一种重要的重金属毒性形态测定方法。其理论基础是基于环境水体中的毒性形态与非毒性形态的粒度差异悬殊（如自由金属离子和无机络合物的直径多在纳米以内，而有机络合物或胶体分子等稳定形态的直径却可达几十至百纳米）。因此可根据分子大小来区分金属的不同形态及透过性能，从而判断毒性。超滤法和透析法能透过易变态金属而截留金属的大分子稳定络合物，所以这两种方法在一定程度上都能表征金属的毒性。这两种方法都存在一些相同的问题，比如膜很贵，且膜上金属的污染吸附和络合物的分解较严重。

二、土壤或沉积物中重金属的形态分析方法

土壤或沉积物中的重金属较难迁移，具有残留时间长、隐蔽性强、毒性大等特点，并且可能经作物吸收后进入食物链，或者通过某些迁移方式进入到水、大气中，从而威胁人类的健康与其他动物的繁衍生息。

1. 重金属形态提取分析方法

土壤中重金属的形态分析是指用各种提取剂对土壤重金属的各个形态进行提取，然后采用一定的方法测定各形态含量。许多学者对土壤或沉积物中重金属形态的提取，提出了不同的方法和流程，主要包括单级提取法和多级连续提取法两种。

（1）单级提取法　重金属元素在土壤、沉积物中与不同的组分结合成不同的形式，根据不同结合形式的重金属元素的溶解能力不同，采用不同种类和浓度的提取剂将其提取出来。这种方法主要适用于痕量金属大大超过地球化学背景值后的污染调查研究。常用的萃取剂主要有酸、螯合剂、中性盐和缓冲剂4类。虽然单级提取法存在诸如萃取时间、再吸附以及萃取剂的选择性等问题，但它仍不失为一种认识重金属环境行为的有效方法。

（2）多级连续提取法　是利用不同形态重金属的化学活性差异，通过一系列化学反应性不同的试剂按照由弱到强的顺序逐级提取出土壤或沉积物样品中重金属元素。该法较之单级提取法，可更加详尽地获取样品中重金属的化学形态信息，是当前形态研究中的主要方法。多级连续提取需根据不同的提取方法选择不同的提取试剂及实验条件，目前广泛采用的有Tessier法和BCR法。Tessier法是由Tessier等人在1979年提出的，将土壤或沉积物中的重金属赋存形态划分为可交换态、碳酸盐结合态、铁锰氧化物结合态、有机物结合态和残渣态，分五步对样品中的重金属元素形态进行连续提取，故又称五步连续提取法（图10-19）。

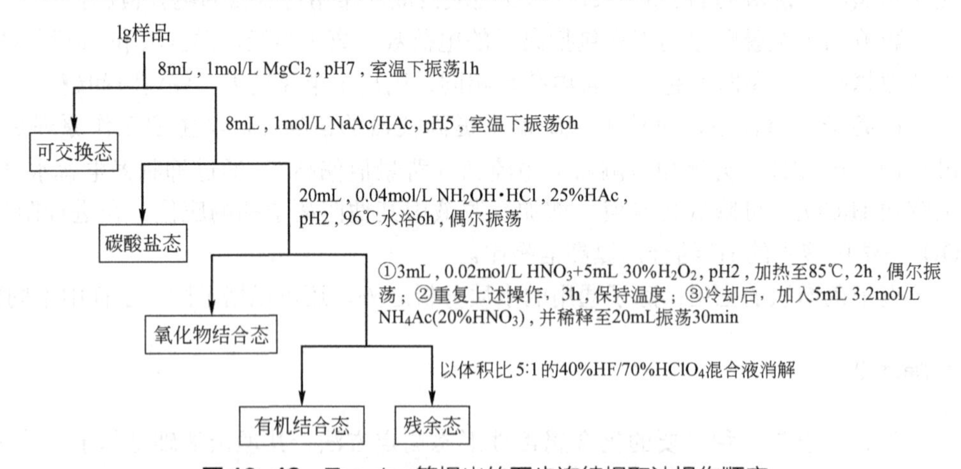

图10-19　Tessier等提出的五步连续提取法操作顺序

五步连续（Tessier）提取法操作要点：①以1mol/L $MgCl_2$提取，室温振荡1h，得到可交换态；②以1mol/L NaAc-HAc（pH=5）提取，室温振荡6h，得到碳酸盐结合态；③以0.04mol/L $NH_2OH \cdot HCl$+25% HAc（体积分数，pH=2）提取，90℃水浴6h，偶尔振荡，得到氧化物结合态；④以0.02mol/L HNO_3+30% H_2O_2

（pH=2）提取，85℃偶尔振荡 3h，或者 3.2mol/L NH_4Ac+20% HNO_3 提取，室温 3h，得到有机结合态；⑤以 40% HF+70% $HClO_4$ 提取，混合消解，得到残余态。

1992 年，欧共体标准局在比较了 Tessier 法和其他提取方法的基础上，提出了一种三步提取法（简称 BCR 法），它将重金属赋存状态分为酸可提取态、可还原态、可氧化态及残渣态四类。经过多个实验室之间的对比研究表明，BCR 法的重现性较好，且非常适合河流底泥沉积物重金属的形态分析。

BCR 法在对土壤和沉积物中的元素形态进行分步顺序提取时，操作步骤主要分为三步：第一步为乙酸提取的酸可提取态，第二步为盐酸羟胺溶液提取的可还原态，第三步为过氧化氢和乙酸铵提取的可氧化态，剩余为残渣态。

余璨[24]采用 BCR 法对西藏拉萨河流域三个不同水期（枯水期、丰水期和平水期）表层沉积物中金属元素的赋存形态进行了分析。样品的提取和测定步骤如下：

（1）酸可提取态（F1） 称取表层沉积物样品 1.000g 放入离心管中，加入 40mL 0.11mol/L 乙酸溶液振荡 16h，3000r/min 离心 20min，取上层清液并过滤到待测瓶中，于冰箱冷藏室（4℃，以下同）保存待测，残渣用做下一步实验。

（2）可还原态（F2） 向（1）的残渣中加入 40mL 0.50mol/L 盐酸羟胺溶液振荡 16h，3000r/min 离心 20min，取上层清液过滤到待测瓶中，于冰箱冷藏室保存待测，残渣用做下一步实验。

（3）可氧化态（F3） 向（2）的残渣中加入 10mL 过氧化氢溶液（pH 2～3），在水浴恒温振荡 1h 后（室温），加热至（85±2）℃，保持 1h，再加入 10mL 过氧化氢溶液，继续在 85℃下加热 1h，直至溶液剩余 1mL 左右，再加入 50mL 1mol/L（pH=2）乙酸铵溶液振荡 16h，3000r/min 离心 20min，取上层清液并过滤到待测瓶中，于冰箱冷藏室保存待测，残渣用做下一步实验。

（4）残渣态（F4） 将（3）的残渣转移至特氟龙管中，加入氢氟酸：硝酸（体积比 4：5）溶液，密封于高压消解罐后置于 180～190℃的干燥箱中加热 24～30h，冷却后取出特氟龙管放置在电热板上于 140℃下消解至近干，再加入少许硝酸继续蒸发至近干，补加少量硝酸：超纯水（体积比 2：3）溶液后继续密封至高压消解罐中，放置在 140℃的干燥箱中加热 4～5h，冷却后定容待测。

（5）分析检测 将于冰箱冷藏室中保存的 4 个不同形态的提取液，分别进行 ICP-MS 检测。测定了 Al、As、Ag、Ba、Be、Bi、Cu、Cr、Co、Cd、Fe、Ga、Hg、Li、Mn、Mo、Ni、Pb、Rb、Sn、Sr、Sb、Tl、Ti、U、V、W、Zn 和 Zr 29 种元素的不同形态；重点对潜在迁移能力较高的 Al、As、Ba、Cu、Cr、Fe、Mn、Pb、Ti 和 Zn 共计 10 种元素的形态组成、时空分布特征等进行了分析；同时还对流域水体理化参数与这些元素不同形态的相关性进行了分析。

实验结果表明：①在整个研究流域表层沉积物中 Al、As、Ba、Cr、Fe、Mn、Pb、Ti 和 Zn 9 种元素主要以残渣态为主导形态赋存，唯独 Cu 元素以非残渣态存在。其中 Cu、Pb、Zn、Mn 和 As 元素具有较高的潜在迁移能力。受不同水期的影响，这些元素酸可提取态、可还原态、可氧化态的变化趋势均为枯水期 > 平水期 > 丰水期，而残渣态变化趋势则为丰水期 > 平水期 > 枯水期；在流域内受人为扰动较明显的采样点，这些元素主要以酸可提取态和可还原态形式赋存。②相关性分析结果表明，非残渣态与水体浊度的相关性最为显著，而残渣态与水体理化参数的相关性不显著。从总体来看，西藏拉萨河流域表层沉积物中除 Cu 元素以外，其他被测元素的迁移能力较小。

概念检查 10.2

○ Tessier和BCR法用于土壤中重金属元素形态分析时，各分几步进行？简述BCR法的操作步骤。

2. 重金属的原位形态分析方法

随着显微技术的发展，一些结构和形态分析技术被逐渐用于土壤重金属固相形态分析。如电子探针技术，可利用高分辨透射电子显微镜鉴定一些金属尾矿沉积物中重金属的形态，采用该技术可表征一些固体态的重金属。近年来，运用同步辐射X射线吸收光谱（XAFS）技术探索重金属在土壤中的分子结构，原位表征重金属在土壤中的形态转化过程的研究已有报道。

同步辐射X射线荧光光谱（SXRFS）是基于同步辐射光源的又一种元素分析技术，可用于微尺度元素分布特征的研究。通常，同步辐射分析先是通过SXRFS选定土壤表面目标元素密集点获得元素分布信息，然后通过XAFS获得目标元素的价态与配位环境等结构信息。但土壤成分十分复杂，往往存在其他元素和物质对目标重金属元素的干扰，谱图分析较为困难，因此要精确给出土壤重金属的分子结构还需开展更多相关研究工作。

三、大气颗粒物中重金属的形态分析方法

大气颗粒物是指能悬浮在空气中，空气动力学当量直径小于100μm的颗粒物，用TSP表示。TSP的粒径范围为0.1～100μm，它不仅包括被风扬起的大颗粒物，也包括烟、雾、霾等极小颗粒物。

将大气颗粒物捕集后不经样品消解处理而直接进行定量分析的方法有：中子活化法、质子诱导X射线荧光法、能量色散和波长色散X射线荧光法等。

大气颗粒物经消解后的测定方法主要有：ICP-AES、ICP-MS、离子色谱、原子吸收光谱和原子荧光光谱法等。

为了进行大气颗粒物表面吸附的有机污染物和重金属元素形态分析，需要利用合适的方法进行富集采样工作，例如滤膜采集。对于有机污染物分析，可采用合适的溶剂进行洗脱浓缩后，再采用色谱法进行分离鉴定。对于重金属元素的分析，可采用ICP-AES分析总量或采用Tessier和BCR分步提取法进行形态分析。

第四节　环境样品剖析实例

实例1　兰州市环境空气中挥发性有机物的剖析

挥发性有机物（VOCs）是指沸点在50～260℃的有机化合物，其种类繁多且成分复杂，易被皮肤、黏膜吸收，从而对人体产生危害，是大气环境中的重要污染物。魏荣霞[25]采用热脱附 - 气相色谱 - 质谱联用技术（TD-GC-MS）剖析了2012年兰州市城区夏季和冬季环境空气中的挥发性有机物。

一、仪器条件及分析方法

1. 仪器条件

（1）TD 条件 一级解析时间 7min，二级解析时间 5min，一级解析温度 260℃，二级解析温度 200℃，阀温度 180℃，传输线温度 200℃，冷阱吸附温度 -30℃，载气压力 280kPa，进样时间 45s。

（2）GC 条件 SE-54 毛细管色谱柱（80m×200μm，0.25μm），进样口温度 250℃，分流进样，分流比 1∶1，载气为高纯 He。压力编程：10.831psi 保持 0.5min，以 10psi/min 到 40.773psi，保持 60min。程序升温：50℃保持 1min，以 4℃ /min 到 280℃，保持 1.5min。

（3）MS 条件 EI 电离源，离子源温度 230℃，四极杆温度 150℃，传输线温度 250℃。全扫描参数阈值为 150，用于获得棒状质谱图；原始扫描参数阈值为 0，用于获得轮廓质谱图。

2. 分析方法

（1）采样点的设置 选择兰州市三个城区进行样品采集，城关区是典型的兰州市居民区与交通混合区，西固区是兰州市的工业区，安宁区为兰州市文教区。

（2）样品采集 采用具有恒定质量流量控制的采样泵连接 Tenax-TA 吸附管，三管平行采样。采样流量 200mL/min，采样时间 1.5h，采样完毕后封口备用。

（3）样品分析 在上述选定的仪器条件下，将采集回来的样品进行热脱附，使挥发性有机物从样品基质中解吸出来并转移至气相色谱 - 质谱联用仪进行分析鉴定。

二、兰州市 2012 年夏季与冬季大气挥发性有机物的分析鉴定

兰州市夏季和冬季三区的大气挥发性有机物的总离子流色谱，分别如图 10-20 和图 10-21 所示。夏季和冬季挥发性有机物的成分鉴定，分别见表 10-4 和表 10-5。

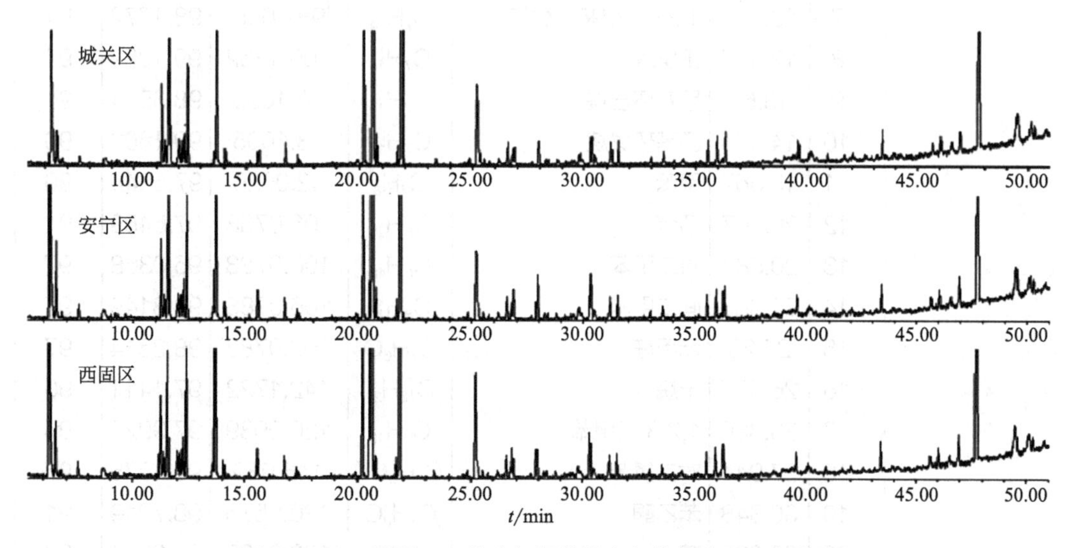

图 10-20 夏季三区的大气挥发性有机物总离子流色谱图

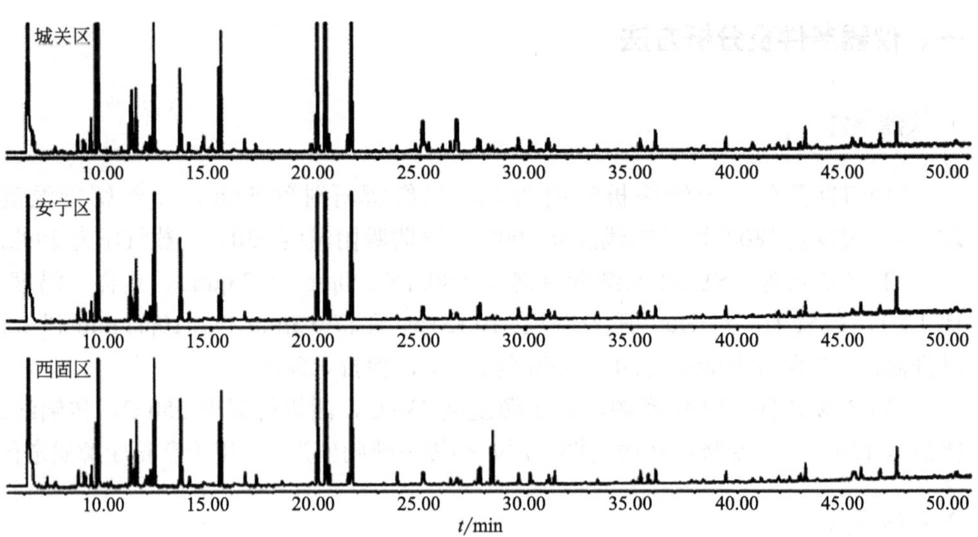

图 10-21 冬季三区的大气挥发性有机物总离子流色谱图

表10-4 兰州市夏季大气挥发性有机物的成分鉴定

峰号	保留时间 /min	化合物名称	分子式	精确质量数	光谱匹配度	Nist08匹配度	标准品验证
1	6.251	二氧化碳	CO_2	44.0312	96.2608	2	
2	6.528	二氧化硫	SO_2	63.9933	97.28	90	
3	11.222	2- 甲基己烷	C_7H_{16}	100.1252	98.6269	91	
4	11.551	3- 甲基己烷	C_7H_{16}	100.1252	98.0093	94	3- 甲基己烷
5	12.008	顺 -1,3- 二甲基环戊烷	C_7H_{14}	98.1095	97.6505	91	
6	12.127	反 -1,3- 二甲基环戊烷	C_7H_{14}	98.1095	98.8507	91	
7	12.225	1,2- 二甲基环戊烷	C_7H_{14}	98.1095	98.1772	91	
8	12.397	正庚烷	C_7H_{16}	100.1252	99.1022	94	
9	13.68	甲基环己烷	C_7H_{14}	98.1095	98.3584	91	
10	14.074	乙基环戊烷	C_7H_{14}	98.1095	99.1809	90	
11	15.567	甲苯	C_7H_8	92.0626	97.5844	90	甲苯
12	20.207	乙苯	C_8H_{10}	106.0788	97.5458	91	乙苯
13	20.581	对二甲苯	C_8H_{10}	106.0783	96.0368	97	对二甲苯
14	21.863	间二甲苯	C_8H_{10}	106.0788	98.8149	97	
15	25.23	苯甲醛	C_7H_6O	106.0783	98.2514	97	
16	26.571	十烷	$C_{10}H_{22}$	142.1722	97.1411	90	
17	26.866	1,2,3 三甲苯	C_9H_{12}	120.0939	97.9927	94	
18	27.944	对二氯苯	$C_6H_4Cl_2$	145.989	98.1075	97	
19	30.348	苯乙酮	C_8H_8O	120.0575	98.7219	91	
20	36.303	萘	$C_{10}H_8$	128.0625	98.6991	93	
21	35.551	十二烷	$C_{12}H_{26}$	170.3331	98.789	92	
22	47.728	2,4- 二叔丁基苯酚	$C_{14}H_{22}O$	206.1671	99.1631	97	

表10-5 兰州市冬季大气挥发性有机物的成分鉴定

峰号	保留时间/min	化合物名称	分子式	精确质量数	光谱匹配度	Nist08匹配度	标准品验证
1	6.248	二氧化碳	CO_2	44.0144	98.8795	3	
2	6.525	二氧化硫	SO_2	63.9939	87.9978	98	
3	8.604	2-甲基戊烷	C_6H_{14}	86.1764	97.9309	90	
4	8.909	3-甲基戊烷	C_6H_{14}	86.1764	98.0078	91	
5	9.249	正己烷	C_6H_{14}	86.1764	99.0012	90	
6	10.006	2,4-二甲基戊烷	C_7H_{16}	100.1249	98.9807	93	
7	10.161	甲基环戊烷	C_6H_{12}	98.2354	97.8803	90	
8	10.726	1,2-二氯乙烯	$C_2H_4Cl_2$	110.6754	98.7543	90	
9	11.134	2-甲基己烷	C_7H_{16}	100.1249	98.9043	91	
10	11.237	苯	C_6H_6	78.1114	98.7393	94	苯
11	11.475	3-甲基己烷	C_7H_{16}	100.1249	97.2803	94	3-甲基己烷
12	11.923	1,3-二甲基环戊烷	C_7H_{14}	86.1764	96.3839	91	
13	12.042	1,2-二甲基环戊烷	C_7H_{14}	86.1764	97.8387	90	
14	12.312	正庚烷	C_7H_{16}	100.1249	99.0428	91	
15	13.587	甲基环己烷	C_7H_{14}	86.1764	98.8734	96	
16	13.936	乙基环戊烷	C_7H_{14}	86.1764	98.9901	91	
17	15.461	甲苯	C_7H_8	92.0658	99.8273	94	甲苯
18	16.643	正己醇	$C_6H_{12}O$	100.1592	98.3399	89	
19	17.189	乙酸丁酯	$C_6H_{12}O$	100.1592	99.07998	84	
20	18.441	呋喃	C_5H_4O	80.0793	99.0438	91	
21	20.091	乙苯	C_8H_{10}	106.0738	98.0934	95	乙苯
22	20.447	对二甲苯	C_8H_{10}	106.0738	99.2733	98	对二甲苯
23	21.728	间二甲苯	C_8H_{10}	106.0738	89.8376	98	
24	23.894	莰烯	$C_{10}H_{16}$	136.0383	99.7837	91	
25	25.059	苯甲醛	$C_7H_{16}O$	106.8738	98.7634	95	
26	26.724	三甲苯	C_9H_{12}	120.1934	98.08272	93	
27	27.805	二氯苯	$C_6H_4Cl_2$	145.799	99.5678	97	
28	28.41	柠檬烯	$C_{10}H_{16}$	136.0383	98.3456	94	
29	30.209	苯乙酮	C_9H_8O	120.0569	97.6443	90	
30	36.154	萘	$C_{10}H_8$	128.0619	98.9755	91	
31	43.243	十五烷	$C_{15}H_{32}$	212.4133	87.8699	94	
32	47.627	2,4-二叔丁基苯酚	$C_{14}H_{22}O$	206.1597	98.2833	98	

研究结果表明，2012年夏季共检测出36种物质，鉴定出22种。其中2种属于无机气体二氧化碳和二氧化硫；20种为挥发性有机污染物，分属于烷烃、苯系物、多环芳烃、有机酮醛和有机酚六类。2012年冬季共检测出43种物质，定性出32种化合物，分属于无机气体（二氧化碳、二氧化硫）、烷烃、烯烃、

苯系物、有机醇酯、有机酮、含氧杂环以及有机酚九类，冬季大气有机污染物种类明显增加，这与兰州市冬季燃煤供暖有关。

三、结论

比较兰州市区夏季与冬季的挥发性有机物，可以得知，兰州市夏季污染物检出 33 种，鉴定出 22 种，分属无机气体 2 种、烷烃类 10 种、苯系物 6 种、有机醛酮 2 种、多环芳烃 1 种、有机酚类 1 种。兰州市冬季大气污染物种类较多，共检出 44 种，鉴定出 32 种，其中烷烃 14 种、烯烃 3 种、苯系物 8 种、有机醇酯 2 种、有机酮 1 种、有机酚 2 种、无机气体 2 种，其中有 17 种污染物与夏季相同，15 种不同于夏季，夏季污染物有 4 种不同于冬季污染物。兰州市夏冬的空气质量状况为优良或轻微污染。在夏冬两季，城关区、西固区和安宁区的大气挥发性有机物种类相同。

实例 2　保定市餐饮源排放 $PM_{2.5}$ 中有机污染物剖析

餐饮源是城市大气细颗粒物 $PM_{2.5}$ 的一个重要来源，为了解餐饮源 $PM_{2.5}$ 排放特征及来源，刘芃岩等[26]采用气相色谱 - 质谱联用技术（GC-MS）检测了室外烧烤和食堂两种不同类型餐饮源排放的 $PM_{2.5}$ 浓度以及 $PM_{2.5}$ 中的有机污染物，并与同时采样的大气 $PM_{2.5}$ 样品进行对照分析，以确定污染物的来源。

一、仪器条件及剖析方法

1. 仪器条件

Agilent 7890A-5975C 气相色谱 - 质谱联用仪（美国 Agilent 公司），HP-5MS（30m×0.25 mm，0.25μm）色谱柱。升温程序：初始温度 45℃，保持 1min；以 25℃ /min 的升温速率升至 120℃，保持 1min；以 6℃ /min 的升温速率升至 200℃，保持 1min；再以 10℃ /min 的升温速率升至 280℃，保持 10min。进样口温度 260℃，不分流进样，进样量 1μL。EI 离子源，电子能量 70eV，全扫描模式，扫描范围 *m/z* 33～500。

2. 剖析方法

（1）采样注意事项　在采集样品前，将滤膜置于马弗炉中，于 500℃温度下烘 4h，去除其中的有机成分。采样前后均需将滤膜在温度 25℃、湿度 30% 条件下恒温恒湿 24h，恒重称量。采样称重后的滤膜用铝箔纸包裹，放入冰箱中冷冻保存。

（2）样品采集　采样点设置在某一烧烤店和高校食堂。烧烤店采样点附近主要是学校医院及居民生活区，人口密度及交通流量较大，是较为典型的城区站点，采样高度距地面 1.5m 左右，离烤架 1m。高校食堂采样点采样高度距地面 1.5m 左右，离烟囱排放口 1m。大气对照采样点为校园内距地面约 12m 高度，采样时间集中在各餐饮源的就餐高峰时段。采用 TW-2320 型多通道中流量主动大气 / 颗粒物综合采样器（青岛拓威智能仪器有限公司），以 100L/min 的流量采集 3h。采样过程中记录现场的温度、湿度和风向等气象条件。

（3）样品分析 将采集了样品的尘膜用 150mL 己烷：丙酮（体积比 1：1，以下同）溶液索氏提取 12h，提取液于 35℃水浴旋转蒸发至约 5mL 后转移至比色管中，氮吹浓缩至 1mL。将浓缩液通过活性硅胶柱进行分离净化，活性硅胶柱装有 7g 活性硅胶和 2g 无水硫酸钠，上样前先用 20mL 己烷：二氯甲烷（1：1）活化，上样后用 40mL 己烷：二氯甲烷溶液洗脱，洗脱液旋转蒸发至约 5mL，将其转移至离心管中，氮吹至近干，用己烷定容至 2mL，取 1μL 注入 GC-MS 联用仪，进行分析鉴定。利用 NIST08 库进行检索定性，样品的质谱图与标准质谱图对比，匹配度大于 85% 的并且排前 3 位的均为同一种物质或同分异构体的，则可定性为该种物质。

二、保定市餐饮源排放 $PM_{2.5}$ 中有机污染物的剖析结果

1.餐饮源排放 $PM_{2.5}$ 的质量浓度

保定市餐饮源排放 $PM_{2.5}$ 质量浓度测定结果，如表 10-6 所示。

表10-6 $PM_{2.5}$质量浓度测定结果

样品名称	空白膜总重 /g	尘膜总质量 /g	$PM_{2.5}$ 质量浓度 /(μg/m³)	$PM_{2.5}$ 平均质量浓度 /(μg/m³)
室外烧烤油烟样品	0.31897	0.33336	799.4	905.6
	0.32665	0.34796	1183.9	
	0.31984	0.33463	821.7	
	0.31563	0.33034	817.2	
校园食堂油烟样品	0.32539	0.33103	313.3	343.9
	0.32404	0.33078	374.4	
大气对照样品	0.31767	0.31908	78.3	76.7
	0.32088	0.32223	75.0	

由表 10-6 中的测定结果可知：①室外烧烤排放的 $PM_{2.5}$ 浓度为（905.6±160.9）$\mu g/m^3$，食堂排放 $PM_{2.5}$ 浓度为（343.9±30.6）$\mu g/m^3$，大气对照样品排放 $PM_{2.5}$ 浓度为（76.7±1.7）$\mu g/m^3$，室外烧烤是食堂排放 $PM_{2.5}$ 质量浓度的 2～3.4 倍，是环境大气 $PM_{2.5}$ 质量浓度的 9.5～13.6 倍；②餐饮源排放 $PM_{2.5}$ 的浓度远远超过了 GB3095—2012《环境空气质量标准》中二级标准限值 $75\mu g/m^3$，说明餐饮源排放的 $PM_{2.5}$ 不容忽视，而且随着对工业排放源和燃煤控制的加强，餐饮源排放的 $PM_{2.5}$ 对大气的影响可能会更加突出；③小规模的室外烧烤排放 $PM_{2.5}$ 质量浓度高于大规模食堂排放 $PM_{2.5}$ 质量浓度，这可能由于烧烤店主要以烧烤、爆炒烹饪方式为主，烹饪温度较高，更容易产生挥发的细粒子，而且烧烤所用燃料为木炭，不及食堂所用天然气和电清洁，因此烧烤排放的 $PM_{2.5}$ 较多。

2. 餐饮源排放 $PM_{2.5}$ 中有机污染物的定性分析

采用 GC-MS 联用仪分别对露天烧烤油烟样品、校园食堂油烟样品和大气对照样品进行分析检测，各样品

中检测到的主要有机污染物列于表10-7中，各类物质相对含量的比对，见图10-22。

表10-7 各样品中检测到的主要有机污染物

类别	烧烤样品	食堂样品	对照样品
烷烃	十二烷、十六烷、十七烷、十八烷、正十九烷、二十烷、二十三烷、二十四烷、二十五烷、二十六烷、二十七烷	十六烷、十七烷、十八烷、十九烷、二十烷、二十一烷、二十二烷、二十三烷、二十四烷、二十五烷、二十六烷、二十七烷、二十八烷、二十九烷、三十烷	十二烷、十四烷、十六烷、十七烷、十八烷、十九烷、二十烷、二十一烷、二十四烷、二十五烷、二十六烷、二十七烷、二十八烷、二十九烷、三十一烷
多环芳烃	2-乙烯基萘、蒽、菲、芘、苯并[*e*]芘、苯并[*k*]荧蒽	1,2,3,4-四氢萘、2-乙烯基萘、蒽、菲、芘、荧蒽、1-甲基芘、1，2-苯并蒽、苯并[*e*]芘、苯并菲、苯并[*k*]荧蒽	1,4,6-三甲基萘、芴、菲、蒽、苯并[*k*]荧蒽、苯并[*a*]蒽、荧蒽
酯类	丙基丙二酸二乙酯、十六酸甲酯、邻苯二甲酸二丁酯、十四酸异丙酯、烯丙基正癸酸酯、2-丁基1-(2-甲基丙基)苯-1，2-二羧酸酯、顺式-11，14-二十碳二烯酸甲酯、植烷酸甲酯、邻苯二甲酸二丙酯、十六酸乙烯酯、2-十八烯酸单甘油酯、硬脂酸烯丙酯、对甲氧基肉桂酸辛酯、油酸甘油酯、油酸癸脂、邻苯二甲酸二异辛酯	13-十四碳烯-1-醇乙酸酯、苯甲酸2-乙基己酯、十四酸异丙酯、十四酸异丙酯、邻苯二甲酸二异丁酯、邻苯二甲酸二丁酯、邻苯二甲酸二正辛酯、邻苯二甲酸单（2-乙基己基）酯	苯甲酸（2-乙基己基）酯、苯甲酸（4-甲基-3-异壬基）酯、邻苯二甲酸丁基十四烷基酯、十六酸甲酯、邻苯二甲酸二丁酯、邻苯二甲酸二正辛酯、邻苯二甲酸单（2-乙基己基）酯
醛类	辛酸、2-丁基-2-辛烯醛、对甲氧基苯甲醛、壬醛、癸醛、2,4-癸二烯醛、2-十一碳烯醛、3-甲氧基-4-羟基苯甲醛、3，5-二叔丁基-4-羟基苯甲醛、十八醛、(*Z*)-十八碳-9-烯醛、(*Z*)-9-十六碳烯醛	壬酸、对甲基苯甲醛、癸醛、对异丙基苯甲醛、2-丁基-辛烯醛、3,5-二叔丁基-4-羟基苯甲醛	癸醛、庚醛、十一醛、十四醛、十八醛
酮类	十二碳-11-烯-2-酮、1-茚酮、2-癸酮、次联苯甲酮、2-十一酮、十七烷酮、2-十九烷酮、9-芴酮、1,1,1-三氟-2-十七烷酮、18-三十五烷酮、2-羟基环十五烷酮、1-氧杂环十四烷-2-酮	苯乙酮、2-癸酮、6-十一酮、1-戊基-庚酮、十八酮、6，10，14-三甲基-2-十五烷酮、9-芴酮、蒽酮	苯乙酮、1-苊酮、蒽酮、十七酮
酸类	己酸、正庚酸、辛酸、肉豆蔻酸、十五酸（13*Z*）-13-二十碳烯酸、10-十九碳烯酸、顺式-11-二十碳烯酸、十二烯基丁二酸、DL-丙氨酰-DL-丙氨酸、十六烷酸、2-溴十六烷酸、顺式-13-十八碳烯酸、反式-13-十八碳烯酸、9-十六烯酸、顺式-十八碳烯酸、十八烷酸、反-6-十八烯酸、亚油酸、顺式十八碳-9-烯酸、二十二-13-烯酸	辛酸、壬酸、十五酸、*n*-十六酸、*Z*-11-十六酸、十八烷二烯酸、十八烷酸、(*Z*,*Z*)-亚油酸	

续表

类别	烧烤样品	食堂样品	对照样品
芳香类	联苯、苯并噻唑、4-硝基苯	1,4-二氯苯、1-硝基-2-（辛氧基）-苯、1-乙烯基-3-乙基苯、1,3-二乙烯苯、戊基苯	亚联苯、3,5,3′,5′-四甲基联苯、三联苯、三亚苯
烯烃类	十七烯、二十六碳-1-烯、十八烯、1-二十二烯、顺式-9-二十三烯	4-甲基-1-辛烯、柠檬烯、*E*-3-十二烯、*E*-3-十四烯、8-十七烯、2-甲基-*Z*-4-十四烯、角鲨烯	十九碳烯、二十碳烯、二十二烯

由表 10-7 和图 10-22 可知，烧烤油烟样品中共检出 107 种有机污染物，包括 21 种有机酸（47.29%，绝大部分是脂肪酸）、12 种酮及 12 种醛（12. 97%）、17 种酯（9.58%）、11 种 C_{12}～C_{27} 正构烷烃（3.52%）、6 种多环芳烃（1.96%），还有少量酸酐、醇和胺等不确定有机物（18.31%）。校园食堂油烟样品中共检测出 106 种有机污染物，主要为 15 种 C_{16}～C_{30} 正构烷烃（45.2%）、8 种脂肪酸（11.76%）、8 种酯（10.65%）、14 种醛酮（8.84%）、7 种烯烃（11.48%）、11 种多环芳烃（4.3%）和其他有机物（5.84%）。大气对照样品中正构烷烃类含量为 39.3%，其次是烯烃和酯类。正构烷烃类物质主要来自化石燃料的燃烧和汽车尾气排放等活动，餐饮油烟和对照样品中均有较高的含量。

烧烤油烟和食堂油烟中的脂肪酸、醛和酮的种类和相对含量都明显高于大气对照样品，尤其烧烤样品中脂肪酸的相对含量最高，可能由动物脂肪灼烧产生，而醛、酮类物质可能来源于香精等食品添加剂的高温分解。大气对照样品中醛和酮类有机物含量很低，由此推测醛和酮可能是餐饮油烟中特有的污染物。

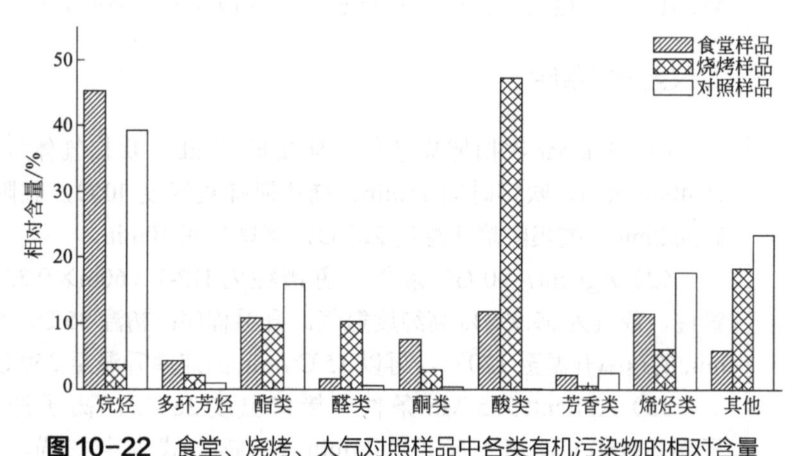

图 10-22　食堂、烧烤、大气对照样品中各类有机污染物的相对含量

三、结论

通过对保定市室外烧烤、校园食堂两种不同类型餐饮源排放的 $PM_{2.5}$ 中有机污染物的分析检测，可得出以下结论：

（1）在采集的样品中，烧烤油烟和食堂油烟排放的 $PM_{2.5}$ 的浓度均高于大气对照样品。

（2）烧烤油烟排放的 $PM_{2.5}$ 中有机污染物主要为脂肪酸，其次是醛酮类；校园食堂油烟样品中除了烷烃类，脂肪酸类和醛酮类排放也较明显；大气对照样品中检测到少量醛酮类，未检测到酸类有机物，由此推测醛、酮、酸可能是餐饮油烟中排放的典型有机污染物。

（3）根据实验结果可知，烹饪方式、食材和燃料（非燃煤）3 个影响因素中烹饪方式对 $PM_{2.5}$ 的贡献

率最大，因此提倡多蒸、煮和炖食物，少煎、炒和油炸食物，从源头上减少油烟和致癌物的产生。

实例 3　广州市饮用水中挥发性有机物的剖析

饮用水中的挥发性有机化合物（VOCs）来源于水源受到的环境污染或是在净化消毒工艺处理工程中反应产生的副产物，可对人体健康造成极大的危害。虽然饮用水中 VOCs 的研究已经得到越来越多的重视，但是目前对广州市饮用水中挥发性有机物的研究还鲜有报道。刘祖发等[27]在广州市中心城区选取 15 个不同位置的采样点进行了自来水水样采集，并利用吹扫捕集 - 气相色谱 - 质谱联用技术分析测定了水中 VOCs 的种类和三卤甲烷的质量浓度。结果表明，广州市中心城区的自来水中 VOCs 有 20 种，以三卤甲烷（THMs）和芳香烃类为主，占了所检出物质总量的 78% 以上。

一、仪器分析条件及分析方法

为使样品能较好地反映广州中心城区自来水的 VOCs 水平，选择了有代表性的 15 个采样点进行样品的采集。采样时间是 2012 年 4 月 12 日，各取 3 个不同位置样本的均值代表各水厂的挥发性有机物质量浓度水平，所采集样品均在 4℃恒温箱内运输和保存，避光处理，5d 内完成样品的分析。

1. 仪器分析条件

（1）Tekmar 吹扫捕集条件　样品量 20mL，吹扫气体为高纯氦气，吹扫流量 40mL/min，吹扫时间 11min。捕集阱捕集温度 40℃，脱附温度 220℃，脱附时间 2min，捕集阱焙烤温度 225℃，焙烤时间 10min。

（2）Agilent7890 GC 条件　色谱柱为 HP-1（60m×0.32mm×1.0μm）毛细管柱，载气为 99.999% 高纯度氦气。升温程序：初温 35℃，保持 3min，以 5℃/min 的速率升温至 120℃，再以 15℃/min 的速率升温至 250℃，保持 10min。

（3）Agilent5975 MS 条件　接口温度 285℃，离子源温度 230℃，四极杆温度 150℃，溶剂延迟 2.75min，扫描方式为全扫描，质量扫描范围 *m/z* 35～350。

2. 分析方法

本实验参照 USEPA-524 标准方法，采用吹扫捕集 - 气相色谱 - 质谱联用技术测定水中挥发性有机污染物。取 5mL 样品移入 Tekmar 2016 水样吹扫管中，用氮气吹脱水中的挥发性有机物，吸附在 Tekmar 3000 捕集阱中，捕集阱快速升温使被吸附有机物脱附，热脱附的有机物随氮气进入 GC-MS 系统进行定性、定量分析。

二、样品的定性定量分析结果

1. 广州市自来水中 VOCs 与 THMs 的分析结果

通过广州市中心城区 6 个自来水厂生产的 15 个饮用水样品分析测定，共检出挥发性有机化合物 20 种，20 种化合物的出峰情况如图 10-23 所示。各自来水厂饮用水中 VOCs 的检出情况见表 10-8。

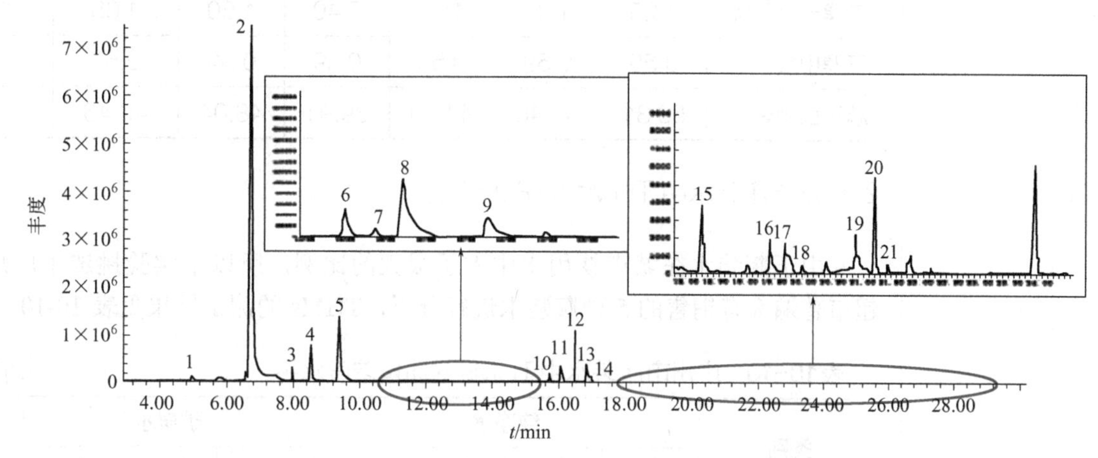

图 10-23　广州市中心城区自来水样品中主要 VOCs 总离子流色谱图

1—二氯甲烷；2—三氯甲烷；3—苯；4—氟苯（内标）；5——溴二氯甲烷；6—甲苯；7—四氯化碳；8—二溴一氯甲烷；9—四氯乙烯；10—乙苯；11—间/对二甲苯；12—三溴甲烷；13—苯乙烯；14—邻二甲苯；15—异丙基苯；16—正丙基苯；17—间/对乙基甲苯；18—1,3,5- 三甲基苯；19—1,2,4- 三甲基苯；20—2- 甲基 -1- 戊醇；21—1,2,3- 三甲基苯

表 10-8　广州市中心城区自来水中 VOCs 的检出情况

水厂	三卤甲烷类	氯代烷烃类	氯乙烯类	芳香烃类	氯苯类	其他类
水厂 1	4	2	1	12	ND	1
水厂 2	4	2	1	7	ND	ND
水厂 3	4	2	1	9	ND	ND
水厂 4	4	2	1	10	ND	ND
水厂 5、6	4	2	1	7	ND	ND

注：“ND”表示没有检测出。

从表 10-8 可知，除水厂 1 自来水所含 VOCs 种类较多外，广州市中心城区的饮用水检出 VOCs 种类和种数基本相同；检测出的 VOCs 主要包括三卤甲烷类和芳香烃类，占总检出物质总类的 78% 以上。氯代烷烃类中检出二氯甲烷、四氯化碳，而 1,1- 二氯乙烷和 1,1,1- 三氯乙烷等未检出；氯乙烯类仅四氯乙烯有检出；氯苯类均未检出；其他类中检出 2- 甲基 -1- 戊醇。

从表 10-8 也可以看出，广州市内采集的自来水中三卤甲烷（THMs）的检出率达 100%，由 GC-MS 系统分析的总离子流色谱图 10-23 可知，三氯甲烷和一溴二氯甲烷的响应最高。为检测广州市中心城区自来水所含 THMs 是否符合国家最新的饮用水标准，采用外标法进行定量，得出各水厂管网末梢水中所含 THMs 的质量浓度（表 10-9）。对比国家最新饮用水标准，广州市自来水中检测出的 4 种 THMs 的质量浓度均达到要求，而且含量相对较低。

表10-9 广州市中心城区自来水中THMs的质量浓度水平 μg/L

THMs	水厂1	水厂2	水厂3	水厂4	水厂5/水厂6	广州平均	国家标准
三氯甲烷	42.73	34.95	34.67	27.72	36.33	35.28	60
一溴二氯甲烷	8.78	9.07	8.07	9.19	9.54	8.93	60
二溴一氯甲烷	1.25	1.85	1.30	2.40	1.60	1.68	100
三溴甲烷	0.55	0.59	0.55	0.59	0.56	0.57	100
总三卤甲烷	53.31	46.46	44.60	39.91	48.04	46.46	—

2. 广州市瓶装水中 THMs 的分析结果

由于瓶装水在城市饮用水中占了很大的比例，所以本实验挑选了广州各大超市普遍都有销售的 5 种瓶装水进行分析，THMs 的测定结果见表 10-10。

表10-10 广州市瓶装水中THMs的质量浓度水平 μg/L

类别	纯净水				矿泉水			平均
	样1	样2	样3	平均	样1	样2	平均	
三氯甲烷	0.46	0.5	1.08	0.68	0.33	0.43	0.38	0.56
一溴二氯甲烷	0.46	0.49	0.72	0.56	ND	ND	—	0.33
二溴一氯甲烷	0.7	0.7	0.73	0.71	ND	ND	—	0.42
三溴甲烷	ND	ND	ND	—	0.78	ND	0.39	0.16
总三卤甲烷	1.62	1.69	2.53	1.95	1.11	0.43	0.77	1.47

注："ND" 表示没有检测出。

从表 10-10 中数据可以看出，瓶装水中三氯甲烷检出率为 100%，矿泉水中一溴二氯甲烷和二溴一氯甲烷都低于检测限，而三溴甲烷在纯净水中未检出。矿泉水所含的 THMs 种类比纯净水少，质量浓度较纯净水低，如一溴二氯甲烷和二溴一氯甲烷在矿泉水中没有检出，而纯净水中均有检出。推测该结果与水源水有关，若纯净水水源为市政供水，经过氯消毒的公共自来水即使再进一步去除氯，也有可能含有低质量浓度的消毒副产物。总体来说，瓶装水所含的 THMs 质量浓度均很低。

通过上述分析，可以发现无论是自来水还是瓶装水，均可检测出 THMs，而自来水中所含的 THMs 质量浓度明显高于瓶装水。其中，自来水中的三氯甲烷是瓶装水的 63 倍，一溴二氯甲烷是瓶装水的 27 倍。两者所含的二溴一氯甲烷和三溴甲烷质量浓度都相对较低，自来水中这两种物质是瓶装水的 4 倍左右。

三、结论

VOCs 普遍存在于广州中心城区的管网末梢水，除三卤甲烷和芳香烃类外，其他类别 VOCs 的检出种类明显较少。THMs 四种化合物的检出率达 100%，但质量浓度均符合国家最新饮用水标准。瓶装水除三氯甲烷检出率为100%以外，只检测出部分THMs，其质量浓度均远低于自来水所含的THMs质量浓度。

实例4 鄱阳湖枯水期有机污染物的剖析

鄱阳湖是江西境内五大主要河流（赣江、抚河、信江、饶河、修水）的汇集地，是长江水量的“调节器”和中国重要的湿地，是12个县（市）人民生活依赖的地表水，也是流域工业生产与生活过程中排放污染物的主要纳污水体。掌握和控制鄱阳湖水体中微量有机污染物的状况，是亟待解决的重要环境问题之一，对中国环境污染综合评价和人类健康具有重要意义。于涛等[28]采用固相萃取-气相色谱-质谱法，剖析了鄱阳湖水体微量有机污染物，为正确评价鄱阳湖环境质量，科学有效地治理鄱阳湖，净化水体，保证水质质量提供了科学依据。

一、仪器分析条件及分析方法

于2010年12月对鄱阳湖10个监测点进行采样，每个监测点在水面下约20cm处取水样1L，以0.45μm滤膜过滤备用。

1. 气相色谱条件

进样温度为280℃，柱前压8.3×10^4Pa，分流比10∶1。升温程序：初始柱温40℃，保持1min，以10℃/min的速率升温至280℃，保持10min。

2. 质谱条件

电子轰击离子源（EI），电子能量70eV，质量扫描范围*m/z* 40～600，离子源温度260℃，传输线温度280℃。

3. 分析方法

将水样以约10mL/min的速度过柱，待水样过柱完毕，用洗耳球吹压出柱内水分，再以二氯甲烷50mL分5次过柱洗脱。每次加入二氯甲烷时，关闭滤柱下端活塞，让其浸泡树脂约10min，洗脱液经无水硫酸钠干燥脱水后蒸发浓缩至0.5mL，取1μL浓缩液进行GC-MS分析。

二、鄱阳湖水样有机污染物剖析结果

对鄱阳湖10个采样点水样进行分析，共检出有机化合物98种。图10-24为采样点1水样的总离子流色谱图。通过分析，扣除空白后，采样点1样品所检测到的有机物列于表10-11。对10个采样点检测的有机化合物根据其污染程度进行分类，将所检出的有机化合物分为烯烃、芳烃及其衍生物、多环芳烃、酚类、酯类、醇类、酮类和杂环化合物，各类有机化合物的检出数量见表10-12。

各检测点所检测出的污染物数量大致相同，在赣江口附近数量最多，这可能是由于赣江所经城市人口密集，生产生活垃圾较多所致；长江口附近数量最低，可能是由于长江水量大，污染物浓度较低所致，检测结果如图10-25所示。

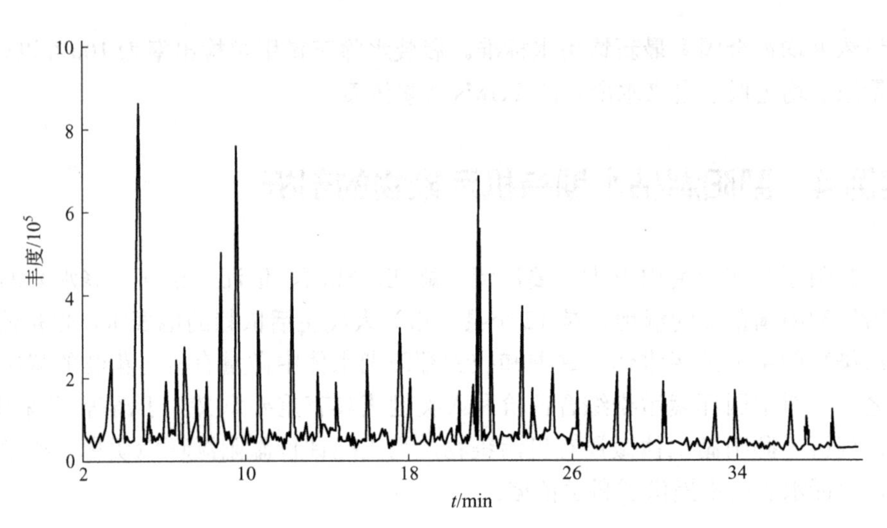

图 10-24 采样点 1 水样的总离子流色谱图

表10-11 采样点1水样检测的有机物

序号	有机物名称	序号	有机物名称	序号	有机物名称
1	苯酚	14	正十一烷	27	异喹啉
2	1- 丁醇	15	正十二烷	28	萘胺
3	2- 甲基 -1- 丙醇	16	正十三烷	29	苯并 [*a*] 蒽
4	丁酸甲酯	17	正十四烷	30	邻苯二甲酸二甲酯
5	2- 甲基丙酸甲酯	18	正十五烷	31	邻苯二甲酸二丁酯
6	2,4- 二甲基 -3- 戊酮	19	正十六烷	32	邻苯二甲基二辛酯
7	4- 庚酮	20	正十七烷	33	苯并 [*a*] 芘
8	2- 甲基苯酚	21	环十八烷	34	邻苯二甲酸二丁基苯基酯
9	正丁醚	22	2,4- 二氯苯酚	35	乙酰胺
10	2- 甲基苯酚	23	2,4,6- 三氯苯酚	36	二苯甲酮
11	2- 氯苯酚	24	萘	37	萘乙酮
12	4- 甲基苯酚	25	噻唑		
13	苯乙醇	26	苯并噻唑		

表10-12 鄱阳湖水样中有机污染物分类

有机物类别	检出数目 / 个	有机物类别	检出数目 / 个
烯烃	16	酯类	11
芳烃及其衍生物	9	含氧化合物（有机酸、酚类、醇类等）	24
多环芳烃	5	杂环化合物	33

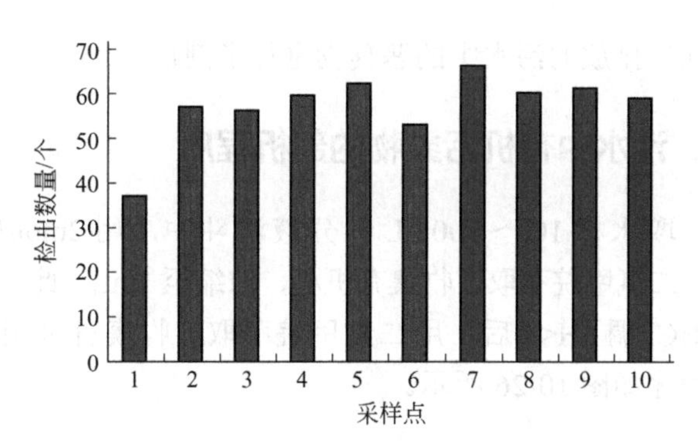

图 10-25 各检测点检出污染情况

检测到的污染物当中，属于美国 EPA 优先控制的污染物有 17 种，中国水环境优先控制的污染物有 13 种，见表 10-13。

表10-13 鄱阳湖水体中优先控制有机污染物检测情况

序号	有机物名称	美国 EPA 优先控制污染物	中国水环境优先控制污染物
1	苯酚	√	√
2	2- 氯苯酚	√	
3	1,2- 二氯苯	√	√
4	2- 甲基苯酚	√	
5	2,4- 二氯苯酚	√	√
6	1,2,4- 三氯苯	√	
7	萘	√	√
8	2,4,6- 三氯苯酚	√	√
9	邻苯二甲酸二（2-乙基己基）酯	√	√
10	六氯苯	√	√
11	邻苯甲酸酯二正丁基酯	√	√
12	苯并 [*a*] 蒽	√	
13	邻苯二甲酸二甲酯	√	√
14	邻苯二甲酸二丁酯	√	√
15	邻苯二甲基二辛酯	√	√
16	苯并 [*a*] 芘	√	√
17	邻苯二甲酸二丁基苯基酯	√	√

实例 5　九江炼油厂污水中有机污染物的剖析

江西省九江市紧临庐山脚下，是赣北水陆交通中心和长江中下游的重要港口。1988 年 11 月 29 日晚至 12 月 3 日，九江市全城大气严重污染，一股恶臭味持续弥漫在空气中达数天之久，受影响的范围近 400 平方公里，人们反应强烈。为了对造成这次大气严重污染事件的污染源做调查，莫汉宏等 [29] 对九江

炼油厂排放的污水中的恶臭物进行了剖析。

一、污水中有机污染物的剖析程序

取水样 100～500mL 于分液漏斗中，用 2mol/L 的 NaOH 调节水样使 pH>11，二氯甲烷萃取，收集有机相，浓缩至 1mL，此为 A；余下的水溶液用 2mol/L 的 HCl 调 pH<3 后，用二氯甲烷萃取，收集有机相，浓缩至 1mL，此为 B。剖析程序如图 10-26 所示。

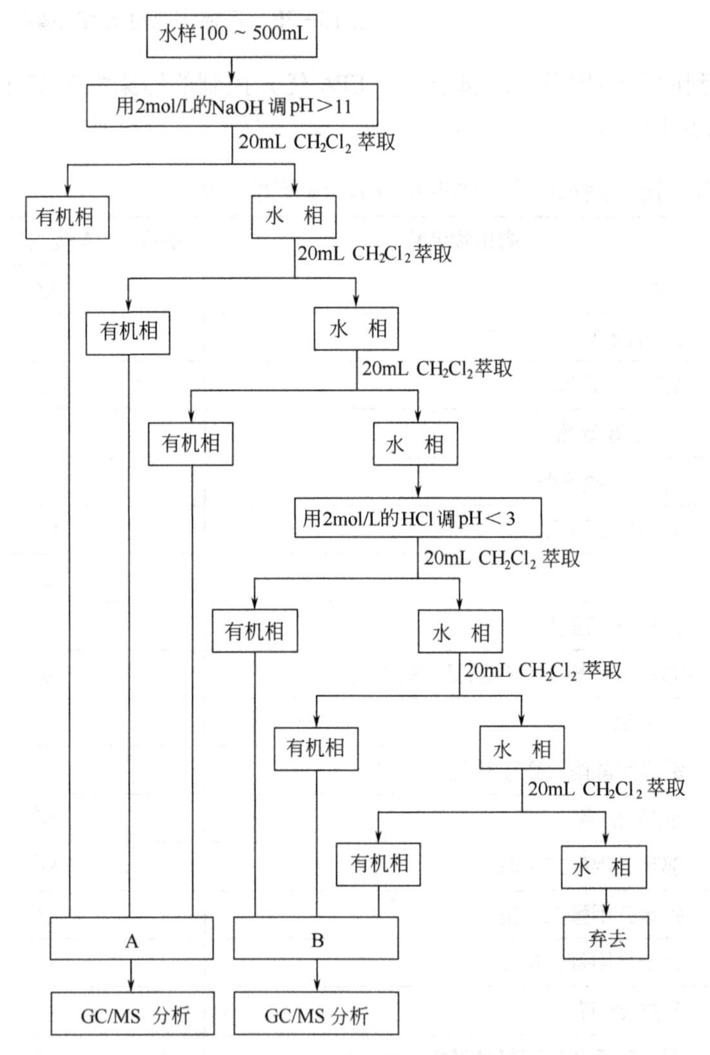

图 10-26 污水中有机污染物剖析程序

用毛细管气相色谱和色谱 - 质谱 - 计算机联用仪，分别对 A 和 B 中的有机污染物进行定性分析。

对污水中乙硫醇等有机硫化合物，分析时取水样 10mL 置于具塞离心管中，加入 1mL 苯振荡萃取 2min，离心分离 10min，转速 4000r/min，吸取上层苯液，用气相色谱法分析，保留值定性，外标法定量。

二、污水中有机污染物的剖析结果

1. 原料水中有机化合物组成

图 10-27 和图 10-28 为原料水提取液 A 和 B 中有机污染物的 GC-MS 总离子流色谱图。从 1989 年 1 月 15 日采集的原料水中，检测出几十种有机化合物，其中已定性的有 34 种，它们多属于脂肪烃、芳烃、酚类、有机氮和有机硫等有机化合物，其中以甲苯、二甲苯、苯酚、甲基苯酚、二甲基苯酚及苯胺等含量为多，生产恶臭味的乙硫醇被检出含量为 7.4μg/mL，为其在水中能产生味觉和嗅觉的感受浓度 0.00019μg/mL 的 37000 倍。

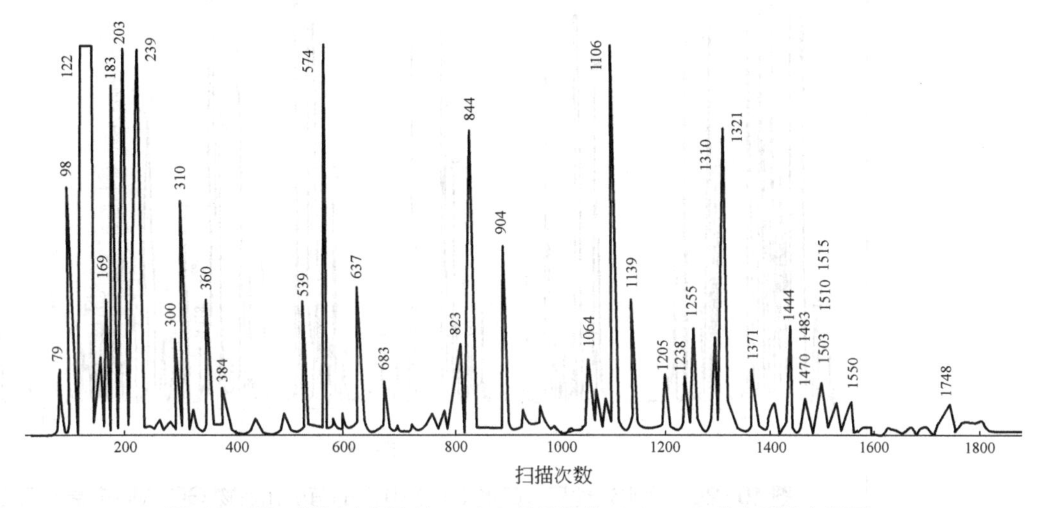

图 10-27　原料水提取液 A 中有机污染物 GC-MS 总离子流色谱图

539—吡咯；574—甲苯；637—环戊酮；683—噻吩；844—1,3- 二甲基苯；904—1,4- 二甲基苯；1106—苯胺；1310—2- 甲基苯胺

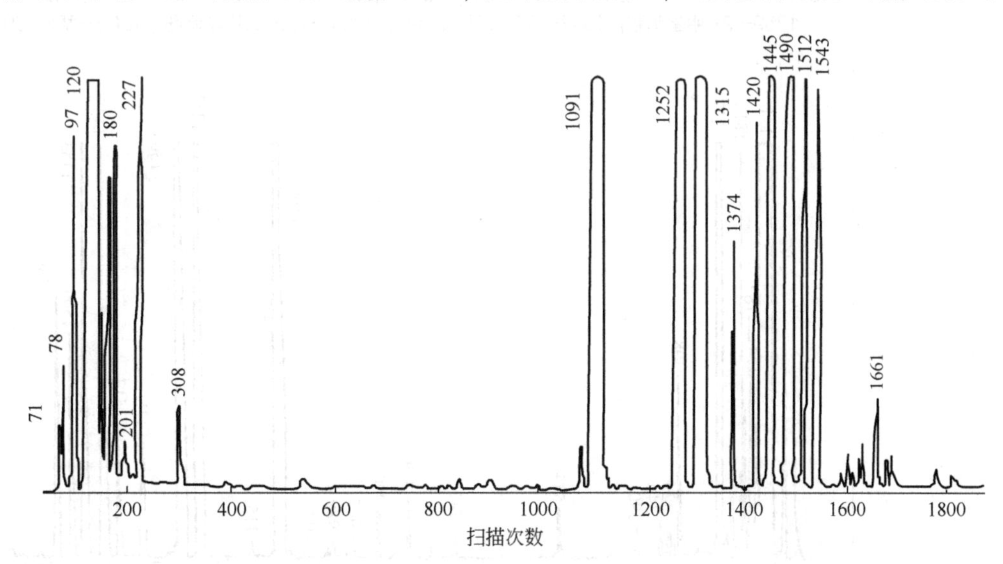

图 10-28　原料水提取液 B 中有机污染物 GC-MS 总离子流色谱图

1091—苯酚；1252—2- 甲基苯酚；1315—4- 甲基苯酚；1374—3,5- 二甲基苯酚；1420—2- 乙基苯酚；1445—2,5- 二甲基苯酚；1490—2,6- 二甲基苯酚；1512—2,3- 二甲基苯酚；1543—4,8- 二甲基苯酚；1661—2- 乙基 -4 甲基苯酚

2. 污水处理厂入口水中有机化合物组成

图 10-29、图 10-30、表 10-14 和表 10-15 为污水处理厂入口水中有机化合物的 GC-MS 总离子流色谱图以及相应的定性分析结果。从 1988 年 12 月中旬和 1989 年 1 月 15 日两次采集的水样中（分别定为样Ⅰ和样Ⅱ），分别检测出 48 和 47 种有机化合物。污水处理厂的污水入口处，汇集了炼油厂各方面的工业污水，从其组成看，它们与原料水中有机化合物的组成相似，主要有芳烃、酚、苯胺等类有机化合物。

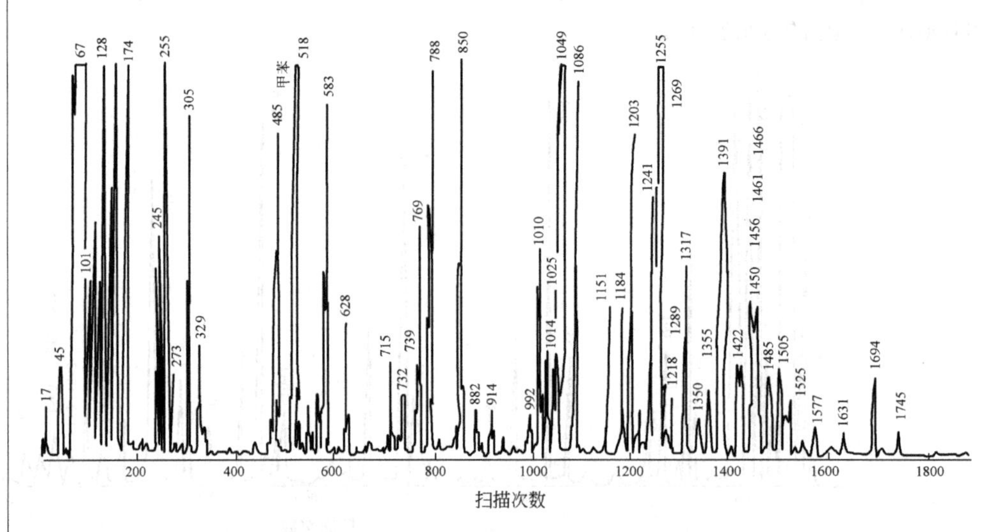

图 10-29 污水处理厂入口水（Ⅱ）中 A 的有机化合物 GC-MS 总离子流色谱图

485—吡咯；518—甲苯；583—环戊酮；628—噻吩；769—乙苯；788—1,3- 二甲苯；850—1,4- 二甲苯；1010—1- 乙基 -3- 甲基苯；1049—苯胺；1086—1,3,5- 三甲苯；1203—3- 甲基苯酚；1255—2- 甲基苯胺；1269—2- 甲基苯胺；1317—3,5- 二甲基苯酚；1391—2,5- 二甲基苯酚；1505—萘；1694—苯乙腈

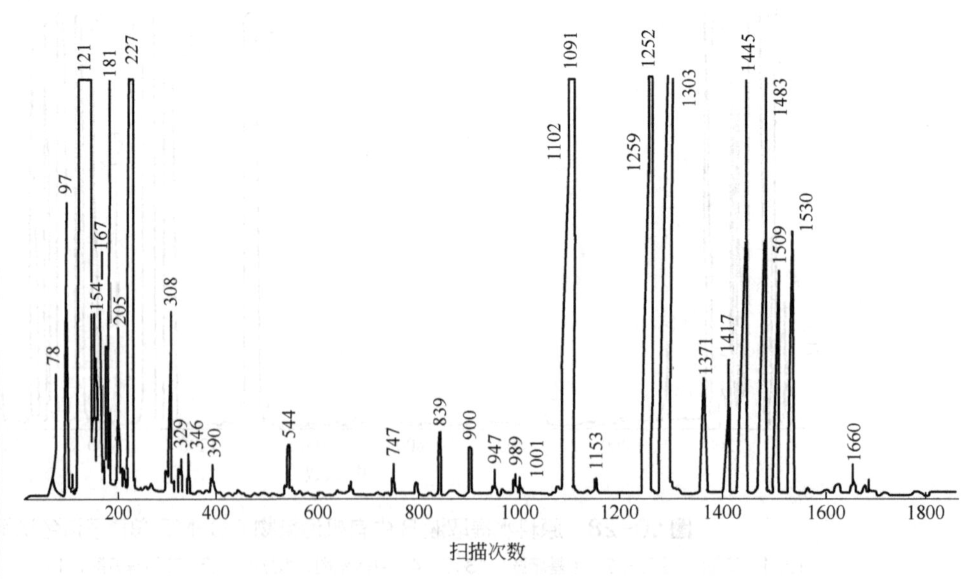

图 10-30 污水处理厂入口水（Ⅱ）中 B 的有机化合物 GC-MS 总离子流色谱图

544—氯乙酸甲酯；1091—苯酚；1252—2- 甲基苯酚；1303—4- 甲基苯酚；1445—2,6- 二甲基苯酚；1483—3,5- 二甲基苯酚；1509—2,3- 二甲基苯酚；1530—3,4- 二甲基苯酚

3. 污水处理厂出口及总排水中有机污染物组成

炼油厂的污水经隔油池除去浮油及活性污泥净化后，从污水处理厂出口处排入氧化塘，最后从总排水口排出。1989 年 1 月 15 日对污水处理厂出口及总排水口水中的有机污染物进行检测，检测到的主要是苯酚类，其含量远比污水处理厂入口处水中相应有机污染物的含量少得多。

表10-14 污水处理厂入口水（Ⅰ）中有机化合物组成

序号	类别	化合物	主要组分	序号	类别	化合物	主要组分
1	芳烃	甲苯		25	脂肪烃	2- 甲基庚烷	+++
2		1,2- 二甲苯	+++	26		3- 甲基庚烷	
3		1,3- 二甲苯	+++	27		2- 甲基 -1- 庚烯	
4		1,4- 二甲苯	+++	28		4- 辛烯	
5		丙苯		29		6- 甲基 -1- 庚醇	
6		1- 乙基 -3- 甲基苯	+++	30		2,2- 二甲基丙烯基环丙烷	
7		1,2,3- 三甲基苯		31		2- 甲基 -4- 乙基己烷	
8		1- 乙基 -2- 甲基苯		32		2,3,4- 三甲基己烷	
9		1,2,4- 三甲苯	+++	33		3- 乙基 -3- 庚烯	
10		烯丙基苯		34		4- 乙基环己酮	
11		1- 甲基 -3- 丙基苯		35		4- 壬烯	
12		二乙苯		36		4- 乙基 -3- 炔烯	
13		1,2- 二甲基 -4- 乙基苯		37		壬烷	
14	酚	苯酚	+++	38		壬烯 -4- 醛	
15		3- 甲基苯酚	+++	39		辛基环丙烷	
16		4- 甲基苯酚		40		3- 甲基癸烷	
17		3,5- 二甲基苯酚		41		正十一烷	
18		3,4- 二甲基苯酚		42		2- 乙基 -1- 癸醇	
19		2,3- 二甲基苯酚		43		正十五烷	
20	脂肪烃	3- 甲基 -2- 丁酮		44	硫化物	硫化氢	
21		1,3- 己二烯 -5- 炔		45		硫	
22		正丁烷		46	有机氮	吡咯	
23		3- 甲基戊烷		47		9- 十八烯酰胺	
24		2,4- 己二烯 -1- 醇		48	稠环	4,7- 二甲基茚	

表10-15 污水处理厂入口水（Ⅱ）中有机化合物的组成

序号	类别	化合物	主要组分	序号	类别	化合物	主要组分
1	芳烃	甲苯	+++	25	酚	2,3,6-三甲基苯酚	
2		乙苯		26		2,4,5-三甲基苯酚	
3		1,3-二甲苯	+++	27	有机胺	苯胺	+++
4		1,4-二甲苯		28		2-甲基苯胺	+++
5		2,5-二甲苯	+++	29		3-甲基苯胺	+++
6		1-乙烯基-2-甲基苯		30		2,4-二甲基苯胺	
7		丙苯		31		2,5-二甲基苯胺	
8		1-乙基-3-甲基苯		32		吡咯	+++
9		1,2,3-三甲苯		33		2,5-二甲基吡咯	
10		1,2,4-三甲苯		34		苯乙腈	
11		1,3,5-三甲苯	+++	35	脂肪烃	氯乙酸甲酯	
12		1,2-二甲基-4-乙基苯		36		3-甲基-2-丁酮	
13		1,2,3,5-四甲基苯		37		环戊酮	+++
14	酚	苯酚	+++	38		2-甲基环戊酮	
15		2-甲基苯酚	+++	39		3-甲基环戊酮	
16		3-甲基苯酚		40		1,1-二乙氧基-2-氯乙烷	
17		4-甲基苯酚	+++	41	有机硫	硫化氢	
18		2,3-二甲基苯酚	+++	42		乙硫醇	
19		2,4-二甲基苯酚	+++	43		噻吩	
20		2,6-二甲基苯酚		44		2-甲基噻吩	
21		3,4-二甲基苯酚	+++	45	稠环	1-甲基茚	
22		3,5-二甲基苯酚	+++	46		6-甲基茚	
23		2-乙基苯酚		47		萘	
24		2-乙基-4-甲基苯酚					

实例6　北京近郊土壤中痕量半挥发性有机污染物的剖析

烃类、有机氯农药（OCPs）以及酞酸酯（PAEs）是广泛存在于环境中的半挥发性有机污染物，其中的16种多环芳烃（PAHs）、8种有机氯农药及6种酞酸酯由于具有致癌、致畸或致突变活性，已被美国环保总署（EPA）列入优先检测的有机污染物“黑名单”。这些污染物的半挥发性，使其经过淋溶、挥发和沉降等过程，在土壤、水体和大气等环境介质中不停地迁移，并最终在土壤形成累积。所以，研究这些化合物在土壤的污染状况对环境监控以及环境污染防治具有重要意义，也可为相关法律法规的制定提供科学依据。

土壤中复杂的组成成分往往对其中的痕量有机污染物分析产生严重干扰，因此，对土壤样品的前处理就显得尤为重要。马玲玲等[30]利用超声提取、吸附色谱分离以及气相色谱和气-质联用的方法对北京近郊土壤中痕量半挥发性有机污染物进行了提取、分离以及定性定量分析，取得了满意结果。

一、样品的前处理

1. 样品采集

采集地下深层土样用于做本底实验；在北京近郊以网格化方式布点共采集表层（0.05～0.30m）土壤样品 47 个，深层（1.5～1.8m）土壤样品 46 个，土样采集后在通风橱中自然风干，过 0.45mm 孔径筛后贮存于密闭深棕色玻璃瓶中，于 −4℃下保存。

2. 样品处理

称取 10g 土壤样品与等量的无水硫酸钠充分研磨混合后放入 100mL 的玻璃离心管中，加入萃取剂后进行萃取；在 30mL 丙酮：石油醚（1：1，体积比）混合液中超声萃取 5min，离心分离，萃取离心重复 3 次，合并萃取液过无水硫酸钠柱干燥，除水后一分为二，经 K-D 浓缩，分别用硅胶柱和弗罗里土柱净化。

硅胶柱是用 10g 硅胶在二氯甲烷中搅匀后湿法装柱，再用 40mL 石油醚预淋洗备用；弗罗里土柱是用 5g 弗罗里土用石油醚湿法装柱备用；色谱柱的顶端覆盖 1g 无水硫酸钠，最下端为处理过的玻璃纤维。净化后的各级分经 K-D 浓缩后，将溶剂替换为石油醚，并浓缩定容至 0.2mL，备定性定量分析。

3. 分析条件及分析方法

有机氯农药用 GC-ECD 分析，其他有机化合物用 GC-FID 分析。分析烃类和酞酸酯时，进样口温度为 280℃，检测器温度为 280℃，载气为高纯氮，流速为 30mL/min；采用不分流进样方式，进样量为 1μL。正构烷烃和多环芳烃的升温程序：初温为 50℃，保持 2min，然后以 4℃ /min 升至 280℃后保持 20min；酞酸酯的升温程序：初温为 50℃，保持 2min，然后以 8℃ /min 升至 280℃后保持 10min。检测有机氯农药时，进样口温度为 300℃，检测器温度为 310℃，其升温程序与烃类的分析条件一致。GC-MS 检测条件：各升温方式同色谱的条件，离子源温度为 230℃，电子能量为 70eV，采用全扫描方式，扫描范围 *m/z*50～500。

定性与定量：标样保留时间结合 GC-MS 谱库检索定性，外标法定量。

二、有机污染物的预分离与纯化

1. 硅胶柱分离纯化正构烷烃和多环芳烃

在硅胶柱上加入适量待测浓缩液，采用不同比例的石油醚 - 二氯甲烷混合液洗脱，控制一定的流速，每隔一定体积收集一次洗脱液。结果表明：先用 25mL 石油醚淋洗，级分中为正构烷烃类化合物；再用 30mL 石油醚：二氯甲烷（3：2，体积比）淋洗，级分中为多环芳烃类化合物。

2. 弗罗里土柱分离纯化有机氯农药和酞酸酯

在弗罗里土柱上加入适量待测浓缩液，采用不同比例的石油醚 - 乙醚混合液洗脱，控制一定的流速，每隔一定体积收集一次洗脱液，绘制洗脱曲线。结果表明：先用 100mL 石油醚：乙醚（91：9，体积比）

淋洗，此级分中为有机氯农药类化合物；再用 60mL 石油醚：乙醚（50：50，体积比）淋洗，此级分中为酞酸酯类化合物。

三、北京近郊土壤中有机污染物剖析结果

采用上述实验方法，对北京近郊土壤中的半挥发有机污染物进行了剖析。利用气相色谱和气 - 质联用技术，共鉴定化合物 83 种，对其中的 56 种进行了定量分析。包括 26 种正构烷烃（从 C_{13} 到 C_{36} 以及姥鲛烷和植烷）、16 种多环芳烃、8 种有机氯农药和 6 种酞酸酯。其中属于美国 EPA 129 种优先控制污染物的有 30 种，属于我国 68 种优先控制污染物的有 19 种。图 10-31 为表层土壤样品中多环芳烃（a）和酞酸酯（b）的总离子流色谱图。

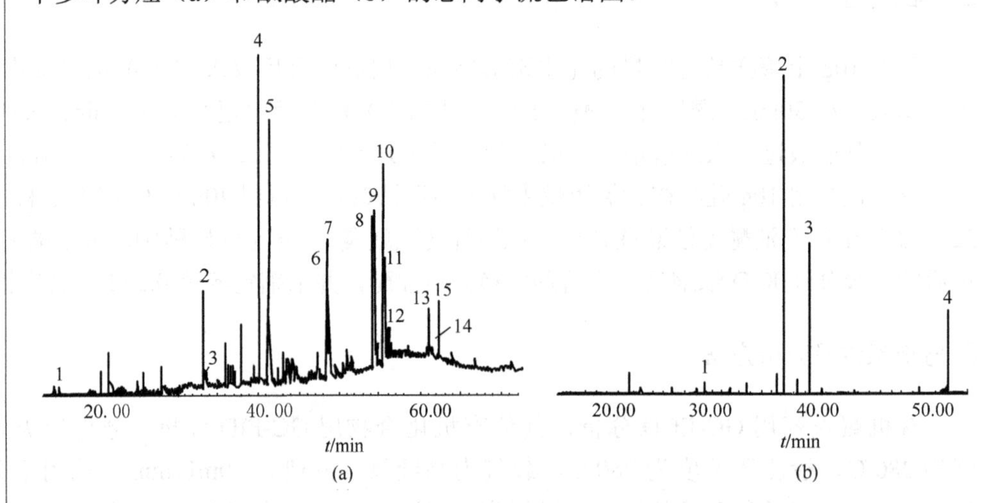

图 10-31　表层土壤样品中多环芳烃（a）和酞酸酯（b）的总离子流色谱图

（a）　1—萘；2—菲；3—蒽；4—荧蒽；5—芘；6—苯并 [*a*] 蒽；7—䓛；8—苯并 [*b*] 荧蒽；9—苯并 [*k*] 荧蒽；10—苯并 [*e*] 芘；11—苯并 [*a*] 芘；12—苝；13—茚并 [1, 2, 3-*e*, *d*] 芘；14—二苯并 [*a*, *h*] 蒽；15—苯并 [*g*, *h*, *i*] 苝

（b）　1—酞酸二乙酯；2—酞酸二异丁酯；3—酞酸二丁酯；4—酞酸双 (2- 乙基己) 酯

检出率在一定程度上可以定性地反映有机物对环境的污染状况。对表层土壤，多环芳烃中检出率最低的是苯并 [*a*] 蒽（47%），最高的是苯并 [*a*] 芘（85%）；正构烷烃中检出率最低的是正十三烷（47%），最高的是正二十四烷到正二十七烷（94%）；有机氯农药的检出率均较高，接近或达到 90% 以上；6 种 EPA 酞酸酯中检出率最低的是邻苯二甲酸二甲酯（11%），最高的为邻苯二甲酸双（2- 乙基己）酯（98%）。对深层土壤，多环芳烃中检出率最低的是苯并 [*a*] 蒽（5%），最高的是芴（65%）；正构烷烃中检出率最低的是正十三烷（5%），最高是正十八烷、正二十七烷和正二十九烷（74%）；有机氯农药的检出率也较高，接近或达到 80%；酞酸酯中检出率最低的是邻苯二甲酸二甲酯（4%），最高的为邻苯二甲酸双（2- 乙基己）酯（90%）。此外，正十三烷检出率低是由于它的挥发性大，导致含量偏低。

由表 10-16 的检出率数据可以看出，北京城周边近郊的表层土壤比深层土壤受到的污染严重。

表10-16 北京城郊土壤中半挥发性有机污染物的平均检出率 %

土壤类别	多环芳烃	正构烷烃	六六六	滴滴涕	酞酸酯
深层土壤	34.9	71.1	84.4	82.2	84.4
表层土壤	68.9	88.5	92.6	92.6	95.6

四、结论

所述方法的回收率为 82%～117%，检出限为 0.004～220ng/g；相对标准偏差均小于 15%，适合分析土壤中的痕量半挥发性有机氯农药、酞酸酯、正构烷烃和多环芳烃类污染物。应用于北京近郊土壤样品的分析，取得了比较满意的结果，为评价城郊的土壤质量打下了基础。

实例 7 长沙市夏季大气颗粒物中重金属的形态剖析

大气中的总悬浮颗粒物（TSP）是城市空气中的主要污染物之一。大量研究表明，携带有重金属和有机污染物的颗粒物严重影响了城市大气环境质量和居民的健康状况。重金属通过各种人类活动如工业排放、燃料燃烧、垃圾焚烧以及采矿冶炼等排放到大气环境中，由于重金属的累积性和不可生物降解性导致空气中的重金属污染非常严重。近年来，国内外对 TSP 中重金属的研究主要集中在总量的测定，总量分析可以在一定程度上反映某个地区的重金属污染情况，但重金属元素在大气颗粒物中往往以多种化学形态存在，不同的形态在环境中的行为及毒性也不同，TSP 中重金属的化学形态分析对于研究重金属的环境化学行为有着非常重要的作用。陈琳等[31]对长沙市夏季 TSP 中重金属元素（Cu、Zn、Pb、Cd 和 Mn）的含量和化学形态进行了分析，并利用污染因子评价了重金属的污染情况，可为长沙市大气污染研究提供参考。

一、样品的采集、处理及测定方法

1. 样品采集

分别在长沙市的高开区、经开区、开福区以及马坡岭 4 个环境监测站采集 TSP 样品。采样时间为 2008 年 5 月 7~17 日，每天连续采样 8h，采样仪器为 TH-150 型中流量采样器（武汉天虹），流量为 100L/min，采样滤膜为玻璃纤维滤膜。采样前后，滤膜在相同条件下于干燥器中平衡 24h 后称重，采样后的滤膜于 4℃保存至分析。

2. 样品处理

TSP 样品按照 BCR 连续提取法处理，BCR 三步萃取法按步骤定义为弱酸提取态（HAc 提取）、可还原态（$NH_2OH \cdot HCl$ 提取）和可氧化态（H_2O_2 提取），剩下的残渣用王水微波消解。

弱酸提取态（F1）：将滤膜剪碎分别装入 50mL 聚乙烯离心管中，加入 20mL 0.10mol/L 乙酸溶液，在温度为（22±5）℃下连续振荡 16h。离心分离，取上清液，残渣用高纯水清洗，洗涤后再次离心，合并上清液并定容至 50mL，置于 4℃保存待测。

可还原态（F2）：在 F1 残渣中加入 20mL 0.5mol/L 的盐酸羟胺溶液，用手稍稍振荡，然后置于振荡器

中于（22±5）℃下振荡16h，其余同上步。

可氧化态（F3）：取5mL双氧水（30%体积比，用硝酸调节pH=2左右）加入上步残渣中，避免反应过于剧烈，可少量多次加入，盖上盖子（防止样品剧烈反应而溅出），室温下放置1h（间隔15min用手振荡）；拿去盖子，放入（85±2）℃水浴1h，待溶液蒸至近干，再加入5mL双氧水（pH=2左右），重复上述操作，待溶液加热近干，加入25mL 1.0mol/L的乙酸铵溶液于冷却的剩余物中，在（22±5）℃下振荡16h，其余同上步。

残渣态（F4）：在F3残渣中，加入5mL王水，放入到干净的Telfon-TFM样品消解罐中，置于微波消解系统进行消解，洗涤方法同上，定容，待测。

3. 样品的测定方法

定容后的溶液采用原子吸收法测定颗粒物中的Cu、Zn、Mn、Pb和Cd的含量并做空白实验。

二、样品的分析结果

1. 长沙市TSP浓度值

各采样点TSP样品的质量浓度变化见表10-17。由表10-17可知，经开区的TSP浓度最高，均值为269.6μg/m^3，低于大气环境质量标准（GB 3095—2012）二级标准300μg/m^3。开福区的浓度也较高，马坡岭作为清洁对照区TSP的浓度最低，空气质量比较好。高开区是以高新技术企业为主导的开发区，空气质量较经开区好。

表10-17　各采样点的TSP浓度值　　μg/m^3

采样点	最高值	最低值	平均值
高开区	230.4	154.2	185.5±32.6
经开区	310.5	197.5	269.6±49.8
开福区	308.8	166.2	252.2±56.4
马坡岭	213.3	143.2	175.3±29.0

2. 长沙市TSP中重金属的浓度值

图10-32为长沙市不同采样点TSP样品中重金属元素的平均浓度。

由图10-32可知长沙市TSP中重金属元素平均浓度Zn为0.806μg/m^3，Pb 0.544μg/m^3，Cu 0.295μg/m^3，Mn 0.163μg/m^3，Cd 0.161μg/m^3。浓度大小顺序为：Zn>Pb>Cu>Mn>Cd。从采样点的情况看，高开区的Cu及Cd的含量比其他3个点的要高，而经开区的Zn含量高，表明这两个采样点重金属的污染情况不同。各点的Mn浓度相差不大，表明长沙市Mn的污染分布比较均匀。Pb在4个采样点的浓度均较高。从图10-32可以看出长沙市TSP中重金属含量较高，应该严格控制重金属的排放。

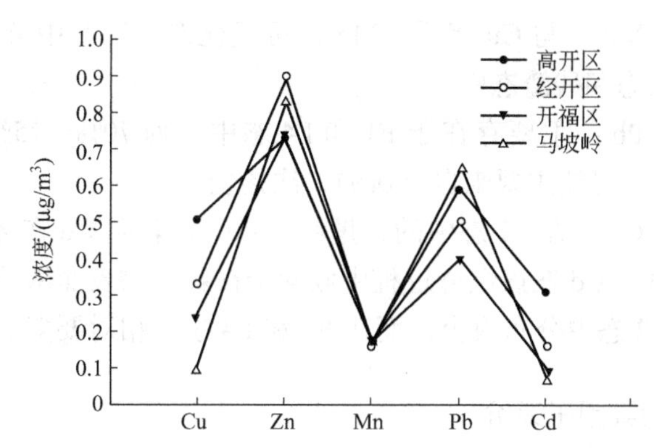

图 10-32　采样点 TSP 样品中重金属的平均浓度值

3. 长沙市 TSP 中重金属的形态分布

将各采样点 TSP 样品进行 BCR 分级提取，采用 AAS 法测定重金属 Cu、Zn、Mn、Pb 和 Cd 的含量，各采样点重金属形态分布浓度值见表 10-18。

表10-18　各采样点TSP样品中重金属形态分布浓度值　ng/m^3

元素	形态	高开区	经开区	开福区	马坡岭
Cu	F1	19.2±4.4	30.3±6.6	16.5±1.1	34.8±7.7
	F2	68.7±15.4	39.2±4.5	4.8±3.1	1.1±0.3
	F3	408.8±47.3	252.9±15.4	216.0±18.3	63.7±48.0
	F4	12.3±7.5	7.5±5.1	3.1±0.9	—
Zn	F1	418.1±4.7	653.7±153.1	591.0±53.5	639.5±149.5
	F2	99.8±5.9	115.9±41.3	62.8±3.8	125.8±124.3
	F3	59.5±17.0	20.1±5.6	33.7±9.0	28.0±7.7
	F4	153.5±1.1	114.3±80.2	64.1±15.2	44.1±4.5
Mn	F1	82.9±9.9	75.9±3.3	129.6±16.6	92.9±12.9
	F2	10.3±3.5	39.9±2.1	22.3±15.1	28.6±31.5
	F3	—	—	2.1±0.6	0.3
	F4	71.7±21.0	32.6±4.0	21.6±20.3	42.6±18.1
Pb	F1	163.5±17.4	240.3±18.9	183.0±47.8	216.5±41.0
	F2	93.7±14.6	92.4±31.1	71.4±3.3	137.2±14.9
	F3	94.5±24.9	56.4±19.0	54.2±10.3	63.8±2.0
	F4	244.5±18.2	121.7±46.6	99.4±59.6	242.0±11.3
Cd	F1	189.7±11.1	80.9±39.1	30.1±28.9	9.0±7.1
	F2	—	—	0.7	—
	F3	88.4±14.7	71.5±12.3	50.6±4.5	41.5±39.6
	F4	27.8±4.1	13.3±0.8	15.7±5.4	23.6±14.6

Cu：从表 10-18 中可以看出，在 4 个站点中，Cu 在 F1、F2 以及 F4 态中分布比较低，63.3%～89.0% 的 Cu 分布在可氧化态（F3）。F3 中分布较多表明 Cu 主要是以硫化物或者与有机物相结合的形态存在。

Zn：很大一部分 Zn 以弱酸提取态（F1）存在，占到总含量的 58%～80%，只有 9%～15% 存在于可还原态（F2），前两态的含量非常高，表明 TSP 中 Zn 在环境中有很高的迁移性。而氧化态的 Zn 含量很少，

不到 10%；另外，Zn 在残渣态中也占有一定的比例。

Mn：与 Cu 相反，Mn 在可氧化态（F3）中分布非常少，主要存在于弱酸提取态和残渣态中。

Pb：主要存在于 F1 和 F4 态中，为 70%～75%。残渣态中 Pb 约为 24%～43%，可能主要来自土壤的二次扬尘。

Cd：在 F1 态中的含量约为 40%，表明 Cd 在环境中有很高的迁移性。有研究表明 Cd 在煤燃烧过程中倾向于在颗粒物表面浓缩，因此很容易提取出来。Cd 在 F2 态中分布很少，而在 F3 和 F4 态中相对要多。

4. 污染因子评价

本文中通过计算元素的污染因子（C_f）来评价重金属元素的可保持能力。计算公式为：

$$C_f = \frac{F1 + F2 + F3}{F4}$$

计算结果见表 10-19。

表10-19　各采样点的污染因子计算值

元　素	站　点			
	高开区	经开区	开福区	马坡岭
Cu	40.38	42.99	76.55	100
Zn	3.76	6.91	10.73	17.99
Mn	1.30	3.55	7.13	2.86
Pb	1.44	3.20	3.10	1.73
Cd	10.00	11.46	5.18	2.14

从表 10-19 可以看出，Cu、Cd 和 Zn 有较高的污染因子值，Mn 和 Pb 的污染因子值相对要低。表明 Cu、Cd 和 Zn 在环境中的可迁移性高，而 Mn 和 Pb 在环境中的可迁移性相对较低。不同的采样点重金属元素的污染因子值也不同。Cu 和 Zn 在马坡岭的值均是最高，表明虽然马坡岭的 TSP 浓度值不高，但 Zn 和 Cu 却表现出非常强的可迁移性。Pb 和 Cd 在经开区表现出比较高的污染因子值，对环境有潜在的危害。而在开福区，Mn 的可迁移性要高于其他采样点。

三、结论

（1）长沙市夏季大气颗粒物的平均浓度值为（220.7±42）$\mu g/m^3$，低于国家二级标准（300$\mu g/m^3$）。从站点来看，TSP 浓度为：经开区 > 开福区 > 高开区 > 马坡岭。

（2）颗粒物中重金属浓度高低顺序为：Zn>Pb>Cu>Mn>Cd。从站点分布来看，重金属总浓度值大小顺序为：经开区 > 马坡岭 > 高开区 > 开福区，表明

TSP 浓度与重金属浓度关系不大。

（3）从 4 个站点来看，重金属的形态分布比较相似，但在含量方面还是有很大的不同。由污染因子计算可知 Cu、Zn 和 Cd 比 Mn、Pb 有更高的迁移性，其迁移顺序为 Cu>Zn>Cd>Mn>Pb。

实例 8 海岸带沉积物中多环芳烃的剖析

海岸带是陆地与海洋的结合部和过渡带，资源十分丰富，同时兼具多种环境功能和生态价值，在沿海经济和社会发展中占有重要地位。多环芳烃（PAHs）是一类具有强烈致癌、致畸、致突变作用的化合物，在海岸带沉积物中分布较广，已引起研究者的关注。沈加林[32]采用加速溶剂萃取法对海岸带沉积物进行前处理，采用高效液相色谱法对其中的多环芳烃进行检测，取得满意结果。

一、仪器条件及分析方法

1. 仪器条件

采用 Agilent 1100 高效液相色谱仪和美国戴安公司 ASE 300 加速溶剂萃取仪。

Supelcosil™ LC-PAH 专用色谱柱（15cm×4.6mm，0.5μm），柱温 20℃，进样体积 15μL。流动相为水（A）和乙腈（B），流速 0.8mL/min。梯度洗脱程序：0～10min，60%B；10～40min，100%B。PAHs 的荧光检测波长程序（λ_{Em} 为发射波长，λ_{Ex} 为激发波长）见表 10-20。

表10-20 PAHs的荧光检测波长程序

时间 /min	0	8.3	12.7	15.4	17.2	18.4	20.6	24.1
λ_{Ex}/nm	280	289	249	250	285	333	270	290
λ_{Em}/nm	340	321	362	400	450	390	410	410

2. 分析方法

（1）样品的采集　利用专用取样器进行沉积物样品的采集，采集表层 0～20cm 区间的沉积物。采样点通过 GPS 定位，分布在长江入海口浅滩地区，包括江苏启东、海门，上海崇明岛、长兴岛和横沙岛等地区。采集的样品在现场进行充分混匀，装瓶编号后，迅速放入带有冰块的保温箱中冷藏。

（2）样品的风干处理　沉积物样品含水率较高，需进行风干处理。将样品平摊于大小适度的铝箔纸上，将碎贝壳、砾石以及动植物残体去除，于避光条件下自然风干。风干后的样品于玛瑙研钵中研磨，过 60 目金属筛，装入干净的棕色玻璃瓶中密封保存。

（3）样品的加速溶剂萃取及 HPLC 检测　准确称取 10.00g 海洋沉积物样品，与适量 1- 氟萘（1-FN，用于测定回收率）标准品、2g 硅胶、2g 硅藻土及一定量活化后的铜粉混匀，转移至 34mL 萃取池中，萃取池的空隙用灼烧过的石英砂填满。用色谱纯的二氯甲烷作萃取剂，在温度 100℃、压力 1500psi 条件下，加热 5min，静态提取 7min，循环两次。萃取完毕，将萃取液经无水硫酸钠干燥，于旋转蒸发器上浓缩。浓缩液上硅胶色谱柱净化，用 20mL 正己烷：二氯甲烷（1：1）溶液淋洗，收集洗脱液，经氮吹浓缩定容至 2mL，取此液 15μL 进行 HPLC 检测。

二、海岸带沉积物中多环芳烃的测定结果

1. 标准物质的色谱图及标准曲线的回归方程

14 种多环芳烃标准品的色谱图，如图 10-33 所示。

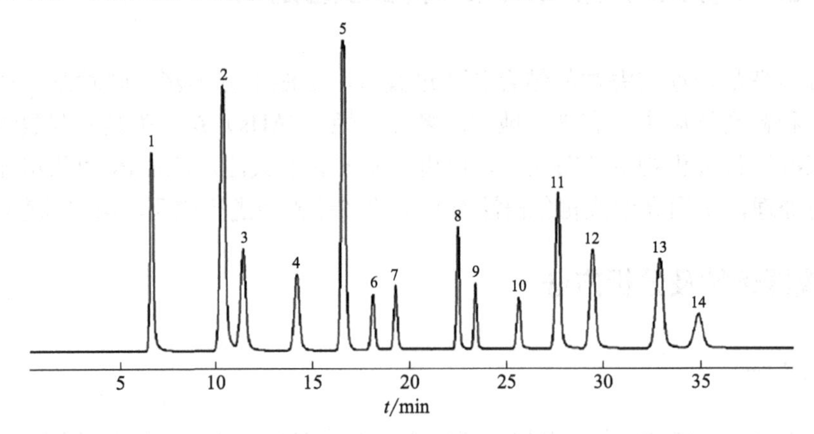

图 10-33 14 种多环芳烃标准品的色谱图

出峰顺序为：1—苊；2—芴；3—菲；4—蒽；5—荧蒽；6—芘；7—苯并 [*a*] 蒽；8—䓛；9—苯并 [*b*] 荧蒽；10—苯并 [*k*] 荧蒽；11—苯并 [*a*] 芘；12—二苯并 [*a,h*] 蒽；13—苯并 [*g,h,i*] 苝；14—茚并 [1,2,3-*cd*] 芘

从图 10-34 可以看出，在选定的色谱条件下，14 种多环芳烃的分离效果良好。14 种多环芳烃标准曲线的回归方程和相关系数见表 10-21。实验结果表明，多环芳烃在 2～200μg/L 浓度范围内线性关系良好，相关系数 R^2 值均在 0.99983 以上，完全能满足外标法定量分析要求。

表10-21 标准曲线的回归方程和相关系数

序号	化合物名称	标准曲线的回归方程	相关系数 R^2
1	苊	y=1.01752x+0.27887	1.00000
2	芴	y=2.05662x-0.07380	1.00000
3	菲	y=3.06497x+0.09392	1.00000
4	蒽	y=11.62992x-0.72521	0.99999
5	荧蒽	y=0.77936x+0.17085	0.99999
6	芘	y=1.66782x+0.15215	0.99999
7	苯并 [*a*] 蒽	y=2.83860x-0.02764	1.00000
8	䓛	y=1.46081x+0.27124	0.99998
9	苯并 [*b*] 荧蒽	y=0.73512x-0.29935	0.99997
10	苯并 [*k*] 荧蒽	y=5.56850x-1.07447	0.99998
11	苯并 [*a*] 芘	y=4.36911x-1.73075	0.99994
12	二苯并 [*a,h*] 蒽	y=2.34633x-1.63236	0.99995
13	苯并 [*g,h,i*] 苝	y=1.03885x-1.38818	0.99983
14	茚并 [1,2,3-*cd*] 芘	y=0.22504x-0.52481	0.99997

2. 实际样品分析

按分析方法操作，对 2014 年采集的部分海岸带沉积物样品中的多环芳烃进行分析，测定结果见表 10-22。图 10-34 是实际样品中多环芳烃的色谱图。

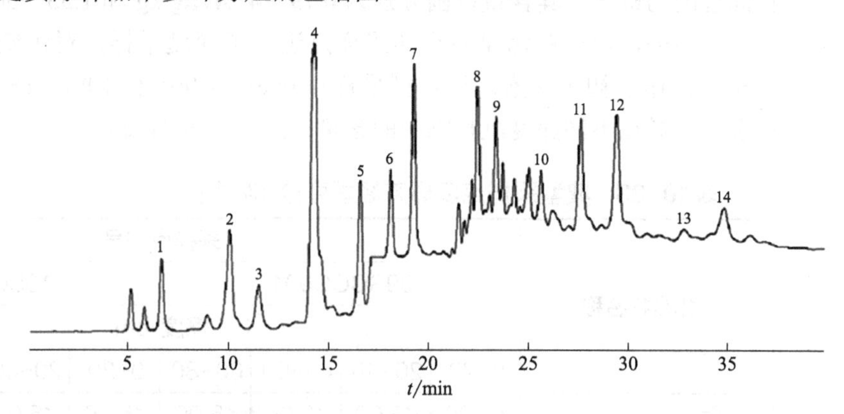

图 10-34 实际样品中多环芳烃的色谱图

出峰顺序为：1—萘；2—芴；3—菲；4—蒽；5—荧蒽；6—芘；7—苯并 [*a*] 蒽；8—䓛；9—苯并 [*b*] 荧蒽；10—苯并 [*k*] 荧蒽；11—苯并 [*a*] 芘；12—二苯并 [*a*,*h*] 蒽；13—苯并 [*g*,*h*,*i*] 苝；14—茚并 [1,2,3-*cd*] 芘

表 10-22 2014 年采集的部分沉积物样品中多环芳烃的含量 μg/kg

采样点编号 化合物名称	10SCLX 007-3	10SCLX 007-4	10SCCS 008-1	10SCCS 008-2	10SCCS 008-3	10SCCS 008-4	10SCCL 009	10SCCP 010-1	10SCCP 010-2	10SCCP 010-3
萘	<5.00	<5.00	<5.00	<5.00	<5.00	<5.00	<5.00	<5.00	<5.00	<5.00
芴	3.47	3.67	2.88	3.21	2.96	3.04	7.58	16.60	5.13	3.91
菲	16.31	21.09	12.36	18.00	14.58	19.16	48.08	89.63	21.05	23.40
蒽	<5.00	<5.00	<5.00	<5.00	<5.00	<5.00	<5.00	<5.00	<5.00	<5.00
荧蒽	3.54	4.24	3.74	5.26	6.68	3.22	44.78	73.60	8.77	7.97
芘	2.34	3.97	2.58	3.92	5.50	1.97	46.66	89.78	8.35	7.06
苯并 [*a*] 蒽	0.92	1.09	1.11	1.83	2.81	0.51	28.64	16.34	3.92	3.15
䓛	1.26	1.93	1.41	2.29	4.26	0.79	47.47	24.15	4.48	4.51
苯并 [*b*] 荧蒽	2.27	2.74	2.70	3.08	4.26	1.55	30.29	18.85	6.26	5.34
苯并 [*k*] 荧蒽	0.51	0.65	0.67	1.13	1.85	<0.50	15.90	12.13	2.44	2.31
苯并 [*a*] 芘	<1.00	<1.00	<1.00	1.09	2.17	0.46	9.85	4.46	3.50	3.52
二苯并 [*a*, *h*] 蒽	<0.50	<0.50	1.16	1.18	1.38	<0.50	4.74	4.55	1.96	1.75
苯并 [*g*, *h*, *i*] 苝	1.81	2.46	2.03	2.34	2.97	1.25	21.52	17.74	4.90	3.84
茚并 [1,2,3-*cd*] 芘	<8.00	<8.00	<8.00	<8.00	<8.00	<8.00	<8.00	<8.00	<8.00	<8.00
1-FN	21.53	19.32	19.39	18.97	19.93	18.51	19.13	19.32	18.61	19.83
1-FN 回收率 /%	107.9	97.5	98.3	94.8	100.3	92.6	96.1	97.2	93.1	99.5

由表 10-22 可见，所有沉积物样品中均能检测到多环芳烃组分，部分污染较重的区域，如采样点 10SCCL009 和 10SCCP010-1 中多环芳烃的含量较高。沉积物中多环芳烃含量较高的组分主要为菲、荧蒽和芘等。䓛和苯并 [*b*] 荧蒽也有不同程度的检出，其含量范围分别为 0.79～47.47μg/kg 和 1.55～30.29μg/kg。

另外，对一些污染较重的采样点进行了深度采样，对污染物的垂直空间分布规律作了初步探索。以典型采样点 09SCCC001 和 10SCQD011 为例，测定了多环芳烃在不同深度沉积物中的含量，结果见表 10-23。

表10-23　典型采样点多环芳烃垂直分布特征　　μg/kg

化合物名称	采样点编号							
	09SCCC001				10SCQD011			
	深度 /cm							
	0~20	20~40	40~60	60~80	0~20	20~40	40~60	60~80
苊	<5.00	<5.00	<5.00	<5.00	<5.00	<5.00	<5.00	<5.00
芴	4.51	3.42	2.51	<2.50	6.30	7.88	6.94	6.06
菲	34.37	26.30	9.63	8.02	34.72	43.20	41.23	35.16
蒽	<5.00	<5.00	<5.00	<5.00	<5.00	<5.00	<5.00	<5.00
荧蒽	67.79	56.37	2.89	<2.50	25.77	7.88	6.94	22.26
芘	78.98	53.67	2.37	1.21	24.73	31.63	27.77	23.37
苯并 [*a*] 蒽	47.47	38.09	2.53	<0.50	11.37	15.33	15.56	12.20
䓛	50.42	38.05	5.15	0.60	16.62	20.04	20.46	16.74
苯并 [*b*] 荧蒽	56.76	41.78	2.47	1.29	18.07	19.52	17.87	14.72
苯并 [*k*] 荧蒽	27.59	19.99	0.99	<0.50	7.86	8.49	8.29	7.42
苯并 [*a*] 芘	48.53	31.45	<1.00	<1.00	3.98	12.64	11.76	10.65
二苯并 [*a*, *h*] 蒽	9.45	5.43	<0.50	<0.50	3.16	2.88	2.54	2.91
苯并 [g, *h*, *i*] 苝	41.66	29.09	<1.00	<1.00	11.49	13.45	12.36	11.80
茚并 [1,2,3-*cd*] 芘	<8.00	<8.00	<8.00	<8.00	<8.00	<8.00	<8.00	<8.00

由表 10-23 可见，采样点 09SCCC001 中多环芳烃主要分布在 0～20cm 和 20～40cm 两个深度，分别占整个采样点 PAHs 总量的 54.95% 和 40.39%，而深度为 40～80cm 内的沉积物中 PAHs 含量仅占总量的 4.66%。该采样点 PAHs 的含量随着深度的增加呈逐渐减少的趋势。而采样点 10SCQD011 中多环芳烃在 0～20cm、20～40cm、40～60cm、60～80cm 四个深度沉积物中的含量占总量的比例分别为 9.95%、28.48%、31.67% 和 29.81%，表层沉积物中 PAHs 的含量明显小于其他层面，而 20～80cm 三个深度的 PAHs 的浓度则比较接近。多环芳烃在垂直方向的分布不同，可能与其在环境中的迁移转化规律有关。另外，不同的污染源以及污染物的累积过程不同也可能造成 PAHs 空间分布上的差异。

三、结论

实验结果表明，称取一定量的过 60 目金属筛的沉积物样品，以色谱纯的二氯甲烷作为萃取剂，采用加速溶剂萃取→旋转蒸发浓缩→硅胶色谱柱净化→氮吹浓缩定容→高效液相色谱测定，这一配套的分析方法来剖析海岸带沉积物中的多环芳烃是切实可行的，测定结果可为进一步研究海岸带沉积物中多环芳烃的分布及迁移规律提供比较准确的数据资料。

参考文献

[1] 周静峰，施家威，何雄．吹扫捕集气相色谱－质谱法测定饮用水中挥发性有机物．食品研究与开发，2017，38(3): 138-143.

[2] 王少娟，董军，周鹏娜．快速溶剂萃取与索氏抽提对比测定复垦土壤中 4 类 20 种半挥发性有机污染 物．分析试验室，2018，37(4): 404-408.

[3] 田福林，刘成雁，王志嘉，赵海波．气相色谱－串联质谱法测定土壤中多环芳烃和多氯联苯．分析科学学报，2017，33(2): 212-216.

[4] 李平．环境监测中有机污染物样品前处理技术研究进展．生物化工，2016，2(3): 71-74.

[5] 张萍．环境监测样品前处理方法探讨．青海环境，2016，26(2): 98-100.

[6] 何建丽，姚凯，李存，张伟．环境友好的样品前处理方法的研究进展．天津农学院学报，2015，22(2): 48-54.

[7] 何园缘，刘波，张凌云，张德明．水环境样品前处理技术研究进展．城镇供水，2018，(5): 40-45.

[8] 邓磊，龚娴，陈芬．固相萃取－气相色谱质谱联用测定地表水中 20 种半挥发性有机物．能源研究与管理，2016，(2): 48-50.

[9] 孟洁，王亘，韩萌，翟增秀，耿静，鲁富蕾．动态固相微萃取－气相色谱法测定环境空气中挥发性脂肪酸的研究．分析测试学报，2016，35(12): 1611-1615.

[10] 罗晓飞，吴凌，孙成均，杨晓松，文君，叶倩，张静．固相膜萃取－气相色谱－串联质谱法测定饮用水中 67 种农药残留．卫生研究，2019，(1): 120-128.

[11] 杨亚玲，杨帆，王蒙．磁固相萃取－高效液相色谱法测定环境空气中的苯并 [a] 芘．昆明理工大学学报：自然科学版，2017，42(1): 69-74.

[12] 张亚楠，杨兴伦，卞永荣，谷成刚，王代长，蒋新．加速溶剂－固相萃取－高效液相色谱法测定土壤及蚯蚓样品中多环芳烃．分析化学，2016，44(10): 1514-1520.

[13] 赖华杰，应光国，刘有胜，赵建亮．加速溶剂萃取 / 气相色谱－质谱联用法测定土壤、沉积物和污泥中的 10 种紫外线吸收剂．广州化学，2017，42(3): 7-14，21.

[14] 吴智慧，张旭龙，刘玉梅．超临界二氧化碳萃取含油污泥中 16 种多环芳烃．分析试验室，2017，(1): 12-15.

[15] 罗治定，万秋月，王芸，王磊，安彩秀，刘爱琴，唐江红．微波萃取－气相色谱质谱法测定土壤中的多环芳烃．天津理工大学学报，2019，35(4): 53-57.

[16] 安娅丽，赵艳萍，刘宁，班睿．高效液相色谱－电感耦合等离子体串联质谱法同时测定土壤中的阿散酸、洛克沙胂及其降解产物．分析测试学报，2019，38(11): 1353-1357.

[17] 李浩春，卢佩章编著．气相色谱法．北京：科学出版社，1993: 316.

[18] 屈春花，马艳，李新科．气相色谱法同时测定污染源废气中 11 种苯系物．西南大学学报：自然科学版，2018，(1): 135-139.

[19] 饶竹．环境有机污染物检测技术及其应用．地质学报，2011，85(11): 1948-1962.

[20] 陈宇云，李伟，贾瑞．超高效液相色谱法分离测定环境空气中酚类化合物．应用化工，2017，46(3): 589-591，596.

[21] 王敬尊，瞿慧生著．复杂样品的综合分析——剖析技术概论．北京：化学工业出版社，2000: 381.

[22] 孟虎，赵景红，段春凤，郝亮，关亚风．热解析－气相色谱或气相色谱－质谱法分析大气可吸入颗粒物中的半挥发性有机化合物．分析化学，2014，42(7): 931-936.

[23] 廉梅花，孙丽娜，胡筱敏，曾祥峰，关雪 . pH 对不同富集能力植物根际土壤溶液中镉形态的影响 . 生态学杂志，2015，34(1)：130-137.

[24] 余璨 . BCR 多级连续提取法在拉萨河流域表层沉积物重金属形态分析研究中的应用 [硕士学位论文]. 西藏大学，2019.

[25] 魏荣霞 . TD-GC-MS 法分析环境空气中挥发性有机物的研究 [硕士学位论文]. 西北师范大学，2013.

[26] 刘芃岩，马傲娟，邱鹏，高震. 保定市餐饮源排放 $PM_{2.5}$ 中有机污染物特征及来源分析 . 环境化学，2019，38(4)：770-776.

[27] 刘祖发，刘嘉仪，张骏鹏，邓哲，卓文珊，张洲，王新明 . 广州市饮用水中挥发性有机物的研究 . 生态环境学报，2014，23(1)：113-121.

[28] 于涛，黄海清 . 固相萃取 - 气相色谱 - 质谱法测定鄱阳湖枯水期有机污染物 . 河北大学学报：自然科学版，2011，31(6)：612-616.

[29] 莫汉宏，安凤春，钱建国，施伟奇，王天华，林玉环 . 九江炼油厂废水中有机污染物的表征 . 环境科学丛刊，1990，11(1)：15-33.

[30] 马玲玲，劳文剑，王学彤，刘慧，储少岗，徐晓白 . 北京近郊土壤中痕量半挥发性有机污染物的分析方法研究 . 分析化学，2003，31(9)：1025-1029.

[31] 陈琳，翟云波，杨芳，何益得，彭文锋，付宗敏 . 长沙市夏季大气颗粒物中重金属的形态及其源解析 . 环境工程学报，2010，4(9)：2083-2087.

[32] 沈加林 . 地质调查中海岸带沉积物样品有机污染物检测配套分析方法的建立 [硕士学位论文]. 吉林大学，2015.

总结

环境样品

- 包括气样、水样和土样。

环境样品的前处理方法

- 大气样品的采集，大气中气态成分采用吸收法采集，大气颗粒物采用滤膜法采集。
- 水样的前处理方法，包括吹扫捕集法、溶剂萃取法、固相萃取法、固相微萃取法和固相膜萃取法等。
- 土壤和沉积物样品的前处理，可采用索氏提取法、超声波提取法、超临界流体萃取法、加压流体萃取法和微波辅助萃取法等。
- 经前处理后的环境样品，常用旋转蒸发器和K-D浓缩器进行浓缩。

有机污染物的分离鉴定方法

- 气相色谱法、高效液相色谱法和超高效液相色谱法。
- GC-MS和HPLC-MS联用进行分离鉴定。

重金属元素的形态分析方法

- 天然水中重金属的形态分析，可采用阳极溶出伏安法、离子色谱法和膜滤法。
- 土壤和沉积物中重金属的形态分析，可采用Tessier法、BCR法和原位形态分析法。
- 大气颗粒物中重金属的形态分析，不经消解的样品，可采用中子活化法和X射线荧光法，经消解后样品的测定可采用ICP-AES和ICP-MS法。

思考题

1. 为什么说前处理是环境样品剖析不可缺少的一环？如何对环境样品进行前处理？
2. 测定大气中的气态成分，一般采用何种方法进行前处理？如何进行？
3. 水中易挥发和不易挥发有机物的分离富集，各采用什么方法进行前处理？如何进行？
4. 吹扫捕集法适用于何类环境样品的前处理？如何进行？吹扫捕集法有何优势与不足？
5. 如何用吸附分离法分离富集河水中的有机污染物？
6. 土壤样品最常用的前处理方法是哪一种？如何选择最合适的提取溶剂？
7. 土壤样品的提取液在进行测试之前，为何还需进一步净化？如何进行净化？
8. 在环境样品的分析鉴定中，应用较多的色谱法有几种？它们各有什么特点？
9. 什么是重金属元素的形态分析？进行形态分析有何意义？
10. 土壤或沉积物中重金属形态分析的五步连续提取法的操作要点是什么？
11. BCR法将重金属赋存状态分为哪几类？ BCR法与五步连续提取法有何不同？

课后练习

1. 对于大气中气态胺类物质的测定，若采用水溶液吸收法进行前处理，最适宜的吸收液是：（1）氯化钠溶液；（2）氢氧化钠溶液；（3）硫酸溶液；（4）碳酸钠溶液
2. 环境样品在前处理过程中，被测组分的损失主要发生在下述哪一个环节：（1）采样；（2）过滤；（3）提取；（4）浓缩
3. 磁性固相萃取法，采用的吸附剂是：（1）微米粒子；（2）纳米粒子；（3）磁性粒子；（4）活性炭微粒
4. 微波辅助萃取技术用于环境样品的前处理，具有哪些优势：（1）溶剂用量少；（2）简便快速；（3）处理批量大；（4）存在微波辐射
5. 有机氯农药不易被人体代谢，是因为它具有强的：（1）可降解性；（2）水溶性；（3）脂溶性；（4）稳定性
6. 在进行重金属的形态分析时，水中的哪些离子可以用阳极溶出伏安法直接进行定性定量测定：（1）稳定的配位离子；（2）水合金属离子；（3）金属氧化物；（4）不稳定的配位离子
7. 土壤或沉积物中重金属的形态分析，常用的提取方法是：（1）多级连续提取法；（2）控制pH连续提取法；（3）超临界流体提取法；（4）连续流动液膜提取法

简答题

1. 是否能用溶剂萃取法分离富集石化工业污水中的酚类和胺类有机物？如何进行？
2. 重金属元素分析与重金属元素的形态分析有何不同？

（www.cipedu.com.cn）

设计问题

设计出一个分离鉴定淤泥中多氯联苯类有机污染物的剖析程序。

（www.cipedu.com.cn）

第十章

第十一章　食品剖析

(A)

(B)

图（A）为水稻，图（B）为口蘑，它们都属于食品类。食品是人类生活的必需品，是人类生命活动能源的来源。食品剖析包括营养成分的分析鉴定，也包括食品中添加剂、污染物和残留农药的监测。食品剖析过程：①样品制备；②样品的前处理；③样品所含组分的分离纯化；④各组分的定性定量及结构分析。

为什么要学习食品剖析?

食品剖析，对国家的经济发展，人民的生命健康，至关重要。食品种类繁多，基质复杂，剖析难度较大。对于一个食品样品，如何进行样品制备，如何将待测组分有效地分离纯化，采用何种方法对待测组分进行分析鉴定，这些内容本章将进行较详细地讲述。

学习目标

- ○ 基本掌握食品样品的制备技术。
- ○ 指出并描述食品样品常用的几种前处理方法。
- ○ 指出并描述食品中营养成分、添加剂、污染物及残留农药的一些种类。
- ○ 简述食品中营养成分、添加剂、污染物及残留农药的分离及鉴定方法。
- ○ 通过查阅文献，举出一个食品剖析的实际例子。

食品是人类生活的必需品，是人类生命活动能源的来源。随着科学技术的发展，人民生活水平的提高，人们对食品的组成更加关注，因此，食品中被测成分的范围也逐步扩大。食品剖析的目的包含两个方面：一方面是确切了解营养成分，如维生素、蛋白质、氨基酸和糖类；另一方面是对食品中的有害成分进行监测，如黄曲霉毒素、农药残留、多环芳烃及各种添加剂等。

第一节　食品样品的前处理

在食品剖析中样品的前处理是非常重要的，它直接关系到分析结果的可靠性。食品样品前处理是将采集的食品样品转化成适合于各种分析方法测定的形态，主要包括样品制备，对样品中待测组分进行预分离（提取）、浓缩（富集）、纯化、衍生化等。样品的提取一般采用提取效率高、价格便宜、无毒或毒性小、回收率高的溶剂。提取得到的样品有时还需作进一步的分离纯化。

由于食品基质较为复杂，几乎各种分析检测方法的样品前处理都显得比较繁琐，并且大多针对特定基质，处理方法的适用范围相对较窄。所以食品分析没有统一的前处理方法，必须根据食品种类和待测项目决定前处理方案。例如，在分析同一种大米时，测定项目不同，前处理方法也不同。测定汞时，可将样品灰化，氧化掉有机物；测定维生素 C 时，可用萃取法进行前处理；测定蛋白质时，可按基耶达测氮法进行预处理。

一、样品的制备

为了得到有代表性的均匀样品，必须根据水分含量、物理性质和不破坏待测成分等要求，按规定的采样方法采集试样。采取的样品还需经粉碎、过筛、磨匀等步骤，进行样品制备。含水分多的新鲜食品（如蔬菜、水果等）可用研磨方法混匀；水分少的固体食品（如谷类等）可用粉碎方法混匀；液态食品易溶于水或适当的溶剂，使其成为溶液，以溶液作为试样。

二、样品的前处理方法

传统的样品前处理方法有振荡浸取法、溶剂萃取法和柱色谱法等，有关食品样品制备与前处理的新技术及新方法，也有多篇综述性文章发表[1~4]，可供分析工作者参考。

概念检查 11.1

○ 测定稻谷中铅、镉和有机氯农药的含量，应如何对样品进行前处理？采用何种方法对铅、镉和有机氯农药的含量进行检测？

1. 振荡浸取法

将切碎的样品加入适当的溶剂，在振荡器中振荡提取或静止放置一段时间，过滤出溶剂后，再重复提取一次或数次，合并提取液。这种方法，对于蔬菜、水果、小麦、稻谷样品以及其他生物材料样品都可应用。

2. 溶剂萃取法

用有机溶剂萃取可使脂溶性化合物与其他水溶性化合物分离。常用的溶剂为乙醚，也可用氯仿、石油醚、苯等进行萃取。所得萃取物含有大量脂肪，为了使待测组分与脂肪分离，可用下述方法。

（1）脂溶性酸性化合物　用碱性水溶液萃取，移入水层。

（2）脂溶性碱性化合物　用盐酸萃取，移入水层。

（3）脂溶性中性化合物　若中性化合物不与碱发生作用，则可用碱使脂肪皂化，用乙醚萃取，使皂化产物与不皂化物分离（例如维生素 A 和维生素 D）。

不被碱皂化的中性化合物，可用适当的溶剂萃取。例如用石油醚 - 乙腈萃取，可从大量脂肪中分离出几毫克 BHC、DDT 等含氯农药。

用上述方法从脂肪中分离出来的各种脂溶性化合物和混合物，可根据需要用柱色谱等进一步分离纯化。

3. 柱色谱法

小分子有机化合物，水溶性维生素，糖类、有机酸类、氨基酸、生物碱等不溶于石油醚，但溶于乙醇。用不同浓度的乙醇萃取，可将它们与高分子多糖类及蛋白质分离。常用方法是在水浸液中加入蛋白质沉淀剂，使蛋白质沉淀除去。再在上层澄清液中加入等体积乙醇，沉淀多糖类。得到的是酸性、中性、碱性、两性水溶性化分物的混合物，再用柱色谱等进行分离纯化。柱色谱分离纯化的关键是要选用合适

的填充材料，根据分析对象，可选择硅胶、氧化铝、活性炭、离子交换剂和键合型固定相等作分离介质。食品分析中常用的固相抽提柱见表 11-1。

表11-1 食品分析中常用的固相抽提柱[5]

待测化合物类型		食品基质材料	抽提柱类型
碳水化合物	糖类	甘草、谷类	C_{18}
	葡萄糖、果糖、蔗糖	巧克力	C_{18}
	葡萄糖、果糖、蔗糖	各种食品	酸性氧化铝
	混合物	葡萄酒	SAX
脂类	甘油三酸酯	大豆油	硅胶
	磷脂	巧克力、大豆油	硅胶
	磷脂	巧克力	腈基柱
类固醇	胆留醇	牛奶	硅胶
	维生素 B	各种食品	C_{18}
	胡萝卜素	柠檬果	硅胶
	菸碱酸	谷类	C_{18}
	维生素 C	水果、蔬菜	C_{18}
	维生素 E	粮食、谷类	硅胶
农药	各种氨基甲酸酯	谷类食品	C_{18}
	莠去	玉米油	diol
毒物	黄曲霉毒素	玉米、花生、牛奶	硅胶
	赭曲霉毒素 A	大麦	硅胶
	黄曲霉毒素	花生、牛奶	C_{18}

4. 同时蒸馏萃取技术（SDE）

同时蒸馏萃取技术是香气物质提取中应用较多的一种样品前处理方法。SDE 是通过同时加热样品与有机溶剂至沸腾，使样品蒸气与有机溶剂蒸气在装置内进行充分混合，从而实现蒸馏和提取同时进行。它不同于传统的液液萃取以及水蒸气蒸馏萃取，其突出特点是将样品的水蒸气蒸馏和对馏分的溶剂萃取两个步骤合二为一，并且还可将 10^{-9} 数量级的挥发性有机物从脂肪或水介质中浓缩数千倍，有利于微量成分的提取。

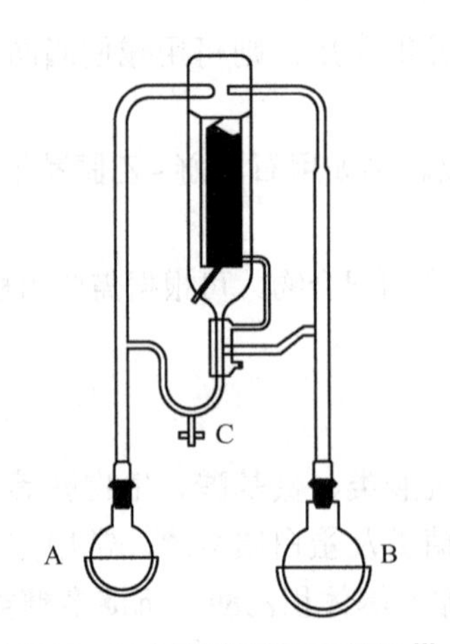

图 11-1 同时蒸馏萃取装置[6]

同时蒸馏萃取装置如图 11-1 所示，溶剂置于 A 侧烧瓶中，样品置于 B 侧烧瓶中，两瓶分别加热至沸，样品蒸汽和溶剂蒸汽同时在冷凝器中冷凝下来，样品香气成分被溶剂萃取，载有样品的水相和溶剂相在装置 C 侧 U 形管中分层。随着萃取的进行，两相分别回流至两侧烧瓶中，蒸馏萃取过程循环进行，只需要少量溶剂就可提取大量样品，香气成分得以浓缩。萃取结束后，收集装置 A 侧烧瓶和 U 形管中的溶剂相，将合并的溶剂相脱水、浓缩后即可用于测定。

安淑英[7]采用 SDE 法提取立顿黄牌精选红茶中的挥发性香气成分。将红茶样品 200g 加入同时蒸馏萃取仪 B 侧的 500mL 烧瓶中，加蒸馏水 300mL；将无水乙醚 50mL 加入 A 侧的 100mL 烧瓶中，加热回流 2h。冷却后分离出乙醚萃取液，加入无水硫酸钠脱水干燥，于旋转蒸发器浓缩至约 0.5mL，取此液 0.2μL 进行 GC-MS 检测，得总离子流色谱图（图 11-2）。对每一个色谱峰的质谱图进行 NIST 11 谱库检索，并与标准谱图对照，共鉴定出 54 种化合物，其中醇类 18 种、醛类 9 种、酸类 8 种、酚类 5 种、酮类 4 种、酯类 4 种、烯类 2 种、其他 4 种。

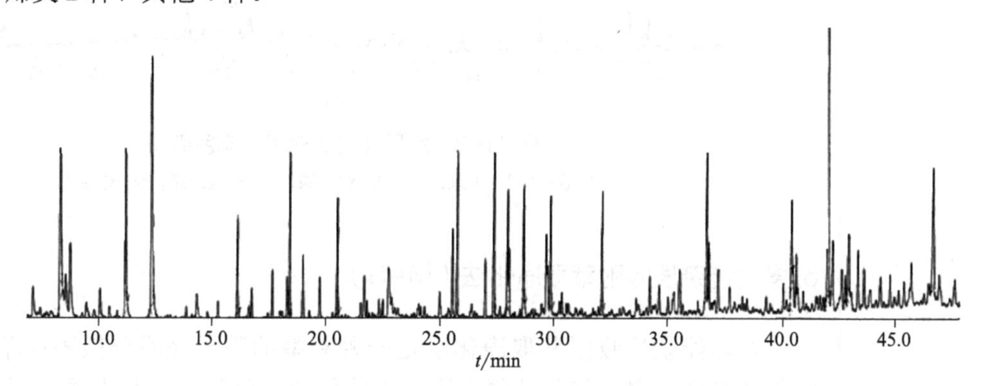

图 11-2 立顿黄牌精选红茶的总离子流色谱图

武模戈[8]以二氯甲烷为萃取剂，采用 SDE 萃取杏鲍菇挥发性成分，经 GC-MS 检测，鉴定出杏鲍菇挥发性成分 85 种。其中，醇类 14 种、醛类 13 种、酯类 6 种、酮类 5 种、芳香族 6 种、杂环及含硫类 14 种、烃类 27 种。3- 苯基 -2- 丁醇和 1- 辛烯 -3- 醇是香味物质的主要贡献者。

5. 加速溶剂萃取（ASE）

加速溶剂萃取是在高压（10.3～20.6MPa）和高温（较常压的沸点高 50～200℃）状态下的加速萃取过程。利用升高的温度和压力，增加物质的溶解度和溶质扩散速率，提高萃取效率。其突出优点在于整个操作处于密封系统之中，减少了溶剂挥发对环境的污染，有机溶剂的用量少，简便快速，回收率高，并以自动化方式进行萃取。使用 ASE 可以从动物肉和面粉制品中萃取脂肪，萃取结果与索氏提取方法相当，而 ASE 全过程的用时仅为索氏提取的 1/32。

陈平等[9]采用加速溶剂萃取法提取水果中残留的有机磷农药。取 10.0g 水果于研钵中，加入 6g 硅藻土，充分搅拌研磨成泥状，移入 34mL 萃取池中，以丙酮为提取剂，在 1500psi 压力和 100℃ 条件下萃取 5min，循环 2 次。提取液经无水硫酸钠除水后，于 33℃水浴，250mbar❶ 真空度下浓缩至 5.0mL，经凝胶渗透色谱柱净化后进行 GC-MS 检测，得水果样品的总离子流色谱图（图 11-3）。用该法对市售的 10 份水果样品进行测定，发现敌敌畏、乐果、甲基对硫磷、马拉硫磷和对硫磷在多份样品中有检出，但均未超出食品中农药的最大残留限值。

概念检查 11.2

○ 如何对苹果中残留的有机磷农药成分进行剖析？

❶ 1bar=10^5Pa。

第十一章

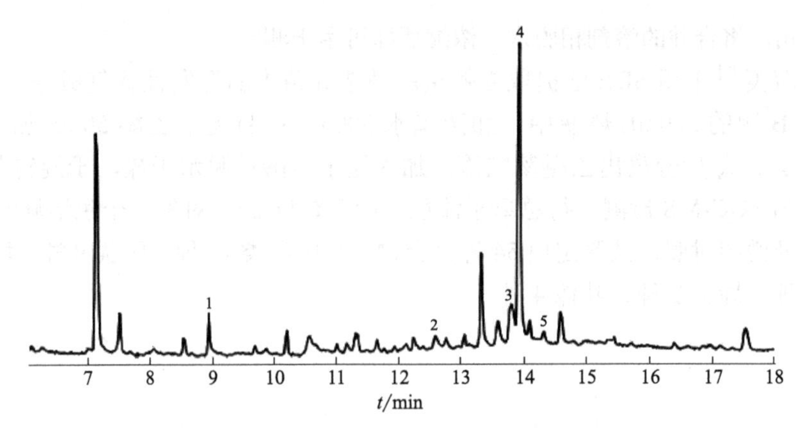

图 11-3　水果样品的总离子流色谱图

1—敌敌畏；2—乐果；3—甲基对硫磷；4—马拉硫磷；5—对硫磷

6. 多功能杂质吸附萃取净化法（MAS）

多功能杂质吸附萃取净化法是一种新型的基于介质分散固相萃取的方法，它主要是通过多功能化的复合固相吸附材料，将生物样品中的主要干扰杂质吸附，有效地去除基体中可能存在的磷脂、脂肪和蛋白质等，而将目标化合物保留在样品溶液中，从而达到净化和富集的目的。该技术的关键就是采用对样品基质中的蛋白质、多肽、氨基酸、磷脂等生物干扰物具有较好选择性的吸附材料，通过选择合适的条件（溶剂组合、pH 值）将样品中大部分生物干扰杂质去除，从而保证强水溶性被测物质具有 70% 以上的回收率，为进一步的 HPLC-MS 分离检测提供保障。对于肉类和其他动物组织样品中的农药残留和非极性兽药残留，可采用 MAS，通过选用适当强度的溶剂（如乙腈），用极性吸附材料（如以聚苯乙烯 / 二乙烯苯为基质的固相萃取填料的 PCX 或 PAX）除去蛋白质和小肽，用反相吸附材料（如 C_{18}）除去脂肪和其他亲脂性基质，以达到净化之目的。对于肉类和其他动物组织样品中的水溶性兽药残留，多采用水溶液或极性有机溶剂提取，随后采用 MAS 法净化样品。对于奶制品、蛋类和蜂蜜等生物液体样品，通常可采用蛋白质沉淀结合 MAS 方法进行样品净化。

姚珊珊等[10]建立了多功能杂质吸附萃取净化 - 快速液相色谱 - 串联质谱法测定鱼组织中 11 种同化激素的分析方法。取鱼肉样品置于高速捣碎机上捣碎，称取 2.0g 于 25mL 离心管中，加入 10.0mL 甲醇，超声提取 10min，离心 10min。吸取上清液于 40℃下氮吹至近干，加入约 2mL 0.1% 甲酸 - 乙腈溶液，在旋涡混合器上溶解残留物，定容至 2mL，加入 0.1g C_{18} 固体吸附剂、0.2g 中性氧化铝吸附剂和 0.1g 氨基功能化纳米吸附剂，旋涡混匀 1min，于 4℃，8000r/min 离心 5min，取上清液过 0.2μm 滤膜后进样分析。图 11-4 为未净化和净化后空白样品（鲫鱼）的总离子流色谱图。由图 11-4 可见，空白样品在使用固体吸附剂前（图 11-4a），最大杂质峰信号强度达 10^6 级。使用 C_{18} 固体吸附剂净化后（图 11-4b），杂质信号峰稍有下降，样品溶液颜色变浅。C_{18} 固体吸附剂主要吸附非极性化合物。采用氨基功能化纳米吸附剂净化后（图 11-4c），杂质最大峰信号强度下降将近一个数量级。氨基功能化纳米吸附剂可有效吸附样品中的酸性化合物，去除脂肪酸、磷脂等干扰物质。中性氧化铝吸附剂可去除脂肪类物质，采用中性氧化铝吸附剂净化后（图 11-4d），杂质信号大幅下降，基本上消除了样品基质对待测物色谱峰的干扰。

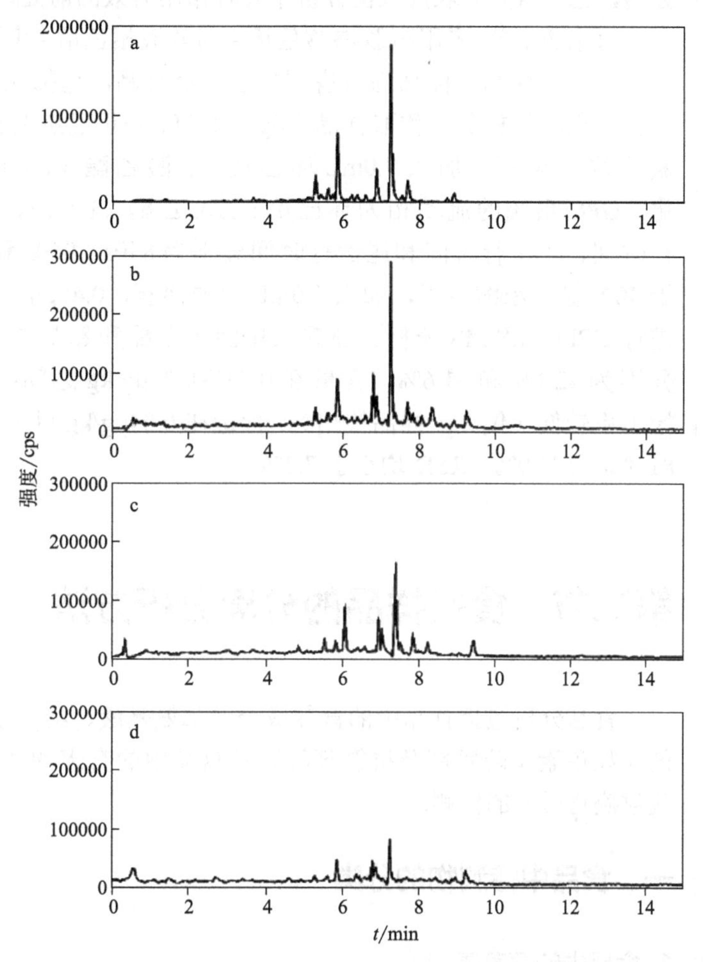

图 11-4　未净化和净化后空白样品（鲫鱼）的总离子流色谱图

a—未净化；b—C_{18} 固体吸附剂净化；c—氨基功能化纳米吸附剂净化；d—中性氧化铝固体吸附剂净化

7. 固相萃取（SPE）

固相萃取已被人们用做食品分析的一种前处理方法，如梁芳慧等 [11] 采用固相萃取 - 气相色谱 - 质谱联用技术分析了蜂蜜中的挥发性成分。在以 HLB 柱为固相萃取柱，1mL 甲醇 - 水（体积比 1∶1）为淋洗剂，1mL 二氯甲烷为洗脱剂的条件下，分离鉴定出蜂蜜中 47 种挥发性成分。通过与溶剂萃取和同时蒸馏萃取法对比，发现固相萃取法测得蜂蜜中挥发性成分的种类最多，溶剂萃取法次之，同时蒸馏萃取法最少。

曾羲等 [12] 建立了一种全自动在线免疫亲和固相萃取 - 高效液相色谱快速测定食品中黄曲霉毒素的方法。样品经乙腈 - 水提取后，经可重复使用的在线免疫亲和小柱进行富集与净化，再经 C_{18} 色谱柱分离，荧光检测器检测。采用该法分析了大米、食醋、酱油和花生油中的 4 种黄曲霉毒素，回收率为 91.16%～109.99%，RSD 为 0.52%～4.39%。

8. 凝胶渗透色谱法（GPC）

凝胶渗透色谱法是根据多孔凝胶对不同大小分子的排阻效应进行目标物的分离，已经成为多农药残留分析中一种常用有效的前处理方法。

肖家勇等[13]采用凝胶渗透色谱 - 高效液相色谱 - 串联质谱法测定了食品中的邻苯二甲酸酯。样品为市售塑料包装类食品，包括火腿肠、培根、果冻、酸奶、水果酥等样品。称取样品5.0g，用10mL正己烷涡旋提取，提取液于40℃氮吹浓缩至干，加入7.0mL环己烷 : 乙酸乙酯（1 : 1）溶解，进行GPC净化。GPC系统的流动相为环己烷 : 乙酸乙酯（1 : 1），流速5.0mL/min，前运行时间、主运行时间和尾运行时间分别为840s、960s和300s。将GPC洗脱液于40℃氮吹浓缩至干，加入1.0mL甲醇溶解，0.45μm滤膜过滤，取滤液10μL进行HPLC-MS/MS分析。邻苯二甲酸丁苄酯和邻苯二甲酸二环己酯的检出率分别为42.1%和31.6%，含量在0.04～0.77μg/kg之间；邻苯二甲酸二庚酯的检出率较低（仅2个样品检出），含量在0.04μg/kg以下。方法的加标回收率为81.9%～103.9%，RSD均小于7.2%。

第二节　食品样品的分离分析方法

食品分析包括食品中的营养成分（如氨基酸、维生素及糖类等）、食品添加剂（如色素、防腐剂及抗氧剂等）及食品中的有害物（如霉菌、残留农药及一些致癌物质）的检测。

一、食品中待测物的分类

1. 食品中的营养素

食品中的营养素比较复杂，主要有蛋白质、脂肪、维生素、糖类及无机盐等。

（1）氨基酸　蛋白质的基本组成单位是氨基酸，氨基酸是以肽键连接的高分子化合物，主要的天然氨基酸有20多种。它们结构上的共同特点是α-碳原子上连有氨基及羧基，其通式为：

$$\mathrm{R-\underset{\displaystyle \overset{|}{NH_2}}{CH}-COOH}$$

分子中同时具有碱性的氨基及酸性的羧基，在一定条件下两者都能解离，所以氨基酸是两性物质，不溶于乙醚而易溶于水和乙醇，可被阳离子和阴离子交换或被树脂吸附。

欲测食物中各种游离氨基酸含量，可在除去脂肪等杂质后，直接进行分析。

（2）维生素　维生素是调节人体各种新陈代谢过程必不可少的营养素，在强化食品中占有重要地位。维生素类物质在化学结构上各不相同，如维生素A是多烯萜烃，维生素B类是杂环化合物，维生素C是醇类物质等。因此不能按化学结构分类，而是按脂溶性及水溶性两大类进行区分。

维生素的分析方法很多，样品分析的一般程序是：①用酸、碱或酶分解样品，使其中维生素游离出来；②用溶剂进行提取；③对样品进行分离提纯，去除干扰物质；④选用适当的方法进行定性及定量分析。

（3）糖类物质 糖是一类碳水化合物，按其化学结构可分为单糖（如葡萄糖、果糖）、低聚糖（如蔗糖、乳糖）和多糖（如淀粉、糊精）三大类。单糖是不能再水解的多羟基糖；低聚糖能水解生成两个或两个以上的单糖；多糖水解能生成十个以上的单糖。多糖均不溶于乙醚、乙醇，可利用这一性质，使多糖与其他成分分离。糖类物质的特点是亲水性强、结构简单和化学性质相近，因此大多数检测糖类的试剂是非特异性的。糖类物质的分离检测一般常用色谱法，也可根据各种糖的红外光谱特征，对其进行鉴定。

2. 食品添加剂

食品添加剂是食品在加工、生产及贮藏等工艺过程中，为了改善其品质而加入的各种物质。它们是具有特定功能的试剂，能保持食品的色、香、味及防止腐败变质等。大部分添加剂为化学合成的，也有天然物质，其中有的具有一定毒性，或者在一定条件下转化为其他有毒物质并引起中毒，甚至有致癌或致畸等危害。因此必须严格控制其用量及使用范围。

按我国“食品添加剂使用卫生标准”规定，食品添加剂可分为香料、防腐剂、抗氧化剂、着色剂、甜味剂、增味剂、保鲜剂等。

（1）香料 在食品加工过程中，有时需要添加少量香料，以改善或增强食品的香气或香味。香料是具有挥发性的香物质。按其来源不同，可分为天然香料和合成香料。常见的香味物质有醛类、酮类、羧酸类、酯类、醇类、醚类等。香料是香精的原料，香精是将各种香料与稀释剂按一定配比与适当的顺序互相混溶，经过滤而制成。食用香精分为水溶性和油溶性两类。其中使用最多的是橘子、柠檬、香蕉、菠萝、杨梅等五类果香型香精，也有其他香精，如香草香精、奶油香精等。

食品中香料的分离与检测流程，如图 11-5 所示。

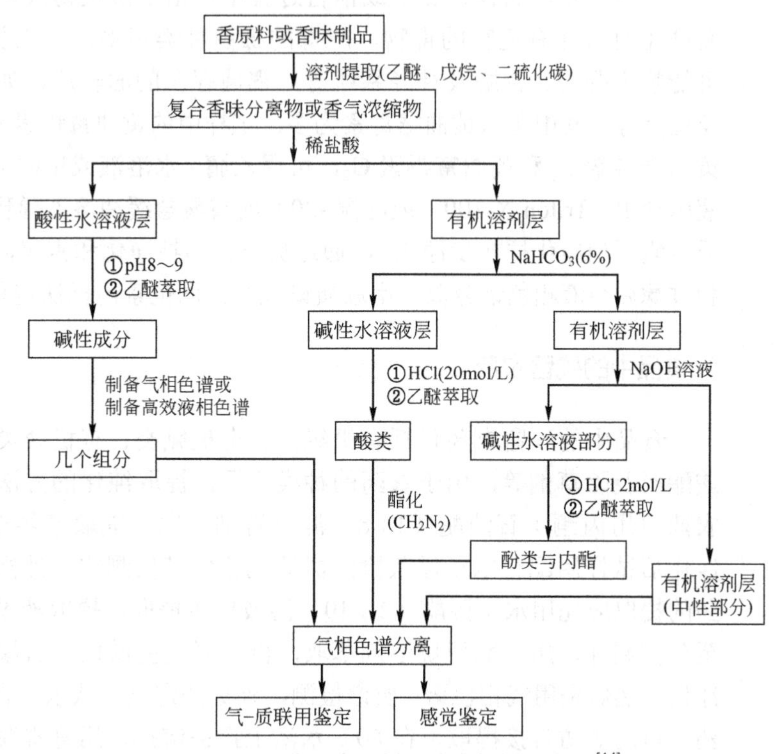

图 11-5 食品中香料的分离与检测流程[14]

（2）防腐剂　防腐剂是一种能够抑制食品中微生物生长和繁殖的化学物质，可以防止食品生霉、变质或腐败，延长保存时间。但是这些防腐剂多数具有一定的毒性，因此，防腐剂的使用必须严格遵守国家标准规定的使用量。国家允许使用的防腐剂，有苯甲酸及其钠盐、山梨酸及其钾盐、二氧化碳、丙酸钙、对羟基苯甲酸乙酯、对羟基苯甲酸丙酯、脱氢乙酸、双乙酸钠及富马酸二甲酯等。

（3）抗氧剂　抗氧剂是能阻止或延缓食品氧化，以提高食品的稳定性和延长贮存期的物质。水溶性抗氧剂有 L- 抗坏血酸及其钠盐、植酸等。油溶性抗氧剂有没食子酸丙酯（PG）、维生素 E、2,6- 二叔丁基对羟基甲酚（BHT）、叔丁基对羟基苯甲醚（BHA）、没食子酸异戊酯（LAG）、3,4- 二羟基苯甲酸乙酯（EPC）、2,4,5- 三羟基苯丁酮（THBT）、叔丁基对苯二酚（TBHQ）等，我国允许使用的合成抗氧剂主要是 BHT、BHA 和 PG。

（4）着色剂　着色剂也称色素。使用食用色素的目的是为了改善食品的外观色泽，以增加人们的食欲。食用色素有天然色素及人工合成色素两大类。对人工合成色素的使用，有严格要求。

检验食品中的人工合成色素，必须将样品进行提纯和分离，其目的是将食品中干扰色素测定的组分（如维生素 C、糖、淀粉、蛋白质、还原物质等）除去，提纯色素。

食品中添加的色素，经常是两种或两种以上色素混合的并色，要对色素进行鉴定或定量，必须进行分离。常用的分离方法是色谱法及溶剂提取法等。

3. 食品中的污染物

有些食物在储存、加工或销售过程中，由于微生物或环境等因素受到污染而产生对人体有危害的毒物。产毒的霉菌种类很多，对人类及家禽危害较大，可能损害肝脏、肾脏及神经系统等。霉菌存在的面较广，如谷物、花生、米面及豆类等，其中尤以黄曲霉毒素为多。试样中的黄曲霉毒素 B_1、黄曲霉毒素 B_2、黄曲霉毒素 G_1 和黄曲霉毒素 G_2，可用乙腈 - 水溶液或甲醇 - 水溶液提取，提取液用含 1% Triton X-100（或吐温 -20）的磷酸盐缓冲溶液稀释后（必要时经黄曲霉毒素固相净化柱初步净化），通过免疫亲和柱净化和富集，净化液浓缩、定容和过滤后经液相色谱分离，串联质谱检测，同位素内标法定量。

4. 食品中的残留农药

食品中的残留农药包括有机氯类、有机氟类、有机磷类、菊酯类、氨基甲酸酯类及除草剂等，由于农药的种类不同，提取纯化的方法亦不相同。有机氯农药可用丙酮∶石油醚（2∶8）混合溶剂提取，提取液经弗罗里硅土柱净化，净化后试样用配有电子俘获检测器的气相色谱仪测定，外标法定量。有机磷农药的提取应先用水∶丙酮（2∶10）溶液均质提取，提取液过滤，滤液浓缩后移至分液漏斗，用二氯甲烷溶剂萃取，再经凝胶色谱柱和石墨化炭黑固相萃取柱净化，然后采用气相色谱 - 质谱检测，外标法定量。从水、食物中提取有机氟农药，可用氯仿直接提取，在 60℃水浴上挥去溶剂，用骨炭脱色即可。菊酯类农药可用正己烷：丙酮（1∶1）混合溶剂提取，用弗罗里硅土固相萃取柱净化，气相色谱 - 电子俘获检测器测定，外标法定量。

二、食品中待测物的分离及鉴定方法

1. 薄层色谱法

氨基酸、维生素、糖类物质及各种霉菌毒素等的分离鉴定，均可用薄层色谱法。

例如，用薄层色谱法分离鉴定糖类物质，简便快速、灵敏度高。根据糖的特点，吸附剂一般以纤维素 S 和特制硅胶 G 薄层为好，同时选择极性较强的展开剂系统。表 11-2 是一些糖类物质在特制缓冲薄层上的 R_f 值，据此可对其进行分析鉴定。

表11-2　糖类在特制缓冲薄层上的 R_f 值[5]

糖	硅胶 G									
	H_3BO_3	NaH_2PO_4						$NaHSO_3$		
	0.1mol/L	0.2mol/L			0.3mol/L		0.35mol/L	0.1mol/L		
	S_1	S_1	S_2	S_3	S_3	S_4	S_5	S_6	S_7	S_8
半乳糖	0.20	0.08	0.15	0.22	0.12	0.11	0.12	0.32	0.39	0.53
葡萄糖	0.24	0.12	0.21	0.33	0.20	0.21	0.21	0.28	0.48	0.61
甘露糖	0.26	0.18	0.27	0.43	0.28	0.27	0.30	0.41	0.53	0.60
果糖	0.12	0.17	0.25	0.41	0.26	0.26	0.27	0.28	0.43	0.57
山梨糖	0.06	0.18	0.30	0.47	0.32	0.33	0.32	0.43	0.47	0.56
阿拉伯糖	0.25	0.17	0.27	0.42	0.30	0.30	0.28	0.32	0.51	0.63
核糖	0.18	0.32	0.38	0.59	0.47	0.46	0.43	0.50	0.57	0.69
木糖	0.26	0.32	0.39	0.61	0.49	—	0.45	0.34	0.59	0.68
鼠李糖	0.40	0.58	0.55	0.75	0.73	0.72	0.66	0.51	0.62	0.68
岩藻糖	0.28	0.30	0.34	0.58	0.51	0.50	0.47	0.49	0.55	0.62
地芰毒糖	0.58	0.75	0.73	0.83	0.81	0.82	0.77	—	—	—
蔗糖	—	—	—	—	—	—	—	0.20	0.40	0.55
麦芽糖	—	—	—	—	—	—	—	0.11	0.35	0.50
乳糖	—	—	—	—	—	—	—	0.08	0.23	0.36
棉籽糖	—	—	—	—	—	—	—	0.04	0.13	0.28

注：展开剂如下，S_1—正丁醇：乙酸乙酯：异丙醇：水=35 ∶ 10 ∶ 6 ∶ 3；S_2—乙酸乙酯：异丙醇：乙酸：水= 10 ∶ 6 ∶ 3.5 ∶ 3；S_3—丙酮：正丁醇：水=8 ∶ 1 ∶ 1；S_4—丙酮：正丁醇：乙酸：水=8 ∶ 0.5 ∶ 0.5 ∶ 1；S_5—丙酮：正丁醇：水=7 ∶ 1.5 ∶ 1.5；S_6—乙酸乙酯：甲醇：乙酸：水=6 ∶ 1.5 ∶ 1.5 ∶ 1；S_7—正丙醇：水=8.5 ∶ 1.5；S_8—异丙醇：乙酸乙酯：水=7 ∶ 1 ∶ 2。

2. 气相色谱法

在食品分析检测中，凡在气相色谱仪操作许可的温度下，能直接或间接汽化的有机物，均可采用气相色谱法进行分析测定。

邱凤梅等[15]采用毛细管气相色谱法测定了白酒中酯和醇类成分。采用DB-WAX毛细管柱，程序升温模式，火焰离子化检测器检测，保留时间定性，乙酸正丁酯内标法定量。测定了10份白酒样品，其中5种为浓香型白酒，另5种为清香型白酒。图11-6为样品的气相色谱图。测定结果表明，10份白酒中乙酸乙酯、丁酸乙酯、己酸乙酯、乳酸乙酯、正丙醇、异丁醇和异戊醇的含量各有高低，其中浓香型白酒中检出己酸乙酯而未检出正丙醇，而清香型白酒中检出正丙醇未检出己酸乙酯，表明了不同酯类、醇类在两种香型酒类中的呈香作用。样品的加标回收率为90.0%～102%，RSD为0.11%～1.05%。

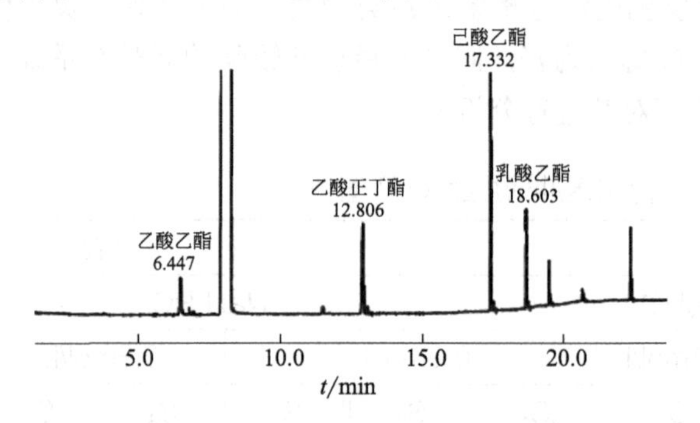

图11-6 白酒样品的气相色谱图

吴晓云等[16]采用气相色谱法测定了保健食品中亚油酸、α-亚麻酸、二十碳五烯酸（EPA）、二十二碳六烯酸（DHA）和二十二碳五烯酸（DPA）的含量。样品为保健食品百合康牌海豹油紫苏籽油软胶囊、奥力牌海豹油软胶囊和忘不了牌3A脑营养胶丸。样品先用氢氧化钾甲醇溶液进行皂化处理，再用三氟化硼甲醇溶液甲酯化，经HP-FFAP色谱柱分离测定。图11-7为样品的气相色谱图，表11-3为样品的分析结果，样品的加标回收率为91.1%～109.3%，RSD均小于5%。

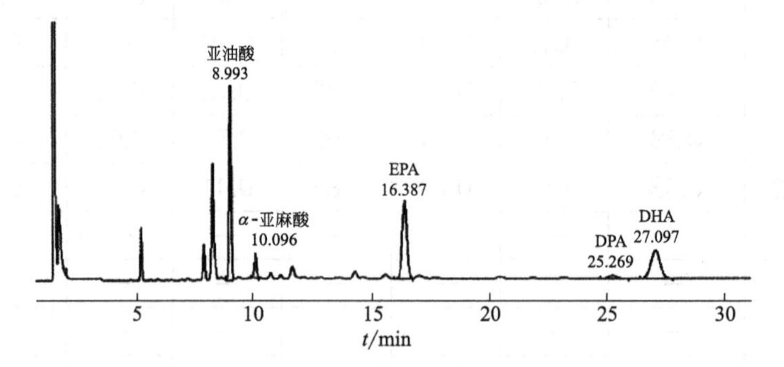

图11-7 样品的气相色谱图

表11-3 样品的分析结果

样　品	质量分数/%				
	亚油酸	α-亚麻酸	EPA	DPA	DHA
百合康牌海豹油紫苏籽油软胶囊	31.1	5.93	27.6	2.22	23.2
奥力牌海豹油软胶囊	—	15.5	4.68	4.08	7.39
忘不了牌3A脑营养胶丸	—	—	13.2	4.74	38.2

3. 高效液相色谱法

高效液相色谱法是食品分析的重要手段，特别是在食品组分分析（如维生素分析等）及部分外来物分析中，有着其他方法不可替代的作用。近年来，很多新型专用的高效液相色谱仪不断问世，如氨基酸分析仪、糖分析仪等，分别在检测食品中的污染物、营养成分、添加剂、毒素等方面得以广泛应用。

陈建业等[17]采用LiChrospher 100RP-18e色谱柱（250mm×4.0mm，5μm），甲醇-乙酸-水溶液为流动相，梯度洗脱，流速为1.0mL/min，SPD-6AV紫外检测器，30℃柱温，检测波长280nm，建立了一种同时测定葡萄酒中11种酚酸含量的高效液相色谱法，并测定了5种不同国产葡萄酒中11种酚酸的含量。测定结果见表11-4和图11-8。

表11-4 5种类型葡萄糖酒中酚酸含量测定结果 mg/L

酚酸	华夏长城干红	张裕干红	王朝干红	华夏长城干白	王朝干白
没食子酸	29.772	21.558	22.808	0.394	1.370
原儿茶酸	2.577	1.429	1.695	1.063	0.983
龙胆酸	10.143	8.656	5.482	1.497	1.571
p-羟基苯甲酸	0.983	0.716	1.309	0.114	0.52
香草酸	2.258	1.707	1.885	0.570	0.717
丁香酸	4.833	5.848	4.028	0.136	0.389
绿原酸	1.059	1.059	0.765	0.259	0.339
咖啡酸	10.164	17.394	11.461	3.634	5.636
p-香豆酸	4.756	4.858	7.933	0.858	3.941
阿魏酸	0.525	0.574	0.935	0.224	0.620
芥子酸	0.533	0.605	0.477	0.301	0.489

4. 离子色谱法

离子色谱法是基于离子型化合物与固定相表面离子功能基团之间的电荷互相作用而实现离子型物质分离和分析的色谱方法。它可以在高基体浓度下检测低浓度的成分，减少或免除样品的提纯，可同时测定多组分及不同的价态。在食品添加剂的检测中，可以利用离子色谱法测定硝酸盐、亚硝酸盐、亚硫酸盐、聚磷酸盐、苯甲酸、山梨酸、甜味剂和柠檬酸等。

离子色谱法在食品分析检测中应用日益广泛，所分析的样品几乎涉及食品工业分析的各个领域，如水、啤酒、奶制品、肉制品等。

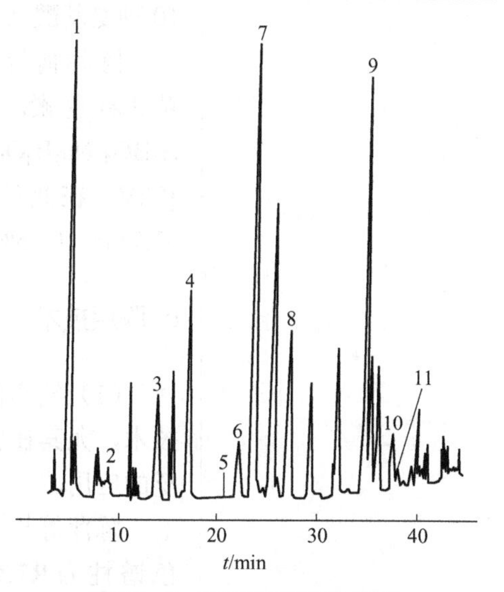

图11-8 葡萄酒样品色谱图

1—没食子酸；2—原儿茶酸；3—龙胆酸；4—*p*-羟基苯甲酸；5—绿原酸；6—香草酸；7—咖啡酸；8—丁香酸；9—*p*-香豆酸；10—阿魏酸；11—芥子酸

林森煌等[18]建立了一种同时测定食品中草铵膦、草甘膦和氨甲基膦酸的离子色谱分析方法。大米、面粉、柑橘等样品经水提取后，用乙腈沉淀氨基酸和蛋白质，离心后取上清液依次过Dionex OnGuard Ⅱ RP柱和Dionex OnGuard Ⅱ Ag/H柱，流出液经IonPac AS11-HC阴离子色谱柱及IonPac AG-11保护柱

分离，用KOH淋洗液自动发生器进行梯度淋洗，抑制器采用外加水模式，电导检测器检测。结果表明草甘膦和草铵膦在0.02～6.25mg/L、氨甲基膦酸在2.00～62.5mg/L范围内线性关系良好，回收率为80.1%～109%，日内精密度为0.91%～12.5%，日间精密度小于10.0%。该法用于食品中草铵膦、草甘膦和氨甲基膦酸残留量的测定，能达到GB 2763—2014的相关检测要求。

5. 毛细管电泳法

食品的多样性及组成成分的复杂性，一个理想的食品分析方法最好可以应用于不同的食品基质，并可同时测定同一基质的不同组分。毛细管电泳（CE）由于适用范围广，而且具有多种不同的分离模式，可以满足许多基质复杂的食品分析要求。毛细管电泳可用于防腐剂、甜味剂、酸味剂、色素、营养强化剂、无机离子、有机酸、蛋白质、氨基酸、维生素、碳水化合物、毒素和残留物等的测定。

蛋白质为带电的大分子化合物，分子扩散小，很适于毛细管电泳分析。毛细管电泳用于食品中蛋白质的分析已有很多报道，如通过测定葡萄酒在生产过程中蛋白质的变化来研究提高葡萄酒的质量，测定超高温牛乳储藏中蛋白质的变化来判断牛乳的种类或是否掺假。

董树清等[19]建立了同时测定食品中10种氨基酸的毛细管电泳法。电泳条件：68.5cm×75μm毛细管，缓冲溶液50mmol/L硼砂-磷酸二氢钾（pH 9.2），添加剂为5mmol/L β-环糊精，分离电压15kV，柱温20℃，检测波长210nm。在此条件下，于6min内对食品中的精氨酸、缬氨酸、酪氨酸、色氨酸、苏氨酸、谷氨酰胺、天冬酰胺、谷氨酸、半胱氨酸和天冬氨酸进行了有效分离。将该方法应用于不同食品中氨基酸的分离测定，成功测定了绿茶和西红柿等食品中的10种氨基酸（图11-9），检测限达到0.022μg/mL。

陈林情等[20]采用毛细管电泳法同时测定了饮料中亮蓝、苋菜红和日落黄3种色素。石英毛细管有效长度41cm、内径50μm，缓冲溶液15mmol/L H_3BO_3-$Na_2B_4O_7$（pH 10.0），添加剂为30mmol/L羟丙基-β-环糊精，分离电压17kV。在此条件下，3种目标色素在6min内达到完全分离。方法的回收率为97.7%～104.5%，RSD小于1.69%。

6. 联用技术

（1）气相色谱-质谱联用　GC-MS联用是食品分析中应用最多的一种联用技术，尤其在食品中挥发性风味成分[21, 22]和香气成分[23~25]的分析鉴定中有着广泛的应用。

陈萍等[26]采用气相色谱-质谱联用技术对木醋液饮料化学成分进行了剖析。色谱柱为RTX-WAX石英毛细管（30m×0.32mm，0.25μm）。色谱柱箱升温程序：50℃保持3min，以3℃/min升至100℃，以6℃/min升至200℃，以10℃/min升至230℃，保持15min。载气为氦气（99.999%），流速1.50mL/min，压力88.3kPa，进样温度250℃，进样0.2μL，分流比100∶1。质谱条件：电子轰击离子源，电子能量 70eV，传输线温度 230℃，离子源温度 200℃，检测电压 0.86kV，质量扫描范围 *m/z* 30～500。样品木醋液饮料购自韩国，280mL 瓷瓶包装。移取 10.00mL 木醋液饮料样品于 20mL 萃取瓶中，加入 5.00mL 二氯甲烷，振荡提取 5.0min，移取下层有机相于 10mL 容量瓶中，用二氯甲烷定容，取此液进行 GC-MS 分析，得总离子流色谱图（图 11-10）。

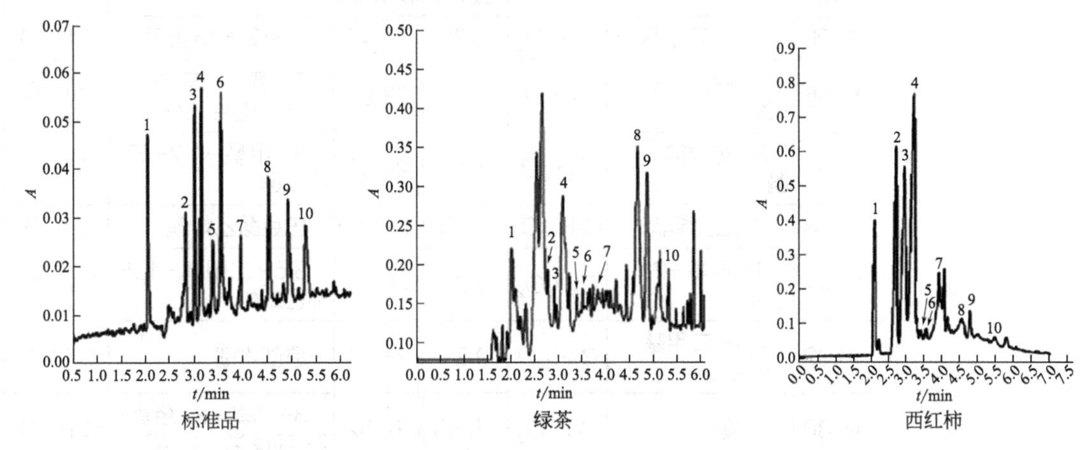

图 11-9 毛细管电泳法分离分析绿茶和西红柿中的氨基酸

1—精氨酸；2—缬氨酸；3—酪氨酸；4—色氨酸；5—苏氨酸；6—谷氨酰胺；7—天冬酰胺；8—谷氨酸；9—半胱氨酸；10—天冬氨酸

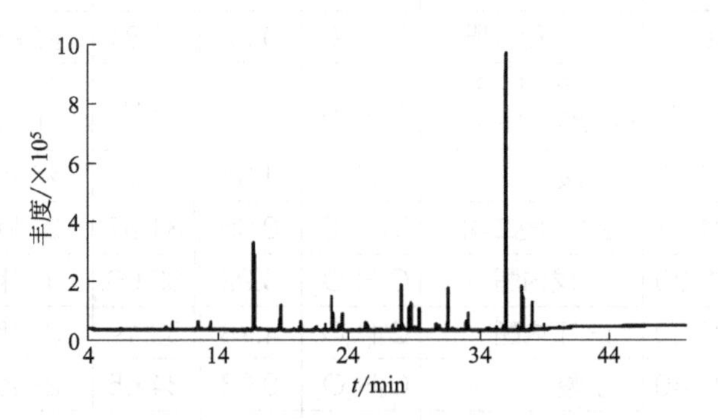

图 11-10 木醋液饮料样本总离子流色谱图

由图 11-10 可见，样本中各化学成分的色谱峰可以完全分离，说明所选气相色谱条件能够满足木醋液饮料中各化学成分的分离要求。通过 GC-MS Solution 色谱工作站数据处理系统检索 NIST05 谱图库，并结合人工解析，对分离出的 51 个色谱峰，鉴定出 40 种化学成分。采用面积归一化法定量，木醋液饮料中各化学成分的定性定量结果见表 11-5。

（2）高效液相色谱 - 质谱联用　对于沸点很高或不稳定的化合物，不能用 GC-MS 进行分析，而高效液相色谱与质谱联用可以弥补其不足。

陈四平等[27]采用高效液相色谱 - 质谱（HPLC-MS）联用技术分析了雪花梨中的化学成分。用 Agilent 1200 高效液相色谱 -3200 QTRAP 型质谱联用仪，Discovery C_{18}（250mm×4.6mm，5μm）色谱柱，流动相为 0.05% 甲酸水溶液和乙腈，梯度洗脱，流速 1.0mL/min，检测波长 278nm，进样量 10μL。采用电喷雾离子源，负离子模式检测，质量扫描范围 *m/z* 100～1000。将雪花梨样品榨汁，加 5 倍量的 60% 乙醇于 75℃水浴浸提 2h，过滤后对滤液进行减压浓缩，用稀盐酸调 pH 至 2～4，离心，将上清液通过 AB-8 大孔树脂进行吸附，先用大量蒸馏水淋洗，再用二氯甲烷和甲醇洗脱，分别收集二氯甲烷和甲醇洗脱液，洗脱液减压浓缩，得二氯甲烷份和甲醇份。将二氯甲烷份和甲醇份用乙腈溶解后，分别进行 HPLC 和 HPLC-MS 检测，前者得高效液相色谱图（图 11-11 和图 11-12），后者得总离子流色谱图及各峰的质谱图，

根据各色谱峰的 MS 及 UV 结果，对各峰进行鉴定，鉴定结果见表 11-6。

表11-5 木醋液饮料中化学成分的定性定量结果

保留时间 /min	化学成分名称	分子式	相对含量 /%	保留时间 /min	化学成分名称	分子式	相对含量 /%
10.06	3- 羟基丁酮	$C_4H_8O_2$	0.29	27.46	乙基环戊烯醇酮	$C_7H_{10}O_2$	0.58
10.56	1- 羟基 -2- 丙酮	$C_3H_6O_2$	1.09	27.99	7- 氧杂二环 [2,2,1]-5- 庚烯 -2- 酮	$C_6H_6O_2$	0.22
12.53	2- 环戊烯 -1- 酮	C_5H_6O	1.16	28.12	3- 甲基 -1,2- 环戊二酮	$C_6H_8O_2$	4.79
12.78	丁酸乙烯酯	$C_6H_{10}O_2$	0.13	28.25	巴豆酸乙烯酯	$C_6H_8O_2$	0.85
13.47	1- 羟基 -2- 丁酮	$C_4H_8O_2$	1.23	28.39	3,5- 二甲基 -1,2- 环己二酮	$C_7H_{10}O_2$	0.15
16.32	2,4- 二甲基 -3- 戊酮	$C_7H_{14}O$	0.21	28.84	愈创木酚	$C_7H_8O_2$	2.85
16.80	乙酸	$C_2H_4O_2$	15.63	29.52	3- 乙基 -2- 羟基 -2- 环戊烯 -1- 酮	$C_7H_{10}O_2$	2.31
17.25	糠醛	$C_5H_4O_2$	0.15	30.76	2- 甲氧基 -5- 甲基苯酚	$C_8H_{10}O_2$	0.73
18.74	2,5- 己二酮	$C_6H_{10}O_2$	0.82	30.81	麦芽酚	$C_6H_6O_3$	0.66
18.91	3- 甲基 -2- 环戊烯 -1- 酮	C_6H_8O	3.72	31.07	2- 羟基 -3- 丙基 -2- 环戊烯 -1- 酮	$C_8H_{12}O_2$	0.46
20.42	丙酸	$C_3H_6O_2$	1.34	31.68	苯酚	C_6H_6O	4.84
21.61	2,5- 庚二酮	$C_7H_{12}O_2$	0.66	31.97	2- 吡咯甲醛	C_5H_5NO	0.16
22.30	γ- 戊内酯	$C_5H_8O_2$	0.92	33.06	4- 甲基苯酚	C_7H_8O	1.02
22.80	γ- 丁内酯	$C_4H_6O_2$	4.78	33.19	3- 甲基苯酚	C_7H_8O	2.01
23.40	丁酸	$C_4H_8O_2$	0.93	34.65	2- 乙基苯酚	$C_8H_{10}O$	0.30
23.58	3,5- 二甲基 -2,5- 二氢呋喃酮	$C_6H_8O_2$	2.00	34.77	4- 羟基苯乙酸	$C_8H_8O_3$	0.23
25.36	3- 甲基 -2(5*H*)- 呋喃酮	$C_5H_6O_2$	1.02	35.38	3- 乙基苯酚	$C_8H_{10}O$	0.32
25.61	4,5- 二甲基 -4- 己烯 -3- 酮	$C_8H_{14}O$	0.43	36.07	2,6- 二甲氧基苯酚	$C_8H_{10}O_3$	30.12
26.30	戊酸	$C_5H_{10}O_2$	0.12	37.36	1,2,4- 三甲氧基苯	$C_9H_{12}O_3$	4.19
26.59	α- 吡喃酮	$C_5H_4O_2$	0.14	38.15	5- 叔丁基焦酚	$C_{10}H_{14}O_3$	2.51

由色谱图（图 11-11 和图 11-12）可以看出，二氯甲烷份有 5 个峰、甲醇份有 4 个峰获得良好分离，其中 8 和 9 号峰的出峰时间与 4 和 5 号峰相同，应为同一化合物。根据 HPLC-MS 联用所得各色谱峰质谱数据，结合 HPLC 二极管阵列检测器所得紫外数据，对雪花梨提取物中的 1～7 号峰进行逐个分析，并与文献 [28] 的相关数据与谱图对照，可推测雪花梨提取物中的化合物成分，分别为 5- 去氧牡荆苷、5,7,8- 三羟黄酮 -7- 葡萄糖醛苷、表儿茶素没食子酸酯、鸢尾甲黄素 A、紫黄檀素、杨梅苷和喷杜苷。

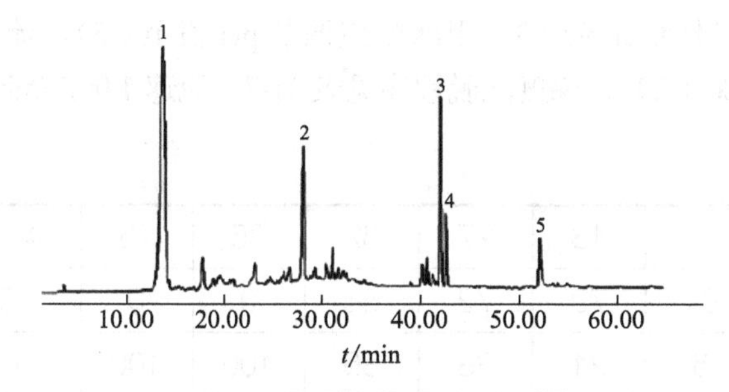

图 11-11 二氯甲烷份的高效液相色谱图

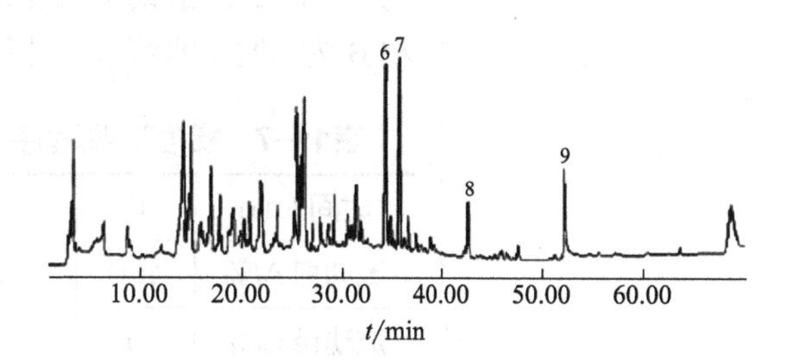

图 11-12 甲醇份的高效液相色谱图

表11-6 各色谱峰的鉴定结果

序号	t_R/min	$[M-H]^-$	测得 UV/nm	推测物质	文献 [28] 中 UV/nm
1	13.612	415.1	255sh，310sh，326.3	5- 去氧牡荆苷	258sh，312sh，327
2	28.337	445.1	274.2，343.3	5, 7, 8- 三羟黄酮 -7- 葡萄糖醛苷	274，342
3	42.256	441.1	227.8，275.1	表儿茶素没食子酸酯	229，276
4	42.593	329.3	268.3	鸢尾甲黄素 A	268
5	52.187	315.3	275.4	紫黄檀素	276
6	34.206	463.1	253.8，351.4	杨梅苷	255，350
7	35.712	505.1	275.4，322	喷杜苷	275，324

第三节 食品样品剖析实例

实例 1 发酵豆粕中氨基酸的剖析

豆粕是牲畜与家禽饲料的主要原料，还可用于制作糕点食品和健康食品。发酵豆粕富含多种营养物质如乳酸、维生素、氨基酸、未知促生长因子等，其中氨基酸含量是发酵豆粕营养成分的重要指标。用于测定氨基酸的方法很多，从自动化程度、分析成本、准确度方面考虑，最常用的方法有氨基酸分析仪法、气相色谱法和高效液相色谱法。郭子好等[29]采用异硫氰酸苯酯（PITC）柱前衍生反相高效液相色谱法测定了豆粕和发酵豆粕中的多种氨基酸。

一、仪器条件及分析方法

1. 仪器条件

氨基酸 C_{18} 色谱柱（4.6mm×250mm，5μm），柱温 40℃，检测波长 254nm，进样量 10μL。流动相 A

为0.1mol/L乙酸钠：乙腈溶液（体积比97：3，用冰醋酸调节pH值至6.5），流动相B为乙腈：水溶液（体积比80：20），梯度洗脱程序见表11-7，流速1.0mL/min。

表11-7　梯度洗脱程序

时间/min	0	4	16	18	27	32	35	45	46
流动相A/%	100	99	94	79	72	65	0	0	100
流动相B/%	0	1	6	21	28	35	100	100	0

2. 分析方法

（1）样品处理方法　准确称取一定量的豆粕和发酵豆粕样品，置于安瓿瓶中，加入3～5滴苯酚、6mol/L盐酸10mL，振荡使样品溶解，将其置于-18℃冰箱中冷冻60min，用氮吹仪吹扫5min后用酒精喷灯加热封口，置于（110±1）℃烘箱中水解24 h。将其取出冷却，打开安瓿瓶，分别将水解液过滤到25mL容量瓶内，再各加入适量6mol/L氢氧化钠溶液中和过量的酸，然后用去离子水定容，混匀，得豆粕和发酵豆粕样液。

（2）衍生条件及方法　准确量取豆粕和发酵豆粕样液1mL，分别置于10mL玻璃试管中，各加入1mol/L三乙胺-乙腈溶液1mL，之后各加入0.1mol/L异硫氰酸苯酯-乙腈溶液1mL，摇匀，在50℃水浴中加热45min，取出冷却至室温，然后各加入正己烷4mL，振荡摇匀后静置30min，此时溶液分3层，取澄清的最下层溶液500μL，分别用500μL乙腈-水溶液（体积比1：1）稀释至1mL，再用0.45μm滤膜过滤，取滤液10μL进行HPLC分析。采用保留时间对照定性，外标法定量。

二、样品中氨基酸的分析结果

PITC衍生化法测定的17种氨基酸混标的HPLC谱图、豆粕和发酵豆粕样品的HPLC谱图，分别如图11-13～图11-15所示。测定结果见表11-8。

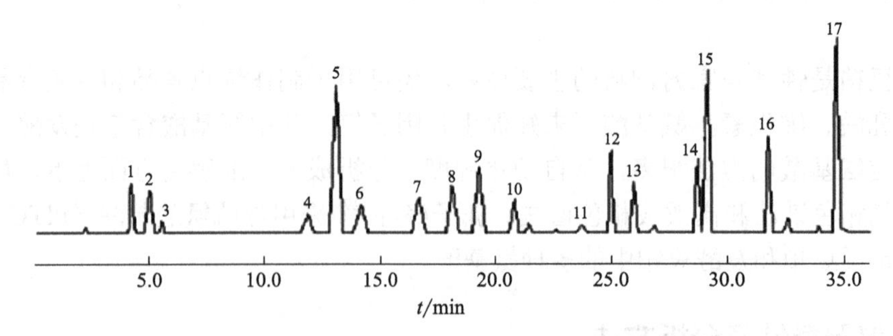

图11-13　17种氨基酸混标的HPLC谱图

1—天冬氨酸；2—谷氨酸；3—半胱氨酸；4—丝氨酸；5—甘氨酸；6—组氨酸；7—精氨酸；8—苏氨酸；9—丙氨酸；10—脯氨酸；11—酪氨酸；12—缬氨酸；13—蛋氨酸；14—异亮氨酸；15—亮氨酸；16—苯丙氨酸；17—赖氨酸

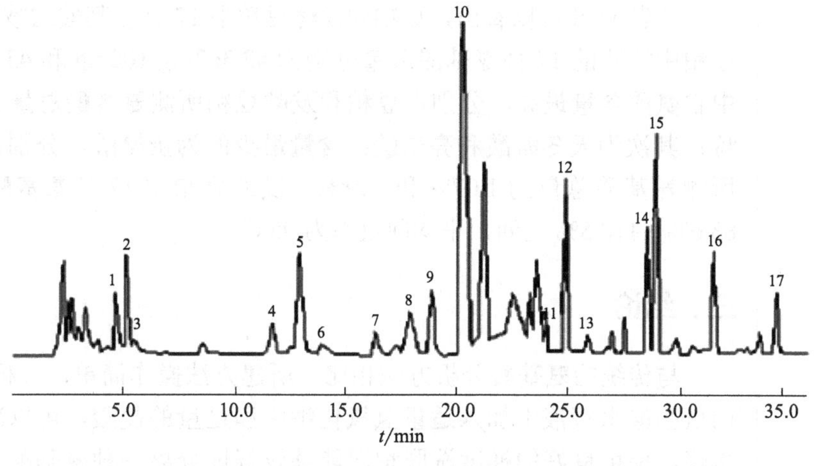

图 11-14　豆粕样品中氨基酸的 HPLC 谱图

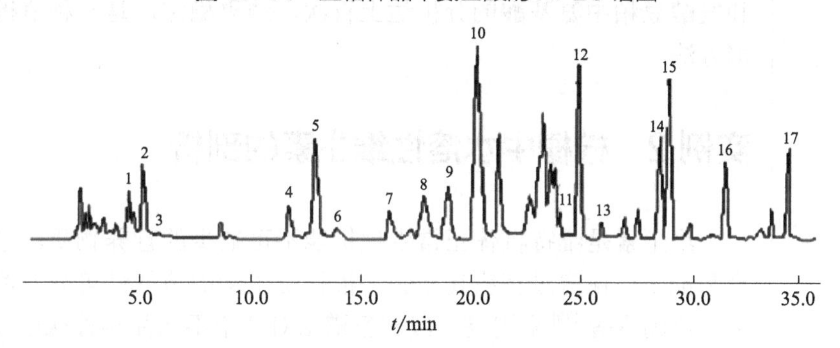

图 11-15　发酵豆粕样品中氨基酸的 HPLC 谱图

表 11-8　PITC 衍生化法测定的豆粕和发酵豆粕样品的氨基酸含量

氨基酸名称	豆粕中含量 /(mg/100mg)	质量分数 /%	发酵豆粕中含量 /(mg/100mg)	质量分数 /%
天冬氨酸	3.992	9.42	4.608	10.55
谷氨酸	6.035	14.25	6.976	15.98
半胱氨酸	0.616	1.45	0.613	1.40
丝氨酸	1.893	4.46	1.614	3.69
甘氨酸	2.875	6.78	2.341	5.36
组氨酸	1.237	2.92	1.238	2.83
精氨酸	2.569	6.06	2.209	5.05
苏氨酸	2.129	5.02	2.233	5.11
丙氨酸	1.864	4.40	1.703	3.90
脯氨酸	3.458	8.16	3.536	8.10
酪氨酸	1.480	3.49	1.483	3.40
缬氨酸	2.498	5.89	2.401	5.50
蛋氨酸	0.454	1.07	0.559	1.28
异亮氨酸	2.455	5.79	2.458	5.63
亮氨酸	3.571	8.43	3.892	8.91
苯丙氨酸	2.320	5.48	2.691	6.16
赖氨酸	2.916	6.88	3.112	7.13
总计	42.362	100.00	43.667	100.00

注：质量分数是指对应氨基酸含量占所测氨基酸总量的百分比。

从表 11-8 可以看出，豆粕和发酵豆粕中 17 种氨基酸均被检出，豆粕和发酵豆粕中检测的 17 种氨基酸总量分别为 42.362mg/100mg 和 43.667mg/100mg。其中谷氨酸含量最高，分别占豆粕和发酵豆粕所测氨基酸总量的 14.25% 和 15.98%；其次为天冬氨酸和亮氨酸；含量最少的为蛋氨酸，分别占豆粕和发酵豆粕所测氨基酸总量的 1.07% 和 1.28%。发酵豆粕中 17 种氨基酸的加标回收率在 83.6%～110.5% 之间，平均回收率为 95.6%。

三、结论

与传统的氨基酸分析方法相比，所建方法操作简单，分析快速，准确度高。向氨基酸水解液中加入适量氢氧化钠中和过量的盐酸，可以减少色谱图中的杂质峰，使用良好的梯度洗脱程序能够较好地分离各种氨基酸。将此法用于豆粕和发酵豆粕中氨基酸的分析达上百次，结果稳定，是一种值得推荐的氨基酸检测方法。

实例 2　柠檬中水溶性维生素的剖析

维生素是维持机体正常生理机能不可缺少的营养物质，它们与机体生长发育和能量代谢等过程密切相关。根据维生素的溶解性可分脂溶性和水溶性两大类。涂勋良等[30]采用高效液相色谱法对 7 个不同品种柠檬中 6 种水溶性维生素进行了分析。

一、柠檬样品的来源

尤力克柠檬采自四川安岳、云南瑞丽、广东河源等地高产优质示范基地，无核柠檬采自广东连南高产优质示范基地，里斯本柠檬、北京柠檬、粗柠檬采自中国农业科学院柑橘研究所国家柑橘种质资源圃（重庆）。每个品种选取 5 株长势、树形基本一致的成年结果树，从每株树冠东、南、西、北、中 5 个方向采摘 5 个处于同一成熟度的成熟果实，按各品种进行混合，带回实验室低温贮藏。样品信息见表 11-9。

二、仪器条件及分析方法

1. 液相色谱条件

Agilent Eclipse XDB-C_{18}（250mm×4.6mm，5μm）色谱柱，流动相 A 为 0.1% 磷酸水溶液，流动相 B 为乙腈，梯度洗脱。梯度洗脱程序：0～5min，1%B；5～10min，1%～20%B；10～20min，20%B；20～22.5min，20%～70%B；22.5～25min，70%～1%B。进样体积 10μL，流速 0.9mL/min，柱温 30℃，检测波长 267nm。

表11-9 柠檬样品信息

产地	样品	编码	采收期	产地	样品	编码	采收期
四川安岳	尤力克柠檬	EUR-C	2015-10-22	重庆北碚	里斯本柠檬	LSB	2015-10-30
云南瑞丽	尤力克柠檬	EUR-D	2015-08-31	重庆北碚	北京柠檬	M-NM	2015-10-30
广东河源	尤力克柠檬	EUR-Y	2015-09-18	重庆北碚	粗柠檬	R-NM	2015-10-30
广东连南	无核柠檬	S-NM	2015-09-21				

2. 分析方法

参照 Okwu 等 [31] 的方法稍作改进。采用压榨法制取新鲜柠檬果汁，用双层纱布过滤后备用。吸取一定量的果汁置于带塞三角瓶中，加入 0.1% 磷酸水溶液稀释至 20mL，超声 15min，取上清液经 0.22μm 微孔有机滤膜过滤，取滤液 10μL 进行 HPLC 测定。采用保留时间对照定性，外标法定量。

三、样品分析结果

在优化的色谱条件下，混合标准品与样品的 HPLC 谱图，如图 11-16（A）和图 11-16（B）所示。图 11-16（A）中各水溶性维生素分离度均大于 1.8，分离效果极佳，且目标峰形尖锐，对称性好，能够满足多种水溶性维生素的同时分离。不同样品中水溶性维生素的测定结果见表 11-10。

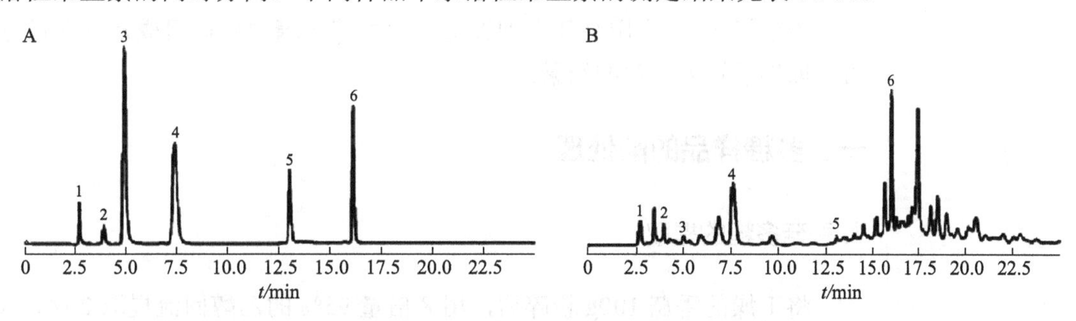

图 11-16 6 种水溶性维生素混合标准品（A）和样品（B）的 HPLC 谱图

1—维生素 C；2—维生素 B_3；3—维生素 B_1；4—维生素 B_6；5—维生素 B_9；6—维生素 B_{12}

表11-10 不同样品中水溶性维生素的测定结果

样品	成分含量 /（mg/100g）					
	维生素 C	维生素 B_3	维生素 B_1	维生素 B_6	维生素 B_9	维生素 B_{12}
EUR-C	48.79±0.47	2.70±0.03	1.25±0.01	1.38±0.01	0.23±0.002	0.42±0.004
EUR-D	27.37±0.27	0.80±0.03	1.60±0.02	0.89±0.01	0.29±0.003	0.58±0.01
EUR-Y	55.91±0.54	3.35±0.03	1.56±0.02	1.28±0.01	0.23±0.002	0.46±0.004
S-NM	57.96±0.54	4.32±0.04	1.12±0.01	0.87±0.01	0.20±0.002	0.61±0.01
LSB	52.14±0.51	2.99±0.03	1.04±0.01	0.63±0.01	0.23±0.002	0.54±0.01
M-NM	38.86±0.38	1.41±0.01	2.47±0.02	0.58±0.01	0.19±0.002	2.10±0.02
R-NM	57.44±0.56	0.88±0.01	1.23±0.01	0.59±0.01	0.28±0.003	0.76±0.01

实验结果表明，6 种水溶性维生素在 17min 内完全分离，在 0.06～49.60μg/mL 范围内呈良好的线性关系

（R^2 = 0.9999～1.0000），检出限为 0.03～0.27μg/mL，定量限为 0.08～0.82μg/mL，平均加标回收率为 99.06%～101.72%，RSD 为 0.49%～0.98%。

四、结论

本研究以不同品种柠檬为样品，分析检测其果汁中水溶性维生素的含量，建立了同时测定 6 种水溶性维生素的 HPLC 法。结果显示不同品种柠檬果汁中 6 种水溶性维生素含量存在显著差异，7 种柠檬果汁中维生素 C 含量远高于 B 族维生素含量。在 7 种柠檬果汁中，维生素 C 的含量为（27.37±0.27）～（57.96±0.54）mg/100g，S-NM 中含量最高；维生素 B_3 的含量为（0.80±0.03）～（4.32±0.04）mg/100g，S-NM 中含量最高；维生素 B_1 的含量为（1.04±0.01）～（2.47±0.02）mg/100g，M-NM 中含量最高；维生素 B_6 的含量为（0.58±0.01）～（1.38±0.01）mg/100g，EUR-C 中含量最高；维生素 B_9 的含量为（0.19±0.002）～（0.29±0.003）mg/100g，EUR-D 中含量最高；维生素 B_{12} 的含量为（0.42±0.004）～（2.10±0.02）mg/100g，M-NM 中含量最高。

实例 3　高效毛细管电泳法测定香菇多糖中单糖的组成

汲晨锋等[32]应用高效毛细管电泳对香菇多糖中单糖组成及其含量进行了分析，取得了较为满意的结果。

一、多糖样品的前处理

1. 香菇多糖的提取

将干燥的香菇 100g 粉碎后，用 8 倍量 95% 的乙醇回流提取 2 次，每次 2h，抽滤后所得残渣干燥，加入 8 倍量水于 90℃提取 2 次，每次 1.5h，水提液减压浓缩至 200mL，冷却后用 95% 的乙醇调节终浓度为 80%，密封保存。次日用适量的无水乙醇、丙酮和石油醚依次抽洗，干燥后得浅褐色香菇粗多糖。

2. 香菇多糖的初步纯化

（1）除蛋白质　称取粗多糖 2.5g 溶于 50mL 水中，将 10mL 的 Sevage 液（氯仿：正丁醇 =4：1）加入粗多糖液中，剧烈振荡 10min 后 4000r/min 离心 10min。除去水相与有机相间的蛋白质，将上层水相反复操作 6 次。

（2）脱色　除蛋白质后的多糖溶液调节 pH 值为 8～9，加入 10% 的 H_2O_2 50mL，置于 4℃冰箱中放置 24h。

（3）透析　透析袋用 50% 的乙醇蒸制 1h，接着依次用 0.01mol/L 的 $NaHCO_3$、0.001mol/L 的 EDAE 和蒸馏水洗涤。将脱色两天后的多糖溶液装入处理好的透析袋中，先用自来水流水透析 2d，然后用流动的蒸馏水透析 2d。

（4）醇沉　将透析过的多糖液经 70℃减压浓缩至 25mL，自然冷却后，再加入 95% 的乙醇调节终浓度为 80%，次日按上述方法处理得精制后的多糖。

二、电泳条件及分析方法

1. 电泳条件

采用 BeckmanP/MDQ 电泳装置，操作软件为 32Karasoft，石英毛细管柱为 50μm×75cm（Beckman）。缓冲液：50mmol/L、75mmol/L、100mmol/L 硼砂溶液。柱温 25℃；电压 15kV；检测波长 214nm；气压进样 0.5psi，进样时间 15s；清洗液 0.1mol/L HCl 溶液、0.1mol/L NaOH 溶液、重蒸水。

2. 分析方法

（1）单糖样品的 α- 萘胺衍生化

① 衍生试剂的配制　称取 α- 萘胺 143.2mg 和 $NaBH_3CN$ 35mg，溶于 450mL 无水甲醇中，再加入 41mL 冰乙酸，置于冰箱中待用。

② 单糖的 α- 萘胺衍生　取各种单糖用重蒸水配成浓度为 10mg/mL 的水溶液，各取 200mL，加 40mL 衍生试剂置于安瓿管中封管，80℃恒温 2h 衍生化。然后各加入三氯甲烷和重蒸水 1mL，反复离心萃取 3 次，取上层水相滤后定容至 5mL，冷藏备测。

（2）多糖水解样品的制备　取香菇多糖 10mg，加入 1mol/L H_2SO_4 1mL，封管 100℃恒温水解 8h，冷却后用碳酸钡完全中和（pH7），放置过夜，过滤，取滤液 200mL，同上述方法进行衍生化。

（3）标准品及样品的测定　取衍生化的标准品及样品试液，分别平行做 3 份，每份测 3 次。根据各吸收峰的峰面积计算各单糖组成的相对比例。

三、香菇多糖中单糖组成的分析结果

1. 标准单糖谱图

将 6 个单糖样品进行电泳分析，得出各个单糖的出峰时间，与混合单糖样品谱图对照，得出每个标准单糖的电泳迁移时间。混合单糖毛细管区带电泳谱如图 11-17 所示，单糖的迁移时间见表 11-11。

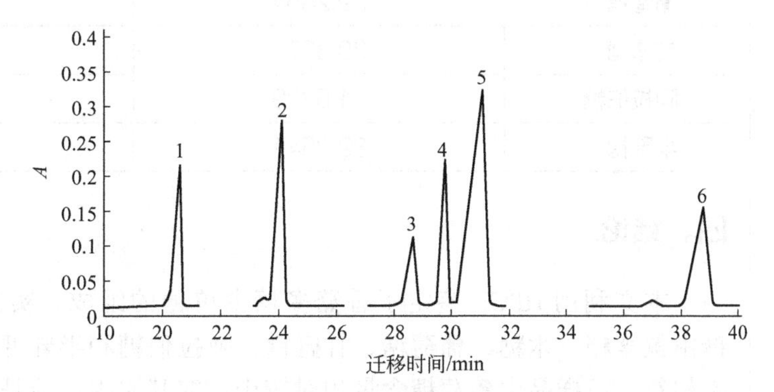

图 11-17　混合单糖毛细管区带电泳谱

1—鼠李糖；2—木糖；3—葡萄糖；4—甘露糖；5—阿拉伯糖；6—半乳糖

表11-11　单糖的迁移时间

单糖	鼠李糖	木糖	葡萄糖	甘露糖	阿拉伯糖	半乳糖
迁移时间 /min	20.6386	24.1344	28.6657	29.7753	31.1023	38.7977

2. 多糖样品的分析结果

将香菇多糖作出的谱图与标准混合单糖谱图对照，根据其出峰时间的对应关系，可以确定香菇多糖主要由甘露糖、阿拉伯糖和半乳糖组成，含有微量的鼠李糖、木糖和葡萄糖，其比例为 Rha：Xyl：Glu：Man：Ara：Gal= 2.5：2：7：69：14：13。香菇多糖样品中单糖的组成、迁移时间和峰面积相对含量，分别见图 11-18 和表 11-12。

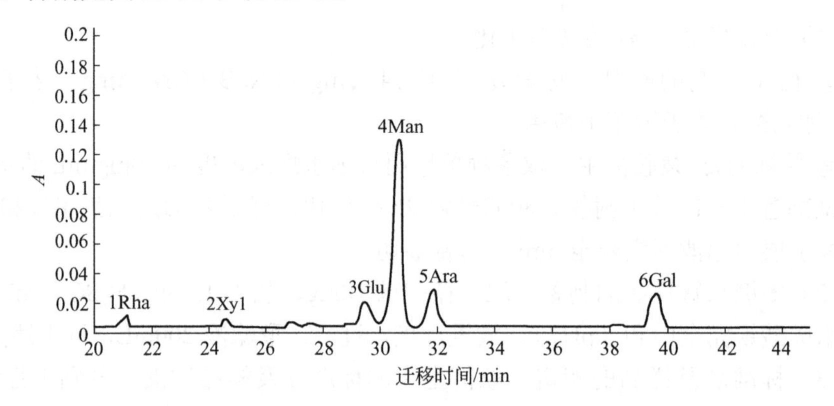

图 11-18　香菇多糖的毛细管区带电泳谱

表11-12　香菇多糖中单糖迁移时间、峰面积百分比

单　糖	香菇多糖	
	迁移时间 /min	峰面积百分比 /%
鼠李糖	20.8145	2.30
木糖	24.3389	1.85
葡萄糖	29.2854	6.48
甘露糖	30.3273	63.64
阿拉伯糖	31.5229	12.94
半乳糖	39.2541	11.69

四、结论

本文利用 HPCE 鉴定了香菇多糖中单糖的组成。实验结果表明，香菇多糖由鼠李糖、木糖、葡萄糖、甘露糖、阿拉伯糖和半乳糖组成，与文献报道基本相符，但样品中葡萄糖含量相对较少，究其原因可能是由于香菇多糖是一种 β-D[1 → 3] 葡聚糖残基为主链，侧链为（1 → 6）葡萄糖残基的葡聚糖，在多糖水解过程中主链没有完全断裂，从而导致葡萄糖含量偏低。

实例 4　茶叶中黄酮醇糖苷类化合物的剖析

我国具有丰富的茶叶资源，饮茶及茶文化已有数千年的历史。茶不仅具有提神解渴的功效，而且还具有良好的医药保健作用。茶叶中含有丰富的黄酮醇糖苷类化合物，现代研究表明，黄酮醇糖苷类化合物具有显著的抗氧化、抗癌、抗动脉硬化、预防心血管疾病和保护肝脏等多种生理功能。王智聪等[33]采用超高效液相色谱 - 二极管阵列检测 - 串联质谱法（UPLC-PDA-MS/MS）分离鉴定了茶叶中 15 种黄酮醇糖苷类化合物。

一、仪器条件及分析方法

1. 色谱条件

Waters ACQUITY UPLC HSS T3 色谱柱（150mm×2.1mm，1.7μm），柱温 35℃，自动进样器温度 15℃，进样体积 2μL，检测波长 370nm。流动相 A 为含 0.1% 甲酸的水溶液，流动相 B 为含 0.1 % 甲酸的乙腈溶液，流速 0.3mL/min。梯度洗脱程序：0～1min，0.1%B；1～2min，0.1%B～0.3%B；2～3min，0.3%B～0.5%B；3～4min，0.5%B～2%B；4～5min，2%B～5%B；5～8min，5%B～15%B；8～12min，15%B～17%B；12～15min，17%B～24%B；15～17min，24%B～26% B；17～20min，26%B～35%B；20～21min，35%B～60%B；21～22min，60%B～95%B；22～23min，95%B；23～23.1min，95%B～0.1%B；23.1～26min，0.1% B。

2. 质谱条件

采用电喷雾离子源（ESI），正离子模式，毛细管电压 3.0kV，离子源温度 150℃，脱溶剂气（氮气）温度 400℃，雾化气（氮气）流速 600L/h，锥孔气（氮气）流速 50L/h，碰撞气（氩气）流速 0.13mL/min。在化合物的定性识别中，对各目标组分进行子离子扫描，扫描范围 *m/z* 100～900，碰撞电压 35V，裂解电压 12V。在化合物的定量分析中，采用多反应监测方式，母离子均为加氢离子 $[M+H]^+$，子离子均为脱糖苷的苷元离子，杨梅素糖苷类化合物的子离子均为 *m/z* 319，槲皮素糖苷类化合物的子离子均为 *m/z* 303，山柰素糖苷类化合物的子离子均为 *m/z* 287。

3. 分析方法

（1）样品的制备　绿茶（西湖龙井）和红茶（滇红茶）购自当地超市。取适量绿茶及红茶，粉碎，过筛（筛孔尺寸 0.9mm×0.9mm），精确称取筛下物 1.5g 于 50mL 带盖螺口玻璃试管中，分别加入 30mL 80% 甲醇水溶液，超声萃取 15min，以 4000r/min 离心 15min，取上清液 1mL，加入 4mL 水稀释，稀释液用 0.22μm 聚四氟乙烯针式过滤器过滤后供 UPLC-PDA-MS/MS 分析，每个样品平行制备两份。

（2）样品的定性方法　对茶叶中黄酮醇糖苷类化合物的鉴别是通过与相应标准品的色谱保留时间、一级和二级质谱参数等进行比对确认；对无法得到市售标准品的一些化合物，参考紫外吸收光谱，通过分子量及二级质谱碎片离子进行结构解析，与其结构相似的化合物进行比较，并与参考文献进行比对确认。

（3）样品的定量方法　由于不易获得市售的黄酮醇糖苷类标准品，本文采用相对定量的方法，即以 Q-GRh 为标准品，外标法定量，其他黄酮醇糖苷类化合物均以 Q-GRh 为标准进行相对定量。

二、茶叶中黄酮醇糖苷类化合物的分离鉴定

在优化的色谱条件下测得绿茶和红茶样品的色谱图。由图 11-19 可见，15 种黄酮醇糖苷类化合物在 12～17min 之间全部洗脱出来，且分离情况良好。各组分的保留时间及定性定量结果见表 11-13。

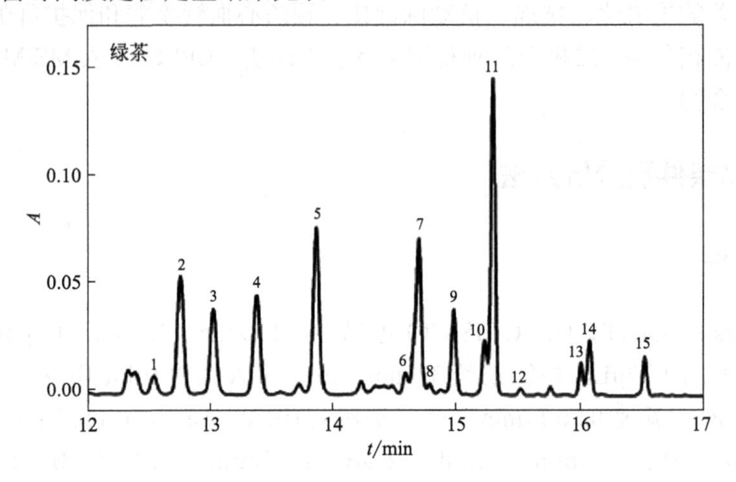

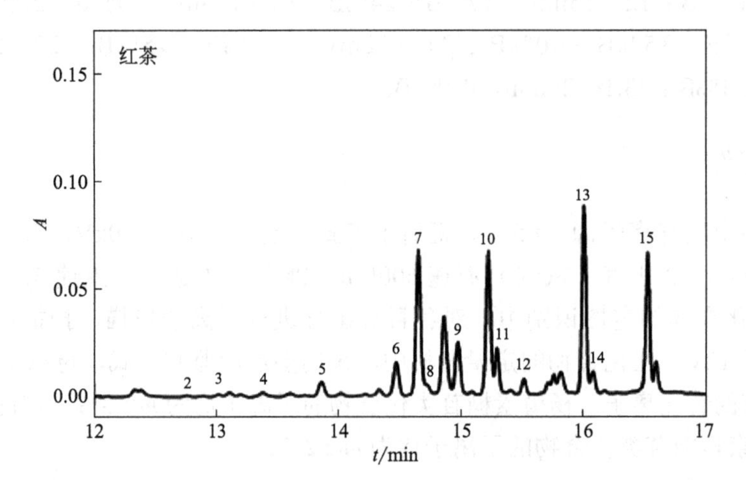

图 11-19 绿茶和红茶中 15 种黄酮醇苷类化合物的色谱图（检测波长 370nm）

各峰的鉴别：1—M-GRh；2—M-Ga；3—M-G；4—Q-GaRhG；5—Q-GRhG；6—Q-GaRh；7—Q-GRh；8—K-GaRhG；9—Q-Ga；10—Q-G；11—K-GRhG；12—K-GaRh；13—K-GRh；14—K-Ga；15—K-G

三、结论

采用 UPLC-PDA-MS/MS 法分离鉴定了绿茶和红茶中的 15 种黄酮醇糖苷类化合物，包括 3 种杨梅素糖苷、6 种槲皮素糖苷和 6 种山柰素糖苷类化合物。结果表明，绿茶和红茶中黄酮醇糖苷类化合物的含量和分布差异显著，绿茶中的黄酮醇糖苷总量是红茶的 1.7 倍，绿茶中的黄酮醇糖苷主要以杨梅素 -3- 半乳糖苷（M-Ga）、杨梅素 -3- 葡萄糖苷（M-G）、槲皮素 -3- 葡萄糖 - 鼠李糖 - 半乳糖苷（Q-GaRhG）、槲皮素 -3- 葡萄糖 - 鼠李糖 - 葡萄糖苷（Q-GRhG）、山柰素 -3- 葡萄糖 - 鼠李糖 - 半乳糖苷（K-GaRhG）和山柰素 -3- 葡萄糖 - 鼠李糖 - 葡萄糖

苷（K-GRhG）为主，而红茶中主要以槲皮素-3-鼠李糖-葡萄糖苷（Q-GRh）、槲皮素-3-葡萄糖苷（Q-G）、山柰素-3-鼠李糖-葡萄糖苷（K-GRh）和山柰素-2-半乳糖苷（K-Ga）为主。

表11-13 绿茶和红茶中黄酮醇苷类化合物的定性定量结果

峰号	化合物	分子式	分子量	t_R/min	鉴定用碎片（m/z）	绿茶/（mg/kg）	红茶/（mg/kg）
1	杨梅素-3-鼠李糖葡萄糖苷（M-GRh）	$C_{27}H_{30}O_{17}$	626.148	12.55	627/465/319	108.2±3.8	2.3±0.1
2	杨梅素-3-半乳糖苷（M-Ga）	$C_{21}H_{20}O_{13}$	480.090	12.76	481/319	705.1±15.5	11.7±0.5
3	杨梅素-3-葡萄糖苷（M-G）	$C_{21}H_{20}O_{13}$	480.090	13.03	481/319	593.8±18.4	17.1±0.6
4	槲皮素-3-葡萄糖-鼠李糖-半乳糖苷（Q-GaRhG）	$C_{33}H_{40}O_{21}$	772.206	13.38	773/611/465/303	732.1±22.0	33.0±0.7
5	槲皮素-3-葡萄糖-鼠李糖-葡萄糖苷（Q-GRhG）	$C_{33}H_{40}O_{21}$	772.206	13.86	773/611/465/303	920.5±13.8	111.1±3.9
6	槲皮素-3-鼠李糖-半乳糖苷（Q-GaRh）	$C_{27}H_{30}O_{16}$	610.153	14.48	611/465/303	48.0±2.4	213.0±8.5
7	槲皮素-3-鼠李糖-葡萄糖苷（Q-GRh）	$C_{27}H_{30}O_{16}$	610.153	14.66	611/465/303	196.4±3.9	677.2±19.6
8	山柰素-3-葡萄糖-鼠李糖-半乳糖苷（K-GaRhG）	$C_{33}H_{40}O_{20}$	756.211	14.66	757/595/449/287	1174.3±10.6	37.7±1.4
9	槲皮素-3-半乳糖苷（Q-Ga）	$C_{21}H_{20}O_{12}$	464.095	14.98	465/303	431.5±8.2	291.1±4.1
10	槲皮素-3-葡萄糖苷（Q-G）	$C_{21}H_{20}O_{12}$	464.095	15.22	465/303	311.5±5.0	693.6±6.9
11	山柰素-3-葡萄糖-鼠李糖-葡萄糖苷（K-GRhG）	$C_{33}H_{40}O_{20}$	756.211	15.29	757/595/449/287	1685.9±8.4	341.4±9.9
12	山柰素-3-鼠李糖-半乳糖苷（K-GaRh）	$C_{27}H_{30}O_{15}$	594.158	15.51	595/449/287	74.5±2.8	135.0±3.8
13	山柰素-3-鼠李糖-葡萄糖苷（K-GRh）	$C_{27}H_{30}O_{15}$	594.158	15.99	595/449/287	255.2±10.7	1031.0±11.3
14	山柰素-3-半乳糖苷（K-Ga）	$C_{21}H_{20}O_{11}$	448.100	16.07	449/287	338.8±8.1	867.4±14.7
15	山柰素-3-葡萄糖苷（K-G）	$C_{21}H_{20}O_{11}$	448.100	16.51	449/287	472.7±15.6	165.6±4.1

实例5 鸭骨架的营养成分剖析

鸭骨架具有很高的营养价值和功能，是鸭屠宰和加工过程中主要的大宗副产品，占鸭总质量的8%～17%。由于不同的厂家有不同的生产工艺和设备，因此生产的骨产品的组成及其营养成分也存在着显著的差异。目前，关于鸭骨架的研究，特别是深加工产品的研究相对较少。王淑慧等[34]测定了鸭骨架的基本营养成分、氨基酸组成及含量。结果表明，鸭骨架是一类优质蛋白质，其中蛋白质含量（以干质量计，下同）高达29.19%；必需氨基酸、鲜味氨基酸、含硫氨基酸含量较高，分别占总氨基酸含量的42.73%、25.00%和4.30%，这些都是制备鸭肉香精的风味前体物质。

一、鸭骨架的分析方法

鸭骨架购于湖州众望种鸭场。

1. 鸭骨架的处理

选取新鲜的鸭骨架解冻后，剔除骨架上残留的肉、脂肪、鸭皮、内脏等非骨物质，清洗、破碎后于0.1MPa条件下蒸煮2h，将软化后的鸭骨放入烘箱中50℃烘烤6h至水分含量为30%左右，再用高速捣碎机粉碎，分装，置于–18℃冰箱中冷冻备用，实验前解冻。

2. 鸭骨架基本营养成分的测定方法

粗蛋白含量的测定：凯氏定氮法，参照GB 5009.5—2010《食品中蛋白质的测定》；粗脂肪含量的测定：索氏提取法，参照GB/T 9695.7—88《肉与肉制品 总脂肪含量测定》；水分含量的测定：恒质量干燥法，参照GB/T 9695.15—88《肉与肉制品 水分含量测定》；灰分含量的测定：灼烧称量法，参照GB 5009.4—2010《食品中灰分的测定方法》。

3. 鸭骨架蛋白质的氨基酸组成分析

氨基酸分析采用OPA自动衍生法。

检测条件：美国Agilent 1100高效液相色谱仪，Hypersil ODS C_{18}（46mm×250mm）氨基酸分析柱，梯度洗脱，温度40℃，流速1～1.2mL/min，柱压87～150bar，停止时间35min，延迟时间7min，检测波长338nm。

二、鸭骨架营养成分的分析结果

1. 鸭骨架的基本营养成分

鸭骨架的基本营养成分分析见表11-14。

表11-14 鸭骨架的基本营养成分分析

原料	水分含量/%	蛋白质含量/%	脂肪含量/%	灰分含量/%
新鲜鸭骨架	64.00±1.39	15.23±0.72	11.61±0.44	8.62±1.49
处理后鸭骨架	39.77±0.97	29.19±0.68	8.22±0.53	22.24±0.65

由表11-14可见，新鲜鸭骨架含有大量蛋白质和脂肪，其中蛋白质占新鲜鸭骨架的15.23%，高于牛奶（3.3%）、豆腐（4.7%）、大米（7.4%），而与鸡蛋（14.7%）、羊肉（11.1%）、瘦猪肉（16.7%）、鸡骨（13.31%）、猪骨（12.0%）的蛋白质含量相当。经过处理后的鸭骨架仍含有丰富的蛋白质，含量为29.19%。因此，以鸭骨架为底物进行酶解制备氨基酸和多肽类物质极具开发价值。

2. 鸭骨架蛋白质的氨基酸组成

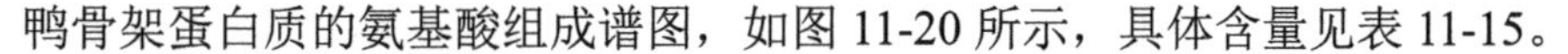

鸭骨架蛋白质的氨基酸组成谱图，如图 11-20 所示，具体含量见表 11-15。

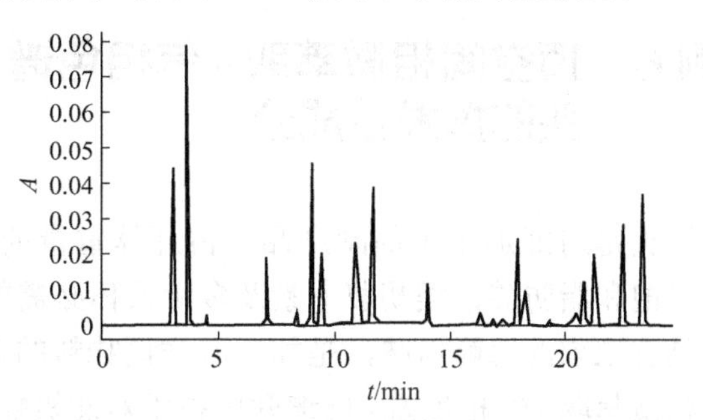

图 11-20 鸭骨架蛋白质的氨基酸组成谱图

表11-15 鸭骨架蛋白质的氨基酸组成

氨基酸	含量 /（mg/100g）	占总氨基酸含量的百分比 /%	氨基酸	含量 /（mg/100g）	占总氨基酸含量的百分比 /%
天冬氨酸（Asp）	2296.20	9.94	亮氨酸（Leu）	1911.95	8.28
丝氨酸（Ser）	842.78	3.65	赖氨酸（Lys）	1954.49	8.46
谷氨酸（Glu）	3475.82	15.05	苯丙氨酸（Phe）	1089.07	4.72
甘氨酸（Gly）	1558.31	6.75	蛋氨酸（Met）	666.81	2.89
丙氨酸（Ala）	834.74	3.62	苏氨酸（Thr）	1035.71	4.49
胱氨酸（Cys-s）	327.16	1.42	缬氨酸（Val）	1344.66	5.82
酪氨酸（Tyr）	961.35	4.16	非必需氨基酸	13222.10	57.27
精氨酸（Arg）	2925.74	12.67	必需氨基酸	9867.16	42.73
组氨酸（His）	588.63	2.55	鲜味氨基酸	5772.02	25.00
异亮氨酸（Ile）	1275.83	5.53	含硫氨基酸	993.98	4.30

注：必需氨基酸是指赖氨酸、苯丙氨酸、蛋氨酸、苏氨酸、异亮氨酸、亮氨酸、缬氨酸、组氨酸 8 种氨基酸；鲜味氨基酸是指谷氨酸和天冬氨酸；含硫氨基酸是指蛋氨酸和胱氨酸。

在各种氨基酸中，必需氨基酸及鲜味氨基酸的含量是反应蛋白质质量的重要指标。由表 11-15 可见，鸭骨架蛋白质组成中必需氨基酸、鲜味氨基酸含量分别占总氨基酸含量的 42.73% 和 25.00%，可见鸭骨架是非常优质的蛋白质，与鸡骨肉的氨基酸组成特点相似。

鸭骨架蛋白质的氨基酸组成及其比例决定了其酶解产物的营养及风味，由于其必需氨基酸、鲜味氨基酸和含硫氨基酸含量较高，有助于其酶解产物风味的形成及改善，因此本实验采用此鸭骨架作为原料，进行蛋白酶酶解及 Maillard 热反应生香技术来制备鸭肉香精。

三、结论

鸭骨架是一类优质蛋白质，其中蛋白质含量高达 29.19%；必需氨基酸、鲜味氨基酸、含硫氨基酸含量较高，分别为 42.73%、25.00% 和 4.30%，这些都是制备鸭肉香精的风味前体物质。鸭骨架蛋白质中所有必需氨基酸的氨基酸分值均超过氨基酸评分标准模式，亮氨酸、异亮氨酸、赖氨酸、苯丙氨酸、苏氨

酸等必需氨基酸的氨基酸分值超过或接近于化学评分模式，这些都为鸭骨架的深加工提供理论支持和数据支持。

实例6　顶空固相微萃取-气相色谱-质谱法测定北极虾虾头的挥发性成分

虾头是对虾加工中的副产品，占虾体重量的30%～40%，含有丰富的蛋白质、不饱和脂肪酸、类胡萝卜素及多种人体必需的微量元素等，不仅营养丰富，而且具有浓郁的海鲜风味，是加工海鲜调味料的良好原料。解万翠等[35]采用顶空固相微萃取-气相色谱-质谱联用技术对北极虾虾头中的挥发性化合物进行分离与鉴定，所得结果可为天然产物中挥发性风味化合物的研究提供参考。

一、样品前处理、分析条件及分析方法

1. 样品前处理及顶空SPME捕集

取新鲜北极虾虾头（整虾购自湛江东风市场），采用塑料袋包装，500g/袋，于–20℃冰箱冷冻保存。使用前解冻并打浆，冷冻干燥得到虾头粉（水分含量约5%）。

手动固相微萃取装置（美国Supelco公司），选择50/30μm DVB/CAR/PDMS萃取头，初次使用前在气相色谱的进样口下老化1h。称取冷冻干燥虾头粉1.5g于15mL顶空进样瓶中，顶空瓶首先在40℃烘箱平衡10min，再进行静态顶空SPME萃取，时间40min，然后GC-MS进样，解吸温度250℃，解吸时间5min。

2. GC-MS分析条件

色谱柱为Supelcowax™-10毛细管柱（30m×0.25mm，0.25μm；美国Supelco公司）。程序升温：起始温度40℃，保持5min，以2.5℃/min的速度升至250℃，保持10min。载气（He）流速0.7mL/min，压力25kPa，不分流进样，汽化室和进样口温度均为250℃。质谱采用电子轰击离子源，电子能量70eV，传输线温度250℃，离子源温度200℃，质量扫描范围*m/z* 40～350，检测器电压350V。

3. 分析方法

（1）RI标准品曲线　取C_5～C_{20}正构烷烃标准品，以甲醇为溶剂配制浓度为0.1%的溶液，采取与样品相同的分析条件，测定其GC保留时间，以C_5～C_{20}正构烷烃的保留时间对应的相对保留指数（RI）值做曲线。以实验得到的保留时间进行RI值计算，得出各未知挥发性化合物的RI值，将实验值与文献值二者比较，以进行验证。

（2）标准品确证　样品通过GC-MS分离鉴定，并经RI值验证后，可对一系列挥发性化合物进行初步定性，然后选择所测化合物的标准品，分别配制浓度为20mg/L的甲醇溶液，进行GC-MS分析，将标准品的谱图与样品中未知物

的谱图进行对照，以对未知化合物进行确证。

二、北极虾虾头挥发性化合物的鉴定

北极虾虾头挥发性化合物 SPME-GC-MS 的总离子流色谱，如图 11-21 所示。

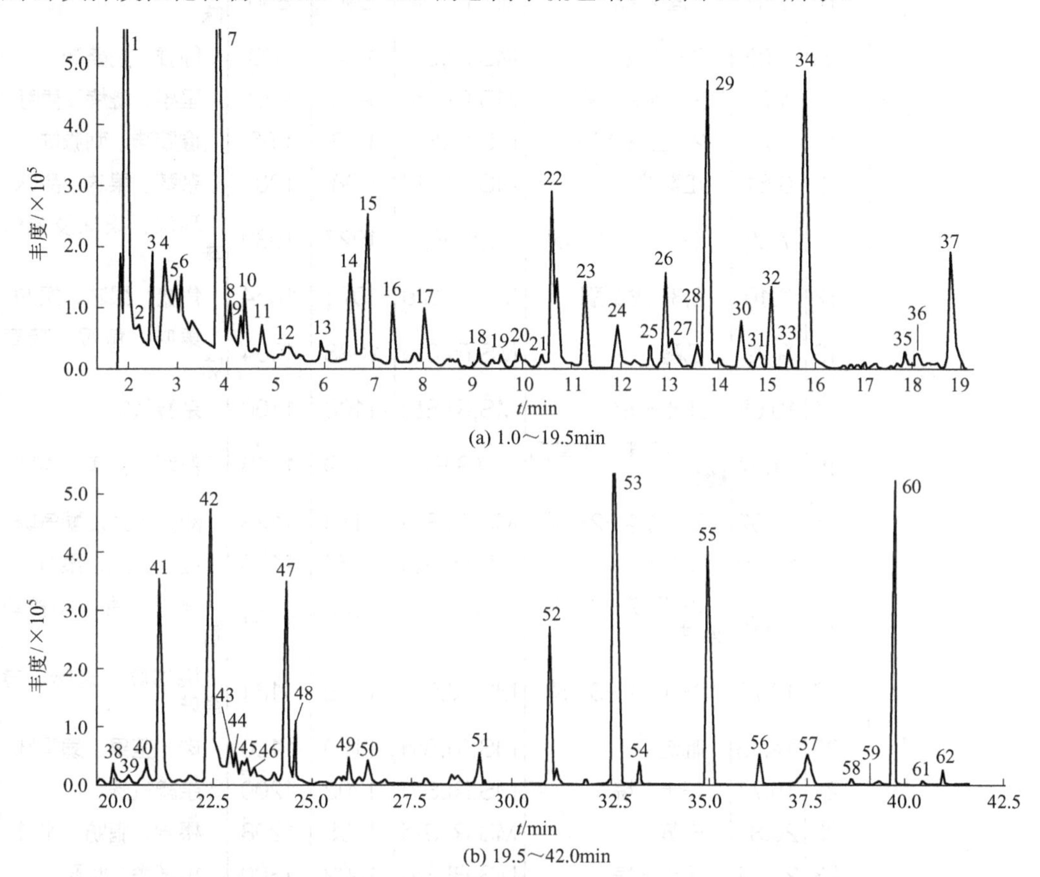

图 11-21 北极虾虾头挥发性化合物 SPME-GC-MS 的总离子流色谱

从图 11-21 可见，在所选定的分析条件下测得的谱图，分离度和定量准确度均较好，通过 MS 谱库（NIST08.LIB）进行匹配度和图谱比较，得到北极虾虾头挥发性化合物 GC-MS 分离鉴定的初步结果，并利用相对保留指数（RI）值验证和标准品对照（Std）两种方法来进一步确证。经过 GC-MS 分析鉴定，RI 值验证和 Std 确定后，得到的北极虾头挥发性化合物的结果，详见表 11-16。

表11-16 北极虾虾头中挥发性化合物的分析及鉴定结果

峰号	t_R/min	挥发性组分名称	鉴定方法	保留指数 RI		香气特征[①]	相对含量 RC/%
				实验值	文献值		
1	1.93	三甲胺	MS,RI,Std	679	679	鱼腥、氨味、虾味	12.61
2	2.23	正庚烷	MS,RI,Std	702	700	果味、甜味	0.25
3	2.46	二甲硫	MS,RI,Std	748	745	硫、卷心菜及奶酪	0.71
4	2.75	正辛烷	MS,RI,Std	802	800	杂醇、果味、甜味	2.86
5	3.07	乙酸甲酯	MS,RI,Std	831	828	水果、黑加仑汁风味	1.22

续表

峰号	t_R /min	挥发性组分名称	鉴定方法	保留指数 RI		香气特征[1]	相对含量 RC/%
				实验值	文献值		
6	3.82	乙酸乙酯	MS,RI,Std	890	890	果味、奶油味、橙味	9.96
7	4.05	2- 丁酮	MS,RI,Std	904	903	朦胧、奶酪味	0.84
8	4.28	2- 甲基丁醛	MS,RI,Std	915	912	坚果、烧烤及麦芽	0.51
9	5.23	2- 乙基呋喃	MS,RI,Std	956	956	橡胶味、刺激味	0.41
10	6.51	正癸烷	MS,RI,Std	998	1000	杂醇、果味、甜味	1.44
11	7.38	1- 戊烯 -3- 酮	MS,RI	1027	1030	甜味、果味及酮气味	0.68
12	9.10	2,3- 戊二酮	MS,RI,Std	1071	1054	焦糖、果味、奶油	0.26
13	9.92	乙醛	MS,RI,Std	1088	1084	果味、鱼腥、药草味	0.26
14	10.65	正十一烷	MS,RI,Std	1108	1100	杂醇气味	3.08
15	11.27	3- 甲基 - 丁基乙酸酯	MS,RI	1119	1118	新鲜、香蕉、果味	1.02
16	11.92	3- 戊烯 -2- 酮	MS,RI,Std	1133	1123	甜的水果及酮气味	0.73
17	12.90	正丁醇	MS,RI,Std	1153	1145	红酒、药、果香	1.15
18	13.04	2- 甲基 -2- 戊烯醛	MS,RI	1155	1151	果香、香料和青草香	0.54
19	13.76	1- 戊烯 -3- 醇	MS,RI,Std	1168	1181	烧灼味、肉味、青草味	3.28
20	14.45	吡啶	MS,RI,Std	1180	1180	肉、坚果、扇贝味	0.74
21	15.77	正十二烷	MS,RI,Std	1202	1200	杂醇气味	4.77
22	20.81	辛醛	MS,RI,Std	1295	1298	橘皮、脂肪、辛辣	0.73
23	21.14	正十三烷	MS,RI,Std	1302	1300	柑橘类，水果	3.36
24	22.39	*N,N*- 二甲基甲酰胺	MS,RI,Std	1326	1319	氨味和淡鱼腥味	6.09
25	22.91	6- 辛烯 -2- 酮	MS	1336	—	酮、果香	0.97
26	23.06	庚酸乙酯	MS,RI,Std	1339	1341	果香、朗姆酒	0.72
27	23.24	6- 甲基 -5- 庚烯 -2- 酮	MS,RI,Std	1342	1345	甜味，果味	0.47
28	29.19	1- 辛烯 -3- 醇	MS,RI,Std	1456	1460	蘑菇、鱼、脂肪	0.76
29	30.96	2- 乙基 -1- 己醇	MS,RI,Std	1490	1491	温和油脂味、玫瑰	3.09
30	32.58	（顺，反）3,5- 辛二烯 -2- 酮	MS,RI	1524	1500	甜、新鲜、蘑菇味	9.84
31	34.98	（反，反）3,3- 辛二烯 -2- 酮	MS,RI	1573	1588	蘑菇、干草、新鲜气味	5.71
32	39.76	2- 甲基十六烷	MS,RI	1676	1654	—	4.73

① 香气特征引自文献。

注：本表只列出部分特征化合物，未包括所有已鉴定的挥发性化合物。RC—面积归一化。

三、北极虾虾头挥发性风味化合物的组成及特征风味化合物

从北极虾虾头中分离鉴定得到62种挥发性风味化合物，主要由烃类、醇类、酮类、脂类、醛类、含氮、含硫及呋喃类等化合物组成，各化合物的种类及相对百分含量如图11-22所示。

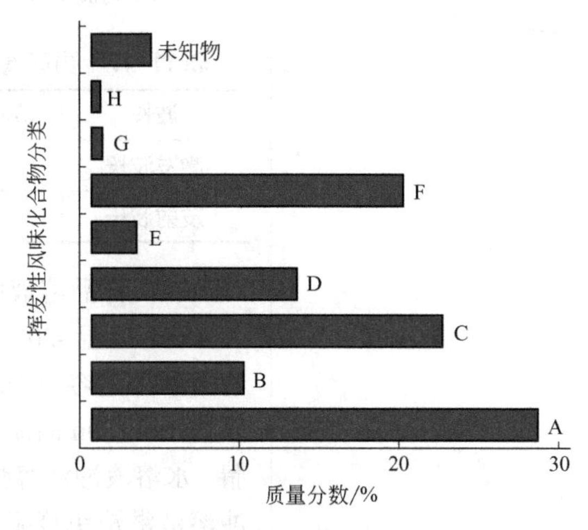

图11-22　北极虾头中挥发性风味化合物的构成种类及含量

A—烃类；B—醇类；C—酮类；D—脂类；E—醛类；F—含氮化合物；G—含硫化合物；H—呋喃类

分析结果表明，在北极虾虾头挥发性风味成分中18种烃类化合物占27.98%，但烃类常具有较高的芳香阈值，尤其是正构烷烃，对虾头特征风味的贡献与其含量是不成正比的。14种酮类化合物含量为21.93%，具有甜味及新鲜蘑菇风味的（顺，反）3,5-辛二烯-2-酮和（反，反）3,3-辛二烯-2-酮的含量分别为9.55%和5.54%，同时还有2-丁酮、1-戊烯-3-酮、2,3-戊二酮、3-戊烯-2-酮、6-辛烯-2-酮、6-甲基-5-庚烯-2-酮等，因此丰富的酮类化合物贡献于虾甜的花香和果香风味。脂类化合物，如乙酸乙酯（9.67%）和乙酸甲酯（1.18%），同样以甜的果香风味特征使北极虾的风味更加浓郁。含量较高的醇类化合物（9.3%），特别是1-戊烯-3-醇（3.28%）、2-乙基-1-己醇（3.09%）和1-辛烯-3-醇（0.76%）具有蘑菇、肉味和温和油脂风味。虾头属于虾加工的副产品，含氮化合物的含量较高（19.58%）造成了虾头明显的腥味，因此在虾头精加工中需要脱腥处理，才可能得到更加宜人的虾风味产品。除此之外，虾头中还含有醛类化合物（2.86%）、呋喃化合物（0.41%）、含硫化合物（0.71%）及未知物（3.76%）等，构成虾头复杂的天然风味。

实例7　超高效液相色谱法测定花生油中黄曲霉毒素

黄曲霉毒素对人畜有强烈致癌、致突变和致畸毒性，常见的主要有黄曲霉毒素B_1、黄曲霉毒素B_2、黄曲霉毒素G_1和黄曲霉毒素G_2（简称AFT B_1、AFT B_2、AFT G_1和AFT G_2）等。其中，AFT B_1的毒性最强，在粮食和经济作物中广泛存在。黄小兵[36]采用超高效液相色谱法（UPLC）同时测定了花生油中AFT B_1、AFT B_2、AFT G_1和AFT G_2的含量。

第十一章

一、色谱条件及分析方法

1. 色谱条件

Nexera UHPLC LC-30A超高效液相色谱仪（日本岛津公司），Romer黄曲霉毒素免疫亲和柱（上海致盛科技有限公司）。采用ACQUIT UPLC BEH C_{18}色谱柱（美国Waters公司）（100mm×2.1mm，1.7μm），流动相为甲醇：乙腈：水（18：18：64），进样体积20μL，柱温35℃，流速0.3mL/min，荧光检测器，检测波长见表11-17。

2. 分析方法

（1）样品的前处理　称取5.0g金龙鱼花生油样品于50mL离心管中，加入25mL乙腈：水（80：20）

溶液，涡旋 5min，以 8000r/min 的速度在离心机中离心 5min，取上清液备用，弃去下层沉淀物。

表11-17 黄曲霉毒素的检测波长

波长	黄曲霉毒素 B_1	黄曲霉毒素 B_2	黄曲霉毒素 G_1	黄曲霉毒素 G_2
激发波长	360nm	360nm	360nm	370nm
发射波长	435nm	430nm	445nm	450nm

（2）样品溶液的净化　用移液管吸取 5.0mL 上清液于 50mL 容量瓶中，加入 45mL 吐温 -20/ 磷酸盐缓冲溶液（10mL 吐温 -20，加入 pH 7.0 磷酸盐缓冲溶液溶解并定容至 1000mL，摇匀），混匀，缓慢注入黄曲霉毒素免疫亲和柱中，以约 1mL/min 的流速通过免疫亲和柱。当样液全部流过亲和柱后，先用少量乙腈 - 水溶液冲洗容量瓶，冲洗液全部注入亲和柱，然后用注射器吸取磷酸盐缓冲溶液淋洗免疫亲和柱 2 次，共 10mL。连接真空泵抽取几分钟，将亲和柱抽干后，用 1.5mL 色谱级甲醇洗脱免疫亲和柱 2 次，收集全部洗脱液于玻璃试管中，在 55℃下用氮吹仪缓缓地将玻璃试管中的洗脱液吹至近干，再用乙腈：水（80：20）溶液溶解并定容至 1.0mL，涡旋 45s，待残留物溶解后，用 0.22μm 的微孔滤膜过滤，收集滤液于进样瓶中供测试用。

（3）样品的测定　将经过前处理及净化的样品溶液放入超高效液相色谱仪进样盘内，在上述色谱条件下对样品进行测定，外标法定量。

二、花生油样品的分析结果

黄曲霉毒素混合标样与花生油样品溶液的超高效液相色谱，如图 11-23 和图 11-24 所示。

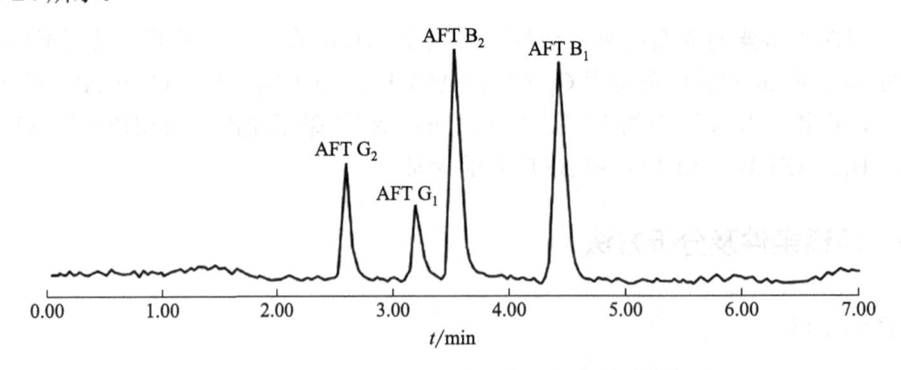

图 11-23　黄曲霉毒素混合标样的超高效液相色谱

由图 11-23 和图 11-24 可以看出，混合标样与花生油样品中的 AFT B_1、AFT B_2、AFT G_1 和 AFT G_2 分离效果良好。

采用所述方法对金龙鱼花生油样品中的 AFT B_1、AFT B_2、AFT G_1 和 AFT G_2 的含量进行测定，测得样品中 AFT B_1 的含量为 16.87μg/kg、AFT B_2 的含量为 0.1428μg/kg、AFT G_1 的含量为 0.1798μg/kg、AFT G_2 的含量为 0.1096μg/kg。根据我国发布的国家标准规定花生油中黄曲霉毒素 B_1 的最高允许量为 20μg/kg，

可见该样品中黄曲霉毒素的含量符合国家的有关规定。

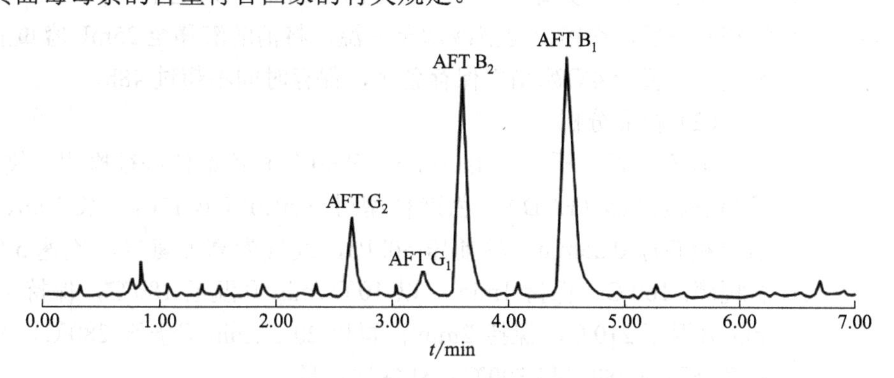

图 11-24　花生油样品的超高效液相色谱

三、结论

本文采用超高效液相色谱法对花生油中的黄曲霉毒素进行了检测，检测结果符合国家标准的相关规定。实验结果表明，样品的加标回收率为 84.2%～102.2%，RSD 为 1.449%～2.043%；用 UPLC 代替 HPLC，分析时间从 12min 减少到 4.5min，溶剂消耗量减少了约 85%。

实例 8　海南罗非鱼肌肉中有机氯和重金属含量的测定

有机氯农药（OCPs）和重金属都属典型化学污染物，它们在环境中有持久性和易蓄积的特点，一旦进入污染水体中能对生态环境和人类生存构成持久性威胁。为了调查海南罗非鱼肌肉中有机氯农药及重金属残留水平，谢文平等[37]采用气相色谱仪（GC-ECD）、电感耦合等离子体质谱仪（ICP-MS）和原子荧光光度计检测了海南罗非鱼肌肉中 14 种有机氯化合物和 7 种重金属的含量。

一、样品来源及分析方法

1. 样品来源

采集了海南 14 个采样点的罗非鱼样品，涵盖了海南主要淡水养殖区域。14 个样品分别用 S1、S2、S3、S4、S5、S6、S7、S8、S9、S10、S11、S12、S13 和 S14 表示。

2. 分析方法

（1）样品前处理

① 有机氯检测样品前处理　称取 10g 肌肉组织样品于 50mL 离心管中，加入 20mL 正己烷 / 二氯甲烷，超声 20min，4000r/min 离心 8min，再加入 20mL 正己烷 / 二氯甲烷超声提取一次，合并上清液，过无水硫酸钠柱（2cm×6cm）后将其旋转蒸发至干，用 3.5mL 正己烷溶解残渣，移至 25mL 离心管中，加入 1mL 浓硫酸充分振荡，2000r/min 离心 5min，将正己烷溶液移至另一离心管中，下层浓硫酸加 2mL 正己烷振荡，离心，合并上清液，离心后将其移入玻璃管中，氮气浓缩定容至 1mL。

② 重金属检测样品前处理　称取 2g 肌肉组织样品于聚四氟乙烯压力罐中，加入 10mL 浓硝酸和 2mL

30% 双氧水，盖紧罐盖，置于恒温干燥箱中。设定干燥箱温度 120℃，保持 4h。消解完毕后，在箱内自然冷却至室温。将消解液移至 25mL 容量瓶中，用去离子水定容，置于 4℃冰箱中保存备用，保存时间不超过 48h。

（2）样品分析

① 有机氯分析　采用 Agilent 6890 气相色谱仪进行检测，仪器配置 63Ni 电子捕获检测器（ECD），色谱柱型号 Agilent DB-1701，长 30m、内径 0.32mm、固定相膜厚 0.25mm，柱前压 50kPa，载气为高纯氮气，流速 5.5mL/min。柱升温程序：160℃，保持 1min；以 10℃ /min 升温至 180℃，保持 1min；以 10℃ /min 升温至 210℃，保持 2min；再以 20℃ /min 升温至 280℃。汽化室和检测器温度分别为 280℃和 300℃，外标法定量。

② 重金属分析　采用安捷伦 7500-CX 电感耦合等离子体质谱仪进行分析，在 48h 内测定样品中的 Cr、Ni、Cu、As、Cd 和 Pb 的含量，采用原子荧光法测定 As 的含量。

二、样品中有机氯农药和重金属含量的分析结果

1. 罗非鱼肌肉中有机氯农药含量及分布

有机氯混合标样与加标样品的气相色谱，如图 11-25 所示。罗非鱼肌肉中有机氯含量的测定结果，如表 11-18 所示。

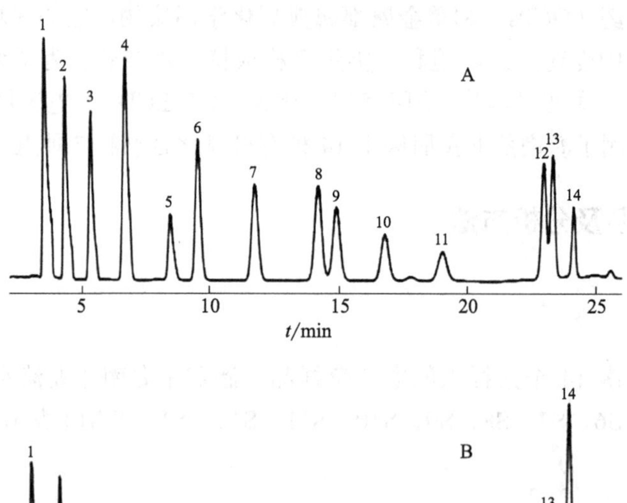

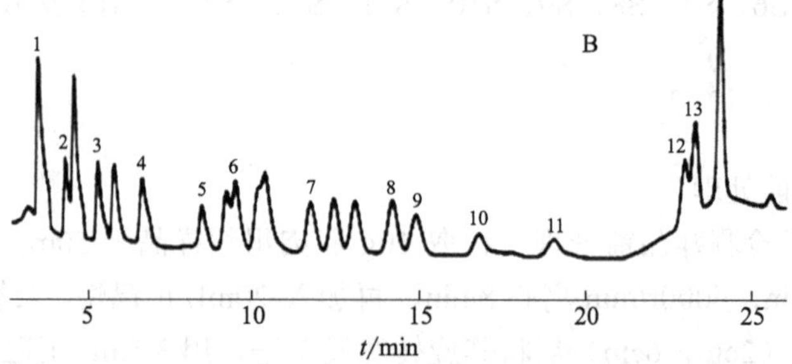

图 11-25　有机氯混合标样（A）和加标样品（B）的气相色谱

1—HCB；2—α-HCH；3—γ-HCH；4—Aldrin；5—β-HCH；6—δ-HCH；7—Endosulfan Ⅰ；8—*pp′*-DDE；9—Dieldrin；10—Endrin；11—*op′*-DDT；12—Endosulfan Ⅱ；13—*pp′*-DDD；14—*pp′*-DDT

在图 11-25、图 11-26 和表 11-18 中，HCB 代表六氯苯，HCH 代表六六六，HCHs 代表总六六六，DDT、DDE 和 DDD 代表滴滴涕，DDTs 代表总滴滴涕，Endosulfan Ⅰ代表 α- 硫丹，Endosulfan Ⅱ代表 β- 硫丹，Aldrin 代表艾氏剂，Dieldrin 代表狄氏剂，Endrin 代表异狄氏剂。

由表 11-18 可知，罗非鱼肌肉中六氯苯、艾氏剂、α- 硫丹、β- 硫丹、狄氏剂、异狄氏剂、HCHs 和 DDTs 的含量范围分别为 nd～6.19ng/g、nd～2.70ng/g、nd～2.23ng/g、nd～4.86ng/g、nd～1.33ng/g、nd～1.20ng/g、0.29～20.06ng/g 和 nd～22.40ng/g，残留量的大小（中间值）依次为 DDTs（2.45ng/g）> HCHs（2.10ng/g）> 艾氏剂（0.86ng/g）> 六氯苯（0.57ng/g）>β- 硫丹（0.41ng/g）>α- 硫丹（0.27ng/g）> 狄氏剂（0.23ng/g）> 异狄氏剂（0.09ng/g）。检出率超过 50% 的有六氯苯（71.4%）、α- 硫丹（64.3%）、α-HCH（50.0%）、γ-HCH（85.7%）、β-HCH（57.1%）、δ-HCH（57.1%）、*pp'*-DDE（78.6%）、*pp'*-DDD（57.1%）和 *pp'*-DDT（85.7%），艾氏剂、狄氏剂和异狄氏剂检出率相对较低。罗非鱼肌肉中有机氯农药含量较高的采样点主要分布于海南岛东北部及中部养殖水域，西部含量较低（图 11-26）。

表11-18　罗非鱼肌肉中有机氯农药含量测定结果

编号	有机氯含量 /(ng/g)															
	HCB	Aldrin	Endosulfan Ⅰ	Endosulfan Ⅱ	Dieldrin	Endrin	α-HCH	γ-HCH	β-HCH	δ-HCH	*pp'*-DDE	*op'*-DDT	*pp'*-DDD	*pp'*-DDT	HCHs	DDTs
S1	0.14	nd	0.08	0.18	nd	nd	0.20	0.37	1.53	nd	0.27	0.21	0.07	0.19	2.10	0.74
S2	0.57	nd	0.68	1.40	nd	0.36	0.03	7.58	nd	0.35	0.68	nd	0.39	4.50	7.96	5.57
S3	6.19	2.69	2.23	0.71	0.36	1.20	nd	18.38	0.03	1.66	2.85	nd	0.50	10.18	20.06	13.53
S4	2.96	0.86	1.70	0.21	nd	0.53	0.02	8.63	nd	0.72	1.08	nd	0.09	2.77	9.37	3.93
S5	nd	0.85	0.27	0.49	nd	nd	nd	8.90	nd	0.82	1.20	nd	0.10	3.80	9.72	5.09
S6	0.96	nd	nd	0.57	nd	nd	0.06	4.39	3.31	0.60	0.76	nd	0.15	0.18	8.36	1.09
S7	0.12	nd	0.04	0.79	nd	nd	0.10	nd	1.60	nd	0.29	nd	0.15	1.17	1.70	1.62
S8	0.11	nd	0.12	0.34	0.11	nd	0.13	0.06	1.78	nd	0.22	nd	0.04	0.48	1.97	0.75
S9	5.53	0.23	0.58	4.87	0.97	0.09	nd	15.66	nd	1.58	1.67	1.57	4.10	15.06	17.23	22.40
S10	0.22	nd	0.33	0.04	0.00	0.00	0.14	0.48	0.23	0.18	0.00	0.00	0.00	0.00	1.02	0.00
S11	nd	nd	0.19	0.05	1.33	0.00	0.58	0.30	0.22	nd	0.50	0.00	0.31	1.64	1.10	2.45
S13	nd	nd	nd	nd	nd	nd	0.13	0.17	nd	nd	nd	nd	nd	nd	0.29	0.00
S14	nd	nd	nd	nd	nd	nd	0.13	0.16	nd	nd	nd	nd	nd	2.79	0.30	2.79
中间值	0.57	0.86	0.27	0.41	0.23	0.09	0.13	2.43	0.23	0.72	0.59	0.00	0.13	2.21	2.10	2.45
含量	nd~	nd~	nd~	nd~	nd~	nd~	nd~	nd~	nd~	nd~	nd~	nd~	nd~	nd~	0.29~	nd~
范围	6.19	2.70	2.23	4.86	1.33	1.20	0.58	18.38	3.31	1.66	2.85	1.57	4.10	15.06	20.06	22.40
检出率 /%	71.4	42.8	64.3	71.4	35.7	35.7	50.0	85.7	57.1	57.1	78.6	21.4	57.1	85.7	—	—

注：nd表示未检出。

2. 海南罗非鱼肌肉中重金属含量

采用 ICP-MS 测定海南罗非鱼肌肉中重金属含量，测定结果见表 11-19。

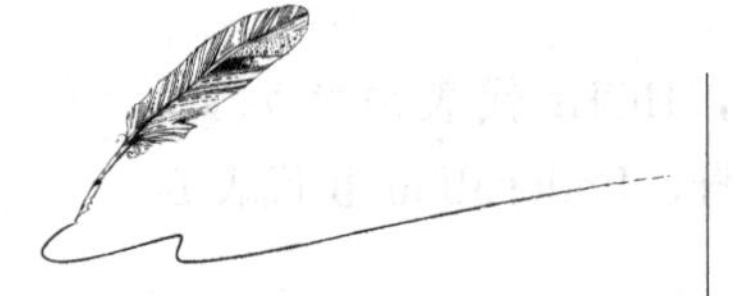

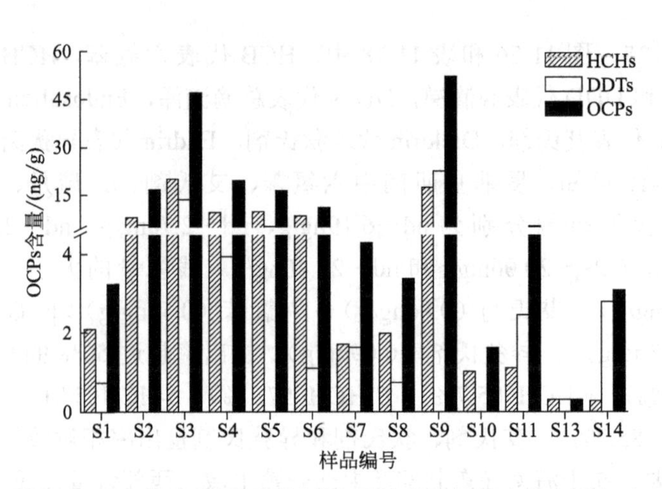

图 11-26　海南不同区域罗非鱼肌肉中有机氯农药含量比对

由表11-19可知，在鱼体肌肉中Cr、Ni、Cu、As、Cd、Hg和Pb的含量范围分别为0.033～0.537mg/kg、0.0017～0.357mg/kg、0.10～0.788mg/kg、

表11-19　海南罗非鱼肌肉中重金属含量测定结果

样品编号	重金属含量 /(mg/kg)							
	Cr	Ni	Cu	As①	As②	Cd	Hg	Pb
S1	0.117	0.028	0.241	0.466	0.066	0.002	0.003	0.029
S2	0.035	0.054	0.130	0.195	nd	0.017	0.001	0.070
S3	0.279	0.023	0.280	0.250	0.042	0.003	0.006	0.067
S4	0.368	0.017	0.208	0.150	nd	0.002	0.003	0.054
S5	0.057	0.035	0.176	0.035	nd	0.020	0.002	0.046
S6	0.033	0.055	0.184	0.223	0.048	0.017	0.002	0.100
S7	0.159	nd	0.100	0.031	nd	nd	0.004	0.007
S8	0.317	0.089	0.205	0.035	nd	0.002	0.007	0.026
S9	0.038	0.153	0.616	0.059	nd	0.004	0.007	0.259
S10	0.132	0.357	0.198	0.586	nd	0.002	0.002	0.051
S11	0.537	0.061	0.788	0.045	nd	0.004	0.003	0.263
S12	0.075	0.055	0.291	0.321	0.053	0.003	0.004	0.136
S13	0.129	0.029	0.378	0.098	nd	0.002	nd	0.024
S14	0.221	0.097	0.315	0.031	nd	0.003	0.002	0.125
平均值	0.178	0.081	0.294	0.180	0.052	0.006	0.004	0.090
含量范围	0.033~0.537	nd~0.357	0.10~0.788	0.031~0.586	nd~0.066	nd~0.020	nd~0.007	0.007~0.263
评价标准值③	2.0	—	—	—	0.1	0.1	0.5	0.5

① 总砷；②无机砷；③《食品中污染物限量》GB 2762—2017。

注：nd表示未检出。

0.031～0.586mg/kg、nd～0.020mg/kg、nd～0.007mg/kg 和 0.007～0.263mg/kg，平均值分别为 0.178mg/kg、0.081mg/kg、0.294mg/kg、0.180mg/kg、0.006mg/kg、0.004mg/kg 和 0.090mg/kg。重金属残留量大小依次为 Cu>As>Cr>Pb>Ni>Cd>Hg。依据《食品中污染物限量》GB 2762—2017 对检测结果进行评价，所测样品均未超出标准值，海南罗非鱼肌肉中重金属残留相对较低。

三、结论

海南罗非鱼肌肉中有机氯农药和重金属均有不同程度的检出，但未超出《食品中农药最大残留限量》（GB 2763—2017）标准值，有机氯农药残留量较高的区域为海南岛东北部及琼中采样点。海南罗非鱼肌肉中所测样品的 HCHs 和 DDTs 残留都在安全值范围内。以《食品中污染物限量》GB 2762—2017 对海南罗非鱼肌肉中重金属含量检测结果进行评价，未见超过标准值，明显优于国内其他区域水产品。

参考文献

[1] 朱玉洁．食品分析中样品制备新技术．食品安全导刊，2017,（10X）: 118-118.

[2] 张进丽．食品安全检测中样品前处理技术探讨．中国食品，2018,（10）: 146-147.

[3] 张萍，彭西甜，冯钰锜．食品中黄曲霉毒素检测的样品前处理技术研究进展．分析科学学报，2018,（2）: 274-280.

[4] 韩静．食品理化检验中样品前处理的方法探讨．中国卫生产业，2019,（4）: 157-158.

[5] 高崑玉编著．色谱法在精细化工中的应用．北京：中国石化出版社，1997: 397.

[6] 安红梅，尹建军，张晓磊，柯润辉，宋全厚．同时蒸馏萃取技术在食品分析中的应用．食品研究与开发，2011，32（12）: 216-220.

[7] 安淑英．立顿黄牌精选红茶的挥发性香气成分分析．食品安全导刊，2015,（10）: 105-107.

[8] 武模戈．同时蒸馏萃取与气质联用分析杏鲍菇挥发性成分．濮阳职业技术学院学报，2016，29（6）: 150-153.

[9] 陈平，陆卫明．加速溶剂萃取 / 凝胶渗透色谱 / 气相色谱 - 质谱法测定水果中的农药残留．中国卫生检验杂志，2016，26（23）: 3361-3363.

[10] 姚珊珊，赵永纲，李小平，陈晓红，金米聪．多重机制杂质吸附萃取净化 - 快速液相色谱 - 串联质谱法测定鱼组织中 11 种同化激素．色谱，2012，30（6）: 572-577.

[11] 梁芳慧，靳丹虹，黄新功，于爱民，宋大千，魏士刚．固相萃取 GC-MS 法测定蜂蜜中挥发性成分．吉林大学学报：理学版，2015，53（1）: 143-147.

[12] 曾羲，蔡伟谊，林子豪，程军，戚平．全自动在线免疫亲和固相萃取 - 高效液相色谱法快速测定食品中的黄曲霉毒素．食品安全质量检测学报，2017，8（4）: 1261-1267.

[13] 肖家勇，李莉，丁利，朱绍华，龚强，付善良，王利兵．凝胶渗透色谱 - 高效液相色谱 - 串联质谱法测定食品中邻苯二甲酸酯类化合物的含量．食品安全质量检测学报，2016，7（1）: 92-96.

[14] 高素莲．精细化学品分析．合肥：安徽大学出版社，2000.

[15] 邱凤梅，陈伟，虞吉寅，程畿．毛细管柱气相色谱内标法同时测定白酒中 11 种成分．中国卫生检验杂志，2017，27（7）: 948-950.

[16] 吴晓云，刁飞燕，李启艳．气相色谱法同时测定保健食品中的 5 种不饱和脂肪酸．食品安全质量检测学报，2016，7（3）: 898-905.

[17] 陈建业，温鹏飞，战吉成，李景明，潘秋红，孔维府，黄卫东．葡萄酒中 11 种酚酸的反相高效液相色谱测定方法研究．中国食品学报，2006，6（6）: 133-138.

[18] 林森煌，黄嘉乐，李秀英，郭新东．离子色谱法测定食品中草铵膦、草甘膦和氨甲基膦酸的残留．食品安全质量

检测学报，2016，7(5): 1887-1894.

[19] 董树清，高瑞斌，张霞，王利涛，赵亮．毛细管电泳直接紫外检测法分离分析食品中的氨基酸．第十届全国生物医药色谱及相关技术学术交流会论文集．2014.

[20] 陈林情，杨昆，苏安梅，钟青梅，王益林．毛细管电泳法检测饮料中的色素．分析科学学报，2018，(1): 123-126.

[21] 雷春妮，周小平，高黎红，金凤，解迎双，马鑫，齐安安，宋亚娟，王慧珺．热脱附－气相色谱／质谱联用分析初榨橄榄油挥发性风味成分．中国粮油学报，2019，(2): 130-136，146.

[22] 殷朝敏，范秀芝，史德芳，樊喆，程薇，高虹．HS-SPME-GC-MS 结合 HPLC 分析 5 种食用菌鲜品中的风味成分．食品工业科技，2019，(3): 254-260.

[23] 赵苗苗，杨如兵，吕才有．基于电子鼻及 GC-MS 技术对临沧晒青毛茶香气成分的对比研究．中国农学通报，2018，(2): 113-122.

[24] 黄箭，谢正敏，袁杰彬，陈双为，安明哲．八月瓜果酒香气成分的分析．酿酒科技，2018，(3): 72-76.

[25] 龙倩倩，林丽静，袁源，龚霄，李国鹏，马丽娜，李积华，黄苇．基于 HS-SPME-GC-O-MS 的西番莲果汁香气成分分析方法．热带作物学报，2019，(1): 166-173.

[26] 陈萍，朱洪吉，王建刚．气相色谱质谱法测定木醋液饮料中化学成分．食品研究与开发，2016，37(15): 183-185.

[27] 陈四平，张盼盼．液质联用技术（LC- MS）分析雪花梨中化学成分．食品研究与开发，2015，36(24): 146-148.

[28] 中国科学院上海药物研究所植物化学研究室．黄酮体化合物鉴定手册．北京：科学出版社，1982.

[29] 郭子好，方华，夏志生，李旺军，朱校适，孙中超，俞涵丽，夏佳吉．反相高效液相法测定发酵豆粕中的 17 种氨基酸含量．粮食与饲料工业，2013，(12): 59-62.

[30] 涂勋良，寇芯，马晓丽，关，黄本义，吕秀兰．HPLC 法同时测定柠檬中 6 种水溶性维生素含量．天 然产物研究与开发，2016，28: 1936-1942.

[31] Okwu D E, Emenike I N. Evaluation of the phytonutrients and vitamins content of citrus fruits. Int J Mol Med Adv Sci, 2006, 2(1): 1-6.

[32] 汲晨锋，季宇彬．高效毛细管电泳法测定香菇多糖中单糖的组成．化学与黏合，2006，28(4): 276-278.

[33] 王智聪，沙跃兵，余笑波，梁月荣．超高效液相色谱－二极管阵列检测－串联质谱法测定茶叶中 15 种黄酮醇糖苷类化合物．色谱，2015，33(9): 974-980.

[34] 王淑慧，潘道东，赵紫微．鸭骨架的营养成分分析及评价．食品科学，2014，35(3): 209-212.

[35] 解万翠，杨锡洪，章超桦，吉宏武，张丽风．顶空固相微萃取－气相色谱－质谱法测定北极虾虾头的挥发性成分．分析化学，2011，39(12): 1852-1857.

[36] 黄小兵．超高效液相色谱法测定花生油中黄曲霉毒素．广东化工，2019，46(3): 181-183,177.

[37] 谢文平，郑光明，肖敬旺，马丽莎．海南罗非鱼肌肉中有机氯和重金属含量及食用风险评价．生态环境学报，2019，28(8): 1642-1649.

总结

食品剖析内容

○ 包括食品中营养成分、添加剂、污染物和残留农药等的分析鉴定。

食品样品的前处理方法

○ 振荡浸取法。

○ 溶剂萃取法、同时蒸馏萃取法、加速溶剂萃取法。

○ 柱色谱法。

○ 多功能杂质吸附萃取净化法。

○ 固相萃取法。

○ 凝胶渗透色谱法。

食品样品的分离鉴定方法

○ 色谱法，包括薄层色谱、气相色谱、高效液相色谱和离子色谱法。

○ 毛细管电泳法。

○ 联用技术，包括气相色谱-质谱联用和高效液相色谱-质谱联用。

思考题

1. 食品剖析的目的是什么？食品样品的前处理主要包括哪些内容？
2. 为了使食品中不同性质的待测组分与基体中的大量脂肪分离，应采用哪些方法进行萃取？
3. 如何将食品中的小分子有机化合物、水溶性维生素、糖类、氨基酸等与高分子多糖类及蛋白质分离？
4. 同时蒸馏萃取技术与传统的液-液萃取和蒸馏技术有何不同？它是如何实现蒸馏和萃取同时完成？
5. 简述食品中维生素分析的一般程序。
6. 什么是食品添加剂？食品中常用的添加剂主要有几类？
7. 已知某混合味精是由鲜味剂乌甘酸钠、谷氨酸钠及肌苷酸钠组成，如何对其进行分离与鉴定？
8. 已知某固体食品中含有防腐剂苯甲酸、山梨酸和对羟基苯甲酸甲酯，如何对其进行分离与鉴定？

课后练习

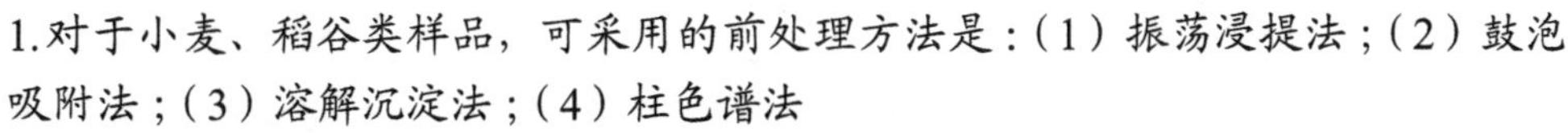

1. 对于小麦、稻谷类样品，可采用的前处理方法是：（1）振荡浸提法；（2）鼓泡吸附法；（3）溶解沉淀法；（4）柱色谱法

2. 若采用溶剂萃取法，从含有大量脂肪的食品中将微量的苯胺萃取出来，需采用的萃取溶剂是：（1）氢氧化钠溶液；（2）盐酸溶液；（3）石油醚；（4）氯仿

3. 若要分离食品中的葡萄糖、果糖和蔗糖，适宜的抽提柱为：（1）硅胶柱；（2）腈基柱；（3）活性炭柱；（4）酸性氧化铝柱

4. 在分析食品中的香气成分时，可采用同时蒸馏萃取技术。同时蒸馏萃取技术的本质是：（1）液液萃取；（2）水蒸气蒸馏；（3）水蒸气蒸馏与液液萃取的结合；（4）加速溶剂萃取

5. 多功能杂质吸附萃取净化法，是将肉类、鱼类等生物样品中的：（1）待测目标化合物吸附；（2）干扰杂

质吸附；（3）水溶性化合物吸附；（4）易挥发化合物吸附

6.食品中添加的色素，经常是两种或两种以上色素的混合物，若要对其中的色素进行分离与鉴定，最适宜的方法是：（1）溶剂萃取法；（2）凝胶渗透色谱法；（3）红外光谱法；（4）色谱-质谱联用法

7.小麦样品中的溴酸钾，可用下述哪种方法分离测定：（1）气相色谱法；（2）高效液相色谱法；（3）离子色谱法；（4）凝胶渗透色谱法

8.食品中蛋白质的分析，可采用：（1）毛细管电泳法；（2）气相色谱法；（3）离子交换色谱法；（4）气相色谱-质谱联用

简答题

1.柑橘常用FB-B保鲜剂保鲜，FB-B保鲜剂是一种毒性小的添加剂，其有效活性组分为*N*-（2-苯并咪唑基）氨基甲酸甲酯和四氯间苯二甲腈，如何将柑橘中残留的这两种保鲜剂进行分离鉴定？

2.黄瓜既可做蔬菜，也能当水果食用，是水果、蔬菜两用型食品。黄瓜营养成分丰富，含有多种脂肪酸，主要为十六酸（10.17%）、9,12-十八碳二烯酸（15.41%）和9,12,15-十八碳三烯酸（24.24%）等。如何对黄瓜样品进行前处理？采用何种方法对黄瓜中的脂肪酸进行定性及定量分析？

（www.cipedu.com.cn）

设计问题

硝基呋喃是动物生长调节剂，并可预防家禽和猪的疾病。对市售猪肉中残留的硝基呋喃，如何进行分离鉴定？设计出一个剖析程序。

（www.cipedu.com.cn）